国家出版基金项目

“十二五”国家重点出版物出版规划项目

# 航空航天科技出版工程

# 4

# 材 料 技 术

[英]理查德·布洛克利(Richard Blockley) [美]史维(Wei Shyy)◎主编

孙慧玉 周储伟 周光明 古兴瑾 宋豪鹏 等◎译

**ENCYCLOPEDIA OF**
**AEROSPACE ENGINEERING 4**
***Materials Technology***

北京理工大学出版社
BEIJING INSTITUTE OF TECHNOLOGY PRESS

WILEY AIAA

图书在版编目（CIP）数据

航空航天科技出版工程．4，材料技术 /（英）理查德·布洛克利（Richard Blockley），（美）史维（Wei Shyy）主编；孙慧玉等译．—北京：北京理工大学出版社，2016.6

书名原文：Encyclopedia of Aerospace Engineering

国家出版基金项目　“十二五”国家重点出版物出版规划项目

ISBN 978-7-5682-2401-7

Ⅰ.①航…　Ⅱ.①理…　②史…　③孙…　Ⅲ.①航空材料②航天材料　Ⅳ.①V

中国版本图书馆 CIP 数据核字（2016）第 120111 号



封面图片来源：

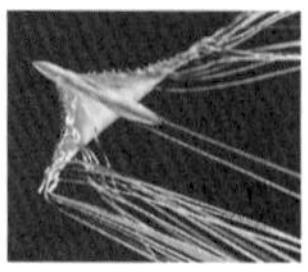

源自 ONERA，France

源自 Shutterstock

源自 Shutterstock

源自 EADS Astrium

出版发行 / 北京理工大学出版社有限责任公司
社　　址 / 北京市海淀区中关村南大街 5 号
邮　　编 / 100081
电　　话 /（010）68914775（总编室）
（010）82562903（教材售后服务热线）
（010）68948351（其他图书服务热线）
网　　址 / http://www.bitpress.com.cn
经　　销 / 全国各地新华书店
印　　刷 / 北京地大天成印务有限公司
开　　本 / 889 毫米×1194 毫米　1/16
印　　张 / 31
字　　数 / 898 千字
版　　次 / 2016 年 6 月第 1 版　2016 年 6 月第 1 次印刷
定　　价 / 188.00 元

责任编辑 / 孟雯雯
文案编辑 / 多海鹏
责任校对 / 周瑞红
责任印制 / 王美丽

图书出现印装质量问题，请拨打售后服务热线，本社负责调换

# 航空航天科技出版工程

# 推 荐 序

航空航天是国家的战略产业，其科技水平直接决定着综合国力和国家安全。近年来，我国航空航天科技水平得到显著提升，在若干领域取得了举世瞩目的成就。在建设航空航天强国的进程中，广大科技人员需要学习和借鉴世界航空航天科技的最新成就。《航空航天科技出版工程》是综合反映当今世界范围内航空航天科技发展现状和研究前沿的一套丛书，具有系统性、学术性、前沿性等特点。该丛书的翻译和出版，为我国科技工作者学习和借鉴世界航空航天科技提供了一个良好平台。

《航空航天科技出版工程》英文版由美国 WILEY 出版公司和 AIAA（美国航空航天学会）联合出版。全世界 34 位来自航空航天领域的顶级专家组成丛书顾问团，负责对丛书进行规划指导，来自美国、英国、德国、法国等国家的 600 多位著名专家参与丛书撰写。该丛书是当今世界上最为系统和权威的航空航天科技丛书，共有 9 卷、近 5000 页，涵盖航空航天科技的 43 个领域主题，442 个章节。该丛书对航空航天科技所涉及的重要概念、理论、计算、实验等进行了系统阐述，并配有大量工程实践案例，主要内容包括：流体动力学与空气热力学、推进与动力、结构技术、材料技术、动力学与控制、环境影响与制造、飞行器设计、系统工程等。最难能可贵的是，该丛书对航空航天工程的战略决策、实施路径、技术应用、实践验证和评价等方面进行了系统阐释，对未来二十年面临的挑战和机遇进行了深入分析。

该丛书中有些专题研究在我国尚属起步阶段，不少内容是国内紧缺的文献资料。例如，丛书对高超声速稀薄气体动力学、扑翼空气动力学、高超声速气动热弹性、多运动体协调控制、多种飞行器融合、深空探测、航天系统设计认证等领域的介绍颇有参考价值。丛书内容不仅适用于国防领域，而且适用于民用领域，对我国航空航天科技发展具有指导意义。

北京理工大学是我国首批设立火箭、导弹等专业的高校，曾为我国航天事业的创立和发展做出重要贡献，近年来又在深空探测、制导武器、空间信息处理等领域取得重要进展。该丛书英文版问世不久，北京理工大学出版社敏锐地预判到该丛书对我国航空航天科技发展具有重要借鉴作用，提出翻译这套巨著的设想。北京理工大学航空航天学科的教授们积极投身于翻译丛书的策划中，他们联合我国高校、研究机构中一批长期从事航空航天科技工作的教师和工程技术人员组成团队，仅用一年多时间就将这套巨著译为中文。我帮助他们邀请到丛书英文版顾问、著名航天结构力学家杜善义院士担任译审委员会主任，邀请到我国航空航天科技领域的多位领军科学家、总设计师共同负责丛书译审，进而确保中文版的科学性、准确性、权威性。

作为长期从事航空航天科技工作的学者，看到这套丛书即将问世由衷高兴。我认为，该丛书将为我国航空航天科技工作者提供一套不可多得的工具书，有利于提升我国航空航天科技水平，有利于促进我国航空航天科技与世界航空航天科技的有效对接，有利于推动我国建设航空航天强国。因此，我郑重向航空航天科技界的同行们推荐这套丛书。

中国科学院院士
北京理工大学校长　胡海岩

# 译 者 序

航空航天的发展水平体现了一个国家的综合实力。我国高度重视航空航天技术的创新发展，将航空航天产业列入国家战略性新兴产业和优先发展的高技术产业。近年来，国家科技重大专项（如大型飞机、载人航天与探月工程、高分辨率对地观测、航空发动机与燃气轮机等）的实施带动了我国航空航天技术的迅猛发展。

航空航天技术的发展日新月异并呈现出跨学科化和国际化的特征，国内学者需要一套系统全面的丛书，来巩固现有的知识、了解国际前沿发展动态、紧盯航空航天科技前沿。《航空航天科技出版工程》正是这样的一套技术研究丛书。北京理工大学出版社在组织专家对英文版《航空航天科技出版工程》的章节标题及主要内容进行翻译和评审后，发现该丛书内容翔实、信息丰富、学科体系完整，具有较高的前瞻性、探索性、系统性和实用性，是一套对中国航空航天领域有较强学习与借鉴作用的专著。因此，出版社决定引进、出版本套丛书的中文版。

英文版《航空航天科技出版工程》由美国 WILEY 出版公司和 AIAA（美国航空航天学会）联合出版，主编为 Richard Blockley（英国克兰菲尔德大学航空航天顾问、英国 BAE 系统公司前技术总监）和 Wei Shyy（原美国密歇根大学航空航天工程系教授兼系主任），历经多年，完成了 9 卷的出版。各章均由活跃在全球航空航天各专业领域研究一线的专家执笔，集成了编写团队在航空航天科技领域的重要科学研究成果和宝贵的科学试验数据。

《航空航天科技出版工程》从力学、动力及推进技术、制导和控制技术、电子仪表技术、通信技术、计算机科学、系统工程、材料科学、加工和制造技术及空间物理学等多个相互支撑的学科技术领域，全面而系统地阐述航空航天领域所涉及的知识，综合体现了目前航空航天技术的国际水平。9 卷包括《流体动力学与空气热力学》《推进与动力》《结构技术》《材料技术》《动力学与控制》《环境影响与制造》《飞行器设计》《系统工程》《航空航天专业术语》。丛书中文版配有丰富的原版插图、表格以及大量的图片资料，最大程度地保留了原版书的编写风格。该丛书对于国内的科研和技术人员，以及承担着未来航空航天技术开发的年轻人和学生来说，都无疑是一套非常好的参考资料。

北京理工大学出版社依托北京理工大学、南京航空航天大学、北京航空航天大学、中国航天科工集团北京航天长征科技信息研究所、中国航天科技集团空间技术研究院等国内从事航空航天技术研究的高校和科研院所，组建了翻译团队和专家译审团队，对《航空航天科技出版工程》进行翻译。

《航空航天科技出版工程 4　材料技术》包含结构材料、耐高温材料、活性材料、空间应用材料 4 个部分，由孙慧玉、周储伟、周光明、古兴瑾、宋豪鹏、邓健、宋坤、袁渊、陈雅薇、蔡登安、陈牡丹、方常青、黄天麟、涂金宗、顾建平、莫佳亮、于健、孙玉林、曹进翻译。特别感谢出版社引进本书，更感谢各位院士学者们对此书出版的大力支持。译、校者虽在译文、专业内容、名词术语等方面进行了反复斟酌，并向有关专业人员请教，但限于译、校者的水平与对新知识的理解程度，谬误和不当之处恳请读者批评、指正。

**翻译委员会**

# 英文版序

能够受邀介绍这部航空航天丛书，我们和各自代表的学会都感到非常的荣幸和愉快。

毫无疑问，这部丛书体现了英国皇家航空学会和美国航空航天学会最大的期望。我们这两个学会都在寻求推进航空航天知识体系进步的方法，同时也都认识到航空航天领域具有动态、多学科和跨国界的特性。

这部丛书是一个独特的工具。它提供了涉及很多方面的快照，包含：全球共享的知识体系、全球企业共享的观念、共享的技术展望和挑战、共享的发展节奏、新方法和新视野，尤其是共享的对教育和培训重要性的关注——所有这些都是关于一个工业领域和一组学科，是它们塑造了并将继续改变我们所生活的世界。

这个共享的知识体系超出了国家的、商业的、组织的和技术学科的界限。在这个界限中我们进行着日复一日的工作，虽然这些工作必然引起经常的竞争，但也总是激发创新性和建设性的尝试。因此，我们怀着无比激动的心情看到了一项完全专业性工作的开展，它尝试着将这个知识体系的精华以全新的形式整理和出版。

航空航天领域对我们世界的影响是巨大的。早期的空气动力学创立者，从 George Cayley 爵士到 Wright 兄弟，都难以想象航空工业、更不必说太空飞行是如何彻底改变了我们的文明世界：它使我们的星球变成了一个很小的区域、允许瞬时联系全球任何地方、提供大范围的人和物资运输以及可以从外太空独特的视角来观看我们的星球和人类自己。航空航天工程师不仅直接为我们收集的知识体系做出了贡献，还驱动了广大的相关领域的进步，从基础的数学、电子学和材料科学到生物学和人因工程。因此，说这部丛书捕捉到了该领域当下的精华是非常恰当的。

对于内容广泛的航空航天工程技术和研究领域，提取其关键要素形成一个相互关联的框架结构，并不具备明显的可能性，更不要说涉及诸多细节。然而这部丛书正是要雄心勃勃地尝试做到这些，甚至更多。从这点看，这部丛书是一个勇敢的、有远见的、有胆识的计划。

这部丛书勾画出了我们领域最好和最醒目的专门技术，其成果是对发起者和作者们最好的回报，这些人值得我们向他们对航空航天行业做出的贡献表示祝贺。

虽然这部丛书的目标是达到相当的深度，但从实用的角度，这部丛书被设计成非常容易阅读和理解。我们希望读者看到这部丛书并可以广泛地应用，包括作为权威的参考书目、作为学习和专业发展的重要工具，或许可以作为课程作业和技术模块设计跨国界、跨机构可信赖的测试基准。

正值载人动力飞行第二个百年开始，太空的前景似乎正在不断复苏，这部丛书的出版是航空航天工程和科学持续发展的里程碑和标志。

我们非常自豪地、共同地将这部丛书推荐给你们。

**Dr. Mark J. Lewis**
美国航空航天学会主席
马里兰大学帕克分校航空航天工程系主任、教授，马里兰州，美国
**Dr. Mike Steeden**
英国皇家航空学会主席，英国

# 英文版前言

航空航天工程的历史可以追溯到早期希腊的哲学家亚里士多德和阿基米德，经哥白尼、伽利略、达·芬奇、牛顿、伯努利和欧拉到19世纪伟大的机械师纳威、斯托克顿和雷诺以及许多其他研究者，一直到1903年由莱特兄弟第一次成功地起飞了一台比空气重的动力机器。从普朗特、冯·卡门、惠特尔、冯·奥西恩、屈西曼、冯·布劳恩和科罗廖夫（这里只给出了少数的名字）等人开创性的成就，仅仅过去一个世纪的时间，航空器和航天器就以一种让最有远见的现代飞行预见者都震惊的速度得到了发展。超音速飞行（具有代表性的协和号客机、SR71黑鸟式侦察机）、人类在月球上行走以及航天器向太阳系的远端航行，这些都是顽强不屈的技术探索的见证。



几代哲学家、科学家和工程师的工作使航空航天工程形成一个确定的学科，而且需要持续对新的商业、环境和安全相关因素、科学技术领域其他学科的进展、之前未探索的飞行器设计概念、推进、结构与材料、控制、导航和动力学、通信、航空电子、天基系统与旅行中的技术挑战等做出响应。航空航天工程产品是科学与技术多学科综合的产物，当航空器和航天器中的系统集成变得越来越复杂的时候，前所未有的设计挑战出现了，一个部门就需要借鉴不同领域的专业知识。因此，工程师们不仅需要专注于专门知识，还需要将他们的知识扩展到更广泛的学科领域。

本套书的主要目的是：为本科生、研究生以及学术界、工业界、研究机构和政府部门中的专业人士提供一个随手可得的、涵盖航空航天工程主要学科的专用参考书。本套书阐述了基本科学概念及其在当前工程实践中的应用，并将读者引导到更专业的书籍中。

本套书包含442篇文章，划分为43个领域主题，围绕科学基础和当前的工业实践，贯穿了航空航天工程的全部。当本套书被确定在同类著作中最先出版时，编辑团队从支撑航空航天科学、工程与技术研究和开发的专家们那里得到了原作稿件的授权。这些稿件包括力学、推进、导航与控制、电子器件和测量仪表、通信、计算机科学、系统工程、材料科学、生产与制造以及物理学。此外，考虑到当前围绕航空的担忧，环境科学、噪声与排放中的一些特定学科也被包含在本套书中。

本套书由热心的、杰出的国际顾问委员会指导编写，委员会由 34 名来自学术界、工业界和研究中心的委员组成。在顾问委员会的指导下，我们确定了一个主要作者团队，由他们来确定每个主题覆盖的范围，并选择了有能力来贡献他们文章的合适的作者。

在本套书的引导章节中，包含了系统思想的概念和在可预见的未来航空航天工程师们将面临的挑战。在顾问委员会和主要作者团队的大力帮助下，我们试图包含有人、无人航空器和航天器领域中所有的主题，然而我们意识到还有一些重要的主题没有涉及，或是因为我们没有及时注意到它们，或是由于作者没能赶上最后的出版期限。我们打算将后续的投稿和最新的进展放在每年的在线更新中。

非常遗憾，我们的一位主题作者 Philip Pugh 于 2009 年 1 月去世了，他为第 37 部分的规划和前期实施做出了难以估量的贡献。我们也非常感谢 David Faddy 继续完成了这一部分的工作。

**Richard Blockley**
**克兰菲尔德大学航空航天顾问，克兰菲尔德，英国**
**BAE 系统公司前技术总监，法恩伯勒，英国**
**Wei Shyy**
**密歇根大学航空航天工程系，安娜堡，密歇根州，美国**

# 目录

Contents

## 第18部分 结构材料

## 第19部分 耐高温材料

## 第21部分 空间应用材料

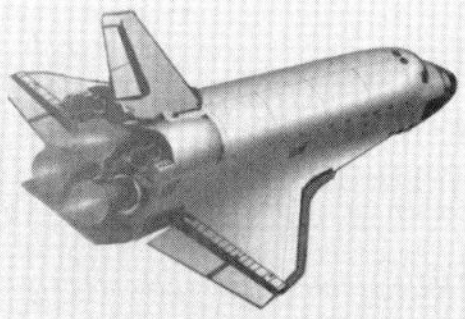

# 第18部分

## 结构材料

# 第 172 章

# 未来飞机结构：从金属结构到复合材料结构

Adriaan Beukers[1]，Harald E. N. Bersee[1]，Otto Bergsma[1]，
Sotiris Koussios[1]，Michel van Tooren[2]
1 代尔夫特理工大学宇航工程学院宇航材料制造系，代尔夫特，荷兰
2 代尔夫特理工大学宇航工程学院飞机设计、集成和运营系，代尔夫特，荷兰

## 1 引言

在 2003 年莱特兄弟首次飞行百年纪念之后的仅仅 5 年内，原油的价格上涨了 5 倍多，超过了 100 美元/桶。在 2008 年上半年就有超过 25 家航空运营商破产。2008 年 1 月，美国有超过 35 个支线机场减少了 100%的航班。设想一下，在 35 个城市，如特拉华州的威尔明顿——聚合材料巨头杜邦公司的总部所在地，失去了所有与干线机场连接的航班。同时干线机场也有 10%的航班减少。例如，芝加哥奥黑尔机场在 1 月份不得不减少了 3 000 个航班。

2008 年中期，奥运会开幕式前的一段时间，中国高铁——类似西门子 Valaro 列车，在北京和天津之间 115 km 长的铁路段创造了 394.3 km/h 的车速纪录，这两个城市中心—中心的行车时间减少到了 30 min。

与人造机动飞机百周年纪念同时进行的还有一个百周年纪念：石油成为最主要的能源载体。此时飞机的铝结构和加压飞机结构已有 70 年的历史。以从石油中提取的不同成分作为燃油，其单位质量所蕴含的能量是无与伦比的。这个特征对于一般交通运输而言（特别是飞机），是具有重要意义的。在这个空运、陆运和水运的时代，西方世界在经济繁荣之后进行了巨大的技术提升（图 1）。

廉价能源载体充足的可用性，如石油衍生品，像其他珍贵资源[1]一样是经济增长必不可少的催化剂，但其使用仍是基于旧时的方法：重视短期利润，开采和燃烧。这是人类首次在全球范围内对石油大量使用。

多年简单利用的结果是石油匮乏，为了运输及满足工业中的能源使用要求，人们不得不将目光转移到其他的能源载体。廉价能源的匮乏也会成为新技术发展的催化剂，如“系统”的小型化和“结构”的非物质化。能源和污染的代价，特别是水和空气，正成为不可或缺的经济参数，同时对另一个重要参数——生活质量有直接的影响。

因此，对于所有运输工具和被运输的货物（运输和包装），减少重量且不影响整体系统质量（安全性、舒适性、可靠性和耐久性）是产生新概念、发展新材料和制造工序的一个主要的推动因素。

对忙碌的人们而言，最佳的远距离运输工具——金属制飞机，其大多数用于设计、制造的可靠组件都是在 20 世纪 30 年代发明的。从那时起，工业生产的全铝制飞机就出现在市场上，如波音 247（1932）和非常成功的道格拉斯公司生产的 DC3（1935）。特别是生产密闭的增压舱结构的能力，如波音 307“平流层客机”（1937），成了 70 年变革的开端，一直到如今装备了高涵道比喷气发动机配置的高效高速的航空运输系统。从 20 世纪 60 年代起，大多数飞机效率的提升是从飞机材料、结构和制造之外领域的技术发展中获得的。其最主要的因素包含了由先进的涡轮风扇技术（40%）

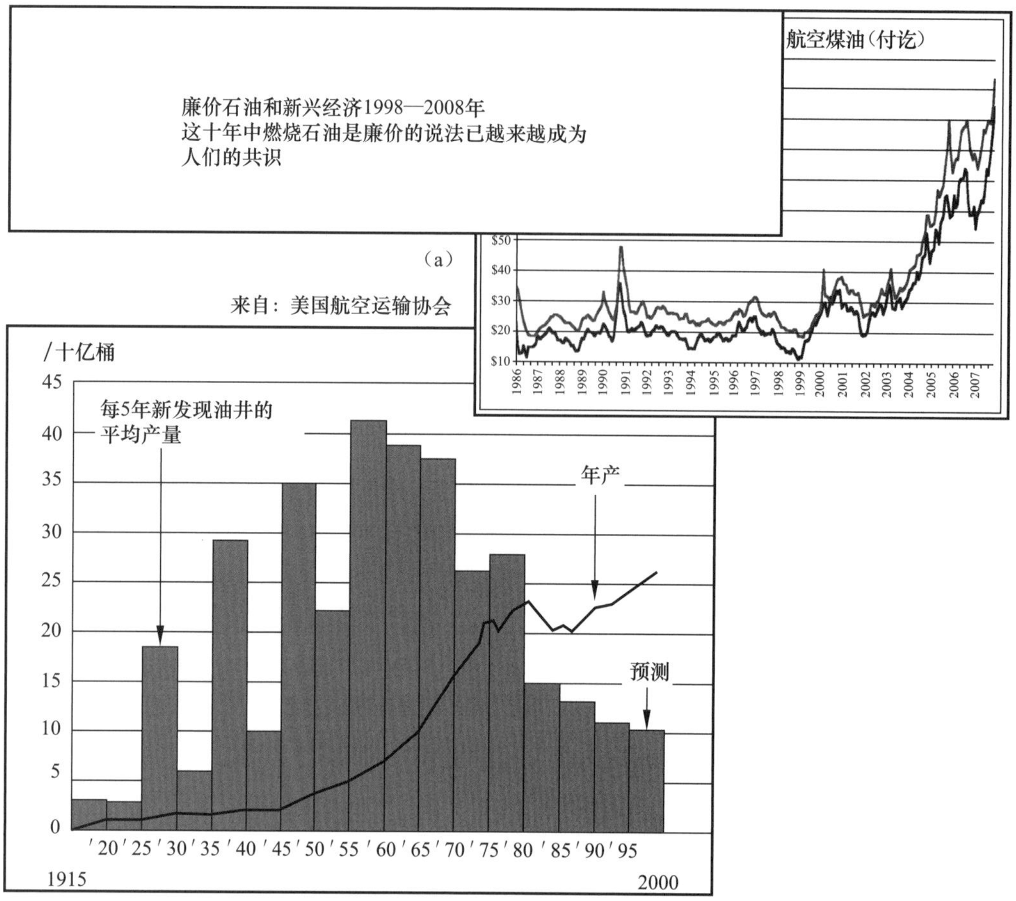


**图1 （a）原油和航空燃油的价格由最近的15美元/桶快速上升；（b）百年油井的发现与每年不断增长的客户需求**



和改进的空气动力学效率——升力/阻力（15%）引起的特种燃料消耗（SFC）的减少。然而，铝制飞机概念对结构效率的提高并不是很大。对于大约90%的重量，从波音707到波音777铝制飞机，结构的发展几乎不能对飞机效率有所提升。结构效率，即空重（*EOW*）与最大起飞重量（*MTOW*）的比值，往往应高于0.50。对于现代飞机，其*EOW*/*MTOW*的值在0.50～0.66变化，并且因重量减少而带来的改进也因其他技术的提升而终止了，如可靠性、耐久性、乘客舒适度和安全性（Lee等，2001）。幸运的是，航空学和轻质结构工程科学正处于下一次变革的前沿：基于与金属单元混合的织物增强聚合物，从全金属技术到混合结构技术的改变。

不久的将来，材料形态将发生重大飞跃：从中间体，如机械地组装与链接在一起的固体板和细长梁，到柔性的纤维束（纱），此纤维束是通过传统纺织制造工艺和现代纤维铺设机制而制成的整体三维结构。

这些纺织结构浸渍（“前”“同时”“后”——成型前、成型中、成型后）之后，“凝固[2]”或“固化”成超现代的整体多部件和多功能的固态轻质复合材料结构。

在下一节，作者展示了个人关于如何将“艺术的国度”的飞机概念转化为更高效（每单位重量和每美元更多的有效载荷）的运输工具的方法和观点，其主要是通过增加结构的简单性和效率及更直接地利用现代材料和工艺的方法来实现。

**每位乘客的燃料成本**

现代远程飞机每位乘客每100 km平均燃油消耗可确定［Dijkstra］：

波音B747：3.5升/每位乘客×100 km

空客A380：3.0升/每位乘客×100 km

阿姆斯特丹到纽约的飞行距离约为6 000 km，两架飞机此次飞行每位乘客的燃油消耗：

B747：210 升＝1.32 桶；A380：180 升＝1.33 桶，一桶等于 158 升。以前每桶油价为 100 美元（0.633 美元/升），阿姆斯特丹到纽约的旅程两架飞机每位乘客油耗成本为 132 美元和 113 美元。

19 美元的差异是“成功”的主要载体，其大约是 4 倍的每位乘客利润（5 美元）和最佳竞争状态时 16 倍的每位乘客利润（1.2 美元）。

## 2　飞机结构：过去、现在和未来

与结构概念相关的材料选择常常基于设计师的技术和公司的制造传统。材料是根据实际情况选择的。当新兴材料和技术提供了改进产品甚至研发全新产品的机会时，地方的传统和利益常阻碍它的发展。就国际合作项目而言，地方利益与政策时常会导致情绪化和非理性的决策。基于理想主义的改变很难满足所有股东和工人，而股东和工人正是活跃在即将被废弃的技术中的人。航空业务过去有，现在仍有很多这种现象。然而，在飞机发展史中，一些技术已经被新兴的技术推翻了。

制造飞行机器的第一次尝试是利用天然材料，如用丝绸或亚麻编织而成的紧密方形织物，由未成熟的桦木和灰豆芽的枝条来支持和施加预紧力，即制成了当时最为轻便的、由鸟类和蝙蝠启发的机翼，与达·芬奇描绘的草图近似。因此，来自织工、家具木工和神社工作者中的工匠们成为建造类似鸟类飞行装置的先驱。这样的工艺技术后来被应用于建造奥托·李林塔尔的滑翔机，这是第一次类鸟飞行的成功尝试。

此后，车厢和自行车制造商利用早期的工业方法，完成了从软式蝙蝠式机翼到框架和桁架结构的变革。此结构主要由金属筋、木质压缩接头（骨架）和承受弯曲载荷的梁组成。

以前人们用紧固亚麻装潢的云杉制肋、翼梁和大梁来形成符合空气动力学的翼型。胶合层合板的发展使加强蒙皮的机翼和机身得以诞生（Lockheed Vega，Fokker 机翼）。工业制造的木质板和壳结构以天然黏合剂粘连在一起。20 世纪 30 年代，为了克服温度和湿度的敏感性，对酚醛树脂合成胶做了一些改变。

尽管在当时，福克客机，Lockheed Vega 和 De Havilland 的快速英制蚊子飞机的表现要比金属制飞机更好，但层合板仍很快被铝代替了，其基本遵循了钢铁造船的方法，将铝板组装成铆接板结构（图 2）。



来自：Eric Schatzherg

图 2　（a）用铝代替木头，如在翼梁和蒙皮上的应用是不容易的，人们用几十年来克服屈曲、疲劳和晶间腐蚀；（b）波音 Stratoliner 飞机机翼中的斜拉和屈曲

由加强筋与框架支撑和加强的应力蒙皮带来了未可预见的改进和发展。然而铝的引入，是纯意识形态上且有政治意义的。类似的现象阻碍了现今在民用运输机上新型复合材料结构的引入[3]。

金属设计师们用来反对使用复合材料的观点和那些赞成用金属代替木质材料的观点几乎是相同的。这些观点有：对其机械性能了解较少，难以预测，各向异性，性能离散，防火性差，且易降解。但这些反对观点对于现代合成复合材料都已不再有效。复合材料——纤维增强聚合板层叠和固化成的层合板结构，其力学和物理性能已经被很好地理解和预测。此外，有些复合材料还具有防火性和耐久性。

**飞机结构历史回顾**

20 世纪 30 年代，用铝代替木质材料所取得的成功是基于四个假定提升的：

- 防火
- 重量减轻
- 生产成本降低
- 耐久性提高

对力学性能的信任和预测将金属与“科学”和“进步”联系在一起，同时使得木质材料甚至是工匠都变得过时了。这只是纯粹的假设，并没有基于研究，更不用说经验了。金属飞机不可燃的观点被证明是幼稚的。此外，重量是一个更加复杂的问题，因为它本质上是由结构效率决定的，而结构效率又是随结构组件所要承受的载荷的属性变化的。制造较轻的金属飞机需要付出非常大的努力。屈曲——一种基于压缩不稳定性的破坏模式，是一种新的现象，也是一个主要设计标准。应力蒙皮可以通过斜拉紧力来处理剪力。然而，压缩中的斜拉方案并不能使重量减轻很多，因为薄蒙皮在屈曲时是不稳定的。飞机中屈曲的控制导致了用很多附属零件和铆接进行复杂的、局部加强的飞机结构。屈曲和铝结构的耐久性问题，类似晶间腐蚀和疲劳，人们已经进行了科学的调查，并解决或者使此问题变得可控制。当结构的问题可控时，金属飞机的生产比木制飞机更加昂贵。而金属飞机并没有停止生产的原因是企业认为就像汽车工业，中间部件的大量生产和有条理的装配可以在生产周期内减少生产成本。

最初支持从木制到铝制飞机转变的错误观点迅速被更加实质但也是未曾预料到的优势所代替，如对于高海拔、高速和有气动平滑性的飞行所必需的机舱增压。金属飞机机架在此方面的能力使得飞机的大型运输获得了成功。现在，铝合金、部件的制造及装配经过 70 多年的优化和改进，传统的金属半硬壳式结构已到了整合阶段，甚至缩短了技术周期。

之前用来提倡从木制到金属制飞机转变的 4 个相同论点此时可以真正应用到金属制到未来复合材料飞机结构的推广中。撞击能量的吸收能力和复合材料的耐久性及可持续性可包含其中。

## 2.1　现代飞机结构，更轻更省油

所有现代飞机结构都由薄蒙皮装配而成，而薄蒙皮又由纵梁加固，纵梁或是由机身内的框架支撑，或是由机翼里的肋支撑。事实上，这是一种半硬壳式结构，而硬壳式结构——一个如同夹层结构的没有加固件的壳体，在基本结构中是很少见的。“宝玑大西洋”的全铝夹层结构受到了其在大西洋工作环境的影响，有难以修复的腐蚀点和脱胶现象。在不久的将来，精心设计和加工的高分子聚合夹层结构将会证明它的可靠性，该结构会为机身结构带来优势。例如可以用最少的框架和加强筋做到机械性能与隔音、绝热性能的集成。

使应力蒙皮结构成为轻型结构设计标准的一个原因是在细长薄壁飞机结构中，有多个负载条件（大小和方向），并且每个结构元素都有特定的功能。在平面张力和压力中，它们通常还伴随着非平面载荷。那些支撑平面张力载荷的材料也必须分配给非平面方向的载荷以产生稳定弯曲刚度，从而阻止由平面内压缩或者剪切（张力-压力）引起的屈曲现象。

通过这种结构，不仅阻止了蒙皮的屈曲，还加大了结构承载能力，并且带来了另一个好处：阻止了在拉力载荷作用下金属蒙皮裂缝的生长。

除此之外，纵梁和肋还提供了蒙皮受到的垂向载荷和断裂载荷方向上的刚度，并且重新分配了整个截面上的局部载荷。这些独立的结构元素让设计者可以精心安排其结构，以达到多功能效果，使结构更有效率（Rothwell，1992；图 3）。

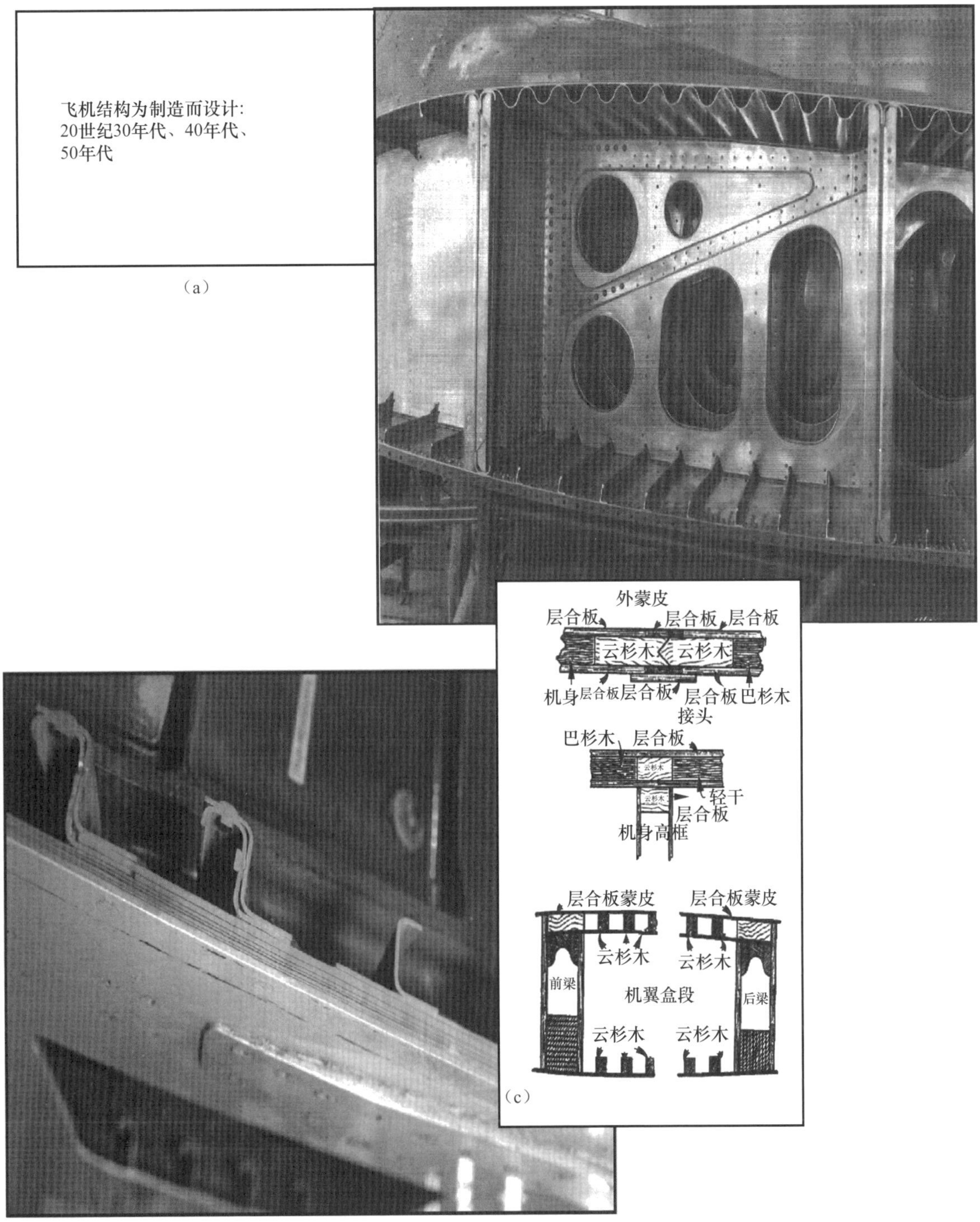


**图3　(a) 道格拉斯 DC3，铆接铝板和（挤压）梁；(b) 福克 F28，层压及黏接铝板和（轧）梁；(c) DH 蚊子层压和黏接胶合板机翼结构，以及夹层硬壳式机身**

来源：Eric Schatzberg

## 2.2　结构效率——几何与连续性

众所周知，如果不考虑材料的工程常数截面均质，则结构发生压缩或者弯曲的临界条件取决于其支撑载荷的有效性。

精心设计的横截面尺寸、平面厚度、桁条间距、桁条高度，当然还包括桁条横截面本身形状的设计，都是提高每个单元承载能力的主要参数。然而，很多实际使用的桁条外形结构在选用时都不是考虑它们的效率，而是考虑减少制造和装配成本。在未来的结构设计中，对桁条设计概念的重新考虑是必要的，以便得知合金设计方案是否对数字机械加工、压焊、铆接有益，并且可知是否合理的设计方案能够带来更轻的层压复合材料结构。

屈曲临界翼段结构效率的提高实例通过对比平板效率系数 $\eta$ 而呈现（图4）。

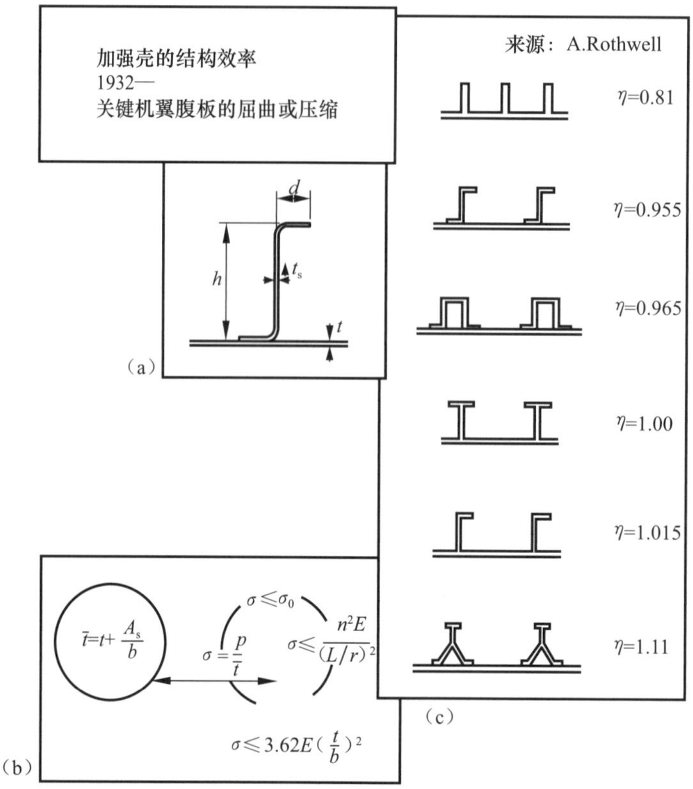


**图 4　（a）Z 截面纵梁，间距 $b$，长度 $L$，$A_s$ 截面积；（b）最小等效厚度 $\bar{t}\geqslant p/\sigma$ 与屈服强度平板屈曲 $L$、$t$ 和 $b$ 以及局部和全局长桁失稳（$L$ 和 $r=I/A_s$）；（c）不同类型长桁的压缩平板效率**

来源：Eric Schatzberg



平板效率系数 $\eta$ 的大小取决于不同定义横截面不同形状特征的比值，如桁条高度与间距的比值。如果最小等效厚度 $\bar{t}=t+A_s/b$ 和蒙皮厚度 $t$ 有固定关系，也就是说 $\bar{t}/t$ 比值是常数，则不同的桁条效率与蒙皮横截面积之比就可以确定，当然其与全局和局部屈曲的不同形式也有关。例如，一个 Z 形桁条，具有固定的特征网格和法兰尺寸比值，即 $d/h=0.3$，则在比值 $\bar{t}/t=2.5$ 时，可达到最大效率 $\eta=0.955$。一般来说，合理的有效面积在 $\bar{t}/t>1.5$ 时可得到，此时可得益于更大的横截面积材料而成为蒙皮的一部分。一个强蒙皮有许多优点，并且允许更大的桁条间距。在同样的文献中（Rothwell，1992），每个单元面积 $\bar{t}\cdot b$ 的质量是确定的[4]，表现了在所有其他变量（负载和几何尺寸）都固定的情况下，平板效率的唯一变量是材料效率 $E^{1/2}/\rho$（表 1），这与已存在的结构对比研究基本符合（图 5）。

**表 1　不同材料单位重量的结构效率，虚拟物化成几个典型加载结构单元。在第二部分中作为相对值列出了铝 2024[5] 一些具体工程常数**

| 单位质量结构效率的静态性能 | | 工程常数 | 碳化纤维混纺 T300 1581 | 玻璃纤维混纺 E-type 181 | 铝 2024 平板值例：镀层 |
|---|---|---|---|---|---|
| 纤维属性 | 密度 | $\rho/(10^3\text{kg}\cdot\text{m}^{-3})$ | 1.76 | 2.58 | |
| | 杨氏模量 | $E/(10^9\text{N}\cdot\text{m}^{-2})$ | 230 | 73 | |
| | 屈服强度 | $\sigma_y/(10^6\text{N}\cdot\text{m}^{-2})$ | 3 530 | 3 450 | |
| 正交层合板，平纹编织，1 581，181 类型，$V_f=50\%$，120 ℃，“B”，室温/干燥，“压缩” | 为有极限参考，复合材料的剪切参数满足 $\sigma_y=\sigma_f/1.5$；湿热：对强度值的破坏因素小于 1.33 | $\rho/(10^3\text{kg}\cdot\text{m}^{-3})$ | 1.5 | 1.9 | 2.7 |
| | | $E/(10^9\text{N}\cdot\text{m}^{-2})$ | 50 | 23 | 72 |
| | | $\sigma_f/(10^6\text{N}\cdot\text{m}^{-2})$ | 420 | 260 | — |
| | | $\sigma_y/(10^6\text{N}\cdot\text{m}^{-2})$ | 280 | 173 | 320 |
| | | $\sigma_f/E$ [%ε] | 0.84 | 1.1 | — |
| | | $\sigma_y/E$ [%ε] | 0.56 | 0.75 | 0.4 |
| | | $\sigma_y/E$ [με] | 5 600 | 7 500 | 4 000 |
| | | $\sigma_y^{h,w}/(10^6\text{N}\cdot\text{m}^{-2})$ | 211 | 130 | 320 |
| | | $\sigma_y^{h,w}/E$ [με] | 4 200 | 5 600 | 4 000 |

续表

| 单位质量结构效率的静态性能 | | 工程常数 | 碳化纤维混纺 T300 1581 | 玻璃纤维混纺 E-type 181 | 铝 2024 平板值例：镀层 |
|---|---|---|---|---|---|
| 正交，湿热 | 材料系数 | $(E^{1/3}/\rho)/10^3$ | 2.46 | 1.43 | 1.54 |
| | | $(E^{1/2}/\rho)/10^3$ | 149 | 79.8 | 99.4 |
| | | $(E/\rho)/10^6$ | 35.4 | 10.4 | 26.7 |
| 正交，湿热 | 极限载荷负载系数 | $(\sigma_y/\rho)/10^3$ | 141 | 68 | 118 |
| | | $(\sigma_y^{1/2}/\rho)$ | 9.7 | 6 | 6.6 |
| | | $(\sigma_y^{2/3}/\rho)\cdot 10$ | 23.6 | 13.5 | 17.3 |
| 相对于铝 2024 的正交效率 | 结构单元 | 主要参数 | | | |
| 体壳单元 | | | | | |
| 压缩 | 稳定性 | $(E^{1/3}/\rho)/(E^{1/3}/\rho)_{alu}$ | 约 1.6 | 约 0.9 | 1 |
| 屈曲 | 强度 | $(\sigma_y^{1/2}/\rho)/(\sigma_y^{1/2}/\rho)_{alu}$ | 约 1.5 | 约 0.9 | |
| 拉伸 | 强度 | $(\sigma_y/\rho)/(\sigma_y/\rho)_{alu}$ | 约 1.2 | 约 0.6 | |
| 梁单元 | | | | | |
| 压缩 | 稳定性 | | | | |
| 屈曲 | 刚度 | $(E^{1/2}/\rho)/(E^{1/2}/\rho)_{alu}$ | 约 1.5 | 约 0.8 | 1 |
| 拉伸 | 刚度 | $(\sigma_y^{2/3}/\rho)/(\sigma_y^{2/3}/\rho)_{alu}$ | 约 1.4 | 约 0.8 | |
| 夹层壳单元 | | | | | |
| 屈曲 | 刚度 | $(E/\rho)/(E/\rho)_{alu}$ | 约 1.3 | 约 0.4 | 1 |

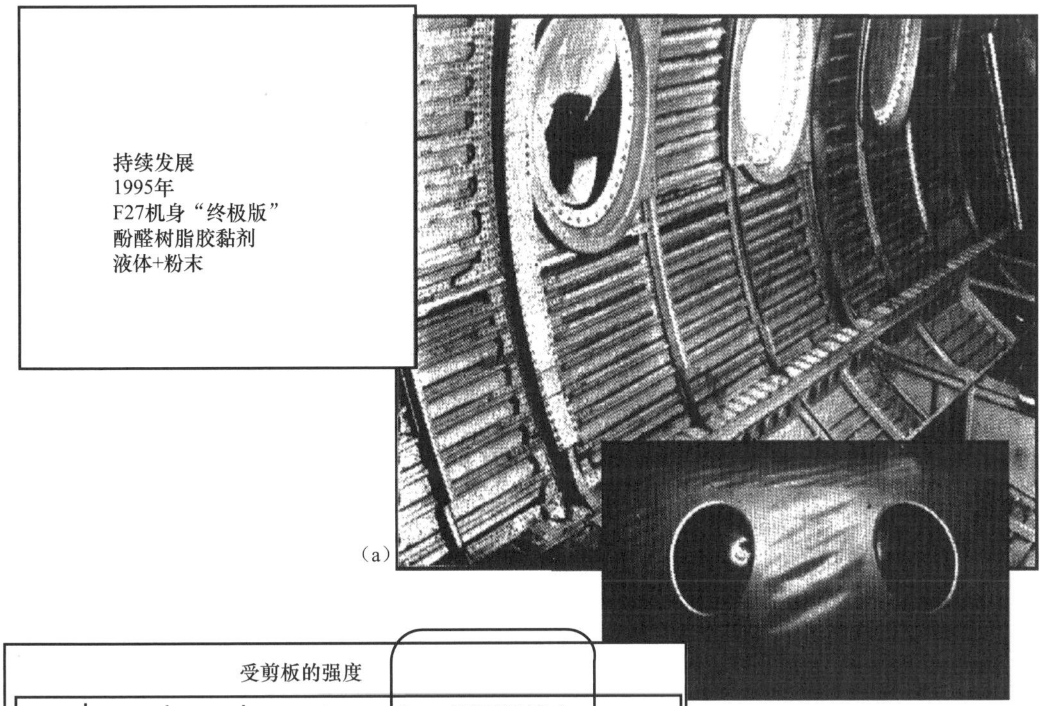


(a)

受剪板的强度

| 腹板 | 板厚度/in① | 加强筋厚度/in | 加强筋间距/in | 高度/in | 极限剪切应力 磅/in² 铆钉 | 极限剪切应力 磅/in² 胶接 | 重量 |
|---|---|---|---|---|---|---|---|
| Ⅰ | 0.032 | 0.040 | 5 | 10.5 | 20.700 | 23.900 | 24 英石② |
| Ⅱ | 0.040 | 0.032 | 3 | 18.0 | 12.400 | 15.100 | 24 英石 |
| Ⅲ | 0.060 | 0.048 | 3 | 18.0 | 25.400 | 29.800 | 75 英石 |
| Ⅳ | 0.032 | 0.032 | 6 | 18.0 | 8.500 | 9.100 | 24 英石 |

(b)

**图 5　(a) 全机身静力试验时窗户周围的斜拉场；(b) 消除铆钉间失稳和由黏结导致的自由宽度减少带来的静强度的提高**

来源：Schatzberg，UniDelft

① 1in＝2.54cm。
② 1 英石＝14 磅＝6.35 千克。

对比受压的细长结构板的效率，仅仅基于横截面积材料分配最优化的情况，其展现了桁条设计巨大的减重潜能。常用的叶片加强筋吸引人的地方仅在于其碾轧工序成本低。所以，如果新型材料和工序进入设计蓝图，那么重新设计使横截面布局最优化和用胶黏或整体设计取代铆接是必要的。20 世纪 50 年代，福克 F27 机身的检测展现了其胶黏结构的好处，即没有纤维的合金层板。其静强度比铆接的高出 10%，且提高的抗疲劳强度给飞机结构带来了 90 000 次的飞行寿命。

复合材料不仅提高了合金材料的性能，还降低了飞行腐蚀的维修成本。

当然，对于敏感区域带来的影响，需要有特殊的保护措施。令人震惊的是，在 F27 中，这些措施包括用玻璃纤维在所有前缘、门缘和螺旋桨结冰保护板处对复合材料进行加固。

## 3 层合板结构：从金属材料到复合材料

未来“固化”纺织结构最大的优点在于其可持续化地制造大型结构。从简单的中间物开始，像纱线的卷线轴、条带和纤维，这些代表了“结构的核心”的纺织品前身可以最终被转换为“布”。然后在模型中排布纤维时在树脂中浸润，最终在烤箱中凝固（没有尺寸限制）或利用大气压（真空包装袋）来保持它们的形态。该过程是下游制造业的最终形式，在该过程中不同的纤维/纺织排布机器起了很大作用。这暗示着对介于基础原材料选择（原料）与产品实现（菜肴）的中间步骤的最大缩减。



如果我们比较两种已经存在的、在壳体结构中使用的纤维——碳化纤维和玻璃纤维，比较它们单位质量下的机械性能（结构效率），可以得到不同加载结构解决方案列表。对于铝 2024 的分析比较，可以从普通纤维材料的简单交叉层合板（50%、90°或 50%、0°）开始，其具有 50%的纤维含量和相等的固化周期（120 ℃）。

该比较是基于没有瑕疵的理想材料，但该材料对高温和湿度很敏感（80 ℃/潮湿）。

目前，确定可用的许用应变等[6]，至少对于碳化环氧树脂层合板的设计阈值，在强度比较研究中还是不够的，特别是在高温、潮湿的条件下（表 1，极限载荷应变＝4 200$\mu\varepsilon$）。在近来的混合式结构飞机设计中，现代碳化环氧树脂层合板的允许值反映出更易碎且对缺口敏感的情况。

以纤维为主[7] 的设计允许值范围见表 2。

**表 2 以纤维为主的设计允许值范围**

| $\mu$ 应变 | 极限值 | 基本原理“B”原则 | 因数（s）：安全系数×击倒系数 |
|---|---|---|---|
| 拉力 $\varepsilon_t$ | 3 500/4 000 | 9 000 | 2.6＝1.5×1.7 |
| 压力 $\varepsilon_c$ | 2 700/3 000 | 7 200 | 2.7＝1.5×1.8 |

波音公司基于标准安全系数 1.5、拉力情况下破坏系数 1.7、压力情况下破坏系数 1.8 实际应用的静态最大值“B”[8] 的值被减小了。空客使用如图 6 所示中的应变下限。波音用的破坏值约为 1.33[2]，该系数考虑了高温、潮湿条件的影响。这些临界静态应变数据似乎都是在有一个锯槽的试验件上通过试验得到的，所以它们严重受到标准差和应力集中的影响。这些最大的应变都在结构设计时用到，也将覆盖大部分疲劳试验载荷。这就解释了以下陈述：“复合材料必须被看作有着不好静态性能的材料，而不是具有优良疲劳性能的一种材料”（Rouchon，1996）。也就是说与铝相比，复合材料在静强度方面所受的关注比疲劳强度更重要[9]，所以从表 1 中的效率比可以体现出，对于那些对屈曲和疲劳较脆弱的加载结构元件，换成碳化纤维复合材料将会达到最大的减重效果。对于静强度主导结构（配件、连接件），呈现的结构效率数据需要因受到压力增大的影响而进行修改（在上述环境中破坏系数为 1.33）。对于未来的设计，我们学到的最重要的一点是，最好的减重和提高耐久性的方案是最大地减小由于不连续[10]、槽口、开口、铆钉孔和树脂区域引起的应力集中现象，也就是减小局部减缩系数。在局部区域，也省去了局部加强或者增加厚度来安置钻孔铆钉头和额外的局部因数，比如支承系数（1.15）。

在材料方面，一个好的纤维与树脂组合（刚度、黏着度、强度）及好的高温、潮湿属性是另一个需要遵循的原则：减小整体缩减因数，使其破坏系数在高温、潮湿环境下小于 1.33。整体因数的缩减影响了整体的结构。由于部分集成导致的局部因数的减小程度较小，但建造一个更简单、更耐久、能省去紧固件的结构，更加经济且装配性能更好。

在表 1 中通过对比不同结构元件（相同加载、

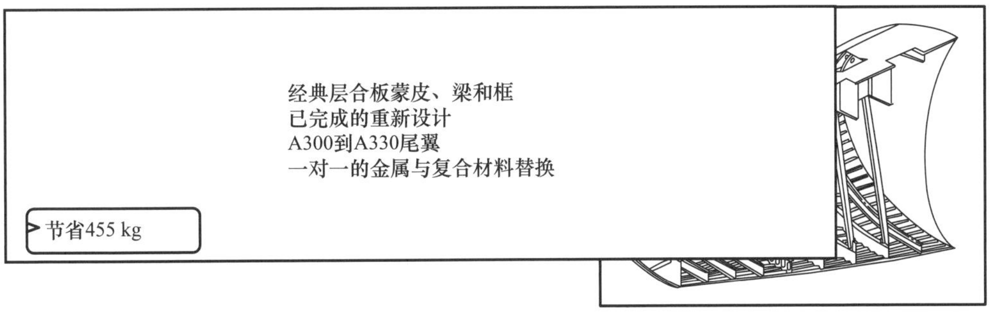


| 结构 | 设计允许度① | | 碳纤维复合材料的减质潜力/% | | 重量/kg | | |
|---|---|---|---|---|---|---|---|
| | 铝/MPa | 碳纤维复合材料/με | 上限 | 下限 | 铝 | 碳纤维复合材料下限 | 碳纤维复合材料上限 |
| | 300 | 3 000② | 35③ | 20 | 650 | 420④ | 520 |
| 外壳 | 200 | 4 000 | 65⑤ | 40 | 230 | 80 | 140 |
| 框 | 200 | 4 000 | 50⑥ | 30 | 150 | 75 | 105 |
| 配件 | | | | | 1 030 | 575 | 765 |
| 总计(选定组) | | | 44 | 26 | | | |
| 总计(19) | | | | | 1 750 | 980 | 1 295 |

注:
①最大许用值：刚度、不稳定性、疲劳
②最大应变：刚度、不稳定性
③节能潜力：在稳定性关键区域较高
④重量估计：435 kg（CATIA）
⑤乐观值：简梁弯曲
⑥节能潜力：经稳定器调节
铝：100 MPa ⊕1400应变(⊕：表示“及”“或”的意思)

**图 6　单位结构组的初始估计节省，CFRP 与 AL**

来源：Schatzberg，UniDelft



相同几何尺寸）各自的效率，即使是对于所选择的“简单的”层合板，也可看出在大的壳结构中碳化纤维加固的复合材料提供了单位质量最好的机械性能。对于铝材料的屈曲和刚度临界部分，从 1.6、1.5 到 1.3，或是单位载荷重量从 0.63、0.67 到 0.76，平均减轻了 30%的重量。假设结构元件在极限载荷下达到了静强度的临界条件，但没有应力集中，系数可从 1.5、1.4 提高到 1.3。在取倒数之后，与单位铝相比，单位载荷减重可从 0.6、0.71 达到 0.83。对于承弯元件，重量最大可平均减小 30%；对于受拉元件，可减小 15%。

如果玻璃加强的聚合结构也被考虑进来，如被广泛应用的飞机内部件（地板、侧壁、天花板、箱子等），从表 1 中可以看出，如果换成碳化纤维，就很容易减重 20%，并且不会带来任何缺点，且不会违反如对火、烟雾和毒物等的条例规定。一个有根据地推测是：对于 F27，重量减轻后可达到约 200 kg，而 A320 可达到约 600 kg。对于今天的标准来说，是非常吸引人的减重方案。

# 4　复合材料和多学科飞机设计

对于以刚度和强度为主的飞机结构，通过铝合金来提高其机械性能已经没有可以进一步挖掘的潜质。新表面形态的改变，从固态平板和剖面到纤维金属层合板，甚至是电线和纤维，都为提高特定的机械性能和疲劳特性提供了可提升空间。有些公司进行了巨大的投资，包括在旧技术快要过时时对已有技术的巩固，和对更强大、具有潜力的新技术的开发。然而，众所周知的是，在任何已有技术生命周期的衰退阶段，“优化”仅能产生一点提升（在 S 曲线的顶端）。例如，金属产量或破坏应力的每一次提高，都是以疲劳性能或者抗腐蚀性的降低为代价的。对于同一族的材料，新的材料形式或旧材料的修正并不会影响弹性阶段的杨氏模量，但却是轻型刚性结构的关键（挠曲、振动或屈曲临界条件）。所以一般来说，如果想要有较大的性能提升，就需要引进更强有力的材料，这些材料要有特定的属性和更易制造的性能，从而可以制造出具有更高价值的结构（图7）。

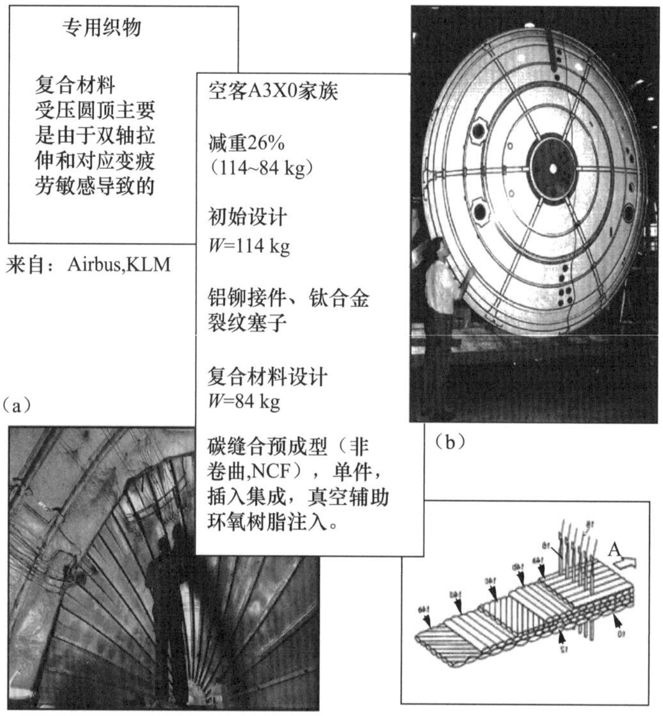


**图7 （a）B747圆顶，裂纹监视；（b）丝束，铺设和线缝成无卷曲纤维预成型件**

来源：Schatzberg，UniDelft



后者的观点也很重要，因为相对于传统竞争对手来说，新型材料比技术更重要，所以提高性价比成为最首要的原则。为了减轻重量而更换材料是最传统但也是最容易被忽视的方法。例如，用碳化纤维环氧树脂一对一地代替铝（有色金属结构）。该方法忽视了由于材料对局部过载或设计缺陷产生的差异而引起的极大风险（对抗爆发性的不黏着和分散引起的慢性破裂）。

如果我们必须选择最具挑战性或为了创新选择最具吸引力的设计，那么传统飞机密封的机身或机翼中的乘客区将会是最终的选择。这是最重要、最昂贵、装配时间最长和结构最复杂的部分（图8）。

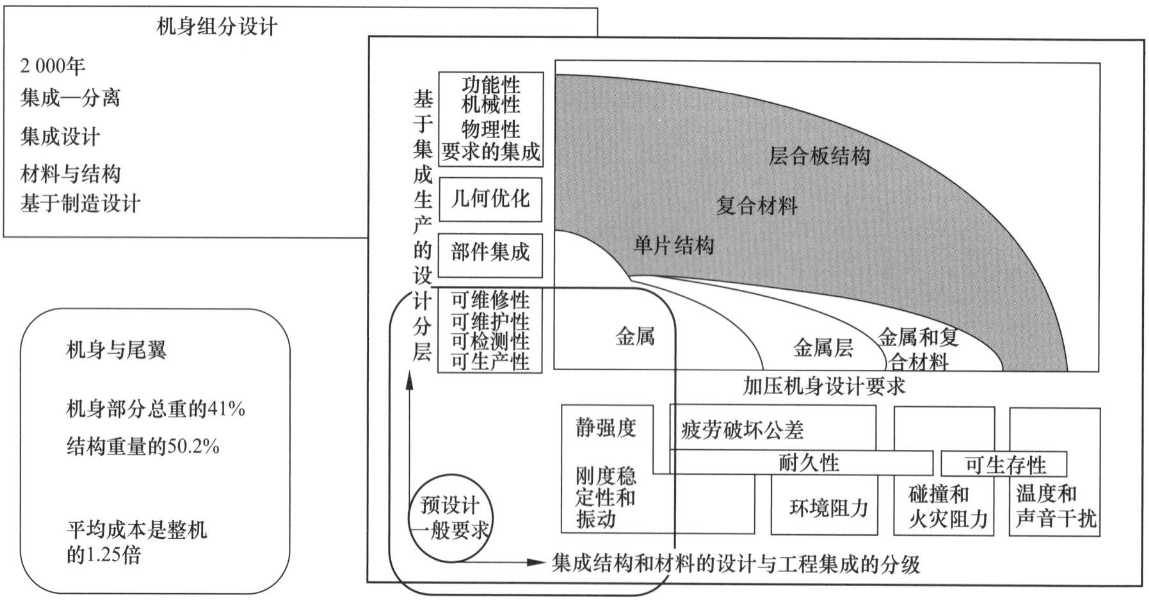


**图8 简要的机舱设计要求：转变到复合材料结构，使部件和功能的集成成为可能，同时引发满足耐久性与生存性要求的静力和动力结构整体性的整合（设计与工程）**

来源：A. Beukers、Van Tooren、Johnson

## 4.1　多学科机身设计，力学与声学的集成

结构概念和制造技术组合选择材料的首要功能是集成后效率提高。图 8 所示为以图形的方式来表现在机身结构发展和设计中需要满足的要求。

最重要的结构设计和材料种类要求是沿着水平轴分布的。在实现结构设计概念的制造过程中，功能集成水平在图中沿着纵轴给出。从原点向右延伸的波浪形包络线分别代表着材料、结构和技术，越向右代表功能集成的潜力越大。一旦以上概念被正确执行，公司得到的将是更具有竞争力的产品（相对于电子产品贸易而言）。然而事实上，结构设计的特点是几乎没有相互作用的连续性工作，优化大部分都仅局限于刚度和强度。在制造过程的最终阶段，加上隔热和减震元件时，是要以花费更多劳动力、增加重量和更高成本为代价，才能满足如隔热和隔音的物理要求的。

如果要应用修复隔离和集成的理念，就需要对复合机身设计进行基本潜能的开发。首先是在金属和复合材料机身上，对框架间距的基本设计参数进行研究。

加强机身面板的结构效率可以根据壁板需要的强度和稳定性做出判断，如图 9 所示，其所有的设计曲线都有相同的特征形状，在确定的框架间距

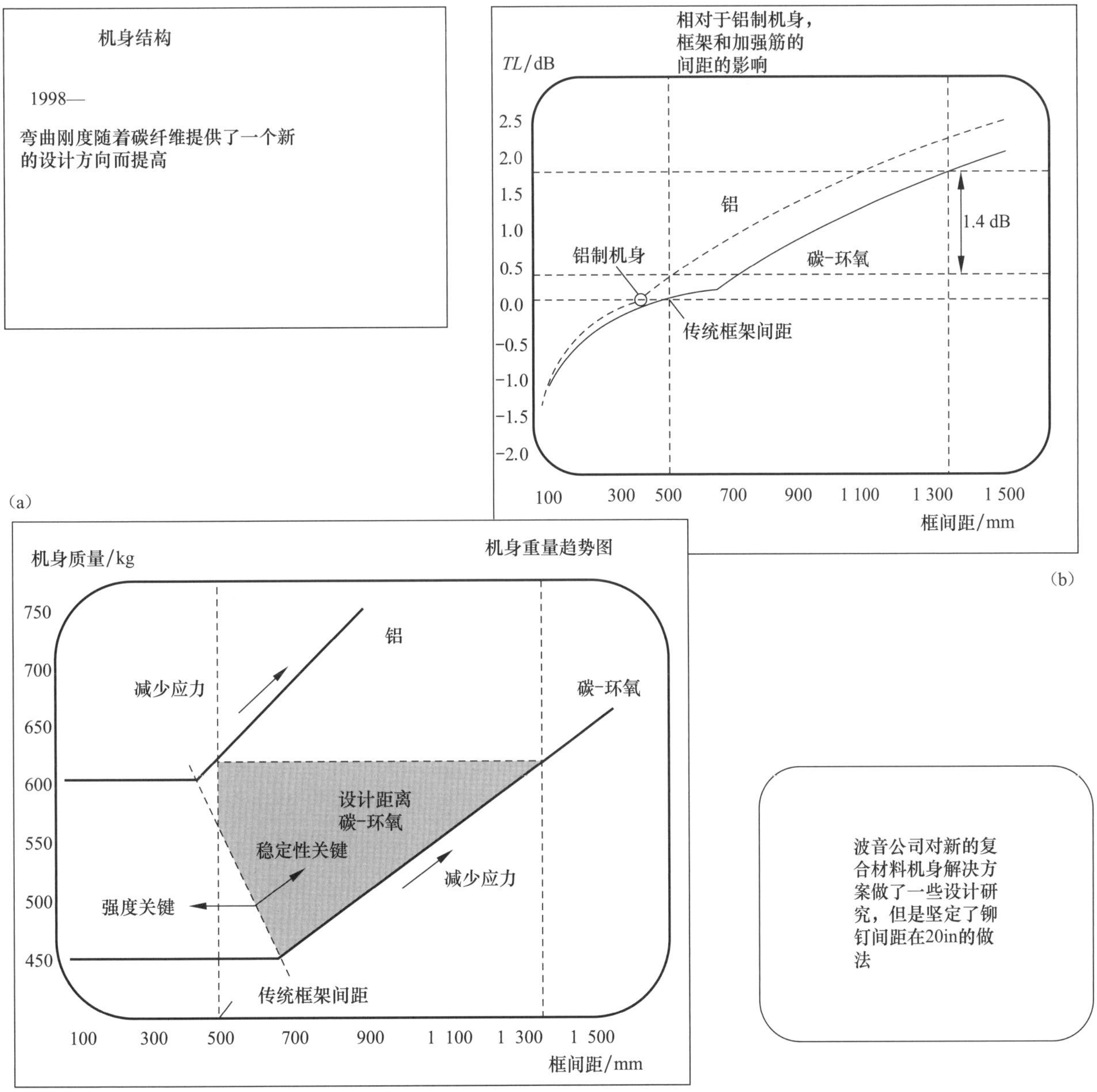


**图 9　(a) 稳定性变化时的重量趋势板厚与框架宽度；(b) 增加的复合材料蒙皮厚度和减少一半的框架，以及导致的额外的 1.4dB 声音传输损耗**

来源：M. van Tooren

下，机身重量是一常数（实际中它又变大），且受材料最大许用应力支配。大于该框架间距，蒙皮壁板的稳定性开始影响机身的重量。在临界稳定区域，在增加框架间距的同时必须增加蒙皮厚度。所以，机身的应力水平降低。当蒙皮最薄时，机身重量可能达到最轻（不包含物理要求）。很明显，最轻的铝制机身比最轻的碳-环氧树脂机身重约30%（van Tooren，1998；Krakers，2008）。

从图9中还可以看出，框架间距选择的设计窗口出现于我们把金属换成碳-环氧树脂复合材料时。这就允许我们应用修复隔离和集成的理念来满足机身的其他要求，以制造出与用金属制造的机身重量相同或者更轻的结构。

在下一部分，我们将研究在机身机械设计中对隔热与隔音功能的集成。

### 4.2　机身的隔音

机身的隔音效果依赖于许多参数，如机身上的噪声源频谱、机身内外压力差与机身结构的共振频率等。为了了解隔音结构参数带来的影响，可采用一块两侧大气条件完全相同的加筋板来进行检测。

声音传播强度减弱的关键在于传输损失。用复合材料替换铝材料，用其重量的减少来提高刚性机身的隔音性能。如图9所示，这能使声音在传输中多损耗1.4 dB。隔音效果的增强需要增大框架间距和蒙皮厚度。这些调整也会使零件使用减少、应力等级降低，以及获得更好的疲劳性能和抗冲击性。

如果我们忽略新方法对支持系统和内部结构的必要性，那么可以很清楚地看到，拥有这种机身的飞机重量和产品及其维修费用都会降低，因为刚性元件的使用量会减少50%。很明显，设计窗口的开发会比仅仅采用最轻复合材料方案更能使这种飞机与传统铝合金飞机相比，也更加具有竞争力。

直到现在，我们讨论的都是采用刚性蒙皮的结构理念，还有一种选择是夹层结构概念。夹芯板材几乎不需要加强筋。因此，此处没有质量的丢失，也就不会导致单位蒙皮区域的质量相对较大。根据质量定律，即可以得到较好的传输损失。此外，其核心部分由一种隔声、隔热性能较好的材料制造。由于加强筋只需要用在集中力作用（机翼、起落架等）或者转移（开孔）的区域，因此，离散加强筋的数量是可以最小化的。这也能减少生产和维护的费用。集成设计中夹层板结构（图10）的潜力是

图10

荷兰代尔夫特理工大学正在进行的研究项目的一部分（Krakers，2008），在此章节中将不予以讨论。

## 5　安全低成本层合板

经典层合板理论（CLT）在20世纪50年代形成，人们了解了各向异性平板材料的力学性能。各向异性的一般形式表示在宏观均匀弹性各向异性（板）材料中所有可能应力与变形组分之间的关系。刚度矩阵及其逆矩阵（6×6）是对称的，且包含21个独立弹性常数。建立由各向异性薄层组成的平板，每一层都有各自的方向，经典层合板理论对在平面应力作用下的承载平板，可将所有可能载荷和变形对应起来。此时，刚度矩阵是对称的，包含3个弹性常数矩阵$\boldsymbol{A}$、$\boldsymbol{B}$、$\boldsymbol{D}$：在每一矩阵中，弹性常数由不同的“混合定律”确定（图11）。确定$\boldsymbol{A}$、$\boldsymbol{B}$、$\boldsymbol{D}$的常数的混合定律方程分别是线性、二次性和三次性方程。对于材料和结构设计师来说，面内、面外变形和应力通过$\boldsymbol{B}$内的弹性常数来进行耦合。假设层合板是堆成和平衡的，将载荷和弹性都放在正交坐标系中，这样的正交结构仍然有9个独立的弹性常数。对称意味着每一层都有相对中面层板的一个对应部分（刚度、厚度和相对位置是相同的）。平衡是指对应部分将每个偏轴方向的铺层在另一个方向分解（正角度被负角度分开）。在广义平面应力（无面外应力）与平衡对称层合板的$\boldsymbol{A}$和$\boldsymbol{D}$矩阵独立的情况下，如在$\boldsymbol{A}$矩阵中面内载荷和剪切载荷相互独立，对结构设计师而言，正交结构的尺寸和分析将会清晰得多。反耦合最重要的作

用是固定和支撑区域（有限板）不会承受面外或者法向载荷、由弯曲引起的载荷及在由面内载荷导致的非对称和不平衡层合板中的转矩（图 11；Nijhof，2004；Bailie 等，1997）。

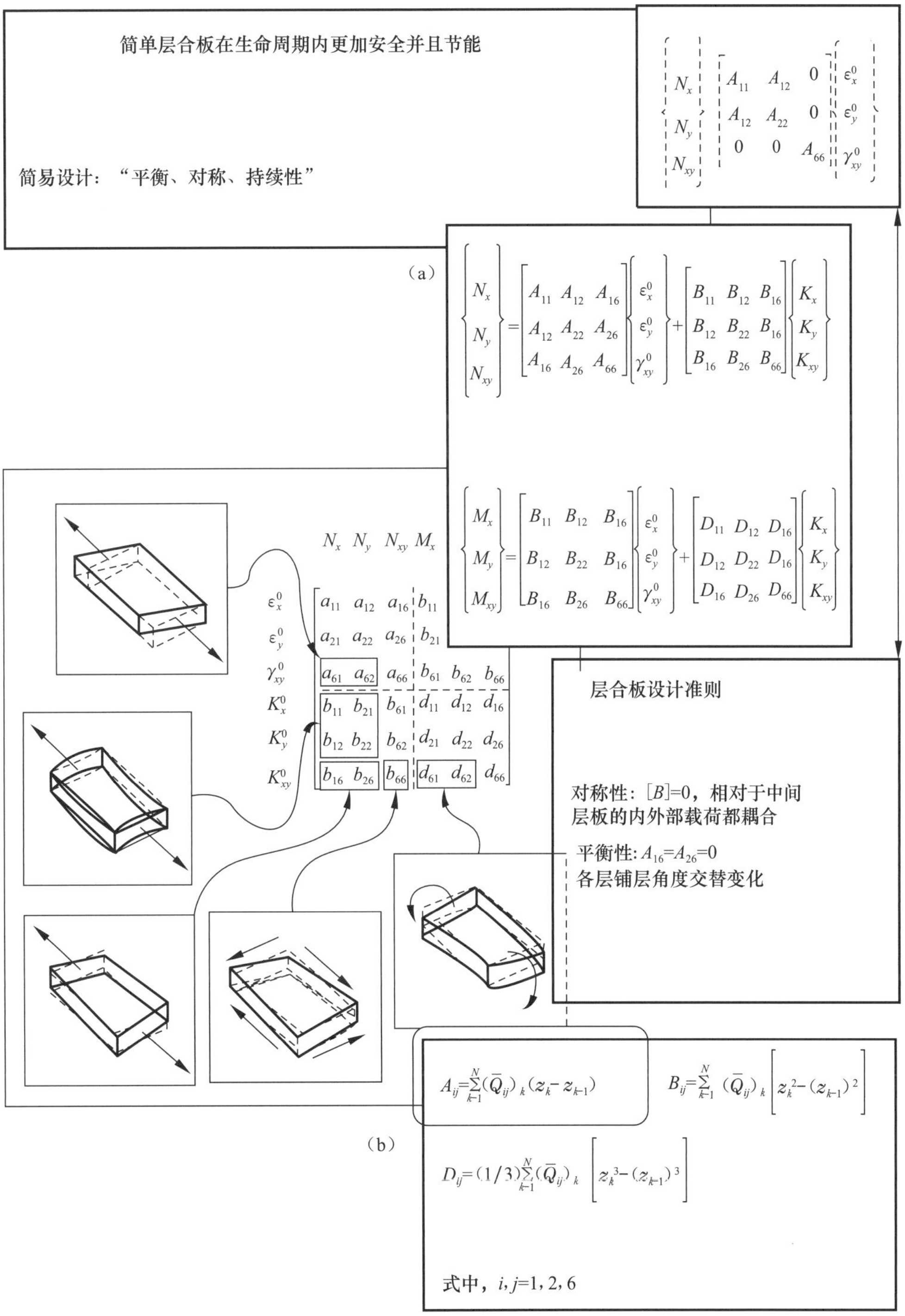


**图 11　(a) 非对称、不平衡层压板由平面变形或有受阻反应载荷、力矩和扭矩时产生出来的加载在平板上的应力；(b) 简要经典层合板理论**

来源：A. Rothwell

这样的简单层合板并没有使设计师与用户感觉惊讶和尴尬，而且当只使用一种纤维和树脂时，其在减少了认证测试的同时简化了制造和维修流程，后者是在不连续性和外中心性的最小破坏之后恢复初始连续铺层的重要方面。扭曲通常只影响强度并不会影响刚度。

经典层合板理论回到了最基本的形式，且成为了一个既可以用于平板结构，也可以应用到组件结构上的工具。例如，弯曲和扭曲变形中的负耦合，在涡轮风扇叶片和前掠翼上是很有吸引力的。其不仅是非对称、不平衡的层合板设计，也是耦合包含非正交性能机翼单元的重要方面（De Goeij，1999）。

对于对称、平衡层合板来说，刚度矩阵中的 $A_{11}$、$A_{22}$、$A_{12}$ 和 $A_{66}$ 是常数，并且与在 $x$ 轴和 $y$ 轴方向上的工程常数 $E_x$、$E_y$、$v_{xy}$ 之间呈线性关系。所有层合板等效平均工程常数[11]的 Taspestry 曲线或者 NOMO 图均可以绘制出来（图 12）。

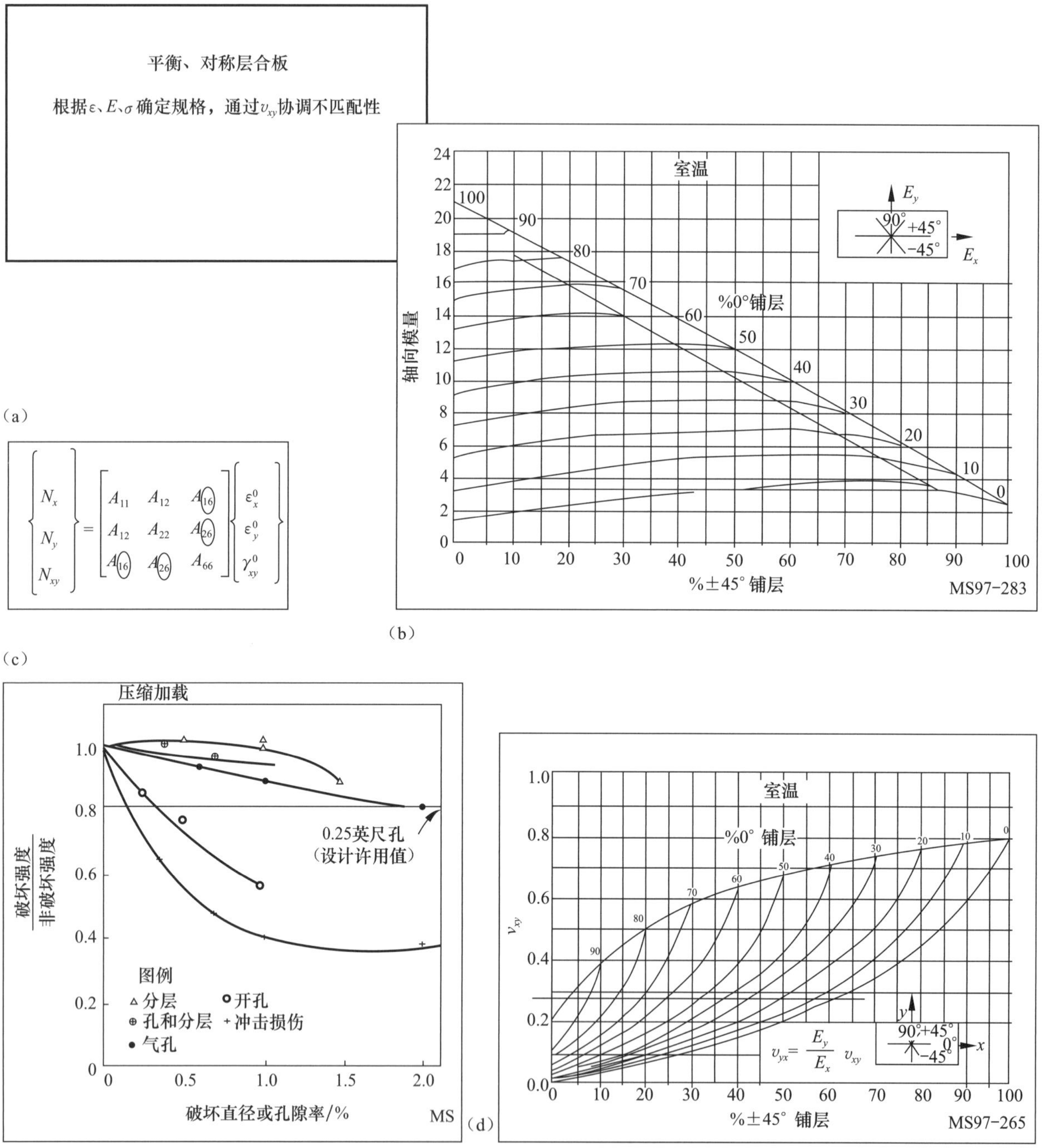


**图 12　(a) 平衡、对称的经典层合板；(b) 以破坏纤维为主的压缩层合板的典型强度和应变阈值；(c) $E_x$（%0°、%±45°、%90°）碳-环氧 UD 层合板；(d) $v_{xy}$（%0°、%±45°、%90°）碳-环氧 UD 层合板**

来源：Boeing、Northrop、NASA 等

对于尺寸结构，如由水平和垂直桁架组成的梁、由框架制成的平板和纵梁，外载必须符合整体和局部的伸展与弯曲性能（EA、EI 和应变）要求。通过应用许用应变，对于静态和动态载荷，有缺口和无缺口结构的承载能力与效率可以被协调。例如在之前章节提到的，设计的质量和制造维修的

成本主要由建立结构的简单性和消除应力集中或者广义的消除宏观的不连续性（缺口、外中心性、陡峭的刚度变化等）和同样重要的细观不连续性（最小化层间层内的不连续性，越均匀越好）决定。往往被忽视的局部不连续性是泊松比和隔热延伸系数的不匹配。这对设计师而言，通过调整附着单元来克服这种情况来说是一个挑战，若忽略它们，则会变成一场噩梦。在模具设计师的工作中，最简单和省钱的方法是在所有附着部分上坚持使用一类材料，如层合板中的碳-环氧树脂。

“渲染简单性”的最新例子在耳片中，如 F27 的翼身座椅，其是从几乎准各向同性的层合板中加工出来的。类似的 135J 的冲击发生在底盘托架中（‘t Hart 等，2003；图 13），严重的分层和对于基于最小化层间层内不连续性理论的层合板来说，这样的比较研究显示了冲击之后令人惊讶的残余属性。

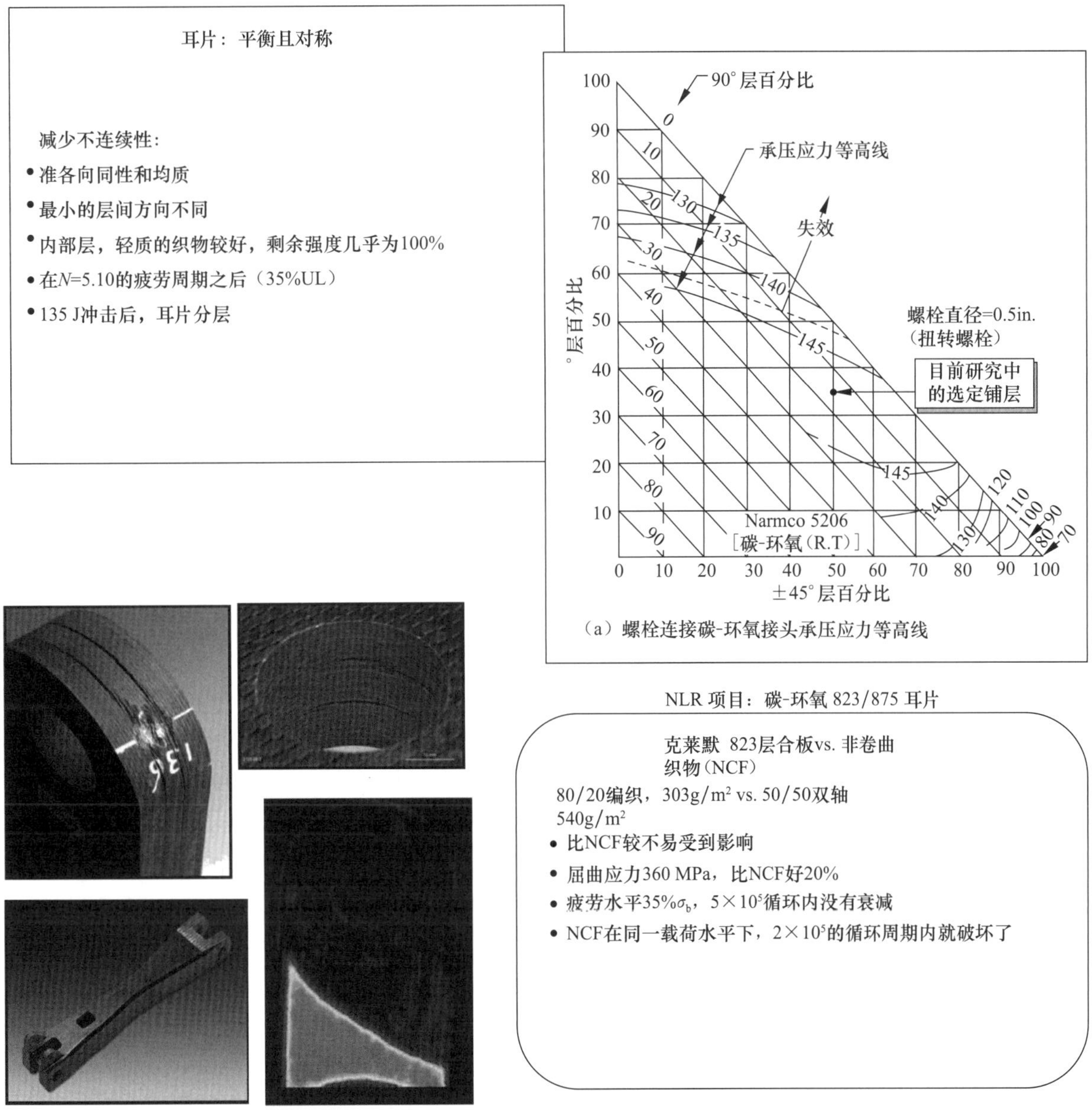


**图 13　135 J 冲击后的经典耳片设计**

来源：‘t Hart、Hart Smith 等

冲击之后的结果是简单的载荷路径“接头”，其被分成一个多载荷路径的耳片，保留了初始设计强度和初始材料的疲劳强度。20 世纪 80 年代，人们做了一个寻找 F27 翼身耳片上铝 2024 替代品的试验项目。尽管有“预应变”孔，但其寿命仍然有限。没有轴瓦的碳-环氧试件在疲劳试验之后显示

出了较大的疲劳寿命和剩余强度，比静态测试的结果要好（重量减少 40%）。在进行 2P 客舱压力的测试后，有类似机身金属化的现象出现，但其机理存在着差别，即铆接接头的塑性定形做相同的工作。

复合材料的破坏机制和破坏响应与可延展的金属是完全不同的。金属中厚度方向的疲劳裂纹在复合材料层合板中以一种完全不同的形态存在，是基体裂纹、分叉和分层的复杂结合。假设拉伸试样的边缘（Liu，2004，2008；图 14）存在一个简单应力集中的缺口，横向裂纹和分叉由 0～1 000 的微应变产生，在超过 5 000 时就会出现自由边界分层。应力集中系数 $K_{11}$ 随边界、层间位置和连接面变化。

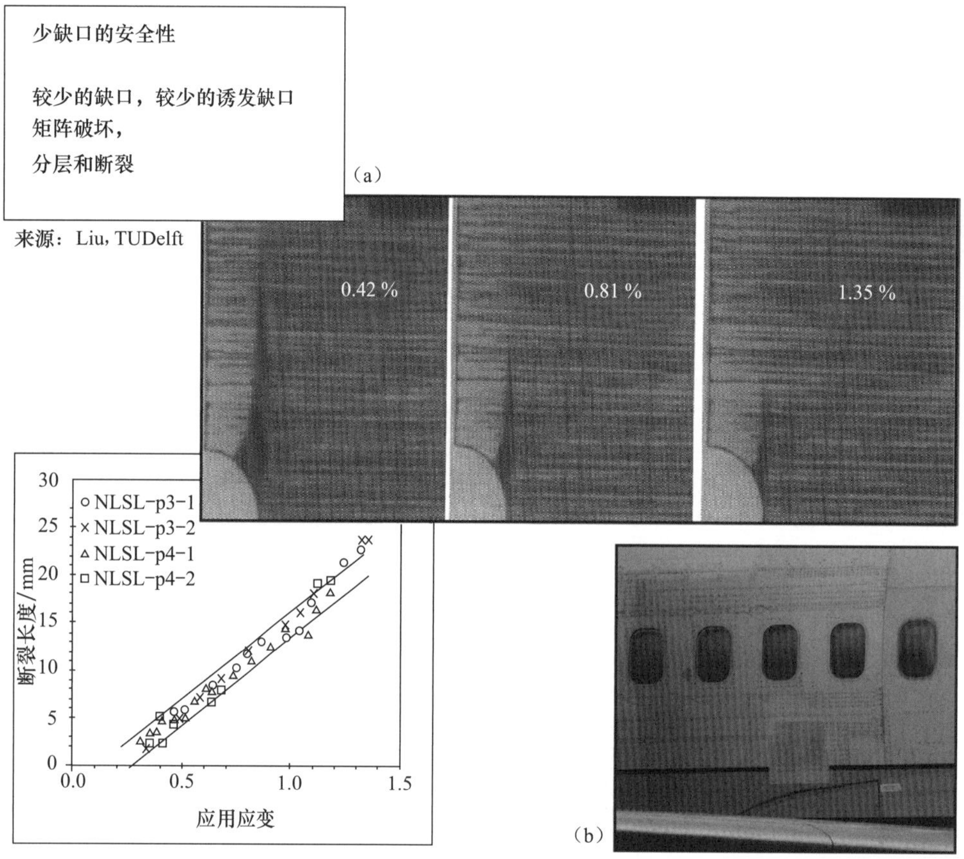


**图 14　(a) 诱发的缺口将 NIS 和分层 NID 分开，有拉伸载荷的正交层合板，半透明的玻璃聚酯；(b) 韧性裂纹的修补**

来源：Airbus



典型的层合板，在不同铺层间的连接面存在着法向和切向应力，其由 $K_{13}$ 和 $K_{33}$ 产生且随它们变化，因此称为层间自由边界应力。所有的应力集中都有不同的缺口分布，且相互有连接。一般来说，最薄弱的连接在基体或树脂中。因此，延展性的提高、纤维-基体界面附着和纳米级增强是主要的研究领域。

例如，纳米颗粒级的树脂增强是基于在纳米域的颗粒面积/体积比值急速上升的。其结果是顺势疗法医师的预想：在树脂中稀释非常小的颗粒含量（纤维、血管或血小板），以提高关键树脂性能（力学和物理性能）。在玻璃化转变温度之外增加刚度及通过增加 4.6%的纳米硅酸盐来降低如聚酰胺饱和度的尝试，都得到了非常好的结果（第 9 节，Vlasveld，2005）。

## 6　简单纤维铺层，安全和低成本

在不久的将来，最大的追求是在初始结构中发展纤维结构的下游制造技术，在“无限大小”的模具中干燥和拉直，同时在真空辅助浸渍之后“凝固”成固态结构。自从浸渍技术成为一个高质量的流程（Labordus，2001；图 15）之后，其渐渐应用在快艇、桥梁和风机涡轮叶片中（可达 60 m）。近期，飞机结构为此制造流程进行了设计，如翼梢小翼和移动机翼的部分（波音 737、787），还有如

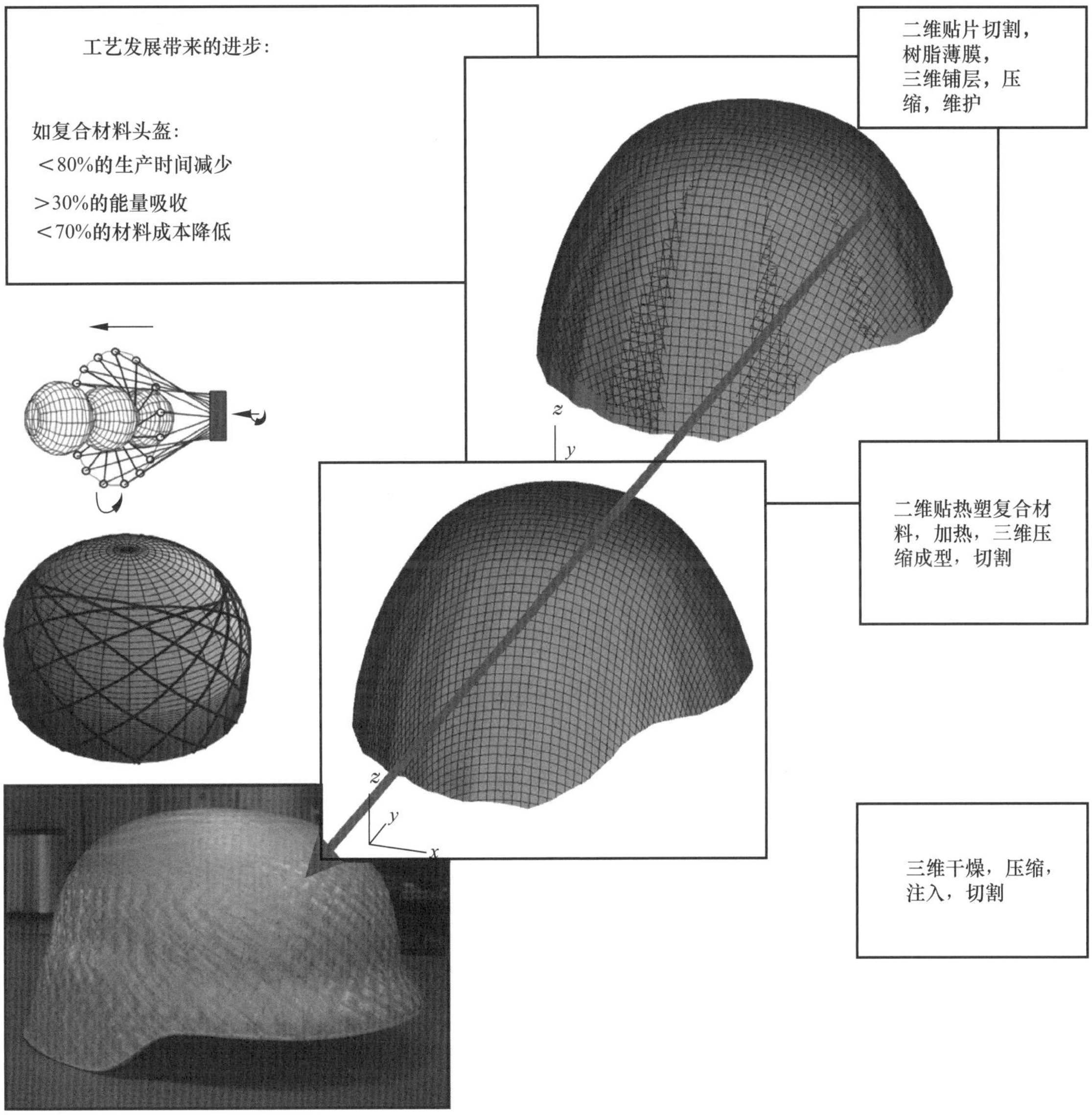


**图 15　从 2D 到 3D，从织物到长丝**

来源：Airbus，KLM

猛禽（UAV）和钻石 D 喷气机的“大”结构用于“小”飞机。

含有经纱、纬纱且由缝线和（热）塑料薄膜结合而成的多方向和多铺层纤维，越来越多地得到应用。较为复杂且成功的例子有空客的压力舱壁（图 14），如今已应用于 B787 上。

由于资本密集型纤维铺设机器人的使用（图 16），预浸渍纤维、麻和胶条都有所突破，即将飞机结构制造变成了工业化和劳动力丰富的活动。20 世纪 50 年代，随着数控铣床的引入，集成铝结构有了类似突破，如叶片加筋。

20 世纪 50 年代的另一台机器——纤维缠绕机，也有未预料的品质。当它为一系列产品专用时，纤维缠绕机是快速（多口进料）和便宜的。当使用了“干燥细丝”时，缠绕速度会以 10 的系数增长，同时制造流程也变得简捷。

通过巧妙的设计和优化程序，可以生产出缠绕板、壳和单元结构（如绕对角旋转的平板）。轻芯棒、多口纤维输送、聚合物黏结剂、最小速度和方向变化，使得纤维缠绕机成为“均匀”干燥层合板的潜在层合机（Koussios，2004）。这种变化的例子可以在头盔制造中发现。这项技术从手工层压，经过聚酰胺有热塑性的预浸渍片材的工业化冲压成型（Bergsma，1995），最终发展到短周期冲压后的三维预成型件的快速绕组，其变革和由此带来的收益如图 15 所示。前置时间的减少、弹道冲击能量吸收的改善和材料成本降低的百分比都是巨大的，同时展示了用简单的设备进行三维编织成型的优势。因此，编织结构设计师必须有将二维和三维缠绕编织结构保角变换到三维形状（立体裁剪）的能力。

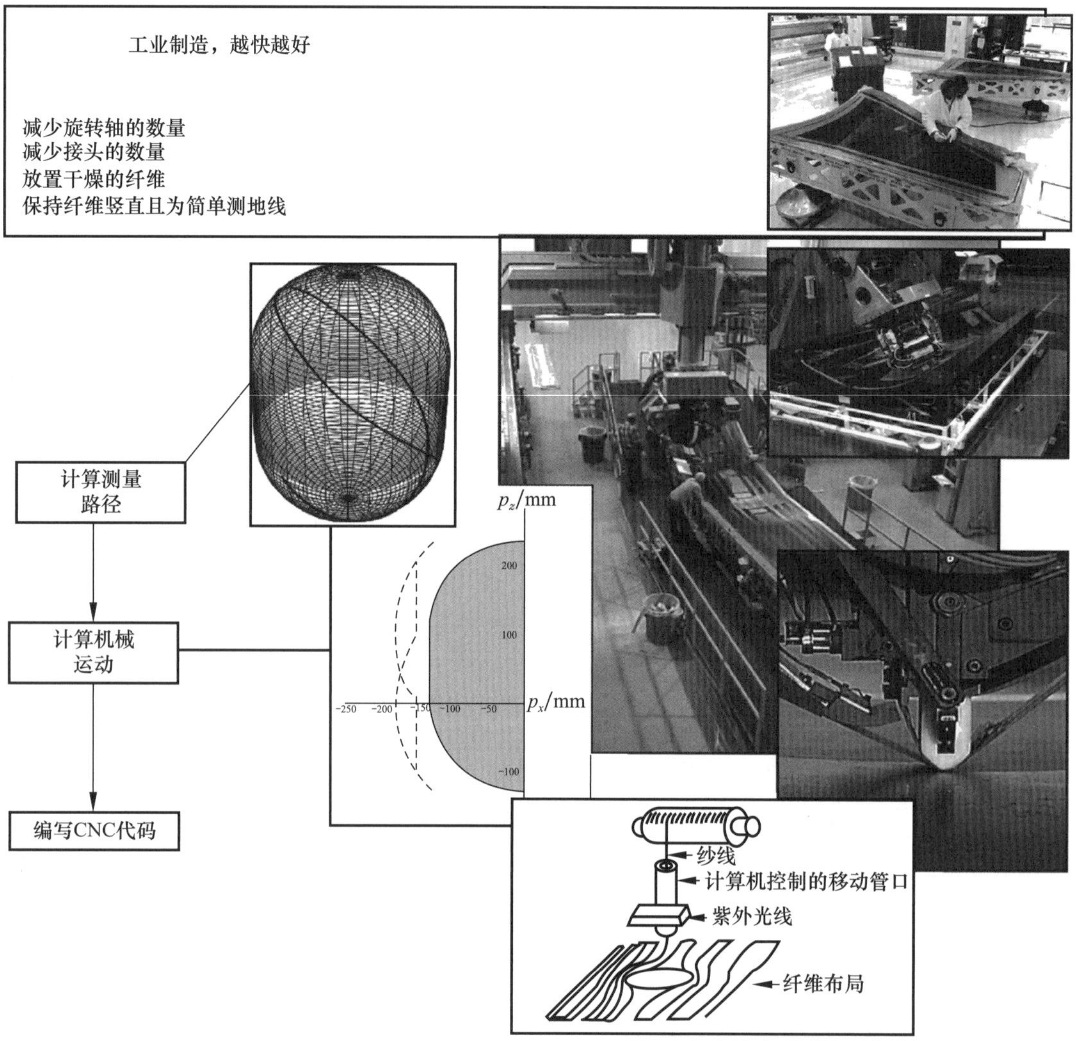


**图 16　工业化制造，更快更好**

来源：Airbus，KLM



例如，用凸形绕组生产出凹形产品。关于细节，如缺口，则必须再次使用简单且尽可能同质的厚度增量来增强局部缺口，此增量原理上可以在后来切除。此仿生方法，用于在缺口周围遵循或创造应力轨迹，类似于从树干长出的分支的根面积。比如在机身中，窗台的生产和组装并不符合实际，因为剪切和舱压的载荷状况需要几乎准各向同性的铺层及缺口边缘足够的抗弯刚度，以减少应力上升曲率的影响（van Tooren，1998）。当抗弯刚性边缘应用于窗户上（如夹层结构中的浮动窗口框架）时，会减少局部边缘应力，即从弯曲实心板边缘（A320）9 倍名义切向应力至降低到 3 倍的 1 cm 厚夹层板的边缘的名义应力，而不是平板的值。

## 7　简单聚酯系统，安全和降低成本

通常来说，聚合物基体与工程纤维的连接面是复合材料中最薄弱的连接。对于延展性、物理性能和价格，现代纤维在数量和高级的应用上都是有限的。例如，聚合物和合金的弯曲、纤维的性能变化和调整，可以通过混合不同的、有相同所需性能和大致相同直径的纤维来实现。

对于聚合物树脂的数量，其变化是巨大的，一旦处理和操作的温度确定，则其化学和物理抗性成为选择的一部分，在民用飞机中，已被证明合格和已认证的聚合物局限于环氧树脂（结构）、酚醛树脂（内饰）和一些先进的热塑性材料（图 17）。

对于最近几代福克飞机，短纤维增强热塑性塑料已证明了它们应用于注射成型部分的优势，其可以减少最多 50％的重量，同时可能导致最多 90％的成本降低[12]。几百个小零件（＜500 g），有不同的性质和数量、成本和重量效率，在福克 F50 和 F100 的超过 200 个舱内支架（聚醚酰亚胺，30％玻璃）和控制系统的部分（聚醚醚酮，30％碳）

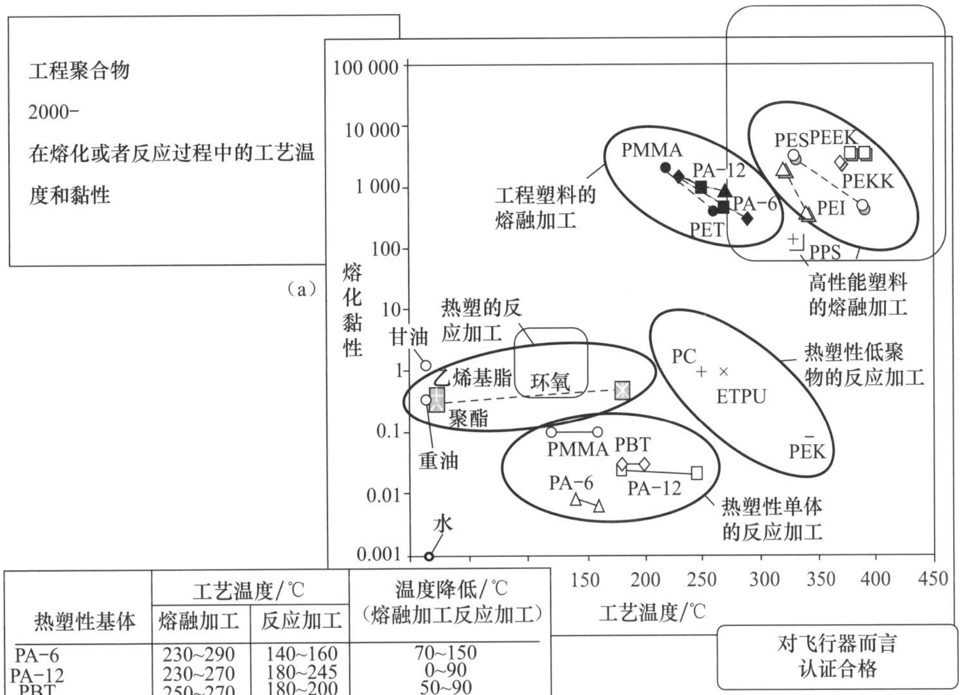


| 热塑性基体 | 工艺温度/℃ | | 温度降低/℃（熔融加工反应加工） |
|---|---|---|---|
| | 熔融加工 | 反应加工 | |
| PA-6 | 230~290 | 140~160 | 70~150 |
| PA-12 | 230~270 | 180~245 | 0~90 |
| PBT | 250~270 | 180~200 | 50~90 |
| PMMA | 220~260 | 120~160 | 60~140 |
| PC | 265~360 | 250 | 15~110 |
| PET | 265~325 | 250~325 | 0~15 |
| PES | 330~390 | 300 | 30~90 |
| PPS | 330 | 300 | 30 |
| PEEK | 380~390 | 350 | 30~40 |

(b)

**图 17　(a) 最常用的工程热固性和热塑性聚合物（甘油、重油和室温下的水）的熔体黏度和工艺温度；(b) 不同热塑性材料相的融化和反应工艺温度**

来源：A. Beukers、van Tooren、Johnson 和 van Rijswijk

中，已有几百个不同性质、成本和重量效率的零件对此加以应用。

20 世纪 90 年代同期，很多连续纤维增强热塑性塑料进入了航空市场。尽管其具有成本效益的潜力，但热塑性复合材料仍经过了大约 25 年才真正应用到飞机结构中。原因是可使用的热塑性复合材料成本较高，同时缺乏简单的证明和低成本的生产工艺。所有引进的材料中只有玻璃纤维增强聚醚酰亚胺和聚苯硫的滕科特 CETEX（TCAC）成功存在了下来。几年后这些材料也成功应用于飞机上，因为随着材料的发展，制造和成型技术也发展了（Bergsma，1995），即出现了快速和可再生产的产品[13]。在低压下，通过弯曲、剪切、打滑，毛坯被加热和打褶成三维壳、肋和支架（机舱、机翼和内饰组成）。

因此，热塑性复合材料的加工特性，从玻璃相加热到橡胶相的转化，导致了快速且有成本效益的相对较小的部件的冲压成型工艺及通过黏接、铆接或者电阻焊组装成大型结构件的流程的发展。另一项热塑性复合材料的制造优势是在室温下可以储存（类似金工车间）。

20 世纪 70 年代和 80 年代，研究集中于 APC-2 热塑性复合材料上。这种复合材料基于聚醚醚酮（PEEK），是一种具有非常好的性能与高负载的、飞机主要结构非常适用的热塑性树脂。然而，对于开放的熔化过程，它有一个“不可能”及最重要的温度标准（390 ℃）。

低玻璃转化温度与低成本 PP 和 PA 复合材料很容易进行，不幸的是，对于飞机结构来说，其性能较差。两者之间是基于 PEI 和 PPS 聚合物的复合材料。非晶态 PEI 级是在 20 世纪 70 年代和 80 年代发展起来的，并且由于其对于燃料和合成液压油的低阻力，故主要被应用于飞机内部设备。PPS 级，由于它的半结晶结构，故其是在 20 世纪 80 年代和 90 年代发展起来并应用于飞机的结构设备的。其低成本和简单的制造工艺使得其成为很多飞机部件的很有吸引力的材料，一架 A380 上大约有 5 t 的这种材料。

这种热塑性复合材料如果被应用于更大的主要飞机结构，如机舱、尾翼和机翼，将会使用其全部的潜能。在这种情况下，其制约因素是这种“完美”材料的存在性。PEEK 层合板较为昂贵，同时 PPS 层合板的性能尤其是温度绝缘性能，并不能完全令人信服，所以需要一种中间聚合物。

美国氰特公司正在发展基于 PEEK 树脂的层合板，而荷兰滕科特公司正在发展基于 PAEK（PEKX）和 PPS（PPSX）家族的新型衍生物的复合材料。后者中的树脂是专门为连续纤维增强热塑性复合材料而研究的。因此，这种树脂的性能被复合材料的使用优化了，这样会导致潜在的成本优化。相反，现有的热塑性复合材料都是基于注射成型设备中已有的树脂加工的。

通过增加纳米颗粒来提升热塑性复合材料是另一种方法。对有 3%～5%纳米黏土颗粒的 PA6 材料增强的研究，使其得到了相关力学和物理性能的提升（Vlasveld，2005）。在玻璃转化温度之外提高刚度的尝试和通过增加 4.6%的纳米硅酸盐来降低如聚酰胺 6 的饱和度的尝试，都得出了可喜的成果。纳米硅酸盐颗粒不仅仅减少或延迟了水分的吸收，同时也增加了在模压水平上的干燥性能。PA6 的性能，在干燥模压条件下与 PEI 和 PPS 相比是较好的。所以，如果黏土剥离和连续纤维的浸渍进行得很好，则可以创造低成本、易加工的三相复合材料，这对半结构化设备是非常适用的。

所以，如果所有工作都进行得很好，航空领域将会经历具有成本效益的、主要飞机结构的发展。然而，其缺点是厚复合材料的制造（>1 cm）靠冲压成型技术是不行的，同时，自动纤维铺设（AFP）对制造一定厚度（>1 cm）的热塑性复合材料是有问题的。在一个全复合材料飞机上尤其是宽体机，主要的飞机结构必须有可观的厚度，比如在中心部分区域。以现有的技术和发展来生产厚复合材料是通过手工铺层来完成的，如 AFP 和 RTM。特别是低压 RTM，如真空辅助灌注，对需要持续高质量的大型结构件（Labordus，2001），其是有成本效益潜力的工艺，同时此工艺有生产集成结构件并以此降低组装成本的可能性。

可能未来几年昂贵的中间体、预浸渍材料可能会受到来自下游浸渍技术，比如真空树脂注射技术的挑战，这主要是由于其应用较低的压差（0.8 bar①）、“解除”部件尺寸和不可避免的简单的模具的限制（风力涡轮机叶片、游艇）。然而，复合材料的树脂灌注仅仅对低黏度聚合物适用。经常使用的树脂灌注准则是输液用的树脂的最大黏度为 1 Pa・s（图 17）。在热固树脂中有如环氧树脂，确实有小于 1 Pa・s 的黏度，同时有相对小的工艺温度。另外，可熔加工的热塑性树脂，如 PPS、PEI 和 PEEK 有着高黏度和高工艺温度。

幸运的是，工业上还有另一组热塑性树脂，在反应过程能够达到要求或者是开环聚合物热塑性塑料。正如其名，开环聚合物（ROP）是基于一种聚合机制，其中环状分子（环状物）分成线性单体或者低聚物，并且随后不产生副产品而是连接到高分子量聚合物上，如图 18 所示中的 APA6。

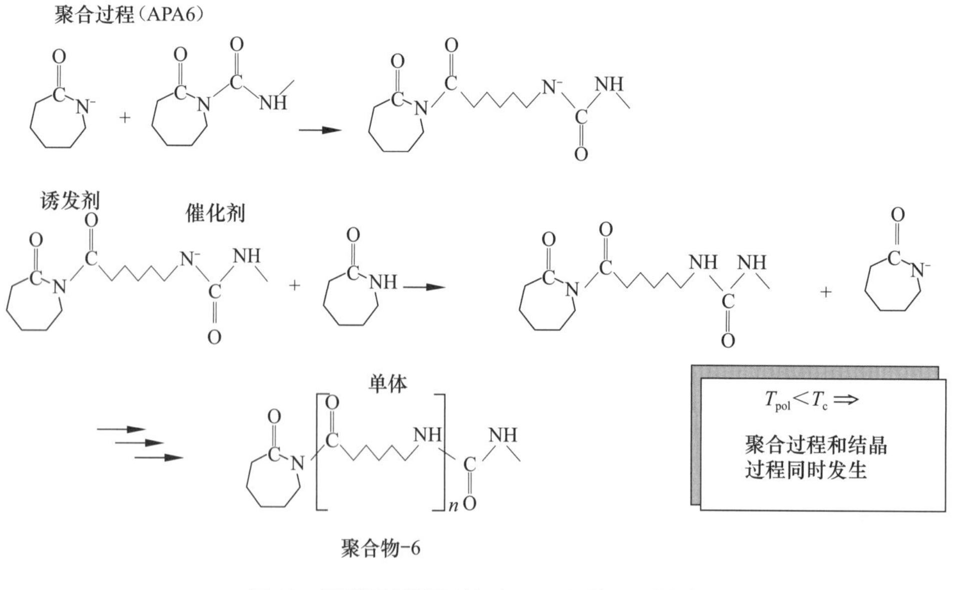


**图 18　阴离子型聚氨基（APA6）的开环聚合**

来源：M. van Tooren



① 1bar=100kPa。

在图 17 中我们可以看出，这些反应热塑性塑料的黏性以低于热固性树脂 10～100 倍的顺序排序，而工艺温度有一个“温和”的提升。因此，这些树脂对灌注工艺是有潜在适用性的。

目前，研究工作主要放在这几类聚合物系统上，如环状化合物 PBT、阴离子 PA12 和 PA6，且主要侧重应用于汽车和风机涡轮叶片方面。目前已有一个三相纳米黏土 APA6 复合材料发展起来，这种热塑性复合材料树脂灌注系统可能在未来的飞机结构中得到应用。

在可以用低成本树脂的地方，其将会有取代昂贵环氧树脂的趋势，比如低温工艺的热固性乙烯基酯（RT）也是反应加工的单体，如阴离子聚酰胺（纳米颗粒增强）和 PEEK 都是有吸引力的。因为这些热塑性塑料仅能在干燥和惰性气体中的高温下（>180℃）加工，所以需在匹配的金属模具中进行灌注。模具中的细微压差使得干态预制件以及含有智能纤维和嵌入件纺织结构的应用成为可能。部件和功能的集成是未来结构效率提高的关键（图 7 和图 19）。

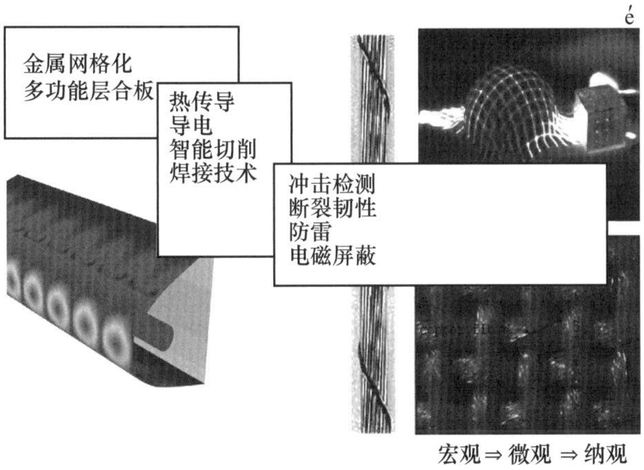


**图 19　除冰，传统的：4 kW/m²，玻璃—聚苯硫醚：1.4 kW/m²**

## 8　制造、组装和控制：金属纤维的优点

纤维增强材料不仅包括玻璃纤维和碳纤维，同时包含金属纤维的纱线，可以用相同的方式通过可获得的编织纤维铺设技术（编织、铺带、缠绕等）成型。此时，即出现新的应用领域。如果钢铁和铝加工工厂可以生产出合适的钢制和铝制纱线，则此新的类编织成型技术即消除了复杂三维壳结构和尺寸上的限制，即任何力学、物理学和电磁学特性都可以通过混合协调来实现。用编织术语表述，如果能通过对纤维、金属纱线、矿物和聚合物进行交织、合并和层压，那么其应用领域将非常广泛。金属网的新增价值起始于制造过程：由快速感应加热来加工或熔融处理。这并不是用集中热源通过模具传递而是通过内部产生的最小热能来实现的。对于装配，尽管有嵌入的不连续缺陷，而且缺乏圆角，但是使用焊接热塑性复合材料就可将其连接，且具有意想不到的静强度和疲劳强度。经典的黏结搭接接头的陡峭应力分布，类似浴盆，其被转换成一个锯齿形的应力分布，包含更多峰值但水平更低。近期的热塑性复合材料（GL/PEI、CF/PEI 和 CF/PEKK）焊接的抗疲劳性能，表征了碳纤维试样的不定疲劳保持在 25%的静态搭接强度。CF/PEKK 和 CF/PEI 试样的电阻焊静态搭接强度分别为 52 N/mm² 和 47 N/mm²，超过了环氧 IM6/3501 的平均值41 N/mm²。与相同的环氧黏合剂相比，就绝对值而言，电阻焊碳纤维试样的疲劳特性更好（Dubé 等，2008）。

金属纤维的附加功能有电磁屏蔽、加热、能源以及信号的传输。使用混合纤维增强聚合物，即使在野外条件下，电阻加热后仍可用红外热成像进行高保真缺陷检测。如果材料参数已知，预定的加热时间和功率的应用使得检测每项缺陷的位置和大小成为可能（Ahmed 等，2008）。



## 9　结论

未来，亚音速飞机性能将会提高，而且变得可持续，特别是当国际环保法规收紧的时候。对于长距离的公共交通，没有其他运输系统能与飞机匹敌，除非人们投入更多的旅行时间，以天计而不是以小时计。未来氢燃料技术将会在陆路运输中出现，那么也能在航空运输中运用吗？如果可行，那么飞机的布局将受到极大影响。如果氢燃料客机的轻量化解决方案得以发展，且有相同的隔热性能，那么干燥等强度纤维铺设方案将会促进轻型安全压力机舱解决方案的发展（Koppert，2000）。另外，如果全球范围内的低成本燃料供应有保证，且满足未来的环保规定，那么使用液体化石燃料或生物燃料可能更加实际。无论如何，通常在运输工具方面，在系统级别（结构+）的非物质化和电子及控制系统的小型化将会继续进行，不仅是为了降低重量，也是为了提高单位重量和体积的运行效率。

即使在高亚音速域，结合飞机的生产率，单位重量的燃料效率仍可以和所有其他形式的交通工具竞争，而且可以提高 10%。尽管现在飞机的使用效率很高，即在系统层面上 $W_{\text{empty}}/W_{\text{payload}} \approx 4$，但是在结构层面上，其效率可以提高至 24%，现在大约是总操作空重（*OEW*）的 12%。若能实现，在不降低乘客舒适度和安全性的情况下，将会使平均 *OEW*/*MTOW* 比值从 5.6 降低到 5.0。

毫无疑问，飞机结构的耐久性将会随着复合材料的应用而提高。目前通过比较证明，检查和维修的成本降低已超过 30%（波音 777 与 767 对比）。

如果我们以自由形状为集成，以结构简单性而设计，也会出现意想不到的优势，比如由缝线和黏合剂结合，同时结合专用干燥编织结构的制造及低成本（低压）灌注技术的应用。编织预成件制造，如编织、纤维铺设和线缝，可以用长丝缠绕来延伸，其与成本和性能有关，且对弹道冲击保护的改善是非常好的（两个参数都能提高＞50%）。下游制造是降低成本的最大挑战。由平整干燥的纤维束到预成型件的转换，用低成本树脂浸渍，改良乙烯基酯的发展，或者超低黏度单体或低聚物在注胶后（材料和结构一次成型）对复合材料结构的反作用，这些都是充满挑战的。如果能用上焊接的功能的话，“小型”工业冲压成型热塑性部件会更有吸引力。使用了金属网的电阻焊接头展现了很有前景的静强度和疲劳性能。除此之外，应力上升，金属网减少了在搭接接头有限的应力峰值，浴盆状曲线变成了锯齿状。如果玻璃转化温度和湿度敏感性同时通过弯曲或填充加以改善，半结晶热塑性塑料，如 PPS、PEKK 和已被认证的熔化浸渍碳纤维复合材料 PEEK，可以从低温材料中获得竞争力（如强韧且低价的 PA-6/12）。纳米黏土填充物因其低的质量百分比而对两项性能都有改善。虽然这并不足够，但这个趋势是很有前景的。

当复合材料被制造商和运营商所接受时，结合新树脂聚合物和金属纤维的快速发展，将会使得结构更加强韧，且使其有更加防火和抗损伤的性能。这些问题对思想开放的设计师和工程师来说都是具有挑战的。但是他们已习惯解决结构设计中的问题，就像 70 多年前的航空先驱一样。

# 注释

1. 廉价劳动力和商品，珍贵的材料。

2. “凝固”在本章中比喻的是可控聚合或者聚合物介质的固化（热固性和热塑性）。

3. 这与滑翔机、直升机（包括旋翼和螺旋桨）、军用战斗机和隐形轰炸机都是不同的。这里的理性主义盛行，而且复合材料在壳结构中有很多金属可替代。这就像地缘政治的论点被金钱准则的价值所推翻了一样。

4. $W/\bar{t} \cdot b = (E/\rho)^{-1} \cdot (\sigma \cdot \bar{t} \cdot L) \cdot \eta^{-1}$。

5. 屈服应力是材料发生塑性变形或破坏的最小应力。

6. 无论层合板的铺层如何，与应力分布不同，在纯拉伸或纯压缩情况下，弯曲时板厚度方向的应变分布是相同而且线性的。

7. 以敏感树脂或基体为主的层合板的力学性能可能会受到温度和湿度的不良影响。

8. “B”的值：比至少 90%的实验结果且有 95%的置信度会下降的值高的数值。

9. 对不同结构细节的耐久性应变限制，S-N 曲线，复合材料在有 $10^5$ 个周期时对应 4 000$\mu\varepsilon$ 的值，而铝只能在 3 000$\mu\varepsilon$ 或以下。

10. A320 垂尾配件初始有陡峭的厚度和刚度变化，在疲劳试验中剪切和剥离应力的作用下脱胶。厚度的减小即梯度和在后期舵面设计中配件数量的增加解决了这个问题。

11. 1 Msi＝6.89×$10^3$ MPa。

12. 小型模具由拥有用于模具测试的灌注成型机小型“金属商店”生产。这个系列由试验测试和认证。被认证之后，模具制造商成为飞机部件的供应商，尽管是小系列、中等标价，但是对于模具制造商来说有很高的附加利润。

13. 其他热塑性复合材料市场引进的失败，是由于缺乏生产知识。例如：Dupont、Bayer、BASF、ICI、Phillips、BP、ATOCHEM、ENICHEM、DSM 等。

## 参考文献

Ahmed，T. J. et al. (2008) Heat emitting layers for enhancing NDE of Composite Structures. *Compos. Part* A，39，1025-1036.

Bergsma，O. K. (1995) Three dimensional simulation of fabric draping：development and application，PhD thesis，Structures and Materials Laboratory，Delft University of Technology.

Bailie，J. A. et al. (1997) *A Summary and Review of*

*Composite Laminate Design Guidelines*, *NASA*, *NAS1-19347*, Langley RC, Hampton, Virginia.

De Goeij, W. (1999) Implementation of bending-torsion coupling in the design of a wind-turbine rotor-blade. *Appl. Energy*, 0, 1-17.

Dubé, M. et al. (2008) Fatigue performance characterisation of resistance-welded thermoplastic composites. *Compos. Sci. Tech.*, 68, 1759-1765.

't Hart, W. G. J. et al. (2003) Damage tolerance properties of car-bon epoxy lugs made from resin transfer moulded plates, NLR, Marknesse.

Koppert, J. J. (2000) Full composite iso-tensoid pressure vessels or how composites can compete with steel. *Sampe J.*, 36, 8-15.

Koussios, S. (2004) *Filament winding-a unified approach*, PhD thesis. Delft University of Technology, Aerospace Engineering.

Krakers, L. A. (2008) Parametric fuselage design: integration of mechanics, acoustic & thermal insulation, PhD thesis, Delft University of Technology, Aerospace Engineering.

Labordus, M. (2001) Voids and bubbles during vacuum infusion, *SMA*, M01-352.

Lee, J. J. et al. (2001) Historical and future trends in aircraft performance, cost, and emissions. *Annu. Rev. Energy Environ.*, 26, 167-200.

Liu, C. J. (2004) On the prediction of damage and fracture strength of notched composites, PhD thesis. Delft University of Technology, Mechanical Engineering.

Liu, C. J. (2008) Modeling failure interaction in notched cross-ply laminates. *J. Compos. Mater.*, 42 (20), 2175-2193.

Nijhof, A. H. J. (2004) *Vezelversterkte Kunststoffen*, *Mechanica en Ontwerp*, Delft University Press, ISBN 90-407-2484-9.

Rothwell, A. (1992) *Introduction to Aitcraft Structural Design*, *Part* Ⅱ, *Lecture Notes*, Delft University.

Rouchon, J. (1996) *Fatigue and Damage Tolerance of Aircraft Structures*, Centre d'Essais Aeronautique de Toulouse, Top Tech Studies, Delft.

Tooren, M. J. van (1998) Sandwich fuselage design, PhD thesis. Structures and Materials Laboratory, Delft University of Technology.

Vlasveld, D. P. N. (2005) Fiber reinforced polymer nano composites, PhD thesis. Delft University of Technology.

## 拓展阅读

Beukers, A. et al. (2003) Aircraft Structures in the Century Ahead, Royal Society of Aeronautics, London.

Condit, P. M. (1996) CEO of the Boeing Company: 'airline costs on the rise while yield slips. AIAA World Aviation Conference, Los Angeles.

Dijkstra, H. S. (2008) Materials for future aircraft structures, MSc thesis, Delft University, Faculty of Aerospace Engineering.

Helms, H. et al. (2004) Energy Savings by Light-Weighting-Ⅱ, IFEU, Heidelberg.

Schatzberg, E. (1994) Ideology and technical choice: the decline of the wooden airplane in the United States, 1920-1945. Technology and Culture, 35 (1), 34-69.

Torenbeek, E. (2000) Emeritus Lecture: 'We nemen een schoon vel tekenpapier' (in Dutch), Delft University Press, ISBN 90-407-2112-2.

Watts, P. (2001) Exploring the future-Energy needs, Choices and Possibilities-Scenarios to 2050, Shell International Limited (SI), London.

本章译者：邓健，周光明（南京航空航天大学航空宇航学院）

# 第 173 章

# 结构材料：铝及其合金——属性

Richard J. Dashwood，Roger Grimes
华威大学，华威制造团队，考文垂，英国

## 1 引言

铝是一种储量极其丰富（地壳中第三大丰富的元素）、轻质和抗腐蚀的元素（图 1）。实际上，早在 1874 年（比莱特兄弟首飞早 29 年），第一次短暂的载人动力飞行就是由 Felix du Temple 的铝制单翼机执行的。后来那些重于空气的机器制造者们，如莱特兄弟，采用云杉和印花布作为他们建设的首选材料，使轻于空气的机器制造者们开辟了于 20 世纪初期铝合金在航空航天材料结构中的持续运用。齐柏林采用由圆箍和纵桁结构组成的刚性金属骨架，直到 1914 年其建造材料均是一种称为硬铝的铝合金。因此，原则上结构的设计和采用的材料与现在在建的大型喷气式客机的压力舱没有什么不同（圆周的框架与纵梁连接被薄板覆盖，所有的合金都是硬铝的直接衍生物）。在第二次世界大战中，铝合金第一次被用作喷火战斗机的机身蒙皮材料，并且成为 20 世纪后半叶现代喷气飞机机身发展的关键材料。

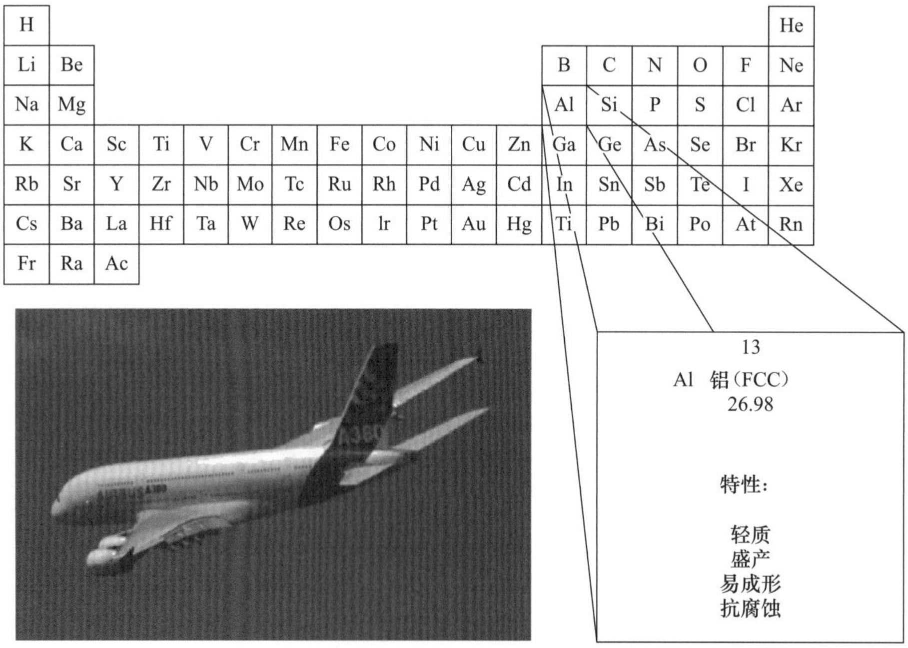


**图 1 元素周期表显示了铝的位置及其关键特性**

来源：插图，由铝加强机身的空客 A380

应该牢记的是，军事上的高速喷气式飞机所需材料的性能与大型喷气式客机有很大的不同。一架典型的拥有 $+9g$、$-9g$ 负载能力的高速飞机被认为只有 800 h 的飞行寿命。相比之下，大型客机预计能够服务最多至 25 年，在此期间，其机身性能预计都不会发生改变。尽管事实上，在其 25 年的使用过程中，大部分实际飞行时间内其会经历约 −50 ℃但是高曝光的环境（累计数百小时），如果在沙漠环境里则相当于 100 ℃。因此，影响寿命的最严重的问题是从数以十万计的加压、减压周期中引发的机身疲劳（当然，这些问题根据飞机是长程或短程将有很大的不同）。然而，现如今，铝合金的开发已经几乎可以满足所有军事和民用飞机的应用需求。

在一个现代客机的主要结构元素里基本性能要求会有所不同。压力舱的损伤容限是非常重要的，任何疲劳裂纹都有可能扩展到一个可被检测的长度，或在变得不稳定之前遇到一个止裂器。下翼片结构中的载荷主要是拉应力，而损伤容限还是主要要求。相反，在飞行中上翼片结构的载荷主要是压应力，疲劳性能是不太重要的，通常采用高强度材料。在第二次世界大战及之后的时期，原始硬铝的衍生物（组分和特性）几乎成为独有的机身制造材料。然而，随着超音速飞行器的出现（对结构材料需求远远加大），Al-Zn-Mg-Cu 系合金的发展及断裂力学形成一门科学，在根据最终应用量身定做合金性能的发展中取得了重大的进展，其中的一些发展现总结如下。

机翼和机身的大部分零件都是由冷轧板/板、锻件、挤压件成型或机加工而成的，而传统的铝材料一直占主导地位。在其他领域，众多的紧固件、车轮、轻型飞机起落架，甚至发动机本身，都能用到铝合金材料。例如，于 1982 年投入使用的波音 767 客机，超过 80%的重量都是由铝合金构建的［图 2（a）］。当我们进入 21 世纪后，铝在航空航天的未来却不那么确定。多年来，军用飞机产业已经接受了高分子复合材料技术，而主要民用机身制造商（波音和空客）也在朝这个方向努力。民用飞机中复合材料的使用增加开始于 20 世纪 90 年代，如波音 777（于 1995 年投入使用），含 70%的铝［图 2（b）］。据悉，波音 787（预计在 2013 年投入使用）［图 2（c）］将含有 20%的铝；空中客车 A350 XWB 宽体飞机（计划在 2013 年投入使用）也是类似的比例。尽管铝仍然是重要的航空航天材料，但是现代的铝锂合金很有可能在此发挥重要的作用。



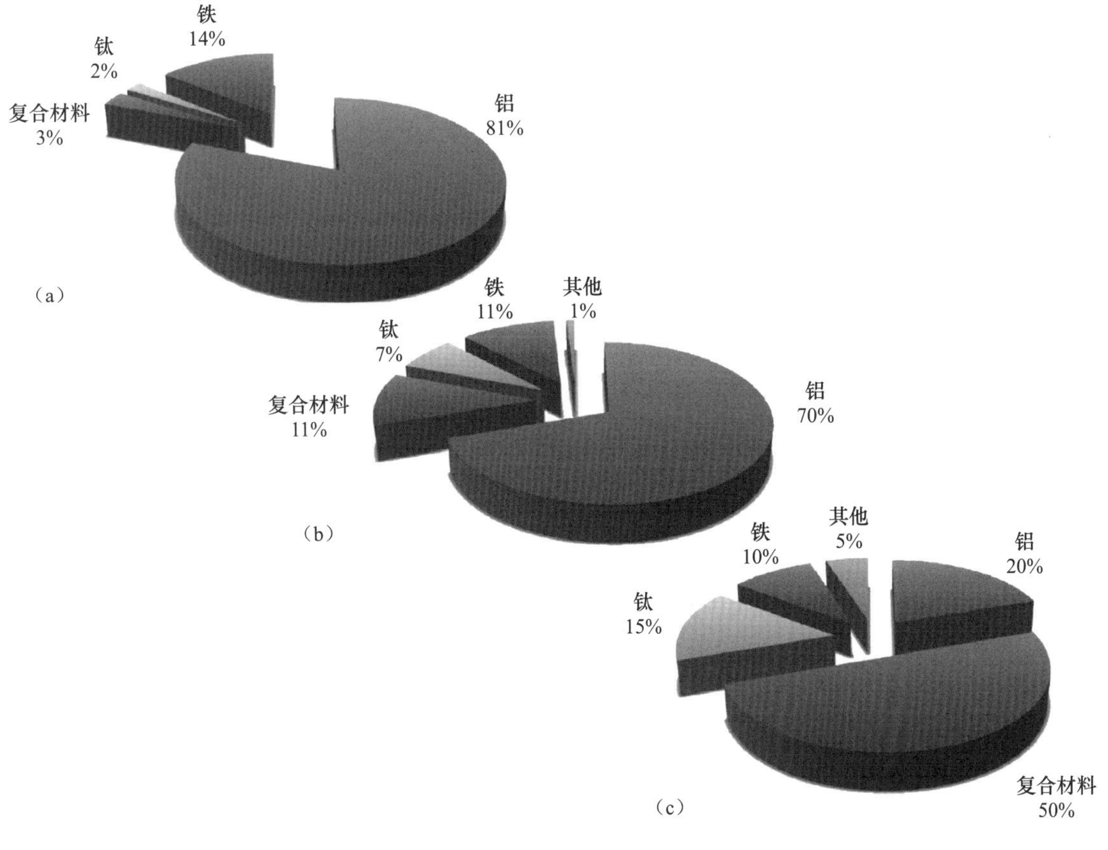


**图 2　各个客机上所用的材料的重量比重**

（a）波音 767；（b）波音 777；（c）波音 787

## 2　历史

铝是一种相对较新的工程材料，一直到19世纪才在商业上得到应用。这种金属的存在在1807年就被Humphrey Davey爵士提出假设并将其命名为铝，直到1825年铝才被丹麦科学家Hans Christian Orsted首次分离出来。Friedrich Wohler在1827—1845年测定了铝的属性，在1856年，Henri Sainte-Claire Deville开始通过使用钠来进行工业生产。同一年，Charles Dickens认为“铝可能促使铜平底锅进入劳役”。进一步的记录来自J. W. Richards，他在1881年写道：“如果要永远解决空中飞行的问题，铝将会成为其解决方案的首席代表。”到19世纪的后期，铝已经能在市场上买到，但它被视为一种珍贵金属，比银更昂贵。一直到1886年Hall-Heroult加工处理方法的发现，铝才成为一种像今天一样人们负担得起的材料。这种加工处理方法以美国人Charles Martin Hall和法国人Paul Heroult的名字命名，他们各自研发了将氧化铝溶解在冰晶石中而产生铝的电解法。这种方法沿用至今，从全世界广泛地采用这种方法以来，铝的价格已经保持在了每磅1美元，其产量从1885年的不足200 t，增加到了2008年的大约4 000万t。然而，Hall-Heroult加工处理方法的发现并不是故事的结局，这种纯度的铝是非常软的（屈服强度为7～11 MPa），因此几乎无法应用于工程。直到1906年，德国冶金学家Alfred Wilm发现了一种可以被发展的、通过时效硬化加强铝合金的方法，这种高强度铝合金能满足航空航天工业的需求。

## 3　加工处理

通常来讲，高强度铝合金板材的加工处理过程如图3所示，即将铝熔化并加入合金元素（通常以中间合金的形式）。熔体的凝固通常是使用被称为直接冷硬铸造法（DC）的半连续铸造方法进行的。熔融金属被浇注（在过滤和脱气后）在一个环形、水冷的金属模具中，这个金属模具的孔径在起始由一个安装在液压油缸上的启动器块所关闭。油缸缓缓下降，产生的铸块长达数十米甚至重达25t。这个过程能使金属相对快速地冷却下来，并产生一种



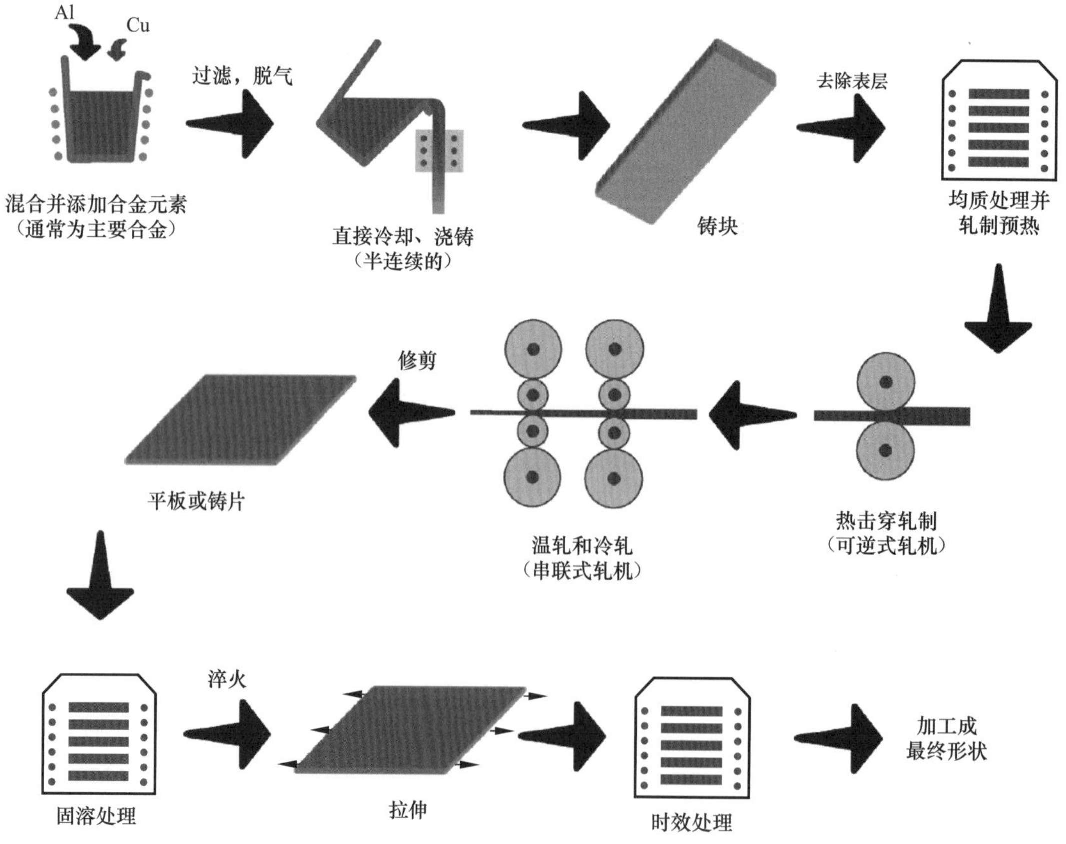


图3　高强度合金板材的加工处理过程

等轴树枝状微观结构。这是借助于向熔化物加入晶粒细化剂（通常为硼化钛），以向固体铝晶体提供异质形核。然而，快速冷却的同时会导致微观偏析（短范围内化学成分的变化），微观偏析意味着铸块在凝固后经过了一个均匀化处理，以平衡合金的化学成分。这是通过将合金的温度提高接近其熔点（450 ℃～550 ℃），并保持这个温度长达 24 h 以使合金元素扩散并让其化学成分均匀化而得到的。再把微观结构均匀化后，将铸块通过如热轧、挤压或锻造的流程以接近最终形状。这个过程通常发生在 300 ℃～500 ℃。薄片和板材通过横截面不断减小的坯料使用各种各样的轧制阶段生产出来。坯料在轧制之前应首先去除可能含有成分变化的表面层。首先铸块卷入可逆式轧机进行热分解，其次是多次的温轧和冷轧。在不同阶段，薄片将会被修剪，超过 2.5 m 宽的薄片会被制造出来同时减少接头的数量，薄片在这些接头的地方会被机身缠住。在此处理之后，就能获得柔软的微观结构，这需要固溶处理和时效硬化来达到最佳强度。这涉及两个单独的热处理，即先进行高温固溶处理，然后淬火至室温，之后用较低的温度进行时效处理。许多航空合金在固溶热处理后都要进行拉伸，因为这样会带来性能上的改善。淬火操作是一个非常关键的操作，许多合金对淬火速率和从固溶处理炉中取出的延迟时间都是非常敏感的。出于这个原因，一台性能好的熔炉的设计一直是很重要的，但要实现高效的淬火和避免厚钢板（厚度超过 150 mm）中出现软区域的条件也是十分苛刻的。由于在处理过程中可能会产生大量的废料，因此废料的回收也很重要。这在机械加工时特别显著，因为在机械加工时，一块金属为了生产出一个组件，其多达 95%的部分都可能被去除。由于所用的航空合金的多样性和铝合金对微量元素的灵敏度，故必须将废料分为不同的等级。几乎所有用铝合金制造的航空航天组件都会经由一个上述的锻造过程，也即将铝合金在固体状态下进行加热和加压（热机械加工），以铸成一个接近最终产品形状的铸块。热机械处理通过减小晶粒尺寸、打破内含物、去除孔隙来改善铸块的微观结构，这样有提高强度和损伤容限（断裂韧性和疲劳）的效果。

## 4　铝合金的强化机制

纯铝是非常软的（屈服强度为 7～11 MPa），几乎没有工程价值。因此，所有的高强度铝合金都要依赖于其他元素的加入。加强铝合金的主要机制是加工硬化、晶界强化、固溶强化和沉淀硬化。加工硬化（即通过冷轧）是增加屈服强度最简单的方法，但是所能达到的强度增加有着上限并且会伴随着一个显著的延展性降低。减少晶粒尺寸（或增加晶界的数量）是一种提高合金强度的有效方式，并且延展性不会显著地降低；然而，仅凭这一点还不足以达到航空航天应用所需的高强度。为了实现高度的晶界强化，不能使用由工业相关过程开发出来的亚微米级晶粒尺寸。其相同点是都是固溶强化。这个过程依赖于产生溶解于铝中合金元素的固溶体。最有效的元素是镁，但实际上，合金元素被限制最多是镁重量的 5%。将铝合金达到航空航天工业所要求的强度的唯一可行的方法就是沉淀硬化（也被称为时效强化）。Alfred Wilm 在 1906 年研究 Al-Cu 合金属性时，首先发现了这种现象。据说这个现象是他注意到一些被他留在实验室一个多星期的合金样品的硬度增加而发现的。这个发现导致了硬铝的发展，之后镁和锰也被加入到基础的含铜 4%的铝合金中。虽然现在硬铝是一个过时的合金，但是它的成分与当前广泛使用的合金 AA2014 非常相似。在 Al-Zn-Mg-Cu 系合金发展之前，机身结构中所用的几乎所有的铝合金都是硬铝的直接衍生物。

铝—铜系统将被用于解释时效硬化的基本原理。图 4 所示的是铝—铜相图的相关部分，参照此图我们可以看到，铝和铜在液体状态时容易互溶，但大多数富铝的合成物，在固化过程中都会分解，产生较纯的固体铝结晶（或颗粒）和一种富铜化合物，$Al_2Cu$，其成分中铜占有 53%（质量）。这个阶段是非常重要的，如果分布正确的话，可以提高合金的强度至 400～500 MPa。

查看合金固化的铝—铜相图（图 5），从富含铝的一端至含铜重量为 5.5%，可以得到一种单一的、溶于铝的铜固溶体（α）。对相图中的此区域进行进一步研究表明，当温度下降，铝铜的溶解度降低到一个值时，该值在室温下接近 0（重量）。这意味着，含量小于 5.5%（重量）铜的合金，在温度升高时作为一种单一的固溶相存在（α），但在冷却时固溶体分解形成 $Al_2Cu$ 和一种铜贫化的固溶体（α）。随温度降低，溶解度减少，这是时效硬化合金的一个关键要求。在正常冷却条件下（即凝固或轧制后），$Al_2Cu$ 倾向于在铝的晶界除形成比较粗的颗粒［图5（a）］外，这种结构通常强度不是很高。然而如果合金被加热到作为单一的固溶相存在时的温度，并在此温度保持一段时间，$Al_2Cu$ 颗粒会溶解并形成溶解在铝中的单一的铜的固溶体［图5（b）］，该热处理称为固溶热处理。如果合金的冷却速度非常快（即进行淬火），可以在室温下保留该固溶体［图5（c）］，当该固溶体在室温下保留足够长的时间，则它最终将分解。由于分解发生在低温下，$Al_2Cu$ 将形成非常细小的颗粒并均匀地分布于铝颗粒内（沉淀）［图5（d）］。这些非常精细的 $Al_2Cu$ 颗粒的形成，提高了合金强度。如果硬化发生在室温下（自然时效），则可能需要很长的时间（数日/数月/数年），但是如果将温度升高到200 ℃（人工时效），则硬化可能发生在几小时之内。

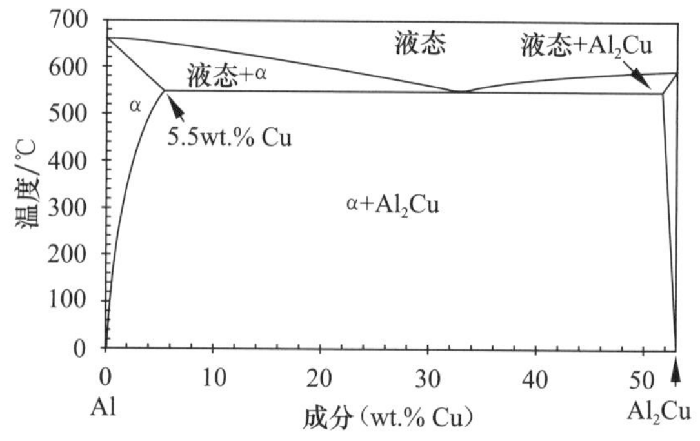


**图4　部分的铝-铜相图**

摘录自 Callister（2007）© John Wiley&Sons，Ltd

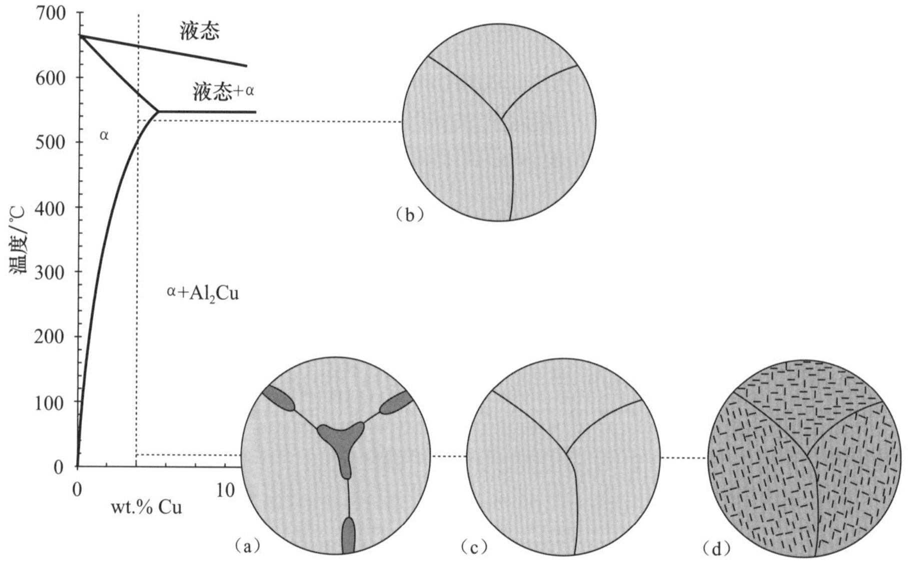


**图5　铝—铜相图的富铝一端显示了通过不同热处理之后含重量4%铜的铝合金的微观结构**

（a）缓慢冷却；（b）固溶处理；（c）固溶处理及淬火；（d）固溶处理、淬火及时效处理

图6显示了时效温度和时效时间是如何改变典型铝铜合金的机械性能的。无论时效温度如何，时效曲线（强度或硬度相对时效时间）均包括三个重要阶段。最初因为 $Al_2Cu$ 的沉淀成核和生长，强度或硬度随着时效时间而增加。合金在这一区域的热处理被称为欠时效。最后可以观察到强度上的一个峰值（时效峰值），而随着时效时间的延长，由于析出物变粗，材料开始软化（超时效）。降低时效温度会增加达到峰值时效条件所需的时间和峰值时效强度水平的效果。随着温度的降低，成核的驱动力会增加，因为扩散速率和扩散距离都降低了。这将产生更多、更细的析出物，从而形成更高强度的微观结构。延展性倾向于与强度遵循反比关系。

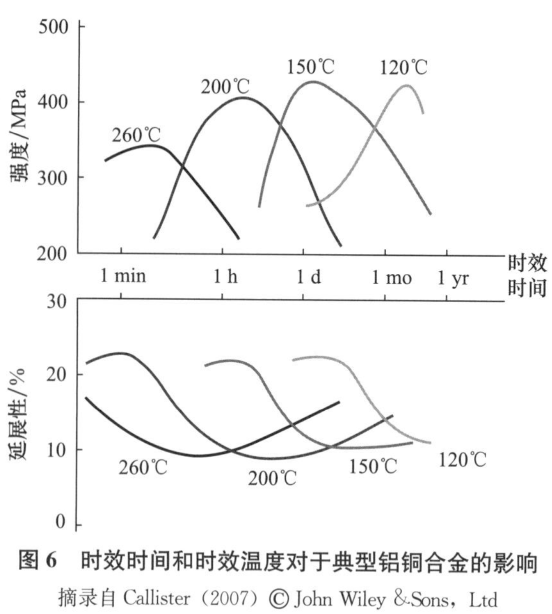


**图6　时效时间和时效温度对于典型铝铜合金的影响**

摘录自 Callister（2007）© John Wiley &Sons，Ltd

在沉淀过程中，所有可热处理的铝合金的一个主要特点在于亚稳相的形成。亚稳相是非热力学稳定的，但之所以能够形成是因为它与真正的热力学稳定相比具有较低的活化能。其结果是形成更好分布的析出物，这反过来又增加了可以从时效硬化实现的强化的程度。在铝—铜系统时效时不会导致直接形成稳定的 $CuAl_2$ 相（简称为 θ）的情况，然而沉淀过程发生在中间亚稳相。完整的事件过程为：

$$\alpha_{ss} \longrightarrow \alpha + GP \longrightarrow \alpha + \theta'' \longrightarrow \alpha + \theta' \longrightarrow \alpha + \theta$$

$\alpha_{ss}$是铝中铜的过饱和固溶体［图 7（a）］。GP 代表的是 Guinier-Preston 区，这些就像铜原子簇被铝基质的｛100｝面分开的平板［图 7（b）］，这些平板只有几个原子平面的厚度，但有约 10 nm 长。$\theta''$为较大的沉淀物，厚度达 10 nm，直径为 150 nm［图 7（c）］。这些析出物均有一个四方结构，其中 $a$ 和 $b$ 的方向与 Al 单胞相符，但 $c$ 方向上则是半相干。$\theta'$和 $\theta$ 都是四方形的，但具有不同的晶格参数。$\theta$ 与基体完全不相干［图 7（d）］。峰值时效条件一般与 $\theta''$的沉淀相关。

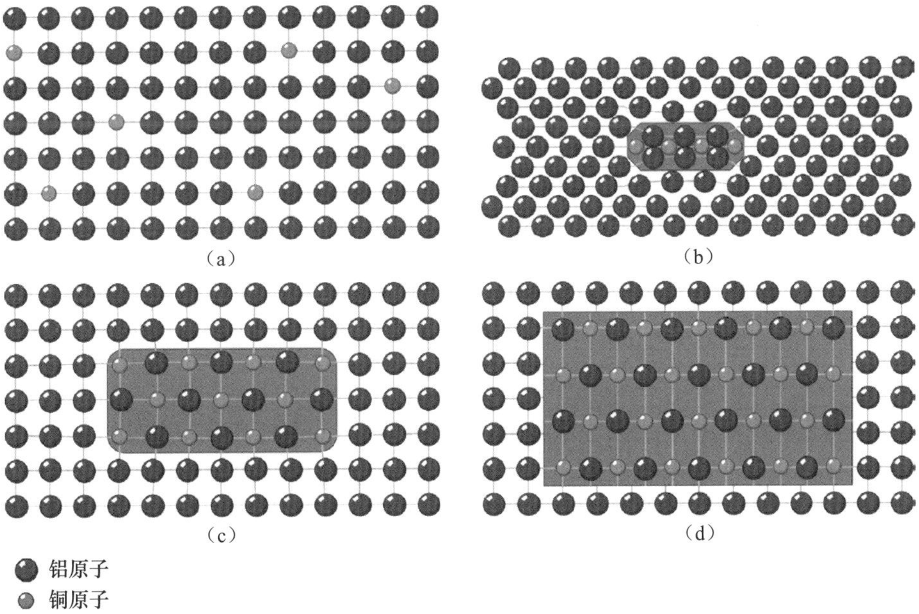


**图 7 铝—铜系统沉淀顺序**

（a）铝和铜的过饱和固溶体；（b）Guinier-Preston 区；（c）亚稳定 θ 沉淀；（d）稳定 θ 沉淀

摘录自 Callister（2007）© John Wiley & Sons，Ltd

有很多其他元素（锌、镁、硅和锂）可以被添加到铝中，通过沉淀硬化提高其强度。虽然该强化相的组合物、热处理温度和增强增量会发生变化（见表 1），但时效硬化处理的基本原则保持不变。

**表 1 时效硬化合金系统列出的强化相和可以达到的最大屈服强度**

摘自 ASM International（2009）

| 合金系统 | 合金强化相 | 最大屈服强度/MPa |
|---|---|---|
| Al-Cu | $Al_2Cu$ | 420 |
| Al-Cu-Mg | $Al_2CuMg$ | 440 |
| Al-Mg-Si | $Mg_2Si$ | 380 |
| Al-Zn-Mg | $MgZn_2$ | 510 |
| Al-Li-Cu | $Al_2Cu$ 和 $Al_2CuLi$ | 500 |
| Al-Li-Cu-Mg | $Al_2Cu$、$Al_2CuLi$ 和 $Al_2CuMg$ | 430 |

## 5 合金牌号和特性

大部分金属元素在铝中的固体溶解度非常有限，因此传统上只有 5 种主要的铝的合金添加物，也即铜、锰、镁、硅和锌（银也具有显著的固体固溶度，偶尔也会添加）。在最近的一段时间里，锂也已经被包含在其中，大量的商业铝合金都是由这 6 种元素的组合制造而成的（图 8）。铁和硅是常见的杂质元素（通常小于 0.5%重量比），其成分限制取决于具体的应用。减少合金中铁和硅的量，可以提高如疲劳寿命和断裂韧性等损伤容限性能，但这样做有成本的代价。通常在铝的合金中加入少量（小于重量的 1%）的锰、铬、锆、钒或钛来控制晶粒结构，并在热机械加工和高温热处理过程中防止晶粒生长。

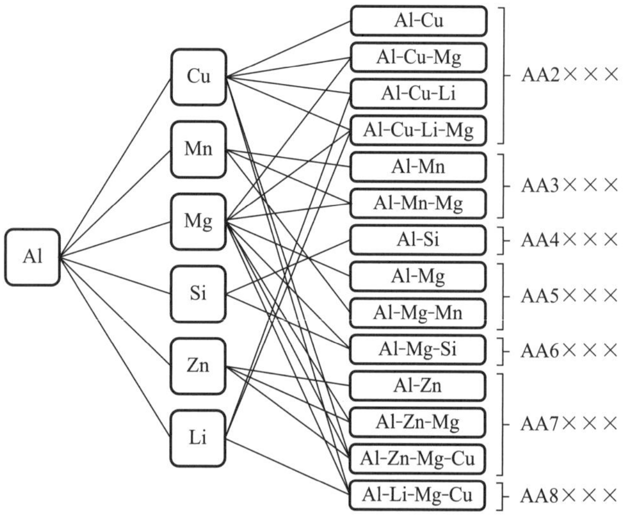


**图 8 铝的主要合金添加物的列表（显示出了它们形成主要商业合金的组合方式）**

表 2 列出了铝合金的代号，显示了各种合金的关键合金添加物、关键属性和航空航天方面的应用。铝业协会（AA）已制定了一个四位数的系统来为锻造铝合金分类。第一个数字代表系列（1～8）。AA1×××系列用于表示质量分数超过 99.0%的铝合金，而最后两位数字则表示铝纯度的小数点右边两位数字。如 AA1099 是质量分数为 99.99%的铝。第二位数字被简单地用于表示一种或多种元素的一个特殊控制。合金根据其主要添加物分为 AA2××系类和 AA7×××系列。富铜合金分到 AA2×××，富锰合金分到 AA3×××，富硅合金分到 AA4×××，富镁合金分到 AA5×××，富镁/硅合金分到 AA6×××，富锌合金分到 AA7×××。AA8×××系列用来保留那些不适合进入 AA1×××到 AA7×××系列的合金。从 AA2×××系列到 AA8×××系列，第二位数字表示合金的修改，用 0 表示原始合金，1～9 中表示修改的进度。系列中最后两位数字除了用于区分不同的合金以外没有特别的意义。

**表 2 铝业协会合金牌号列表，显示了关键合金添加物、典型属性和航空航天应用的例子**

摘录自 ASM International（2009）

| 序 列 | 主要合金添加物 | 相对属性 | | | 航空航天应用 |
|---|---|---|---|---|---|
| | | 强度 | 损伤容限 | 耐腐蚀性 | |
| AA1××× | 无 | 非常低 | 低 | 非常高 | 机身蒙皮覆层 |
| AA2××× | 铜（质量分数 2.6%～6.5%） | 高 | 高 | 低 | 飞行器结构、铆钉 |
| | 镁（质量分数 0%～1.5%） | — | — | — | 下机翼蒙皮、机身蒙皮、轮毂 |
| AA3××× | 锰（质量分数 0.5%～1.2%） | 低 | 低 | 非常高 | — |
| | 镁（质量分数 0%～1.0%） | — | — | — | — |
| AA4××× | 硅（质量分数 5%～12%） | 中 | 低 | 高 | — |
| | 镁（质量分数 0%～1.0%） | — | — | — | — |
| AA5××× | 镁（质量分数 0.8%～5.0%） | 中 | 高 | 高 | 飞机燃料管，负载较轻的飞机部件，超塑性成型件 |
| | 锰（质量分数 0%～0.8%） | — | — | — | — |
| AA6××× | 镁（质量分数 0.5%～1.1%） | 中 | 高 | 高 | 一些 AA2×××应用的替代合金 |
| | 硅（质量分数 0.4%～1.4%） | — | — | — | 机身蒙皮及加强筋 |
| AA7××× | 锌（质量分数 1.0%～7.6%） | 非常高 | 高 | 中 | 高应力部件，如机身、上机翼蒙皮、梁及隔板 |
| | 镁（质量分数 0%～2.7%） | — | — | — | 超塑性成型件 |
| | 铜（质量分数 0%～2.3%） | — | — | — | — |
| AA8××× | 其他元素（即锂、铁大于 1%） | — | — | — | 宇航和直升机部件 |



也有描述合金条件（或特性）的代号。其基本代号如下（ASM International，2009）。

F——焊接。由热或冷的加工成型但没有进行具体热处理的合金。

O——退火。通过退火（高温热处理）以实现最低强度条件的合金。

H——应变强化。通过加工硬化加强（例如轧）的合金。之后有两位数字，见表 3。

T——固溶处理。通过固溶处理和时效处理的合金。T 之后是有一个或多个数字，见表 4。

航空航天合金一般都是 AA2×××、AA6×××和 AA7×××系列的合金。每种合金的各种性能，如强度、韧性、耐疲劳、耐腐蚀和决定使用的合金都是依赖于在所需的组件里这些属性的优先级是如何的，即在此之间需要权衡。表 5 给出一些选定的航空铝合金关键属性的例子。下面将讨论 8

**表3 应变强化合金的主要特性名牌**

来源：ASM International（2009）

| 特性 | 描 述 | ×（1~9）的定义 |
|---|---|---|
| H1× | 应变强化至所需强度 | 应变强化的程度（1最低，9最高） |
| H2× | 应变强化和局部退火 | 退火后维持的应变强化的程度（1最低，9最高） |
| H3× | 应变强化和通过低温热处理的稳定（仅适用于除在室温下会时效软化的稳定合金） | 稳定后维持的应变强化的程度（1最低，9最高） |

**表4 固溶处理和时效处理合金的主要特性名牌**

来源：ASM International（2009）

| 特 性 | 描 述 |
|---|---|
| T1 | 从高温至冷却成型过程（即挤压），自然时效 |
| T2 | 从高温至冷却成型过程，冷加工来提高强度（即冷轧）和自然时效 |
| T3 | 固溶热处理、冷加工和自然时效 |
| T4 | 固溶处理和自然时效 |
| T5 | 从高温至冷却成型过程和人工时效 |
| T6 | 固溶处理和人工时效 |
| T7 | 固溶热处理和过时效。过时效可以提高某些特定的属性，如应力腐蚀开裂 |
| T8 | 固溶热处理、冷加工和人工时效 |
| T9 | 固溶热处理、人工时效和冷加工 |
| T10 | 从高温至冷却成型过程，冷加工和人工时效 |

**表5 一些商用铝锂合金和一些传统航空航天铝合金的成分和属性（ASM International）**

| 合 金 | 成分（质量分数）/% | | | | | 屈服强度/MPa | 延展性/% | 模量/GPa | 密度/(kg·m$^{-3}$) |
|---|---|---|---|---|---|---|---|---|---|
| | 锂 | 铜 | 镁 | 锌 | 其他 | | | | |
| AA8090（T8×） | 2.2~2.7 | 1.0~1.6 | 0.6~1.3 | — | — | 430 | 7 | 79 | 2 540 |
| AA2090（T83） | 1.9~2.6 | 2.4~3.0 | 0.3（最大） | — | — | 500 | 6 | 76 | 2 590 |
| AA2091（T8×） | 1.7~2.3 | 1.8~2.5 | 1.1~1.9 | — | — | 335 | 14 | 75 | 2 580 |
| AA2050（T84） | 0.7~1.3 | 3.2~3.9 | 0.2~0.6 | — | 银0.2~0.7 | 500 | — | 77 | 2 700 |
| AA2196（T8511） | 1.4~2.1 | 2.5~3.3 | 0.2~0.8 | — | — | 470 | 6 | 78 | 2 630 |
| AA2024（T361） | — | 3.8~4.9 | 1.2~1.8 | — | — | 395 | 13 | 72 | 2 770 |
| AA6013（T8） | — | 0.6~1.1 | 0.8~1.2 | — | 硅0.6~1.0 | 386 | 8 | 70 | 2 710 |
| AA7050（T7361） | — | 2.0~2.6 | 1.9~2.6 | 5.7~6.7 | — | 455 | 11 | 70 | 2 830 |

个合金系列的主要特点。

（1）AA1×××。AA1×××系列的合金可以被认为几乎是纯的铝（质量分数为99.0%~99.999%的铝），含有少量的铁（<质量分数的0.5%）、硅（<质量分数的0.5%）、铜（<质量分数的0.2%）。它们通常用在强度需求不高但需要高耐腐蚀性的应用中。由于导热和导电性会随着铝纯度的增加而提高，故这一系列的合金常用作导体材料和一些用于热交换器中。超级纯的铝（质量分数为99.99%的铝）由于其高反射率（高达90%的可见光）也可以用于光学反射面。纯铝的进一步应用之一是以粉末形式作为固体火箭推进剂。AA1×××系列合金的特点是质软及延展性好。据相关资料可知，在退火条件下，其最纯净的形式（AA1199）强度低至10 MPa（50%延展性）。一个稍不纯的99.0%（质量）的材料（AA1100），其强度上升35 MPa（35%延展性）。冷加工（即以冷轧的形式）可以使屈服强度增加至165 MPa，但会伴随着延展性降低至2%。

（2）AA2×××。AA2×××系列合金的主要合金添加物是铜（质量的2.3%~6.3%）。在大多数合金中会故意加入1.5%质量的镁。只有少数几种特殊合金中的铜含量保持在小于铝中最大固溶度（质量的5.5%）的水平。超过这个水平所增加的铜含量，将不会对强度有任何显著的影响，因为多余的铜（超过质量的5.5%）在固溶热处理过程中不溶于其中，因此随后也不能被用于形成加强沉淀。主要的航空航天合金是AA2024（4.4%质量的铜和1.5%质量的镁），它常用于机身蒙皮和下机翼蒙皮。AA2024通常会经过固溶处理、冷加工和自然时效处理（T3），有高的延展性、韧性和抵抗疲劳裂纹扩展的能力（Welpmann和Peters，1992）。由于在铝中加入铜降低了其耐腐蚀性，因此与AA2×××的合金相比，其他含更少的铜的合金系列具有较低的耐腐蚀性。基于这个原因，很多AA2×××的合金在使用时表面需要镀一层纯铝的保护层（例如，铝衣合金2024）。一种AA2×××系列的合金，如AA2004，一直专为超塑性成型。在高温（450℃）和缓慢变形率（应变速率为$10^{-3}\sim10^{-2}$ $s^{-1}$）下，AA2004可变形伸长率为500%～1 000%，使得这种合金片可吹塑成单面工具（Grimes，1987），其允许在一次操作中形成复杂的零件，例如进气口和翼尖。

有几种AA2×××系列的合金专门在高温下应用（高达200 ℃），典型的例子是AA2618，其除了加入了必需的铜和镁外，还含有少量的铁（质量的1.1%）和镍（质量的1%），这些元素可以产生稳定的热沉淀以达到高温强度和抗蠕变性。该合金起初用作喷火式梅林发动机的活塞合金并用于协和飞机的表面。

（3）AA3×××。AA3×××的合金中含有高达1.2%（质量）的锰，另外一个选择是高达1%（质量）的镁。它们往往被用于需要良好的成型性和耐腐蚀性，但还需要比AA1×××系列具更高强度的应用中。典型的应用包括热交换器、饮料罐、化学品储存设备和旁轨。这些合金的屈服强度，从完全退火的AA3003（1.2%质量的锰）为40 MPa，到冷加工的AA3004（1.2%质量的锰，1%质量的镁）高达250 MPa。

（4）AA4×××。虽然铝硅合金主要用于近净形铸件（由于铝硅合金的低凝固收缩），但是目前只有在锻造条件下有限制地使用这些合金（在过去它们已被广泛用于建筑领域，因为阳极氧化导致形成整体深褐色的氧化膜）。高含硅合金［高达12.2%（质量）］用于高温应用中，如活塞，而低含硅合金［4.5%～6.0%（质量）］则作为焊接填料棒。其屈服强度高达315 MPa。

高含硅合金的低熔点是利用钎焊片将AA4×××合金覆盖于AA3×××或AA6×××高强夹心而得到的。

（5）AA5×××。在铝中可加入相对大量（质量分数高达5%）的镁，并在固溶体中作为一个有效的固溶体助力器。这些合金可进一步通过加工硬化（如冷轧）来加强。例如AA5083，其中包含质量分数为4.4%的镁，在退火状态下的屈服强度为150 MPa左右，通过加工硬化可达到300 MPa左右。AA5×××合金容易被加工和焊接，通常表现出高耐腐蚀性，但当含量较高的镁暴露在适度高温下可能会导致应力腐蚀开裂的敏感性。这些合金主要用于航空航天领域以外中等强度的领域，如车身板、船体板、装甲。虽然AA5083可以超塑成型并且由该合金做成的组件正在开始被用于航空航天领域中，但是在该领域内的应用还是很有限的。

（6）AA6×××。AA6×××合金含有镁［0.5%～1.1%（质量）］和硅［0.4%～1.4%（质量）］，通过加强析出合成物$Mg_2Si$来沉淀硬化。有时加入铜（质量分数<0.4%）以增加强度，但会对耐腐蚀性有不利影响。它们是中等强度的合金，与大多数情况下相比特别是与较高强度的AA2×××的合金相比有着耐腐蚀性和可焊性。传统的AA6×××合金不具有应用于航空航天所需的适当属性。然而，20世纪90年代初，人们意识到AA6013所表现出的损伤容限性能堪比AA2024。这时先进的机身制造技术，包括将纵梁焊接到表面的技术，正在被研发，结合更低的成本、更低的密度、更好的耐腐蚀性、降低淬火敏感性和可焊性，使合金成为代替AA2024T3的一个强有力的竞争者。最近AA6056已经被发展用于A350机身下部壳体（Lequeu、Lassince和Warner，2007）的激光焊接板、加强筋的组件上。

AA6×××合金是中等强度应用上的通用合金。AA6063是一种普及的挤压合金，它通过热处理来实现270 MPa左右的屈服强度，并用于多种轻质结构的应用中，如建筑型材、门/窗框架、卡车/拖车地板、气体/石油管道。AA6×××合金的其他应用包括汽车车身板、梯子及船用结构。

（7）AA7×××。铝-锌-镁-铜系统可以产生强度最高的商业用铝合金（屈服强度超过500 MPa），但它们容易受到应力腐蚀开裂。它们是最高合金化的铝合金，含高达7.6%（质量）的锌、2.7%

（质量）的镁和2.3%（质量）的铜，通过$MgZn_2$的沉淀时效硬化来加强。高锌含量使得这些合金系列的密度超过2 800 kg/m$^3$（参见AA6×××合金的密度为2 700 kg/m$^3$）。它们通常使用过时效T7特性，因为这会降低应力腐蚀开裂的易感性（Welpmann和Peters，1992）。这些合金的耐腐蚀性一般比A2×××合金更好，但随着铜含量的增加，其耐腐蚀性会降低。这些合金中以板件、锻件或挤压的形式应用于高应力的结构部件中，如机身、机翼蒙皮、翼梁和舱壁。传统的航空航天合金是AA7050、AA7010、AA7075和AA7475。在各种情况下，都需要对强度、损伤容限和腐蚀行为进行权衡。AA7075具有最高的强度，但需要避免持续的拉伸应力。其结果是，这种合金常用在压应力占主导地位的上部机翼蒙皮。AA7050具有良好的耐蚀性能，因为其属性对溶体化处理后的冷却速度不敏感，故优先用在厚的部位。AA7475具有最佳的损伤容限，主要是由于其所加的铁和硅含量的限制较低。AA7475适于生产超塑性成型的组件（Grimes，1987）。

最近随着提高韧性或强度的发展已经产生了一些新的合金，如AA7040、AA7049、AA7056，正逐渐替换传统AA7×××的合金（Lequeu、Lassince和Warner，2007）。

（8）AA8×××。这个系列用来保留那些不适合进入其他7个系列的合金。

铝-锂合金。其刚度（或杨氏模量）和密度是用于航空航天合金的关键属性。铝的拉伸弹性模量为69 GPa，密度是2 700kg/m$^3$。虽然大多数合金元素（除镁以外）对弹性模量和密度有积极的作用，但是其效果很小。基于这个原因，模量为（69±2）GPa、密度为（2 740±100）kg/m$^3$的铝合金，几乎覆盖了所有的常规铝合金。但是有一种元素，该元素对铝的弹性模量具有显著的作用，那就是锂。此外，加入锂可以降低铝的密度，还可以通过沉淀硬化增加其强度。加入少量锂，铝的密度降低3%，弹性模量增加6%。在20世纪70年代的石油危机及从复合材料到以铝为主导地位的民用航空市场中感知到的威胁的带动下，铝工业做出了大量全球性的研究，人们才于20世纪70年代末和80年代开始开发含锂合金。尽管成本较大并发展了一批商业合金，但这些“第二代”合金的使用仍然有限。基于铝-锂合金的价格始终是一个有争议的问题，苏联的解体导致潜在的军事用户更关心收购成本而并不关心性能，而围绕着损伤容限性能上的技术问题还没有得到解决。第二代铝-锂合金一些广泛的用途：优异的低温性能，用于EH101 Westland Augusta直升机和航天飞机的外部燃料箱。20世纪90年代的研究主要集中在改善这些性能并导致了“第三代”合金的发展。可以看到，在空客A380机身中采用了前述的合金，并且计划将其使用在A350上（Lequeu、Lassince和Warner，2007）。

表5列出了一些商用铝-锂合金以及与传统航空航天铝合金的主要性能和成分有关的例子。含锂合金以铝、锂、铜和可选添的镁的组合为基础。AA2050包括一些银的添加物，并且所有的合金中都含有少量的锆和（或）钛。低含锂合金因为铜是主要合金元素，所以属于AA2×××系列；锂是最大合金添加物的合金则属于AA8×××系列。第二代合金（AA8090、AA2090、AA2091）和第三代合金（AA2050、AA2196）之间的主要差别在于较低的锂含量和较高的铜含量，这样做对降低合金密度有益处。

## 6 结论



100多年来，铝合金一直是机身建造的主导材料。由于飞机的性能从低亚音速发展到了超音速，故对材料性能的要求也更高了，铝工业和航空工业针对飞机结构不同部件的新的和适当的合金已成功地做出了应对。最近，聚合物复合材料对铝合金的主导地位提出了一项重大挑战，大型客机上铝的使用可能会有所减少。然而，第三代铝-锂合金、合金AA6×××和建筑技术的发展对材料的挑战做出了持续的回应。因此，现有充分的理由相信其可用性、价格、性能和可靠性，使得其在可预见的未来仍有明显的航空航天用途。

### 参考文献

ASM International (2009) *ASM Metals Handbook: Properties and Selection: Nonferrous Alloys and Special-Purpose Materials*, vol. 2, American Society for Metals, Ohio.

Callister, W. D. (2007) *Materials Science and Engineering: An Introduction*, John Wiley & Sons, New York, p. 406.

Grimes, R. (1987) The manufacture of superplastic alloys. *AGARD Lecture Series* no. 154, 8. 1.

Lequeu, Ph., Lassince, Ph. and Warner, T. (2007) Aluminum alloy development for the Airbus A380-part 2. *Adv. Mat. Processes*, 165, pp. 41-44.

Quist, W. E., Narayanan, G. H. and Wingert, A. L. (1984) Aluminum-lithium alloys for aircraft structure-an overview, in *Aluminum-Lithium Alloys II* (eds T. H. Sanders and E. A. Starke), The Metallurgical Society of the American Institute for Mining, Metallurgical and Petroleum Engineers, Warrandale, PA, pp. 313-334.

Welpmann, K. and Peters, M. (1992) High strength aluminum alloys, in *Advanced Aerospace Materials* (ed. H. Buhl), Springer-Verlag, Berlin, pp. 21-35.

本章译者：莫佳亮，蔡登安，周光明，邓健（南京航空航天大学航空宇航学院）

# 第 174 章

# 结构材料：铝及其合金的制造技术

Judy A. Schneider
密西西比州立大学机械工程系，密西西比州，美国

## 1 引言

从飞艇时期开始，铝合金就因其低密度和高比模量的特性而广泛应用于飞行器结构中。与大部分金属一样，铝合金可以进行熔锻浇铸成型、切割制造及焊接。铝合金能以多种形式存在，包括锻件、铸件、挤压件、薄片、金属板以及导线。

基于革新制造技术的一些独特结构增强了航空航天结构中铝合金的低重量和高比模量。在最近的国家科学院报告（国家科学院报告，1996）中，总结了这些铝合金并且在表 1 中扩展了更多的内容。在本章中将讨论铝的制造方法。

**表 1 创新结构概念总结**

摘录自国家科学院报告，1996

| 结构概念 | 应 用 | 优 点 | 限 制 |
|---|---|---|---|
| 整体硬化/标准及正交网格结构 | 蒙皮、梁板、舱门、底层装配 | 部件少、紧固件使用少、流程步骤少 | 部件复杂，模具花费高，易产生损伤容限，维护、检测、修理困难 |
| 焊接结构 | 燃料箱、压力管、机翼盒段结构 | 部件少、制造花费低、便于自动化加工 | 静强度低，易疲劳，性能数据复杂 |
| 精密铸造 | 架线塔、稳定隔板、顶框、舱门、结构框架、泵壳、叶轮、桨盘 | 部件少、制造花费低 | 铸造缺陷，易疲劳，性能数据复杂 |
| 精密锻造 | 泵壳、叶轮、桨盘 | 部件少、制造花费低 | 部件复杂，性能数据复杂 |
| 夹层结构 | 蒙皮、控制面板、边框、舱门、底层装配 | 强重比和刚重比较高，双轴稳定 | 水腐蚀，制造技术要求高，装配花费高，不便于自动化加工 |

## 2 铝结构的制造

机械加工是用于制造飞行器工业零件最常用的制造方法之一。尽管包含有许多传统制造过程，但并不局限于回转、碾轧、磨制和钻孔，所有这些过程都是迁移金属使其形成工程形状。铝合金因其独特固有属性而便于机械制造。铝的低密度可以减少惯性且允许在制造过程中高速旋转和交换。热耗散促进铝的高热传导性能，其中热耗散指的是由削落的碎片带走制造过程产生的热量。在制造过程中，利用有效的冷却液体，如酒精薄雾，进行附加冷却可以使变形最小化。铝结构中的所有偏差，如扁平的仪表板将会在合金中发生改变。金属切割过程产生的低温条件使得工具选择的重要性最小化，因为工具与工件之间的相互作用并未被促进。

## 3 整体加筋板

为减小飞行器工业中面板结构的质量，采用整体制造的标准网格或正交网格的板结构。该方案消除了多零件的装配、紧固件以及胶接接头，显著降低了复杂部件的成本。整体加筋，通过消除易受影

响的界面从而降低腐蚀性，同时通过提供连续的载荷路径提高结构强度。

整体加筋板是一个一体结构，其中包含网状承力肋结构以及从固态铝板中机械加工出来的保护蒙皮。典型的结构用于制造机身。图 1（Slysh，1973）展示了标准网格样品加工成平板的一种典型的机加工操作，其在碾磨后成型。一些卷状节段也可被焊接成筒状节段。更薄的蒙皮节段可通过化学铣削获得。

尽管整体加筋板有很多优越性，但也有一些影响其选用的弊端。例如：复杂零部件加工困难及较高的加工成本和维修费用。

（a）

（b）

（c）

**图 1　整体加筋板标准网格模式制造工艺**

摘录自 Slysh（2009）© AISI



## 4　铝结构的连接

铝合金可以通过熔化或者固态加工而结合。机械紧固，即螺栓连接、铆接等，更多涉及的是设计而不是制造，在此不加详细论述。在熔接过程中，热源既可以使填充物聚集（铜焊）、工件接头边缘化（焊接），或者是当热源退散时使固态金属达到其熔化温度，这样就能形成轻质密封的接头。因此，铝罐、压力容器、传输管以及集装器常常通过焊接而成。

固焊就是不使用填充物而直接在固态工件上进行操作。干净的金属表面在不断升高的温度下接合并形成接头，此过程不涉及熔化。

由于铝极易氧化，因此在焊接温度下必须使用惰性气体覆盖铝合金表面。在气压作用下，铝氧化物在大约 2 050 ℃的条件下仍能保持稳定，这远远超过了纯铝的熔化温度 660 ℃。因此，常使用一些机械方法来移除这些厚重的氧化物，如物理敲碎或者化学腐蚀。在焊接之前，多种形式的熔焊可用于氧化物的局部清理。以熔焊为基础，负极清理可以达到表面清理的效果。在这种模式下，极性逆转使得电子流出而正离子流入工件表面。在逆转的极性下，正离子滞留在氧化物表面，围绕在薄铝氧化物层处诱发强电场。伴随着电场的衰落，铝氧化物局部受损破坏。在键孔模式下的等离子焊接操作（从焊接板中射出的等离子体达到全渗透）需要焊流中的一小部分处于逆转极性模式下，以此来清除可能会形成珠状干扰物的薄铝氧化层。

在焊接弧作用下，油、油脂以及尘垢分解会产生氢，这样就会产生许多孔隙。相比于固态，熔化状的铝能结合更多的氢，因此过多地暴露于氢气中会导致固状表面的多孔性。含锂的铝合金置于氮气中，在高温条件形成氮化锂，这是一种具有潜在商业价值的氢存储介质，它能在初级的珠状焊接下保存氢气，然后在后阶段的热作用下形成多孔状。

残余应力会降低焊接强度，金属中的残余应力是由热应力下高温区域变形及冷却到正常操作温度下维持的一些变形所致。相似地，热应力可能使工件产生严重的变形。焊接操作置于热流中可以通过微结构的过时效来减少附近金属中的应力。因此，在焊接过程中将金属受热体积最小化其意义是非常重大的。

## 5　铜焊

铜焊可用于铝零件和合金的接合，该合金的熔点只是稍微低于工件材料的熔化范围。在此过程中，只有填充物加热到熔化温度而母质材料仍维持固态。多种合金都可用于铜焊铝及其他以铝为基质的合金。部件之间缝隙的紧实公差能够确保熔化铜焊金属通过毛细运动完整渗透进接头中。这种接头外部最终会形成一道铜焊区，由于周围母质金属的约束，使得该铜焊区相较于铜焊金属本身更加坚固。熔状物可用于湿润表面，但必须避免污染最后形成的铜焊区。为了确保填充物的适当流动，整个过程中的接头设计和清理均需严格控制（Brazing Alcoa Aluminum，1955）。

铜焊的热量可以由一次性或者分批处理提供。熔炉中分批处理过程是伴随着很多部件接头调解过程同时发生的。当铜焊热处理合金时，热处理过程常常伴随着铜焊过程。因此，可以将固态零件放置于熔炉中，然后升高温度到足够引起铜焊材料流动，接着降低温度进行零件的时效处理。因为整个零件在批处理过程中是统一受热的，所以在熔焊中的变形是最小的。

## 6　熔焊

熔焊通常用于铝合金的连接。尽管铝合金的熔化温度很低，但铝合金很高的热传导性能使得其对热量的需求与钢铁等高熔点金属区别不大，所以需要提供更高的内部热量。其热源包括电弧、电阻、电子、激光以及喷射等离子体。

## 7　弧焊

电弧熔焊既可以使用填充物也可以不使用。无填充物的自动焊接适用于低合金铝。由于铝的合金化增强，使用填充物来达到类似于强沉淀合金那样的更高强度是很有必要的。在熔炉中添加填充物的作用是加固焊接接头以及增加强度。经过热处理的铝合金更具有冶金方面的复杂性以及在热短裂纹方面的敏感性，这是在焊接操作中热影响区第二相溶解形成的。为避免热裂纹，需要恰当使用填充物以及仔细控制焊接参数。常常使用具有比工件更高溶解能力的合金填充物（Welding Alcoa Aluminum，1958；O'Brien，1991）。

在弧焊中，根据材料的厚度常常要进行多道工序。为了维持操作环境的清洁，避免产生材料的多孔性，需要对其惰性气体环境严加控制。用于铝及其合金的一般弧焊技术有气状钨弧焊和气状金属弧焊。

## 8　气状钨弧焊（GTAW)-TIG

由于在氮弧过程中的问题，直到20世纪40年代才首次实现铝合金飞行器质量焊接技术真正意义上的成功，这种技术就是气状钨弧焊（GTAW）。图2

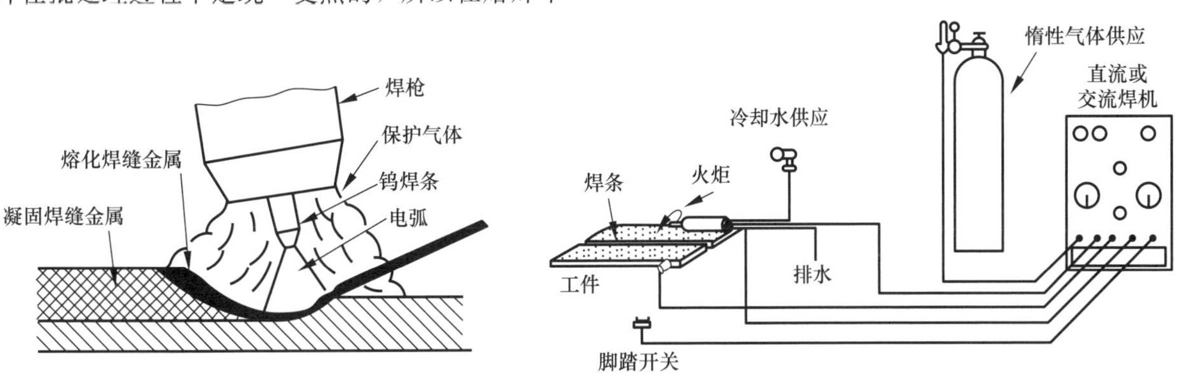


**图2　惰性气体弧焊的设备布置（TIG）**

摘录自Beddoes和Bibby（1999）© Elsevier

展示了使用试验用的钨焊条作为惰性气体氩或氦焊条的气状钨弧焊过程。气状钨弧焊也常称为惰性气体钨焊接（TIG），工件与焊条之间的电弧产生热量，不需要熔化的过程。根据渗透厚度的不同，惰气钨焊接可以使用交流和直流模式，用于焊接填充条或焊丝（包括编号1100、4043、5356、5154和5556合金）。通过脚踏或电子控制导致的场衰落的电流减小可以很好地填充焊接终止坑。

这个过程可以手动也可以自动化，但是若采用自动化，除非存在可信赖的渗透传感器，否则也需要操作者记录下一定数目的参数并进行调整。熔池表面化学成分的细微差别（规定范围内）会导致渗透过程大的变化，这是由于表面张量梯度驱使熔池环流造成的（Heiple和Roper，1982）。

## 9　气状金属弧焊（GMAW)-MIG

气状金属弧焊也称为惰性气体金属焊接（MIG），与气状钨弧焊过程相似，但其采用图3所示的自动供给裸露金属丝作为焊条。这里将不再讨论金属迁移的多种可能性，如短路、球状化、喷雾等给气状金属弧焊过程增加的复杂性。惰气钨焊接可以使用交流和直流模式，不需要熔化过程，且随着脚踏或电子控制的电流减小可以很好地填充焊接终止坑。

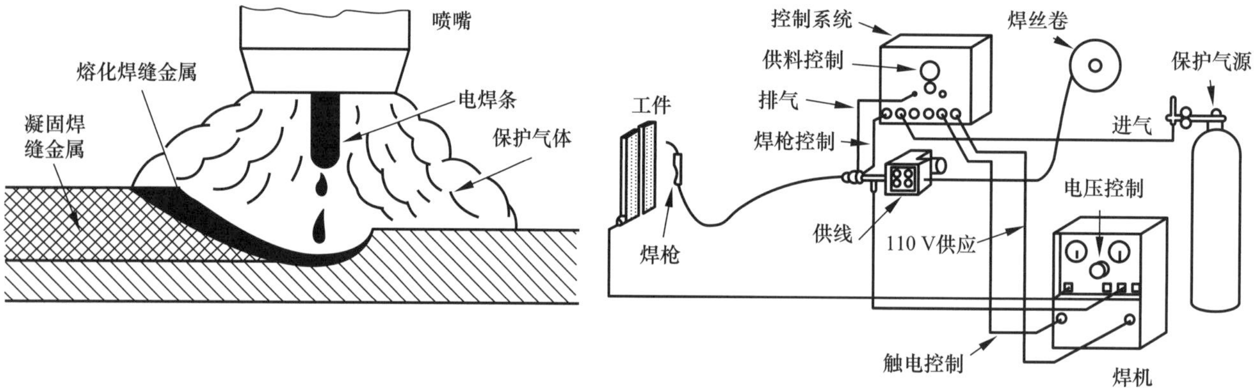


**图3　钨惰性气体焊接的图解和设备布置**

摘录自Beddoes和Bibby（1999）© Elsevier



焊丝直径以及成分的选择非常重要，其依赖于焊接材料厚度。用于MIG焊的各种合金包括1100、1260、4043、5154和5356，其选择主要取决于工件合金材料（Welding Alcoa Aluminum，1958；O′Brien，1991）。

## 10　变极性等离子弧焊接过程（VPPAW）

可用一种等离子射流为工件表面提供能量，移动喷射尖端靠近熔池，将热量更深入地传递给焊缝金属，并且使等离子体从背面穿过工件形成键孔。焊炬的内部有一部分等离子体，焊炬中的热量使得气体膨胀，并通过图4所示的水冷式管口喷射的等离子体驱散气体。恒定的等离子气体供给补充了排出的等离子，并伴随有金属导线的补充。在键孔的操作模式中，从焊接背面清除受染物，因此可以消除孔洞或者使其最小化。但是对于铝合金，则需要使用逆转极性，以此清除那些干扰珠状物形成的薄氧化层。这加快了铝合金变极性等离子弧焊修正的过程。

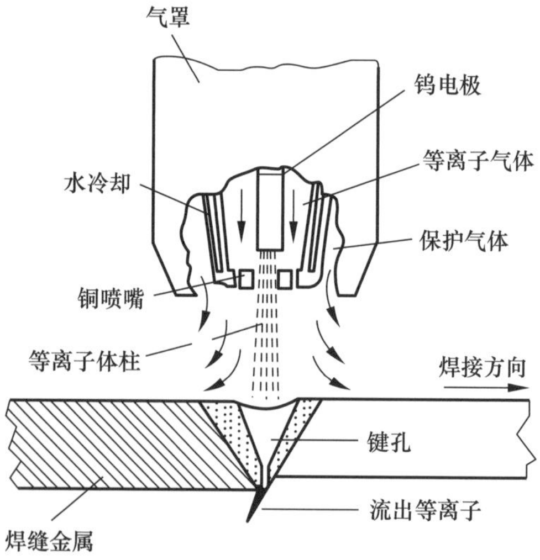


**图4　变极性等离子弧焊过程（VPPAW）**

摘录自Beddoes和Bibby（1993）© ASM International

20世纪60年代末，波音公司研究人员将可变极性能源与等离子焊接结合（Wang和Kovacevic，2002），其后签约霍巴特兄弟开发首批变极性等离子弧焊系统。1978年，NASA开始评估研究使用VPPAW代替GTAW过程在航天飞机外表面焊接铝（Nunes，1984）。VPPAW 是在直极性负极直流电和逆极性阳极直流电的循环中操作的。这种循环是在用最大化能源并获得充分清理的条件下成型的。由于等离子体中电子的更快移动会产生更高的能量，使更多的热量传递到工件中，而直极性中电焊条则热量更少。图 5 展示了在铝合金 AA2××× 系列中 VPPAW 的横向截面。该 VPPAW 过程一直应用于生产航天飞机外部箱体和空间站中（Nunes，1984；Woodward，1996）。

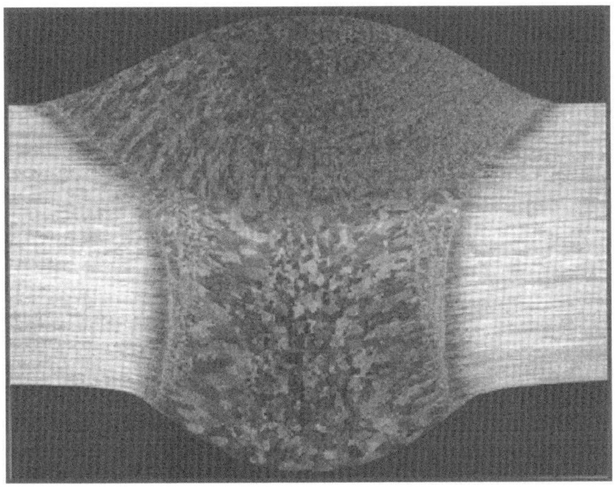

**图 5　铝合金中 VPPAW 焊接接头横截面**

相较于 GTAW，VPPAW 仅需要较少的工序便能产生更深、更窄的焊接珠；更高的电弧稳定性允许更长的弧长和更大范围的弧长可变性。然而，VPPAW 相比于 TIG 要求更昂贵和复杂的设备以及严格的焊炬维修；在接头变化方面，焊接过程则是更加复杂和易变；相比于 TIG，此过程需要更高的操作技巧。

## 11　束焊

电子束（EB）和激光束（LB）都可用于无填充物的铝合金焊接。电子束焊接（EBW）的真空环境减轻了污染问题。暴露在高能量密度下的金属表面能在其驱散内部热量之前达到气化温度。当波射在腔体侧面时产生蒸气腔。对于更深入渗透的焊接，腰体侧面的散热面积也有所增加。最终能量输入与耗散之间达到平衡并达到渗透的极限。在此高能量密度的情况下能形成一个极其深窄的渗透。由于焊缝比工件厚度还窄，因此尽管此金属暴露在高焊接热量中，但其还是有近乎母材金属的强度。

EBW 通常具有良好的动力耦合特性，而激光束焊接（LBW）必须配合高金属反射灵敏度和截面部分能量的模态分配。但是 EBW 需要真空环境而 LBW 不需要，并且磁场能使 EBW 偏转，这会使其错过焊缝。

## 12　电阻焊

电阻焊是通过挤压焊条两边的工件并施加电流完成的。随着电阻散热以及表面间焊点的成型，工件之间的表面处相对较高的电阻变得更高，并随着场的流动和金属凝固形成焊缝。图 6 展示了一个典型的电阻点焊过程图解。

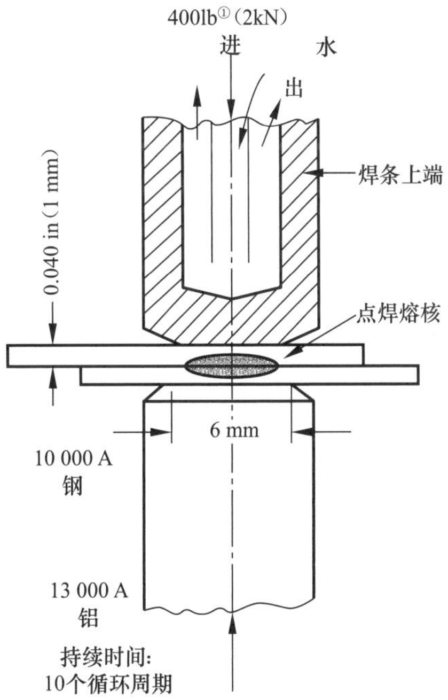


**图 6　电阻点焊过程图解**

摘录自 Schey（2000）© McGraw Hill

由于电阻焊只是在极短的时间内加热一小部分金属，故冶金尺寸的干扰被减至最小。点焊和缝焊是常见的军用飞行器铝合金电阻焊技术。在航空工业中，点焊用于机翼蒙皮部分、支架、组装整流罩和甲板部分。缝焊或滚子点焊，是用滚轮代替焊条在预定的内部进行点焊。如果这些点重叠，则会形成压力缝。

## 13　固态过程

多孔性、裂缝多样性等熔化和凝固问题在固态过程中可以避免。此外，温度差异产生的变形也被减小。尽管工件材料被加热到退火塑化状态，但不会发生熔化。固态过程包括线性及旋转摩擦焊接和摩擦搅拌焊接。

① 1 lb=0.453 592 4 kg。

## 14　线性及旋转摩擦焊接

线性摩擦焊中有一个装在固定底板的部件发生振动，在焊接过程中会摩擦产热。一旦产生足够软化金属的热量，施加于振动部件的压力会使其趋近稳定部件，以此将两部件焊接在一起。焊接过程中在交界面形成的闪波可以去除接头的表面污染或氧化层。

变化的摩擦焊接可用于圆形零件，因为此处振动部分以一个相对较高的速度旋转，然后再次产生足够的热量软化工件，这些热量即流入稳定部分。在图7中展示了在交界面形成类似闪波的焊接接头。

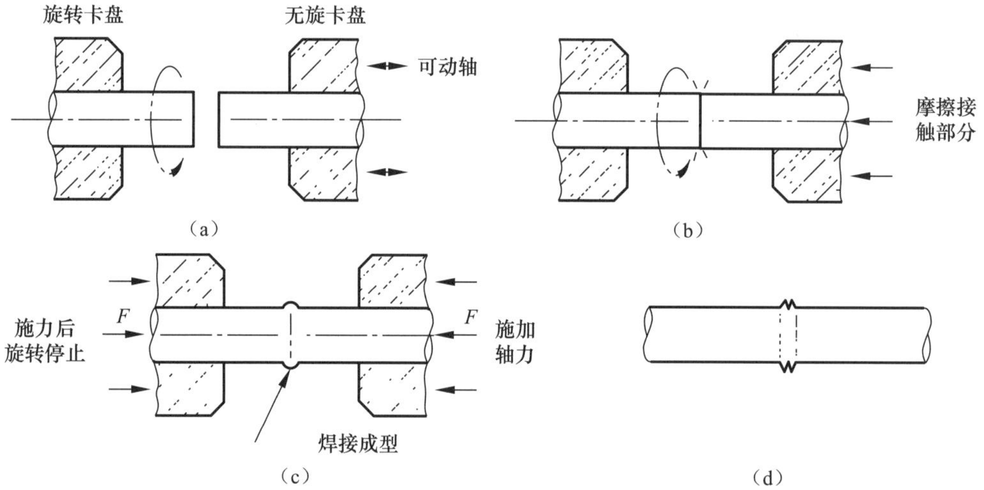


**图7　旋转摩擦焊接**

(a) 旋转部分，未接触；(b) 接触产生摩擦热；(c) 停止旋转，施加轴向应力；(d) 焊接完成—在接头处呈现闪波

摘录自 Groover (1996) © John Wiley & Sons, Inc

## 15　摩擦搅拌焊接（FSW）



在摩擦搅拌焊接中，通过试验专用的旋转针具在压力作用下产生大的变形来连接焊接接头的接合表面。图8所示的这种固态接合过程是在1991年由英国的焊接协会授以专利的（Thomas 等，1995）。由于这种焊接技术的出现，FSW被证实是高铝合金熔焊的可选方案。1991年，因为摩擦搅拌焊接技术的发明，FSW过程迅速地被使用于私人喷气式飞机 Eclipse 500 的首飞生产中，Eclipse 500 是用 FSW 制造并于2002年8月首次亮相的（Arbegast，2006）。NASA航天飞机外部槽焊接的改变始于1995年（Ding 等，2006），在2009年8月的发射中使用了第一个FSW接头。

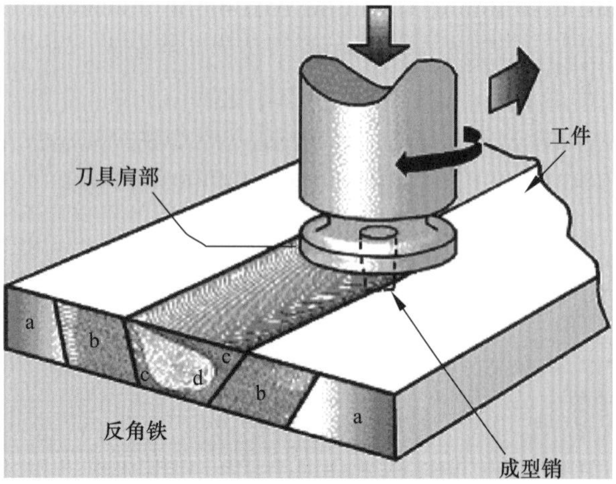


**图8　FSW后三区域的详细图解**

(a) 大部分工件材料；(b) 热影响区；(c) 热-力影响区；(d) 焊点熔核

摘录自 TWI Ltd © 2009

AA2×××与AA7×××系列强化铝合金的焊接历来是FSW最大的技术先驱（Mishra 和 Mahoney，2007），这种沉淀强化铝合金具有高的比强度，并且可以用于航空航天工业中。图9展示了一个典型的AA2×××系列合金FSW接头的横向切面。FSW的特点是焊接接头中具有精确集中的纹理结构，此外，铝合金也不需要保护气体。

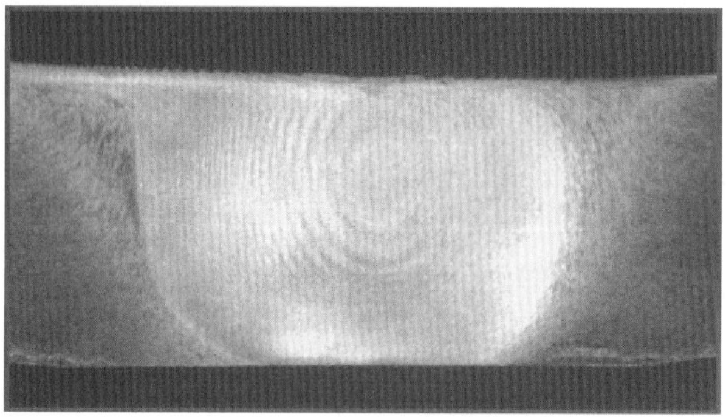

**图9　FSW焊接接头横截面**

FSW过程是自发传递的固态过程，不需要附加材料且连接是在固态下进行的，操作温度是完全熔化温度的60%～90%（Mishra和Mahoney，2007）。这种温度的降低使得材料可以在最低的变形以及最小的熔焊问题下进行连接，这里的熔焊问题包括多孔性、热蚀和残余应力。

FSW中的一个重要元素是焊接工具。这种材料部件用于连接并可用于加热、变形和固化。在FSW过程中，需用一个线状针旋转并且插入材料中，一旦它被插入到适当的深度，则该旋转工具将沿着焊接缝转动。因此，此旋转工具在表面生成了摩擦热并在材料层中形成了变形热，就如同工具RPM的作用。FSW工具的特性使其沿着针状及材料层方向移动材料，在本质上激起材料聚合，并沿着焊接缝的移动速率影响焊接的淬火率。

## 16　铝结构的近网成型过程

网状或者近网状技术可使生产一体化，有生产复杂几何外形和内部通路并合并为最终部件的能力。然而，在权衡加工步骤和替代件的减少上，必须考虑可能的缺陷和最终部件性能的降低。近网状可以通过浇铸或者熔锻操作成型。常常采用铸造分析选择方法，铸造分析包括计及最终部件制造的所有制造步骤。

在锻造成型操作中，温度和成型率范围是通过铝合金流通力降低和预计应变范围的不变性而选择的。很多手册都为成型条件的选择提供了指南（Prasad和Sasidhara，1997）。成型极限图中提供了双轴应变的信息，可以适应参与条件的过程。滑移线理论在浇铸和锻造设计过程中都是很有用的（Lubliner，2008）。在温度升高的情况下，超过100%～1 000%的应变可以在超塑成型（SPF）过程中形成（Pilling和Ridley，1989）。此过程在深化操作中是有益的，其中大的应变必须适应于生产出相对均匀的壁厚部件。

## 17　精密铸造

铝合金因其低熔点而常被认为是易铸造的。例如叶轮和泵体组件这样形状复杂的部件如果不是整体化制造，则会非常困难。精密熔模铸造可以最少的加工过程用于生产此类整体化且外形复杂的部件。熔模铸造工艺始于生产高温可消失性模型，必须在每次铸造时打造模具。这是通过注射蜡或塑料进入金属模具中完成的。样品材料的合理性选择对于几何稳定性和微特征可存性是至关重要的。这些模型在使用液状陶瓷耐火物覆盖在外表面形成陶瓷外壳之前组合成一个集群（或树状）。这种树状成型是多个部件在一次浇铸中成型的，就像涡轮叶片一样。对于使用内部流动通道形成部件，陶瓷型芯是在陶瓷外壳衬垫的内部形成的。经过陶瓷壳硬化后，在升高的温度下，蜡或塑料模具熔化并移出外壳。在铝部件铸造和固化后，此陶瓷壳被移除并且铸件得到清理。关键表面如密封件法兰或后续的焊接接头则需要适当的几何公差和表面完整度的制造工艺。

表2列出了精密铸造的优点，这必须以最终部件强度的减少作为交换。对于此外壳来说，为避免熔融材料可能形成的有害反应，需要选择特种陶瓷。由于铝氧化物的易产生性，在熔融金属转化为模具时必须仔细地操作，以防止在部件内部形成腐蚀氧化物。金属固化过程中体积的变化可能在铸件中形成孔洞，尽管可以通过标记铸热静压来将此内部缺陷减轻到一定程度。这种时效硬化铝合金的缓慢冷却过程将导致材料更低的强度特性，这则需要一些铸热措施或者表面硬化过程重新提高强度。

铸件的最后验收一般是使用X射线探伤，这样可以发现其在材料密度或者厚度方面的差异，这些密度的差异对应于内部的缺陷，如收缩率、气孔、夹杂物、损坏的型芯和型芯的偏移。如果存在内部孔洞缺陷，则可以加工出影响区域并通过焊接在孔洞区域进行修复。

**表2　熔模铸造过程的特点**

- 高的生产率，尤其对于小部件
- 高的尺寸精确性和一致性
- 极高的表面完成度
- 可铸造极复杂外形
- 无须再次机械加工

## 18　精密锻造

根据部件的复杂性，可以用精密锻造来制造复杂部件。一个真正的“精密铝合金锻造”可以产生细肋和法兰部件，且通常不需要附件穿孔的后续制造。图10所示为精密锻造和传统锻造部件的几何外形。

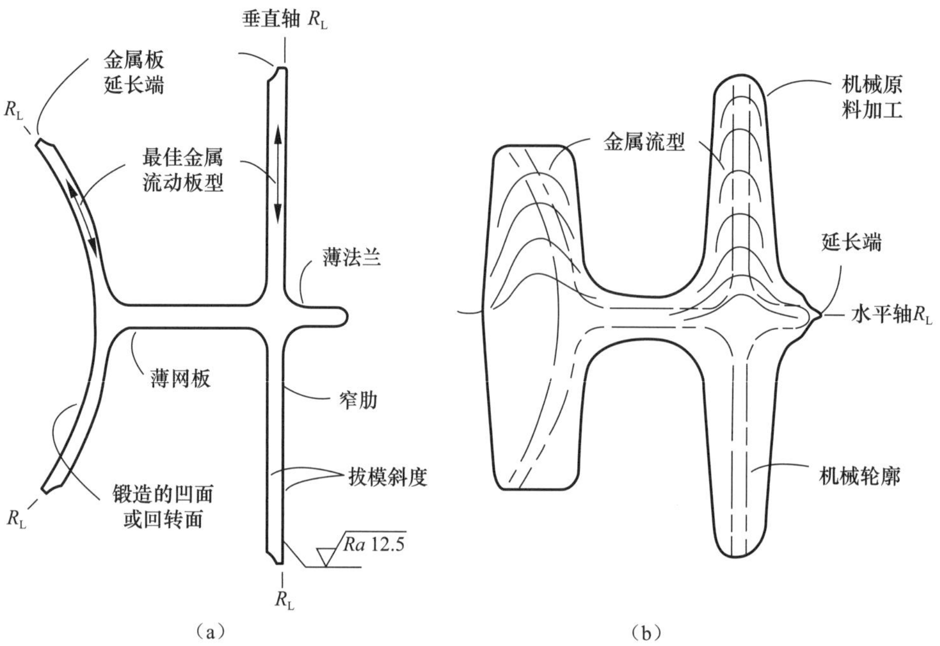


**图 10 精密锻造和传统锻造部件的几何外形**

(a) 精密锻造；(b) 传统锻造，为了生产所需的形状，传统锻造需要额外加工形成薄月和肋

摘录自 Davis 和 Semiatin（1988）© ASM International

由于热机械加工过程，锻造部件相比铸造部件有更高的机械性能，但其仍低于精密铝合金。此低性能源于截面尺寸机械性能的变化和锻造过程流动状态的变化。一般在物质流动过程中，短横轴方向的机械性能比纵轴方向的要低。



## 19 夹层结构

板状结构采用夹层构造以提供其高强度、高刚度、轻质的结构。相对地，薄片状或者面状的铝合金都可通过低密度型芯材料分隔开。根据结构的用途，稳定的型芯可以是泡沫或者聚合蜂窝结构通过黏合剂与铝合板结合。为了形成牢固的接头，必须确保黏合线层的清洁。控制以避免不易结合区域以及加工循环中的大部分结构都需要施加应力。使用的黏合剂通常都是热固化树脂，通过高温加压处理获得复杂形状。

为形成复杂表面，结构面板可以在黏合操作之前用配合轮廓匹配加工到稳定型芯铺展开来。在匹配加工中必须谨慎，以确保维持连续的黏合线厚度，并且无黏合区域。

## 20 多层成型

稳定型芯可以通过面板间金属夹层的多层成型。在冷却情况下如果需要内部流动通道或者结构稳定性需要加强，则需加以重视。这种特殊应用可以使用多种接合技术，如钎焊、焊接、电阻焊和扩散焊等。铝合金的所有接合技术对氧化层的存在都很敏感，因而在部件清洁方面比其他接合技术要求更高。由于其他的接合过程已经讨论过了，故这里只讨论扩散焊（DB）。扩散焊是非常有益的接合技术，因为它不需要引起重量增加的附加填充物。

SPF 和 DB 的精湛技术提供了一种精确的方法，使铝的多层结构形成极其复杂、精确，且有内部特性的深层外形。DB 是在温度升高的条件下通过施加载荷使两个部件接合的。合成分子黏合形成完整均匀的接头，其在微观范围的检测中是难以检测出来的。固态或者瞬态液相过程均可沿着接头促进微结构的连续性。

如图 11 所示，通过加热加压使得逐层放置的面析在分离面通过黏合剂黏合起来。此层压片放入用于 SPF 操作的模具中，并在 SPF 操作中向片层内施加气压使得该层片变形以填充模腔。此过程中必须严格控制压力变化，因为操作中合金只在特定的温度范围和成型速率下才表现出超塑性。一些商业用途的铝合金是由细粒度微观结构和屈服应力应变的敏感度来促进超塑性行为的，这包括但不仅限于 5083、7475、2004、2419 和 2090。

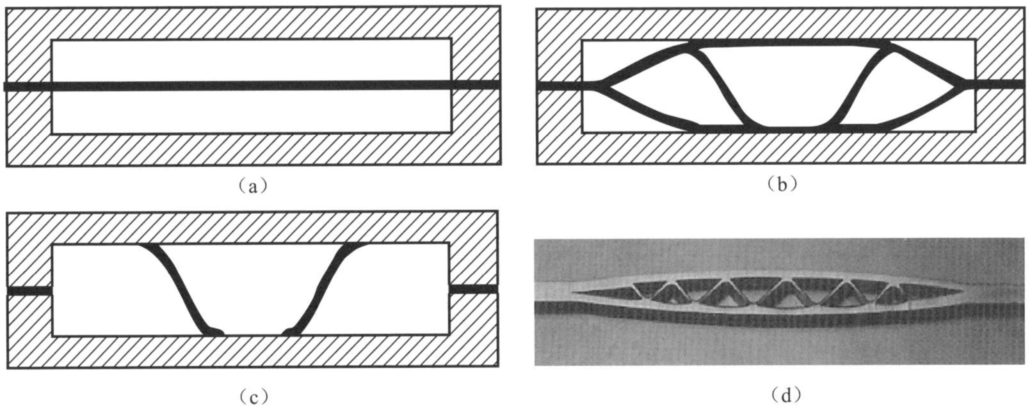


**图 11 (a) 多层铝合金堆叠；(b) 内部施加应力；(c) 铝层产生变形；(d) SPF/DB 结构展示**

## 21 结论

铝及其合金的高比强度和耐腐蚀性使得其在航空航天领域应用广泛。过去的 10 年，在改进制造方法中有许多进步，如固态连接技术，其在部件的可靠性方面取得了进一步的提高。

## 致谢

在此感谢 NASA-马歇尔太空飞行中心材料与工艺实验室金属工程部的 Arthur C. Nunes 博士和洛克希德马丁公司亨茨维尔运营中心的高级工程师 Jeff Norris 先生对本章的讨论与编辑工作。

### 参 考 文 献

Arbegast, W. J. (2006) Friction stir welding after a decade of development. *Weld. J.* 8-35.

Brazing Alcoa Aluminum (1955) Aluminum Company of America, Form No. AD416, A1255. 40-B85620, 1955.

Delany, F., Kallee, S. W., Russell, J. J. (2007) TWI. Friction Stir Welding of Aluminum Ships, (accessed 16 April 2009) http://www.twi.co.uk/content/spswkjune07.html.

Ding, J., Carter, R., Lawless, K., Nunes, Jr., A. C. Russell, C., Suits, M., Schneider, J. A. (2006) Friction stir welding flies high at NASA. *Welding J.* 2-7.

Groover, M. P. (1996) *Fundamentals of Modern Manufacturing Materials, Processes, and Systems*. Prentice-Hall, Inc., Fig. 29.28 (p. 757).

Harris, I. A. (1993) Plasma ArcWelding, in *ASM Metals Handbook*, Vol. 6, Welding, Brazing, and Soldering, ASM International, Materials Park, OH, p. 195.

Heiple, C. R. and Roper, J. R. (1982) Mechanism for minor element effect on GTA fusion zone geometry. *Weld. J.*, 61, 97s-102s.

Kuhlman, G. W. (1988) Forging of Aluminum Alloys, in ASM Metals Handbook, Vol. 14, *Forming and Forging*, 9th edn., pub. ASM International, Metals Park, OH, Figure 10 (p. 252).

Lubliner, J. (2008) Problems in plastic flow and collapse, in *Plasticity Theory*, Dover, Mineola, NY.

Mishra, R. S. and Mahoney, M. W. (eds) (2007) *Friction StirWelding and Processing*, ASM International, Metals Park, OH.

National Academies Report (1996) *New Materials for Next Generation Commercial Transports*. National Materials NMAB-476, National Academy Press, Washington, D. C.

Nunes, A. C. Jr., (1984) Variable polarity plasma arc welding on space shuttle external tank. *Weld. J.*, 63/4 27s-35s.

O'Brien, R. L. (ed.) (1991) *Welding Handbook: Welding Processes* 8th edn, American Welding Society.

Pilling, J. and Ridley, N. (1989) *Superplasticity in Crystalline Solids*, Institute of Metals, London.

Prasad, Y. V. R. K. and Sasidhara, S. (eds) (1997) *Hot-Working Guide: A Compendium of Processing Maps*, ASM International, Metals Park, OH.

Schey, J. A. (2000) *Introduction to Manufacturing Processes*, 3rd edn, McGrawHill, Figure 18-15 (p. 765).

Slysh, P. (2009) The Isogrid/King of Lightweight Design, *Mach. Des.*, 45 (9), 102-107. Figure 1c is Figure 1 in reference on page 103. Figure 1a & b are Figure 6 in reference on page 105.

Thomas, W. M., Nicholas, E. D., Needham, J., Murch, M., Temple-Smith, P., Dawes, C. J. (1995) Friction stir welding. US Patent No. 5460317, PCT filed: Nov. 27, 1992, Patent date: Oct. 24.

Wang, H. and Kovacevic, R. (2002) On-line monitoring

of the keyhole welding poolin variable polarity plasma arc welding. *Proc. Instn. Mech. Engrs.*, *Part B*: *J Eng. Manuf.* 216B.

Welding Alcoa Aluminum (1958) Aluminum Company of America, Form 50-10415.

Welding of Stainless Steel and Other Joining Methods (1988) A Designers Handbook Series No. 9002, Distributed by Nickel Development Institute, Produced by American Iron and Steel Institute, Figure 6 (pg. 16).

Welding of Stainless Steel and Other Joining Methods (1988) A Designers Handbook Series No. 9002, Distributed by Nickel Development Institute, Produced by American Iron and Steel Institute, Figure 9 (pg. 18).

Woodward, A. H. (1996) U. S. contractor for the international space station. *Weld. J.*, 3, 335-340.

本章译者：蔡登安，周光明，邓健（南京航空航天大学航空宇航学院）

# 第 175 章

# 钛及其合金：冶金、热处理及合金特性

Rodney R. Boyer
波音公司，材料与工艺技术部，西雅图，华盛顿州，美国

## 1 引言

在航空航天领域的应用中，钛是极具吸引力的一种材料，但基于成本考虑，其使用范围一直都受到限制。钛具有很高的强度/质量比、优越的抗腐蚀性以及良好的低温及高温性能。然而，钛的初始成本是铝或者低合金高强度（HSLA）钢合金成本的5～10倍，且机械加工费用比铝合金高出两个数量级。因此，钛的应用比例在商用飞机结构中已经被最小化——每一处应用都必须是合理的——要么用来提高性能，要么用来降低维护成本。而军用飞机中钛的应用情况与之不同，由于军用飞机更加注重性能要求，所以减轻的任何多余重量的意义都很重大。

从图1（空客展示了相似的数据，复合材料的使用比例更大）中可以看出，近几年钛合金飞机中钛的含量已经随着其使用复合材料结构比例的增加而明显增大了。与其他合金系统（在下文中将进一步讨论）相比，钛与聚合物复合材料中的石墨更具有兼容性。波音777和787以及空客A380中复合材料使用量的增加引发了复合材料在飞机中应用比例前所未有的激增。本章的重点将放在钛在机身结构的应用上（Boyer、Welsch和Collings，1994；Lütjering和Williams，2003；Donachie Jr.，2000）。

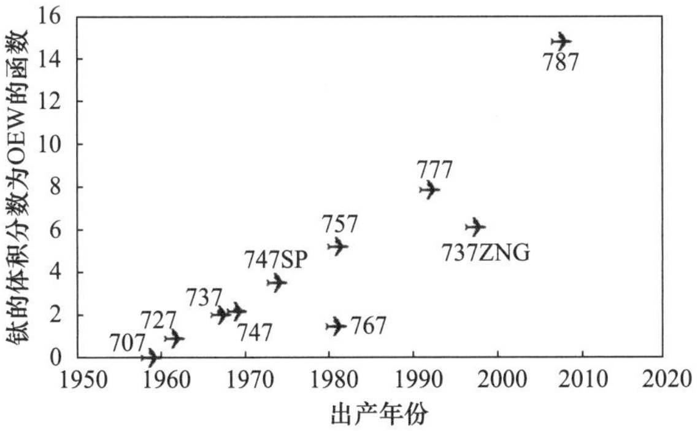


**图1 波音飞机上钛的使用量，以操作空重的比例表示**

## 2 为什么选用钛



通过一些实例，我们可以证明机身结构部件中钛应用的合理性均与之前阐述过的三个原因相关，即抗腐蚀性、强度/质量比和温度性能。具体包括以下几点。

（1）减轻重量。这是选用钛的最初目的。钛的高强度（商用钛合金在拉伸强度等级为240～1 240 MPa时是可用的）和低密度降低了飞机重量，从而取代了其他航天结构材料（表1）。最能说明这一点的例子就是波音777和787上的起落架（图2）。波音777起落架中钛的应用使整个飞机重量减轻了580kg（Boyer，2003）。还有一点必须提到，为了减轻重量而取代铝合金结构，结构的厚度一定要达标，也就是说，考虑到损伤处理，厚度一定不能减少。

**表1 航空航天中不同合金系统的强度/密度比**

| 合 金 | 强度/MPa | 密度/(g·cm$^{-3}$) | 强度与密度比 |
|---|---|---|---|
| 7075-T6 | 538 | 2.8 | 192.1 |
| Ti-6Al-4V，Ann | 896 | 4.43 | 202.3 |
| Ti-5Al-5Mo-5V-3Cr，STA | 1 241 | 4.65 | 266.9 |
| 4340M | 1 930 | 7.83 | 246.5 |

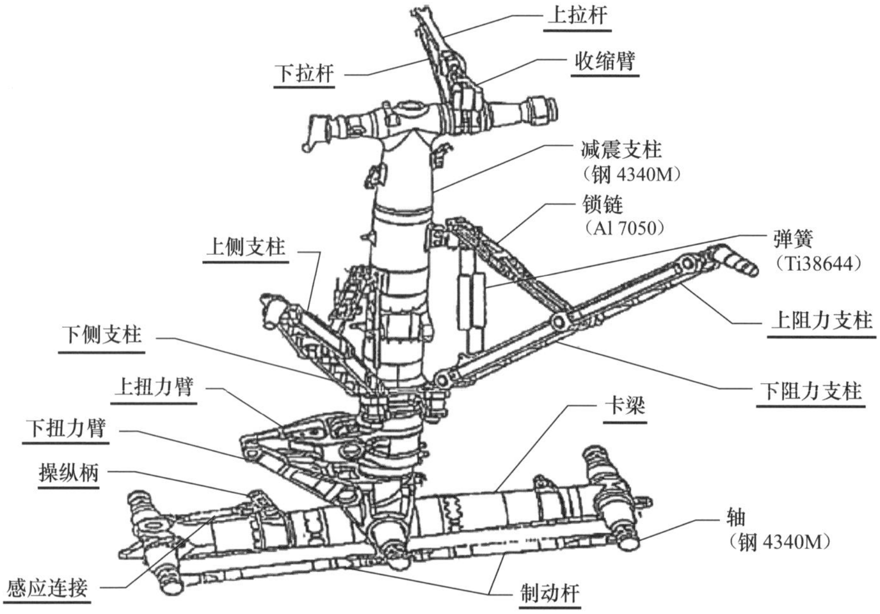


**图 2　波音 777 主起落架（所有标注下划线的部件材料都是 Ti-10V-2Fe-3Al 合金）**

来源：Boyer，2003



（2）工作温度。钛合金可以在很大范围的工作温度下使用：在低温（－252 ℃）下，钛合金被用在火箭发动机上；连续在 600 ℃工作时，钛合金被用在燃气涡轮发动机上（这不包括金属间化合物和钛铝化合物，它们只是燃气涡轮发动机的输入产物）。在发动机的排气流中，插头和喷嘴中的钛可以在某些工作环境下短时间忍受更高的工作温度。与钛相比，传统合金不能在 600 ℃以上的高温下使用的主要原因是空气中的氧和钛发生反应会产生一层称为 α-壳的坚硬脆性层，引起表面脆化。

（3）空间限制。一些结构中的空间有限，从而带动了钛的应用。例如，波音 737NG、747 和 757 上的起落架梁，该部件为飞机上的起落架耳轴提供了支撑。铝由于成本较低本应该被应用到该结构中，但是从空气动力学角度来说，着陆是不允许在没有增加机翼深度的情况下使用铝的。钢是另外一个选择，但其重量较大。

（4）抗腐蚀性。暴露在航空航天环境里的钛几乎不受任何环境因素的影响。这种抗腐蚀性归其原因为新鲜钛表面暴露在空气中时会立刻形成坚韧的薄氧化层，导致腐蚀问题出现的唯一介质已经在 130 ℃以上的温度下被暴露在液压液体中。磷酸酯被添加到液体中来增加其燃点。如果液压液体处于上述温度以上的环境中，钛上会积聚形成一层膜，磷酸酯就会分解形成有机磷酸，并将氢气充入钛（脆化）而腐蚀钛。这对军用飞机来说不是问题，它们不会把磷酸酯加入到液压液体中。以作者的观点来看，钛的完美抗腐蚀性是其相对于铝和钢合金使用更为广泛的重要成因。钛中不会形成腐蚀凹坑，但在铝合金和钢合金中会形成，甚至在不锈钢中也会形成。这些凹坑会导致应力集中，形成腐蚀、应力-腐蚀裂纹（SCC）以及疲劳断裂萌生及扩展的初始位点。这些凹坑不会在钛中形成，并且对钛合金而言很少会造成损坏。

（5）复合材料兼容性。这与抗腐蚀性部分相关，但其被认为证明了一个独立论点。钛与现今广泛运用的聚合复合材料中的石墨纤维是兼容的，但铝和高强度低合金（HSLA）钢在水性介质中形成的原电池会导致金属腐蚀。将金属从石墨中隔离出来的方法有很多种，比如在它们之间加一层玻璃纤维。然而，钛由于其使用风险较低，故常常应用于一些很难查看或替换的重要结构领域。另外一个因素是钛的低热膨胀系数（CTE），它比石墨要高，但是比铝合金或钢合金都低很多。这个因素随着部件尺寸的增加已成为一个越发重要的考虑因素。

（6）低模量。钛合金的低剪切模量和高屈服强度的结合，再加上它的低密度使其成为一种完美的弹簧材料。模量大约是钢的一半，因此对于一个螺旋弹簧来说，线圈数仅需为钢弹簧的一半。低模量和高强度的结合为钛提供了一个很大的弹性范围。这一结合再加上其低密度特性，使其可以代替钢弹簧，且降低 70％的重量。钛优越的抗腐蚀性相对于钢弹簧来说是更有发展前景的一个因素。

# 3　钛冶金

## 3.1　合金种类

钛有两种同素异形体结构，一种是高温体心立方（BBC）β相结构，另一种是低温六方密堆积（HCP）α相结构。纯钛在882 ℃下会从α+β混合相结构过渡为100%的β相结构。这一过渡温度由测试转变温度或$\beta_t$决定，在合金中其是合金添加剂的函数。用于更高温度下稳定α相的α稳定剂的添加提高了$\beta_t$的温度；β稳定剂的添加在低温下稳定了β相。α稳定剂包括大部分的间隙原子，如$O_2$、$N_2$、C和Al；β稳定剂包括同晶型的合金添加剂，如Fe、Cr和$H_2$。通常来说，β稳定剂在α相中可溶性很低，而α稳定剂在β相中可溶性相对较高（但绝对值并不高）。一种合金中添加剂的量是区分三类钛合金的依据：α及近α合金、α/β合金及β合金。结合图3中的拟二元相图与下面叙述可以帮助读者理解不同合金种类的定义。

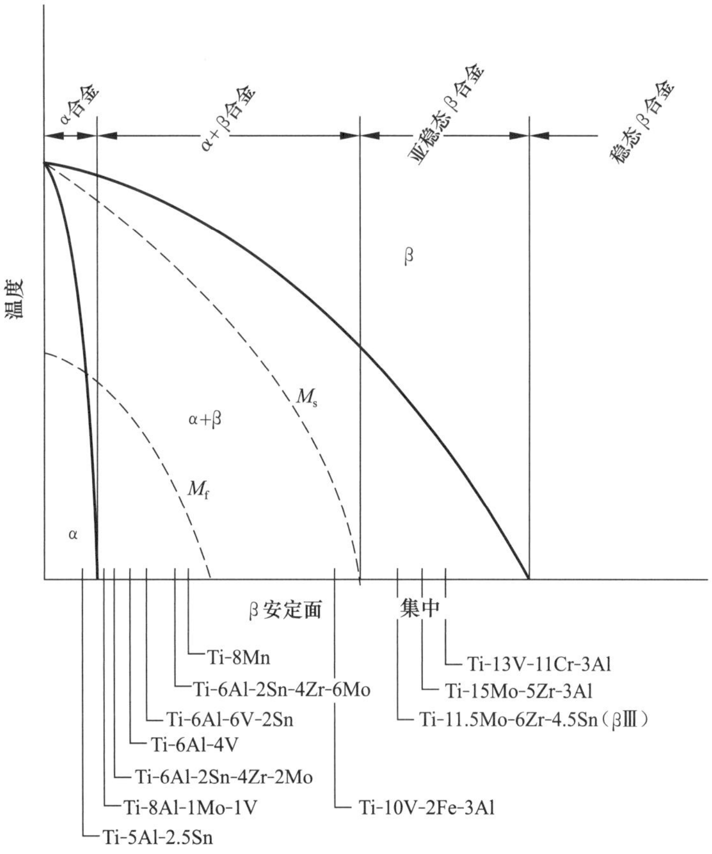


**图3　拟二元β同晶型相图。从图中可以看出，Ti-8Al-1Mo-1V与亚稳态β合金不再是重要合金了，Ti-15V-3Cr-3Al和Ti-3Al-8V-6Cr-4Mo-4Zr这类合金是亚稳态合金**

来源：Boyer、Welsch和Collings，1994

### 3.1.1　α及近α合金

正如人们所预料的，这些合金中主要是α相，还有少量的最多只有百分之几的β相。图3中显示，α和近α合金可以达到在室温下保留100%α相的程度。但是，总是会出现一些β相，即便在商用纯（CP）钛中也是如此。商用纯钛的主要合金元素是$O_2$，但是总会添加一些Fe（0.2%～0.4%）来额外加固，以改善可加工性与氢气耐受性（成分百分比总是以重量百分比的形式给出）。高温合金如Ti-6Al-2Sn-4Zr-2Mo（Ti6242）通常被认为是近α合金，尽管有人认为它是α/β合金，如图3所示。

### 3.1.2　α/β合金

α/β合金被定义为介于α合金边界与亚稳态β合金之间的合金——马氏体是在高α+β相位区域的温度或更高温度下淬火得到的。该合金包含β的量有多有少，但没有足够的β稳定剂在室温下保存100%的β。

### 3.1.3 β合金

β合金包含超过10%～12%的β稳定剂合金添加剂，能够在$\beta_t$下进行固溶处理，冷却到室温并且保留100%的β相。一些合金，如Ti-10V-2Fe-3Al需要用水冷却的方式淬火来实现这点，而β稳定剂含量更多的合金如Ti-15V-3Cr-3Al-3Sn和Ti-3Al-8V-6Cr-4Zr-4Mo则用空气冷却的方式淬火，尤其是厚度更薄的合金。用于机身产业的工业β合金实际上都是亚稳态β合金，虽然它们经常被称为β合金。正如图3所示，机身结构中用到的合金没有稳定的β合金（真正的β合金是低强度、高密度的，并且价格非常昂贵）。

## 3.2 钛的热处理

这里介绍几种可用于钛合金以及其他合金系统的热处理方法。

（1）冷加工与应力消除。应用于液压油管，液压油管通过冷加工形成最终尺寸，实现应力消除；这种更低温度的处理方法（与退火相比）给合金提供了比退火处理稍高一点的强度。

（2）应力消除。低温热处理通常是在370 ℃～815 ℃的温度范围进行的，其取决于合金和应力消除的目的。它通常在前加工步骤或前热处理操作之后，目的是消除加工过程或成型操作中引起扭曲的残余应力。这一操作不会改变显微结构。

（3）退火或轧机退火。这是α和α/β合金中应用最为普遍的热处理方法，通常在650 ℃～790 ℃的温度范围进行。如图4（a）、（b）和（c）所示，对于锻造合金来说，它一般有一个细长或等轴的主α相结构。这些显微结构使得合金性能得到很好的综合，表现出优越的加工性能、中等强度和较好的延展性、抗疲劳性以及裂纹扩展性能。该热处理方法会在合金中形成一个零残余应力的部分。对于应力消除和轧机退火来说，更加抗蠕变的材料由于其抗蠕变性，应该在热处理范围的最高温度下进行热加工。

（4）双重退火。该热处理方法是Ti6242的一般热处理方法，它使合金中形成了图4（d）中所示的等轴的α和转变的β的双重或双峰显微结构（这种在高α/β相位区域或$\beta_t$以上的温度下冷却并发展出来的层状或板状结构被称为转变之后的β)。对热处理后结构中的高温部分冷却需控制在一定的速率下才能满足转变分层结构所需的表面粗糙度。这种双峰结构的延展性相对于等轴结构较低，但其具有优越的抗蠕变性和断裂韧性以及良好的疲劳特性。为了提高抗蠕变性能，Ti6242不得不采用这种热处理方法。片层组织提高了其抗蠕变性能。所有转变结构经β退火后都具有完美的抗蠕变性，但是疲劳性能是最突出的。当锻造在高α/β相位区域的温度和空气冷却下进行时，近α或α/β组织模锻件在退火后就会有相同的性能。

（5）重结晶退火（RA)。它是罗克韦尔国际公司（现在是波音公司的一部分）为加工B-1轰炸机中的Ti-6Al-4V（Ti64）而研发出的一种热处理方法，如图4（e）（传统RA热处理会形成等轴α晶粒）所示。从更高温度开始的缓慢冷却会使晶体组织在三重结晶点处形成与β分离的粗大等轴α晶粒。合理处理这个问题就可以将拉伸强度、耐久性和损伤容限性完美地结合在一起。然而，要实现这种性能结合就需要至少达到整个厚度的最小形变量，即降低厚度的40%～50%。这对于模锻件中的整个部件是不可能实现的，并且以作者看来，保持一致的组织结构，与此同时性能也要保持一致是非常困难的。

（6）固溶处理与老化。α/β合金通常在高α/β相位区域温度下进行固溶处理，β合金则在$\beta_t$以上的温度下进行固溶处理。固溶处理之后是快速冷却，对α/β合金而言则是水冷淬火；β合金有时会使用空气冷却淬火，这取决于厚度与合金特性。合金的老化将导致α晶体凝结。在β合金中，α相也许不能用光学显微镜观察到，但若4h内出现发黑组织结构则证明其老化了。这种热处理方法对于Ti64类的合金（紧固件除外）一般都不采用，因为水冷淬火后产生的残余热应力会导致机械加工过程中部件的扭曲——老化温度不足以达到能够消除这些残余应力［图4（f)、（g）和（h)］。

（7）β退火。如图4（i）所示，由于β退火是在$\beta_t$以上温度下进行的，因此α和α/β合金总是有100%的片层结构。当温度降到$\beta_t$以下时，层状α开始形成——结构的粗糙度取决于β转变过程中的冷却速度。冷却速度越快，α层就越薄——厚度很薄的组织结构在水冷淬火之后会变成非常薄的马氏体针叶结构。通常来说，当冷却速率降低时，会观察到疲劳性能下降、断裂韧性和抗疲劳裂纹扩展性能提高——板状结构或层状结构变得更加粗糙（这将在本章中对 Ti64 的介绍中阐释）。β退火之后是轧机退火，为组织结构提供了一个热稳定无应力结构（这基本上是所有铸件具备的结构，因为它们在模具中冷却后会形成转变完全的组织结构）。

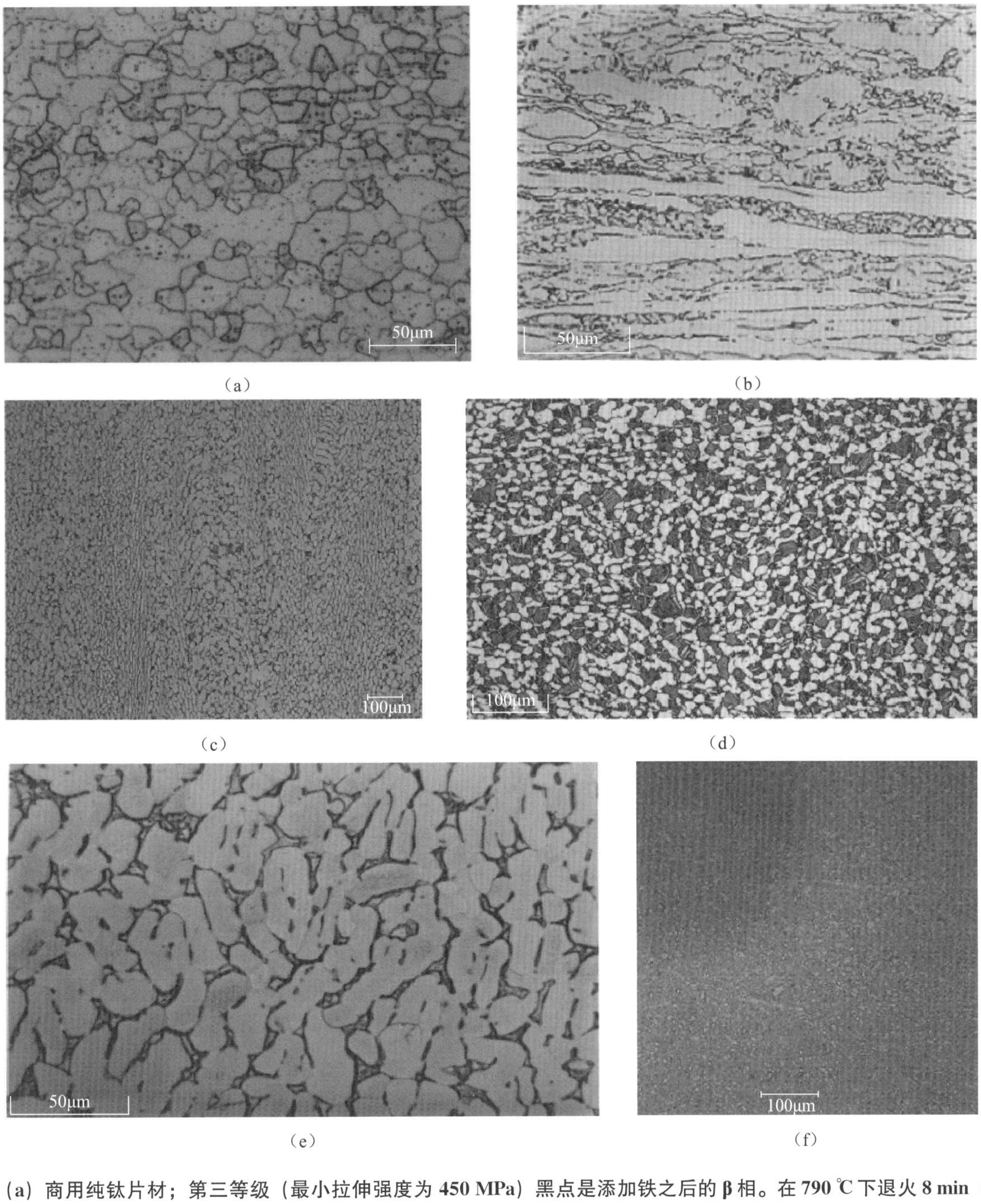


图 4 (a) 商用纯钛片材；第三等级（最小拉伸强度为 450 MPa）黑点是添加铁之后的 β 相。在 790 ℃ 下退火 8 min（来源：S. Nayakana，TIMET）；(b) Ti-6Al-4V 板材在 730 ℃ 下退火 2 h 就会由于加工不足而形成细长的 α 晶粒。白色区域是 α 相。放大了 500 倍（来源：R. Boyer，波音公司）；(c) Ti-6Al-4V 板材中更典型的组织结构。730 ℃ 下退火 2 h 后再进行空气冷却（来源：T. Morton，波音公司）；(d) Ti-6Al-2Sn-4Zr-2Mo 模锻双重降火，$\beta_t$ 在 −25 ℃ 下退火，1 h 后再进行空气冷却，595℃ 下退火再进行空气冷却（来源：H Seifried Böhler Schmiedetechnik）；(e) 重结晶退火后的 Ti-6Al-4V 板材。940 ℃ 下退火 1 h 加缓慢冷却，730 ℃ 下退火 2 h 加空气冷却（来源：R. Boyer，波音公司）；(f) Ti-6Al-4V 固溶处理与老化。白色颗粒主要是转变后 β 基体中的 α 相。转变后的 β 相会分解为马氏体，然后在固溶处理后变为 α+β 相结构。转变后的 β 相一般不会对腐蚀有反应，因此它没有什么特征。955 ℃ 下退火 30min/WQ+540 ℃ 下退火 30 min

来源：L. Gammon，波音公司

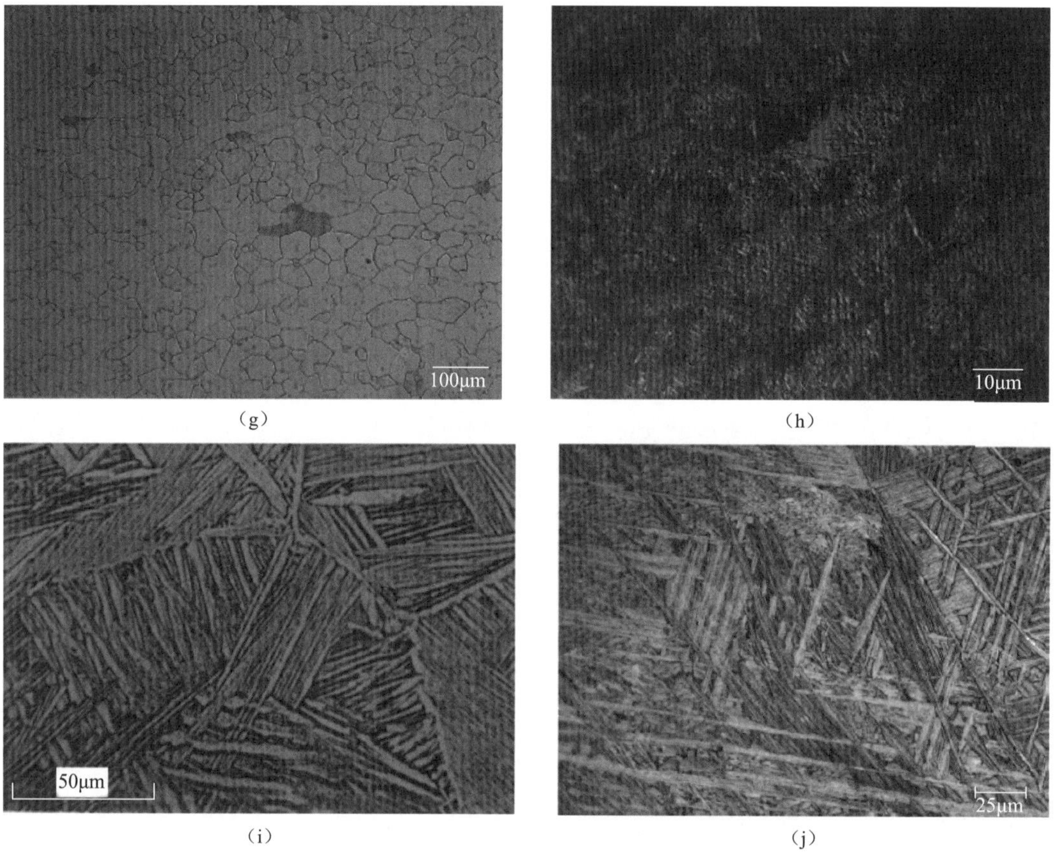


**图 4 （g）Ti-15V-3Cr-3Al-3Sn 在 815 ℃（高于 $\beta_t$）下带钢退火并空气冷却——100%β 相组织结构（来源：J. Fanning，TIMET）；（h）除了在 540 ℃下退火 8 h 后老化，其他都与（g）相同。老化导致了很多 α 相的沉淀。由于沉淀量太大，因此经常很难处理，但是这会导致基体受到腐蚀时变暗（显微图中可以看见很多针状组织）（来源：J. Fanning，TIMET）；（i）β 退火后的 Ti-6Al-4V 板材。单向的 α 晶粒（白色）形成了单向组织。1 040 ℃下退火 20 min/AC+730 ℃下退火 2 h/AC（来源：R. Boyer，波音公司）；（j）β 退火后的 Ti-6Al-4V 板材，冷却速率比（i）快，解释了 α 相形成网篮状组织的原因。1 025 ℃下退火 30 min/AC+730 ℃下退火 2 h/AC（续）**

来源：T. Morton，波音公司

β 退火后采用较快的冷却速率将形成除图 4（i）中组织结构以外的方平组织或魏氏体组织。魏氏体结构［图 4（j）］有较高的疲劳和拉伸强度，但是损伤容限性能较低。改变这一淬火结构形态的唯一可行方法就是引入 α/β 相位区域的大量变形。

（8）β-STOA。这种热处理方法主要用于加工直升机工业中的旋转部件。人们通过水冷淬火得到相对较好的转变结构，拥有良好的疲劳强度、韧性以及抗裂纹扩展性能，但韧性没有 β 退火后结构强。

（9）三重退火。该退火方法是专为加工 Ti-6Al-2Sn-2Zr-2Mo-2Cr（Ti62222）而研发的，是一种在中度强度等级（1 035 MPa）下最大化损伤容限性能的方法。操作步骤：首先是在 $\beta_t$ 以上进行固溶处理，接着是受控冷却；然后是高 α/β 相位区域的固溶处理，同样也要紧跟着受控冷却；最后是轧机退火。三重退火之后的结构将与 β 退火之后的结构相似。

（10）冷加工与老化。这一处理方法用于 Ti-3Al-8V-6Cr-4Zr-4Mo（β-C）弹簧线的制造。在最后的拉丝操作之前，材料先在 $\beta_t$ 以上温度进行固溶处理，然后得到约 30%冷加工下的合格拉丝。弹簧成型后开始老化，为获得所需强度，采用残余冷加工来加速老化进程。

热处理对钛的性能影响是非常大的。如图 5 所示，其以 Ti64 板为例说明了这一点。Ti64 板起始加工状态是标准轧机退火。退火分为 2 h 的子转变退火和 20 min 的超转变退火两部分，接着是空气冷却。对于在 870 ℃以上退火的材料而言，它们还需要一个 730 ℃/2 h 的轧机退火过程。疲劳寿命指的是在最大应力 345 MPa、$R=0.1$ 下测得的缺口式样的平均寿命（$K_t=2.53$）。裂纹扩展速率数据 $\Delta K$ 为 16.5 MPa・$m^{\frac{1}{2}}$。当温度升高至 800 ℃左右时，一些 β 相组织就转变成了层状 α 相组织，该相组织的体积分数随着退火温度的升高而增大，直至

退火温度超过 $β_t$ 时达到 100%的相组织转变。随着层状组织转变后 β 相的含量逐渐增大，通常结构的延展性会下降，强度也会有一定的降低，疲劳特性会严重退化。换个角度看，损伤容限性能提高了，层状结构会出现裂纹分叉，从而增加裂纹扩展路径的曲折度，改善了这些性能。通常来说，结构越粗糙，断裂韧性和抗疲劳裂纹扩展性越好，这点说明了钛的一个特性。一般来讲，钛为了提高延展性而做出的改进会降低其韧性，反之亦然，但其他合金系统却不是这样的。应该注意到，性能变化的幅度并不是与 Ti64 所有性能的变化都一样，但是趋势与图 5 中曲线走势相同（Boyer 和 Lütjering，1993）。为了进一步最大化损伤容限性能，可以指定一个减少氧气含量最大值的超低间隙原子等级。

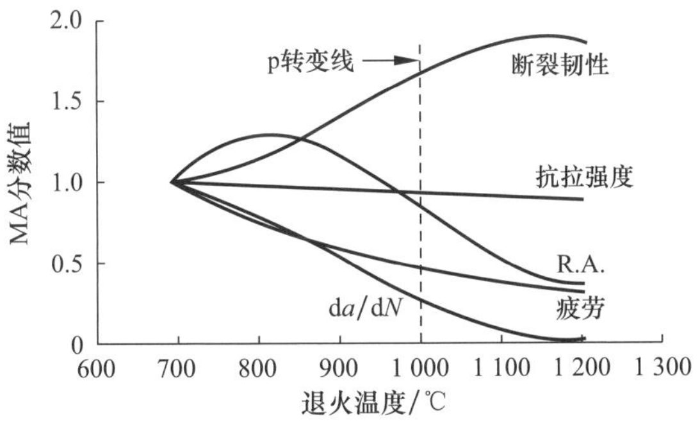


**图 5 Ti-6Al-4V 的性能是退火温度的函数，其性能与标准轧机退火性能成比例（730 ℃下退火 2 h）**

来源：Boyer 和 Lütjering，1993

钛的另一个特性是其模量可以在热处理和加工过程中发生改变。加工过程会使结构中产生明显的晶体组织，因此其对于片材和板材之类的平面产品来说有着重要的意义（Zarkades 和 Larson，1970）。已经计算出了 45 GPa 的模量差值来作为纯钛中一个单一晶体方向的函数。片材或板材达不到这一临界值，但会产生一个明显的纹理。这一纹理在 HCP 结构（例如钛中的 α 相结构）材料中由于滑移系数量有限而更加明显。一个较好的例子就是对线圈产品只采取单一方向轧制而不采用交叉轧制。人们再次观察到，材料的横向拉伸强度超过纵向拉伸强度（大于 345 MPa）的原因与晶体纹理和弹性模量有关。

β 合金可以像带钢一样被冷轧（一个连续轧制过程），产生因冷加工造成的非常高的抗老化强度，大约是 83 GPa。β 相的模量很低，然而随着材料的老化，模量更高的 α 相就会析出，此时材料模量大约为 100 GPa。通过降低老化温度来将固溶处理材料的强度从 1 035MPa 增加到 1 240MPa 可以使模量增大约 7 GPa。这是因为随着材料老化的进程，高模量 α 相的体积分数会逐渐增大。

假定温度在 480 ℃以上，此时热处理的冷却速率是近 α 合金与 α/β 合金的另一考虑因素。根据 Al、Sn 和 $O_2$ 的含量，在 480 ℃～650 ℃范围的驻留时间会引起 α 相内一个有序相的沉淀，从而导致拉伸延展性与 SCC 抵抗性能的下降。这个问题在航空航天应用中暂时不需要考虑，但需要引起注意（Boyer 和 Spurr，1978）。

## 3.3 一般合金特性

每个合金系统都因其组织结构类型而拥有一般特性，因其成分和加工过程而拥有组织结构稳定性。一般合金的分类及一般应用包含在表 2 中。



**表 2 用于机身的一般钛合金**

来源：Boyer、Cotton 和 Chellman，2004

| 合 金 | 类型 | 状 态 | 一般应用 |
|---|---|---|---|
| 商用纯钛 | 近 α-α | Ann | 需要成型性、抗腐蚀性的非结构应用——导管、支架、油管 |
| Ti-3Al-2.5V | 近 α-α | Ann，CWSR | 液压油管、蜂窝芯材 |
| Ti-6Al-2Sn-4Zr-2Mo | 近 α-α | DA | 高温应用，如发动机支架、排气结构 |
| Ti-6Al-4V | α/β | Ann，β-Ann，β-STOA，RA，STA | 应用于所有产品形式，一般应用领域、耐用性和端口关键结构 |
| Ti-6Al-6V-2Sn | α/β | Ann，STA | 多数钛紧固件（STA）强度略高于 Ti-6Al-4V，主要用于锻件及配件 |
| Ti-6Al-2Sn-2Zr-2Mo-2Cr | α/β | TA | 用锻件和板材制成的配件，中等强度，具有良好的损伤容限性能 |
| Ti-10V-2Fe-3Al | β | STA | 高强度锻件，用于整个飞机，主要应用于起落架 |
| Ti-5Al-5Mo-5V-3Cr | β | STA，BASCA | 高强度与较大损伤容限的锻件（BASCA）——主要应用于起落架 |
| Ti-15V-3Cr-3Al-3Sn | β | STA | 需要高强度与良好成型性的片材应用，钟表弹簧、铸件（次要的） |
| Ti-3Al-8V-6Cr-4Mo-4Zr | β | CWA | 线圈弹簧 |
| Ti-15Mo-3Al-2.7Nb-25Si | β | STOA | 高温、抗氧化与液压流体 |

注：Ann——退火；CWSR——冷加工及应力消除；DA——双重退火，高 α/β 相位区域加热，空气冷却及退火；β-Ann——在 $β_t$ 以上加热，空气冷却及退火；β-STOA——在 $β_t$ 以上加热，水冷淬火及退火；RA——重结晶退火，高 α/β 相位区域加热、缓慢冷却及退火；STA——高温固溶处理，通常紧跟着快速淬火和老化；TA——三重退火，在 $β_t$ 以上加热，受控冷却至室温（RT），在高 α/β 相位区域加热，受控冷却至 RT；BASCA——β 退火，缓慢冷却与直接老化；CWA——冷加工及老化。

### 3.3.1　α与近α合金

α与近α合金至少从提高强度方面来说是不考虑热处理的。商用纯钛总是在退火状态下使用，片材是其主要产品形式，它是高度成型的，成型性能随强度的降低而增加。它有一个显著的优势，就是可以进行冷轧加工。片材可以采取螺旋形轧制方法，相对于更高合金化的α与α/β合金使用的手工研磨生产方式能明显降低生产成本。此外，与手工研磨片材相比，冷轧提高了片材产品的公差控制。该合金类型有良好的可焊性。CP钛有高韧性，且对盐水SCC几乎免疫。

Ti-6Al-2Sn-4Zr-2Mo是一种高温合金，强度与Ti差不多，甚至稍高。与此同时，它包含0.08%（最大含量）的Si用于提高蠕变性能。从结构应用的角度来看，当工作温度在315 ℃以上时，它可以取代Ti64，并且可以在高达540 ℃的温度下使用。另一种在英国兴起的合金（参考TI-METAL834或IMI 834）可以在接近600 ℃的高温下使用。这些α相体积分数很大的合金比α/β合金与β合金稍微难加工一些。这些合金的片材产品中多数为α/β合金，都是通过密集型劳动的手工轧制加工生产的。多件板材通过焊接密封到低碳钢里，然后加热到900 ℃～950 ℃以内的轧制温度，接着通过手工来回滚压，每次滚压都减少一点厚度，直至温度降到金属变得足够硬而能够继续承受滚压为止。随后就是退火，从整体中分离出来，通过化学研磨与调整来消除表面缺陷，再将这些部分装回整体重新滚压直至合适的厚度。再次将它们从整体中分离出去，通过大量研磨与化学研磨来得到所需的表面粗糙度与公差。

Ti6242一般是为了提高其抗蠕变性而在DA状态下使用的。它主要应用于机身上的发动机支架与排气结构，有时也在β退火状态下用来最大化抗蠕变性能。片材与锻件是其主要产品形式，它也是超塑性成型的（见第176章第4节）。

### 3.3.2　α/β合金

α/β合金是目前航空航天与其他工业领域里应用最为广泛的合金。Ti-6Al-4V大约占据了航空航天市场上钛合金的90%。该合金主要在最小拉伸强度为896 MPa时应用，几乎应用于所有产品形式——片材、板材、棒材、模锻件、铸件和型材。α/β合金采用中度热处理。例如Ti64，可以通过STA热处理方法使最小拉伸强度变为1 100 MPa，但仅限于厚度在19 mm左右的部分；最大拉伸强度随着厚度的增大而降低。这些合金都具有非常好的制造性、强度、延展性、耐久性和损伤容限性能。此外，它们的成型性能也很卓越，可以进行超塑性成型，并且能在315℃以内的温度下应用于结构中；载荷较低时可以在更高的温度下使用。Ti-6Al-4V可以使用几乎所有的焊接方式进行焊接。熔焊一般会降低合金的延展性、疲劳特性和损伤容限性能。很多固态焊接方式，如搅拌摩擦、线性摩擦和惯性型焊接的研究都在进行中。发动机公司已经使用后两种焊接方式很多年了，但是机身制造行业才刚刚接触这些焊接方式。显而易见，固态焊接可以保留合金的基本金属特性。

在α/β合金中，最常用的也是Ti64，其几乎应用于飞机中的每个部分——机身、机翼、尾翼、机舱和起落架—— 一般都处于退火状态。如图6所示，世界上一些很大的钛锻件都是由该合金制造的。

**图6　舱壁锻件（重量大约为3 000 kg，1.7 m高，4 m宽）**
来源：J. Rossow、Wyman Gordon

β退火部件是用于断口的关键部件。商用飞机上将尾翼安装到机身上，用到的配件以及现今越来越多的美国空军战机如F-22和F-35中几乎整个尾翼部分用到的配件都是很好的例子。钛被应用于这些部件的原因就是发动机的温度会不断升高。图7中的隔板架（由三部分焊接而成）采用了β退火方式，与图中显示的多数结构一样。从该图中可以发现，美国空军与海军的设计理念有个很有意思的差别。前者设计理念认为，当飞机下了装配生产线时裂纹就出现了。设计建立在结构关键部件有缺陷的基础上，生产商必须通过疲劳测试与分析证明飞机可以在部件不损坏的情况下寿命达到5个有效期。因此，必须采用β退火热处理。而海军设计理念中没有这个假设，他们假设结构在装配生产线上是无缺陷的，设计理念以机体在飞行有效期内都没有裂纹为前提，因此不需要使用β退火，从而降低了疲劳裂纹的萌生。他们主要对 Ti64 和 Ti-6Al-6V-2Sn（Ti662）采用轧机退火，以获得卓越的疲劳特性（Ti662 在新型设计中其实应用并不多；其强度比 Ti64 高出 70 MPa，但韧性比 SCC 抵抗性低）。

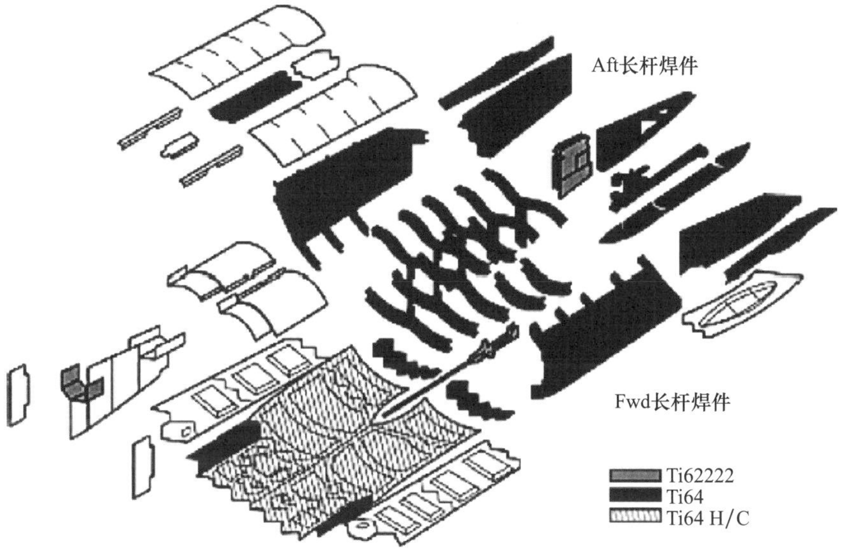


**图 7　F-22 的后机身装置中钛部件的组合（舱壁构架与前后臂装置都是焊件）**

来源：Boyer，1997

Ti-6Al-4V 紧固件被广泛使用。它们在 STA 状态下使用，最小强度是 1 100 MPa。热处理必须严格控制以确保满足拉伸与剪切强度、延展性和疲劳要求。强度只能在直径为 19 mm 以内通过统计控制来实现。

### 3.3.3　β合金

β合金强度最高，并具备一些加工优点。它们被热处理至拉伸强度达到最小值范围 1 100～1 240 MPa。它们具有平滑的疲劳性能，当缺口系数较高（$K'_{ts}$不低于 2.5）时，疲劳特性会与低强度的 Ti64 合金近似，原因是其缺口敏感性随着强度等级的升高而提高。在强度为 1 100 MPa 的情况下，其断裂韧性最小值可以达到 44 MPa · $m^{\frac{1}{2}}$。在较低强度等级下，最小值大约为 71 MPa · $m^{\frac{1}{2}}$。更高的韧性值也能达到，但考虑到观察到的性能散射，故上述数值是最合理的。合金的疲劳裂纹扩展速率一般与退火后的 Ti64 相似。两个很好的典型许用性能信息来源于 Boyer、Welsch 和 Collings（1994）及 MMPDS（2008）。

Ti-10V-2Fe-3Al（Ti1023）和 Ti-5Al-5Mo-5V-3Cr（Ti5553）是主要的锻件合金。Ti-15V-3Cr-3Al-3Sn（Ti153）被研发应用于片材；Ti-15Mo-3Al-2.7Nb-.25Si（β-21S）被研发作为片材合金，也用于一些棒材与板材。Ti-3Al-8V-6Cr-4Mo-4Zr（β-C）被研发作为锻件合金，但在航空航天领域中的主要用途是线圈弹簧中的棒材与线材。β合金含量中最高的是高强度锻件合金 Ti1023 和 Ti5553，它们用于波音 777 和 787 上的起落架；高强度 Ti1023 锻件用于空客 A380 的起落架，Ti5553 合金的一种变体被考虑应用于空客 A350 的起落架。波音 777 每架飞机都使用了超过 18 000 kg 的钛，起落架上就用了超过 6 000 kg 的钛（Boyer，2003）。

焊接某些β合金时必须很小心，Ti-10V-2Fe-3Al 中的铁在钢锭凝固过程中很容易被分离出来，因此在焊接时一定要比焊接 Ti64 合金慢。一旦发生分离，Ti1023 中称为β斑点的富铁区域就会出现，发生脆化效应（Chen 和 Boyer，1979）[β斑点有时可以在 Ti64（V 偏析）这类合金中观察到，但是产生的效应不会像 Ti1023 中那么有破坏性]。偏析似乎对 Ti5553 来说不是问题。Ti-5Al-5Mo-5V-3Cr 有个更大的优势，它不仅有较高的拉伸强度（1 240 MPa，相对 Ti1023 的 1 190 MPa），而且在厚度为 150 mm 以内的部分均可以被热处理，然后进行空气冷却。而 Ti1023 只有厚度在 75 mm 以内的部分才可以进行热处理，而且必须在固溶处理温度下水冷淬火。这些优势简化了锻造加工过程。

β合金片材，如β-21S（用于高温环境）和Ti153有显著的加工优势，即可以进行本章3.3.1中描述的冷轧和带钢生产。此外，不同于商业纯品，它们可以形成比合金更严格的弯曲半径。但是，进入三轴应力状态下更复杂的成型操作是个难题。由于β合金在成型过程中不会硬化，因此一旦发生颈缩现象，它们就会继续变薄导致成型失败。β合金像所有钛合金一样，需要成型后在某种夹置中热校形来确保构造正确及消除残余应力。对于β合金来说，其是在成型前进行固溶处理的，这是材料一般的生产步骤，老化周期可以用来热校形。α和α/β合金一般都要在退火温度下进行热校形（钛由于其强度、高模量小，因此比其他合金系统有更多的回弹量）。

### 3.4 新兴合金

几种合金的出现加速了机身应用的实现。

#### 3.4.1 Ti-54M

这种合金（Ti-5Al-4V-0.6Mo-0.4Fe），被TIMET研发用于汽车行业，因为它有优越的机械加工性能并且能降低成本。起初研究发现，其钻孔能力比Ti64高出许多，一个可用钻头的钻孔数比Ti64制成的钻头钻孔数的5倍还多（Kosaka、Fanning和Fox，2004）。其他人的研究也显示，在使用同样或更好工具的用于机械加工操作，如使用铣削刀具的情况下，其加工速度比Ti64快30%。Ti-54M的性能与Ti64相似。

#### 3.4.2 ATI™425

425合金（Ti-4Al-2.5V-1.5Fe）在20世纪90年代后期被Wah Chang的ATI研发出来作为一种相对于Ti64成本较低的备用材料，其性能与Ti64接近，但相对较低。425合金有几个加工优势，其成型性较高，并且由于加工性能得到改善而具有超塑性成型性，所以可以加工为带状合金。它同样可以进行焊接与浇铸。正如前面提到的，带状加工会因提高厚度公差而使得片材产品的生产成本明显降低。

#### 3.4.3 SP-700

SP-700（Ti-4.5Al-3V-2Mo-2Fe）是在20世纪90年代早期被研发出来的，特别是日本NKK开发的SPF合金（现在叫JFE），在775 ℃下，它可以超塑性成型，而Ti64通常要达到900 ℃才能进行超塑性成型。更低的成型温度带来了很多优点，比如更少的表面污染、更长的模具寿命以及更少的能源需求。它实际上已经应用于SPF生产中了，但是由于法律的规定，在美国暂停了它的使用。该合金有一系列卓越的性能，如优于Ti64的平滑疲劳性能和热处理性能（Ogawa等，1996）。它现在被作为一个锻件合金进行研究，由于其流动应力比Ti64锻件低，因此应该可以实现较低的购买/飞行比。

## 4 结论

钛与钛合金的性能（强度/质量比、高温低温性能、抗腐蚀性和复合材料兼容性）使其在航空航天应用领域中有强大的市场竞争力。钛合金的应用在过去10年中急剧增多，但由于成本高昂，整个市场上的使用量还是受到限制。现在很多领域都采用了降低成本的方法，如型材的深入使用、合金成本的降低、钛机械性能的提高与焊接的进一步利用等。还有一种方法是掺入粉末冶金，这样可以通过使用更低成本的粉末成为现实，即在合理的地方使用它们，或用于具有加工锻造特性的近似网状复杂结构。粉末冶金过程同样也为高强度合金提供了发展机会，制作合金添加剂的过程中必须要掺入铸锭冶金。这对整个航空航天工业中合金的选用与其加工过程都有很大影响，以提高购买/飞行比、加工性能和钛合金特性。

## 参考文献

Boyer, R.R. (2003) Titanium airframe application: brief history, present applications and future trends: keynote, in Thermec'2003, *International Conference on Processing and Manufacturing of Advanced Materials* (eds T. Chandra, J.M. Torralba and T. Sakai), Trans Tech Publications, Zurich, pp. 643-648.

Boyer, R.R., Cotton, J.D. and Chellman, J.D. (2004) Titanium for aerospace applications: present status and future trends, in *Ti-2003 Science and Technology* (eds G. Lütjering and J. Allbrecht), Wiley VCH: Weinheim, Germany, 2615-2626.

Boyer, R.R. and Lütjering, G. (1993) Heat treatment of titanium alloys: overview, in *Advances in the Science and Technology of Titanium Alloy Processing* (eds I. Weiss et al.), TMS, Warrendale, PA, pp. 349-367.

Boyer，R. R. and Spurr，W. F.（1978）Effect of composition，microstructure and texture on stress-corrosion cracking in Ti-6Al-4V sheet. *Met. Trans. A*，9A，1443-1448.

Boyer，R. R.，Welsch，G. and Collings，E. W.（1994）*Materials Properties Handbook*：*Titanium Alloys*，ASM Intl，Matls Park，OH.

Chen，C. C. and Boyer，R. R.（1979）Practical considerations for manufacturing high strength Ti-10V-2Fe-3Al alloy forgings. *JOM*，31，33-39.

Donachie，Jr.，M. A.（2000）*Titanium*：*A Technical Guide*，ASM Intl：Metals Park，OH.

Kosaka，Y.，Fanning，J. C. and Fox，S. P.（2004）Development of low cost high strength alpha/beta alloy with superior machinability，in *Ti-2003 Science and Technology*（eds G. Lütjering and J. Albrecht），Weinhein，pp. 2615-2626.

Lütjering，G. and Williams，J. C.（2003）Titanium，Springer，Berlin Heidelberg. Metallic Materials Properties Development and Standardization（2008）FAA. Batelle，Columbus，OH.

Ogawa，A.，Niikura，M.，Ouchi，C.，Minikawa，K. and Yamada，M.（1996）Development and applications of titanium alloy SP-700 with high formability. *J. Test. Eval.*，24，100-109.

Zarkades，A. and Larson，F. R.（1970）*The Science*，*Technology and Application of Titanium*，Pergamon Press，UK，p. 933.

本章译者：蔡登安，周光明，邓健（南京航空航天大学航空宇航学院）

# 第 176 章

# 金属钛及其合金：处理、加工及力学性能

Martin Jackson[1]，Rodney R. Boyer[2]
1 谢菲尔德大学工程材料系，英国
2 波音公司，材料与工艺技术部，西雅图，华盛顿州，美国



## 1 处理

### 1.1 熔化

金属钛的熔化包含两种基本方法：一种是真空电弧重熔（VAR），此方法中锭至少被熔化两次，三次熔化则是为一些发动机零件提供高质量保障；另一种是冷床炉熔炼（CHM）。前者作为工业标准延续了许多年，而新出现的 CHM 技术也得到了肯定。电子束（EB）CHM 方法发展于 1980 年左右，被用于熔炼工业纯钛（CP）的残渣，这一方法提高了机械切削和分解的效率，而真空电弧重熔方法则难以做到这一点。当残渣被送入熔化炉床之内时，电子束介入将其熔化；另外，电子枪通过保持其沿精炼炉床的移动，使材料熔化，并控制锭在回炉凝固时的温度。自 20 世纪 80 年代后期以来，通用公司飞机发动机的重要技术已经发展了数年，其认识到了 CHM 方法在消除密度过高或过低上的先进性，并先后采用 CHM 方法以及真空电弧重熔对锭进行一级熔化，从而使其等级转化得到 Ti64。航空宇航使用规格的金属钛，如今要求锭的真空电弧重熔作为一级炉床熔化。熔炼工人和材料的使用，如今也在尝试更进一步的操作，以利用单次熔化的 CHM 产物形成 Ti-6Al-4V 板。事实上，在如今，此技术已被不止一家厂商运用在生产中。因此，将其运用于其他合金的产业也是合乎逻辑的。也有供应商在 CHM 中使用等离子而不是电子枪，这被称为等离子弧熔化处理（PAM）。每种方法都有其优缺点，这些方法的更多细节可参考 Lütjering 和 Williams（2003）。VAR 加工出的锭一般是柱状的，而 CHM 工艺下的锭可以被加工成任何所需的形状。

由于其活性高，在钛熔化阶段必须采取专业的预防保护措施，这也导致了较高的成本投入。首先熔化需要在惰性气体环境中，通常是真空或氩气，PAM 采用了氩氦混合气体。此外，熔化完成的钛会和任何与之相关的物质发生反应。因此，这里运用了一种被称作壳熔法的方法，此方法主要利用一只水冷的坩埚或炉床。熔化的开始阶段要控制形成一层熔融钛在炉床或坩埚中，用以形成一个内壳。内壳一经形成，可以进行进一步的熔化，熔融钛进入，与内壳相连，预先防止钛与炉内其他金属杂质反应。

在 VAR、EB 或 PAM 过程中，炉床和曲颈瓶在热源加热的状态下必须进行仔细监控。如果水冷坩埚、炉床或曲颈瓶出现一处裂缝，不论是不是位于弧顶或曲颈瓶的弯梁或任何其他地方，冷却水均会使裂纹扩展，产生危险。钛的熔点为 1 670℃左右，水会分解，从而产生氢气，导致爆炸。

### 1.2 锭的转化

锭将会产生一种粗大且难以利用的转化 β 结构，需要做一定的热处理，以使后来的工厂加工得到可用的微观结构，如工厂加工成方坯、杆、板、壳等。用锻压将钛锭分解并将其转化成易于加工的尺寸、形状和微观结构，从而得到可以用来出售的产品。

通常锭是采用“开坯”得到的，开坯逐渐向下对毛坯加压而得到理想尺寸。通常会在开放模中采用慢速的水压来得到特定的尺寸，如从锻模中得到满足最终需要的方坯。通过对锭或方坯预先规定好数量和角度的冲锻，来得到理想的形状。通常此工作将会在 $\beta_t$ 曲线上方开始，此处屈服应力更低，从而可以对材料进行更多的加工操作。然而，当材料超过临界值后仍会继续被破坏，为此可以根据 $\alpha/\beta$ 曲线来进行调整使其满足加工需求，以得到较多的各向同性微观结构。破坏的规模、变形率以及每一步中的整体应变都可以被控制，得到合适的宏观微观结构来防止材料破坏失效。测试中的再结晶步骤将会再次依照 $\alpha/\beta$ 曲线得到合适的微细结构。对于一些产品可能比较难进入生产线，锭首先会被镦锻（在压缩中增加密度，同时缩短长度），然后使锭在满足给定的大小以及 $\alpha/\beta$ 曲线下投入生产。此实例是采用 450 mm 直径的柱状坯置于大型锻模中（一般 Ti-6Al-4V 锭的直径为 915 mm），增加坯直径至1 200 mm，将会有 915 mm 起始时的材料包含更多 $\alpha/\beta$ 曲线下的工艺。一般来说，减少直径会有一半以上的概率获得更多所需的各向同性结构。

开坯操作有一系列的步骤。减小材料截面同时进行冷却。冷却至特定的温度，将其放回熔炉中升温至初始的锻造温度，对于 Ti64，这个温度在 950 ℃左右。通过使用 GFM 的锻造设备（以及类似设备），可以使锻造进程更加快速地完成。有四块开放模具垂直放置。模具具有更高的冲数，根据尺寸不同为 150～300 冲/min，但每一冲带来的变形量比开坯的变形量要小。材料在推进和旋转过程中通过两种技术进行加工。锭在开坯操作中通常被加工成圆筒形、矩形或带圆角的方形。

## 1.3 坯锭

坯锭是一种锻压出的产品。材料被锻压成特定形状，通常为圆筒形、长方形或圆角正方形（RCS），来供给使用。此阶段微观结构被精炼，通常这也是保证最终产品质量所需的、进一步的锻压工作。

## 1.4 薄板产品

薄板产品包括板、薄片、带和箔。简单的薄片与带状产品的加工和制作方法已经在本章的 1.2 节给出，其加工和制作应在薄片和板材初始斜轧之后。薄板坯开始横向通过辊子，其延展由辊子宽度控制。辊子宽度一经确定将旋转 90°，然后在该方向滚完余下的路程（有趣的是材料在逐渐变薄的过程中宽度保持不变，只是在逐渐变长）。对于带状产品，当薄片加工至厚度为 3.2～5 mm 时，将薄片绕成两卷来回拉扯。箔的生产采用相同的方式完成，但是材料在特定的 Sendzimir 机械中辊轧，被卷一次，厚度约减少 0.4 mm。此设备的高度大约为 20 个辊子，从而可以获得较高的轧制力以得到更薄的产品（Lütjering 和 Williams，2003）。

开始对板进行辊轧时要求板坯的厚度为 12.5～75 mm 或者更厚，其主要取决于平板的大小（钛平板厚度要超过 4.76 mm）。平板被辊轧成单独件；板坯被斜轧成薄片、圆筒，并被辊轧至最终的规格。平板和薄片需要在一定的“状态”下才能被辊轧变薄（涉及去除四周开裂以及其他表面缺陷，包括表面的污染）。除非材料可以被冷轧（适用于强度较低的合金，如 CP 和 Ti-3Al-2.5V），且打磨加工时还要防止表面氧化并得到所需的厚度公差和表面粗糙度。

## 1.5 杆、锻块

杆通常指的是较长的产品，一般是在长度方向上加工至需要的长度。杆可以被辊轧或锻，如果零件大到可以放入辊轧机的话，辊轧操作是最有效率的。一般的形状与坯锭相似：柱状、矩形，以及圆角方形（RCS），也可以加工成简单的形状，如六边形。人们通过特殊的辊轧技术把钛合金辊轧成型，如 L 形。

通过液压开放模具或通过 GFM 制造锻块。使用开放模具将材料加工成所需形状。被用于锻造辊轧的材料通常需要被加热至 28 ℃～56 ℃，降至 $\beta_t$ 曲线以下。对于初始加工，在模具被用作锻模之前要进行制作，或者如果购买到的模具太大而材料体积太小，大体积的简单形状是可以使用开放模具加工的。开放模具的精度不是非常高，但是可以降低从大型方坯中加工零件时的购买/飞行比率（材料采购重量与加工后的飞行重量的比率）。

## 1.6 模锻

模锻是将初始坯锭放入由两部分组成的特定形状的模具组中，初始的坯锭通常被加热到 950 ℃（如 Ti64），模具通常被加热至 315 ℃～480 ℃（采用模温机或直接在炉内加热），将模具内材料变形抗力降至最低。当其内部仍然是具有变形抗力而其屈服应力较高时，模具外表面将不适用于加工成型。在开放模具中将坯锭粗加工至简单的形状来提高材料在模具中的流动。通常每个零件的模具会分为两个部分，雏形锻模使其接近最终形状，以及精修锻模确保其最终形状。组合模具可以防止缺陷的产生，因为整体模具中材料的流转会过于剧烈。图 1 表示了一个典型的模锻顺序。锻模的零件材料购买/飞行比率为（5～8）∶1。

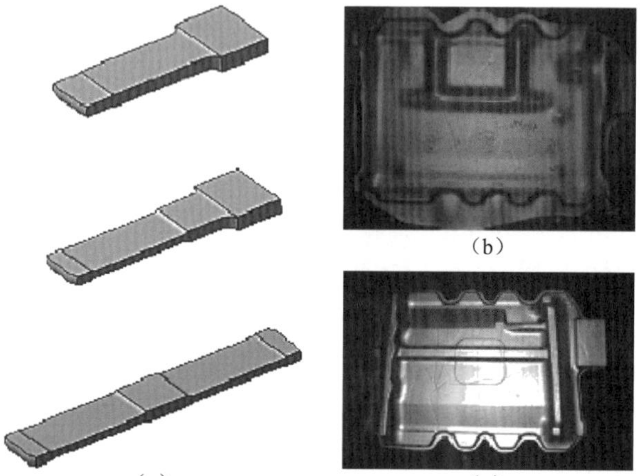

（a）　　　　（b）　　　　（c）

**图 1　锻造顺序说明了形成锻模的步骤**

（a）钢模预先形成，底部件被切成两半；（b）粗锻模；

（c）完成钢模结构（b）的背面

获得了 J. Rossow 和 Wyman Gordon 的转载许可



除以上段落描述了传统模锻工艺以外，还有加温锻和等温锻，这两者在设计上减少或消除了变形抗力，并减少了整体屈服应力，以得到更为贴合的形状。关于加温锻，模具会被加热至 80 ℃～100 ℃，这个温度低于坯料温度，而等温锻模具和坯料的温度是相同的。后者提供了 2∶1 或更低的购买/飞行比率。但是昂贵的模具以及需要充入惰性气体保护模具导致这种方法成本较高，因此体积越大所带来的附加费用也就越高。据经验可知，温锻所得到的材料比传统锻造更均匀。使用精密的锻模对零件的尺寸有所限制，一般长度要低于 500 mm。锻模供应商依据零件的长度来给定公差。因为长度越长，公差越大，就越需要更多的机械加工，而且使其难以适用于昂贵的锻模座。一些很好的精密锻模只有一只手掌的大小。

## 1.7　挤压型材

金属钛的挤压型材通过在模具中进行挤压和挤压圆形钛锭获得。挤压模具一般只可以使用一次，但是通过添加涂层可以被重复使用多次从而降低成本。挤压成型的钛在 $\beta_t$ 温度曲线以上，通常在 1 150 ℃～1 200 ℃。挤压型材已经被处理至曲线以下，但这并非在生产基准上。大多数挤压机使用一种玻璃润滑物，这会导致表面非常粗糙，比金属铝的挤压型材要粗糙许多，所以表面应预留 1.5 mm 厚度来打磨。一般的挤压机提供的压力可以压出 150 mm 圆周内的挤压形状，少数挤压机可以压出尺寸更大的形状。有些设备可以挤压出直径为 1 000 mm 的型材，型材被加工后截面厚度可以低至 3.8 mm，但是这个最小的规格受几何形状和尺寸的影响。

将其处理至 $\beta_t$ 曲线以上后，疲劳特性不如锻造和板件好，但这对于长的等截面产品形状的制造来说是更经济的方法。

## 1.8　铸件

铸件是生产具有复杂的三维外形、难以机加工成型的产品的方法。铸件相对来说比较昂贵，利用铸件可以调整机加工次数或者将几个零件组合成一个零件，减少工具的使用和组装的花费，一般只需要加工零件的贴合面。航天工业中主要是发动机公司在使用铸件。铸件具有粗糙表层，与加工后相比有较低的力学性能和较低的疲劳特性。然而，它们的微结构比锻造退火部件具有更优越的损伤容限特性。大多数航天铸件需要高投入。冲压成型的石墨模具是钛的有效铸模。石墨粉进入金属模具或木质模具来成型。有铸造车间使用专门的沙子制作钛铸件，但在美国并未采用。来自不同供应商的铸件属性可能会有明显的不同。冲击成型的石墨模具可以提供较高的材料属性，石墨比陶瓷模具更容易将熔融状态金属的热量传导出来，这样可以形成较好的转化结构。根据熔模铸造供应商的要求，铸造车间将模具加热至不同的温度。较高的温度会降低铸件的热量流失率，导致较粗糙的结构和较低的拉伸性能。

α 合金和 α/β 合金具有较好的可铸造性；Ti64 有非常好的可铸造性。复杂的铸件采用 Ti6242，但是它的流动性不如 Ti64。低流动性的材料不能像高流动性的材料一样被铸造成较薄的形状，而且内圆半径会比较大。一些 β 合金有较好的可铸造性，属性跟其他合金也不尽相同。Ti153 在生产过程中有很多麻烦，问题之一是其延展性会超过 12.5 mm。Ti5553 在 1 100 MPa 的应力水平下可能会提供更优良的属性。它的流动性与 Ti6242 类似（Veeck 等，2004）。

在设计一个铸件之前，需要广泛协调各种铸件供应商之间的关系，外形上微小的调整对于简单快速地生产会产生巨大的影响（锻造和挤压成型也应该有同样的考虑）。必须注意公差配合不要太紧（90%的次品都是与尺寸问题相关）。还应该注意的有，焊接修补并不适用于所有的铸件。对于尺寸小、形状简单的铸件可以采用焊接来使其表面可用，但将会产生焊点。航天器设计师会尽量避免采用焊接修补，至少在特定区域内不会使用，因为这会造成较高的花费或使零件不能作为铸件来生产。

### 1.9 粉末冶金

钛粉末冶金（PM）自 20 世纪 70 年代开始研究至今，还没有在飞机结构工业中采用。原因有以下几点。

（1）交叉污染、杂质造成的潜在缺陷，以及产生多孔结构。

（2）混合的成分（BE）没有达到质量要求。

（3）加工预合金（PA）粉末的费用很高，难以策划一个好的商业方案。

（4）PM 结构成型技术不支持大尺寸零件。

另外一个因素是有人驾驶飞行器设计师所要考虑的。如今对于金属钛来说其生产费用以及交付时间已经达到了一个较高的要求，而粉末冶金需要更深入的研究才能企及。BE PM 已经在导弹工业上得到大量的采用，如麻雀导弹的弹翼（Abkowitz 等，1984）

采用混合成分是节省费用的主要方法。粉末成本很低，通常对一种可能是海绵副产品的 CP 钛粉末采用氢化脱氢工艺进行加工，或者采用一种低成本粉末制造工艺（Duz、Moxson 和 Ivasishin，2007）。然后将 CP 粉末与主要合金或者所需元素粉末混合起来以获得需要的化学产品。该产品被压成近似网状结构，然后在高温下进行烧结，目的是增加其密度并使整个化学产品的成分比较均匀。这会导致其密度高于理论值 95%或高于 Ti-6Al-4V 的密度。产品的进一步致密化可以通过热等静压（HIP）、挤压和其他进程来实现。近似网状结构可以加工出来，但是往往需要 100%的机械加工。以这种方式制造的零部件将会拥有与锻造材料相媲美的静态属性和相对较低的疲劳特性。

PA、PM 方法虽然成本很高，但是其提供了制作精细的、拥有锻造材料拉伸性能的铸造型形状（图 2）的能力。有好几种 PA 粉末可以使用。气体雾化和等离子体旋转电极粉末（PREP）是球形的，并提供了一致的填充密度，这对于保证在热等静压中保持尺寸控制的模具均匀收缩是很关键的。此外，还包括氢化-脱氢粉末（HDH）和国际钛粉（ITP）粉末，后者具有特殊的片状几何外形。较低的填充密度使近似网状设计更富有挑战性。

**图 2 Ti-6Al-4V 典型的低温前期火箭发动机的叶轮，部分已经最终加工完毕**

获得 V. Samarov、Synertech 的转载许可

PA、PM 方法的另一个好处是用 PM 方法可以制造出合金添加剂，而用铸锭合金的生产方法就不可以。比如，铁元素添加剂对于提高强度是非常有效的。但是当添加剂含量在 2.5%以上时就不能在生产基础上有效熔化，很容易发生分离。由于 PM 方法中没有熔化过程，因此不构成问题。

目前，世界上有几家公司在致力开发低成本 PA 粉末。现有几种将粉末压缩至 100%密度的方法，如 HIP、真空热压和挤压等（Froes 和 Eylon，1990），经过合理处理可以实现所需拉伸的强度。

## 2 制造

### 2.1 焊接

α 与近 α 以及 α/β 合金普遍被认为是很容易焊接的，不论是熔融状态还是固体状态。β 与 β 成分较多的 α/β 合金拥有更高的热处理性能（强化性能），它们的焊接稍有难度。一般来说，焊接对于机身产业中钛结构的使用意义不大。不过随着 Lockheed Martin-Boeing 公司的 F-22 猛禽（Cotton、Clark 和 Phelps，2002）的出现，焊接的重要性开始发生变化。钛成本的不断增加以及循环基础上实际材料的缺乏明显造成了购买飞行比率的显著下降，从而降低了原材料和机械加工成本。熔焊往往会导致设计性能的降低。固态熔焊过程被认为可以提供基本金属性能。所有结构应用中的焊接都必须进行后期焊接热处理。在材料的屈服强度等级上，高残余应力可能会在焊接后出现。焊接会很快冷却，除非采取措施减缓冷却进程。这会使焊接过程中产生一个非常好的马氏体结构（除了β合金），它通常硬度非常大，而且可能是脆性的。因此，它们至少应该在焊接之后进行应力释放或退火处理。α和α/β合金的焊接一般在退火状态下进行，而β合金的焊接则通常在固溶处理状态下进行。根据不同条件，β合金焊件可能会在焊接后直接老化或进行全STA处理。

钛焊接的第一步是清洁表面。完成表面清洁之后，只能用无棉绒手套接触材料。钛焊接必须在惰性气体保护或在真空环境中进行，因为空气中的氧化反应会脆化焊件。熔焊需在有惰性气体的腔室内进行，或配合使用焊枪与一种保护气体。焊件必须有一个“闪亮”的表面或单一的稻草色，蓝色或其他颜色说明焊接受到了微小程度的污染。

激光和电子束是优选的钛熔焊方法，因为这两种方法提供了更高密度的热量输入，允许较窄的焊道更深入地渗透，所以降低了总体热量输入，从而减小了变形。对于较薄的工件，激光焊接更好，因其不需要在真空腔室内进行。激光焊接可用于9.5 mm以内的工件焊接。电子束焊接可以用于焊接更厚的工件，但是必须在真空腔室内进行，而且使用工具更加复杂。



固态焊接过程受到很大关注，正确处理后会使焊件拥有基础金属的性质。搅拌摩擦焊接（Threadgill和Russell，2007）仅在近年来被研究其在钛上的运用，所以与其他固态方法相比，这种焊接方法更具发展性。用指定向下的力沿着焊接长度方向旋转或平移着将一个销插入焊接点（图3）。这一摩擦过程产生了足够的热量来软化材料，并且它是随着销的旋转逐渐摩擦的。当销继续运动时，之前焊接的材料就冷却了，并形成高度完整的连接。控制参数保证焊接温度在$\beta_t$曲线以下可以获得一个具有良好基础金属或近似金属性能的完美结构。

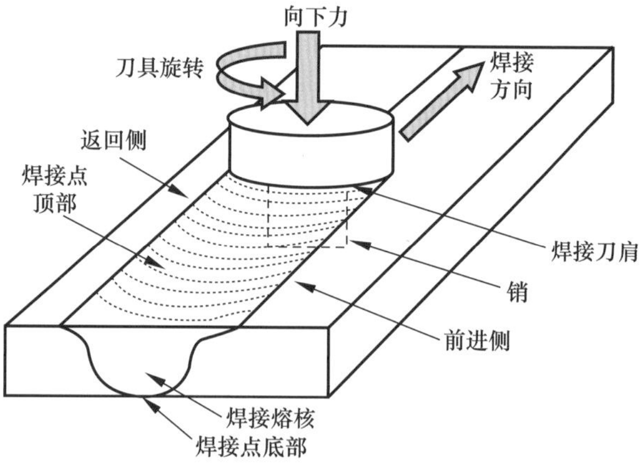


**图3 搅拌摩擦焊接过程原理**

来源：P. Edwards，波音公司

使用线性摩擦焊接（LFW），焊接温度是靠在静止基座上振荡一个组件产生的。当所需的软化发生时，振荡就会停止，并且被振荡的组件会被锻造进静止基座中，从而完成焊接。一些发动机生产商使用这一过程将扇叶焊接到风扇盘上（图4），这一事实体现了这种焊接完整性的特征。

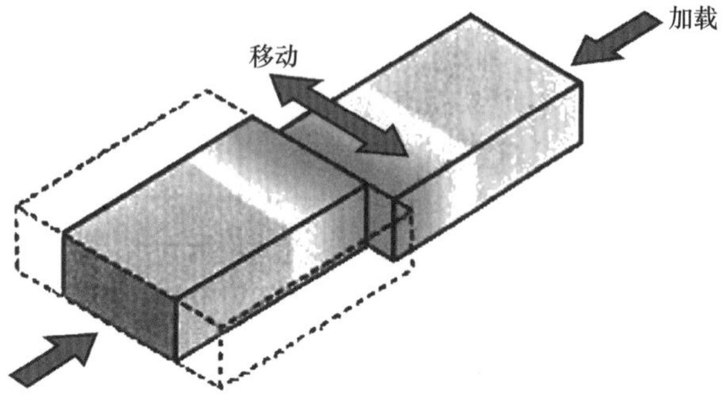


(a)

(b)

**图4 (a) 线性摩擦焊接过程原理图；(b) 风扇盘，刀片由线性摩擦焊接到盘上**

由TWI授权转载

另外一种固态焊接是通过固定一个组件，以相对较高的速度旋转另一组件来实现的。旋转组件被嵌入了静止组件中，这种焊接形式与 LFW 相似。还有一种焊接方法是电弧焊，即电弧击中两个组件之间的部分，使得两个组件互相嵌在一起。后面三种焊接方法中，焊接表面的初始清洁比没有焊缝中排除两个组件的原始表面清洁更重要，如图 5 所示。

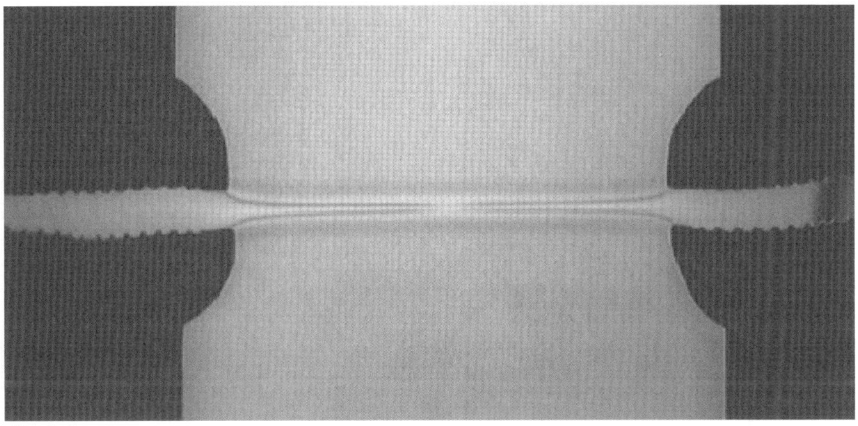

**图 5　代表线性和惯性摩擦焊接的线性摩擦焊接说明了接合处原始焊缝表面的挤压**

由 M. Russell、TWI 授权转载

更多焊接信息可以在以下文献中查阅：Boyer、Welsch 和 Collings（1994），Gorynin 和 Ushkov（2000），Donachie（2000），Threadgill 和 Russell（2007）。

## 2.2　超塑成型和扩散结合（SPFDB）

### 2.2.1　超塑成型

钛合金如 Ti-6Al-4V 在特定温度和应变率下展现了超塑性，超塑性是指材料在不发生拉伸缩颈下具有的卓越延展性。超塑成型（SPF）利用了钛的这一优势特征来加工飞行器复杂曲率结构和简单薄片轮廓（图 6）。Ti-6Al-4V 是 CEGB Capenhurst 在 1968 年首次超塑成型生产的，英国飞机公司的代表们对于在菲尔顿成立研发机构而深感振奋（Grimes，2003）。

最佳超塑性行为需要一个细小等轴的 α/β 形态微观结构，在加工温度下，α 的体积含量大约为 50%。这相当于晶粒尺寸在 10 μm 以内的 Ti-6Al-4V 的一个最佳 SPF 温度为 920 ℃。细小晶粒 α 同时在加工过程中稳定了微观结构，阻止了不需要的更快扩散的 β 相晶粒生长。应变率在 0.001～0.01 $s^{-1}$范围可以轻松实现超过 600%的伸长率，尽管大多数工业部件都不需要这么大的伸长率。

通常来说，Ti-6Al-4V 中的变形机制是晶界滑移。因此，晶界的较大体积分数及较小的晶粒尺寸，相当于在给定温度和应变率下增加的超塑性。一个细小晶粒超塑性的成型组件在室温下也会展现出高强度等级。

钛的 SPF 在 900 ℃下的一个缺点是片材会与高纯度氩气里的残余氧气发生化学反应，而且由于热循环，昂贵的模具会发生降解。在高温下，氧气会扩散进入组件的表面，将一个称作“α 层”β 相耗散区稳定在数十微米的厚度。由于 α 层富含氧气，因此比块体材料更坚硬且具有脆性，这样就容易出现表面微裂纹，从而导致疲劳强度的下降。通常使用 $HF/HNO_3$ 方法中的化学铣切来去除 α 层，不过这种方法既昂贵又会导致氢脆化。

超细小晶粒 Ti-6Al-4V 与晶粒大小在 1 μm 左右的 SP700（见第 4 卷第 175 章第 4 节）的发展为低温（760 ℃）下的 SPF 提供了条件，即与用在 Ti-6Al-4V 上的气压和成型周期相同（Comley，2004）。在这样的 SPF 温度下，α 层形成倾向会大幅降低，工具寿命会延长，并且随着加热次数的减少，生产效率会大大提高。

### 2.2.2　超塑成型与扩散结合

SPF 与扩散结合（SPFDB）在过去的几十年里已经为航空业提供了一种独特的成型与连接处理方法。在 Ti-6Al-4V 这类的合金中，当两个很干净的表面在高温下被压缩到一起时就会发生扩散结合而产生一种完整的冶金结合。整个过程在很大程度上依赖于界面间的晶界扩散（尤其在初始阶段），优先选择一种细小等轴的 α/β 晶粒结构。因此，扩

(a)

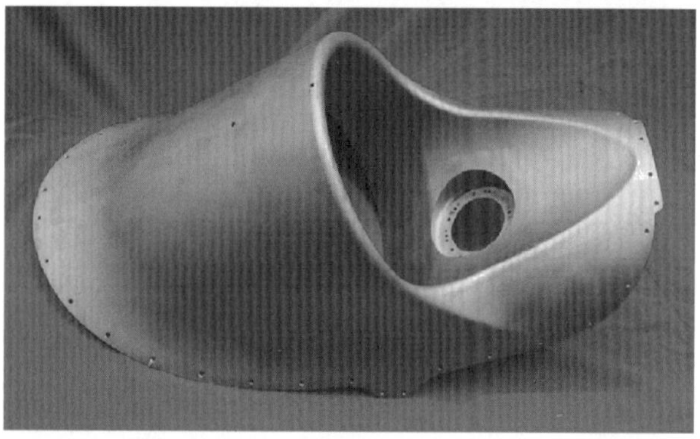

(b)

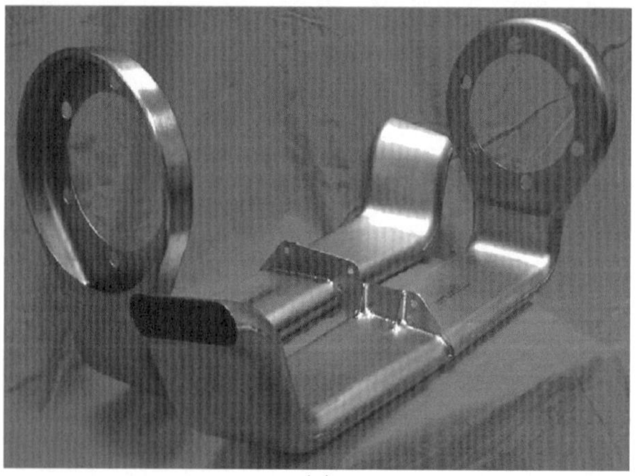

(c)

**图 6 由 Aeromet International PLC 提供的超塑成型照片**

(a) SPF 冲压的四个部分；(b) 450 mm 直径访问管道的 SPF 冲压成型的多部件组装图；(c) 两个 SPF 500 mm 长冲压管的焊接装配



散结合的微观结构要求与加工温度与本章 2.2.1 节中讲述的 SPF 的加工条件是相同的。

SPFDB 的优势是一个多层叠加复杂桁架夹芯结构的范围（图 7）。这种坚固的层状夹芯结构由于省去了焊接件、机械类紧固件和铆钉而很好地减轻了重量，而且在保证结构完整性的前提下降低了成本。

板材的扩散结合起初是在一种惰性气体中进行的，之后用氩气超塑性分解三层板的层状结构，如图 7 所示。防镀膜涂料如 BN 和 $Y_2O_3$ 在 SPF 阶段之前防止了桁架部分发生 DB。SPFDB 加工处理最先应用于 20 世纪 80 年代早期的宽线风扇叶片的开发。

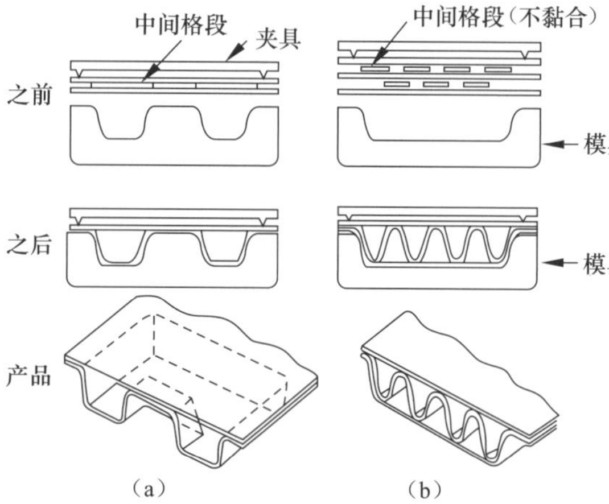


**图 7 三层 SPFDB 桁架核心过程原理**

## 2.3 添加层制造

添加层制造（ALM）是一种创新的快速成型工艺，可以有效地用粉末原料制造出近似网状的零件。钛粉沉积在基底上，并且用激光或电子束焊接在了一起。粉末的沉积是由 AutoCAD 模型决定的。尽管还处在快速发展阶段，ALM 已经可以提供复杂钛部件成本的阶跃变化，因为可以省略昂贵的锻造工序，也可以减少机械加工。而且低成本粉末生产工序的发展产生了进一步的成本效益。现今很多正在使用的航空部件都是通过这种生产途径制造出来的。例如，图 8 中的 F-15 挂架肋部件就是用激光添加制造法（LAM）加工出来的，现已投入使用。

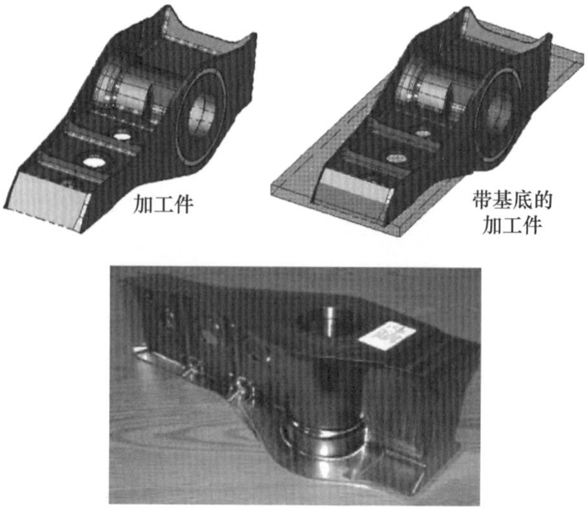


**图 8 F-15 激光添加制造和挂架肋加工**

由 David Heck、波音提供

## 2.4　机械加工

机械加工是用于描述金属去除与切割工艺的一个术语，具体包括铣削、车削、磨削、钻孔和深孔镗削。这些操作的成本都很高，也是钛合金航空部件加工成本很高的重要因素。在大多数情况下，为了实现最终的元件尺寸和加工前的表面粗糙度，需要进行大量的机械加工。图 9 显示了机械加工前后的锻造起落架结构。一个比较极端的例子是 F-22 Ti-6Al-4V 的舱壁，其中 90%的锻造加工都是切屑（见第 4 卷第 175 章第 4 节）。

**图 9　钛合金起落架支柱锻造结构，加工前后**
由 VSMPO-AVISMA 提供

钛被看作一种很难进行机械加工的金属，主要有以下几点原因。

高温下，钛很容易发生化学反应，因此在钛与模具之间会发生扩散结合，从而导致磨损（工件与模具之间），并且在某些情况下还会发生工件表面的污染。

钛的热导率相对较差，所以在加工过程中产生的热量不会从工件或模具中散除。这就导致了刀具磨损的加剧与生产率的降低，因此工作的速度就相对较慢。

低杨氏模量会导致工件在刀具压力下弯曲，也就是“反弹”。这反映了获得最终精确尺寸和公差的能力。

虽然使用传统方法加工钛比加工钢和铝的速度要慢，但是如果刀具和加工过程允许化学反应，低的热导率以及低弹性模量时钛可以进行定期且经济的加工。一般来说，加工过程如车削和铣削是用锋利的硬质合金刀具在相对较低的速度下配合使用大量冷却液来进行的。

大多数钛合金部件是在关键载荷环境下使用的，因此其表面完整性比生产率更加重要。低效的机械加工很容易在关键部件中产生微小裂纹，这将会显著降低其在使用过程中的抗疲劳特性。很多传统机械加工过程同样也会在表面造成残余拉伸（有时是压缩）应力，在循环载荷下会导致裂纹产生。因此，最终的表面处理工程如喷丸加工通常用于引发压缩残余应力，目的是提高疲劳特性与抗应力腐蚀性能。

并不是所有钛合金的机械特性都相同。最容易机械加工的是低氧 CP Ti α 合金，它通常与不锈钢进行比较；最难加工的是 β 合金，如 Ti5553（Arrazola 等，2009）。但是，从机械加工角度来讲，Ti5553 是波音 787 起落架应用的主要合金。机械工程师不断致力于用创新高性能机械加工（HPM）技术来提高机械生产率。发展刀具与加工过程而不降低机械加工速度对于新一代大型飞行器，如 Dreamliner 中的大量钛合金重要部件是非常关键的。



波音公司和钛制造商 VSMPOAVISMA 通过操作一种先进加工车间（Verkhnaya Salda、Russia）来为 Dreamliner 的大型起落架部件提供高加工性能。图 10 展示了起落架锻造的深孔镗削过程。近来与集成部件加工所不同的锻造部件附近位置的新型加工策略的优点是加工产生的金属碎屑可以被循环利用，并且运输成本大幅降低。

## 2.5　表面处理

许多制造过程如焊接和机械加工会诱发残余拉伸应力，而且在某些情况下还会在钛合金部件表面产生微小裂纹。更多详情参见 Withers（2007）。表面处理或者像喷丸处理这种调理过程，以及近年来出现的激光振动喷丸及低塑性抛光处理都是为了减小表面产生残余压缩应力。

在应力与热循环过程中，表面和槽口处产生的压缩残余应力延缓了微裂纹的扩展，提高了部件的抗疲劳特性、抗微动疲劳特性与抗应力腐蚀开裂特性。

**图 10　用于锻造波音 787 的 Ti5553 起落架轮轴架梁深井孔镗削**

由 VSMPO-AVISMA 提供



2.5.1　喷丸处理

喷丸处理是一个冷加工过程，部件的表面用钢或玻璃之类的射击介质轰击，图 10 就是该过程的示意图。这会导致表面双轴向拉伸屈服以及压缩残余应力表层的产生。喷丸处理是最便捷、最经济且用于改善钛合金部件抗疲劳特性的表面处理方法。压缩机盘装载槽（图 11）和匹配叶片楔形榫根部通常进行喷丸处理，以防止微动疲劳（本章 3.4.3 节）。

**图 11　喷丸钛合金压气机轮盘上的叶根插槽的布置**

由 Metal Improvements Company 提供

2.5.2　激光振动喷丸

高能量激光喷射在部件表面会产生一层压缩应力，其强度高达采用标准弹丸喷射处理时压缩应力的 4 倍，进一步延长了航空部件的使用寿命，降低了部件维护成本。LSP 技术已被证实非常成功，并且可能在未来的几年中取代喷丸处理作为钛合金部件的标准加工方法。

2.5.3　受控可塑性抛光

受控可塑性抛光表面处理过程会产生与激光振动喷丸相似的压缩应力状态。CPB 或者球面抛光可以在传统的多轴 CNC 机器上进行。同样是冷加工过程，滚动的球面会在部件中产生压缩残余应力。

# 3　机械性能

钛合金航空部件的机械性能在很大程度上依赖于显微组织结构（比如 α 与 β 体积分数形态）和晶体结构。显微结构与组织都取决于热机械加工过程和化学反应。Boyer、Welsh 和 Collings（1994）总结了关键的显微组织结构对提高或降低机械性能的影响（表 1），并提供了钛合金的完整机械性能信息。

**表 1　钛合金临界微观结构特征与力学特性的关系**

来源：Boyer、Welsh 和 Collings，1994

| 特　征 | 提　高 | 降　低 |
| --- | --- | --- |
| 等轴 α | 强度<br>延展性<br>疲劳萌生阻碍能力<br>低循环疲劳阻碍能力 | 断裂韧性<br>疲劳裂纹扩展阻碍能力<br>缺口疲劳阻碍能力 |
| 魏氏体 α | 断裂韧性<br>疲劳裂纹扩展阻碍能力<br>缺口疲劳阻碍能力<br>蠕变 | 强度<br>延展性<br>疲劳萌生阻碍能力<br>低循环疲劳阻碍能力 |
| 双模 α | 强度<br>延展性<br>疲劳萌生阻碍能力<br>低循环疲劳阻碍能力 | 断裂韧性<br>疲劳裂纹扩展阻碍能力 |
| 菌落 α | 断裂韧性<br>疲劳裂纹扩展阻碍能力<br>缺口疲劳阻碍能力 | 强度<br>延展性<br>疲劳萌生阻碍能力<br>低循环疲劳阻碍能力 |
| 粗前 β 晶粒 | 断裂韧性<br>蠕变 | 强度<br>延展性<br>疲劳萌生阻碍能力<br>低循环疲劳阻碍能力 |

续表

| 特 征 | 提 高 | 降 低 |
|---|---|---|
| 细前 β 晶粒 | 强度<br>延展性<br>疲劳萌生阻碍能力 | 断裂韧性<br>缺口疲劳阻碍能力 |
| 晶界 α | 断裂韧性<br>疲劳裂纹扩展阻碍能力<br>缺口疲劳阻碍能力 | 延展性<br>疲劳萌生阻碍能力<br>低循环疲劳阻碍能力 |

本章提供了显微组织与晶体结构对航空应用中主要性能影响的概述：强度、延展性、韧性、疲劳特性与蠕变特性。同样，工程师与设计师必须意识到这些性能之间的内在联系，明白在特定设计要求下显微组织与晶体结构的变化会对其他性能产生有害影响。比如，加工合金来产生拥有高使用屈服强度的显微组织与晶体结构就会拥有相对较差的断裂韧性。

## 3.1 拉伸强度

钛合金的拉伸屈服强度范围是从工业纯钛低氧合金的 170 MPa 到 Ti1023 这种时效硬化 β 合金的 1 500 MPa。

晶粒大小或 α 菌落这类有效微观结构单元大小会通过 Hall-Petch 关系直接影响拉伸屈服强度。随着主要 α 或 α 菌落的减少，屈服强度会由于相界滑移干扰数量的增加而提高。

Ti1023 类钛合金中 β 相的时效硬化会引起小规模的 α 沉淀，这是阻碍滑移的一个有效途径，并且可以提高拉伸与疲劳强度。

间质元素如氧、氮和碳都有很强大的固溶强化效果 [图 12 中由 Finlay 与 Snyder（1950）阐释]，但会降低延展性。

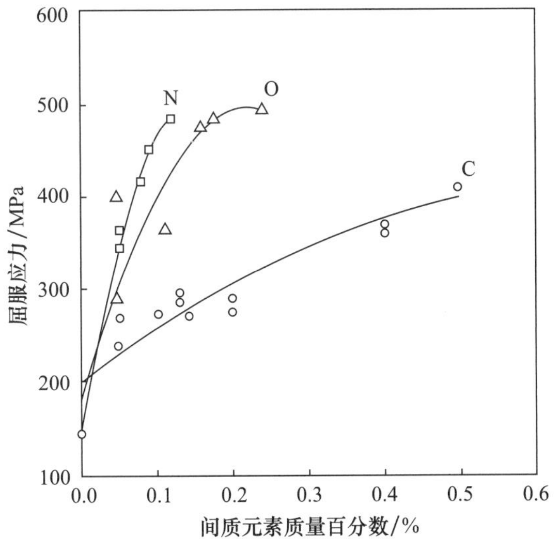


**图 12 间质元素对纯钛屈服强度的影响**

转载于 Finlay 和 Snyder（1950）© Springer

## 3.2 延展性

延展性很重要的原因有两点。一是钛合金成型必须展现充分的延展性来避免成型过程中的开裂或断裂；二是局部塑性形变会减轻飞行器结构中的应力集中，从而提高其性能。这一点在涉及部件中槽口的影响与装配产生的残余装配应力时尤为重要。

因此，对于好的延展性来说，抑制空隙成核是最重要的。空隙成核的位置是 α/β 界面、双/基质边界以及剪切带。通过热加工过程中 β 转变后的快速冷却，晶粒边界 α 的减少在 β 晶粒之前，这将降低潜在空隙成核位置的体积分数，从而提高拉伸延展率。一个很小的有效结构单元，如产生球状初级 α 和小 α 菌落的一个次转变过程通常被优选为能够产生更大 β 晶粒的一个超级转变过程。Davies 等（1995）做的关于 Ti1023 的研究显示，增大初级 α 可以提高延展性（降低强度），其原因是较少的次级 α 在阻碍滑移的基质中沉淀。

## 3.3 断裂韧性

如果抗断裂韧性是钛合金部件的主要标准，那么为裂纹提供一条曲折路径的透镜形态就是十分必要的。细长的 α 菌落或 Widmanstätten α 可以提高断裂韧性。由于着陆与起飞过程中的巨大冲击载荷，起落架锻件的一个主要标准是高断裂韧性。β 合金如 Ti-1023 就展示了高强度与高断裂韧性的结合应用，并且已经用于主要大型 777 起落架锻件（图 13）。

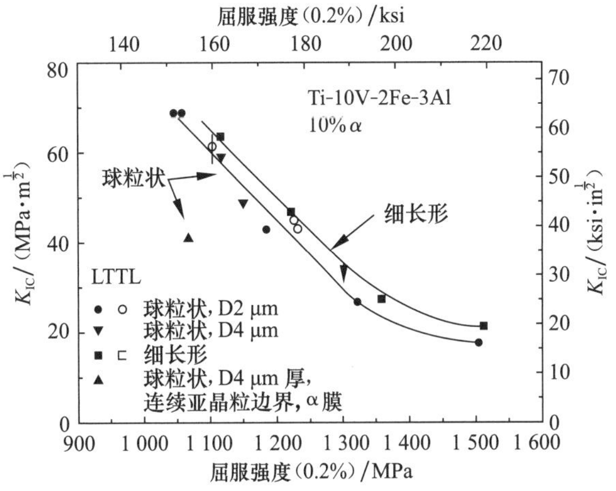


**图 13 一种老化 β 合金 Ti-10V-2Fe-3Al 的断裂韧性与屈服强度**

转载于 Terlinde、Rathjen 和 Schwalbe（1988）© Springer

## 3.4　疲劳

抗疲劳特性比断裂韧性和延展性更难以定义与预测，因为影响疲劳特性的因素非常多。钛合金的疲劳与断裂特性的全面回顾参见 Margolin 等（1980）和 Lütjering（1998）的研究。

微观结构纹理如能够提高断裂韧性的细长 α 菌落或 Widmanstätten α，就会增加疲劳裂纹变得不稳定时的临界长度，此时裂纹会快速扩展，部件也会很快断裂。然而，这并不会提高断裂韧性，因为它取决于裂纹达到临界长度的时间。总的来说，有两个同步过程：循环载荷下的抗裂纹萌生与抗裂纹扩展。

尽管有大量证实的疲劳数据，但测试条件是部件特定的，与材料开始条件、应力范围、特性以及载荷频率与环境有关。

### 3.4.1　抗疲劳裂纹萌生特性

钛合金航空部件的裂纹萌生行为取决于变形激活模式。局部滑移带（高剪切应力平面）是循环载荷中裂纹萌生的源头。带有小晶粒与 α 菌落的微观结构阻碍了滑移带的形变，因此当抗疲劳裂纹萌生特性是基本设计准则时则优先考虑。自从电子背向散射衍射技术问世以来，研究者们就发现了拥有强大晶体取向的临近 α 晶粒可以像大型有效晶粒（广域）一样运动，这就解释了其较弱的疲劳裂纹萌生性能的成因。Ti-6Al-4V 中一种典型的广域结构如图 14 所示。

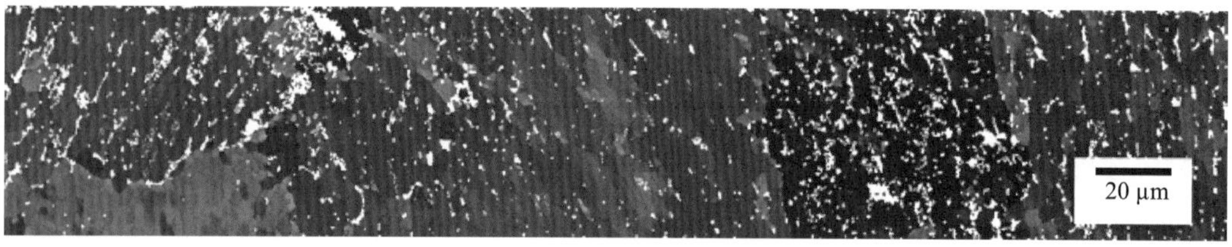


**图 14　Ti-6Al-4V 微观区域的电子背向散射衍射图像。尽管 α 晶粒尺寸约为 5 μm，但有效的结构单元尺寸仍大一个数量级，从而导致较差的疲劳裂纹扩展源**



同样，像 β 合金（见第 4 卷第 175 章第 4 节）之类的合金拥有很高的屈服强度，从而有较高的抗位错运动特性，它们都有很高的抗裂纹萌生性能。β 合金的老化，如 Ti-10V-2Fe-3Al 和 Ti5553 产生了小规模的沉淀，这会阻碍位错运动，产生高屈服强度与高抗裂纹萌生性能，因此它们被用于抵抗高次循环（＞104 次循环）疲劳特性非常关键的大型起落架部件。图 15 由 Kuhlman 等（1987）得出，阐述了 Ti-10V-2Fe-3Al 相对于 Ti-6Al-4V 卓越的高抗循环疲劳特性。

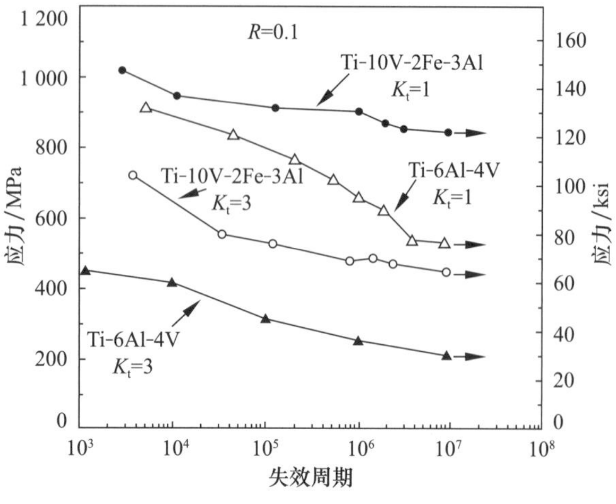


**图 15　Ti-10V-2Fe-3Al 和 Ti-6Al-4V 的应力和失效周期**

转载于 Kuhlman 等（1987）© The Minerals、Metal 和 Materials Society

表面处理工序如喷丸处理与激光振动喷丸普遍应用于航空部件中，主要作用是产生阻碍裂纹萌生的近表面残余压缩应力（参考本章 2.5 节）。

### 3.4.2　抗疲劳裂纹扩展性能

通常来说，提升抗断裂韧性特性的微观结构也会提高抗裂纹扩展性能，因为菌落、网篮组织或者 Widmanstätten α 形态（图 16）提供了错综复杂的裂纹路径，并且层状菌落、双峰形态（图 17）提供了比等轴形态（见第 4 卷第 175 章）更高的抗裂纹扩展性能。但是粗大层状结构的抗裂纹萌生性能很差，因此部件的整体疲劳性能也很差。

裂纹会通过密排六方 α 相以及沿着 α/β 边界扩展。晶体结构会在加工过程中被改变，目的是拥有更好的抗疲劳特性，用这种方法形成的裂纹扩展会在遇到不利滑移方向上的 α 晶粒时发生，如图 18 所示。

### 3.4.3　微动疲劳

由微动疲劳引起的故障与维护停机时间是飞行

**图 16　在 Ti-10V-2Fe-3Al 大 β 晶粒中改造网篮 α 背向散射电子照片**

转载于 Jackson 等（2005）

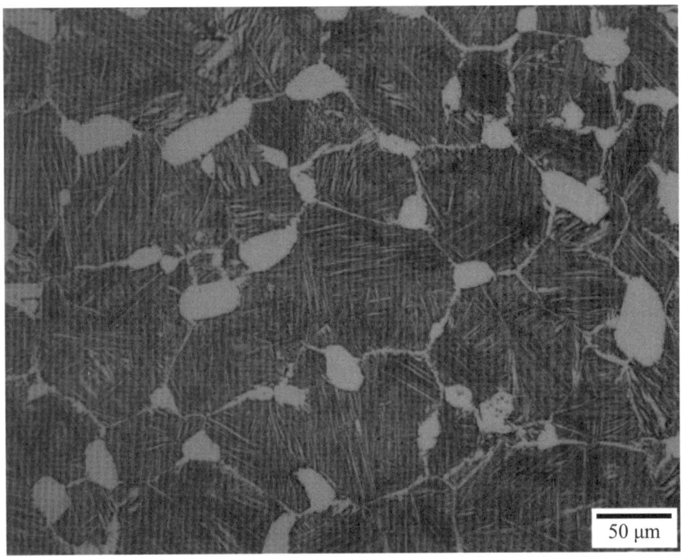


**图 17　由约 10%的初级 α 和细片状改造 β 基组成的 IMI834 中双峰结构的光显微照片**

转载于 Davies（2009）

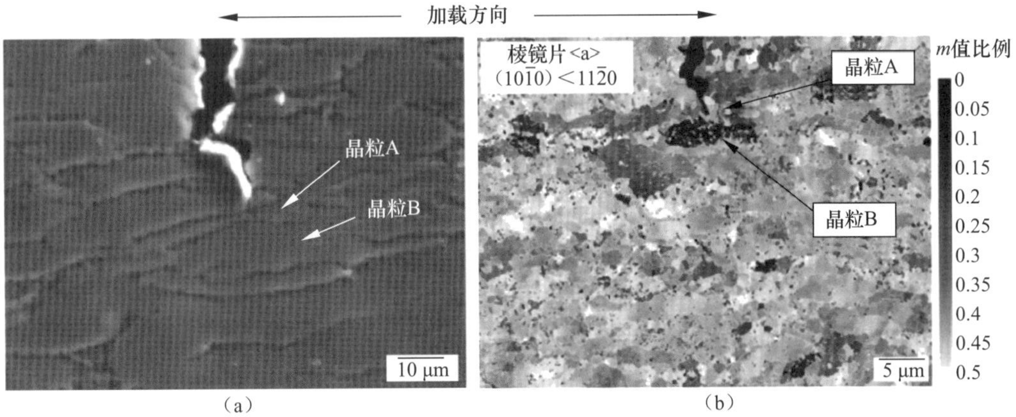


**图 18　Ti-6Al-4V 中疲劳裂纹的次级电子（a）和电子背向散射衍射（b）图像。图中显示裂纹在进入一个晶粒前被捕捉，且朝向片状区域（晶粒 B）**

转载于 Bantounas 等（2007）© Elsevier

器结构与发动机中的主要关注对象。微动会在两个部件距离在 10 μm 以上互相挤压在一起进行接触与震荡时发生。磨损与较高局部拉伸应力诱发了微裂纹，降低了部件的疲劳寿命。微动疲劳的一个常发区域是压气机叶片燕尾根部和匹配圆盘插槽喷丸加工表面，这些区域中由于喷丸加工过程引起的残余压缩应力需要很长时间才能消除。

#### 3.4.4 驻留疲劳

在重要时段保持最大（循环）载荷时蠕变过程就会发生，此时用于压缩机圆盘与叶片的高温合金如 Ti834 和 Ti6242 很容易受到疲劳强度降低的影响。经历这些载荷状态下的疲劳通常称为驻留疲劳。研究者们确定了驻留疲劳在使用中引起的复杂的混合型破坏效应。

### 3.5 蠕变

蠕变行为对于高温下使用的钛合金尤为重要，比如燃气涡轮发动机压缩部分的叶片与圆盘。Flower（1990）阐述了 β 相的扩散比 α 相至少快 100 倍。因此相对于 α 相而言，β 相的扩散蠕变形变过程中温度低得多，且应变率较高。所以使用温度下的 α 相体积分数应该与改善后的蠕变行为温度相同，这就是 Ti834 与 Ti6242 类 α 合金被用于压缩机部件中的原因。晶粒边界是扩散蠕变的主要位置，拥有层状或 Widmanstätten α 结构的大型 β 晶粒优先考虑（见第 4 卷第 175 章第 4 节）。由于硅原子可以阻碍位错运动，因此硅被用作抗蠕变钛合金中的常用添加剂，以减少与时间相关的蠕变形变过程。



但是，在关键旋转部件，如燃气涡轮压缩机中，抗疲劳特性也是非常重要的，并且在工作温度下，良好的综合性能必不可少。因此，通过快速冷却（图 17）进行的低于 β 转变生成体积分数小于 10%的初级 α 与 β 为基质的 Widmanstätten α 的锻造过程通常会生成完美的介于蠕变与疲劳特性之间的性能。

## 4 结论

钛与钛合金的性能（比强度、高低温性能、抗腐蚀性以及复合材料兼容性）使其在航空领域应用中备受青睐。钛合金的应用在过去 10 年中急剧增多，但是由于成本高昂，至今应用仍受到限制。目前已经采取很多方法以在使用中进一步降低型材的成本，减少合金费用，提高钛的机械性能，并对焊接进一步利用。另一种方法是掺入粉末冶金，此方法可以通过利用低成本粉末并对其进行合理使用来实现，或者通过加工具有良好锻造性能的近似网状复杂结构来实现。粉末冶金过程同样提供了发展更高强度合金的机会，制造出了不能掺入铸锭冶金的合金添加剂。整个航空业都投入了很多精力放在合金与提高买飞比、加工性能与钛合金性能的过程上。

## 参 考 文 献


Abkowitz，S.，Kardys，G.J.，Fujishiro，S.，Froes，F.H. and Eylon，D.（1984）Titanium alloy shapes from blended elemental powder and tensile & fatigue properties of low chloride composition，in *Titanium Net Shape echnologies*（eds F.H. Froes and D. Eylon），A publication of The Metallurgical Society of AIME，New York，pp. 107-120.

Arrazola，P.J.，Garaya，A.，Iriartea，L.M.，Armendiaa，M.，Maryab，S. and Le Ma^ıtrec，F.（2009）Machinability of titanium alloys（Ti6Al4V and Ti555.3）. *J. Mater. Proc. Tech.*，209，2223-223.

Bantounas，I.，Lindley，T.C.，Rugg，D. and Dye，D.（2007）Effect of microtexture on fatigue cracking in Ti-6Al-4V. *Acta Materialia.*，55，5655-5665.

Boyer，R.R.，Welsch，G. and Collings，E.W.（1994）*Materials Properties Handbook*：*Titanium Alloys*，ASM International，Materials Park，OH.

Comley，P.N.（2004）Lowering the heat-the development of reduced SPF temperature titanium alloys for aircraft production. *Mater. Sci. Forum*，447-448，233-238.

Cotton，J.D.，Clark，L.P. and Phelps，H.R.（2002）Titanium alloys on the F-22 fighter airframe. *AM&P*，160，25-28.

Davies，P.S.（2009）An investigation of microstructure and texture evolution in the near-α titanium alloy timetal 834，University of Sheffield PhD thesis.

Davies，D.P.，Gittos，B.P.，Terlinde，G. and Fisher，G.（1995）Influence of thermo-mechanical processing on the mechanical property behaviour of Ti-10-2-3 for dynamically critical applications. *Ti-1995*，2，1371-1378.

Donachie，M.J.（2000）*Titanium*：*A Technical Guide*，2nd edn，A publication of The Metallurgical Society of AIME.

Duz，V.A.，Moxson，V.S. and Ivasishin，O.M.，（2007）Recent developments in titanium powder metallurgy，in

*Ti-2007 Science and Technology* (eds M. Niinomi, I. Weiss, R. Srinivasan, P. Bania and D. Eylon), Sendai, pp. 1067-1070.

Finlay, W. and Snyder, J. (1950) Effects of three interstitial solutes on the mechanical properties of high purity, alpha titanium. *J. Metals*, 188, 277.

Flower, H. M. (1990) Microstructural development in relation to hot working of titanium alloys. *Mater. Sci. Tech.*, 6, 102-1092.

Froes, F. H. and Eylon, D. (1990) Powder metallurgy of titanium alloys. *Int. Mater. Rev.*, 35, 162-181.

Gorynin, I. V. and Ushkov, S. S. (2000) *Titanium*, 99, vol. Ⅲ. CRISM Prometey, St. Petersburg.

Grimes, R. (2003) Superplastic forming: evolution from metallurgical curiosity to major manufacturing tool? *Mater. Sci. Tech.*, 19, 3-10.

Jackson, M., Dashwood, R., Christodoulou, L. and Flower, H. M. (2005) The microstructural evolution of near beta alloy Ti-10V-2Fe-3Al during subtransus forging, *Metall. Mater. Trans. A*, 36A, 1317-1327.

Kuhlman, G., Chakrabarti, A., Yu, T., Pishko, R. and Terlinde, G. (1987) LCF, fracture toughness and fatigue crack propagation resistance optimisation in Ti-10V-2Fe-3Al alloy through microstructural modification, in *Microstructure, Fracture toughness and Fatigue Crack Growth Rate in Titanium Alloys* (eds A. Chakrabarti and J. C. Chestnutt), TMS/AIME, p. 171.

Lütjering, G. (1998) Influence of processing on microstructure and mechanical properties of ($\alpha+\beta$) titanium alloys. *Mater. Sci. Eng.*, A243, 32-45.

Lütjering, G. and Williams, J. C. (2003) *Titanium*, Springer, Berlin Heidelberg.

Margolin, H., Williams, J. C., Chesnutt, J. C. and Lütjering, G. (1980) A review of the fracture and fatigue behaviour of Ti alloys, in *Titanium '80 Science and Technology* (eds H. imura and O. Izumi), Warrendale, pp. 169-216.

Terlinde, G., Rathjen, H. J. and Schwalbe, K. H. (1988) Microstructure and fracture toughness of the Aged βAlloy Ti-10V-2Fe-3Al. *Metall. Trans. A.*, 19, 1037.

Threadgill, P. L. and Russell, M. J. (2007) Friction welding of titanium near net shape preforms in Ti-6Al-4V, in *Ti-2007 Science and Technology* (eds M. Niinomi S. Akiyama, M. Hagiwara, M. Ikeda, K. Maruyama), Sendai, pp. 1283-1286.

Veeck, S., Lee, D., Boyer, R. and Briggs, R. (2004) The Castability of Ti-5553. *Adv. Mater. Processes*, 162, 47-49.

Withers, P. J. (2007) Residual stress and its role in failure. *Rep. Prog. Phys.*, 70, 2211-2264.

Zarkades, A. and Larson, F. R. (1970) *The Science, Technology and Application of Titanium*, Pergamon Press, Oxford.

## 拓展阅读

Boyer, R. R. (1997) Titanium applications on Boeing aircraft. *Titanium*, 115-129.

Boyer, R. R. (2003) Titanium airframe application: Brief history, present applications and future trends: keynote, *Thermec' 2003, International Conference on Processing and Manufacturing of Advanced Materials* (eds T. Chandra, J. M. Torralba and T. Sakai).

Boyer, R. R., Cotton, J. D. and Chellman, D. J. (2004) Titanium for airframe applications: present status and future trends. *Ti-2003 Sci. Tech.*, 2615-2626.

Boyer, R. R. and Lütjering, G. (1993) Heat treatment of titanium alloys: Overview, in *Advances in the Science and Technology of Titanium Alloy Processing* (eds I. Weiss *et al.*), TMS, Warrendale.

Boyer, R. R. and Spurr, W. F. (1978) Effect of composition, microstructure and texture on stress-corrosion cracking in Ti-6Al-4V sheet. *Met. Trans. A.*, 9, 1443-1448.

Kosaka, Y., Fanning, J. C. and Fox, S. P. (2003) Development of low cost high strength alpha/beta alloy with superior machinability. *Ti-2003 Sci. Tech.*



本章译者：于健，蔡登安，周光明，邓健（南京航空航天大学航空宇航学院）

# 第 177 章

## 纤维增强聚合物复合材料：制造和认证问题

Stephen P. Engelstad，Robert W. Koon
洛克西德·马丁航空公司技术发展和集成部，玛丽埃塔，佐治亚州，美国

### 1 引言

复合材料有许多潜在的结构性优势，最常提及的是其比强度和刚度都比较高。然而，当将复合材料应用到飞机车辆工程时，必须执行一个严格的认证过程来确保在其生产和使用过程中的可靠性。认证一般理解为车辆获得许可的审批过程。这个过程包括在强度、耐久性、损伤容限、可修复性和可维护性等方面的严格要求。车辆性能的认证包括检定和验证，通过分析与试验的手段完成。由于单个飞行器在应用过程中需要满足许多要求，这极大地降低了复合材料的潜在优势。



如图 1 所示，图中阐述了从结构概念向结构设计及验证过渡技术成功的 5 个因素（Lincoln，1987）。本章利用了在结构完整性扇形图中的定义准则（称为一个结构完整性圆）作为一个大纲，涵盖了一个结构安全可靠的重要因素。本章是一个关于复合材料飞机结构认证与制造的基本要求和议题的高层次引言。在确定这些结构特定的重要问题时，将会讨论扇形结构图中各种因素的子集。对每个区域的深入讨论是为了突出复合材料最重要的部分。

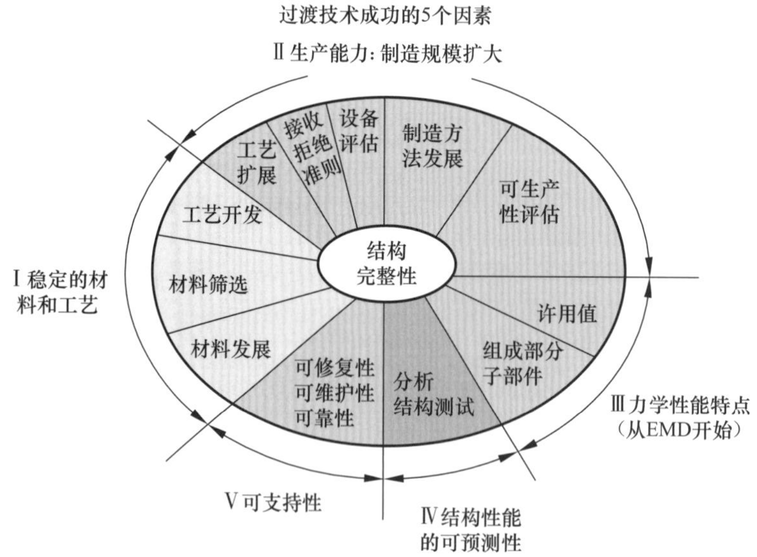


图 1　结构完整性扇形：过渡技术成功的 5 个因素

带着这种想法，本章首先讨论认证问题，并概括描述每个问题是如何进行处理的。在认证主题之后，其中一个章节包含了关于如何选择合适的材料和工艺以及连接的问题。

# 2　认证问题

对复合材料飞机结构认证的重要议题包括材料和工艺的发展，制造和质量评估，构件测试、分析、大型结构测试和可支持性。这些专题是前面提及的结构完整性扇形图中 5 个主要部分中重要的元素。

## 2.1　材料和工艺发展

复合材料中飞机结构材料和工艺的认证着眼于每个完整定义与合格的材料系统，涵盖了使用时的环境条件。

当这些材料在预计的实际飞行环境中工作时，通过结构材料特征所包含的大量的样本测试来对这些材料的性能进行统计（称为设计许可容限）。通常将单层板胶接成层合板，切割成试件后，在低温（如－65℉）、常温和飞行过程中的典型高温条件下，进行静力试验和疲劳试验。也经常在试件受潮后对其进行分析。事实上，对于纤维与树脂基体的复合材料系统，高温和潮湿环境是降低其结构性能最严重的两种情况。需要进行专业的测试来量化在热循环或震荡条件下材料强度的降低或失效形式，以及在材料接触典型飞行器中的液体（如喷气燃料、防冰液、油漆去除溶剂）后，评估其热氧化稳定性和涂层完整性。这些试件做了足够数量的测试，并且使用了大批次的基体树脂和纤维来分析在原料和复合材料面板加工过程中典型的变化。材料特性评价也包括对其在制造和使用过程中产生的内部缺陷或损伤的评价。这些对“缺陷的影响”的研究是用来制定它们各自结构的质量要求的，具体情况将在本章 2.2 节中进一步讨论。

复合材料结构的认证也要求层合板和黏结剂是完全合格的。飞机材料的资格认证通常是以详细的材料规范书为依据的，规范书规范了引入材料所需满足的质量要求以及存储和处理方法。材料规格说明书同样也规范了对“预浸料”（预先用树脂将纤维浸透的复合层）物理性质和层合板试样的需求。当满足需求时，需要保证由材料制作而成的结构能达到前面所说的设计容限。这些规范也用来确定测试的性质，这些测试是材料被认可并应用到飞机项目所必须经历的。一旦被认定作为一种合格的材料，则规格说明书还必须包含“验收”测试，这些测试后续由供应商或零部件制造商分批次或大批量进行，以确保材料的后续使用满足规范需求。

## 2.2　生产和质量评估

对于复合材料制造方法的认证，集中于对结构的建立是否满足质量标准的确认。因此，最重要的是，结构的设计必须留有余地，以确保能够对所有危险部位进行无损检测（NDI）。尽管在飞机制造过程中可以使用很多种无损检测系统，然而基于复合材料分层和孔隙的检测依然要使用超声波探伤技术。各种超声检测设备的共同点是通过测量超声波传递的衰减来检测缺陷。超声波对内表面质量的检测方法通常与对结构表面的目测结合在一起。前一部分提到的对缺陷影响的研究，是用于识别特定结构缺陷的类型、尺寸以及分布范围。根据质量规范，缺陷如果超过这些范围，就必须选择维修或者重新制造结构。虽然对于不同的部分、不同的计划、不同的公司，这些限制也不同，但是通常对于复合材料结构而言，可接受的缺陷范围是：直径小于 0.25 in、没有明显的分层起皱现象以及孔隙率小于 2%。

破坏性试验通常结合无损检测方法来进一步核实产品的质量。这种测试可以用来限制机械制品上突出部分的加工，以及加工出来的试件的使用。更广泛的测试，特别是在生产计划初期执行的测试，可能包括首产品和整个组件的全部测试。

对加工出来的复合材料结构的质量保证通常和过程控制技术结合在一起，该技术用来限制缺陷的产生，此种缺陷使得部分结构需要维修或重制。过程控制技术的差异取决于部件的设计，该技术的例子包括以下几点：

（1）材料处理是保证在材料工作寿命和储藏寿命到达之前，将零件装配和加工好；

（2）在接头和装配过程中进行的间隔检测，使得发生嵌入外物和板材错位的可能性最小化；

（3）在黏合操作之前进行的表面质量检测；

（4）控制边界厚度在一定范围之内的方法；

（5）在部件装配操作过程中，完善子部件对齐和支撑功能。

制造过程的认证也包括生产流程的建立，该流程显示了整个过程中的可循环部分。这主要集中在用于构件子部件、装配它们成为部件和机械制造它们成为最终形式的工具上。依赖大量的硬模，尽管会使最初的花费昂贵，但是相较于使用软模，通常能更好地控制空间尺寸和得到更持久耐用的表面质量。近年来，生产的努力方向是将更多的“自定位”特征一体化来取代装配工具。这些概念通常需要子部件内部具有机械加工特性，这些特性可能对结构完整性产生负面影响。

在制造过程中，日益提升的自动化技术，使得从此受益的复合材料设计越来越多。另外，为了节约人工成本，用于装配结构的自动化技术也得到了稳定的发展。

## 2.3 构件测试

构件测试是一个严谨的设计开发测试过程，在这个过程中，对一系列的试件、元素和子部件执行测试，一起构成全面的测试。在每个步骤中，进行测试/分析相关性测试，来认证分析工具的可行性，从而分析结构，这是很好理解和可预见的（Rouse等，2005）。

为了开始结构设计，必须进行材料表征和资格的认定。用来建立材料特性、强度特性、耐用性和验收标准的参数测试，代表了一系列严格的构件测试中的第一层次（图 2）。样本测试是为了对平板、受拉伸/压缩的开孔板、受拉伸/压缩的填孔板、支撑/支路板的性能和损伤容限进行测定。得到这些属性值，将它们进行统计分析来确定强度和刚度设计“许可值”，就可以用于后续设计。在这个阶段，

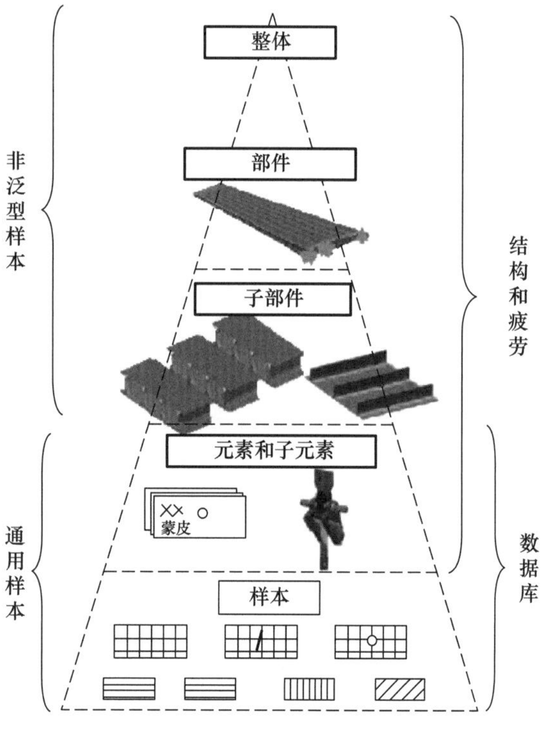


图 2 构件测试塔状图

为了启动设计分析过程，需要开发和建立分析工具所需的经验数据。

一旦设计开始，结构形状形成后，具体的固化和连接细节也就确定了。在这个阶段，特定的设计测试不仅是为了分析，也是为了降低早期的风险。进行特定的接头测试，通常称为子元件，其中有一个特例，那就是高度可变的结构或者胶接面。胶接面在制造过程中通常有很大的可变性，因此需要进行特定的许用载荷设计，来模拟混载条件、环境、疲劳和缺陷影响等情况。图 3 显示了 T 形接头子元件胶接测试结构的一个例子。

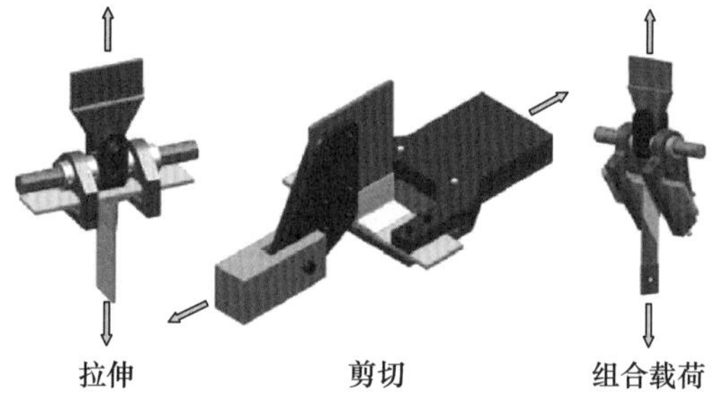


图 3 子元件拉伸、剪切以及组合载荷测试

在构件测试项目里，子元件测试是第二步。这个测试的执行，是为了降低生产规模扩大时的风险，从而提早发现未知风险并降低成本；验证预测稳定性和强度的分析程序；验证环境影响和失效模式；或者证实在全局上不现实的特性部分。图 4 显示了一个典型子元件测试板和载荷组合作用的试验箱。对于这个例子，将分别在室温和最糟糕的环境情况下，施加组合载荷到面板上。测试设备是用来验证建模技术和预测失效模式，以及验证正确考虑环境影响的能力。

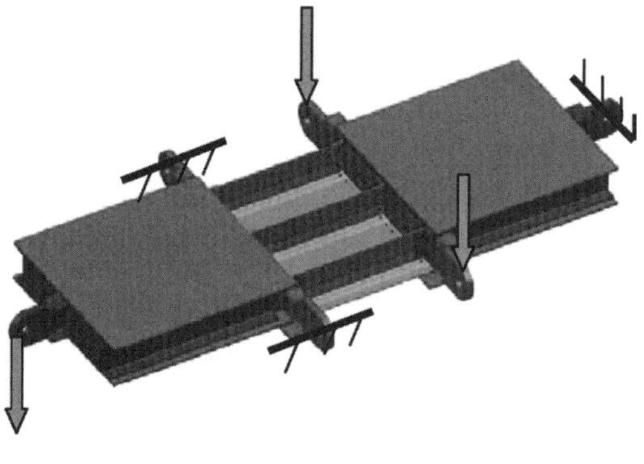

图 4 为了可见移除上盖的混载试验箱

全面的测试，以及构件测试的最后一步，将在本章 2.5 节中讨论。

## 2.4 分析

为了理解复合材料的分析，掌握复合飞机的结构认证要求是极其重要的。为了加深这种理解，本节主要讨论结构区域的强度、耐久性和损伤容限的要求，并在其中的每个部分讨论支持分析。

### 2.4.1 强度

大多数通用飞机的需求状态，就是必须为操作、维护功能和模拟负载条件下的任何测试提供足够的静态强度，并且有适当的安全系数。在这种背景下，强度定义为机体在不削弱结构性能的前提下，承受所有载荷情况的能力。尤其是对复合材料而言，不能在操作、功能维护等情况下发生由负载导致分层、脱胶和裂缝的情况。特定的负载水平，取决于分析和测试试验，需要能够抵制由于有害变形、断裂或塌陷故障等产生的初始分层。同时，在不大于极限载荷的情况下，不允许出现断裂或塌陷破坏（即考虑安全系数的最大负载）。

通常情况下，测试相关的分析方法需要伴随着环境补偿 B 基准许可容限，旨在确保车辆使用寿命中，在小于等于极限载荷时，不会产生负荷诱导分层、脱胶或者产生裂纹的现象。

B 基准统计许可容限的作用弥补不同批次、加工制造差异和其他特定设计等的失效。必要的强度分析包括内力和详细的局部应力分析、屈曲、经典薄板理论，该理论针对无切口/有切口的强度、层间剪切/拉伸强度分析，螺栓连接支撑/支路分析，胶接分析和蜂窝夹芯结构面板/芯材分析，而内力和其他局部细节则正常使用有限元分析。复合材料蒙皮根据允许螺栓修理的条件制定尺寸。通常任何分析方法都必须通过测试验证或必须附加安全系数。

### 2.4.2 耐久性

机体耐久性通常定义为在操作和维护期间，抵抗疲劳开裂、腐蚀、热降解、分层和磨损的能力。通常设置对耐久性的要求，以此来保证结构关键部分在安全的应变水平工作，使得工作和制造过程导致的损伤不会降低飞行安全系数或结构性能。在用户规定的使用期间，不允许出现功能故障，包括燃料泄漏、水浸、腐蚀、材料退化或分层扩展等。要满足这些需求，必须保证受到冲击伤害后，制造缺陷小于验收标准，通常在 4～6 ft/lb。

对复合材料的耐久性分析，使用静态许用应变，基于冲击后压缩（CAI）或冲击后拉伸（TAI）测试，使用 4～6 ft/lb 的冲击载荷（典型维护方法的下降能量）。利用基本材料特性的应变-寿命（S-N）数据预测复合材料结构细节疲劳寿命的分析方法（如接头）还不成熟。因此，必须在结构级测量 S-N 数据，在不同加载水平下，对子元素接头执行低周疲劳累积损伤测试。经验数据常常用于子组件的尺寸设计和验证的子组件等级，以及更大规模的检测。

### 2.4.3 损伤容限

在损伤容限范围内，当出现由材料、制造和加工等引起的缺陷，以及正常使用和维护引发的损伤时，飞机结构中特定组件的设计必须能保证足够的剩余强度，直到在定期检查过程中检测到上述损伤。复合材料飞机结构中损伤容限的处理方式与金属结构不同。在复合材料中，一个损伤容许的结构，可以静态地调整极限应变大小，来防止分层扩展。而损伤容许的金属结构，则根据线性弹性断裂力学或裂纹萌生的疲劳寿命，来调整裂纹扩展寿命的长短。分层损伤的损伤容限标准以冲击能量的相关经验为依据；而压痕深度基于标准化的冲击损伤试验；CAI 或 TAI 的大残余强度应变水平，则依据对可见凹痕设置冲击能量或者能量等级发生的概率；对材料、层合板和接头等，则用静态应变的损伤容限。因此要求在临近使用寿命时，以及在发生最坏的低速冲击损伤事件后，结构应有足够的剩余强度。



在复合材料部件的使用过程中，通常发生四种类型的损伤：制造固有缺陷、离散源损伤、冲击损伤和载荷引起的损伤。每种损伤类型总结如下。

（1）制造固有缺陷：这种缺陷产生的原因是材料差异和制造过程中厚度变化或偏差，来源于工艺缺陷或未能去除剥落层等误差。

（2）离散源损伤：这种损伤通常由高能量引起，如战斗损伤或鸟撞所导致的损伤，是清晰可见的，如果不是很明显，则进行常规的外观检测时会很容易发现并应立即修理。

（3）冲击损伤：低速冲击损伤一般归类为撞击事件引发的损伤，该损伤包含中小级能量。大多数的冲击损伤发生在服役期间，特别是在维修时。这些影响事件有各种各样的来源，最常见的是工具掉落。冲击损伤通常分为以下两种类别：

① 几乎不可见的冲击损伤（BVID）被量化成小于 5 ft 的损伤，肉眼几乎看不见。这种类型的损坏最有可能导致结构完整性退化，因为它是最常见的损伤，并且最不易被发现，但是它会以一定的规模不断增长，最终导致重大事故。最关键是要理解，达到不可见损伤临界值的上限时，损伤的增长导致分层是禁止的。

② 清晰可见的冲击损伤（CVID）被定义为能够用肉眼明显检测到的损伤。这些通常是由已知的重大事件产生的损坏，如果不是灾难性的，则通常能尽快修复但不能保证结构完整性。

(4) 载荷引起的损伤：这种损伤发生在操作的时候，是飞行中发生的超过静态或疲劳设计载荷事件导致的结构损伤。

根据所确定的结构临界值，通常利用 CAI 和 TAI 许用应变值来衡量结构的损伤容限。这些都基于标准化的测试，如试件承受一个指定的冲击或模拟一个 BVID（几乎不可见）缺陷。在以上影响作用下，分层后试件的压缩或拉伸剩余强度均可以测定，所测得的应变水平称为层压板相关制品的许用应变。这些许用应变也被应用于疲劳试验。

### 2.5 结构测试



整体的静态和疲劳测试在构件子部件和组件测试成功之后进行。通过静态测试得到极限载荷和工作载荷，并且通过疲劳试验得到使用寿命，以此来遵守计划中的需求。通过分析和研制试验，还有助于鉴定以前没有检测的关键区域。对于任何服役机体的特殊检查和修改需求，都来自这些测试。图 5 显示了一个飞机的整体测试设备。

图 5 飞机的整体测试设备

### 2.6 可支持性

复合材料飞机结构设计必须考虑可支持性。这种设计考虑包括可维护性、可修复性和可靠性。对于可维护性，在设计的时候必须考虑维修通道和检查，这通常需要额外面板，从而导致重量增加。至于可修复性，所有的结构必须设计成未来可维修的。这通常需要利用有缺口的许用条件，对层合板进行应力，如开孔或填充孔的压缩和拉伸，以防止在这个区域紧固件发生故障。大多数修复程序包含标准化的方法，依靠机械连接或粘贴补丁或倍频器。对于可靠性，利用过程控制、制造检验、理论验证及试验验证分析和结构测试等相结合的方法，来减少复合材料结构生命周期内失效的可能性。

## 3 制造选择

在本节中，讨论了各种各样复合材料制造过程中的选取问题。重要的是要意识到，材料和过程的选择，以及关键设计功能的整合，大大影响了认证的困难。在过去的几十年里，对先进复合材料的使用越来越多，使得对于一些成熟材料的使用、流程和设计方法有了广泛的经验。这些成熟的方法预计可以使得下一代车辆的认证变得更容易。另外，专业的机体制造商在不断发展新材料、过程和设计方法，这些新事物将会受到认证机构更严格的审查。

### 3.1 材料选取

在生产应用过程中，除了选择特点完全满足且材料合格外，很明显，选择的材料还必须符合方案确定的物理、结构、使用温度和成本等的要求。包括热电特征的物理需求，在军用飞机结构材料选取中扮演了重要的角色。在与金属连接的部分，热膨胀特点和电化学腐蚀问题会影响纤维选择。

碳纤维增强有机体复合材料主要应该用在考虑对比强度有要求的地方，特别是那些从聚丙烯腈（PAN）提炼形成的碳纤维，是当前大多数飞机结构首选的加强材料。由沥青制作的碳纤维，具有非常高的模量，因此经常在航天器结构中使用。

在飞机结构应用中，最常将环氧树脂基体与聚丙烯腈纤维配合使用。在通常情况下，环氧树脂取代了更昂贵的双马来酰亚胺树脂，以及当工作温度超过 225 ℉～275℉时，取代了聚酰亚胺树脂。双马来酰亚胺通常在温度小于 350 ℉时使用，而聚酰亚胺的使用温度高达 650 ℉。双马来酰亚胺和聚酰亚胺树脂，除了比环氧树脂昂贵之外，处理过程也更加复杂。

### 3.2　工艺选择

在应用时可以选取的纤维和树脂中，制造商必须根据各种不同的编织工艺和树脂加工的特点做出选择，使得各部分被最好地制造出来。

预浸料或织物是最常见的原料形式，用于制作层合板作为结构的基础。预浸料结构的均匀性及其广泛的应用，使得航空工业中采用预浸料制作结构的检定非常普遍。利用预浸料，使得自动化纤维放置技术的使用也日益普遍。现代纤维放置机给制造商提供了复合材料层合板成型速率接近 100 lb/h 的方法，而典型的手糊率约为 1 lb/h。复合材料应用规格的增加（如机身筒和机翼蒙皮），显示了为满足模型（树脂）材料的使用寿命限制而对这些结构布置纤维的作用。自动化过程提高的均匀性和新机器良好的质量控制，简化了对这些结构的认证过程。

预浸料的另一部分是非热压系统，该系统设计的树脂配方是为了使其在大气环境下能够流动，以及使得真空环境下接头处挥发物最小。增强的非热压环氧树脂最近才成为行业的可用材料。因此，还没有在飞机结构应用中被认证。

一些树脂灌注方法也被应用于工业中加工零件，即树脂传递成型（RTM）和真空辅助树脂传递模塑（VARTM）。RTM 通常用于制造大批量、尺寸小的组件，尺寸控制是最主要考虑的问题。这个过程的特征是将干的织物预先放在封闭模腔内，然后在 200 Pa 的压强下注入树脂。如果利用合适的工具，这一过程将使得组件具有高度可再生性，这是使用传统手糊工艺方法无法实现的。虽然没有被广泛应用到飞机制造工业中，但 RTM 被用于 F-22 猛禽战斗机的 250 个零件。VARTM 舍弃了与 RTM 相关的昂贵封闭模具，允许要处理的部分使用真空吸入树脂通过织物堆。类似于 RTM 树脂、VARTM 树脂要求容易渗透织物堆，因此表现出低熔点黏度。为了降低成本，RTM 简化了工具和设备，而 VARTM 则是牺牲了部分质量和均匀性。由于这个原因，对结构的 VARTM 组件部分的认证，预计会更加难以实现。然而事实上，由于这个原因，则很少将 VARTM 组件应用到飞机上。

### 3.3　连接

复合材料的连接问题可能会使大部分复合材料结构失去重量优势。复合材料不擅长在螺栓接合区域保持低应力水平，并且需要垫片。基于制造可靠性和过程控制的问题，复合材料的胶接面有薄弱区，并需要满足层间失效模式。机械固定和胶接将在下一部分讨论。

#### 3.3.1　机械固定

复合材料的机械固定必须考虑接头所有方面的静态和疲劳强度，包括紧固件、螺母和多重复合材料失效模式。对紧固件/螺母，必须检查静态强度，包括弯曲、张力、剪切和疲劳；必须考虑连接对象（如复材对复材和金属对复材）的固定类型、材料种类、孔隙、垫片、厚度与直径比、紧固件高度和边缘间隙等影响。复合材料机械固定接头的失效有多种模式，大多数公司都利用半经验分析方法进行判定，但该方法需要进行大量的测试。

#### 3.3.2　胶接

通过先进的连接概念将复合材料结构一体化，利用了黏合和共固化过程，该过程已经被证明能够通过减少零件数有效地降低成本。然而，这些结构类型对新的认证是一种挑战，因为认证需要保证结构的安全可靠性。

保证胶接结构安全性的具体要求有：胶接面的设计使用自动防故障装置/防裂设计概念，或者利用最坏环境补偿 B 基准容限来规范生产流程的控制、制造的可变性和内部损伤来源。胶接或共固化的特性必须考虑特定规划设计特点和要求的影响，如黏结体、几何设计、验收标准和损伤容限。一个典型的特征描述程序将结合行业标准胶黏剂信息测试、子元件设计测试和元素测试来达到 B 基准特征目标。对于样本等级，行业标准上使用特定的黏合体和黏合剂小试件，来研究在各种工作环境下的静态和疲劳性能。样本等级测试对于搭接剪切和剥离实验是有限的。在元素的设计水平，对特定程序的黏合体、接头尺寸、接头种类、多负载环境、典型的制造缺陷和热损伤等进行检测，来研究不同操作环境下的静态和疲劳性能。

## 4　结论

飞机复合材料结构的制造和认证是一个复杂的、紧密联系的过程。深入关注结构完整性扇形图中的 5 个基本因素：稳定的材料和工艺、生产能力、力学性能特点、结构性能的可预测性和可支持性是成功的关键。

读者可以通过提供的参考文献进行深入了解。

## 参考文献


Lincoln, JW. (1987) Structural technology transition to newaircraft. *Proceedings of Fourteenth ICAF (International Committee on Aeronautical Fatigue)-New Materials and Fatigue Resistant Aircraft Design*.

Rouse, M., Jegley, D. C., McGowan, D. M. and Bush, H. G. (2005) Utilization of the building-block approach in structural mechanics research. Proceedings of 46th AIAA/ASME/ASCE/AHS/ASC SDM Conference, Austin, TX.


# 拓展阅读


Department of Defense (1998) Joint Service Specifications Guide, Aircraft Structures, JSSG-2006.

Department of the Air Force (2002) General Guidelines for Aircraft Structural Integrity Program. MIL-HDBK-1530B (USAF).

Department of the Army (2002) Composite Materials Handbook, vols 1 and 2, US Department of Defense. MIL-HDBK-17.

United States Department of Transportation (1984) Composite aircraft structure. Federal Aviation Administration, United States Department of Transportation. Advisory Circular No. 20-107A.

United States Department of Transportation (1989) Quality control for the manufacture of composite structures. Federal Aviation Administration, United States Department of Transportation. Advisory Circular No. 21-26.

United States Department of Transportation (1998) Damage tolerance and fatigue evaluation of structure. Federal Aviation Administration, United States Department of Transportation. Advisory Circular No. 25. 571-1C.


本章译者：陈牡丹、周光明、邓健（南京航空航天大学航空宇航学院）

# 第 178 章

# 负载层压复合材料结构

Wen S. Chan
得克萨斯大学力学及航空航天工程部，阿林顿，得克萨斯州，美国

## 1 引言

近 10 年来，纤维增强复合材料的发展给航天航空材料技术带来了一场变革，由于更坚韧的纤维和树脂体系的发展，飞速发展的复合材料正在不断提高其在结构应用上的性能潜力。复合强化经常以连续的纤维表现出来，近 20 年来，它已经被应用在许多承重结构构件中，来改善结构件的性能和简化构件复杂的结构，同时还起到了减少复合材料工业成本的作用。为了充分利用纤维复合材料的独特性质，一个结构通常包含多个压叠在一起的薄板，每一个薄板放置的方向与这个结构功能的方向一致。通过改变纤维取向和复合材料层合板的放置，可使其结构性质发生显著的变化，这种变化的结构属性，允许设计者通过优化结构构件的动态和结构变形来响应，如直升机转子叶片。因此，通过利用层压复合材料，一些如扭转叶片之类有迫切需求的结构才能得以实现。

本章的主要内容是介绍负载层压复合材料的基本知识，介绍了在层合板设计中的常用术语，并对结构分层的分析和故障预测进行了概述。同时，还描述了用以提高层合板强度的设计方法。

## 2 复合材料层合板的基本术语

本节介绍的术语一般应用于工程实践中。由于我们对承载层很感兴趣，因此只考虑单一连续的编织或机织纤维增强复合材料层合板。

### 薄板、层合板和层合板编码

一个薄板（板或层）包括平行排列的纤维束，或者编织的复杂纤维束结构，这些纤维束都被树脂包围着。

如图 1 所示，在薄板坐标系中，定义沿着纤维方向为“1”方向，垂直于纤维方向为“2”方向，与 1-2 平面垂直的即为“3”方向。对于有多重纤维方向的层合板，弯曲方向和填料方向被分别制定为“1”“2”方向。对于层合板坐标系，$x$、$y$ 和 $z$ 轴选在层合板的中心层处。定义层合板主载荷的方向为 $x$ 轴，对于机翼结构来说，层合板的轴线定义在沿着翼展的方向。而对于机身机构，它被定义为沿着机身蒙皮纵向轴和沿着机身框架结构的环向。



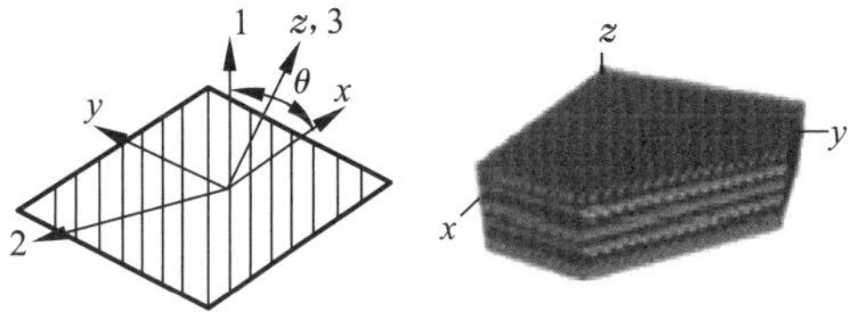


图 1　薄板和层合板的坐标系

定义薄板的方向为 $\theta$。如果 $z$ 轴点向上指向薄板面，则由 $x$ 轴正方向逆时针测量；反之，如果 $z$ 轴点向下，则由 $x$ 轴方向顺时针测量。通过上述两种方式测量时，$\theta$ 为正数。一个层合板由一系列按规律放置的薄板组成。层合板代码是用来定义叠层顺序和板方向的。美国标准规定使用 [ ] 来书写代码，而不是（ ）或者 { }。每一个板层都使用“/”分开。代码从层合板 $z$ 方向最远处开始。图 2 表示的就是在层合板中使用代码的方法。

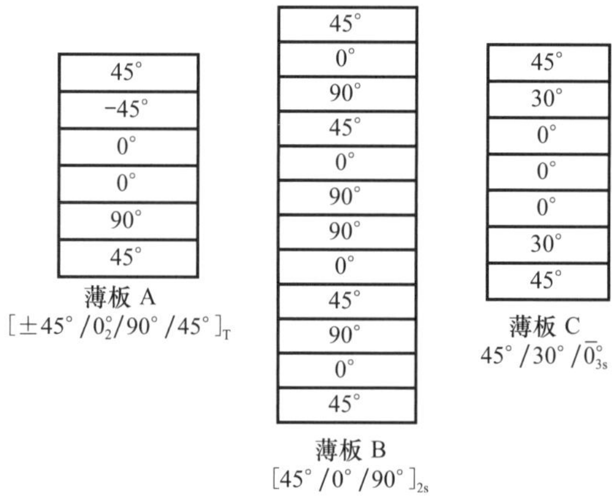


**图 2　层合板标注的说明。薄板 A：下标 T 表示整个薄板都在层合板中被表示出来；下标 2 表示 0° 板层重复两次。薄板 B：下标 s 表示层叠顺序关于层合板的中平面对称，[45°/0°/90°] 重复两次。薄板 C：板层上的一小横表明，上图表述出了总层数**

在实际应用中，层合板结构经常是由许多 0°、+45°、−45°或 90°方向的单层板组成的。另一种标注通常用于飞机制造工业。层合板的编码是依据板层所占百分比来确定的，而当实际层叠顺序未知或者被忽视时，层合板的编码则可以根据以下描述的方法，由板层实际的数量来决定。

例如，(10，80，10)%层压制件包含 10%的 0°板层、80%的±45°板层和 10%的 90°板层；同理 (10，30，50，10)%包含 10%的 0°板层、30%的 45°板层、50%的−45°板层和 10%的 90°板层。还有另一种表达方式，如 (15，20，10) 包含 15 个 0°板层、20 个±45°板层和 10 个 90°板层；同理 (15，12，8，10) 包含 15 个 0°板层、12 个+45°板层、8 个−45°板层和 10 个 90°板层。

如果层压件包含两个或者更多材料系统，材料则以上标或者下标的形式表示出来。例如，一种石墨/环氧树脂 (gr) 层合板由 90°方向的玻璃/环氧树脂 (gl) 混合而成，就可以用以下的形式将它表示出来 $[\pm45°\text{gr}/0°\text{gr}/90°\text{gl}]_s$。对于编织层合板来说，薄板由下标标出。

## 3　薄板的应力应变关系

0°板层被认为是正交的薄板材料，它需要 4 个独立的材料常数来确定弹性结构响应。这些常数为：沿着薄板纤维方向的弹性模量 $E_1$，垂直于薄板纤维方向的弹性模量 $E_2$，泊松比 $\nu_{12}$，以及沿着纤维方向的薄板的剪切模量 $G_{12}$。由于复合层非常薄，故可以使用平面应力假设。广义胡克定律给出了 0°薄板的应力应变关系，下面给出了基于工程常数的刚度退化矩阵 $[\boldsymbol{Q}]$。

$$
\begin{aligned}
Q_{11} &= \frac{E_1}{1-\nu_{12}\nu_{21}} \\
Q_{22} = \frac{E_2}{1-\nu_{12}\nu_{21}} &= Q_{12} = \frac{\nu_{12}E_2}{1-\nu_{12}\nu_{21}} = \frac{\nu_{21}E_1}{1-\nu_{12}\nu_{21}} \\
Q_{66} &= G_{12} \\
Q_{16} &= Q_{26} = 0
\end{aligned}
\tag{1}
$$

如果薄板对于参考轴 $x$ 和 $y$ 呈 $\theta$ 角，在 $x$ 和 $y$ 坐标下，应力应变关系表达为：

$$
\begin{bmatrix} \sigma_x \\ \sigma_y \\ \tau_{xy} \end{bmatrix} = \begin{bmatrix} \bar{Q}_{11} & \bar{Q}_{12} & \bar{Q}_{16} \\ \bar{Q}_{12} & \bar{Q}_{22} & \bar{Q}_{26} \\ \bar{Q}_{16} & \bar{Q}_{26} & \bar{Q}_{66} \end{bmatrix} \cdot \begin{bmatrix} \varepsilon_x \\ \varepsilon_y \\ \gamma_{xy} \end{bmatrix} \tag{2}
$$

其中，薄板的变换矩阵 $[\boldsymbol{Q}_{1-2}]$：由 1−2 材料坐标到层合板 $x$-$y$ 坐标系，可以由此推出 $[\bar{\boldsymbol{Q}}_{x-y}]$ 矩阵。数学上，它可以表示为：

$$
[\bar{\boldsymbol{Q}}_{x-y}] = [\boldsymbol{T}_\sigma(-\theta)] \cdot [\boldsymbol{Q}_{1-2}] \cdot [\boldsymbol{T}_\varepsilon(\theta)] \tag{3}
$$

$[\boldsymbol{T}_\sigma(+\theta)]$ 和 $[\mathbf{T}_\varepsilon(+\theta)]$ 分别是由 $x$-$y$ 坐标系到 1-2 坐标系应力应变分量的变换矩阵。定义为：

$$
\begin{aligned}
[\boldsymbol{T}_\sigma(\theta)] &= \begin{bmatrix} m^2 & n^2 & 2mn \\ n^2 & m^2 & -2mn \\ -mn & mn & (m^2-n^2) \end{bmatrix} \\
[\boldsymbol{T}_\varepsilon(\theta)] &= \begin{bmatrix} m^2 & n^2 & mn \\ n^2 & m^2 & -mn \\ 2mn & -2mn & (m^2-n^2) \end{bmatrix}
\end{aligned}
\tag{4}
$$

其中，$m=\cos\theta$，$n=\sin\theta$ 和 $\theta$ 为取决于薄板的纤维方向，将方程 (4) 和 (1) 代入到 (3)，$\boldsymbol{Q}$ 矩阵可以明确地表达为：

$$
\begin{aligned}
\bar{Q}_{11} &= m^4Q_{11} + n^4Q_{22} + 2m^2n^2(Q_{12}+2Q_{66}) \\
\bar{Q}_{12} &= m^2n^2(Q_{11}+Q_{22}-4Q_{66}) + (m^4+n^4)Q_{12} \\
\bar{Q}_{22} &= n^4Q_{11} + m^4Q_{22} + 2m^2n^2(Q_{12}+2Q_{66}) \\
\bar{Q}_{16} &= m^3n(Q_{11}-Q_{12}-2Q_{66}) - \\
&\quad mn^3(Q_{22}-Q_{12}-2Q_{66}) \\
\bar{Q}_{26} &= mn^3(Q_{11}-Q_{12}-2Q_{66}) - \\
&\quad m^3n(Q_{22}-Q_{12}-2Q_{66}) \\
\bar{Q}_{66} &= m^2n^2(Q_{11}+Q_{22}-2Q_{12}- \\
&\quad 2Q_{66}) + (m^4+n^4)Q_{66}
\end{aligned}
\tag{5}
$$

在一个层合板的第 $k$ 个薄板上的任一个点，由于温度变化而引起的应变的变化可以由式 (6) 计算出来：

$$\begin{bmatrix}\varepsilon_x\\ \varepsilon_y\\ \gamma_{xy}\end{bmatrix}=\begin{bmatrix}\varepsilon_x^0\\ \varepsilon_y^0\\ \gamma_{xy}^0\end{bmatrix}+z_k\cdot\begin{bmatrix}k_x\\ k_y\\ k_{xy}\end{bmatrix}-\Delta T\begin{bmatrix}\alpha_x\\ \alpha_y\\ \alpha_{xy}\end{bmatrix}_k \tag{6}$$

式中，$\varepsilon_x^0$，$\varepsilon_y^0$ 和 $\gamma_{xy}^0$ 为中平面应变；$k_x$，$k_y$ 和 $k_{xy}$ 为中平面曲率；$\alpha_x$，$\alpha_y$ 和 $\alpha_{xy}$ 为薄板的导热率。$z_k$ 为在由中平面到薄板算起，第 $k$ 个薄板内，目标点的 $z$ 坐标；$\varepsilon_x$，$\varepsilon_y$ 和 $\gamma_{xy}$ 为在第 $k$ 个板层的应变。薄板在 $x$-$y$ 坐标系下的热膨胀系数矩阵［$\boldsymbol{\alpha}_{x-y}$］，可以由［$\boldsymbol{\alpha}_{1-2}$］转变而来，方程为：

$$\begin{bmatrix}\alpha_x\\ \alpha_y\\ \alpha_{xy}\end{bmatrix}=[\boldsymbol{T}_\varepsilon(-\theta)]\cdot\begin{bmatrix}\alpha_1\\ \alpha_2\\ 0\end{bmatrix}\text{或}\begin{bmatrix}\alpha_1\\ \alpha_2\\ 0\end{bmatrix}=[\boldsymbol{T}_\varepsilon(\theta)]\cdot\begin{bmatrix}\alpha_x\\ \alpha_y\\ \alpha_{xy}\end{bmatrix} \tag{7}$$

吸湿性膨胀的力学关系系数（由于吸湿性）类似于热膨胀。因此，如果考虑到吸湿效果的影响，由之引起的应变可以用方程（4）～方程（6）的方式叠加到层板的应变上。

## 4　薄板的本构方程（薄板理论）

经典薄板理论（CLT）在分析复合材料层合结构的性能以及测定薄板中板层的应变和应力中有着广泛的应用。为了分析薄板的性能，经典薄板理论一般将薄板简化为一个等价的单层板。每个薄板都假定一个平面应力状态，整个板视为一个整体。CLT 的简要说明如下，且在文献（Daniel 和 Ishai，2006）中可以找到详细介绍。

层合板的结构响应可以由中平面的应变和曲率表示。层合板上所有面内力［$\boldsymbol{N}$］和单位宽度上的力矩［$\boldsymbol{M}$］可以由式（8）求得：

$$\begin{bmatrix}N_x\\ N_y\\ N_{xy}\end{bmatrix}=\sum_{k=1}^{n}\int_{z_{k-1}}^{z_k}\begin{bmatrix}\sigma_x\\ \sigma_y\\ \tau_{xy}\end{bmatrix}_k\mathrm{d}z$$

和

$$\begin{bmatrix}M_x\\ M_y\\ M_{xy}\end{bmatrix}=\sum_{k=1}^{n}\int_{z_{k-1}}^{z_k}\begin{bmatrix}\sigma_x\\ \sigma_y\\ \tau_{xy}\end{bmatrix}_k\cdot z\mathrm{d}z \tag{8}$$

式中，$z_{k-1}$ 和 $z_k$ 分别为参考平面（一般选择层合板的中平面作为参考平面）到第 $k$ 个板层的上下表面的距离。将方程（2）和方程（6）代入方程（8），包含热效应的板层一般载荷变形关系可以由中平面的应变和曲率表示出来：

$$\begin{bmatrix}\boldsymbol{N}+\boldsymbol{N}^{\mathrm{T}}\\ \boldsymbol{M}+\boldsymbol{M}^{\mathrm{T}}\end{bmatrix}=\begin{bmatrix}\bar{\boldsymbol{N}}\\ \bar{\boldsymbol{M}}\end{bmatrix}=\begin{bmatrix}\boldsymbol{A}&\boldsymbol{B}\\ \boldsymbol{B}&\boldsymbol{D}\end{bmatrix}\cdot\begin{bmatrix}\varepsilon^0\\ k\end{bmatrix} \tag{9}$$

［$\boldsymbol{A}$］、［$\boldsymbol{B}$］和［$\boldsymbol{D}$］矩阵表示为：

$$\begin{aligned}[\boldsymbol{A}]&=\sum\nolimits_{k=1}^{n}[\bar{\boldsymbol{Q}}_{x-y}]_k(z_k-z_{k-1})\\ [\boldsymbol{B}]&=\frac{1}{2}\sum\nolimits_{k=1}^{n}[\bar{\boldsymbol{Q}}_{x-y}]_k(z_k^2-z_{k-1}^2)\\ [\boldsymbol{D}]&=\frac{1}{3}\sum\nolimits_{k=1}^{n}[\bar{\boldsymbol{Q}}_{x-y}]_k(z_k^3-z_{k-1}^3)\end{aligned} \tag{10}$$

同时

$$\begin{aligned}[\boldsymbol{N}^{\mathrm{T}}]&=\Delta T\sum\nolimits_{k=1}^{n}[\bar{\boldsymbol{Q}}_{x-y}]_k[\boldsymbol{\alpha}_{x-y}]_k(z_k-z_{k-1})\\ [\boldsymbol{M}^{\mathrm{T}}]&=\frac{\Delta T}{2}\sum\nolimits_{k=1}^{n}[\bar{\boldsymbol{Q}}_{x-y}]_k[\boldsymbol{\alpha}_{x-y}]_k(z_k^2-z_{k-1}^2)\end{aligned} \tag{11}$$

式中，$z_{k-1}$ 和 $z_k$ 分别为第 $k$ 个薄板的底部和顶部的 $z$ 坐标。［$\bar{Q}_{x-y}$］$_k$ 是第 $k$ 个板层的刚度矩阵。［$\boldsymbol{N}^{\mathrm{T}}$］和［$\boldsymbol{M}^{\mathrm{T}}$］分别指包含热影响的力和力矩矩阵。

［$\boldsymbol{A}$］、［$\boldsymbol{B}$］和［$\boldsymbol{D}$］是总体刚度矩阵的子矩阵。它们分别是指层合板的面内刚度（也叫外延刚度）、耦合刚度，以及抗弯刚度。$\boldsymbol{A}$、$\boldsymbol{B}$ 和 $\boldsymbol{D}$ 矩阵的性能将会在第 1 卷第 8 章讨论。

## 5　薄板应力分析

运用 CLT 求得薄板应力是一个直截了当但很冗长的过程，图 3 给出了层合板板层的应力分析估算步骤。

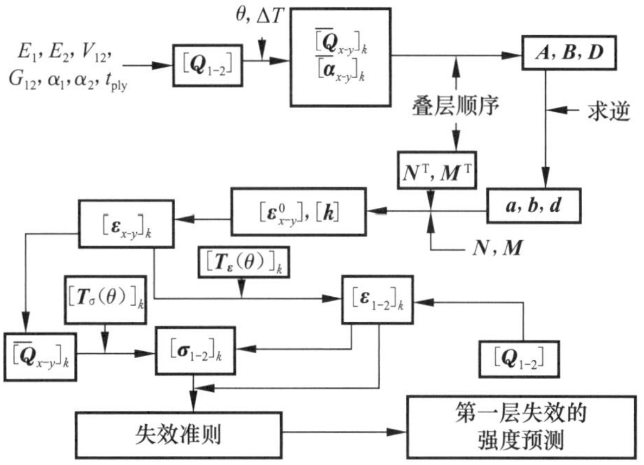


**图 3　层合板板层的应力分析估算步骤**

第一步：估算［$\boldsymbol{Q}_{1-2}$］、［$\bar{\boldsymbol{Q}}_{xy}$］$_k$、［$\boldsymbol{\alpha}_{x-y}$］$_k$、［$\boldsymbol{N}^{\mathrm{T}}$］和［$\boldsymbol{M}^{\mathrm{T}}$］矩阵。

第二步：估算［$\boldsymbol{A}$］、［$\boldsymbol{B}$］和［$\boldsymbol{D}$］矩阵。

第三步：求$\begin{bmatrix} A & B \\ B & D \end{bmatrix}$逆矩阵，求得$\begin{bmatrix} a & b \\ b^T & d \end{bmatrix}$。

第四步：估算中平面应变［$\boldsymbol{\varepsilon}_0$］和曲率［$\boldsymbol{k}$］。

第五步：估算板层应变［$\boldsymbol{\varepsilon}_{x-y}$］$_k$和［$\boldsymbol{\sigma}_{x-y}$］$_k$。

第六步：计算［$\boldsymbol{\varepsilon}_{1-2}$］$_k$ 和［$\boldsymbol{\sigma}_{1-2}$］$_k$。

第七步：应用失效准则。

# 6 薄板失效准则

层压复合材料的失效过程是很复杂的。它由以下过程构成：基体开裂、纤维剥离、纤维断裂、纤维屈曲或者分层。这些过程并不按顺序发生，它们之间相互作用。由于自然界中的材料异常现象无规律可循，在预测力的时候，基本上不可能包含所有可能的失效过程。在层合板的设计原则中，经常会遇到这样的情况，即将取决于载荷的沿着层合板原始材料方向的板层应力（或应变）与和那个方向一致的板层或板层间的力做对比。目前有许多已发表了的有关失效准则的文章。接下来介绍一些目前在实践中经常使用的平面内或平面外的失效准则。失稳破坏作为一种结构失效，并不是一种层合板失效。所以，本章将不予讨论，但是结构稳定性将会在本书的其他章节予以重视。



## 6.1 薄板面内失效准则

薄板的最大应力和最大应变失效准则是以同种方式定义的，它们适用于各向同性的材料，同时也是实践中使用的最为广泛的一种失效准则。对于复合材料薄板，当任意薄板上 1-2 坐标上的应力/应变等于或者超过同种材料单向薄板上相应的应力/应变时，就会发生失效。需要指出的是：这两种失效准则表明了薄板的失效趋势，但是忽视了应力/应变之间的相互关系（在多轴应力状态下）。

对于各向同性材料，类似于冯·米塞斯失效判据，由蔡和希尔提出的判据，通常被称为蔡-希尔准则。该准则指出当薄板应力分量满足不等式（12）时失效：

$$\left(\frac{\sigma_1}{F_1}\right)^2-\left(\frac{\sigma_1\sigma_2}{F^2}\right)+\left(\frac{\sigma_2}{F_2}\right)^2+\left(\frac{\tau_{12}}{F_6}\right)^2\geqslant 1 \quad (12)$$

式中，$F_1$，$F_2$ 和 $F_6$ 分别为沿着纤维 0°方向、垂直于纤维方向以及面内剪切的强度。

对于每个部分，必须根据拉伸或压缩应力状态，选用适当的 $F_{1t}$或 $F_{1c}$，$F_{2t}$或 $F_{2c}$数值。对于受剪部分，没有考虑符号，因为在正负剪切情况下，0°板剪切强度是相同的。这个失效判据，在数量上表现为利用单一的公式表明薄板整体的失效，而不是像以前一样对每一方向使用失效准则。因此，使用这一标准不能给出薄板失效方向。

Tsai 和 Wu（1971）提出了一个更通用的失效判据。与蔡-希尔判据不同的是，蔡-吴判据包括线性条件下的薄板强度，并且解释了拉伸和压缩强度的区别。蔡-吴准则对失效进行了详细的描述。

在受拉压情况下预测纤维或基体失效时，广泛采用最大应力理论。原因可能是该预测方法的简单性和保守性。

## 6.2 薄板面外失效准则

平面外的失效即薄板的分离（称为分层），是由于层间应力所致，该应力是由低速冲击或面内加载等产生的横向载荷，其中包括“自由边效应”。自由边效应将在下一节中描述。这些层间应力在边缘附近是奇异和高梯度的。通常用两种方法来预测失效，即强度的方法和断裂力学的方法，该方法由 Chan（1997）提出。由于奇异或高梯度的层间应力，通常采用以强度为基础的方法时，使用在小的有限区域内定义的平均应力。

# 7 自由边应力

多层复合材料层合板中的自由边应力，显示出其独特的特点，这些特点在各向同性的金属结构中没有出现过，而分层经常在自由边产生。例如，薄板自由边和开孔边界。边缘分层一直是研究的主题，但是往往在设计时被忽视。相对于临界应力来说，自由边应力不寻常的主要原因是大多数分层很宽，并且边缘效应对净应力的影响不显著。然而，一些结构并不宽，如加强边法兰板和旋翼飞机，所以边缘效应不能被忽略。图 4 显示了贝尔直升机的复合

图 4 贝尔直升机的复合中心结构边界失效模式

中心结构边界失效模式，1980 年，该飞机在试飞测试中承受了 200％的设计荷载。

考虑一个受到面内载荷的层合板。由于不同的薄板泊松比数值不同，相互影响系数也不同（剪切/拉伸耦合），故在各自承力时，每个薄板将经历不同的变形。当在层合板中被黏结在一起时，由于应变协调性，它们必须具有相同的变形。这是通过层间达到的，包括层间正应力（$\sigma_z$）和层间剪切应力（$\tau_{yz}$，$\tau_{xz}$）。这些层间应力由于机械加载、热应力或潮湿等产生，可能仅出现在边缘附近的一个小区域内。Chan、Rehfield 和 O′Brien（1991）研究了在自由边界的层间应力对分层的影响。经典薄板理论假设的平面应力状况不适用于分析边界应力。分析自由边应力通常用准三维或者三维有限元分析。

## 8　复合材料层合板结构特点

对于一个给定的载荷，层合板的响应主要取决于每个组件的 $\boldsymbol{A}$、$\boldsymbol{B}$、$\boldsymbol{D}$ 矩阵。

$A_{11}$、$A_{22}$ 和 $A_{12}$ 分别是 $x$-$y$ 方向轴向拉伸刚度和泊松比影响系数。

$A_{16}$、$A_{26}$ 和 $A_{66}$ 分别是剪切与拉伸之间的耦合刚度，以及剪切刚度。

$B_{11}$、$B_{22}$ 和 $B_{12}$ 分别是面内载荷和 $x$-$y$ 方向垂直弯矩的刚度耦合，以及泊松比影响系数。

$B_{16}$、$B_{26}$ 和 $B_{66}$ 分别是拉伸和在 $x$-$y$ 方向的扭转之间的耦合刚度，以及剪切与扭转的耦合刚度。

$D_{11}$、$D_{22}$ 和 $D_{12}$ 分别是 $x$-$y$ 方向的弯曲刚度和由于泊松比效应引起的耦合刚度。

$D_{16}$、$D_{26}$ 和 $D_{66}$ 分别是弯曲和 $x$-$y$ 方向扭转之间的耦合刚度，以及扭转刚度。

复合材料特殊的铺层顺序显示出特殊的特点。这些特点如下所述。

（1）对称层合板：这种类型的铺层顺序是关于中间平面镜像对称的一种方法。如图 2 所示，B 和 C 板是对称层。图 5 显示了薄板上半部分在诱导载荷下的弯曲，这是由于板层之间泊松比的差异。下半部分采用相反的顺序就可以消除这种弯曲，从而保证薄板的完美黏结。对于一个对称层合板，很容易证明［$\boldsymbol{B}$］是零，这意味着其没有拉伸和弯曲耦合。另外，在面内载荷作用下存在拉伸，在弯矩作用下存在弯曲。此外，热应力弯矩［$\boldsymbol{M}^{\mathrm{T}}$］是零，使得在常温下不发生弯曲。

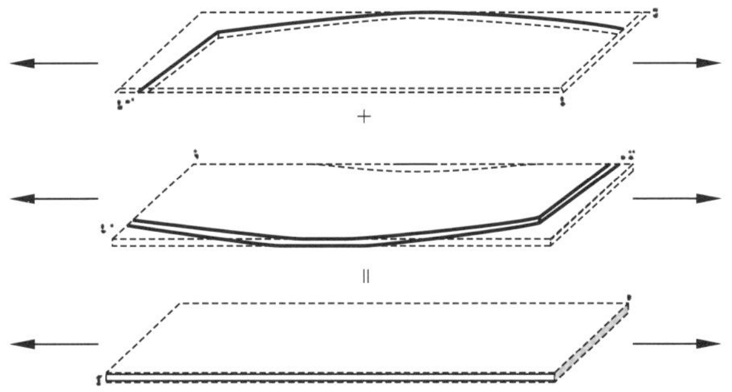

图 5　对称层合板消除弯曲变形图解

（2）平衡层合板：一个平衡的层合板包含相同数量的 $+\theta$ 和 $-\theta$ 的薄板，且薄板材料相同，不管对称与否。层合板的 0°和 90°层被认为是自平衡的。图 6 显示了由于存在这两种类型的薄板，$+\theta$ 板的剪切变形可以被 $-\theta$ 板的剪切变形平衡掉。层合板的 $A_{16}$ 和 $A_{26}$ 是零，表明当层合板受载时没有剪切耦合。

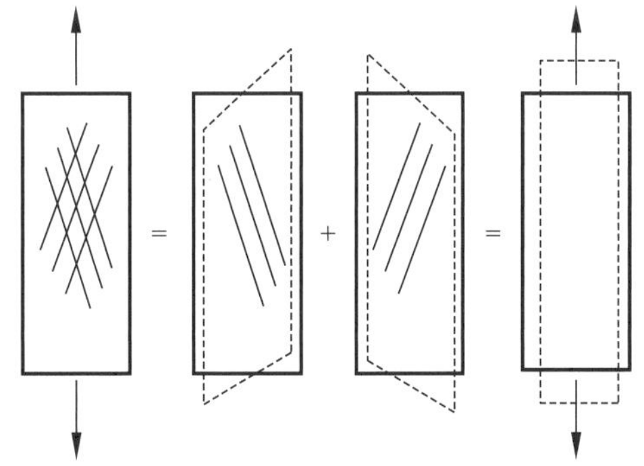

图 6　平衡状态层合板消除剪切变形图解

（3）反对称层合板：该层合板包含 $+\theta$ 和 $-\theta$ 的薄板，并且相对于中面反对称排列。这种铺层顺序的层合板 $D_{16}$ 和 $D_{26}$ 都是零，这意味着不存在弯曲和扭转耦合。

（4）准各向同性层合板：该层合板具有相同的面内拉伸刚度，与平面的方向无关。层合板的纤维取向应该满足的条件为：

$$\theta_K = \frac{(K-1)\pi}{S} \tag{13}$$

式中，$S$ 是不同纤维方向的总数（$S \geqslant 3$）。每一层具有相同的材料属性，$K$ 从 1 到 $S$ 取值。

## 9　层合板增强设计方法

在前一节我们提到，单向层具有高度的各向异性结构响应。因此，在为复合结构设计铺层时，为了更好地受载，选择薄板时往往采用一个 10％的规则。10%的规则是指一个结构层合板应该包含至少任意厚度方向总层数的10%。这种层合板避免了受载时结构的倾斜。

由于缺乏厚度加强，层合板容易分层，会导致刚度、强度和疲劳寿命的降低。控制分层产生和其的增长显然是提高复合材料层合板强度的关键问题。分层萌生与扩展取决于层间断裂韧性或分层前缘附近的层间应力场。因此，提高断裂韧性或减少层间应力或两者混合采用是提高抗分层能力的关键。设计复合材料抗分层的方法可以参考Chan（1997，1991）。

## 10　结论

本章提出了一些先进的信息，这些是利用计算程序计算板层应力和分析复合材料结构中受载层合板的结构特点所需要的。阻止层合板分层失效的设计问题一直是广泛使用复合材料代替金属材料的关键问题。虽然复合材料损伤可能不会立即导致结构灾难性的失效，但是也需要修理，这会抑制结构的灵敏性及增加生命周期内的成本。因此了解损伤机理和损害开始的特点，可以让设计师实现对损伤容限的设计，以此来保证结构的完整性。

### 参考文献

Chan，W. S.（1991）Design approaches for edge delamination resistance in laminated composites. *J. Compos. Res. Technol.*，91-96.

Chan，W. S.（1997）Fracture and damage mechanics in laminated composites，in *Composite Engineering Handbook*（ed. P. K. Mallick），Marcel Dekker，New York，pp. 309-370.

Chan，W. S.，Rehfield，L. W. and O'Brien，T. K.（1991）Analysis，prediction and prevention of free edge delamination in rotor system structures. *J. Am. Helicopter Soc.*，36（2），44-51.

Daniel，I. M. and Ishai，O.（2006）*Engineering Mechanics of Composite Materials*，2nd edn，Oxford University Press，Oxford.

Tsai，S. W. and Wu，E. M.（1971）A general theory of strength for anisotropic materials. *J. Compos. Mater.*，5，205-221.

本章译者：陈牡丹，周光明，邓健（南京航空航天大学）

# 第 179 章

# 纤维增强聚合物基复合材料：压力容器在航空航天的应用

James Chang[1]，Norman Newhouse[2]
1 ISO 压力容器标准项目，美国
2 林肯复合材料公司，林肯，内布拉斯加州，美国

## 1 引言

由树脂材料（如环氧树脂、热固性和热塑性树脂）中嵌入纤维（如碳、芳纶、玻璃）而构建的复合材料系统统称为纤维增强聚合物基复合材料（FRPMC）。这类复合材料被用作航空航天系统中重量临界结构的原材料，如直升机旋翼、机翼和尾翼、航天飞机货舱门、国际空间站（ISS）设备架、Delta 与 Atlas 运载火箭整流罩和航天器发射平台。这是由于纤维增强聚合物基复合材料具有高比强度和模量。近几年来，许多包括压力容器（PV）和承压结构的临界压力构件，如固体火箭发动机壳，都使用纤维增强聚合物基复合材料制造。

### 1.1 什么是压力容器（PV）

根据国际标准 ISO 14623—2003，航天系统压力容器与承压结构的设计和操作（ISO，2003），压力容器定义如下。

满足以下条件中的一个或多个，主要设计用于存储承压流体的容器：

（1）盛装高能量等级的气体或液体；

（2）盛装释放后会产生事故的气体或液体；

（3）盛装高压气体或液体。

除了常用的名称 PV 外，根据用途和结构的不同，这类压力构件在工业中还有其他名称：气瓶、推进剂储箱、压力球和压力罐。

### 1.2 什么是航天系统

在一般情况下，航天系统由航天器（卫星或载人飞船）和包括一次性运载火箭及上一级的航天器发射系统组成。航天飞机和空间站是特殊的航天系统。

#### 1.2.1 航天器

航天器是能够支持空间运行任务的子系统和单位的集成装置。航天器可以是轨道飞行器、轨道飞行器的主要部分或者履行任务的有效载荷。卫星和宇宙飞船就是典型的航天器。通常，航天器被用于通信、广播、遥感、导航和监测中。

空间飞行器通常具有一系列不同的发动机来使用原发推进功能，比如上升和轨道运行，以及诸如姿态控制、旋转控制、级间分离等辅助功能。不同的发动机有不同的推进剂供给系统。例如，气压供给系统常应用于液体推进剂发动机。图 1 给出了典型挤压式液体推进剂发动机系统的示意图（Sutton，1986）。它包括一个燃料箱、一个氧化剂箱、一个高压气体供给箱和其他包括线、阀门和调压器等的压力组件。

#### 1.2.2 发射和高级运载工具

运载火箭由一个或多个可发射高级运载工具和空间飞行器的低级飞行器进入轨道轨迹。高级运载工具是由一个或多个可从亚轨道弹道喷射空间飞行器进入预定轨道的运载工具。

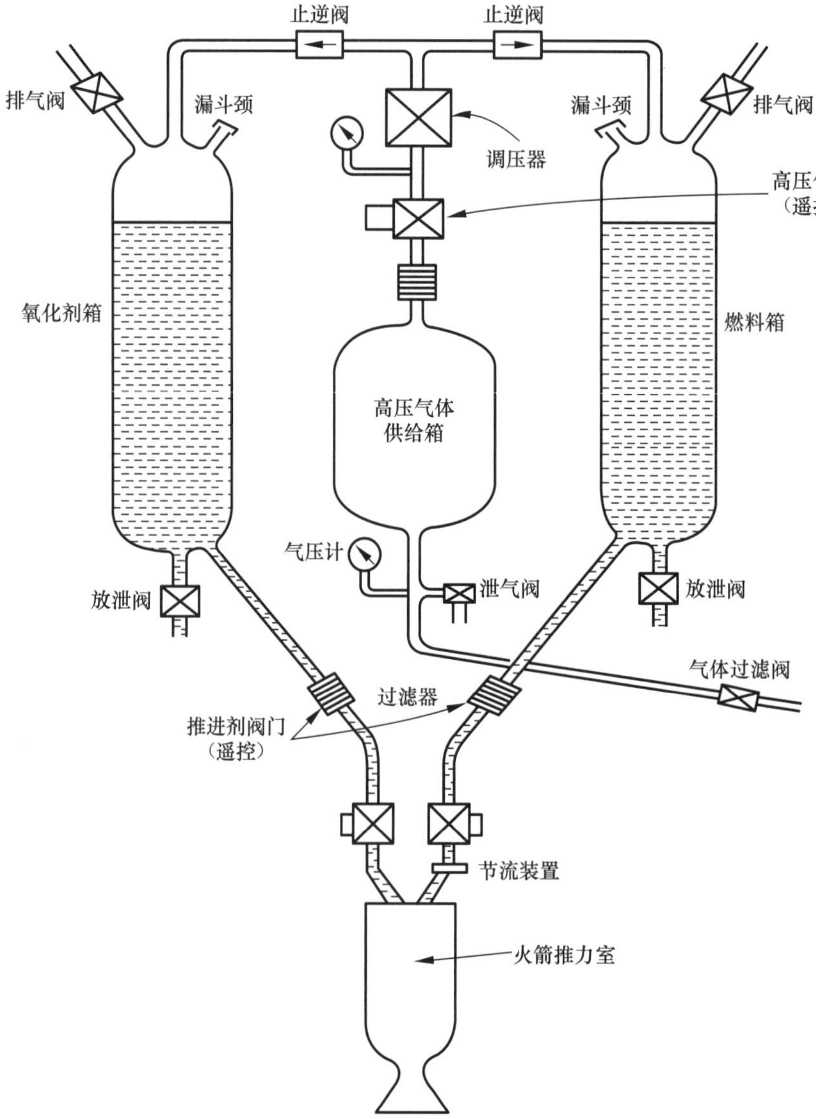


**图1　含气压供给系统的液体发动机**

转载自 Sutton（1986）© John Wiley & Sons，Ltd.



通常，运载火箭有一个核心运载工具和附属的固体火箭发动机，常被称为助推器。典型的核心运载工具包括液体发动机、燃料箱、氧化剂箱和相应的压力组件。燃料箱和液体氧化剂（LOX）箱通常被称为承压结构而不是压力容器，这是因为它们主要用来承受运载工具飞行载荷（拉/压力、弯矩和扭矩），就像一个结构一样。核心运载工具也有一个高压氦瓶，用来传送液体燃料或者液体氧化剂，以供给图1所示的液体发动机。

## 1.3　压力容器在航天系统中的应用

### 1.3.1　金属压力容器（MPV）

绝大多数应用于早期空间系统的压力容器由高强度金属如钢、钛和铬镍铁合金制造。这类压力容器常被定义为金属压力容器。航天产业从20世纪50年代末的早期太空计划中开始使用金属压力容器来作液体推进剂存储或者高压气体存储。从那时起，金属压力容器建成并投入民用太空计划、军事太空计划和商业太空计划。良好的安全记录的获取归因于严格标准的实施。首先，MIL-STD-1522A-1984：军用标准，安全设计和加压导弹及空间系统的操纵的标准需求（MIL-STD-1522A-1984，1984）。由于20世纪90年代中期获得改革政策的实施，这个军用标准已经被“ANSI/AIAA S-080-1998：空间系统金属压力容器、承压结构、压力组件和特殊的加压设备（ANSI/AIAAS-080-1998，1998）”所取代。

### 1.3.2　复合材料缠绕压力容器（COPV）

近年来，为了减轻重量，许多应用于航天系统储气的金属压力容器（如图1所示的高压气体供给箱）已经被复合材料缠绕压力容器所取代。复合材料缠绕压力容器是由纤维增强聚合物基复合材料以湿法缠绕技术或预浸料绞合的方式缠绕的薄壁套筒结构。航天飞机和国际空间站有很多复合材料缠绕压力容器，用于存储各种流体包括气态氧（GOX）、气态氮（GN2）和气态氦（GHE）。国际空间站也有不少复合材料缠绕压力容器用于高压气态氦存储。其他空间系统如运载火箭和卫星系统在它们的推进子系统中也使用复合材料缠绕压力容器来储存高压气态氦和液体推进剂。一个配套标准，ANSI/AIAA S-081-2000：空间系统复合材料缠绕压力容器（COPVs）（ANSI/AIAAS-081-2000，2000）紧随S-080发布用以保证可靠性设计和复合材料缠绕压力容器的飞行测试。这个标准根据设计要求的主要变化再版发行为S-081A（ANSI/AIAAS-081A-2006，2006）。

### 1.4　国际压力硬件标准

S-080和S-081是美国国家标准，这被国际标准化组织（ISO）认为是区域标准。由于缺乏对指定条件潜在变化的控制，许多ISO成员国都不愿意在他们的太空计划中实施区域标准。因此，20世纪90年代后期，ISO决定为压力容器开发国际标准，这就是ISO 14623：空间系统的压力容器和承压结构的设计和操作，2003年颁布。然而，ISO 14623中许多基本要求和以上两个美国标准相同。

## 2　复合材料缠绕压力容器（COPV）的制造工艺

复合材料缠绕压力容器有两个主要组件——内衬和复合材料外包装。内衬作为复合材料外包装的卷心轴，防止容器内容物的渗透或泄漏，并可能在承受内部压力和外部载荷时增加一些结构性能。复合材料外包装由提高结构性能的结构增强纤维和保持纤维位置的树脂基体组成。

内衬可以是金属的，也可以是非金属的。金属内衬提供一些结构性能并允许少量的渗透或泄漏；非金属内衬允许一些渗透，但是不能承受结构载荷，并有较高的循环疲劳寿命。含金属内衬的复合材料缠绕压力容器在空间应用中广泛使用。

具有代表性的纤维增强材料包括碳纤维、芳族聚酰胺纤维（Kevlar™）和玻璃纤维，但是其他纤维也有使用。树脂通常是环氧树脂或改性环氧树脂，也可以是聚酯、乙烯基酯、双马来酰亚胺、酚醛树脂、氰酸酯或其他材料。

内衬根据需要安放在绕线机中并准备好表面。典型的复合材料缠绕压力容器如图2所示。该复合材料被施加缠绕在一系列的层中。层可以是螺旋形地覆盖容器整个表面，也可以是包围覆盖于容器的筒状部分。容器上螺旋形纤维的角度是容器每端的气缸直径和端部直径的函数。缠绕层在螺旋和环形箍层之间变化直到缠绕完成。球形压力容器可以使用一系列不同角度的螺旋层缠绕而成。图3给出了航天系统中复合材料缠绕压力容器的各种形状和尺寸。

**图2　绕线机中典型的复合材料缠绕压力容器**

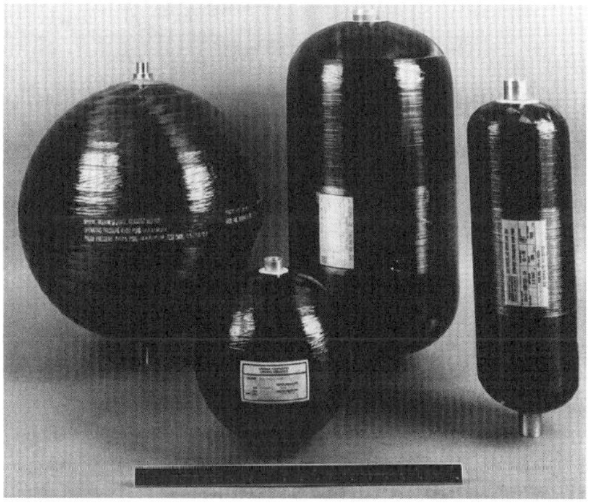

**图3　航天复合材料缠绕压力容器的各种尺寸和形状**

该复合材料应用于由通常称为纤维束或粗砂的离散纤维束制成的绕组带中，每个纤维束通常包含几千个独立的细丝。纤维束通常以卷轴形式包装，用以安装在装置上来给纤维束施加张力。制造过程中纤维上的张力有利于控制绕组精度并能影响层合板中的残余应力。纤维束应用于绕组带的内衬中，其中的纤维束通常是在一个单一的层中，与所选的带宽共同来减小容器缠绕时纤维束或纤维束重叠之间的空隙。

在制造过程中，带宽由纤维束和绕组眼保持。随着绕组带被应用，适当的卷绕角度与络纱机上的位置通过控制容器旋转和底座的轴向位置来保持。

成型后的复合材料层压板在绕组带中有离散数量的纤维束，在每一层中有离散数量的绕圈和离散的层数，从而严格控制纤维束的厚度。

树脂的作用是保持纤维的位置，并协助传递层间的径向载荷。树脂通常在缠绕时加入纤维中，也可以在缠绕之前加入。所有操作完成以后树脂被添加，树脂是复合材料层压板的连续部分并且孔隙率是有限的。

一旦所有的卷绕完成后，该复合材料是 *b* 阶段，然后固化。在 *b* 阶段，树脂开始交联，多余的树脂被从容器表面去除。在固化过程中，树脂充分交联成固体。外部聚合物层可能被应用到提高耐磨损性、保护免受紫外线或作为损伤指标。

# 3 复合材料缠绕压力容器应用于航空航天的主要问题

复合材料缠绕压力容器使用的主要关注点由用户和厂家鉴定。它们是撞击破坏、LBB 失效模式、应力破坏寿命。

## 3.1 撞击破坏

和任何初始结构的纤维增强聚合物基复合材料一样，潜在的冲击破坏是用于高压气体存储的复合材料缠绕压力容器的主要问题。该问题对于碳纤维/环氧树脂作为外包装材料时尤其突出。撞击源可能是测试中的工具掉落、运输和其他地面工作事件，以及空间飞行过程中流星体和轨道碎片的撞击。已被证明当容器即使只有轻微的撞击导致隐约可见的损坏（BVD）时，薄壁容器的极限强度也会减少 30%以上。充满气体的复合材料缠绕压力容器的损坏是毁灭性的。图 4 显示了 COPV 测试爆裂后所剩下的残片。这就是上一节所述的一套全面冲击破坏控制要求工业标准亟待开发的原因。

## 3.2 LBB 失效模式

出于安全考虑，一个复合材料缠绕压力容器将被设计出来，以体现 LBB 失效模式。这样，如果它根据金属内衬已经存在的缺陷或裂纹破坏，裂纹



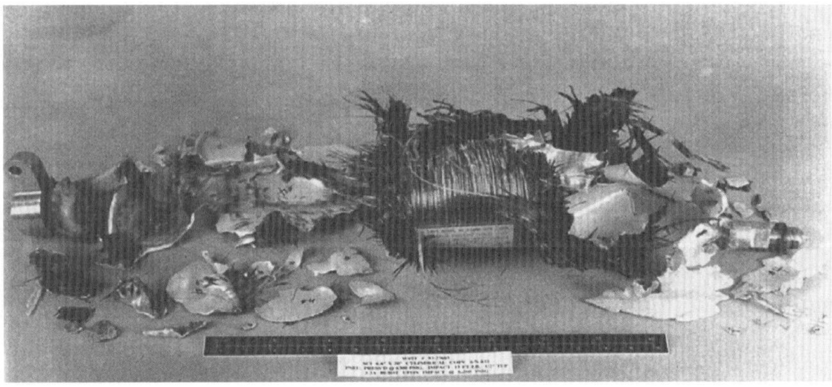

图 4 COPV 测试爆炸后所剩下的残片

将会保持稳定直到达到一定的大小使容器中的流体泄漏。由于纤维增强聚合物基复合材料一般是多孔的，当存储的流体尤其是高压气体泄漏时，复合材料缠绕压力容器内压力减少，这样容器受力减小，因此不会爆炸。LBB 失效模式通常由分析和测试来演示。然而，应当指出的是，演示只是在 *MEOP* 水平。在接受验证试验时，内部验证试验的压力一般远远高于 *MEOP*（1.25×*MEOP* 作为最低值）。因此，复合材料缠绕压力容器应在有厚壁的设施中进行测试以用来隔离测试人员。此外，当 COPV 被暴露在高于设计温度的环境中时，热诱导的压力可能超过 *MEOP*，因此如果试验是在室温下进行的，则 LBB 失效模式不能得到保证。

## 3.3 应力破坏寿命

其他使用 COPV 的问题就是它们的应力破坏寿命。应力破坏是和 COPV 中持续压力相关的破坏模式。COPV 的应力破坏寿命取决于纤维、基体的应力破坏性能和 COPV 的设计细节。在早期，已确定玻璃和芳纶纤维比碳纤维更容易受到应力破坏损伤。然而，近几年的研究发现，这不是事实。因此，当应用时要长期储存压力，碳纤维 COPV

材料的使用需要进行重新评估。具有较长寿命的宇宙飞行器需要认真考虑其在服役过程中的应力破坏损伤问题。对于无人操作系统，这可能意味着失去任务；对于载人系统，这是重要的安全问题。在所有情况下，需要仔细规划来阻止应力破坏的发生。

# 4 复合材料缠绕压力容器（COPV）设计和检验的关键要求

为了制造可靠的复合材料缠绕压力容器以应用于各种航天系统并尽量避免上述问题，充分设计、选择合适的复合材料和可靠的质量保证程序是必要的。这可以通过遵照一套良好的要求来达到。ISO 14623 规定了可以应用于金属压力容器和复合材料缠绕压力容器的详细要求。与 COPV 相关的关键性要求将在下面章节中介绍。

## 4.1 设计要求

### 4.1.1 强度

一个 COPV 在筛选试验中应当能够承受试验压力并且不会出现有害的变形，而在合格试验中能够承受设计爆破压力并且不会发生倒塌或破裂。安全系数应该是积极的，它取决于设计极限的分析与试验，并由在所有预设临界温度下的设计极限等级来决定。

### 4.1.2 刚度

一个 COPV 应具备足够的刚度，以排除在整个使用寿命中预期操作环境下出现的极限载荷和压力所引起的有害变形。COPV 的刚度特性应能防止所有载荷和与结构灵活性相关的动响应产生的不利影响，并避免与其他运载系统发生不利的相互作用。

### 4.1.3 热

COPV 的设计应考虑以下热效应：①升温速率；②温度；③热梯度；④热应力和变形；⑤结构材料的物理和力学性能的变化。

### 4.1.4 应力分析

有限元法或者其他等效的应用适当复合材料理论的结构分析技术应当被用于分析复合材料外包装。铺层方向、铺层顺序、几何不连续性的影响应当得到评估。在设计文件中说明的材料厚度和梯度变化的影响，应用于计算复合材料外包装的应力和应变。为了放大整体结构模型中应力变化迅速的区域，局部结构模型的建立变得必不可少。这些分析方法应当通过实验检验。安全系数应当使用 A 类许用标准。

### 4.1.5 爆裂前泄漏（LBB）失效模式的验证

COPV 的弹性响应金属内衬的 LBB 失效模式应当被分析或实验所验证。对于 COPV 的塑性响应内衬的 LBB 失效模式只能用实验来验证。

（1）LBB 分析。当用分析的方法验证 LBB 失效模式时，应当采用线弹性断裂力学（LEFM）原则。应当指出，在预计的最高操作压力（*MEOP*）下，初始的表面裂纹应当符合下列条件：

① 作为表面裂纹应当不会造成灾难性的破坏；

② 如果表面裂纹通过内衬的管壁扩展为穿透裂纹，其长度等于壁厚的 10 倍时，容器仍会保持稳定。

（2）LBB 实验。当用实验的方法验证 LBB 失效模式时，应当使用有预制裂纹的取样片或原尺寸样品作为实验样本。取样片应当复制内衬的材料（母材、焊接接头和热影响区）和厚度。当使用原尺寸样品时，它应当能代表航天复合材料缠绕压力容器。如果使用取样片，试样应当施加这样的应力（应变）循环：最大应力（应变）和 *MEOP* 水平一致，最小应力（应变）等于零或者是实际的最小应力（应变），这两者都较为保守，直到表面裂纹扩展到试样的厚度而成为穿透裂纹。由此证明 LBB 失效模式。

### 4.1.6 安全寿命验证

COPV 金属内衬的安全寿命应当通过分析、实验或者两者兼有的方法验证，并且对于那些不需要定期检修的 COPV，其安全寿命应当是特定使用寿命的 4 倍。4 是一个安全寿命系数，它取决于材料分散度、加载谱误差等。安全寿命包括当发生泄漏时，因有害液体的流出而达到的安全寿命。对于一个易于接受定期检修的 COPV 金属内衬，在安全寿命期间至少应当接受 4 次以上的定期检查。

（1）安全寿命分析。当线弹性力学被用于确定 COPV 金属内衬的安全寿命时，未检测的缺陷被认为出现在关键位置和相对所施加应力与材料特性最不利的方向。假定的缺陷尺寸应基于适当的无损检测（NDI）技术的缺陷检测能力，或由验收论证实验来决定。表面裂纹的缺陷形状（$a/2c$）应当在0.1～0.5，其中“$a$”是表面裂纹的深度，“$2c$”是裂纹总长度。对于角裂纹，缺陷形状（$a/c$）应当在0.2～1.0。

（2）安全寿命实验。对于COPV的弹性响应金属内衬，安全寿命实验是一种可以接受的验证安全寿命的方法。对于COPV的塑性响应内衬，安全寿命只能通过实验来验证。有预制缺陷的取样片或原尺寸样品应在适当的安全寿命实验中使用。这些缺陷的尺寸应当不小于NDI和验收论证实验所选出的缺陷尺寸。当有预设缺陷的样品在预期操作环境下成功地承受了极限载荷和应力循环时，安全寿命就被认为得到了验证。

#### 4.1.7 损伤控制

COPV应给予损伤控制，尤其是那些设计破裂因子≥4以及总壁厚≥6.35 mm的容器，应防止机械损伤，机械损伤会降低COPV性能而使它低于最低强度要求。对于机械损伤的缓解，至少应适应下列方法：①使用机械损伤保护、辨识或者两者一起使用；②用实验方法检验损伤容限。

（1）机械损伤保护/辨识。

保护罩。保护罩的有效性应通过实验来验证。当人员将会暴露地为复合材料缠绕压力容器（储存的能量水平超过19 310 J或含有有害液体）加压时，就需要用保护罩或支架隔离容器。保护罩的设计应能使它在最坏的损伤控制方案的置信威胁下完全地保护容器。在发射的最后一刻之前，保护罩也不得拆卸。

指示器。其实指示器的有效性为机械损伤提供了积极的证明，那么它也应当被实验所验证。当在人员工作区内，指示器成为复合材料缠绕压力容器加压损伤控制方案中唯一减小威胁的方法时，指示器是被禁止使用的。

（2）损伤容限验证。

冲击损伤容限。复合材料缠绕压力容器的冲击损伤容限应当用实验加以验证。应当用一个直径为12.7 mm的坠落型冲击器来验证冲击损伤，如果分析证实能量水平相当于一个坠落试验，冲击器可为半球形摆锤。

最小冲击能量水平应当是最坏威胁下的最大值或视觉损伤阈值（VDT）。损伤应当出现在损伤最严重的临界条件（加压相对未加压）和部位。对复合材料缠绕压力容器造成冲击损伤后，容器应当测试至失效来显示其冲击后爆裂强度（BAI）大于或等于其设计爆裂压强。

其他机械损伤容限。其他机械损伤，如磨损或表面削减应当用实验或分析来验证。磨损或削减的尺寸应当基于威胁分析。应当指出，其他的可靠机械损伤不会使得复合材料缠绕压力容器的爆裂极限低于其设计爆裂压强。

## 4.2 材料要求

#### 4.2.1 复合材料的选择

用于制造COPV的复合材料系统的选择，应基于成熟的环境相容性、材料的强度/模量、应力断裂寿命数据和与金属内衬材料的相容性。如果具有导电性的纤维增强材料被使用，则设计必须包括一个装置，以防止电化腐蚀金属部件。制造工艺、涂料、液体、温度、载荷谱和其他环境条件，这些在制造结构中影响材料强度和刚度的因素，应包括在选择复合材料系统的基本原则中。

#### 4.2.2 复合材料系统特性

复合材料弹性和强度特性的选择应足够详细，以便于其在预期的工作环境中结构性能的可靠和高置信度的预测。在容器外壁上复合材料系统的容许特性应当详细到每个纤维树脂体系。证明和验证容许特性的支持数据包括：①以前的具有参考资格的爆破试验结果；②设计开发试验的爆破试验结果；③从浸渍链测试得到的A基纤维强度值；④纤维制造商的文件和认证测试结果。

支持数据应声明弹性和强度特性，为操作和非操作环境下一致的承载行为提供证明。

应当通过确定所需材料属性来采用统一的试验程序。这些程序应符合公认的标准。实验样本和程序应当为预期的应用提供有效的实验数据。

#### 4.2.3 复合材料的强度许用值

A基准强度许用值应当从缩小尺寸或完全尺寸的复合材料缠绕压力容器的爆破中得出。只有当数据有效地反映取样片和容器的交付纤维强度的关联性时，取样片才是可以接受的试样。除非所有的容器都用同一批材料制造，否则至少两种纤维的实验结果应当用在A基准许可计算中。如果不同结构的容器产品和缩小尺寸的容器有类似的厚度，那么它们得出的实验结果可以汇集到一起。

4.2.4　复合材料控制

若一种复合材料控制系统被用于控制原材料，则至少应包括以下内容：①以批准的规范采购材料；②验证（检验）检查树脂/树脂成分，化学/纯度与纤维增强材料特性对材料规格和采购订单的需求；③控制环境的存储是适用的；④保质期的控制。

### 4.3　质量保证要求

4.3.1　质量保证程序

质量保证程序应建立在对产品和工程要求的综合研究的基础上。例如，图纸、材料规格、流程规范、工艺标准、设计评审记录和失效模式分析等。质量保证程序的建立须确保必要的 NDI 和验收测试是有效执行的，并验证产品满足 ISO 14623 的要求。

4.3.2　检验计划

产品开始制造之前应建立一个检查总体规划。规划中应确保检查点和检查技术在整个程序中得到使用，相应地，从一开始的材料采购到加工、装配和持续地通过验证试验、验收、操作和翻新。在建立检查点和检查技术时，应考虑材料的特性、制造工艺、设计理念、结构配置和缺陷检查的可能性。对于金属构件，几何缺陷应当包括通常遇到的表面裂纹、角裂纹和贯穿裂纹。接受和拒绝的标准应当基于每个阶段的检验和每种类型的检验技术而建立。

4.3.3　检测技术

COPV 包装后，作为最低限度，应进行目视检查来检测冲击造成的伤害；应适当地选择最先进的 NDI 技术来检测复合材料外包装的机械损伤。NDI 程序应当依据多个 NDI 方法的使用来执行测量检测或诊断检测。若潜在的损伤区域的位置是未知的，那么应当使用 NDI 检测，而诊断 NDI 检测应当在局部可疑区域执行，以描述损伤的类型和程度。所有 NDI 技术，无论是作为一个单一的检测技术还是和其他技术相结合，都应当具备检测冲击和其他机械损伤的能力，这些损伤会导致 COPV 无法满足其性能规格或者 ISO 14623 的要求。

对于每一个应用到复合材料外包装的 NDI 技术或者 NDI 技术的组合，它们的损伤检测能力均应当依据之前测试程序的类似数据。当这些数据不可用，或者不足以提供可靠结果时，在生产运营的检测条件下的损伤检测能力应当取决于实验或者取决于对具有代表性的材料产品形式、厚度、设计构型和损伤文献的检测与论证。

## 5　结论

由于在轻质化观点下的明显优势，近年来 COPV 的使用获得了很大的动力。对于航天系统，减轻重量意味着提高性能和携带更多的有效载荷。然而，在系统规划阶段决定使用 COPV 取代 MPV 之前，由制造难度和测试复杂性所带来的潜在问题也应当加以考虑。此外，为了避免代价高昂的错误，负责任的工程师们应当熟悉 COPV 标准中所规定的要求。

### 参考文献

ISO 14623—2003（2003）*Space Systems-Pressure Vessels and Pressurized Structures-Design and Operation*，International Organization for Standardization，Geneva.

Sutton，G. P.（1986）*Rocket Propulsion Elements-An Introduction to the Engineering of Rockets*，5th edn，John Wiley & Sons，New York.

MIL-STD-1522A-1984（1984）*Standard General Requirements for Safe Design and Operation of Space Pressurized Missiles and Space Systems*，Military Standard.

ANSI/AIAA S-080-1998（1998）*Space Systems-Metallic Pressure Vessels*，*Pressurized Structures and Pressure Components*，American National Standard Institute/American Institute of Aeronautics and Astronautics.

ANSI/AIAA S-081-2000（2000）*Space Systems-Composite Overwrapped Pressure Vessels*（*COPVs*），American National Standard Institute/American Institute of Aeronautics and Astronautics.

ANSI/AIAA S-081A-2006（2006）*Space Systems-Metallic Pressure Vessels*，*Pressurized Structures and Pressure components*，*1998*. *Composite Overwrapped Pressure Vessels*（*COPVs*），American National Standard Institute/American Institute of Aeronautics and Astronautics.

本章译者：孙玉林，蔡登安，周光明，邓健（南京航空航天大学航空宇航学院）

# 第 180 章

# 纺织复合材料：聚合物基复合材料

Stepan V. Lomov，Ignaas Verpoest
天主教大学冶金和材料工程系，鲁汶市，比利时



## 1　引言：什么是纺织复合材料？

纺织复合材料是纤维增强复合材料，以纺织物机织、针织以及编织等形式增强。在复合材料零件的生产方面，纺织增强物的使用有利于纤维织物的手工工艺性（因此在自动化发展潜力和费用开支上也同样有益处）以及闭模加工的方便实用性。在性能方面，织物间的纱线交织使得复合材料层间、厚度方向、冲击性能得以提高。其源于纱线内部的基体裂纹在纱线改变方向的地方停止而不再扩展贯穿整个材料，由此成就了其耐碰撞应用中的高能量吸收能力。

纺织技术可控制预成型内纱线的放置，也有助于净成型和三维（three-dimensional，3D）预成型的发展。这些都归功于织物复杂、有序的内部结构。相比于单向（unidirectional，UD）层合板，这种相同的内部结构，即纱线交织形成的波纹度也有一些缺点：由于纤维向载荷方向倾斜导致的复合材料低刚度和织物内部结构造成的富树脂区的存在而导致的某种方式的早期损伤。

应用的例子有：A340 和 A380 的压力舱壁[无皱褶织物（Non-Crimp Fabrics，NCFs）]，起落架的编织部件，三维机织涡轮叶片等。

## 2　纺织预成型的类型

“纺织物”定义为“……最初为机织织物，但是术语‘纺织物’现在也应用于纤维、丝、纱线以及天然材料或者人工制品，并且它们绝大多数产品是其主要原材料”　[纺织术语和定义（Textile Terms and Definitions）]。因此，纺织物是纤维材料。纤维在纺织物中被集成纱线或纤维层，布置在一起而形成纺织物。

纺织物是三层层次化和结构化的材料：纤维（微观）——纱线/层（细观）——织物（宏观）。层次特点有：

（1）长度尺度（纤维直径 0.01 mm，纱线直径 0.1 mm，织物代表单元的直径是 1～10 mm）；

（2）维度（纤维和纱线是一维的，纤维织物是二维甚至是三维的）；

（3）结构组织（纤维在纱线内部，纱线机织成纤维织物）。

本章不考虑次于纤维直径的长度尺度（纤维内部结构和纤维/基体间界面），而是重点介绍复合材料纺织结构确定的性能。

对于某个给定的层级，可以考虑把纺织对象作为实体，并且将其内部结构抽象化：纱线表示为固体弹性杆（线），或者机织物表示为薄膜。纺织物的性能是纺织结构转变成的纤维的性能，这将在生产过程中给予特别介绍。

用于复合材料增强物的纺织纱线或者纤维束的特征有纱线的线密度（国际单位制中测量单位 tex＝g/km）或者纱线中的纤维根数、纱线中的纤维长度（短纤维或定长纤维以及无限长细丝）以及每米中扭曲度量的纤维扭曲（含直纤维的平纱线称为粗纱）。混合纱线包含承受载荷的纤维以及短纤维形式或者长丝形式的热塑性树脂的二者混合物。

织物增强材料可以是二维（two-dimensional，

2D）和三维的。如果在厚度方向上有特定结构排列的纱线，并且织物的完整性靠方向明显偏离织物平面的纱线来维持的话，织物就被划分为三维。三维织物通常厚度相当大，这个厚度足够织物用作单层增强材料。二维织物仅有面内的纱线排列并且很薄，通常用于层合预成型。层合预成型可以在复合材料生产之前缝合而成；缝合预成型可以看成完整的三维增强材料。三维预成型和复合材料将在第4卷第182章予以描述。

## 2.1 机织预成型

机织物由两正交的纱线交织而成：经纱（织物纵向）和纬纱或者填充物（横向）。单层织物的交织或机织的重复图案用棋盘图描述（图1）。在棋盘图中，正方形的每一列代表一根经纱，每一行代表一根纬纱。如果经纱在纬纱之上，正方形就被绘成黑色，反之则是白色的。图1所示为最常用于复合材料增强物的机织。

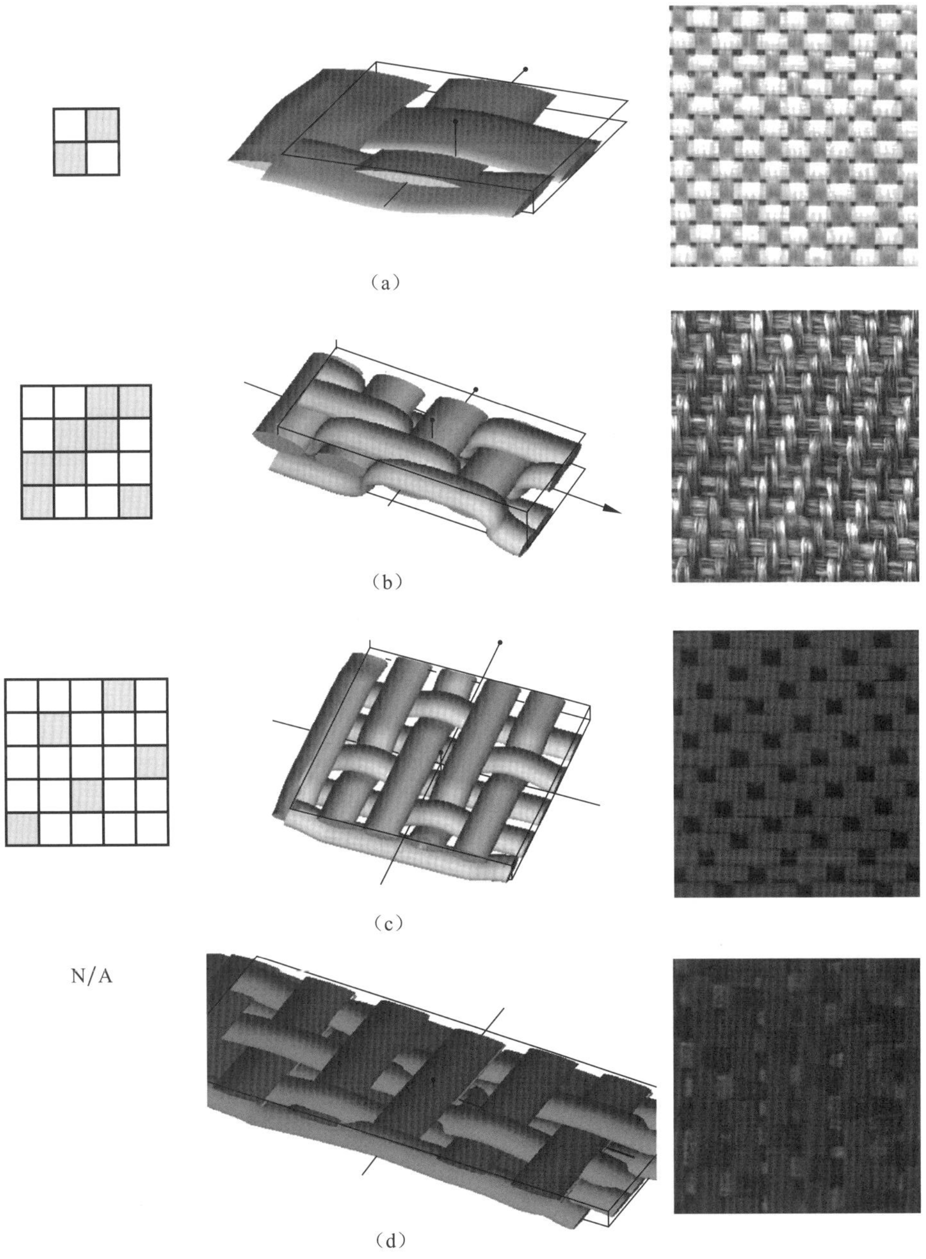


**图1 机织物重复部分的三维表示和复合材料增强物示例**

(a) 平纹机织，玻璃纤维；(b) 斜纹 2/2 机织，碳纤维；(c) 5H 缎纹机织，碳纤维；(d) 2.5 维机织，碳纤维

（1）平纹机织：每一根经纱和每一根纬纱间有一个交叉点。

（2）斜纹：一种在织物表面生成对角线形式的机织。根据浮经/浮纬（$f_{Wa}/f_{We}$，纤维同侧相应纬/经交叉点的数目），斜纹被定为 $f_{Wa}/f_{We}$。大部分用于复合材料增强物的是 1/2、1/3 和 2/2 斜纹。

（3）缎纹：一种排列好黏合位置以获得光滑织物表面的机织。经纱、纬纱交叉点朝邻近纱线定长移动，这个常数叫步长 $s$。缎纹机织被标为 $N/s$，$N$ 代表重复部分的尺寸。复合材料增强物中最常用的有 5/1 和 8/1 缎纹，也叫作五枚缎（5H）、八枚缎（8H）（因为它们分别在五片综和八片综的织机上织成）。四枚缎（也叫破斜纹组织）也经常用于复合材料，在严格的纺织术语中叫作破斜纹组织 1/3（机织对角元素方向交替的斜纹）。

（4）网篮机织：一种修改的平纹机织，由两根经纱和两根纬纱平行运作。

（5）2.5 维机织：有两层纬纱和一层经纱。这种织物的结构相对棋盘状图案更容易显示使用经纱的轨迹。

机织可以根据其紧密度 $T=N_{links}/(2N_{tot})$（不考虑纱线实际位置的紧密度）归类，$N_{links}$ 是纱线或者纬线从织物的一边到另一边的转移数量，$N_{tot}$ 是交叉点的总数（$N^2$，用于正方形图案）。随着紧密度的减小会有两种现象发生：一是机织稳定性降低，因此织物更容易在预成型的悬垂中变形，也容易在其加工中被扭曲；二是纤维与织物的中平面的平均倾斜角减小，因此复合材料的平均刚度和强度增加。

除了机织图案外，机织物的参数有纱线中的线密度或纤维根数，经纱数或纬纱数（织物单位宽度的经纱数量和单位长度的纬纱数量），以及织物的面密度。均衡织物在纱线和纬线方向上有相等参数；准单向织物由致密厚经纱和稀疏薄纬纱交织。

## 2.2　编织预成型

如图 2 所示，编织是交织三根或者更多的线而让它们相互交叉成对角的工序。这种方式可形成平面的、管状的或者是立体的结构。



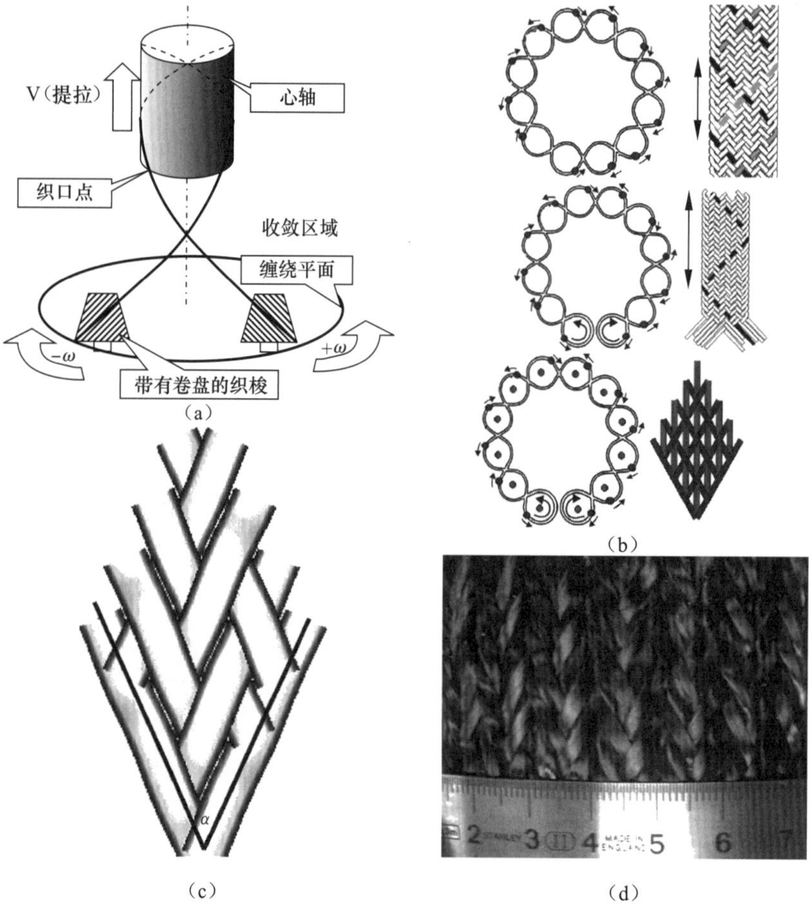


**图 2　编织过程**

（a）五极编织机示意图；（b）管状编织、二轴平编织和三轴编织：纱管移动和交织示意图；（c）编织角定义；（d）碳纤维三轴编织 0°/+60°/−60°

编织过程图案类似于机织，图案与斜纹织一样由两交织浮纱的长度标定。三种图案有特殊名称：扁形编带（1/1）、普通编带或平编带（2/2）以及赫格利斯（Hercules）编带（3/3）。注意区分“平”的名称在机织和编织中的不同。编织重复部分称为褶距、针步或者是投梭，它等于平面编织里的纱线总数，也等于管状编织里纱线总数的一半。

编织最重要参数是编织角 $\alpha$ [图 2（c）]——两交织纱线之间的夹角。如果使用变直径三维形状心轴，那么提拉速度应该不断调整以得到一致的编织角。改变提拉速度还可以实现编织角沿着预成型有一定程度的可变性，以得到复合材料零件所需的不同刚度。编织角的适用范围在 20°～160°。

当轴向纱线添加到编织纱线时，三轴编织就诞生了。在 120°编织角的特定情况下，三轴编织生产出纤维取向 0°/＋60°/－60°的准各向同性复合材料。

## 2.3 多轴多层经编预成型（无皱褶织物）

设计无皱褶织物是为了结合纤维层的单向性和预成型的完整性，通过各层黏合在一起得到的。欧标 EN 13473 定义多轴多层织物为“纺织结构构造成一层或者多层平行放置的无皱褶、非机织的线层，它们具有不同取向的可能、具有单线层不同线密度的可能及纤维抓绒、薄膜、泡沫或者其他材料集成的可能，被环形系统或者化学黏合系统所固定。线可并行取向或者交叉取向。这些产品可以在带有插入装置（平行纬或者交叉纬）的机器上以及经编机械或者化学黏合系统上生产”。无皱褶织物有以下参数特点：

（1）层的纤维特性（G—玻璃纤维、C—碳纤维、A—芳纶纤维等）；

（2）层的面密度（g/m²），不一定所有层的面密度都相同；

（3）层内纤维方向，通过与机器方向（0°）所夹角度给出，角度范围在（－90°，－20°）（20°，90°）；

（4）黏合物的性质（PA—聚酰胺、PE—聚乙烯、PES 或者 PET—聚酯纤维、PP—聚丙烯），指的是缝合纱线或者化学黏合剂；

（5）黏合物的面密度；

（6）黏合剂的类型（L—缝合或者环结、C—化学制品）。

经编黏合层的一种方式是将缝合纱线穿透放置线间的层，这将导致预成型结构的开放性。另一种方式是将宽线（平纤维束）很紧密地排放在一起，形成连续纤维层。层之间由经编联系（图 3），通过根据针间距定位在预成型表面的穿孔，而与纤维束布置无关。针穿过纤维层（可能在散布的纤维束

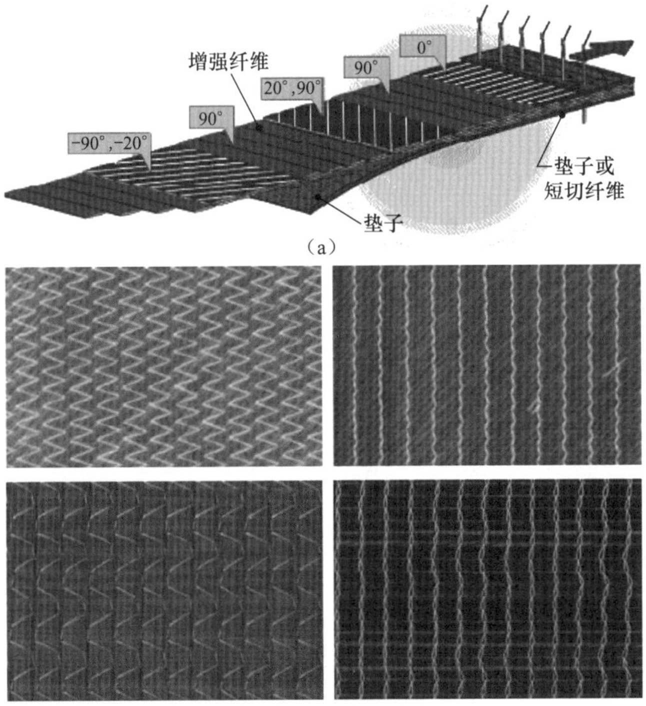


**图 3 无皱褶织物**

（a）制造过程示意图；（b）无皱褶织物示例：二轴＋45°/－45°和 0°/90°织物，正面和背面

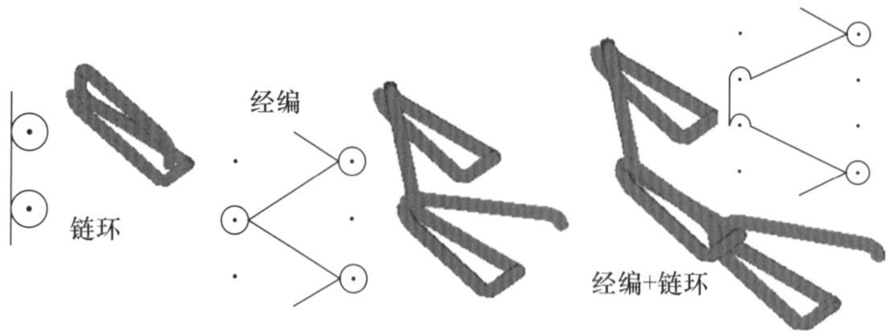


（c）

**图3　无皱褶织物（续）**

（c）无皱褶织物典型针织模式

中间），使它们局部发生变形。这将导致预成型结构接近于单向均匀层构成的理想层合板。

## 3　纺织预成型在复合材料制造中的特性

织物增强复合材料制造工艺主要在第177章中进行了介绍。制造涉及的两个主要过程有三维模具上纺织预成型的成型和树脂浸渍预成型。预成型制造中的特性包括其成型性和渗透性。

### 3.1　成型性



纺织物的成型性（悬垂性）反映了初始平织物符合（悬垂于）某个给定的三维形状的容易程度。纺织物的抗弯刚度非常低（例如，对于一个面密度大约500 g/m$^2$的机织或者是无皱褶织物碳纤维增强物，相比由一层纤维体积分数是60%、厚度是0.5 mm的织物构成的环氧树脂浸渍板730 N·mm$^2$/mm的抗弯刚度，织物每单位宽度的抗弯刚度为0.1～0.2 N·mm$^2$/mm）。织物的成型性主要决定于其面内剪切变形的抵抗力，较小程度上决定于双向拉伸抵抗力、厚度方向压缩和摩擦力（预成型模具、预成型层间）。

纺织物对于剪切变形的抵抗力采用两种测试方式测量：相框测试和（对于双轴机织、编织以及无皱褶织物）斜纹拉伸测试（图4）。测试中记录的载荷位移曲线图被处理加工成一个剪切图，显示了剪切力（按面料样品每单位宽度标准化）对织物剪切角的依赖性。锁定角是剪切角的一个特值，它标志剪切形变的快速增长，这由纱线堵塞引起，剪切过程中纱线靠得很近以抵抗进一步的侧压力。如果剪切在预成型形成过程中的某处达到锁角，则表示起皱开始了，因此这种形成机制是不被接受的。剪切图以锁角为边界，按照它的完全非线性形式或者作为图表中第一部分的线性近似用于成型建模软件的输入［图4（c）］。

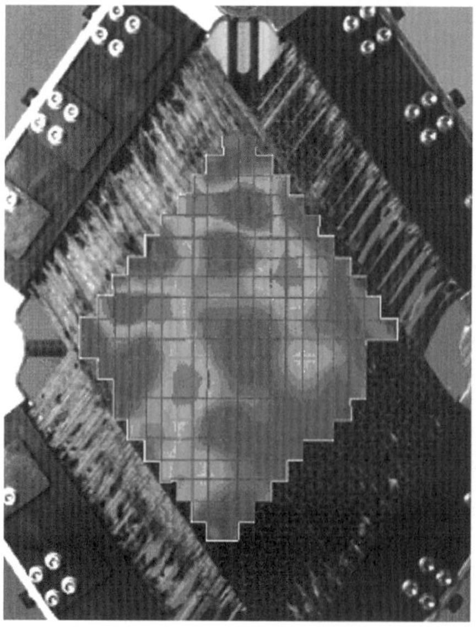

（a）

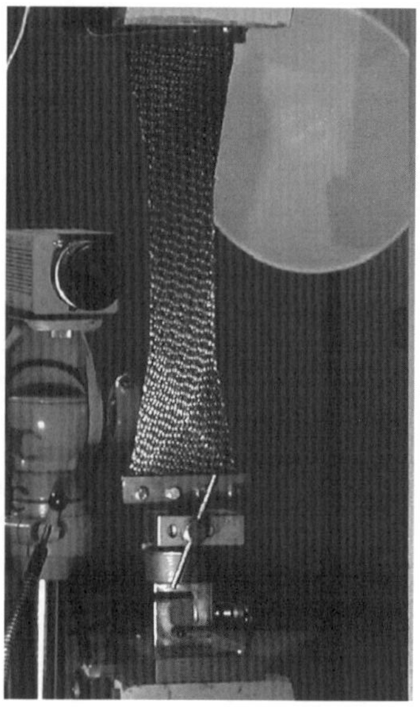

（b）

**图4　纺织物变形性**

（a）相框测试；（b）斜纹拉伸测试

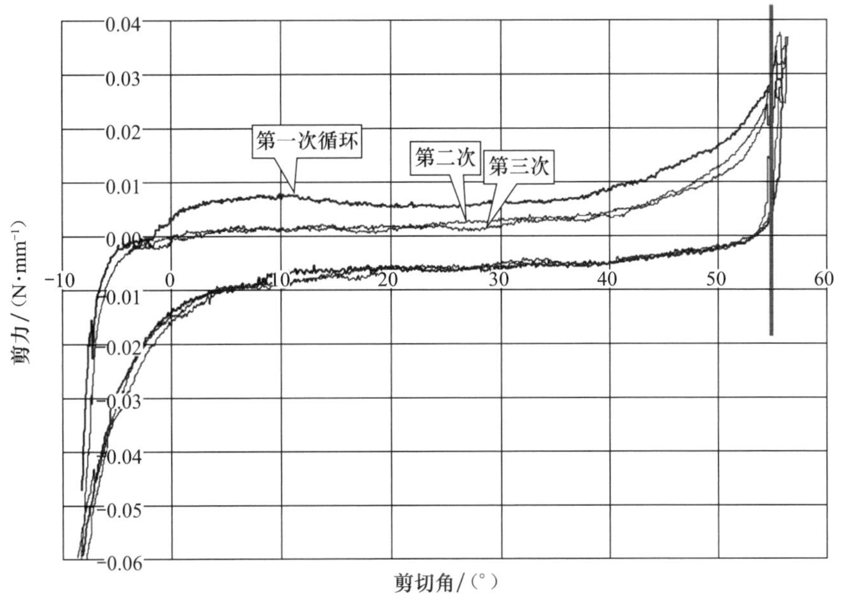


（c）

**图4 纺织物变形性（续）**

（c）典型剪切图（无皱褶织物），织物锁角定义

## 3.2 渗透性

预成型的渗透性是达西（Darcy）方程的一个张量系数 $\boldsymbol{K}$，它将流体穿过多孔介质的流速与压力梯度关联起来：

$$\langle \boldsymbol{u} \rangle = \frac{\boldsymbol{K}}{\mu} \nabla p \tag{1}$$

式中，$\langle \boldsymbol{u} \rangle$ 为流体流过多孔介质的平均速度；$\mu$ 为流体的黏度；$\nabla p$ 为压力梯度，它导致了流动；$\boldsymbol{K}$ 的单位是 $m^2$。

渗透性是多孔结构介质（纺织预成型）的一种几何特性，表征液体（树脂）流过介质（浸渍预成型）的容易度。它强烈地依赖于预成型的纤维体积分数和纺织物的内部几何结构（图5）。测量预成型（不饱和流）浸渍时流体前段的传播速度，或者测量在一定压力差下流过预成型（饱和流）的流体量，皆可确定渗透性。对于密集增强物（或者对于预成型内部的密集区域），受潮性和毛细管效应可能阻碍流动，这反映于饱和流及不饱和流方法测定渗透性的不同点。



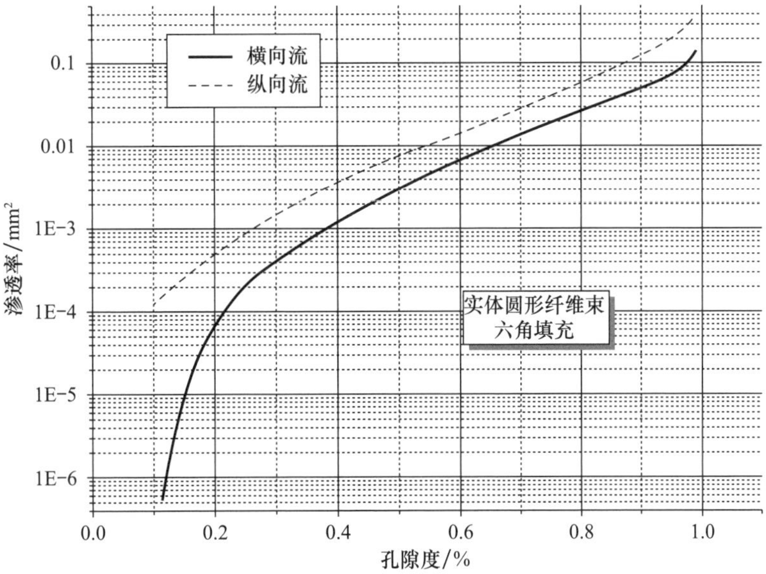


（a）

**图5 渗透率随纤维体积分数变化**

（a）单向纤维排列，纵向和横向流

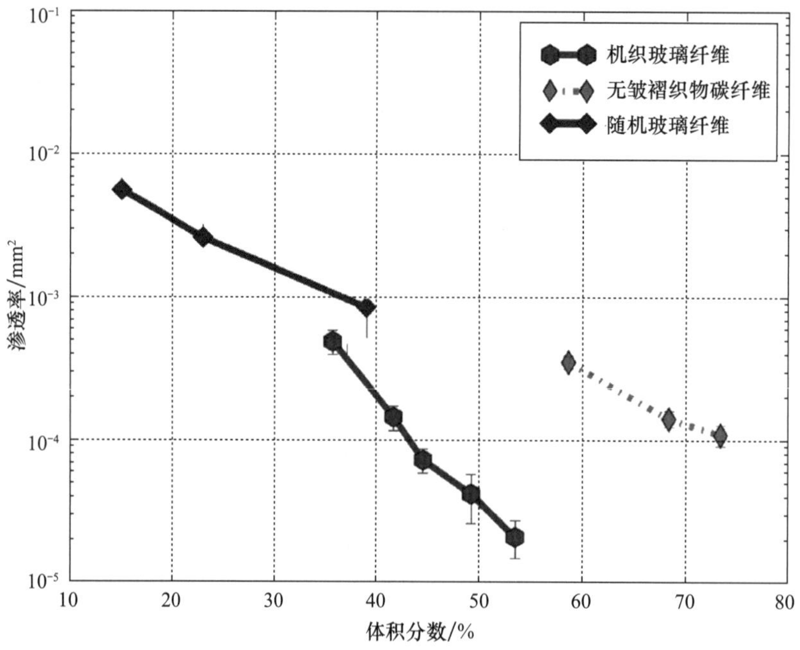


（b）

**图5　渗透率随纤维体积分数变化（续）**

（b）不同纺织预成型



## 4　纺织复合材料的内部结构

在纺织物中纤维和纱线因摩擦搅在一起，故纱线必须弯曲或者扭曲以提供对抗摩擦的横向作用力。纺织物的内部结构就是纱线弯曲的结果，在织物的制造生产过程中有所介绍。内部结构决定了干爽织物制造过程中纤维和纱线间的相互作用，它将施加的载荷转移到织物的结构纤维单元，这些单元通过变形抵抗载荷（主要是张力、弯曲/屈曲、侧压和摩擦及一定程度上的扭曲和剪切）。内部结构也决定了固化复合材料的性能，即对取决于纤维局部取向的局部变形的应力响应，该应力是由增强结构施加的，这进一步表征了损伤是否在特定局部产生与传播。

纺织物的内部结构是周期性的。周期性的最小单元叫作单胞或者结构的重复（见以上第2节机织单胞例子）。单胞内的纱线形状根据纱线路径与沿路径纱线横截面的维度和取向确定［图6（a）和（b）］。由于纱线间的相互作用，纱线横截面的尺寸会沿路径变化。纱线形状由它们之间的相互作用确定，并可基于纱线变形（弯曲＋侧压）的最小能量原理计算。当纱线弯曲间隔的终点（纱线通道的“锚定点”）已知［图6（c）的点$A$和点$B$］时，间隔中纱线形状的描述可通过终点间的弹性线及与交叉纱线的支撑轮廓的接触来说明。两种方法是近似的，可通过纱线相互作用的有限元建模来精确。

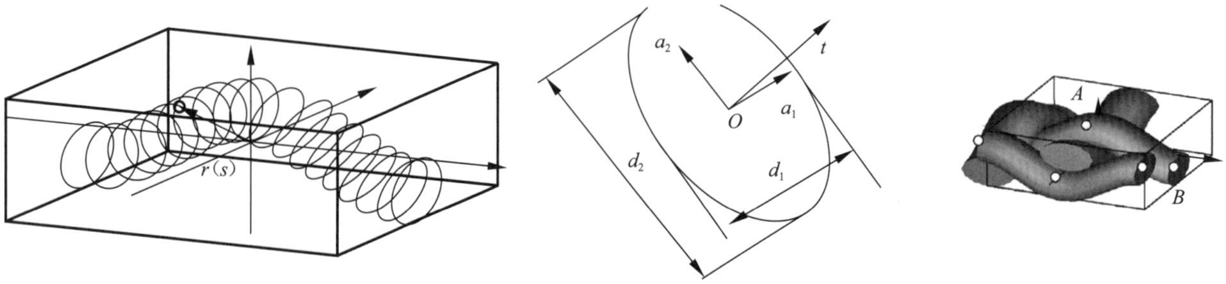


（a）　（b）　（c）

**图6　纺织物单胞内部纱线**

（a）纱线体元的一般描述；（b）横截面定义；（c）纱线弯曲单元

### 4.1　皱褶

纱线的波纹度及其皱褶度量为：

$$c = \frac{l - l_0}{l} \tag{2}$$

式中，$l$ 为单胞中纱线的长度；$l_0$ 为纱线终点间的直线距离。皱褶与纱线的倾斜有关，它决定了复合材料的刚度降。对一均衡的平纹机织，织物皱褶和最大倾斜角 $\theta_{max}$ 可通过近似公式计算：

$$c = \frac{bN}{80}(1 + 10bN), \quad \theta_{max} = \arctan\frac{bN}{6} \tag{3}$$

式中，$b$ 为织物厚度（纱线厚度的两倍）；$N$ 为织物单位长度/宽度的纱线数。给定典型的数值（面密度约 800 g/m$^2$ 的玻璃纤维织物）$b \approx 0.6$ mm，$N \approx 21\ \text{cm}^{-1}$，由式（2）和式（3）可得到 $c = 0.3\%$①，$\theta_{max} = 1.1°$。

### 4.2　孔隙、富树脂区、嵌套

除了纱线皱褶外，纺织预型件的另一显著特征是纱线间的孔隙。这些孔隙，一方面促进了预型件的浸渍，给树脂流动创造了通道；另一方面，孔隙形成了复合材料中的富树脂区，造成了应力/应变集中且相比单向交叉叠层层合板可能更早出现破坏。

纺织物的表面不是平的，呈现出“丘陵”和“山谷”状。当复合材料制作过程中层合预成型被压紧时，层合板的各层并非严格地一层对着一层，相接触层的“丘陵”和“山谷”匹配到一起就形成了几何和力学上的嵌套现象。这就造成了层合板厚度更小、体积分数更高。嵌套很大程度决定了层合板的渗透性和复合材料的力学性能。它会造成在复合材料样品内部的不同位置之间或者在一组可交换零件的不同样品之间的层合板性能的统计学分布。嵌套表征可使用嵌套系数，它是层合板厚度相比相同压力下制造的单层板厚度的缩小。

某典型机织层合板［图 7（a）］的嵌套表征为其嵌套系数约为 0.9。注意到因纱线间距离的统计学分布，某些层之间与相邻表面“丘陵”匹配的“缺口”位于板内某一位置近处而于另一位置远处。因非正交交织造成了平粗纱的特定扭曲，编织纤维呈现出极大的嵌套，嵌套系数达到 0.6［图 7（b）］。无皱褶织物有开口和通道形式的孔隙和富树脂区；因织物表面缝合纱线的存在，层合板无皱褶织物的各层之间会形成薄缺口［图 7（c）］。



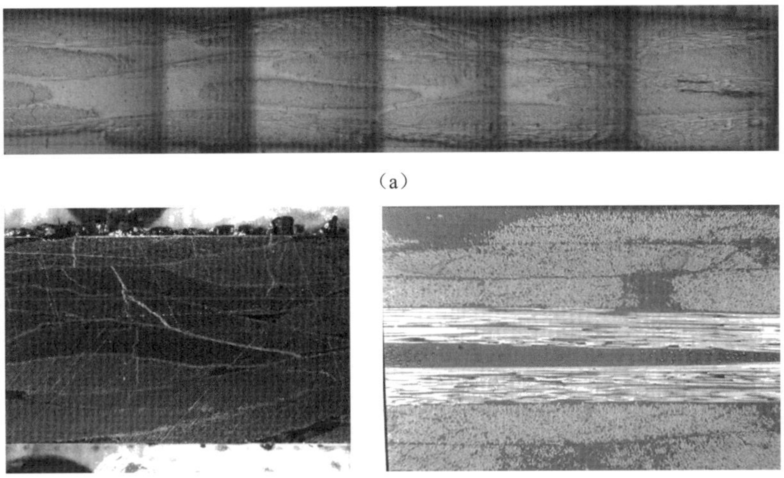


**图 7　内部结构和嵌套**

（a）机织层合板；（b）编织；（c）无皱褶织物

## 5　织物增强复合材料的刚度

由于照此生产的纺织物固有对称性，绝大部分增强形式（机织、编织、实际使用无皱褶织物绞合）的纺织复合板都是正交各向异性的。它们的刚度可由工程常数杨氏模量 $E_{ii}$、剪切模量 $G_{ij}$ 和泊松比 $\nu_{ij}$（$i$，$j$=1，2，3）来表示。对于非正交增强

① 原节如此。

材料（编织物、受剪的机织物），正交各向异性方向与纤维方向不一致。如果复合材料制造时增强材料变形，或者预成型是净成型的，或者对于一些针织预成型，则无须采用正交各向异性假设，需介绍完整的刚度矩阵。

面内直纱线做成的织物增强材料的刚度，可以利用经典层合板理论（Classic Laminate Theory，CLT）作第一次粗略计算，该理论考虑层向与纺织复合材料中纱线主方向相对应的等效交叉叠层层合板，其厚度和纤维体积分数与纺织复合材料的相同，各层的厚度与相应方向的纤维数目成比例。这样估算得到的纺织复合材料刚度偏高，因为纱线皱褶引起了交叉叠层层合板模型中纤维方向的偏离。对于纤维方向的工程常数，经典层合板理论计算的模量可以用经验主义的折减因子更正，它考虑了皱褶，面外倾斜角小，这种计算能得到可以接受的结果，尤其是计算纤维方向的模量。

对于纱线皱褶的纺织复合材料（如针织物的面内皱褶，机织织物或编织物的面外皱褶，或者更复杂的三维皱褶），应使用更精细的方法。均匀化的刚度计算必须考虑纤维组织成浸渍纱线，因此均匀化计算应分两步：一是均匀化浸渍纱线刚度；二是均匀化单胞刚度，并且考虑它们的取向。

浸渍纱线考虑成单向增强的复合材料（用在复合材料增强物的纱线的扭曲通常忽略），其给定的纤维体积分数为 $V_f^y$；这个值由纱线横截面尺寸（单胞中该值逐点可能不同但绝大多数情况假定为常数）和纱线中纤维数目确定，由纤维根数和纱线线密度给出：

$$V_f^y=\frac{T_y}{A_y\cdot\rho_f}=\frac{N_fA_f}{A_y} \tag{4}$$

式中，$T$ 为纱线线密度；$A$ 为纱线横截面面积；$\rho$ 为纤维密度；$N_f$ 为纱线中纤维的根数；上标或下标中，“f”代表“纤维”，“y”代表“纱线”。一旦纤维体积分数 $V_f^y$ 给定，浸渍纱线均匀化的刚度可以运用一套或者另一套适用单向层的微观力学公式来计算。例如，Chamis 公式（Chamis，1989）：

$$\begin{aligned}E_{11}^y&=V_f^yE_{11}^f+(1-V_f^y)E_m\\E_{22}^y=E_{33}^y&=\frac{E_m}{1-\sqrt{V_f^y}\left(1-\frac{E_m}{E_{22}^f}\right)}\end{aligned} \tag{5}$$

$$\begin{aligned}G_{12}^y=G_{13}^y&=\frac{G_m}{1-\sqrt{V_f^y}\left(1-\frac{G_m}{G_{12}^f}\right)}\\G_{23}^y&=\frac{G_m}{1-\sqrt{V_f^y}\left(1-\frac{G_m}{G_{23}^f}\right)}\end{aligned} \tag{6}$$

$$\begin{aligned}\nu_{12}^y&=\nu_{13}^y\\&=V_f^y\nu_{12}^f+(1-V_f^y)\nu_m\\\nu_{23}^y&=\frac{E_{22}^y}{2G_{23}^y}-1\end{aligned} \tag{7}$$

式中，$E$ 为杨氏模量；$G$ 为剪切模量；$\nu$ 为泊松比；上标或下标中，“f”代表“纤维”，“y”代表纱线，“m”代表基体；笛卡儿坐标系 123 的轴 1 与纤维方向一致。

一旦浸渍纱线均匀化后，纺织复合材料均匀化的刚度可用不同的方法计算出来（见第 6 节）。最简单的一种是取向平均法（也称为织物几何模型），即对纺织复合材料单胞采用等应变假设，计算出复合材料均匀化的刚度为：

$$\begin{aligned}&\boldsymbol{C}^{\text{eff}}[\text{GCS}]\\&=\boldsymbol{C}^{\text{m}}[\text{GCS}]\cdot(1-V_y)+\\&\sum_{i=1}^{N}\boldsymbol{C}_i^y[\text{CS}_i\rightarrow\text{GCS}]\cdot V_y^i;\\&V_y=\sum_{i=1}^{N}V_y^i\end{aligned} \tag{8}$$

式中，$\boldsymbol{C}^{\text{eff}}$ 为复合材料平均刚度矩阵；$\boldsymbol{C}^{\text{m}}$ 为基体刚度矩阵；$\boldsymbol{C}_i^y$ 为浸渍纱线的均匀化刚度矩阵；$V_y$ 为浸渍纱线总的体积分数。所有的刚度矩阵都是在整体坐标系（Global Coordinate System，GCS）下写出来的。基于增强材料的几何结构，单胞中假定有 $N$ 组纱线段，因此在组 $i$ 内，纤维取向（或者纱线的中线）由与纤维保持一致的 $\text{CS}_i$ 坐标系近似。$V_y^i$ 为属于组 $i$ 的浸渍纱线段的体积分数。

表 1 列出了不同纺织复合材料刚度的典型数值，是用取向平均公式计算出来的，并与单向材料和交叉叠层层合板性能做了比较。直观地注意到，即便对于简单的平纹机织复合材料也有非显性的结果：对于碳纤维（纤维横观性能差，因此浸渍纱线的横向刚度、剪切刚度都低）情况，交叉叠层层合板纤维方向的模量比机织复合材料的高，而对于玻璃纤维（各向同性纤维，因此浸渍纱线横向、切向性能都好），情况则正好相反（这样的结果也曾在试验中观察到）。

**表1　单向、交叉叠层、纺织玻璃纤维/环氧树脂和碳纤维（HS）/环氧树脂复合材料工程刚度参数的典型数值**

| 增强材料 | 图像和坐标系（对层合板：轴3垂直于图像） | 碳纤维/环氧树脂 | | | 玻璃纤维/环氧树脂 | | |
|---|---|---|---|---|---|---|---|
| | | $E_{11}$/GPa<br>$E_{22}$<br>$E_{33}$ | $G_{12}$/GPa<br>$G_{13}$<br>$G_{23}$ | $\nu_{12}$<br>$\nu_{13}$<br>$\nu_{23}$ | $E_{11}$/GPa<br>$E_{22}$<br>$E_{33}$ | $G_{12}$/GPa<br>$G_{13}$<br>$G_{23}$ | $\nu_{12}$<br>$\nu_{13}$<br>$\nu_{23}$ |
| 单向 | 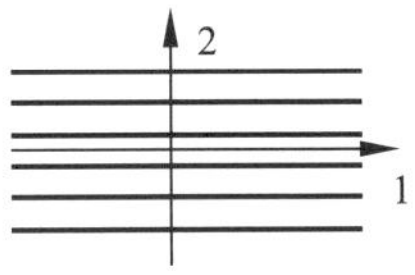 | 139 | 4.0 | 0.25 | 44 | 4.0 | 0.25 |
| | | 7.6 | 4.0 | 0.25 | 10 | 4.0 | 0.25 |
| | | 7.6 | 2.5 | 0.37 | 10 | 3.5 | 0.37 |
| 交叉叠层 0°/90° | 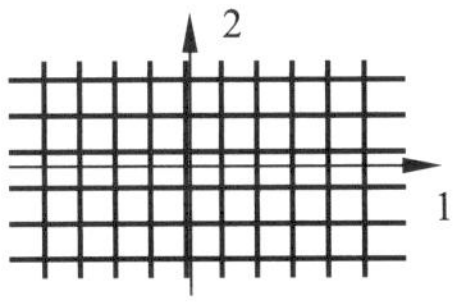 | 73 | 4.0 | 0.02 | 27 | 4.0 | 0.09 |
| | | 73 | 3.2 | 0.35 | 27 | 3.7 | 0.34 |
| | | 7.6 | 3.2 | 0.35 | 10.3 | 3.7 | 0.34 |
| 准各向同性 0°/45°/−45°/90° | 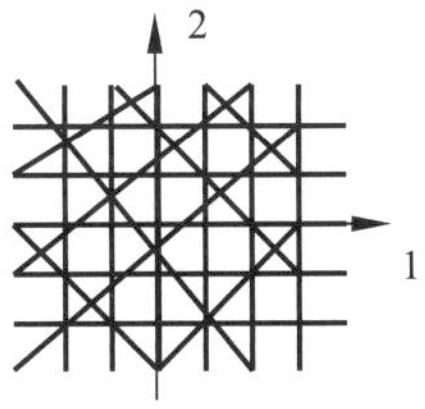 | 52 | 20 | 0.31 | 21 | 8.2 | 0.29 |
| | | 52 | 3.2 | 0.25 | 21 | 3.7 | 0.26 |
| | | 7.6 | 3.2 | 0.25 | 10 | 3.7 | 0.26 |
| 平纹机织，0.5%皱褶 | 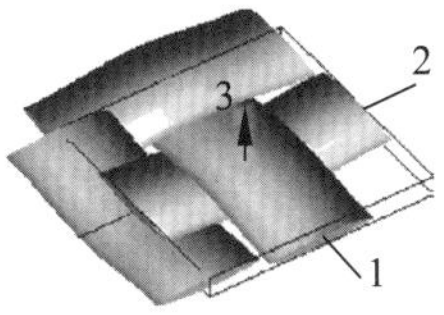 | 72 | 6.6 | 0.02 | 30 | 6.7 | 0.12 |
| | | 72 | 5.4 | 0.39 | 30 | 6.4 | 0.31 |
| | | 9.0 | 5.4 | 0.39 | 16 | 6.4 | 0.31 |
| 三轴编织 0°/+60°/−60°，编织纱线1%皱褶 | 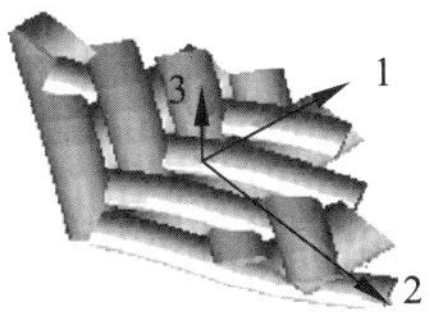 | 61 | 24 | 0.32 | 30 | 12 | 0.27 |
| | | 47 | 7.4 | 0.27 | 28 | 9.2 | 0.25 |
| | | 9.9 | 6.3 | 0.25 | 23 | 9.0 | 0.26 |
| 针织平纹 | 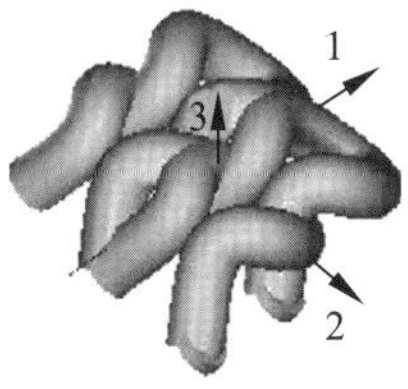 | 27 | 14 | 0.22 | 24 | 10 | 0.25 |
| | | 24 | 22 | 0.43 | 23 | 12 | 0.30 |
| | | 27 | 14 | 0.18 | 24 | 10 | 0.24 |

注：纤维体积分数60%。
计算中用到的纤维和基体数据如下：
碳纤维：$E_1=230$ GPa，$E_2=14$ GPa，$\nu_{12}=0.23$，$\nu_{23}=0.3$；
玻璃纤维：$E_1=E_2=72$ GPa；$\nu_{12}=\upsilon_{23}=0.23$；
环氧树脂：$E=3.0$ GPa，$\nu=0.3$。

复合材料的高刚度需要对测试中变形进行精确测量。光学应变测定——整个应变场测定方法（如数字图像相关、干涉法、光栅剪切散斑）——不仅平均位移测量精确（因此样品各处应变精确），而且提供与纺织复合材料几何结构对应的表面上的应变场。应变场的分析揭示出最大应变的位置，也对应着损伤开始的位置（图8）。

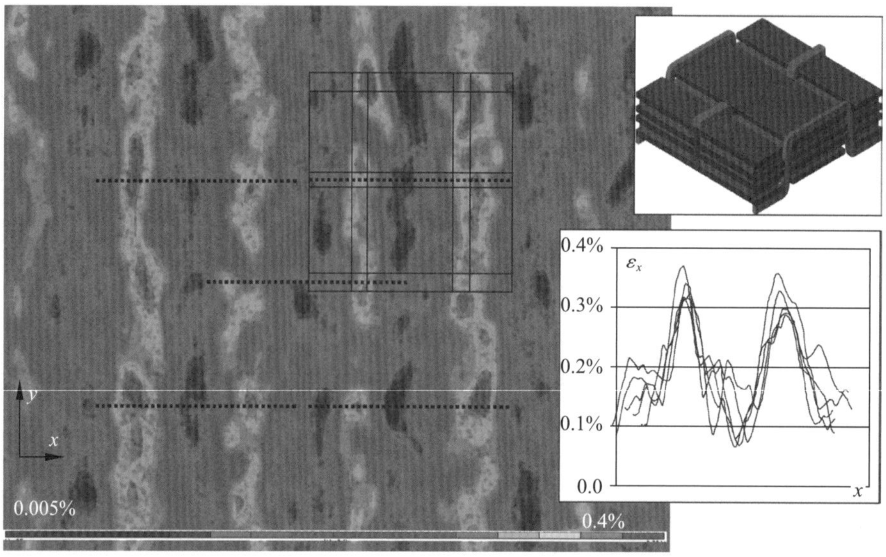


图 8　三维机织复合材料表面应变的全域光学（数字图像相关）测量。损伤开始前的表面应变分量 $\varepsilon_x$ 云图。水平（$x$）方向载荷，平均应变 0.2%。上插图：图示实线表明单胞位置：沿虚线的 $\varepsilon_x$ 为应变图

## 6　织物增强复合材料的强度和损伤演化

### 6.1　准静态拉伸强度和损伤

纺织复合材料在拉伸载荷下因一系列漫长复杂的损伤事件而失效。这些损伤事件在复合材料结构的不同层级发生：浸渍纱线中的纤维（微观）、织物增强单胞的纱线和基体（细观）、组成板或三维零件的复合材料层（宏观）。每种结构层级中，材料的不同位置都会出现应力/应变集中（不同方向的交织纱线的边界，纱线和树脂交界，纤维/基体表面）现象。

这些损伤事件可以用声发射（Acoustic Emission，AE）设备测试显示，也能通过特定阶段加载有停驻的测试更近地观察。损伤样品可经超声 C 扫描、X 射线或光学（透明样品）检查；也可以对其进行剖视，损伤也能在微观下细察。图 9 所示为针对透明玻璃纤维/环氧树脂平纹机织复合材料的测试。



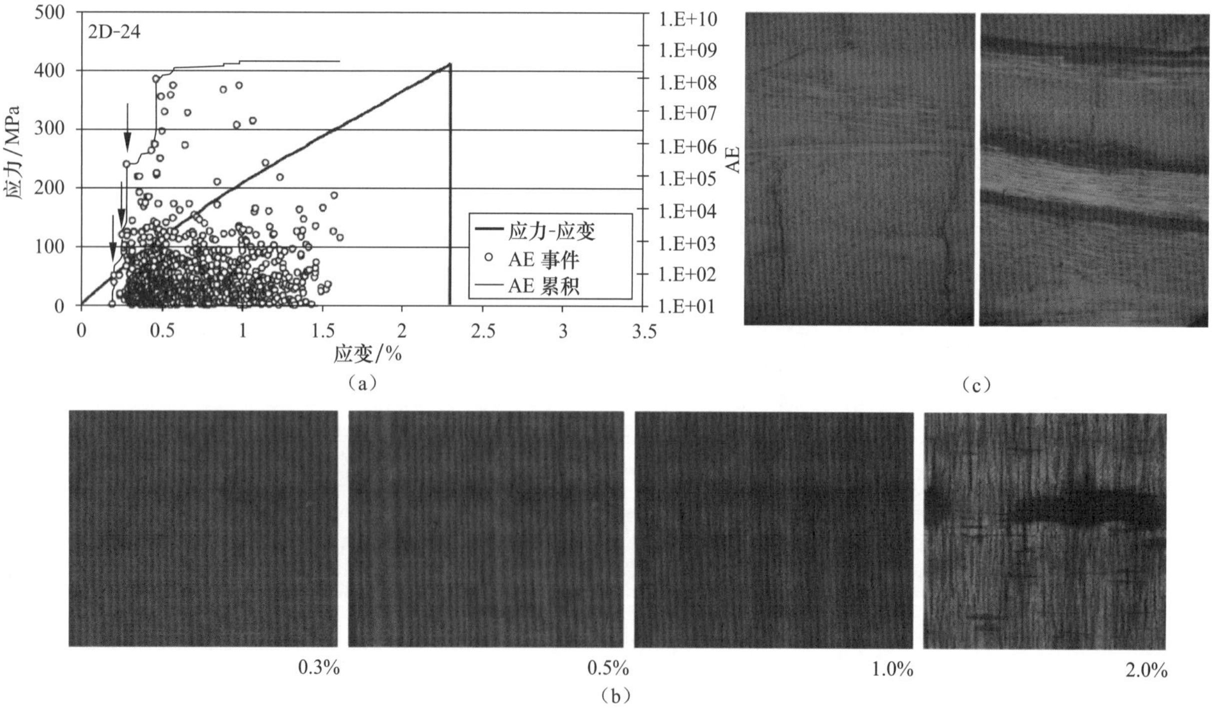


图 9　平纹机织玻璃纤维/环氧树脂复合材料拉伸载荷下的损伤开始与演化

(a) 应力-应变、声发射图和损伤阈值；(b) 损伤演化（透明试样），水平载荷，标明施加应变；(c) 2%应变下的损伤和典型裂纹：横向和分层

测试最初没有有声事件出现。进一步，从特定的载荷阈值开始，对应特征是应变 $\varepsilon_{min}$（声发射应变阈值），低能有声事件尽管很少但开始出现。这是基体内微观裂纹和纤维脱胶的单一作用或者共同作用的结果。然后，它们的发生率和能量开始陡增，很快内能达到更高的水平。纤维/基体界面的微观裂纹合并且构成浸渍纱线内横向、切向基体裂纹。这由累积的声发射能量曲线斜率的增加所反映，之前都是被忽略的。相应的最初损伤阈值应变记作 $\varepsilon_1$，这个值被认作损伤起始阈值，对应于各自应力-应变曲线的斜率的一个突变。$\varepsilon_{min}$ 和 $\varepsilon_1$ 之间累积的损伤不足以使抗拉力退化，因此不会影响测试样品的整体刚度。在施加应变的某个更高水平，声发射累积能量曲线第二个“拐点”出现，对应第二损伤阈值应变记作 $\varepsilon_2$。它对应横跨增强材料数个单胞规模的大范围损伤，如机织层的分层。

如图 9 所示，机织复合材料径向加载，初始裂纹平行于纬向。裂纹的长度大致对应于两相邻的交织经、纬纱中包含的纬向纱线段部分。因为复合材料层合板内平纹机织物各层嵌套的随意性，不可能用光传输图像准确地确定裂纹的位置。纬纱内的裂纹是横向裂纹，正如图 9 所证实的，纱线约 1/2 宽度处有典型的成对裂纹。随着载荷增加，横向裂纹增多、变长，有时其长度跨越数个单胞。长的、发展良好的多样裂纹就形成了，其方向与载荷方向垂直，它们分离了纬纱，使平纹机织织物层间产生了大的分层区域。此外，观察到基体内出现大量的横向裂纹。最终，纤维断裂，样品失效。

## 6.2 压缩和面外加载

纺织复合材料（二维织物增强材料）在承受压缩、弯曲及其他形式面外载荷下的特性受控于与单向层合板相同的现象：不同形式的分层、纤维扭曲、基体剪切失效——因织物增强结构而特性各异。影响损伤行为的主要因素有纱线与纤维的波纹度（皱褶）和纺织层的嵌套。其几何特征如下：

（1）改变了Ⅰ型、Ⅱ型分层的裂纹传播条件，使裂纹偏离低平轨线，增加了裂纹传播所需的表观能量；

（2）在压缩中，促进纤维弯曲的开始，因此减小了抗压刚度；

（3）在碰撞中，导致多样的裂纹，增加能量消耗效率；

（4）在横向冲击中，限制分层区域，增加能量吸收。

与单向层合板相比，这些特性变化的定性特点在很大程度上依赖于具体的增强形式和几何结构的具体细节（推荐的文献中有实验数据）。

## 6.3 复杂加载的失效准则

纺织复合材料的失效可用不同失效准则来预测，其中用于机织物的一种叫哈辛（Hashin）准则，这一准则已经编入多种有限元软件包用作结构分析。它定义了 6 个失效指标 $F$：4 个用于纤维损坏（上标 f）、经纬向（下标 1 和 2）、拉伸和压缩（下标 t 和 c），即

$$F_{1t}^{f}=\left(\frac{\sigma_1}{X_t}\right)^2+\left(\frac{\sigma_{12}}{S_{12}}\right)^2+\left(\frac{\sigma_{13}}{S_{13}}\right)^2,\quad \sigma_1>0$$

$$F_{1c}^{f}=\left(\frac{\sigma_1}{X_c}\right)^2+\left(\frac{\sigma_{12}}{S_{12}}\right)^2+\left(\frac{\sigma_{13}}{S_{13}}\right)^2,\quad \sigma_1<0 \tag{9}$$

$$F_{2t}^{f}=\left(\frac{\sigma_2}{Y_t}\right)^2+\left(\frac{\sigma_{12}}{S_{12}}\right)^2+\left(\frac{\sigma_{23}}{S_{12}}\right)^2,\quad \sigma_2>0$$

$$F_{2c}^{f}=\left(\frac{\sigma_2}{Y_c}\right)^2+\left(\frac{\sigma_{12}}{S_{12}}\right)^2+\left(\frac{\sigma_{23}}{S_{23}}\right)^2,\quad \sigma_2<0 \tag{10}$$

另外两个用于基体失效（上标 m）——厚度方向应力和剪切应力作用下浸渍纱线中裂纹的开始，即

$$F_{t}^{m}=\left(\frac{\sigma_3}{Z_t}\right)^2+\left(\frac{\sigma_{12}}{S_{12}}\right)^2+\left(\frac{\sigma_{13}}{S_{13}}\right)^2+\left(\frac{\sigma_{23}}{S_{12}}\right)^2,\quad \sigma_3>0$$

$$F_{c}^{m}=\left(\frac{\sigma_3}{Z_c}\right)^2+\left(\frac{\sigma_{12}}{S_{12}}\right)^2+\left(\frac{\sigma_{13}}{S_{13}}\right)^2+\left(\frac{\sigma_{23}}{S_{12}}\right)^2,\quad \sigma_3<0 \tag{11}$$

式中，应力 $\sigma_{ij}$（$i$=1，2，3）为机织复合材料内的平均应力；$X_t$、$X_c$、$Y_t$、$Y_c$ 为复合材料经（$X$）向和纬（$Y$）向强度值；$Z_t$、$Z_c$ 为拉伸和压缩下的横向单向强度值；$S_{ij}$（$i$=1，2，3）为复合材料的剪切强度值。

需要注意的是哈辛（或者类似的）准则不预测全部的纱线内基体横向、切向裂纹的开始，其方向与载荷方向偏离 90°。因损伤过程的复杂性，“初始层破坏”和“最终层破坏”这样简单的概念对纺织复合材料而言没有多少意义。相反，可能适用无皱褶织物，可单独视为织物内部单向层。例如，考虑哈辛失效指标对应载荷在纤维方向的机织复合材料。当计入层的失效指标时，层的两个主方向的强度值意味着纤维的失效，也就是上面描述的复杂过程的结束部分。这与由层的横向强度控制的交叉叠层层合板的“初始层破坏”形成对比。对于机织物，这种情形对应于纬纱的横向开裂（经向载荷）。

因此，损伤准则中的应力参数应与上述的阈值 $\varepsilon_1$ 相对应。然而，这些信息对纺织复合材料来说并非是现成的，还需要先进的实验技术。

二次失效准则的简易性反映了其唯象本质。用于单向交叉叠层层合板的更高级、物理性的准则也是存在的，Hinton、Kaddour 和 Soden 于 2004 年详细地探讨了它们。这些准则也适用无皱褶织物复合材料，其在本质上就是带有源自缝合的纤维扭曲的单向层合板。但这些准则并不能直接应用到机织和编织复合材料中，其层内纤维方向逐点显著不同。它们被局部地用作细观有限元（Finite Element，FE）损伤分析的原理，其将在本章 7.4 节介绍。

损伤演化涵盖在准则中，准则引入了损伤变量。应用于纺织复合材料层合板的这种类型的最好模型是基于 Ladevèze 的工作。损伤被认为是材料因各种机理（基体开裂、纤维基体分离、纤维失效……）而先于样品最终失效发生的弱化。材料刚度随损伤演化（损伤变量 $d$ 的改变）而降低。例如，对于面内载荷，损伤材料的应力、应变关系式为：

$$\begin{bmatrix}\varepsilon_1\\ \varepsilon_2\\ \gamma_{12}\end{bmatrix}=\begin{bmatrix}1/E_1(1-d_1) & -\nu_{12}/E_1 & 0\\ -\nu_{21}/E_2 & 1/E_2(1-d_2) & 0\\ 0 & 0 & 1/G_{12}(1-d_{12})\end{bmatrix}\begin{bmatrix}\sigma_1\\ \sigma_2\\ \tau_{12}\end{bmatrix}\tag{12}$$

式中，柔度矩阵表明了杨氏模量 $E_1$、$E_2$ 和剪切模量 $G_{12}$ 随损伤变量 $d_1$、$d_2$ 和 $d_{12}$ 的退化。损伤变量对施加载荷的依赖性应该用一套明确的试验来识别，它采用了针对考虑纺织复合材料特例的单向层合板的一套识别试验（Ladevèze 和 Dantec，1992）。例如对于机织层合板，包括经纬向拉伸和压缩，45°方向上的准静态周期测试。若损伤变量能取决于损伤模式，则这种方法会更精准。Ladevèze 的这种方法已经编入 PAM-CRASH 软件中，其应用于纺织复合材料的详情见 Greve 和 Pickett（2006）。

# 7　纺织复合材料的建模工具

纺织复合材料的建模在不同结构层级上都予以考虑：在细观层级上，描述材料整体均匀化性能对其内部结构和成分（纤维和基体）性能的依赖性；在宏观层级上，基于复合材料均匀化的（可能非连续的）性能描述制造过程（成型、浸渍……）或复合材料零件服役性能（力学性能、热性能……）。图 10 所示为纺织复合材料建模工具的多层级结构模型。引入单胞：织物增强材料（抵抗变形能力、渗透性……）或纺织复合材料（刚度、强度……）的性能以单胞或者增强材料的代表体积单元（Representative/Repetitive Volume Element，RVE）计算，它具有纺织结构内的平移对称性。

## 7.1　单胞的几何模型

多尺度建模方法的核心是单胞的几何模型。它开始于纺织结构的编码，如用机织组织矩阵或针织方案。结构编码定义了纱线交织形式。利用纺织物的密度信息（机织的经纬纱数、编织的花节、针织的隔距），建模算法将交织形式转换成单胞空间内纱线路径的几何定义。这种计算会用到用户定义的纱线皱褶的输入或交织纱线的力学模型。后一种情形时，应提供单个纱线的抗弯曲性、抗压缩性。最终，指定纱线横截面（沿纱线路径变化）的形状和尺寸，单胞的几何结构随即建成。

用于织物增强材料几何建模的两个主要软件包：TexGen（http://texgen.sourceforge.net）和 WiseTex（Verpoest 和 Lomov，2005）（图 11）。

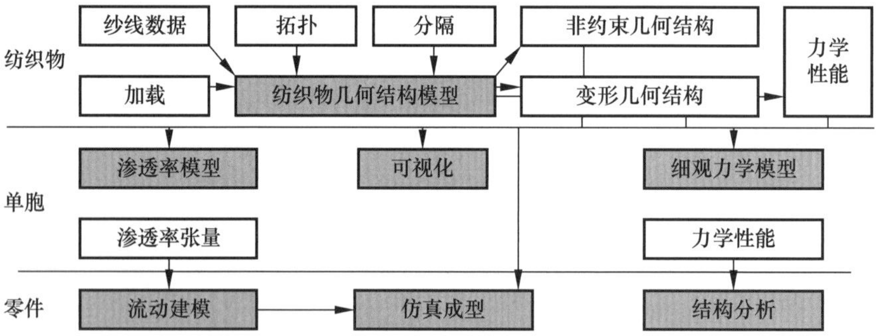


图 10　纺织复合材料建模工具的多层级结构模型

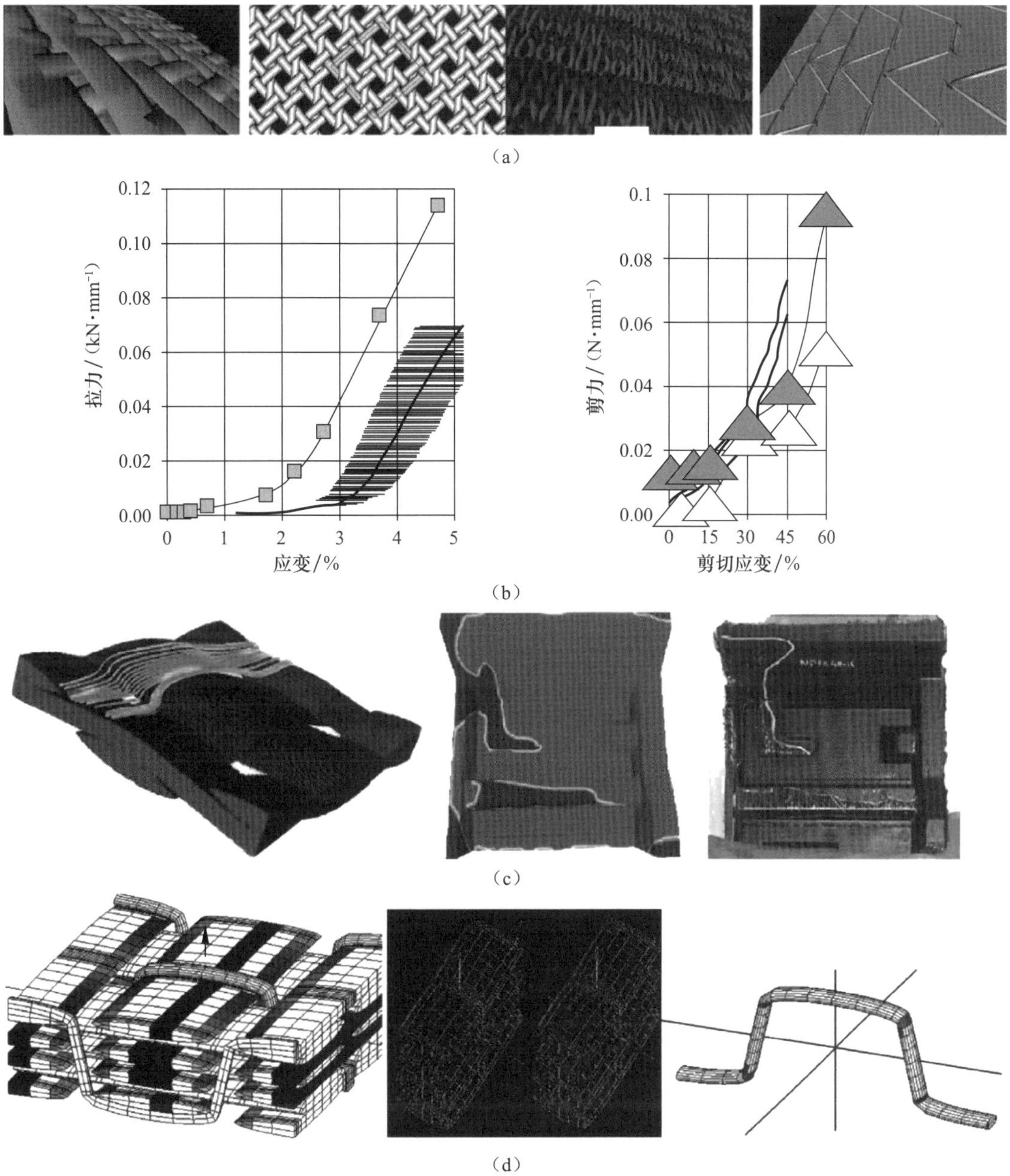


**图 11　用于织物增强材料几何建模的软件包**

(a) 机织、编织、针织和无皱褶织物的内部结构；(b) 机织玻璃纤维织物的拉伸变形和剪切变形：实线表示实验值，点表示计算值；(c) 穿过单胞的流动和充模模拟；(d) 三维机织复合材料内的损伤模式（灰色代表损伤单元）。所有模拟基于 WiseTex 单胞模型



## 7.2　增强材料变形性和悬垂的建模

力学基础上的单胞几何模型（WiseTex）可扩展到计入织物变形［图 11（b）］，目的是创造变形单胞的几何结构及计算抗拉伸性、抗剪切性和抗压缩性，也就是预测图 4 所示的载荷位移图。WiseTex 中的模型是近似的。利用纱线的几何描述和抗压缩性、抗弯曲性数据能通过运用干爽织物的有限元模型更加准确地模拟抗变形性（Boisse 等，2001，2008）。

细观层级建模的或者试验观察的变形性的结果能更进一步用作运动学上的（不考虑抗剪切性，将两正交纱线的方向放置于模具表面的短程线上；在此情形下，只有锁角的描述和其他边界条件从细观建模或试验中减去）或者基于有限元的（这种情形性能的所有描述都需要）悬垂模型的输入。也存在用于这种建模的专门的软件包（例如 PAM-FORM）。

## 7.3　渗透性和充模的建模

有了单胞的几何结构，直接计算织物的均匀化的渗透率张量，来求解给定压力梯度下的纳维-斯托克斯（Navier-Stokes）和斯托克斯（Stokes）流动方程［图 11（c）］。运用所谓的体元划分能够使复杂的纱线内孔隙体元的网格划分难题迎刃而解，它包含具有平行表面的实体单元，每个单元标记属于孔隙体元或者纱线体元。为了考虑纱线自身的渗透性，布曼（Brinkmann）方程需将此时的局部渗透性［根据图 5（a）计算］分配给属于纱线的体元。当单胞的几何模型能创造受剪的、受压的、受拉的单胞几何结构时，纺织物变形后构型的渗透性也能计算。

根据增强材料在模具上悬垂的建模结果和变形后的单胞的均匀化结果，局部均匀化渗透率张量能被计算出并分配到预成型的单元上。这些信息传递到达西求解器（见本章第 3 节），如 PAM-RTM 或 LIMS，来模拟充模［图 11（c）］。

### 7.4 纺织复合材料力学性能和结构分析的建模

纺织物单胞的几何模型是计算复合材料均匀化刚度的第一步。除了取向平均法（见本章第 4 节），更多先进的方法如同夹杂方法［森-田中（Mori-Tanaka）］一样被应用到现有的软件中。根据增强材料在模具上悬垂的建模结果和变形后的单胞的均匀化结果，局部均匀化刚度能被计算出并分配到预成型的单元上。考虑变刚度的复合材料零件（图 10）的结构分析就得以完成（例如，PAM-SYSPLY 软件，连同 WiseTex 单胞模型和森-田中均匀化一起）。

纺织复合材料零件（宏观层级）的强度和渐进损伤的预测是基于本章 6.3 节描述的失效包络面和损伤模型上的。这些模型已内置于商业通用的或者专门的有限元软件包中（NASTRAN、ANSYS、ABAQUS、GENOA、PAM-CRASH 等）。

纺织复合材料的强度和损伤模型能通过细观层级有限元分析扩展到增强材料的单胞层级上。完善的细观有限元建模器应包括以下模块：

（1）几何建模器：定义纺织复合材料单胞中纱线和纤维层的体元以及微观尺度局部纤维参数，通过有限元软件包的接口来输出这些数据；

（2）几何校正器：使几何模型满足网格划分工具的需要和边界条件表述的特殊要求；

（3）网格划分工具；

（4）材料属性处理器：使用几何模型提供的局部纤维微观尺度的组合参数，应用微观层级均匀化的特定模型或者供用户选择这样一个模型的菜单，来定义体元/单元的材料属性；

（5）边界条件程序：促进构成周期性边界条件；

（6）有限元求解器和后处理器；

（7）均匀化工具：自动应用必要的载荷和边界条件，处理纺织复合材料均匀化细观刚度矩阵的结果和输出；

（8）损伤探测处理器：运用损伤初始准则中的一种（用户选择）；

（9）损伤扩展处理器：负责监测损伤张量、均匀化性能的改变（微观层级）和损伤扩展建模决策。

图 11（d）所示为三维机织复合材料内的损伤的计算。

## 8 结论

纺织复合材料在成本实现自动化的可能性和闭模加工的简单适用性上大有裨益。纺织复合材料层间、厚度方向、冲击、碰撞性能因增强材料内纱线交织而得以改善。同时，刚度因纱线皱褶而降低。结构控制良好的纺织物提供了优化纤维布置和净成型生产的可能性。用于预测纺织复合材料力学性能和制造中的特性的模型和算法的发展，保障了纺织复合材料零件设计的预测能力。

### 参考文献


Boisse, P., Buet, K., Gasser, A. and Launay, J. (2001) Meso/macro-mechanical behaviour of textile reinforcements for thin composites. *Compos. Sci. Technol.*, 61, 395-401.

Boisse, P., Hamila, N., Helenon, F., Hagege, B. and Cao, J. (2008) Different approaches for woven composite reinforcement forming simulations. *Int. J. Mater. Form.*, 1, 21-29.

Chamis, C.C. (1989) Mechanics of composite materials: past, present and future. *J. Compos. Technol. Res.*, 11 (1), 3-14.

Greve, L. and Pickett, A.K. (2006) Modelling damage and failure in carbon/epoxy non-crimp fabric composites including effects of fabric pre-shear. *Compos. Part A Appl. Sci. Manuf.*, 37 (11), 1983-2001.

Hinton, E., Kaddour, A.S. and Soden, P.D. (eds) (2004) *Failure Criteria in Fiber Reinforced Polymer*

*Composites*：*The World-Wide Failure Exercise*，Elsevier，Amsterdam.

Ladevèze，P. and Le Dantec，E.（1992）Damage modelling of the elementary ply for laminated composites. *Compos. Sci. Technol.*，43，257-267.

Verpoest，I. and Lomov，S. V.（2005）Virtual textile composites software Wisetex：integration with micro-mechanical，permeability and structural analysis. *Compos. Sci. Technol*，65（15-16），2563-2574.

## 扩展阅读

Bogdanovich，A. E. and Pastore，C. M.（1996）*Mechanics of Textile and Laminated Composites*，Chapman and Hall，London.

Cao，J.，Akkerman，R.，Boisse，P.，Chen，J.，Cheng，H. S.，Graaf，E. F. d.，Gorczyca，J. L.，Harrison，P.，Hivet，G.，Launay，J.，Lee，W.，Liu，L.，Lomov，S. V.，Long，A.，Luycker，E. d.，Morestin，F.，Padvoiskis，J.，Peng，X. Q.，Sherwood，J.，Stoilova，T.，Tao，X. M.，Verpoest，I.，Wiggers，J.，Willems，A.，Yu，T. X. and Zhu，B.（2008）Characterization of mechanical behavior of woven fabrics：experimental methods and benchmark results. *Compos. Part A*，39，1037-1053.

Chinesta，F. and Cueto，E.（eds）（2007）*Advances in Material Forming. Esaform 10 Years On*，Springer.

Chou，T. W. and Ko，F. K.（1989）*Textile Structural Composites*，Elsevier.

Cox，B. N. and Flanagan，G.（1997）*Handbook of Analytical Methods for Textile Composites*. National Aeronautics and Space Administration，Langley Research Center，Hampton，Virginia.

Crookston，J. J.，Long，A. C. and Jones，I. A.（2005）A summary review of mechanical properties prediction methods for textile reinforced polymer composites. *Proc. Inst. Mech. Eng. Part L. J. Mater. Des. Appl.*，219（L2），91-109.

Denton，M. J. and Daniels，P. N.（eds）（2002）*Textile Terms and Definitions*，11th edn，The Textile Institute，Manchester.

John，S.，Herszberg，I. and Coman，F.（2001）Longitudinal and transverse damage taxonomy in woven composite components. *Compos. Part B*，32，659-668.

Lomov，S. V.，Huysmans，G. and Verpoest，I.（2001）Hierarchy of textile structures and architecture of fabric geometric models. *Text. Res. J.*，71（6），534-543.

Lomov，S. V.，Ivanov，D. S.，Verpoest，I.，Zako，M.，Kurashiki，T.，Nakai，H. and Hirosawa，S.（2007）Meso-FE modelling of textile composites：road map，data flow and algorithms. *Compos. Sci. Technol.*，67，1870-1891.

Lomov，S. V.，Ivanov，D. S.，Truong Chi，T.，Verpoest，I.，Baudry，F.，Vanden Bosche，K. and Xie，H.（2008）Experimental methodology of study of damage initiation and development in textile composites in uniaxial tensile test. *Compos. Sci. Technol.*，68，2340-2349.

Long，A. C.（2005）*Design and Manufacture of Textile Composites*，Woodhead Publishing Ltd，Cambridge.



本章译者：方常青，孙慧玉（南京航空航天大学航空宇航学院）

# 第 181 章

# 纺织复合材料：陶瓷基复合材料

David Marshall，Brain Cox
Camino Dos Rios，Teledyne 科学公司，千橡市，加利福尼亚州，美国



## 1 引言

航空航天系统在提高效率、减少排放和扩展性能方面的需求亟须结构材料能承受更高的温度。最迫不及待需要提高的就是飞行器燃气涡轮发动机的灼热部分（如燃烧室、桨叶、叶片、密封圈和喷管），但费用正如火箭和吸气式高超声速飞行用的超燃冲压发动机一样昂贵。高超声速飞行也需要灼热机身结构：目前这些交通工具的设计受制于气动加热和可用材料的温度极限。

上述所需的温度极限已经超出了金属材料的范围。近 50 年来，超合金已经精炼到在非常接近其熔点温度时的高应力下也能发挥作用。由于金属系的提高余地有限，人们的注意力已经转向涂层、单片材料或者纤维增强复合材料形式的陶瓷上来。陶瓷材料具有很多引人注目的性能，包括高温稳定性、高强度、高硬度和低密度。然而，它们也具有脆性，因此保证其可靠性的难度很高。当单片形式时，陶瓷材料易受加工缺陷和使用时发生的损伤影响而失效，因此也很难制成大尺寸。

这些困难大多能通过使用高强度连续纤维增强陶瓷材料来克服。如果采用纤维增强，并且控制好纤维和基体间的界面，则得到的陶瓷基复合材料（Ceramic Matrix Composite，CMC）能在机械载荷下以准塑性方式变形，且耐开裂，具有高损伤容限。复合材料对加工缺陷并不敏感，容易制成大尺寸。损伤容限性能是因引入纤维和基体间的弱界面而得到的。不幸的是，这造成了复合材料的极端各向异性，且会增强纤维方向强度、韧性高而横向强度低。亟待解决的最大挑战就是设计一种纤维结构，避免在横向载荷下失效以及获得最大化纤维增强带来的益处。其他挑战有：选择材料成分使其在高温氧化和腐蚀环境下寿命最大化，提高建模功能使其能够预测复杂微结构材料的寿命。

这些挑战如荆棘载途，尽管陶瓷基复合材料的潜在益处已被人们认识超过 20 年，但目前在用部件为数甚少，主要局限于中等热环境部件，如军事燃气涡轮发动机中的副翼和密封圈（Zawada 等，2007）。尽管如此，陶瓷基复合材料仍然吸引着全世界各发动机制造商和政府的大量投资，其发展已经到了先进发动机测试阶段。发动机制造商已经声明，两个最难设计和生产部件陶瓷基复合材料涡轮桨叶和叶片，已经为不久的发动机批量生产做好了准备（ASD，2009）。

以下章节首先是对常见陶瓷基复合材料的介绍，包括：第 2 节讨论获得陶瓷基复合材料损伤容限采用的方法；对纤维、基体和涂层的可用材料以及特殊航空航天部件不同材料选择依据作了概述。第 3 节简要提及加工方法。第 4 节叙述常见层合增强结构形成的复合材料的典型性能。第 5、6 节探讨三维（three-dimensional，3D）增强结构纺织复合材料的最新进展以及针对预测其性能和寿命的错综复杂情况而采用的处理方法。

## 2 陶瓷基复合材料：损伤容限型脆性材料

陶瓷基复合材料的一个关键特征就是它们能够组合两种脆性成分（高强度纤维和基体）而生成一

种非脆性的损伤容限型的复合材料。非脆性表现为发生在完全断裂之前的伴随非线性变形的一种“类似木头”的断裂。图 1 给出了陶瓷基复合材料应力、应变响应的例子和断裂复合材料的图像。

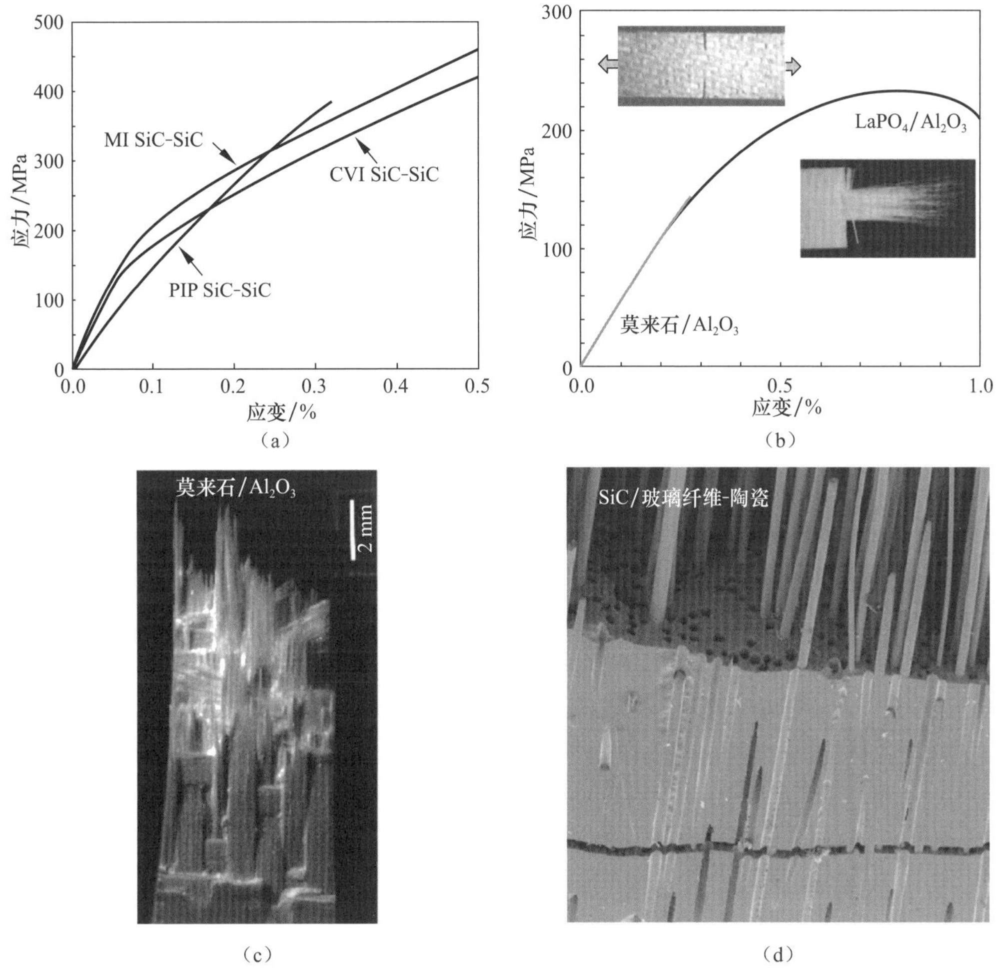


**图 1　(a)，(b) 几种类型陶瓷基复合材料的典型应力-应变曲线（在平行于一组纤维的单向面内拉伸作用下均衡 0/90 铺层的 SiC-SiC 和氧化物复合材料）；(c)，(d) 纤维拔出的断裂复合材料图像**

SiC-SiC 数据来自文献（Morscher，2010），莫来石/$Al_2O_3$ 数据来自文献 Mattioni 等，2005

复合材料第一次表现出这种特性是在 20 世纪 60 年代末，它由碳纤维和玻璃基复合，后来在 20 世纪 80 年代初，由硅-碳纤维和玻璃-陶瓷复合（Sambell 等，1972；Prewo 和 Brennan，1980）。对于以上两种材料体系，超过某个临界值的拉伸载荷会造成基体有分散的开裂而不引起纤维断裂。在这两种情况下，纤维和基体间的界面足够薄弱以至于基体内靠近纤维的裂纹会导致纤维和基体剥离而不会穿过界面进入纤维。第一次开裂之后，进一步的载荷增长伴随着纤维断裂所需的非线性应变，最终将导致复合材料失效。

碳（Carbon，C）玻璃以及碳化硅（silicon carbide，SiC）玻璃陶瓷复合材料内观察到的裂纹偏移机制可通过以下方式获得，通过选择与纤维结合得不紧密的基体材料，或者通过给原本就薄弱的（如分层或者多孔材料）或者与纤维或基体结合不牢固的纤维涂上涂层。不论哪种情形，防止裂纹增长而进入纤维的条件均可以表示成一个比值的临界值（最大值），即界面或者涂层材料的断裂韧性与纤维韧性的比值（He 和 Hutchinson，1989）。临界比值依赖于纤维和基体的相对弹性模量。对许多陶瓷基复合材料而言，纤维和基体的弹性模量相似，其临界比值接近 0.25。

即使纤维和基体间的结合很牢固，如果基体的强度和刚度足够低，纤维和基体的损伤也可以解耦（Tu、Lange 和 Evans，1996）。在这种情况下，随着裂纹靠近纤维，基体裂纹附近的应力增大，造成基体在主裂纹到达纤维前发生第二次开裂。这种机制使得通过引入基体内多孔性来设计损伤容限型复合材料成为可能。表现出类似木头断裂的坚韧复合材料现已证实使用了薄弱界面和多孔基体的两种方法，并应用到高温材料的多种组合中。

# 3 材料选择和加工

## 3.1 航空航天应用材料选择

目前，令人关注的陶瓷复合材料分为性能显著不同的两类。一类基于 SiC，包含碳或 SiC 纤维和 SiC 基基体，它们常常含有添加剂，用于氧化保护（DiCarlo 等，2006）；另一类由氧化物组成，包括氧化铝、二氧化硅、莫来石和稀土磷酸盐中的一种或多种选择出来的氧化铝或莫来石纤维和基体（Zok，2006）。这两类之间的选择涉及性能和环境稳定性二者间的权衡：SiC 基复合材料比氧化物复合材料更耐高温（前者约 1 600 ℃，后者约 1 200 ℃），且高速断裂强度是后者的两倍，热传导率也比后者高，而后者在燃烧和其他氧化环境下更加稳定。



相对于金属材料，SiC 基陶瓷复合材料在航空航天高热流推进系统应用所依赖的关键材料特性是其高温下的比强度（强度与重量的比值），温度范围为 1 000 ℃～1 600 ℃，其潜在优势是比强度是金属材料的 2 倍（图 2）。C-SiC 和 SiC-SiC 复合材料的强度值是承受面内载荷的层合二维（two-dimensional，2D）复合材料的典型数值（400 MPa）。厚度方向的强度要小一个量级，所以与金属相比不具有竞争性。因此，能够布置增强纤维成三维结构以匹配应力的空间分布对陶瓷起着决定性的作用。

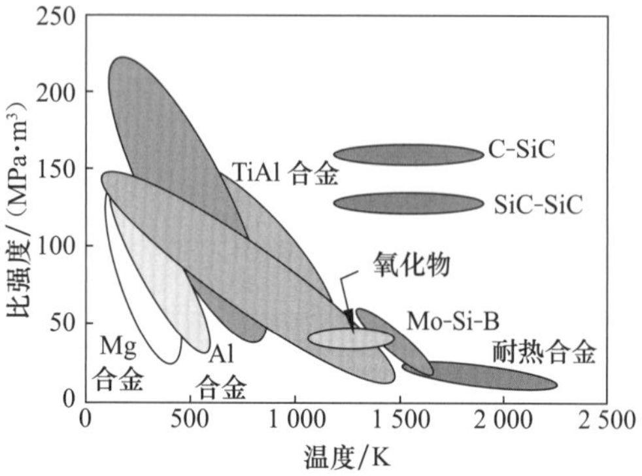


**图 2 根据温度选择高比强度材料**

复制于 Marshall 和 Cox（2008）© Annual overviews

与 SiC 基陶瓷不同，氧化物复合材料只具有比强度高于超合金这一个边际优势，这一优点只存在于一个狭窄的温度范围内（图 2）。但氧化物复合材料较低的热传导率使得它们成为隔热结构的首选，包括太空飞行器和超声速飞行器的热保护系统。它们还有一个比较大的优势——在氧化环境下的稳定性，这使得它们成为陆基发电用气体涡轮部件的首选，这种部件所需的寿命超过 20 000 h。

航空航天推进用气体涡轮内的部件，所需寿命要短一到两个量级，在大多数情况下使用 SiC-SiC 复合材料更为有利，但有一个附加条件，即大多数发动机需有环境障涂层的保护。氧化物复合材料在承受中等温度和低的机械和热应力的部件上依然有竞争力。对于火箭发动机和高超声速联合循环发动机，寿命更要短三个量级，可以使用涂过层的碳纤维。在此应用上，碳纤维 SiC 基复合材料和 SiC-SiC 复合材料难分伯仲。

## 3.2 纤维

陶瓷基复合材料的性能和制造时使用的温度，受制于纤维高温下的强度和稳定性。目前可用的氧化物纤维是多晶的，晶粒尺寸约为 100 nm。这些纤维可在高达近 1 200 ℃的情况下长时间应用（Hay 等，1999）。当温度更高时，它们易受持续载荷影响而发生蠕变，且随着晶粒增长，强度快速减小。人们已尝试发展在高温下微观结构能稳定地抵抗蠕变的氧化物纤维，其中包括多晶 YAG 纤维、单晶蓝宝石纤维丝和共晶单丝纤维（如 $Al_2O_3$/YAG、$Al_2O_3$/$ZrO_2$），但还没有一个投入商业生产。

可用 SiC 纤维有几种类型，因其化学组成和微观结构不同，高温性能大不相同。这些纤维一般由聚合物先驱体形成，如聚碳硅烷。根据使用的加工方法和热处理形式，微观结构由非晶相和纳米结晶相的不同混合构成。耐高温（1 400 ℃～1 600℃）最强的纤维具有与纯 SiC 非常接近的成分，且能完全结晶（Yuan 和 DiCarlo，1996）。碳纤维在更高温度下依然稳定。

## 3.3 界面涂层

作为损伤容限的先决条件，允许剥离的纤维涂层或基体材料的选择是有限制的。碳纤维和 SiC 纤维复合材料内，涂层的唯一选择就是热解碳和氮化硼（Boron Nitride，BN）*，两者都是由薄弱分层多晶结构构成的。这些涂层经化学气相沉积，能提供控制良好的、单个纤维厚度在 0.1～1 μm［图 3（a）］的统一涂层。剥离和基体裂纹的偏向不仅能发生在界面上（涂层/纤维或者基体/涂层），还能在涂层自身内部发生（Morscher 等，2004）。涂层对燃烧环境下氧化反应的敏感性会导致复合材料韧性的下降，这是一个重大的问题。BN 涂层经常掺杂硅以提高其抗氧化性。

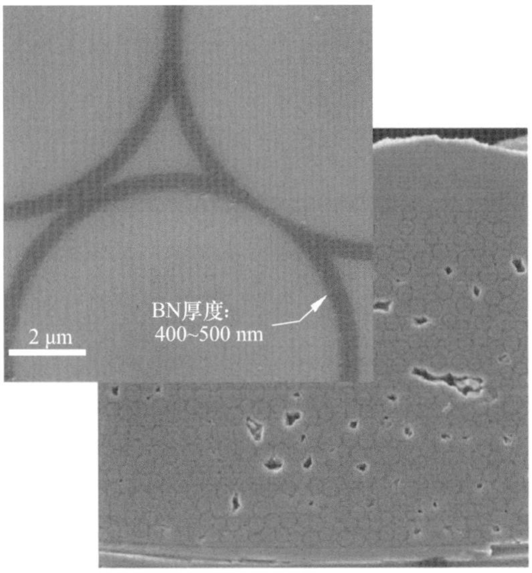


（a）

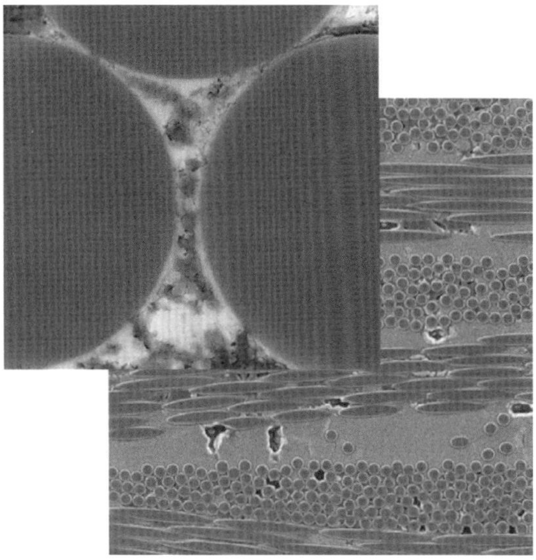

（b）

**图 3　纤维涂层位置**

（a）具 BN 涂层的 SiC-SiC 复合材料；（b）$Al_2O_3$ 纤维以及由镧-独居石（浅色相）和 $Al_2O_3$（深色相）构成的基体组成的氧化物复合材料

对于氧化物复合材料，氧化铝和莫来石纤维上的稀土磷酸盐（如镧-独居石）涂层已被证实能满足第 2 节中讨论过的剥离条件（Morgan 和 Marshall，1995）。稀土磷酸盐形成结合薄弱的界面，且是它们与其他许多氧化物的兼容相。然而，这些材料加工成单个纤维上的统一的薄涂层比加工 SiC 纤维上的碳和 BN 涂层更具挑战性。最有希望的方法是通过来自溶液先驱体的受控沉积来进行涂层（Fair，Hay 和 Boakye，2007）。另一种使用上取得一些成功的方法是跳过形成单一涂层的步骤，而是通过用稀土磷酸盐作为整个基体，或者是形成氧化物材料（如氧化铝）和稀土磷酸盐的混合基体，这样一来后面这种成型在基体加工过程中就会保持在纤维表面的原来位置［图 3（b）］。

## 3.4　基体材料

有潜能的基体材料的选择更为广泛。然而到目前为止，对于碳或者 SiC 纤维复合材料，大部分包含 SiC 基基体，而氧化物复合材料绝大部分包含氧化铝、莫来石和镧-独居石组合形成的基体。选择成分和纤维类似的基体有利于避免因热膨胀系数相异而造成的应力和相关的开裂。

## 3.5　加工方法

制造陶瓷基复合材料基体已有许多加工方法，如浸进预浸料，或者是通过渗透纤维预成型。然而，生产最优基体的加工条件（温度、压力和化学条件）也常常使纤维退化，加工方法的选择通常涉及权衡纤维性能与基体强度、热传导率和相对密度（多孔性）。最常用的方法如下。

（1）化学气相渗透工艺（Chemical Vapor Infiltration，CVI）形成 SiC 基体。这项技术可在纤维预成型所有表面上沉积出近乎统一的稠密结晶 SiC 层。其限制性是在预成型内部纤维束之间更大的空间被填充之前，反应气体进入预成型内部的过程总是会因表面附近的稠密性而受阻；产生的相对较大孔洞对复合材料性能有不利影响，尤其会影响用单向层或薄机织织物堆叠形成的复合材料的层间强度。

（2）熔体渗透（Melt Infiltration，MI）方式，基于熔融硅渗透，用来形成 SiC-SiC 复合材料的 Si/SiC 基体。这可以有几种变体。一种包含第一次用纤维涂层和足够的化学气相渗透工艺得到的 SiC 渗透纤维预成型来形成包围纤维束的保护层，再渗透 SiC 颗粒到纤维束间的空间，最后渗透熔融 SiC 到颗粒间的空间形成两相 Si/SiC 基体。其他种类包含渗透碳到纤维束间的空间，然后用熔融硅活性渗透形成 SiC。这些方法的优点是可以形成充分稠密的基体，导致热传导率和基体强度相对较高。但是目前熔体渗透得到的复合材料的高温性能受到基体内残余硅元素存在的限制，使得长期暴露在高于 1 400 ℃温度时复合材料性能退化（硅沿着给予保护的 SiC 晶界移动并与纤维涂层反应）（DiCarlo 等，2006）。

（3）聚合物渗透和热解（Polymer Infiltration and Pyrolysis，PIP）来形成 SiC 和氧化物基体。这种方法用液体聚合物（或者包含其他惰性粒子的聚合物浆液）渗透纤维预成型，该聚合物能在合适的气体环境下热解形成所需的基体。聚碳硅烷或聚碳硅氮烷用以形成 SiC 或者 Si-C-N 基体；聚硅氧烷用来形成硅基或 Si-Al-O 基基体。选择最优聚合物先驱体和热处理条件，热解时重量减轻就小，而密度增加（因此体积收缩）大，这会导致基体开裂，且如果基体孔隙度低，则需要多个渗透/热处理周期。



（4）浆液或浆液/先驱体法用以形成氧化物复合材料。这种方法包含渗透惰性粒子浆液连同（或不连同）溶液先驱体到纤维预成型内（一起或按次序），去除液体，热处理烧结。去除液体时会发生先驱体沉淀（含水的或有机的）。因为去除液体时有相对大的体积损失，因此需要多个周期的渗透和热处理来实现低孔隙度。然而，许多应用中需要隔热，多孔性是有利的，烧结步骤中的目标就变成了不引起局部致密化情况下的基体加固。这种方法形成的复合材料基体的例子包括 $Al_2O_3$ 和 $Al_2O_3$/莫来石（来自莫来石和 $Al_2O_3$ 粒子的不同组合，连同或不连同铝氯氧化物先驱体）、$Al_2O_3/LaPO_4$（来自 $Al_2O_3$ 粒子和/或用于 $LaPO_4$ 的含水溶液先驱体中的 $LaPO_4$）。

## 4 单向或层合二维增强陶瓷基复合材料的性能

大部分陶瓷基复合材料的开发用到了层合结构，单向纤维层或机织织物叠层。机织织物由带子般的纤维束组成，每一纤维束具有 500～3 000 单丝，机织形式简单（缎纹或平纹梭织）。两种方法中纤维都按选定的面内方向排列，因此使得纤维这些方向上提供更高的刚度和强度，使形成的复合材料具有较高的面内性能，并允许纤维紧密压紧。然而，良好的面内性能是以欠佳的厚度方向的强度和韧性为代价的。如果纤维和基体间界面薄弱，这种代价将更加极端。典型地，层间强度按比例系数 10～100 小于面内强度。

均衡 0/90 铺层的 C-SiC、SiC-SiC 和氧化物复合材料在平行于一组纤维的单向面内拉伸下的典型应力-应变响应如图 1 所示。两个特征响应很明显。含强基体的复合材料（含有来自熔体渗透和化学气相渗透工艺的基体的 SiC-SiC）呈现出一个明显的屈服点，对应着基体内多个裂纹的突然形成。屈服点以下的响应接近线弹性，具有相对较高的弹性模量，而屈服点以上非线性大应变会在纤维失效前产生。含较弱基体的复合材料（含有来自聚合物渗透和热解的基体的 SiC-SiC 和 C-SiC、氧化物复合材料）没有明显的屈服点。相反，初始刚度较低，应力-应变曲线的斜率不断减小直至失效。所有 SiC-SiC 复合材料的极限强度都类似：接近 400 MPa，其相应的纤维强度约 2 GPa，载荷方向排列着约为体积 20%的纤维。氧化物复合材料的极限强度较低，接近 250 MPa，相应纤维强度约 1.2 GPa。

## 5 三维织物增强陶瓷基复合材料

过去 10 年见证了用三维纤维增强制造陶瓷基复合材料部件的纺织方法的成熟。这些部件不如传统二维陶瓷基复合材料脆弱而易过早脆性失效，尤其是通过分层。创新的纺织方法能够使整个部件中随着增强材料的局部重排而形成复杂的特征。因此，一种新的陶瓷材料/结构出现了，称为整体纺织陶瓷结构（Marshall 和 Cox，2008）。

由于纺织方法高度自适应，整体纺织陶瓷结构可包含功能完全不同的部件，如气密性、受控蒸发、承压能力、柔韧性、受控热膨胀等，且部件结构迥异，包括单一面板、三明治结构、平面部件和环形部件。整体纺织陶瓷结构的关键特征包括以下几点：

（1）纤维束被机织成三维形式以消除分层失效；

（2）三维增强的坚固性允许制造非常薄的面板（<1 mm），薄板能维持极端的热梯度；

（3）三维结构能使热陶瓷面板无黏合地连接到

其他结构，如通过机织连接器连接到面板上，而不是尝试将它们黏合到面板表面；

(4) 整体上形成孔和其他特征而不切断纤维。

## 5.1 坚固的薄陶瓷基复合材料面板

涡轮、火箭和超燃冲压发动机内的许多燃烧部件需要薄壳结构，厚度方向经受如同面内一样大的热梯度。制造由与其他纤维束连在一起的多层纤维束构成的薄复合材料面板（厚度为 0.5～2 mm）有几种纺织方法，连着的纤维束要么穿过面板厚度方向，要么以某种方式连接邻近层，后一种方式会消除分层这种潜在的失效方式。图 4 中展示了这种纤维结构的几个例子。

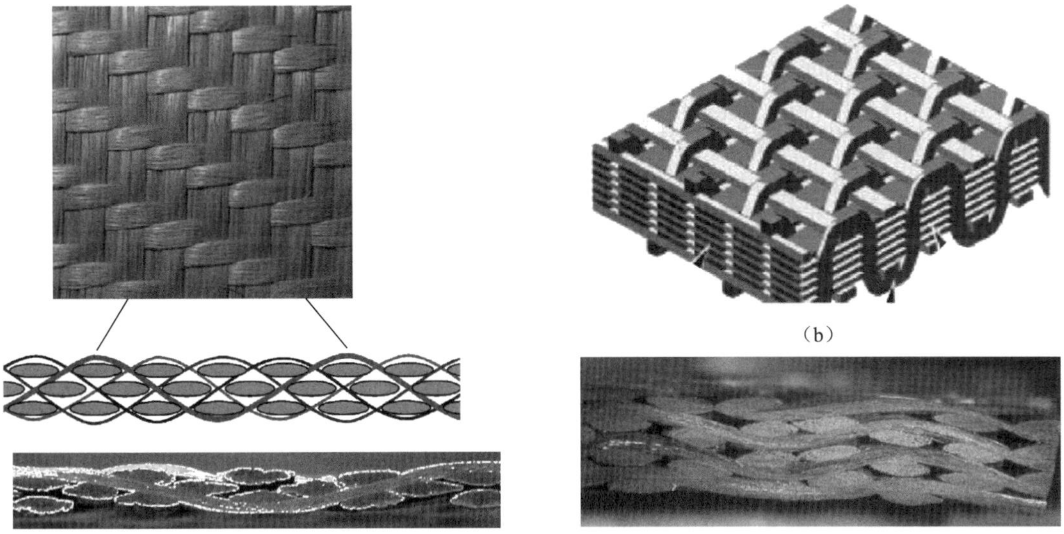

(a) (b) (c)

**图 4 整体机织薄面板**

(a) SiC 纤维三层角度互锁预成型，俯视图，横截面示意图垂直于纬向表明单胞内所有经向纤维束的投影，预成型的横截面；(b) 三维正交机织；(c) 层间角度互锁机织

接下来讨论基于双层和三层角度互锁机织的复合材料结构。这些复合材料面板的坚固性已在燃烧环境下被证实，该环境下可产生高达 1 500 ℃/mm 的热梯度。

## 5.2 三维陶瓷基复合材料结构举例

### 5.2.1 涡轮发动机燃烧室衬里

如同很多高温加热的面板一样，涡轮发动机燃烧室衬里必须包含与连接和冷却相关的复杂结构特征，包括用于多孔冷却的成倾斜角度的小孔（蒸发孔）和用于发动薄膜冷却流经衬里表面或者可容纳燃料喷射器或者空气喷嘴的大孔或兜状开口。

按规定形式机织牺牲棒或纤维束成纤维预成型就形成了蒸发孔［图 5 (a)］。通过织机，这些牺牲纤维束可自动定位，因此从效率上讲是首选，尤其是需要成千上万的蒸发孔时。牺牲纤维束可由碳纤维或者芳纶纤维组成。在预成型经过陶瓷基体加工第一阶段机械稳定之后，它们就被蚀刻或焚烧掉。在三维纺织中，蒸发孔可以在与衬里表面所夹小达 20°的角度上形成，并具有界限清楚地进入和退出特征［图 5 (b)］。单一大孔可由心轴周围纤维束的机械变形形成。用于发动薄膜冷却流经衬里表面所需的一排排大孔可由以下两者综合制成：间隔的心轴和为了在织物中创造缝隙的一些纤维束的遗漏。

热陶瓷基复合材料面板和冷却器周围结构之间的连接件设计需适应热应变和系统派生的机械载荷，这些载荷起因于流过衬里后面的冷却气体和衬里前面的燃烧气体间的压力差。传统方法依赖于边缘支撑，因此把约束放到了衬里的几何结构和厚度上。纺织复合材料的运用开创了设计替代性支撑系统的可能性，该系统基于分布在面板背面的多连接点。穿过面板的压降通常相当小（0.03～0.07 MPa），允许使用只需相对少构件就能连接衬里和支撑结构的柔性桁架结构（图 6）。合适的柔性桁架结构通过其相对自由的膨胀与收缩可让衬里和支撑结构间的差热应变得以调节。

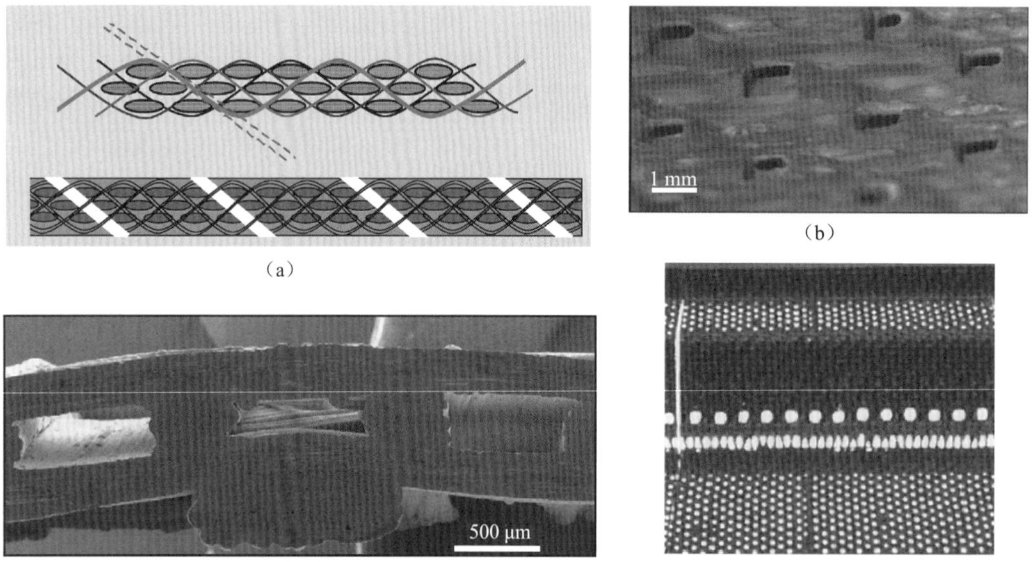


(a)　(b)　(c)　(d)

**图 5　薄纺织陶瓷基复合材料面板穿孔而不破坏纤维**

(a) 牺牲性碳纤维束机织到衬里预成型的典型模式；(b)，(c)，(d) 基体渗透后 SiC-SiC 复合材料面板内生成的蒸发孔（观察角度与面板近 20°）



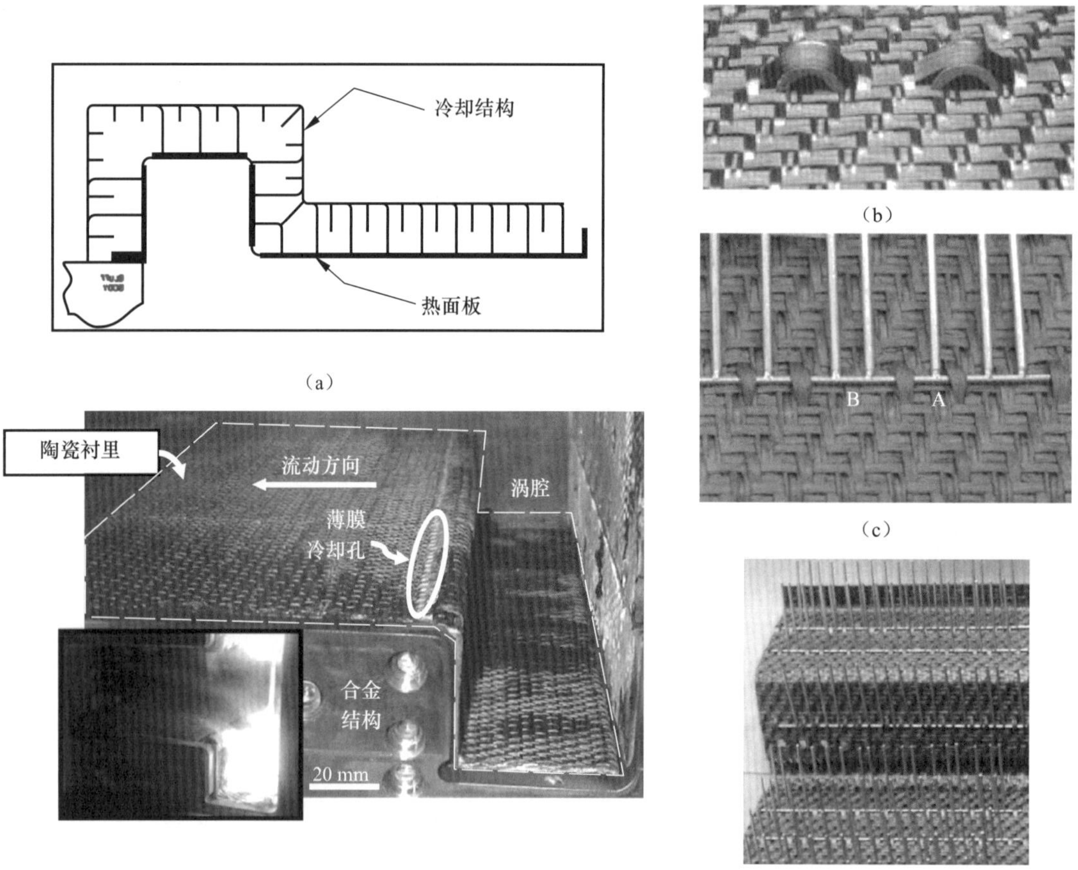


(a)　(b)　(c)　(d)　(e)

**图 6　(a) 热陶瓷基复合材料面板和冷包围结构之间的柔性支撑系统；(b)，(c) 纺织 SiC-SiC 复合材料面板的连接位置；(d) SiC-SiC 燃烧室衬里；(e) 子图 (d) 中衬里的凉面陈列一排排的连接支柱**

对于牢固的连接器而言，一个成功范例是其在材料选择和机械功能性上有相当大的灵活性，由一个或多个纤维束组成，这些纤维束从衬里增强材料中拉出成环，支撑或支撑锚可以插入环中

（图 6）。支撑可以是纤维束或合金线。支撑和支撑锚体系近似一种平滑铰接情况，最大程度减小了弯曲应力集中。

如图 6 所示的 SiC-SiC 复合材料衬里是针对捕获涡流燃烧室概念的实验测试台开发的。主要特征有以下几点：

（1）方形涡腔，创造环流保存腔内气体混合物直到燃烧良好，且腔壁必须包含大孔以允许燃料、助燃空气和冷却气体通过；

（2）成千上万的蒸发孔覆盖在衬里，与衬里表面夹角近 20°；

（3）一排排相对大的孔，薄膜冷却流穿过它而被发动以保护下游的衬里。衬里通过柔性桁架连接到冷却器合金支撑结构上，桁架由焊接到穿过衬里锚定环的合金棒上的合金支撑组成（图 6）。这种衬里在燃烧室测试台（图 6）中已被成功检测，测试条件是通过一个典型的运行中的涡轮发动机，就地观察燃烧流的模式以证实冷却孔、驱动孔和薄膜冷却槽的性能。一旦有了设计这种热结构的能力，纺织复合材料就给燃烧室本质上的重新设计带来了可能，包括超致密燃烧室，可引起冷却燃烧室室壁所需的压缩空气分数大大减少且在热力学效率和排放水平上有了突破。

#### 5.2.2 热交换器（火箭喷管和超燃冲压发动机燃烧室通流部分）

火箭喷管和超燃冲压发动机燃烧室通流部分是对交通工具设计有关键影响的大型结构。它们常需暴露在极端的燃烧环境下，在这种环境下材料如果不经烧蚀或冷却就无法幸存。液体火箭，如航天飞机主发动机，具有再生冷却喷管，面板面临着喷管内部相当灼热的火箭尾焰（自由流温度近 3 300 ℃），面板通过通往燃烧室的燃料在其背面冷却。超燃冲压发动机也需要类似的冷却机制。为了让燃料能够注入燃烧室，燃料必须在高压下保存，通常对于火箭发动机为 30～40 MPa，超燃冲压发动机为 5～15 MPa。

这些应用中的材料使用陶瓷基复合材料（C-SiC 或 SiC-SiC）代替金属材料可减少超过 2 倍的构件重量。这种大幅度的减少成为可能是因为陶瓷复合材料在高温下的比强度比那些竞争的金属高数倍（图 2）。然而，极端的热环境和可再生冷却喷管的冷却剂压力容器的需求使得它们的设计和制造成为一个挑战。

图 7 中展示了两种纺织复合溶液。圆柱管结构提供了更高效的压力容器，这对火箭喷管是至关重要的，它的燃油压力极大。出于这个原因，航天飞机主发动机的喷管加工成钟形，通过不锈钢管的集成钎焊，每一根管子与轴向剖面对齐且沿长度方向具有不同直径以形成所需的钟形。对于超燃冲压发动机应用而言，矩形通道是首选且可行的，它的燃油压力低，需要面向燃烧的光滑平坦表面。在两种情况下，根据所加热流和复合材料性能（承温能力和厚度方向导热系数），热面板的厚度都被限制在近 1 mm 以内。根据系统对燃料流经通道时产生压降的修正，通道直径需施加一个下限，而根据压力需要和复合材料强度需加一个上限。

如图 7 所示，通道结构是完整成型的，纤维束不断地从某一通道的热壁面通过连接区域或者间壁进入下一通道的冷壁面，因此通道的分离和冷热部件的分离被当作失效机制排除掉。纤维束的厚度（纤度）和间隔都经过选定，以使通道的环向纤维束数与轴向的之比为 2。因为 C-SiC 复合材料或者 SiC-SiC 复合材料的强度与平行于载荷方向排列的纤维体积分数近似成正比，故强度比与受压圆柱体的应力分量相匹配。通道朝外的壁面内部纤维束的互锁三维模式可抑制壁面内的分层失效，在热梯度大时至关重要。通过控制机织参数（如纤维束通过织机综片的通路、纤维束内的张力和将纤维压紧到一起所用的力），管壁内纤维束间的间隔可以最小化，因此未充分增强的陶瓷基体必含的压力区域就可以避免掉。

如图 7 所示，复合材料结构面板的热性能和机械性能在飞行条件这一典型条件下测得。测试包含连接复合材料管到用以高压冷却剂供应和回送的合金集合管上，还包含将面板一面暴露在燃烧尾焰下，这些尾焰来自美国航空航天局（National Aeronautics and Space Administration，NASA）格伦（Glenn）研究中心的小型火箭燃烧室和美国空军实验室的超燃冲压发动机燃烧室。模拟助推火箭发动机和超燃冲压发动机运行条件面板可幸存多个周期。

#### 5.2.3 热保护系统

典型的整体构造纺织热保护系统包含低密度的易碎陶瓷芯层，基于强度和抗破坏性，芯层一面或两面为纺织复合材料面板（图 8）。多孔的芯材料可包括刚性构架，包括用于航天飞机铺砖的陶

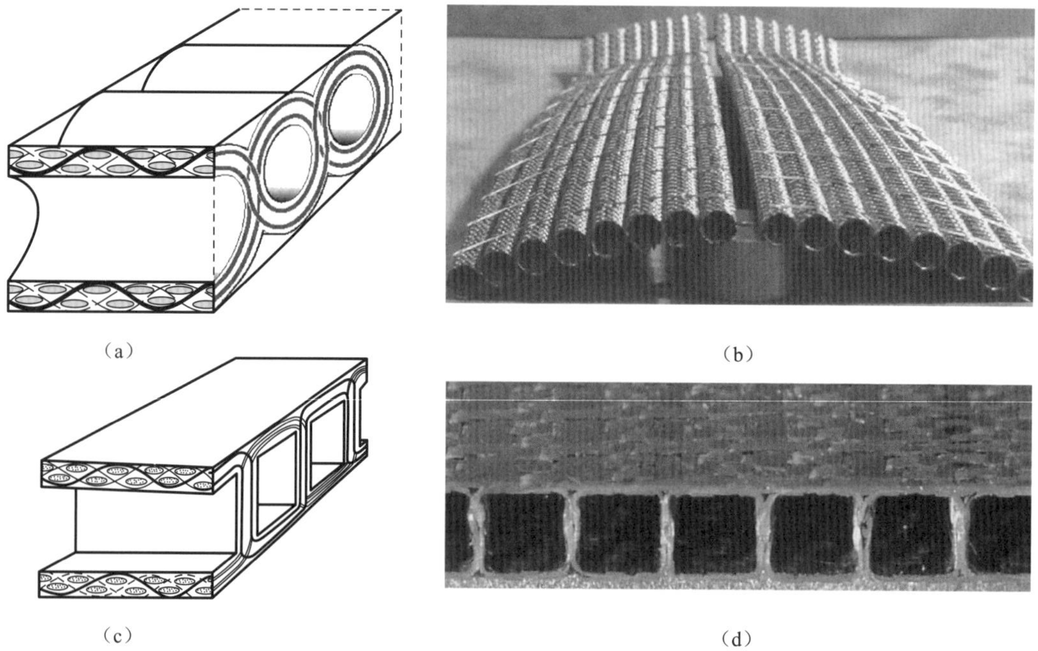


**图 7 用作高效冷却复合材料结构的整体机织通道预成型**

(a)，(b) 火箭喷管；(c)，(d) 超燃冲压发动机燃烧室室壁

瓷短纤维、压成毡的散纤维、陶瓷泡沫和气凝胶。面板通常采用氧化物基体加强的三维机织增强材料。具有弱界面的独居石基复合材料和多孔基体系统结合互锁结构，都能够为面板提供足够的韧性，使其在热保护应用中幸存。然而，关键的设计要求是确保面板不从芯材中分离。图 8 所示的整体机织的类通道结构提供了一个坚固的方案。另外，也可以设计具有大载荷承载能力的面板结构。它们都可以以不同的形状生产，无论是实体壁还是一排排连接面板的支柱，都能提供导电性、强度和重量的最优平衡。



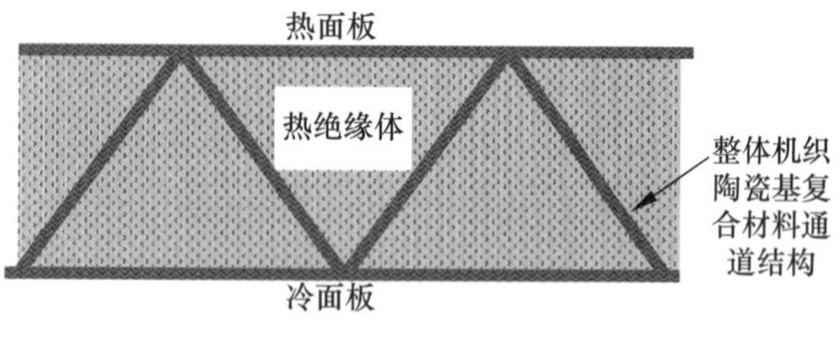


**图 8 基于氧化物复合材料整体机织类通道结构的结构性热保护系统**

## 6 三维织物增强陶瓷基复合材料性能的建模

虽然具有复杂增强结构的陶瓷基复合材料明显拓宽了结构陶瓷材料的性能包络，但赋予其韧性和增强了的输运性能的高复杂度也造成了最优材料设计和性能预测方面的特殊挑战。它们是复杂的异质结构，单一纤维束层级上具有高度各向异性。面临的挑战如图 9 所示，图 9 所示为通过散斑干涉法得到的均匀载荷作用下一 C-SiC 复合材料面内应变云图，单一纤维束层级上可看到局部应变的巨大变化。

结构设计的现代工程方法基于有限元分析，利用适合于精确代表结构体的几何结构的众多小计算单元，预计有应力集中的区域单元密度必须足够高。通过赋予材料属性，其空间通常是均匀的；体元中材料的变化小，如合金中的晶粒和复合材料中的纤维，在均质材料描述中平均，建模才能完成。

均匀化的正确性取决于材料的异质性相比结构特征要小。在整体纺织陶瓷结构中情况不同：关键特征如冷却孔和连接件由单一或仅仅很少的纤维束构造。纤维束本身就是高度各向异性的，通常纤维方向比横向刚度和强度要大。纤维束以不同角度横跨另一纤维束，因此复合材料在纤维束规模上是不均匀的，这种异质性相比结构特征而言并不小。材料均匀化导致了应力预测上的显著误差。

为了能准确预测，必须考虑纤维束结构。但这又带来了一项挑战：典型的整体纺织陶瓷部件中有非常多的纤维束，因而纤维束的表示必须高效，否则问题将庞大到无法解决。二元模型（Binary Model）（Yang 等，2005；Cox，Carter 和 Fleck，1994）是纺织陶瓷复合材料的一种有效表述，它用

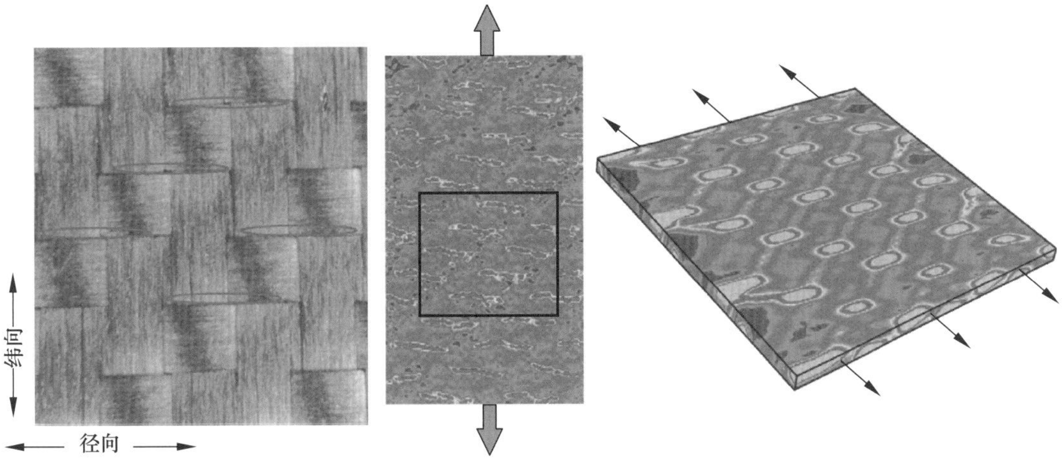


**图9　均布拉伸载荷下的具有两层角度互锁增强的薄C-SiC复合材料的面内应变**

(a) 复合材料表面的光学图像［许可下复制于Berbon等（2002）© American Ceramic Society］；(b) 拉伸应变散斑干涉示意图［许可下复制于Berbon等（2002）© American Ceramic Society］；(c) 运用二元模型公式预测的类似材料的应变［复制于Flores等（2010）© Elsevier］

一维弹簧单元代表纤维束，弹簧布置在真实纤维束的正确三维交织模式上。弹簧单元嵌入到传统的固体单元中，用以建模部件形状。如果因纺织品异质性而产生的局部应力场在与单一纤维束宽度相当的计量长度上平均，则用这种简单的模型预测它们的变化是准确的（9，12）①。这样计量平均的应力首选应用包括纺织复合材料在内的具有内置增韧机制材料的失效准则（13—15）①。图9（c）展示了预测纺织对应变空间分布的影响。

## 7　结论

利用纺织手段制造具有三维纤维增强的陶瓷基复合材料结构的可行性已经确立。纺织方法能设计单个部件的最优纤维结构来匹配使用中预期的热载荷和机械载荷。这些方法也使部件中复杂特征整体成型成为可能。火箭喷管、涡轮燃烧室、超燃冲压发动机燃烧室和热保护系统的原型部件已经制造出来，并在典型的热/机械环境下测试过，证实了其在系统重量和性能上的潜在优点。

将这类陶瓷基复合材料结构的全部潜能在航空航天系统中实现并被接受还需要在以下几个领域进行进一步发展。

（1）部件和纺织复合材料集成设计。如果部件设计能适应开发与调节整体纺织陶瓷结构的功能和局限性，而不是简单地用陶瓷材料代替系统中的合金零件，则系统就保持不变，且系统优点一般会有一个显著提高。

（2）产品质量和一致性的保证，尤其是纺织预成型中纤维束的布置和最优纤维填充的实现。目前，可用模型不足以弄清预成型中干纤维束的交织和变形，也不足以为纺织制造参数与预成型中纤维束的最终位置和形状之间提供联系。

（3）候选设计的性能预测。预测性能和寿命是具有挑战性的，因为整体纺织设计对于特别的应用往往是独一无二的，具有位于关键特征附近的可变结构，关键特征如冷却孔和连接件，它们没有使用用以建立材料性质数据的大试样来代表，这使得开发高保真建模能力至关重要。

## 相关章节

第2卷第82章
第2卷第83章
第2卷第84章
第2卷第90章
第4卷第180章
第4卷第182章
第4卷第186章
第4卷第191章
第4卷第192章
第4卷第193章
第4卷第194章

① 原书即为此形式，具体含义不明。

## 参考文献

(a) ASD News: Mar 10, 2009; (b) *Aviation Week*, March 9, 2009.

Berbon, M. Z., Rugg, K. L., Dadkhah, M. S. and Marshall, D. B. (2002) Effect of weave architecture on tensile properties and local strain heterogeneity in thin-sheet C-SiC composites. *J. Am. Ceram. Soc.*, 85, 2039-2048.

Cox, B. N., Carter, W. C. and Fleck, N. A. (1994) *Acta Metallurgica Materialia*, 42, 3463-3479.

DiCarlo, J. A., Yun, H. M., Morscher, G. N. and Bhatt, R. T. (2006) SiC/SiC composites for 1 200℃ and above, in *Handbook of Ceramic Composites*, *Springer*, Berlin, 77-98.

Fair, G. E., Hay, R. S. and Boakye, E. E. (2007) Precipitation coating of monazite onwoven ceramic fibers: I. Feasibility. *J. Am. Ceram. Soc.*, 90, 448-455.

Flores, S., Evans, A. G., Zok, F. W., Genet, M., Cox, B. N., Marshall, D. B., Sudre, O. and Yang, Q. (2010) Treating matrix nonlinearity in the binary model formulation for 3D ceramic composite structures. *Composites*, *Part A*, 41, 222-229.

Hay, R. S., Boakye, E. E., Petry, M. D., Von Lehmden, K. and Welch, J. (1999) Grain growth and tensile strength of 3MNextel 720TM after thermal exposure. *Ceram. Eng. Sci. Proc.*, 20, 153-163.

He, M. Y. and Hutchinson, J. W. (1989) Crack deflection at an interface between dissimilar materials. *Int. J. Solid Struct.*, 25, 1053-1067.

Marshall, D. B. and Cox, B. (2008) Integral textile ceramic structures. *Annu. Rev. Mater. Res.*, 38, 425-443.

Mattioni, M. A., Yang, J. Y., Levi, C. G., Zok, F. W. and Zawada, L. P. (2005) Effects of combustor rig exposure on a porous-matrix oxide composite. *Int. J. Appl. Ceram. Technol.*, 2, 133-140.

Morgan, P. E. D. and Marshall, D. B. (1995) Ceramic composites of monazite and alumina. *J. Am. Ceram. Soc.*, 78, 1553-1563.

Morscher, G. N., Yun, H. M., DiCarlo, J. A. and Thomas-Ogbuji, L. (2004) Effect of a boron nitride interphase that debonds between the interphase and the matrix in SiC/SiC composites. *J. Am. Ceram. Soc.*, 87, 104-112.

Morscher, G. N. (2010) Tensile creep and rupture of 2D-woven SiC/SiC composites for high temperature applications *J. Euro. Ceram. Soc.*, 30, 2209-2221.

Prewo, K. M. and Brennan, J. J. (1980) High strength silicon carbide fiber reinforced glass matrix composites. *J. Mater. Sci.*, 15, 463-68.

Sambell, R. A. J., Briggs, A., Phillips, D. C. and Bowen, DH. (1972) Carbon fiber composites with ceramic and glass matrices. Part 2-continuous fibers. *J. Mater. Sci.*, 7, 676-681.

Tu, W. C. Lange, F. F. and Evans, A. G. (1996) Concept for a damage-tolerant ceramic composite with "strong" interfaces. *J. Am. Ceram. Soc.*, 2, 417-424.

Yang, Q. D., Rugg, K. L., Cox, B. N. and Marshall, D. B. (2005) Evaluation of macroscopic and local strains in a three-dimensional woven C/SiC composite. *J. Am. Ceram. Soc.*, 88, 719-725.

Yuan, H. M. and DiCarlo, J. A. (1996) Time/temperature dependent tensile strength of SiC and $Al_2O_3$-based fibers. *NASA Technical Memorandum* 107370.

Zawada, L., Ojard, G., Bouillon, E., Spriet, P. and Logan, C. (2007) Evaluation of ceramic matrix composite exhaust nozzle divergent seals. *In Proceedings 43rd AIAA/ASME/SAE/ASEE Joint Propulsion Conference*.

Zok, F. W. (2006) Developments in oxide fiber composites. *J. Am. Ceram. Soc.*, 89, 3309-3324.



本章译者：方常青，孙慧玉（南京航空航天大学航空宇航学院）

# 第 182 章

# 三维贯穿层合（Translaminar）增强和三维纺织复合材料

Alexander E. Bogdanovich
3TEX 股份有限公司，卡瑞市，北卡罗来纳州，美国



## 1 引言

在航空航天工业中，先进复合材料如今主要的发展趋势是实现“出罐”（Out-of-Autoclave）制造技术。这种技术可以在显著降低工艺成本和生产时间的前提下，制造与基准预浸渍带层合板性能水平相同的复合材料。制造未来商用飞机的大型复合材料部件需要更高的生产效率，然而，RTM 的固有缺陷限制了其制造具有复杂形状和多向纤维结构的大结构件的能力。目前，为了克服热压罐的高依赖性，行业内一直在研究各种新的制造工艺和新材料。真空辅助树脂传递模塑（VARTM）工艺非常适用于各种复杂的纺织预制件及其零组件的制造，包括开放式固化真空袋预浸（OCVBP）这样的特殊情况。

新一代“预浸”材料的发展目标是使用真空袋压力成型技术制造具有更高纤维体积含量的复合材料结构件。进行 VARTM 固化的理想环境是将黏合和压紧在一个“一体化”的步骤内全部完成，这样不仅可以使复合材料在经、纬两个主方向上都具有良好的传热效率，而且能够制造具有复杂形状的大型部件，同时节约了相当可观的成本。该研究方向最初获得成功（当时这项制造方法仅仅用于制造二级飞机结构）是基于近年来三维纺织预成型制造技术和新树脂体系的发展，尤其是被称为无皱褶纤维织物（Non-Crimp Fabrics，NCF）的可用性促进了这一技术的快速发展，而从更精确的纺织角度NCF 被命名为三维经编针织物（3D Warp-Knitted，3DWK）。同样地，其余类似的三维纺织物也在飞机制造商的考虑范畴内，像三维正交无皱褶织物（3D Orthogonal Non-Crimp Weaves，3DONCW）和三维编织物（3D Braids，3DB）。3DONCW 预制件具有的重要优势之一就是可以制造比 3DWK 更大单层厚度的预制件。与 3DWK 类似的是，3DONCW 预制件的特点是平面内为直纤维，而由于无皱褶，故即使在相对较大的厚度时依旧表现出卓越的一致性。3DONCW 面内纤维的平直度保证了其高于 3DWK 的面内模量，而这种结构导致这两种织物复合材料的面内模量高于三维连锁机织（3D Interlock Weave，3DIW）复合材料或二维平纹机织（2D Plain Weave，2DPW）层合板。

任何纺织预制件都有一个共同的优点，即单独预制件的铺设只需由 RTM 或者 VARTM 工艺处理，而无分层铺设步骤。与传统的铺设层板和部件装配制造相比，即大大简化了整个制造周期，节约了大量成本。从而可能使目前从零件设计、制造随后组装的部件制造理念，逐步过渡为单个部件整体制造乃至整个结构整体制造的结构化制造理念。当然，这也将要求制定和实施新的测试方法、新的设计方法以及新的预测结构分析工具。为了防止未知分层现象的存在而导致灾难性故障，目前对于关键结构件的设计方法是过于安全的。在完全消除任何可能载荷、任何分层破坏扩展的前提下，纺织预制件更高的设计许用值可以大大降低复合材料的结构重量，同时检查、修理和更换的成本也得以大大降

低。该方法实施的关键，则是如何对这种新型无分层复合材料结构承载能力进行准确可靠的理论预测。

如果使用非常薄（通常在0.125～0.140 mm）的预浸带，则必须采用复合层压工艺，因为任何实际结构的厚度都远超过几微米。一方面，纤维增强薄层预浸带有其固有优势，比如沿厚度方向上，不同铺设方向的单层具有的弹性性能不同，而实际上，直纤维的形式可达到最高纤维体积含量，因此也可达到最高的面内刚度和强度。另一方面，连续铺层会导致相邻纤维层间形成纯基体区，这也是各种严重的结构问题的根源，其中最严重的问题就是分层。如果在结构中发生层间剥离，同时满足分层在结构中能够传播，就会导致内、外层层裂屈曲，并在自由边界、开孔、两端、重叠搭接接头以及其他应力集中区处分层。值得注意的是，这也会导致冲击后的下壁出现压缩现象。分层会严重降低复合材料的使用寿命，特别是疲劳寿命。此外，也会对传统层压复合材料的螺栓和胶接等连接强度产生不利影响。

当然，上面提到的问题并不是罕见。自20世纪90年代初以来，很多文献都对此进行了广泛讨论，探寻航空工业急需可以成功取代传统预浸带层合板热压罐的制造技术［关于该方向的一些重要文献可以参见Hogg、Ahmadnia和Guild，1993；Dransfield、Bailie和Mai，1994；Dexter和Hasko，1996；Brandt、Drechsler和Arendts，1996；Mouritz、Leong和Herszberg，1997；Bibo、Hogg和Kemp，1997；Bibo等，1998；Dickinson、Farley和Hinders，1999；Mouritz，1999；Leong等，2000；Tong、Mouritz和Bannister，2002；Partridge、Cartié和Bonnington，2003］。具体来说，Dransfield、Bailie和Mai（1994），Mouritz、Leong和Herszberg（1997），Dickinson、Farley和Hinders（1999）等的文献，以及Tong、Mouritz和Bannister（2002）编纂的工具书中均介绍了缝合技术；Dickinson、Farley和Hinders（1999），Tong、Mouritz和Bannister（2002），Partridge、Cartié和Bonnington（2003）分别提出和介绍了Z向针刺成型技术；Hogg、Ahmadnia和Guild（1993），Dexter和Hasko（1996），Bibo、Hogg和Kemp（1997），Bibo等（1998），Leong等（2000），Tong、Mouritz和Bannister（2002）等综述了3DWK技术；Brandt、Drechsler和Arendts（1996），Mouritz等（1999），Tong、Mouritz和Bannister（2002）等则综述了3DIW技术；Mouritz等就缝合、3DIW、3DB和3DWK各自的优缺点进行了广泛的综述。



上述文献中，包括Tong、Mouritz和Bannister（2002），均没有提到3DONCW技术。因此，本章主要致力于介绍3DONCW技术，而只提及其余几项技术。在Mohamed等（2001）、Bogdanovich（2007）、Mohamed和Bogdanovich（2009）的工作中仅仅提及的3DONCW技术的一些关键性问题将在本章中进行详细阐述。本章还将致力于研究不同三维机织纤维结构，并比较各种具有代表性的复合材料的性能。

## 2 贯穿层合复合材料

### 2.1 定义

众所周知，缝合成型技术和Z向针刺成型技术能够大大提高层间断裂韧性（如阻滞分层的扩展、减少冲击损伤并提高损伤容限），通常可以将层间性能提高到一个更高的数量级。因此，接下来需要关心的就是平面内的性质。面内拉伸、压缩的静态和疲劳性能研究是三维层合复合材料研究的首要问题。单向机织、编织以及针织预制件增强复合材料也有类似问题。虽然两者存在着明显的根本差异，但是也不乏某些相似之处，本部分中将会揭示这些共同点。下面简要回顾缝合技术和Z向针刺成型技术的主要内容。

对于“三维增强”（缝合和Z向针刺成型技术）预制带和纤维布层合板，以及整体三维纺织增强（机织、编织和针织）复合材料，首先必须强调的是，这两者具有根本的差异。前者是为了达到结构需要的厚度，利用缝线或者刚性短针通过叠层工艺将预制的二维预浸带层或纤维布成品制成复合材料；后者在其制造过程中，面外增强纤维（根据不同的纺织形式被称为“Z向纱线”“接结纱”“经纱”“平针线”“编织纱”等）与其他方向（面内）的纤维一样相互交织或交叉，从而使织物形成一个不分层的整体结构。设想如果在注入树脂之前将面外增强相从整体三维纺织预制件中去除，那么整个预制件将会土崩瓦解，只剩下个别未解除束缚的纱线组成的网状结构。显然，在缝合编织物预制件中不可能发生这样的情况，每个织物单层仍会保持其完整性。

Dickinson、Farley 和 Hinders（1999，2000）提出了一种对两种情况下“三维增强”进行合理区分的方法，即术语上将缝合和Z向针复合材料命名为贯穿层合增强（Translaminar-reinforced，TLR）复合材料。根据上述定义，TLR 复合材料是多层二维层合板在厚度方向或者Z向具有穿过层板厚度的纤维增强相的复合材料。更进一步讲，TLR 可以是缝合层合板的连续缝线，或者是Z向纤维材料中不连续的棒或者引脚。他们认为，如果上述关于 TLR 复合材料的定义得以普及，那么这方面的术语问题都将会迎刃而解。

## 2.2　穿过层板厚度的缝合复合材料

20世纪90年代，多铺层未固化预浸带层合板和织物层板的厚度方向缝合技术得到了深入的研究和发展，它被认为是可以防止二维层合板分层的主要方法之一。总体而言，该技术投入实际应用的道路是长期而艰苦的。大量实验研究表明，干燥的织物预制件比未固化的预浸带容易缝合得多。因此，这个新技术领域的最新发展主要集中在缝合干燥织物预制件方面。在过去的几年中，国内外利用机械辅助实现全自动大型复杂预制件的缝合技术均有长足进步。

缝合技术首先需要关心的主要是其额外的制造成本，文献中就这个问题已经提出了很好的解决方法，这里不再赘述。第二个需要关心的是缝合复合材料的力学性能对比其他 TRL 复合材料具有明显的下降。事实上，当锋利的大直径针头穿过层板厚度进入叠层的预浸带层板或干燥的织物时，必然会造成面内纤维的部分损伤甚至破裂，同时原纤维结构发生的畸变也是不可避免的。因此，必然会产生如下问题：缝合复合材料在此过程中损失多少面内拉伸、压缩刚度和强度、耐疲劳性，同时其他力学性能会受到什么影响呢？Dransfield、Bailie 和 Mai（1994），Bibo 等（1998），Dickinson、Farley 和 Hinders（1999），Mouritz、Leong 和 Herszberg（1997）均根据大量的实验数据进行了总结和评论，这些在 Tong、Mouritz 和 Bannister（2002）的文献中也有提及。总而言之，上述及未提及的文献均指出，缝合技术并不能很好地应用于预浸带层压板。当针头携带缝线反复地（通常针脚间距较短）穿过已经成型的预浸料层压板时，必然会严重损伤面内密集而精细的纤维。无数的微观断裂产生并形成一个微应力集中的起源，这加剧了层板加载下新损伤进一步形成、聚结，并转化为宏观损伤或宏观裂纹。

此外，缝合过程中围绕每个针脚会产生相对较大的全树脂区，形成贯通厚度的“通道”。这些通道会形成附加的应力集中，因此在这些地方纯聚合物基体需抵抗裂纹的形成、传播和聚结。低载荷水平下疲劳裂纹的形成和扩展，就是其中一个重要的例子。对于缝合预浸带层合板而言，面内纤维损伤和贯穿厚度的纯树脂通道这两者通常会导致面内刚度和强度（尤其是在压缩情况下）相当大的损失，其余像耐疲劳性和耐久性等重要特性也会有所下降。

在大量实验数据的基础上，许多学者，尤其是早期的研究表明，除了成功增强Ⅰ型（和相对小的Ⅱ型）层间断裂韧性和抑制复合材料层压板的宏观分层现象外，缝合会或多或少地损害材料的其他机械性能。而部分其余文献给出了一些更中肯的结论，特别是 Mouritz 和 Cox（2000）全面地综合大量缝合复合材料的实验数据发现，在压缩、拉伸、弯曲和剪切载荷下，“对每个单层来说，缝合后刚度、强度和疲劳强度通常降低不超过10%～20%，而在一些情况下，材料性能保持不变或者略有提升”。Aumerich、Priole 和 Sun（2003）另外得出了不同铺层顺序的缝合角铺设层合板的静态和疲劳性能实验数据。同时，Tong、Mouritz 和 Bannister（2002）在这一领域的发展水平下进行了如下总结：“缝合技术对复合材料性能的影响尚未有完整明晰的结论，这也就使得这种材料得到认可和广泛应用困难重重。”

## 2.3　Z向针刺成型复合材料

与缝合技术相比，Z向针刺成型技术是一项相当年轻且非常不同的贯穿厚度增强的技术方法。尽管这两种技术方法有着本质区别，但是就其主平面内力学性能的影响来说，两者成型的复合材料有相似之处。Partridge、Cartié 和 Bonnington（2003）指出：“在贯穿厚度增强的复合材料发展过程中，Z向针刺成型复合材料是跟随着缝合复合材料的步伐前进的。”目前，已知的文献资料中，上述综述文章提供了Z向针刺成型材料关于生产流程、设备信息、材料使用以及力学性能最全面的信息。此外，Mouritz 和 Cox（2006）及 Marasco 等（2006）分别针对层合板和夹芯板复合材料详细地介绍了Z向针刺成型复合材料的新制造技术。

自20世纪90年代初，Foster-Miller公司开始发展一种新的产品形式，其目的是通过所谓的“Z向纤维”来贯穿厚度，增强复合材料结构。事实上，Z向纤维可能是单向拉挤复合材料或者短金属棒。Freitas等（1994）对最初Foster-Miller公司使用的Z向纤维附着过程和材料进行了详尽的报告。几种预浸料结构中，Z向纤维被证明能够附着到未固化的预浸料层，尤其是在热压罐中固化周期基体材料的最小黏度点处。附着温度最低为66℃，最高为398℃。除了石墨/环氧树脂层合平板和碳-碳T形加筋板（两者凸缘区域均用碳/环氧树脂Z向纤维增强）外，Freitas等（1994）还制造了石墨/环氧夹芯板结构，证明了该项技术的成功。此外，Foster-Miller公司的机械测试和性能表征均展示了令人鼓舞的结果。拉伸强度保持率可以达到93%～98%，拉伸弹性模量几乎不变，抗压强度基本上保持不变。18×、12×、2×三种Z向纤维增强复合材料的层间断裂韧性分别比各自未加入Z向纤维的有所提高。根据Z向纤维含量不同，引起边缘分层的临界载荷增加72%～94%，CAI强度提高50%。在模拟冰雹冲击试验中，不同Z向纤维含量的复合材料分层面积对比无Z向纤维基线板分别减少了44%和57%。共固化法兰接头区以Z向纤维增强的T形加筋板保持完好，而相邻的无Z向纤维而仅共固化的T形肋立刻从层板中脱离。



现代的Z向针刺成型方法可以利用超声进行辅助。高频声波作用可以激发针销，然后针销以很小的向下的力从其泡沫载体进入到未固化的预浸层板（Partridge、Cartié和Bonnington，2003）。该方法使层压板和夹芯板复合材料增强相能够正交于复合层的平面，或者与复合层平面成一定角度。Z向针通常有尖锐的顶端，这样可以减少引针进入基体材料时造成的面内纤维束损伤。插针过程伴随着局部加热，从而降低基体树脂的黏度，有利于Z向针销插入在纤维束之间，进而减少面内纤维损伤。Chang、Mouritz和Cox（2006）以及Marasco等（2006）的文章中详尽介绍了Z向插针过程。

Z向针能够大幅度提高层间断裂韧性，改善复合材料层合板损伤容限。然而，与贯穿厚度缝合复合材料相似的问题也存在于Z向针刺成型复合材料中：如果Z向针刺成型复合材料的面内拉伸、压缩刚度和强度、疲劳寿命和其他力学性能会下降的话，其损伤程度是多少？文献中关于这个问题的答案很少，而且结果不一致。仅有Partridge、Cartié和Bonnington（2003），Steeves和Fleck（2006），Marasco等（2006），Chang、Mouritz和Cox（2006），Mouritz（2007），以及Chang、Mouritz和Cox（2007）对该复合材料的具体力学性能进行了综述。正如预期的那样，Z向针刺和缝合对复合材料面内力学性能的影响有许多相似之处，但就影响程度而言，Z向针刺情况下可能产生的负面影响较小。这一结论可通过上述文献中得到的实验数据来证实。

在缝合复合材料的情况下，面内刚度的下降归因于面内纤维的变形和可能的纤维损伤，以及Z向针插入造成的全树脂区的存在。当然，面内压缩强度可以通过Z向针的插入而降低。Steeves和Fleck（2006）用平面正四面形列阵研究了Z向针垂直（90°）插入铺层平面的单向层压板。Z向针刺成型的单向层压板在面内压缩情况下会提前失效，且会有损失30%的压缩强度，这是因为Z向针引脚附近的纤维会产生微屈曲。同时观察发现，部分Z向针明显地插入铺层丝束中，伴随着不可见的纤维断裂将其分割成两部分（这在缝合情况下基本不可能存在）。由于沿纤维拉伸的单向复合材料的主要失效形式是面内纤维间的层间剥离，丝束分裂及与之相牵连的纤维起伏是产生这种失效模式的主要原因，而且可能显著地降低面内拉伸强度（降低了27%）。Z向针正交层合板的拉伸强度损失程度较轻，为11%～14%。

Chang、Mouritz和Cox（2006）发现，Z向针复合材料的杨氏模量仅略有降低，而拉伸静强度则下降得很明显。准各向同性层合板的强度损失较少，说明单向Z向针复合材料是最容易损失面内拉伸强度的。Mouritz（2007）对Z向针刺成型碳/环氧树脂层合板进行了实验研究，结果表明，随着Z向针列阵密度和直径的提高，面内抗压模量、静强度和疲劳强度均降低。同时，抗压性能的恶化程度依赖于层合板铺层方式，而单向层合板的压缩性能最差。Chang、Mouritz和Cox（2007）研究了材料为碳纤维和环氧树脂的Z向针五束缎纹机织层合板的静强度和疲劳弯曲性能。研究证明，Z向针对层合板的抗弯模量影响并不大，但无论是针脚列阵的密度还是针的直径提高，抗弯强度和疲劳寿命均随之稳步下降。

上述对贯穿厚度缝合与Z向针成型复合材料的性能和机理研究，对理解三维纺织复合材料的力学行为极为重要，下一节的主题就是对三维纺织复合材料的研究。这些研究有助于关联面内和贯穿厚度纤维结构各自的力学性能，同时能更好地理解所获得的实验结果。Z向针刺成型相关的局部几何效应（破坏或者面内纤维束剥离）在3DONCW复合材料中均不存在，而Z向针脚处和Z纱的面内纤维局部波纹则是两种复合材料均具有的一个共同特点。同时，全树脂区域会在Z向针脚和Z向纱线周围成型，这显示了两种复合材料的相似之处，但两者成型原理明显不同。

# 3　复合材料三维整体式纺织预制件

## 3.1　三维整体式预制件的定义

显然，任何由一个以上的铺层制成“整体”的复合材料结构均存在分层的可能性，不同的层会在相对较弱的“层间界面”发生分离。当然，“层间”这个词也可以适用于异种材料的任何分离面；然而，区分“宏观”和“微观”界面是非常重要的。“整体预制件”和“整体复合材料”的概念在这里定义为，某种材料结构内部可能不均匀（像纤维增强复合材料一样），而且存在微观界面，但没有任何宏观界面。这个定义明确地区分了三维整体（单一铺层）织物（机织、编织和针织）和TLR复合材料。制成的复合材料可以根据厚度分为“薄层”和“厚板”。传统的预浸带层合板、TLR复合材料以及三维整体纺织复合材料都可以是薄层或者厚板，因此厚度因素并不能区别某个复合材料是“多层的”（“层压的”）、TLF或者是三维整体式预制件增强复合材料。此外，三维增强纺织物通过层压成型的厚板复合材料属于层合纺织复合材料。三维纺织层通过缝合成型的复合材料则属于TLR复合材料的范畴。例如，几层SDWK织物通常会通过缝合以达到复合材料的厚度要求，这样的复合材料应该被归为3DWK织物层的TLR复合材料。因此，从各自的定义来看，比如30层PW、8层3DWK或者两层三维纺织层成型的层合板复合材料，其实没有本质的区别。这三种复合材料均存在宏观界面。因此，它们都不是整体复合材料。如果对几种预制件应用缝合或者Z向针成型，则变成了（二维或者三维的）TLR纺织层板。在此回顾复合材料层压板的宏观分层问题，我们可以得出这样的结论：有两种方法可以防止分层，一种是TLR方法，另一种是三维整体式纺织预制件。在本章第2节中回顾了第一种方法，而在这一节中将进一步讲述第二种方法。

## 3.2　纺织增强相的不同类型

现有的纺织预制件主要可以分为三种：机织、编织和针织。它们各自又可以分为二维（2D）和三维（3D）两类。“三维”这个术语不能与“三向”相混淆。例如，三向（三轴）编织物基本上是二维的，而三维编织物可以是四向甚至是五向的。简单来讲，二维和三维纺织物的主要区别在于，前者包含的纺织物中指定方向上只有一组纱线（即单纱线层），而后者包括所有包含了两组甚至更多的纱线层的纺织物。如图1（a）所示，二维编织物只包含两个方向的交织纱（一个是经纱方向，一个是纬纱方向）。与之相反，三维编织物在不同厚度包含了两个及两个以上的经纱和纬纱交织层。如图1（b）所示，在3DIW中，这些纱线层利用一些专用的经纱（通常称为“接结纱”，英文表示为“binder yarns”或者“warp weavers”）交织起来。因此，三维交错机织过程将部分经纱重定向到面外，作为面外增强相。这自然降低了面内纤维体积含量，而且造成了必然的纤维卷曲和主要增强相的波纹形状。同时，通过在厚度方向不断交叉经纱层和纬纱层形成接结，3DIW可以看作是代表性2DW的直接扩展。两者面内纱线均具有特征性的卷曲。

为了简便，将图1（c）中的3DONCW进一步命名为三维正交编织物（3D Orthogonal Weave，3DOW）。在这种复合材料中，面内纤维层与额外独立插入的纱线（通常称为Z向纱线）交织。Z向纱线的存在自然而然地降低了面内纤维体积含量和各个平面复合材料的性能。这类三维织物含有两个或者两个以上不交叉的平面，这些平面由经纱和纬纱编织而成，并且由一组贯穿厚度的Z向纱线捆绑在一起。这种织物是在专业的三维编织机中成型的。

在二维双向编织（2D Biaxial Braid，2DBB）中，有纱线方向为$\pm\theta$的层。在二维三向编织（2D Triaxial Braid，2DTB）中，纱线走向与织物成型方向成0°的附加层，如图1（d）所示。在这种情况下，三组纱线彼此交织形成整体预制件。与之相反的是，三维编织（3DB）织物包含两个或两个以上偏离指定轴向的纱线走向（四个方向是最常见的）。此外，0°纱线层可以合并在3DB结构中，如图1（e）所示。2DB和3DB预制件都有高度交织的纤维结构特征，这是复合材料获得高性能的一个严重障碍。

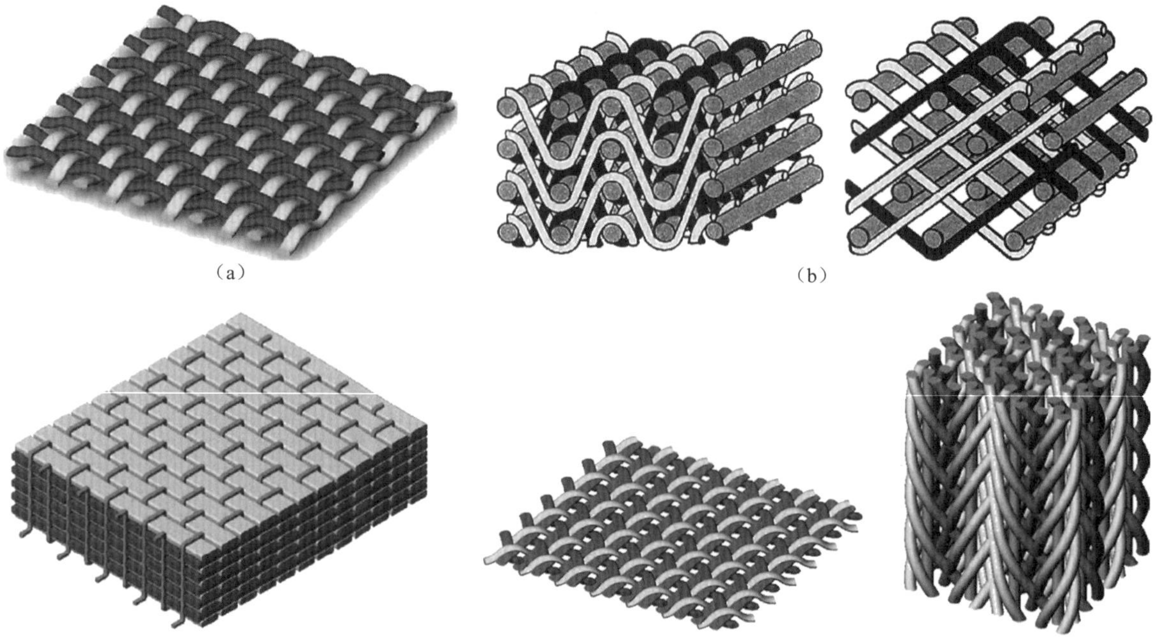

(a) (b) (c) (d) (e)

**图 1 几种工艺的纺织品图解**

(a) 二维平纹机织；(b) 三维连锁机织；(c) 三维正交机织；(d) 二维三向编织；(e) 三维编织

3DWK 织物中平行的面内包含多个直纱线层，纱线走向与编织方向夹角为 $\pm\theta$（双向织物中）或者 0°、±90°（四向织物中）。通常角 $\theta$ 取值为 45°。平面名义直纱线层通过针织线（通常为聚酯材料）交织成整体。3DWK 工艺可在几种类型的工业三维经编机中实现（详细介绍见 Hogg、Ahmadnia 和 Guild，1993；Dexter 和 Hasko，1996；Bibo、Hogg 和 Kemp，1997；Bibo 等，1998；Leong 等，2000；Tong、Mouritz 和 Bannister，2002）。3DWK 较薄，且其缝线（主要目的是固定面内纱线）对面外力学性能没有明显的增益。

# 4 二维和三维纺织增强复合材料的设计

## 4.1 纺织复合材料的关键问题

设计较厚的不分层复合材料时，需要解决两个主要问题：①实现总厚度符合要求的预制件；②与预浸带层合板相比，纺织复合材料不可避免地会损失“主要”（平面）的性能但是增强了“次要”（面外）性能，如层间断裂韧性（可以防止宏观分层），这两者相互矛盾，必须加以权衡。对于第一个问题，主要有三种解决方法：①将相应数量的薄层二维纺织物缝合成所需要厚度的预制件；②将相对少得多的三维纺织物缝合成所需厚度的预制件；③制造单层整体式预制件。上述的方法①或者方法②与预浸带层合板纺织物类似，将未固化的单层纺织预浸料堆叠到需要的厚度，然后在热压罐中 Z 向针刺并固化成型。同时，方法③显然是可取的，因为它并不需要额外的缝合或者 Z 向针刺成型过程。对此，又产生了下一个问题：制造这样符合厚度要求的单层预制件，需要什么样的特殊纺织工艺和机器？一般来说，三维机织、三维针织和三维编织技术对织物厚度和/或宽度有其内在的局限，根据其局限性来选择合适的纺织工艺。具体而言，3DB 编织物在两个参数上都有严重的局限性：厚度通常小于 1 cm，宽度不超过几十厘米。3DWK、3DIW 和 3DOW 织物则可能有更大的宽度，达到几米。而三种工艺达到最大时厚度也是不一样的，依赖于各自特定的制造机器。在通常情况下，3DWK 织物的厚度在毫米范围内，而 3DIW 和 3DOW 织物可以制成厚度达几厘米的预制件（后者可以达到的极限厚度约为 10 cm）。更重要的是，厚度和宽度限制是相互关联的。这些数据提供了如何最优设计复合材料的指导依据。例如，要制造 5～10 mm 厚度的预制件，那么单层 3DOW、3DIW，或者缝合几层 3DWK、10～20 层的 2DW 都可以考虑。

第二个问题则是更难解决的，即如何更好地折中面内和面外力学性能，以达到所需的复合材料性能。这是因为，既能防止纺织复合材料分层又能拥有与传统预浸带层合板相媲美的面内力学性能，对于现有的任何二维或三维织物预制件都是无法同时达到的。造成这种现象的原因主要有以下几点。

（1）各种贯穿厚度增强纤维/缝线的存在都会降低面内纤维体积含量（通常减至45%～60%，在此范围变化主要取决于织物类型和复合材料制造工艺）。

（2）部分制造工艺必然产生面内纤维弯曲（特别是在3DIW和3DB中）。

（3）面内缺少偏轴纤维（例如3DIW和3DOW中）。

（4）偏轴纤维布置角度选择的限制（例如3DWK中）。

（5）在制造过程中，各种随机或者系统原因会引起纤维结构不规整（称为生产误差）。

接下来将对第一个因素的影响进行详细说明。

## 4.2　Z向纱线尺寸的影响

为了说明3DONCW复合材料中Z向纱线尺寸的影响，可以参考下面Bogdanovich（2005，2007）中讲述的几种可能性设计的3DOW。3TEX公司将不同尺寸和材料制造的3DOW预制件以商标3WEAVE®商业化推广。具体而言，3TEX公司经常采用的Z向碳纤维纱线在1～6$K$范围（其他产品中应用的Z向纱线可达到96$K$）。Z向纱线所占空间大小和相关纱线间基体体积的大小依赖Z向纱线的尺寸。存在Z向纱线，就会占用面内一定的体积，如果不存在则会被面内增强相所占用。这也造成面内纤维的局部波纹，进而形成较弱的纯基体材料区。当然，通过使用尽可能小的Z向纱线，可以最小化上述这些负面影响（目前商用的最小碳纤是1$K$）。

图2中显示了织物结构的五种设计，其中经纱层均使用相同的24$K$碳纤维纱线，中间层纬纱为双倍的12$K$碳纤维纱线，外侧纬纱层为双倍的6$K$碳纤维纱线。这五种设计都提供了一个“平衡”的预制件（即经向和纬向总纤维体积含量总是保持相等的）。Z向纱线的尺寸都是变化的：它逐渐从图2（a）中的12$K$、图2（b）中的6$K$、图2（c）中的3$K$、图2（d）中的1$K$减至图2（e）中的0.1$K$。设计图2（a）～（d）中的碳纤维纱线是常规可实现的，而设计图2（e）的实用性只能通过碳纳米管合股的细纱（直径为50～100 μm）及其三维编织物（直径为250～300 μm）证明，复合材料在3TEX公司特殊的自动“微织”机中实施三维正交编织工艺（详细介绍见Bogdanovich等的文献）。图2的设计图解揭示了面内纱线之间的空间和间隙囊随着Z向纱线尺寸的减小而减小的情况。有趣的是，如果忽略情况图2（e）下几乎不可见的Z向纱线，则3DW复合材料结构与传统的5个单向层合板非常相似。



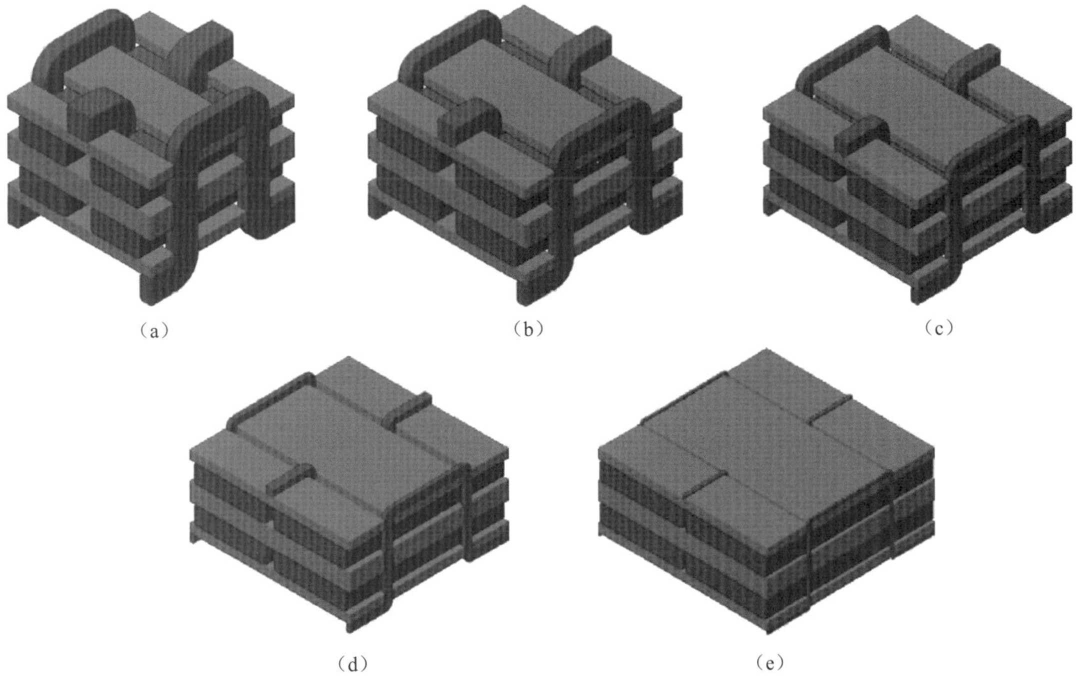

**图2　不同Z向纱线尺寸的3DOW织物几何模型**

(a) 12$K$；(b) 6$K$；(c) 3$K$；(d) 1$K$；(e) 0.1$K$

针对图 2（a）～（e）五种复合材料，在图 3 中，定量地介绍了其主要特性。根据图 2 所示相应的几何模型，直接测定了每种情况下的几何参数和纤维体积含量，弹性模量则通过定位刚度平均法预测。所有情况下的纱线填充因子为 0.7，对碳纤维 T300 和典型环氧树脂的性能进行了弹性模量的预测。图 3（a）显示了 Z 向纤维体积含量的增长基本呈线性，而图 3（b）中树脂囊体积百分比的增长则呈非线性：12 $K$ 时对应的体积百分比为 22%，1 $K$ 时为 8%，而 0.1 $K$ 时不到 3%。此外，从图 3（c）中可以看到，即使 $K$ 值很小，总纤维体积含量（$V_f$）也会有明显的非线性变化。$V_f$ 的值从 $K=12$ 时的 49%，到 $K=6$ 时的 55%，到 $K=3$ 时的 59%，到 $K=1$ 时的 63%，到 $K=0.1$ 时的 67.5%。当然这一特性增长到 70%（对所有单向纤维复合材料进行的假设）时，$K$ 趋于 0。图 3（d）进一步说明了经向和纬向的弹性模量与总纤维体积含量相似，均随 $K$ 的变化而变化。当 $K=0.1$ 时，面内弹性模量达到 80 GPa，这个值与 $V_f$ 接近 70%的典型 T300/环氧树脂层压板相近。而目前实际生产出的平衡的 3WEAVE® 碳纤维复合材料却还达不到这个值。图 3（d）也表明随着 $K$ 值增加，Z 向弹性模量呈线性提高：$K=0.1$ 时模量为 10 GPa，到 $K=12$ 时模量为 22 GPa。

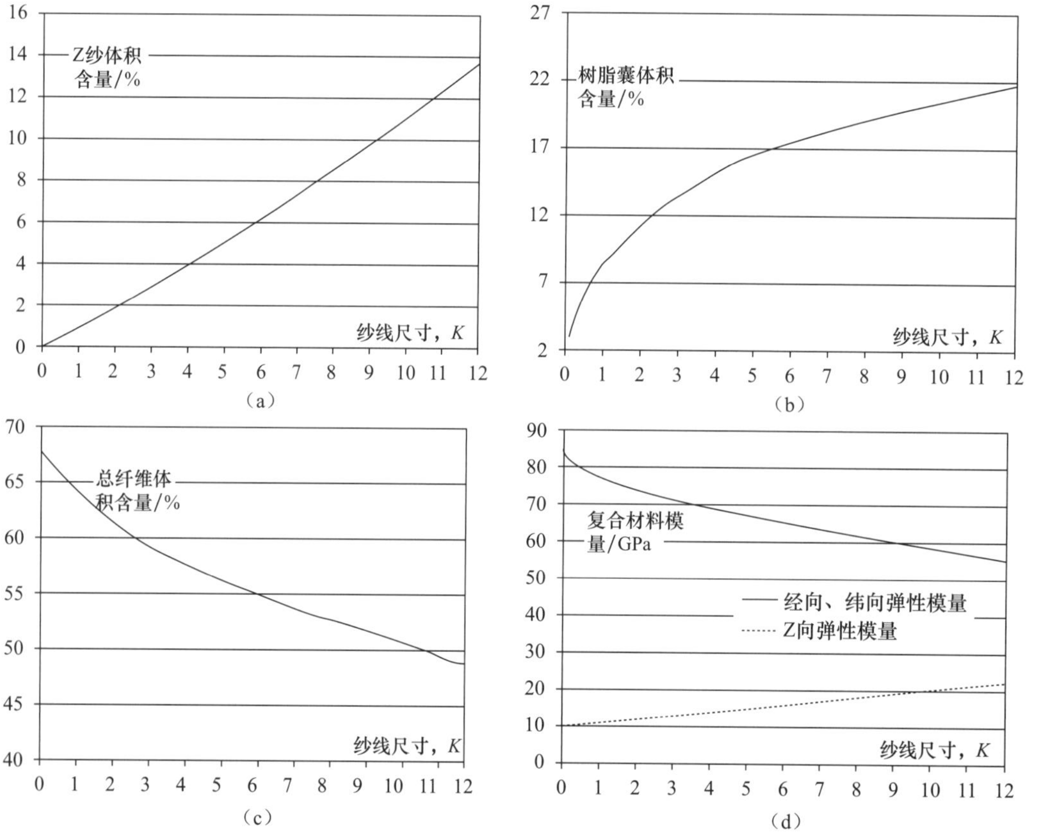


**图 3　(a) Z 向纱线纤维体积含量的增长曲线；(b) 树脂囊体积百分比的增长曲线；(c) 某碳纤维复合材料中总纤维体积含量；(d) 经向、纬向弹性模量与 Z 向纱线尺寸的关系**

转载自 Bogdanovich，2005

这些结果说明，通过减小 Z 向纱线的尺寸，复合材料的总纤维体积含量和相应的面内弹性模量可以得到大大提高。同时，大大减小间隙基体区的体积，对面内强度特性有增强作用。3TEX 公司内部的 3DMOSAIC 代码拥有渐进破坏建模的能力，可以预测 3DOW 复合材料单位体积元所有有效的强度性能（Bogdanovich，2009），所得出的结果与图 3 中的强度特性相同。这样，也可以得到其他研究方面的结果。

## 4.3　预制件纤维结构的影响

我们下一个目标是结合不同种类的三维机织预制件，在复合材料纤维结构中寻找其产生的性能的根源。当然，这些归根到底还是取决于各自特定的纺织工艺和预成型制造所用的设备。毋庸置疑的是，如果不深入了解增强相的具体结构的话，根本无法定性和定量地预测纺织复合材料产品的结构性能。显然，取得这样的认知，必须越来越熟悉至少各自的纺织工艺方法和制造设备（Mohamed 和 Bogdanovich（2009）对此进行了详细讨论）。

具体来说，3DIW 织物是在必需的二维机织设备和机器中生产的。最早期 3DIW 大多数的应用需要高温碳和陶瓷基体，而其主要设计要求并不是实现尽可能高的纤维体积含量和/或保证面内尽可能直的纱线以最大化面内刚度和强度。在这样的情况下，高度卷曲、波浪状、不规整的 3DIW 织物结构也通常能被认可。例如 Tong、Mouritz 和 Bannister（2002）所总结的，3DIW 织物结构的高变化性和随机性均会反映在其复合材料性能上。Mouritz 等（1999）在考虑 3DIW 复合材料的应用时，得出以下结论："尽管具有相当大的优势和潜力，很多 3DW 复合材料无法得到商业应用。只有在建筑、飞机和船舶工业中的少数特殊结构中，它们得以应用或者测试，而这些应用场合是传统层合板和金属材料在成本和/或性能上无法承担的。" 1999 年，3DOW 织物及其复合材料尚未得到商业化。

事实上，制造厚层复杂三维纺织结构，对发展相应的专业三维编织机器和设备提出了很高的要求。北卡罗来纳州立大学纺织学院开发了由计算机控制的全自动三维编织同时多纬纱插入的织造（Mohamed 和 Zhang，1992）。根据 Mohamed（1990）的描述，图 4（a）示意了一种新型三维编织工艺和设备。从一开始，这项工艺本质上是三维的，因为不涉及建立贯穿厚度方向的纺织层，所以不会也不能使用任何传统的二维编织设备。每个织造循环中会形成一个多层厚织物单元。此类三维机织预制件内部经纱和纬纱方向纤维无卷曲，这是因为纱线层之间没有相互交错，同时施加了使其尽可能保持直线的预拉伸控制。经纱尾端并不要求从开口机构的综片中穿过，从而大大减少了织造过程中的纤维损伤。只有 Z 向纱线在织造过程中需要上下移动，也就是需要穿过综片，以致大大受损。自 1998 年以来，3TEX 公司将这项技术运用到商业化生产中，目前使用的商标是 3WEAVE®。图 4（b）显示的是 3TEX 公司的一台工业三维正交织造机。

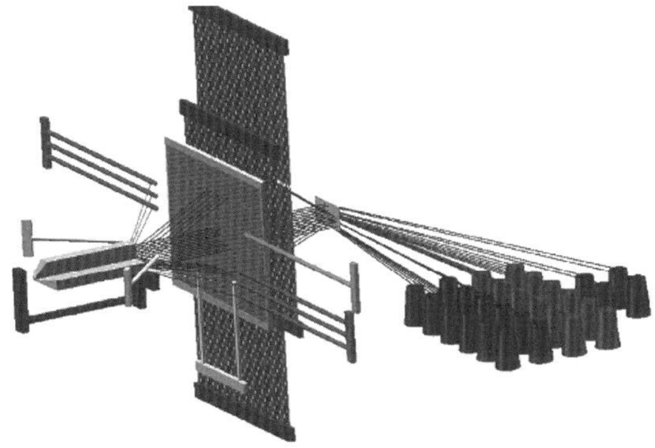

（a）

（b）

**图 4　（a）3DOW 织造机；（b）操作中的 3TEX 某型工业 3DOW 织造机**

科学研究会 Mohamed（1990）© Sigma Xi 授予上图的转载许可



即使对于比较大厚度的材料，3WEAVE® 预制件也是很适合的。相比叠层平纹织物或者二维编织物通过缝合成型的复合材料，它们对所要达到的相同厚度具有更高的一致性。因此，3WEAVE® 预制件适合通过 RTM 和 VARTM 方法成型厚度较大、单曲面或双曲复合材料。正如前面所指出的，制造的这些预制件中的面内纱线（经纱和纬纱）几乎都是直的。图 5 中，碳纤维复合材料（Z 向纱线材料为 3$K$ 碳纤维）只有在纬纱方向的外层能够观察到轻微的弯曲，这些局部卷曲存在于与 Z 向纱线的交叉区域。图 6 所示进一步说明了 1$K$ 的 Z 向纱线碳纤维复合材料中经纱方向纱线的平直度。比较图 5 和图 6 可以明显看出，图 6 中 Z 向纱线占据更少的空间。图 7 所示又进一步表明，这种复合材料中 Z 向纱线有着近方形的横截面，并且被两个相邻的面内纱线所容纳。值得注意的是，插入 Z 向纱线并不会产生明显的面内纤维断裂，只有直纤维的轻微弯曲。从图 7 中还可以观察到一个有趣的现象，两个纯基体区域存在于 Z 向纱线的两边。这些区域的形状为"三角形"，其基线长度与 Z 向纱线的横向尺寸相同。尽管在图 7 中没有显示，但从织物的结构可以知道，这些基体区域只会穿过经纱层或纬

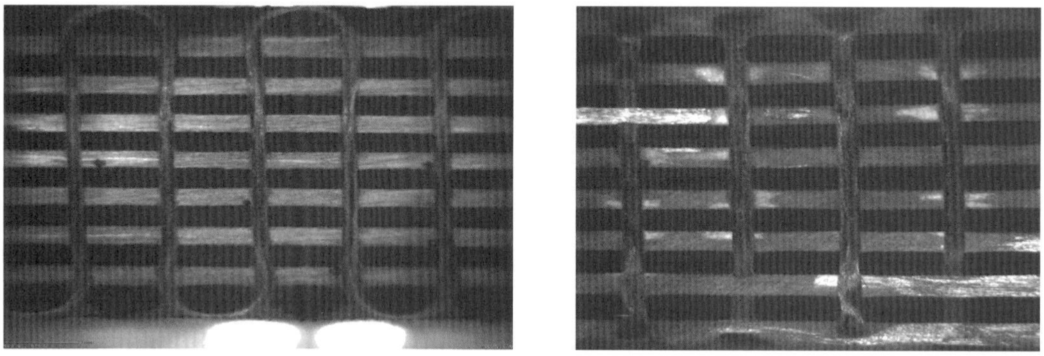

（a） （b）

**图 5 经纱和纬纱为 12*K*、Z 向纱线为 3*K* 的 3WEAVE® 碳纤维复合材料的横截面**

（a）经向-Z 向平面；（b）纬向-Z 向平面。图中显示了经向（a）和纬向（b）纱线的平直度，同时指明了 Z 向纱线的典型路径

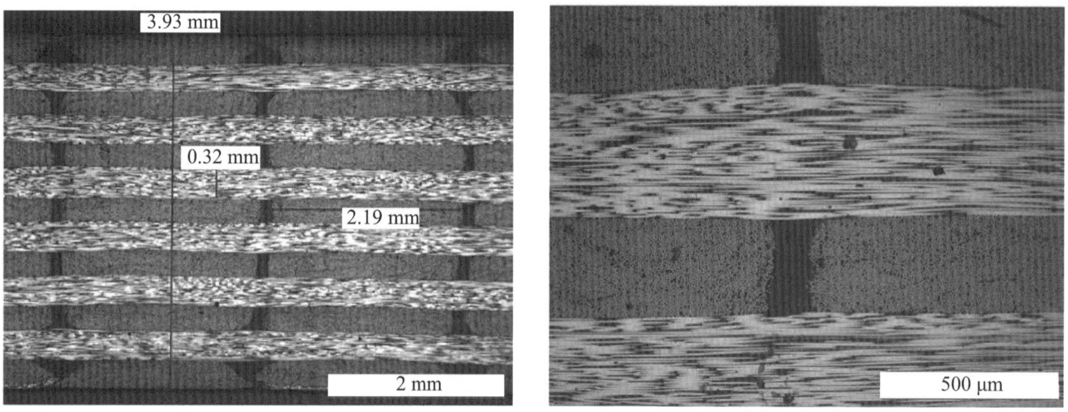


（a） （b）



**图 6 经纬纱为 12*K*、Z 向纱线为 1*K* 的 3WEAVE® 碳纤维复合材料经-Z 横截面在不同放大倍率下的显微照片**

产权属于 Linda Starink（英国 QinetiQ）

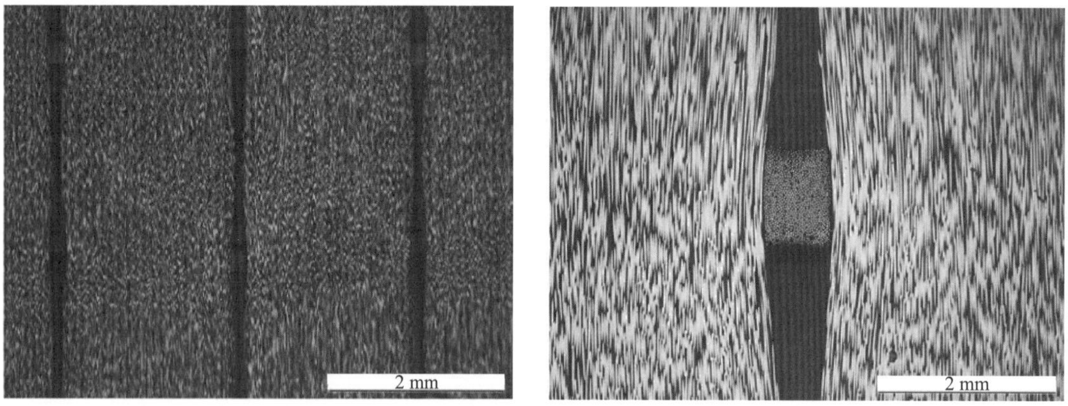


（a） （b）

**图 7 经纬纱为 12*K*、Z 向纱线为 1*K* 的 3WEAVE® 碳纤维复合材料交叉经-纬横截面在不同放大倍率下的显微照片；暗的区域是基体**

产权属于 Linda Starink（英国 QinetiQ 公司）

纱层的厚度扩展，相应地，其横截面形状也交替发生变化。而这些基体区与部分学者在单向 Z 向针成型复合材料中发现的一些连续的长基体通道并不一样。最终，随着 Z 向纱线横截面趋于 0，基体区的体积也趋于 0，进而得到由几个经纱和纬纱方向增强的交替层组成的紧凑的三维正交网络。

现在，在累积了本章缝合、Z 向针成型和三维正交织造复合材料方面的大量知识后，读者能够提出三种方法中两两之间的一些相似之处，当然，也会质疑即使尽可能地减小Z向纱线对面内纤维结构影响而产生的微小弯曲，如图7所示，面内的静强度和疲劳强度还是会受到一定程度的负面影响。Lomov等（2009）、Ivanov等（2009）进行的实验研究和Bogdanovich（2009）进行的渐进损伤理论分析相互吻合得很好，都表明对于代表性的3DOW复合材料的损伤起源于Z向纱线内部或与间隙基体区的边界处。因此，Z向纱线的减少不仅能增加面内弹性模量（图3），而且可以提高失效发生的阈值，进而延迟最终破坏。

## 5　力学性能的比较

Brandt等（1992），Arendts、Drechsler和Brandt（1993），以及Brandt、Drechsler和Arendts（1996）对不同二维和三维编织碳纤维复合材料进行了最全面和最新的比较性实验研究。德国慕尼黑的Messerschmitt-Bolkow-Blöhm（MBB）中心实验室使用三种类型的纺织预制件制成不同的碳纤维/环氧树脂复合材料。这些预制件分别是：堆层的2DPW织物、单层的3DIW织物和单层的3DOW织物。后者是北卡罗来纳州立大学于1991年，用其第一个实验性的自动三维编织机织造出来的。Arendts、Drechsler和Brandt（1993）称其使用的3DIW技术为“老式的”或者“第一代三维织物”，而称3DOW技术为“新三维织物”。采用“预浸渍技术”制备了2DPW层合复合材料。采用3DIW和3DOW两种整体预制件的复合材料是通过填充预制件制备的，第一步是将预制件放置在液体环氧树脂膜下的真空模坯中，然后在热压罐中巩固成型。这三种复合材料样品厚度都在6 mm左右，纤维体积含量均在50%～55%。在MBB实验室中，进行了拉伸、压缩、层间强度测试和冲击后压缩等力学测试。

除了引用Brandt、Drechsler和Arendts（1996）的实验数据外，Tong、Mouritz和Bannister（2002）及Dickinson和Bogdanovich（2002）的实验结果也反映在图8和图9中，进行了不同碳/环氧复合材料的对比。图8（a）显示了经纱方向拉伸模量的实验结果，2DPW层合板明显优于两种三维整体预制件复合材料；2DPW和3DOW之间相差10%～14%，而2DPW和3DIW之间相差26%～37%。图8（b）比较了纬纱方向拉伸模量，结果表明，3DOW复合材料优于2DPW和3DIW复合材料。3DOW和2DPW之间相差不大，但3DOW和3DIW的拉伸模量之间差异非常明显，超过20%。图9中揭示了各个样品经纱和纬纱方向的面内拉伸强度数据，说明3DOW复合材料具有明显优势。根据实验数据，3DOW在这两个方向上的拉伸强度值比2DPW和3DIW都要高得多。

Arendts、Drechsler和Brandt（1993）指出，最令其惊讶的是“即使是在拉伸性能上，先进的三维编织复合材料都优于二维基准层合板”。他们还预测“新三维编织复合材料将内部纤维的卷曲降到最少后，在强度和刚度上完全可以与预浸带层合板一较高下”。在此基础上，Brandt、Drechsler和Arendts（1996）得出结论：“采用的织造工艺对复合材料的性能有着巨大影响”；“如果考虑纤维损伤、曲率和取向对纺织工艺进行优化，三维复合材料将具有非常优异的特性”。



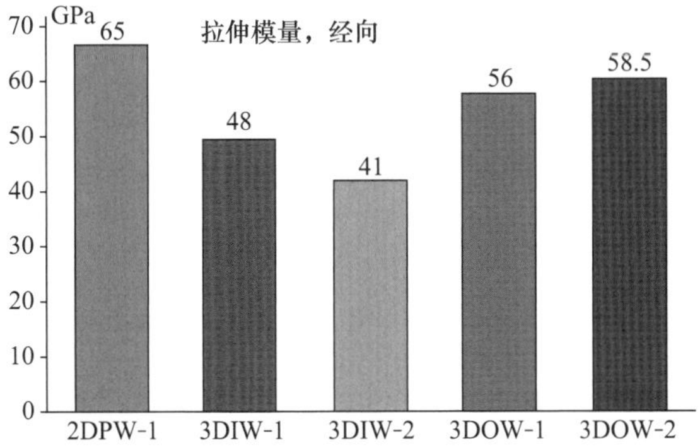


（a）

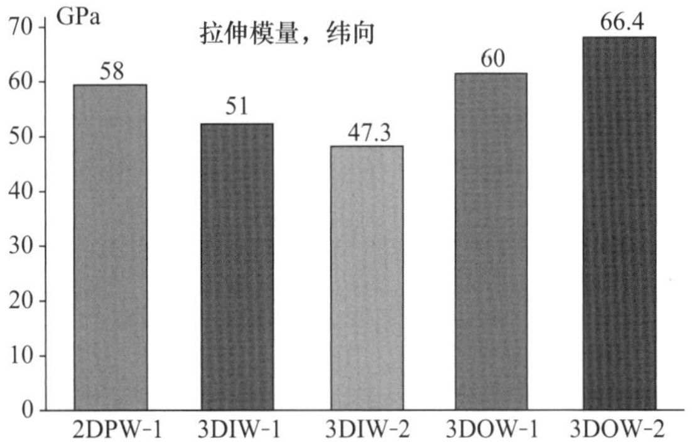


（b）

**图8　不同纺织增强碳/环氧树脂复合材料的经向（a）和纬向（b）面内弹性模量比较**

多层平纹机织、3DIW-1、3DOW-1的数据引用自Brandt、Drechsler和Arendts（1996）；3DIW-2的数据引用自Tong、Mouritz和Bannister（2002）；3DOW-2的数据引用自Dickinson、Bogdanovich（2002）

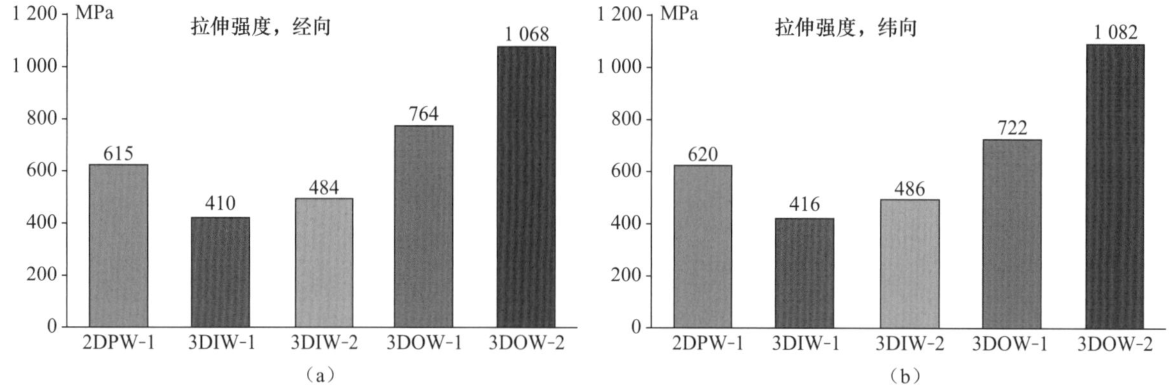


**图 9　不同纺织增强碳/环氧树脂复合材料的经向和纬向面内拉伸强度比较**

多层平纹机织、3DIW-1、3DOW-1 的数据引用自 Brandt、Drechsler 和 Arendts（1996）；3DIW-2 的数据引用自 Tong、Mouritz 和 Bannister（2002）；3DOW-2 的数据引用自 Dickinson、Bogdanovich（2002）

图 10 进一步说明了 3DOW 复合材料具有优异的力学性能。这部分实验数据取自 Brandt、Drechsler 和 Arendts（1996）。在图 10 中，对两种三维纺织复合材料（一种增强相为 3DOW、一种为 3DIW）的实验结果根据相应的 2DPW 层合板的数据进行归一化处理。可以看到，除了两个特性上（经向拉伸模量和纬向层间剪切强度），3DOW 复合材料在其他性能上都优于 2DPW 层合板。尤其是冲击后压缩和冲击能量吸收特性上，3DOW 复合材料具有明显优势。同时，图 10 所示的实验结果也说明，3DOW 复合材料的显示所有性能都比 3DIW 复合材料高。对比三种材料的等效性能，其结果充分说明了纺织预制件的纤维结构对制备的复合材料性能有极大的影响。而纤维结构又是由织造工艺和具体实现织造的特定设备所决定的。



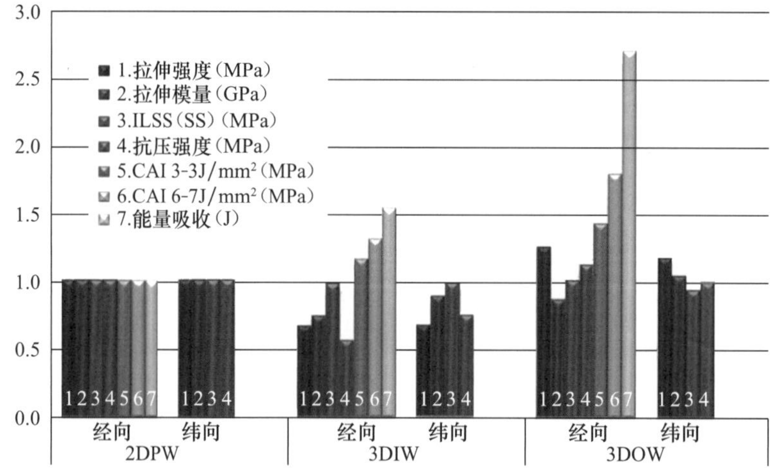


**图 10　多层平纹机织、3DIW 和 3DOW 增强碳/环氧树脂复合材料的面内拉伸强度、拉伸模量、层间剪切强度（ILSS）、抗压强度、冲击后抗压强度（CAI）和两种不同冲击能量水平下的冲击吸能特性**

所有数据取自 Brandt、Drechsler 和 Arendts（1996），并归一化为各自二维纺织复合材料的特性

基于所能获得的实验数据，我们可以推测三维纺织复合材料的“主”（面内）和“次”（面外）性能是能够达到完美结合的，只要面内的纤维保持平直度，同时贯穿厚度的纤维数量减至最低以防止初始裂纹（Bogdanovich，2007）。三维整体纺织预制件分别可以由两种技术制备：无褶皱三维正交织造和无褶皱三维经编技术。当然，两者都有各自的缺点，部分缺点已经在本章中进行过讨论。3DOW 织物唯一的主要不足是缺乏离轴纤维；而 3DWK 织物则有两个主要缺点，一是受厚度限制，二是其贯穿厚度的非结构性缝线。

## 6　结论

本章对缝合、Z 向针成型和三维整体式纺织预制件增强复合材料这三种主要的三维增强复合材料进行了回顾和详细讨论，阐明了它们各自的特有优势和固有缺陷。

TLR复合材料包括缝合和Z针成型材料，在面内纤维结构成型后还需要额外的织造步骤（缝线或者Z向针插入面内交叉交织）。这也是为什么这类材料中会存在面内纤维损伤、纤维结构扭曲、全树脂区或者在每个缝线或Z向针脚附近的扩展通道。尽管通常会采取各种措施来降低这些负面影响，但TLR增强相依然会大大降低面内弹性模量，尤其是面内拉伸、抗压强度和耐疲劳性能。

整体（单层）三维纺织增强相通，常用于高性能的结构材料，包括三维机织、三维编织和三维经编。这类预制件最主要的共同点是，它们都是用传统或特定的纺织机械在一个生产步骤中织造成型的。因为这个特征，三维整体式纺织预制件可用于复合材料的制备工艺中，从而大大简化预处理和树脂灌注的步骤。这也就节省了很多劳动力，大大降低了成本。

三维机织技术包括了三维连锁编织和三维正交无褶皱编织技术。对不同的制造工艺与生产设备得到的预制件纤维结构和制备的复合材料的性能进行研究和比较，实验结果呈现出很大的差异。与相对传统的三维连锁编织物3DIW相比，三维正交无褶皱织物3DOW（商品商标为3WEAVE®）是需要在特殊的织造机上生产的。3DIW具有内部（通常很明显的）增强相面内的卷曲和波纹，而3WEAVE®织物不存在卷曲，同时其中应用精细的Z纱使人联想起斜交预浸带层合板。这也是为什么这种类型的三维纺织增强相和三维经编针织物一样，拥有接近传统层合板的面内刚度和强度特性。实验数据显示，碳纤维3WEAVE®复合材料具有更好的面内力学性能，不仅强于3DIW复合材料，也优于平纹纺织层合板。

# 致谢

感谢由3TEX的Dmitri Mungalov、Ryan Boyle和英国QinetiQ的Linda Starink提供的插图。特别感谢Mansour Mohamed博士，其对本章中的一些观点进行讨论并提供了宝贵的意见。

## 参考文献

Arendts, P. J., Drechsler, K. and Brandt, J. (1993) Advanced textile structural composites-status and outlook. *Advanced Composites, 93*. Proceedings of the International Conference on Advanced Composite Materials, 15-19 February 1993, Wollongong, Australia, A Publication of The Minerals, Metals &Materials Society, Warrendale, PA, USA, pp. 409-416.

Aumerich, F., Priolo, P. and Sun, C. T. (2003) Static and fatigue behaviour of stitched graphite/epoxy composite laminates. *Compos. Sci. Technol.*, 63, 907-917.

Bibo, G. A., Hogg, P. J., Backhouse, R. and Mills, A. (1998) Carbon-fibre non-crimp fabric laminates for cost-effective damage -tolerant structures. *Compos. Sci. Technol.*, 58, 129-143.

Bibo, G. A., Hogg, P. J., and Kemp, M. (1997) Mechanical characterization of glass-and carbon-fibre-reinforced composites made with non-crimp fabrics. *Compos. Sci. Technol.*, 57, 1221-1241.

Bogdanovich, A. E. (2005) Long carbon nanotube fibersprocessing, properties, and some application concepts. CD Proceedings of 37th SAMPE Fall Technical Conference, 31 October-3 November 2005, Seattle, WA.

Bogdanovich, A. E. (2007) Advancements in manufacturing and applications of 3-D woven preforms and composites. CD-ROM Proceedings of 16th International Conference on Composite Materials (ICCM-16), 8-13 July 2007, Kyoto, Japan.

Bogdanovich, A. E. (2009) Progressive failure modeling and strength predictions of 3-D woven composites. Proceedings of 50th AIAA/ASME/ASCE/AHS/ASC Structures, Structural Dynamics, and Materials Conference, 4-7 May 2009, Palm Springs, CA. AIAA Paper 2009-2658.

Bogdanovich, A. E., Bradford, P., Mungalov, D., Fang, S., Zhang, M., Baughman, R. H. and Hudson, S. (2007) Fabrication and mechanical characterization of carbon nanotube yarns, 3-D braids, and their composites. *SAMPE J.*, 43, 6-19.

Brandt, J., Drechsler, K. and Arendts, F. J. (1996) mechanical performance of composites based on various three-dimensional woven-fibre preforms. *Compos. Sci. Technol.*, 56, 381-386.

Brandt, J., Drechsler, K., Mohamed, M. and Gu, P. (1992) Manufacture and performance of carbon/epoxy 3-D woven composites. Proceedings of 37th International SAMPE Symposium, Anaheim, CA.

Chang, P., Mouritz, A. P. and Cox, B. N. (2006) Properties and failure mechanisms of Z-pinned laminates in monotonic and cyclic tension. *Compos., Part A*, 37, 1501-1513.

Chang, P., Mouritz, A. P. and Cox, B. N. (2007) Flexural properties of Z-pinned laminates. *Compos.*, *Part A*, 38, 244-251.

Dexter, H. B. and Hasko, G. H. (1996) Mechanical properties and damage tolerance of multiaxial warp-knit composites. *Compos. Sci. Technol.*, 56, 367-380.

Dickinson, L. C. and Bogdanovich, A. E. (2002) On the understanding of tensile elastic and strength properties of integrally woven 3D carbon composites. Proceedings of the International Mechanical Engineering Conference and Exhibition of the ASME, 17-22 November 2002, New Orleans, LA.

Dickinson, L. C., Farley, G. L. and Hinders, M. K. (1999) Translaminar reinforced composites: a review. *J. Compos. Technol. Res.*, 21, 3-15.

Dickinson, L. C., Farley, G. L. and Hinders, M. K. (2000) Failure initiation in translaminar reinforced composites. *J. Compos. Technol. Res.*, 22 (1) 23-32.

Dransfield, K., Bailie, C., and Mai, Y-W. (1994) Improving the delamination resistance of CFRP by stitching-a review. *Compos. Sci. Technol.*, 50, 305-317.

Freitas, G., Magee, C., Dardzinski, P., and Fusco, T. (1994) Fiber insertion process for improved damage tolerance in aircraft laminates. *J. Adv. Mater.*, 24, 36-43.

Hogg, P. J., Ahmadnia, A. and Guild, F. J. (1993) The mechanical properties of non-crimped fabric-based composites. *Compos.*, 24, 423-432.

Ivanov, D. S., Lomov, S. V., Bogdanovich, A. E., Karahan, M. and Verpoest, I. (2009) A comparative study of tensile properties of non-crimp 3D orthogonal weave and multi-layer plain weave Eglass composites. Part 2. Comprehensive experimental results. *Compos.*, *Part A*, 40, 1144-1157.

Leong, K. H., Ramakrishna, S., Huang, Z. M. and Bibo, G. A. (2000) The potential of knitting for engineering composites-a review. *Compos.*, *Part A*, 31, 197-220.

Lomov, S. V., Bogdanovich, A. E., Ivanov, D. S., Mungalov, D., Karahan, M. and Verpoest, I. (2009) A comparative study of tensile properties of non-crimp 3D orthogonal weave and multi-layer plain weave E-glass composites. Part 1. Materials, methods and principal results. *Compos.*, *Part A*, 40, 1134-1143.

Marasco, A. I., Cartié, D. D. R., Partridge, I. K. and Rezai, A. (2006) Mechanical properties balance in novel Z-pinned sandwich panels: out-of-plane properties. *Compos.*, *Part A* 37, 295-302.

Mohamed, M. H. (1990) Three-dimensional textiles. *American Scientist* 78, 530-541.

Mohamed, M. H. and Bogdanovich, A. E. (2009) Comparative analysis of different 3D weaving processes, machines and products. CD-ROM Proceedings of 17th International Conference on Composite Materials (ICCM-17), 27-31 July 2009, Edinburgh, UK.

Mohamed, M. H., Bogdanovich, A. E., Dickinson, L. C., Singletary, J. N. and Lienhart, R. B. (2001) A new generation of 3D woven fabric preforms and composites. *SAMPE J.* 37, 8-17.

Mohamed, M. H. and Zhang, Z. (1992) Method of forming variable cross-sectional shaped three-dimensional fabrics. US Patent 5, 085, 252, filed Aug. 29, 1990 and issued Feb. 4, 1992.

Mouritz A. P. (2007) Compression properties of Z-pinned composite laminates. *Compos. Sci. Technol.*, 67, 3110-3120.

Mouritz, A. P., Bannister, M. K., Falzon, P. J. and Leong, K. H. (1999) Review of applications for advanced three-dimensional fibre textile composites. *Compos.*, *Part A*, 30, 1445-1461.

Mouritz, A. P. and Cox, B. N. (2000) A mechanistic approach to the properties of stitched laminates. *Compos.*, *Part A*, 31, 1-27.

Mouritz, A. P., Leong, K. H. and Herszberg, I. (1997) A review of the effect of stitching on the in-plane mechanical properties of fibre-reinforced polymer composites. *Compos.*, *Part A*, 28, 979-991.

Partridge, I. K., Cartié, D. D. R., and Bonnington, T. (2003) Manufacture and performance of z-pinned composites, in *Advanced Polymeric Materials: Structure-Property Relationships*, CRC, Boca Raton, pp. 98-137.

Steeves, C. A. and Fleck, N. A. (2006) In-plane properties of composite laminates with through-thickness pin reinforcement. *Int. J. Solids and Struct.*, 43, 3197-3212.

Tong, L., Mouritz, A. P. and Bannister, M. K. (2002) 3D *Fibre Reinforced Polymer Composites*, Elsevier Science Ltd., Oxford.

本章译者：黄天麟，孙慧玉（南京航空航天大学航空宇航学院）

# 第 183 章

# 轻质夹芯结构

Anthony J. Vizzini
西密歇根大学工程与应用科学学院，安娜堡，密歇根州，美国

## 1 夹芯结构

为了充分地了解夹芯结构的制造和应用，首先应考虑其内在性能。正确地选择材料可实现结构应用中的预期性能（如机械性能、热性能、电性能和化学性能等）。在层状结构中，通过结合不同材料的功能可以实现所需的诸多应用，如热传导、声传导等。在夹芯结构中，夹芯可以作为热绝缘体，提供强大的阻燃性或者作为减音器，减少噪声在周围环境中的散发。夹芯也可以用作载体，容纳包含启动器和管道在内的设施。

从结构上讲，夹芯结构可以作为抗弯刚度的加倍器而不会显著增加重量。在庞大的结构中，工字梁是一个很好的例子，它通过使用另一个承重梁（腹板），增加承重梁（凸缘）与中心轴之间的距离从而提高弯曲刚度。在实际应用中，薄板需要增加抗弯刚度，因此外表面通常使用刚性元件。夹芯板就是利用这种结构性能，将相对低强度、低刚性、低密度的夹芯夹于相对高强度、高刚度的面板之间的。

在夹芯结构弯曲分析的方法中，最简单的就是将夹芯结构理想化为薄面板与低刚度夹芯相连而组成的夹层。在这种假设下，夹芯结构可以被近似认为是一个分段的铁摩辛柯梁（弯曲时平截面依旧保持平面，但垂线不再保持与平面垂直，同时垂线不会伸长）中的一个单位宽度的横梁（见第 3 卷第 124 章），其弯曲刚度可用公式表示为：

$$EI = 2\left(E_{\mathrm{f}}\frac{t_{\mathrm{f}}^{3}}{12}\right)+2\left[E_{\mathrm{f}}t_{\mathrm{f}}\left(\frac{d}{2}\right)^{2}\right]+E_{\mathrm{c}}\frac{t_{\mathrm{c}}^{3}}{12} \quad (1)$$

式中，$E_{\mathrm{f}}$ 为面板的模量；$E_{\mathrm{c}}$ 为夹芯的模量；$t_{\mathrm{f}}$ 为面板的厚度；$t_{\mathrm{c}}$ 为夹芯的厚度；$d$ 为两块面板中面之间的距离。

式（1）的第一项表示的是面板关于各自中心轴的贡献；第二项是根据平行轴定律得出的面板关于夹芯结构中心轴的贡献；第三项是夹芯对其中心轴的贡献，夹芯中心轴与夹芯结构的中心轴重合。若夹芯硬度较小，且面板相对较薄，那么只有第二项的贡献相对比较显著，从而出现被称为夹芯效应的现象。这种现象是由各组成部分相互作用而产生的，如图 1 所示。某一个给定的夹芯板的夹芯厚度从零增加到面板厚度的 3 倍，夹芯板的厚度也随之增加，其相对弯曲刚度、强度和重量如图 1 所示。

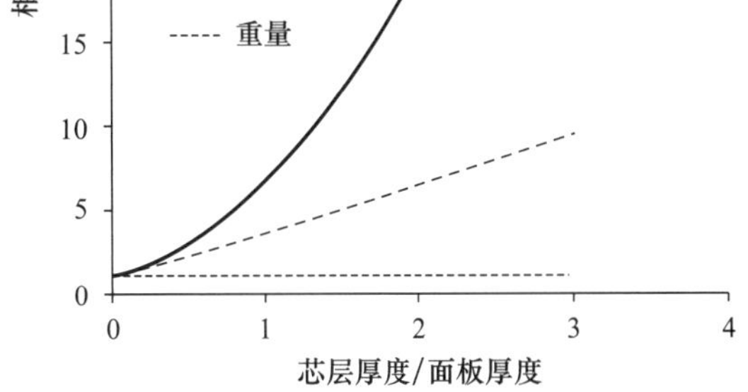


**图 1　夹芯结构优秀的力学性能**

上述的简化忽略了夹芯结构很多方面的结构性

质。夹芯结构的夹芯与普通面板具有不同的面内性能（典型的有蜂窝芯），剪切形变较为明显，且几何特征不容易被简化。对分析技术更详细的讨论可以参考 Vinson（1999）和 Zenkert（1997a）。

在一些情况下，根据承重要求设计的厚度可能会产生相对较薄或最小标准的结构，而夹芯结构通常能提供辅助效益，以在不显著增加重量的情况下提升设计的强度。

当然，这种结构元素也并不是完美的。从结构角度来说，利用夹芯结构，其可能的失效机制会显著增加。图 2 中展示的是夹芯结构的常见失效模式。除去面板对于模载荷、夹芯对于剪切载荷和轴向载荷的响应，面板与夹芯的交界面会因面板的局部屈曲或断裂而受到额外载荷。

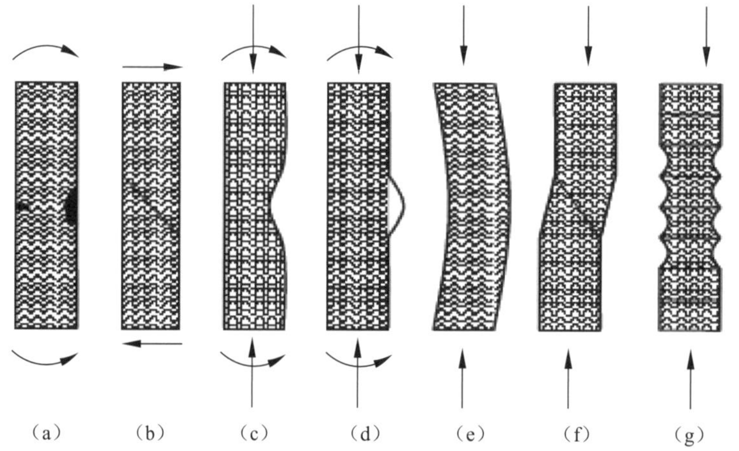


**图 2　夹芯结构的常见失效形式**

(a) 面板折断/断裂；(b) 夹芯剪切破坏；(c) 断裂；(d) 脱层；(e) 整体弯曲；(f) 剪切皱缩；(g) 压痕

经 Zenkert（1997b）的许可后引用



除此之外，另一个让人关心的问题是夹芯板对于冲击现象的容损程度，大多数冲击沿面板平面的法向。图 3 中展示的是冲击产生的破坏类型。这方面的研究具有较好的前景（例如 Tomblin 等，1999）。

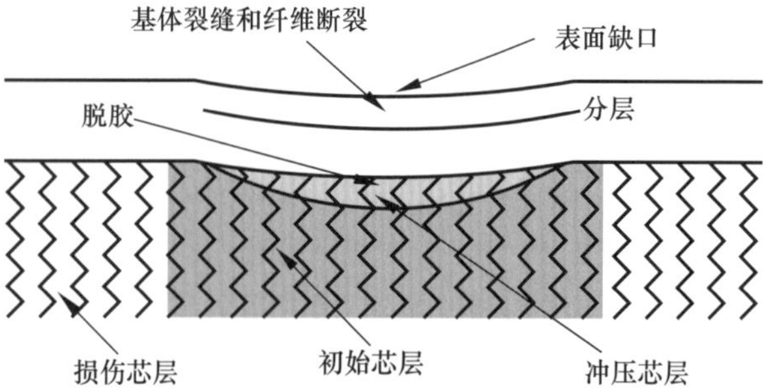


**图 3　夹芯板冲击损坏的可能类型**

这些常见问题通常会影响到材料的选择和制造过程。在所有情况下，通过制造和应用夹芯结构的结构方法可以达到系统设计的需求。

## 2　夹芯板的制造

相对较薄的面板黏合在适宜的夹芯上，从而形成一个夹芯结构单元。尽管可以直接制造出单个的组件，但组件间的结合一般需要几个步骤，并涉及一系列不同的过程。因此，夹芯结构的制造、装配与应用息息相关，库存的夹芯构造用作其他应用场合通常是不可用的。

夹芯结构的制造过程主要可以分为三个部分：面板的制造（见第 4 卷第 177 章）、夹芯的制造、夹层板的装配。在一些情况下，具体结构的制造可能涉及面板和夹芯的并行制造。

## 3　面板的制造

面板在夹芯结构中是主要的承重元件，其材料的选择（增强相和结构）取决于具体的应用场合。诸如玻璃、石墨和芳纶这样的常见材料经常以编织或者未编织的形式被使用。

如果分别制造上下面板，继而黏合在夹芯两侧，那么首先需要考虑的问题是使用单侧还是双侧的制造工艺。若选择单侧制造工艺，那么完成的一面被黏合在夹芯上，则另一面被暴露出来。若期望得到完整的面板外表面，则应选择双侧制作过程。包含曲线设计的夹层结构，则需要两个模具负责弯曲部分的不同半径；或者使用平均半径，并且在连接面板的过程中使面板达到预期的弯度。

单侧装配技术包括喷涂、湿法叠层、真空辅助树脂传递模塑成型（Vacuum-Assisted Resin-Transfer Molding，VARTM）和无胎膜板热压罐处理（Mazumdar，2002；Strong，2007）。双侧装配技术包括使用片状模塑料的多个压缩过程、湿法叠层和预浸材料（Mazumdar，2002；Strong，2007）。此外，也可使用胎膜板进行热压罐成型。上述这些工艺中，还应进一步考虑面板的表面工艺及其生产成本。

利用上面提及的方法制造出适宜的面板后，将其与夹芯相粘连。还有一些方法可以在一个制造步骤中一次生成夹芯结构。在准备好的夹芯上面也可以使用湿法叠层、真空辅助树脂传递模塑成型（VARTM）和热压罐处理。对于湿法叠层方法而言，将第一个面板置于模板上，而后夹芯被放置在未处理的湿面板上，再将第二个面板压在夹芯上。由于夹芯在加进结构中时树脂尚未固化，因此在树脂的标准固化过程中面板自然黏合在夹芯上。然而，对于这种方法，人们又担心树脂在此过程中会堆积于夹芯之内。因此，应该避免使用某些特定类型的夹芯，或者在一些情况下需要使用密封胶甚至纱布片（薄片）进行必要的预处理，以避免树脂渗入。

# 4 夹芯

夹芯可以将面板与中心轴（或者弯曲轴）分离，它承受相应的剪切应力，并维持全厚度一致性。通常情况下，夹芯的选择是根据其本身特殊的传递性，如热、声或者介电性能来决定的。夹芯各式各样，可进行如下分类：有机的、金属的、非有机的；连续的、宏观蜂窝式的；加强的、非加强的（Black，2003）。常见的夹芯材料及其性能见表1，其中大多数夹芯为有机夹芯。

**表1 常见的夹芯材料及其性能（Strong，2007）**

经制造工程协会许可后重新编制© 2007

| 夹芯材料 | 特性及优势 |
|---|---|
| 连续型 | |
| 轻木（端纹） | 良好的切变强度，较高的耐疲劳度，低成本，易黏接，易加工，良好的温度范围 |
| 聚氯乙烯（PVC）泡沫塑料（交叉结合） | 高强度，高刚度，低成本，易黏接 |
| 聚氯乙烯（PVC）泡沫塑料（线性） | 低成本，易黏接，良好的抗撞击特性 |
| 聚甲基丙烯酰亚胺（PMI）泡沫 | 热环境下尺寸稳定性高，力学性能优异，可溶解性强，低导热率，高强度，高刚度 |
| 聚醚酰亚胺（PEI）泡沫 | 低吸水性，高热稳定性，高强度，防火性、绝缘性好 |
| 苯乙烯（SAN）泡沫 | 无脱气作用，高刚度，高冲击力，高疲劳限度 |
| 陶瓷泡沫 | 高热阻性能，绝热性好，高强耐容剂性 |
| 蜂窝式 | |
| 纸蜂窝 | 低成本，易黏接，耐重量 |
| 聚酰亚胺纸蜂窝 | 高比强度，抗腐蚀，绝热性、防火性好，可塑性强，绝缘性好，易黏接 |
| 聚烯烃蜂窝 | 硬度大，弹性好，韧性强，高比强度，抗腐蚀，防真菌，可加热成型，可循环 |
| 工程塑料蜂窝 | 韧性好，耐高温（相对高温），绝缘性优，绝热性好，防火，防真菌，孔径和密度可变范围大 |
| 高性能蜂窝 | 碳纤维增强，碳-碳，芳纶，石英，超高强度，超高热抵抗性 |
| 金属蜂窝 | 无脱气作用，耐高温，防火，抗菌，高热传导性 |
| 缝补/压缩 | 悬垂性能极佳，需要完全湿润，高抗冲击性能，防裂，超强吸收树脂能力 |

通常情况下，选择满足操作条件的低成本夹芯材料。如果将重量看作一个设计因素，那么就选择较高成本、较低密度的夹芯。相对而言，有机夹芯，如轻木应用性较强、成本较低。非有机夹芯热稳定性好，刚度更大，但这种材料更容易发生冲击破坏。金属夹芯通常以蜂窝状的形式出现，且具有适宜的热性能和方向性能。

从微观层面上观察，大多数连续的夹芯也都是蜂窝状材料，如轻木和闭孔泡沫塑料。蜂窝的尺寸通常和夹芯的密度有关。随着蜂窝尺寸的增加，或随着蜂窝结构的开放，夹芯逐渐表现出类似随机取向的杆系结构。连续材料在各个方向上均具有相同的性能，且未被优化，以适应具体夹芯结构的具体负载。然而，从宏观角度讲，蜂窝状夹芯在夹芯结构的法向上具有较大的强度和刚度，因此可以显示出较低的密度值。尽管许多蜂窝状夹芯具有六边形孔，但其实正方形和圆形孔也适用于夹芯。可以调节不同尺寸的单元和不同的壁厚，从而提供不同密度值。某些情况下，在制作和操作过程中需要改变每个孔的压力。例如暴露在空间环境中的夹芯结构，为了适应变化的压力环境而使用开孔形泡沫或者有排孔的夹芯。

上述内容中描述的夹芯常用连续方式生产，除此以外，也有一些工程夹芯。弯曲并黏合复合材料，可以形成蜂窝结构。泡沫（如聚氨酯类）可以被拓展为孔状结构。以Z向针贯穿泡沫状夹芯，厚度方向增强，以提供较大的法向刚度和强度。在夹芯板制造过程中，纤维被缝进并填充夹芯，以加强材料硬度和强度。同样，波状夹芯、机织夹芯以及其他结构夹芯都可以进行制备。

## 5　夹芯的制造

夹芯的制造通常为脱离实际夹芯生产过程的离线制造过程。由轻木制造天然夹芯时，用胶水粘贴轻木片，使其纹理与夹芯板的板面纹理垂直。制成"砖形物"（brick）后，可以按需要的厚度进行切割。由于轻木是天然形成的材料，故每一片的密度各不相同。然而，进行适当的控制可以尽量减少板内部的密度多样性。为了帮助成型部件，制作轻木夹芯时可以用很多规则的小"砖形物"黏合在粗布的一侧固定，保证夹芯能够覆盖在面板上。

泡沫夹芯的制造是通过化学处理完成的。在这种方法下，夹芯允许在模具中扩展，然后将夹芯切割成需要的厚度。

蜂窝状夹芯是通过处理连续的薄层材料生产的。对这些薄层材料铺层后，将其卷起并放置在延伸的桌面上，两边插入金属棒，金属棒会自然而然地进行机械分离，从而拓展蜂窝状中心轴。在穿孔金属夹芯上，薄板首先要进行凿孔、堆叠。

另一种制造方法是使用热塑料管。这种管子是在一种高温的热塑料材料外表面喷涂一层低温热塑料材料而制成的，然后堆叠管子并轻微挤压。对管子加热使低温热塑材料熔化，而不软化高温热塑材料，一旦所有的热塑料管都与其临近的管子熔接，结构便可达到预想的厚度。

在多数实际应用中，用到的都是基本形状的夹芯。夹芯在机床上加工成适当的尺寸，开孔，并对其边缘倒角。而部分情况下，夹芯需要制成不同的形状。为了达到一定的弯度，较薄的夹芯可以堆叠为模压形状。一些夹芯甚至可以通过加热使其本身软化，从而进一步加压塑形。对于较厚的夹芯结构而言，可在机床上对夹芯进行拼接加工，达到预期的形状。在单个夹芯的组装过程中，可以使用框架或黏合剂。

夹芯材料还具有其他的特点，这些则需要在夹芯中进行额外组装。由于夹芯通常缺乏足够的强度，通过夹心结构的厚度产生的压缩载荷需要在夹芯内加入一个较硬的点。这个硬点可以通过将部分夹芯区域灌封合适的树脂或者将加工的插片放入夹芯中。如果使用插片，则可以使用黏合剂提供载荷通道，将载荷从插片传输至夹芯。常用的是拓展黏合剂，但这会产生局部的剩余压力。或者，这些插片也可在组装完成后从一侧或者两侧放入夹芯板。

将面板与夹芯连接之前，应尽量保证黏接面的质量。黏接面污染会导致夹芯的连接不好（Potter，1997）。因此，需要对夹芯进行进一步清洁，并在车床中加工至容差范围。如上面所述，为了防止树脂浸入夹芯，可在与面板黏接之前将夹芯黏上一薄层材料进行隔离。

## 6　夹芯板的装配

为了形成夹芯板，需要将面板与夹芯相连。这可以将之前制造好的面板与夹芯用黏合剂固定完成，或者在固化过程中使用多余的树脂或者额外黏合层一步完成面板的固化和与夹芯的黏接。连续型夹芯会产生与面板较大的相连表面区域。黏合剂可以是一层支持性或非支持性的胶膜，或者是黏附面板和夹芯表面的触变性黏胶。无论在怎样的夹芯黏接工艺中都应小心控制黏合剂层的厚度。具有开孔的夹芯直接接触的表面较小，将会产生不一致的黏合剂层厚度，可采取室温或者高温固化黏合剂的方法，这些措施可以解决相应的不均衡问题。

对于蜂窝夹芯而言，与面板接触的表面区域的量显著减少。孔的开放区域代表无黏结的区域。在固化过程中，由于芯吸现象，黏胶随着孔壁流动。因此，黏胶层需要有足够的厚度。扩大黏胶接触面的一种方法是采取网状组织。轻微加热夹芯和膜状黏合剂，膜状黏合剂穿过每个孔，同时压缩的空气推动黏胶朝孔壁方向移动。这项技术可以降低黏合面板的膜状黏合剂的必要厚度。

在压热过程中，为了提供压力保证充足的接触，通常可以使用压力机或压缩袋。如果夹芯板的外表面平整，那就不需要额外的工具。压力机通常用来制造平整的夹芯板。如果一个表面平整，其他表面具有其他特征，则要使用压缩袋。夹芯板被放在袋子中，并借助外力对袋子施加压力。应小心确保外部压力垂直应用于夹芯。施加在边缘的压力可能将夹芯向内侧挤推，这种影响对于低密度的蜂窝夹芯尤为明显。

另一个需要注意的是，在黏胶连接过程中，需要额外注意孔的压力。一旦黏胶固化，在孔中的空气可能对面板产生压力或者成为低压或者真空环境下脱气作用的源头。相反，如果外部对夹层板的压力比孔内的压力大，那么就可能在边缘发生面内压碎，而多孔芯可以保持孔内的压力与周围环境的压力一致。

另一个共固化夹芯板的常用方法是在面板中使用树脂作为夹芯的黏合剂。这种方法需要注意控制夹芯能够吸收的树脂的量。如果使用了贯穿厚度的增强相，那么树脂将会沿着这些增强相而流动。

## 7 切割和折叠拼接

用蜂窝夹芯制成的夹芯板可以使用一种称作“切割和折叠”的方法进行组装。面板材料从面板的内表面中移除，然后，外表面依照某一个半径弯曲，直至内半径的间隙减少至零，如图 4 所示。如果产生一系列较狭窄的裂缝，则可以在夹芯板中设置一个简单的曲度，通过一系列的切割和折叠操作减少内半径的间隙。

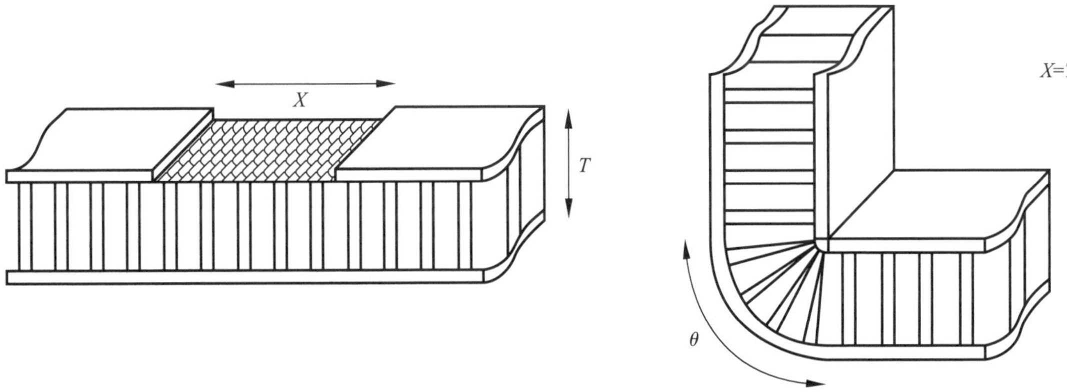


**图 4 切割和折叠夹层装配**

经 Hexcel 元件有限公司（2001）许可后重新制图



## 8 夹芯结构边缘处理

夹芯板通常需要进行一些额外的边缘处理。这样的处理可以保护夹芯免受外界环境的伤害，美化边缘，并提供额外的附件或接头。图 5 所示为典型的夹层结构边缘处理方法。

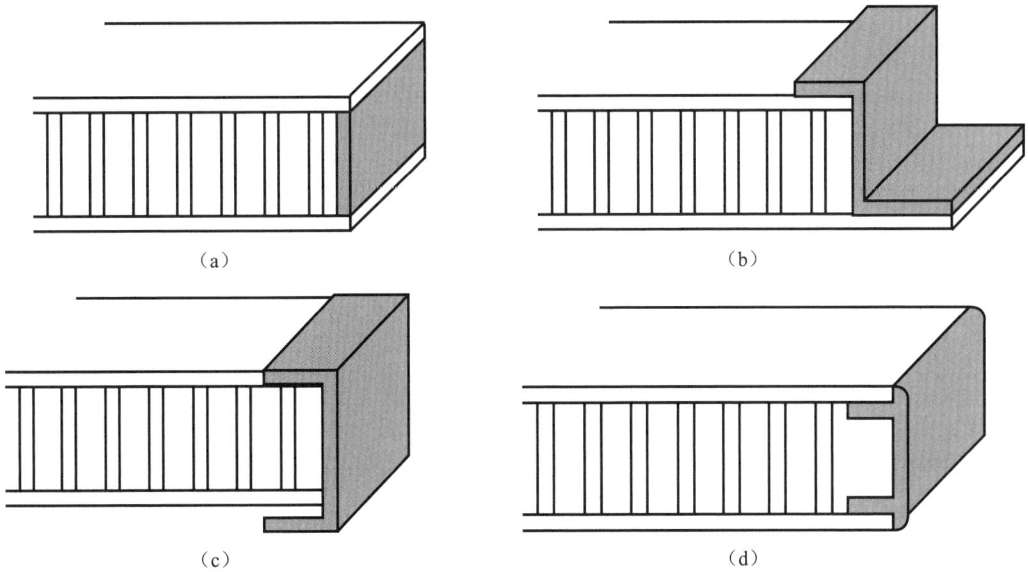


**图 5 典型的夹芯结构边缘处理方法**

(a) 边缘填充；(b)“Z”形区域黏接；(c)“U”形区域黏接；(d) 黏接边缘闭合

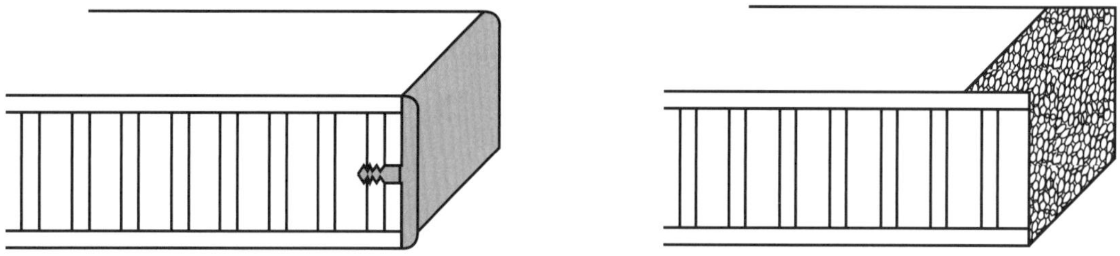

(e)　　　　　　　　　　(f)

**图5　典型的夹芯结构边缘处理方法（续）**

(e) 压出法边缘闭合；(f) 胶带

经 Hexcel 元件有限公司（2001）许可后重新制图

## 9　连接夹芯板

有几种方法可以形成夹芯板外部的组合结构。这些方法包括使用与夹层边缘处理相似的技术及提供荷载传输通道的方法。几种方法使用连续的截面构件，这些构件包括挤压构件或凸出构件。不同类型的连接方法如图6和图7所示。

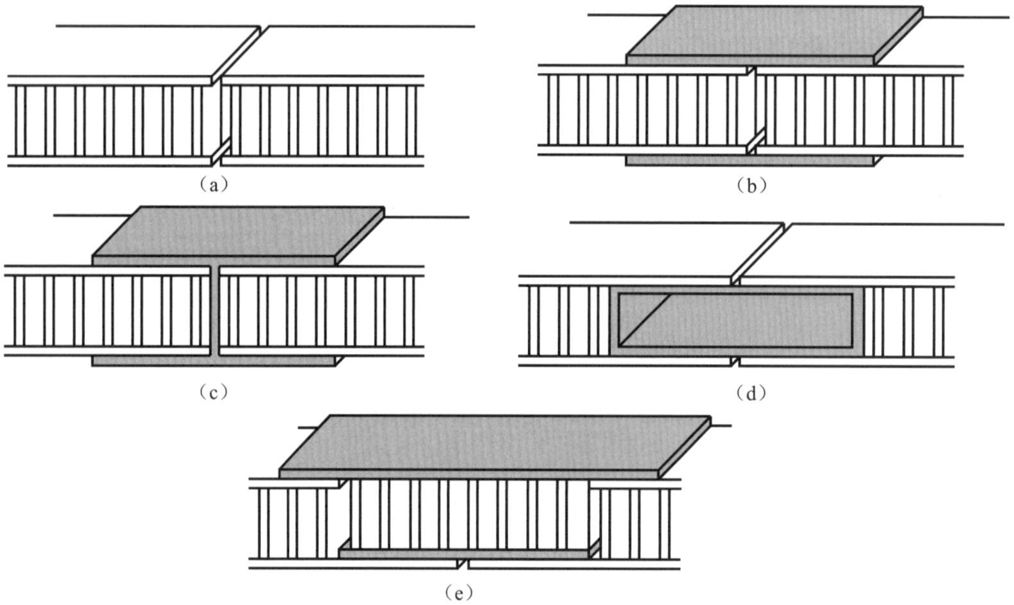

**图6　典型的直列式连接方法**

(a) 平面对接式连接；(b) 双接缝衔接；(c) 使用“H”构件进行双接缝衔接；(d) 内部支撑的平面对接式连接；(e) 平板结构插入方法（单搭接）

经 Hexcel 元件有限公司（2001）许可后重新制图



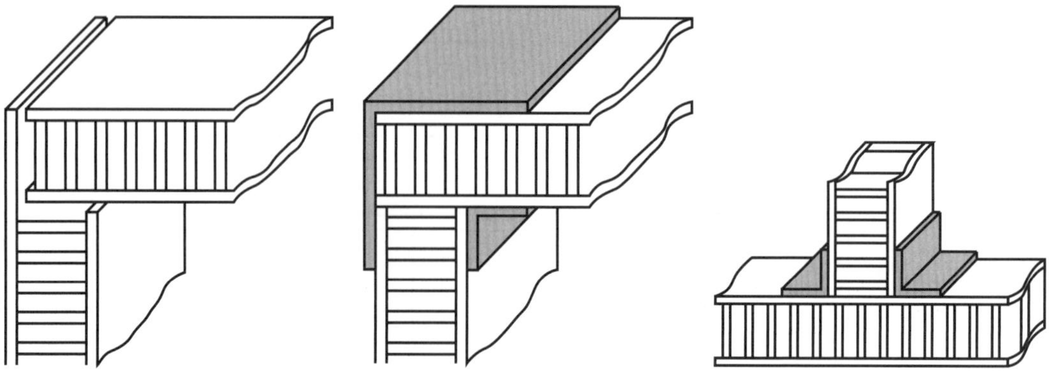

**图7　典型的拐角和板外连接方法**

(a)“T”形黏接；(b)“L”形构件支撑；(c)“L”构件与T形接头

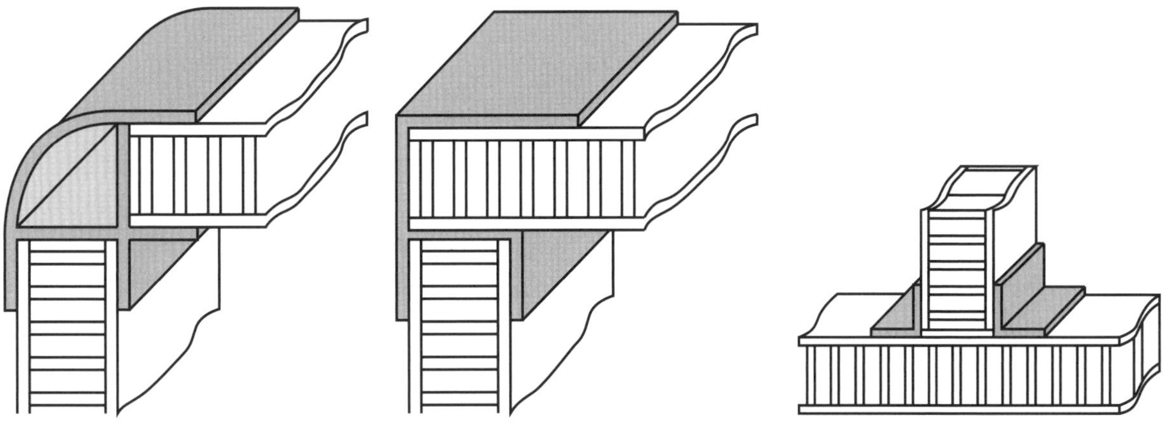

(d)　　(e)　　(f)

**图 7　典型的拐角和板外连接方法（续）**

(d) 圆角；(e) 方角；(f) 与凹槽 T 衔接

经 Hexcel 元件有限公司（2001）许可后重新制图

# 10　夹芯板应用

由于在重量无显著增加的情况下，夹芯结构可以提高弯曲刚度和强度的机械平衡性，因此夹芯材料可以应用于低成本、大结构、高精度和承重件关键部位等多个不同领域（Vinson，2005）。

## 10.1　体育

复合材料以其相对较高的刚度和可塑性被广泛应用于体育运动产品行业。夹芯结构的具体应用包括滑雪、滑冰、冲浪板等，尽管许多人认为这些物品是由层状复合材料组成而不是由夹芯结构组成的。

## 10.2　民用基础设施

基于挠度设计时，弯曲刚度是一个关键因素。夹芯结构可以代替传统的板和工字梁结构，其主要应用领域包括桥面、建筑用墙体和地板屋顶等。

## 10.3　内饰

低成本夹芯板的优势体现在很多方面，尤其是房屋和商场的内部装修上。层压制品实际上是低技术夹芯结构。然而，诸如门、板和家具等应用，这种夹芯结构能够满足各种各样的设计需求，如隔音和隔热等需求。

## 10.4　化学/电子

夹芯结构在化学和电子方面的应用主要通过定制不同的夹芯来满足特定要求。比如，液态的气体和低温存储器需要较低的热传导性的夹芯，而电子板则要求夹芯具有一定的介电性能。

## 10.5　航海应用

夹芯结构优异的弯曲刚度是舰船结构的主要优势。再利用有效的双壁方法，大型低成本夹芯结构能够显著减少相同重量的吃水深度，从而减少需要的压舱物。单层的玻璃纤维船体容易使用泡沫夹芯延展成夹芯板。斯堪的纳维亚国家舰队在船体和甲板上使用夹芯结构。低成本的泡沫夹芯较为常见。美国海军研发出了夹芯结构，特别是使用 VARTM 装配在大型船体结构中船体、甲板以及雷达防护外罩和其他器械。潜水器的无压部分使用能够承受较高的水动力载荷的夹芯结构。尽管轻木是一种航海应用中比较常见的夹芯，即使在发生火灾时也能够有优良的性能表现，但关键位置上的夹芯还是需要选择能提供可透性并在必要情况下具有无线电可衰减性的材料。



## 10.6　汽车和铁轨

汽车外体板面和内部防火墙应用的夹芯板通常比较薄，且也没有明显的弯曲载荷。相应的面内设计会使夹层板较薄。但即使是较薄的夹芯也可以提供较强的刚度。夹芯也能够提供隔音和隔热功能。夹芯结构在撞击试验中证明了其安全性。在大型交通工具中，如卡车、汽车等，夹芯板通常用在防水和防化学物品的地板上。同时，夹芯板还可以减少整体的重量。在铁路方面的应用则主要应用于如缓冲器和挡泥板、内板和大巴车的结构板等安全区域。

### 10.7　航空领域

夹芯结构的制造是航天领域这种对重量高要求领域应用中的重要元素，尤其是考虑到大多数航空设计的压缩载荷经常受限制而导致屈曲和其他类型的不稳定状态。夹芯结构，由于其相对较高的弯曲刚度而得到广泛的应用。在航空领域中，夹芯板常见的应用包括货运和起落架门、水平和垂直尾翼部分等。夹芯结构取代了机身的传统桁架结构。夹芯结构发动机短舱具有良好的封闭性能，诸如行李舱、地板、隔墙和舱壁等内部结构也都用到了夹芯结构。在直升机中，转子的叶片是比较复杂的结构，涉及一些由夹芯和层压材料制造而成的多个部分。许多无人机（Uninhabited Aerial Vehicles，UAV）在机体和机翼中都使用夹芯结构。在相关的风能领域中，夹芯结构经常被用于风车的叶片上。

诸如卫星等的空间应用中，经常需要刚性结构进行精密仪器的定位。夹芯结构设计目的在于满足工程约束，如热传递和热控制、启动载荷、振动和辐射。通常情况下，加热管道通常会放置在用于热控的夹芯结构中。空间应用中的夹芯结构通常极其复杂，制作过程涉及很多步骤。



## 11　结论

从概念到应用的角度，夹芯板都是一种结构。但从制造和装配的角度，即便它是应用简单的面板和夹芯组成的，夹芯结构也不是简单的原件。其结构本质使这种结构能够满足多功能的需求。但是在设计过程中，必须通过综合考虑来选择制作工艺，这样才能达到最优结构。

## 相关章节

第 6 卷第 311 章

### 参 考 文 献

Black, S. (2003) Getting to the core of composite laminates, *Composites Technology*, Gardner Publications, Cincimati, OH, Oct, 2003.

Hexcel Composites (2001) *Sandwich Panel Fabrication Technology*, Publication # LTU 018.

Mazumdar, S. K. (2002) *Composites Manufacturing*, CRC Press.

Potter, K. (1997) *An Introduction to Composite Products*, Chapman & Hall.

Strong, A. B. (2007) *Fundamentals of Composites Manufacturing: Materials, Methods and Applications*, Society of Manufacturing.

Tomblin, J., Lacy, T., Smith, B., Hooper, S., Vizzini, A. and Lee, S. (1999) Review of Damage Tolerance for Composite Sandwich Airframe Structures, DOT/FAA/AR-99/49.

Vinson, J. R. (2005) Sandwich structures: past, present, and future, *Sandwich Structures 7: Advancing with Sandwich Structures and Materials*. Proceedings of the 7th International Conference on Sandwich Structures, August 2005, Aalborg, Denmark, Springer, The Netherlands, pp. 3-12.

Vinson, J. R. (1999) *The Behavior of Sandwich Structures of Isotropic and Composite Materials*, Technomic Publishing Company, Inc.

Zenkert, D. (1997a) *An Introduction to Sandwich Construction*, Engineering Materials Advisory Services, Ltd.

Zenkert, D. (1997b) *The Handbook of Sandwich Construction*, Engineering Materials Advisory Services, Ltd.

## 拓展阅读

ASM (2001) ASM Handbook, vol. 21: Composites, ASM International.

Karlsson, K. F. and A° ström, B. T. (1997) Manufacturing and applications of structural sandwich components. *Compos. Part A*, 28, 97-111.

Owen, M. J., Middleton, V. and Jones, I. A. (2000) *Integrated Design and Manufacture Using Fibre-Reinforced Polymeric Composites*, CRC Press.

本章译者：黄天麟，孙慧玉（南京航空航天大学航空宇航学院）

# 第 184 章

# 激光在航空航天制造工业中的应用

Jyoti Mazumder
密歇根大学机械工程系，安娜堡，密歇根州，美国

航空航天工业是早期应用激光技术的领域之一。其中激光辅助制造应用主要体现在以下几个方面：

（1）钻孔；

（2）焊接；

（3）激光冲击喷丸；

（4）镀膜和固体自由成型。

本章将简要介绍上述各种应用。

## 1 激光钻孔

### 1.1 钻孔

钻孔过程是制造流程中最重要的环节之一。孔洞能提供诸多功能，如组装件的紧固、减重和通风，连接其他部件，美观以及航空发动机冷却手段等。通过移除工件部分材料，钻孔机既可以用于产生新孔，也可以用于扩大现有的孔。针对不同的材料，开孔手段也不尽相同。相较于冲压钻孔、麻花钻头切削和以大电流作为热源的电化学加工（Electrochemical Machining，ECM）、电火花加工（Electrical Discharge Machining，EDM）等传统加工方式而言，以高度集中辐射能量为热源的激光钻孔技术是一种全新的开孔方式。

### 1.2 简介

镍基高温合金是航空发动机行业中最适宜使用的合金之一。它由多种组分组成，包括镍、铬、铁、钴、钛、钨、钼、铝以及其他稀有金属。由于具有优越的热力学特性，诸如高温下的韧性、蠕变强度、抗氧化性以及抗热腐蚀能力，上述材料在航空发动机高温部位得到了广泛应用。高温区域的超合金组件往往需要打上千个冷却孔，以保证航空发动机在高温环境下仍能有效运行。冲压、麻花钻、ECM 和 EDM 都是一些常用的钻孔工艺。然而，由于超合金的高韧性特点，冲击或麻花钻取孔的方式效率都比较低。ECM 和 EDM 两种加工方式的效率与材料属性基本无关，但其缺点是机器成本高昂且加工时间长（Yeo 等，1994）。

近 20 年来，采用激光在各种材料上钻孔成了一种更具吸引力的方式。尤其是随着对具有更高峰值功率的脉冲固体掺钕钇铝石榴石晶体（Nd：YAG）研究的深入，采用激光在航空发动机气路组件如燃烧室、涡轮叶片、喷嘴导向叶片上钻孔逐渐成为一种更加便捷的方式。此外，激光钻孔的非接触、成本可接受、孔洞质量高以及可靠性等特点都促进了其在航空发动机工业大批量生产中的应用。以下章节的介绍中将包括激光钻孔的原理、激光钻孔的参数以及激光钻孔过程中一些其他有趣的话题。

### 1.3 激光钻孔原理

图 1（Stephen 和 Bolin，1983）所示为激光束撞击工件表面影响功率平衡示意图，激光钻孔是一套非常复杂的程序。当与工件表面接触时，激光束光子能量即转化为热能。随着大量的热能传递给工件，当温度超过材料熔点或沸点时，工件将经历从

熔化到蒸发的过程。根据激光功率密度的不同，材料将以气体或熔融液体的形式被高压蒸气以及辅助气体从工件上吹离，从而形成一个钻孔。

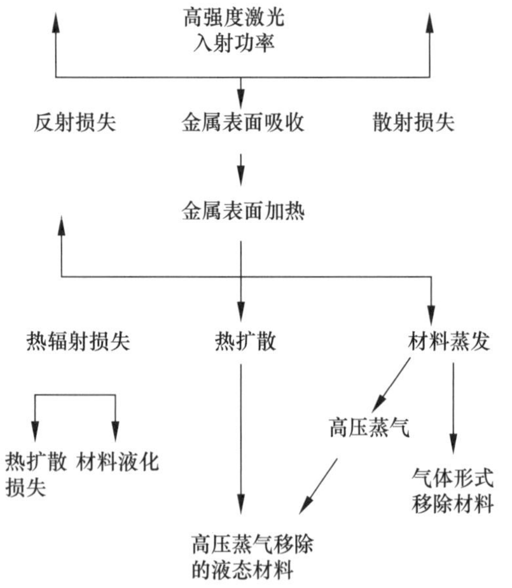


**图 1　激光束撞击工件表面影响功率平衡示意图**

取自 Mazumder（1982）© Kluwer Academic 出版社

如果激光能量密度足够高，蒸气中的原子会被电离为离子和电子状态并最终在物面附近形成等离子体。一般而言，等离子体会阻碍激光束的入射。由于等离子体造成的散射损失和对光束能量的吸收使得入射到物体表面的激光能量减少，这个过程称为逆韧致辐射效应（Inverse Bremsstrahlung，IB）。因此，等离子体引起了加工效率的降低。图 2 所示为高密度激光束与工件表面相互作用过程中材料物理变化的各个步骤。

## 1.4　激光钻孔变量

在充分理解钻孔过程的基础上，还需先行选取最优的加工参数，才能获得一个高质量的孔。本节将讨论部分重要加工参数对孔洞质量的影响。

### 1.4.1　脉冲能量和脉冲持续时间的影响

在钻孔过程中，脉冲能量和脉冲时间都是极其重要的工艺参数。图 3 所示为在两种不同脉冲能量下钻一个孔所需时间随脉冲持续时间的变化关系。相对于 20.0 J 的脉冲而言，30.0 J 的脉冲钻孔更快。在相同能量情况下，减少脉冲持续时间也同样能缩短钻孔时间。

功率密度是对材料去除率有重要影响的关键参数。其数值一般通过光束的峰值功率和待取孔工件表面的横截面积来计算。一个脉冲内激光传输的峰值功率与脉冲能量和脉冲持续时间有关，其表达式为：

$$P_p = E/D$$

式中，$P_p$ 为峰值功率，单位为瓦特（W）；$E$ 为脉冲能量，单位为焦耳（J）；$D$ 为脉冲持续时间，单位为秒（s）。将峰值功率除以聚焦光斑的面积可得

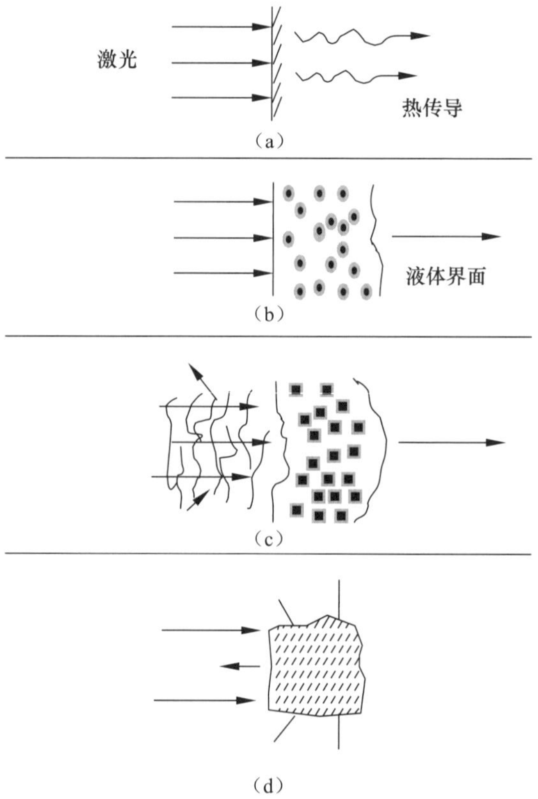


**图 2　高密度激光束与工件表面相互作用的物理过程**

(a) 吸收和加热；(b) 融化；(c) 蒸发；(d) 产生等离子体

取自 Mazumder（1982）© Kluwer Academic 出版社

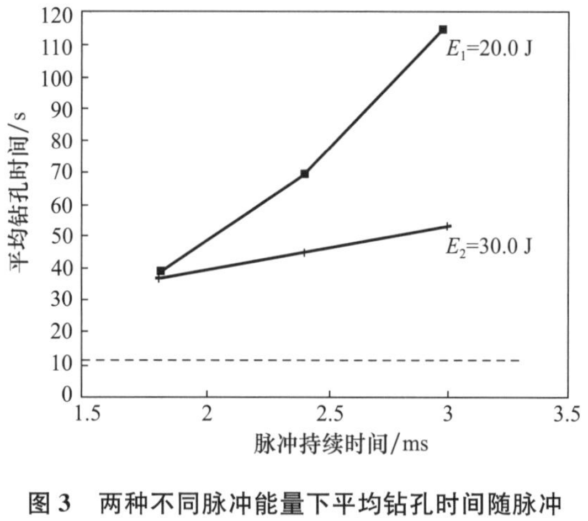


**图 3　两种不同脉冲能量下平均钻孔时间随脉冲持续时间的变化**

取自 Adams（1973）©焊接研究所

能量密度，公式为：

$$I = P_p / A \quad (1)$$

式中，$I$ 为能量密度，单位为瓦特每平方厘米（$W/cm^2$）；$A$ 为聚焦光斑的面积，单位为平方厘米（$cm^2$）。一般而言，为了增大材料去除率和减少重铸层，往往首选高能量、短持续时间下产生的高功率密度光束（Tunna 等，2005；Bruneau 等，2005；Bandyopadhyay 等，2002）。

### 1.4.2　脉冲波形影响

脉冲的瞬时波形在激光钻孔中的影响同样重要。对钻孔操作而言存在一个最优的波长。实验结果（Roos，1980）显示，如果脉冲过长，能量将因被辐照开始后短时间内形成的蒸气流或等离子体吸收而浪费。根据 Roos 的结果，通过引入弱的腔内损耗调制技术产生的尖脉冲序列相比于连续脉冲能更有效的移除材料，脉冲序列如图 4 所示。这是因为尖脉冲能提供比连续脉冲更高的峰值功率。

### 1.4.3　激光焦点位置的影响

材料去除率和孔洞形状受光束焦点位置的影响显著。随着光束焦点和工件表面相对位置的变化，激光-材料相互作用区激光强度将会减弱或增强。反过来，这也会影响材料的去除率。不同焦点位置的情况下，接触面上光斑大小也同样会导致孔洞形状各异。因此，需要合理布置焦点位置以保证孔洞有较好的平直度。一般情况下，光束焦点最佳位置应正好在材料表面之下（Yeo 等，1994）。

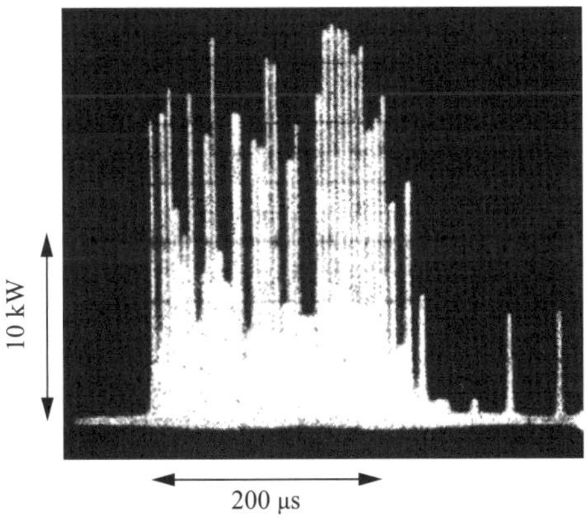


**图 4　脉冲序列，总能量 200 mJ，单个尖峰宽度 0.5 μs**
取自 Banas（1997）©联合技术研究中心

### 1.4.4　辅助气体影响

合理的气体压强能保证有效地将熔融层以及其他反应产物吹离孔洞。另外，过高的气压形成的强制对流会冷却材料，从而降低钻孔性能（Tam 等，1993）。工业中常用压缩空气和氧气作为辅助气体，尤其是氧气，会加速外露部分的氧化进程。这一氧化过程属于放热反应，可以向工件传递额外热量，促进热量吸收和材料蒸发，提高钻孔效率。出于材料、工艺参数和经济性考虑，有时也采用氮气和惰性气体作为辅助气体。

## 1.5　航空航天工业不同材料钻孔

针对航空航天以及其他工业材料，已经有大量实验研究了不同激光参数与孔洞品质特性的关系。Bandyopadhyay 等（2002）从几何学以及冶金学角度研究了 Nd：YAG 激光在 IN718 和 Ti-6Al-4V 厚板上的钻孔特点。他们发现，在使用氧气作为辅助气体的 IN718 板上钻出的孔与使用氮气的 Ti-6Al-4V 板上的孔大不相同（图 5）。实验结果显示，在相似厚度板、相同激光参数下，在 IN718 上产生的孔与 Ti-6Al-4V 相比尺寸更精确、锥度更小、飞溅液滴更少，并且重铸层也更少。

Corcoran 等（2002）研究了多层航空航天材料结构上的激光钻孔特性。实验中使用的多层结构为涂有隔热层（Thermal Barrier Coating，TBC）的 Rene80 材料。其中隔热层采用氧化钇稳定的氧化锆，并采用等离子喷涂铬铝钇黏合层与基体材料相连。结果显示，高能量脉冲可以降低孔周围微裂纹水平；然而，低能量脉冲可以减少孔周围附着的熔融材料；短宽度脉冲可以大幅度降低微裂纹以及 TBC 与黏合层之间分层的严重度。

对于其他如钢、铝等材料激光钻孔也有研究涉及。Ghoreishi 等（2002）采用了不锈钢和低碳钢作为试验件进行研究。对比不锈钢和低碳钢上钻出孔的入口直径和圆度，发现造成两者不同的主要因素为脉冲频率。其对不锈钢的影响效果显著，而对低碳钢的影响效果则相对较小。书中还讨论了两种材料钻孔过程中的物理现象，以验证其他参数之间的关系。Lindgren 等（1983）在针对钢和铝的对比实验中采用了三种不同的激光：Nd：YAG、Nd：YAP 和钕玻璃激光。由于在激光钻孔过程中产生密集等离子体对能量的吸收使得钻孔效果不如钢材。此外，铝材的大量热扩散使大量孔壁材料熔化，最终会引起孔洞堵塞。

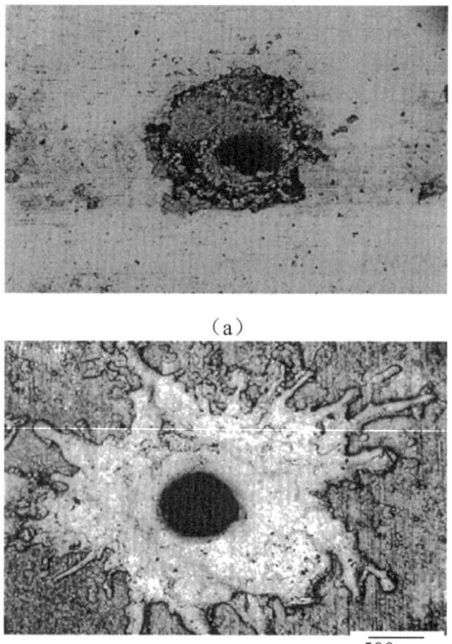

(a)

(b)

500 μm

**图 5　典型 8mm 厚度板激光钻孔入射面液滴喷溅显微图**

(a) IN718；(b) Ti-6Al-4V（脉冲宽度：0.7 ms，脉冲能量：15 J，脉冲频率：9 Hz）

取自 Banas（1975）©联合技术研究中心

## 1.6　激光钻孔的数学模型

目前，关于激光钻孔过程已经建立了众多数学模型，用以描述激光-材料相互作用的现象。Steen 等（1883）提出了一个简单的能量守恒方程，可以大致描述材料激光去除过程。方程中假设所有材料吸收的热量都提供给材料蒸发过程，忽略了所有其他机制引起的热量损失。

$$H = m[C_p(T_b - T_0) + H_f + H_v] \qquad (2)$$

式中，$H$ 为所需总能量，J；$m$ 为去除材料质量，kg；$C_p$ 为比热容，J/(kg・℃)；$T_b$ 为沸点，℃；$T_0$ 为室温，℃；$H_f$ 为熔解潜热，J/kg；$H_v$ 为蒸发潜热。

由此，气液交界面上稳态钻孔速度可表示为：

$$V = \alpha I/\rho[C_p(T_b - T_0) + H_f + H_v] \qquad (3)$$

式中，$I$ 为功率密度，单位瓦特每平方厘米（$W/cm^2$）；$\rho$ 为密度，$kg/cm^3$；$\alpha$ 为材料能量吸收率。

Chan 等（1992）考虑了 Knudsen 层和简单一维流体流动，发展了一个一维稳态激光-材料相互作用模型。Kar 等（1992）在模型建立中考虑了孔内部激光的多次反射问题，但假设孔形状处于理想状态。Modest 等（1996）发展了三维导热模型，其中忽略了流体流动特性和物理蒸发因素。

Ganesh 等（1997）采用流体体积法追踪气液交界面，从而发展了激光-材料相互作用二维瞬态模型。然而，模型中物理蒸发过于简化。大多数模型中（Chan 等，1992；Ganesh 等，1997）都使用克劳修斯-克拉贝龙（Clausius Clapeyron，CC）方程来将蒸发表面的压力和温度结合起来，但这对于快速加热的激光束来说并不适用。液体层大部分区域容易形成过热，而交界面上的压力要远低于 CC 方程的估算值。

Ki 等（2001）发展了一种全新的模型。通过引入水平集方法描述气液交界面的特征，使得激光-材料物理交界面和液体自由表面的运动能自洽耦合。这个模型中包含了物理蒸发、临界点附近的均质沸腾以及内部的多次反射现象，但忽略了激光-等离子体之间的交互作用。

## 1.7　传感器

在激光钻孔过程中需要通过传感器来实时监测和控制钻孔进程。钻孔过程中常常应用到两种类型的传感器。其中，声传感器采用麦克风采集声音，光电传感器采用等离子放射作为光源。通过合适的方法将这些传感器安装进激光钻孔系统，进而可以探测孔洞贯穿的时刻，以及更加精确地控制孔贯穿后的脉冲波数，保证孔尺寸的精确度。

## 1.8　总结

本节主要介绍了激光钻孔的原理、激光钻孔参数的影响、不同材料上钻孔的区别、数学模型研究进展和激光钻孔过程使用的传感器。在航空发动机冷却孔所有的制造工艺中，激光钻孔作为一种非接触式的光学加工方法与其他加工方法相比具有非常大的前景（无论是考虑到它的性能还是优势方面）。在拥有合理设计的光束发射系统和自动化动作控制设备的基础上，激光钻孔将成为更加稳定、更具性价比的方法。

由于激光钻孔技术涉及诸多关键工艺参数（如脉冲能量、脉冲长度、脉冲波形和重复率、焦点位置以及辅助气体的种类和压力）的操控而变得复杂。对这些影响因素进行合理地选择和优化才能制造出最经济有效的冷却孔，并且严格满足增强航空发动机总体性能的品质要求。

# 2　焊接

## 2.1　简介

焊接是常用的连接技术之一。在焊接方法类别中，激光焊接属于一种熔焊技术，即将原材料熔化后融合在一起。激光在焊接过程中主要作为一个具有高能量密度的热源。与其他焊接方法相比，激光焊接可以将光束聚焦在几个毫米的范围内，从而将加热引起的变形控制在最小范围。

在航空航天工业中，激光焊接主要用来连接主体结构上两种相同或不同的金属，并能提供高连接强度。用这种方法来连接金属部件可以减轻机体重量，与之相比，传统机械式连接法如螺栓、螺母连接就显得不重要了。目前，由于激光焊接适用于各种航空航天工业结构部件中的合金材料，所以日益受到关注。

## 2.2　激光焊接原理

当激光束入射到目标材料上时，能量将由光束向材料表面转移。如图6所示，能量转移存在两种模式：热传导模式和小孔模式。激光深孔穿透焊接机理与电子束焊情况十分相似，两种方法中能量都是通过“小孔”形式进行转移的。当光束能量密度足够高并引起基体材料蒸发时，洞口的蒸气压会迫使熔化金属沿着孔壁向上运动，此时就可能会出现这种小孔模式。这时孔的作用就类似于一个黑体，在增加对激光束吸收的同时也促进了热量向材料深处的扩散。反观大多数传统焊接工艺，能量仅由工件表面吸收，然后只能通过热传导转移到内部。激光焊接的潜在优势有以下几点。

（1）光没有惯性，因此高速加工过程中可以做到快速启动和急停。

（2）具有高能量密度。

（3）可在大气环境下使用。

（4）可处理难加工材料（如钛、石英等）

（5）无须焊条或填充材料。

（6）焊缝窄。

（7）可精准控制焊缝。

（8）可实现低污染或无污染焊接。

（9）切割或焊缝周边受热影响范围小。

（10）可采用自动控制光偏转技术对复杂外形进行高速切割或焊接。

（11）可实现分时操作。

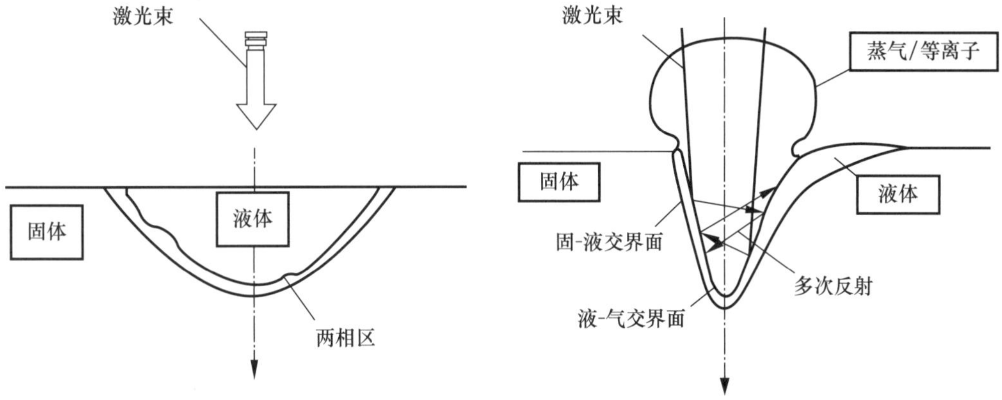


（a）　　　　（b）

**图6　激光焊接能量转移模式**

（a）热传导模式焊接；（b）小孔模式焊接

## 2.3　激光焊接变量

激光焊接主要的独立过程变量如下。

（1）激光束功率。

（2）激光束直径。

（3）吸收率。

（4）激光束在基体表面进给速度。

（5）其他参数，如保护气种类、焦点位置以及接头准备和装配。

测量的因变量有激光焊接接头的渗透深度、显微结构以及冶金学性能。

### 2.3.1　激光束功率

激光焊接过程中的渗透深度与激光束功率密度密切相关，且是入射光功率和直径的函数。一般对于相同的光束直径，渗透深度随激光功率的增加而增加。

### 2.3.2　激光束直径

激光束直径是最重要的参数之一，因为它决定了功率密度。然而，对于高功率激光束来说，直径难以测量。这部分归结于光束直径本身不易测量，另外的部分归结于对光束半径定义的模糊。高斯光束直径的定义为能量降低至中心值的 $1/e^2$ 或 1/e 处的直径。定义在中心值 $1/e^2$ 处直径范围内包含的功率高于光束总功率的 80%，而定义在 1/e 处的半径范围内仅略微超过 60%（Harry，1974）。因此，推荐使用 $1/e^2$ 处的定义。

假设透镜没有造成像差，则激光束焦点处衍射极限光斑尺寸可以通过光的衍射理论计算出来，公式为：

$$D_b = 2.44\frac{\lambda f}{D}(2M+1)^{1/2}$$

式中，$D_b$ 为光束直径；$\lambda$ 为激光束波长；$f$ 为透镜焦距；$D$ 为未聚焦激光束直径；$M$ 为震荡模数。

### 2.3.3 吸收率

激光焊接的效率取决于工件对光线能量吸收的能力，即吸收率。工件吸收的能量是所有激光加工过程热传导计算建立的基础。

### 2.3.4 激光束在基体表面进给速度

激光焊接的渗透深度与激光进给速度相关。高速模式下会造成渗透不足；反之，低速时会引起过度熔化、材料损失和焊缝穿孔问题。



### 2.3.5 其他参数

其他参数主要有以下几个。

（1）保护气。激光焊接过程中产生的等离子体会吸收和散射光束能量。因此，有必要及时移除这些等离子体。随着光束功率的增加，这种现象愈加明显。光束能量被吸收得越多，焊缝渗透深度越浅。通过使用保护气，如氦气，可以有效去除这种等离子体。同时，保护气也能防止新焊缝表面被氧化。

（2）焦点位置。焦点的最优位置是在工件表面之下，但具体距离还与工件厚度、激光功率相关。

（3）接头准备和装配。需要注意的是，激光焊接中激光束光斑直径和焊缝形状往往在几百微米左右。因此，装配公差和校准精度也需要定在同样的量级。

## 2.4 航空航天工业中不同材料焊接技术

### 2.4.1 钛及其合金

具有高比强度的 Ti-6Al-4V 在航空航天工业中的应用相当广泛。激光焊接由于其易操作、无化学污染、高强度、深焊缝渗透、窄热影响区以及小加工变形等优点而被广泛采用。

由于对金属钛及其合金更好的连接方法的迫切需求，学界已经对不同功率范围激光焊接做了一些研究：Banas（1972a，1972b，1975，1975）（高达 5.5 kW），Seaman 和 Hella（1976）（高达 16 kW），Adams（1973）（高达 2 kW）以及 Mazumder 和 Steen（Mazumder，1978；Mazumder 和 Steen，1979，1980）（高达 5 kW）。

Skaggs（1997）研究了 Ti-6Al-4V 焊缝表面的氧化物污染问题，提出利用酸洗作为表面处理方式。

Sun（2002）将 Ti-6Al-4V 合金在三种不同焊接方式下的可焊性作了比较，其中包括钨极惰性气体保护电弧焊（Tungsten Inert Gas，TIG）、等离子焊和激光焊接。

Akman（2008）研究了 Ti-6Al-4V 合金渗透深度与脉冲时间和峰值功率的关系，实验中采用了 3 mm 厚的 Ti-6Al-4V 合金板和 Nd：YAG 脉冲激光器。

### 2.4.2 耐热合金

由于卓越的耐热性和耐腐蚀性，飞机发动机组件中常采用镍基合金。

Adams（1973）采用高达 2 kW 输出功率的高速轴流 $CO_2$ 激光器对高温合金激光焊接进行了广泛研究。Adams（1973）研究了厚度为 1 mm 与 2 mm 的铁基合金 Jethete M152 和镍基合金，如 PK33、N75 以及 C263。

Schwartz（1979）回顾了耐热合金的激光焊接研究。许多镍基和铁基合金都能成功使用 $CO_2$ 激光进行焊接。例如，可以用功率范围为 8～14 kW 的连续波（Continuous Wave，CW）$CO_2$ 激光对厚度为 6.35 mm 的 Inconel 718 合金试件进行焊接。

Gobbi（1996）研究了厚度为 4 mm 和 8 mm 的 Inconel 718 合金板上激光焊接技术和冶金特性。其中，待焊接的 Inconel 718 合金处于退火和老化状态。

Xiao（2007）采用实验设计（design of experiments，DOE）方法对采用 CW Nd：YAG 激光加工 Inconel 718 合金过程进行了研究，并分析了如功率、焊接速度、填充材料以及几何形状等工艺参数的影响。

Hong（2008）研究了采用 $CO_2$ 激光加工 5.0 mm 厚 Inconel 718 合金板件过程中的疲劳、拉伸性能，以及热处理的影响。

2.4.3　镁及其合金

Zhu（2005）分别采用 1.5 kW 二极管激光器和 2 kW $CO_2$ 激光器在 AZ31 镁合金上做了焊接实验，预测了两种激光下小孔模式和传导模式之间的差异，并检验了焊缝质量与光斑大小的关系。

Cao（2004）采用 CW Nd：YAG 激光对 ZE41A-T5 镁合金对接接头结构沙模铸件进行了可焊性方面的测试，测定了离焦量对加工表面的影响。

Abderrazak（2009）优化了 AZ91 镁合金薄板，并通过光学显微分析描述了焊缝的横截面。同时，也分析了激光功率、保护气和焊接速度的影响。

## 2.5　热传递

在探索熔深焊接的过程中，实验人员正面临着多参数的难题，而这个问题只能通过大量的析因实验来解决。其中主要参数包括基底的热物理性质、总输入能量、功率分布与直径以及进给速度。或者，通过数学模型模拟假想过程中的物理现象，并将模型计算结果与实验结果对比以验证模型有效性，即物理模型。

2.5.1　解析解法

热传导方程可以通过多种途径来求解。在众多现存的解析方法中，Rosenthal（1941，1946）和 Rykalin（1951）发展的方程无疑是最为普遍采用的方法。

Rosenthal 考虑了两种特殊的焊接情况：

（1）一个点热源在一块无限宽厚板的表面移动，因此热流可以看作一维情况；

（2）一条线热源在一块无限宽薄板上移动，因此热流可以看作二维情况；

两种情况下的温度分布和中心线冷却速率表达式为：

$$(T-T_0)=\frac{Q}{2\pi K}\mathrm{e}^{-VX/2\alpha}\frac{\mathrm{e}^{-VX/2\alpha}}{R},$$

$$\frac{\mathrm{d}T}{\mathrm{d}t}=2\pi K\left(\frac{V}{Q}\right)(T-T_0)^2 \quad \text{三维} \qquad (4)$$

$$(T-T_0)=\frac{Q}{2\pi Kg}\mathrm{e}^{-VX/2\alpha}K_0(VR/2\alpha),$$

$$\frac{\mathrm{d}T}{\mathrm{d}t}=2\pi K\rho C\left(\frac{Vg}{Q}\right)^2(T-T_0)^3 \quad \text{二维} \qquad (5)$$

式中，$T$ 为某点温度，K；$T_0$ 为平板初始温度，K；$Q$ 为单位时间内热输入量，W；$g$ 为平板厚度，m；$K$ 为导热系数，[W/(m·K)]；$K_0$ 为第二类零阶贝塞尔函数；$\alpha$ 为热扩散系数，($m^2$/s)；$\rho$ 为密度，kg/$m^3$；$C$ 为比热容，[J/(kg·K)]；$V$ 为焊接速度，m/s；$t$ 为时间，s；$R$ 为与热源的距离，m；$X$ 为沿焊缝中心线的长度，m；$Y$ 为距离焊缝中心线的距离，m。

2.5.2　数值解法

数值计算可以去除分析解法中的许多限制。

（1）热源不一定集中在点、线或面上。

（2）工件几何尺寸可代入计算。

（3）降低考虑基底材料物理性质温度依赖性的困难。

（4）消除分析解法中方程由于技术展开而造成的舍项误差。

（5）消除分析法中求解真实边界条件上热流方程的困难。

（6）随着计算机技术的发展，数值模型计算结果更加可靠，与实验值更加接近。

## 2.6　传感器

质量监测在激光焊接中尤为重要，因为一个小缺陷可能导致整体部件被废弃。表 1 中列出了一些质量监测常用的方法。

**表 1　一些质量监测常用的方法**

| 信号 | 传感器类型 | 原　理 | 速度快/慢（F/S） |
|---|---|---|---|
| 声音 | 反射镜 | 表面应力波 | F |
| | 探针 | 小孔冲击波 | F |
| | 喷嘴 | 小孔冲击波 | F |
| | 工件 | 工件内应力波 | F |
| 辐射发射 | 光电式 | 从上、下或镜像中观测到的等离子或熔池 | F |
| | 热电式 | 沿波长宽度的辐射 | F |
| | CCD 相机 | 滤波器直接观察 | S |
| | 红外线摄像机 | | S |
| 空间电荷 | 等离子电荷感应喷嘴或环，有或无外部供电 | 空间电场电子扩散 | F |
| | 朗缪尔探针 | 等离子体电导率 | F |
| 注射辐射 | 激光束 | 反射和透射 | F |

## 2.7　总结

研究已经证明，激光焊接可以用于多种航空航天领域材料上，如镍合金、钛合金以及镁合金等，实现高质量焊接。此外，高效能和高功率激光（如薄片激光和光纤激光等）的使用已经去除了这方面的一些限制。因此，激光焊接将成为航空工业提高制造效率的一个强有力的工具。

## 3　激光冲击喷丸

在航空航天工业中，激光冲击喷丸（Laser Shock Peening，LSP）（Hammersley 等，2000；Claur 等，1981）常用来赋予材料残余压应力，用以提高材料疲劳性能。在材料服役过程中，拉应力会促进裂纹萌生和扩展；与之相反，压应力会阻止裂纹的扩展。航空构件如涡轮叶片、整体叶轮耳片等通常都需经过 LSP 处理。

### 作用机理

当使用短脉冲、高能量激光束［如波长 1.06 $\mu$m、能量 25 J、脉冲宽度 25 ns(www.metal-improvement.com/images.)］加热基底表面时，由于激光的消融作用，故会产生高压等离子体。要产生上述现象，能量密度需要处于 $10^9/cm^2$ 附近，基底上需要使用黑色胶带或涂层来增加激光吸收率。将吸收涂层置于水下，此时被水层包覆的高压等离子体产生的反冲压力可以形成一个沿基底传播的冲击波，通过产生的残余压应力对材料中所有点缺陷和线缺陷进行巩固。激光冲击喷丸原理如图 7 所示。

这种方法产生的压应力影响深度比传统喷丸技术深 4 倍以上。例如在 Inconel 718 合金上（Hammersley 等，2000）可以获得深达 0.5 mm、约 50 MPa 的残余压应力。根据激光参数的不同，深度范围可在 0.25～1 mm 变化（Steen，2010）。

## 4　激光熔覆和直接金属沉积技术

### 4.1　简介

激光熔覆技术最初被应用在表面涂层上，即通过将一层不同材料覆盖在基底之上来提高基底的抗磨损、抗腐蚀和抗氧化性能。因此，有必要避免涂层材料深入浸透基底材料。涂层材料一般呈粉末状，根据其放置方式不同可分为两种加工方法。一是在激光束扫略前预先铺设一层合适厚度的粉末层（两步处理）；二是将粉末直接吹进激光束产生的熔池中（一步处理）。考虑到加工效率和灵活性，后者要明显优于前者，比如加工时间更短、能量吸收更高、材料局部成分变化以及复杂外形上更大的覆盖范围。



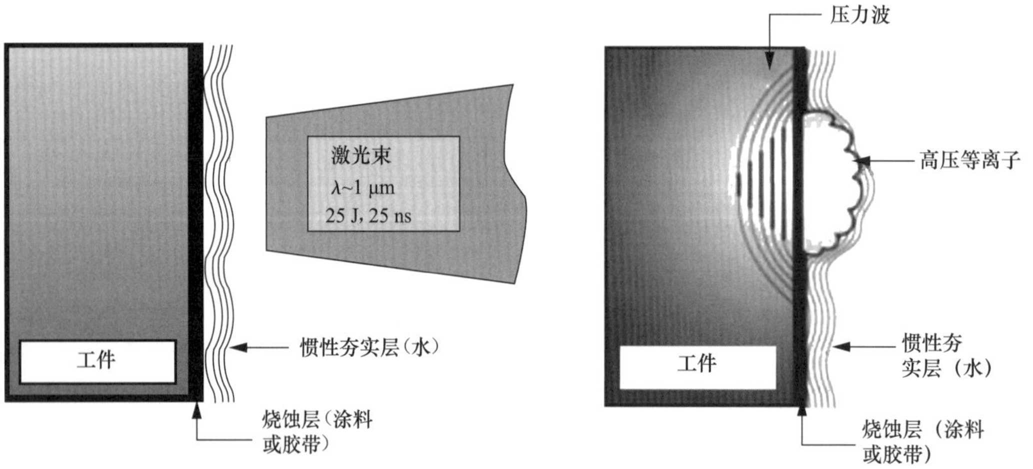


**图 7　激光冲击喷丸原理**

来源：www.metalimprovement.com/images

在定制材料表面涂层上，与其他方法相比，如包埋/浆液黏固、化学气相沉积（Chemical Vapor Deposition，CVD）、物理气相沉积（Physical Vapor Deposition，PVD）、等离子喷涂、粉末冶金以及热浸法，激光熔覆有其独特的优点。从本质上讲，这些方法都是基于扩散原理，因此需要漫长的加工时间和高温条件以期获得足够厚的涂层。虽然如粉末冶金等工艺也能制造块状涂层，但由于使用了模具产生压力来使其致密化，故使其外形和尺寸往往受限制。等离子喷涂的涂层不够致密，因此需要其他手段来巩固，如引起相变从而转化为相对稳定的材料。Fu 等（2006）将激光熔覆和等离子喷涂两种工艺下的涂层进行了比较；Hjornhede 和 Nylund（2004）发现通过激光熔覆处理的材料显示出更优越的性能。相关更早期的研究报告还包括一些优秀的介绍背景信息的资料（Mazumder，

1996；Costa 和 Villar，2009），如图 8 所示。

**图 8 低能量 LSP 系统**

由通用电气航空集团 Todd Rockstroh 博士提供

对于研究新型合金系统和开发新材料工作来说，激光熔覆是一个强有力的工具。在激光熔覆过程中，扫描激光束会将不同元素混合粉末以及薄薄的一层基底材料同时熔化。一旦激光束移开，由于热量快速传递给其余大部分基底，熔化池中物质会凝固。由于具有高冷却率（$>10^4$ K/s），故激光处理后的材料几乎不发生频繁地平衡相变，最终达成良好的微观结构，并且一般会含有非平衡相和过饱和固溶体，从而改善材料性能。非平衡态相图如图 9 所示，其中平衡态相图曲线用实线表示，非平衡态相图曲线用虚线表示。从图中可以看出，非平衡态固相线线性度更好，意味着相同温度下固相中溶质浓度可以更高。

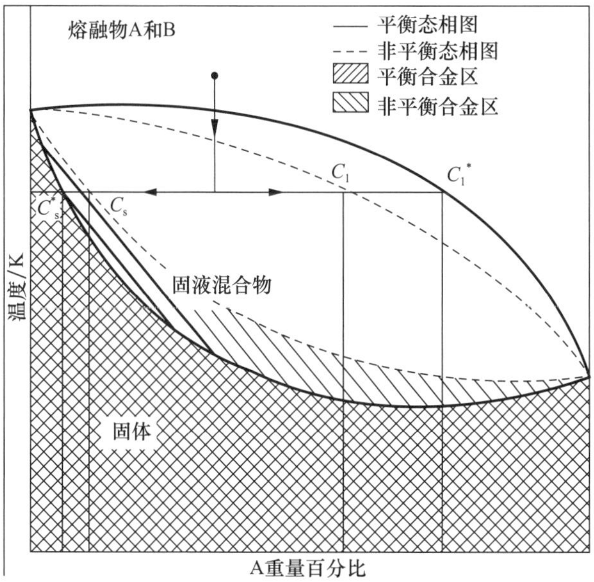


**图 9 非平衡态相图**

## 4.2 激光熔覆建模

采用同轴喷粉的激光熔覆技术涉及一系列复杂的物理现象，比如激光-粉末相互作用、热传导、熔化、流体流动和凝固。此外，由于使用了高功率激光，故会伴随产生蒸发和等离子体。为了实现对尺寸的精确控制，首先需要了解各种工艺参数，如激光功率、送粉速率、激光扫掠速度等，对涂层外形造成的影响。通过测量目标区域温度冷却过程数据，即可预测涂层最终微观结构。激光焊接后的微观结构也可通过相同的步骤来预测。在多组分材料涂层工艺中，在凝固界面合理的溶质分离条件下，就可以通过求解物质传输方程来获取固化层中溶质浓度的分布情况。

### 4.2.1 激光-粉末相互作用

在一步法激光熔覆工艺中，既可以与激光束同轴，也可以从激光束外侧将粉末加入到熔化池。这两种方法中，激光在抵达工件前都会穿过粉末颗粒形成的云团，并产生相互作用。粉末颗粒将吸收激光能量，且由于激光的照射，温度将会升高。同时，粉末颗粒云团会弱化激光能量。当激光穿过云团时，部分激光能量被吸收和反射，从而降低了激光强度并改变了光强分布。Gedda（2002）针对采用横向加入粉末方式的 $CO_2$ 激光熔覆过程，提出了一种用于预测激光能量重新分布的半经验方法。



### 4.2.2 热传导和流体流动模型

在激光焊接、熔覆或表面合金化等激光加工过程中，激光加热产生的熔化池中的热传导和流体流动是两种最主要的输运现象。这两种现象在模型方面已经有了深入的研究。Mazumder 等（1996）以及 Hoadley 和 Rappaz（1992）综合回顾了多种涉及热传导和流体流动现象的激光加工工艺建模工作。在过去的 10 年里，针对激光熔覆提出了多种分析和数值模型，揭示了加工过程与相关参数的关系。在早期模型中，大多数都只考虑了基于相变的热传导效应，如熔化凝固。但出于复杂性考虑，几乎都未引入流体流动计算。

Hoadley 和 Rappaz（1992）提出了一个二维有限元模型，来模拟涂层上的准稳定温度场。模型中计入了液池粉末熔化的影响，同时，随着温度场的变化不断修正外形和液体自由表面位置。然而，模型中熔化池的高度和长度都是预先确定的（Kaplan 和 Groboth，2001），仿照了计入激光-粉末交互影响的三维准稳定激光熔覆过程。模型中假设熔化池尺寸与无涂层材料影响时的纯表面熔化情况一样。模型中涂层形状通过参数化方程确定（Toyserkani 等，2003）。在考虑吹粉流引起激光功率衰减的基础上，建立了三维瞬态模型。他们将修正导热系数计入液态金属热毛细管现象，而忽略流体流动影响。通过熔化池内质量沉积不断堆积小层，最终形成涂层外形。Zhao 等提出了一个使用三维有限元法建立的准稳态激光熔覆模型。其模型与 Hoadley 的模型相似，但重点放在了稀释率控制上（Huang，2003）。近来，他们又提出了一个三维瞬态激光熔覆模型，其中通过能量方程耦合方式彻底解决了流体流动问题。Bennon 和 Incropera（1987）采用固/液连续介质模型模拟了熔化和凝固现象，他们采用简单的指示变量法来不断修正熔化池自由表面的增长，而无须精确计算与曲率相关的流体表面形状。

#### 4.2.3　传质模型

质量或物料转移在激光熔覆过程中起着重要作用。局部组分材料大的随机变化会加大激光熔覆过程中组分控制的难度，并且可能严重影响涂层材料物理或化学性能。因此，固化涂层中最好有均匀的溶质分布或材料相分布。当使用多种材料进行激光熔覆时，液态混合物和平均合成物的均匀性首先取决于材料扩散性质和程度，以及熔化池中形成的对流。因此，了解熔化池中材料重新分布的机理和特性是理解激光熔覆过程固化合金成型的基础。同时，也需要考虑凝固过程中固液交界面的分离现象。尤其是在高冷却率（$>10^4$ K/s）的非平衡条件下，溶质分布的均匀性极大程度地依赖于凝固界面分离动力学。激光熔覆过程质量传输数学模型可以帮助理解相关物理现象，并预估工艺参数，以期获得熔化池中多种材料的均匀混合物、提高固化涂层的溶解度以及了解不同合金元素对熔化池外形的影响等。

早期激光表面处理建模工作主要关注基于平衡相变模型的热传导和熔化池的形成问题。模型中假设固/液交界面温度维持在平衡熔点，这种假设忽略了相转变动力学影响，简化为热量和流体动力问题的分析（Chande 和 Mazumder，1985），并在此基础上建立了采用隐式交替对角方法求解熔化池中附加物料二维瞬态对流方程的数值模型。为了简化表面边界条件，假设熔化池表面为平面。与对流相比，扩散引起的质量传递可以忽略，并认为加入到熔化池中的粉末可以在瞬间熔化。

众所周知，在快速凝固时，当固体生长速率约为 1 m/s 量级或更高时（Gigien 等，1995），局部平衡将被打破。此时，需要交界面动力学模型来预测凝固前沿的动力学过冷问题。非平衡态溶质分离系数 $k_{ne}$ 定义为 $c_s/c_l$，其中 $c_s$ 为增长固体中的溶质浓度，$c_l$ 为凝固界面液体的溶质浓度。文献中只有极少数模型涉及快速冷却过程非平衡态溶质分离问题。Aziz（1983）对浓溶液进行了理论研究，并通过修正先前提出的连续增长模型（Aziz，1982；Kar 和 Mazumder，1988）中的流量和驱动力，推导出非平衡态分离系数的表达式。然后对激光熔覆过程一维加热和传质模型进行了分析。他们用连续增长模型求出了控制方程的解析解，并预测了涂层扩展后的溶解度。此后，Kar 和 Mazumder（1992）提出一个浓溶液中溶质分离模型，该模型中涉及了凝固生长率和糊状区的尺寸。

### 4.3　激光熔覆技术制造复合材料

采用喷粉的激光熔覆技术得到了广泛的工业应用，如快速制造、部件修复、表面涂层和创新合金（Mazumder，1997；Vilar，1999；Milewski，2000）。对两种或更多种类粉末混合后的性能以及粉流进给速度的控制能力，使得激光熔覆过程灵活多变，从而制造出具有多相组分和功能梯度的材料。激光熔覆过程中的局部小范围熔化和熔化池中强混合运动，使从微观结构层次上设计材料梯度成为可能。因此，可以有多种方式调整材料使用性能以适应不同的应用环境。激光熔覆过程固有的高加热和冷却率特性提高了亚稳态或非平衡态下固体的溶解度，并为创造具有优越性能的新型材料提供了可能。

#### 4.3.1　激光熔覆生产的新型材料及其应用

激光熔覆可以生成众多微观结构，包括过饱和固溶体和非晶相。采用这些技术，可以最小化或者消除许多表面相关的破坏。例如腐蚀、氧化、磨损以及疲劳。激光熔覆非平衡态合成方法包括相、元素和工艺参数的选择（Mazumder，1996）。相的选择对材料机械性能的影响至关重要。已知面心立方（Face-Centered Cubic，FCC）结构由于存在众多可滑移面而具有高延展性，但脆性非立方相却由于有限的滑移面而能提高硬度和耐磨性。因此，将以上两种结合后的双相结构在提供适当韧性的同时也能提供合理的耐磨性。添加其他元素可以促进特定相结构的生成或提高其高温下抗化学降解的能力，同时也可以降低材料密度。例如，以 $X_3Al$ 形式添加了钛、镍和铁元素的铝合金是先进涡轮引擎的优秀候选材料；拥有体心立方（Body-centered Cubic，BCC）相的亚铁合金添加了 $Cr_2O_3$ 保护层后可以在 800 ℃高温下抵抗腐蚀。高原子序数元素钇和铪由于能在高温下稳定 $Al_2O_3$ 抗氧化性而被熟知。然而，它们很难在其他材料中溶解（Sircar 等，1989；Ribaudo 和 Mazumder，1989；Sircar 等，1989）。获得这些合金最有效的方法是通过原子捕获来增加固溶体。如上所述，激光熔覆过程固有的高冷却率和强对流效应使这种方法成为可能。因此，需要将相变动力学和加工运输现象两方面知识结合起来，以确定获得理想相和组分所需的工艺参数。

### 4.4　固体自由成型

如今，一些新技术可以直接按照 CAD 模型生产复杂的任意固体物件，而无须传统加工。这种制造方式一般归类为添加工艺，并被命名为固体自由成型（Solid Freeform Fabrication，SFF）技术，或被称为分层制造、快速成型/制造技术。

固体自由成型方法可以追溯到两种早期技术原型：地貌图和照相雕塑。Ribaudo 等（1989）在 1892[①] 年申请了地貌图技术专利，他们提出用一种逐层平板累积的方法来制作地形地势图。与此类似，照相雕塑指的是将一个圆周上等分角度处拍摄的一系列物体二维轮廓组合后创建三维复制品的方法。将一系列二维坡面图组合成三维物体的理念在现代 SFF 制造中仍有使用。其中，物件仍是一层层叠加产生。近 20 年来，随着数控（Computer Numerical Control，CNC）技术的发展和计算机数量的增加，机器可以在更短的加工时间内制造出更加复杂的原型。迄今为止，已经出现了超过 20 种不同的固体自由成型技术（Blanther，1892）。

现今固体自由成型技术中使用的处理方法可以大致分为以下四类：

光固化、切割和粘贴/连接、融化和凝固/熔合及连接/捆绑。

固体自由成型技术可加工的材料包括纸、聚合物、尼龙、蜡、树脂、金属和陶瓷。原材料的形式变化多样，包括实心板、线、粉末、液体、液滴和气体/蒸气。SFF 技术的应用领域可以分为：①产品设计；②工程分析，生产规划；③加工和制造。SFF 技术应用的工业广泛，如航空工业、自动化行业、生物医学工程、消费者行业、电器业和电子产品业。Blanther（1892）和 Chua 等（2010）综合回顾了 SFF 技术的出现历史。

描述 SFF 技术的关键参数包括构建速度和构建包膜、不同材料制作零件能力、尺寸精度以及最小特征尺寸。表 2 总结了一些通用 SFF 工艺的关键技术参数，这些工艺都能够处理金属材料，并已成功实现商业化。



**表 2　金属固体自由成型（SFF）技术相关特征和参考文献**

| 技术名称 | 简写 | 过程机理 | 主要能量输入设备 | 特殊处理条件 | 最小特征尺寸/mm | 平面精度/mm | 沉积率/$(mm^3 \cdot s^{-1})$ | 层厚/mm | 多材料加工 | 应用 | 参考文献 |
|---|---|---|---|---|---|---|---|---|---|---|---|
| 三维打印 | 3DP | 黏接剂在金属粉末层上沉积 | SLA 机器 | 需要后期处理 CIP、烧结 | 432 | ±127 (0.5%) | N/A | 89～178 | 不能 | 原型机、药物生产、加工、组织工程 | Pham 和 Gault，1998；Scahs，1992 |
| 选择性激光烧结 | SLS | 铺层粉末加热熔化 | $CO_2$ 或 YAG 激光 | 惰性气体室、加热粉末 | 500 | ±51 | 2～15 | 50～300 | 不能 | 原型机、组织工程 | Sun，2002；Chatterjee，2003 |
| 精密液滴型网络制造 | PDM | 毛细管流分离和气体雾化 | 熔化金属加热筒 | 需要惰性气体室 | 100 | ±12.5 | 35～86 | 83 | 不能 | 微电子 | Tolochko，2003；Chen，1996；Liu 和 Orme，2001a |
| 形状沉积制造 | SDM | 熔断丝沉积和数控移除 | 等离子弧焊枪或 YAG 激光 | 每层需喷丸 | 1 000 | ±25 | N/A | N/A | 能 | 加工零件 | Liu 和 Orme，2001b；Amon，1998 |

① 原书如此。

续表

| 技术名称 | 简写 | 过程机理 | 主要能量输入设备 | 特殊处理条件 | 最小特征尺寸/mm | 平面精度/mm | 沉积率/($mm^3 \cdot s^{-1}$) | 层厚/mm | 多材料加工 | 应用 | 参考文献 |
|---|---|---|---|---|---|---|---|---|---|---|---|
| 光设计净成型 | LENS | 激光熔化粉流 | YAG激光 | 惰性气体室 | 762 | ±50 | 约2.3 | 125～380 | 能 | 原型机、加工 | Cooper，1999；Collins，2003；Griffith，1996；Grujicic，2001；Grylls，2003；Hofmeister，2001 |
| 直接光制造 | DLF | 激光熔化粉流 | YAG激光 | 惰性气体室 | 510 | ±100 | 约2.3 | 每层100～250 | N/A | 原型部件 | Schwendner，2001；Milewski，1999 |
| 基于激光的柔性制造 | LBFF | 喷粉熔化 | $CO_2$激光 | 扩散矩形光束 | 100 | N/A | N/A | 100～300 | 能 | 快速制造 | |
| 直接金属沉积 | DMD | 激光熔化粉流 | $CO_2$或二极管激光 | 主动控制沉积高度 | 500 | ±500 | 1.7～68.3 | 100～2 000 | 能 | 模具制造与维修 | Mazumder，1997；Milewski，1998；Mazumder，2000 |

① 光固化机。
② 冷等静压。

在各种SFF技术中，由于灵活性和高精度特点，基于粉末成型的激光熔覆技术似乎实现了高水平商业化。这些工艺中要么使用粉末铺层（两步涂层法，例如SLS），要么使用粉流注入（一步涂层法，例如DMD、LENS等）。与粉流注入法相比，使用粉末铺层的激光熔覆通常能获得更好的沉积分辨率。然而，由于需要粉末铺设步骤，这种技术往往受限于加工时间长和构件包膜小的问题。此外，它在单涂层中建立非均匀材料/结构方面还缺少灵活性。



## 4.5 直接金属沉积技术

近来在基于激光的SFF制造方面的进展，使得用于金属粉末的一步生产方式在一些有效工具的帮助下可直接用于金属和塑胶行业。密歇根大学激光辅助智能制造中心（Center for Laser Aided Intelligent Manufacturing，CLAIM）研发的直接金属沉积（Direct Metal Deposition，DMD）技术，是一种基于激光熔覆逐层制造全致密自由金属部件的工艺（图10）。DMD系统结合了五种常见技术：工业大功率激光、粉末冶金（P/M）、多轴数控工作站、计算机辅助设计（Computer-aided Design，CAD）和计算机辅助制造（Computer-aided Manufacturing，CAM）技术以及传感反馈控制系统。

将DMD方法与其他类似基于激光熔覆的SFF工艺区分开来的关键因素是其拥有完整的反馈系统。因此，可以主动维持沉积厚度均匀性，从而节省宝贵的后处理时间。在DMD工艺中，光电二极管传感器采集作用区光信号并将其反馈给控制系统，来调节激光功率和其他工艺参数。在反馈控制系统的辅助下，沉积层高度精度可以达到±0.1 mm。

在探索和提高DMD技术处理各种材料、制造模具、修复/再制造零件、合成设计材料等方面已经进行了大量研究工作。从Mazumder（1997）、Milewski（1998）、Mazumder（2000）、Mazumder等（1999）以及D′souza（2001）等的工作中可见一斑。

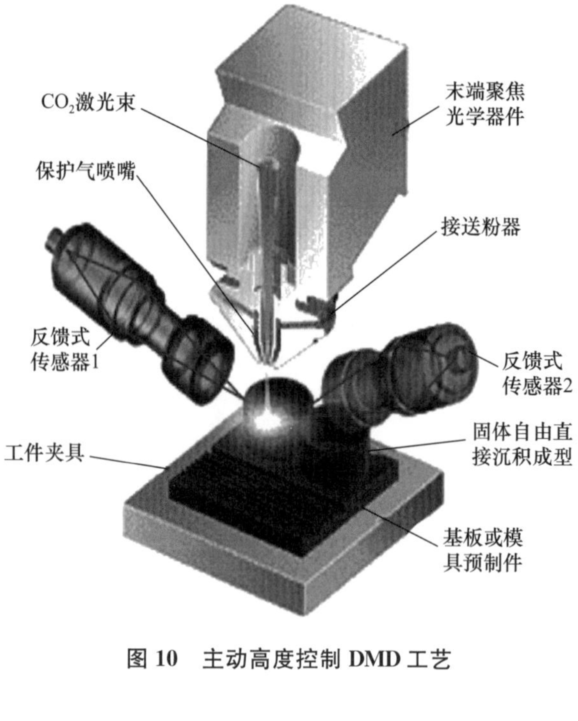


图10 主动高度控制DMD工艺

## 4.6　材料微观结构设计

当前工业应用中对材料性能的要求越来越严格和复杂。某些情况下，传统的单相材料难以满足多种技术要求，如工具模具表面的高韧性以及涡轮叶片的蠕变和抗氧化性能。为了在不牺牲产品质量的前提下降低生产成本，现今工业生产中普遍追求大规模高效设计。如何调整材料获得特定物理性能如体积、剪切或各向异性弹性模量、运输或热膨胀系数等已成为材料设计领域最大的挑战。

设计材料可以被定义成为了满足某种特定性能而混合不同材料成分的人工合成材料。这种合成允许我们根据特定的设计要求来调整材料性能或功能。周期性多孔材料可以被看作一种简单的、包含实体和孔洞的设计材料。这就是一个结构拓扑优化在材料模型上应用的实例（Stiles，2000）。区别于传统的尺寸或外形优化设计等基于参数的结构优化设计，这是一种革命性的设计方法。在传统方法中，采用参数化尺寸或形函数来表示结构形状。与之不同，拓扑优化的基本思想是用基于单元的图形来表示结合形状。换言之，即是将形状优化问题转化为固定设计领域的材料分布问题（Bendsoe 和 Kikuchi，1998）。相较于仅仅优化尺寸和形状，拓扑优化能在更大程度上减轻重量和改进设计。拓扑优化可以通过严格的数学方法来实现，如使用均匀化方法。这种方法可以在不强制改变周期性复合材料外形的情况下计算其等效性能。

结合数值均匀化方法的拓扑优化在调整材料微结构获取预想弹性性能上已经取得成功（Bendsoe，1989）。传统材料选择方法只能从可用材料中选出需求性能，而拓扑优化与之背道而驰，并已经应用在设计特殊性能材料上，如力学性能（Sigmund，1994）、热力学性能（Sigmund，1997）以及压电和导热性能。不寻常的材料性能，如负泊松比（Milewski，1999）和负热膨胀系数（Milewski，1998；Mazumder 等，1999），也能通过拓扑优化方法来实现。

激光直接金属沉积（DMD）技术既可以通过逐点加工实现高制造精度，也可以同时加工多种材料。这提前打开了通过 HTOD 方法设计并制造新型材料领域。密歇根大学机械工程系早期研究工作初步成功将这两种先进技术结合，即 DMD 技术和 HTOD 材料设计方法。如图 11（a）所示，通过直接金属沉积技术可以实现拥有负热膨胀系数（Negative Coefficient of Thermal Expansion，NCTE）性能材料微结构的最优设计（图 11）（Grujicic，2001）。NCTE 微结构材料组分中包括镍和铬。实验中，温度升高至 100 ℃时，NCTE 样件发生了收缩［图 11（b）］。

（a）

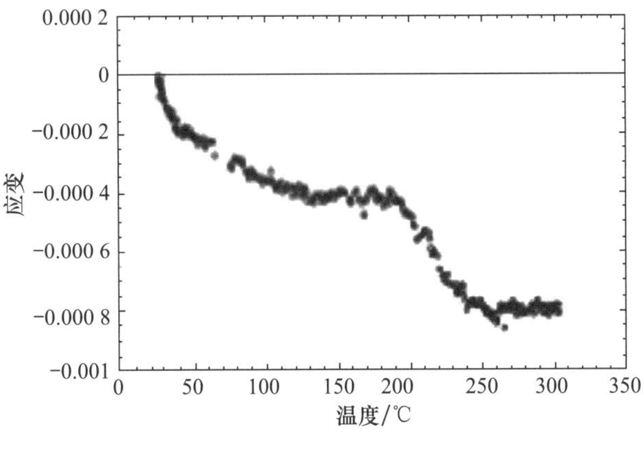


（b）

**图 11　（a）DMD 制造的 Ni-Cr NCTE 结构；（b）精确控制箱中 NCTE 加热产生负应变实验**

总结：激光熔覆在航空航天工业中已经被应用于航空零件的维修和再构造中。现如今这是一个数十亿美元的产业。在新型传感器和设计方法如均匀化设计的辅助下，其前景是光明的，并且为小批量生产不同性能的产品和零件提供了新的途径。

对叶尖 Z 型缺陷和叶刃的修复现已经有了标准的方法。图 12 所示为在航空涡轮上一些典型的修复应用（POM 集团公司提供）。

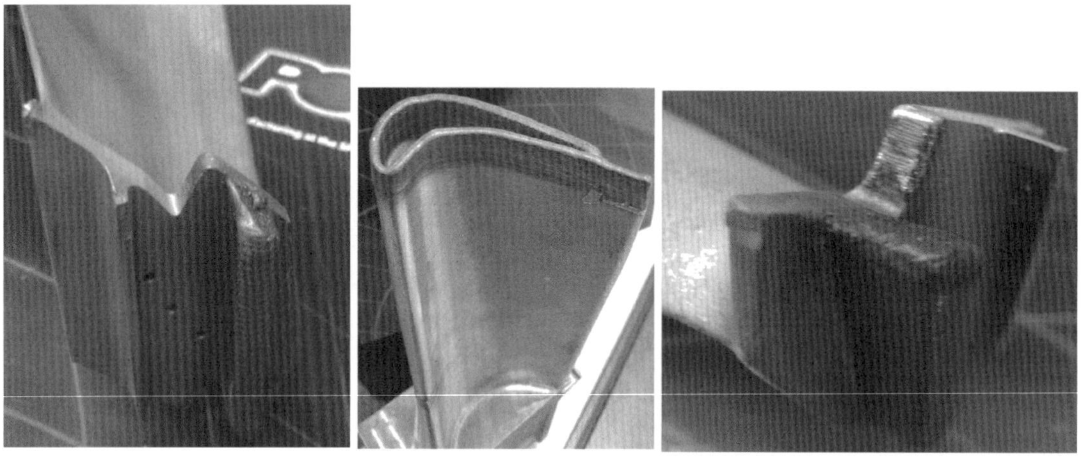

图 12　在航空涡轮上一些典型的修复应用

## 5　结论

本章介绍了四种常见激光辅助制造工艺。激光还可以用在其他工艺中，如出于清理目的的除漆工艺。这种制造工艺中工艺参数变化范围极广，从几纳秒作用时间内每平方厘米几十亿瓦特能量到一段持续作用时间内每平方厘米几百万瓦特。喷丸处理是依靠冲击波来实现作用的，其通过产生残余压应力来改善材料缺陷和抑制裂纹扩展。钻孔时会在毫秒级接触时间内传输约每平方厘米一亿瓦能量来提供蒸发和模具液体排除。这个过程会经历如下四个阶段：从受热影响的固体到液体到蒸气到等离子体。焊接和熔覆过程中需要能量约为每平方厘米一百万瓦能量。对流和质量运输是最重要的两种输运现象。

激光钻孔过程中有时会使用飞秒级（$10^{-15}$ s）激光以减少新层的产生，但材料去除率仍是一个难题。正如我们所知，关于组分控制、高度控制和相变监控方面的相关研究终将彻底改革航空零件修复工艺。这是一个尝试不断提高激光加工工艺来解决航空制造初始问题的群体。少数工业会尝试走在研究前沿且不断采用最新的技术，而航空航天工业正是其中之一。

## 致谢

感谢 ONR、AFOSR 以及 NSF 等机构多年来给予的经济支持。同时，感谢学生 J Shin 和 S H Lee 为本章所做的准备。



### 参 考 文 献

Abderrazak, K. (2009) *Metall. Mater. Trans. B, Process Metall. Mater. Process. Sci.*, 40 (1), 54-61.

Adams, M. J. (1973) $CO_2$ Laser welding of Aero-Engine Materials, Rep. 3335/3/73 (British welding Institute, England).

Akman, E., Demir, A., *et al*. (2009) Laser welding of Ti6Al4V titanium alloys. *J. Mater. Process. Technol.*, 209 (8) 3705-3713.

Amon, C. H. (1998) Shape deposition manufacturing with microcasting: Processing, thermal and mechanical issues. *J. Manuf. Sci. Eng. -Trans. Asme*, 120 (3), 656-665.

Aziz, M. J. (1982) Model for solute redistribution during rapid solidification. *J. Appl. Phys.* 53 (2), 1158-1168.

Aziz, M. J. (1983) Dissipation-theory treatment of the transition from diffusion-controlled to diffusionless solidification. *Appl. Phys. Lett.* 43 (6), 552-554.

Banas, C. M. (1972b) Laser welding developments. *Poc. CEGB International Conf. on Welding Research Related to Power Plants, Southampton, England, September 17-21, 1972.*

Banas, C. M. (1975a) Electron Beam, Laser Beam and Plasma Arc Welding studies, NASA Contractor Report No.: NASA CR-132386, March 1975.

Banas, C. M. (1975b) United Technologies Research Center Report No. R75-412260-1, July 1975.

Banas, C. M. (1977) Laser Welding to 100 kW, UTRC Report No. R76-912260-22 (under Navy Contract N00173-76-M-0107) Feb. 1977.

Bandyopadhyay, S. *et al*. (2002) *J. Mater. Process. Technol.*, 127, 83.

Bendsoe, M. P. (1989) Optimal shape design as a matrial distribution problem. *Struct. Multi. Optim.*, 1, 193-202.

Bendsoe, M. P. and Kikuchi, N. (1988) Generating Optimal topologies in structural design using a homogenization method. *Comput. Meth. Appl. Mech. Eng.*, 71, 197-224.

Bennon, W. D. and Incropera, F. P. (1987) A Continuum Model for Momentum, Heat and Species Transport in Binary Solid Liquid-Phase Change Systems. 1. Model Formulation. *Int. J. Heat Mass Transfer*, 30 (10), 2161-2170.

Blanther, J. E. (1892) Manufacture of Contour Relief Maps, US Patent # 473, 901.

Bruneau, *et al.* (2005) *Appl. Surf. Sci.*, 248, 299.

Cao, X. (2004) Continuous wave Nd: YAG laser welding of sandcast ZE41A-T5 magnesium alloys: conduction or key-hole mode. *Proc. Aerosp. Mater. Manuf.*, 187-197.

Chan, C. *et al.* (1992) *J. Appl. Phys.*, 62, 4579.

Chande, T. and Mazumder, J. (1985) Two-dimensional transient model for mass transport in laser surface alloying. *J. Appl. Phys.* 57 (6), 2226-2232.

Chatterjee, A. N. (2003) An experimental design approach to selective laser sintering of lowcarbon steel. *J. Mater. Process. Technol.*, 136 (1-3), 151-157.

Chen, C. A. (1996) Effects of droplet thermal state on deposit microstructure in spray forming. *Scripta Materialia*, 34 (5), 689-696.

Chen, B. C. (2000) Optimal design of material microstructures and optimization of structural topology for design-dependent loads, Ph. D., Mechanical Engineering, The University of Michigan, Ann Arbor.

Chen, B. C., Silva, E. C. N. and Kikuchi, N. (2001) Advances in computational design and optimization with application to MEMS. *Int. J. Numer. Meth. Eng.*, 52 (1-2), 23-62.

Chua, C. K., Leongand, K. F. and Lim, C. S. (2010) *Rapid prototyping Principles and Applications*, Word Scientific Publishing Co. Inc.

Claur, AS. H., Holbrook, J. and Fairand, B. P. (1981) *Shockwave and High Strain Rate Phenomena in Metals* (ed. M. A. Myers and L. E. Murr), Plenum press, New York, pp. 675-702.

Collins, P. C. (2003) Laser deposition of compositionally graded titanium-vanadium and titanium-molybdenum alloys. *Mater. Sci. Eng. a-Struct. Mater. Properties Microstruct. Process.*, 352 (1-2), 118-128.

Cooper, A. G. (1999) Automated fabrication of complex molded parts using mold shape deposition manufacturing. *Mater. Des.*, 20 (2-3), 83-89.

Corcoran, A. *et al.* (2002) *J. Mater. Process. Tech.*, 123, 100.

Costa, Lino and Villar, Rui (2009) Laser powder deposition. *Rapid Prototyping J.*, 15 (4), 264-279.

D'souza, J. A. (2001) Laser-aided direct metal deposition of three dimensional components, Master thesis, Mechanical Engineering, the University of Michigan, Ann Arbor.

Dasgupta, A. Ph. D thesis.

Engel, S. L. (1976) *Laser Focus*, 44.

Fu, G., Shi, J. and Shi, T. (2006) *International Federation of Information Processing*, vol. 207, Springer, Boston.

Ganesh, R. *et al.* (1997) *Int. J. Heat Mass Transf.*, 40, 3351.

Gedda, H. (2002) Energy redistribution during $CO_2$ laser cladding. *J. Laser Appl.* 14 (2), 78-82.

Ghoreishi, M. (2002) *Int. J. Mach. Tools Manuf.*, 42, 985.

Gigien, P., Zyrd, A. and Kurz, W. (1995) Metastable phase diagram and rapid solidification processing. *ISIJ Int.* 35 (6), 566-573.

Gobbi, S. (1996) *J. Mater. Process. Tech.*, 56 (1-4), 333-345.

Griffith, M. L. (1996) Free form fabrication of metallic components using Laser Engineered Net Shaping (LENS (TM)). *Solid Freeform Fabrication Proceedings, September 1996*. University Texas Austin: Austin. pp. 125-131.

Grujicic, M. (2001) Optimization of the LENSrapid fabrication process for in-flight melting of feed powder. *J. Mater. Synth. Process.*, 9 (5), 223-233.

Grylls, R. (2003) Laser engineered net shapes. *Adv. Mater. Processes*, 161 (1), 45.

Hammersley G., Hackel, L. A. and Harris, F. (2000) Surface Prestressing to improve Fatigue strength of components by laser shot peening. *Optics Laser Eng.* 34, 327-337.

Harry, J. E. (1974) *Industrial Application of Lasers*, McGraw-Hill, UK.

Hjornhede, A. and Nylund, A. (2004) Adhesion testing of thermally sprayed and laser deposited coatings. *Surf. Coat. Technol.*, 184 (2/3), 208-218.

Hoadley, A. F. A. and Rappaz, M. (1992) A Thermal-model of laser cladding by powder injection. *Metallurgi-*

*cal Trans. B-Process Metall.* 23 (5), 631-642.

Hoadley, A. F. A. and Rappaz, M. (1992) A Thermal-model of laser cladding by powder injection. *Metall. Trans. B-Process Metall.*, 23 (5), 631-642.

Hofmeister, W. (2001) Solidification in direct metal deposition by LENS processing. *Jom-J. Miner. Met. Mater. Soc.*, 53 (9), 30-34.

Hong, J. K. (2008) *J. Mater. Process. Tech.*, 201 (1-3), 515-520.

Huang, Y. L. (2003) Numerical simulation on cladding track, fluid flow field and temperature field in laser cladding process with powder feeding. *Rare Metal Mater. Eng.*, 32 (5), 330-334.

Kaplan, A. F. H. and Groboth, G. (2001) Process analysis of laser beam cladding. *J. Manuf. Sci. Eng. -Trans. Asme*, 123 (4), 609-614.

Kar, A. and Mazumder, J. (1988) One-dimensional finite-medium diffusion model for extended solid solution of laser cladding of Hf on nickel. *Acta Metall.* 36 (3), 701-712.

Kar, A. and Mazumder, J. (1992) Model for nonequilibrium partitioning during rapid solidification of binary concentratedsolutions. *Acta Metall. EtMaterialia*, 40 (8), 1873-1881.

Kar, A. *et al.* (1992) *J. Appl. Phys.*, 71, 2560.

Ki, H. *et al.* (2001) *J. Phys. D, Appl. Phys.*, 34, 364.

Lindgren, L. *et al.* (1983) *J. Appl. Phys.*, 54, 3 1570.

Liu, Q. and Orme, M. (2001) On precision droplet-based net-form manufacturing technology. *Proc. Inst. Mech. Eng. Part B-J. Eng. Manuf.*, 215 (10), 1333-1355.

Liu, Q. B. and Orme, M. (2001) High precision solder droplet printing technology and the state-of-the-art. *J. Mater. Process. Technol.*, 115 (3), 271-283.

Mazumder, J. (1996) Laser assisted surface coatings, in *Metallurgical and Ceramic Protective Coatings* (ed. K. H. Stern), Chapman and Hall, London, pp. 74-111.

Mazumder, J. (1997) The direct metal deposition of H13 tool steel for 3-D components. *Jom-J. Min. Metals Mater. Soc.* 49 (5), 55-60.

Mazumder, J. (2000) Closed loop direct metal deposition: art to part. *Optics Lasers Eng.*, 34 (4-6), 397-414.

Mazumder, J. Laser welding: state of the art review.

Mazumder, J. Laser welding section of Laser materials processing edited by Bass.

Mazumder, J. and Steen, W. M. (1979) Structure and Properties of a Laser Welded Titanium Alloy, TMS-AIME Fall Meeting, Paper No. F79-17, September 1979.

Mazumder, J. and Steen, W. W. (1980b) *Met. Constr.* 12 (9), 423.

Mazumder, J., Mohanty, P. S. and Kar, A. (1996) Mathematical modeling of laser materials processing. *Int. J. Mater. Prod. Technol.* 11, 193-252.

Mazumder, J., Schifferer, A. and Choi, J. (1999) Direct materials deposition: designed macro and microstructure. *Mater. Res. Innov.*, 3 (3), 118-131.

Milewski, J. O. (1998) Directed light fabrication of a solid metal hemisphere using 5-axis powder deposition. *J. Mater. Process. Technol.*, 75 (1-3), 165-172.

Milewski, J. O. (1999) Application of a manufacturing model for the optimization of additive processing of Inconel alloy 690. *J. Mater. Process. Technol.*, 91 (1-3), 18-28.

Milewski, J. O. (2000) Laser powder deposition of a near net shape injection mold core -A case study. *Mater. Manuf. Processes*, 15 (2), 247-258.

Modest, M. F. *et al.* (1996) *Int. J. Heat Mass Transf.*, 39, 221.

Pham, D. T. and Gault, R. S. (1998) A comparison of rapid prototyping technologies. *Int. J. Machine Tools Manuf.*, 38 (10-11), 1257-1287.

Ready, J. F. (1978) *Industrial Applications of Lasers*, Academic Press, New York, p. 354.

Ribaudo, C. and Mazumder, J. (1989) Oxidation behavior of a laser-clad nickel-based alloy containing hafnium. *Mater. Sci. Eng.* A121, 531-538.

Ribaudo, C., Sircar, S. and Mazumder, J. (1989) Laser Clad Ni70Al20Cr7Hf3 with extended solid solution of Hf: Part Ⅱ.

Oxidation behavior. *Metall. Trans. A*, 20A (11), 2489-2497.

Roos, S. O. (1980) Laser drilling with different pulse shapes. *J. Appl. Phys.*, 51 (9), 5061.

Rosenthal, D. (1941) *Weld. J.* 20, 2205S.

Rosenthal, D. (1946) *Trans. ASME* 48, 848.

Rykalin, N. N. (1951a) *Calculation of Heat Flow in Welding*, Moscow.

Sachs, E. (1992) 3-dimensional printing-rapid tooling and prototypes directly from a cad model. *J. Eng. Industry-Trans. Asme*, 114 (4), 481-488.

Schwartz, M. M. (1979) *Met. Joining Manual*, McGraw-Hill, New York.

Schwendner, K. I. (2001) Direct laser deposition of alloys from elemental powder blends. *Scripta Materialia*, 45 (10), 1123-1129.

Seaman, F. D. (1977) The Role of Shielding Gas in High Power $CO_2$ (CW) Laser Welding, SME technical paper no. MR 77-982 (Society of Manufacturing Engineers, Dearborn, MICH).

Sigmund, O. (1994) Materials with Prescribed Constitutive Parameters-an Inverse Homogenization Problem. *Int. J. Solids Struct.*, 31 (17), 2313-2329.

Sigmund, O. (1995) Tailoring materials with prescribed elastic properties. *Mech. Mater.*, 20 (4), 351-368.

Sigmund, O. and Torquato, S. (1997) Design of materials with extreme thermal expansion using a three-phase topology optimization method. *J. Mech. Phys. Solids*, 45 (6), 1037-1067.

Sircar, S., Singh, J. and Mazumder, J. (1989) Microstructure evolution and non-equilibrium phase diagram for Ni-Hf binary alloy produced by laser cladding. *Acta Metall.*, 37 (4), 1167-1176.

Sircar, S., Ribaudo, C. and Mazumder, J. (1989) Laser Clad Ni70Al20Cr7Hf3 with extended solid solution of Hf: Part I. microstructure evolution. *Metall. Trans. A*, 20A (11), 2267-2277.

Skaggs, (1997) Joining and repair of gas turbine components, conference proceedings from materials solution '97, 119-124.

Steen, W. M. and Mazumder, J. (2010) *Laser Materials Processing*, 4th edn, Springer, London, Steen, W. M. *Laser Material Processing*, Springer, Berlin.

Steen, W. M. *et al.* (1883) Laser cutting, in *Laser Material Processing* (ed M. Bass), p. 98.

Stephen, R. and Bolin, *et al.* (1983) *Laser Materials Processing*, vol. 3, North-Holland, Amsterdam, p. 407.

Stiles, E. (2000) The fabrication of designed materials using direct metal deposition, Master, Mechanical Engineering, The University of Michigan, Ann Arbor.

Sun, Z. (2003) *6th International Conference: Trends in Welding Research; Pine Mountain, GA; USA; 15-19 April 2002*. 760-767.

Sun, W. (2002) Freeform fabrication of Ti3SiC2 powder-based structures Part I-Integrated fabrication process. *J. Mater. Process. Technol.*, 127 (3), 343-351.

Tam, S. C. *et al.* (1993) *J. Mater. Process. Tech.*, 37, 741.

Tolochko, N. (2003) Selective laser sintering of single-and twocomponent metal powders. *Rapid Prototyping J.*, 9 (2), 68-78.

Toyserkani, E., Khajepour, A. and Corbin, S. (2003) Threedimensional finite element modeling of laser cladding by powder injection: Effects of powder feedrate and travel speed on the process. *J. Laser Appl.* 15 (3), 153-160.

Tunna, L. *et al.* (2005) *Opt. Lasers Eng.*, 43, 937.

Vilar, R. (1999) Laser alloying and laser cladding. *Lasers Mater. Sci.* 301, 229-251.

Xiao, M. (2007) *Mater. Sci. Forum*, 546-549, Part 3, 1305-1308.

Xuebao, H. (2008) *Trans. China Weld. Inst.*, 29 (2), 85-88.

Yeo, C. Y. *et al.* (1994) *J. Mater. Processing Technol.*, 42, 15.

Zhu, J. H. (2005) *Appl. Surf. Sci.* 247 (1-4), 300-306.



本章译者：涂金崇，孙慧玉（南京航空航天大学航空宇航学院）

# 第 185 章

# 金属与金属和金属与复合材料黏接以及螺栓结构连接

Junghyun Ahn, Nicole Duffala
通用原子航空系统公司结构分析组，圣地亚哥，加利福尼亚州，美国



## 1 引言

在航空航天结构中，无论是连接金属还是复合材料零件，结构接头设计都是一个富有挑战性的难题。设计高效机身结构的传统方法包括针对特定加载路径（方向和大小）拆解零件、设计特殊零件、采用特殊承载结构和使用接头传递载荷给其他结构件等方面。翼梁是机翼中主要承力部件。翼梁沿机翼翼展方向分布，并且传递机翼上的升力和力矩。机翼蒙皮和弦向翼型结构框架（翼肋）将压力和剪力传递给翼梁。机翼蒙皮上还常会采用桁条来增加刚度。

典型的半硬壳式机身通常由结构梁、隔框、蒙皮和加强筋组成。结构梁沿纵向分布，称为纵梁。其中承受主要载荷的中心梁称为龙骨。隔框可以是圆环状或者是全封闭的圆盘（密封隔框）。各部件间可以通过机械紧固或胶黏连接（图 1）。

根据机体构造体系的特性（独立部件担当特殊承载构件），总体设计效率可以通过紧密集成各个子系统组件获得。因此，连接件优化设计方法至关重要。

由于复合材料复杂的失效机理（各向异性特质），其连接结构中会遇到传统金属接头设计中所没有的难题。传统接头所涉及问题的难度也有所增加，包括由于紧固件传递偏心载荷引起的应力集中、结合界面以及面外响应等问题。由于紧固件接触面载荷传递复杂的性质，使得复合材料机械式接头应力集中现象尤为严重。

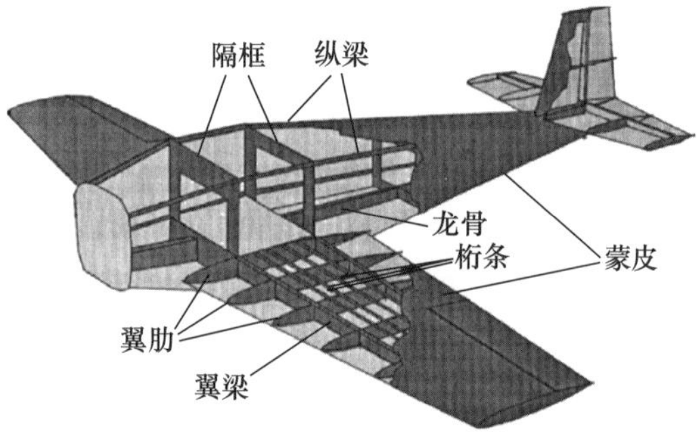


**图 1 典型机体构造**

征得 Brandt 等（2004）© AIAA 同意发表

因为这个性质，复合材料结构中首选黏接接头。黏接接头对材料破坏小（无须在紧固件上打孔），同时黏合剂相应的韧性响应引起的应力集中也不严重。

然而，黏接结构难以拆解，并且增加了维护、修复以及和其他结构连接的难度。同时，还需要额外关注结合处的控制（过程控制和环境控制），以保持足够的载荷传递能力。在一段长期的过程中，这一要点难以得到检定和保证，尤其是在承受大载荷和关键安全部件上。这就是在主要高承载和关键安全复合材料结构上仍首选机械式紧固方法的原因。

在本节中对机械和黏接接头都会有所介绍。同时，将阐述接头分析的经典方法以及最新的三维有限元分析方法。

## 2　机械接头

当结构需要拆卸和重新组装时，首选机械接头（图2）。典型螺栓或铆钉接头需要在复合材料上打孔，然后配合件通过预紧螺栓连接。机械接头的侵入性易引起局部应力集中，然后造成沿“面内”开始破坏。最终在拉伸和剪切应力作用下，破坏沿厚度方向扩展，驱动层间分离。由于复合材料应力集中时这种“脆弱”性，因此往往需要避免螺栓和复合材料的直接接触。通常需要采用额外孔洞处理，如增加螺栓套筒。

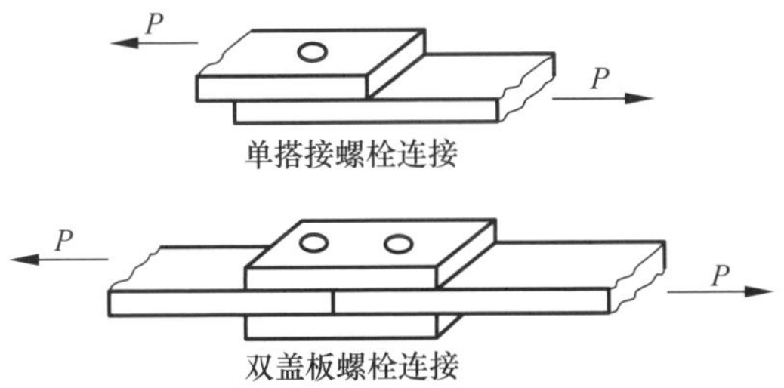


图2　典型螺栓接头

机械接头会增加结构重量，同时也会对不同材料交接处构成腐蚀风险。孔洞处对水分渗透环境的承受能力脆弱。机械接头便于检查、固有超静定性且相对易于维修。典型的螺栓接头如图2所示。单搭接接头是最简单的形式，但两者有相对偏移，会引起弯矩。多搭接接头可以避免这种偏移，但会造成结构重量的增加。

复合材料机械接头失效机理包括四种面内失效模式、两种额外的面外失效模式以及紧固件本身的破坏。面内失效模式指的是净截面破坏、剪切破坏、横向断裂以及承载破坏。两种面外失效分别为预紧力和面外弯曲运动引起的表面损伤。对厚接头而言，紧固件本身可能经受多种失效模式，如端部破坏、净截面失效以及屈服。

根据外形参数、紧固件形式以及紧固件数量的不同，接头设计“优先”选择承载破坏模式，因为这种由于局部承载造成的破坏模式相较于其他灾难性破坏模式过程而言平稳而缓慢（图3）。

为了偏向于发生承载破坏，在承载区域需要较低的层合刚度，如采用±45°铺层，同时使用干涉配合紧固件以诱发局部层间分离。

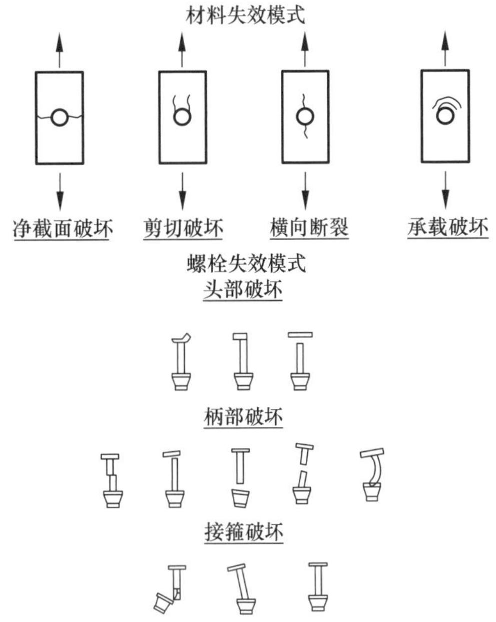


图3　螺栓接头失效模式

## 3　黏接接头

黏合结构接头往往比机械式接头更有效，因为相较于机械接头，其可以将载荷分布在一个更大的范围内。黏接接头无须钻孔、放入紧固件以及拧紧等侵入性过程。因此，不会引起局部应力集中现象，从而不会造成承载破坏和/或沿被黏物厚度方向层间分离。此外，黏接接头要比机械接头轻得多。然而，有利亦有弊，黏接接头难以在不破坏基底的情况下拆解，故在待黏合表面、处理黏接剂和控制黏接过程方面需要特别的注意。长期过程中不同连接材料之间的电化腐蚀、湿度、红外线以及温度等接头周边环境因素也会对黏接接头造成影响。所以，相比机械接头，黏接接头额外需要外部检测方法，如超声波检测。典型黏接接头结构如图4所示。

为了保证黏接接头有足够的连接可靠性，设计中需要防止黏接层在被黏件破坏前发生失效。由于黏接剂性质比被黏件脆弱，因此接头整体强度取决于不同的连接方式。例如，通过增大黏接面积和结构尺寸来最大限度地提高黏合效果，同时使应力集中最小化；或者，增加黏接剂厚度来使剪切和剥离应力尽可能地小。在被黏件失效前剪切和剥离应力达到最大值，而此时黏接剂保持完好。根据 Hart-Smith（1974）的成果，接头结构和强度如图5所示。

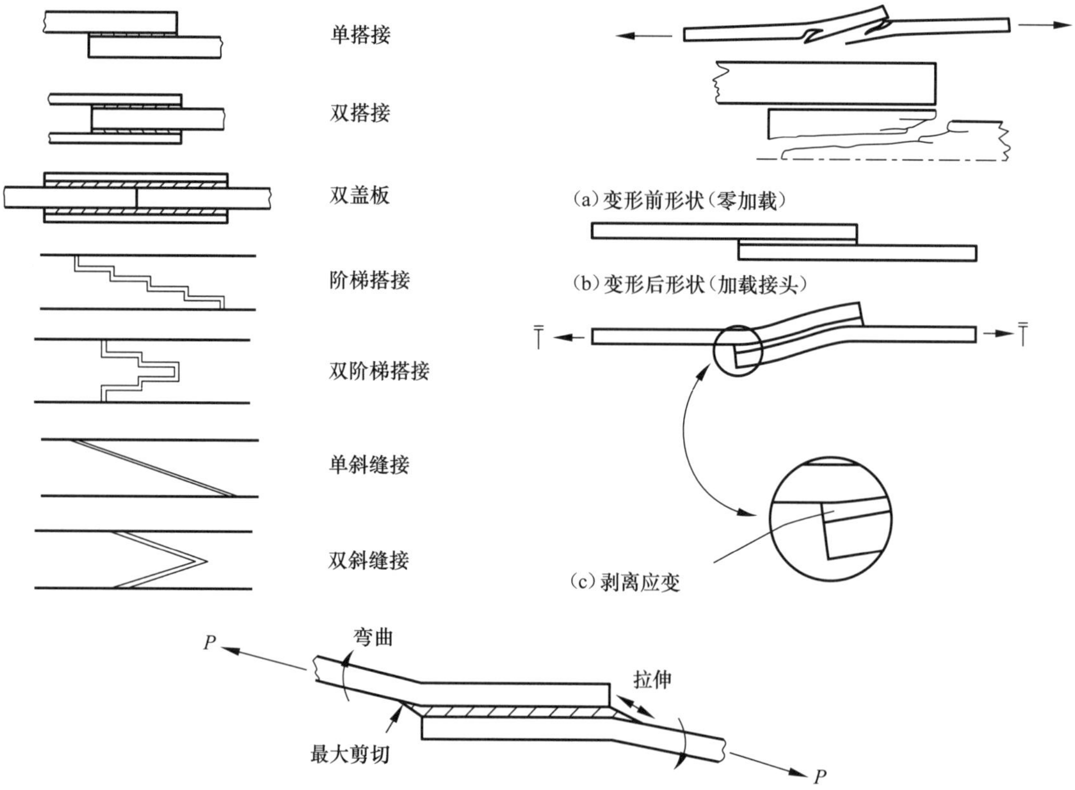


**图 4　黏接接头结构和失效模式**

取自美国国防部，2002



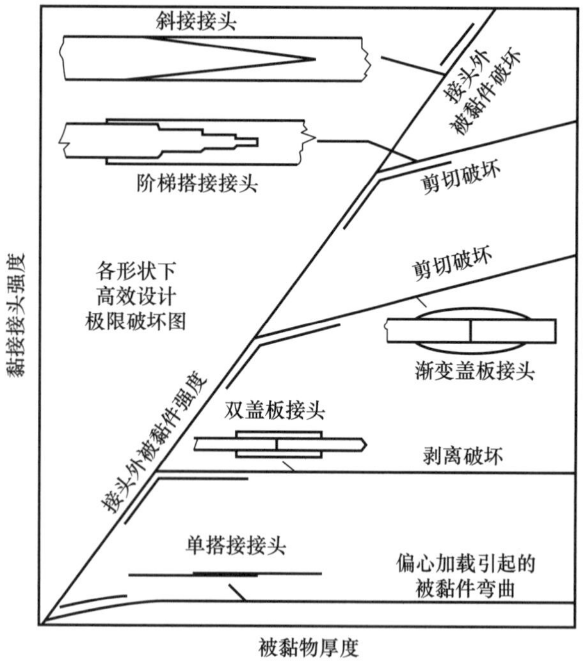


**图 5　接头结构和强度**

取自 Hart-Smith (1974) © NASA

通过控制接头结构和厚度来促进被黏物破坏可以使黏接接头获得最大完整性。良好的过程控制（如热处理、黏接过程）对确保黏接界面的一致完整性至关重要。黏接接头的长期耐久性和不同环境条件（尤其湿热环境）下承受循环载荷的蠕变失效性能需要通过具体的载荷谱来分析。黏接层和黏接界面上裂纹的萌生与扩展也是黏接接头耐久性分析中的重要方面（黏接接头寿命预测）。

以黏接接头为主要构造的飞行器结构认证是另一项挑战。由于黏接接头检测手段的局限性，尤其是对于厚的复合材料接头，必须通过全谱寿命分析来确保结构在失去黏合完整性情况下的合理可靠性（故障安全设计）。

# 4　经典接头分析

大量航空航天结构黏接接头设计中会采用 Hart-Smith 的一维简化模型方法和 A4Ei 软件代码（Rodini Swales Aerospace，2001）及其方法，通过计算不同被黏件刚度和载荷情况下的剪应力分布，推导出简单一维搭接接头的解法（图 6）。对于更加复杂的黏接接头结构，如阶梯接头，可以将其看作一系列被黏物厚度均匀的独立接头，然后再用一维方法求解。通常通过广泛的实验数据拟合出修正系数，以使黏接接头失效预测更为准确。

$$\frac{d\delta_1}{dx}=\frac{T_1}{E_1t_1};\ \frac{d\delta_2}{dx}=\frac{T_2}{E_2t_2},\ \gamma_{ADH}=\frac{\delta_1-\delta_2}{\eta}\quad(1)$$

式中，下标 1 表示被黏件 1；下标 2 表示被黏件 2；

$\delta$ 为轴向拉伸；$E$ 为被黏物杨氏模量；$t$ 为被黏物厚度；$T$ 为轴向载荷（lb/宽度）；$G$ 为黏接剂剪切模量；$\eta$ 为黏合层厚度。

此外

$$\tau = G_{ADH}\gamma_{ADH} \tag{2}$$

当 $\gamma_{ADH} \geqslant \gamma_{max}$ 时，黏接剂发生剪切破坏（Rodini Swales Aerospace，2001）。

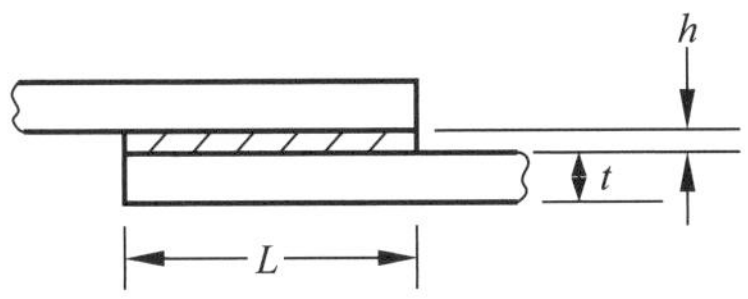


**图 6 单搭接接头外形**

取自 Rodini（2001）NASA

航空航天设计中待黏件特点是厚度与加载方向尺寸相比要小得多，因此厚度方向的应力分布较为均匀。基于此，设计时常会采用上述方法。黏接接头尺寸根据主要轴向载荷来确定，而其他复杂情况下（多轴、厚复合材料、厚黏接剂等）需要使用半经验方法来确定各个修正系数。对于均匀厚度和变厚度黏接层的黏接接头韧性响应而言，还有很多种分析方法。而对黏接接头非理想、实际的表现，目前多采用扩展三维有限元分析法，本节末将介绍这种方法。

经典螺栓结构设计分析中假设典型螺栓接头有两种不同的失效模式，分别由承压载荷（螺栓接触引起的破坏）和旁路载荷（接触面外应力引起的破坏）造成。在这种假设条件下，允许破坏加载，因此可以测试特定承压/旁路载荷组合下接头的性能，并绘制破坏包络线（Crews、Naik 和 Naik，1987）。

复杂加载情况可以分为多个单轴旁路-承压测试情况。由此，可以根据实验来生成许用值和绘制破坏包络线（图 7）。

由于这种局限性，现代复合材料接头设计中大多采用这种半经验方法。在简单的面内载荷近似假设下，面内失效分析通常采用经典层合板理论（Daniel 和 Ishai，1994）、塑性基础理论（Hahn 和 Tsai，1973）和失效跟踪机制（Hashin 和 Rotem，1973）。然而，对于大多数高加载的关键接头，其载荷和失效机理往往要复杂得多。承压和旁路破坏的线性叠加近似方法忽略了两种失效机制的相互影响。因此，需要额外的修正系数来反映出这种影响。例如，螺栓结构/外形和预紧参数的变化会对



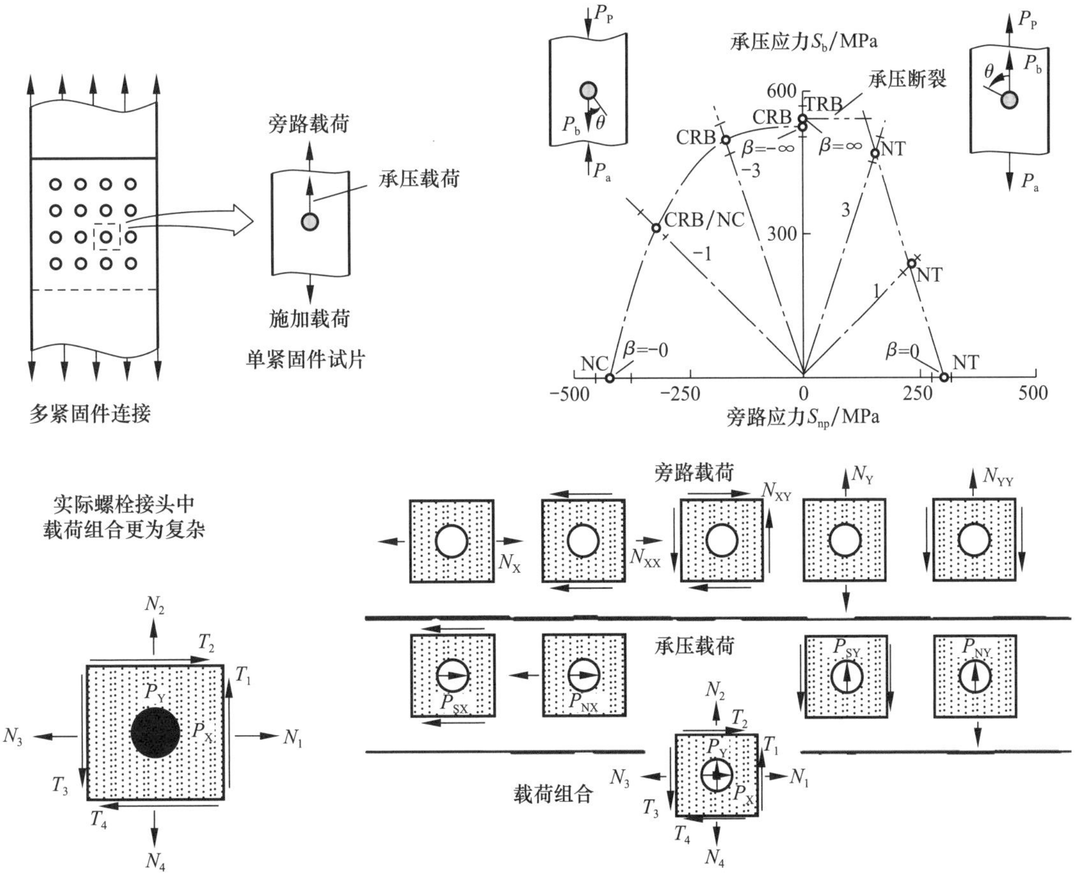


**图 7 承压/旁路方法**

取自 Crews 和 Naik（1987）、NASA 以及 Eisenmann 和 Rousseau（2004）© ASTM International

螺栓接头破坏力学行为造成何种影响。接头大的弯曲和其他面外行为很难通过这种方法来分析，除非将其简化为层合板的拉弯耦合效应。因此，螺栓接头需要采用过安全设计来确保足够的安全裕度，同时需要通过大量实验来确保接头在极限载荷加载下保持完整性。

对现代螺栓-黏接混合接头而言，无论是单独运用黏接接头或螺栓接头理论，还是将两种方法叠加运用都不能提供足够有效的分析。而现在最前沿的有限元方法可以用来分析主要涉及问题（被黏物、黏接剂、紧固件、面内和面外失效机理、复杂加载以及复杂外形）之间复杂的相互作用和对接头失效机理的影响，最终绘制出设计破坏包络线。

## 5 混合接头分析

如今飞机结构中已普遍采用黏接剂和紧固件组成的混合接头。这种接头固有的超静定性解决了纯黏接接头的认证问题。由于其复杂的性质和可能发生的失效模式种类繁多，因此采用有限元模型对接头强度的预测有极大的帮助。

在对比材料系统、紧固件外形和黏接层厚度的各种设计研究中除了会用到全面的实验数据外，还会用到子部件级的模型。图 8 所示为包含多层复合材料的 T 形接头以及黏接/紧固混合接触区域。

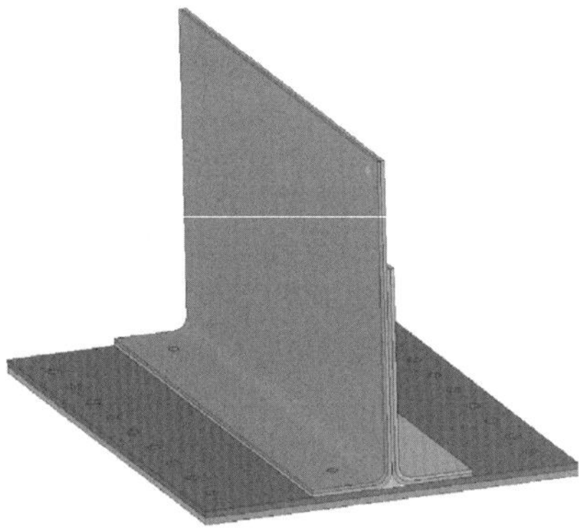

**图 8 包含多层复合材料的 T 形接头以及黏接/紧固混合接触区域**

通过模型与实验数据相结合来描述黏接模型参数、验证紧固件建模过程以及支持系统模型。图 9 所示为根据 T 形接头测试数据绘制的载荷/位移曲线。



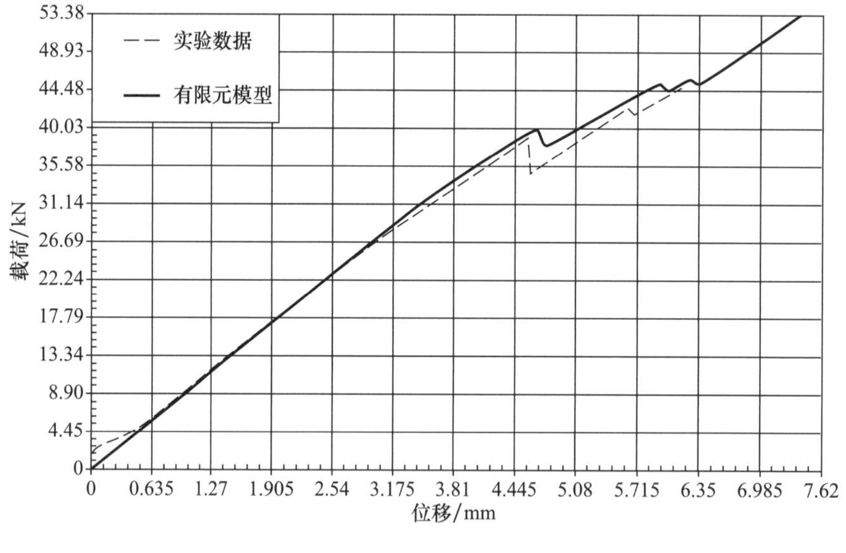


**图 9 根据 T 形接头测试数据绘制的载荷/位移曲线**

在这个样例中，复合材料和紧固件间的黏接层被定义为表面接触。将黏接层模拟为一个接触参数主要是为了避免额外建立各组件之间黏接材料单元。大多数几何建模案例中并没有包含黏接材料设计。因此，放弃这部分额外工作可以节省大量的时间。考虑到飞机整体设计中包含众多黏接接头，故其节省时间的效果尤为明显。

基于表面的黏性行为（Simulia，ABAQUS Reference Manual，2009）需要一些参数，包括黏接层刚度、损伤萌生、损伤演化以及损伤稳定，通常将这些参数结合在一起来描述黏接层的特性。通过实验数据来确定描述黏接层响应的正确值。当系统层次模型的实验变得越来越复杂和昂贵时，可以将这些参数与子部件层面上的设计结果加以结合。

在其他一些建模方法中，采用弹簧、间隙或黏着单元来替代部件之间的黏接层。其中，仍需采用与表面接触法类似的方法来确定描述单元行为的参数。在被应用进总体设计之前，每一个子部件的建模方法都需要通过实验数据来关联和验证。

相似的，紧固件建模过程中同样需要使用相关的实验数据来验证子部件模型，然后才能划入系统层面的设计中去。在T形接头试件中，通过组合间隙单元、梁单元和实体单元来模拟紧固件，从而在保持一个模型合理运算时间的同时，模拟出实际的承载应力。紧固件间隙单元法如图10所示。

其他紧固件建模方法都会在模型运行时间和承载应力精度上有所不同。图11所示为紧固件实体

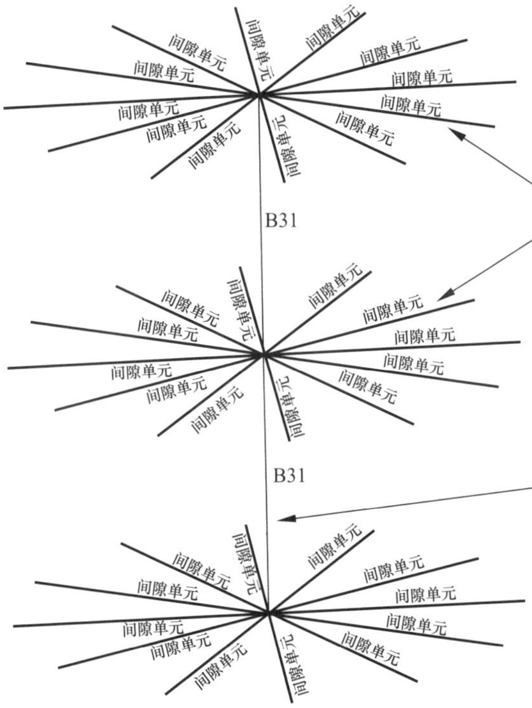


**图10　紧固件间隙单元法**

来源：Simulia，ABAQUS Reference Manual，2009

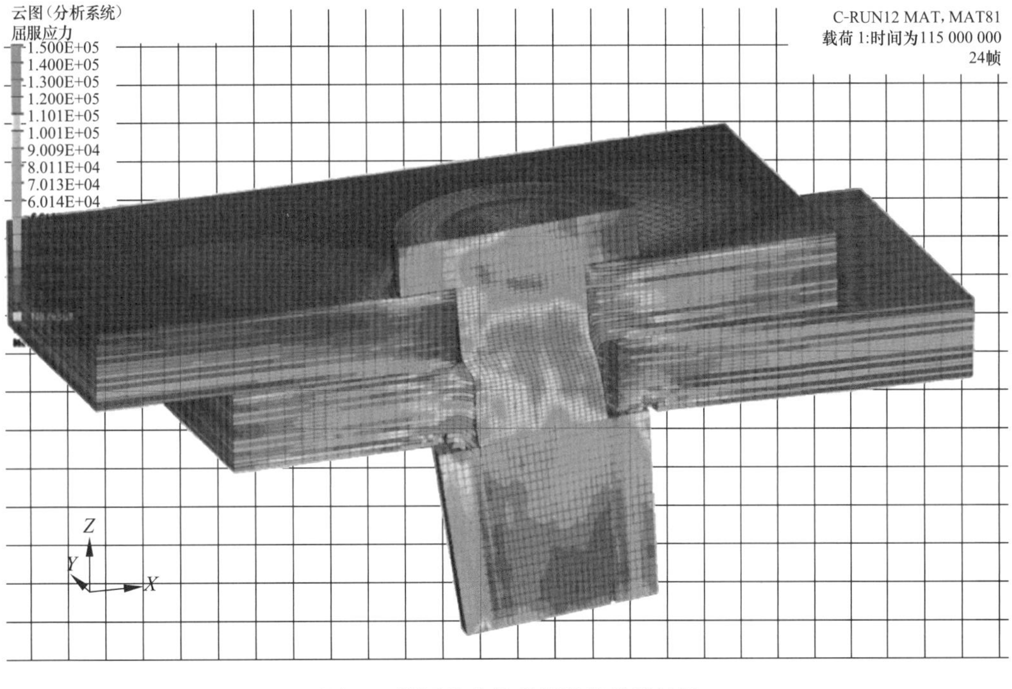


**图11　紧固件实体单元法的模拟结果**

单元法的模拟结果，其精度较高。但鉴于系统层面设计中紧固件数量过于庞大，因此不适合使用这种方法。简单的梁-壳-梁模型建立速度更快，但无法描述复合材料周围承压应力引起的失效模式。T 形接头案例上使用的间隙单元法是一个比较中和的手段，既有较合理的承压应力结果，也不会过度增加模型运行时间。图 12 所示为这种方法下的应力云图。建模过程中提出的所有假设都需要被知晓，同时，子部件层面的模型需要与实验结果有足够的契合度。

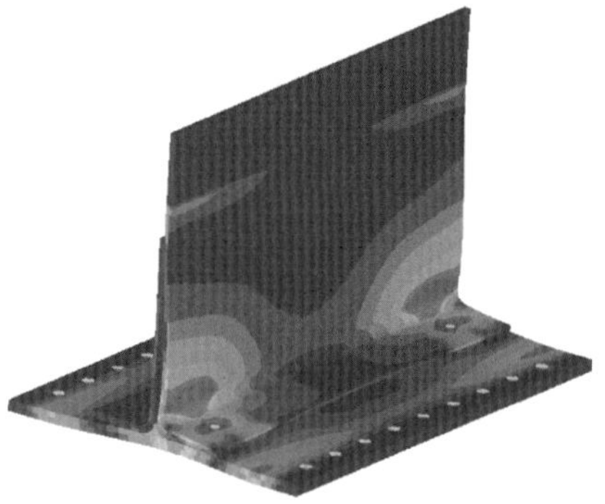

**图 12　间隙单元法应力云图**

子部件的有限元法可以用来预测黏接和紧固件混合接头的性能，并以此进行更多的设计研究。试件规模的实验结果只能展现有限的失效模式，而子部件规模的实验能提供更多的信息。模拟黏接层、紧固件和复合材料的方法有多种，可以根据设计尺寸以及可用试件来选择具有合适精度和运行时间的方法。模型中也可以加入复合材料及紧固件中损伤的起始和演化过程。图 13 所示为在尽量节省成本的基础上，一个较好的预测系统层面接头性能的流程图。除了上述分析外，合理的实验还需包括环境、缺陷、疲劳和损伤容限影响的测定。



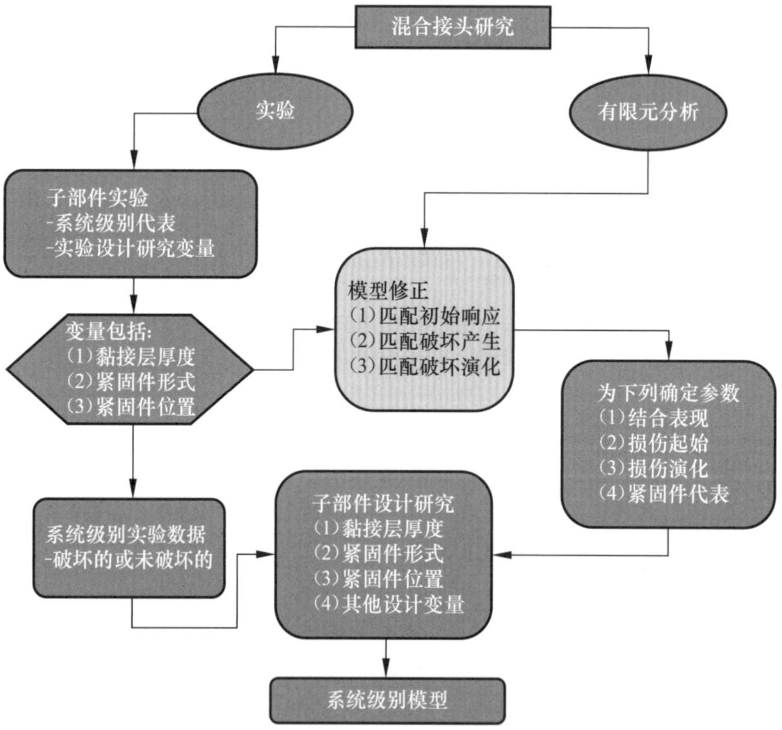


**图 13　预测系统层面接头性能的流程图**

## 6　设计展望

设计具有黏接、机械紧固和混合接头的航空航天结构时，在每个任务范围和可交付成果中，结构分析中最关键的一点就是平衡分析精度（越精确的结果往往消耗的时间越多）和求解效率（快速转换且及时的信息对提高设计的必要性）。在合理运用有限元领域最新方法、高速前/后处理和系统层面综合设计方法的前提下，作为集成产品设计过程的一部分，整个系统规模结构（一个有完整机翼、机身和尾翼的系统）的分析已经取得了成功。现代航空复合材料结构综合设计和分析的理想目标是实现一个能解决所有设计问题以及接头设计和分析的整机层面（包括小至每个接头的整机系统）的综合分析方法。相信在不久的将来，这种方法将展现出其现实意义。

## 参考文献

Crews，J. H.，Naik，J. R. and Naik，R. A.（1987）Bearing-Bypass Loading on Bolted Composite Joints，*NASA Technical Memorandum 89153*，pp. 18-24.

Daniel，I. M. and Ishai，O.（1994）*Engineering Mechanics of Composite Materials*，Chapter 5，Oxford University press，New York.

Eisenmann，J. R. and Rousseau，C. Q.（2004）IBOLT：A composite bolted joint static strength prediction tool，in *Joining and Repair of Composite Structures*，*ASTM STP 1455*（eds K. T. Kedward and H. Kim），ASTM International，West Conshohocken，PA.

Hahn，H. and Tsai，S.（1973）Nonlinear elastic behavior of unidirectional composite laminates. *J. Comp. Mater.*，7，102-118.

Hart-Smith，L. J.（1974）Advances in the analysis and design of adhesive-bonded joints in composite aerospace structures. *SAMPE Process Eng. Ser.*，19，727-737.

Hashin，Z. and Rotem，A.（1973）A fatigue failure criterion for fiber reinforced materials. *J. Comp. Mater.*，7，448-464.

Rodini，B. /Swales Aerospace（2001）*Primer on A4EI*，*Computer Code for Bonded Joint Analysis*，GSFC FEM-CI.

Stiles，R. J.，Bertin，J. J.，Whitford，R. and Brandt，S. A.（2004）*Introduction to Aeronautics*：*A Design Perspective*，2nd edition（ed. S. A. Brandt），*AIAA Education Series*，p. 329.

US Department of Defense（2002）Materials usage，design and analysis，*MIL-HDBK-17-3E Polymer Matrix Composites*，vol 3，Chapter 5.

本章译者：涂金崇，孙慧玉（南京航空航天大学航空宇航学院）

# 第 186 章

# 热防护系统

Frances I. Hurwitz
Cleveland 国家航空航天（NASA）Glenn 研究中心结构和材料分部，
克利夫兰，俄亥俄州，美国



## 1 引言

太空飞行，包括重返地球大气层、进入行星大气和高超音速飞行都需要在高温和恶劣的环境下进行对运载工具和人员的保护。任何运载系统通常都需要一系列复杂的材料来提供热防护。材料的选择在绝大程度上是由环境和轨道，以及在飞行器上的位置所决定的，以便使重量和燃油消耗最小化，同时最大限度地提高有效载荷。很多材料和概念已在当前飞行中使用，并且考虑用于未来飞行器和飞行任务，包括覆盖了碳/碳的复合材料、超高温陶瓷（Ultra High Temperature Ceramics，UHTCs）、陶瓷基复合材料（Ceramic Matrix Composites，CMCs）、冷陶瓷基复合材料、陶瓷和金属瓦、弹性陶瓷隔热层和烧蚀材料。许多当前可用（和仍在使用）的材料是阿波罗计划和航天飞机的产物，而其他一些则是新一代的材料。现在大体趋势是转向研发耐高温材料作为热材料使用而不是去研发隔热材料，这是节省结构重量的概念。

本章回顾了太空遗产和材料及其方法的研究。由于受到“公开文献”的限制，所以主要是以学术议论的形式，而且在搜索资源方面很大程度上依赖于可公开获得的美国航空航天学会（American Institute of Aeronautics and Astronautics，AIAA）的电子数据库。这一章虽不是详尽无遗，但也简单向读者介绍了一些概念并直接展示了那些论述最先进概念的文章来源。

有一些概述提出了各种材料的类型以及它们的应用，其中包括 Rasky 等（2005）和 Scotti、Clay 及 Rezin（2003）的论文。这些材料一般可以被归类为那些短期使用的材料，代表性的就是烧蚀材料，被用于 NASA 的阿波罗计划或可重复使用的 TPS，能够用于重复性的任务，如正在使用中的航天飞机及其后继型可重复使用的运载火箭（Reusable Launch Vehicle-s，RLVs）。Rose 和 Cleyrat（2004）根据美国国家航空航天倡议，提供了一些关于开发 TPS 用于可重复使用运载火箭的概述，就是联合美国空军/NASA/工业共同开发可重复使用的 TPS。还有一些关于最近欧洲 TPS 和热结构领域工作的回顾，包括根据欧洲航天局（European Space Agency′s，ESA）的欧洲实验重返大气层试验台（European Experimental Re-Entry Testbed，EXPE-RT）结果对材料和设计的评估，由 Glass 总结（2007）。

在上述飞行器内，几乎所有的应用都需要一系列材料和概念，这取决于 TPS 在飞行器上的位置和气动热要求，且无论其作用是隔热还是承载的热结构。隔热 TPS 包括金属或陶瓷瓦和共形垫，而处于前缘和控制面上的热结构，包含碳/碳和陶瓷基复合材料以及超高温陶瓷。

对不同概念和材料的选择是基于其性能，尤其是安全、寿命周期成本，以及飞行器操作环境，其中包括预期轨道。TPS 原理和候选材料的每一部分概述，以及它们在不同任务中的应用见表 1。

**表 1　TPS 组成和候选材料的概要**

经过授权转载于 Rasky 等（2005），受 AIAA 版权保护

| TPS 组成和 TPS 系统 | 任务 | | | | |
|---|---|---|---|---|---|
| | 多次或单一使用 | 狮子座返回 | 月球返回 | 火星进入 | 火星返回 |
| 尖前缘 | | | | | |
| 超高温陶瓷 | M | ○ | ○ | ○ | ○ |
| 碳-碳涂层 | M | ○ | ○ | ○ | ○ |
| 主动冷却 | M | ○ | × | ○ | × |
| 热导管 | M | ○ | × | ○ | × |
| 碳-碳 | S | ◗ | ○ | ○ | ○ |
| 钝前缘 | | | | | |
| 航天飞机的增强碳-碳 | M | ⋇ | × | ⋇ | × |
| 高级碳-碳 | M | ○ | × | ○ | × |
| C/SiC | M | ○ | × | ○ | × |
| 陶瓷瓦前缘（AETB/TUFI/TUFROC） | M | ○ | ○ | ○ | ○ |
| 碳-碳 | S | ◗ | ○ | ○ | ○ |
| 迎风面积 | | | | | |
| 航天飞机陶瓷瓦（LI 系列、FRCI、AETB/TUFI） | M | ● | × | ○ | × |
| 高级碳-碳 | M | ○ | × | ○ | × |
| C/SiC | M | ○ | × | ○ | × |
| 金属瓦 | M | ○ | × | ○ | × |
| 阿波罗号上的中等密度烧蚀材料（Avcoat 5026） | S | ⋇ | ⋇ | ⋇ | ⋇ |
| 高密度的碳-酚醛树脂 | S | × | ◗ | × | ◗ |
| 低密度烧蚀体（SLA-561、SIRCA、PICA） | S | ◗ | ◗ | ◗ | ◗ |
| 背风面积 | | | | | |
| 航天飞机陶瓷瓦（LI 系列，FRCI，AETB/TUFI） | M | ● | ○ | ○ | ○ |
| C/SiC | M | ○ | ○ | ○ | ○ |
| 金属瓦 | M | ○ | ○ | ○ | ○ |
| 航天飞机陶瓷覆盖层（AFRSI） | M | ● | ○ | ○ | ○ |
| 航天飞机弹性覆盖层（FRSI） | M | ● | ○ | ○ | ○ |
| 阿波罗号上的中等密度烧蚀材料（Avcoat 5026） | S | ⋇ | ⋇ | ⋇ | ⋇ |
| 低密度烧蚀材料（SLA-561、SIRCA、PICA） | S | ◗ | ◗ | ◗ | ◗ |
| 控制面和密封圈 | | | | | |
| 航天飞机陶瓷瓦-隔热结构 | M | ● | ○ | ○ | ○ |
| C/SiC 热结构 | M | ○ | ○ | ○ | ○ |
| 碳-碳热结构 | S | ◗ | ○ | ○ | ○ |
| 航天飞机陶瓷编织 | M | ● | ○ | ○ | ○ |
| 高级陶瓷编织 | M | ○ | ○ | ○ | ○ |

注：● 表示完全有能力以及可用的；○ 表示在这种环境下缺乏飞行演示；◗表示缺乏评级；⋇表示不再生产；×表示不适用。

## 2　航天飞机的遗产

航天飞机热防护系统（TPSs）在当前大多数 TPS 开发工作中起到了基准作用。航天飞机采用了常规铝合金建造的机身，因此需要使用各种热防护系统和材料。航天飞机 TPS 都是可重复使用的，但仍需要大量检查、翻新工作，而且是在隔热瓦经常更换的情况下。四种类型的高温材料的最初应用：上涂层的增强碳-碳材料（Reinforced Carbon-Carbon，RCC）用于机翼前缘、凸出部分和颌板处，可反复使用的耐高温表面隔热材料（High-temperature Reusable Surface Insulation，HRSI）和耐低温表面隔热材料（Low-temperature Reusable Surface Insulation，LRSI），以及弹性表面隔热材料（Felt Reusable Surface Insulation，FRSI）用来隔热铝框架。在选择材料上，我们考虑了包括使用数值分析来反映温度约束及材料选择对 TPS 重量的影响。

## 2.1 隔热瓦和覆盖层

航天飞机上的隔热瓦是硅基的，且可重复使用。在完成每次航天飞行之后，这些隔热瓦都需要检查以及通过注入硅氧烷来进行再防水。最初的LI系列瓦（哥伦比亚号）具有不错的散热性能，但是易受来自微流星或者空间碎片以及执行地面操作的冲击影响。飞行器的迎风表面主要覆盖了密度为144 kg/m$^3$（9 lb/ft$^3$）的LI 900瓦。这些隔热瓦表面上覆盖了一层厚度为0.304 8 mm（0.012 in）的反应固化玻璃（Reaction-Cured Glass，RCG）用来防水。有两种类型的隔热瓦：LRSI瓦用于飞行器的低温区域（选定的区域包括机身前部、中部以及融合处、垂直尾部和上翼），HRSI瓦用于高温加热区域（机身前部、部分轨道机动系统和反应控制系统吊舱、垂直稳定器的前缘和后缘、升降副翼后缘、与RCC相邻的机翼上表面和上机身副翼表面）。这两种瓦中99.8%的成分都是硅土，但不同的是其厚度和表面涂层。HRSI瓦表面涂有四面体硅化物和硼硅玻璃的混合物，从而形成了黑色、高辐射率的涂层；LRSI瓦有白色氧化铝粒子光学镀膜，这些氧化铝粒子在硅土中，而硅土具有0.8的表面辐射率和0.32的太阳能吸收率。



后来，由美国加州Mountain View NASA Ames研究中心研发出来的纤维耐火复合材料隔热瓦（Fibrous Refractory Composite Insulation tiles，FRCI）取代了一些HRSI瓦。FRCI-12瓦密度为192 kg/m$^3$（12 lb/ft$^3$），比HRSI-22瓦（352 kg/m$^3$或22 lb/ft$^3$）更轻而且具有更高的强度。强度的提高是掺入氧化铝硼硅酸盐纤维（Nextel 312，制造3 m）的结果。硼硅酸盐在烧结过程中发生流动，再加入短切纤维和加强瓦，黑色反应固化玻璃覆盖了隔热瓦的表面，处在隔热瓦受压缩的地方，这样将会再次提高强度。FRCI瓦在使用温度上也比HRSI瓦提高了37.8 ℃（100 ℉）。

NASA Ames研究中心也开发了增韧纤维隔热材料（Toughened Uni-piece Fibrous Insulation，TUFI），覆盖了氧化铝增强隔热栅（Alumina Enhanced Thermal Barrier，AETB），提高了强度和损伤阻抗，并用来替代耐低温的LI 900（LRSI）瓦。

使用分层的应变隔离垫系统（Strain Isolation Pad，SIP）把这些隔热瓦结合到飞行器上，该系统是由室温硫化（Room Temperature Vulcanizing，RTV）硅树脂弹性体密封胶和Nomex隔热层组成的。用RTV黏合剂把隔热瓦与毡黏合在一起，再装配结合到飞行器上去。由于在飞行器表面、隔热瓦、表面缺陷以及隔离声学负载之间存在着热膨胀差异，所以SIP系统能缓解压力。

可重复使用的高级弹性表面隔热材料（Advanced Flexible Reusable Surface Insulation，AFRSI），是一种由在硅织物层（外表面）和玻璃纤维布（内层）之间绗缝的硅棉所组成的弹性隔热层，替代了发现者号和亚特兰蒂斯号以及第七次飞行之后的哥伦比亚号航天飞机上的大部分LRSI瓦。AFRSI隔热层提高了耐用性并减少了安装时间和成本。这种隔热层的表面覆盖了含有高纯度硅纤维混合物的硅胶（特指C-9）来增强耐用性。AFRSI的安全使用温度达到648 ℃（1 200 ℉）。弹性表面隔热材料是一种使用温度达到371 ℃（700 ℉）的Nomex（芳香聚酰胺）材料，这种材料几乎覆盖了50%的飞行器上表面，包括有效载荷舱门、机身中部和后部。AFRSI是用RTV硅树脂黏合剂直接结合到飞行器上的，它上面覆盖了白色的有机硅弹性体，在缝隙周围用大量密封圈和其他栅栏来填充。这其中包括把Nextel 312陶瓷纤维编织在其周围以及用Inconel 750和黑色的Nextel 312布覆盖上面。Cerachrome隔热层是用来保护机翼子结构的。

## 2.2 覆有增强碳-碳材料的机翼前缘、凸出部分

航天飞机机翼前缘（Wing Leading Edge，WLE）和凸出部分是用增强碳-碳复合材料制造的。每只机翼都包含22块板；板之间的缝隙用由RCC做成的T-密封圈来填充。在每只机翼上的一系列板已经在图1中表示出来，图2则说明了前缘板的组成材料。

机翼前缘和凸出部分所使用的纤维是人造丝基碳纤维，是将酚醛树脂分成薄片再进行热处理而转化为碳。这部分是用糠醇再浸渍，再用火烧三次来提高骨架密度的。保护碳-碳复合材料不被氧化是通过对其结构内、外表面进行一些渗碳处理导致涂层转换得到的，过程是将外层板主要转变为厚度为0.5～1.16 mm（0.02～0.04 in）的碳化硅。然后将这部分用原硅酸四乙酯（Tetraethyl Orthosil-icate，TEOS）浸渍来提高其抗氧化性能。涂层裂纹是由玻璃密封胶（Sermabond）系统来密封的。玻璃密封胶在涂层转换过程中流入缝隙，进行密封来提供额外的抗氧化保护。RCC的操作温度接近1 648 ℃(3 000 ℉)。

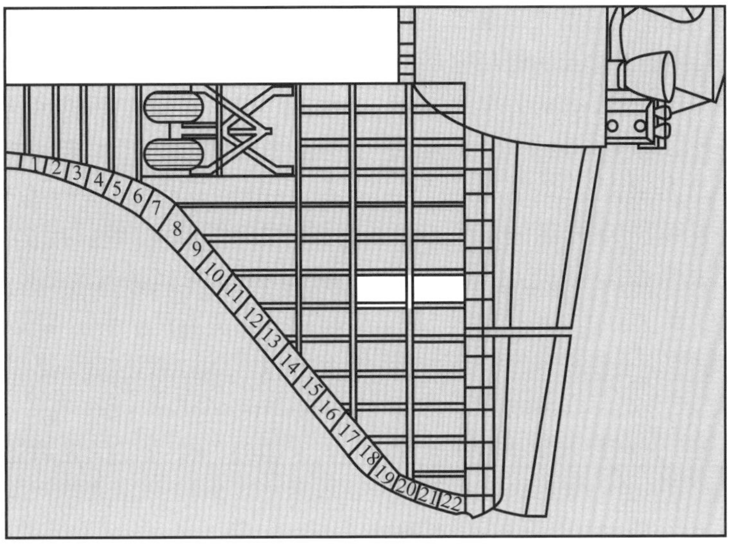


**图 1　航天飞机机翼前缘**

RCC 板数量有限，飞行再入时最热的地方在板 9 处

转载于 NASA

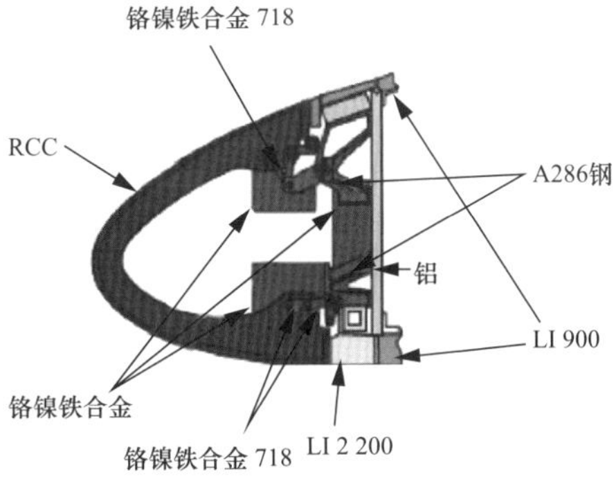


**图 2　RCC 机翼前缘板轮廓，显示其组成材料**

转载于 NASA

## 3　较新的隔热瓦和覆盖层概念

对下一代飞行器的研发引起了人们对更新、更轻、更耐高温材料的兴趣，因为这些材料避免了耗时和对航天飞机隔热瓦进行高昂的日常维护。X-33 项目已经设想用新型材料进行飞行演示并设计出可重复使用的运载火箭。

图 3 所示的特制高级隔热层（Tailored Advanced Blanket Insulation，TABI）是由 NASA Ames 研究中心在 20 世纪 80 年代研发出来的。它是由 3D 凹槽核心结构组成的，其是用陶瓷纤维（Nextel 440 氧化物纤维或 Nicalon Si-C-O 纤维）把外表面薄板整体编织进去。这些凹槽是以矩形或三角形单元格形式排布，单元格能用隔热棉絮材料填充。Nextel（二氧化硅-氧化铝-氧化硼）纤维需要一层高辐射率的涂层；Nicalon 纤维在未加涂层的情况下即可被使用。这种方法使得其表面比那些绗缝的航天飞机隔热层更光滑和更具空气动力学性能。TABI 覆盖层在声环境下效果很好。Nicalon 覆盖层在 1 371 ℃（2 500 ℉）时随着辐射暴露量的增加会变脆。作为替代航天飞机 TPS 材料的 TUFI、TABI 和 AFRSI 材料，其材料热性能通过航天飞机飞行剖面来进行研究。与航天飞机的基准材料相比，TABI



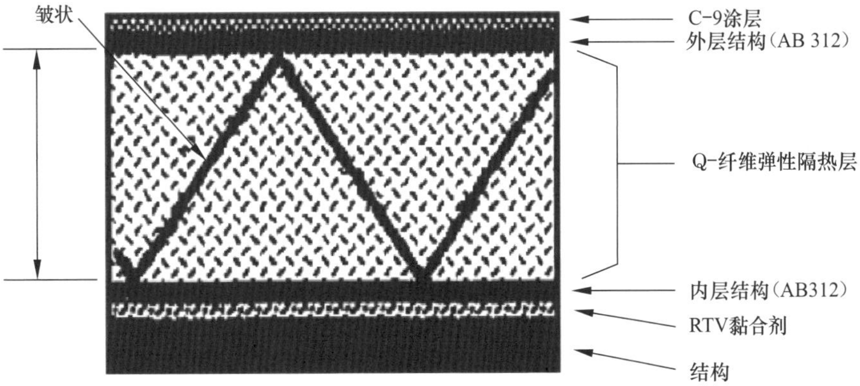


**图 3　TABI 隔热材料的图解**

转载于 Myers、Martin 和 Blosser（1999），受 AIAA 版权保护

材料明显地表现出了更高的表面温度并且增加了热负载，这表明 TABI 材料满足了航天飞机覆盖层对高辐射率涂层的需求。

研发出的 AFRSI-HT 是 AFRSI 的新版本，取代了硅铝硅酸盐纤维，并将使用温度由 648 ℃～760 ℃（1 200 ℉～1 400 ℉）提高到 1 093 ℃(2 000℉) 甚至更高。波音公司研发了在多用途温度 537℃(1 000 ℉) 下的聚苯并咪唑隔热层（Polybenzimidazole Blanket Insulation，PBI）来替代只能用于 648 ℃（1 200 ℉）的 AFRSI。与航天飞机基准 TPS 材料（Rasky，Milos 和 Squire，2001）相比，这些新材料被设计出来用于降低寿命周期成本。

波音公司也研发了一种先进的绗缝隔热层，叫作可重复使用的保形隔热材料（Conformal Reusable Insulation，CRI)，能在 982 ℃～1 093 ℃下使用。这种棉织物材料是被加固了的，其表面更加光滑，比 AFRSI 更具有（与薄层边界）兼容性，而且具有更高的尺寸精度，这些特点适合用于未来飞行器的迎风面。

类似的概念还有使用 2D 的陶瓷氧化物纤维在覆盖层的表面制造致密的 CMC 层，甚至可以使用无氧化物纤维。几种典型的 CMC 基质是独居石、矾土或多铝红柱石这些氧化物。将纺织复合材料加工处理成无编织的覆盖层，用于弹性层的机械附件，包括设计多层的覆盖层堆，其已经在开发中（图 4）。

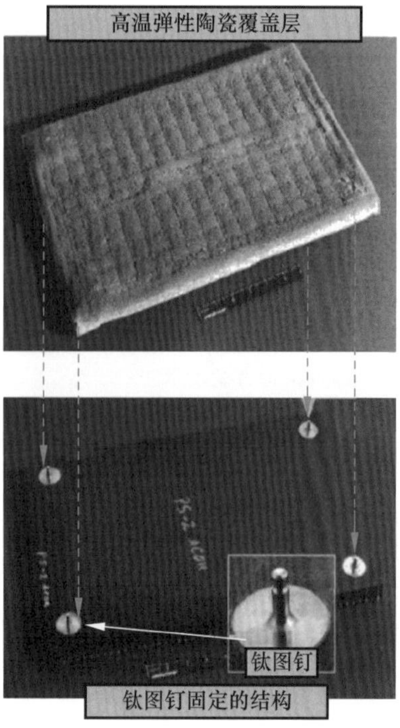


**图 4　机械连接的 Nextel 440 陶瓷隔热层**

转载于 Scotti，Clay 和 Rezin（2003)，受 AIAA 版权保护

作为隔热层的选择方案，多层隔热层（Multi-Layer Insulation，MLI）也许会被使用，这是用纤维隔热层把其反射层相互分隔开。设计 MLI 的主要作用就是减少因辐射而造成的热损耗。MT Aerospace 公司（Augsburg，德国）研发出来两种类型的 MLI：一种使用温度在 1 000 ℃（1 832 ℉)，另一种使用温度在 1 600 ℃（2 912 ℉)(Glass，2008)。Steve Miller 和联合公司（Flagstaff 亚利桑那州）研发了乳白纤维隔热材料(Opacified Fibrous Insulation，OFI)，其中乳白色矾土和硅毡与陶瓷纤维织物结合在一起，用来减少高温下的热辐射。

## 4　金属热防护系统

金属防热罩已被 NASA 用于水星号和双子座号太空舱。这些系统提供了相比隔热瓦而言具有更高延展性和损伤容限的防热罩，并包含了多种类型，其中有放热的热防护罩、多层隔热瓦和 Armor TPS（在金属盒子里有隔热装置)，这些都已在 X-33 项目中研发。在这些设计中，隔热材料包含在金属皮肤和承载子结构之间。通过分析这些系统，我们更深入地懂得了 TPS 的设计，包括对结构热损耗、热短路和缺陷的敏感度，TPS 材料的热导率和热容量，重视结构和 TPS 系统联合设计的需求。金属热防护系统预计将被大范围地使用。Dorsey 等（2004）提出了一份对 TPS 需求的论述，特定参照了金属系统和定型。一个关于下表面隔热层的概念设计已在图 5 中显示出来。相关的设计包括在 850 ℃（1 562 ℉，Astrium）时 TIMETAL 1000、TiAl（$Ti_2AlNb$)，或 TiAl 增强 TiB 蜂窝板与内置隔热微纤维在套管中的使用，以及在1 250 ℃（2 282 ℉，荷兰航天局)（Glass，2007）时氧化物弥

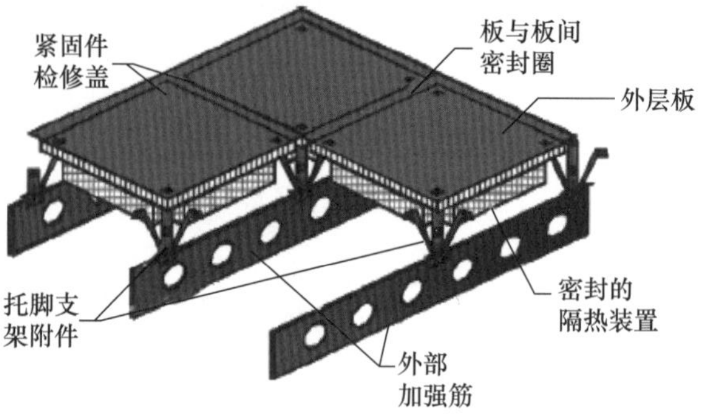


**图 5　托脚型金属 TPS 的子结构附件**

转载于 Glass（2008)，受 AIAA 版权保护

散强化（Oxide Dispersion Strengthened，ODS）超级合金钎焊到核心构件。

## 5 结构集成 TPS/陶瓷基复合材料（CMC）

在结构集成 TPS 研究上已经有大量的研究计划，该 TPS 是把承载结构和热防护结合在一起，这与隔热主要承载结构的寄生型 TPS 刚好相反。结构集成系统具有减轻重量、提高性能和易维护等优点。其中有个概念是利用 CMC 作为外模线材料，以作为夹层结构的表层板或是背部隔热的层板。对将陶瓷瓦与 CMC 子结构相粘结以进行热防护的这一概念已进行评估（图 6）。其他设计采用一块 CMC 外层“木瓦”，它含有安装了“托脚”类型连接物的隔热板，而其下部是纤维隔热层。Pichon（Pichon 等，2006）更详细地描述了该木瓦的概念。在 MT Aerospace 公司（德国）的设计中，纳米多孔层在纤维隔热层和冷结构之间（图 7）。另一个概念是利用充满气凝胶的泡沫碳把 CMC 外壳包起来（Ultramet 公司，图 8）。

**图 6 COI 陶瓷氧化物-氧化物 CMC TPS 概念**

转载于 Scotti，Clay 和 Rezin（2003），受 AIAA 版权保护

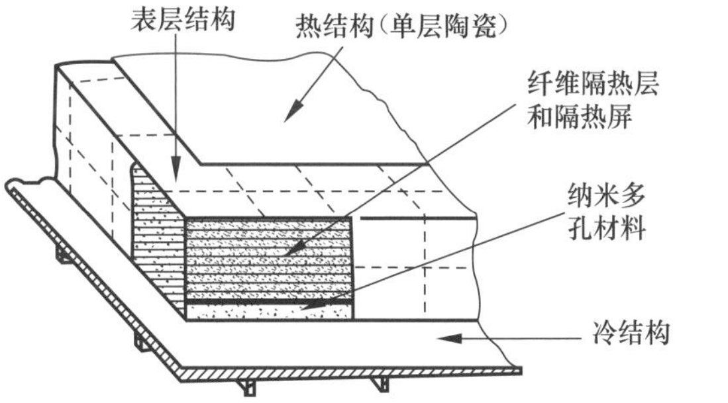


**图 7 德国 Augsberg 的 MT Aerospace 公司制造的多层隔热层（MLI）**

转载于 Glass（2008），受 AIAA 版权保护

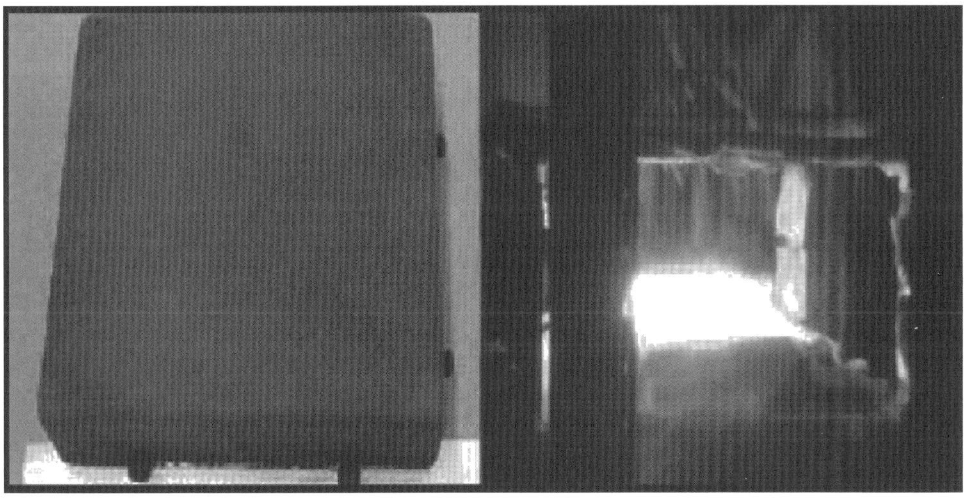

**图 8 被 CMC 外壳结构围住的充满气凝胶的泡沫芯层**

转载于帕特森空军基地，2009

在 ShyFE 项目（Dadd 等，2006）中，正考虑将气凝胶作为多层隔热层中的一层，位于 C/SiC CMC 的下方。

## 6 热结构

热结构尤其适合用于轻载荷的环境，比如控制面。根据热环境和曝光时间的不同，这些应用也许会采用不隔热的复合材料。用于热结构的材料包含金属基复合材料（Metal Matrix Composites，MMCs）和陶瓷基复合材料。C/SiC、SiC/SiC、有涂层的 C/C 和 C/C-SiC（硅熔体渗透的 C/C）都是最重要的陶瓷基复合材料，在应用中我们研究这些材料是基于它们在使用温度下的强度和抗蠕阻力。

在一些设计类型中，MMCs 和 CMCs 都可以与 TPS 集成作为表层板或覆盖层（这在之前已经讨论过），或与内外表层一起作为承载夹层结构，其内外表层是用隔热芯来隔开的。在适度的不需要隔热的环境下（控制面、减速伞），CMCs 能够用于热结构。

由于铝化钛（TiAl）和 TiAl 复合材料在高温（1 200 ℉～1 500 ℉）下具有很高的强度和抗蠕阻力，所以很适合用于金属热结构。在图 9 中已经显示加强的非隔热 MMC 结构可以应用于控制面。TiAl 在高温下易氧化而且需要使用非催化高辐射率的氧化保护层。

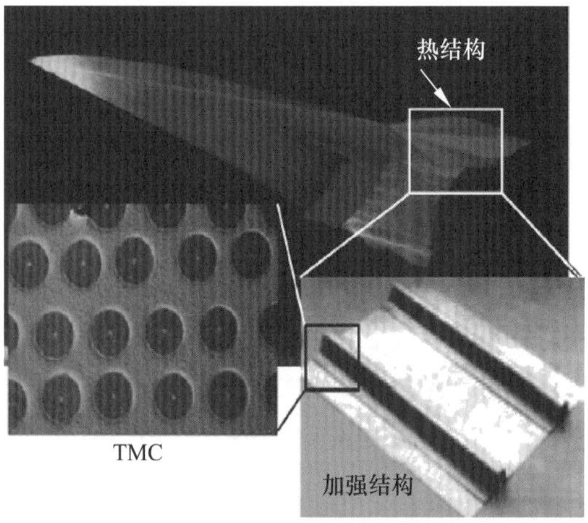


**图 9　钛基复合材料（Titanium Matrix Composite，TMC）在高超声速飞行器的应用**

转载于 Scotti，Clay 和 Rezin（2003），受 AIAA 版权保护

荷兰航天局在 X-38 项目中设计了金属/CMC 混合动力舵（图 10）。早期的方向舵使用 PM-1000；重新设计的版本是用 TI 替代作为金属组件。NASA 正计划研发混合动力舵用于乘员返回式飞行器。X-43 的控制面设计把 Haynes 230 与 C/C 前缘结合在一起（Glass，2008）。

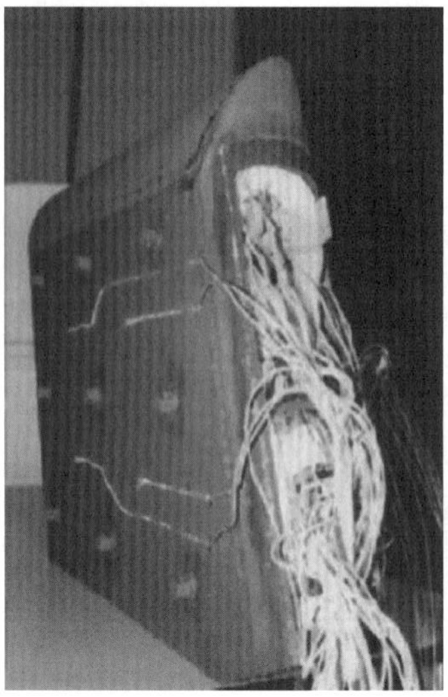

**图 10　含有 CMC 的结构集成 ODS 合金（PM-1000）表层板用于荷兰航天局 X-38 的方向舵**

转载于 Glass 等（2008），受 AIAA 版权保护

## 7　冷却概念

当机翼前缘的曲率半径变小时，热负荷就会急剧增长。因此在航天飞机上，会采用钝化的机翼前缘。但对于高超声速飞行器而言，由于其要在大气层内进行巡航和加速，所以设想采用窄、“尖”的机翼前缘，这必然会显著增加对前缘候选材料的热要求。目前正在采取一些方法来适应较高的热负荷，包括冷却概念和研发新型具有更高热通量的材料。

到目前为止，叙述的 TPS 方法都是被动地将热区域与冷却器子结构相互隔绝。而主动冷却概念将冷却通道结合在一起，这样就能使主动注入的冷却剂在 CMC 前缘内部流动（图 11）。另一个建议是通过使用一系列的热交换器使碳氢燃料流动，而该热交换器使用催化金属陶瓷涂层（Korabelnikov 和 Kranov，2005）。半被动概念则是利用内含工作流体的热导管将热量从热边缘沿着飞行器更大的表面区域转移并散发出去。当轨道能被控制在低角度时，边界层冷却也能被使用于许多情况下（Monti 和 Paterna，2005）。

**图 11　金属管道与 CMC 结构集成在主动冷却 CMC 系统上**

转载于 Glass（2008），受 AIAA 版权保护

## 8　尖前缘和超高温陶瓷

在 1 649 ℃（3 000 ℉）以上依然能够使用的超高温陶瓷（Ultra-High Temperature Ceramics，UHTCs）已经成为用于尖（小半径）前缘的最重

要的候选材料。这些材料将沿着前缘温度最高的部分为从驻点开始一段非常短的距离提供保护。在考虑之中的主要 UHTC 材料是锆和铪的二硼化物（Johnson 等，2006；Fahrenholz 等，2007；Johnson 等，2008），而且为了提高抗氧化性和较低的烧结温度，常常需要添加 SiC。

二硼化物具有较高的热传导能力，而且可以降低尖端温度的最大限度，但同时自身也很脆弱，正在研究加入一些添加剂，包括 SiC、碳纳米、铱和 $TaSi_2$ 来提高强度和抗热应力（Fahrenholz 等，2007；Johnson 等，2008）。另外还研究了关于 $ZrB_2$-SiC 材料与膨化纤维整体式结构一起来提高抗热震性（Fahrenholz 等，2007）。

对于 UHTCs 而言，辐射率和在原子氧重组中的催化效率是两个重要的特性，而且在 2 127 ℃（3 860 ℉）下已经被测量得到（Scatteia 等，2006）。我们可延伸这些测量工作，甚至是在更高的温度下进行。

## 9 示范试验飞行器

在讨论个别 TPS 概念时，有许多 NASA 验证机包括 X-37 和 X-43A 被拿来引用。此外，在一些欧洲验证飞行器上，热防护概念也将被进行评估。表 2 提供了一份关于几个欧洲项目及其目标和 TPS 概念的综述。

**表 2 欧洲飞行演示项目的评选以及每次飞行使用的 TPS**

| 飞行器 | 主办单位 | 飞行年份 | 目 标 | TPS | 参考文献 |
|---|---|---|---|---|---|
| ISV 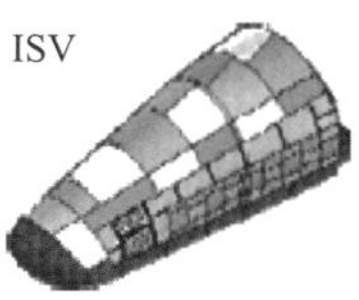 | 欧洲航天局 | 2012 | 飞行重返大气层系统和技术资格 | 结合内部隔热装置对 C/SiC 凸出部分、迎风面和前缘的保护；弹性外部隔热材料；表面防护的弹性隔热材料（由于气动载荷的缘故在覆盖层区域覆盖陶瓷） | Tumino 等，2008 |
| EXPERT 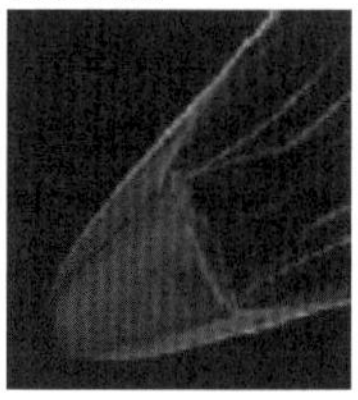 | 欧洲航天局 | 2010 | 热防护系统和气动热力学飞行测试；重返大气层飞行器制造 | C/C-SiC 凸出部分（液体硅渗透）、金属 TPS、陶瓷襟翼 | Ratti 等，2008 |
| USV 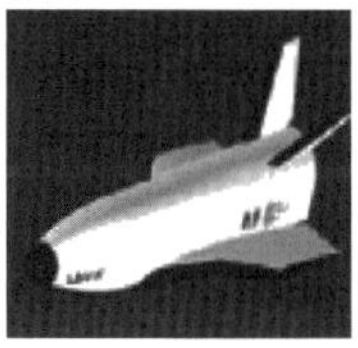 | 意大利 | 2007—2010 | 飞行资格重返大气层系统和技术 | 覆盖了 UHTC 的 CMC | Russo，2008 |
| SHEFEX Ⅱ  | 德国 | 2010 | 热结构设计的飞行验证，空气动力学数据库和主动控制 | 8 次 TPS 实验；CMC 紧固件、密封设计、高压氧化物 TPS+涂层系统、C/SiC、C/C-SiC、金属 TPS（欧洲宇航防务集团 Astrium 公司）、主动冷却 TPS（德国航空航天中心，DLR） | Weihs，2008 |
| SHyFE  | 英国 | 2009 | 论证低成本冲压飞行器 | C/SiC 与分层系统包括氧化锆/真空层/$SiO_2$ 气凝胶相离 | Dadd 等，2006 |
| LAPCAT/Skylon  | 欧洲航天局 | | 200 架高超声速飞机 | SiC 增强的碳-碳与分层的隔热钛板 | Varvill 和 Bond，2008 |

# 10 烧蚀材料

烧蚀系统是 NASA 阿波罗计划的产物，它可为那些承受时间较短的高热通量区提供一次性热防护。Venkatachari 等（2008）以及 Russell 和 Strobel（2006）都描述了烧蚀过程。热量通过烧蚀材料状态（分解）改变来消散，如图 12 所示。碳化开始发生时，还有通过多孔碳流动的热解气体继续与原材料反应，气体会从碳上渗到边界层。活性炭可以进一步被空气氧化。因为当飞行器进入行星大气层或重返大气层时改变了飞行器的空气动力学，所以材料退化也需要被考虑进来。当这些反应发生时，炭/烧蚀体的热导率不断地改变。由于材料受侵蚀，所以烧蚀体相对较厚，这也使得其重量成了主要因素。

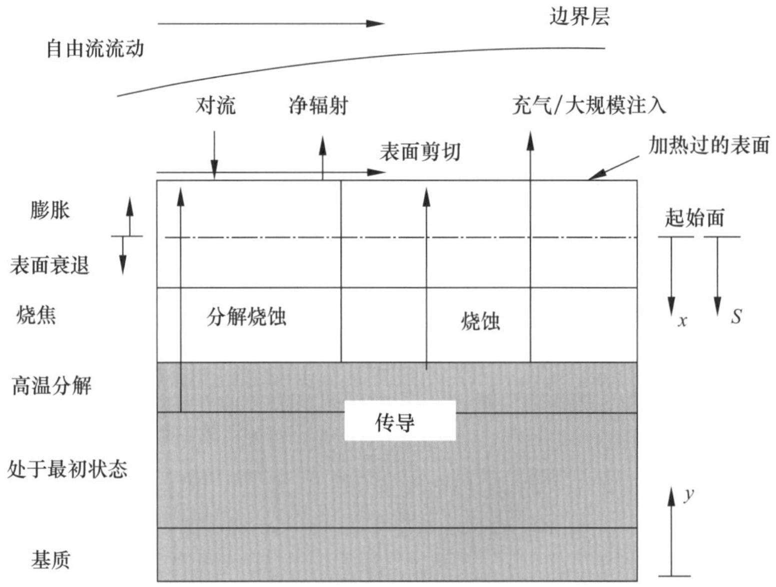


**图 12 热分解现象的图解**

转载于 Russell 和 Strobel（2006），受 AIAA 版权保护



美国加州 Mountain View NASA Ames 研究中心根据陶瓷渗透和用硅树脂或酚醛树脂来制造的碳纤维预制件研发出了多种同族轻质量陶瓷烧蚀材料(Lightweight Ceramic Ablators，LCAs)，这些材料被称为可重复使用的硅树脂浸渍陶瓷烧蚀材料（Silicone Impregnated Reusable Ceramic Ablator，SIRCA）(Tran 等，1996a）和酚醛树脂浸渍碳烧蚀材料（Phenolic Impregnated Carbon Ablator，PICA）（Tran 等，1996b)。调整材料成分和硅胶浸渍剂的残碳率都会对烧蚀材料的表面反应有显著影响。其他用来降低烧蚀材料密度的方法包括对材料内微球进行合并。

我们研究在不同密度、力学性能和热导率下的 PICA 派生物。这包括含其他添加剂的材料，其中有网箱结构的硅氧烷（八面体聚硅氧烷，Poly Octahedral Silsesquioxanes 或 POSS）和碳纳米管。最近已经证明了通过添加苯基可修改 POSS 从而减少烧蚀率和增加碳的形成（Liu 等，2009）。气凝胶和烧蚀材料的结合降低了黏结层的温度（Laub 和 White，2006）。切模制碳酚醛材料也在研究当中，这是经过表面处理的材料。其中，有个关于表面修改过的单片钢化抗氧化复合（Toughened Uni-Piece Oxidation Resistant Composite，TUPORC）烧蚀材料例子，如图 13 所示。这种材料利用了多组分辐射率覆盖层，这种覆盖层在电弧曝光下的辐射率会有所增加。

**图 13 TUPORC TPS 电弧测试的例子，一种纤维增强复合材料**

转载于 Johnson 等（2008），受 AIAA 版权保护

## 11 电弧试验

等离子体环境（电弧喷射）通常用来模拟高超声速飞行及在行星进入条件下表现出热防护材料的性能。热通量与停滞温度及压力是依赖于飞行轨道的，而且理解这些飞行进入概念（双曲线进入、大气俘获或从轨道上进入）之间的关系是极其重要的。同时要注意到，不是所有的参数都能被模拟和飞行试验的。每套电弧喷射设备提供了不同的条件和不同的结果。Laub（2006）主张通过在不同条件下进行电弧试验来明确材料的性能机理，然后依靠数学模型来预测给定环境下的材料行为。他还提供了一份详细解释关于在等离子体环境、辐射环境和燃烧环境下试验的差异。

辐射灯设备提供低热通量并能适应大样本，而且在边界层相互作用可以忽略不计的地方很实用。高能连续激光可以产生高热通量，但考虑在边界层的化学反应，这在烧蚀材料产生分裂的确定条件下很适用。燃烧设备对于研究燃烧环境非常有用。这些设施排出的气体用来进行热曝光，研究其化学成分，但仅限于低温和低焓条件下。每个可用的电弧喷射设备提供了独特的环境来模拟大范围的温度、焓和压力条件，包括产生足够的高温来研究边界层的化学反应。然而，对于给定的飞行应用程序，很少可以提供所有需要用于材料选择的参数。因此，为了能更为明确在预期条件下材料的性能，有必要发展数学模型。Laub 和 Venkatapathy 比较了不同类型的试验设备及其试验能力（Laub 和 White，2006；Venkatapathy 等，2008）。

## 12 充气系统

轻质量结构的充气式减速器（图 14）用于飞行器或机械装置进入地球或行星大气层的时候。这些都是部署在加热速率相对较低的高海拔地区来进行减速。在烧蚀 TPS 系统上，充气装置减轻了很多重量而且材料的温度要求减到 700 ℃～800 ℃（1 292 ℉～1 492 ℉）。具有代表性的气球式降落伞是个分层的结构，包括编织陶瓷纤维来承载结构载荷，以聚酰亚胺（Kapton）和在某些情况下使用的穿孔铝箔中的一个作为气体屏障。还有一些设计包含一个气凝胶隔热层。充气系统结构需要保持很薄且具有弹性，并可以折叠成小体积的包裹以及在需要时刻能及时展开。在一些设计中，层面板式黏合在一起且受限于胶黏剂的温度（Masciarelli 等，2006），但可以想象的是层面板同样也能缝在一起。

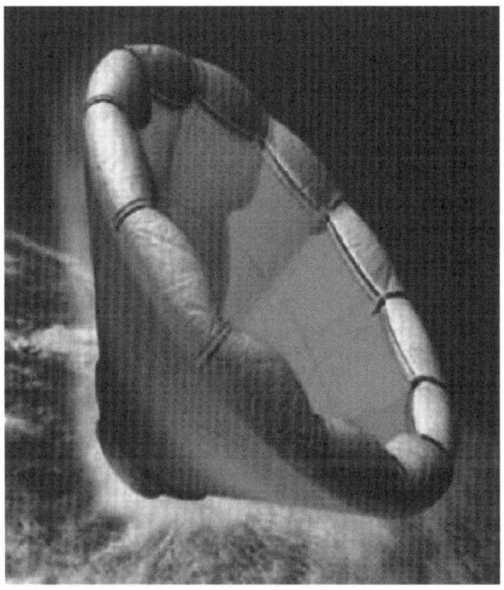

**图 14 充气式降落的概念来自俄罗斯和欧洲航天局**

转载于 Rasky 等（2005），受 AIAA 版权保护

## 13 结论

目前已经研究了大批热防护材料和设计。对于给定的飞行轨道，设计概念和材料的选择随着热通量和环境（大气）需求而发生变化。从非承重、寄生型 TPS 演变到结构集成 TPS 设计，是为了减轻重量。结构的重点是继续研究能承受更高温度的材料，使 TPS 厚度要求最小化。这种方法包括热结构概念——材料不需要额外的热保护就能耐高温，包括使用陶瓷基复合材料和很尖端的材料。对于高超声速飞行器，研究重点是其可重复使用性，从而降低寿命周期成本。

目前一个重大的挑战仍然是无法对许多应用程序进行“飞行试验”，尤其是进入行星的条件要求，这就造成了对组合试验的依赖。组合试验即伴随着数学模型在各种各样的模拟条件包括那些不能进行直接试验的条件下使用一系列试验设备进行的试验。

## 致谢

感谢美国空军研究实验室（AFRL）Keith Bowman 博士对本部分内容的审查及提供的许多有益的点评。

## 参 考 文 献


Air Force Research Laboratory News Release AFD-090205-09 (2007), http://www. wpafb. af. mil/shared/media/document/AFD -090205-092. pdf. (accessed 5 February 2010).

Dadd, G. J., Owen, R. E., Hodges, J. and Atkinson, K. N. (2006) sustained hypersonic flight experiment (SHyFE). 14th AIAA/AHI Space Planes and Hypersonic Systems and Technologies Conference, Canberra, Australia, AIAA. AIAA paper 2006-7926.

Dorsey, J. T., Poteet, C. C., Wurster, K. E. and Chen, R. R. (2004) Metallic thermal protection system requirements, environments and integrated concepts. *J. Spacecraft Rockets*, 41 (2), 162-172.

DutchSpace (2007) Hot structures. http://www. dutch-space. nl/pages/products/content. asp? id=167 (accessed 27 April 2009).

Fahrenholz, W. G., Hilmas, G. E., Talmy, I. G. and Zaykoski, J. A. (2007) Refractory diborides of zirconium and hafnium. *J. Am. Ceram. Soc.*, 90 (5), 1347-1364.

Glass, D. E. (2007) European directions for hypersonic thermal protection systems and hot structures. 31st Annual Conference on Composite Materials and Structures, USACA, Daytona Beach, FL.

Glass, D. E. (2008) Ceramic matrix composite (CMC) thermal protection systems (TPS) and hot structures for hypersonic vehicles. 15th AIAA International Space Planes and Hypersonic Systems and Technologies Conference, Dayton, OH, AIAA. AIAA paper 2008-2682.

Johnson, S. M., Gasch, M. J., Leiser, D., Stewart, D. Jr., Stackpoole, M., Thornton, J. and Espinoza, C. (2008) Development of NewTPS at NASA Ames Research Center. 15th AIAA International Space Planes and Hypersonic Systems and Technologies Conference, Dayton, OH, AIAA. AIAA paper 2008-2560.

Johnson, S. M., Lawson, J., Stackpoole, M., Gasch, M., Olson, M. and Srivastava, D. (2006) The use of computational materials science and nanotechnology in TPS development for hypersonic applications. 14th AIAA/AHI Space Planes and Hypersonic systems and Technologies Conference, Canberra, Australia, AIAA. AIAA paper 2006-7946.

Korabelnikov, A. V. and Kranov, A. L. (2005) Thermal protection using endothermal fuel conversion. AIAA/CIRA 13th International Space planes and Hypersonics Systems, Capua, Italy. AIAA paper 2005-3368.

Laub, B. (2006) Use of arc-jet facilities in the design and development of thermal protection systems. 25th AIAA Aerodynamic Measurement Technology and Ground Testing Conference, San Francisco, CA. AIAA paper 2006-3292.

Laub, B. and White, S. (2006) Arcjet screening of candidate ablative thermal protection materials for Mars science laboratory. *J. Spacecraft Rockets*, 43 (2), 367-373.

Liu, Y., Lu, Z., Chen, X., Wang, D., Liu, J. and Hu, L. (2009) Study of phenolic-resin/carbon-fiber ablation composites modifies with polyhedral oligomeric silsequioxanes. 4th IEEE International Conference on Nano/Micro Engineered and Molecular Systems, IEEE, Shenzen, China.

Masciarelli, J. P., Lin, J. K. H., Ware, J. S., Rohrschneider, R. R., Braun, R. D., Bartes, R. E., Moses, R. W. and Hall, J. L. (2006) Ultra lightweight ballutes for return to Earth from the Moon. 47th AIAA/ASME/ASCE/AHS/ASC Sructure, Structural Dynamics and Materials Conference, 14th AIAA/ASME/AHS Adaptive Structures Conference, AIAA, Newport, RI. AIAA paper 2006-1698.

Monti, R. and Paterna, D. (2005) Low risk reentry: looking backward to step forward. AIAA/CIRA 13th International Space Planes and Hypersoics Systems Technology, Capua, Italy. AIAA paper 2005-3365.

Myers, D. E., Martin, C. J. and Blosser, M. L. (1999) Parametric weight comparison of current and proposed thermal protection system (TPS) concepts. 33rd Thermophysics Conference, Norfolk, VA. AIAA paper 1999-3459.

Pichon, T., Soyris, P., Foucault, A. and Lacoste, M. (2006) Thermal protection systems technologies for reentry vehicles. 14th AIAA/AHI Space Planes and Hypersonics Systems and Technologies Conference, AIAA, Canberra, Austalia. AIAA paper 2006-7960.

Rasky, D. J., Milos, F. S. and Squire, T. H. (2001) Thermal protection systems materials and costs for future reusable launch vehicles. *J. Spacecraft*, 38 (2), 294-296.

Rasky, D. J., Newfield, M. E., Zuniga, F. A. and Venkatapathy, E. (2005) Access from space: a new perspective on NASA's space transportation needs and opportunities. 1st Space Exploration Conference: Continuing the Voyage of Discovery, Orlando, FL. AIAA paper 2005-2514.

Ratti, F., Gavira, J., Thirkettle, A. C., Erba, F., Muylaert, J. -M., Walpolt, L. and Rambiasz, J. M.

(2008) European Re-Entry Experimental Testbed EXPERT: qualification of payloads for flight. 6th European Symposium on Aerodynamics for Space Vehicles, Versailles, France.

*Report of the Columbia Accident Investigation Board*, vol. 1, NASA, August 26, 2003 (http://www.nasa.gov/columbia/home/ CAIB Vol1.html).

Rose, D. H. and Cleyrat, D. A. (2004) Cooperative planning is accelerating the development of advanced TPS. *AMPTIAC Q.*, 8 (1), 45-49.

Russell, G. W. and Strobel, F. (2006) Modeling approach for intumescing charring heatshield materials. *J. Spacecraft Rockets*, 43 (4), 739-749.

Russo, G. (2008) UHTC-based space applications: the Italian origins. 1st Workshop on Science and Technology of UHTC-based Hot Structures, Capua, Italy, CIRA. Paper 3. 1.

Scatteia, L., Borelli, R., Cosentino, G., Beche, E., Sans, J.-L. and Balat-Pichelin, M. (2006) Catalytic and radiative behaviors of ZrB2-SiC ultrahigh temperature ceramic composites. *J Spacecraft Rockets*, 43 (5), 1004-1012.

Scotti, S. J., Clay, C. and Rezin, M. (2003) Structures and materials technologies for extreme environments applied to reusable launch vehicles. AIAA/ICAS International Symposium and Exposition: The Next 100 Years, Dayton, OH. AIAA paper 2003-2697.

Tran, H. K., Johnson, C. E., Rasky, D. J., Hui, F. C. L. and Hsu, M.-T. (1996a) Silicone impregnated reusable ceramic ablators for Mars follow-on mission. 31st Thermophysics Conference, New Orleans, LA. AIAA paper 96-1819.

Tran, H. K., Johnson, C. E., Rasky, D. J., Hui, F. C. L., Hsu, M.-T. and Chen, Y.-K. (1996b) Phenolic impregnated carbon ablators (PICA) for discovery class missions. 31st Thermophysics Conference, AIAA, New Orleans, LA. AIAA paper 96-1911.

Tumino, G., Angelino, E., Leleu, F., Angelini, R., Plotard, P. And Sommer, J. (2008) The IXV Project: the ESA re-entry system and technologies demonstrator paving the way to European Autonomous Space Transportation and Exploration Endeavours. 59th International Astronautical Congress, Glasgow, Scotland. Paper no. IAC-08-D2. 6. 01.

Varvill, R. and Bond, A. (2008) The Skylon spaceplane: progress to realisation. *J. Br. Interplanetary Soc.*, 61, 412-418.

Venkatachari, B. S., Cheng, G. C., Koomulli, R. P. and Ayasoufi, A. (2008) Computational tools for re-entry aerothermodynamics: Part Ⅱ. Surface ablation. 46th AIAA Aerospace Sciences meeting and Exhibit, Reno, NV. AIAA paper 2008-1218.

Venkatapathy, E., Laub, B., Hartman, G. J., Arnold, J. O., Wright, M. J. and Allen, G. A. (2008) Selection and certification of TPS: constraints and considerations for Venus missions. 6th Interplanetary Probe Workshop, Atlanta, GA.

Weihs, H. (2008) Key experiments within the Shefex Ⅱ Mission. 59th International Astronautical Congress. Glasgow, Scotland. Paper no. IAC-08-D2. 6. 4.



本章译者：曹进，孙慧玉（南京航空航天大学航空宇航学院）

# 第 187 章

## 叠层（Layer-by-Layer，LBL）纳米材料制成的先进复合材料

Paul Podsiadlo[1]，Bong Sup Shim[1]，Arif A. Mamedov[2]，Nicholas A. Kotov[1,3,4]
1. 密歇根大学化学工程系，安娜堡，密歇根州，美国
2. ARGOAR 公司，雷斯顿，弗吉尼亚州，美国
3. 密西根大学材料科学与工程系，安娜堡，密歇根州，美国
4. 密西根大学生物医学工程系，安娜堡，密歇根州，美国



## 1 引言

纳米技术研究领域已经取得了巨大的科技成就与经济效益，人们已经能较好地合成各类纳米复合材料。例如，具备特定结构与功能的无机、有机、聚合物及生物纳米复合材料。然而，对于其基础合成与组分特性的研究仍有待于进一步的发掘，同时如何将材料的纳米特性转移到宏观结构中，也是这个领域面临的挑战之一。

有别于传统的复合材料加工技术，将纳米材料制成宏观结构需要具备分子尺度组分的操控技术。叠层组装技术由于其操作方法简单、通用性强，在各种现今采用的制备方式中脱颖而出。以最简单的情况为例，这种技术是通过将稀溶液或者分散体中电荷相反的组分在适当的基底上交替沉积来实现的。自从 Iler（Iler，1966）和 20 世纪 90 年代 Decher（1997）先后展示了叠层组装技术开始，该技术领域经历了快速的发展。由于叠层组装技术较为简单，同时又具备稳健性和多样性，它也迅速成为制备多功能薄膜最流行也是最被认可的方法之一。除此之外，有机与无机混合薄膜的引入也进一步丰富了叠层组装技术的功能性与普适性。

虽然叠层组装技术领域明确包含的分子类型与体系结构非常多，但本章我们主要以黏土纳米片和碳纳米管（Carbon Nanotubes，CNTs）这两种商用的功能纳米材料为例，来讨论基于该技术的多层混合薄膜最新的合成方法与特性。值得注意的是，由于这两种材料都具备独特的结构与理化特性，因此以它们为组分单元就能制备出形式多样的功能复合材料。此外，由于单独的纳米管和黏土片的力学参数是可以获得的，因此黏土纳米管和 CNTs 也是两种较为少数的其复合材料中应力传递效率被认可的纳米材料。在本章的随后两节中，我们也将讨论基于黏土和 CNTs 多层结构的特点与功能。

## 2 叠层黏土

### 2.1 黏土粒子的结构与特性

叠层组装件中采用黏土的重要性有以下三点：①自然资源丰富，有效降低成本；②各向异性的片状结构对控制薄膜间的输送特性意义重大；③具备与其他纳米材料相似的特性及无缺陷的单晶结构，其独立纳米片在平面内的弹性模量（$E$）约为 270 GPa，力学性能优异（Manevitch 和 Rutledge，2004）。

叠层组装件中的黏土其成分主要是分层的硅酸盐。结构中的独立层（纳米片）由三明治结构形

成。三明治结构的中间层由边界共用的 $Al^{3+}$ 八面体或者 $Mg^{2+}$ 八面体构成，两侧层由顶角共享的 $Si^{4+}$ 四面体形成。该独立层的厚度约为 0.96 nm，其横向尺寸可以为 10～100 nm。

若将叠层黏土置于水溶液中，层间吸入的水分子可将结构分解为独立片层，这就是所谓的溶胀或剥落作用。剥落的程度取决于溶液中阳离子的大小与电荷。一价阳离子引起的溶胀程度较高，如 $Na^{+}$ 或 $Li^{+}$。对于多价阳离子，如 $Ca^{2+}$，它们的吸引力更强，与水分子的交换也更难，因此通常发生的是不完整剥落。

## 2.2 多层黏土的结构组织

Kleinfeld 和 Ferguson（1994）最先展示了如何利用聚合电解质（Polyelectrolytes，PEs）来制成叠层黏土纳米片。他们利用一种在现今的叠层领域常用的强荷电聚合电解质，聚二烯丙基二甲基氯化铵［Poly（Diallyldimethylammonium Chloride），PDDA］，与一种合成的锂蒙脱石黏土（锂藻土 RD）来生成几百纳米厚的薄膜。如图 1 所示，每两层间的距离平均增长了约 3.6 nm，致使结构总的厚度呈线性增长。

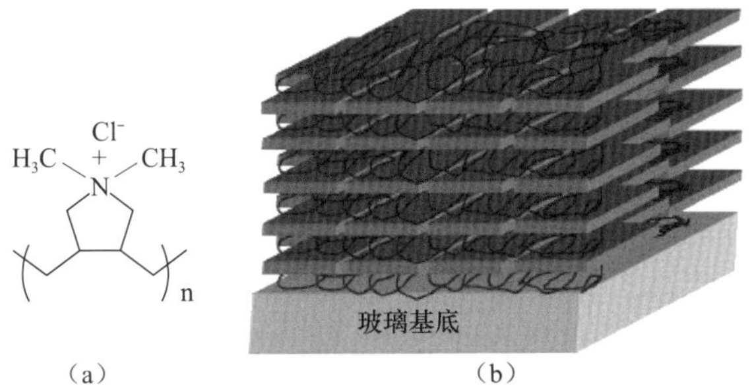


**图 1 (a) PDDA 的化学结构；(b) 聚合物/黏土多层结构的理想内部结构（5.5 层）**

摘自 Kleinfeld 和 Ferguson（1994）©美国科学促进协会

随后，一些研究小组致力于探究更为深入的吸附动力学特性、组织特点及黏土/聚合电解质薄膜的内部结构控制。研究表明，叠层组装的薄膜结构与表面的表面粗糙度取决于包括吸附时间、阳离子聚合物的浓度、黏土的分散量以及 pH 值在内的一些因素。

例如，Lvov 等（1996）进一步开发了多层黏土的制备方法，他们利用 PDDA/蒙脱石黏土（Montmorillonite clay，MTM）以及聚乙烯亚胺［Poly（Ethyleneimine），PEI］/MTM 系统来制备多层黏土。他们指出，薄膜的表面粗糙度与基底无关，但是应该与引起聚合电解质吸附的外部电压有一定关系。一般在负偏压条件下可产生周期性好且更为均匀的自组装膜。

聚合电解质的浓度也是调节薄膜形态的要素之一。Van Duffel 等（1999）观察到黏土-聚合物叠层的表面粗糙度随着溶液中阳离子聚合物的浓度增加而增加。他们认为，当聚合物浓度较低时，聚合物分子链与黏土小片缠结紧密，这使分子链处于拉伸状态以及一小部分聚合物单元未受周围约束，从而导致了叠层表面较低的表面粗糙度。当聚合物浓度较高时，许多分子链只是部分与基底缠结，其余部分伸出外表面。在这种环境下，分子链可以被大量黏土小片吸附，或多或少地相互交叠在一起，从而形成粗糙的薄膜表面。

由于可以在纳米片部分人为地引入不同的离子组合方式，因此也可将合成的黏土利用新颖的组装方式来制成功能组装件。例如，可以利用光、磁或催化的方式进行功能组装。Li 等（2005）最先展示了如何利用阴离子聚合物 PSS 得到由被称为“分层双氢氧化物”（Layered Double Hydroxides，LDH）的镁-铝合成的黏土叠层。

## 2.3 作为高性能纳米复合材料的多层黏土



多层黏土的独特应用前景之一是可将其视为高性能的纳米复合材料来使用。以 MTM 纳米片为例，它在平面内的弹性模量约为 270 GPa（Manevitch 和 Rutledge，2004），可以与钢或者其合金的弹性模量（$E$=210 GPa）相媲美，然而密度却远小于它们。多层黏土的优点较多，因此能够较好地实现以下几个方面：①纳米复合材料由纳米尺度的聚合物层与黏土交替沉积而成，能够实现在纳米级别上对其制备过程的控制；②将黏土纳米片层与几纳米厚的聚合物层交替布置，直至各自体积比达到 50%；③胶态的自组装过程把黏土的吸附效应限制在剥落较好的层间；④将纳米片夹在聚合物层之间，界面间较强的黏合作用阻碍了纳米填料的相分离。

Kotov、Magonov 和 Tropsha（1998）最先发现了多层 PDDA/MTM 具备非同寻常的强度、弹性及抗裂纹扩展能力。他们观察到独立的纳米片在弯曲时弹性很大，进而也会使得薄膜具备弹性。这些薄膜自身优异的力学性能，对将其当作超薄分离膜的使用至关重要。Mamedov 和 Kotov（2000）进一步利用了多层 PDDA/MTM 的弹性和高强度，制备了多功能的独立膜。他们将 MTM 片并入 PDDA 和磁性纳米颗粒叠层组装件中，通过用 MTM 代替每个磁铁矿第二层的方式来引入黏土层。黏土纳米片的存在极大地提高了薄膜中不含 MTM 部分的强度。最近，Hua 等利用同样的原理也研制出了一些可用于探测的超薄支架（Hua、Cui 和 Lvov，2004）。这些支架由 MTM、PDDA 及磁性纳米颗粒交替的单分子层形成，共 6 层，厚度为 170 nm。

进一步的研究表明，PDDA/MTM 复合膜的硬度 $H=0.46$ GPa，弹性模量 $E=9.5$ GPa（Fan 等，2002）。此外，Tang 等（2003）研究发现它的强度极限（$\sigma_{UTS}$）和弹性模量分别为 $\sigma_{UTS}=(100\pm10)$ MPa 和 $E=(11\pm2)$ GPa。这种材料相比纯 PDDA 聚合物的强度与硬度分别提高了 10 倍与 50 倍，甚至比一些商用超强塑料还要更强更硬。此外，在低应变率条件下（如低速拉伸），薄膜还显示出了增韧特性，这可以在发生 10%的大应变实验中得到验证。如图 2 所示，其应力-应变微分曲线呈现一种“锯齿形”模式，这是由于拉伸过程中 PDDA 与 MTM 表面之间离子键断裂和重整造成的。类似的力学行为可以在被称为“珍珠母”的材料中观察到。珍珠母是一种天然的复合材料，具备非常优良的强韧性。由于该复合膜具备与珍珠母类似的结构、强度（珍母的 $\sigma_{UTS}$ 约为 110 MPa）及变形机理，所以也被称为“纳米结构的人工珍珠母”。

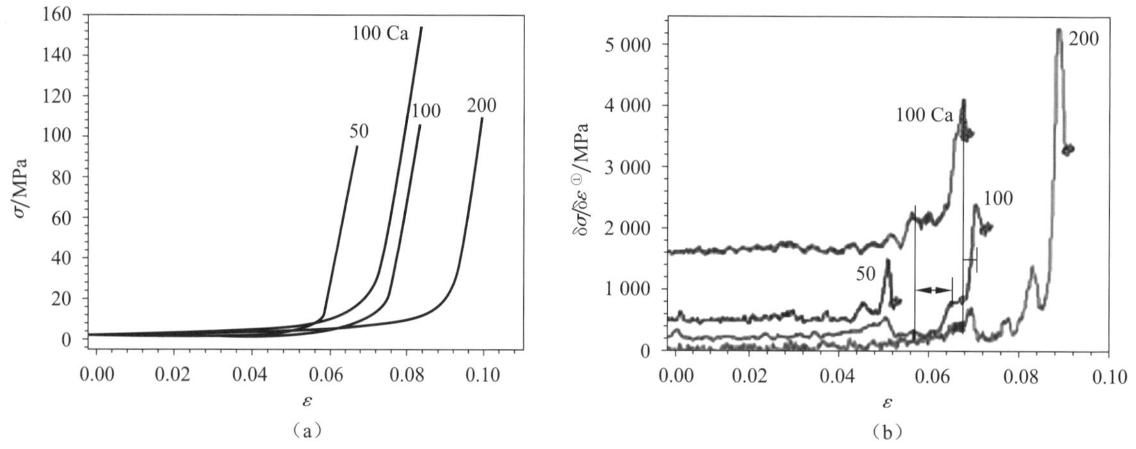


**图 2 （a）PDDA/MTM 独立膜的拉伸力学行为；（b）相应的应力-应变派生曲线**

在发现对含有 L-3,4-二羟基苯丙氨酸（Dihydroxyphenylalanine，DOPA）的聚乙二醇［Poly（Ethylene Glycol，PEG）］星形聚合物的组装后交联可以增强其力学性能后，我们开始关注另一种聚合物，聚乙烯醇［Poly（Vinyl Alcohol），PVA］，及其与戊二醛（Glutaraldehyde，GA）之间的共价交联方法（Podsiadlo 等，2007）。其相应的拉伸强度 $\sigma_{UTS}=(100\pm10)$ MPa，弹性模量 $E=(106\pm11)$ GPa（图 3）。

这些结果表明，叠层技术在制备高强度的黏土纳米材料方面具有非常广阔的应用前景。然而，由于这些材料的沉积速度较慢，制约了其在涂层和薄膜中的应用。作为制备 PE/黏土薄膜的替代方法，我们介绍两类有别于传统浸渍或者单分子层沉积的最新进展，它们都对黏土层与 PE 层的组织结构影响很大。

第一类情况与利用辅助旋转的自组装方法来制备多层薄膜有关。此过程与传统的将基底浸渍于溶液组分中不同，溶液被旋转涂布到基底上时还伴有清水冲洗步骤。最近，Lee 等（2004）首次成功地利用辅助旋转的自组装方式制备了多层黏土。

在第二类情况中，我们最近成功展示了 MTM 纳米片，可被并入所谓的 PEI 和聚丙烯酸［Poly（Acrylic Acid），PAA］指数叠层组装（exponential LBL assembly，e-LBL）膜中，从而形成新的结构（Podsiadlo 等，2008）。通过小角度 X 射线散射仪（Small-Angle X-ray Scattering，SAXS）及扫描电镜（Scanning Electron Microscopy，SEM），我们发现，虽然薄膜的内部有序性被极大地打乱了（图 4），但是这种 e-LBL 模型对制备具有独特内部组织结构的多层膜提供了新的思路。

① 原稿为 ∂σ/∂ε，编辑建议改为 dσ/dε。

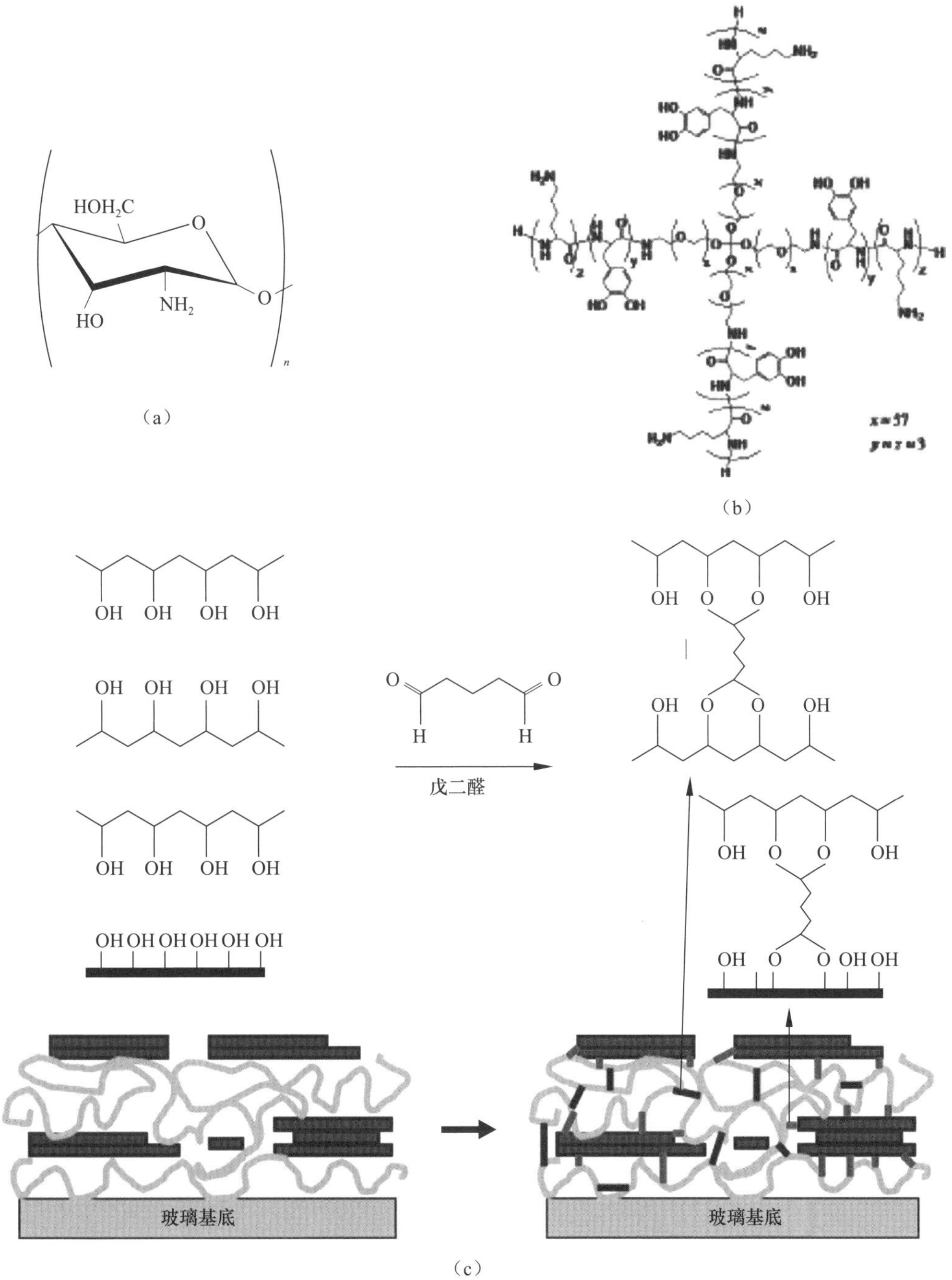


**图3　(a) 壳聚糖的化学结构；(b) 含有DOPA分子PEG的化学结构；(c) PVA的化学结构及其与MTM层的化学交联基础**

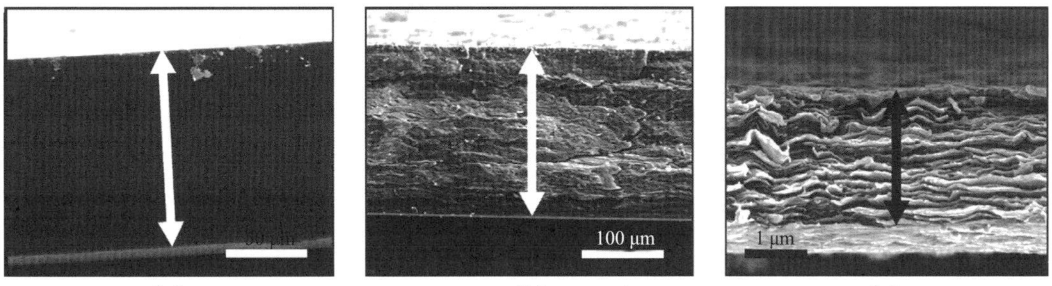


**图4　独立膜横截面的SEM图**

(a) $(PEI/PAA)_{200}$；(b) $(PEI/PAA/PEI/MTM)_{100}$；(c) $(PEI/MTM)_{100}$（箭头为横截面间距）

## 2.4　多层黏土在生物技术方面的应用

黏土的力学特性对其工程应用影响巨大。它们与生俱来的天然特性与惰性成分对其作为生物医学结构体很有优势。Lvov 等（1996）及 Lvov 和 Sukhorukov（1997）的研究工作展示了多层黏土在这一领域中的最先应用。研究人员将水溶性蛋白质与带正电的 PEI 或者带负电的 PSS 及 MTM 相结合。这种生物分子结构提供了一种可以人工精细构造蛋白质系统的新方式，以实现复杂的酶促反应。

此后不久，Zhou 等（2002）利用膨润土与 Hb，在各种固体基质上制备出了稳定的叠层薄膜。该方法通过交替吸附它们水性分散体中带负电的黏土小片与 pH 为 4.5 缓冲液中带正电的 Hb 实现。$(Clay/Hb)_6$ 薄膜电极被进一步成功用于催化三氯乙酸、氧和过氧化氢的电化学还原。在 Li 和 Hu（2003）两人的进一步研究工作中，也报道了集成 MTM 的叠层材料中色素蛋白的直接电化学行为。

叠层黏土也已经被作为界面/基底用于细胞结构中。最近，我们研制出了一种含 PDDA、MTM 及淀粉般稳定的带负电铝纳米粒子的组合体，它可被用于制备珍珠母般高强度的叠层复合材料涂层。该涂层又兼具良好的生物相容性与抗菌活性（Podsiadlo 等，2005）。较强的静电间相互作用使得涂层在溶液环境下具有较好的稳定性，同时也使得铝纳米粒子被封存，这样就能保证最大限度地抑制铝离子的泄漏。涂层显示出与人类成骨细胞的生物相容性，同时又能完全抑制大肠杆菌的生长，因此具备作为骨骼植入物的应用前景。



随后，我们的研究小组也证实了用多层 MTM/PDDA 制备的叠层涂层可用于改善细胞黏附较差的 3D 倒置胶质晶体水凝胶支架表面（Lee、Shanbhag 和 Kotov，2006）。最近，Mehta 等（2007）又利用 PDDA/MTM 薄膜，通过促进骨髓细胞的黏附与扩散来改善 PDMS 的表面。

Pappas 等（2007）用 MTM 纳米片设计了一种利用光电激励细胞的神经元接口。在这项研究中，研究人员使用了含有被 PDDA/MTM 薄膜覆盖着的 HgTe 纳米粒子的多组分叠层组装体。与 $Na^+$ 的储存库类似，PDDA/MTM 层对于细胞的去极化与神经元放电必不可少。

## 2.5　多层黏土的各向异性传输

相对于基底、无机组分及形态结构平坦的黏土小片，多层黏土分层的组织结构使其具有独特的各向异性传输特性。研究发现，多层黏土具备阻止气体通过其缺陷扩散及可用于设计高选择性超薄膜的潜能（Kotov、Magonov 和 Tropsha，1998）。由于通过缺陷的扩散是最主要的气体渗透机制，故使多层 PE/MTM 在各类薄膜中脱颖而出。

Jang、Rawson 和 Grunlan（2008）进一步展示了 MTM 叠层薄膜和阳离子聚丙烯酰胺可以在聚对苯二甲酸乙二醇酯（Poly Ethylene Terephthalate，PET）薄膜上生长，从而形成能够阻止低分子量气体扩散的保护性涂层。由此产生的透明薄膜其透氧率（Oxygen Transmission Rate，OTR）低于商用仪器的检测下限（<0.005cc/（$m^2$·d·atm）。如此低的透氧率被认为是由聚合物砂浆中黏土完全剥离形成的纳米结构硬壁造成的（图 5）。

多层黏土另一项新的应用是可将其作为燃料电池膜涂层。Kim 等（2003）利用多层皂石来进一步阻碍甲醇在 Nafion 膜中的扩散。

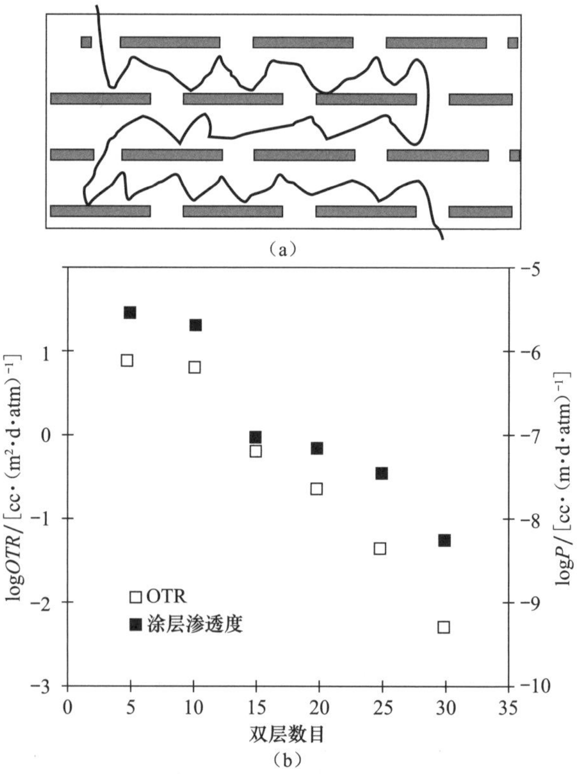


**图 5　(a) 遵循 Cussler 弯曲反射模型的气体分子在叠层黏土涂层中的扩散途径示意图；(b) 氧气传输率与渗透度随沉淀的双层数目的变化**

摘自 Jang、Rawson 和 Grunlan（2008）© Elsevier

### 2.6　多层黏土在光学与电子方面的应用

为了在多层黏土中加入光学或电子的活性分子与聚合物，研究人员对其分层的结构与多层明确的线性增长特性也进行了探索。对于在其中加入染料分子而言，Laschewsky 等（1997）合成了一种含有非线性光学生色团的紫罗烯式聚阳离子，他们把它应用于带电或不带电基底上叠层组装的 MTM 纳米片中。研究人员观察到，当施加的聚阴离子不同时，发生的聚集也不同。同时，吸收率随着层数的增加而增加也证实了其与多层的组分无关。

除了有机染料外，Guo 等（2004）也研究了固定在［黏土/$Ru(bpy)_3^{2+}$］$_n$ 多层薄膜的 $Ru(bpy)_3^{2+}$ 金属有机配合物的电化学与电致化学发光行为。多层薄膜修饰电极被用于电致化学发光（Electrogenerated Chemiluminescence，ECL）及三丙胺（Tripropylamine，TPA）和草酸盐的探测中。这种新颖的固定化方法显示了良好的稳定性、可重复性以及在检测 TPA 及草酸盐中较高的灵敏度。它对于 TPA 及草酸盐的检测极限分别为 20 nM 与 100 nM，同时对于 TPA 的线性浓度检测范围为 60 nM～0.66 mM。

光学活性聚合物也被加入至多层黏土中应用。Lee 等（2004）在他们对旋转辅助的叠层组装研究工作中，借助锂藻土将聚对苯乙炔［poly (p-phenylene vinylene)，PPV］加入其组装件中。利用阳离子 PPV 前驱体与带负电荷的层状硅酸盐表面之间的静电力，可使这些混合薄膜沉积下来，并最终热转换为（PPV/锂藻土）$_n$ 薄膜。

## 3　叠层碳纳米管

### 3.1　CNTs 结构与特性

CNTs 为管状圆柱体形态，由一张完美的六边形碳素晶体分子片卷曲而成。由于碳素晶体片，也就是石墨烯片，是自然界中已知强度最大的材料，同时也是零带隙半导体，因此 CNTs 具备许多独特的力学与电学特性。这些特性与卷曲方向类型及 CNTs 层数有关，按此可分为单壁碳纳米管（single-walled carbon nanotubes，SWNTs）及多壁碳纳米管（multiwalled carbon nanotubes，MWNTs）。CNTs 的硬度与强度大约可分别达到 1 TPa 与 300 GPa（Yu 等，2000）。

通常情况下，CNTs 的长度可从微米级到厘米级变化，而其在纳米尺度极大的高宽比进一步拓宽了其应用前景。另外，随着 CNTs 长度的增加，施加在单束 CNTs 上防止其剥落的总范德华力也会显著增大。因此，当前溶液制备出的 CNTs 长度都低于 100 $\mu$m。

### 3.2　多层碳纳米管的结构组织

叠层 CNTs 主要具备以下优点：①CNTs 在复合材料中均匀分布；②通过精确调节多组分纳米层可以得到可调的多功能复合材料；③CNTs 纳米复合材料具有薄涂层简单、稳固及多样性的加工性能。在叠层 CNTs 的早期研究工作中，研究人员成功地将 CNTs 分散于聚合物复合材料内。Mamedov 等（2002）报道了在纳米薄层中分散极为均匀的 SWNTs，即使是在性能较差的聚合物中也显示了力学方面极大的潜能，这引起了很多学科广泛的关注。叠层 SWNT LBL 复合材料优异的力学性能不仅与其均匀分布有关，也与 CNTs 的高负荷能力及 CNTs 与聚合电解质、PEI 间的界面黏合有关。不断有实验报道证实，实质上 SWNTs 叠层可以在聚合物复合材料中异常剥落、均匀分散（Rouse 和 Lillehei，2003），以及 CNTs 在纳米尺度的逐步沉积效应（图 6）。CNTs 在叠层复合材料中的承载量可控制在全部荷载的 10%（Shim 等，2007）～75%（Xue 和 Cui，2007）。这与叠层聚合物基体、CNTs 稳定剂、工艺条件等因素都有很大关系。

### 3.3　电导体方面的应用

单个 SWNTs 具备金属或者半导体般的导电性能。一般认为，对于大量 SWNTs 而言，其中 1/3 的 SWNTs 具备金属般的导电性能，剩余部分的导电性能类似于半导体。叠层 CNTs 由于其本身特殊的纳米组织结构及独特的电学特性使其具备广阔的研究前景。Kovtyukhova 和 Mallouk（2005）研究报道了 SWNTs 分布密集的叠层复合材料由于其分层的组织结构而具备高度的各向异性导电性能。由于叠层复合材料面内、外各向的导电率相差超过 3 倍，因此具备通过控制超薄膜的厚度来调节其属性的巨大潜力。

Shim 等（2007）通过对叠层复合材料分子结构的研究，发现叠层 CNTs 纳米复合材料的导电率取决于微纳尺度连续的导电通道，因此也可将其作为改进叠层 CNTs 复合材料电学性能的一种方式。

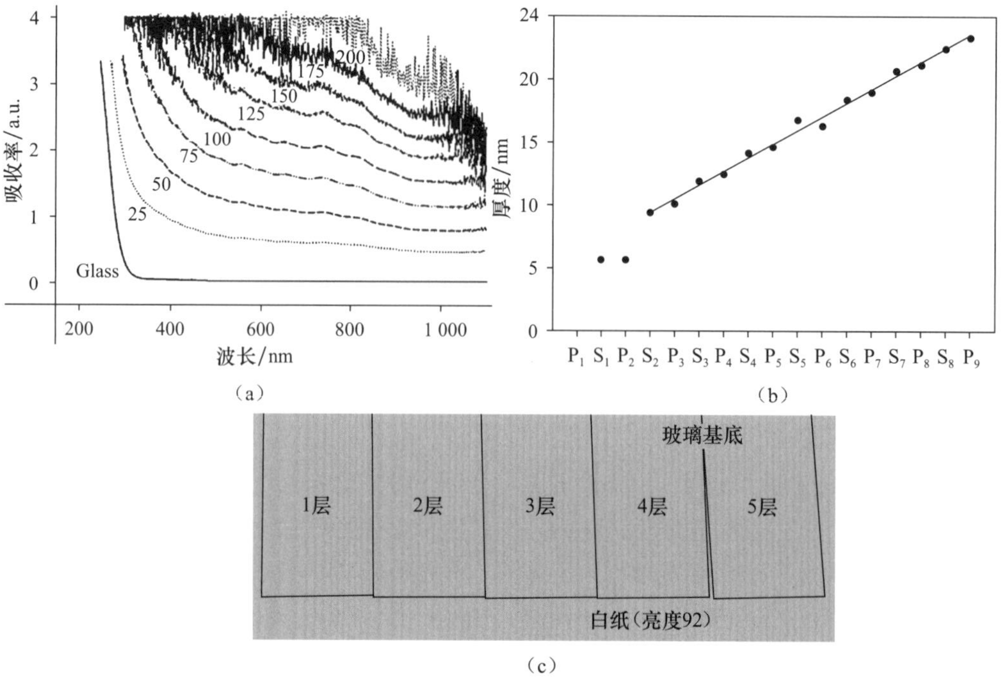


**图 6　叠层 SWNTs 典型的分层特性**

(a) 紫外可见吸收光谱；(b) 椭圆偏光法厚度估算；(c) 透光性随层数变化

在 200 ℃和 300 ℃时热处理工艺的改进可以将叠层 SWNTs 薄膜的导电率提高两个数量级。此外，研究人员也发现叠层 SWNTs 复合材料比只含 SWNTs 的垫子强度高了 10 倍。研究人员建议可将叠层 SWNTs 薄膜用于高性能透明导体（High Performance Transparent Conductors，HPTCs），也验证了叠层 SWNTs 复合材料可作为新型电子材料的优势。Xue、Liu 和 Cui（2006）的研究发现了具备如此优良电学特性的叠层 SWNTs 薄膜还可以作为低成本、高效率的聚合物晶体管使用。这些研究人员进一步指出，微观模式的电子设备可以在高度柔韧的基底上通过叠层组装的方式构造得到（Yuan 等，2008）。这也直接提供了一种利用精细结构纳米尺度叠层 SWNTs 精细结构的商机。

## 3.4　传感器方面的应用

许多由叠层组装技术制造的 SWNTs 纳米复合材料被应用于物理/化学状态监控中。Loh 等（2008）展示了这种监控的一类典型应用实例。他们研究了一种具有压阻式与 pH 值响应的条状物制成的应变传感器，其对由金属结构腐蚀引起的环境变化非常敏感。

将叠层纳米复合材料融入微/纳电机系统（micro/nanoelectrical mechanical system，MEMS/NEMS）装置的方法是一种新的自上而下和自下而上的纳米加工融合技术。借鉴对超薄膜的设计理念（Jiang 等，2004），基于 MEMS 装置的高效纳米薄膜微传感器平台，可由叠层 SWNTs 复合材料研制而成（Kang 等，2008）。Kang 等（2008）指出这种自由悬浮的纳米薄膜阵列凭借其出色的灵敏度、多样的组分功能和极强的稳定性，在纳米薄膜微传感器方面实现了一种新的突破（图 7）。

目前，叠层 SWNTs 复合材料的探测目标还局限于理论方面。例如 DNA、葡萄糖、多巴胺、尿酸等生物材料及砷、酚类等有毒物质可通过对叠层 CNTs 纳米复合材料利用安培法探测得到。具体是通过由叠层组装的多样性来获得不同的电催化活性组合、CNTs 电化学敏感度以及材料固定化。叠层 CNTs 纳米复合材料可以轻松地检测到环境的变化，如湿度的改变（Yu 等，2006）。

## 3.5　燃料电池方面的应用

由于叠层组装材料在纳米尺度形成的结构、可控的孔隙度及离子阵的自由选择等诸多方面具备独特的优点，因此可将叠层 CNTs 纳米复合材料用于构造兼具良好导电性和耐久性电极的燃料电池质子交换膜（PEMs）。Michel 等（2007）报道了当被 Nafion 和 Pt 包裹的 CNTs 与燃料电池 PEM 叠层组装在一起时，显示出了许多优异的燃料电池性能。例如，纳米尺度优化的电子/质子运动，简单

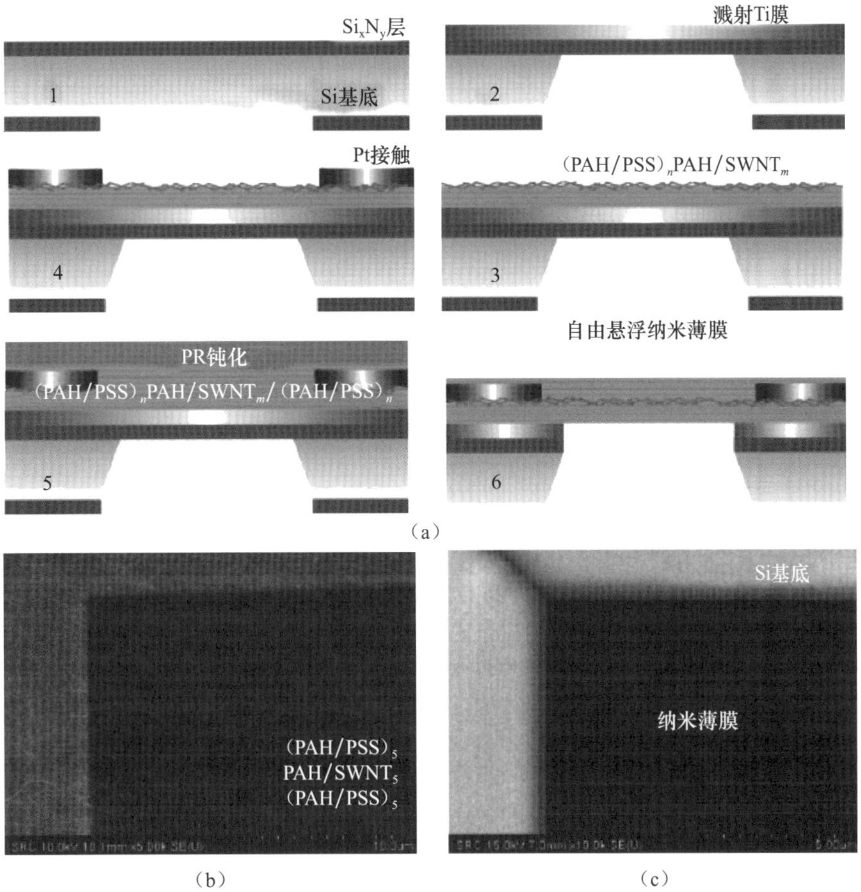


**图 7　(a) 叠层 SWNTs 纳米薄膜阵列的制造工艺 (b) 融入纳米薄膜 MEMS 结构的 SEM 俯视图；(c) 融入纳米薄膜 MEMS 结构的 SEM 仰视图**

摘自 Kang 等（2008）© Wiley-VCH



低廉的制造方式与成本以及对 Pt 催化剂较高的利用率，同时也包括较高的强度，良好的电、热传导率以及稳定的化学耐久性。这种叠层方法适用于 Nafion 与 CNTs 的质子交换融合技术，同时也适用于纳米层控制的结构，其目的是提高在高工作温度条件下的质子传导率（Chen、Wu 和 Kuo，2008）。有趣的是，也可以利用叠层 CNTs/聚左旋赖氨酸/真菌漆酶开发出具有由稳定酶固定化产生电位特征的生物燃料电池。

## 3.6　叠层纳米/微球涂层及生物医学方面的应用

叠层组装的原理不仅适用于大块表面，也适用于微纳尺度的复杂物体。该物体具有诸如可用于生物医学与生物相容的微型假体装置的应用前景。下面介绍两种与 CNTs 有关的复杂涂层设计方法。第一种方法就是在微球体周围组装叠层 CNTs 薄膜。自从 Sano 等（2002）于 2002 年最先成功研制出中空碳微血管之后，研究人员一直致力于开展改善微球体壳的强度、渗透性以及孔隙度等性能（Ji 等，2006）的工作。同时也研究了如何通过改变微球体模板类别（Kim S.、Kim 和 Suh，2008）或者增加去除聚合物的煅烧过程（Shi 等，2008）来改善生产流程。根据需要不同，各种类型的微小物体都可作为叠层组装结构的模板。微胶囊周围的涂层由 CNTs 增强的叠层复合材料制成，利用它可以保护胶质体（Angelini 等，2007）。Pan、Ge 和 Gu（2007）验证了电纺聚苯乙烯（Polystyrene，PS）微纤维可作为叠层 MWNT 复合材料的模板使用。通过溶解掉 PS，就很容易获得叠层 MWNTs 复合材料中空的微导管结构。

除了这些结构控制方面的研究之外，研究人员又做了叠层 CNTs 纳米复合材料生物医学功能及细胞界面相容性方面的实验。Gheith 等（2006）在做了细胞黏附实验后，验证了通过对叠层 CNTs 复合材料的电激励会促进神经细胞及其轴突生长这一现象。这也是首次观察到存在由电位引起的 CNTs 材料细胞间相互作用的现象。此外，研究人员又将这些神经细胞方面的实验延伸到叠层 CNTs 纳米复合材料上的胚胎神经干细胞的分化（Jan 和 Kotov，2007）。这些鲜活的细胞界面实验证实，实际上叠层 CNTs 纳米复合材料是一种能作为生物医学植入物、假体装置及干细胞生长平台最为可行的功能材料之一。

也有研究人员开展了叠层 CNTs/PLGA 纳米复合材料表面的血液相容性实验，目的是研究如何抑制外界人造血液中血栓的形成（Koh、Rodriguez 和 Zhou，2008）。与之生物相容表面特性不同的是，某些叠层组装的材料也可用作防污或抗菌涂料，并取得了不错的效果。Nepal 等（2008）为了提高材料表面的力学性能，设计了利用 CNTs 制成的抗菌溶菌酶（Lysozyme，LSZ）叠层。一般情况下，我们采用纳米压痕的方法来分析叠层薄膜的杨氏模量与硬度。值得注意的是，由于叠层很薄，所以分析时必须格外谨慎，以排除基底对结果的影响。为了保证结果真实可靠，Pavoor 等（2004）建议纳米压痕的深度不要超过薄膜总厚度的 10%。

# 4 结论

利用叠层技术，人们可以尝试在纳米尺度内精确地控制复合材料结构，这也是一种充分发挥材料性能的新思路。利用该技术，研究人员在某些领域已经成功制备出了高性能材料。我们可以先在小尺度范围内建立复合材料结构设计准则，然后结合其他复合材料制造方法，进而将其应用到大尺度范围的复合材料结构设计中。这对复合材料结构设计的意义非常重大。在叠层技术这个领域，我们将会遇到以下两方面的挑战：①如何进一步提升叠层材料的结构控制与沉积速度，为此，大量的研究工作已经展开；②如何使叠层复合材料具备更好的力学性能。就目前而言，只有黏土小片能够实现理想的应力传递。在此方面，CNTs 与其差距较大，需要进行更为深入的研究。就当前水平而言，我们对利用叠层技术开发新一代能够对医学从植入到成像提供关键技术的生物复合材料的研究还处于起步阶段。



## 参考文献


Angelini, G., Boncompagni, S., De Maria, P. *et al.* (2007) Layer-by-layer deposition of shortened nanotubes or polyethylene glycolderivatized nanotubes on liposomes: A tool for increasing liposome stability. *Carbon*, 45, 2479-2485.

Chen, W. F., Wu, J. S. and Kuo, P. L. (2008) Poly (oxyalkylene) diamine-functionalized carbon nanotube/perfluorosulfonated polymer composites: Synthesis, water state, and conductivity. *Chem. Mater.*, 20, 5756-5767.

Decher, G. (1997) Fuzzy nanoassemblies: Toward layered polymeric multicomposites. *Science*, 277, 1232-1237.

Deng, L., Shang, L., Wang, Y. Z. *et al.* (2008) Multilayer structured carbon nanotubes/poly-l-lysine/laccase composite cathode for glucose/O-2 biofuel cell. *Electrochem. Commun.*, 10, 1012-1015.

Fan, X. W., Park, M. K., Xia, C. J. *et al.* (2002) Surface structural characterization and mechanical testing by nanoindentation measurements of hybrid polymer/clay nanostructured multilayer films. *J. Mater. Res.*, 17, 1622-1633.

Gheith, M. K., Pappas, T. C., Liopo, A. V. *et al.* (2006) Stimulation of neural cells by lateral layer-by-layer films of single-walled currents in conductive carbon nanotubes. *Adv. Mater.*, 18, 2975.

Guo, Z. H., Shen, Y., Zhao, F. *et al.* (2004) Electrochemical and electrogenerated chemiluminescence of clay nanoparticles/Ru (bpy) (3) (2+) multilayer films on ITO electrodes. *Analyst*, 129, 657-663.

Hua, F., Cui, T. H., and Lvov, Y. M. (2004) Ultrathin cantilevers based on polymer-ceramic nanocomposite assembled through layerby-layer adsorption. *Nano Lett.*, 4, 823-825.

Iler, R. K. (1966) *J. Colloid Interface Sci.*, 21, 569.

Jan, E. and Kotov, N. A. (2007) Successful differentiation of mouse neural stem cells on layer-by-layer assembled single-walled carbon nanotube composite. *Nano Lett.*, 7, 1123-1128.

Jang, W. S., Rawson, I., and Grunlan, J. C. (2008) Layer-by-layer assembly of thin film oxygen barrier. *Thin Solid Film.*, 516, 4819-4825.

Ji, L. J., Ma, J., Zhao, C. G. *et al.* (2006) Porous hollow carbon nanotube composite cages. *Chem. Commun.*, 1206-1208.

Jiang, C. Y., Markutsya, S., Pikus, Y. *et al.* (2004) Freely suspended nanocomposite membranes as highly sensitive sensors. *Nature Mater.*, 3, 721-728.

Kang, T. J., Cha, M. Jang, E. Y. *et al.* (2008) Ultrathin and conductive nanomembrane arrays for nanomechanical transducers. *Adv. Mater.*, 20, 3131-3137.

Kim, B. S., Kim, B., and Suh, K. D. (2008) Electrorheological properties of carbon nanotube/polyelectrolyte self-assembled polystyrene particles by layer-by-layer assembly. *J. Polym. Sci. Part A-Polym. Chem.*, 46, 1058-1065.

Kim, D. W., Choi, H. S., Lee, C. *et al.* (2003) Investigation on methanol permeability of Nafion modified by self-assembled clay-nanocomposite multilayers. In *1st International Conference on Polymer Batteries and Fuel Cells* (*PBFC-1*), Jun 01-06 2003 Jeju Isl, South Korea. Pergamon-Elsevier Science Ltd, 659-662.

Kleinfeld, E. R. and Ferguson, G. S. (1994) Stepwise formation of multilayered nanostructural films from macromolecular precursors. *Science*, 265, 370-373.

Koh, L. B., Rodriguez, I., and Zhou, J. J. (2008) Platelet adhesion studies on nanostructured poly (lactic-co-glycolic-acid)-carbon nanotube composite. *J. Biomed. Mater. Res. Part A*, 86A, 394-401.

Kotov, N. A., Magonov, S., and Tropsha, E. (1998) Layer-bylayer self-assembly of alumosilicate-polyelectrolyte composites: Mechanism of deposition, crack resistance, and perspectives for novel membrane materials. *Chem. Mater.*, 10, 886-895.

Kovtyukhova, N. I. and Mallouk, T. E. (2005) Ultrathin anisotropic films assembled from individual single-walled carbon nanotubes and amine polymers. *J. Phys. Chem. B*, 109, 2540-2545.

Laschewsky, A., Wischerhoff, E., Kauranen, M. *et al.* (1997) Polyelectrolyte multilayer assemblies containing nonlinear optical dyes. *Macromolecules*, 30, 8304-8309.

Lee, H. C., Lee, T. W., Kim, T. H. *et al.* (2004) Fabrication and characterization of polymer/nanoclay hybrid ultrathin multilayer film by spin self-assembly method. *Thin Solid Film.*, 458, 9-14.

Lee, J., Shanbhag, S., and Kotov, N. A. (2006) Inverted colloidal crystals as three-dimensional microenvironments for cellular cocultures. *J. Mater. Chem.*, 16, 3558-3564.

Li, L., Ma, R. Z., Ebina, Y. *et al.* (2005) Positively charged nanosheets derived via total delamination of layered double hydroxides. *Chem. Mater.*, 17, 4386-4391.

Li, Z. and Hu, N. F. (2003) Direct electrochemistry of heme proteins in their layer-by-layer films with clay nanoparticles. *J. Electroanal. Chem.*, 558, 155-165.

Loh, K. J., Lynch, J. P., Shim, B. S. *et al.* (2008) Tailoring piezoresistive sensitivity of multilayer carbon nanotube composite strain sensors. *J. Intelligent Mater. Systems Struct.*, 19, 747-764.

Lvov, Y., Ariga, K., Ichinose, I. *et al.* (1996) Formation of ultrathin multilayer and hydrated gel from montmorillonite and linear polycations. *Langmuir*, 12, 3038-3044.

Lvov, Y. M. and Sukhorukov, G. B. (1997) Protein architecture: Assembly of ordered films by means alternated adsorption of opposite charged macromolecules. *Biologicheskie Membrany*, 14, 229-250.

Mamedov, A. A. and Kotov, N. A. (2000) Free-standing layer-by-layer assembled films of magnetite nanoparticles. *Langmuir*, 16, 5530-5533.

Mamedov, A. A., Kotov, N. A., Prato, M. *et al.* (2002) Molecular design of strong single-wall carbon nanotube/polyelectrolyte multilayer composites. *Nature Mater.* 1, 190-194.

Manevitch, O. L. and Rutledge, G. C. (2004) Elastic properties of a single lamella of montmorillonite by molecular dynamics simulation. *J. Phys. Chem. B*, 108, 1428-1435.

Mehta, G., Kiel, M. J., Lee, J. W. *et al.* (2007) Polyelectrolyte-clay-protein layer films on microfluidic PDMS bioreactor surfaces for primary murine bone marrow culture. *Adv. Funct. Mater.*, 17, 2701-2709.

Michel, M., Taylor, A., Sekol, R. *et al.* (2007) High-performance nanostructured membrane electrode, assemblies for fuel cells made by layer-by-layer assembly of carbon nanocolloids. *Adv. Mater.*, 19, 3859.

Nepal, D., Balasubramanian, S., Simonian, A. L. *et al.* (2008) Strong antimicrobial coatings: Single-walled carbon nanotubes armored with biopolymers. *Nano Lett.*, 8, 1896-1901.

Pan, C., Ge, L. Q., and Gu, Z. Z. (2007) Fabrication of multi-walled carbon nanotube reinforced polyelectrolyte hollow nanofibers by electrospinning. *Compos. Sci. Technol.*, 67, 3271-3277.

Pappas, T. C., Wickramanyake, W. M. S., Jan, E. *et al.* (2007) Nanoscale engineering of a cellular interface with semiconductor nanoparticle films for photoelectric stimulation of neurons. *Nano Lett.*, 7, 513-519.

Pavoor, P. V., Bellare, A., Strom, A. *et al.* (2004) Mechanical characterization of polyelectrolyte multilayers using quasi-static nanoindentation. *Macromolecules*, 37, 4865-4871.

Podsiadlo, P., Kaushik, A. K., Arruda, E. M. *et al.* (2007) Ultrastrong and stiff layered polymer nanocomposites. *Science*, 318, 80-83.

Podsiadlo, P., Michel, M., Lee, J. *et al.* (2008) Exponential growth of LBL films with incorporated inorganic sheets. *Nano Lett.*, 8, 1762-1770.

Podsiadlo, P., Paternel, S., Rouillard, J. M. *et al*. (2005) Layer-by-layer assembly of nacre-like nanostructured composites with antimicrobial properties. *Langmuir*, 21, 11915-11921.

Rouse, J. H. and Lillehei, P. T. (2003) Electrostatic assembly of polymer/single walled carbon nanotube multilayer films. *Nano Lett.*, 3, 59-62.

Sano, M., Kamino, A., Okamura, J. *et al*. (2002) Noncovalent selfassembly of carbon nanotubes for construction of "cages". *Nano Lett.*, 2, 531-533.

Shi, J. H., Chen, Z. Y., Qin, Y. J. *et al*. (2008) Multiwalled carbon nanotube microspheres from layer-by-layer assembly and calcination. *J. Phys. Chem. C*, 112, 11617-11622.

Shim, B. S., Tang, Z. Y., Morabito, M. P. *et al*. (2007) Integration of conductivity transparency, and mechanical strength into highly homogeneous layer-by-layer composites of single-walled carbon nanotubes for optoelectronics. *Chem. Mater.*, 19, 5467-5474.

Tang, Z. Y., Kotov, N. A., Magonov, S. *et al*. (2003) Nanostructured artificial nacre. *Nature Mater.*, 2, 413-U8.

Van Duffel, B., Schoonheydt, R. A., Grim, C. P. M. *et al*. (1999) Multilayered clay films: Atomic force microscopy study and modeling. *Langmuir*, 15, 7520-7529.

Xue, W. and Cui, T. H. (2007) Characterization of layer-by-layer self-assembled carbon nanotube multilayer thin films. *Nanotechnology*, 18, 7.

Xue, W. Liu, Y., and Cui, T. H. (2006) High-mobility transistors based on nanoassembled carbon nanotube semiconducting layer and $SiO_2$ nanoparticle dielectric layer. *Appl. Phys. Lett.*, 89, 3.

Yu, H. H., Cao, T., Zhou, L. D. *et al*. (2006) Layer-bylayer assembly and humidity sensitive behavior of poly (ethyleneimine)/multiwall carbon nanotube composite films. *Sens. Actuators B-Chemical*, 119, 512-515.

Yu, M. F., Lourie, O., Dyer, M. J. *et al*. (2000) Strength and breaking mechanism of multiwalled carbon nanotubes under tensile load. *Science*, 287, 637-640.

Yuan, J. H., Wang, Z. J., Zhang, Y. J. *et al*. (2008) Electrostatic layer-by-layer of platinum-loaded multiwall carbon nanotube multilayer: Atunable catalyst film for anodic methanol oxidation. *Thin Solid Film.*, 516, 6531-6535.

Zhou, Y. L., Li, Z., Hu, N. F. *et al*. (2002) Layer-by-layer assembly of ultrathin films of hemoglobin and clay nanoparticles with electrochemical and catalytic activity. *Langmuir*, 18, 8573-8579.



本章译者：顾建平，孙慧玉（南京航空航天大学航空宇航学院）

# 第 188 章

# 纳米材料的力学性能

Ioannis Chasiotis
伊利诺伊大学香槟分校航空和航天工程系，香槟，伊利诺伊州，美国

## 1 聚合物基纳米材料的重要性

应用于航空航天方面的新材料需具备重量轻、功能多、结构可靠及性能出色的特点。最近 20 年来，聚合物基纳米复合材料的研制一直是这一领域的热点。可用于地面运输系统、航空航天结构及耐用消费品中的传统聚合物主要用来提高它们的强度、刚度、电传导率、热传导率及防火防爆性能。聚合物基纳米复合材料可被做成薄膜、涂层及耐磨导电涂料等。表 1 列出了在聚合物中添加纳米粒子对其性能的影响。

**表 1 在热塑性及热固性材料中加入纳米颗粒的影响**

参见 http://www.nanocor.com

| 性 能 | 拉伸及弯曲模量 | 拉伸及弯曲强度 | 线性热膨胀系数 | 热变形温度 | 玻璃化转变温度 | 透气及透水率 |
|---|---|---|---|---|---|---|
| 热塑性材料 | ↑ | ↑ | ↓ | ↑ | ↑ | ↓ |
| 热固性材料 | ↑ | ↑ | ↑ | ↑ | ↑ | ↓ |

注：（↑）和（↓）分别表示随着纳米颗粒体积分数的增减引起材料相关性能的增减。



自从 1987 年研究人员最先将黏土纳米复合材料应用于汽车工业后，有关纳米复合材料的研究就一直非常活跃。相关研究工作包括在聚合物基中添加玻璃和硅纳米粒子（Chen 等，2008a；Zhang 等，2006；Chen 等，2008b）、碳纳米纤维和碳纳米管（Carbon nanotubes，CNTs） （Shaffer 和 Sandler，2007），以及石墨（Cho、Luo 和 Daniel，2007）和黏土小片（Pinnavaia 和 Beal，2001）。纳米球状夹杂作为一种成本低廉的填料，在制备时可以相对很好地控制其尺寸及在纳米复合材料中的分布。相比纳米片或 CNTs，它的面容比最小，因此与聚合物基的相互影响也最小。在纳米纤维状材料中，碳纳米纤维及 CNTs 具备优异的模量（约为 1 TPa）、强度（30～60 GPa）（Shaffer 和 Sandler，2007）及较大的许用应变。然而，它们对相应复合材料刚度的提高与我们的预期还有一定差距。部分原因是由于当前的 CNT-聚合物纳米复合材料的制造工艺不够完善，导致不能非常好地控制 CNTs 的分布，尤其是在 CNTs 含量很高或其直径与纵横比都很小的情况下。此外，有机的黏土纳米填料可以较大程度地提高其聚合物基体的强度、刚度、热变形温度及防火性能。

填料的几何性质（形状、尺寸及纵横比）决定了填充效果。球形或椭圆的纳米粒子尺寸在 10～100 nm。另外，黏土纳米填料为 2∶1 结构的铝硅酸盐，也就是 1nm 厚的八面体氧化铝片被夹在两个四面体硅片之间。由于这些鳞片状材料具备如此高的纵横比，故使其与基底大分子界面间连接紧密。在聚合物基中加入 4%～5%的黏土纳米填料时，会显著提高基体的力学性能与热稳定性，但是并不会影响其密度与加工性能。散布于基底中的纳米黏土可以是插层或剥离态的，然而粒子的长和宽及聚合物基底的类别会增加其自由度。①对纳米粒子表面改性以及在层间引入聚合物大分子可以使黏

土片间距增加 1～4 nm，从而使黏土粒子呈插层态；②将黏土粒子浸泡于某种聚合物溶液中，使黏土片（厚度约为 1 nm）完全分离，呈剥离态。

从纳米尺度夹杂的作用效应来看，主要可分为以下几类：①可以改善基底结构自身（例如会引起基体结晶、分子链取向或干扰/完善周围的基体交联网）或承载时的力学性能；②生成一个能改善电子/声子移动的逾渗网络；③仅用来表征力学性能的增强；④可用于制备具有传感与驱动功能的智能复合材料。上述提到的聚合物基纳米复合材料的相关研究工作涉及很多方面，但是在本章中我们只讨论纳米复合材料的力学性能，尤其是考虑在基体中引入无机纳米粒子对其刚度、强度和韧性的影响。我们从填料的尺寸、几何性质及表面功能化角度来分析其对基底硬化与韧化过程的影响。之所以从微尺度的填料角度来讨论，是由于这样可以对现行的纳米结构聚合物的强化与韧化机制提供一个参考。由于缺乏通用的力学模型与完备的实验来得出明确的结论，所以当前对纳米材料力学行为的研究工作很有限。最近，人们发现用加入纳米结构的聚合物作为碳纤维及玻璃纤维复合材料层合板的基体可以增加纤维与基体界面间的强度。当然，如果需要的话，也可以赋予基体导电与导热性能。因此，用含有纳米颗粒的基体做成的复合材料层合板依然可以保持传统复合材料层合板的强度与刚度，并且提高了层间的强度与韧性。



## 2　填料几何性质对纳米复合材料刚度的影响

聚合物基体中含有的等轴、线性或球状的填料会影响其刚度，影响程度与填料的几何性质及所占体积分数有关。它们的取向对施加的载荷也有影响。从基本的力学分析角度来看，只有令加入的填料形成一个连续逾渗网络或者其增强效应遍及整个构件且与加载方向一致时，才能显著提高纳米复合材料刚度。否则，填料对其的增强效应就会很小。

在等轴纳米复合材料中，随粒子质量分数的增大，其弹性刚度增加很小。研究发现，加入毫米级玻璃微粒（Cho、Joshi 和 Sun，2006；Lee 和 Yee，2000）及硅微粒（Nakamura 等，1992a），复合材料的弹性模量与填料的尺寸无关。但是截至目前，我们还不清楚纳米粒子尺寸对复合材料模量的影响机制。此前有报道称，添加的纳米粒子越小，复合材料刚度越大（例如，Lee 和 Yee，2000；Nakamura 等，1992；Adnan、Sun 和 Mahfuz，2007）。然而其他人的研究表明，其模量和强度与纳米粒子的尺寸毫无关系。

研究发现，在弹性模量约为 3 GPa 的硅纳米粒子增强环氧复合材料中，粒子质量分数每增加 1%，其刚度就会提高 0.1 GPa（Chen 等，2008a）。如图 1（a）所示，这种等斜率的单调递增效应可以一直延续到粒子质量分数到 15%为止（Chen 等，2008a）。研究表明，当粒子质量分数更大时，其对刚度的影响呈现一种非单调的模式（Zhang 等，2006）。我们可以从粒子间距角度来解释这种效应。显然，粒子间距 $r$ 与粒子体积分数 $v_p$ 及直径 $d$ 有关，表示为 $r=d\left(\sqrt[3]{\pi/6v_p}-1\right)$。例如，当直径为 12 nm 的硅粒子体积分数约为 6.5%时，其平均间距与粒子直径差不多。当粒子体积分数较高时，纳米粒子间受限制的基体可能会有以下特性：①由于纳米粒子间的聚合物大分子移动性受到限制，因此表现出更高的硬度；

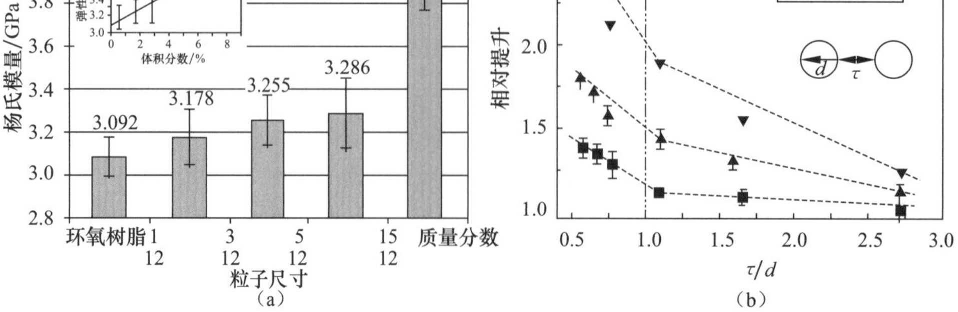


**图 1　(a) 直径为 12 nm 硅纳米粒子的杨氏模量（左上插图显示其弹性模量随粒子体积分数的变化关系）**

**(b) 弹性模量及断裂韧度随粒子间距的相对变化情况（Chen 等，2008a）**

摘自 Zhang 等（2006）© Elsevier

②由于聚合物大分子将基体与纳米粒子牢牢缠结使其交联网硬度更高。如图 1（b）所示描述了粒子间距与断裂韧度及弹性刚度的协调关系（Zhang 等，2006）。

另外，研究人员对含有大小从几十纳米到 100 μm 的硅或氧化铝纳米粒子的乙烯基酯做了大量力学实验（Cho、Joshi 和 Sun，2006；Adnan、Sun 和 Mahfuz，2007）。实验表明，只有当粒子尺寸在纳米尺度时其弹性刚度才会随着粒子尺寸的减小而增大（图 2）。

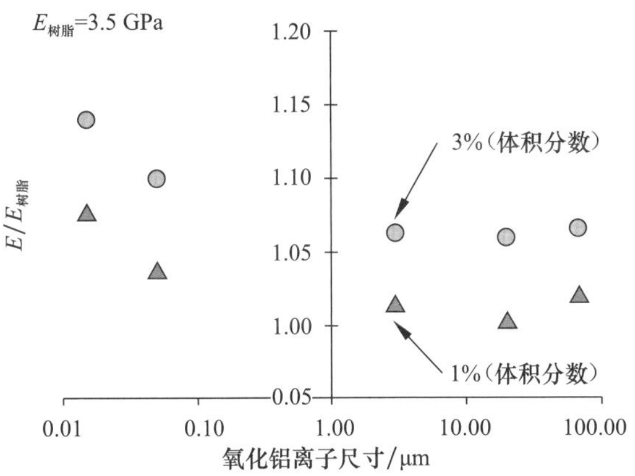


**图 2　含球形氧化铝粒子的复合材料杨氏模量随粒子直径在纳米尺度及微米尺度的变化情况**

摘自 Cho、Joshi 和 Sun（2006）© Elsevier

纳米级粒子的另一个优点就是可以保证复合材料的强度。相反，微米级粒子容易导致界面在其周围分离或者基体不易黏合（Cho、Joshi 和 Sun，2006），从而降低了复合材料的强度。对于比聚合物分子旋转半径还小的粒子，由于其弹性模量与周围聚合物相差明显，聚合物分子发生的短程松弛会减小局部应力，所以不会产生明显的应力集中现象。比之尺寸大很多的粒子，由于存在高应力差区域以及与基体的脱黏或剥落区域，所以会有较大界面裂纹的产生，因此降低了复合材料的强度。

值得注意的是，我们对纳米尺度变形机制及失效的研究大多还停留在基于宏观层面实验的理论分析与数值模拟中。通过扫描电子显微镜（Scanning Electron Microscope，SEM）、透射电子显微镜（Transmission Electron Microscope，TEM）及光学显微镜分析可以定性地得到局部基体的力学行为。最近，研究人员在量化纳米复合材料中非均匀应变场时所作的研究，可以使我们对含有 100 nm 大小硅粒子环氧树脂基体的变形机理有所了解。其中，纳米尺度应变的分布区域是通过原子力显微镜/数字图像关联（Atomic Force Microscopy/Digital Image Correlation，AFM/DIC）方法得到的（Chen 等，2008a），并且认为施加的等效应变大于纳米复合材料中代表体积的单元。图 3 显示了 100 nm 气相二氧化硅粒子质量分数为 3%复合材料的应变局部分布情况。基体与粒子间较大的刚度差异使得粒子体积分数较小时基体应变局部化。这也使得复合材料刚度无法随着粒子负载的增加而增大。图 3 所示环氧树脂基体内的非弹性应变带像非线性弹簧一样与粒子相串联，这就可以将（软化）基体的力学行为施加至复合材料总的力学行为中。如图 3 所示，虽然复合材料只发生了 1%的应变，但在大损伤区中局部软化基体的刚度与承受 3%应变时是一样的。在加载初期，当宏观应变达到 0.3%时，环氧树脂基体形成的应变局部化带会限制弹性刚度的增大。因此，随着纳米粒子质量分数的增大，这种对弹性刚度的限制作用会导致：①纳米粒子周围的基体很早进入屈服阶段，使其成为软化相；②抑制宏观载荷对基体和粒子应变的影响。

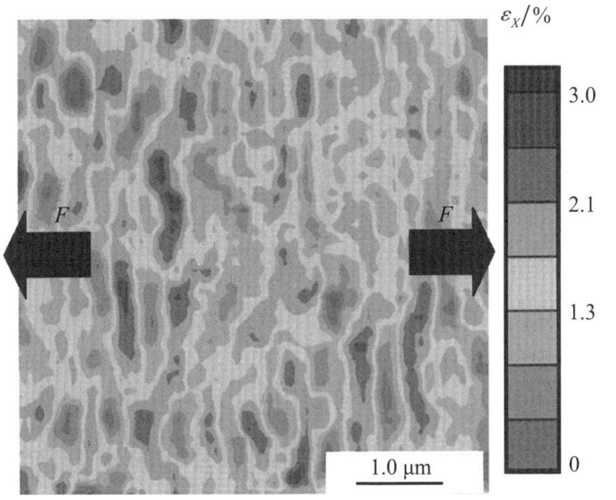


**图 3　二氧化硅粒子质量分数为 3%纳米复合材料在宏观应变为 1%时的应变局部分布情况（箭头指向为远场应力的施加方向）**

摘自 Chen 等（2008）© Elsevier

与球形纳米粒子相比，纳米纤维、纳米管及纳米片的纵横比要大很多，因此也更具应用前景。最近的研究（Podsiadto 等，2007）发现，有些黏土片纳米复合材料的刚度甚至超过了某些金属的刚度。读者可以查阅第 4 卷第 187 章来查看这类纳米复合材料的详细信息。密集堆积的黏土片结构使得即使是在外界施加的应变很小的情况下，也可以将有效负载传递进片状纳米颗粒中。有关研究也报道了当 CNTs 的排列取向与载荷施加方向一致时可以有效提高 CNTs 复合材料的力学刚度。然而，制备的纳米复合材料刚度与利用独立的 CNTs 拉伸刚度的计算预测值的差距仍然很大，有些研究小组测得其差值约为 1 TPa（不考虑 CNTs 中空部分的影响）（Shaffer 和 Sandler，2007）。虽然排列取向的 CNTs 可以提高纳米复合材料的弹性刚度，但与连续细观力学模型的预测值仍有一定差距。在这个方面，由于 CNTs 波纹度会显著降低 CNTs 的硬化效应，故对其刚度的影响很大。研究人员对一类相关的纳米填料——气相生长纳米碳纤维（Vapor Grown Carbon Nanofibers，VGCNFs）的测量结果表明，纳米纤维的初始刚度比高应变时低 1～2 个数量级。这是由于未加载时，纳米纤维构型中良好的波纹度使得在对聚合物基体即便是施加小于 1%应变的情况下，纤维在聚合物基体中的刚度也无法达到其最大值所致（Ozkan、Naraghi 和 Chasiotis，2010）。VGCNFs 可作为聚合物基体增强相的原因是其韧化性能与高温热处理导致的电、热传导率可使聚合物基体多功能化。但加入 VGCNFs 的代价是降低了基体的强度（Ozkan、Naraghi 和 Chasiotis，2010）。

## 3　纳米夹杂对聚合物的增强与增韧效应

与纳米粒子复合材料对刚度的提高有限相比，其对断裂韧性的提高非常显著。过去，人们通常用微米级有机填料来增强环氧树脂的韧性，但这样做也会降低复合材料的强度。现在，研究人员通过添加纳米级无机等轴硬粒子可以克服这个缺点。这样既能够提高其断裂韧性，同时又可以保持，甚至提高聚合物基体的弹性模量、屈服强度与拉伸强度。

此外，研究表明相对于微米粒子复合材料的强度与粒子尺寸成反比例的关系不同（Cho、Joshi 和 Sun，2006；Nakamura 等，1992a），当聚合物基体中纳米粒子的含量低于 20%时，其对基体强度的影响很小（Chen 等，2008a）。图 4（a）表明，当微尺度粒子尺寸＞100 μm 时会降低原始聚合物的强度（Cho、Joshi 和 Sun，2006）。如此大的粒子会产生局部应力集中，且粒子的尺寸也限定了弹性奇异应力界面（在不产生局部屈服的情况下）。相反，有研究指出，纳米粒子可以保持但无法提高基体的强度（Chen 等，2008a；Zhang 等，2006）。图 4（b）揭示了含有 12 nm 与 100 nm 气相二氧化硅粒子环氧树脂的强度随粒子质量分数在小于 15%时的变化情况。显然，两种尺寸的粒子对其强度都没有影响，包括之前对氧化铝粒子的研究也反映了同样的情况（Cho、Joshi 和 Sun，2006）。然而，其他有关研究［图 4（c）］却发现了一种球形纳米粒子可增大复合材料强度的情况。虽然我们并不期望添加纳米粒子能提高其强度，但必须保证添加各种体积分数的纳米粒子不会削弱其力学性能。尤其是从添加纳米粒子对环氧树脂基体断裂韧性与可燃性提升的角度更能说明问题。我们可以从

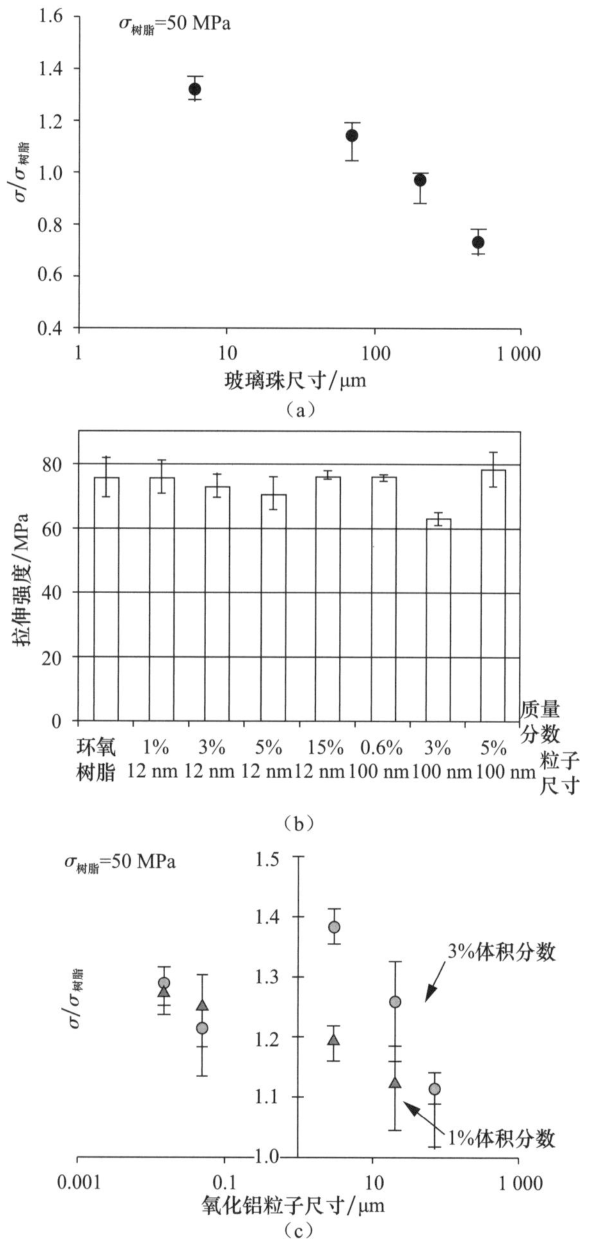


**图 4　(a) 含有微米级和纳米级硅粒子与氧化铝粒子复合材料的相对强度；(b) 含有 12 nm 与 100 nm 硅粒子复合材料的拉伸强度随粒子质量分数的变化情况；(c) 含有微米级和纳米级硅粒子与氧化铝粒子复合材料的相对强度**

摘自 Cho、Joshi 和 Sun（2006）© Elsevier

纳米尺度增强相只会引起有限的局部应力集中这个角度，来解释添加纳米粒子对其强度影响不大的原因。由纳米硬粒子造成的应力增大对聚合物的影响区域很小。

聚合物材料的断裂韧性很低，在其中添加纳米粒子的明显优势是可以增大其断裂韧性。研究发现，在热固性环氧树脂中添加球形硅或者球形玻璃微粒与纳米粒子时，其断裂韧性随着粒子体积分数的增大而增大（Lee 和 Yee，2000）。在讨论不连续的纳米填料对基体的增韧效应之前，我们首先要了解微尺度填料对聚合物韧性所起的作用。在微米级粒子范畴，增大尺寸为 3.3 μm 或者 24.4 μm 的玻璃微粒体积分数（最多可达 30%）时，粒子的脱黏效应会增大环氧树脂基体的断裂韧性（Lee 和 Yee，2000）。在纳米级粒子范畴，体积分数为 14%的 25 nm 硅粒子（Zhang 等，2006）与质量分数分别为 10%的 15 nm 硅粒子（Chen 等，2008a）及 15%的 12 nm 硅粒子（Chen 等，2008a）具有相似的作用效应。总的来说，我们可以认为较大的微粒能够改善韧性，但目前人们对粒子尺寸的作用效应还没有达成一致的意见。部分研究人员（Lee 和 Yee，2000）验证了 3.3 μm 及 24.4 μm 的玻璃粒子对基体韧性的影响不大。然而其他研究人员（Nakamura 等，1992b）指出，球形硅/环氧复合材料的临界能量释放率随着尺寸为 6～42 μm 硅粒子的增大而增大。硅粒子在 6～42 μm 增大时（Nakamura 等，1992b）或者玻璃粒子在 6～500 μm 增大时，都会导致同样的环氧复合材料拉伸强度的降低（Cho、Joshi 和 Sun，2006）。研究同时发现，对于含有 3～42 μm 硅粒子的复合材料，其弯曲强度也有类似的变化趋势（Nakamura 等，1992a；Tanimoto 等，2006）。含微米级增强相复合材料的一些能量耗散机制如下：有机（软）粒子由于脱黏形成的孔洞增加了脆性聚合物基体的塑性，所以使基体的韧性增大。无机（硬）粒子同样会由于脱黏、孔洞形成、剪切屈服、剪切带形成、裂纹形成、裂纹偏转及裂纹扎钉等提高基体的断裂韧性（Roulin-Moloney，1989）。上述机制中并不是所有因素对纳米复合材料都有重要影响。比如，与少数能促进脱黏作用的微米级粒子相比 [图 5（b）]，裂纹扎钉只相对于几十微米大的粒子而言 [图 5（a）]（Kawaguchi 和 Pearson，2003）。

如图 6 所示，就纳米级增强相而言，在一种环氧树脂中添加 12 nm 气相二氧化硅粒子后，会增大其断裂韧性（Chen 等，2008a）。当质量分数较小时（1%），有效韧性随其单调增大；但在质量分数较大时，这种增大效应就相对小一些。例如，粒子质量分数为 15%时的断裂韧性比为 3%时的断裂韧性增大了 35%，总体相差不大。这些数字大致与（Chen 等，2008b）中的数据相吻合。也有人对含有包括较高纵横比粒子在内的各类硬纳米增强相，且浓度类似的纳米复合材料韧性做了报道（Kinloch 等，2005）。事实上，有些研究指出，当粒子体积分数超过 15%时，复合材料的韧性会降低（Chen 等，2008b）。

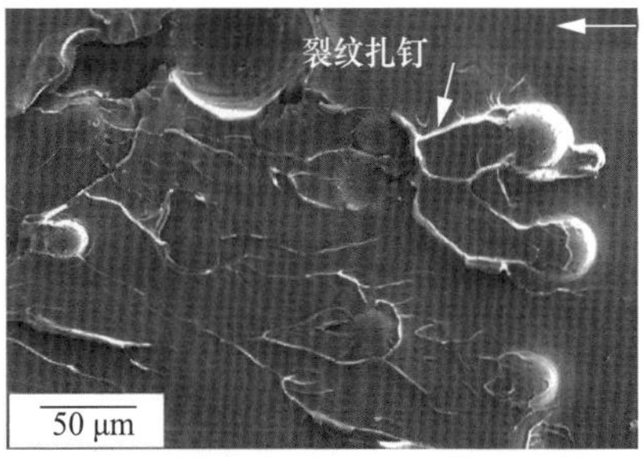

(a)

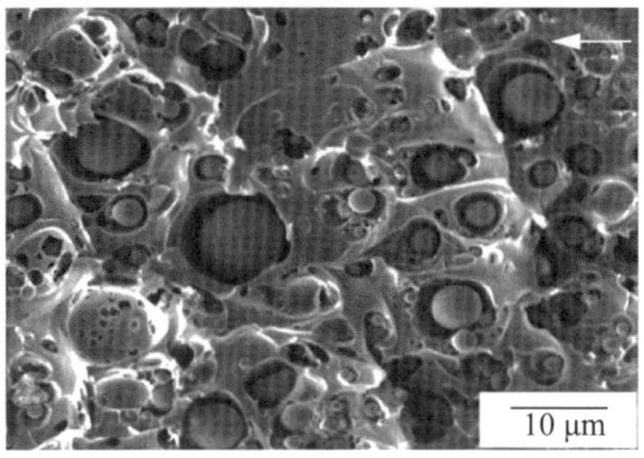

(b)

**图 5　(a) 裂纹钉扎对基体的增韧；(b) 粒子脱黏对基体的增韧**

摘自 Kawaguchi 和 Pearson（2003）© Elsevier

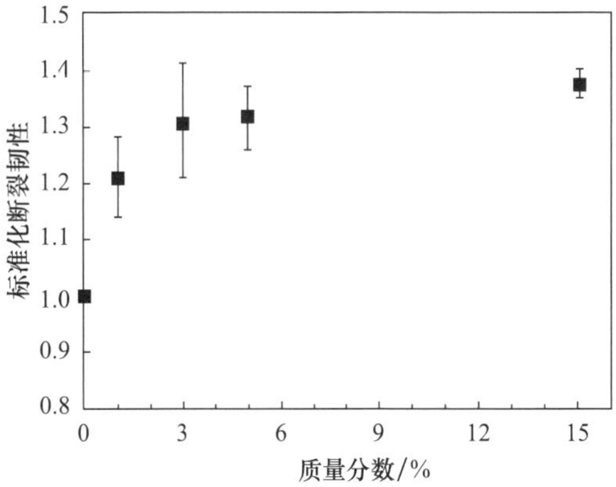


**图 6　12 nm 硅粒子的质量分数对其复合材料标准化断裂韧性的影响**

摘自 Chen 等（2008）© Elsevier

如图7（b）所示，利用SEM观察初始裂纹尖端的断裂面发现，相对于图7（a）所示的纯环氧树脂中的镜像断裂面（Chen等，2008a），质量分数为1%～5%的12 nm硅粒子对复合材料增韧效应主要与其裂纹面的表面粗糙度有关。断裂面的表面粗糙度增大了实际断裂面积及其临界能量释放率。有意思的是，由于图7（c）中12 nm硅粒子质量分数为15%的复合材料初始裂纹尖端断裂面与发生韧性失效情况时相似，所以这也揭示了一种与添加较小硅粒子不同的增韧机制，其可以通过测量硅/环氧复合材料的玻璃化转变温度（Glass Transition Temperature，$T_g$）来验证（Chen等，2008b）。具体来说，纯环氧树脂与12 nm硅粒子质量分数为5%复合材料的$T_g$为153 ℃～155 ℃，而12 nm硅粒子质量分数为15%复合材料的$T_g$只有121 ℃。之所以粒子质量分数为15%的复合材料比质量分数为5%的复合材料的$T_g$低了32 ℃，是由于其交联密度的降低而造成的。这可以从图7（c）中发生的小范围屈服现象得到验证。有些研究人员报道了这种添加纳米粒子使$T_g$减小的现象（例如，Zhang等，2006；Liu等，2003），但也有人研究发现，纳米粒子的添加对$T_g$几乎没有影响。在这种纳米粒子质量分数较大的复合材料中，由于其粒子间距较小（约为10 nm）会影响基体交联的连续性，从而使纳米复合材料基体的性能有别于纯环氧树脂。

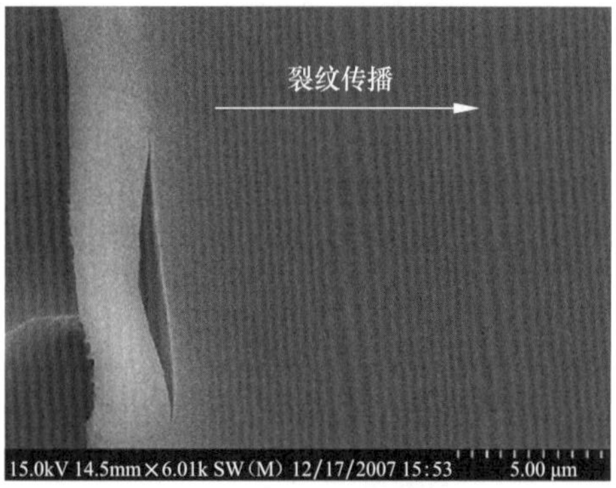

（a）

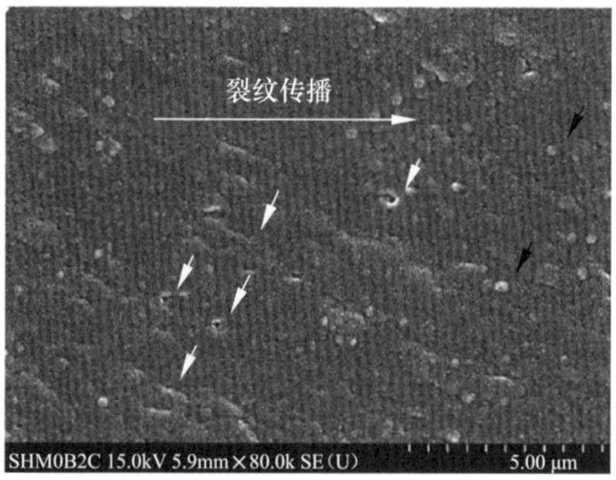

（b）



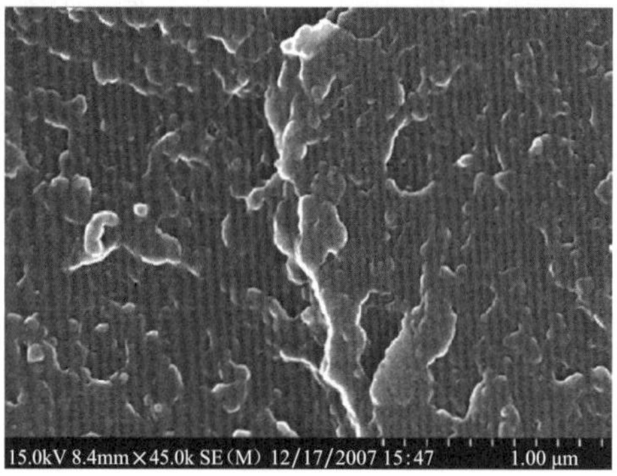

（c）

**图7 环氧基复合材料试件裂纹尖端断裂面**

（a）纯环氧树脂；（b）12 nm硅粒子质量分数为5%；（c）12 nm硅粒子质量分数为15%［图（b）中白色箭头指向孔洞，黑色箭头指向与基体发生明显黏合失效且被基体包裹的硅粒子］

摘自Chen等（2008）© Elsevier

另外，理论上片状及纤维状纳米粒子夹杂通过裂纹桥接、粒子-基体的摩擦耗散及纳米纤维/纳米片断裂的共同作用会显著地增大基体韧性。然而，到目前为止，实验层面上还没发现这种显著的增韧效应（Miyagawa和Drzal，2004）。具体而言，CNT含量在质量分数小于1%时能增大聚合物的韧性，而更大的质量分数反而会使韧性降低。长一些的CNTs（10 μm）比短一些的CNTs（5 μm）增韧效果好些，且两种CNTs在质量分数为0.1%～1%时其复合材料韧性几乎不变。这可能是由于之前所述的增韧机制在这种情况下还未被激活所致。

## 4 纳米复合材料模型

这些年来，如何建立纳米复合材料的模型，一直处于纳米复合材料研究的最前沿。它主要侧重于通过夹杂尺度现象的分析来开发多尺度（分层）模型（Gates等，2005），从而可以预测含有纳米粒子（例如CNTs）材料系统的实际力学响应。只要同时考虑纳米粒子与聚合物本体界面区效应，我们就可以相对较为容易地将诸如碳纳米纤维、硅及氧化铝纳米粒子等硬纳米夹杂加入到复合材料模型中。由于界面特性方面专业理论的缺乏，有人借助于三相模型来分析。在此模型中，纳米粒子附近的聚合物分子性能可用一个可调因子来描述（Luo和Daniel，2003）。我们可以利用分子动力学理论（Molecular Dynamics，MD），通过计算在硬夹杂附近的密度变化与性能变化得到这个因子估算值（Gates等，2005）。这类方法对计算单纯CNTs与嵌入聚合物基体的功能化CNTs的等效力学性能较为重要。由于CNTs具备多重构型的束状结构，因此会产生不同的弯曲与屈服响应。在创建宏观尺度模型时，可用在各种应力环境下力学响应相同的等效连续体结构来替代CNTs。这样就能使纳米粒子及其周围聚合物的势能与等效连续体结构的弹性能一致（Gates等，2005）。利用这类MD模型可以得到纳米夹杂与周围基体间的范德华力作用与短程黏结力，以及含有硬增强相基体在分子移动性可能受限条件下的力学行为。除此之外，在分析高级纳米结构时还必须考虑其他因素，比如，由于多壁碳纳米管（multiwall carbon nanotubes，MWCNTs）外壁与内壁上的应力不同，所以当外壁受力失效时，内壁会以“鞘中剑”的方式滑动。

# 5　结论

通过添加纳米填料可以提高现有聚合物及其纤维层合板与编织复合材料的多种功能特性。同时，作为结构单元，纳米填料也影响了聚合物母体的力学行为。在理论上，添加纳米粒子可以显著提高基体韧性，也可以保持，甚至是增大其拉伸与剪切强度。具体来讲，等轴纳米粒子能显著提高其断裂韧性，而具备高纵横比或者说高面容比的纳米粒子，对提高聚合物的刚度和强度可能性最大。目前，如何开发能够既适应现有复合材料制备方式与设备又可使粒子分布优良的生产工艺是我们遇到的挑战之一。其次，如何将具有预报能力的模型应用于分层纳米复合材料的智能设计中的难题也亟待解决。

# 致谢

非常感谢B. L. Lee博士管理的美国空军科研办公室（Air Force Office of Scientific Research，AFOSR）基金FA9550-06-1-0140的支持。

## 参考文献

Adnan，A.，Sun，C. T. and Mahfuz，H.（2007）A molecular dynamics simulation study to investigate the effect of filler size on elastic properties of polymer nanocomposites. *Comp. Sci. Technol.*，67，348-356.

Chen，Q.，Chasiotis，I.，Chen，C. and Roy，A.（2008a）Nanoscale and effective mechanical behavior and fracture of silica nanocomposites. *Comp. Sci Technol.*，68，3137-3144.

Chen，C.，Justice，R. S.，Schaefer，D. W. and Baur，J. W.（2008b）Highly dispersed nanosilica-epoxy resin with enhanced mechanical properties. *Polym.*，49，3805-3815.

Cho，J.，Joshi，M. S. and Sun，C. T.（2006）Effect of inclusion size on mechanical properties of polymeric composites with micro and nano particles. *Comp. Sci. Technol.*，66，1941-1952.

Cho，J.，Luo，J. J. and Daniel，I. M.（2007）Mechanical characterization of graphite/epoxy nanocomposites by multi-scale analysis. *Comp. Sci. Technol.*，67，2399-2407.

Gates，T. S.，Odegard，G. M.，Frankland，S. J. V. and Clancy，T. C.（2005）Computational materials：multi-scale modeling and simulation of nanostructured materials. *Comp. Sci. Technol.*，65，2416-2434.

Kawaguchi，T. and Pearson，R. A.（2003）The effect of particle-matrix adhesion on the mechanical behavior of glass filled epoxies. Part 2. A study on fracture toughness. *Polymer*，44，4239-4247.

Kinloch，A. J.，Mohammed，R. D.，Taylor，A. C.，Eger，C.，Sprenger，S. and Egan，D.（2005）The effect of silica nanoparticles and rubber particles on the toughness of multiphase thermosetting epoxy polymers. *J. Mater. Sci.*，40，5083-5086.

Lee，J. and Yee，A. F.（2000）Fracture of glass bead/epoxy composites：on micro-mechanical deformations. *Polym.*，41，8363-8373.

Liu，Y.，Hsu，C.，Wei，W. and Jeng，R.（2003）Preparation and thermal properties of epoxy-silica nanocomposites from nanoscale colloidal silica. *Polym.*，44，

5159-5167.

Luo, J. J. and Daniel, I. (2003) Characterization and modeling of mechanical behavior of polymer/clay nanocomposites. *Comp. Sci. Technol.*, 63, 1607-1616.

Miyagawa, H. and Drzal, L. T. (2004) The effect of chemical modification on the fracture toughness of Montmorillonite clay/epoxy nanocomposites. *J. Adhes. Sci. Technol.*, 18, 1571-1588.

Nakamura, Y., Yamaguchi, M., Okubo, M. and Matsumoto, T. (1992a) Effects of particle size on mechanical and impact properties of epoxy resin filled with spherical silica. *J. Appl. Polym. Sci.*, 45, 1281-1289.

Nakamura, Y., Yamaguchi, M., Okubo, M. and Matsumoto, T. (1992b) Effect of particle size on the fracture toughness of epoxy resin filled with spherical silica. *Polym.*, 33, 3415-3426.

Ozkan, T., Naraghi, M. and Chasiotis, I. (2010) Mechanical properties of vapor grown carbon nanofibers. *Carbon*, 48, 239-245.

Pinnavaia T. J. and Beal G. W. (eds) (2001) *Polymer-Clay Nanocomposites*, John Wiley & Sons, New York.

Podsiadto, P., Kaushik, A. K., Arruda, E. M., Waas, A. M., Bong, S. S., Jiadi, X., Nandivada, H., Pumplin, B. G., Lahann, J., Ramamoorthy, A. and Kotov, N. A. (2007) Ultrastrong and stiff layered polymer nanocomposites. *Sci.*, 318, 80-83.

Roulin-Moloney, A. C. (1989) *Fractography and Failure Mechanisms of Polymers and Composites*, Elsevier Applied Science, London.

Shaffer, M. S. P. and Sandler, J. K. W. (2007) Carbon nanotube/ nanofiber polymer composites, in Processing and Properties of Nanocomposites (ed. S. G. Advani), World Scientific Publishing, Singapore.

Tanimoto, Y., Kitagawa, T., Aida, M. and Nishiyama, N. (2006) Experimental and computational approach for evaluating the mechanical characteristics of dental composite resins with various filler sizes. *Acta Biomater.* 2, 633-639.

Zhang, H., Zhang, Z., Friedrich, K. and Eger, C. (2006) Property improvements of in situ epoxy nanocomposites with reduced interparticle distance at high nanosilica content. *Acta Mater.*, 54, 1833-1842.

本章译者：顾建平，孙慧玉（南京航空航天大学航空宇航学院）

# 第19部分

# 耐高温材料

# 第 189 章

# 钛合金：加工、性质及其应用

James C. Williams
俄亥俄州立大学材料科学与工程部，哥伦比亚，美国

## 1 引言

钛（Ti）是一化学元素（原子编号 22），它具有较高的熔点（1 660 ℃左右）和较低的密度（4.5 g/cm$^3$）。实际上，钛的密度仅有铁或镍的一半，而它的熔点却比这两种金属都高。这些固有的性质使得合金化的钛成了轻型结构中结构金属的绝佳选择。事实上，钛合金在飞行器燃气涡轮和机身主承力结构上都得到了广泛的应用。在航天器中，钛合金主要用于承力结构以及诸如高压气瓶和推进系统的低温泵之类的关键部位中。在对耐腐蚀性要求较高的地方，大量未合金化的钛和低合金化的钛都得到了应用。钛合金在生物医学领域的应用也日益广泛。后面的这些应用因为与本部分的重点不相关，因而不予讨论。

在本手册第 4 卷第 2 部分“高温材料”论及的所有材料中，钛合金本身能承受的最高温度最低，并且加工过程各因素对钛合金微观结构的影响，导致每种钛合金的性能也是不同的。然而，从相对密度上看，在大约 550 ℃以下，钛合金相比于镍和铁合金都具有相当大的优势。超过这一温度之后，在很多应用中需要考虑的仅仅是强度以及表面稳定性的损失，即所谓的抗氧化能力或环境抵抗能力。

钛合金可以用传统的金属-加工设备制作成所有传统的轧制成品和近净成型构件（near net shapes）。这些合金在典型热加工温度下的强度较高，因而需要采用高负荷的加工设备处理。钛合金也可以通过熔焊以及固相法进行连接，这两种方法都将在第 4 卷的其他章节中进行介绍。

相比于铁、镍和铝基合金，钛合金是一种相对较新的合金。尽管化学元素 Ti 在 18 世纪末期就已经被发现，然而将其从富集矿藏中提取时遇到的困难却阻碍了金属钛的开采。直到 20 世纪 30 年代才出现了钛金属的制造技术。钛的大量商业化生产直到 10～15 年之后才逐步形成。在钛及其合金的商业化开发过程中，许多困难都与该金属在熔融态和固态时的极高活性有关，因而需要特殊的（并且是昂贵的）工艺手段将该金属从其矿石（$TiO_2$ 或者 $TiFeO_3$）中提取出来，并转化成具有实用价值的合金产品。如今，世界范围内钛及其合金的年产量已达到了约 200×10$^6$ 磅（约 90×10$^6$ kg）。之所以将其产量表示为磅而不是吨的形式就是为了体现钛金属的昂贵，因而它仅用于那些追求高性能而不计成本的高端应用领域。

本章的重点在于钛合金的固有性质以及常见应用。为了精确描述该主题，需要简要描述钛的合金特性及其合金的加工过程。正如前面所述，合金的成分及工艺过程均影响其微观结构，从而影响合金的性能。因此，合金的成分、工艺流程以及微观结构中的内部关联因素成了某些特殊应用领域对钛基材料进行性能优化时的主要考虑因素。受本部分篇幅的限制，不能对每一主题都进行详细的论述，有需要的读者可以从众多有关钛及钛合金的书籍以及四年一次的“国际钛研讨会”（International Ti Conferences，ITC）中获取更多的详细资料。本章末尾的“扩展阅读”部分

提供了这些资源的清单。

## 2　钛的合金化

"纯"钛在 882 ℃左右发生同素异形转变，低温 $\alpha$ 相钛具有密排六角结构，高温 $\beta$ 相钛具有体心立方结构。纯金属或者合金变成全 $\beta$ 相时的温度称为 $\beta$ 相变温度（$\beta$ transus）。对于合金，该温度取决于存在的合金元素及其浓度，但是在一般情况下，商用合金的 $\beta$ 相变温度在 700 ℃～1 050 ℃。金属钛中总是存在微量的其他元素，部分不可避免的杂质是因为钛的极端活性，另一部分是有意地添加以获得预期的性能。钛合金中最常见的金属合金元素包括 Al、Sn、Zr、V、Fe、Cr、Mo、Nb 和 Si，它们取代了宿主钛在晶格中的相应位置。钛合金同样包括有限浓度的 O、N、C 和 H 元素，作为填隙原子（interstitials）、杂质或者微量的额外添加剂。钛合金中常会有少许 Fe 元素，可能是杂质，也可能是额外的添加剂。Si 也被用在高温钛合金中以提高其抗蠕变性能，这将在后面章节中进行讨论。大多数这些合金添加剂或是 $\alpha$ 相稳定，或是 $\beta$ 相稳定，因而将其分别归类为 $\alpha$ 稳定剂（$\alpha$ stabilizers）或 $\beta$ 稳定剂（$\beta$ stabilizers），Sn 和 Zr 是两个特例，它们被视为中性元素。从各合金添加剂对钛的影响来看，有三种基本的钛合金分类，$\alpha$ 或者类 $\alpha$ 合金、$\alpha+\beta$ 合金以及 $\beta$ 合金。其中，最常见且应用最广泛的当属 $\alpha+\beta$ 合金，到目前为止最常用的是 Ti-6Al-4V(Ti64）合金。



钛合金中各添加剂的作用包括改变合金可机械加工的温度范围，以改变其形状或尺寸，或者改变微观结构，或上述情况均有。合金化同样会影响合金构造，转而影响了其对热加工（热处理）的响应。后面叙述中我们会就热力学和热加工工艺对特定合金性能的改善以及指定应用中合金性能的巨大提升进行讨论。

还有很多基于钛的金属间相，它们大多数延展性有限，但是其中某些金属间相的合金化却能提高其延展性。在这些相中，目前唯一被应用于结构的是 TiAl，也称为 $\gamma$ 钛铝化合物（$\gamma$ titanium aluminide）。第 4 卷中另有一独立章节讨论 TiAl，因而此处不作深入探讨。还有一种广泛使用的具有形状记忆功能的钛基合金（Nitinol 或 TiNi），该材料亦不在本章的讨论范围之内。

## 3　钛合金的加工

本节介绍钛合金的熔炼及其机械加工工艺。好的熔炼方法对于生产具有稳定成分的高品质轧制产品而言至关重要，钛合金可以采用传统金属加工法进行热加工。例如，锻造（forging）、滚轧（rolling）和挤压（extrusion）。由于钛合金的强度很高，故绝大多数的加工均是在高温环境下进行的。钛合金加工制造的主要问题是当加热温度超过 500 ℃左右时与空气中氧气发生反应的活性。

由于熔化的钛具有极端活性，合金钛锭的熔炼（或近净成型浇铸）需要在真空或者惰性气体的熔窑中进行，从而最小化或者阻止熔融合金与熔窑成分的接触。因此，钛合金通常是使用自耗电极的电弧炉进行熔化或者重熔（VAR），并使用疏散水冷铜坩埚进行熔融金属的收集。熔炼所用电极由海绵钛与含有特殊合金添加剂的母合金（master alloy）以恰当的比例混合，机械压实后在充氩（argon-filled）干燥箱中采用气体钨极电弧焊（gas tungsten arc weld）焊接而成。首先熔化的电极上可能包含合金碎片或者压实的合金条、切屑［称为"重回物"（revert）］。一个电极中最多能有 35％的重回物，这也从另一方面体现了钛的高成本。因为重回物可能是制造和机械加工过程中的板块条碎片、切屑，所以在航空航天以及其他高性能应用中，其品质需要严格地监控。这些控制过程对于保证轧制产品的完整性起到了至关重要的作用。

在熔化开始时，将电弧置于铜坩埚底部的电极和钛启动衬垫中间，熔融合金在坩埚中进行收集。重熔过程一直持续到电极消耗完毕，所有的钛合金电极均已转化为坩埚中的铸块为止。重熔不能使最终铸块中的金属同时熔化，因而可能发生合金元素的马尔科熔析。为了保证合金的均匀性，头熔合金需要转化重熔两次甚至三次。该熔融过程的产物称为两次（2$X$）或者三次（3$X$）重熔材料，以表明材料熔炼的次数。生产出完好均匀合金铸块的钛合金熔炼过程需要相当的技巧和经验，其中钛工业发展史上目前最好的熔化方法已经发展了 30 年以上。如果头熔电极的准备和铸块的熔化过程在没有对熔化过程以及电极中输入材料进行严格控制的情况下发生，那么在熔化过程中就会引入相应的缺陷并带入最终的轧制产品中。其中，如果在熔化的最后阶段没有将电弧熔炼电流合理降低的话，就会向铸块中引入间隙（主要为氮，N）、稳定缺陷（即所谓的硬 $\alpha$）、合金熔析（即所谓的 $\beta$ 斑点）、高密度的钨富集杂质以及重熔铸块顶端附近的“管道（pipe）”等缺陷。氮富集杂质可能有很多来源，其中两个最常见的为真空泄漏（vacuum leaks）和经由磨削或火焰切割污染的重回物。高密度的杂质来源：在作为重回物使用前没有筛选出切屑和碎片的熔化电极以及钨碳化物机床刀具。典型的熔炼过程需要通过监视加工产物，确保没有出现任何一个如前面所述熔炼相关的缺陷来保证其质量。一旦认为合格，熔炼方法即固定并成为每种材料熔炼过程中必须严格遵守的“固定方法”。

过去15年的发展中还出现了一种较新并且已经完全商业化的用于熔炼高性能钛合金的方法，即冷床炉熔炼（Cold Hearth Melting，CHM）。它是在一个水冷管道中进行操作的，其中用一层薄固态钛合金模将熔融金属与铜炉隔开。用于熔炼的热源来自电子枪或者电浆炬。冷床炉熔炼方法的主要好处之一是能够消除之前提到的与熔炼相关的缺陷。因此，自从冷床炉熔炼被接受以来，其在飞行器发动机转子合金的制造中得到了日渐广泛的运用。冷床炉熔炼的另一个好处是可以从床式反射炉中铸造出矩形的铸块板。相比之下，重熔的铸块通常是圆柱形的。对比于磨削和其他的加工方法，该矩形厚板能够在产品转化损耗率较低的情况下转化成板块。这是因为开始和最终产品形态的相似性增加了转化过程中应变的均匀性，将其开裂的可能性降到最低。冷床炉熔炼在熔炼商业纯钛（Commercially Pure，CP）的使用中尤其受欢迎，因为大多数商业纯钛在管道和板状热交换器中的使用都是以板或者条状的形式出售的。

锻造产品是以极高温度加工铸块的形式生产的，其目的是制造化学上均匀的产品，改变产品形态并改善其微观结构。最初的热加工操作在 $\beta$ 相变温度之上进行，因为此时材料更柔软且具有较高的溶质扩散率（solute diffusion），使得合金能够更好地均匀化。其加工环境为一个具有较窄、平整且开放的锻压机，随后通过旋转工件，减小其横截面积以维持形态的对称性。现今的轧制方法通过机械操作手控制工件的位置和方向。在铸块或工件相对较窄的横截面引进应变增量，并逐渐使其在机床中移动直到全部截面都被锻造完毕。该锻造或者开坯操作需要周期性的重复加热以确保材料在加工过程中一直处于 $\beta$ 相变温度之上。开坯操作造成了 $\beta$ 相的再结晶，改善了其热塑性，并使之后的热加工操作中能够引入更大的应变。诸如Ti-6Al-4V之类的常用合金铸块直径上通常可以达到90 cm（36 in），重量上可以达到10 000 kg（22 000 lbs[①]），所以从铸块到中间产品的切削会引入大量的热加工。该操作的典型结构是一具有所谓的圆角方形（Round Cornered Square，RCS）轴对称的横截面。圆角方形的典型尺寸为50 cm（20 in）。大铸块的圆角方形中间产品将被切割成更适用于后续加工的可操纵长度以制成诸如方坯、条板之类的理想产品。剩余的热加工主要在 $\alpha+\beta$ 相场中完成，以改善微观结构并获得能够最终加工成轧制产品的尺寸和形状。在开展 $\alpha+\beta$ 加工之前，通常需要对圆角方形进行调节，以除去被氧气污染的表面层，称为 $\alpha$ 条件（$\alpha$ case），因为 $\alpha$ 条件易导致开裂。基于材料的设定用途，需要通过额外的开坯对圆角方形进行热加工以准备轧制成板，旋转锻造成圆形坯，尤其是用于闭模锻造或棒磨机中的转动以及挤压坯料的后续使用。最终加工过程的每一道工序都能够通过进一步的热加工，以可控的温度、应变和应变率条件改变产品的微观结构。这些参数的详细组合，通常称为工艺窗口，它对于产生特定的最终微观结构以获得给定应用所需的混合性能起到了决定性作用。微观结构和产品性能之间的关系将在本章的后面进一步讨论。

之前唯一没有提到的轧制产品是薄板，通常是厚度小于2.5 mm（0.1 in）的材料。生产薄板时，其在空气中的活性使得制造过程需要一种特殊的称为叠轧的加工方法。叠轧需要对较大尺寸的材料工件涂以诸如铝氧化物浆体之类的涂层隔离剂以防止其互相粘连，并且以“低碳钢包装”进行封套从而阻止其暴露在空气中。“包装”在 $\alpha+\beta$ 相场中单独热轧以获得理想的尺寸，然后打开包装将单个薄板浸泡或者研磨，以除去表面的污染层。厚度在0.050 mm（0.220 in）左右的很薄的材料称为箔，通常最终是用森吉米尔轧机冷轧薄板而获得的。

临界断裂的钛合金部件，如喷气发动机转子，其典型的生产方式为闭模锻造，因为可以通过更精确地控制工艺窗口以加强对微观结构的控制。如果确实需要的话，锻造操作可以使用热模在等温的条件下进行，但是该锻造方法需要增加相当多的费用。闭模锻造对钛合金微观结构和性能的影响也会

① 1 lbs=0.453 kg。

在后面得到讨论。

最后，诸如喷气式发动机压气机和固体燃料火箭发动机套管等应用上需要用到无缝薄壁环。这些环是通过环锻的方式生产的，环中间穿有一定长度理想质量的预热坯料以制造一厚壁圆筒。该穿孔圆筒置于一配有两对立滚轴的设备中，一个在外边，另一个在里边。当它们旋转的时候会相互挤压，此时环壁的厚度即随着滚轴直径的增加而减小。在获得理想的壁板厚度和直径时，该过程即完成。板材轧制的过程中极少会出现壁板增厚的情况，因而用于穿孔的初始工件，其尺寸的高度可以基本上得到确定。

# 4 工艺与性能关系

正如之前所提到的，钛合金的微观结构对其力学性能有重要的影响。钛物理冶金学的核心在于理解如何在热力学及热加工过程中操控其微观结构，并理解其微观结构和性能之间的关系。钛合金微观结构的复杂性加上 $\alpha$ 相的密排六角结构，使得微观结构及其性能的控制相当艰巨，但每个人的观点都有不同。然而，实践证明，在那些安全系数较小的设计领域，如临界重量、承载应用，经验不足的设计人员在钛合金的使用上依然要遵从专家的建议，否则会出现严重的后果。

本章中剩余的内容将总结钛合金使用案例中微观结构和性能之间的关系。讨论重点将集中在最常用的合金上，如 Ti64。该主题较为宽泛，因而不能在此处予以详细探讨，关于该主题更为详细的信息可以在扩展阅读章节中找到。

## 4.1 钛合金微观结构的演变

$\alpha+\beta$ 和 $\beta$ 钛合金微观结构发展和操控中需要强调的是其 $\beta$ 相到 $\alpha$ 相的转变以及加工工艺对于这些相形态和分布的影响。除了这种共通性以外，两种钛合金微观结构的演化是相当不同的。因此，下面将对这两种合金分别予以讨论。

### 4.1.1 $\alpha+\beta$ 合金

在 Ti 及其合金中，$\beta\rightarrow\alpha$ 转变可以在成核生长反应中产生；或者在某些 $\alpha+\beta$ 合金中，当达到固溶处理温度的冷却速率足够高时通过马氏体转变而形成。从 $\beta$ 相转化而来的 $\alpha$ 相，无论是通过成核生长还是通过马氏体转变形成，其与母体（parent）$\beta$ 相之间特定的结晶方向关系称为 Burgers 朝向关系（Burgers Orientation Relation，BOR）。因此，典型的 $\alpha$ 相在 $\alpha+\beta$ 相中的成核生长方式为：条状的 $\alpha$ 相群体被细条的 $\beta$ 相分割，如图 1 所示。该微观结构称为全片层结构。群体（colony）中每一 $\alpha$ 板条均有同样的结晶方向，这意味着每个板条中的滑移面都是对齐的，此时的有效滑移长度即为群体的尺寸。这对性能章节中将要讨论的力学特性而言有重要的意义。

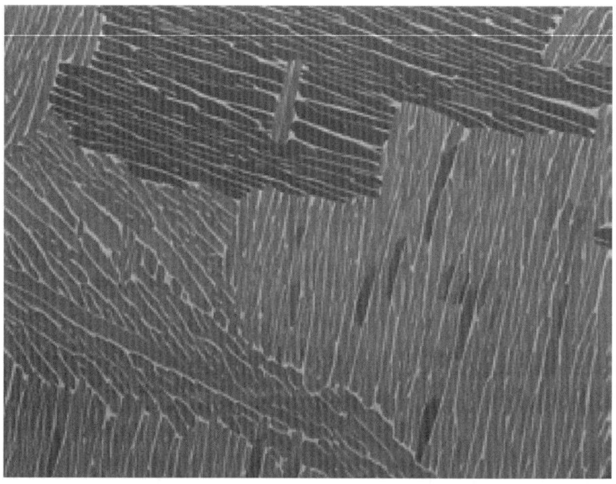


**图 1 Ti-6Al-4V 中显示群体微观结构的全片层结构**

热力学加工（Thermomechanical Processing，TMP）的一个主要意图是使得群体中的 $\alpha$ 板条重结晶，因而之后其变形能够互不影响。如图 2 所示，重结晶后的板条被认为是等轴的形态。该微观结构被称为等轴结构（fully equiaxed）。这些等轴的 $\alpha$ 颗粒称为主 $\alpha$（primary $\alpha$）。$\alpha+\beta$ 相中主 $\alpha$ 相的体积分量可以通过热力学加工之后重加热到不同的温度而进行控制。图 3 中给出了不同体积分量的两个案例。这些结构称为双模态（bimodal structures），因为其中的 $\alpha$ 相呈现出两种形态：一种是等轴区域；另一

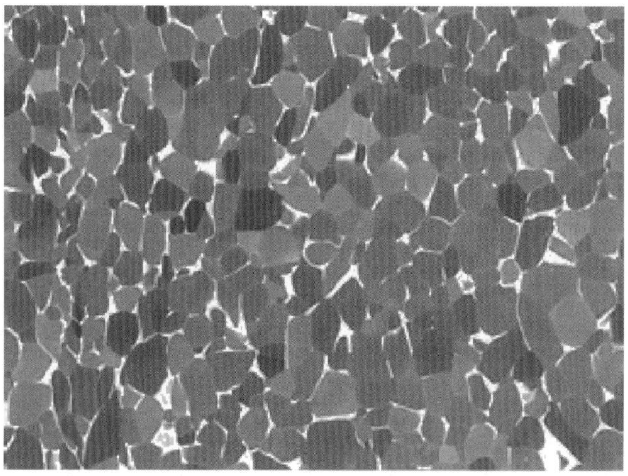


**图 2 Ti-6Al-4V 中显示热加工对 $\alpha$ 相形态影响的全等轴结构**

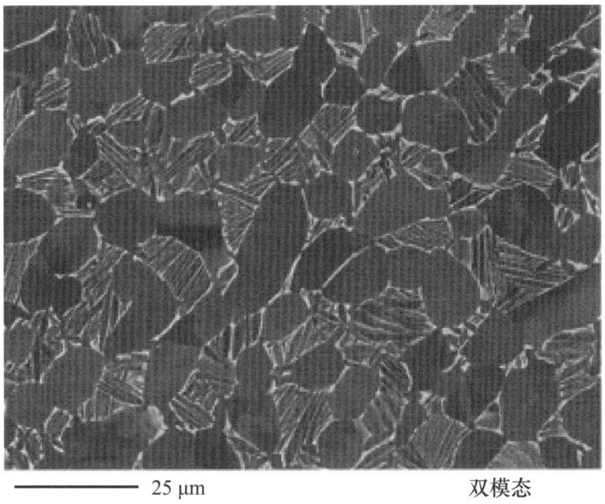


（a）

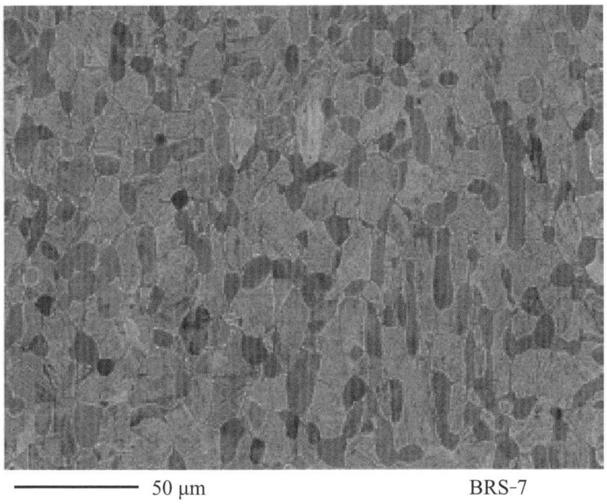


（b）

**图 3 Ti-6Al-4V 的显示固溶处理温度对 $\beta$ 基质中等轴主 $\alpha$ 和转变 $\beta$ 相体积分量影响的双模微观结构**

（a）低固溶处理温度；（b）高 $\alpha+\beta$ 固溶处理温度；

种是重加热时 $\beta$ 相的细长状区域。此处给出的两个双模态微观结构中，$\alpha+\beta$ 混合度大小是不同的，因为其母体 $\beta$ 相的构成取决于体积分量，而体积分量又刚好是温度的函数。总而言之，$\alpha+\beta$ 钛合金的微观结构主要有三种形态：全片层、全等轴和双模态。

钛合金中形成的诸如 Ti64 之类的马氏体被称为 $\alpha'$，其与成核生长 $\alpha$ 的区别主要在于构成以及较小的形态。相比于高强度钢铁，$\alpha'$ 马氏体既不坚硬也没有高强度，其原因在于钛合金中的合金元素是以置换原子（substitutional atoms）而不是填隙原子（interstitial atoms）的形态出现的。例如，亚铁马氏体（ferrous martensite）中的碳，马氏体反应会造成微观结构中有更多随机方向的 $\alpha$ 板条。这种微观结构的强度较高，塑性却较低。考虑到空间的限制以及 $\alpha'$ 相并非研究的重点，这里不再进行详细讨论。

#### 4.1.2 $\beta$ 相合金

$\beta$ 相钛合金可以冷却到室温而保持完全 $\beta$ 相的形态，尽管是亚稳态的 $\beta$。这些合金的加工与 $\alpha+\beta$ 合金是相当不同的，需要在 $\beta$ 相变（$\beta$ 加工）之上热加工出理想的细颗粒状重结晶 $\beta$ 相。该亚稳态 $\beta$ 相在较低温度下的老化（age）可以形成精细分散的 $\alpha$ 相增强沉淀。在老化过程中，$\beta$ 相颗粒边界作为被称作颗粒边界 $\alpha$ 的 $\alpha$ 相的有利成核位置。图 4 中给出了颗粒边界的一个极端例子。在固溶温度冷却或老化的过程中，颗粒边界 $\alpha$ 的生长极为迅速。这是因为颗粒边界处的成核阻碍比基质中的小，且其后续的成长因颗粒边界处高速率的扩散而加快。在亚稳定 $\beta$ 相的情况下，$\beta$ 合金也可以通过冷或者热加工来产生高密度的位错。位错也是有效的 $\alpha$ 相成核位置，并且冷或者热加工后老化的 $\beta$ 合金使得 $\alpha$ 相沉淀的分布非常均匀。如此处理的 $\beta$ 合金可以轻松达到 1 400 MPa 以上的屈服强度。然而，在这么高的强度下，韧性会很低，这也限制了其应用的范围。

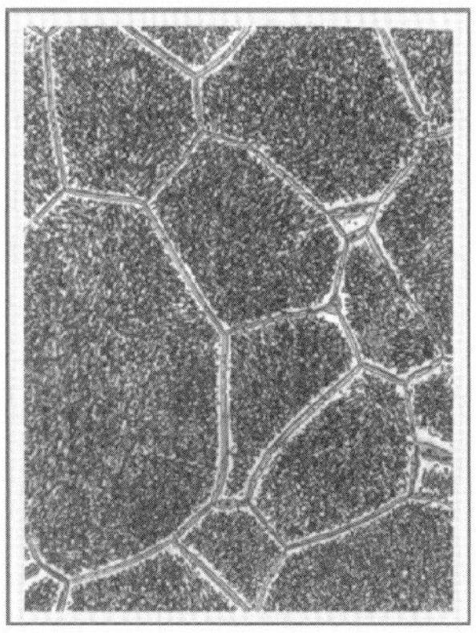

**图 4 Ti-10V-2Fe-3Al 由 $\beta$ 相变之上的温度冷却后的颗粒边界 $\alpha$**

$\beta$ 合金同样可以在 $\alpha+\beta$ 相场中热加工以使其中的 $\alpha$ 相重新结晶，这种方式生产出了 $\beta$ 基中包含等轴 $\alpha$ 相的微观结构。如果 $\beta$ 基也进行重结晶的话，该合金即可老化形成高密度的 $\alpha$ 相沉淀。图 5 中给出了以这种方法处理的 $\beta$ 合金的一个例子。$\alpha+\beta$ 加工的一个好处是 $\beta$ 相基体的重新结晶可以在不产生明显颗粒状边界 $\alpha$ 阵型的情况下进行。在该微观结构中，同等屈服强度下的拉伸韧性相对较高。

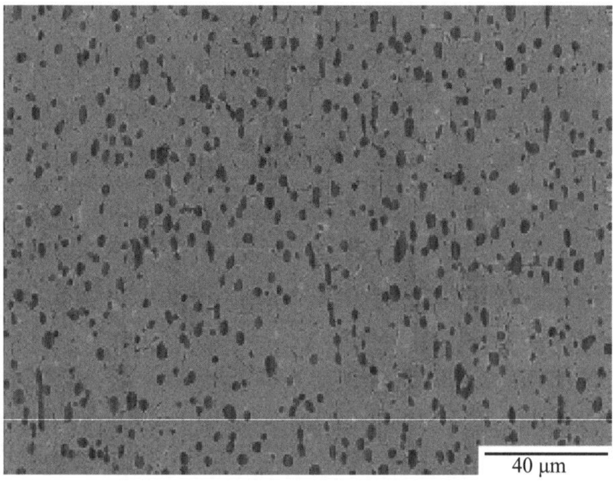


**图 5 Ti-5Al-5V-5Mo-3Cr $\alpha+\beta$ 加工后的等轴主 $\alpha$**

图像由 B. Welk、Ohio State 提供

## 4.2 拉伸性质

$\alpha+\beta$ 钛合金可以达到的可用屈服强度在 700～1 050 MPa。特殊环境下可以获得更高的强度，但其韧性会变得过低以至于几乎没有实际的使用价值。钛合金的使用者很早就开始关心的一个问题是诸如 Ti64 类合金在退火加工产生全片层结构（图 1）时较低的拉伸韧性。在钛合金使用的早期，该结构甚至被称为“过热（overheated）”结构，意味着其并非理想的条件。之后，人们意识到该微观结构具有其他包括较高的断裂韧性以及更好的抗应力腐蚀等性能在内的重要意义。这种认可是该种微观结构后来被接受的一个重大原因，因为熔焊能产生这样的结构。人们认识到全片层结构可以采用，并且在某些情况下比 $\alpha+\beta$ 加工结构更好，从而使熔焊 $\alpha+\beta$ 钛合金结构获得了更为广泛的认同。



全等轴或双模微观结构情况是诸如 Ti-6Al-4V（图 2 和图 3）类 $\alpha+\beta$ 钛合金中应用最为广泛的。其原因一部分是对全片层结构韧性过低的担忧，另一部分是因为这是板材结构一种简单的最终形态。全等轴平轧产品中一个最为常见的变种称为“轧制退火（mill annealed）”。轧制退火是 $\alpha+\beta$ 相热轧后在大约 700 ℃下经历较少次数的最终退火。尽管制造轧制退火的条件非常容易，但它仍然会因为 $\alpha+\beta$ 加工的程度不能很好地得到控制而产生很多微观结构上的变化。因此，700 ℃退火时产物间重结晶反应的不一致性，引起了强度、韧性和后面叙述中将要讨论的断裂韧性上明显的变化。

$\alpha+\beta$ 钛合金中的双模结构（图 3）一直以来都是具有最低产品间性质差异及强度和拉伸韧性最好的组合。因此 $\alpha+\beta$ 加工后在低于 $\beta$ 转变 50 ℃～100 ℃的 $\alpha+\beta$ 相场中重加热，尽快冷却以产生尽可能精细的 $\alpha+\beta$ 基质网格，成了对于强度和韧性要求最高的 $\alpha+\beta$ 钛合金组件最为广泛的热处理方法。

正如之前讨论的，$\beta$ 加工条件下的 $\beta$ 合金极易产生颗粒边界 $\alpha$。在该种微观结构以及屈服强度高于 1 050 MPa 的条件下，断裂路径从穿晶的（transgranular）变为晶粒间的（intergranular），其局部断裂模式都是微孔成核、生长、聚结，即韧性断裂。作为该断裂路径转变的结果，$\beta$ 加工的拉伸韧性相比于同等屈服强度的 $\alpha+\beta$ 材料而言较低。这是因为拉伸应变优先聚集在较弱的应变边界区域，导致这些部位在整体宏观应变较小的情况下局部断裂的发生。因此，其在拉伸测试中断裂时的测试应变是相当低的，即使断裂形式为韧性断裂。对于韧性限制要求，如可成型性，这即成为一个限制因素，但是对于临界断裂应用，断裂韧性更为重要，这将在后面予以讨论。

因为篇幅的限制，不可能将微观结构对于 $\alpha+\beta$ 和 $\beta$ 钛合金拉伸性能的影响进行全面的描述。然而，读者需要理解的是拉伸性能可以通过加工和热处理，操纵微观结构进行调控以获得一系列的强度-韧性组合。

## 4.3 断裂韧性

钛合金比较特殊的是，在强度相近的情况下，有最高拉伸韧性的微观结构却并没有最高的断裂韧性。实际上在强度保持不变的情况下，柔度和韧性之间的关系通常是相反的。其原因是复杂的，其中一个因素是钛合金类似高强度钢或高强度铝合金中的构成相，其中通常不包含诸如硫化物、碳化物和碳氧化物等第二杂质相。这些颗粒通常会促进裂纹的扩展，尤其是在高强度的情况下。另一个因素是在维持韧性断裂模式下控制钛合金中断裂路径的能力。在裂纹扩展需要的固有能量不变的情况下，裂纹路径曲折度的增加会增加其韧性。实际情况显示，在所有的结构金属中，该情况只在钛合金中发生。

图 6 和图 7 中显示了 $\beta$ 加工和 $\alpha+\beta$ 加工的 Ti-6Al-2Sn-4Zr-6Mo 合金断裂表面。这些图片显示 $\beta$ 加工材料的断裂路径沿着原先的 $\beta$ 边界，而在 $\alpha+\beta$ 加工的材料中，裂纹是穿晶的，并且没有优先路径。这两个试件的屈服强度几乎一致，然而 $\beta$ 加工

材料的 $K_{Ic}$ 却几乎是 $\alpha+\beta$ 加工材料的两倍，并且 $\alpha+\beta$ 加工材料的拉伸韧性几乎是 $\beta$ 处理材料的两倍。在不同加工情况下，Ti-6Al-2Sn-4Zr-6Mo 断裂韧性不同的起因在于断裂路径和裂纹开裂减缓的区别。如果局部的断裂模式是韧性的，那么较曲折的断裂路径会产生更高的韧性值。该趋势只在材料屈服强度≤1 000 MPa 的情况下满足。在较高的屈服强度下，颗粒边界区域和基质之间强度的差异人为地约束了塑性区域的尺寸，导致了裂纹扩展过程中较低的整体能量耗散。在这种情况下，断裂韧性和拉伸韧性变得过低以至于限制了材料在临界断裂情况中的使用。

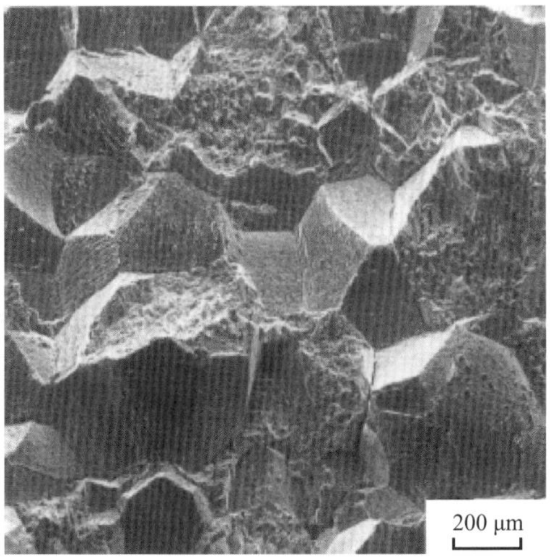


**图 6　β 加工 Ti-6Al-2Sn-4Zr-6Mo 断裂表面的扫描电子显微（scanning electron microscope）图，显示裂纹路径优先选择 β 颗粒边界区域**

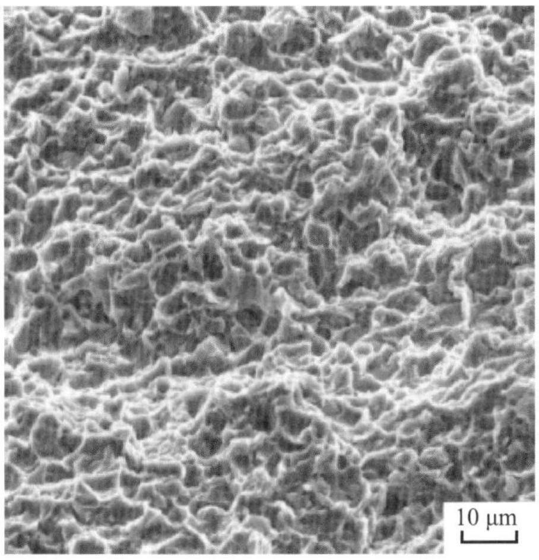


**图 7　α+β 处理 Ti-6Al-2Sn-4Zr-6Mo 断裂表面的扫描电子显微图，显示裂纹路径并不具有任何特定的显微结构特征**

## 4.4　疲劳特性

钛合金的疲劳特性有两个不同的方面：疲劳寿命和疲劳裂纹扩展速率。这两个参数在循环加载结构的设计中均是重要的因素。疲劳寿命集合了裂纹开裂以及后续生长直至断裂的过程，而疲劳裂纹扩展速率仅仅测量了现有裂纹生长的速率，并且疲劳强度通常是在光滑的缺口试样上测试并相应记录的。时效硬化的铝合金情况亦是如此，钛合金不会像碳钢一样在使用期限达到 $10^6 \sim 10^7$ 循环的时候显示其真正的疲劳极限。因此，钛合金的疲劳强度必须给定期限，即在 $10^6$ 或 $10^7$ 循环下由极限循环应力幅值的方式确定。然而，钛合金圆钢的疲劳强度通常和屈服强度在一个量级上，而含缺口试棒的强度和拉伸韧性的量级符合得很好。正如前面所讨论的，微观结构对于屈服强度有较大的影响，所以它也对圆钢的疲劳强度有相似的影响。微观结构同样影响拉伸韧性，相同强度的层状结构韧性总比等轴结构的低。韧性与缺口疲劳强度间的关系因为屈服强度的同时变化而变得更加复杂，因而其趋势不如屈服强度和圆钢之间的关系明显。

疲劳裂纹扩展速率同样取决于微观结构，因为它对裂纹穿过材料时的路径有很大的影响。在全片层微观结构中，裂纹路径更为曲折。因此在裂纹生长过程中，其方向不断发生变化，减缓了其增长速率。曲折的裂纹路径导致断裂面非常粗糙。这种粗糙性造成了卸载过程中相对断裂面之间的相互干涉。因此需要一些外部加载将相对断裂面重新分离，使得“驱使”裂纹扩展的力小于全部的加载。该影响通常称为粗糙诱导闭合（roughness-induced closure），其最终影响为给定外部循环加载和裂纹长度，即常数循环应力强度因子（$\Delta K$）下裂纹扩展速率的降低。更多关于该现象的处理可以参考本章末尾的扩展阅读。



理解微观结构对钛合金疲劳特性的巨大影响是非常重要的。通过选择恰当的加工方法，即能获得疲劳极限应用中的理想微观结构。显然，确定特定组分是受总体循环寿命还是裂纹增长速率的限制是非常重要的，通常这由相关的设计原理来确定。

## 4.5　蠕变行为

近 α 相，诸如 Ti-6Al-2Sn-4Zr-2Mo（Ti6242）之类的钛合金在使用温度约为 500 ℃时均具有良好的蠕变阻力。高于该温度时，高温钛合金结构强度在相对密度的基础上等于或者要高于镍基合金。这些合金通常用在飞行器发动机压缩机部分的转子上。所有的近 α 相合金都包含少量的硅添加剂（质量分数为0.1%～0.35%），以增强其蠕变阻力。正如其他性能一样，微观结构影响了材料的蠕变阻力，其中全片层结构优于$\alpha+\beta$加工情况下的材料。大多数应用中重要的性能不止一个，所以需要在不同的性能之间进行折中处理。前面提到的压缩机发动机即受蠕变和低循环疲劳（Low-Cycle Fatigue，LCF）所限制。微观结构对这两种性能的影响刚好相反。双模微观结构有更好的低循环疲劳阻力，而全片层结构的蠕变阻力较好。结果显示，具有较小（10%～15%）等轴主$\alpha$相体积分量的双模结构具有最好的这两种受限性能的组合。然而，在实际复制生产具有该低$\alpha$相体积分量微观结构的过程中却遇到了严重的困难，因为这需要加工热处理温度具有极为苛刻的温度公差（±10 ℃）。基本上这在商业惯例中是不可行的，尤其是对于大的组件。

为了克服该加工缺陷，在英国开发了一种新的合金，它在生产该理想低$\alpha$相体积分量时具有较大的许用温度范围。该合金称为IMI834，其构成为Ti-5.8Al-4Sn-3.5Zr-0.5Mo-0.7Nb-0.35Si-0.06C，额外添加的碳改变了$\alpha$相溶解度曲线的形状，降低了初始$\alpha$体积部分在$\alpha+\beta$加工处理中的温度敏感性。铌添加改进了该合金的蠕变阻力。因此，IMI834的承温能力大约在575 ℃，或者再高75 ℃。



在温度≥600 ℃时，钛合金若暴露在空气中则易被氧气污染。正如前面所提到的，氧气污染物产生了一种硬而脆的$\alpha$相铺层，称为$\alpha$条件。$\alpha$条件的出现使得循环加载过程中裂纹过早开裂，这极大地降低了疲劳寿命。该特征成了钛合金较高温度使用的一个主要限制，与合金的蠕变阻力无关。

### 4.6 应力腐蚀开裂（Stress Corrosion Cracking，SCC）

钛合金因为具有薄的表面氧化膜保护层，通常为$TiO_2$，正如前面所说的，它们不含任何杂质，因而对一般的或点状腐蚀具有抵抗力。钛合金试件在受拉伸加载，且暴露于氯化钠水溶液中时对应力腐蚀开裂并不敏感，这与高强度铝合金和高强度钢不同，后者在相同条件下相当敏感。因此，在20世纪60年代早期，人们基于一般用于测试钢和铝合金应力腐蚀开裂敏感性的试验，认为钛合金在水溶液中对应力腐蚀开裂是免疫的。不久之后进行了一些具有疲劳预置裂纹的试验，在这些测试条件下，即观察到有些钛合金对应力腐蚀开裂极为敏感。该发现在航空航天领域引起了极大的关注，并推动了针对不同钛合金敏感度以及它们对应力腐蚀开裂敏感条件（加载、环境等）的深入研究。其实际目标是确认敏感度可能被降低的条件。由于研究与开发（Research and Development，R&D）的工作，出现了关于α、近$\alpha$和$\alpha+\beta$钛合金应力腐蚀开裂行为的一些参考信息。可以简要归纳为：具有≤6%质量分数的Al和/或≤百万分之两千质量分数（0.2%质量分数）氧的合金具有可控的敏感度；在诸如Ti-6Al-4V之类的合金中，全片层结构比全等轴或双模微观结构敏感度要低。当然，在20世纪60年代早期，商业上还没有出现任何目前最常用的$\beta$钛合金。因此，许多这些合金的应力腐蚀开裂仍然没有很好地得到归纳。

如今，应力腐蚀开裂依然需要纳入考虑，但并不会成为设计缺陷。在SCC引起使用限制的情况下，前面给出的方案会导致合金具有较低强度和较高抗应力腐蚀开裂性能。其中的一个显著案例为深潜船船体中钛合金的使用。这些应用中总是使用具有较低氧含量材料和较低铝含量的全片层结构合金，它们基本对应力腐蚀开裂具有免疫作用。幸运的是，重量不再是航海应用中一个需要担心的问题，因而比强度并不是关键性的因素。

## 5 钛合金的航空航天应用

从20世纪60年代早期开始，钛合金在飞行器和航天器中主承力结构及喷气发动机旋转部件中得到了越来越多的应用。钛合金虽然昂贵，但是其结构效率高、综合性能强，因此在商业和军用飞行器上赢得了“一席之地”。正如前面所述，钛合金优秀的总体抗腐蚀性能和它们良好的损伤容限性使得它们成为飞行器中检查困难且代价高昂的“深埋”重载荷结构的极好选择。图8中给出了一个军用飞行器钛合金舱壁的案例。因此，钛合金被普遍应用于军用和民用飞机诸如机翼、尾翼（尾部）附近和其他断裂控制组件等关键结构中。

聚合物基-碳纤维复合材料（Polymer Matrix-carbon Fiber composites，PMCs）使用上的增长亦从另一方面促进了钛合金的使用。这是因为钛合金和聚合物基-碳纤维复合材料之间存在着严重的电化学不相容性，促进了设计需求不高的应用中钛合金的使用。图9中给出了一个商业飞机中的钛合金尾翼附件。同样地，诸如横梁和座椅调节导轨之类的应用如今也通常使用钛合金以提高其抗腐蚀性能。

**图 8　双发动机军机的机身隔框照片，该隔框由闭模锻造加工而成**

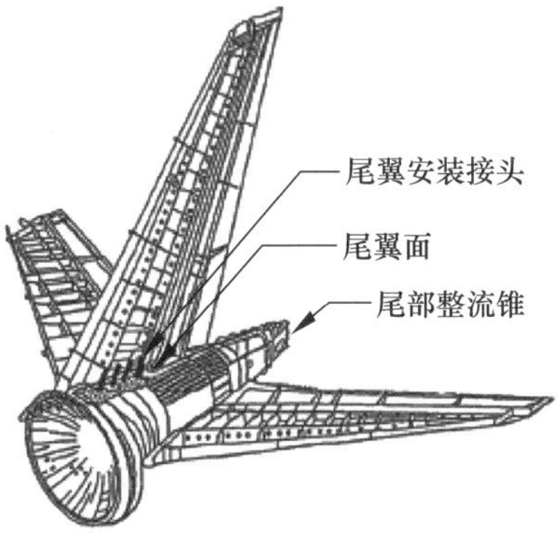


**图 9　大型商用飞机的尾翼安装接头，该部位因为与聚合物基-碳纤维复合材料连接而使用钛合金制造**

近年来，β 钛合金在飞行器中诸如起落装置、弹簧和紧固件等结构件的应用中亦日渐广泛。波音 777 是第一架在起落架关键部位使用钛合金的商业飞机。之前的起落架都是使用诸如 AISI 4340 M 之类的高强度钢。基本上 4 340 M 具有超过 1 850 MPa 的拉伸强度，然而实际上，该材料在如此高的强度水平下对应力腐蚀开裂和氢脆性极其敏感。这使得 4 340 MPa 的实际强度被限制在大约 1 250 MPa。这种强度水平诸如 Ti-10V-2Fe-3Al（Ti1023）之类的钛合金也可以达到并且钛合金密度只有钢的一半，因此明显地减轻了结构重量。图 10 所示波音 777 起落架的组装图。图中，水平车架轴和耳轴（车轴）是 Ti1023 材料的，而垂直外缸是钢制的。近来 β 钛合金的另一个应用是飞行器弹簧。弹簧受扭矩（剪力）作用，因而对由低拉伸韧性引起的断裂不敏感。正如前面所述，β 钛合金强度可以加工到 1 400 MPa 左右，但是其韧性较低。对于弹簧，低韧性并不限制其使用，否则高强度钢也不能被使用。另外，β 合金弹性模量比钢低 40%～50%。因为其高屈服强度和较低模量，β 钛合金弹簧比同等钢弹簧有更大的弹性拉伸能力并且要轻 50%。图 11 所示为目前应用于现代飞行器中的钛合金弹簧。

**图 10　大型商用飞机的起落架的组装图，水平组件由 Ti-10V-2Fe-3Al 制成**

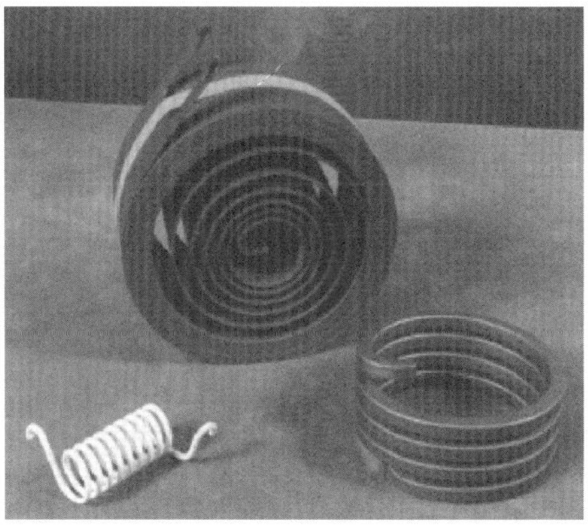

**图 11　由某些 β 钛合金制成的飞行器中的钛合金弹簧照片**

飞行器中最后要讨论的钛合金的应用为紧固件。类似于弹簧，紧固件受剪切载荷，因而使用时不考虑其拉伸韧性。然而，其生产和安装过程中依然存在韧性上的问题。例如，加工过程的锻头（heading）工序和喂料（threading）工序需要一定的韧性，并且一些紧固件的设计需要其在安装时具有一定的韧性。对于这些韧性的需求钛合金紧固件完全可以达到，并且可以在节省大量重量的情况下代替钢紧固件。同样地，从抗腐蚀性能角度来看，钛合金紧固件与聚合物基-碳纤维复合材料组件的结合使用是非常重要的。如今钛合金紧固件的使用范围已经很广。图 12 中列举了其中的一部分。

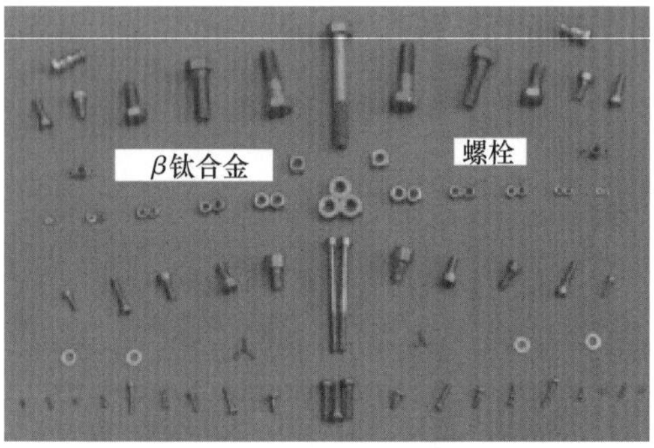


**图 12　不同类型钛合金紧固件的照片**

在大量用于飞行器结构中前，钛合金在飞行器发动机中就得到了相当的使用。图 13 所示为钛合金在高涵道比涡轮风扇发动机中的使用。



图 14 所示为从此类发动机上取出的一个圆盘风扇。现行方法是将钛合金旋转部件用在压缩机的多级压缩部分上，这些组件称作线圈，其在单块部件中可以多达 5～6 级。线圈相比于叶片端部的优点在于单级间螺栓连接的消除，即提高了结构的疲劳寿命并减小了压缩机的重量。图 15 所示为该种多级压缩机的一个案例。

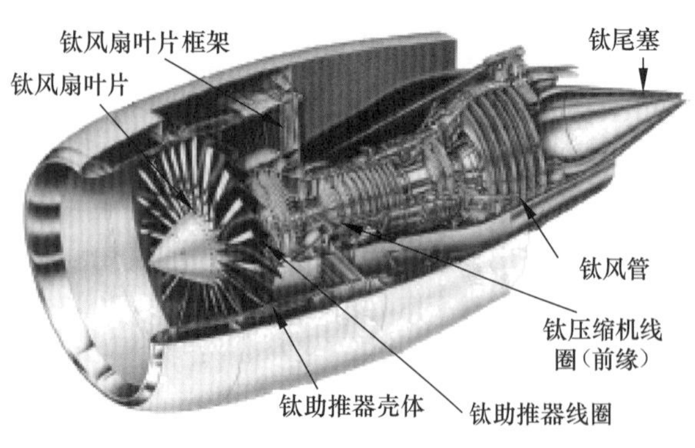


**图 13　钛合金多种应用中大型、高涵道比涡轮风扇发动机的立体剖面图**

此处所给出的钛合金应用中，发动机内钛合金材料应用最为密集的为圆盘（disks）、线圈（spools）、风扇叶片（air foils）及发动机压缩机等旋转部分。钛合金在这些组件中的成功应用成了

**图 14　高涵道比涡轮风扇发动机中使用的圆盘风扇的照片**

**图 15　高涵道比涡轮风扇发动机中使用的多级压缩机线圈照片**

商用和军用发动机质量得到保证的关键。到目前为止，技术上对钛合金需求最多的部位为飞行器发动机中的叶片和线圈，因为这些部位一些位置处的最大工作应力超过了材料的屈服极限。在存在缺陷的情况下，如此高的工作应力会引发过早的疲劳断裂，其是过去 40 年间一些震惊世界的飞机失事的主因（参考罗马、巴黎、苏城和芝加哥事故）。这类事故均是因为叶片中缺陷的出现，而不是设计上的问题。这些缺陷或是诸如之前提到的硬 $\alpha$ 之类的熔炼相关缺陷，或是因为较差的打孔操作造成的机械误差，或是其他类似的机械操作误差。过去 40 年间，这些事故促进了包括熔炼和机械加工在内的工艺的极大改进，同样也催生了更好的无损检测法用以检测材料和加工上的缺陷。例如，由于熔炼工艺的改进，硬 $\alpha$ 的出现概率从大约 1 例每 10 000 磅铸块降低到了小于 2 例每 100 万磅铸块。而如果将

检测方法上的改进也一并考虑的话，实际出现缺陷的概率还要更低，因为有一些缺陷现在是可以被检测到的，而15年前这些缺陷还是无法探测的。

钛合金在航天器和火箭发动机中也有一定的使用，此处未加以详细讨论，主要的区别在于后者应用中钛合金在冷冻温度下的使用。钛合金不像钢在这种环境下会出现脆性化。对比其他结构材料，钛合金在冷冻温度下的强度较高，但是该强度上的增加却带来了延展性和韧性上的降低。因此，常用做法是采用间隙较小的诸如Ti64之类的合金。这些等级的合金称为ELI（Extra Low Interstitials，意指超小间隙），其在室温时强度较弱，但在实际工作温度下却具有理想的强度。除去该因素外，钛合金在航天器和火箭发动机中的使用与飞行器和飞行器发动机中的使用类似。

## 6 结论

本章强调了钛合金在航空航天应用中的性能。因为篇幅的限制，关注的重点在于飞行器和飞行器发动机部分，因为它们占据了钛合金使用的一大部分。前面已经多次强调，钛合金的使用在很大程度上是因为其能够针对不同的应用调节其性质而获得最佳的性能。过去的几十年中，钛合金产品已日渐成熟，但是此类产品仍然具有高度专业化并且知识密集化的特点，尤其是在调节其性能时，因为加工工艺控制得不好会导致性能上的千差万别。熟练使用此类材料的人很清楚这一点，钛合金的实用性已经成为现代飞行器和飞行器发动机性能改进的奠基石。希望本章能给非材料专业方向却对航空航天系统中钛合金的使用感兴趣并且有所需求的工程师们带来帮助。

## 7 致谢

感谢为本章提供部分显微图片并阅读及提出建议的俄亥俄州立大学的博士生们，尤其感谢J. Foltz、D. Pilchale和B. Welk.

## 扩展阅读

Blenkinsop，P. A.，Evans，W. J. and Flower，H. M. (1996)(eds) *Titanium'95：Science and Technology*，The Institute of Materials，London，UK.

Froes F. H. (ed.) (1993) *Titanium'92：Science and Technology*，TMS-AIME，Warrendale，PA.

Gorynin，I. V. (ed.)(2000) *Titanium'99：Science and Technology*，CRISM "Prometey"，St. Petersburg.

Jaffe，R. I. and Burte，H. M. (eds)(1973) *The Science Technology and Applications of Titanium*，Plenum Press，New York.

Jaffee，R. I. and Promisel，N. E. (eds)(1970) *The Science，Technology and Application of Titanium*，Pergamon Press，London.

Kimura，H. and Izumi，O. (eds)(1981) *Titanium'80，Science and Technology*，TMS-AIME，Warrendale，PA.

Lacombe，P.，Tricot，R. and Beranger，G. (eds)(1988) *Proc. of Sixth World Conference on Titanium*，Cedex，France.

Leyens，C. and Peters，M. (2003)(eds) *Titanium and Titanium Alloys*，Wiley，PL New York.

Lütjering G. and Albrecht，S. (eds)(2004) *Ti-2003，Science and Technology*，Wiley，New York.

Lütjering，G. and Williams，J. C. (2003) *Titanium*，Springer，Berlin.

Lütjering，G. and Williams，J. C. (2007) *Titanium*，2nd edn，Springer，Berlin.

Lütjering，G.，Zwicker，U. and Bunk，W. (eds)(1985) *Titanium，Science and Technology*，Deutsche Gesellschaft f·ur Metallkunde e. V Oberuvsel，Germany.

Niinomi，M. Akiyama，S. Hagiwara，M.，Ikeda，M. and Maruyama K. (eds)(2007) *Ti-2007 Science and Technology*，Japan Institute of Metals.

Williams，J. C. and Belov，A. F. (eds)(1982) *Titanium and Titanium Alloys，Scientific and Technological Aspects*，vol. 2，Plenum Press，New York，NY，USA.

本章译者：古兴瑾（南京航空航天大学航空宇航学院）

# 第 190 章

# TiAl 金属互化物

Fritz Appel
GKSS 研究中心，材料研究所，格斯塔特，德国

## 1 引言

随着航空发动机研发技术的进步，需要在越来越高的温度下使用更加轻质的材料。目前正在开发的先进结构材料包括各种金属间化合物系统、金属基复合材料和陶瓷基复合材料。其中，基于 $\gamma$（TiAl）的钛合金最能达到应用的需求。这些合金出色的热力学性能使其能够为压缩机的最后级数提供高温、抗氧化、低膨胀且不燃烧的气流路径材料，取代当前诸如 Inconel 718 和 IN 100 之类的镍基超级合金。该应用的吸引力是巨大的，因为它在符合当前环境保护相关约定的情况下能够极大地节约能量。本章的目的是检验现代 $\gamma$（TiAl）合金的性能，考虑其冶金和工程性能的关键特征。为了表达的简明性，本章中忽略了很多的细节，有需要的读者可以在引用的原文中进行查阅。



## 2 组成和微观结构

具有实用价值的 TiAl 合金一般具有以下组成部分（本章中所有结构组成均表示为%的形式）：

$$\mathrm{Ti}-(42-49)\mathrm{Al}+X \quad (1)$$

其中，$X$ 表示合金元素，如 Cr、Nb、W、V、Ta、Si、B 和 C（Yamaguchi、Inui 和 Ito，2000）。一般情况下，合金元素的影响表述如下：Al 含量的降低会增加强度，但是会降低韧性和抗氧化性能；Cr、Mn 和 V 添加剂每种元素达到 2%即能显著增加韧性；其他第三种元素的作用是改善其他所需的性能，如强度（Nb）、抗蠕变性能（W、Nb、Mo、Si、C）和抗氧化性能（Nb，Ta），或者是获得细化的晶粒（B）。

当涉及二元相图（图 1）的时候，Al 含量在 46%～49%的平衡相为无序溶解相，液态，六角晶系 $\alpha$（Ti），体心立方晶系 $\beta$（Ti），具有 $L1_0$ 结构的有序金属互化物 $\gamma$（TiAl）以及具有 $D0_{19}$ 结构（McCullough 等，1989）的 $\alpha_2$（$Ti_3Al$）。所谓的片层结构是由无序 $\alpha$ 或者全有序 $\alpha_2$ 基中析出的片晶形成的，遵循下面的某个转变路径：

$$\alpha \rightarrow \alpha_2' \rightarrow \alpha_2+\gamma \text{ 或 } \alpha \rightarrow \alpha_2+\gamma \quad (2)$$

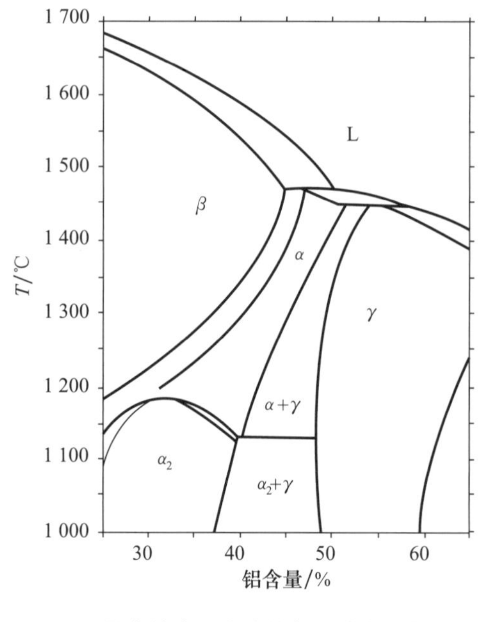


**图 1 TiAl 具有技术研究价值部位的中心部分相图**

取自 McCullough 等（1989）© Elsevier

$\alpha_2'$ 和 $\alpha$ 晶体结构相同但具有不同的组成，其精确路径依然需要讨论，并且可能与合金的组成和热

加工工艺有关。$\alpha_2$ 和 $\gamma$ 片晶之间的取向关系为：

$$(111)_{\gamma} \parallel (0001)_{\alpha_2} \text{ 和} \langle 1\bar{1}0\rangle_{\gamma} \parallel \langle 11\bar{2}0\rangle_{\alpha_2} \quad (3)$$

片晶的长度由母 $\alpha/\alpha_2$ 颗粒的尺寸决定。$\gamma$ 相作为有序区域结构出现，如图 2（a）所示。这导致了上述方向关系的 6 个变化和除了 $\alpha_2/\gamma$ 界面之外的三个不同 $\gamma/\gamma$ 界面，即由被分成不同区域并散置 $\alpha_2$ 片晶的 $\gamma$ 片晶集合所组成的片晶颗粒。这两相的体积分量由基于相图和合金加工工艺的成分所控制。图 2（b）所示为该片层结构的高分辨率电子显微照片，详细地显示了这些微观结构特征。

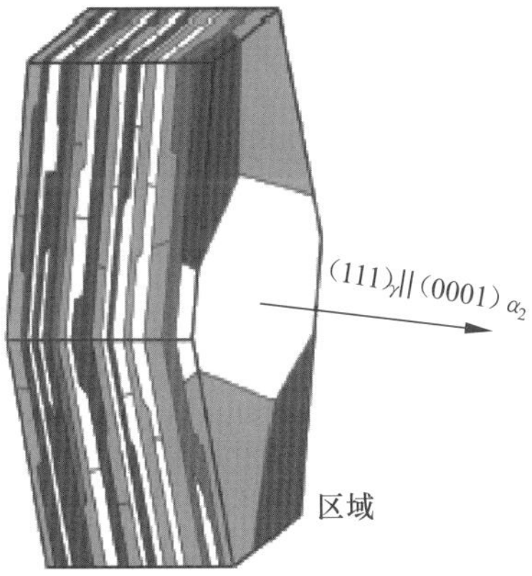


（a）

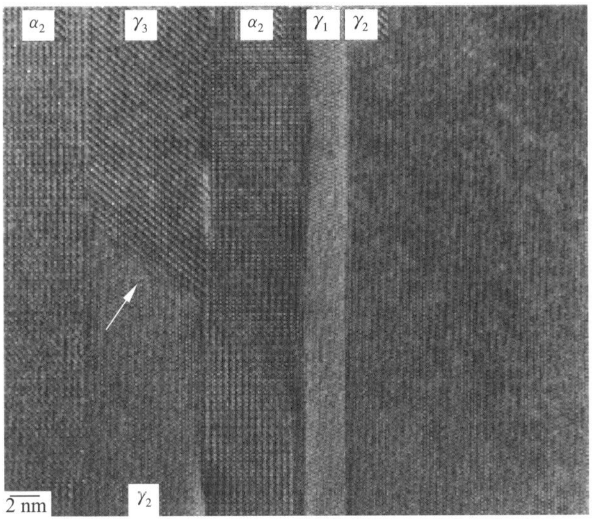


（b）

**图 2　片层结构**

**(a) 由 $\gamma$ 和 $\alpha_2$ 片晶组成的片层群体的示意图；(b) 由方向平行于$\langle 1\bar{1}0\rangle_{\gamma}$ 和$\langle 11\bar{2}0\rangle_{\alpha_2}$ 的条纹组成的片层微观结构高分辨率显微照片，注意 $\gamma$ 片层中出现的标有箭头的区域。Ti-45Al-10Nb 在 $\alpha$ 转变温度下的受挤压图**

在众多的片层界面中，只有孪晶界是完全相干的，因为其中相邻晶格的朝向是对称的。所有其他界面处的匹配均是不完美的，即这些界面是半相干的。因晶体结构和晶格参数之间的差异而引起的位错达到了 1%～2%，且因合金的组成和加工条件而不同。界面的位错和台阶极大地调节了该失配的情况；然而，失配产生的部分原因为片晶中的均匀弹性应变，这导致了高约束应力的产生（Appel 和 Wagner，1998）。

TiAl 合金中第三种元素的添加不仅改变了其相对稳定性以及二元系统中的相转路径，同时也产生了新的相（Chen 等，1999）。合金设计的近期研究重点主要集中在涉及大量能够稳定 $\beta$（Ti）相的诸如 Mo、Cr、Nb 或者 V 之类的元素组分上。因此，在这些合金中，$\beta$ 相作为微观结构的重要组分，可以以两种设计方法得到使用。首先，在一种已成功运用于热加工操作的方法中，认为高温的 $\beta$ 相可以轻易发生应变并且可以直接作为韧性组分使用。其次，$\beta$ 相及其有序配对 $B_2$ 可以作为中间相使用。之后的离解反应可以产生一种稳定和亚稳定相的混合相，这对于调整微观结构而言是极好的（Appel、Oehring 和 Paul，2008）。到目前为止，人们还没有充分认识这些合金中的高温场以及相关温度演化顺序的全部细节。

$\gamma$（TiAl）基合金的微观结构通常以片层群体和等轴颗粒的体积分量来进行分类，分别为全片层结构、近片层结构、二相和近 $\gamma$ 结构（Kim，1995）。每种微观组分的体积分量因工艺路线和热处理方法而不同。图 3 显示了现代包含（$\alpha_2+\gamma$）片层结构和 $\gamma$、$\alpha_2$、$\beta/B_2$ 相离散颗粒的含 Nb 合金的二相结构。TiAl 合金的力学性能极大地取决于其微观结构，这将在本章第 4、5、6、7 节中进行讨论。例如，全片层结构具有最大的断裂韧性和抗蠕变性能，而这些性能在等轴 $\gamma$ 结构中却较差。



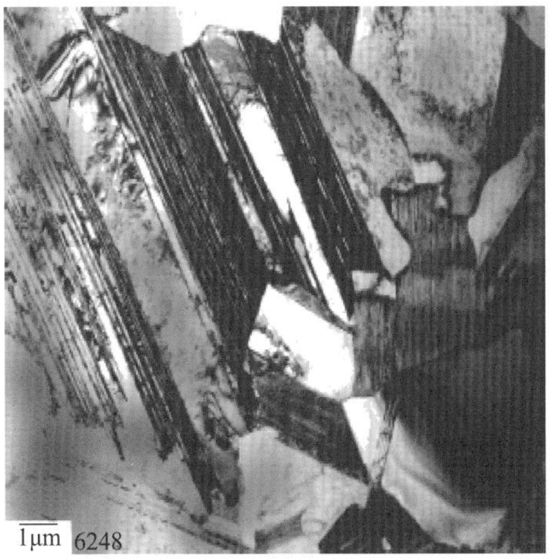


**图 3　挤压 Ti-45.6Al-7.7Nb-0.2C 合金中包含 $\gamma$、$\alpha_2$ 和 $\beta/B_2$ 离散颗粒和片层区域的孪晶结构**

## 3　热力学性质

表1中列出了工程应用可能用到的一些重要热力学性能。相比于其他的金属间化合物系统，TiAl合金单位密度的弹性模量是比较突出的。在航空发动机中，对于需要保持形状的承载单元的设计而言是非常有利的。需要注意热膨胀的各向异性，因为它会导致热处理过程中热弹性应力的产生。

人们一直在努力尝试以合金元素的点缺陷（point defect）特征和晶格占位（site occupancy）来优化其热力学性质（Yoo和Fu，1998）。事实证明，TiAl合金中并没有结构上的空隙。非化学配比的偏差是通过两边亚晶格的可替换反位缺陷，即Al位处Ti原子或Ti位处Al原子进行调整的，其中缺陷浓度随着化学计量的偏差而相应增加（Yoo和Fu，1998）。经过通道加强显微分析（Atom Location by Channeling-Enhanced Microanalysis，ALCHEMI）观察原子位置显示，Nb、Hf、Zr和Ta专门或优先替代Ti位。优先替代Al位的元素分类包括Ga、Mn、W、Mo和Cr（Rossouw等，1996）。

与其他金属类似，钛合金的扩散系数$D$可由式（4）计算（Mishin和Herzig，2000）：

$$D = D_0 \exp\left(-\frac{Q}{kT}\right) \tag{4}$$

式中，$Q = H_V^F + H_V^M$；$D_0$为指前因子（pre-exponential factor）；$k$为玻尔兹曼常数（Boltzmann constant）；$T$为绝对温度（absolute temperature），热空隙活化能（activation energy）；$Q$是变形能$H_V^F$和迁移能$H_V^M$的和。$Ti_3Al$中Ti空隙的变形能$H_V^F=(1.55\pm0.2)$eV，TiAl中为$(1.41\pm0.06)$eV。表1中列出的自扩散数据是由同位素$^{44}$Ti的放射剂示踪法（radiotractor method）得到的；Al因为没有合适的放射剂同位素，其自扩散数据可由Darken-Manning方程得到。总的来说，在$Ti_3Al$和TiAl中，Al的自扩散较Ti低。有证据表明：中等温度下Ti富集TiAl中的扩散可以被TiAl反位缺陷增强，即Ti原子出现在Al。更多关于热力学性能的信息，包括成键特性、缺陷结构和平面层错能可以在Yoo和Fu（1998）的文章中找到。

**表1　TiAl合金的热物理性能参数**

| | |
|---|---|
| 弹性模量 | |
| TiAl（Ti-50Al） | $E$(GPa)=173.59+0.0342$T$，$G$(GPa)=70.39−0.0141$T$，$\nu$=0.234+6.7×10$^{-6}T$，$T$=25 ℃～847 ℃ |
| $Ti_3Al$（Ti-26.7Al） | $E$(GPa)=147.05−0.0525$T$，$G$(GPa)=57.09−0.0187$T$，$\nu$=0.295−5.9×10$^{-5}T$，$T$=25 ℃～954 ℃ |
| 密度 | $\rho$=(3.9～4.3)g/cm$^3$ |
| 热膨胀：（Ti-56Al） | 在［100］方向：$\alpha$(K$^{-1}$)=9.77×10$^{-6}$+4.46×10$^{-9}T$ |
| | 在［001］方向：$\alpha$(K$^{-1}$)=9.26×10$^{-6}$+3.36×10$^{-9}T$，$T$=293 K～750 K |
| 扩散率 | |
| TiAl［Ti-(53～56)Al］ | Ti：$D_0$=1.43×10$^{-6}$ m$^2$/s，$Q$=2.59 eV |
| | Al：$D_0$=2.11×10$^{-2}$ m$^2$/s，$Q$=3.71 eV |
| $Ti_3Al$［Ti-(25～35)Al］ | Ti：$D_0$=2.24×10$^{-5}$m$^2$/s，$Q$=2.99 eV |
| | Al：$D_0$=2.32×10$^{-1}$m$^2$/s，$Q$=4.08 eV |
| 比热：（Ti-46.5Al-8Nb） | $c_p$(J·K$^{-1}$g$^{-1}$)=0.632 4+7.44×10$^{-5}T$−2.07×10$^{-7}T^2$+2.97×10$^{-10}T^3$，$T$=400 ℃～1 430 ℃ |
| 导热系数：（Ti-48Al-1V-0.2C） | $\lambda$(W·m$^{-1}$K$^{-1}$)=21.795 9+8.163 3×10$^{-3}T$ |
| 电阻率：（Ti-46.5Al-8Nb） | $\rho_e$(nΩm)=665.88+0.79$T$−8.16×10$^{-4}T^2$+5.72×10$^{-3}T^3$，$T$=400 ℃～1 430℃ |

注：$E$，杨氏模量；$G$，剪切模量；$\nu$，泊松比；$\rho$，密度；$\alpha$，线性热膨胀系数；$c_p$，比热；$\lambda$，导热系数；$\rho_e$，电阻率；$D_0$和$Q$见式（4）。数据源自Egry等（2007）。

高温下对于氧气和其他腐蚀介质的抵抗性能对于高温应用而言是必须考虑的，因而其在TiAl合金上亦需得到彻底的研究。氧化速率不仅取决于Al的含量，同时也取决于三元或四元间的协同交互作用。一般需要注意的是，抗氧化性最强的TiAl合金在900 ℃时的氧化速率比镍基超级合金快几乎两倍。更多细节读者可以参考Singheiser，Quadakkers和Shemet（1999）的文章。

## 4　变形特性、强度和韧性

$(\gamma+\alpha_2)$合金中的变形主要集中在主$\gamma$（TiAl）相。其中一种可能的解释是像O、Ni或C原子之类不可避免的间隙硬化元素优先被分隔到了$\alpha_2$相。因此，在两相合金中，$\gamma$相较软而$\alpha_2$相相对较硬。图4所示为$\gamma$（TiAl）中可能的滑移和双

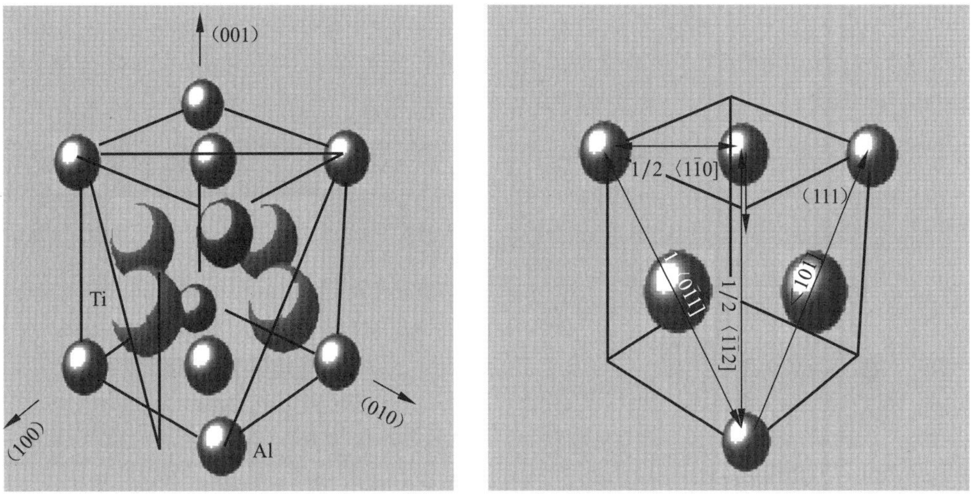


**图 4　γ（TiAl）中的可能滑移和双晶系统。图中显示了 γ（TiAl）包含完美位错 $b_{\langle 110]}$＝1/2〈1$\bar{1}$0]，$b_{\langle 112]}$＝1/2〈$\bar{1}\bar{1}$2]，$b_{\langle 011]}$＝〈0$\bar{1}$1] 和 $b_{\langle 101]}$＝〈10$\bar{1}$] 柏氏矢量的四个八面体平面（111）中的一个平面的 $L1_0$ 结构原子排布。$b_T$＝1/6［11$\bar{2}$］是双晶向量部分位错**

晶系统。其中保持 $L1_0$ 结构完美位错的柏氏矢量（Burgers vectors）为 $b_{\langle 110]}$＝1/2〈1$\bar{1}$0]，$b_{\langle 011]}$＝〈0$\bar{1}$1]和$b_{\langle 112]}$＝1/2〈$\bar{1}\bar{1}$2]。这些位错优先在密集平面（111）上滑移，并可能穿越滑移到堆积密度较低的平面。

位错的移动一般取决于合金化学性质、温度和位错的类型。较低温度下，普通位错的滑移阻力由晶格摩擦、缓慢牵引和局部障碍（Appel 和 Wagner，1998）引起。该滑移阻力随着温度的升高而降低并在 250 ℃消失。在 250 ℃～400 ℃的中等温度下，错位速度受位错应力场中 TiAl 反位缺陷重定位引起的缺陷场的形成的影响。在 750 ℃时，辅助扩散的普通位错开始上升，并于 750 ℃时完全成型，即对应于脆性、韧性行为转变时的温度（Appel 和 Wagner，1998）。

具有柏氏矢量 $b_{\langle 011]}$ 和 $b_{\langle 112]}$ 形式的超级位错易于产生多种位错反应，其中还包括不同的平面断层，分别为内巽错（intrinsic stacking fault）、反相边界（antiphase boundary）和复杂堆垛层错（complex stacking fault）。层错能间的巨大差异导致了非对称且通常是非平面的核心传播，并导致极高摩擦应力的产生，因而使得超位错的抗滑移性能对运动方向相当的敏感（Yoo 和 Fu，1998）。充分的证据显示，超位错滑移的产生相比于一般的滑移和有序双生而言需要更高的应力，这也是（$\alpha_2+\gamma$）合金中 γ 的变形主要是由 1/2〈1$\bar{1}$0］一般位错引起的原因。有关 TiAl 中位错的运动学和动力学详情，读者可以参考 Appel 和 Wagner（1998）。

γ（TiAl）中的另一个明显变形模态为沿着 1/6〈11$\bar{2}$](111）的机械双晶（mechanical twinning）。该模态在 $L1_0$ 晶胞的 c 方向提供了具有剪切分量的辅助变形模态。然而，与无序体心立方晶体（disordered face-centered cubic merals）不同，每个可用的（111)$_\gamma$ 平面内仅有一个双晶剪切方向。因为双晶剪切的不定向性，特定方向范围内的颗粒不能从机械上进行双晶化。确凿的证据显示，界面边界处的位错结构以及沉淀物处的应力集中是促进双晶成核的重要因素。与许多其他金属不同，（$\gamma+\alpha_2$）合金机械双晶化的趋势是随温度升高而升高的，这也可能是导致该材料在高于 700 ℃时韧性化的原因之一。

试件取向对于层状合金（Yamaguchi、Inui 和 Ito，2000）的变形性能也有显著的影响。由滑移和双生引起的层片边界处的剪切平移是非常困难的，而由多种变形模态综合运作产生的塑性应变可以被局限在层状边界的范围内。这些情况加上平板的平面外形，导致了片层材料较强的塑性各向异性。片层平面内发生变形时其屈服和断裂应力都较低［软模式（soft mode）］，而当变形穿过片层时却较高［硬模式（hard mode）］。拉伸轴紧靠片层平面时的韧性较高，而在轴几乎垂直于片层平面时却较低。

因此，在多晶材料中，特定的颗粒取向会导致变形变得困难。局部塑性和由周围弹性体引起的约束会催生裂纹，即使此时的名义载荷很低。大体来说，这些因素限制了低温以及室温下的塑性变形和损伤容量。例如，室温下 TiAl 合金的塑形拉伸伸长率很少能超过 2.5%。

图 5 所示为具有一般 Ti-(40～44)Al-Nb 组成，

并作为 $\gamma$-Md 的高强度 $\gamma$（TiAl）基合金的微观结构和拉伸性能，它代表了合金设计的最新成果。该合金的微观结构包括由诸如 $\beta/B_2$、$\alpha_2$ 和 $B19$ 等稳定相和亚稳定相组成的调制子结构板条。调制发生在纳米量级，并对材料起到了极大的优化作用（Appel、Oehring 和 Paul，2008）。室温时该合金的屈服强度超过 1 GPa，直到 700 ℃时仍然能保持得很好。图 6 所示为不同 TiAl 合金、镍基超级合金和传统钛合金的屈服强度密度比。图中显示在过去 10 年中，钛合金的设计已取得了巨大的进步，也显示了在比强度成为组分设计中的品质因数时，最新一代的 TiAl 合金可以作为镍和钛合金的理想替代。

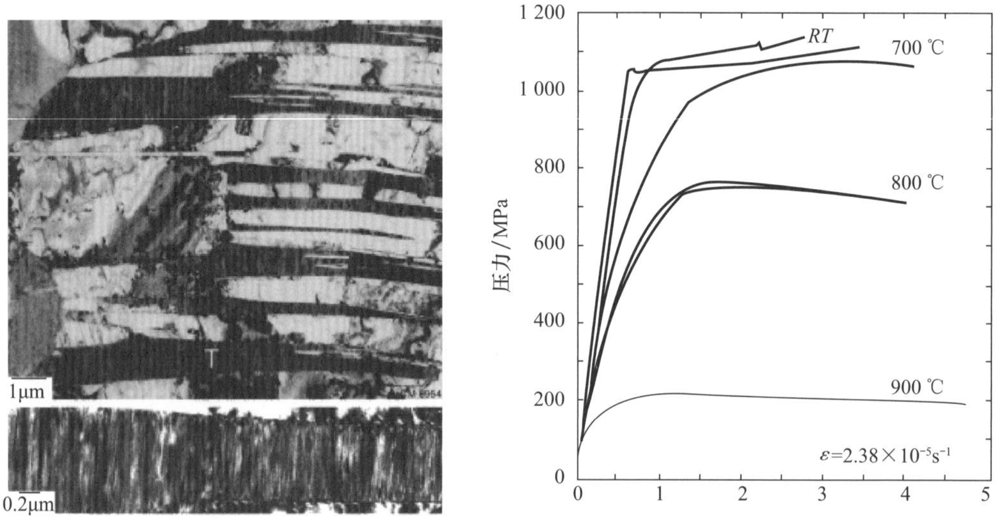


**图 5　最新一代（$\gamma$-Md）TiAl：Nb 合金的微观结构和力学性能**
**(a) 包括结晶调制板条 T 的双重结构；(b) 该种合金的拉伸性能**



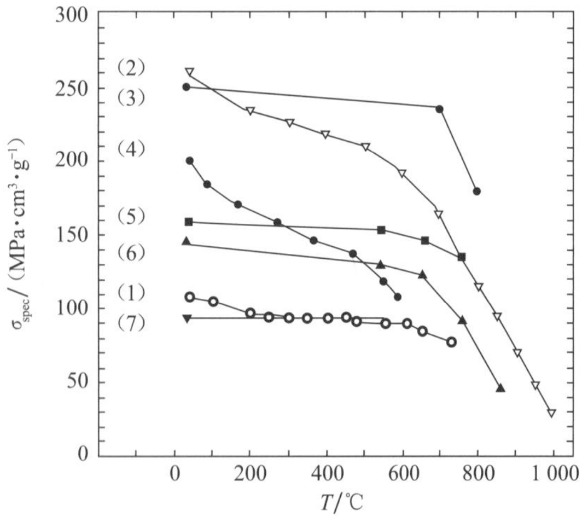


**图 6　$\gamma$ 基钛铝合金的屈服应力密度比与温度的关系**

(1) Ti-47Al-2Cr-0.2Si（近 $\gamma$ 结构）；(2) Ti-45.6Al-7.7Nb-0.2C（近片层结构）；(3) $\gamma$-Md（双重结构）。作为对比，给出了镍基超级合金和传统钛合金的值，分别为 (4) IMI834；(5) Rene 95；(6) 铬镍铁合金 718；(7) IN 713 LC

## 5　裂纹扩展和断裂韧性

早期的研究（Yoo 和 Fu，1998）显示 $\gamma$(TiAl) 和 $\alpha_2$($Ti_3Al$) 的密堆积平面具有较低的内聚强度，使得这些相易于产生解理断裂（cleavage fracture）。该性质大体上可以从片层（$\gamma+\alpha_2$）合金制成的薄片的裂纹扩展高分辨率图像中反映出来（图 7）。裂纹在原子尺度上沿着 $(111)_\gamma$ 平面并根据结晶学在 $\gamma_1/\gamma_2$ 片层界面处偏转，最终裂纹在近 $\gamma_2/\alpha_2$ 界面处

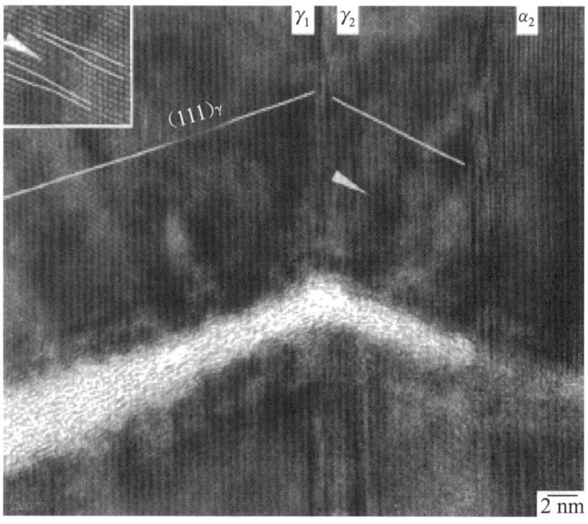


**图 7　片层 ($\alpha_2+\gamma$) 形态中的裂纹扩展，注意 $(111)_\gamma$ 平面上的解理断裂，裂纹在 $\gamma_1/\gamma_2$ 片层界面处偏转，在 $\gamma_2/\alpha_2$ 片层处裂纹停止**

终止。裂尖邻域位错的出现预示了裂尖区域的塑性。然而该类解理裂纹的抗裂纹增长阻力是很小的，这已从理论和实验研究中得到了验证。因为解理平面与位错滑移平面和双晶惯发平面重合，故受阻的滑移或双晶很容易使裂纹成核。一旦成核，裂纹即很快生长达到临界长度。

学术上目前达成的共识认为片层形状极大地引起了（$\gamma+\alpha_2$）合金的韧性化（详情请参考 Kim，1995）。其中已被确认的力学行为有剪切韧带桥连（shear ligament bridging）、裂纹在片层边界和群落边界处的偏转以及微裂纹的屈服，裂纹扩展，因此较单一组分中的更为曲折。为此，两相合金中可以获得的韧性化程度由片层颗粒的体积分量所控制，从图 8 所示中可以很容易地观察到该趋势。所以，晶群朝向任意的细颗粒全片层微观结构具有更佳的断裂韧性。

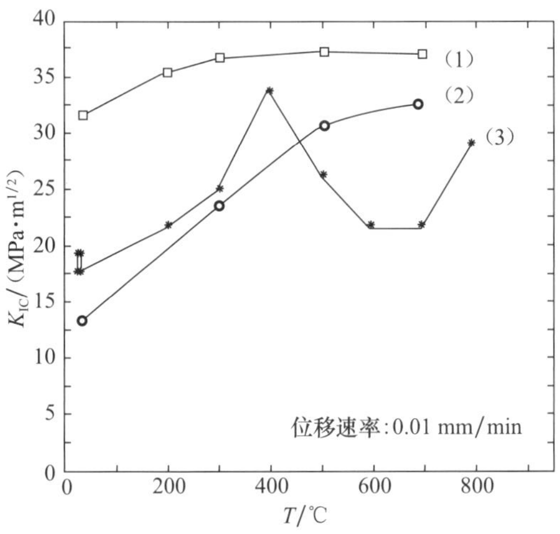


**图 8 断裂韧性 $K_{IC}$ 对于试验温度的依赖性**
**（1）近片层 Ti-47Al-2CR-0.2Si；**
**（2）等轴近 γTi-47Al-2Cr-0.2Si；**
**（3）双重 γ-Md**

近 γ 材料断裂韧性对温度的较强依赖性显示，裂尖塑性也可以增强材料的韧性。与室温下的情况不同，位错可能因为热活化而进行滑移和爬升。变形作用可以很容易地在裂纹的塑性区域内传递，因而局部滑移形状引起的约束限制性较低。因此，在单一组分内，断裂行为由低温时的解理断裂变成高温下的能量-吸收韧性断裂形式。有一种合金（γ-Md）在 400 ℃下具有最高的断裂韧性值，正如本章第 4 节中所述，该合金中具有结晶调制微观结构的板条。电子显微观察显示该板条易于产生相变（Appel、Oehring 和 Paul，2008）。可以预计的是，该变形因热活化而产生并优先发生在裂尖的应力集中处，因而通过相变增加了韧性。

## 6 疲劳

到目前为止，工程应用最多的 TiAl 合金中均包括承受波动或者循环加载的组件。这就要求验证材料在含有缺陷（初始或服役中产生）时的损伤容限。对于此类加载情况，使用 TiAl 合金时尤需谨慎考虑其延展性和断裂韧性较小的因素。考虑到其重要性，TiAl 相关文献中给出了大量的疲劳数据（Henaff 和 Gloanec，2005）。

迄今为止，大多数的高频疲劳（High-Cycle Fatigue，HCF）研究是在常量加载幅度测试的情况下，运用尖开裂试件进行的。目前已经确定了应力比 $R=0.1$、25 Hz 下大量的实验数据，$R=\sigma_{min}/\sigma_{max}$ 是整个疲劳循环中最小应力与最大应力的比值。HCF 试验的基本断裂数据一般在 $S/N$ 图上给出，即循环载荷水平相比循环寿命对数的图。TiAl 在较低和中等温度时的 $S/N$ 曲线较平，就是说即使在高循环次数下，$S/N$ 曲线仍然随着循环数的增加而持续缓慢减小直到断裂。对于此类材料，通常根据特定的循环数，一般为 $10^7$ 次，将断裂强度或疲劳极限定义为应力幅值。对于双重和片层 TiAl 合金，室温时，$10^7$ 次循环的疲劳强度是拉伸强度的 70%～80%。尽管该数据显示较高应力下的疲劳设计较为安全，但组分寿命有时在相同的应力水平下却可能会有显著的区别。因此，对于 TiAl 合金组分的理解及其最大应力强度的控制是非常重要的。

断口金相学分析（fractography analysis）显示，疲劳裂纹的扩展极大地取决于微观结构。在片层形态中，满足要求的抗裂纹增长阻力仅在裂纹被迫沿着片层平面［网桥断裂（translamellar fracture）］扩展时才能获得。层间断裂和界面的分离显然是非常容易的。因此，局部裂纹扩展速率可能从本质上因片层取向和裂纹扩展模式不同而变化。尽管该行为与单调加载下观测到的特征多有相似之处，但疲劳情况下的材料韧性化似乎却更加困难。例如，循环加载下的剪切韧带极少被观察到，并且即使形成了，此类韧带也很容易断裂。双重和等轴微观结构的主要断裂原因为 γ 颗粒的穿晶解理（transgranular cleavage），导致了其抗疲劳阻力较低。

在较低和中等温度下，相比于韧性金属而言，疲劳裂纹的增长通常是迅速的。抗疲劳裂纹增长阻力曲线（以每循环裂纹增量 $da/dN$，相比于交互

应力强度因子范围 $\Delta K$ 表示）是比较陡的，即裂纹增长率对于施加应力强度因子是非常敏感的。例如在双重合金中，应力强度因子改变 1 MPa·$m^{1/2}$，裂纹增长速率大小即跨越了 4～6 阶。裂纹增长数据可以用 Paris 法则表述：

$$\frac{da}{dN} = C_p (\Delta K)^n \tag{5}$$

式中，$n$ 为常量；$C_p$ 为一取决于材料参数和频率的经验参数。室温时的快速循环裂纹增长可以解释为 Paris 法则中指数较大的情况，通常比韧性金属系统中的典型值高 5～10 倍（具体取决于微观结构）。这意味着受裂纹扩展影响的总体疲劳寿命分量是很小的。

高试验温度对于疲劳寿命的影响是很难估测的，因为氧化和腐蚀对其造成的伪效应（spurious effects）会弱化该影响。在温度高于材料的脆性韧性转变温度时，裂纹增长速率通常比室温下的低。当超过 800 ℃时，疲劳寿命一般仅受氧化影响（Henaff 和 Gloanec，2005）。

近年来，低循环疲劳（Low-Cycle Fatigue，LCF）测试引起了越来越多人的关注，其试件所受载荷远高于其屈服应力，因而每个循环中均会出现明显的塑性变形。这是因为在使用中，较大的力传递或热传递都会导致大塑性变形及产生损伤积累。航空发动机涡轮叶片和圆盘等组件是承受该种应变-控制疲劳的最好例证。



微观结构对于 LCF 性能的影响与那些高循环疲劳中的情况类似。下面详细阐述了在总应变幅值为 $\Delta\varepsilon_t/2=0.7\%$ 的情况下，承受完全反向低循环疲劳载荷的 Ti-45Al-7.7Nb-0.2C 高强度 TiAl 合金在 LCF 过程中应变积累的复杂性（Appel、Heckel 和 Christ，2010）。在室温单调加载下，该合金的破坏发生在屈服应力为 1 GPa 而总拉伸量在 $\varepsilon_f=1\%$ 的情况下。结果发现，循环应力响应取决于温度：循环硬化温度在 25 ℃，近饱和应力响应（almost saturated stress response）在 550 ℃，循环软化在 850 ℃。在 25 ℃的疲劳案例中，发现了位错偶极子和碎片的密集群。充分的证据显示，这些缺陷是由普通位错的穿越滑移和缓慢牵引引起的。偶极子缺陷作为滑移障碍的存在很可能导致循环的硬化。偶极子缺陷是由小量的材料缺失或添加形成的，它们在较高温度时的退火是不稳定的。在更高试验温度下，偶极子缺陷不断被修复并在 850 ℃测试的试件中完全消失。另一个被公认的重要的疲劳特性是 $\alpha_2$ 相的应力-诱导转变和 $\gamma$（TiAl）中正交组分的出现，该行为在所有的温度下都会发生。在 850 ℃的疲劳下，片层结构因为该种相变和不断的再结晶而退化。

综观来说，所有的这些发现显示，疲劳裂纹扩展速率通常会比当前设计需求中的许用值高。然而需要注意的是，$R=0.1$ 时的亚临界裂纹扩展发生在 $\Delta K_{th}=5$～10 MPa·$m^{1/2}$ 的相对较高的疲劳阈值下，这相当于甚至要高于那些铁素体钢（ferritic steels）和奥氏体钢（austenitic steels），故损伤容限设计要基于疲劳阈值，且使用中的应力强度要保持低于 $\Delta K_{th}$。此类研究中需要解决的问题还有很多，其中包括微裂纹的增长特性以及应力比对于阈值应力强度的影响等。

## 7 蠕变

TiAl 合金的蠕变曲线具有与其他金属中观测到的相似的特征区域：蠕变速率随着时间而减小的主要蠕变，应变速率具有最小值的次要蠕变，以及蠕变速率随着时间而增加的三级蠕变。高应力和温度通常缩小了主蠕变的范围，并在实际上消除了次要蠕变，其结果是蠕变速率几乎从实验开始就在增加。

稳态蠕变速率 $\dot{\varepsilon}$ 对应力和温度的依赖性可以用 Dorn 方程表示：

$$\dot{\varepsilon} = A\sigma_a^n \exp\left(\frac{-Q_c}{RT}\right) \tag{6}$$

式中，$Q_c$ 是活化能；$\sigma_a$ 为施加的应力；$A$ 为与微观结构相关的材料常数；$R$ 为通用气体常数。分析指出，蠕变时的应力指数 $n=3$～8，相应的活化能范围为 190～700 kJ/mol（详情参考 Beddoes、Wallace 和 Zhao，1995）。这显示蠕变中涉及了多种力学机制，按顺序来看，最慢的即为速度控制机构。在 100～300 MPa 的中等应力水平下，温度为 700 ℃～800 ℃时，即对应于预期的使用条件下，蠕变速率一般由位错上升而控制，这可以从预计应力指数 $n=3$～4 以及近似于 Al 自扩散能的活化能中看出，这是 TiAl 中扩散较慢的因素。蠕变样本的 TEM 透射电子显微（transmission electron microscopy）研究支持了该爬升假设。

充分的证据显示，组成和微观结构对 TiAl 合金的蠕变行为有强烈的影响。相比于同种合金的双生形式，全片层结构具有最好的抗蠕变性能，其在给定测试条件下至少能降低一个数量级的应变速率。然而片层合金的主蠕变速率相对较快，这是由于位错结构的松弛以及准相干界面约束应力出现的缘故。在长期蠕变中，片层合金受球状化处理和结晶粒粗大化影响。结构的退化可能由动态重结晶以及非平衡相构成导致的 $\alpha_2 \rightarrow \gamma$ 的相变而引起。这些过程在采用沉淀反应获得的 Ti-45Al-(5～10)Nb-B-C 的合金中将大大减少。图 9 中给出的 Larson-Miller 图对比了不同 TiAl 合金的蠕变速率和 Ni 基超级合金 René80 的数据。图中显示最新一代的 TiAl 合金在中等温度和应力时可以成为 Ni 基合金的理想替代。

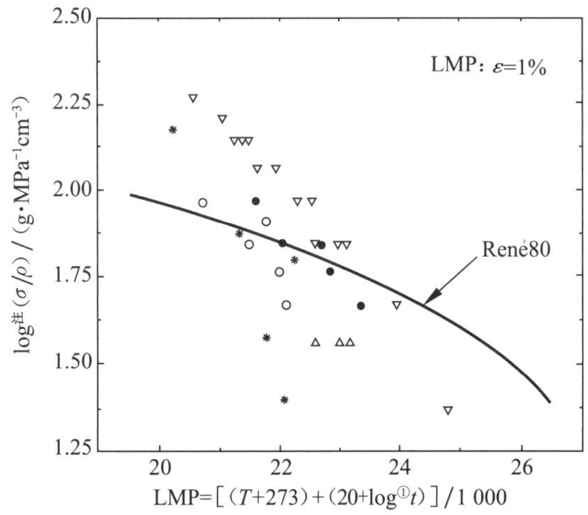


**图 9　多种 TiAl 合金和应变 ε=1%的镍基超级合金的 Larson-Miller 图**

▿—挤压 Ti-45.6Al-7.7Nb-0.2C；*—挤压 γ-Md，双重；▵—铸造 Ti-47Al-3.7(Nb，Cr，Mn，Si)-0.5B，近片层；•—挤压 Ti-45Al-8.5Nb-0.2W-0.2B-0.1C-0.05Y，近片层；◦—挤压 Ti-45Al-8.5Nb-0.2W-0.2B-0.1C-0.05Y，双重

# 8　加工

日前，我们可以运用现有传统设施的铸、锻和粉末技术将 TiAl 合金加工成任意的产品形态。然而，所有的这些技术仅限于试量产阶段，即其获得的产量和经验是有限的。

文献中提到的技术现状可以归纳为以下几点。

## 8.1　铸造

真空电弧重熔（Vacuum Arc Remelting，VAR）是目前为止最常用的使用基本或标准合金添加剂制备铸块的方法。为了保证铸块在 200～300 mm 参数范围内力学上的均匀性，熔炼原料通常要经历两次或者三次熔炼。不稳定元素的控制是非常困难的，尤其 Al 浓度在期望值处±1%的误差已经不再是特例，而是一种普遍的情况。铸块通常会受到微观和宏观上的分离、气孔、热开裂和结构的影响。局部合金成分上的差异最大的可以达到百分比的量级，并在几毫米的长度尺寸上变化。随着铸块尺寸的增大，冷却变慢且更加不均匀，进一步恶化了上述的问题。

熔模铸造目前被认为是 TiAl 组分大批量生产的最为有效的途径。原初料通常由感应电熔加工并在离心力或气体压力下投入预热陶瓷壳。使用的合金应具有良好的模具填充性和精细的铸造结构。熔模铸造在应用上的主要障碍包括熔体未充分过热、尺寸的不完整性、组分开裂以及表面-连接的孔隙。需要注意的是，熔模铸造在工业程度上的可行性已由其在汽车工业涡轮增压叶轮中的应用得到了证明。McQay 和 Sikka（2002）对 TiAl 铸造技术进行了进一步总结。

## 8.2　粉末冶金

粉末冶金消除了一些在熔化和铸造过程中的问题，并通常比铸造冶金的产品具有更精细、更均匀的微观结构。因为其具有较快的凝固速率，故该技术亦能够制造出具有独特构造和微观结构的合金。热等静压是理想的压缩 TiAl 粉末的方法。然而，粉末压块过程中的空隙却带来了严重的技术问题，这可能是由于吸收或合并了部分加工气体，且原料到最终产品的转化效率目前并不理想。粉末冶金技术方面的资料请参考 Gerling、Clemes 和 Schimanski（2004）。

## 8.3　锻造加工

为了对锻造加工 TiAl 合金进行结构和化学上的巩固，人们已经做了大量的研究工作（Semiatin、Seetharaman 和 Weiss，1998）。尽管使用的技术与传统热加工操作有一些相似之处，但其加工参数因为材料较差的成型性和扩散的缓慢性而需要进一步的调整，主要的大工件铸块分解通常对应于在（$\alpha+\gamma$）相场的温度下进行。尽管已经证明了高度压缩比 5∶1 大坯料准等热锻造的可行性，但迄今为止最可靠的锻件分解方法还是包套挤压法。罐装钢坯的典型预热温度稍低于或者高于 $\alpha$ 相变温度，其截面积的压缩比达到了 20∶1。热挤压产生

① 原书为 log，无底数。

了明显的纹理，其变化由高温相的滑移性质和后续冷却过程中的相变控制。初步挤压获得的微观结构精细化极大地减小了任何二次热加工步骤中开裂的可能性，因而使得材料能够通过闭模锻造或碾压技术制造成轧制产品。参考文献中描述了很多运用该套热加工步骤成功加工出 TiAl 组分的案例。其产品包括航空发动机上的涡轮叶片、薄板和汽车组件。许多案例都可以在 Hemker 等（2001）编辑的关于 Structural Intermetallics 2001 的 TMS 会议（TMS Conference）总结中找到。然而，通过锻造加工能够承受大应力的大型结构件仍然是一个挑战。

### 8.4　连接

TiAl 合金有限的延展性和韧性，加上对热加工的敏感性，对其连接技术造成了许多限制，使得传统的融合技术太过昂贵甚至是不妥当的。固态扩散连接技术提供了一种在微观结构破坏程度相对较低的情况下，且有可能在超塑性成型下连接 TiAl 合金的方法。最新一代含 Nb 合金的典型连接参数为连接温度 $T=1\ 000$℃，连接（正）应力 $\sigma=20$MPa，连接时间 $t=2$h。在这些条件下，形成了包括前面所述因为接触平面处不可避免的氧气污染而造成的精细-颗粒状 $\alpha_2$ 相的特征加工区域。众所周知，氧可使得 $\alpha_2$ 相趋于稳定。紧邻 $\alpha_2$ 铺层的是相对较大的重结晶 $\gamma$ 颗粒区域，之后是一块变形母材料（图 10）的区域。室温下测试时，该连接可以承受垂直于连接平面 850 MPa 的拉伸应力，相当于其屈服强度的 85%。最新的资料请参考 Hermann 和 Appel（2009）。



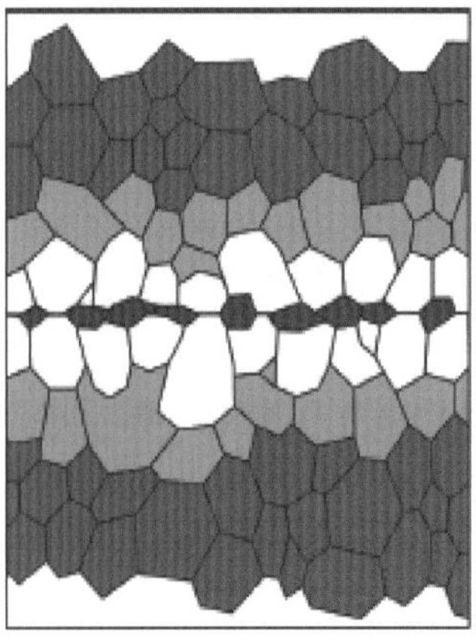


（a）

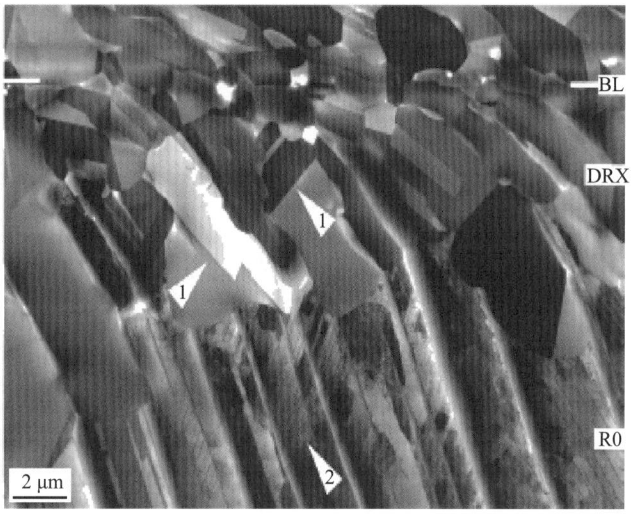


（b）

**图 10　TiAl 合金的扩散连接**

（a）加工区域示意图；（b）DRX 和 RD 区域的结构细节；包含 $\alpha_2$ 颗粒的 BL 连接线；DRX 区域中的退火孪晶（箭头 1）；RD 区域（箭头 2）中的变形孪晶。Ti-45Al-10Nb，连接条件为 $T=1\ 000$℃，连接应力为 20 MPa，连接时间为 2h

# 9　表面处理

喷丸加工法和滚光法被认为是潜在的改善 TiAl 组分疲劳性能的方法（Lindemann、Buque 和 Appel，2006）。这些方法的运用导致了由片层的密集机械孪晶、弯曲和扭转以及 $\alpha_2$ 片层球状化处理表征的底面变形（图 11）。该变形的弹性约束导致了压缩应力，以及样品外层 200～400 μm 区域显著硬化的产生。这种压缩应力的出现将裂纹取向转向样本内部，其疲劳性能主要由诸如群体尺寸和层片间距之类的结构参数控制。这些参数使得喷丸和其他滚光样品的疲劳寿命有了显著的增加。通常滚光要比喷丸成型更为优越，因为它产生了更深的底面塑性变形和更高的压缩应力。

然而不幸的是，表面硬化在退火温度为 650 ℃～750 ℃时会出现显著的退化，因为在退火过程中极易出现变形诱导的缺陷。因此，喷丸成型和滚光在中等温度下是改善 TiAl 合金力学性能的有效方法，但是对于使用温度高于 500 ℃的样品却不是很有效。

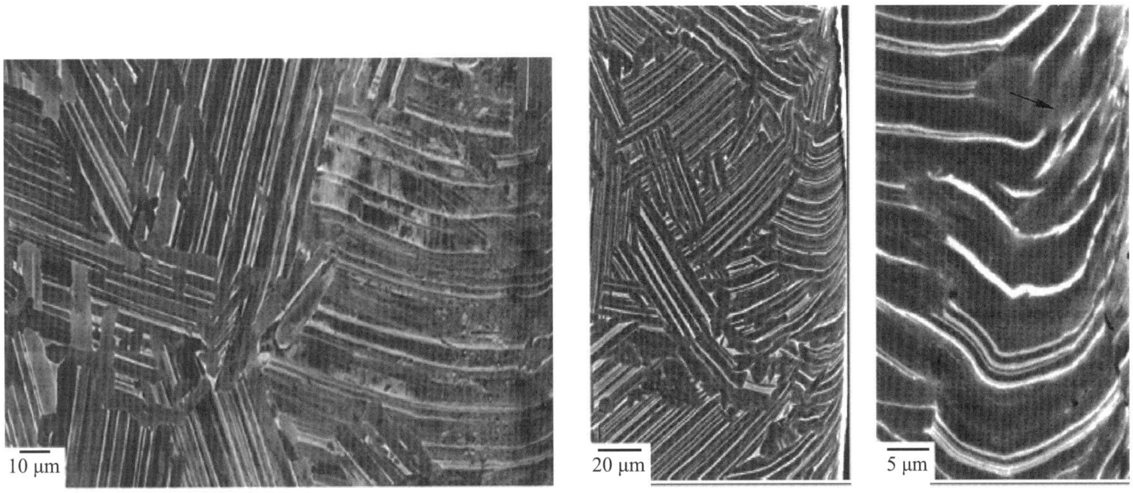


**图 11 TiAl 合金的喷丸加工，圆形试件散射电子成像的截面图，喷丸表面在显微图的右侧**

(a) 近-表面区域显示了从未变形材料中分离出的重度变形材料铺层；$\alpha_2$ 片层由明色反差显示；

(b) 片层在表面下的弯曲；(c) $\alpha_2$ 片层（标有箭头）的球状化处理和分离

## 10 结论

本章的内容主要可以归纳为以下几点。

(1) TiAl 合金的设计和技术取得了较大的进步，目前已经可以适当用于航空发动机中。

(2) 从先进 TiAl 基合金的数据库来看，其大多数性质（比密度）看起来要相当于甚至好于许多镍基超级合金。然而，对其极限韧性和抗疲劳性能的担忧可能会给组分设计和处理带来一定的限制。

(3) 迄今为止，最大的挑战是寻找一种可靠的、成本效益高的组分制造加工方法，将加工参数和合金设计联系在一起，并设计一种用于产品控制和质量标准的框架。

## 致谢

感谢 St. Eggert、D. Herrmann、U. Frobel、R. Hoppe、M. Oehring、U. Lorenz 和来自德国 Geesthaucht GKSS 研究中心的 J. D. H. 一直以来的大力支持。

## 相关章节

第 3 卷第 125 章
第 4 卷第 175 章
第 4 卷第 189 章
第 4 卷第 192 章
第 4 卷第 195 章
第 4 卷第 196 章
第 4 卷第 207 章

## 参考文献

Appel, F. and Wagner, R. (1998) Microstructure and deformation of two-phase γ-titanium aluminides. *Mater. Sci. Eng. R*, R22, 187-268.

Appel, F., Oehring, M. and Paul, J. D. H. (2008) A novel in situ composite structure in TiAl alloys. *Mater. Sci. Eng. A*, 493, 232-236.

Appel, F., Heckel, T. and Christ, H. J. (2010) Electron microscope characterization of low cycle fatigue in a high-strength multiphase titanium aluminide alloy. *Int. J. Fatigue*, 32, 792-798.

Beddoes, J., Wallace, W. and Zhao, L. (1995) Current understanding of creep behaviour of near γ-titanium aluminides. Int. Mater. Rev., 40, 197-217.

Chen, G. L., Zhang, W. J., Liu, Z. C., Li, S. J. and Kim, Y. W. (1999) Microstructure and properties of high-Nb containing TiAl-base alloys, in *Gamma Titanium Aluminides* (eds Y. W. Kim, D. M. Dimiduk and M. H. Loretto), TMS, pp. 371-380.

Egry, I., Brooks, R., Holland-Moritz, D., Novakovic, R., Matsushita, T., Ricci, E., Seetharaman, S., Wunderlich, R. and Jarvis, D. (2007) Thermophysical properties of γ-titanium aluminide: the European IMPRESS project. *Int. J. Thermophys.*, 28, 1026-1036.

Gerling, R., Clemens, H. and Schimanski, F. P.

(2004) Powder metallurgical processing of intermetallic gamma titanium aluminides. *Adv. Eng. Mater.*, 6, 23-38.

Hemker, K. J., Dimiduk, D. M., Clemens, H., Darolia, R., Inui, H., Larsen, J. M., Sikka, V. K., Thomas, M. and Whittenberger, J. D. (2001) *Structural Intermetallics*, TMS, Warrendale, PA.

Henaff, G. and Gloanec, A. L. (2005) Fatigue properties of TiAl alloys. *Intermetallics*, 13, 543-558.

Herrmann, D. and Appel, F. (2009) Diffusion bonding of $\gamma$ (TiAl) alloys: influence of composition, microstructure, and mechanical properties. *Metall. Trans. A*, 40A, 1881-1902.

Kim, Y. W. (1995) Effects of microstructure on the deformation and fracture of $\gamma$-TiAl alloys. *Mater. Sci. Eng. A*, 192/193, 519-533.

Lindemann, J., Buque, C. and Appel, F. (2006) Effect of shot peening on fatigue performance of a lamellar titanium aluminide alloy. *Acta Mater.*, 54, 1155-1164.

McCullough, C., Valencia, J. J., Levi, C. G. and Mehrabian, R. (1989) Phase equilibria and solidification in TiAl alloys. *Acta Metall.*, 37, 1321-1336.

McQay, P. A. and Sikka, V. K. (2002) Casting, *in Intermetallic Compounds: Principles and Practice* (eds H. J. Westbrook and R. L. Fleischer), vol. 3, John Wiley & Sons, Ltd, pp. 591-616.

Mishin, Y. and Herzig, Chr. (2000) Diffusion in the Ti-Al system. *Acta Mater.*, 48, 589-623.

Rossouw, C. J., Forwood, C. T., Gibson, M. A. and Miller, P. R. (1996) Zone-axis convergent-beam electron diffraction and ALCHEMI analysis of TiAl alloys with ternary additions. *Phil. Mag. A*, 74, 77-102.

Semiatin, S. L., Seetharaman, V. and Weiss, I. (1998) Hot workability of titanium aluminide alloys-an overview. *Mater. Sci. Eng. A*, 243, 1-24.

Singheiser, L., Quadakkers, W. J. and Shemet, V. (1999) Isothermal and cyclic oxidation behaviour of titanium aluminides, in *Gamma Titanium Aluminides* (eds Y. W. Kim, D. M. Dimiduk and M. H. Loretto), TMS, pp. 743-752.

Yamaguchi, M., Inui, H. and Ito, K. (2000) High-temperature structural intermetallics. *Acta Mater.*, 48, 307-322.

Yoo, M. H. and Fu, C. L. (1998) Physical constants, deformation twinning, and microcracking of titanium aluminides. *Metall. Mater. Trans. A*, 29A, 49-63.



本章译者：古兴瑾（南京航空航天大学航空宇航学院）

# 第 191 章

# 高温应用下的金属基复合材料

Philip J. Withers
曼彻斯特大学，航空航天研究所及材料学院，曼彻斯特，英国

## 1 引言

长纤维增强金属基复合材料（long fiber reinforced metal matrix composites，MMCs）从 20 世纪 60—70 年代开始就得到了发展。最初的系统大多包含诸如 W 在内的韧性纤维。几乎从一开始，航空发动机的应用就促进了 MMCs 的发展。确实，最早在 1969 年人们就发现了 Al-B 纤维复合材料在风扇叶片上的应用潜力（Mangiapane 等，1969）。在 20 世纪 80 年代，MMCs 因为各向同性微粒（pseudo-isotropic particulate）和新出现的晶须增强（whisker reinforced）Al 基系统而重新获得了关注（例如 Clyne 和 Withers，1993）。在 20 世纪 90 年代，人们开发了长纤维钛基复合材料，部分由国家和跨国级的诸如 2005 年的旨在优化航空推进力的综合高性能涡轮发动机技术（Integrated High-Performance Turbine Engine Technology，IHPTET）项目和 1994 年的建立钛基复合材料涡轮发动机组分联盟（Titanium Matrix Composite Turbine Engine Component Consortium，TMCTECC）的航空发动机发展项目所驱动。这些项目增强了人们在钛合金内寻找高温航空发动机材料的动力，推动了金属间化合物（Intermetallic Matrix Composites，IMCs）基复合材料的发展。

除了成本之外，航空发动机应用中合理基质材料的选择大部分受两个目标的影响，即降低密度以及升高操作温度。由表 1 和表 2 所示可以明显看出，铝（见第 4 卷第 173 章和第 174 章）基复合材料是发动机冷却部件的合适选择（图 1）。钛（见第 4 卷第 175 章和第 176 章）基复合材料在诸如以叶片环（blings）替代带刃圆盘等允许发动机彻底重新设计的情况下，或者其使用可以代替诸如轴之类的较重钢组件时是较为有利的。温度超过 650 ℃的情况下 IMCs 是有利的，包括涡轮和压缩机中的组件（图 1）。

在选择加强体的过程中人们遇到了一系列的问题，主要为容许各向异性的程度、成本、高温性能、化学相容性以及加强体与基体在热扩张时的位错，因为这决定了加工冷却后以及使用过程中残余热应力的程度。到目前为止，人们已经考虑了多种加强体，其中 SiC 因为其在温度高于 480 ℃时的长期稳定性而优于 C、B 或者 $Al_2O_3$ 纤维。残余应力因为可能造成基质和加强体（图 2）中的较大位错而成为 MMCs 的一个根本问题。此外，在航空发动机应用中，使用时出现的热循环使得这些热应力出现波动，并且可能造成灾难性的后果，尤其是在基质韧性不足的 IMCs 中。衍射，尤其是中子和同步加速器 X 光衍射，因为其在基体中测量各相时的无损性而特别适用于确定这些热应力。另一个关键问题为是否需要加强体来改善其刚度/强度/蠕变或者向基质中引入一定程度的韧性。对于后者，界面需要被设计得相对较弱。相反前者（至少垂直于任意加强基队列）则需要相对较好的界面。在该方面需要注意的是，常用 SiC 的单丝纤维具有复杂的 C 富集涂层。

**表1　可用航空航天合金基质及常用合金的性质**

来源：Miracle（2000）；Ward-Close、Minor 和 Doorbar（1996）

| | Al | Ti | Fe | Ni | $Ti_3Al$ | TiAl | $Al_3Ti$ | $Ni_3Al$ | NiAl | $MoSi_2$ |
|---|---|---|---|---|---|---|---|---|---|---|
| 最高使用温度/℃ | <300 | <500 | <700 | <1 050 | <700 | <850 | <1 000 | <1 150 | <1 250 | >1 200 |
| 熔点/℃ | 660 | 1 660 | 1 540 | 1 450 | 1 680 | 1 480 | 1 350 | 1 397 | 1 638 | 2 020 |
| 密度/$(g\cdot cm^{-3})$ | 2.7 | 4.5 | 7.9 | 8.9 | 4.5 | 4.0 | 3.7 | 7.4 | 5.9 | 6.2 |
| 热膨胀系数/$(10^{-6}K^{-1})$ | 23.4 | 10.4 | 11.7 | 13.3 | 12.0 | 11.7 | 13.5 | 15 | 15 | 8.3 |
| 杨氏模量/GPa | 70 | 115 | 205 | 210 | 110 | 170 | 215 | 200 | 190 | 420 |
| 室温极限抗拉强度/MPa | 100～500 | 1 100 | 300～700 | 300 | 700～1 000 | 400～775 | 120～425 | 800～1 150 | 175～300 | 200～400 |
| 室温韧性/% | 20～40 | 20～50 | 20～50 | 30～50 | 0～10 | 0～3 | 0.1～0.5 | 1～50 | 0～6 | 0～1 |

**表2　可用加强基的性质**

来源：Miracle（2000）

| | B | SiC（SCS6） | SiC（σ） | SiC（TnMARC） | $Al_2O_3$ Saphikon | $Al_2O_3$ Dupont | 莫来石 |
|---|---|---|---|---|---|---|---|
| 最高使用温度/℃ | | | | | 1 000 | 1 000 | |
| 密度/$(g\cdot cm^{-3})$ | 2.3 | 3.0 | 3.4 | 3.4 | 4.0 | 3.9 | 3.0 |
| CTE/$(10^{-6}K^{-1})$ | 8.3 | 4.5 | 4.5 | 4.5 | 9 | 9.1 | — |
| 杨氏模量/GPa | 380 | 400 | 420 | 420 | 410 | 380 | 220 |
| 强度/MPa | 3 450 | 4 300±575 | 3 240±356 | 3 080 | 2 602±438 | 1 380 | 1 500～1 900 |
| 威布尔系数 | | 14.7 | 30.1 | 18 | 7 | 5.7 | |
| 直径/μm | | 140 | 100 | 125 | 150 | 20 | 10 |

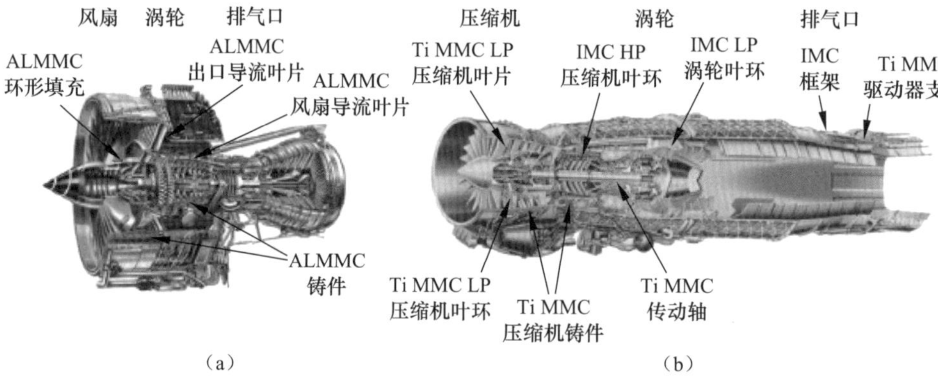


**图1　铝、钛和金属间化合物基体的复合材料在（a）军工；（b）民用航空发动机中的可能应用示意**

LP—低压；HP—高压

来源：Hooker 和 Doorbar（2000）及 Ward-Close、Minor 和 Doorbar（1996）

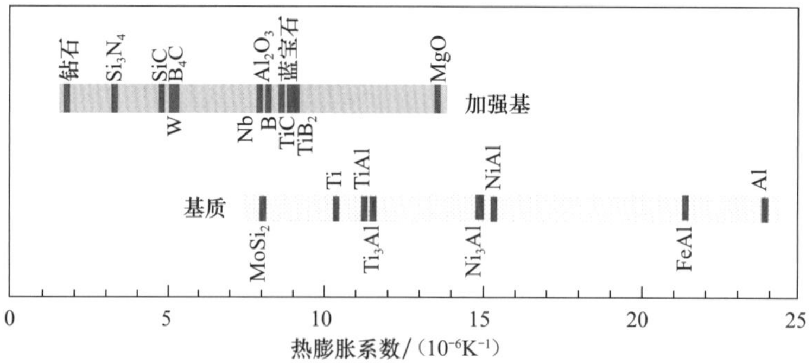


**图2　位错的热应力通常会成为问题；此处给出了大量基质和加强基的热扩张系数**

来源：Miracle（2000）© Elsevier

通常来说，MMCs 的性能极大地依赖加强基的形态和队列。不连续的加强基系统或多或少地提供了一些各向同性性质，但其对 MMCs 的刚度或强度上的改善却仅仅是略高于（有时甚至是低于）那些单块整体基质（Clyne 和 Withers，1993）。总体上，单向长纤维复材在平行纤维方向具有优秀的性能，但其在垂直于纤维方向上的强度一般要低于整体合金。一些航空发动机组件，如整体叶盘和轴，通过工程设计可以确保该较差的垂直性能不成为关键因素。某些情况下人们使用单向纤维来制造平面性能上具有内在各向同性的片层，但是其性能上的回报却要远低于成本上的投入（Larsen、Russ和Jones，1995）。

## 2　加工

人们开发了一系列的液相和固相加工方法来制造金属基复材系统，每一种均适用于特定的加强基形态和组件外形。通常来说，液相方法因为能够形成紧密的界面接触而形成较强的连接，但这也导致了脆性界面反应层的形成。固相方法尤其适用于钛合金，因为其与加强基之间的反应使得它们可以很容易地通过扩散进行连接。

### 2.1　搅拌铸造

对于不能充分反应的系统，搅拌或配浆浇筑是最简单经济的制造不连续MMCs的方法，其中包含了陶瓷颗粒在液体金属中的搅拌。加工过程中遇到的主要问题为界面反应的可能性、加强体可能的分离以及高黏砂浆在铸造时遇到的问题。

### 2.2　熔体浸渗法/压挤铸造

该过程需要向包含预成型纤维的模具中填充液体金属，通常施以压力以充分地填满间隙。因为钛合金的反应活性，故熔体浸渗法并不适用于Ti-Sic，但一些以多种纤维增强的$Ni_3Al$复合材料是通过该方法制造的。

### 2.3　原位反应　(In situ reaction)

原位反应包括固-液反应、蒸汽-液体-固体反应、固-固反应和液-液反应过程。Al、Ti和金属间化合物复合材料都可以通过原位反应进行制造。其中，Martin Marietta开发了XD（Expthermic dispersion，热扩散）加工，将混合物加热到较高温度以使其发生自扩散放热反应，进而促成硬化陶瓷相的产生。该方法已被扩展运用至金属间化合物复合材料的加工中（Christodoulou、Parrish和Crowe，1988）。

### 2.4　粉末加工

金属粉末和不连续陶瓷加强体的混炼是方便且通用的用于制造MMCs的方法，尤其是在液体接触可能导致大量反应的情况中。混合可以在干、湿两种情况下进行并通常跟随有冷压、罐藏、疏散和高温巩固，一般是通过热等静压①的方式完成的。

### 2.5　纤维-箔铺层

纤维-箔技术，其中可用的箔铺层和纤维垫通过热压和扩散以连接至全致密复合材料上，是已广泛应用于制造钛合金基MMCs的方法。一些IMCs亦可用该方法制造，前提是获得可用的箔。其中，主要的困难在于获得均匀的纤维空间分布，这通常是以用细线编制纤维的方法来辅助进行的。该方法的另一种方式是将加强基陶瓷纤维和金属线一起沉淀。



### 2.6　基体纤维涂层的巩固

如图3所示，此处用电子束蒸馏法将金属涂层直接加在纤维上。这保证了纤维在基质内的均匀

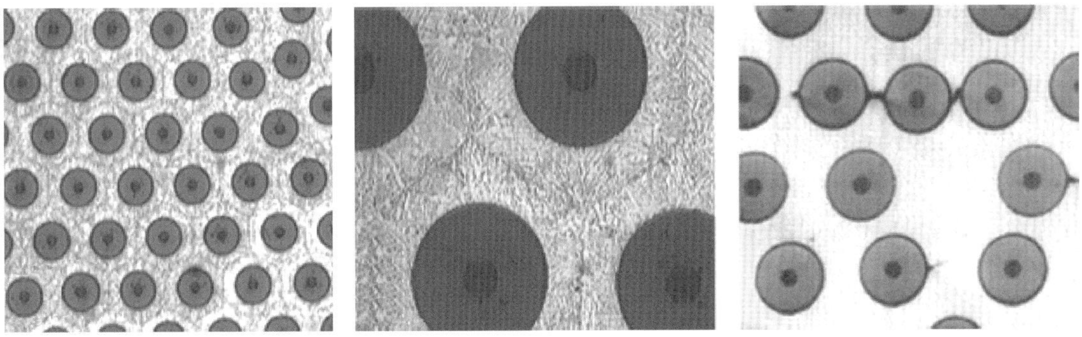

(a)　(b)　(c)

**图3　Ti-6Al-4V/35% 140 μm直径的SCS6单丝复合材料**

(a) 由涂层纤维法制造；(b) 基质微观结构放大显示；(c) 在纤维-箔加工过程中因为不完全加强而导致的缺陷

来源：Partridge和Ward-Close（1989）© Oxford University Press

① 原书中为“HIPping”，为避免歧义，此处应改为“hipping—热等静压”。

分布并避免了昂贵箔片和粉末的使用。或者涂层可以直接使用氩溅射镀膜、液体金属涂层、带状包裹以及粉末涂层法进行施加。纤维可以通过堆叠或者长丝缠绕并巩固以形成最终复合材料。该方法的另一个优点是具有能够沉淀任何基体合金的能力。

## 3　铝复材

不连续铝基体复合材料（Lloyd，1994）在 20 世纪 80 年代得到了快速的发展。它们可以在如液体相中通过搅拌铸造，或者在固态相中通过粉末冶金的方法进行加工。SiC 与铝发生反应的趋势将液体金属法限制在了 Si 富集铝合金，以及本质上不与 Al 发生反应的诸如 $Al_2O_3$ 之类的加强基中。虽然它们相对其未加强时的改进较少，但具有准各向同性、低成本和易于成型的优点。另一个优势是可以通过改变加强体含量以调整其膨胀系数。高程度加强的一个关键制约是其相伴的韧性和柔性上的降低。总体而言，它们只针对航空发动机中的小部分应用。

## 4　钛基系统



大体上在航空发动机中最为广泛应用的系统为 Ti/ScS6 SiC 单丝复合材料系统。该系统通常具有较高的各向异性，大部分是因为 C 纤维涂层引起的较弱纤维-基质连接。该纤维涂层是否具有任何的法向界面强度是一个值得争议的问题，但可以肯定的是不超过 100 MPa（Gundel、Majumdar 和 Miracle，1995）。目前，主要的研究重点为三种基质系统：Ti-6Al-4V，Ti-6Al-2Sn-4Zr-2Mo（Ti6242），和 Ti-15Mo-2.7Nb-3Al-0.2Si（Timetal®21S）。前者是在航空航天中得到广泛应用的普通 $\alpha/\beta$ 合金，而 Ti6242 具有更高的抗蠕变阻力。Timetal®21S 是一种具有相对较好抗氧化性能的、专门为高温应用而设计的 $\beta$（bcc）稳定合金。美国空军研究所在 20 世纪 90 年代资助了大量关于钛合金/SiC 复合材料的研究。钛和 SiC 在高温环境下会发生反应而生成 TiC 和 $Ti_5Si_3$。对于 SCS6 纤维，碳纤维涂层通常作为一牺牲层与基质发生反应从而保护内在的纤维。

### 4.1　静态拉伸性能

与多数单轴长纤维系统相似，静态轴向 TMCs 的性能是由加强基的体积分量和性质所决定的［图 4（a）］。垂直于加强体复合材料的性能，要比未加强系统差得多［图 4（b）］。尽管这可以通过采用正交层板的方法得到一定程度的抵消［图 4（b）］，但是其性能上的折减严重，并且从成本的角度看，该选择并没有太大的吸引力。因此，我们所要做的就是确定钛合金基的应用中能够最大限度地利用轴向对齐或者基本对齐性质，且很少利用其横向性质的诸如轴和轴对称组件之类。

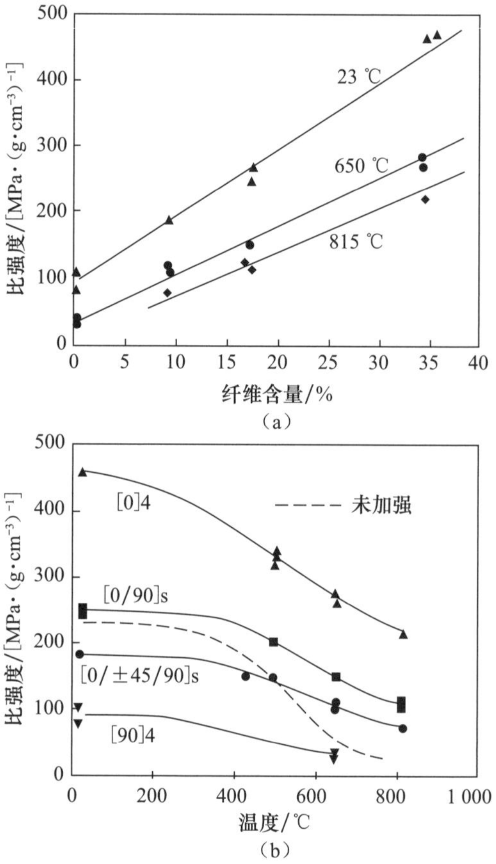


**图 4　(a) SCS6/Timetal® 21S 层板相对［0］纤维体积分量的比强度；(b) SCS6/Timetal® 21S 比强度与温度的函数关系**

来源：Larsen、Russ 和 Jones（1995）© Springer

### 4.2　蠕变和疲劳

长抗蠕变纤维的引入能够显著地改善钛合金的蠕变和蠕变断裂寿命［图 5（a）］。至于其静态性质，层合板的蠕变能力基本上正比于其纤维的体积分量。

大多数的航空发动机组件在许多高温环境下都会经历疲劳情况，这可能是一种高循环疲劳（通常每转一个循环）和低循环疲劳（Low-Cycle Fatigue，LCF）的混合情况，正如在起飞和着陆过程中可能出现的情况。在这一方面，LCF 循环可能

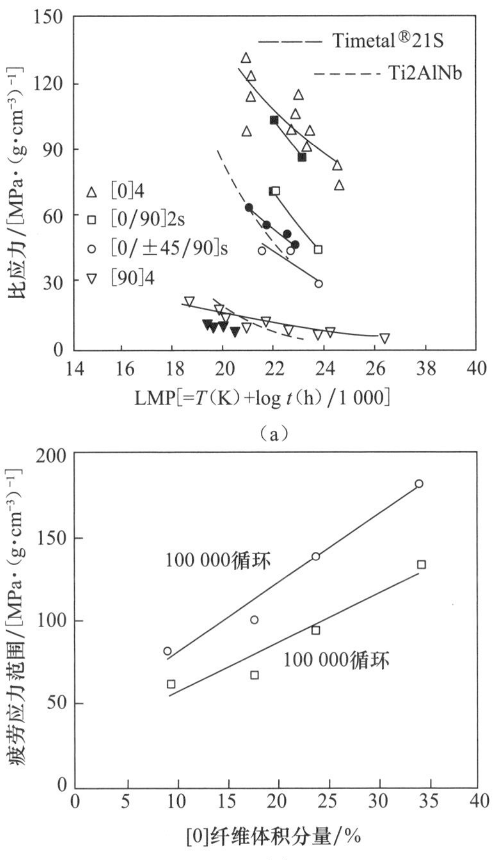


**图 5　(a) 关于 Timetal® 21S（实心圈）和 Ti2AlNb 金属间化合物基体（空心圈）的密度-校正 Larson-Miller 图；(b) SCS-6/Timetal® 21S 相对片层测试中的［0］纤维体积分量的疲劳应力范围**

来源：Larsen、Russ 和 Jones（1995）© Springer

会涉及温度变化的热机械疲劳（Thermomechanical Fatigue，TMF）。疲劳裂纹增长由纤维-基体界面强度所控制，如果它较强，疲劳裂纹即会穿过基体和纤维并同时伴随抗疲劳阻力的少量增加；如果它较弱，基体裂纹会环绕纤维扩展［图 6（b）］且因为纤维处的应力集中并不足以造成纤维的立刻断裂（Sinclair 等，2004）。该种情况下即会出现明显的裂纹止裂［图 6（a）］。这是因为裂纹桥连纤维减小了裂纹尖端处的应力集中，因而逐步地减小了裂纹在穿越纤维时的驱动力。因此，Ti/SiC 复合材料表现出了优秀的抗疲劳裂纹性能。对于广泛应用的 SCS6 纤维，原始基体-纤维界面的界面强度通常在 200 MPa 左右（Sinclair 等，2004）。一旦滑移开始，界面的剪切应力可以通过库仑摩擦定律很好地得到描述，其法向力由因为加工冷却而产生热收缩的基体对纤维的挤压作用而提供。疲劳裂纹区域的界面强度通常会因为摩擦和界面退化而降低（至大约 50 MPa）（Hung 等，2009）。另外需要牢记的是，高温环境疲劳情况下，垂直于纤维-基体界面的挤压应力会随着库仑摩擦力的减小而减小（Whithers、Bennett 和 Kuroda，2010）。在更高的温度下（>300 ℃），仍然有人观察到界面强度因为界面反应而增加。

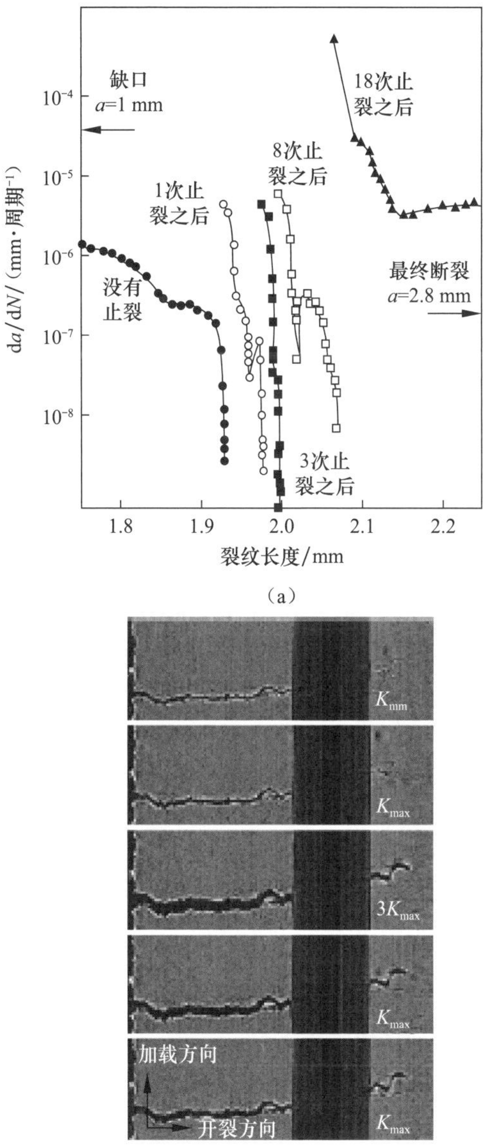


**图 6　(a) SCS6/Ti-15-3 复合材料在 25 ℃时测得的疲劳裂纹扩展速率，载荷范围 105 N，$R=0.5$，频率为 10 Hz（Cotterill 和 Bowen，1993）；(b) Ti/SiC 复合材料中心的 X-射线层析成像部分，显示了在疲劳加载过程以及过载过程（$3K_{max}$）中的裂纹张开变化。注意纤维-基体的桥连界面在裂纹表面滑移超过 1 mm 后，在裂纹局部的很大部分都产生了桥连牵引**

经 Withers 等（2006）© Maney Publishing 授权

## 5　金属间化合物

诸如 NASP，尤其是 IHPTET 之类的开创者将目光对准了能够在 600 ℃下工作的航空发动机材料，引起了人们对金属基化合物复合材料（IMCs）的关注。使金属基化合物基体韧性化的方法有两种：一是通过韧性金属的加强；二是引入一种高强度颗粒和纤维陶瓷并通过界面机理控制其韧性。在之后的章节中，讨论的大多数复合材料尚处于发展中。

## 5.1 钛铝合金复合材料

钛铝合金［$Ti_3Al(\alpha_2)$、$TiAl(\gamma)$ 和 $Al_3Ti(\eta)$］相比于传统钛合金（见第 4 卷第 190 章和表 1）具有能够提高使用温度范围并增强高温下强度、刚度和抗氧化性能的能力。大量的合金研究发现，内部添加超过 10％的诸如 Nb、Mo 和 V（Banerjee，1995）之类的 $\beta$-稳定元素的合成物具有充分的室温下塑性。合金 Ti-24Al-11Nb（有时表示为 $Ti_2AlNb$）是目前为止研究最广泛的 $\alpha_2$ 合成物，尽管 Ti-25Al-10Nb-3V-1Mo（通常称为 $\alpha_2$）同样也吸引了人们的注意。在较低室温韧性成为商业应用的一个主要障碍的情况下，复合材料加工可以通过裂纹路径的修正提供韧性/疲劳上的增强。

### 5.1.1 $Ti_3Al$



单丝 SiC 增强/Ti-24Al-11Nb 复合材料已经引起了人们的大量关注，正如 Mackay、Brindley 和 Froes（1991）的文献中所描述，并且其轴向性质通常正比于纤维的体积分量，而横向强度通常要比相对的整体基质低。

高冷却速率不能被用来加强 $\alpha_2$-IMCs，一是因为与热等静压装备有关的热质量，二是因为相关的残余应力。这极大地限制了产品的微观结构，通常其中包含等轴组织［大约 90％$\alpha_2$/10％ bcc 相（无序 $\beta$ 或者有序 $B_2$）］。$\alpha_2$ 相仅具有 4 个独立的滑移系统，因而颗粒边界处必然会出现应力集中从而导致弹性断裂。因为 $\beta$ 相能够传递塑性，所以其位置和体积分量对于减小应力集中并延缓断裂而言是非常重要的（Banerjee，1995）。单相的正交晶系（Orthorhombic，O）合金力学性质较差，因而可以使用诸如 Ti-22Al-23Nb 之类的两相或者三相合金作为 IMC 基体。

为了有效地利用纤维强度，基体必须不能在纤维达到断裂应变时失效。由于基体断裂因为拉伸热残余基体应变而加剧（大约＋0.4％），纤维断裂因为压缩而推迟（大约－0.2％），所以其基体必须能够达到 2％左右的应变以保持纤维大约 1.5％的断裂应变。实际上，人们已经发现基体的断裂应变为 2.5％～3％的 ROM 强度。在该方面应该注意的是 Ti-24Al-11Nb 的断裂应变接近于该值（Brindley 等，1992），而正交晶系的合金通常会超过该值（Smith、Graves 和 Rhodes，1994）。然而，关于 $Ti_3Al$ 材料的高温稳定性、环境抗性和抗火性能的问题仍然存在，环境阻力和 $Ti_3Al$ 材料的抗火性能都是航空发动机中需要解决的重要问题。

### 5.1.2 TiAl

人们对制造更强室温韧性的 TiAl 复合材料开展了大量的工作。其中即包括使用 XD 加工工艺以原位反应引入 15％左右的陶瓷增强体（见 2.3 节）。对于 SiC 增强而言，残余应力是一个重要的问题，并且加上化学侵蚀的不可避免性，使得该系统的困难进一步增加。铝基系统具有热膨胀位错较低的优势，但铝纤维（1 000 ℃以下）较低的温度容量却是一个严峻的挑战。TiAl 与纤维/基体的反应活性比 $Ti_3Al$ 要低。然而，因为 TiAl 复合材料需要在高温下使用，故目前这仍然是需要关注的重点。

## 5.2 镍基系统

单层 $Ni_3Al$ 合金具有良好的强度、柔性和韧性，使其成为 IMCs 的极佳选择。然而，热位错应力却是排除 SiC 加强基的重要原因，即使对于铝而言，这些应力仍然会造成极大的影响。NiAl 系统的情况较好（Ward-Close、Minor 和 Doorbar，1996）。相关的研究工作目前正集中在连续铝和柔性金属加强体上，其目标是改善室温和高温环境下的断裂韧性。然而，目前所获得的成就却是有限的。正如 Miracle（2000）指出的，这可能是由于人们对于改善韧性（需要弱的界面）和强度（需要强的界面）的要求日渐苛刻所致。

## 5.3 硅化系统

难熔金属硅化物在 20 世纪 80 年代和 20 世纪 90 年代得到了大量的研究。$MoSi_2$ 一直以来被认为是高温应用的理想材料。其超常的抗氧化性能（$SiO_2$ 铺层的缘故）、高热传导性、高熔点（2 020 ℃）、良好的抗热腐蚀性能和相对低的密度（6.2 g/cm$^3$），使得其使用温度可以达到 1 600 ℃。然而，$MoSi_2$ 的低温韧性较差（大约为 5 MPa/m，在 1 000 ℃左右进行脆性-韧性转变），且其高温强度和 1 250 ℃

以上的抗蠕变性能也较差。所有主要的陶瓷加强体在 $MoSi_2$ 中都是热力学稳定的，目前已经制造了以纤维、晶须和颗粒加强的复合材料。原位反应亦被用来引入不连续陶瓷加强体。柔性加强体也得到了应用，包括 Nb 和 Ta。Xiao 等（1991）证明了以 Nb 丝线加强的 $MoSi_2$ 室温韧性为 12 MPa·$m^{1/2}$，而未加强的 $MoSi_2$ 韧性在 3.3 MPa·$m^{1/2}$。然而，高温柔性金属加强体通常都较重（Mo 10.2 g/$cm^3$，Ta16.7 g/$cm^3$，W 19.3 g/$cm^3$，Nb 8.6 g/$cm^3$），这带来了重量的增加和高温时反应及氧化性的问题。最后的研究主要为 SiC 的陶瓷加强体的引入。$MoSi_2$ 和 SiC 之间的热膨胀位错导致了基体的断裂，尤其是对于大直径的 SiC 单丝纤维。另外，从热膨胀角度看，$Al_2O_3$ 是最为适合的材料，它能消除热失配开裂。然而，在该种情况下，强的界面连接反而限制了韧性。

Nb-Si 系统被认为具有较高的使用温度（Bewlay 和 Jackson，2000）。这些原位复合材料由高强度、高熔点的 Nb 基硅化物（$Nb_3Si$ 和/或 $Nb_5Si_3$）和高熔点、中等强度、高韧性的 Nb 基金属间化合物组成。它们同时具有良好的高温和低温力学性能，并在超过 1 000 ℃时具有令人满意的环境抗性。氧化和蠕变问题必须得到解决，可能的解决方法为合金添加剂的使用。人们希望当前单晶体超级合金的工作温度能够达到 1 150 ℃左右，Nb 硅化物的工作温度能够超过 1 300 ℃。

# 6 应用

## 6.1 整体叶片环和叶片环

诸如加强叶轮/盘、整体叶盘（整体带刃圆盘）、叶片环（带刃环）和叶片转子（带刃转子）之类的旋转部件，因为其加工的难度和对断裂的敏感性而成为结构上的危险部件（第 2 卷第 80 章）。但是，从发动机性能和重量减轻的角度来看，对它们的研究还是值得的（Singerman 和 Jackson，1996）。研究最透彻且目前最接近于市场应用的为叶片环［图 7（c）和图 9（b）］。需要牢记的是准单向复合材料的横向性能极差［图 4（b）和图 5（a）］，因而需要确保环的横向应力在较低的水平。实际上，叶片受载在环直径方向的分布上是不均匀的。加载可以分成几部分，其中之一是均匀的并等于平均加载；另一个加载是周期的，可正可负，在等于圆周齿距 $l$ 的位置处不断反复重复。在这种情况下，等于圆周齿距 $l$ 距离处的应力不到周期加载分量的 5%（Leckie，1995）。因此，在叶片和 MMC 环之间的距离超过叶片圆周齿距的情况下（通常情况下是这样），复合材料部分所受的应力基本上是均匀的，即叶片的不规则加载得到了充分的削弱。

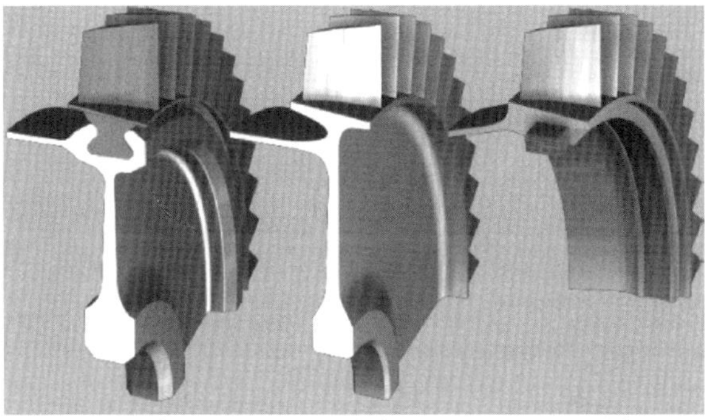


**图 7 （a）传统叶盘；（b）“叶片环”，带来了 30%的结构减轻；（c）TMC 复合材料“叶片环”提供了超过 70%的结构减轻**

经 Rolls Royce（2005）© Rolls-Royce Group PLC 授权

此类叶片环可以通过 Ti 金属线和纤维的复合缠绕，或者环周围纤维的涂层而进行制造。对加工温度进行冷却时，纤维和基体/涂层热膨胀系数之间的巨大差异导致了明显残余应力的产生（Withers，2003）。硅碳化合物体积分量在 30%～35%的典型 Ti-64 基体，其基体残余应力在 20 ℃时接近 400 MPa，对应的纤维压缩应力峰值接近 800 MPa（Harrison 等，2004）。在预测初始残余应力的同时，蠕变模型还可以用来确认蠕变断裂时间，这与达到临界应力水平的纤维有关（表 3）。

**表 3 Ti-64/SiC 复合材料在 600 ℃蠕变加载下初始（$t=0$）和断裂时刻（$t_c$）的最大预测纤维应力**

来源：Harrison 等，2004　　MPa

| 名义外载 | 纤维应力（$t=0$） | 纤维应力（$t=t_c$） |
|---|---|---|
| 750 | 1 643 | 2 264 |
| 800 | 1 758 | 2 400 |
| 830 | 1 841 | 2 412 |
| 870 | 1 940 | 2 395 |

旋转盘和低周循环疲劳测试实验显示，复合材料使其低周循环疲劳性能提升了大约 10 倍。此外，在 600 ℃时，相比于 20 ℃下使用寿命循环在 $10^4$

个循环左右，其在应力承载能力上仅有10%的降低（Harrison等，2004）。正如Hooker和Doorbar（2000）指出的，尽管Ti复合材料叶片环具有极大的潜在能力并且极大地减轻了重量，但在无缺陷生产上还存在相当多的问题（图8）。不过大量的标准叶片环［图9（b）］测试显示，其可能是最接近于军用发动机商业化的高性能组件。

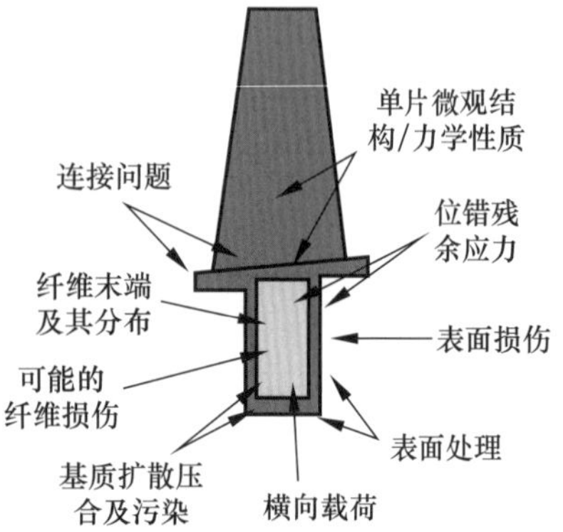


**图8 提升复合材料叶片环性能的关键问题**

经Hooker和Doorbar（2000）© Maney Publishing授权

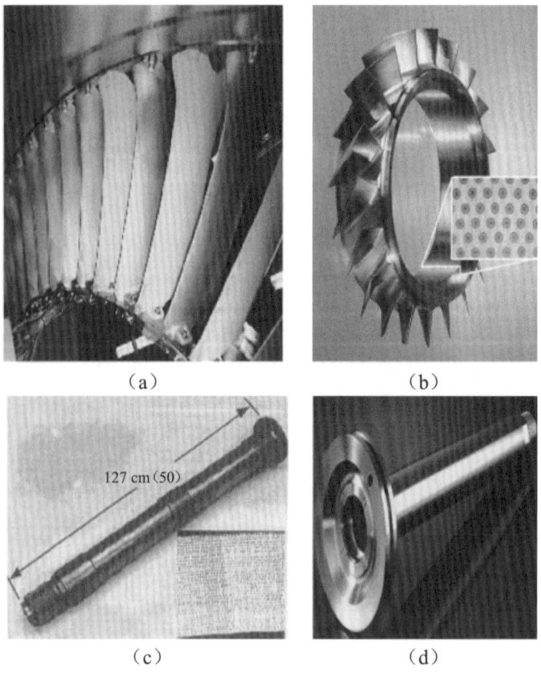


**图9 各种可用金属复合材料应用**

（a）Al MMC叶片作为非结构位置的风扇出口导向叶片（outlet guide vane，OGV）组装图（经Hooker和Doorbar（2000）© Maneu Publishing授权）；（b）Ti-64/SiC标准叶片环（经Hooker和Doorbar（2000）© Maneu Publishing授权）；（c）GE's XTE-45演示发动机的低压TMC涡轮风扇轴（经Singerman和Jackson（1996）© The Minerals、Metals和Materials Society授权）；（d）F119发动机发射喷嘴传动装置上的TMC驱动轴（经Maruyama（2000）© Elsevier授权）



## 6.2 轴

钛合金轴具有代替镍或钢轴的能力，它带来了极大的结构减轻（大约20%）（Hooker和Doorbar，2000）和更好的扭矩性能。人们目前已经研究了大量包括低压IHPTET发动机涡轮轴在内的轴的应用（Sterling和Bell，1990）。图9（c）显示了由德事隆特殊材料公司（Textron Specialty Materials）专门为GE定制的XTE-45 LPT风扇轴。典型的轴由相对轴线±(15°～45°）方向的正交铺层制造。图9（c）中所示的轴由36层方向等离子喷涂的Ti基MMC单层制成。根据Singerman和Jackson（1996），该轴超过预计地承受了100 000 LCF循环。该应用的一个主要问题在于单片端部附件的连接。

## 6.3 其他部件

人们在早期的研究中看中了以铝为中心基体的硼纤维增强MMC风扇叶片的研究前景（Mangiapane等，1969）。此处风扇上1 kg的减重即代表了支撑结构上5～8 kg的减重，因而可制造出更轻的整体结构。有人即提出了Ti/SiC发动机支架可以在喷管定位中使用（Leckie，1995）。压缩机前缘附近静态和可调叶片的使用［图1（a）］为Al/SiC颗粒MMC作为Ti-64锻件的替代物提供了良好的环境，并带来了大量的结构减重（大约35%）（Hooker和Doorbar，2000）。另一极佳的应用是风扇出口导流叶片［图9（a）］，它们指引空气流下旁路管道。这就意味着温度在Al基MMCs的可用范围内。Al复合材料具有良好的耐磨性（腐蚀），且使每个叶片相对Ti-64减重15%致动器，从而有更高的比刚度（Hooker和Doorbar，2000）。TMC活塞杆、致动器杆在USAF F-22战斗机F119发布机上的使用已经得到了认证（Lavitt，1997；Maruyama，2000）［见图9（d）］。该致动器驱动着控制气体流出发动机的发动机盖。它在温度峰值达到450 ℃时能够承受较高的轴向压缩载荷，代替钢件后能够获得6.8 kg的结构重量减轻。30 cm长、50 mm直径的中空Ti6242/TriMARC-1 SiC纤维复合材料杆可以通过15层轧制金属丝-纤维加工进行铺层，并接以热等静压（Lavitt，1997）而进行生产。在单段固结过程中复合材料轴被进一步固结并连接至整体式钛法兰盘。

颗粒状钛MMCs主要在风扇出口导叶处使用，

如Pratt和Whitney 4000系列发动机中使用的6092/17.5%形式SiC复合材料。该复合材料由挤压坯制造并带来了结构抗腐蚀性能和外物抵抗性能的提高（Hunt，2000；Maruyama，1999）。

## 7 结论

尽管在过去的40年中，人们对高温MMCs系统进行了大量的研究，包括连续的和不连续的，但目前的复合材料部件在产量上并没有显著的提高。现今Ti/SiC复合材料叶片环即将步入工业化生产的门槛并将取得重大的进步，首先是因为它将成为第一批使用的高性能复合材料部件，然后是因为其设计概念带来了发动机减重的关键飞跃。朝更远的未来看，IMCs提高了发动机温度，尽管它并不是目前的研究焦点，但该领域在未来提高军用发动机和民用飞机环境性能的适当时候将会再一次得到人们的关注。

### 参考文献


Banerjee，D.(1995) *Intermetallic Compounds：Principles and Practice* (eds J. H. Westbrook and R. L. Fleischer)，Wiley，Chichester，UK，pp. 91-131.

Bewlay，B. P. and Jackson，M. R.(2000) 3.22 High-temperature in situ composites：Processing and properties，in *Comprehensive Composite Materials* (eds A. Kelly and C. Zweben)，Elsevier.

Brindley，P. K.，Draper，S. L.，Eldridge，J. I.，Nathal，M. V. and Arnold，S. M.(1992) The effect of temperature on the deformation and fracture of SiC/Ti-24Al-11Nb. *Metall. Trans.*，23A，2527-2540.

Christodoulou，L.，Parrish，P. A. and Crowe，C. R.(1988) $XD_{TM}$ Titanium Aluminde composites，in *High Temperature/High Performance Composites* (eds F. D. Lemkey，D. J. Deye，D. L. Anton，A. D. Cetel，M. V. Nathal，T. M. Pollock，D. A. Woodford)，MRS，Pittsburgh，Reno，Nevada. pp. 29-34.

Clyne，T. W. and Withers，P. J.(1993) *An Introduction to Metal Matrix Composites*，Cambridge University Press，Cambridge.

Cotterill，P. J. and Bowen，P.(1993) Fatigue crack growth in a fiber-reinforced Ti MMC at ambient and elevated temperatures. *Compos.*，12，214-221.

Gundel，D. B.，Majumdar，B. S. and Miracle，D. B.(1995) Evaluation of the transverse response of fiber-reinforced composites using a cross-shaped sample geometry. Scripta Metall. Mater.，33，2057-2065.

Harrison，G. F.，Tranter，P. H.，Shepherd，D. P. and Ward，T.(2004) Application of multi-scale modelling in aeroengine component life assessment. *Mater. Sci. Eng. a-Struct. Mater. Prop. Microstruct. Process.*，365，247-256.

Hooker，J. A. and Doorbar，P. J.(2000) Metal matrix composites for aeroengines. Mater. Sci. Tech.，16，725-731.

Hung，Y. C.，Bennett，J. A.，Michiel，M. D.，Buffiere，J. Y.，Doel，T. J. A.，Bowen，P. and Withers，P. J.(2009) Fatigue crack growth and load redistribution in Ti/SiC composites observed in situ. *Acta Mater.*，57，590-599.

Hunt，W. H. Jr.(2000) 6.05 Metal matrix *composites*，in *Comprehensive Composite Materials* (eds A. Kelly and C. Zweben)，Elsevier，pp. 57-66.

Larsen，J. M.，Russ，S. M. and Jones，J. W.(1995) An evaluation of fiber-reinforced titanium matrix composites for advanced hightemperature aerospace applications. *Metall. Mater. Trans.*，26A，3211-3223.

Lavitt，M. O.(1997) *Aviation Week and Space Technology*，May 12，74-75.

Leckie，F. A.(1995) High-temperature mechanism-based design. *Phil. Trans. R. Soc. Lond. A*，35，611-623.

Lloyd，D. J.(1994) Particle reinforced aluminium and magnesium matrix composites. *Int. Mater. Rev.*，39，1-23.

Mackay，R. A.，Brindley，P. K. and Froes，F. H.(1991) Continuous fiber-reinforced titanium aluminide composites. *JOM*，43，23-29.

Mangiapane，J. A.，Sattar，S. A.，Gray，D. F. and Timoshenko，J. A.(1969) Development of metal-matrix composite blading for gasturbine engines. *J. Aircr.*，6，318-325.

Maruyama，B.(1999) Progress and promise aluminum composites. *Adv. Mater. Proc.*，156，47-50.

Maruyama，B.(2000) 3.27 Continuously reinforced MMCs，in *Comprehensive Composite Materials* (eds A. Kelly and C. Zweben)，Elsevier，pp. 717-739.

Miracle，D. B.(2000) 3.28 Intermetallic matrix composites，in *Comprehensive Composite Materials* (eds A. Kelly and C. Zweben)，Elsevier，pp. 741-778.

Partridge，P. G. and Ward-Close，C. M.(1989) Diffusion bonding of advanced materials. *Met. Mater.*，4，334-339.

Rolls-Royce (2005) *The Jet Engine*，Rolls-Royce，London.

Sinclair, R., Preuss, M., Maire, E., Buffiere, J. Y., Bowen, P. and Withers, P. J. (2004) The effect of fiber fractures in the bridging zone of fatigue cracked Ti-6Al-4V/SiC fiber composites. *Acta Mater.*, 52, 1423-1438.

Singerman, S. A. and Jackson, J. J. (1996) Titanium metal matrix composites for aerospace applications, in *Superalloys* (eds R. D. Kissinger, D. J. Deye, D. L. Anton, A. D. Cetel, M. V. Nathal, T. M. Pollock, D. A. Woodford), TMS, pp. 579-588.

Smith, P. R., Graves, J. A. and Rhodes, C. G. (1994) Comparison of orthorhombic and alpha-2 titanium aluminides as matrices for continuous SiC-reinforced composites. *Metall. Mater. Trans.*, 25A, 1267-1283.

Sterling, E. M. and Bell, J. E. (1990) *Advanced High Stiffness Power Turbine Shaft*, U. S. Army, Fort Eustis, VA.

Ward-Close, C. M., Minor, R. and Doorbar, P. J. (1996) Intermetallic matrix composites - a review. *Intermet.*, 4, 217-229.

Withers, P. J. (2003) Forming of long fiber and particulate metal matrix composite components. *Int. J. Forming Processes*, 6, 397-411.

Withers, P. J., Bennett, J., Hung, Y. C. and Preuss, M. (2006) Crack opening displacements during fatigue crack growth in Ti-SiC fiber metal matrix composites by X-ray tomography. *Mater. Sci. Tech.*, 22, 1052-1058.

Withers, P. J., Bennett, J. A. and Kuroda, M. (2010) Interfacial shear strength behaviour of Ti/SiC metal matrix composites at room and elevated temperature. *Acta Mater.* (in press).

Xiao, L., Kim, Y. S., Abbaschian, R. and Hecht, R. J. (1991) Processing and mechanical-properties of niobium-reinforced MoSi2 composites. *Mater. Sci. and Eng.*, A144, 277.

本章译者：古兴瑾（南京航空航天大学航空宇航学院）

# 第 192 章

# 多晶镍基高温合金：加工工艺、性能及应用

Robert J. Mitchell
劳斯莱斯股份有限公司（Rolls-Royce plc.），德比，英国

## 1 引言

多晶镍基高温合金被广泛应用于燃气涡轮发动机的热端组件。诸如套管与导流叶片之类的结构件和高应力轮盘等多种承力结构都用到了它。这种高温合金目前在现代航空发动机中占了一半以上的重量。除此以外，不论是船用燃气轮机还是工业燃气轮机都大量采用这种合金（图 1）。该种合金全面的性质及其能够在任何合金系最高工作温度下工作的能力，使其脱颖而出成为唯一一种能够在如此苛刻环境下工作的材料。

**图 1 镍基高温合金材料的高涵道比涡轮风扇发动机的热端组件**

转载于 Rolls-Royce © 2008

几十年来，航空工业极度重视发动机推力的提高和排放的减少，这推动了合金的发展研究。因此，本章将主要讲述先进多晶镍基高温合金的微观组织、加工工艺和性能之间的关系，并着重讲述航空燃气轮机中关键轮盘的有关内容。需要注意的是，合金的化学性质、微观组织和性能之间的许多基本关系同样适用于燃气轮机中多晶镍基高温合金的其他应用。

## 2 航空燃气轮机工作环境

毋庸置疑，燃气轮机对 20 世纪后半个世纪的空中旅行产生了巨大的影响。自其出现开始，人们在燃气轮机的可靠性、燃料燃烧、排放和推力方面取得的许多进步，很大程度上是得益于在材料性能方面取得的成就。今天的涡扇发动机能够提供 100 000 磅的推力，其中有超过 10 000 个组件，并可服役 40 年之久（图 2）。

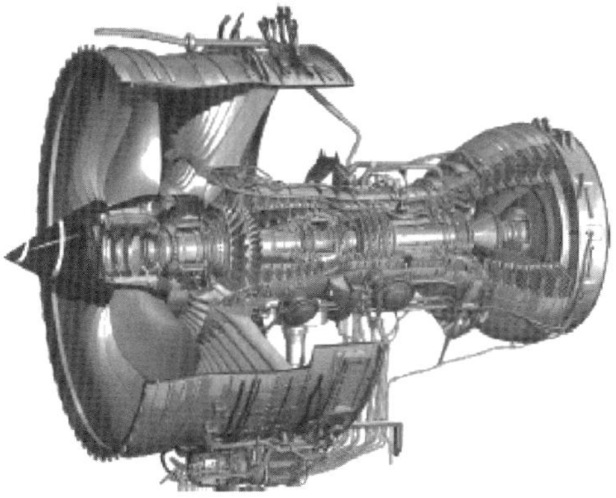

**图 2 Rolls-Royce Trent 1 000 高涵道比涡轮风扇发动机**

转载于 Rolls-Royce © 2008

在燃气轮机的前端有一个压缩机，它在气流进入燃烧室之前压缩其体积并增加压力，之后气体流进燃烧室与燃料混合后点火。高温气体在轮机中膨胀，其中的叶片通过轮盘提取机械功并经由轴传动后推动压缩机工作。现代涡轮发动机含有多级压缩机和涡轮级，其前端的大直径风扇直接与低压涡轮相连，相比早期的涡轮喷气设计具有更好的燃料经济性和减噪性能（Rolls-Royce，2007）。

在燃气轮机的设计中，涡轮段的进气温度（Turbine Entry Temperature，TET）是需要着重考虑的，对于给定的压缩比，通过提高 TET 可以提高单位质量流量的推力（Meetham，1981）。所以，设计的目标是通过提高 TET 来改善整体的燃料效率，同时又能维持轮机的可靠性和组件的使用寿命。

在发动机气路中，TET 的增加导致其超过了气路中组件的熔点。轮盘转子虽然没有直接暴露于气路中，但也会因为叶片的热传导和轮盘旋转的风阻效应而达到高温状态（图 3）。

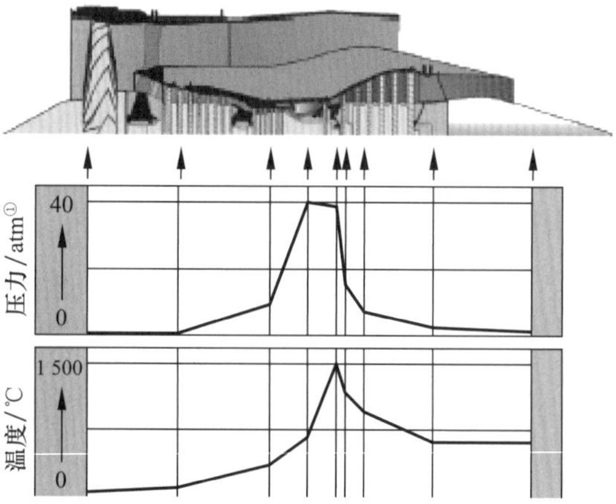


**图 3 现代涡轮风扇发动机中温度和压力的变化**

轮盘转子的高速旋转使其受到很大的离心应力。其高温轮缘和相对较冷的轮孔间亦存在很大的温度梯度，而这将产生很大的热应力（图 4）。因此，轮盘的材料应能在大机械载荷下承受持续高温的工作环境。强度、疲劳特性（萌生和扩展）、蠕变抗力都要满足不同程度的要求，具体视其在轮盘中的位置而定（表 1）。



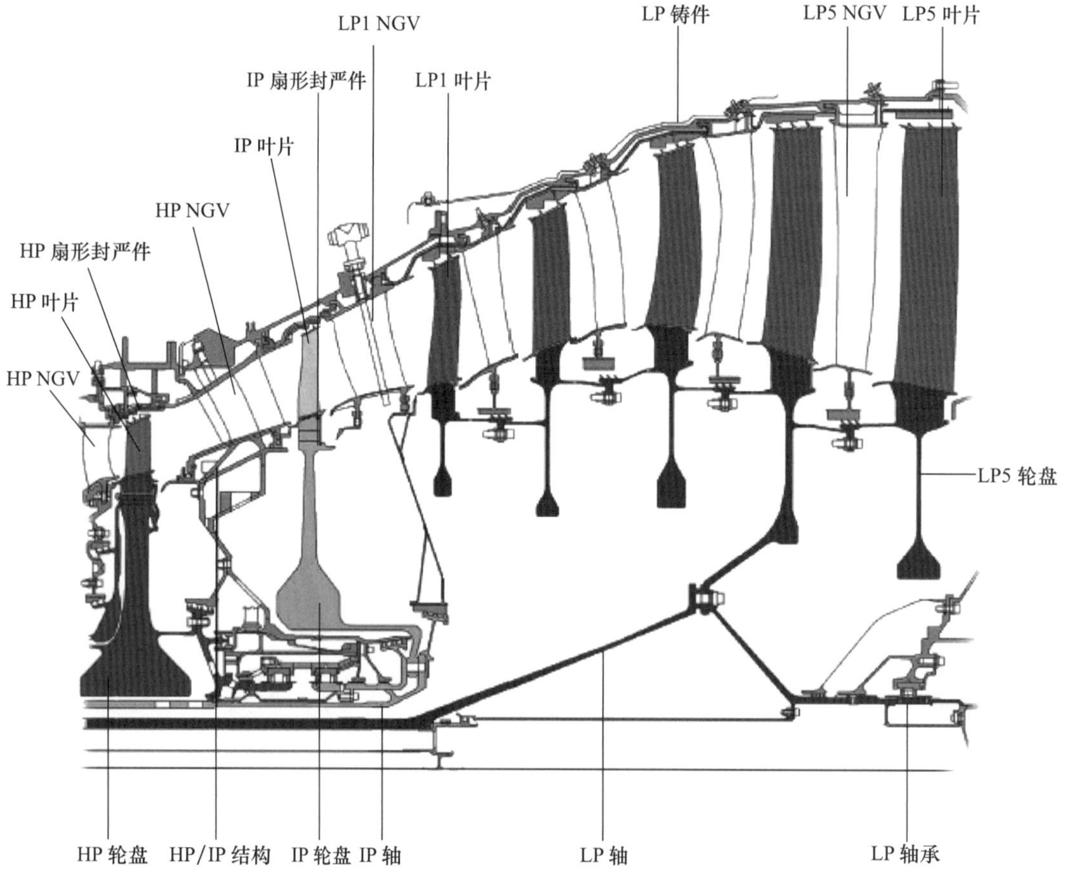


**图 4 现代三轴燃气轮机涡轮盘之间的连接**

转载于 Rolls-Royce © 2008

① 1 atm≈1.01×$10^5$ Pa。

**表 1　简单轮盘转子不同部位的理想要求**

| 性　质 | 孔　洞 | 边　缘 |
|---|---|---|
| 稳态承温能力 | 最大<400 ℃ | 最大≤750 ℃ |
| 强度 | 努力使强度最大化以证明高速情况下的完整性 | 不太重要 |
| 蠕变 | 轮孔温度场中的蠕变变形不是很重要 | 轮缘和隔板功能中较为重要，有些功能反而得益于较低的抗蠕变强度，因为其能够减小缺口结构处的应力、增加组件寿命 |
| 疲劳萌生 | 轮孔表面的低温低周疲劳寿命较重要 | 轮缘功能中的高温低周疲劳寿命较重要 |
| 疲劳裂纹增长 | 轮孔温度保压条件下没有疲劳加载效应 | 为了抵抗疲劳裂纹增长，需要事先确定安全循环寿命 |
| 颗粒尺寸 | 精细 | 粗糙 |
| 沉淀物尺寸 | 精细 | 在蠕变性能较重要的情况下选择精细；<br>在疲劳裂纹增长较重要的情况下选择粗糙 |

# 3　高温合金冶金学基础

早期可用材料的性能局限性限制了燃气轮机的应用。此后，人们逐渐意识到应该开发一种能够在高温条件下工作的新材料（Sims、Stoloff 和 Hagel，1987）。高温合金的发展历程可以说代表了燃气轮机的发展历程。历经数年，一系列元素被添加到原有的 80∶20 Ni-Cr 合金中，时至今日，这种合金已有 10 种甚至更多种的元素添加剂。

多晶镍基高温合金的强度要求可以通过无序面心立方晶格（face-certered cubic，fcc）$\gamma$ 基体的固溶强化，有序 $\gamma'$、$\gamma''$或 $\delta$ 析出相的析出强化，碳化物和硼化物的合理分布以及晶粒尺寸这些组合控制方式来达到（Decker 和 Freeman，1960）。

## 3.1　$\gamma$ 基体的固溶强化

通过在晶格中引入不同大小和弹性模量的溶质原子，可以改变 $\gamma$ 基体的强度。此外，堆垛层错（stacking faults）的存在也会引起 $\gamma$ 相的强化。堆垛层错是指晶格中原子面的堆垛顺序出现的偏差。溶质原子在堆垛层错处偏析，而且原子直径的不同也导致了 $\gamma$ 基体的硬化。

为了实现最大程度的固溶强化，合金元素需要在避免新相析出的前提下尽可能使晶格出现最大的晶格应变。目前，在镍基高温合金中常用的合金元素见表 2（Pelloux 和 Grant，1960）

**表 2　镍基超级合金中相和元素的划分**

| 种　类 | 相 | 元　素 |
|---|---|---|
| 析出强化 | $\gamma$ | Co，Cr，Fe，Mo，W，Ta |
| | $\gamma'$ | Ni，Al，Ti，Ta |
| | $\gamma''$ | Ni，Nb |
| | $\delta$ | Ni，Nb |
| 碳化物 | MC | W，Ta，Ti，Nb，Hf |
| | $M_{23}C_6$ | Cr |
| | $M_6C$ | Mo，W，Nb |
| 硼化物 | $M_3B_2$ | Ta，V，Nb，Mo，Ti，Cr，Fe |
| 氮化物 | MN | Ti，Nb，Zr |
| 拓扑密排相 | $\mu$ | Fe，Co，Mo，W |
| | L | Fe，Co，Nb，Ti，Mo，Ta，Ti |
| | $\sigma$ | Fe，Cr，Mo，Ni |
| 其他 | 颗粒边界增强 | B，C，Zr，Hf |
| | 硫化物/氧化物抵抗性 | Cr，Co，Al，Si |

## 3.2　析出强化

在镍基高温合金中，主要的强化析出相是 $\gamma'$、$\gamma''$或 $\delta$，具体是哪种相由合金的化学结构和加工过程所决定。相比固溶强化和碳化物强化，基体中这些析出相的散布对于基体的强化效应要显著得多，这主要与粒子本身的强度和塑性有关（Donachie 和 Donachie，2002）。然而，其他诸如与 $\gamma$ 基体的共格性、反相畴界能、体积分数、粒度和分布特性等因素也起了一定的作用。析出相可以通过各种机制抑制位错（晶格缺陷）运动，从而影响合金的强度特性，且这种影响效应与粒度有很大的关系（Ardell，1985）。

$\gamma'$相是镍基高温合金最常见的析出相，其体积比可达 60%。$\gamma'$相有着有序的 $L1_2$ 结构，这导致了在−200 ℃～800 ℃的温度区间内合金屈服应力的反常增加（图 5）（Stoloff，1989）。$\gamma'$相的成分为 $(Ni, Co)_3$（Al，Ti，Ta），其中，Al，Ti，Ta 占据晶胞的角点，Ni 和 Co 占据晶胞的面。因此，为了提高合金的强度，同时通过 $\gamma'$相和潜在有害相的析出维持稳定性，许多研究者都研究了 $\gamma'$相形成元素（Al，Ti，Ta）的最大体积分数及其作用（Raynor 和 Silcock，1970）。

当合金中的 Nb 质量分数大于 4%时，$\gamma''$成为主要的强化相，该相的成分是 $Ni_3$(Nb，Ta)。$\gamma''$析出物具有体心四方（$DO_{22}$）结构，这种小圆盘

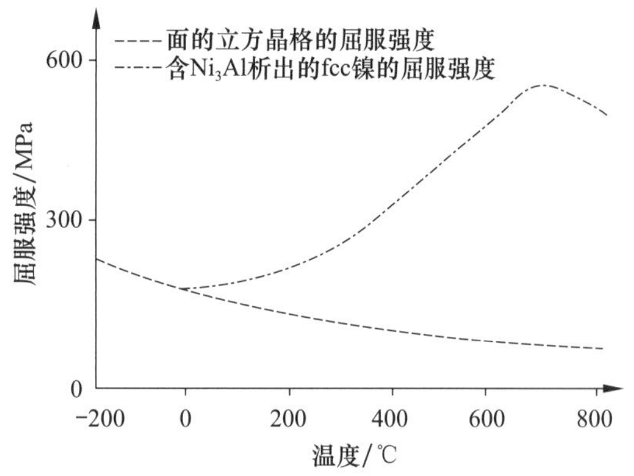


**图5　$Ni_3Al$ 增强相的反常屈服强度行为**

状的析出物与基体共格或半共格。

$\delta$ 相是正交晶的金属间析出物，其化学成分为 $Ni_3Nb$（钛可以在一定程度上替代铌原子）。$\delta$ 相无序地分布在晶界上，它对合金的强度和韧性不利，但可以改善蠕变断裂性能。在热机械加工中，$\delta$ 析出相是影响晶粒结构的主要因素，而且，相比同样成分的 $\gamma''$ 相，$\delta$ 相要稳定得多。

## 3.3　碳化物相

与仅由金属间互化物强化的多晶镍基高温合金相比，含有碳化物的多晶镍基高温合金尽管会损失一部分塑性，但能得到更优越的抗蠕变性能。加工过程中碳的存在有助于最大限度地减少包括硫和氧在内的微量杂质。镍基高温合金中常见的碳化物详见表2。

通过控制特定类型碳化物的析出，及其在晶界的形态和粒度，即可以实现合金的理想耐温度特性。缺碳合金对大规模的晶界滑移非常敏感，因此耐高温性能较弱。需要注意的是，若沿晶界有大量的碳化物形成，则又会导致合金脆化。因此，有必要在晶界滑移和开裂间做好权衡。

## 3.4　微量元素的影响

先进镍基高温合金中的微量元素对其高温性能起着重要作用。这些元素可以是人为添加的，也可以是杂质。这些成分的微小变动都会导致所观测合金力学性能、微观结构稳定性和加工难易程度上的巨大改变。通常微量元素与块体合金及其他微量添加物间的相互作用是很复杂的，并且合金中微量添加物的含量通常是受限的，以确保合金化后的性能（Vander-Voort 和 James，1996）。



### 3.4.1　有益微量元素

研究发现，B 和 Zr 等元素对于镍基高温合金的蠕变性能和热加工性能起到积极的作用（Jena 和 Chaturvedi，1984）。这些元素原子的较大尺寸差异和在镍中低溶解度的特性使它们偏聚于晶界。硼的低溶解度使其在晶间形成了 $M_3B_2$ 型硼化物。这些硼化物对于合金力学性能的提高基本不起作用。但是，它们在合金微观结构中的位置会对晶粒的演变产生很大影响。

### 3.4.2　有害微量元素

有害合金元素的来源有多种可能：一是原材料中本身存在并且在精炼时难以消除；二是难熔元素或气体环境的污染；三是其是在工作环境下产生的（Holt 和 Wallace，1976）。

有害微量元素通常在晶界处偏析甚至形成化合物，合金因此而脆化。这些元素的分布位置和脆性特性通常会导致晶间裂纹的过早出现。常见的有害微量元素有残留气体（O，H，N，Ar，He）、非金属杂质（S，P）和金属杂质（Pb，Ag，Cu，Li，Na，K，Cs）。

## 3.5　结构与性能间的关系

### 3.5.1　晶粒尺寸的影响

晶粒尺寸是合金性能的主要影响因素。在合金的研究和生产过程中，人们为控制晶粒的生长和晶粒尺寸分布做了大量的工作。细晶能使合金强度和韧性提高，同时也会增加合金的低周疲劳（Low-Cycle Fatigue，LCF）寿命；粗晶能使合金的晶界面积减少，这会增加合金的抗蠕变性能，抑制疲劳裂纹的扩展（图6）。合金学结合热-机械加工以及热处理可以获得期望的晶粒尺寸。

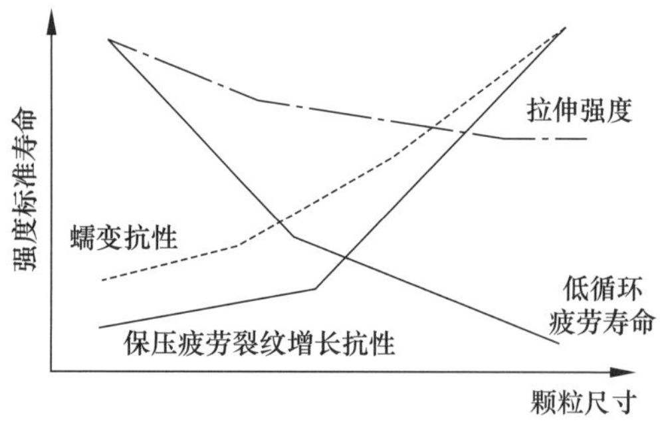


**图6　晶粒尺寸对基本力学性能的影响**

3.5.2　析出物的粒度、形态和分布

作为主要的强化机制，析出相的重要性不言而喻。因此，人们大量研究了析出相粒度、形态和分布对合金力学性能的影响。合金成分决定了析出相的总体积分数，但决定其分布特性的为加工和热处理工序。一个典型的$\gamma'$强化锻后高温合金有三态$\gamma'$相（Jackson 和 Reed，1999）：分布于晶界上的初始大$\gamma'$相（1～5 μm），分布于晶内的较小第二（冷却）$\gamma'$相（50～1 000 nm）和存在于晶体间的第三（时效）$\gamma'$相（1～50 nm）。合适的热处理不仅可以控制组分的晶粒尺寸，还可以控制这三种模态相各自的粒度及相对分布，从而使合金力学性能达到最佳。

大量已发表的研究成果都给出了析出相粒度对镍基高温合金强度的基本影响（Furrer 和 Fecht，2000）。若第二$\gamma'$相晶粒越细，则合金的拉伸和蠕变强度越高。反过来，粗晶粒的第二$\gamma'$相则会降低疲劳裂纹的扩展速率，这是因为材料蠕变性能减弱，裂纹尖端的应力松弛更明显。

强化析出相的形态取决于受热过程、基体与析出相之间的晶格错配度相关联的弹性能，以及基体和析出相共格与否。析出物先成核（球形），然后生长成立方体、八面立方体（octo-cubes）、对齐立方体（aligned cubes）、成对立方体（doublets of cubes）甚至板形，具体的长成形态是由其成分、粒度、晶格错配度和热加工条件所决定的（Ricks、Porter 和 Ecob，1983）。

3.5.3　晶界

晶界结构受到热处理周期中析出相粒度或形态改变的影响。举例来说，对于含有$\gamma'$相的合金，随着其缓慢冷却，处于晶界上的$\gamma'$相优先长大，导致晶界上出现锯齿状凸起。这些凸起增加了晶界的迂曲度，并使疲劳裂纹的扩展速率降低（Telesman 等，2004）。

## 4　热处理的作用

用于涡轮轮盘的镍基高温合金通常需要经历至少两个阶段的热处理，旨在同时优化晶粒尺寸和析出相的粒度、形态和分布（图 7）。第一个热处理阶段为在温度接近或超过析出相固溶线时的固溶处理；第二个阶段为在较低温度下的时效处理，相比固溶处理，其持续时间更长。

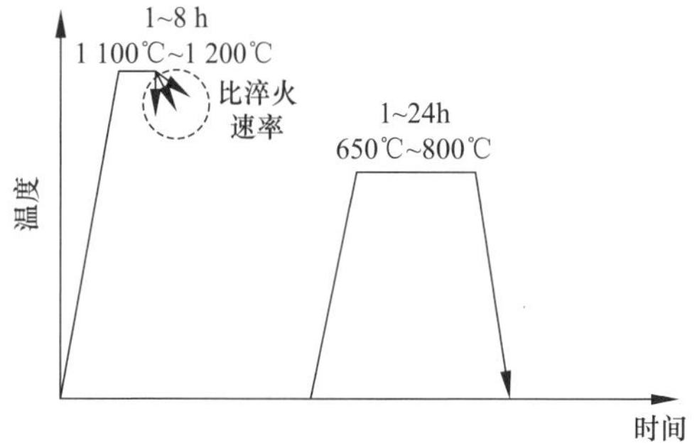


**图 7　转子轮盘典型两阶段热处理循环**

选择合适的固溶处理能够决定合金的晶粒尺寸。如果固溶处理保持在固溶温度以下，那么析出相会限制晶界，晶界将保持精细。然而，最理想的方法是将热处理温度升至接近固溶线来细化晶内析出物。超溶解度热处理能够溶解析出相并允许晶粒变粗直至受到第二相（如碳化物和硼化物）的限制。固溶热处理的温度决定了晶粒的尺寸和析出物的分布，而冷却速度则决定了晶内析出相的粒度和形态（Wlodek、Kelly 和 Alden，1996）。

第二阶段热处理的目的在于细化析出相形态，并消除材料中由于固溶热处理中淬火处理而产生的残余应力（图 8）。时效处理能使析出物伴随着晶粒的变粗而进一步成核生长。通过对热处理的周密操作，可以使材料微观结构在性能方面得到最佳权衡，以满足预期的应用要求。



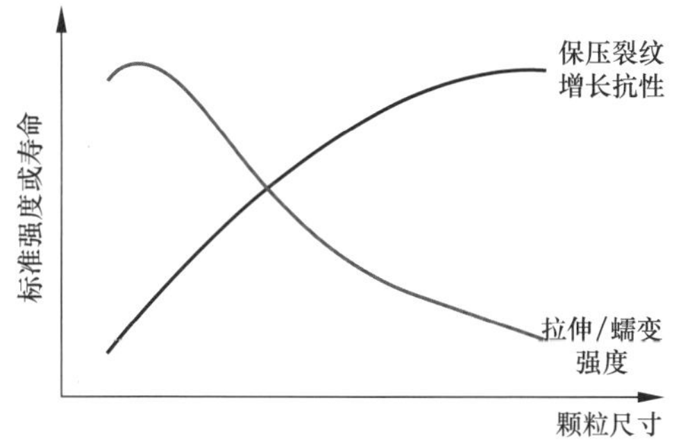


**图 8　强化析出相粒度对基本力学性能的影响**

## 5　多晶体加工锻造

关键旋转部件通常经由一系列热机械处理工序制造，旨在生产出独特的轴对称几何构型。然而，采用何种方式生产出这种构型则由合金学决定（图 9）。

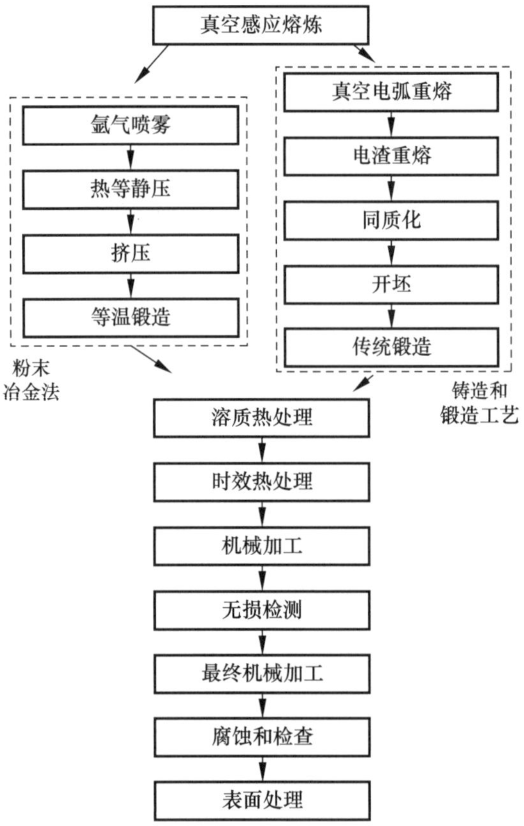


**图9　铸锻工艺（cast and wrought，C&M）与粉末冶金（powder metallurgy，PM）的对比**



# 6　铸锻工艺

## 6.1　真空感应熔炼（Vacuum-Induction Melting，VIM）、真空电弧重熔（Vacuum Arc Remelting，VAR）和电渣重熔（Electro-Slag Remelting，ESR）

对于待铸造小件（forging increments）的生产，其典型制造顺序是以铸锭的初熔和重熔开始的。这些加工对于最终产品的品质有着至关重要的影响。第一步是要生产出具备正确化学成分的合金。其原材料可能是粉末状的纯料或块状的元素材料，或是回收或重回料，或是二者的混合。原料在真空感应熔炉中进行加工。

第二步是对真空感应熔炼加工的原锭进行重熔。该道加工是在真空电弧重熔炉中进行的，其目的在于通过可控方式对铸锭进行重熔和固化，以便提升铸锭的品质。原锭作为直流电的一个电极，直流电通过后，在铸锭和坩埚上的小堆金属件间会产生电弧。随着铸锭熔化并在坩埚中沉积，铸锭被抬高，以保持和熔池顶部间的距离恒定，同时也要控制直流电以保持新锭的凝固速率处于预先设定的标准。

电渣重熔与真空电弧重熔在自耗电极（尽管电渣重熔采用交流电）的重熔方面是相似的，但其还利用了位于电极和凝固铸锭之间熔渣池的作用。因此，加工可以在空气中进行。电极上的熔融液滴流进熔渣，并与熔渣反应，可以消除氧化物和硫等杂质。

初熔和重熔的主要作用是除去一系列杂质。例如，氧通过与碳在熔体中反应形成一氧化碳后挥发而被消除。另外，通过感应搅拌，诸如铅、锡、砷、锌、铜和铋等微量元素会被带至熔体表面，由于它们较高的蒸气压，因而可以通过蒸发而被消除。然而，氮不可以通过这种方式移除，原因在于氮形成了稳定的氮化物。但氮化物较轻，会浮于熔池表面。当新锭几乎凝固时，氮元素可以通过移除含有氮化物的顶层熔体而被消除。

铸锭转化。

在组件几何构型成型前，通常还需要进行一项处理，即开坯。开坯的主要目的是破坏铸锭的铸态微观结构，生成一种更细、更均匀的微观结构。在这个阶段，铸锭中拥有大量柱状等轴晶粒。开坯包括一系列的加热过程。每个加热过程中铸锭都要通过开放式模锻压力机锻压。每次锻压，将铸锭旋转90°或45°，以使铸锭变形均匀。通常铸锭的开坯是在材料的固溶温度之上进行的。由于铸锭直径减小，铸锭中的应变增大，所以材料出现再结晶。

## 6.2　粉末冶金加工

很多高温合金都是通过铸锻生产得到的。然而，随着现代高温合金成分中合金添加剂的增加，该技术因为元素偏析带来的困难而变得不太理想，其中元素偏析会导致热加工困难和合金性能不一致。粉末加工中高速的凝固速率可以使偏析减少并获得较小的析出物。此外，通过粉末固结可以得到理想的细晶结构。然而，用粉末冶金法生产的组件应用并不广泛，这主要是因为确保较高质量粉末而带来的成本上的限制。

### 6.2.1　粉末的生产

粉末生产的开始阶段与铸锻方法相同。合金组分被倒入真空感应炉中熔化。原料的清洁度是相当重要的。真空感应炉抽气降压后，含有非反应性元素的原料熔化。这些基本原料一经熔化，就加入清洁的重回料，再加入合金添加剂，在对基本原料进行精细处理后，接着小心加入挥发性元素。

在铸锭完全熔化后，让其流经陶瓷过滤机进入喷管。喷管外环绕着高压气体射流，形成一个高压气体组成的倒立的锥体，熔融物再被高压惰性气体（通常为氩）雾化。下一道工序是通过筛分来得到想要的晶粒尺寸分布。多次加热后的粉末在装罐前要先混合以使产量达到最优化，罐子通常采用不锈钢或低碳钢来制造。装罐操作通常在振动平台上进行，以确保粉末的完全填装和良好储存。整个操作可以在真空或空气中进行，若在空气中进行，则还要进行热脱气操作。

#### 6.2.2 固结

装罐之后，粉末要经过热等静压成型（HIP）或热压成型循环操作。在热等静压成型中，钢罐与高温合金粉末在高温高压条件下压缩。该阶段的温度需要谨慎选择以使特定相在晶界上析出，从而得到想要的晶粒尺寸并避免可能的热诱导孔隙（Thermally Induced Porosity，TIP）的出现。

尽管HIP加工能得到致密的微观结构，但为了得到完全致密的坯锭，合金还要经过挤压。在此加工工序中，固结的粉末要在对应温度下承受大应变挤压。这使得材料充分再结晶，从而得到细晶粒结构，并完成破坏之前由粉末冶金加工产生的预先晶界（Prior Particle Boundaries，PPBs）。钢罐的材料在此后用机械或化学方法移除，然后将坯锭分解为大量待锻造小件（forging increments），称为锻造元（mults）。

### 6.3 锻造

由铸造或粉末冶金工序得到的锻造元直径有限且为圆柱形，必须经过热加工才能具有轮盘转子的几何构型。这要经过一道或多道锻造工序。在锻造中，材料被置于几套成型模具之间以得到近净（net shape）构型。在锻造前，锻造元要在炉中加热至略低于其固溶温度以防止晶粒长大，从而便于加工。

在传统模锻中，模具将被加热到不同的温度，其材料通常采用高强度工具钢。在这种模锻方式下，锻造元以非常快的应变速率变形。其概念类似于铁匠锤打以在最短的时间内产生最大的变形。热压模具的使用是昂贵的，但热压模能生产出更好的近净成型。同时，由于模具冷淬的削弱，热模能得到更均匀的晶粒结构。冷淬效应产生于相对较冷模具与热工件的接触，能局部改变工件的微观结构和性能。冷淬效应在镍基高温合金中非常普遍，这是因为镍基高温合金低的热导率导致了较大的非均匀性。

传统模锻不能加工高强度合金，也就是含有大体积分量析出相（通常为$\gamma'$相）的合金，因为它们在承受大应变速率变形时通常会带来严重的破坏。对此，可以采用使用高温钼合金模具的等温模锻。在整个加工过程中，工件和模具都处于相同的温度下。等温模锻在真空中进行，工件以比传统模锻低得多的应变速率进行超塑性变形。

### 6.4 锻后处理

上述锻造后的锻件要经过一系列处理后才有可能被加工为最终的部件构型。首先，锻件被加工为直线状，以利于进行无损检测。对于圆盘组件，检测通常为超声波和荧光渗透检查，其目的在于找出材料中存在的严重缺陷。此后，通过各种不同的传统切削方法将直线状锻件加工成最终的部件构型，具体方法有铣削、磨削、拉削、修整等。加工完成的部件通常还要经过蚀刻来消除由机械加工产生的变形层，然后对其进行表面处理以使表面产生压缩残余应力。



人们做了很多努力以尽可能减少最终加工的次数。由于高温合金在高温下的高硬度和高强度，易于与工具材料反应的性质，以及低的热扩散特性，高温合金被认为是最难进行机械加工的材料之一。然而，在锻后处理中，有2/3左右的材料会被舍掉。这些被舍掉的材料通常会被回收并用作初始的原料。

## 7 使用注意事项

多晶镍基高温合金是具有复杂化学性质的高效工程材料。由于工作环境的严重高温和循环特性的作用，合金的微观结构在使用过程中会发生改变。这些改变发生在合金的表面以及材料内部。其表面通过接触空气、燃料和其他附着物，而导致微观结构的改变；而材料内部的热不稳定微观结构也会随着晶粒粗化、新相析出和元素偏析而发生缓慢的改变。

发动机中的轮盘长时间处于高温环境中，会导致轮盘的表面氧化和热腐蚀。表面氧化会减少镍合金轮盘在工作温度下的疲劳寿命。其原因在于表面氧化膜的开裂（Gabb 等，2004）和裂纹扩展速度的增加（晶间开裂更易发生）（Pineau，1999）。

对于在近沿海地带、沙漠中或火山区上方飞行的飞机，其发动机中的热腐蚀现象更为严重。在这些地区飞行的过程中，高氯盐和细小的沙粒（硫酸盐）会进入发动机中。作为燃烧反应的副产物，二氧化硫会促进富含硫酸钠（$Na_2SO_4$）杂质的形成。在高温下，这些杂质与镍合金构件反应并形成低熔点共晶体，损伤构件表面，这也就是常说的Ⅱ类硫化作用。

微观结构中的两种机制会对材料的力学性能产生影响。第一种是析出相的粗化或形态变化。这种现象明显依赖于热应力和外加应力的作用时间。它可能导致材料某些性能的削弱，如屈服强度、蠕变寿命，但又能优化其他一些性能，如疲劳裂纹扩展。第二种是微观结构中存在的碳化物相或硼化物相分解为新的有害相的过程。这些拓扑密堆（Topologically Close Packed，TCP）相是金属间化合物，它们的硬度、脆性和晶体排列具有明显的特征。拓扑密堆相具有多种成分和形态，相比于其他相，其中的某些相对材料的力学性能尤其有害（Keefe、Mancuso 和 Maurer，1992）。

# 8　未来研究方向——根据工作环境对材料进行优化

现代镍基高温合金已经发展得相当复杂，当前，脱离于许多合金发展计划，材料工程师们转而将以对微观结构进行优化作为提高耐温性能的手段。旋转轮盘大的径向热和载荷梯度，要求不同区域的材料具备不同的力学性能。只有一种微观结构的构件不可避免地要求在其设计和/或部件使用寿命之间做出折中。因此，就有必要根据可能的工作环境，生产一种在不同位置都具有最佳晶粒尺寸的双微观结构部件。采用不同的初始微观结构（starting microstructure）后，构件提高的耐热性能、许用转速或使用寿命可以证明该方法的正确性。人们发展了很多方法来实现这种优化，并成功生产出了一系列的部件构型（图 10）（Mitchell 等，2008）。

对于燃气轮机上所采用的多晶镍基高温合金，这项技术很可能成为下一个重大的技术突破。在此期间，传统合金学和新型合金系或合金件的设计评估也将得到再次发展。



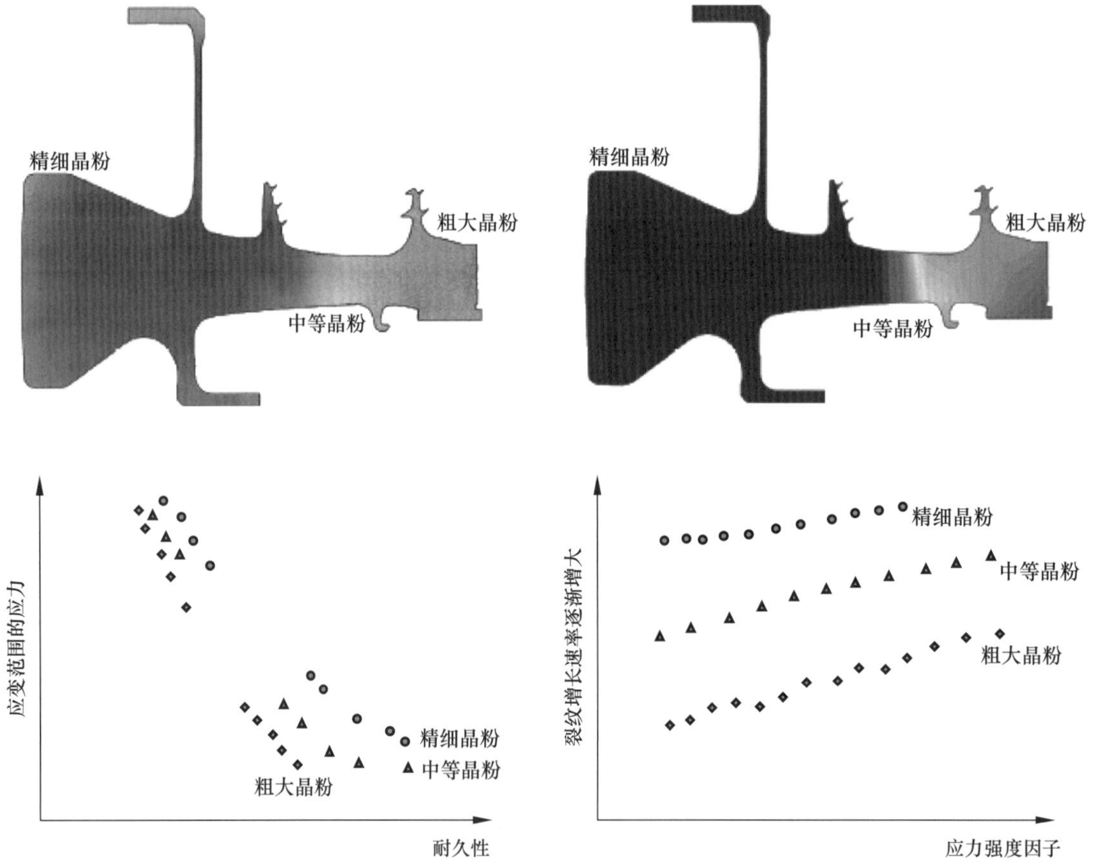


图 10　理想设计和寿命中不同位置处的特定微观结构

# 9 结论

本章介绍了多晶镍基高温合金，着重阐述了该合金在现代燃气涡轮发动机高度一体化轮盘中的应用。介绍了元件苛刻的工作环境，此种工作环境要求元件具有优良的力学性能。本章还介绍了高温合金冶金学的相关基础知识（如固溶强化、析出强化、第二相和微量元素等），讨论了微观结构（晶粒尺寸与析出相的粒度、形态和分布以及晶界特性）对力学性能的影响，阐述了热处理工艺和热处理作用对微观结构和材料性能的影响以及加工流程，概述了生产这些构件的多种复杂工序。此外，本章还讨论了这种高温合金构件在使用时要注意的要点，这些要点对于保证构件在其使用过程中的完整性来说十分重要。最后，本章简要介绍了在多晶镍基高温合金领域里的一些最新成果。

# 相关章节

第 4 卷第 193 章
第 4 卷第 194 章
第 4 卷第 195 章
第 4 卷第 197 章
第 4 卷第 199 章

### 参 考 文 献

Ardell，A. J.（1985）Precipitation hardening，*Metall. Trans. A*，16，2131-2165.

Decker，R. F. and Freeman，J. W.（1960）The mechanism of beneficial effects of boron and zirconium on creep properties of a complex heat-resistant alloy. *Trans. Metall. Soc. AIME*，218，2770-2851.

Donachie，M. J. and Donachie，S. J.（2002）*Superalloys-A Technical Guide*，2nd edn，ASM International，Ohio，USA.

Furrer，D. and Fecht，H.（2000）Microstructure and mechanical property development in superalloy U720LI. *TMS Superalloys*，415-424.

Gabb，T. P.，Telesman，J.，Kantzos，P. T.，Smith，J. W. and Browning，P. F.（2004）Effects of high temperature exposures on fatigue life of disk superalloys. *TMS Superalloys*，269-274.

Gayda，J.（2000）Alloy10：A 1 300F Disc Alloy. NASA T/M 2000-210358.

Holt，R. T. and Wallace，W.（1976）Impurities and trace elements in nickel-based superalloys. *Int. Met. Rev.*，21（203），1-24.

Jackson，M. P. and Reed，R. C.（1999）Heat treatment of UDIMET 720Li：The effect of microstructure on properties. *Mater. Sci. Eng. A*，A259，85-97.

Jena，A. K. and Chaturvedi，M. C.（1984）The role of alloying elements in the design of nickel-based superalloys. *J. Mater. Sci.*，19，3121-3139.

Keefe，P. W.，Mancuso，S. O. and Maurer，G. E.（1992）Effects of heat treatment and chemistry on the long-term phase stability of a high strength nickel-based superalloy. *TMS Superalloys*，487-496.

Meetham，G. W.（1981）*The Development of Gas Turbine Materials*，Applied Science Publishers Ltd，London，UK.

Mitchell，R. J.，Lemsky，J. A.，Ramanathan，R.，Li，H. Y.，Perkins，K. M. and Connor，L. D.（2008）Process development and microstructure and mechanical property evaluation of a dual microstructure heat treated advanced nickel disc alloy. *TMS Superalloys*，347-356.

Pelloux，R. M. N. and Grant，N. J.（1960）Solid solution and second phase strengthening of nickel alloys at high and lowtemperatures. *Trans. Metall. Soc. AIME*，218，232-237.

Pineau，A.（1999）High temperature fatigue of Ni-base superalloys：Microstructural and environmental effects，in *Engineering against Fatigue*，Sheffield，17-21 March 1997，(ed Bakelma AA)，557-565.

Raynor，D. and Silcock，J. M.（1970）Strengthening mechanisms in $\gamma'$-Precipitating alloys. *Met. Sci. J.*，4，121-130.

Ricks，R. A.，Porter，A. J. and Ecob，R. C.（1983）The growth of $\gamma'$ precipitates in nickel-based superalloys. *Acta Metallurgica*，31，43-53.

Rolls-Royce（2007）*The Jet Engine*，6th edn，Rolls-Royce，Derby，UK.

Shah，D. M. and Duhl，D. N.（1988）Effect of minor elements on the deformation behaviour of nickel-based Superalloys. *TMS Superalloys*，693-702.

Sims，C. T.，Stoloff，N. S. and Hagel，W. C.（1987）*Superalloys* Ⅱ，Wiley Interscience.

Stoloff，N. S.（1989）Physical and mechanical metallurgy of $Ni_3Al$ and its alloys. *Int. Mater. Rev.*，34（4），153-183.

Telesman，J.，Kantzos，P.，Gayda，J.，Bonacuse，P. J. and Prescenzi，A.（2004）Microstructural variables controlling time-dependent crack growth in a P/M superalloy. *TMS Superalloys*，215-224.

Vander-Voort，G. F. and James，H. M.（1996）Wrought heat-resistant alloys，*American Society for Metals Handbook* 9，Metallography and Microstructures，pp. 305-313.

Wlodek，S. T.，Kelly，M. and Alden，D. A.（1996）The structure of Rene 88DT. *TMS Superalloys*，129-136.

本章译者：古兴瑾（南京航空航天大学航空宇航学院）

# 第 193 章

# 镍基高温合金在叶片中的应用：制造、性能和应用

Sammy Tim[1]，Tresa M. Pollock[2]
1 伊利诺斯技术研究所，材料与航空工程，力学部，芝加哥，美国
2 密歇根大学材料科学与工程系，安娜堡，密歇根州，美国



## 1 燃气涡轮发动机中的高温合金

镍基高温合金是航空发动机中的一种重要工程材料，通常占发动机总重的 40%～50%（Schafrik 和 Sprague，2004）。熔模铸造单晶镍基高温合金被应用于涡轮机中最热的区域，通常为静态喷嘴的导流叶片或旋转叶片。表 1 给出了一些用于燃气轮机的商用单晶镍基高温合金的标定成分。考虑到结构的承载、相关性能和安全问题，持续发展耐热性能更高的先进单晶镍基高温合金变得尤为重要。迄今已经发展了几代具备这种性能的合金，其性能也越来越好。得益于此，近来几代航空发动机的涡轮机进口温度才能够持续提升（Sims、Stoloff 和 Hagel，1986；Reed，2006）。

燃气涡轮发动机通常拥有数百个高温合金铸造叶片。在几乎所有的先进航空发动机中，为了容纳精密的冷却系统，热区叶片的构型都是错综复杂的。因此，这些部件是同内置陶瓷芯一起熔模铸造的，其中，陶瓷芯决定了其内部冷却特性。叶片最终构型要通过一系列的铸后操作才能得到，包括内芯浸出、磨削、激光打孔和涂层等，最后还需要一系列的检查操作。根据铸造方法的不同，涡轮叶片可能由等轴晶粒和柱状晶粒组成，甚至还可以被铸成完全消除大角度晶界的单晶体。因为晶界在高温下是损伤累积的区域，所以涡轮中最热的前几级叶片通常为单晶体，而较冷的后级叶片则由等轴合金制造。

## 2 高温合金的成分

从表 1 可以明显看出，面心立方（Face Centered Cubic，FCC）γ-镍是高温合金的基本组成元素。纯镍的熔点为 1 455 ℃，其密度为 8.9 g/cm$^3$。除镍以外，高温合金还包含 40%质量分数的其他 5～10 种元素。几乎所有高温合金都含有铬。图 1（a）所示为常用镍基高温合金的组成元素。

**表 1 商用单晶镍基高温合金的标定成分**（相对 Ni 质量分数）

| 合金 | Cr | Co | Mo | W | Ta | Re | Nb | Al | Ti | Hf | C | B | Y | Zr | 其他 |
|---|---|---|---|---|---|---|---|---|---|---|---|---|---|---|---|
| 传统铸造合金 | | | | | | | | | | | | | | | |
| Mar-M246 | 8.3 | 10.0 | 0.7 | 10.0 | 3.0 | — | — | 5.5 | 1.0 | 1.50 | 0.14 | 0.02 | — | 0.05 | — |
| René80 | 14.0 | 9.5 | 4.0 | 4.0 | — | — | — | 3.0 | 5.0 | — | 0.17 | 0.02 | — | 0.03 | — |
| IN-713LC | 12.0 | — | 4.5 | — | — | — | 2.0 | 5.9 | 0.6 | — | 0.05 | 0.01 | — | 0.10 | — |
| C1023 | 15.5 | 10.0 | 8.5 | — | — | — | — | 4.2 | 3.6 | — | 0.16 | 0.01 | — | — | — |
| 定向凝固合金 | | | | | | | | | | | | | | | |
| IN792 | 12.6 | 9.0 | 1.9 | 4.3 | 4.3 | — | — | 3.4 | 4.0 | 1.00 | 0.09 | 0.02 | — | 0.06 | — |
| GTD111 | 14.0 | 9.5 | 1.5 | 3.8 | 2.8 | — | — | 3.0 | 4.9 | — | 0.10 | 0.01 | — | — | — |

续表

| 合金 | Cr | Co | Mo | W | Ta | Re | Nb | Al | Ti | Hf | C | H | Y | Zr | 其他 |
|---|---|---|---|---|---|---|---|---|---|---|---|---|---|---|---|
| 一代单晶合金 | | | | | | | | | | | | | | | |
| PWA 1480 | 10.0 | 5.0 | — | 4.0 | 12.0 | — | — | 5.0 | 1.5 | — | — | — | — | — | — |
| RenéN4 | 9.8 | 7.5 | 1.5 | 6.0 | 4.8 | — | 0.5 | 4.2 | 3.5 | 0.15 | 0.05 | 0.00 | — | — | — |
| CMSX-3 | 8.0 | 5.0 | 0.6 | 8.0 | 6.0 | — | — | 5.6 | 1.0 | 0.10 | — | — | — | — | — |
| 二代单晶合金 | | | | | | | | | | | | | | | |
| PWA 1484 | 5.0 | 10.0 | 2.0 | 6.0 | 9.0 | 3.0 | — | 5.6 | — | 0.10 | — | — | — | — | — |
| RenéN5 | 7.0 | 7.5 | 1.5 | 5.0 | 6.5 | 3.0 | — | 6.2 | — | 0.15 | 0.05 | 0.00 | 0.01 | — | |
| CMSX-4 | 6.5 | 9.0 | 0.6 | 6.0 | 6.5 | 3.0 | — | 5.6 | 1.0 | 0.10 | — | — | — | — | — |
| 三代单晶合金 | | | | | | | | | | | | | | | |
| RenéN6 | 4.2 | 12.5 | 1.4 | 6.0 | 7.2 | 5.4 | — | 5.8 | — | 0.15 | 0.05 | 0.00 | 0.01 | — | — |
| CMSX-10 | 2.0 | 3.0 | 0.4 | 5.0 | 8.0 | 6.0 | 0.1 | 5.7 | 0.2 | 0.03 | — | — | — | — | — |

镍铝合金系是一种二元合金系，这种合金系是多元高温合金的最基本成分［图 1（b）］。随着面心立方 $\gamma$-镍中添加铝含量的增多，在最终超过 Al 在 Ni 中的溶解度后，第二相通过析出过程形成。这种相的名义成分为 $Ni_3Al$，称为 $\gamma'$相，具有有序的 $Ll_2$ 型晶体结构。在 $\gamma'$相的过饱和固溶冷却至其平衡固溶温度下时，$\gamma'$相以固体状态形成。$\gamma'$相的固溶温度主要取决于合金成分，变化范围为900 ℃至熔点。$\gamma'$相的析出和生长过程对合金在经过其固溶温度时的冷却速度非常敏感。当冷却速度超过约 40 K/min 时，通常得到单峰分布的细小 $\gamma'$相（300～500 nm），而相对较慢的冷却速度下则倾向于得到多种 $\gamma'$相，主要由较粗（>500 nm）和较细（<50 nm）析出物构成。合金中含有大体积分量的 $\gamma'$相对于合金的强化至关重要。即使添加元素达到 6～10 种，这两种相始终都是高温合金微观结构的主要组分。图 1（c）给出了一种单晶涡轮叶片合金的典型两相 $\gamma$-$\gamma'$微观结构。一般来说，对于与 Ni 在电子结构和原子半径方面差异很大的耐火合金元素，如 Mo、W、Nb 和 Re 等，这些元素的添加适用于 $\gamma$ 相的固溶强化。Ti、Ta 和 Nb 有助于 $Ni_3$（Al, Ti, Ta, Nb）$\gamma'$相的形成和强化（Sims、Stoloff 和 Hegel，1986；Reed，2006）。Cr、Y 和 La 通常会改进抗氧化和/或抗腐蚀性能，其优化原理为黏附氧化铝膜的形成。

其他的微量元素对于高温合金的冶炼也起着重要的作用。在镍基高温合金的熔炼中，最终的产品中会不可避免地存在元素添加物中带入的杂质或极微量的重回料。在许多针对合金的详细调查中，合金纯度都是一个重要的课题。真空熔炼技术方面的进步已能够最大限度地减少那些不需要的低熔点元素（如 Pb，Bi，Se，Ag，Sb，Cu，Te 和 S）的含量。其中，S 的含量通常是最难控制的。而且，S 是一种有害的杂质，它会对合金的力学性能和抗氧化性能产生不利影响。一种减少合金中 S 含量的传统方法是将合金在内衬有 $MgO$-$Al_2O_3$ 材料的坩埚中熔化以形成 MgS，之后将 MgS 从熔体中去除。

热力学驱动作用通常会使个别合金元素优先形成 $\gamma$ 或 $\gamma'$相。表 2 列出了一种商用单晶镍基高温合金 RenéN5 组分相的成分（Pollock 和 Field，2002）。从表 2 中可以明显看出，Re、Mo、Cr 和 Co 会优先形成基体 $\gamma$ 相，而 Ti、Ta 和 Al 会优先形成析出相。个别元素，如 W 和 Ru，既能溶于 $\gamma$ 相中，也能溶于 $\gamma'$相中。它们通常会均匀分布于两相之间（Reed 等，2004）。元素的这些性质在设计时是考虑的关键点，主要是因为合金组分相的成分对于合金的力学和环境性能都有影响。因为析出相和基体相间的晶体相干，故这些相的成分会影响到它们的晶格参数和析出相与基体相之间的错配度，即

$$\delta = \frac{a_{\gamma'} - a_{\gamma}}{\frac{1}{2}(a_{\gamma'} + a_{\gamma})} \tag{1}$$

式中，$a_{\gamma'}$ 与 $a_{\gamma}$ 分别为 $\gamma'$和 $\gamma$ 相的晶格常数。$\gamma'$和 $\gamma$ 相在晶界上的错配会导致初始内应力的存在。初始内应力与高度弹性各向异性共同作用，会严重影响析出相的形状及最终的力学性能（Tien 和 Copley，1971；Ricks、Porter 和 Ecob，1983）。当合金中错配度几乎为零时，析出相通常为球形，而当错配度的大小逼近 0.3 时，析出相变为立方形（Fahrmann 等，1999）。

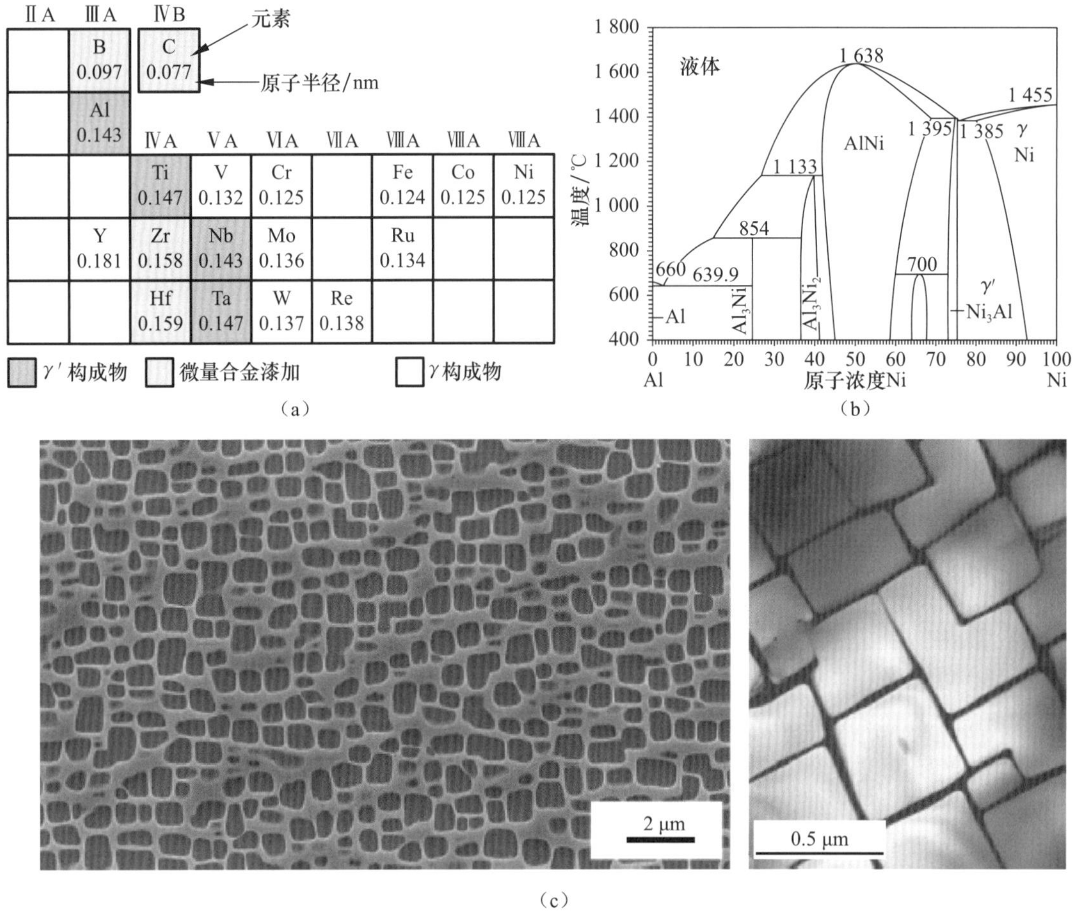


图 1　(a) 镍基高温合金中的组成元素；(b) 二元 Ni-Al 相图，其富镍端为 $\gamma$-Ni 和 $\gamma'$-$Ni_3Al$；(c) 镍基高温合金的微观结构，其中方形的小块晶体为大体积分数的 $\gamma'$相



**表 2　商用单晶镍基高温合金组成相的成分**（质量分数）

| 合金相 | Al | Co | Cr | Mo | W | Ta | Ti | Re | V | Ni |
|---|---|---|---|---|---|---|---|---|---|---|
| RenéN5 | 2.3 | 12.1 | 15.0 | 2.7 | 5.3 | 0.4 | — | 7.6 | — | 平衡 $\gamma$相 |
| RenéN5 | 7.5 | 4.5 | 2.4 | 0.8 | 4.0 | 3.1 | — | 0.5 | — | 平衡 $\gamma'$相 |

在新型合金的设计以及针对特定合金元素合格含量的规范限制的定义中，需要重点关注的是避免一类被称为拓扑密堆相（Topologically Closed-packed Phase，TCP）的相的析出。这类相通常出现在耐火合金元素中，它们有着复杂的晶体结构，其特征为原子层的紧密堆积（原子配位数>12）。以下相通常被认为是拓扑密堆相：斜方晶系 P 相、四方晶系 $\sigma$ 相以及菱形晶系的 R 和 $\mu$ 相等（Rae 和 Reed，2001）。TCP 相通常会形成方平组织（basket weave）薄片并与面心立方镍基中的八面体面对齐（图 2）。成分方面的相似性和多种 TCP 相的结晶机制使得这些析出物形成包含多种相的混合结构。TCP 相是有害的，它们会耗尽微观结构中的强化元素。而且，在循环加载中，这些相会成为裂纹的萌生位置。这些相的析出过程是相当缓慢的，因此只有在长期工作后才会析出。在新型合金的发展中，基于 Calphad 法（Kattner，1997）的新型合金设计工具被越来越频繁地应用，以建立或改进现有合金的规范来尽量避免这种有害相的存在。相的成分及其稳定范围的预测能力取决于这些复杂金属互化物相热力学模型的发展以及用于验证这些建模的资料库的可用性。

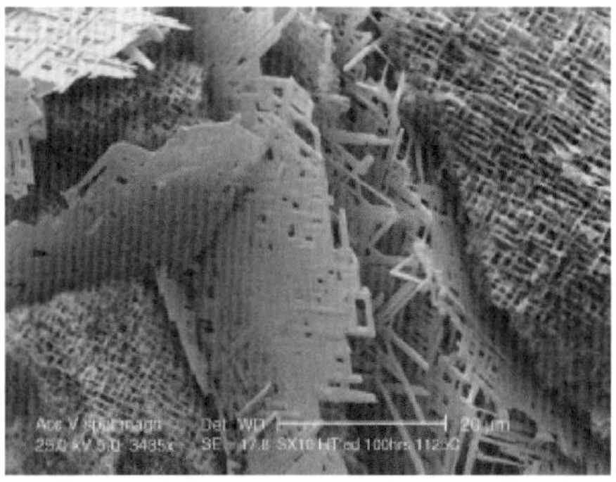

**图 2　耐火元素含量较高的镍基高温合金在高温状态下对多种 TCP 相的析出相当敏感。在提取的部分样品中，富含耐火元素的 TCP 相（明差部分）以互相交织的薄片形式出现**

## 2.1　铸造高温合金

熔模铸造是制造具有复杂外形的高温合金元件的主要铸造工艺。该加工工艺用到的陶瓷模含有氧化铝、二氧化硅和/或氧化锆的成分（图 3）。该模具通过在铸件的蜡模周围逐渐堆积陶瓷层得到。陶瓷芯可以嵌入蜡模中以获得复杂的内冷却结构。在铸造前，需要通过热循环移除陶瓷熔模中的蜡，并烧结陶瓷熔模。接着，在预热过的真空室中将重熔的高温合金注满模具，得到铸造件。在合金冷却至室温时即拆掉这种一次性使用的陶瓷熔模。

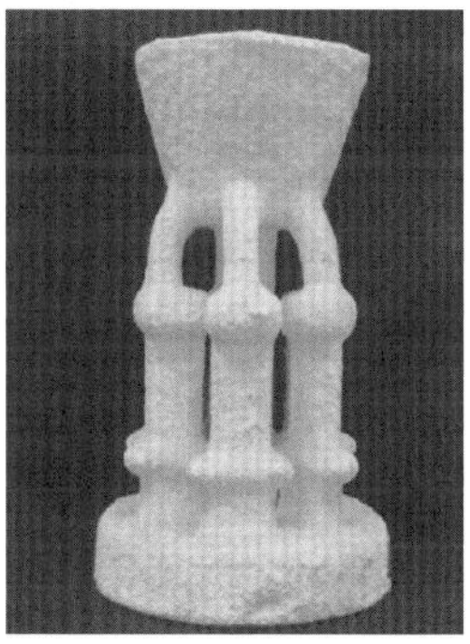

**图 3　陶瓷精铸模具，其平板底部为单晶态原料，定向凝固并消除模具后形成单晶板**

铸件可以是等轴晶体、柱状晶体或单晶体。等轴铸件的固化是均匀的，而柱状晶和单晶铸件则需要从炉中的热区移至冷区，并且需要控制其移动速率。接着，铸件还要经过一系列连续的热处理循环以减少偏析，得到单一或多种粒度的 $\gamma'$ 析出相，以改变晶界相（特别是碳化物相）的结构，且便于环保涂料的使用。

在所有的铸造工艺中，材料的最终结构（即性能）对于铸造中固化时的热条件非常敏感。固化时通常会形成枝晶且初生枝晶和二次枝晶的枝晶间距取决于冷却速度：$G\times R$（图 4）。与枝晶固化相关的是合金组分元素的偏析，偏析的程度用分布系数 $k$ 来量化：

$$k=\frac{C_s}{C_l} \tag{2}$$

式中，$C_s$ 为固相局部成分；$C_l$ 为液相局部成分。

考虑到质量平衡的要求以及固化时固相中一定程度的反扩散，固相成分的变化是固相分数 $f_s$ 的函数，自固化开始（于枝晶核心）至固化结束（于枝晶间）的固相成分变化可以用改进的 Scheil 方程来描述（Tin、Rollock 和 Murphy，2001）：

$$C_s=kC_0\left[1-(1-2\alpha k)f_s\right]^{\frac{k-1}{1-2\alpha k}} \tag{3}$$

式中，$C_0$ 为标定合金成分；$\alpha$ 为傅立叶数。

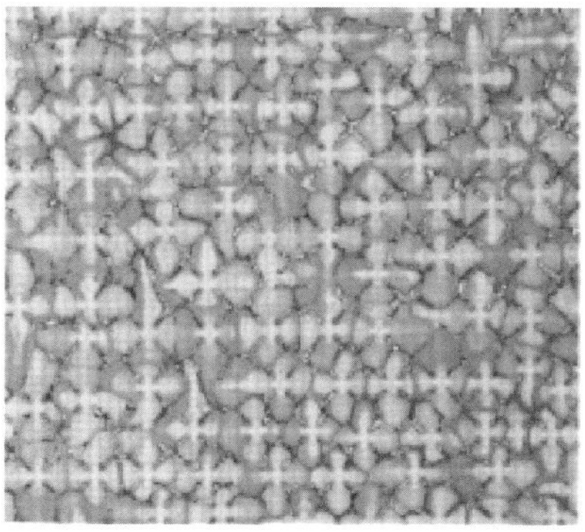

（a）

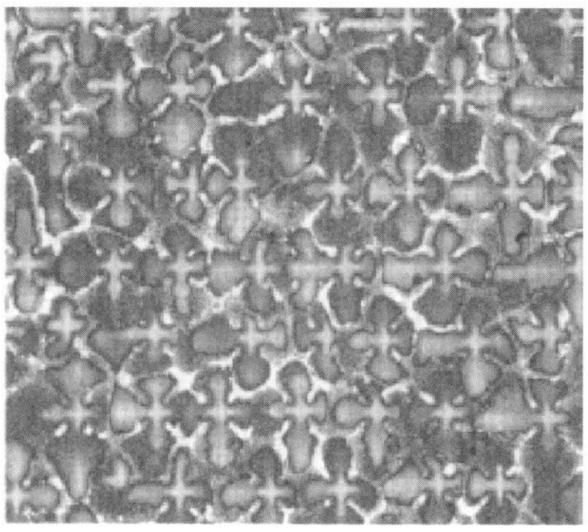

（b）

（c）

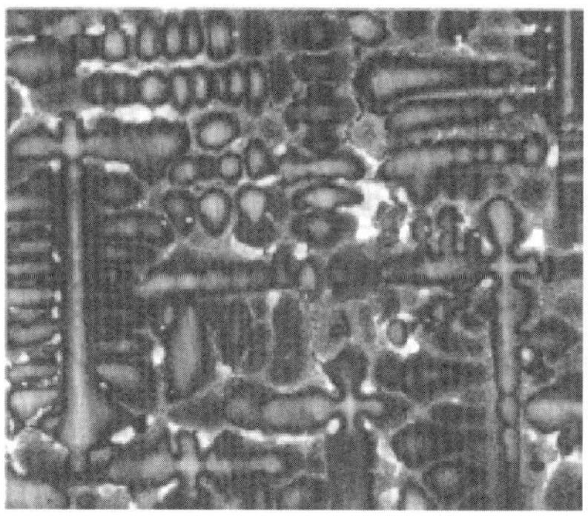

（d）

**图 4　凝固过程中，枝晶形态和一次枝晶间距随冷却速度（$G\times R$）的变化**

（a）$PDAS$=166 μm，$G\times R$=0.07 ℃/s；（b）$PDAS$=294 μm，$G\times R$=0.13 ℃/s；（c）$PDAS$=36 μm，$G\times R$=0.07 ℃/s；（d）$PDAS$=686 μm，$G\times R$=0.01 ℃/s

鉴于先进合金固化时偏析元素在晶体缺陷上的

不利作用，在最近几年里，多组分高温合金的偏析现象受到了人们的高度关注（Pollock 和 Argon，1992)。图 5 给出了一个例子，是关于两种不同的单晶合金枝晶结构中钨含量的变化图。注意，改进后的 Scheil 方程提供了一个很好的估计 W 偏析倾向的方法（SX-2 合金：$k=1.54$，$\alpha=0.01$），但在最低固相比和最高固相比处有较大偏差，原因是在这两种情况中局部化学结构上的采样误差尤为显著。表 3 给出了“2”代和“3”代单晶合金中一些元素分布系数的取值范围。注意，就最大限度地减少偏析来看，分布系数接近 1.0 时是比较理想的，此时 Ta、W 和 Re 会在毛坯铸件微观结构中大量偏析。需要重申的是，在使用前，铸件还要进行复杂的热处理，以减少或消除相关的固化诱导成分梯度，从而得到粒度受控和分布受控的析出相。

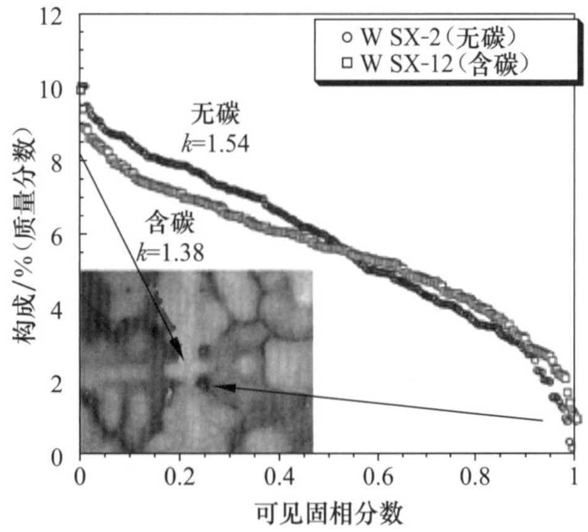


**图 5　枝晶微观偏析导致合金 SX-3（整体成分为 Ni-5.7Al-4.0Cr-11.5Co-5.0Re-6.0Ta-5.0W，质量分数）毛坯铸件结构中大成分梯度的形成，高含量的 Ta 对应于微观结构中的枝晶间区域，枝晶核包含大量的 Re**

**表 3　“2”代和“3”代单晶合金的分布系数范围及 20 ℃时相应纯元素的密度**

| 元素 | Al | Cr | Co | Ta | W | Re | Mo |
|---|---|---|---|---|---|---|---|
| 分布系数 | 0.81～0.95 | 1.05～1.17 | 1.03～1.13 | 0.67～0.80 | 1.28～1.58 | 1.23～1.60 | 1.13～1.46 |
| 密度 | 2.7 | 7.2 | 8.8 | 16.7 | 19.3 | 21.0 | 10.2 |

注：密度（纯 Ni）=8.9 g/cm³。

## 2.2　定向固化合金

尽管铸造镍基高温合金已有了良好的固有高温性能，但这些能力还可以通过加工来进一步提高。通过使晶界平行于外加应力方向或彻底去除晶界能够使镍基高温合金的抗蠕变断裂能力大幅提升。在温度梯度（$G$）和拉晶速率（$R$）的范围分别是 10 ℃/cm～100 ℃/cm 和 5～40 cm/h 的情况下，通过将熔模从高温熔炉中撤出，并向下经过辐射挡板，镍基合金即能定向凝固成柱状晶粒或单晶形态。保持不定向的热梯度，晶粒的定向成长即优先开始出现。由于镍基高温合金的立方对称，这些加工条件会促进沿着正交〈001〉晶向的固化过程。通常最接近热梯度方向的〈001〉枝晶成长迅速，而过热散装液体（bulk liquid）则阻碍界面固化前等轴晶粒的形成。结果，定向固化元件通常含有大量平行于固化方向的柱状〈001〉晶粒，如图 6 所示。除了增加抗蠕变断裂能力外，〈001〉晶向的固化也会导致弹性各向异性，而这会增强其抗热疲劳性能。相较于其他主方向，〈001〉晶向的模量要小得多。因此，该晶向被认为弹性“柔软”。这样，由元件热膨胀和热收缩导致的循环应力就被最大限度地减小。因此，定向固化铸件尤其是单晶构件的方向控制就显得非常重要（Mackay 和 Maier，1982)。主应力方向和晶体方向间的方向偏角大于 10°的铸件通常是不可取的。

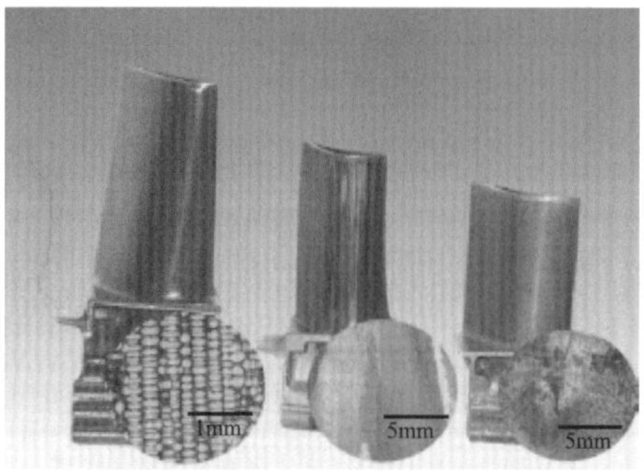


**图 6　单晶、定向固化和传统铸造涡轮机叶片的晶粒结构**

在定向固化的过程中，可能还会出现一些化学敏感的晶粒缺陷。导致定向固化产品不合格的两种最常见晶粒缺陷是斑链和杂晶（图 7）。斑类缺陷，由 Giamei 和 Kear（1970）最先研究，其出现的原因是固液共存相的对流不稳定。固液共存相的对流不稳定则是由于固化过程中个别合金元素的渐进偏析导致的密度逆增。这种不稳定导致的流体流动会使枝晶臂碎裂，得到近似平行于固化方向的等轴晶粒斑链（Schneider 等，1997)。这些斑链中富含的元素是在固化过程中于枝晶间区域偏析的元素。因此，斑链的成分与基体合金的成分不同（Pollock 和 Argon，1992)。当合金成分确定时，低冷却速度（低热梯度）和大枝晶间距会促进斑链的产生。杂晶与斑链的不同之处在于其有着与基体合金相同的标定成分（表4），而沿着固化方向其通常更粗、更长。在相同的合金和加工条件下，相对于母晶有着大角度的晶界上的杂晶会形成斑，这就表明热溶质对流和枝晶碎裂对于这些斑的形成亦有促进作用（Pollock 和 Argon，1992）。与这些缺陷关联的大角度晶界，会成为裂纹的萌生位置并降低机械性能，因此需要予以避免。

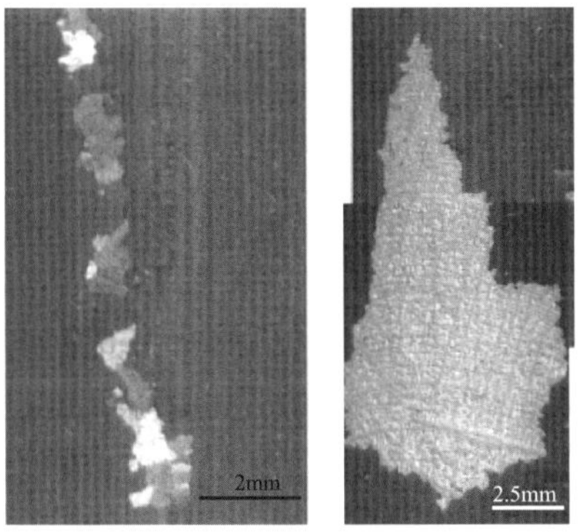


（a）　（b）

**图7　单晶镍基高温合金铸件表面上存在的化学敏感的宏观晶粒缺陷，包括斑链（a）和杂晶（b）**

因为斑和杂晶的出现与热溶质对流有关，所以当超过临界瑞利数时，它们就会形成。瑞利数 $Ra_s$ 表征固液共存相中浮力与缓凝阻尼力的比值：

$$Ra_s = \frac{(\Delta\rho/\rho_0)gKh}{\alpha\nu} \tag{4}$$

该式表明，固液共存相中瑞利数与高度 $h$ 的比值由密度梯度 $\Delta\rho/\rho_0$、平均渗透系数 $K$、重力加速度 $g$、热扩散系数 $\alpha$ 及运动黏度 $\nu$ 决定。在此式中，瑞利数的值与固液相的高度（the height of the mushy zone）成正比，而高度又随着枝晶臂间距的平方的变化而变化。由此明显可以得出，要避免缺陷的发生，可以降低 $h$（具体可以通过增加加工时的热梯度达到）或降低固液相中的密度梯度。在固化时，Re 和 W 会在固液共存相中逐渐消耗，从而提高瑞利数，而 Ta 则会逐渐增多。这些元素对于液相的密度都有很大的影响，所以在 Re 和 W 与 Ta 之间达到平衡或者减少 Re 和 W 的整体含量会减小对流不稳定的驱动力。不幸的是，就强化而言，这些元素也是最重要的。因此，要付出更多的努力来增加固化时的热梯度。

**表4　某高效耐火单晶高温合金中斑链的成分**（质量分数）

| 成分 | Al | Cr | Co | Hf | Re | Ta | W | Ni |
|---|---|---|---|---|---|---|---|---|
| 名义 | 6.0 | 4.5 | 12.5 | 0.16 | 6.3 | 7.0 | 5.8 | 其余 |
| 斑点 | 8.2 | 3.6 | 11.0 | 0.18 | 2.3 | 10.0 | 2.9 | 其余 |
| 枝晶 | 7.6 | 4.4 | 12.2 | 0.13 | 3.4 | 8.2 | 3.9 | 其余 |

固化中的高热梯度使得大型叶片可以采用更复杂的合金，同时又要求采用更为先进的冷却方案。所以，最近几年，人们发展了很多“大梯度”加工方法。其中一种方法是在固化时采用了液态金属冷却剂（Liquid Method Coolants，LMC）（Giamei 和 Tschinkel，1976）。图8（a）所示为改进的 Bridgeman 系统的简图，改进的 Bridgeman 系统采用液态锡作为冷却介质。早在苏联时期，苏联人就在航空发动机叶片的常规生产中应用了 LMC 加工法。苏联的 LMC 加工法是以铝作为冷却介质的，是铸造小型航空发动机的一种可靠的加工方法。最近关于这种方法的调查结果表明，在制造大型航空发动机或工业发动机时需要大截面的单晶/柱状晶铸件，在这些铸件的生产中，LMC 法有着光明的应用前景（Elliott 等，2004）。用液锡 LMC 法加工截面积为 5 cm×9.5 cm 的定向固化铸件时，冷却速度会大幅提升且可以消除斑缺陷［图8（b）］。另一种新方法应用了高速惰性气体。高速惰性气体从位于熔炉热区之下的挡板处注入，流向模具表面

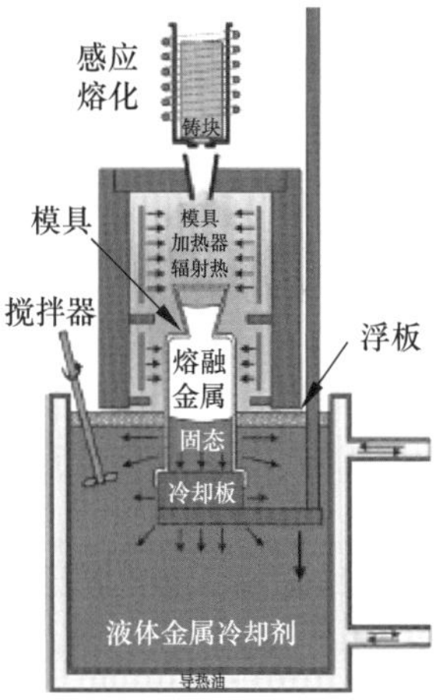


（a）

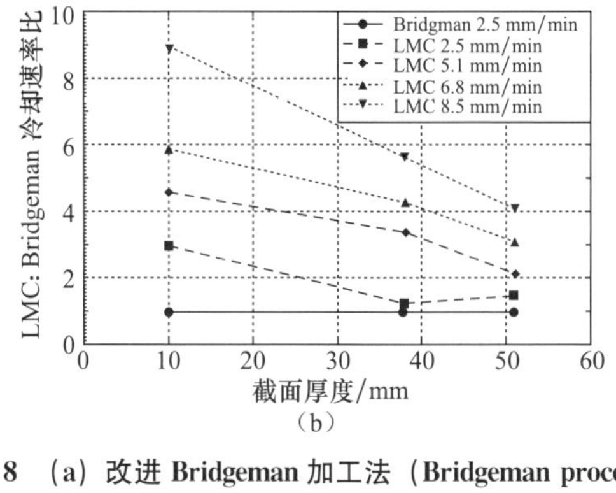


（b）

**图8　（a）改进 Bridgeman 加工法（Bridgeman process）示意图；在镍基高温合金的单向固化过程中，该法应用了液态金属冷却法（Liquid Metal Cooling，LMC）；（b）相比传统 Bridgeman 加工法，LMC 方法在冷却速度方面具有巨大的优势**

上的凝固前沿处。第三种方法则应用了流化床。流化床置于熔炉之下并用硬质挡板隔开。

铸造合金中还有一些其他需要注意的缺陷，其中有的缺陷对于铸件构型和铸造程序敏感，而对合金的化学性质则相对不敏感。这些缺陷包括由于偏芯、空隙、热裂、裂片和大小晶界角（单晶体中）导致的空间畸变（dimensional noncompliance）。这些缺陷可能会限制产品的机械性能，要按规范来仔细控制并用无损检测法进行监控。

# 3　高温合金的性能

由于独特的物理和力学性能，高温合金被大量用于制造涡轮发动机。表5列出了高温合金的一些典型物理性质。在航空发动机中，通常会关注比密度标准化（density-normalized）性能。合金的密度通常为7.7～9.0 g/cm³。相关力学性能的优化非常重要，而由于合金的力学性能主要依赖于微观结构，因此这种优化主要是取决于对铸造与加工工艺的高度控制和理解。主要的力学性能包括拉伸性能、蠕变性能、疲劳特性和周期裂纹扩展。因为构件设计细节的限制，这四种性能中的任意一种都可能会对构件寿命造成影响。接下来的章节将简要讨论这四种性能。值得注意的是，这些性能的预测模型必须在不同的长度尺寸上解决多方面的微观结构。因此，尽管近些年来人们在属性建模上做了大量的努力，但每种性能的预测模型目前还有待继续发展。



**表5　高温合金的典型物理性质**

| 性　质 | 典型范围 |
|---|---|
| 密度/(g·cm$^{-3}$) | 7.7～9.0 |
| 熔点（液态）/℃ | 1 320～1 450 |
| 弹性模量/GPa | 室温：210<br>800 ℃：160 |
| 热膨胀/(℃$^{-1}$) | $8\times10^{-6}$～$18\times10^{-6}$ |
| 热导率/(W·m$^{-1}$·K$^{-1}$) | 室温：11<br>800 ℃：22 |

## 3.1　拉伸性能

镍基高温合金有着很高的屈服强度和极限拉伸强度。在室温下，镍基高温合金的屈服强度通常为900～1 300 MPa，其极限拉伸强度通常为1 200～1 600 MPa。图9给出了某单晶合金的屈服强度与温度的变化关系（Huron，1992）。注意到温度到达大约850 ℃①后拉伸性能急剧衰减。在中温下合金屈服强度的平缓增长的主要原因为金属间$Ni_3Al\gamma'$相的异常流动。图10显示了温度对于$Ni_3Al$单相屈服特性的影响，可以看到在中温下此相屈服强度的急剧增长。中温下析出相的形变引起了高温合金流动应力相对较小的增长。同时可以看到，同为块体时，两相高温合金比基体和析出物材料都要强得多。

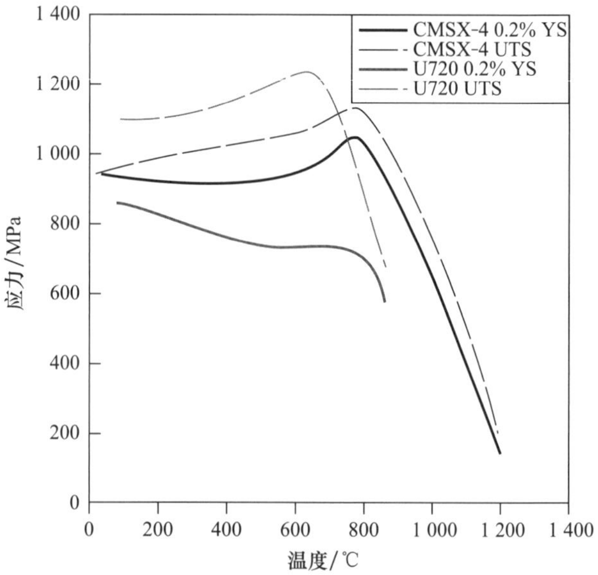


**图9　单晶镍基高温合金CMSX-4和多晶镍基高温合金Udimet720的拉伸强度受温度的影响**

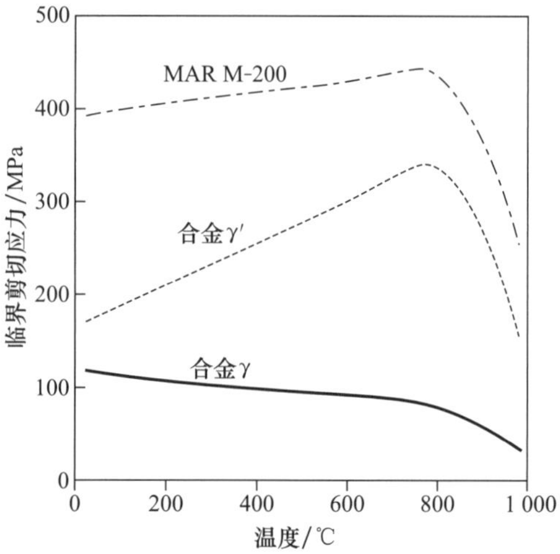


**图10　镍基高温合金MAR M-200和特定组成相临界剪切应力（Critical Resolved Shear Stress，CRSS）的对比**

两相高温合金的强化产生自其多种微观结构的作用，包括固溶强化和与析出相的相互作用［析出相间的Orowan弯曲（Orowan bowing）或强弱耦合形式中析出相的内剪切］。不同温度下的热处理和多种加工步骤可以得到多种具有不同平均粒度的

① 原书如此。

析出相群。

### 3.2　蠕变性能

由于高温合金要长期在高温条件下受力，因此高的抗蠕变性能就必不可少。这对于铸造叶片合金而言非常重要，因为这些合金将要承受达到1 100 ℃的高温，而轮盘合金经受的温度则通常不会超过700 ℃。正如所有由塑性变形过程决定的性能一样，蠕变性能对于微观结构非常敏感。图11给出了一些铸造合金的蠕变断裂寿命与析出相体积分数的变化关系（Murakumo等，2004）。注意到当析出相体积分数在0.6～0.7时强度达到峰值。这也是为什么多数合金将析出相的体积分数取在这个峰值范围。合金化学对于蠕变性能也很重要，因为速控的蠕变过程是扩散受控的，所以与镍互扩散系数低的元素通常有利于抗蠕变性能。目前，相关学者正在研究不同合金元素在镍中的互扩散数据（Karunarante和Reed，2003）。对减缓于镍基合金中的扩散特性最有效的元素包括Ir、Re、Ru、Pt、W、Rh和Mo。先进抗蠕变合金的制造也得益于Re、W和Mo的大量添加（见表1）。由于耐火合金添加剂以及加工方法的进步，在过去的10年里，高温合金的最大温度承载能力获得了飞跃性的提升。举例来说，考虑到在137 MPa应力条件下的蠕变寿命达到1 000h的情况，最近发展的单晶高温合金的最大温度承载能力约为1 100 ℃，而20世纪70年代发展的传统铸造等轴合金的温度承载能力只有900 ℃～950 ℃。温度承载能力已经达到了熔点的85%～90%，这对于结构材料来说是绝无仅有的。这也就带来了新的需求，即发展一种新型材料，这种材料有着更高的熔点，从而可以进一步提高航空发动机的工作温度。但是，这是一项重大挑战，至今尚未发现能够代替涡轮发动机最热处高温合金的材料。

材料具有优良的蠕变性能的主要原因：即使是高温下对于析出相的剪切仍有很高的抗力，能使高温合金微观组织的狭窄基体通道产生位错滑移的单向应力$\boldsymbol{\sigma}_{OR}$为：

$$\boldsymbol{\sigma}_{OR}=\sqrt{\frac{2}{3}}\frac{\mu\boldsymbol{b}}{hS} \tag{5}$$

式中，$\mu$为剪切模量；$\boldsymbol{b}$为伯格斯矢量（Burgers vector）；$h$为通道宽度；$S$为Schmid因子。这些材料在850 ℃下的典型数值为：$\mu$=48.2 GPa，$b$=

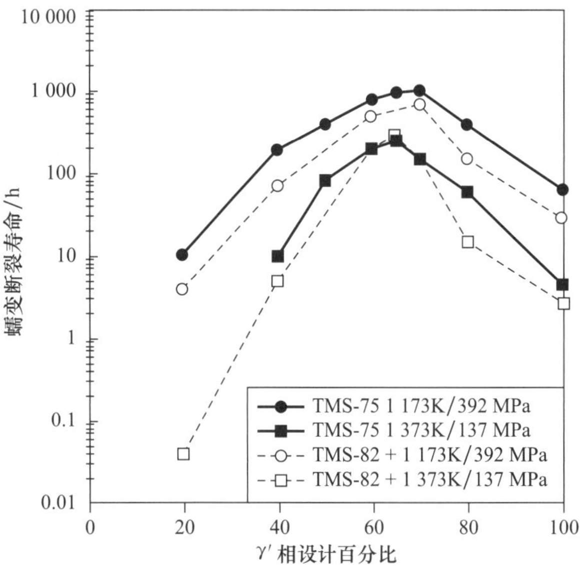


**图11　多晶体IN713C和单晶体TMS-75的蠕变断裂寿命随γ′相体积分数的变化关系**

0.254 nm，$h$＝60 nm（Pollock和Field，2002）。对于给定的这些参数，要使在850 ℃下通道发生位错滑移，外加应力就必须超过408 MPa。因此，这部分抗力为两相合金提供了很大比例的蠕变抗力。图12展示了在850 ℃和552 MPa条件下，CMSX-3蠕变过程中基体通道的位错滑移。



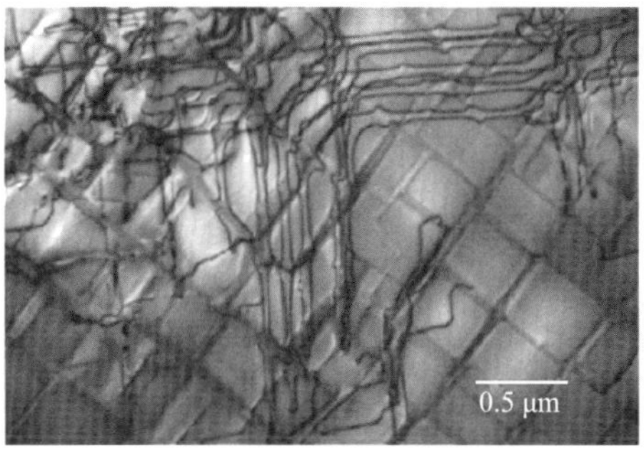


（a）

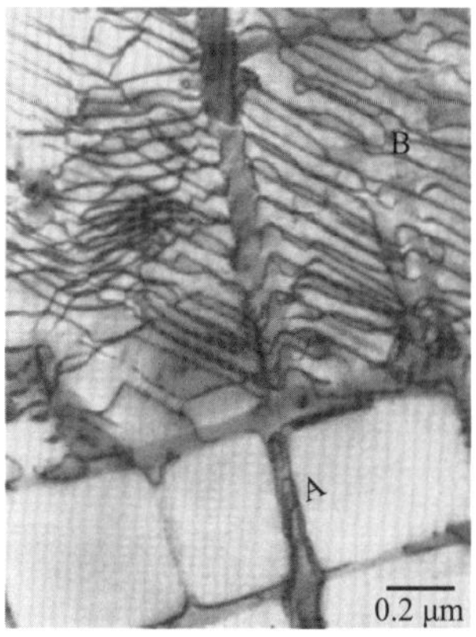


（b）

**图12　在早期萌生阶段，位错布满了横向通道，之后由于析出物对于剪切的高抗力，位错被迫弯曲通过通道**

最近，人们做了很多努力试图通过连续介质损伤力学的方法来建立高温合金的蠕变模型。然而，建立能够把握各种复杂变形机制本质的模型仍是一项巨大的挑战。变形过程的具体细节对于温度和施加应力非常敏感，而分别考虑低温、中温和高温下的蠕变机制则要方便得多。

### 3.2.1 低温蠕变

在 800 ℃以下时，高温合金具有很高的抗蠕变性能。一般而言，蠕变通过〈110〉{111} 滑移系上的变形产生，位错会优先在连续基体内发生滑移。然而，在<0.6$T_M$ 的温度下，大单向应力可能导致〈112〉{111} 滑移系活动（Rae 和 Reed，2007）。随着位错在 $\gamma$-$\gamma'$界面上的累积，1/2〈110〉位错经过反应产生〈112〉类位错，而〈112〉类位错能够渗入到 $\gamma'$析出相中。引起这种析出相剪切过程的位错反应的细节仍有待研究。尽管如此，随着剪切过程的进行，由于滑移的平面特性，应变会迅速积累并最终导致初始蠕变瞬态中大应变的出现。在单晶和多晶合金的蠕变过程中，这种变形模式都存在。对于单晶体，[110] 和 [111] 向的晶粒不易出现这种变形，而在 [001] 晶体中，沿〈112〉滑移方向的平面滑移将一直持续，直到晶体转动使得剪切应力达到能使其他滑移系上产生滑移的程度。其他影响这些剪切过程的因素还有合金成分和 $\gamma'$相的粒度及其体积分数。



### 3.2.2 中温蠕变

在中温下，应力水平通常不足以导致 $\gamma'$析出相的剪切。所以，微观结构中的形变通常局限于 $\gamma$ 基体并会导致异常蠕变曲线的产生。该异常蠕变曲线涵盖初始潜伏期、短暂的初期过渡及之后的长期加速蠕变阶段。一般来说，蠕变速率并不稳定。

在潜伏期，并不会出现宏观应变，但是会涉及原生位错的分布，$\gamma$ 基体中的位错以这些初始位错作为源头而不断增多。单晶体实验表明，当施加外界单向应力时，$\gamma$ 基体和 $\gamma'$析出相间的错配应力是不平衡的。有效应力致使横向通道优先出现位错流动（flow of dislocations）。当 Orowan 应力足够大时，因为析出物对齐，纵向通道间的位错不能弯曲，基体通道中的位错滑移将持续到渗流过程结束。

中温时与初期过渡蠕变关联的变形机制同低温时明显不同。不同于在高应力、低温情况下沿着〈112〉向 $\gamma'$析出物的位错剪切，在中温情况下的初期过渡蠕变可以归因于 $\gamma$-$\gamma'$界面容纳位错后界面上相干应力的减弱。初期蠕变结束后，在析出物的周围形成了一种三维位错网格。尽管不具备稳态应变率，但析出物周围的这些位错网却相当稳定，并有利于向第三蠕变阶段的平稳过渡。

### 3.2.3 高温蠕变

在高温下，扩散效应加强，进而导致合金微观结构变化。若合金内析出物与基体间的错配明显，向该合金施加外部应力，则合金内离散的立方 $\gamma'$析出物会沿着垂直或平行于施加应力的方向聚结形成筏形或竿形。定向粗化的过程易受到温度以及与 $\gamma$-$\gamma'$界面上相干应变关联的应力的影响。然而，这些筏形或竿形队列取决于外加应力和错配应力是压应力还是拉应力。举例来说，单向拉应力会使带有消极错配的合金在垂直于外加应力的方向形成筏形聚结物，而压应力则会使这种合金在平行于外加应力的方向上形成竿形聚结物。由于大多数的商用定向固化单晶合金都带有消极错配，并且这些合金多用于承受拉伸载荷，因此通常会在沿垂直于应力的方向形成筏形聚结物。由于这些筏形聚结物能够延长很多微米，故绕过这些大结构的位错攀移和/或交叉滑移就不能发生。其结果就是，为了使蠕变继续，这些筏形聚结物就必须通过位错来剪断。因此，这些筏形聚结物的化学成分和 $\gamma$-$\gamma'$界面的结构就显得尤为重要。针对这种定向粗化状况，人们提出了两种不同的蠕变限速机制：第一种模型（Srinivasan、Eggeler 和 Mills，2000）假定 $\gamma'$筏形聚合物的非紧致内核（noncompact cores）的〈010〉向位错是一种辅助扩散运动，会限制蠕变变形；第二种模型（Carroll、Feng 和 Pollock，2008）假设通过沿 $\gamma$-$\gamma'$界面的一般 $a/2$〈110〉位错的扩散限制攀移，变形会受控并与界面位错形成成对构造，之后析出物会被剪切形成成对位错。

对于成分中 $\gamma'$相的体积分数超过 60%～65%的单晶和定向固化镍基高温合金，定向粗化还可能引起微观结构的逆增。一旦这种筏形结构形成完毕，$\gamma$ 相形成的筏形结构便会被包入金属间互在物的 $\gamma'$基体中。由于 $\gamma$ 聚结物是离散的，故沿基体通道的位错运动的连续路径也不再存在。在低应力下，位错不能反复剪切每个相，筏形结构在低应力条件下会具有很高的抗变形能力，前提是筏形结构保持稳定。当应力大到能够剪断筏形结构时，微观结构的损伤会迅速积累，第三阶段蠕变的速率也会提高。

### 3.3　疲劳和疲劳裂纹扩展

在飞机反复的起飞、巡航、着陆的循环过程中，涡轮发动机部件会承受显著的应力起伏和温度变化，这些循环过程会导致部件产生局部的微小塑性变形。所以，在发动机设计中，其低周低频疲劳特性是比较受关注的性能之一。随着翼面上循环的快速积累（频率在 kHz 量级），发动机的振动和涡轮级间的空气流动也会导致高周疲劳。

对于铸造合金，在高温下的疲劳过程中，其表面会首先形成高密度的裂纹。裂纹可能存在于表面上形成的脆性氧化物或是铝化物涂层中，其中只有一小部分向内传播。在相对低温和高周条件下，无论是对于等轴还是单晶合金，起始裂纹通常都会从样品表面向表面下扩展（MacLachlan 和 Knowles，2001）。表面裂纹的萌生位置包括孔隙（图 13）、碳化物和共晶体。

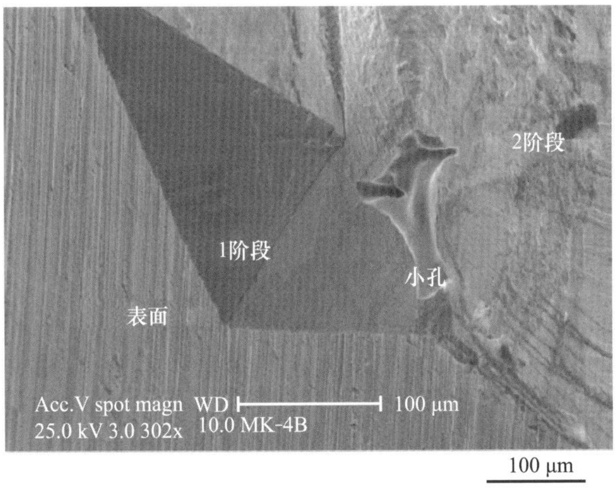


**图 13　单晶高温合金近表面孔隙处的疲劳裂纹萌生**

拉伸或压缩的持续时间对于疲劳特性亦有着重要的影响。对于单晶体，在温度＞950 ℃的条件下，长时间的拉伸对于疲劳寿命的缩减作用比压缩要小。在峰值压缩负载下，保持一定时间，体积蠕变变形随着筏形化而逐渐产生，这会导致卸载后残余拉应力的存在。残余拉应力会导致高温合金表面上或铝化物涂层中的裂纹张开，以及裂纹尖端的氧化。再加压时，沿着裂纹面方向的拉伸（因为泊松效应）诱导氧化物的拉伸，进一步使氧化物进入蠕变基体中。因此，涂层中或高温合金内裂纹尖端的氧化运动及高温合金的抗蠕变性能必须加以优化，以最大限度地减弱在持续压缩条件下的这种退化作用。对于更加复杂的热机械疲劳（Thermomechanical Fatigue，TMF）循环，人们已注意到其寿命与拉伸半周期中应力振幅间的广义相关性。

尽管疲劳和疲劳裂纹扩展常常限制了材料的性能，但能够表征出复杂加载、裂纹萌生和扩展行为、微观结构及环境的用于寿命预测的全面模型仍然需要持续发展。对于元件寿命预测来说，物理模型与能够识别当前损伤状态的先进传感器的综合使用仍不失为一种有相当前景的方法（Larsen 和 Christodoulou，2004）。

## 4　结论

航空发动机的苛刻工作环境推动了一类高效的耐高温材料的发展：镍基高温合金。通过对化学结构和微观结构的精密控制，伴随着材料铸造和锻造加工工艺的不断革新，这类材料性能的持续发展已经成为可能。合金设计工具与微观结构演变及力学性能模型的发展、应用和集成也使得这种材料获得了更大限度的发展。而材料模型与航空、热力学及结构方面的发动机设计工具的集成则仍是一项巨大的挑战和机遇。



## 致谢

衷心感谢下列这些人员及其合作者对这篇文章所做的贡献：R. J. Mitchell、A. C. Yeh、L. J. Carroll、A. J. Elliott、Q. Feng、A. Shyam、C. Brundidge、A. Suzuki、J. Yi、C. J. Torbet 和 J. W. Jones.

### 参考文献

Carroll，L. J.，Feng，Q. and Pollock，T. M.，（2008）*Metall. Mate. Trans.*，39，1647-1657.

Elliott，A. J.，Tin，S.，King，W. T.，Huang，S. C.，Gigliotti，M. F. X. and Pollock，T. M.（2004）*Metall. Mater. Trans. A*，35，3221-3231.

Fahrmann，M.，Hermann，W.，Fahrmann，E.，Boegli，A.，Pollock，T. M. and Sockel，H. G.（1999）*Mater. Sci. Eng. A*，60，212-221.

Giamei，A. F. and Kear，B. H.（1970）*Metall. Trans.*，1，2185-2192.

Giamei，A. F. and Tschinkel，J. G.（1976）*Metall. Trans.*，7，1427-1434.

Huron，E. S.（1992）*Superalloys*，TMS，Warrendale，PA，pp. 675-684.

Karunarante, M. S. A. and Reed, R. C. (2003) *Acta. Materiala*, 51, 2905-2914.

Kattner, U. R. (1997) *JOM*, 49, 14-19.

Larsen, J. M. and Christodoulou, L. (2004) *JOM*, 56, 14.

MacKay, R. A. and Maier, R. D. (1982) *Metall. Trans.*, 13 (10), 1747-1754.

MacLachlan, D. W. and Knowles, D. M. (2001) *Fatigue Fract. Eng. Mater. Struct.*, 24, 503-521.

Meetham, G. W. (1984) *Metals Technol.*, 11, 414-418.

Murakumo, T., Kobayashi, T., Koizumi, Y. and Harada, H. (2004) *Acta. Materialia*, 52, 3737-3744.

Pollock, T. M. and Argon, A. S. (1992) *Acta. Metall. Mater.*, 40, 1-30.

Pollock, T. M. and Field, R. D. (2002) Dislocations and high temperature plastic deformation of superalloy single crystals, in *Dislocations in Solids* (eds F. R. N. Nabarro and M. S. Duesbery), Elsevier, Amsterdam.

Rae, C. M. F. and Reed, R. C. (2001) *Acta Materialia*, 49, 4113-4125.

Rae, C. M. F. and Reed, R. C. (2007) *Acta. Materialia*, 55, (3), 1067-1081.

Reed, R. C. (2006) *The Superalloys: Fundamentals and Applications*, Cambridge University Press, Cambridge, UK.

Reed, R. C., Yeh, A. C., Tin, S., Babu, S. S. and Miller, M. K. (2004) Identification of the partitioning characteristics of ruthenium in single crystal superalloys using atom probe tomography. *Scripta Mater.*, 51, 327-331.

Ricks, R. A., Porter, A. J. and Ecob, R. C. (1983) *Acta. Metall.*, 31, 43-53.

Schafrik, R. and Sprague, R. (2004) *Adv. Mater. Process*, 162, 27-30.

Schneider, M. C., Gu, J. P., Beckermann, C., Boettinger, W. J. and Kattner, U. R. (1997) *Metall. Trans.*, 28, 1517-1531.

Sims, C. T., Stoloff, N. S. and Hagel, W. C. (1986) *Superalloys* Ⅱ, John Wiley and Sons, New York.

Srinivasan, R., Eggeler, G. F. and Mills, M. J. (2000) *Acta Materialia*, 48, 4867-4878.

Tien, J. K. and Copley, S. M. (1971) *Metall. Trans.*, 2, 215-219.

Tin, S., Pollock, T. M. and Murphy, W. (2001) *Metall. Mater. Trans.*, 32, 1743-1753.

VerSnyder, F. L. and Shank, M. E. (1970) *Mater. Sci. Eng.*, 6, 213-247.



本章译者：古兴瑾（南京航空航天大学航空宇航学院）

# 第 194 章

# 镍基超耐热合金的深入研究

Panos tsakiropoulos
谢菲尔德大学工程材料学院，谢菲尔德，英国



## 1 引言

自第二次世界大战结束以来，燃气涡轮机在运输业和能源产业中得到了越来越广泛的应用。耐高温材料的发展及加工工艺的改进促进了飞机发动机和陆基燃气涡轮机性能的提高。由于铸造工艺的显著发展，镍基超耐热合金翼面在细观结构上已由早期的等轴组织发展为定向凝固多晶和单晶组织（有/无内部冷却）。

在高温条件下，$Cr_2O_3$、$Al_2O_3$ 和 $SiO_2$ 可以给合金提供抗氧化保护。其中，$SiO_2$ 在 1 200 ℃下的氧化速度最慢；$Al_2O_3$ 在燃烧环境下最稳定且在水蒸气环境中抗氧化性最好；$Cr_2O_3$ 在水蒸气环境下抗氧化效果最差。镍基超耐热合金的发展经历了最初 $Cr_2O_3$ 与 $Al_2O_3$ 粉末的自生机制以及氧化涂层到热障涂层（Thermal Barrier Coatings，TBCs）的逐渐发展，这种热障涂层能够在超过 1 500 ℃的条件下将燃气涡轮材料与高温气体隔离。自 20 世纪 70 年代发展至今，高压涡轮叶片的使用温度增加了 125 ℃，并且在新一代的燃气涡轮中，TBCs 内部冷却翼型表面温度最高处可达 1 150 ℃左右（Bewlay、Jackson 和 Gigliotti，2002；Brady 和 Tortorelli，2004）。

对燃气涡轮性能的进一步改进，要求其拥有更高的产生动力或推力的燃油效率以减轻重量并增加其可靠性。①减少冷却气体可以提高效率（冷却过程中压缩燃烧气体所做功的损耗较少）；②机翼质量的减少可以减轻结构重量并增加效率（转子上更小的离心力使得结构上可以使用更小（更轻）的转子并因此改善涡轮机的推重比性能）。构件承受温度能力的提升容许更高的氧化燃烧温度（增加了效率）并且因此延长了构件的使用寿命。

因为耐热合金在 1 350 ℃的时候熔化，铸件分离还可能造成 1 270 ℃左右的初始熔融，并且在小于等于 1 250 ℃时黏合层和单晶翼面间的交互渗透区熔融，所以镍基合金承温能力的大幅提升是不可能的。换言之，镍基超级合金的固有障碍限制了其使用温度的进一步提升（Subramanian 等，1997；Bewlay、Jackson 和 Gigliotti，2002）。

先进的燃油涡轮机要求金属材料能够承受比镍基超合金目前的极限温度还要高的温度，这种金属材料应该有更高的熔点、1 400 ℃下理想的抗氧化能力、超高的高温强度以及较低的密度。正如镍基超合金需要抗氧化涂层一样，该新材料也需要抗氧化的涂层。

耐火过渡金属（Refractory Transition Metals，RTMs）为燃气涡轮机应用中新材料的开发奠定了基础。实际上在过去耐火过渡金属曾被考虑应用于燃气涡轮机。这里所使用的 RTM 的定义为“拥有体心立方晶体结构、熔点大于等于 2 000 ℃并且主要氧化物的熔点都小于其本身熔点的元素”。因此，我们选择位于元素周期表第 5 行与第 6 行的金属 Nb、Ta、Mo 和 W 作为 RTMs，其中 Nb（熔点 2 469 ℃）和 Mo（熔点 2 623 ℃）的应用前景最大。这两种元素在一系列固溶强化合金添加剂中的溶解度均较高。Nb（8.56 $g/cm^3$）在室温下具有天生的韧性并且密度比 Ni（8.9 $g/cm^3$）低，而 Mo 在室温条件下拥有较高的密度（10.22 $g/cm^3$）

以及较低的韧性。

RTMs 在 500 ℃～800 ℃会遭受有害氧化，这是因为它在微观结构特征中诸如晶界的优先氧化，伴随着氧气的脆化导致了合金在室温到 900 ℃范围循环时的腐蚀。氧化层 $Nb_2O_5$ 并不能阻止 Nb 的进一步氧化。Mo 形成的 $MoO_3$ 在高于 700 ℃时亦是不稳定的（Vasudévan 和 Petrovic，1992；Begley，1994；Meyer，Thom 和 Akinc，1999）。

基于将 RTM 固溶体（$RTM_{ss}$）和第二相（多个）结合的方法，人们得以开发新的燃气涡轮机高温应用材料。后者通常含有基质金属的硅化物。新材料依靠金属间的相提供高温下的抗氧化能力。然而，即使是 RTMs 基质的硅化物也受到氧化的限制，并会受到氧化的损害（Bewlay、Jackson 和 Lipsitt，1996）。

对于给定不同相体积分数的合金，其微观结构和形态是很重要的。让我们假设合金的微观结构拥有两个相：一个是抗氧化的脆性 RTM 基硅化物相；另一个是作为单个颗粒出现的韧性的蠕变性能较差且易于氧化的 $RTM_{ss}$ 相。当 $RTM_{ss}$ 作为单一颗粒的形式出现时，连续的硅化物相虽然能够提供抗氧化能力，但是其韧性会非常差，因为硅化物的脆性断裂方式并且孤立的 $RTM_{ss}$ 颗粒几乎没有韧性或增韧作用。连续的 $RTM_{ss}$ 能够提升韧性并增加断裂韧性，但是抗氧化能力和抗蠕变能力会有所降低。对于给定 $RTM_{ss}$ 体积分数的合金，微观结构的尺寸是很重要的，其断裂韧性随 $RTM_{ss}$ 颗粒体积的增加而增加。

铌硅化物和钼硅化物基合金（或难熔金属间化合物复合材料）在当前被认为是最佳的选择。这些材料是基于 M-Si 的二元系统（M＝Mo，Nb），其中室温下 Si 在 M 中的平衡固溶度是很小的。在这些材料中，$M_5Si_3$ 型硅化物是最理想的并且其固溶体能提供韧性。在 Nb-Si 二元系统中 $Nb_{ss}$ 和 $Nb_5Si_3$ 是处于热力学平衡状态的，但是在 Mo-Si 二元系统中，$Mo_{ss}$ 和 $Mo_3Si$ 是处于热力学平衡状态而不是形成 $Mo_5Si_3$ 硅化物。然而，通过和 B 的合金化，我们可以选择 Mo-Si-B 合金体系，其中的 $Mo_{ss}$ 和被称作四角 T2 硅化物（$Mo_5SiB_2$）的 B 改良抗氧化 5-3 硅化物处于平衡状态（Bewlay、Jackson 和 Lipsitt，1996；Bewlay、Jackson 和 Gigliotti，2002；Berczik，1997；Meyer、Thom 和 Akinc，1999）。

铌硅化物和钼硅化物基合金的熔点都大于 1 800 ℃，相对于镍基超耐热合金的密度 8～9 g/cm$^3$，铌硅化物基合金（亦称作铌原位复合材料或铌硅化物原位复合材料）和钼硅化物基合金的密度分别为 6.5～7.5 g/cm$^3$ 和 8.5～9.5 g/cm$^3$。在目前或以后先进涡轮机的设计中，通过用铌硅化物基机翼代替镍基超耐热合金机翼能使转子的质量减少 20% 以上。室温条件下，铌硅化物基合金的断裂韧性能够达到 20 MPa·m$^{1/2}$（新材料的韧性目标），而钼硅化物基合金仅仅不到 15 MPa·m$^{1/2}$。铌硅化物基合金在疲劳的条件下显示出金属的 $da/dN$-K 特性，而钼硅化物基合金显示出一种类陶瓷的性质（Bewlay、Jackson 和 Lipsitt，1996；Bewlay Jackson 和 Gigliotti，2002；Kim 等，2001）。

下面将重点阐述铌和钼硅化物基合金，简要讲述它们的蠕变强度、断裂韧性和抗氧化性等重要的性能。

## 2 铌硅化物基合金

铌硅化物基合金是由 Nb-Si-X-Z 构成的多组分物质，这里的 X 是指具有 sd 电子排布的元素（sd 元素），比如 TM＝Cr、Fe、Hf、Ti、V、Zr 以及 RTM＝Mo、Ta 和 W；Z 是具有 sp 电子排布的元素（sp 元素）或非金属，比如 Z＝Al、B、C、Ge、Sn。相比于铝、铁和镍基合金，运用计算合金设计法获得合金开发中所需的热力学数据（和其他性质数据），对于铌硅化物基合金而言仍处于初级阶段。铌硅化物基合金的微观结构中包含铌固溶体（$Nb_{ss}$，cI2），它能和 $Nb_5Si_3$（tI32）以及 $Nb_3Si$（tP32）硅化物达到平衡。$Nb_{ss}$ 的体积分数大概在 0.35～0.6。$Nb_5Si_3$ 在高温条件下以 $\beta Nb_5Si_3$（tI32，$W_5Si_3$ 型结构）形式存在，低温条件下以 $\alpha Nb_5Si_3$（tI32，$Cr_5B_3$ 型晶体结构）的形式存在，并且在工作温度下具有超常的蠕变性能。这些材料中的相具有内在的热力学稳定性，这对于长期的高温应用而言是一个必需条件。微观结构中较小体积分量（小于 0.15）的 $NbCr_2$ 基莱夫斯相（Laves phase）能够在韧性折减较低的情况下增加其抗氧化的能力（Zelenitsas 和 Tsakiropoulos，2005，2006；Geng，Tsakiropouslos 和 Shao，2006；Geng 和 Tsakiropoulos，2007；Vellios 和 Tsakiropoulos，2007a，2007b，Thandorn 和 Tsakiropoulos，2010）。

Nb 的杨氏模量大约为 110 GPa，它的热导率是

52 W/mK（相比于 Mo 的 290 GPa 和 142 W/mK），而且它在室温条件下的可加工性也比 Mo 要好。总之，固溶体中的合金元素和（导致污染的）间隙元素（特别是氧）能够增加 $Nb_{ss}$的屈服强度并减少其韧性。间隙含量对于 $Nb_{ss}$的韧性也是很重要的。$Nb_5Si_3$ 在工作温度下具有超常的蠕变性能和强度。$Nb_5Si_3$ 的杨氏模量大约为 330 GPa，室温下的维氏硬度（Vickers hardness）约为 1 360 HV，在 1 300 ℃下的屈服应力约为 350 MPa。$Nb_5Si_3$ 在1 500 ℃之前不显示出任何的韧性，并且在室温时显示出 3 MPa・$m^{1/2}$韧性下的解理破坏。$NbCr_2$ 莱夫斯相（Laves phase）的断裂韧性是 1.5 MPa・$m^{1/2}$，其杨氏模量约为 220 GPa（Vasudévan 和 Petrovic，1992；Begley，1994；Subramanian 等，1997；Bewlay、Jackson 和 Gigliotti，2002；Vellios 和 Tsakiropoulos，2007a，2007b）。

sd 元素和 sp 元素在铌硅化物基合金中的共存现象对于其键合行为有着重要的影响，因而对于其相的力学行为也是非常重要的。在原子尺度上，相的形成涉及两种或更多种不同元素的原子在同一个晶格中共存并伴随价电子形态的改变，这导致了新键的形成或已有键的改变。在合金化的过程中将会出现电荷再分布（电荷转移）。原子间电荷转移的程度决定了它们成键的特性。不同的键合力可能会形成不同的晶体结构。当 Si 和一些过渡元素（Transition Metal，TM）形成合金的时候，电子会转移到 Si 原子上（Si 表现得更像金属），然而，当 Al 和过渡元素熔合时，铝原子向过渡金属提供电子并形成强键。当 Al 原子与 Ti、Cr 而不是与 Ti、V 原子共存时，这种效果更加显著。当两种 sp 元素（比如 Al 和 Si）和 TM 原子共存时，sp 元素并不会显著影响另一 sp 元素周边的电荷分布（Al 原子提供电子而 Si 原子接受电子）。TMs 间的电荷再分布是无关紧要的（Diplas 等，1999；Arvanitis 等，2001）。

相位选择、毛坯铸件中的宏观或微观分离、微观体系结构以及稳定性取决于合金元素间的协同作用及合金元素和加工工艺间的相互影响。例如，冷却速度对于相位选择和微观结构的改善有很大的作用。合金元素的协同作用能明显地影响相位选择并因此对它们的力学性质有直接的影响。比如，Ti 在 $Nb_{ss}$中含量的多少会显著地影响 Al、B 和 Cr 在 $Nb_{ss}$中的浓度。$Nb_5Si_3$ 硅化物中的 Nb 和 Si 原子能分别被 sd 和 sp 元素所替代，这将导致非合金 $Nb_5Si_3$ 硅化物性质的重大改变。Nb 和 sd 元素及 Si 和 sp 元素在 $Nb_3Si$ 硅化物中的协同作用能够改变非合金化 $Nb_3Si$ 硅化物的性质，且对于 $Nb_5Si_3$ 硅化物而言其影响作用相反。与 Fe 或 Sn 的合金化能够在微观结构中引入新的金属间化合物，如 $FeNb_4Si$ 和 $Nb_3Sn$；Ti、Al 和相应 sd、sp 元素的协同作用能够导致在当前相图中观察不到的相位转移（Zelenitsas 和 Tsakiropoulos，2005，2006；Geng，Tsakiropoulos，2007；Vellios 和 Tsakiropoulos，2007a，2007b；Thandorn 和 Tsakiropoulos，2010）。

M 为过渡金属（sd 元素）而 A 为 sp 元素（Al，Si）或非金属 B 的 $M_5A_3$ 型结构的金属互化物，间隙原子（C、N 和 O）可以在预成型孔洞处成键而不改变结构及空间组群。$Mn_5Si_3$ 型结构拥有很多种类的金属互化物。相反地，$Cr_3B_3$ 型结构的金属互化物种类较少。$W_5Si_3$ 型结构由元素周期表中的第四行和第五行，并主要由第六行元素形成，其中没有间隙原子。因此，$Cr_5B_3$ 和 $Mn_5Si_3$ 型结构使得冶金学者能够在不改变结构类型的情况下调整 $Nb_5Si_3$ 硅化物的性能，这对于使用 B 作为合金添加剂的铌硅化物基合金抗氧化性能的提升是尤其重要的。实际上，在 Nb-Si-B 系统中存在着 Nb 和四角 T2 硅化物间的 $Cr_5B_3$ 型晶体结构平衡，其中 B 取代了 $\alpha Nb_5Si_3$ 中的 Si 而形成了 $Nb_5$（Si，B$)_3$。同样也能够形成 B 取代 $\gamma Nb_5Si_3$ 中 Si 的间隙位置而变成 $Nb_5Si_3B_x$ 的 $Mn_5Si_3$ 型晶体结构的六角形 $D8_8$ 相。铌硅化物基合金中间隙原子的引入能够使 $\gamma Nb_5Si_3$（$D8_8$，$Mn_5Si_3$ 型晶体结构）变得稳定。间隙元素也能够使亚稳态的 $Nb_3Si$ 与 A15、A1 或 $L1_2$ 晶体结构结合稳定（Meyer、Thom 和 Akinc，1999；Zelenitsas 和 Tsakiropoulos，2005，2006；Geng、Tsakiropoulos 和 Shao，2006；Geng 和 Tsakiropoulos，2007；Vellios 和 Tsakiropoulos，2007a，2007b；Sakidja 等，2008；Thandorn 和 Tsakiropoulos，2010）。

Nb 的韧-脆性转变温度（Ductile-brittle Transition Temperature，DBTT）与具体的合金化有关。元素周期表中第六行的 Cr、Mo 和 W 元素对于提高 DBTT 具有显著的作用，Re 和 Al 元素也是如此。Zr 和 Hf 元素的作用则相对较小，而 Ti 和 Ta 则几乎没有影响。合金元素对 DBTT 影响作用的递减排序（二元合金）如下：Re，Al，Cr，W，Mo，V，Zr，Hf，Ti。其中Re的影响最大，含量为2%的Re能够使DBTT提升到0 ℃。Nb中二元添加4%含量的Al、3.5%含量的Cr、25%含量的Ti、8%含量的Hf、4%含量的Zr、7%含量的Mo，分别能将DBTT提升到大约−50 ℃、−100 ℃、−180 ℃、−200 ℃、−190 ℃和−100 ℃。间隙原子的引入特别是O和N对Nb的DBTT具有显著的影响，见图1。航空航天应用中要求材料的DBTT小于−50℃（Begley，1994）。

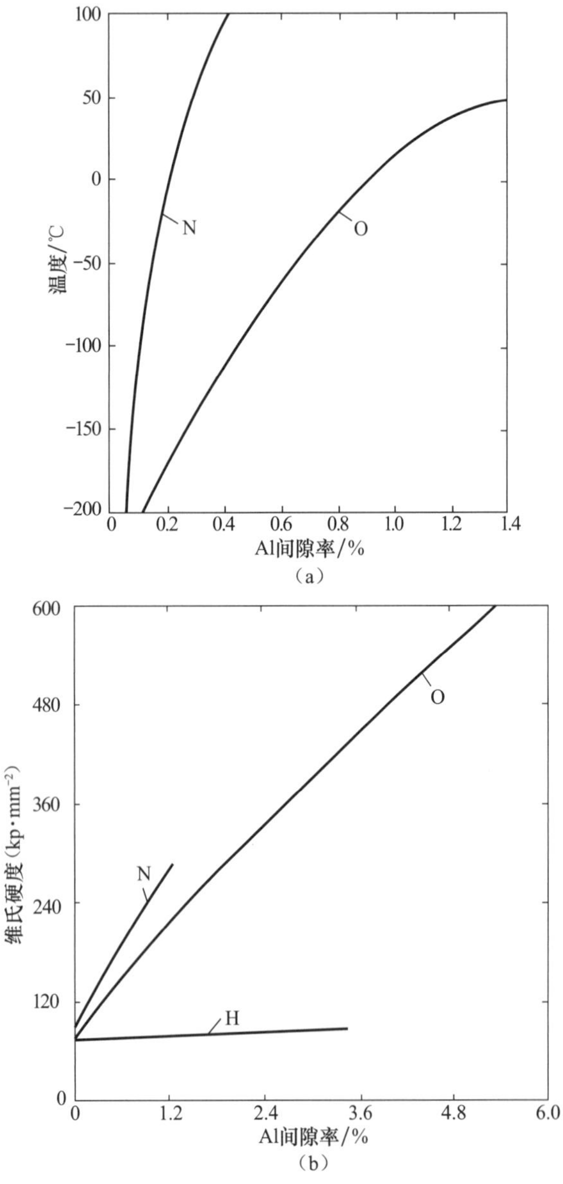


**图1　间隙元素对于Nb硬度（b）和脆韧转变温度——DBTT（a）的影响**

转载于Grill和Gnadenberger（2006）© Elsevier

铌硅基合金的发展得益于先前关于无Si添加剂铌合金的研究。该研究提供了合金化元素对蠕变行为、$Nb_{ss}$性能及其合金性能的影响方面的宝贵数据。关于Nb合金（无Si）与合金添加剂Cr和Ti的合金化研究显示：①固溶体中的Cr降低了$(Nb, Cr)_{ss}$的塑性；②其韧性可以通过添加Ti而得到改善［（固溶体）50Nb-13Cr-37Ti合金中的影响最大，可以增加60～80 MPa·$m^{1/2}$，其$E$=125 GPa，$\sigma_y$=830 MPa］；③两相［$(Nb, Cr)_{ss}$+莱夫斯（Laves）］Nb-Cr-Ti合金在Cr含量为30%～60%时会出现“韧性赤字”现象，其韧性最大出现在Ti含量为30%～35%（约20 MPa·$m^{1/2}$）时（Chan和Davidson，1999）。

关于Nb合金（无Si）与Al、Ti添加剂的合金化研究表明：①韧性随着Ti的添加而增加（与Ti在Nb-Cr合金中的添加效果相似，Nb-15Al-40Ti合金的韧性大约和50Nb-13Cr-37Ti相等）；②在Nb中添加37%～41%的Ti时显示出超常的韧性，而13%以下的Cr和15%以下的Al对其影响却不是很大；③与Al的合金化对于1 200 ℃时的强度有利。Cr或Al的添加对$(Nb, Ti)_{ss}$固有韧性的影响不大。然而，Nb-Ti-Cr-Al合金中Al和Cr的协同作用却导致了其断裂韧性和拉伸韧性的降低（Jackson和Jones，1990；Jackson，1994）。

Nb-Ti-Al-Cr合金的研究表明，Nb/Ti=1时：①Al含量的增加会导致低温强度的增加及高温强度的降低（大于1 000 ℃）；②Cr的添加会导致强度约增加为1 200 ℃时的两倍。高温下通过改变Nb/Ti的比例可以观察到相同的加强效应。$(Nb, Ti, Cr和Al)_{ss}$的高温强度因此能通过改变Cr和Ti的含量而得到控制，并可以通过增加Cr或减少Ti的含量（或增加Nb/Ti的比例）进行加强。［Cr+Al］的浓度决定了室温条件下$(Nb, Ti, Cr, Al)_{ss}$的屈服强度。Nb/Ti的比例和［Cr+Al］的浓度决定了室温下$(Nb, Ti, Cr, Al)_{ss}$的韧性。Nb/Ti比例较低时，在观察到脆性之前可以允许更高的［Cr+Al］浓度。

相比于Nb-Cr-Ti合金，Nb-Ti-Al-Cr合金的耐疲劳性能较差（Jackson和Jones，1990；Jackson，1994）。

与Hf的合金化能够增加Nb-Ti-Hf在室温下的韧性，增加Hf的浓度能够增加其在室温和760 ℃～1 200 ℃温度下的强度。在Nb-Ti-Al合金中添加Hf能够增加其在400 ℃～900 ℃的强度。Nb-Ti-Hf-Al合金中增加Al的浓度会：①降低韧性；②增加760 ℃以上的强度；③降低其在980 ℃～1 200 ℃的强度（Jackson，1991）。

在Nb-Ti-Al-Cr-Hf合金中，增加Al的含量会导致合金韧性的降低。保持Al含量小于等于7%时可以使其在低温下拥有部分韧性而高温下却会损失部分强度。与Zr和C的合金化限制了晶粒在1 200 ℃时的增长，Sn的添加能够增加合金的低温强度。在Nb-Ti-Al-Cr-Hf-V合金中：①为了低温下较高的强度和高温条件下较好的抗氧化能力，（Al+Hf+Cr+V）的浓度至少为10.5%；②（Al+Hf+Cr+V）的浓度介于10.5%～16.5%+5%(Ti/Nb）时，为了在室温下有好的韧性，Ti/Nb的比例应当大于等于0.5 (Jackson和Jones，1990；Jackson，1991，1994)。

Nb-Ti-Cr固溶体和两相（$Nb_{ss}$＋莱夫斯（Laves））合金的抗氧化性不足以用于高温条件下。通过添加Al到Nb-Cr-Ti中形成固溶体合金（例如Nb-40Ti-10Cr-10Al）以及原位复合材料（例如Nb-27Ti-10Cr-24Al）能够增加其抗氧化性能。Nb-Ti-Hf-Al合金的抗氧化能力要求Ti/Nb的比例至少为0.5。6%的Al含量对1 200 ℃下的氧化有益(Jackson，1990)，而对800 ℃～1 000 ℃下的氧化则无益。

蠕变强度方面，W是Nb溶质中最有效的一种。按照对蠕变性能增强的程度，将Nb中的溶质递减排序如下：W，Os，Ir，Re，Mo，Ru，Ta，Cr。进一步按照对蠕变性能削弱的程度递减排序，我们得到下列元素：Hf，V，Zr和Ti，其中Ti对蠕变性能的削弱作用最强。V，Ti，Hf和Zr元素对蠕变强度具有不利的影响，然而它们可以增加高温强度（McAdam，1964）。

高温条件下置换溶质对Nb高温蠕变强度的影响与Sherby的模型一致，其依据为高温蠕变强度在高熔化温度和高化合价下是有利的（价电子数量越多，扩散速度越慢）。这些因素直接关系到高温条件下原子扩散对蠕变的影响作用。因此，增加弹性模量、熔点温度和电子-原子比例的合金添加剂对于增加蠕变强度是最为有效的。

铌硅化物基合金中Si的浓度保持在12%～22%，其中18%～20%浓度的Si具有最佳的蠕变性能。Si对于减少合金密度（如Al，B，Ge和Ti）和增加抗氧化性能（二氧化硅的形成）是很有用的。将Ti的浓度保持在25%可以确保合金的熔点大于1 700 ℃，而且Ti提供了很强的固溶强化（如Al，B，Ge和Ti）和抗氧化能力。在Ti元素存在的情况下，$Nb_{ss}$中Al、Cr和Hf的固溶性随Ti浓度的增加而相应增加，而B和Ge的浓度则显示相反的情况。Cr对于铌硅化物基合金的熔点具有很大的影响。Fe的加入是为了增加抗氧化能力，并且当它的浓度达到5%时效果即和Cr类似。Hf的浓度通常不超过8%是为了不增加额外的密度，而且Hf通过形成$HfO_2$清除了固溶体中的O而控制了合金的污染。RTMs中Mo、Ta、W的任一元素浓度通常不会超过6%是为了不增加过大的密度，它们虽增加了蠕变性能，但对于抗氧化性能却是不利的。RTM添加剂总量大于10%的合金的固结工艺是一项重大的挑战。Al对于抗氧化性能的提升随着Al浓度的增加而增加，但是在铌硅化物基合金通常选择的低浓度（小于等于10%）情况下$Al_2O_3$是不可能形成的，这主要是由于Al对于DBTT、强度、延性和韧性的影响作用。Sn增加了低温强度，在温度大于1 200 ℃的情况下对氧化影响较小，但是在中间温度（小于850 ℃）下可以增加抗氧化能力并且对控制750 ℃～950 ℃的有害氧化非常有效。Sn的浓度一般保持在小于等于5%。与B元素的合金化对于抗氧化性能有益且其浓度保持在小于等于10%。与Ge元素的合金化则会增加抗氧化能力，Ge的浓度一般保持在小于等于5%（Bewlay、Jackson和Lipsitt，1996；Bewlay、Jackson和Gigliotti，2002；Zelenitsas和Tsakiropoulos，2005，2006；Geng、Tsakiropoulos和Shao，2006；Geng和Tsakiropoulos，2007；Vellios和Tsakiropoulos，2007a，2007b；Thandorn和Tsakiropoulos，2010）。



Nb合金熔体的反应活性基本上排除了陶瓷基熔炼系统的使用。通过真空感应熔炼和感应壳熔炼能够得到大块的铸块，而通过使用非自耗电极熔炼、等离子熔炼和电子束熔炼则可以得到小型的铸件。定向凝固、气相淀积、粉末冶金和热机械加工工艺也被用于合金的开发。图2显示了铌硅化物基合金毛坯铸件的显微结构。

Nb-16Si-22Ti-2Hf-4Cr-3Al合金熔体的可行性研究表明，铌硅化物基合金的近净成型组分的熔模铸造是有可能的。有研究项目发展了其在适当尺寸下的熔炼能力并开发陶瓷型材料承受高温熔体的能力。相比于镍基超耐热合金，净成型机翼产品的加工工艺仍处于初期阶段（Bewlay、Jackson和Lipsitt，1996；Bewlay、Jackson和Gigliotti，2002）。

Nb自扩散数据以及Hf和Al在Nb中的扩散

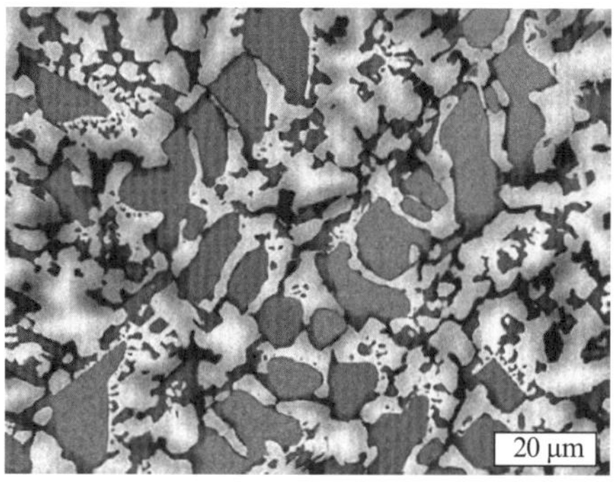


**图 2　Nb-24Ti-18Si-8Cr-4Al 合金铸块表面附近截面的背散射电子像（×1 000）。亮的区域为 $Nb_{ss}$，灰色区域为 $Nb_5Si_3$，黑色区域为 $NbCr_2$（Laves phase）相。$Nb_{ss}$ 和 $Nb_5Si_3$ 中较暗的区域为 Ti 富集区**

系数数据表明，其在 1 200 ℃和 1 500 ℃下 200 h 的扩散距离分别为 0.5 μm 和 8 μm（Nb），2 μm 和 25.3 μm（Hf），4.3 μm 和 83.1 μm（Al）。低于 1 500 ℃下的相转变是非常缓慢的。铌硅化物基合金的热处理通常被控制在 1 500 ℃下 100 h 及以上或者 1 600 ℃下至少 20 h 以上的情况。图 3 和图 4 显示了热处理后铌硅化物基合金的微观结构（Zelenitsas 和 Tsakiropoulos，2005；Geng 和 Tsakiropoulos，2007；Vellios 和 Tsakiropoulos，2007a；Thandorn 和 Tsakiropoulos，2010）。



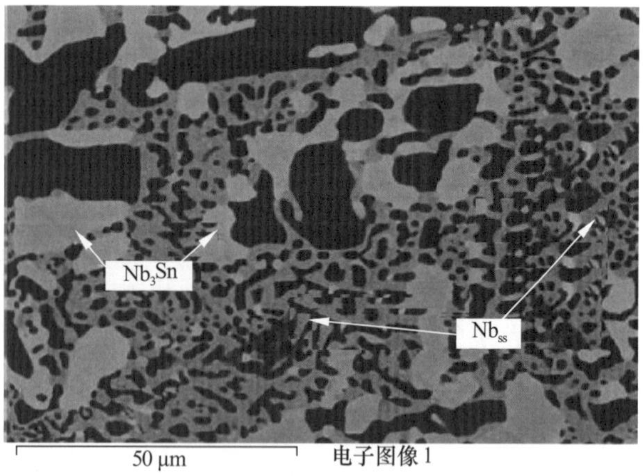


**图 3　热处理（1 500 ℃/100 h）的 Nb-18.8Si-4.2Sn 合金的 BSE 背散射电子图像。暗色区域为 $Nb_5Si_3$ 硅化物**

转载于 Vellios 和 Tsakiropoulos（2007）© Elsevier

铌硅化物基合金样本的情况为：①Nb-24Ti-5.9Ta-19.5Si-6.5Cr-4.5Al，密度为 7.08 g/cm³，其中 $Nb_{ss}$ 和 $Nb_5Si_3$ 的体积分数分别为 0.54 和 0.46。在 1 500 ℃下 200 h 热处理后包含 $Nb_{ss}$ 和 $Nb_5Si_3$(tI32)的微观结构平均组成分别为 42.4Nb-27Ti-7.4Ta-4.5Si-11.3Cr-7.4Al 和 37.2Nb-19Ti-4.8Ta-37Si-0.3Cr-1.7Al；② Nb-24.2Ti-18.2Si-4.6Cr-

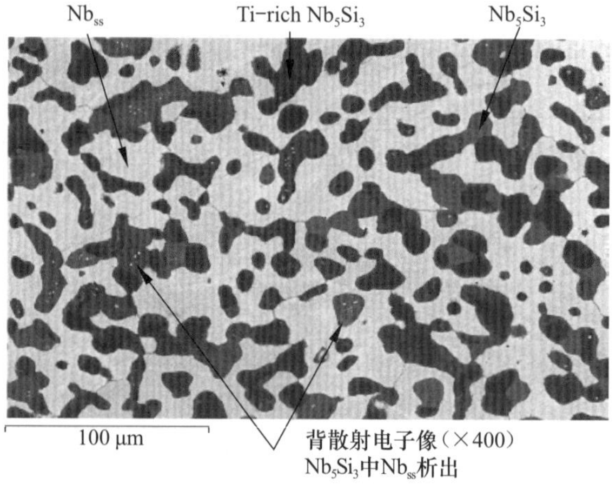


**图 4　热处理（1 500 ℃/100 h）Nb-24Ti-6Ta-18Si-5Cr-5Al 的背散射电子像**

转载于 Zelenitsas 和 Tsakiropoulos（2006）© Elsevier

4.8Al-1.7Mo-5.1Hf，密度为 6.91 g/cm³，其中 $Nb_{ss}$ 的体积分数为 0.53。在 1 500 ℃下 100 h 热处理后包含 $Nb_{ss}$ 和 $Nb_5Si_3$（tI32）的微观结构平均组成分别为 52Nb-26.1Ti-0.2Si-9.3Cr-7.1Al-3.4Mo-1.9Hf 和 40.3Nb-17.1Ti-35.4Si-0.4Cr-2.2Al-4.6Hf，Hf 富集的 $Nb_5Si_3$（可能有 $D8_8$，$Mn_5Si_3$ 型晶体结构）平均组分为 27.2Nb-24Ti-35.4Si-1.1Cr-3.1Al-9.2Hf（Zelenitsas 和 Tsakiropoulos，2006；Geng 和 Tsakiropoulos，2007）。

在二元 Nb-10Si 中，裂纹萌生发生在应力强度为 5～20 MPa · $m^{1/2}$ 时。当应力强度达到 36 MPa · $m^{1/2}$ 时会观测到裂纹增长阻力的急剧上升。在一些更为复杂的铌硅化物基合金中，能够获取在 20 MPa · $m^{1/2}$ 时的断裂韧性数据。铌硅化物基合金每个相的尺寸、形状和形态都是影响这些材料断裂韧性的重要因素。连续的 $Nb_{ss}$ 对于韧性是有益的，因为固溶体对于穿过金属间相的裂纹具有止裂作用。相比于常规凝固和热处理的合金，定向凝固（Directional Solidification，DS）或常规铸造、挤压和热处理的铌硅化物基合金具有更好的韧性，例如，定向凝固 Nb-25Ti-16Si-8Hf-2Al-2Cr，挤压＋热处理 Nb-26Ti-15Si-5Hf-2Al-2Cr 以及铸造＋热处理 Nb-26Ti-15Si-5Hf-2Al-2Cr 合金的断裂韧性分别为 21 MPa · $m^{1/2}$、20 MPa · $m^{1/2}$ 和 14 MPa · $m^{1/2}$。常规铸造合金的低断裂韧性是微观结构中相对连续的硅化物相所造成的，其断裂路径就位于硅化物中。$Nb_{ss}$ 强度的缺失是由连续金属间化合物基质的高塑性约束引起的（Bewlay、Jackson 和 Lipsitt，1996；Bewlay、Jackson 和 Gigliotti，2002；Kim 等，2001；

Sha 等，2003)。

$Nb_5Si_3$ 和 Nb 的蠕变指数 $n$ 分别在 1～2 和 6 附近。$Nb_5Si_3$ 的研究表明，$Nb_5Si_3$ 的蠕变变形是由 Nb 在 $Nb_5Si_3$ 相中的扩散所控制的，并且相比于 $Nb_3Si$ 型硅化物，$Nb_5Si_3$ 型硅化物具有更好的蠕变性能。蠕变性能的目标是在 1 200 ℃下 125 h 应力大于 170 MPa 时的蠕变要小于 1%。该要求所假设的铌硅化物基合金的密度是 7 $g/cm^3$。而 $Nb_5Si_3$ 的蠕变强度是很充足的，它的蠕变温度大约为1 350 ℃，比目标蠕变温度 1 200 ℃高出很多。铌硅化物基合金的蠕变受硅化物和固溶体的蠕变共同控制。温度大于 1 000 ℃时，$Nb_{ss}$仅对蠕变强度有微小的贡献（Bewlay、Jackson 和 Gigliotti，2002)。

大多数铌硅化物基合金的蠕变指数 $n$ 都介于 2.5～4.5。但对于一些早期发展的合金，$n$ 通常都比较大。铌硅化物基合金的蠕变行为主要是由硅化物相决定的。因此，Si 的含量是很重要的，因为它决定了硅化物的体积分数。Si<12%时蠕变性能很差，因为材料的蠕变行为主要取决于 $Nb_{ss}$。Si 的浓度为 18%时具有最小的蠕变速率，此时硅化物的体积分数大约是 0.6。Hf、Ti、Cr、Al 和 Mo 之类的合金元素对蠕变行为影响的详细研究表明，增加 Hf 和 Ti 的浓度可以增加蠕变速率（对应于低蠕变速率，Hf 和 Ti 的浓度应分别保持在 8%和 21%以下)，并且 W、Mo 和 Ta 都是改善蠕变的有效溶质添加剂（Bewlay、Jackson 和 Gigliotti，2002)。

在 1 150 ℃时铌硅化物基合金的主要蠕变拉伸应变（通常约为 0.1%）要比典型第二代单晶体结构的镍基超耐热合金低。第一代铌基化物合金基合金在 1 000 ℃～1 200 ℃范围拉伸和压缩时的蠕变行为数据表明，合金在 1 200 ℃下、140 MPa 应力时的蠕变速率小于 $3\times10^{-8}/s$。最近的研究表明，多晶铸造热处理铌硅化物基合金在 1 200 ℃下、300 MPa 应力时的蠕变速率小于等于 $6\times10^{-8}/s$。

对比了基于 Nb-25Ti-8Hf-18Si 构成的铌硅化物基合金的单位密度蠕变断裂行为和 DS 以及单晶体镍基超合金的蠕变断裂行为，数据表明，铌硅化物基合金的蠕变断裂行为和第三代单晶体钼基超合金的相似，断裂行为的产生是由铌硅化物密度的大量减少而引起的。但是它在实际应用中要求的寿命是已知铌硅化物基合金的 10 倍多（Bewlay、Jackson 和 Lipsitt，1996)。

O 在 Nb 中的高溶解度（9%）使得铌合金极易受 O 的污染和环境脆化的影响，两者在合金发展的过程中都已经得到了解决。例如，在 Nb-10Si 中 O 含量对断裂韧性的作用可以表示为 $K_Q$（MPa・$m^{1/2}$）=23.3～0.7。铌硅化物基合金的抗氧化目标是根据 1 315 ℃下达到目前第二代单晶体镍基超合金在 1 150 ℃时的氧化寿命的要求而得到的。对于这点，我们拥有短期和长远的抗氧化性能目标。前者是要在不加涂层的条件下能够在典型发动机条件下具有充足的抗氧化性能并且在 1 370 ℃下 10 h 内损耗小于 200 μm；而后者则要求在1 315 ℃下 100 h 内损耗小于 25 μm（Bewlay、Jackson 和 Lipsitt，1996)。

与 Al、B、Cr、Fe、Ge、Hf、Si 的合金化能够极大地改善抗氧化性能，其中和 Al、Cr、Hf 及 Ti 与 Ge 和/或 B 之间的协同效应对氧化性能尤其有效，Sn 在小于 900 ℃时对于消除有害氧化非常有效。对于铌硅化物基合金来说，短期的抗氧化目标已经达到。在最新一代的铌硅化物基合金中，1 200 ℃下 100 h 内的损耗小于 25 μm 的目标也已经达到。我们还需取得长足的进步才能达到长期的抗氧化目标，但是对于冶金学家来说，在环境温度达到 1 370 ℃的情况下保持室温、中温以及高温力学性能却仍然是一项巨大的挑战（Zelenitsas 和 Tsakiropoulos，2006；Geng 和 Tsakiropoulos，2007)。

对于铌硅化物基合金来说，抗氧化涂层是必需的，并且相比于当前镍基超合金使用的二元材料系统（连接涂层+陶瓷）而言很可能是多重的 TBCs。



# 3　钼硅化物基合金

现在考虑两种材料类型：① $MoSi_2$ 基合金具有作为自身或部分涂层系统中抗氧化涂层的能力，其中某些可能适合于铌硅化物基合金；②钼硼硅化物合金具有在超高温条件下作为抗氧化材料的能力。这其中包括的三相合金组成为 $Mo_5Si_3$、$Mo_5SiB_2$（T2 相）和 $Mo_3Si$ 或 α-Mo、$Mo_3Si$ 和 T2（图 5)。后者的抗氧化性能不如 $Mo_5Si_3$-T2-$Mo_3Si$ 合金，但是具有韧性较高的 α-Mo 固溶体相（Vasudévan 和 Petrovic，1992；Stergiou、Tsakiropoulos 和 Brown，1997；Meyer、Thom 和 Akinc，1999；Kruzic、Schneibel 和 Ritchie，2005；Sakidja 等，2008)。

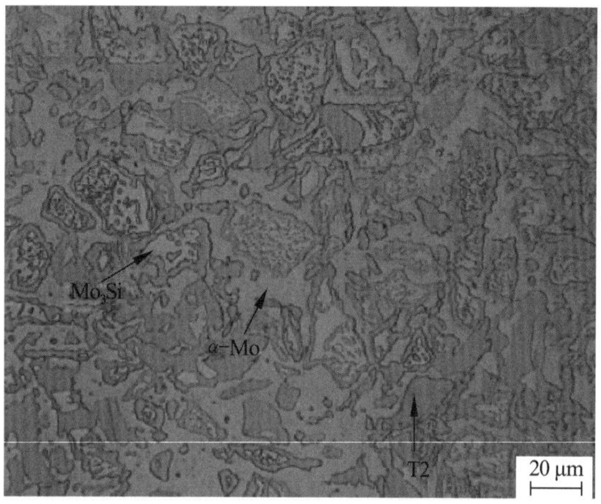


**图 5　α-Mo 体积分数为 34%的（三相 $\alpha$-Mo-$Mo_3Si$-T2）PM Mo-11.3Si-11.4B 合金光学显微图**

转载于 Kruzic、Schneibel 和 Ritchie（2005）© Springer

单片 $MoSi_2$ 可用作火炉加热元件。它具有较好的抗氧化能力，其原因是形成了具有保护作用的石英玻璃垢，但是 $MoSi_2$ 在 500 ℃～700 ℃也会遭受有害的氧化，并且它的保护性二氧化硅表层在热循环过程中会裂开。$MoSi_2$ 也是易裂的（室温下的断裂韧性约为 3 MPa・$m^{1/2}$），并且在高温下会变得很脆。随着 $MoSi_2$ 结构中 Al 添加剂含量的增加，其结构从 $C11_b$ 经由 C40 变化到 C54 晶体结构。具有后者结构的 Mo $(Si_{1-x}Al_x)_2$ 不会遭受有害氧化并且持续到 1 600 ℃都具有抗氧化性能。例如，密度为 5.7 g/$cm^3$ 的 Mo-37Si-30Al 合金在 1 400 ℃下不会遭受有害氧化，会形成下方没有 $Mo_5Si_3$ 层的 $Al_2O_3$ 垢，1 600 ℃时在 $Al_2O_3$ 上形成了下方没有 $Mo_5Si_3$ 层的 $SiO_2$-$Al_2O_3$。在低浓度下与 Al 的合金化能增加室温下的塑性。Al 的韧性作用归因于 Al 削弱了 Mo-Si 键并向键中引入了金属特性（Vasudévan 和 Petrovic，1992；Stergiou、Tsakiropoulos 和 Brown，1997；Arvanitis 等，2001）。

$Mo_5Si_3$-$T_2$-$Mo_3Si$（例如 Mo-27Si-8B）合金在 1 000℃和 1 300℃高温下具有很好的抗氧化性能，(即在最初损耗 1～2 μm 后，事实上在 1 300 ℃或 1 450 ℃下 50 h 后便再没有更进一步的衰减)，其断裂韧性较差是由于这三种硅化物的脆性性质引起的。在 $\alpha$-Mo$Mo_3Si$-$T_2$ 合金中，其抗氧化性能取决于 $\alpha$-Mo 的体积分数。例如，在 Mo-10Si-10B 中含有大约 50%体积分数的 $\alpha$-Mo，其在 1 300 ℃下循环氧化的最初几个小时内的衰减为 60 μm，Mo 作为不稳定的 $MoO_3$ 逐渐减少直到表面的 Si 足够富集。在材料经过最初损耗之后，损耗速率有了明显的下降（约 0.1 μm/h）。通过使用预氧化处理使其表面覆盖 Si 可以进一步减少最初的损耗（Berczik，1997；Meyer、Thom 和 Akinc，1999；Sakidja 等，2008）。

钼硼硅化物铸件通常具有不连续的 $\alpha$-Mo 颗粒。PM 处理可以使钼硼硅化物具有连续的 $\alpha$-Mo 颗粒。Mo 的 DBTT 接近于室温，比铌的要高出许多。Mo 受诸如氧气和氮气的污染问题不如铌的严重，但也必须注意将污染控制至最低。间隙性污染和 $\alpha$-Mo 固溶体中提供了显著固溶强化作用［即 Mo 的硬度（约 170 HV），随着固溶体中 Si 的含量而升高（1.8%的 Si 时约为 300 HV）］的 Si 元素会导致室温下的塑性的降低并增加了 DBTT（Kruzic、Schneibel 和 Ritchie，2005）。

在 $\alpha$-Mo-$Mo_3Si$-$T_2$ 合金中（例如 Mo-16.8Si-8.4B），$\alpha$-Mo 能根据其体积分数和分布情况极大地提高室温和高温下的断裂韧性。总之，具有一定抗氧化性能的钼硼硅化物在室温下的断裂韧性比铌硅化物基合金的要低。断裂韧性随着 $\alpha$-Mo 的体积分数而增加，在 $\alpha$-Mo 体积分数一定的情况下，如果其形成了连续的基体而不是单独的颗粒，则能更好地增加断裂韧性。研究发现，连续且体积分数约为 50%的 $\alpha$-Mo 在室温下的断裂韧性为 12 MPa・$m^{1/2}$。研究观察到了无抗氧性能合金在应力强度因子为 21 MPa・$m^{1/2}$情况下的 $R$ 曲线行为。因此，钼硼硅化物合金可以达到铌硅化物基合金的 20 MPa・$m^{1/2}$断裂韧性，但是其抗氧化性能会有所下降。钼硼硅化物合金的研究是为了优化 Mo-Si-B 基合金以建立断裂韧性和抗氧化性上的最优平衡（Berczik，1997；Meyer、Thom 和 Akinc，1999；Kruzic、Schneibel 和 Ritchie，2005）。

对于和铌硅化物基合金不同密度的材料而言，蠕变的目标（根据铌硅化物基合金的给定）也要做相应的调整。因此，对于钼硼硅化物假设其密度为 9.5 g/$m^3$，名义目标是在 1 200 ℃下蠕变速率为 $2\times10^{-8}$ $s^{-1}$时的蠕变强度应当大于 230 MPa。Mo-$Mo_3Si$-$T_2$ 合金的蠕变强度取决于 $\alpha$-Mo 的体积分数以及微观形态（如果 $\alpha$-Mo 是连续的而不是单独的颗粒，则蠕变强度会变得很低）。晶粒或相的大小也对其有重大的影响。通常，蠕变强度随着晶粒或相的大小的增加而有所增加。例如，铸造和热处理的 Mo-12Si-8.5B 的 $\alpha$-Mo 的体积分数约为 0.4，其 $\alpha$-Mo 颗粒在 $Mo_3Si$ 和 $Mo_5SiB_2$ 的连续基体内。在 1 200 ℃下和 $2\times10^{-8}$/s 蠕变速率时的拉伸蠕变强度为 50 MPa，而压缩蠕变强度是 75 MPa。蠕变的应力指数约为3，通过合金化处理能进一步增加蠕变强度。通过对铸造和热处理 Mo-19.5Nb-12Si-8.5B 合金的推断可知，其在 1 200 ℃蠕变速率为 $2\times10^{-8}$/s 时的蠕变强度是 260 MPa，而钼硼硅化物合金可以达到这个蠕变要求。

我们应当庆幸抗氧化的数据是在空气中测量得到的，这些数据对于涡轮机的工作环境是比较理想的。实际上，硅基涂层的衰退速率在高压和潮湿的环境下会显著地增加。当前，满足氧化目标的铌硅化物和钼硅化物基合金没有足够的强度和/或断裂韧性。现在还不清楚能不能找到一种能够同时满足所有要求的金属。可能有必要将抗断裂成分和内部微观结构的性质同抗氧化成分以及表面附近的微观结构区别开来。可以预想的是，RTM-硅化物基合金在涡轮机中的应用可能更取决于其抗氧化性而不是机械性能。

## 4　展望

基于耐火材料金属 Nb 和 Mo 的性能超过目前 Ni 基合金最高水平的新型合金正在研发当中。相关研究证明了铌和钼硅化物基合金在满足燃气涡轮机应用的特定性能方面具有很大的潜能。最新一代开发中的满足抗氧化目标的铌和钼硅化物基合金并没有足够的强度和断裂韧性。可以想象，抗氧性能而不是机械性能是决定涡轮机应用中耐火金属硅化物基合金运用的最重要的因素。

### 参 考 文 献


Arvanitis, A., Diplas, S., Tsakiropoulos, P., Watts, J. F., Whiting, M. J., Morton, S. A. and Matthew, J. A. D. (2001) An experimental study of bonding and crystal structure modifications in MoSi2 and MoSi2+$x$Al ($x$=10 to 40 at. % Al) via Auger parameter shifts and charge transfer calculations. *Acta Mater.*, 49, 1063-1078.

Begley, R. T. (1994) Columbium alloy development at Westinghouse, in *Evolution of Refractory Metals and Alloys*, (eds E. N. C. Dalder, T. Grobstein and C. S. Chen), TMS, Warrendale, pp. 29-48.

Berczik, D. M. (1997) United States Patent 5, 595, 616, Method for enhancing the oxidation resistance of a molybdenum alloy, and a method of making a molybdenum alloy.

Bewlay, B. P., Jackson, M. R. and Lipsitt, H. A. (1996) The balance of mechanical and environmental properties of a multi-element niobium-niobium silicide-based *in situ* composite. *Metall. Mater. Trans. A*, 27, 3801-3808.

Bewlay, B. P., Jackson, M. R. and Gigliotti, M. F. X. (2002) Niobium silicide high temperature in-situ composites, in *Intermetallic Compounds, Principles and Practice* 3, (ed. J. H. Westbrook and R. L. Fleischer), John Wiley & Sons, New York, 541-560.

Brady, M. P. and Tortorelli, P. F. (2004) Alloy design of intermetallics for protective scale formation and for use as precursors for complex ceramic phase structures, *Intermetallics*, 12, 779-789.

Chan, K. S. and Davidson, D. L. (1999) Effects of Ti addition on cleavage fracture in Nb-Cr-Ti solid solution alloys. *Metall. Mater Trans. A*, 30A, 925-939.

Diplas, S., Shao, G., Morton, S. A., Tsakiropoulos, P. and Watts, J. F. (1999) Calculations of charge transfer in Nb-17Al and V-50Al alloys, using the Auger parameter. *Intermetallics*, 8, 937-946.

Geng, J. and Tsakiropoulos, P. (2007) Astudy of the microstructures and oxidation of Nb-Si-Cr-Al-Mo in situ composites alloyed with Ti, Hf and Sn. *Intermetallics*, 15, 382-395.

Geng, J., Tsakiropoulos, P. and Shao, G. (2006) The effects of Ti and Mo additions on the microstructure of Nb-silicide based *in situ composites*. *Intermetallics*, 14, 227-235.

Grill, R. and Gnadenberger, A. (2006) *Int. J. Refract. Metals Hard Mater.*, 24, 276-282.

Jackson, M. R. (1990) Hafnium containing Nb-Ti-Al high temperature alloys. US Patent 4, 956, 144 filed Dec. 22, 1988 and issued Sep. 11, 1990.

Jackson, M. R. (1991) Hafnium containing Nb-Ti-Al high temperature alloy. US Patent 5, 006, 307 filed Dec. 5, 1988 and issued April 4, 1991.

Jackson, M. R. (1994) NbTiAlCrHf alloys and structures. US Patent 5, 366, 565 filed March 3, 1993 and issued Nov. 22, 1994.

Jackson, M. R. and Jones, K. D. (1990) Mechanical behaviour of Nb-Ti base alloys, in *Refractory Metals: Extraction, Processing and Applications*, (eds K. Nona, C. Liddell and D. R. Sadoway), TMS, Warrendale, pp. 311-319.

Kim, W. Y., Tanaka, H., Kasama, A., Tanaka, R. and Hanada, S. (2001) Microstructure and room temperature deformation of $Nb_{ss}$/Nb5Si3 *in situ* composites alloyed with Mo. *Intermetallics*, 9, 521-527.

Kruzic, J. J., Schneibel, J. H. and Ritchie, R. O. (2005) Ambient-to elevated-temperature fracture and fatigue properties of Mo-Si-B alloys: role of microstructure. *Metall. Mater. Trans. A*, 36, 2393-2402.

McAdam, G. D. (1964) Substitutional niobium alloys of high creep strength. *J. Inst. Met.*, 93, 59-64.

Meyer, M. K., Thom, A. J. and Akinc, M. (1999) Oxide scale formation and isothermal oxidation behaviour of Mo-Si-B intermetallics at 600℃～1 000℃. *Intermetallics*, 7, 153-162.

Sakidja, R., Perepezko, J. H., Kim, S. and Sekido, N. (2008) Phase stability and structural defects in high temperature Mo-Si-B alloys. *Acta Mater.*, 56, 5223-5244.

Sha, J., Hirai, H., Tabaru, T., Kitahara, A., Ueno, H. and Hanada, S. (2003) Mechanical properties of as cast and directionally solidified Nb-Mo-W-Ti-Si *in situ* composites at high temperatures. *Metall. Mater. Trans. A*, 34A, 85-94.

Stergiou, A., Tsakiropoulos, P. and Brown, A. (1997) The intermediate and high-temperature oxidation behaviour of Mo $(Si_{1-x}Al_x)_2$ intermetallic alloys. *Intermetallics*, 5, 69-81.

Subramanian, P. R., Mendiratta, M. G., Dimiduk, D. M. and Stucke, M. A. (1997) Advanced intermetallic alloys-beyond gamma titanium aluminides. *Mater. Sci. Eng. A*, A239-240, 1-13.

Thandorn, T. and Tsakiropoulos, P. (2010) Study of the role of B addition on the microstructure of the Nb-24Ti-18Si-8B alloy, *Intermetallics*, 18, 1033-1038.

Vasudévan, A. K. and Petrovic, J. (1992) A comparative overview of molybdenum silicide composites. *Mater. Sci. Eng. A*, A155, 1-17.

Vellios, N. and Tsakiropoulos, P. (2007a) The role of Sn and Ti additions in the microstructure of Nb-18Si base alloys. *Intermetallics*, 15, 1518-1528.

Vellios, N. and Tsakiropoulos, P. (2007b) The role of Fe and Ti additions in the microstructure of Nb-18Si-5Sn silicide base alloys. *Intermetallics*, 15, 1529-1537.

Zelenitsas, K. and Tsakiropoulos, P. (2005) Study of the role of Cr and Al additions in the microstructure of Nb-Ti-Si *in situ composites*. *Intermetallics*, 13, 1079-1095.

Zelenitsas, K. and Tsakiropoulos, P. (2006) Effect of Al, Cr and Ta additions in the oxidation behaviour of Nb-Ti-Si *in situ* composites at 800℃. *Mater. Sci. Eng. A*, 416, 269-280.

本章译者：古兴瑾（南京航空航天大学航空宇航学院）

# 第 195 章

# 航空发动机材料的固态焊接

Michael Preuss[1]，Philip Threadgill[2]
1 曼彻斯特大学材料学院，曼彻斯特，英国
2 Granta 高科技园，原英国焊接研究所，阿宾顿，剑桥，英国



## 1 引言

飞行器的燃气涡轮发动机通常在非常高的温度及压力下运行，因而对发动机制造过程所用的材料要求极高。发动机制造商以及使用者们正致力于追求更好的推力、重量以及燃料的经济性，这就对发动机材料提出了更高的要求，同时这也不可避免地使得人类制造业迎来了新的挑战。连接材料是发动机制造过程中至关重要的一环，而且许多针对高温发动机应用开发的合金，尤其是镍基高温合金，很难利用熔化过程进行焊接。然而，利用固态焊接方法，比如摩擦焊接，不仅能够避免在熔化过程中的凝固问题，而且焊接过程是机械化的，无须进行人工干预就能够提高焊接效率，并且能够获得高水准的一致性。

本章旨在描述航空发动机制造过程中的两个主要过程变量，并且选取一些发动机经常用到的焊接材料，如镍基高温合金、钛合金以及超高强度钢，给出与其焊接性能相关的数据，这些性能包括力学性能、微观结构以及非常重要的残余应力。

很多世纪以前人们就认识到两个物体摩擦会发热这一原理，对于轴对称的焊接部分（例如圆柱、圆管、圆盘等），可以采用旋转摩擦的焊接方法，焊接过程的两种主要方法是直接驱动旋转摩擦焊接（Direct-Drive Rotational Friction Welding，DD-RFW）以及惯性摩擦焊接（Inertia Friction Welding，IFW）。这两种焊接方法的主要不同是：使用DD-RFW 方法时旋转部分的能量来源于一个大功率发动机，而 IFW 则是令焊接部分与一个旋转飞轮通过纺锤相连，从而提供能量。在惯性焊接过程中，对于每个焊接部位所提供的总能量是一样的，这与连续驱动摩擦焊接方法不同。同时，在惯性焊接过程中能量转换的速率时常会改变，而对于连续驱动摩擦焊接方法来说这个速率是恒定的。驱动发动机首先要将飞轮加速，并且在与飞轮断开前发动机要达到预定速度。然后，静止的焊接部分会被旋转的飞轮部分所推动，而飞轮提供的动能会在接触表面被转换成摩擦热能。在焊接过程中产生的塑化材料大多数作为火花飞离焊缝，从而实现焊缝的自清洁。对于非轴对称的焊接部件，如在轮盘上焊接叶片，航空发动机制造商们会使用线性摩擦焊接法（Linear Friction Welding，LFW），这是一种用焊接的一个部分振荡摩擦另一个部分的直接驱动方法。同时，类似于 IFW 方法，焊接接合处摩擦产生的热量和焊接时施加的压力将导致材料局部变形和塑化。最后，在选取了合适的焊接参数后，RFW 和 LFW 两种方法会在加工的最后阶段将两个部件焊接在一起，最终实现结构的良好焊接。

Bevington 可能是第一个于 1891 年采用旋转摩擦焊接方法并且获得专利的科学家。然而直到六七十年后，首先在俄罗斯然后是美国，这一方法才被认为可以用作商业用途。相比之下，有关线性往复焊接低碳钢的机理的专利直到 1969 年才问世。Cheng 首先发表了旋转摩擦焊接法中有关温度分布

的详细研究，1962 年他介绍了类似金属管的焊接（Cheng，1962），1963 年则是关于不同的金属管的焊接（Cheng，1963）。在同一时期，英国和西德的焊接协会是西欧推动摩擦焊接方法的主要力量。在日本，由于工业界和学术界对于摩擦焊接方法的兴趣日益增强，在 1964 年成立了日本摩擦焊接协会。旋转摩擦焊接最开始仅仅是直接驱动，直到 1965 年用惯性飞轮带动锭子技术的出现才促进了惯性焊接方法的发展。惯性摩擦焊接方法因其焊接参数少以及能够焊接由高温材料制成的大截面部件等优势，在运输业被广泛使用。惯性摩擦焊接方法在北美尤其热门，而在欧洲连续驱动法仍占统治地位。另外，尽管其他方法仍在不断发展，但线性摩擦焊接法仍是迄今为止航空发动机制造业唯一的工业方法，尤其是用于钛合金焊接。尽管最近设计采用的蓄能技术能够有效降低该方法的成本，但焊接机器的高额投入仍然是该方法应用率偏低的主要原因。线性摩擦焊接法已经被证实是在轮盘上焊接涡轮叶片的理想化方法，产品的高附加值证明线性摩擦焊接设备高投入是物超所值的。另一个有利优势就是焊接后部件的重量会显著减少。同样值得注意的是至少对于单级惯性摩擦焊接方法，仅有三个焊接参数——惯性、旋转速度以及焊接压强，线性摩擦焊接方法焊接过程还会有许多重要的过程参数，因此，后者最佳工艺参数的研发更加复杂。



# 2　摩擦焊接的工艺环节

## 2.1　惯性摩擦焊接

当不考虑飞轮加速的初始环节（这一环节对实际的焊接过程并无影响）时，惯性摩擦焊接通常被认为是三阶段模型［如图 1（a）所示］。第一阶段中，两个焊接部件在外加压力的作用下逐渐接触，使得旋转速度逐渐减小，摩擦扭矩逐渐增大并达到一个峰值。在这一阶段中，两个焊接部件之间出现真正的摩擦，焊接表面的不规则凸起与粗糙毛刺被磨平，两个焊接部件达到完全接触。随后，由于在焊接过程中材料温度的增加，焊接区会形成一个轻度塑化层，从而导致摩擦扭矩减小。在第二阶段中，焊接过程达到一个稳定的状态（转矩大体恒定），这一状态下，焊接部分温度低的材料会被持续加热而高温材料则会以火花的形式喷溅。材料的喷溅会导致焊接材料以一个恒定的熔化速度缩短长度，而向母材传递的热流使塑化区域面积和扭矩逐渐增大。在最后一个阶段，旋转速度急剧下降，扭矩增大并达到第二次峰值，焊接材料的长度快速减小。实质上在第三阶段，焊接材料会在锻造压力下被锻造在一起，而且这一环节还会使得焊接的微观结构产生颗粒细化的现象（Oberle、Loyd 和 Calton，1967）。一旦塑性流动产生，动态的重结晶作用就可能会在焊接过程中出现，但是这时已经精炼的材料就会随火花一起喷溅而出。尽管这一方法并不常用，但是可以在第三阶段中采用显著高于初始值的焊缝压力，从而演变出两阶段的惯性摩擦焊接法。如图 1 所示，至少在最开始的冷却阶段需要持续施加载荷，但有趣的是，从已经发表的文献来看，时至今日学者们还很少研究两阶段惯性摩擦焊接法的压力问题。从残余应力的角度来看，如果能够采用正确的应用方法，两阶段压力法具有很大的潜在优势。当对焊接材料加压时，使用两阶段焊接方法会喷溅出绝大部分温度极高的材料，从而创造出一种温度相对较低的焊接方法，并且采用该方法焊接时产生的残余应力相对较低。

## 2.2　线性摩擦焊接

在线性摩擦焊接方法中，人们通常需要区分三个与实际焊接过程相关的处理阶段［图 1（b）］。在第一阶段，即调节阶段，部分焊件会在短时间内产生稳定、不间断、有节奏的线性振荡。随后另一部分就会在一个很小的力的作用下在预定时间内与振荡部分接触。在第二阶段，即摩擦阶段，两个部分之间的挤压力会增大到一个设定水平，并在接触面上产生热量。和惯性摩擦焊接方法类似，这也会导致焊接材料的软化并生成一层塑化层，同时在振荡作用以及熔接线的压紧力作用下材料也会以火花形式喷溅而出。第三阶段的过程则是靠一系列的参数引发，比如预设熔融时间或者振荡的周期数。在最后阶段，即锻造阶段，振幅会在一定时间内（通常很短）衰减为零。在这一阶段，锻造压力要么保持第二阶段的压力，要么与两阶段焊接方法一样，锻造压力高于摩擦压力（后者更常见）（Bhamji、Preuss 和 Threadgill，2010）。

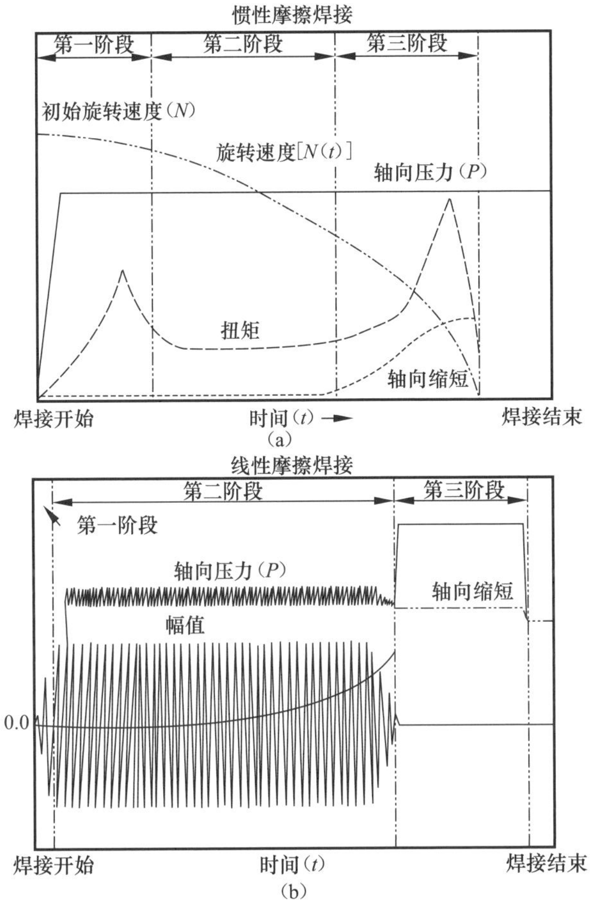


**图1　(a) 惯性摩擦焊接 (Wang和Lin，1974) 和 (b) 线性摩擦焊接中的加工阶段**

# 3　惯性摩擦焊接和线性摩擦焊接方法中材料和残余应力的影响

## 3.1　同类焊接中材料的影响

尽管原则上摩擦焊接可以接合任何可塑化的材料，但很明显，有些材料更适合这种方法，而有些材料则不太适合。其主要原因是摩擦焊接需要在局部产生足够的热量，并且至少在焊接中的锻造阶段需要施加锻造高压。对于导热系数较低的材料和高温下强度相对较大的材料，如镍基超合金以及钛合金，在焊接过程的第二阶段中，因为导热系数低，热损耗较小，且较高的强度能够防止材料在焊接时塌缩，所以这些材料就更加适合采用摩擦焊接。镍合金和钛合金有较高的强度，也能够承受在焊接最初阶段摩擦产生的高热。然而，仍需考虑的重要问题是，靠近焊缝处的材料需要承受非常大的变形速率（一般在1～20s），而且在使用金属间化合物合金或者某些镍基超合金时的可成型性也是个问题。事实上，人们对典型的高性能材料在高温以及高变形速率下的可成型性知之甚少。当采用惯性摩擦焊接或者线性摩擦焊接方法焊接镍基超合金时，需要特别注意这些合金在高温下材料强度变化规律表现出来的多样性。尽管有些工程合金随着测试温度的升高强度会持续降低，但是$\gamma'$强化镍基超合金在室温到700 ℃后强度并不随温度变化（第4卷第192章），而在超过700 ℃后，由于$\gamma'$的分解，材料的强度会出现显著的降低。可以想象，材料强度随温度的突变使其不能连续地流入热塑层，从而导致惯性摩擦焊接法和线性摩擦焊接法的第二阶段不稳定，取而代之的是高温材料突然以火花形式喷溅而出，从而导致没有足够的高温材料形成热塑层。

## 3.2　同类焊接中残余应力的影响

尽管惯性摩擦焊接法和线性摩擦焊接法都是固态焊接技术，但在焊接高温材料的时候仍会产生不容忽视的残余应力。需要指出的是，残余应力是由冷却过程中的热失配引起的，在极高的温度下，材料会变得非常柔软，并且只有在材料无法通过快速蠕变消除热失配时才会形成弹性应变场。原则上有三种方法可以减少惯性摩擦焊接法和线性摩擦焊接法产生的残余应力。首先，待锻造阶段的高温塑化区消失后，可以在第三阶段之初获得一个温度相对较低的焊接区域（理论上，通过使锻造载荷远大于摩擦力可以实现）；其次，降低焊缝的热影响区域（Heat-Affected Zone，HAZ）的冷却速率，从而有利于材料释放部分因冷却产生的热失配，尽管没有公开的文献报道类似的实例，但是通过形成比较大的热影响区域或者加热整个区域的做法也许是可行的；最后，有些材料因相变可能会减少应力的产生。比如对于钢来说，材料微观上从奥氏体转变成马氏体会引起体积的相应膨胀，这可以补偿焊接区域典型的拉伸弹性应变。马氏体转变的程度以及与之相关的体积膨胀取决于一系列的参数，而这些参数又和冷却速率以及合金的化学性能有关。析出强化材料，比如说镍基超合金材料IN718，可能在快速冷却的过程中保留焊接区域溶解状态下的所有溶解的析出相。如此一来，热影响区中产生的材料就相对柔软，它们不能承受过大的弹性形变，因此，就限制了残余应力的产生。

## 3.3　异种焊接的影响

由于异种焊接能够在焊缝处产生带有梯度成分的结构，因此这种方法已经逐渐变得重要起来。因为摩擦焊接不仅会产生热量，还会产生变形，被焊接的两种合金在流动应力上的巨大差异可能会导致焊接面的某一面单方向长度上的减少。同时，焊接异种金属能够导致接合面产生一种易碎的中间金属相。然而，许多异种材料的焊接组合正大规模用于商业用途，包括焊接同族的合金材料（例如，下面将要介绍的两种不同的钢材，或者是两种性能迥异的材料，如铝和钢）。解决这些问题的策略包括焊接两种横截面积不同的部分（低温材料的横截面积比高温材料的大），同时要保证除第二阶段外所有焊接阶段尽可能短。

如果是将具有不同承温能力的材料焊接在一起，惯性摩擦焊接和线性摩擦焊接所产生的残余应力在焊缝上就会有显著的不同。可是，这些残余应力也可能不仅仅是由各种合金决定的，其中一部分材料的低应力水平也会限制焊缝线上另一部分材料的应力水平。为了获得理想的应力消除、微观结构和力学性能，焊接后的两种合金可能需要采用不同的退火工艺，因而最困难的任务是研发出一种合适的焊后热处理方法（Post-Weld Heat Treatment，PWHT）。

# 4　案例研究

在下面的论述中，我们会简要介绍三种不同的高温摩擦焊接的案例，并且主要从这些案例中最典型的微观结构、残余应力的演变以及力学性能等方面来进行描述。第一个案例主要针对惯性摩擦焊接镍基超耐热合金，它主要是焊接压气机和涡轮盘；第二个案例是关于线性摩擦焊接钛合金，它主要用来制造所谓的整体叶盘（完整焊接叶片的轮盘）；最后一个案例旨在研究惯性摩擦焊接异种高性能钢，这种钢主要用于航空发动机上的轴。

## 4.1　案例研究一：用惯性摩擦焊接法焊接镍基超耐热合金

正如第 4 卷第 192 章中所描述的，多晶镍基超耐热合金被广泛地用于制造航空发动机，而这其中最需要严格遵守安全标准的关键部件则是压缩机和涡轮盘。由于最新一代的发动机合金轮盘很难使用熔焊焊接，因而更多的是采用惯性摩擦焊接方法将合金轮盘焊接在一起。而上述合金之所以具有优良的性能，主要是因为它的微观结构尤其是 $\gamma'$ 析出相。当焊接轮盘材料时，要特别注意 $\gamma'$ 析出相的分布，因为在惯性摩擦焊接的区域中，剧烈的热辐射以及塑性变形很可能导致材料的微观结构发生彻底改变。还需要注意的是，现今在超耐热合金惯性摩擦焊接领域公开发表的文献都主要集中在壁厚小于 15 mm 的管状物的焊接上。同样值得注意的是，用惯性摩擦焊接方法焊接如此薄的管状物时，焊缝线横截面上材料微观结构的变化比较大，而焊缝线轴向方向材料微观结构变化较小。

### 4.1.1　用惯性摩擦焊接法焊接镍基超耐热合金的微观结构演变

使用惯性摩擦焊接方法焊接镍基超合金时，在靠近焊接表面处的材料温度会超过 $\gamma'$ 析出相的固溶度曲线，并且焊接线上温度急剧升降的梯度会导致热力学影响区域（Thermomechanically Affected Zone，TMAZ）和热影响区域微观结构的急剧改变。另外，材料特性取决于 $\gamma'$ 稳定合金元素的含量（其中铝和钛元素是影响最显著的），最靠近焊接线的区域在不含 $\gamma'$ 相的情况下相对柔软；而在 $\gamma'$ 稳定物含量较高的区域，冷却过程中产生的细小 $\gamma'$ 析出相（尺寸小于 20 nm）使这一阶段的材料具有相对较高的焊接强度（Preuss、Withers 和 Baxter，2006）。图 2 给出了后一种情况的试验结果（Preuss 等，2004）。严重的温度偏差是改变 $\gamma'$ 析出的潜在因素，并会改变区域中 $\gamma$ 与 $\gamma'$ 间的晶格错配。现在，焊接区域 $\gamma/\gamma'$ 晶格错配的变化对于材料性能的影响结果尚不清楚，这是因为区域中 $\gamma/\gamma'$ 晶格错配的变化往往与其微观结构的其他变化同时出现。为了实现热影响区 $\gamma'$ 相平衡体被分数下

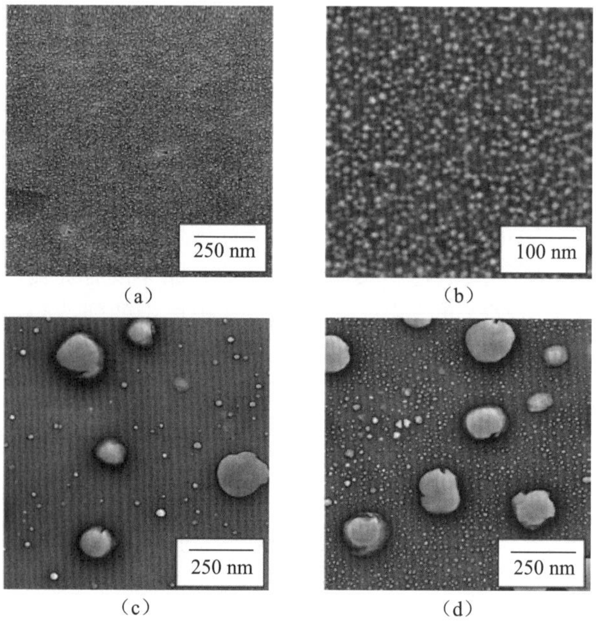


**图 2　惯性摩擦焊接合金 720LI 时 $\gamma'$ 析出相的影响**
**(a) 焊接线（放大 30 000 倍）；(b) 焊接线（放大 100 000 倍）；(c) 距焊接线 1 mm 处（放大 30 000 倍）；(d) 距焊接线 4 mm 处（放大 30 000 倍）**

（铬镍铁合金 I718 中为 $\gamma''$）的再析出并释放残余应力，通常需要设计一些焊接后热处理（PWHT）。在设计焊接后热处理（PWHT）步骤时，非常重要的一点是必须考虑到整个部件都将经过退火处理，这可能导致基体材料的过度时效，而如果为不过度时效，$\gamma'$析出相则很难充分地释放残余应力（见本章 4.1.2 节）。从微观结构的角度来讲，在焊接相异的镍基超耐热合金时，优化这种焊接后热处理法是比较困难的，因为优化 $\gamma'$和 $\gamma''$析出相的过程要求有不同的热处理温度。

尽管能在整个热影响区域上观察到 $\gamma'$析出相作用的演变，但明显的晶粒尺寸改变只能在较窄的热力学影响区域中观察到。热影响区域中晶粒尺寸的稳定性与约束晶粒边界移动的 $\gamma'$析出相的体积分数有关。然而，一旦晶内 $\gamma'$熔化，即会出现动态重结晶的区域直至到达焊接界面。因为该动态区域即使在焊接后做热处理后也没有任何的退火孪晶，因而很容易被识别出来。在重结晶区域和母材之间，通常可以观察到一条由高蓄能材料组成的窄带（Preuss 等，2002），如果随后的热处理温度接近 $\gamma'$的固溶曲线，这种材料就很有可能形成不规则晶体。

### 4.1.2　用惯性摩擦焊接法焊接镍基超耐热合金时的残余应力的变化

因为镍基超耐热合金能够呈现出非凡的高温力学性能，包括抗蠕变性能，故在惯性摩擦焊接时这些材料中较高的残余应力也就不值得奇怪了。

焊接时产生的应力通常会与合金的承温性能有关，而且用惯性摩擦焊接不同的合金时，残余应力会有显著的不同。最值得注意的是，一些更容易形成 $\gamma'$二次析出的合金在焊接时会承受比诸如铬镍铁合金之类的其他合金更大的残余应力，如图 3 所示（Preuss、Withers 和 Baxter，2006）。正如前面所提到的，现今镍基超耐热合金的惯性摩擦焊接主要是焊接壁厚很小的管状物。对于拥有这样几何性质的焊接物，通常焊接线上的拉伸环向应力在靠近管状物内径处最大，能达到 1 000 MPa。相比较而言，径向应力会更小一些，但是会出现一个弯矩，使得内径处出现拉应力、外径处出现压应力（Preuss 等，2002；Preuss、Withers 和 Baxter，2006）。径向应力产生的原因是焊接金属在冷却过程中类似于压血带一样地收缩以及夹紧装置的共同作用（Grant 等，2009）。

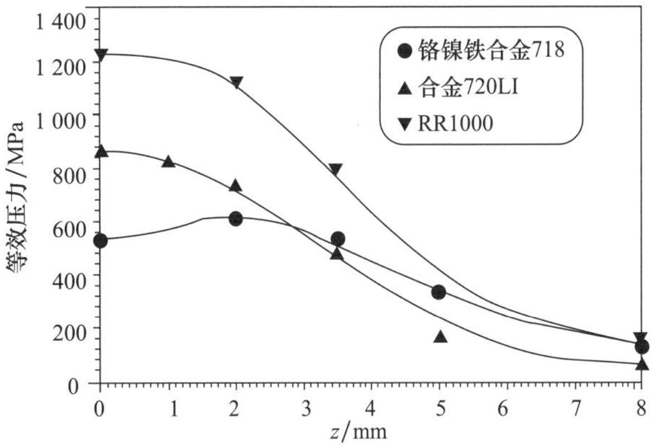


**图 3　通过中子衍射测量出的惯性摩擦焊接铬镍铁合金 718、合金 720LI 和 RR1000（按承温能力递增）熔接状态下的冯·米斯（von-Mises）等效应力图。需要注意的正如 4.1.3 节所述，铬镍铁合金的柔软焊接区域只会产生有限的焊接应力（Preuss、Withers 和 Baxter，2006），这在图 4 中同样可见**

因为大部分的惯性摩擦焊接会使用壁厚相对小的焊接物，因而径向应力通常就不那么重要。关于焊接参数对残余应力产生影响的研究很少，但是流程建模显示，增加焊接压强并不会减少焊接线上的拉伸环向应力（Grant 等，2009）。

因为在焊接镍基超耐热合金时会产生很高的残余应力，焊接后热处理就成了一个标准程序。然而，确定一个能够将应力释放到可接受范围的温度，并且不损害材料微观结构以及力学性能，通常并不容易，因为这一温度会导致“3”代 $\gamma'$析出相的粗化（第 4 卷第 192 章关于“3”代 $\gamma'$析出相对于力学性能的影响）（Preuss 等，2002）。这对焊接异种镍基超耐热合金至关重要，因为这时适用于低承温能力材料的退火温度可能并不足以释放高承温能力材料中的残余应力（Preuss 等，2002）。



### 4.1.3　用惯性摩擦焊接法焊接镍基超耐热合金的力学性能

关于用惯性摩擦焊接法焊接镍基超耐热合金的力学性能，现今发表的刊物中无外乎关注于焊接区域的硬度研究。正如本节 4.1.1 中所提到的，焊接区域的强度取决于 $\gamma'$和 $\gamma''$稳定物的含量。不同材料沿焊接线区域拉伸强度的变化已由 Preuss、Withers 和 Baxter 于 2006 年在运用电子散斑干涉技术（Electron Speckle Pattern Interferometry，ESPI）进行拉伸测试的局部应变测量中得到，如图 4 所示。

从残余应力的角度看，这样的强度变化是非常

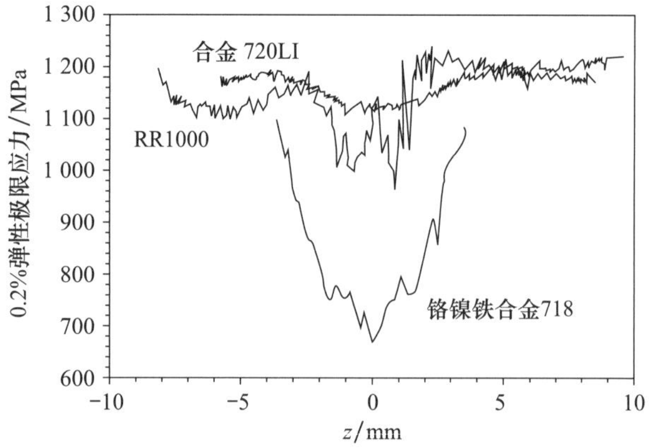


**图 4　熔焊状态下惯性摩擦焊接 RR1000，合金 720LI 以及铬镍铁合金 718 的 0.2%的弹性极限应力变化**

危险的，因为焊接线上的高强度会产生很大的残余应力。经过合理的焊接及热处理之后，拉伸强度和延展性在同种焊接时似乎并没有相关性（Roder、Albrecht 和 Luetjering，2006）。一些疲劳裂纹扩展的研究同样致力于研究异种超合金的焊接。本章节的主要研究重点为焊接后热处理温度对碳化物的形成和之后的裂纹扩展速率的影响。另外，在运用惯性摩擦焊接方法时氧化损伤机制也会影响裂纹扩展，因为真空条件下的高温裂纹扩展比空气中的慢。这些研究同样表明，因为试验温度的不同，裂纹扩展既可能是晶粒间的，也可能是晶粒内部的（Li 等，2007；Pint、Distefano 和 Wright，2006）。



## 4.2　案例研究二：用线性摩擦焊接法焊接钛合金

与用惯性摩擦焊接法焊接镍基超耐热合金相似，用线性摩擦焊接法焊接钛合金会在焊接线上呈现出显著的微观结构的改变。因为钛合金较低的热导率，尽管热影响或者热力学影响区域的大小取决于用线性摩擦焊接法焊接的实际区域，但是这些区域仍会变得很窄。尽管人们已经在努力扩展线性摩擦焊接法的应用范围，但是到目前为止，该方法的唯一应用就是将叶片焊接到涡轮盘上去。

### 4.2.1　用线性摩擦焊接法焊接钛合金的微观结构演变

尽管已经有人研究了焊接类钛合金和 Ti6246（Lutjering 和 Helm，1999；Romero 等，2009），但该领域大多数研究仍集中在焊接 Ti-6Al-4V，一种用来制造航空发动机钛合金的主要合金类型（见本卷第 189 章）。众所周知的是，其他钛合金的研究工作也在大量进行，包括类 $\alpha$、$\alpha/\beta$ 和 $\beta$ 合金以及 $\gamma$ 钛铝混合物（尽管这一合金很少被提及）（Baeslack 等，1995）。在焊接 Ti-6Al-4V 的过程中，靠近焊接界面处的温度会超过 $\beta$ 转变线，同时会产生一个动态重结晶细小 $\beta$ 晶粒结构的过程（Karadge 等，2007）。除非 $\beta$ 析出的稳定的钛合金足以将马氏体的产生温度抑制在室温下，否则焊接线上的微观结构将会是精细的马氏体（$\alpha'$）结构，并且有些情况下片晶会以砖墙结构呈现。需要记住的是，钛合金中片晶的宽度决定了冷却速率。尽管热影响区域的尺寸取决于焊接区域的面积，但内部线性摩擦焊接会呈现出比整体焊区性能更为优越的精细焊接微结构（Karadge 等，2007）。从图 5 中可以看出两边母材以稍微不同的方式进行加工后焊接线上典型的微观结构演变。由于热力学影响区域有剧烈的塑性变形，钛合金会形成一个非常明显的横向（$10\bar{1}0$ ⟨$11\bar{2}0$⟩）纹理，其中 $\alpha$ 微晶的 $c$ 轴位于焊接平面内并且垂直于往复方向，如图 6 所示。有趣的是，从同一区域观察到的 $\beta$ 微晶的纹理不一定十分明显，因为 $\beta$ 到 $\alpha'$ 相变过程中会出现显著的取向变量选择（Karadge 等，2007）。最后，还有研究显示，在用惯性摩擦焊接法焊接 Ti-6Al-4V 过程中，焊接压强对焊接线的纹理有很重要的影响，同时高焊接压强会显著减小这一纹理的强度（Romero 等，2009）。

### 4.2.2　用线性摩擦焊接法焊接钛合金的残余应力演变

众多公开刊物均发表了关于线性摩擦焊接钛合金在焊接状态和焊后热处理条件下的残余应力特性的内容。现在已知的是，在线性摩擦焊接平面的 $x$ 轴方向上，平行于焊接面且靠近焊接接触面的中间部位的拉伸应力最大；在焊接平面的 $y$ 轴方向，焊后应力相对较小。在垂直于焊接平面的方向，焊接后的拉伸应力相对较小，这可能是因为热的焊接面在冷却时相对均匀，并不会在焊接接合面处产生冷热不均匀。已经有研究显示，焊后个别合金的最大拉伸应力高达 800 MPa。已经被证实的是焊接应力可以通过增加焊接压强而得到显著降低（Romero 等，2009），如图 7 所示。可以确定的是，高锻造压强能使接触面处的材料喷射更为稳定，从而形成相对较冷的焊接。线性摩擦焊接钛合金需要进行焊后热处理，而且通过一般的退火方法即能显著地减

---

① 原书如此。

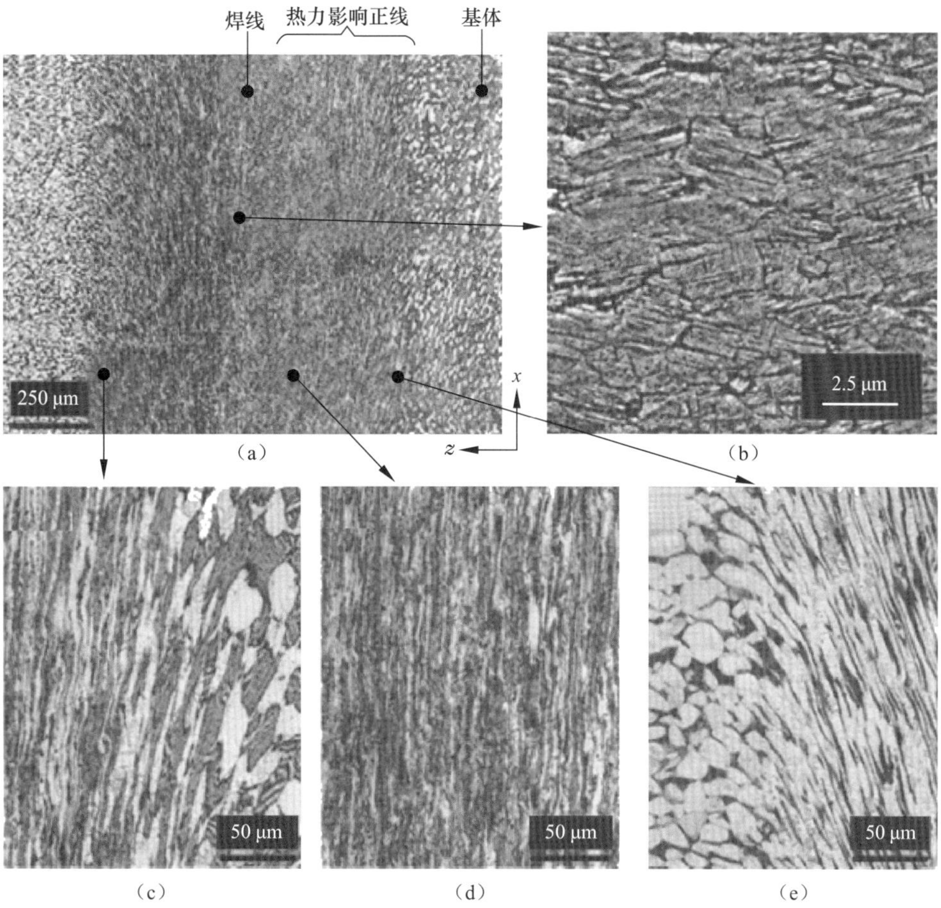


**图 5　用线性摩擦焊接法焊接 Ti-6Al-4V 焊接线结构的显微图像**

(a) 穿过焊接线的典型线性摩擦焊接的微观结构；(b) 焊接线区域晶界之前的马氏体砖墙式结构；(c) 和 (e) 焊接两部分突然开始时的剧烈塑性变形；(d) 热力学影响区域的中心。$\alpha$ 相较亮，$\beta$ 相呈现黑褐色



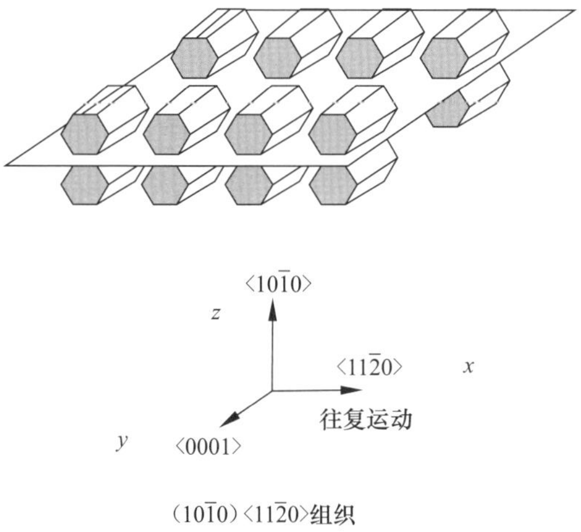


**图 6　用线性摩擦焊接法焊接 Ti-6Al-4V 的焊接线上内部氧化物中的结晶取向（xy：焊接平面）**

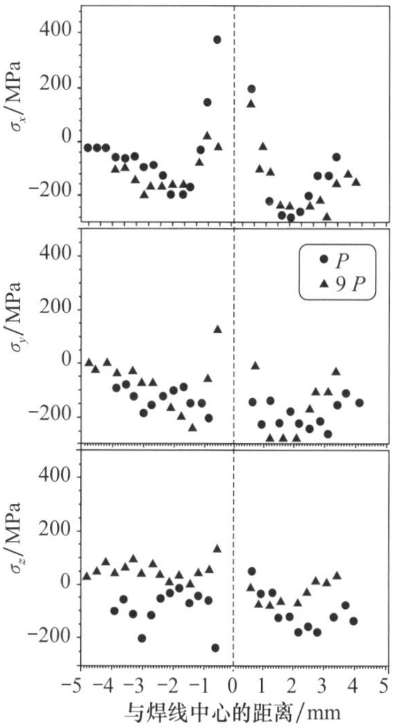


**图 7　锻造压强对于残余应力的 x、y 和 z 方向组成部分的影响，焊接压强以最低压强为准**

小应力（Frankel 等，2009）。因此，和镍基超耐热合金焊接比起来，摩擦焊接钛合金时焊后热处理步骤效果更为明显。

4.2.3 用线性摩擦焊接法焊接钛合金的力学性能

因为摩擦焊接钛合金时的热力学影响区域有着显著的微观结构细化，因而这一区域的强度和硬度通常要优于母材（Wanjara 和 Jahazi，2005）。和用惯性摩擦焊接法焊接镍基超耐热合金相似，关于用线性摩擦焊接法焊接钛合金力学性能的文献也非常少。精细微观结构钛合金通常具有相对较快的裂纹扩展速率（见第 4 卷第 189 章），并且这也可能会出现在用线性摩擦焊接法焊接钛合金的焊缝界面上。然而，精细的微观结构是不可能促进裂纹萌生的。在某些用线性摩擦焊接法焊接 Ti-6Al-4V 焊接线上观察到的强晶体结构可能对材料的疲劳性能不利，但该区域显著的可见晶粒细化弥补了该不利情况。

## 4.3 案例研究三：用惯性摩擦焊接法焊接高性能钢

最近刊登的关于异种钢材焊接的工作表明，运用惯性摩擦焊接法焊接 SCMV 钢和 AerMet 100 钢制造出双传动轴是可能的（Robotham 等，2005），SCMV（0.3%C，3.15%Cr，1.6%Mo，0.1%V 和 0.6%Si）通常都用在航空发动机驱动轴的涡轮（高温）尾端上，而 AerMet 100（0.2% C，2.5% Cr，10.1% Ni，12.7% Co，1.37%Mo，3.26%Nb 和 0.01%Mn）通常都用在传动轴的压缩机尾端上，因为此处需要一种高强度的合金来承受很大的弯矩（Robotham 等，2005）。AerMet 100 是一种高性能钢，它的高强度以及高延展性归功于它的富集度碳化物以及残余奥氏体薄膜的共同作用（Grujicic，1990）。与前面叙述的用惯性摩擦焊接法焊接镍基超耐热合金相比，用惯性摩擦焊接法焊接双传动轴异种钢材的壁厚很大，超过30 mm。在快速冷却的过程中，两种钢材都要经历马氏体相变，这会显著影响热影响区域的力学性能以及焊接过程中产生的残余应力。

4.3.1 用惯性摩擦焊接法焊接高性能钢的微观结构演变

Moat 等在 2008 年详细地介绍了运用惯性摩擦焊接法焊接的异种 SCMV/AerMet 100 材料钢材的微观结构演变，又于 2010 年专注研究了一系列微观结构的特性。因为这些焊接物的壁厚都较大，故沿着焊线运用二维微观结构图记录了残余奥氏体的量，并通过高能同步回旋加速器 X 射线衍射来识别马氏体区域，如图 8 所示。AerMet 100 有足够的 $\gamma$ 稳定相可以在母材中保留 2%～4%体积分量的奥氏体，而经过惯性摩擦焊接之后的焊接区域中，奥氏体含量可达到 8%～9%。在 Moat 等（2010）中，惯性摩擦焊接 AerMet 100 的热影响区域中会有一个子区域形成 B2FeCo 结构，产生了极高的硬度。对于 SCMV 来说，$\gamma$ 稳定物含量较

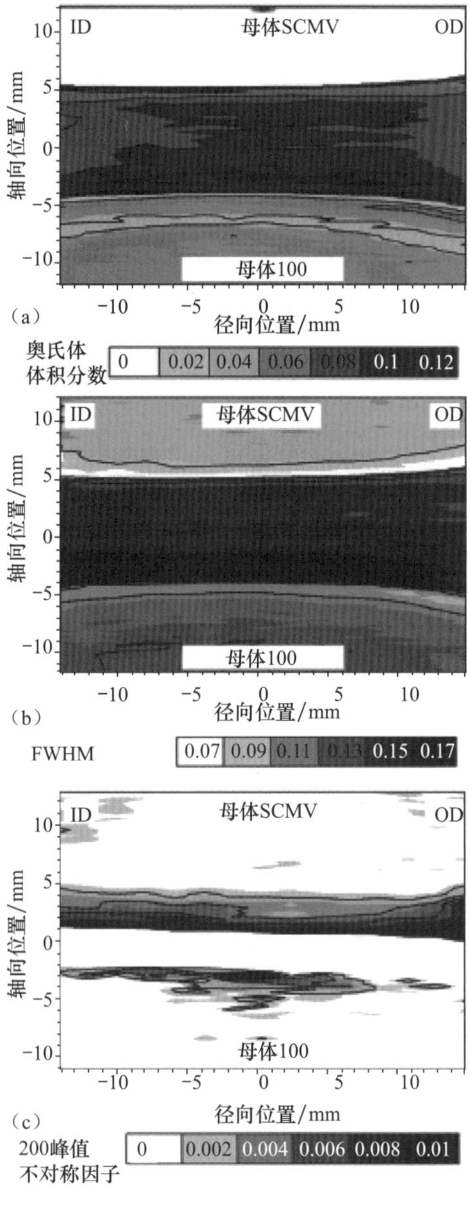


**图 8 二维等值线**

(a) 部分奥氏体相；(b) 衍射峰值的宽屏半峰（FWHM，以度为单位）的变化显示了高能区域的位置；(c) 铁素体（200）峰值的不对称因素显示了马氏体的区域（数字大的区域）

低，不足以保留任何奥氏体。然而，惯性摩擦焊接法的热力学影响区域在熔解状态下有高达7%体积的残余奥氏体，并且它们在经历过焊接及热处理之后会转变为铁素体和碳化铁。

4.3.2　用惯性摩擦焊接法焊接高性能钢的残余应力演变

关于高温焊接钢材的研究很少，仅有一份关于焊接相异钢材 SCMV-AerMet 100（Moat 等，2009）的报告。正如之前所提到的，奥氏体向马氏体的转变对于惯性摩擦焊接法中残余应力的产生有很重要的影响，而且这种相变取决于冷却速率，而冷却速率又受壁厚的影响。

因为马氏体的形成通常会伴随着体积的增加，故焊接线附近的应力也将变为压缩应力。图9中给出了此类应力径向、轴向和环向分布的情况，其中离焊接线±2 mm处的环向压缩应力能达到−500 MPa。因为在超过500 ℃退火加工后，AerMet 100优异的力学性能会很快消失，因而发展一种能减小残余应力的合理焊接后热处理对于此类异种焊接惯性摩擦焊接法也是较为困难的。正如Moat等在2009年提到的，AerMet 100中的应力可能被消除，但是SCMV即使经过焊后热处理，其残余应力也不会有任何的变化。

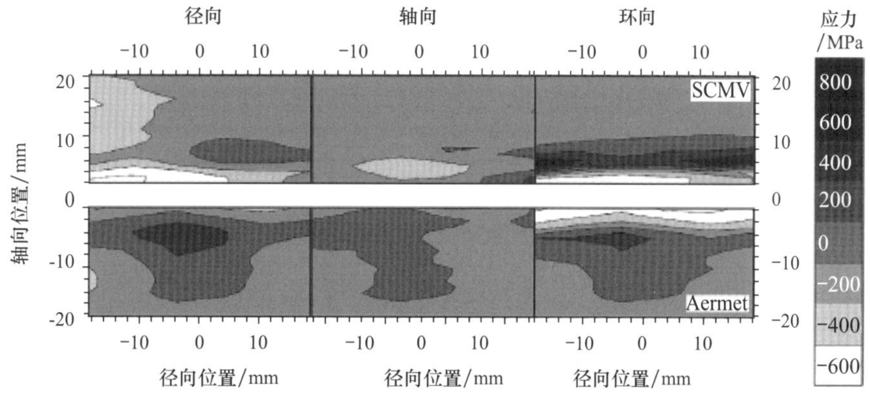


**图9　惯性摩擦焊接 AerMet 100-SCMV 焊接状态的残余应力分布图（省略的中间区域为无效数据的区域，因为计量的区域覆盖了焊接线）**

4.3.3　惯性摩擦焊接高性能钢的力学性能

焊接线附近力学性能的变化通常在很大程度上受马氏体形成的程度、残余奥氏体的量以及邻近热力学影响区域中热影响区域晶粒粗化的影响。如图10所示，碳钢的硬度分布图相对简单，其预期硬度峰值出现在焊接线上，用惯性摩擦焊接法焊接异种 AerMet 100/SCMV 在焊接和焊后热处理条件下则会呈现出较为复杂的硬度分布。据研究显示，与各自的基本金属相比较，SCMV 中热影响区域的硬度较低而 AerMet 100 中的较高。相反地，热力学影响区域中 SCMV 的硬度比本身材质要高，而 AerMet 100 较小。焊后热处理加工后，微观结构硬度分布的不均匀性会降低，每边都会保留大体均匀的硬度分布，除了两个部分的热影响区域在硬度上会有局部的降低以外，这些不同主要是因为4.3.1节介绍的焊接区域微观结构的复杂变化。从材料的性能来看，目前很少有文献能证明用惯性摩擦焊接法焊接 AerMet 100-SCMV 能呈现出单调变化的疲劳强度。实验显示一个组件能在700 MPa的载荷下经受100 000次疲劳加载的剪切应力而不失效。这些实验证明了这种焊接能够承受航空发动机驱动轴产生的典型载荷。

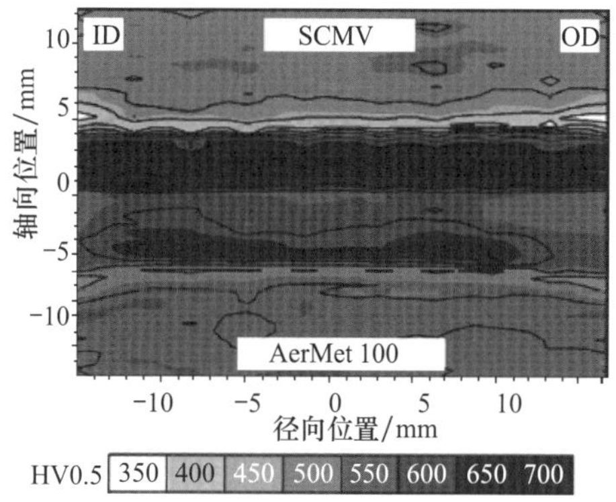


**图10　焊接状态下惯性摩擦焊接 SCMV 的焊接区域相对 AerMet 100 的二维维氏硬度分布**

# 5　结论

摩擦焊接的性能已经在各种工业部门中得到了认可，尤其是力学性能的一致性、过程变量的全自动化以及缺陷的较低发生率。此外，由于焊接过程是固态的，摩擦过程比熔焊过程更有优势，因此用来焊接一些焊接困难的高强度镍基合金材料，而在不同材料焊接时也不必一定用熔焊。

惯性及线性摩擦焊接航空发动机材料的基本原则已经介绍过了，当讨论这些焊接方法时，耐高温性/高应变率成型性、热导率以及冷却过程中的累积残余应力都是很重要的材料要求。惯性摩擦焊接法管状焊接物的壁厚以及线性摩擦焊接法焊接物的横截面积都对焊接材料的冷却特性有很大影响，进而影响在焊接最后阶段中微观结构的变化。惯性摩擦焊接法焊接镍基超耐热合金过程中的残余应力在很大程度上取决于合金的承温能力。相反的是，线性摩擦焊接法焊接钛合金能以最佳的焊接参数最大限度地减少残余应力的产生。在摩擦焊接铁素体钢时，马氏体相变造成的体积扩展会在焊接线上产生压应力。当惯性或者线性摩擦焊接高温材料时，减少应力的一个必要步骤是焊后热处理。对于摩擦焊接钛合金，通过对相应合金进行典型退火就能使残余应力达到可接受的范围。一些较好的、能够在焊后热处理之后得到可以接受一定程度残余应力的镍基超耐热合金的焊接是比较困难的，并且这可能会涉及材料的过度时效。最困难的摩擦焊接需要焊接一些承温性不同的合金，因为它们的焊后热处理工艺不同。



其他工业的焊接通常都是焊接大部件，让设备的高投入分散到大量的焊接中去。对于航空发动机制造业，焊接部件数目很少，但是能达到高质量及高再生性，以及好的力学性能和冶金性能，这对于相当有挑战性的制造问题而言是极具吸引力的方案。可以预见的是，这些加工方法的使用范围将会继续扩大，同时其他以摩擦为基础的焊接，尤其是摩擦搅拌焊接，会在适当的时候在航空发动机制造业中发挥更大的作用。

焊接的其他应用同样正处于发展当中，比如使用摩擦焊接来生产钛合金之类的难加工材料(Threadgill 和 Russell，2007)，而且航空工业制造者也对这些方法产生了很大的兴趣。

尽管超出了本章知识的范围，但是我们仍需注意的是摩擦搅拌焊接钛合金法已经发展到了接近可生产的程度，该方法的可行性已在镍合金上得到了证实。这些方法迟早会在航空发动机制造业得以投入运用。

## 参考文献


Baeslack, W. A., Threadgill, P. L., Nicholas, E. D. and Broderick, T. F. (1995) Linear friction welding of a Ti-48Al-2Nb-2Cr titanium aluminide. *Proc. 8th Int. Conf. on Titanium (Ti-1995), Birmingham, UK, October* 1995.

Bhamji, I., Preuss, M. and Threadgill, P. (2010) Solid state joining of metals by linear friction welding: A literature review. *Mater. Sci. Technol.*, under review.

Cheng, C. J. (1962) Transient temperature distribution during friction welding of two similar materials in tubular form. *Weld. J., Res. Suppl.*, 41, 542-550.

Cheng, C. J. (1963) Transient temperature distribution during friction welding of two dissimilar materials in tubular form. *Weld. J., Res. Suppl.*, 41, 233-240.

Frankel, P., Preuss, M., Steuwer, A., Withers, P. J. and Bray, S. (2009) Comparison of residual stresses in Ti-6Al-4V and Ti-6Al-2Sn-4Zr-2Mo linear friction welds. *Mater. Sci. Technol.*, 25, 640-650.

Grant, B., Preuss, M., Withers, P. J., Baxter, G. and Rowlson, M. (2009) Finite element process modelling of inertia friction welding advanced nickel-based superalloy. *Mater. Sci. Eng.: A*, 513-514, 366-375.

Grujicic, M. (1990) Design of precipitated austenite for dispersedphase transformation toughening in high strength Co-Ni steels. *Mater. Sci. Eng.: A*, 128, 201-207.

Karadge, M., Preuss, M., Lovell, C., Withers, P. J. and Bray, S. (2007) Texture development in Ti-6Al-4V linear friction welds. *Mater. Sci. Eng.: A*, 459, 182-191.

Li, H. Y., Huang, Z. W., Bray, S., Baxter, G. and Bowen, P. (2007) High temperature fatigue of friction welded joints in dissimilar nickel based superalloys. *Mater. Sci. Technol.*, 23, 1408-1418.

Lutjering, G. and Helm, D. (1999) Microstructure and properties of friction welds in titanium alloys, in *Titanium' 99: Science and Technology* (eds G. Lutjering and J. Albrecht), CRISM Prometey, St Petersburg.

Moat, R., Karadge, M., Preuss, M., Bray, S. and Rawson, M. (2008) Phase transformations across high strength dissimilar steel inertia friction weld. *J. Mater. Process. Technol.*, 204, 48-58.

Moat, R. J., Hughes, D. J., Steuwer, A., Iqbal, N., Preuss, M., Bray, S. E. and Rawson, M. (2009) Residual stresses in inertia-frictionwelded dissimilar high-strength steels. *Metall. Mater. Trans. A*, 40, 2098-2108.

Moat, R. J., Karadge, M., Preuss, M., Bray, S. E. and Rawson, M. (2010) Detailed diffraction and electron microscopy study of inertia friction welded dissimilar high strength steels. *Metall. Mater. Trans. A*, submitted and awaiting publication.

Oberle, T. L., Loyd, C. D. and Calton, M. R. (1967) Caterpillars inertia weld process. *SAE Trans.*, 75, 123-127.

Pint, B. A., Distefano, J. R. and Wright, I. G. (2006) Oxidation resistance: One barrier to moving beyond Ni-base superalloys. *Mater. Sci. Eng.*: *A*, 415, 255-263.

Preuss, M., Da Fonseca, J. Q., Kyriakoglou, I., Withers, P. J. and Baxter, G. J. (2004) Characterisation of $\gamma$-across inertia friction welded Alloy 720Li, in *Proceedings of the International Symposium on Superalloys* (eds K. A. Green, T. M. Pollock, H. Harada, T. E. Howson, R. C. Reed, J. J. Schirra and S. Walston), TMS, Champion, PA.

Preuss, M., Pang, J. W. L., Withers, P. J. and Baxter, G. J. (2002) Inertia welding nickel-based superalloy: Part Ⅰ. Metallurgical characterization. *Metall. Mater. Trans. A*: *Physical Metall. Mater. Sci.*, 33, 3215-3225.

Preuss, M., Pang, J. W. L., Withers, P. J. and Baxter, G. J. (2002) Inertia welding nickel-based superalloy: Part Ⅱ. Residual stress characterization. Metallg. *Mater. Trans. A*: *Physical Metall. Mater. Sci.*, 33, 3227-3234.

Preuss, M., Steuwer, A., Withers, P. J., Baxter, G. J. 0and Bray, S. (2002) The development of residual stresses in inertia welding of dissimilar nickel-based superalloys, in *6th Int. l Conf. on Trends in Welding Research* (eds S. A. David, T. Debroy, J. C. Lippold, H. B. Smartt and J. M. Vitek), ASM International, Phoenix, AZ.

Preuss, M., Withers, P. J. and Baxter, G. J. (2006) A comparison of inertia friction welds in three nickel base superalloys. *Mater. Sci. Eng. A-Struc. Mater. Prop. Microstruct. Process.*, 437, 38-45.

Robotham, W. S., Hyde, T. H., Williams, E. J., Brown, P., Mccoll, I. R. and Kong, C. J. (2005) Mechanical testing of dual alloy inertia friction welded shafts. *Appl. Mech. Mater.*, 3-4, 131-138.

Roder, O., Albrecht, J. and Luetjering, G. (2006) Microstructure and mechanical properties of an inertia friction welded INCOLOY alloy 909-INCONEL alloy 718 joint for rotating applications. *Mater. High Temp.*, 23, 171-177.

Romero, J., Attallah, M. M., Preuss, M., Karadge, M. and Bray, S. E. (2009) Effect of the forging pressure on the microstructure and residual stress development in Ti-64 linear friction welds. *Acta Materialia*, 57, 5582-5592.

Threadgill, P. L. and Russell, M. J. (2007) Friction welding of near net shape preforms in Ti-6Al-4V. *Proc 11th Int. Conf. on Titanium*, (*Ti-2007*), *Kyoto*, *Japan*, *3rd-7th June* 2007, Japan Institute of Metals, Sendai, pp. 1095-1098.

Vill, V. (1970) *Friction Welding of Metals*, American-Welding Society, Reinhold Publishing Corporation, New York.

Wang, K. K. and Lin, W. (1974) Flywheel friction welding research. *Weld. J.*, 53, 233s-241.

Wanjara, P. and Jahazi, M. (2005) Linear friction welding of Ti-6Al-4V: Processing, microstructure, and mechanical-property inter-relationships. *Metallurg. Mater. Trans. A-Physical Metall. Mater. Sci.*, 36, 2149-2164.

本章译者：古兴瑾（南京航空航天大学航空宇航学院）

# 第 196 章

# 钛合金的超塑性成型以及扩散压合

Norman Ridley
曼彻斯特大学，曼彻斯特材料科学中心，曼彻斯特，英国



## 1 引言

在某些特定条件下，超塑性（Superplastic，SP）金属材料在失效之前将会承受很大的无颈缩应变。在单向拉伸试验中，伸长率超过 200%就会显示出超塑性。在 20 世纪初期，人们第一次观察到材料的超塑性行为。但是，直到 20 世纪 60 年代中期到 70 年代初期，这种超常的塑性行为才被用以制造具有商业价值的材料形状。最开始是用锌铝合金，不久之后利用钛合金。1967 年，Lee 和 Backofen 证实了钛合金超塑性成型的可能性，包括一种 Ti 占 6%（6%质量分数）、Al 占 4%（4%质量分数）（Ti-6/4）的重要合金，他们以这种合金的拉伸行为特性证明了超过 1 000%的伸长率也是有可能的。洛克威尔国际公司（Rockwell International）的后续工作表明，将扩散压合（Diffusion Bonding，DB）和超塑性成型（Superplatic Forming，SPF）法结合制造钛合金是可能的，同时 Hamilton 和 Asconi 于 1975 年取得该专利。Weisert 和 Stacher 以及 Williamson 于 1982 年就已经生产并评估了一系列拥有不同结构外形的测试部件，尤其是证实了航空领域应用中该方法的可行性。因为有了这些早期的研究，很多金属材料都已经发展出了超塑性能。尽管如此，对于超塑性的商用研究目前仍然较少，主要局限在以 Ti 和 Al 合金为主的材料上。

## 2 超塑性行为的特点及要求

超塑性合金的大拉伸应变与其材料的应力流对变形速率的敏感性相关。阐述超塑性变形的方程为：

$$\sigma = k\dot{\varepsilon}^{m} \tag{1}$$

式中，$\sigma$ 为应力流；$k$ 为常量；$\dot{\varepsilon}$ 为应变速率；$m$ 为与应力流的应变速率敏感性有关的量。当 $m \geqslant 0.3$ 时，材料才能被认为具有超塑性性质，尽管很多金属材料，包括 $\alpha/\beta$ 钛合金，$m$ 通常的取值范围在 0.4～0.8。拉伸应变中颈缩区域的演变会导致应变速率的局部增加以及颈缩区域维持塑性流所需屈服应力的显著增大。也就是说，这一局部区域将会出现应变速率硬化现象。因此，较大的 $m$ 值能抑制颈缩区域的扩展，并形成超塑性变形的典型大拉伸应变。

超塑性是能够加工出细小晶粒尺寸的材料的一种特性，该尺寸通常在 5～15 μm，变形温度通常在$\geqslant 0.5T_m$ 的一个狭小范围内［$T_m$ 是开氏温度（degrees Kelvin）表示的熔点］，其应变速率较小，通常在 $10^{-4}$～$10^{-2}$ $s^{-1}$ 的范围内。这些变形条件与低应力流有关（对于钛合金可能小于 5 MPa），并且这一特性以及塑性流相对大的均匀性使得超塑性成型具有了商业用途。

在超塑性成型的过程中，晶粒片层精细的金属材料需要在高温下通过气压在模具中膨胀，形成有用的、具有复杂形状的成品。因为使得晶粒片层厚度最小化的较大 $m$ 值要求应变速率具有较低的水平，所以超塑性成型过程相比于传统的热或冷成型过程而言通常是比较缓慢的。

## 3 超塑性行为的力学特性

应力流对应的应变速率的敏感性系数 $m$，是超

塑性材料最为重要的力学参数。这可以从式（1）中看出，其中将应力流 $\sigma$ 和应变速率 $\dot{\varepsilon}$ 的关系以对数形式作图，图像的斜率即为 $m$：

$$m=\frac{\partial(\log\sigma)}{\partial(\log\dot{\varepsilon})} \quad (2)$$

图 1 的上方曲线显示，将应力流与应变速率的关系用对数形式作图时，大多数超塑性材料中的应力会呈现 S 形变化，而下方曲线则显示 $m$ 值在区域Ⅱ会达到最大值。$m$ 值大于 0.3 即表示出现了超塑性情况（区域Ⅱ）。不论是高应变率区域（区域Ⅲ）还是低应变率区域（区域Ⅱ），其 $m$ 值均在 0.1～0.3 的范围。

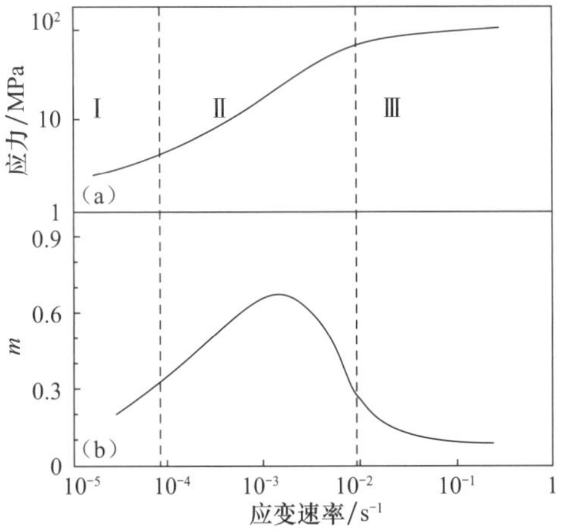


**1 (a) S 形的超塑性材料应力与应变速率的对数示意图；(b) $m$ 值与应变速率的关系**

力学特性对于温度以及晶粒尺寸的变化十分敏感。总体来说，温度升高，应力流 $\sigma$ 就会减小，尤其是对于区域Ⅰ和区域Ⅱ。$m$ 的最大值会随着温度升高以及晶粒尺寸变大而变大，相应地应变速率也会增大。超塑性通常会在应变速率为 $5\times10^{-3}\ s^{-1}$ 到 $10^{-4}\ s^{-1}$ 时出现。图 2 显示了 Ti-6/4 合金晶粒尺寸与 $m$ 值之间的关系，该曲线由 Ghosh 和 Hamilton 于 1979 年发表。

区域Ⅰ：在低应变速率区域，应力对数相对于应变率对数的曲线斜率是不尽相同的。对于大多数合金来说 $m$ 值都较小，对于超塑性流来说这也证明了极限应力 $\sigma_0$ 的存在。然而，此类低应变速率情况下的晶粒生长会使这一区域的行为更加复杂。

区域Ⅱ：在这个中间区域，即超塑性区域中，$m$ 达到最大并会导致较大且相对均匀的拉伸应变。尽管这一流动过程较难理解，有一种普遍但是仍有异议的观点就是应变主要是通过晶粒或晶粒群彼此

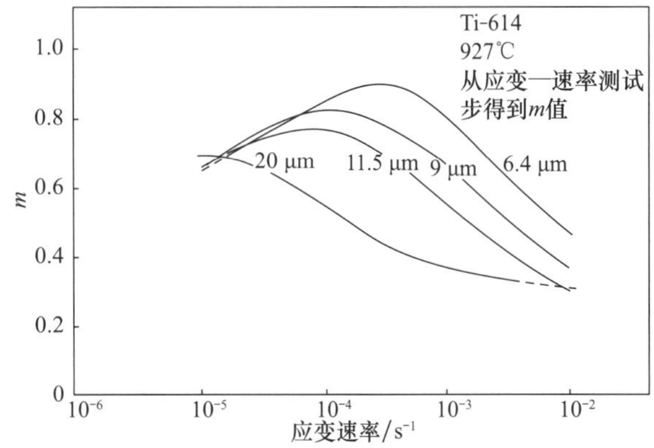


**图 2 Ti-6/4 合金晶粒尺寸与应变速率和 $m$ 值之间的关系**

自 Ghosh 和 Hamilton（1979）© Kluwer 学术出版社转载

的互相滑动或旋转而聚合累积产生的。等轴晶粒仍然会保持等轴，并且微观结构呈带状的区域会演变出更加等轴的特征，相应地晶体结构就会减少。如果晶体边界滑动出现在刚性晶粒群中，那么晶体边界区域就会出现孔洞或凹腔。然而，钛合金在超塑性流动过程中通常不会出现空穴，所以晶体边界的滑动需要通过其他方式进行调节。

最有可能的调节过程涉及了扩散以及（或者）滑移和位错的爬升。尽管人们已经很努力地提出一些理论来解释超塑性的微观结构以及力学特性，但都不是非常成功。Pilling 和 Ridley 于 1989 年总结了其中的一些理论。

区域Ⅲ：当高应变速率 $m$ 值大约为 0.2 时，变形是因为恢复作用的位错蠕变而产生的（蠕变呈幂律形式）。应变是通过晶粒中的滑移位错来累积的，但这取决于诸如其他位错、溶质以及析出相之类的障碍物通过的速率。通常假设位错爬升是控制速率的过程，该区域超塑性流动时观察到的活化能类似于晶格扩散的活化能，并且应变速率对于晶粒尺寸并不十分敏感。观察到的其他特征有滑移线，以及晶粒中大的位错密度的发展，同时晶体结构增加并且会出现很明显的晶粒伸长。

## 4 超塑性材料的特性：本构关系

超塑性行为可以通过下面几种方式中的部分或全部进行描述。

### 4.1 $m$ 值的测量

在理想情况下，即微观结构保持不变时，屈服应力真正的数值 $\sigma$ 能够通过一系列常应变速率的拉伸试验及测量稳态载荷的方式测得。从式（2）中

可以看出，实际应力与实际应变速率的对数图像的斜率能确定 $m$ 的值。然而，因为晶粒增长导致屈服应力会随着应变增加，所以很难从常应变速率试验中获得一个对于大多数工程材料来说都有意义的屈服应力数值。

这种情况下，有一种可以确定某种材料呈现超塑性特征时应变速率范围的试验，即进行一系列的应变速率跳跃试验。为了获得 $m$ 相对于应变的函数，拉伸试样会以常应变速率，如 $5\times10^{-4}\ s^{-1}$ 进行变形。对于一个小区间的应变（如 0.1）来说，经过适当应变之后，应变速率相比于原始速率会进行小幅的提升（10%～25%），之前相应地对于同一个小区间而言应变较初始速率减小相同的量，这样持续的速率扰动直至达到一个合理的应变范围。由此得到的载荷变化以及应力变化使得应变速率的敏感性 $m$ 可以由式（3）推导得出：

$$m=\frac{\partial(\log\sigma)}{\partial(\log\dot{\varepsilon})}\approx\frac{\Delta\log\sigma}{\Delta\log\dot{\varepsilon}} \tag{3}$$

式中，应力数值通过高应变速率段和低应变速率段的插值得出。其他可用方法详见参考文献（Pilling 和 Ridley，1989）。

### 4.2　拉伸试验



拉伸试验测量了一系列应变速率下材料失效时的伸长率（图 3）。除了失效时的伸长率之外，还涉及超塑性流动时材料的硬化、应力流水平以及超塑性成型所需的压强。失效试件的金相检验还能够给出变形时微观结构的变化信息。

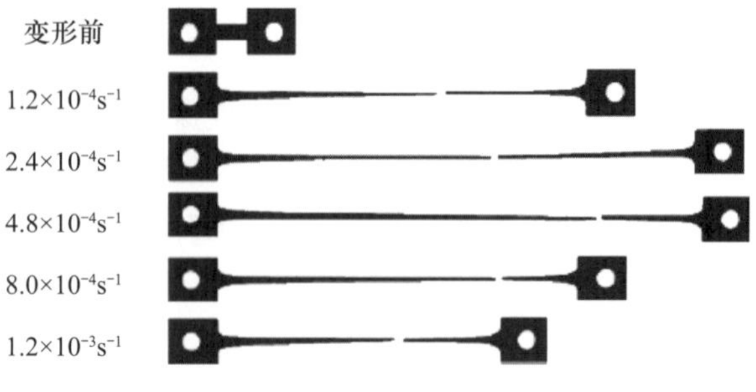


**图 3　钛合金 IMI550 失效时的伸长率与应变速率的关系**

### 4.3　双轴锥测试

超塑性成型标准化测试的形成促进了双轴锥测试方法的产生。薄板设计膨胀成具有一定角度（约 57°）的锥形模具，从而在膨胀后的薄板与模具边界接触之后，在保持恒定压强的条件下得到恒定的平均应变速率。试验中测出的参数包括极点处的曲率半径和厚度以及圆锥的高度。从试验中得出的材料的屈服应力、应变以及应变速率为超塑性成型的建模提供了有用的数据。圆锥试验同样广泛运用在超塑性薄板材料的验收试验中，此时当圆锥受到以时间为周期变化的压力时，圆锥需要提升到预设的高度。

### 4.4　本构关系

将超塑性视为一种蠕变类型时，可以表示为：

$$\dot{\varepsilon}=k_1\sigma^n \tag{4}$$

式中，应力的指数 $n$ 等于 $1/m$。式（4）可以扩展为式（5）的标准形式：

$$\dot{\varepsilon}=A\frac{DG\boldsymbol{b}}{kT}\left(\frac{\boldsymbol{b}}{d}\right)^p\left(\frac{\sigma}{G}\right)^n \tag{5}$$

这种本构关系通常用来描述高温变形，其中 $D$ 是适宜的扩散系数［为 $D_0\exp(-Q_s/RT)$］；$D_0$ 是频率因子；$Q_s$ 为活化能；$R$ 是气体常数；$G$ 是剪切模量；$\boldsymbol{b}$ 是伯格斯矢量（Burgers vector）；$k$ 是波尔兹曼常数；$T$ 是绝对温度；$d$ 是晶粒尺寸；$p$ 是晶粒尺寸倒数的指数（区域Ⅱ中通常是 2 或 3）。变形是由以 $\sigma$ 或者 $\sigma^*=\sigma-\sigma^0$ 表示的外加应力场的剪切应力部分产生的，其中 $\sigma^*$ 是有效应力，$\sigma^0$ 是极限应力。$A$ 是机制相关常数。给材料建立一种本构关系是任何超塑性成型进程模式中必不可少的环节，为了建立这一关系，必须确定材料的参数 $m$、$p$、$Q$ 以及 $\sigma^0$。Pilling 与 Ridley 于 1989 年，Ridley 于 2003 年已经给出了关于确定这些参数的步骤的方法。

从式（5）可以看出它遵循恒定应力和温度，即：

$$\dot{\varepsilon}\propto 1/d^p \tag{6}$$

因为 $p$ 通常为 2～3，所以晶粒尺寸的减小对应变速率的巨大影响是显而易见的，即晶粒尺寸减小一个数量级会导致超塑性应变速率增长 $10^2\sim10^3$ 倍。或者对于一个给定的应变速率来说，尽管可能的晶粒尺寸的降低会伴随着屈服应力的增加，但可以使超塑性成型在较低的温度下进行。

## 5　超塑性合金

在对超塑性行为的研究中，金属材料必须能够被加工成精细的等轴晶体结构，并且这种晶体结构在超塑性变形时需要保持相对稳定。

### 5.1　超塑性合金的类型

目前主要有两种超塑性合金类型：伪单相和复相合金。

伪单相合金中第二相所占体积小于10%。这种材料能被加工形成细小晶粒的弥散形式，通常被称为弥散相，因而重结晶后的合金会因细小晶粒的钉扎效应而获得晶粒细化。弥散相还会在后期的超塑性成型中抑制晶粒的生长。铝合金是伪单相超塑性材料中最重要的一类合金。

复相合金是通过热力学加工形成细小晶粒或相尺寸的合金。导致微观结构稳定性的原因是拥有大致同等比例的两种或者多种化学和结构上不同的相。这类材料包括 $\alpha/\beta$ 钛合金、$\alpha/\gamma$ 不锈钢以及大量的低共熔合金。商业上这类合金中最重要的是 $\alpha/\beta$ 钛合金，目前研究最多的为Ti-6/4（第4卷第175章）。

### 5.2　钛合金晶粒细化的影响

纯钛合金在882 ℃时会发生同素异形转变，即从较低温度下的密排六方（close-packed hexagonal，cph）$\alpha$ 相转变成较高温度的体心立方（body-centered cubic，bcc）$\beta$ 相。能够使 $\alpha$ 相稳定从而提高 $\alpha/\beta$ 的转变线的元素相对较少，其中包括Al、N、O和C元素；能够降低 $\alpha/\beta$ 的转变线并且稳定 $\beta$ 相的元素包括V和Mo，同时Fe、Co、Ni和H也能促进 $\beta$ 共析体的形成。Zr、Sn以及Si元素对这两种相的影响都相对中立。在包含6%质量分数的Al以及4%质量分数V的 $\alpha/\beta$ 合金中，除了对于 $\beta$ 转变线温度的影响外，Al元素还能够强化 $\alpha$ 相，同时降低合金的密度（见第4卷第176章）。

### 5.3　影响钛合金超塑性性能的因素

Ti合金中的超塑性性能取决于一系列的因素，包括晶粒尺寸、晶粒分布和长宽比、$\alpha$ 和 $\beta$ 相的相对比例、晶粒增长的速率、初始材料的质地以及不均匀性。这样一系列的因素反映了人们对钛合金超塑性的关注程度。晶粒尺寸的增加会导致区域Ⅱ（超塑性区域）转移到应变速率较低的位置以及屈服应力的增加。

$\alpha$ 和 $\beta$ 相具有完全不同的变形特征。密排六方 $\alpha$ 相的滑移系非常少，且其自扩散系数比体心立方 $\beta$ 相的少两个数量级。因此，可以设想 $\beta$ 相体积分数越大，超塑性性能影响越好。然而，$\beta$ 相含量较高的合金的晶粒生长速率都较高，而高含量的、较硬且灵活性较低的 $\alpha$ 相则可以使晶粒的生长速率降至最低。$\beta$ 相体积分数变化对失效伸长率的影响研究表明，其最佳体积分数是40%～50%（Paton和Hamilton，1985）。

## 6　加工钛合金以形成超塑性微观结构：各向异性/结构

### 6.1　加工

表1中列出了一些加工后具有超塑性性能的复式钛合金的成分。

**表1　一些 $\alpha/\beta$ 钛合金超塑性成型的温度及其最大工作温度**

| 构成%（质量分数） | 超塑性成型温度/℃ | 使用温度/℃ |
|---|---|---|
| Ti-4.5Al-3V-2Fe-2Mo (SP700) | 750～800 | 约250 |
| Ti-6Al-4V | 880～920 | 300 |
| Ti-4Al-4Mo-2Sn-0.5Si (IMI550) | 875～900 | 400 |
| Ti-6Al-2Sn-4Zr-2Mo (Ti6242) | 850～940 | 500 |
| Ti-8Al-1Mo-1V（Ti-811） | 940～1 010 | 370～450 |
| Ti-5.8Al-4Sn-3.5Zr-0.7Nb-0.5Mo-0.3Si-0.05C（IMI 834） | 950～990 | 600 |
| Ti-14Al-19Nb-3V-2Mo (Super $a_2$) | 960～990 | 650 |
| $\gamma$-base合金等，Ti-48Al，Ti-Al-Cr，Ti-Al-Nb-Cr | 1 000～1 200 | 800～900 |

Paton和Hamilton在1985年就已经指出，$\alpha/\beta$ 钛合金在没有任何特殊加工步骤的情况下就可以具有有效的超塑性性能，其标准磨制材料的伸长率超过1 000%。双重 $\alpha/\beta$ 钛合金通常是通过自耗电极的真空电弧熔化后以铸锭形式加工生成的。在超过 $\beta$ 转变线100 ℃～150 ℃锻造时，铸态组织会被破坏。随后将材料冷却至室温，此时 $\alpha$ 相在先前的 $\beta$ 相晶界上析出，同时魏氏（Widmanstatten）$\alpha$ 相在晶粒中形成，从而使结构变为方平状（weave structure）。

二次加工涉及锻造/挤压/厚板或者薄板轧制，同时在 $\beta$ 转换线以下的温度中进行，才能够在转变 $\beta$ 相的基体中形成精细等轴 $\alpha$ 相的微观结构（晶粒尺寸约5/10 μm）。Semiatin、Seetharaman和Weiss于1997年讨论了控制晶界和魏氏 $\alpha$ 相球状化的动力学机制。用于超塑性成型的薄板材料经常以轧制退火形式生成，涉及 $\alpha+\beta$ 加工，以及之后的700 ℃左右的退火和空冷。其微观结构由不完全重结晶的 $\alpha$ 相和一小部分的 $\beta$ 相组成。

值得注意的是，流程建模在从固化阶段到板材生产的现代金属的制造业中受到了越来越多的关注。Venkatesh等于2009年介绍了关于钛合金加工的计算模型的建立（见第4卷第175章和第189章）。

## 6.2 各向异性/结构

α/β钛合金通常会显示出各向异性的特性，这主要是由在加工过程中密排六方α相中的晶体结构，以及/或者是包括了连续对齐α晶粒的微观带状结构造成的。在超塑性成型时，这可能会形成各向异性的屈服应力和应变速率。然而，能够观察到，在超塑性流动中会出现渐进无序的α相结构，此时各向异性主要是由连续的α晶粒对齐造成的。在较高超塑性应变速率或者较低温度的情况下，可以注意到变形过渡到了滑移-控制变形（区域Ⅲ变形）。在α相比重相对较小且温度接近β转变线时，变形几乎是各向同性的。有人已经提出在超塑性变形中，微观结构的作用比晶体结构更为重要。

因此，为了使各向异性降到最低，重要的是在α/β钛合金超塑性成型加工时形成两相的细小无序化分布晶粒。

## 6.3 降低超塑性成型温度

Ti-6/4是最主要的、用来研究超塑性成型和超塑性成型/扩散压合的合金。原因是它是最早开发的合金之一，并且它有一系列有效的性能，同时设计者们对于这种材料已经有了大量的研究经验且能够自信地运用这种合金。然而，该合金超塑性成型的温度一般都非常高，成型的速率很低且它们的最大工作温度又不是很高。因此，现在对于超塑性成型，人们更多地关注到其他钛合金，这些钛合金有较高的工作温度、较大的模量①、较低的成型温度、更高的成型速率，并且在某些情况下可能需要成型后热处理。



仍有很多种方法能降低超塑性成型的温度，其中包括以下几种。

（1）通过缜密加工生成细小的晶粒，从而使得超塑性成型能在较低的温度下进行，约770 ℃，或者采用和式（5）一样的较高应变速率。Hefti于2010年提出运用俄罗斯VSMPO与波音公司联合开发的超细晶粒Ti-6/4薄板材料（约1 μm）进行低温超塑性成型/扩散压合。

（2）氢是一种非常有效的β稳定物，其作用已经在Ti-6/4和其他合金上得到证明，临时氢化作用能够使超塑性成型温度降低约100 ℃。然而，超塑性成型之后，仍需要在较高温度下真空排气移除氢以避免形成脆性氢化物。

（3）选择与少量诸如Cr、Mn、Fe、Co和Ni之类的高扩散性β共析体元素进行合金化会导致β相的扩散系数比Ti本身的扩散系数大两个数量级。因此，增加少量的上述元素可以使超塑性成型温度减少超过100 ℃。合金SP700就是基于此设计出来的，Wisbey等于1995年就已经研究过这种材料的超塑性行为。

# 7 超塑性成型——加工及设备

超塑性成型是一种基本的薄板成型加工工艺，在这一工艺中，流动应力使得气压驱动成型成为可能。对于钛合金来说，主要有两种加工方法：如图4所示的简单凹模成型以及热片材垂帘成型（见第4卷第176章）。

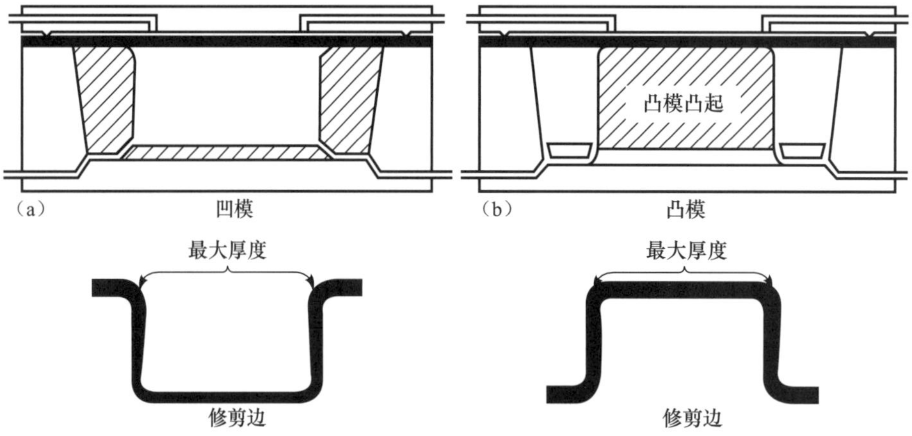


**图4 (a) 简单凹模成型；(b) 热片材垂帘成型的演示**

由J. M. Story提供图片

① 原书中出现单词错误，“modulii”应改为“moduli”。

### 7.1　简单的凹模成型

形成薄板结构的过程中，毛坯的周边需要施加刚性固定，并用高温压紧机压紧以提供良好的气密性。气压的应用能够使合金膨胀成腔形模具。然而，固定边的约束会在薄板中形成变化的应力系统。变异的应力系统会导致整个薄板中厚度方向应变的改变，其最薄的厚度出现在顶点处。尽管在 $m=1$ 时也会出现厚度变化，但是 $m$ 值越大，合金加工过程中产生的差异薄化作用就会越小，同时随着圆顶高度的增加而减小。

一旦膨胀薄板的圆顶与凹凸模曲面接触，它就会因摩擦和成型压力而被固定在型腔上，并且抑制这一区域进一步变薄。持续的变形会逐渐导致更多的自由区域和模具接触。因为模具的角落是最后被填充的，故这些区域会出现最大的应变。在使用压强成型过程中，其速率需要使薄板上诱导出的应变速率保持在超塑性范围中。

### 7.2　热片材垂帘成型

将一个高温的固定薄板拉伸成嵌有一个或多个凸模的凹模。膨胀薄板的极点区域会最早与凸模接触，同时持续施压会使薄板成褶皱状垂在凸模之上，因为它膨胀成了凹形环状区域。这一加工过程可以得到一种更加均匀的材料厚度，尤其是环形空隙的高度和毛坯尺寸相比很小的时候。

无论是选择凹模成型还是热片材垂帘成型，都可能会受到材料是内部尺寸为关键尺寸或是外部尺寸为关键尺寸的影响。正如图 4 所示，若外部形状被指定为关键尺寸，那么就会选择凹模成型。若是内部形状为关键因素，那么就会选择使用热片材垂帘成型。如果将大量的凸模模具放置在凹模成型模具中，则可以同时生产多个相似原件或者给定部件的不同部分。

### 7.3　超塑性成型的仿真和控制

从经济性的角度来看，超塑性成型有一个很重要的问题，即速度。如果材料呈现出大 $m$ 值超塑性特性，应变速率就比较小。改善材料、改变加工过程或者优化成型周期可以使成型时间减少。最常用的优化成型周期的方法为数值模拟，通常为利用有限元方法来形成能够在大 $m$ 值区域保持应变速率的压力时间序列。这一方法已经成为很多出版刊物的基础，并且 Wood 和 Bonet 已经在 1996 年提出了这一课题。

## 8　扩散压合

扩散压合（DB）是一种固态的接合过程，在这一过程中两个拟定表面会在施加中等压力之后在高温下密切接触。接触表面微观凸起部分的塑性塌陷会产生一个界面空隙的平面阵列。蠕变和扩散过程使得原子从相邻区域移动到空隙中以减小体积。随着时间的推移，这些空隙会完全被消除，从而在原接触面形成原子对原子的接触。

扩散压合能在真空或者惰性气体环境中，或者一定条件下的空气中被用来焊接同种或者异种金属。施加的黏合压力需要使被黏合部分没有或者产生很小的宏观变形。在同种金属的黏合过程中，因为没有熔解过程，所以黏合的微观结构与远离黏合的区域相同，并且有和母材一样的力学性能。

在超塑性的过程中，诸如 Ti-6/4 之类的钛合金的扩散压合经常被用于薄板材料的选择性黏合以形成三明治结构，这种结构能够膨胀形成细胞结构。细胞结构的外形取决于形成最初三明治结构的薄板数量（可能是 2、3 或者 4），以及黏合和未黏合区域的特性。因为细胞结构有很多空的空间，故这些空间密度较低，且有较大的抗扭刚度以及强度-重量比。

### 8.1　扩散黏合的建模

已经有很多研究人员进行了单轴扩散压合的建模，Pilling 和 Ridley（1989）给出了这些建模过程（见第 4 卷第 176 章）的综述。尽管运用的接触表面具有不同的几何外形，但均假设这些表面的凸起部分在尖端接触以形成相似空隙的阵列。各种建模均研究了在扩散压合过程中消除典型空隙的方法。在 Guo 和 Ridley（1987）所建立的模型中，假设空隙具有与实验观察相一致的椭圆形形态，并且其塌缩过程包括体积的以及带有蠕变、刚性崩溃以及表面扩散的界面扩散。晶粒尺寸和相比率（phase ratio）的影响也需要加以考虑。在考虑到可用材料性能数据不确定性的情况下，模型的预测结果与 Ti-6/4 极少的实验数据吻合良好，如图 5 所示。Pilling（1988）建立了一个均衡条件下的扩散压合模型，预示了会有一个比单轴扩散压合（平面应变）更加快速的黏结过程。

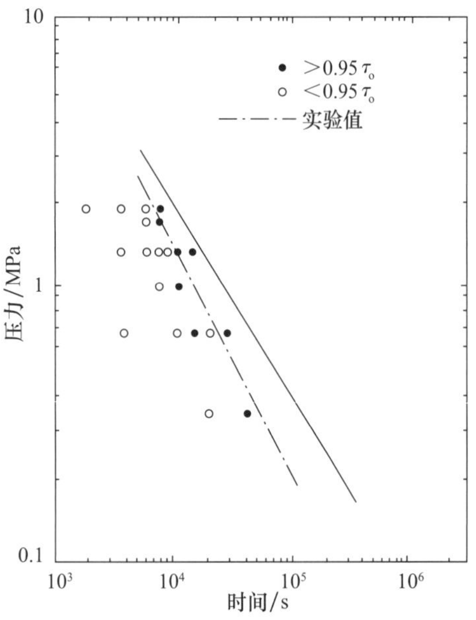


**图 5　927 ℃下 Ti-6/4 的单轴扩散压合实验和模型预测结果（实线）的对比**

自 Guo 和 Ridley（1987）© Manye 出版社转载

## 8.2　扩散压合步骤和设备

扩散压合通常在包括单轴压合或热均衡压力压合（Hot Isostatic Pressure，HIP）的两个步骤之一进行，正如 Moulson 所研究的（1996）。

### 8.2.1　单轴压合

单轴压合涉及沿着单轴的压力施加，通常是通过惰性气体。压合的部分被约束在一个由热压板施压的压合器上。组件的加热是由一系列安装在上方和下方压板上的电子元件棒提供的。压合装备中配置了一套冷却系统。碾压板和模具是由高温奥氏体不锈钢和具有良好耐高温强度、蠕变以及抗氧化性能的高镍钢制成的。下方的碾压板通常是固定的，而上方的碾压板则通过液压油缸移动以进行模具的加载。液压油缸同时给模具提供了密封，以防止气体的泄漏。有很多种压合设计，有些碾压板的尺寸达到 2 m×3 m，并且还有将压板安装在导轨上且能够移动到任意加工台的龙门压力机。Whittingham 于 2001 年介绍了超塑性成型/扩散压合压板的设计和制造，如图 6 所示。

压合过程所用的气体是高纯氩。输气系统输送低压气体到模具型腔中以防止模具表面的氧化，并且为扩散压合过程以及扩散压合之后的超塑性成型过程输送高压气体，而不会输送给单个超塑性成型模具。

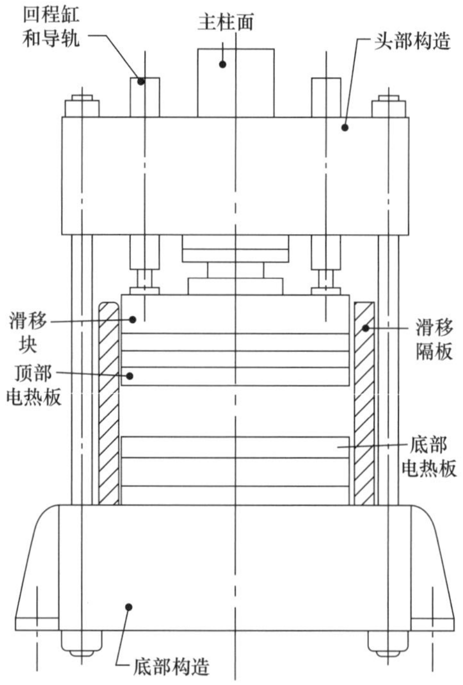


**图 6　用于 SPF 和/或者 DB/SPF 的现代压板式挤压机**

经许可转载自 Whittingham（2001）Trans Tech 出版社

一个元件的制作从薄板材料的切割和定位孔的钻取开始。定位孔的精确度非常重要，因为定位孔要用来确保“中途分道”操作的准确对齐，并用来确定扩散压合在压合模具上的位置。在被切下的薄板材料于侵蚀槽中进行化学清洗，水洗及烘干之后，材料就可以进行丝网印刷了。在这个过程中，通常是用带有高分子黏合剂的氧化钇作为“中途分道”化合物，将这些化合物应用在薄板的特定区域以防止黏合。这就能保证这些区域在扩散压合/超塑性成型过程中超塑性成型的分离。

在丝网印刷之后薄板就会被固定在压合模具上。每套模具组合包括 2、3 或者 4 个薄板，具体数目取决于最终扩散压合/超塑性成型成品的构型。扩散压合部分会在加载之前被镀上一层氮化硼之类的隔离剂，因为在每个模具中可能有高达 4 个扩散黏合部分，这会减缓它们之间的分离及其从模具上的脱离。压合工具会转变成压板式挤压机，这种挤压机对于 Ti-6/4 典型的压合条件为：温度 910 ℃，压强 2.1 MPa（300 psi），压合时间 90 min。压合温度的增加会加速压合过程，但同时也会导致晶粒增长，这对于后续的超塑性成型有着不利的影响。

钛合金扩散压合的高温要求模具用耐高温合金材料制成。这些材料需要通过铸造生成，成本较高，而且制作周期长。在使用中，模具会遇到很多问题，包括表面氧化及氧化物附着，而热循环产生的应力会导致材料破裂，从而导致模具的失效。近些年来，已经有人开始在模具中加入陶瓷镶块以减少模具损耗并延长模具寿命。

#### 8.2.2 热等静压压合

压合的薄板材料被密封在一个弹性容器中，该容器中的气体被排空，且被固定在含有通常是高纯氩作为气体介质的压力容器中。随着压力容器中气体的压强增加，压合表面很快被挤压在一起。只要薄板的表面条件、温度以及压强合适，就会使平板材料接触表面扩散压合。

目前有两种主要的压力容器类型：锻造单片及绕线式。对于后者，高强度合金钢丝会缠绕在内衬上，从而使其始终为压缩状态。钢丝同时被缠绕在围合偏转线圈上。锻造单片压力容器是由韧性低的合金钢制成的。压力容器材料主要的性能要求是抗拉伸强度、断裂韧性以及与温度和压力循环相关的抗疲劳性能。因为压力容器中储藏了弹性应变能，故使得其断裂韧性十分重要。

至关重要的是需要保证在压合过程中不发生快速的灾难性故障，因此要做到两点：一是要求材料必须足够坚韧，以致当容器在使用时出现的小到不能被探测到的裂纹时，不会因疲劳而增长到容器寿命中快速断裂时的临界尺寸；二是材料快速断裂的临界尺寸过大，以至于在到达临界尺寸之前容器壁就穿孔了。

对于锻造容器条件第一种情况比较常见，而绕线式容器的设计需求其在破坏前即发生断裂。

压合过程的热源通常都需要在压力容器内安装钼或者石墨加热元件。隔热板将压力容器与热源阻隔开来。加压气体氩必须是高浓度的，以避免热源的氧化。压力容器会通过外置的水冷设备冷却。压合在与之前给出的单轴压合相似的条件下进行。压合之后，在单独设备中超塑性成型得到最终结构之前，将零件从压合容器中移除并进行可能的无损检测（Non-Destructive Testing，NDT）。

### 8.3 α-晶格

值得注意的是，钛合金在氧气和氮气中具有很高的活性。这些成分，尤其是氧气，可以在高温下扩散到材料的表面以使 α-相稳定，并形成硬而脆的 α-晶格。扩散污染的程度取决于压合过程的模式以及材料在加热和冷却过程中暴露在气体中的时间。α-晶格必须使用 HF/$HNO_3$ 通过化学铣削从成型部分的表面移除。重要的是，这一过程中任何氢气的提取都不能超过一个特定的水平，否则就需要通过真空热循环来提取。

### 8.4 扩散压合测试

扩散压合的接合品质能够用无损检测和/或者金相测试（图 7）来评估。然而，压合产品的质量可以通过比较产品和经过模拟压合热处理工艺周期的母材的力学性能来确定。

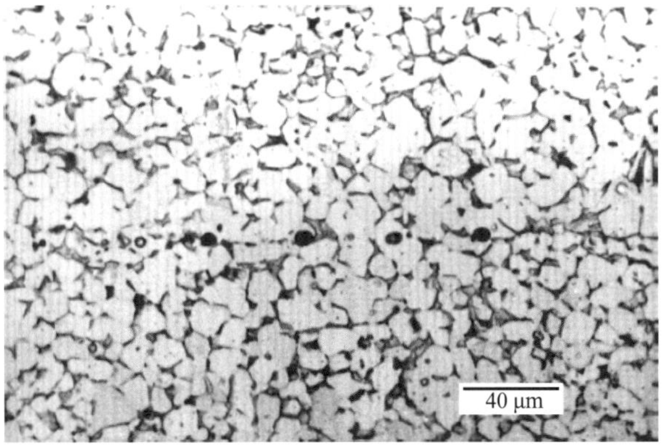


**图 7 Ti-6/4 不完全均衡的压合会呈现出界面空隙：890 ℃；2.1 MPa（300psi），300 min，表面粗糙度 *Ra* 为 0.5 μm**



超声波测试能够检测到较大的空隙，但是比较难检测到 5 μm 左右的小空隙，因为所用仪器的波长比探测尺寸略大。同时，对于薄板材料来说传输时间太短。尽管 X 射线照相技术可以用在相对较薄的薄板材料上，但是它的分辨率太低。然而，无损检测检查仪的分辨率目前正逐渐得到改善。

要测量大扩散压合的强度，需要使失效发生在黏合界面区域，同时必须选择相应的测试试件。大黏合区域进行的测试包括拉伸、旋转梁疲劳以及冲击，部分强度和母材进行比较。然而，实际上，母材拉伸强度在界面接触仅为 85% 的情况下就能达到。

对于测量较厚区域黏合部分最有效的测试是冲击测试，此时不完全界面接触会导致较小的黏合强度。对于无法进行冲击试验的薄板材料上形成的黏合部分，约束拉伸和压缩剪切力测试可以用来防止出现平面外弯曲。需再次强调的是，母材抗断强度高并不能保证会形成优质黏合区，或者是保证黏合区不会开裂，即在后续超塑性成型时不会脱落。对于热脱落（hot peel）的抵抗能力是用来评估薄板之间扩散压合性能的很实用的测试。

所有的测试步骤都应该用金相测验进行补充，这种测验可以检测出非常小的黏合线空隙。作为质量控制的一种手段，可以在扩散压合或者扩散压合/超塑性成型制造的元件上加上“吊耳”，这样不仅可以用来进行金相测验或者其他测验，还可以很容易地除去。

进行严格的过程控制已经是被广泛认可的事实，通过界定一系列黏合参数，比如时间、温度、压强、表面粗糙度以及后黏合热处理来保证压合的完整性，正如前面大量的实验所证实的，可以保证母材基体特性的优化。

### 8.5 超塑性成型以及扩散压合/超塑性成型的好处与劣势

钛合金的超塑性成型或者扩散压合/超塑性成型使得复杂元件的生产可以从简单的初始毛坯开始，如图 8 所示。和常规制作方法相比，这种方法具有相当的优势，其中包括较高的材料利用率、多级制造的消除、模具的减少、尺寸精确以及再现性好等。同时设计自由性更大，结构性能得到改进并且能降低总成本。在扩散压合的情况下，通过其他方法生成力学性能优越的细胞结构会比较困难，同时也较昂贵。

**图 8　带有 4 层板扩散压合结构的 Ti-6/4 导管截面**

和之前的常规结构相比，使用这种方法能够明显减少部件和紧固件的数量。如图 9 所示，该图取自一早期成果，图中显示的发动机短舱框架部件的最初设计（LHS）涉及了需要组装的 9 个零件和 100 个紧固件，而重新设计的结构（RHS）为通过扩散压合/超塑性成型制造出来的焊珠加强的整体元件（Williamson，1982）。

这一方法的劣势包括高温需求下的高能耗、昂贵的模具、制作新模具时间长以及模具所承受的热

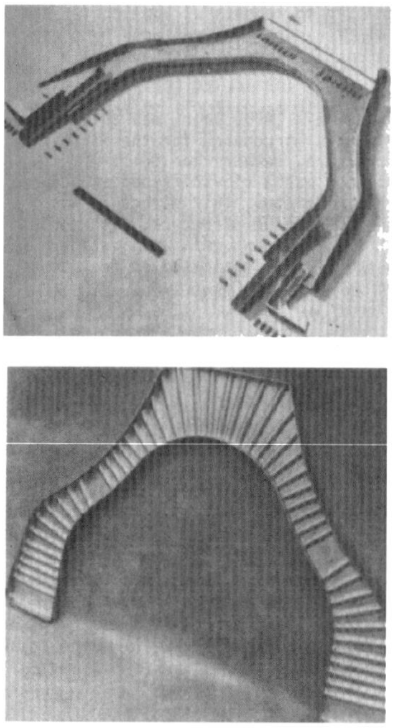

**图 9　B1 飞行器重新设计的发动机短舱结构部件**

选自 Williamson（1982）© TMS-AIME

损耗。Bernhart 等（2003）已经研究了基于先进材料建模的超塑性成型模具设计，同时 Hocquette 也于 2005 年研究了对于浇铸超塑性成型模具的设计和材料的发展。

## 9 超塑性成型/扩散压合技术的应用

民用和军用的航空应用中有很多主要由 Ti-6/4 制成的部件，其中包括大的机舱结构、发动机进气口表面、发动机桨叶的导边、机翼维修面板（2 薄板扩散压合/超塑性成型结构）以及逃生舱（4 薄板扩散压合/超塑性成型结构），用来保护飞行器结构不受热废气损伤的热防护层、升降机罐、襟翼轨道梁以及副翼。

扩散压合/超塑性成型的一个很重要的应用就是宽弦风扇叶片的制造。早期 Ti-6/4 锻造的风扇叶片较窄且硬，为了提高发动机的效率，劳斯莱斯公司发展了较之前宽 40%的叶片，并且制成了空心的结构，以减轻重量。“1”代宽弦叶片为钛蜂窝核心外置钛合金板，空心率为 25%。在制作过程中，面板和核心通过用 Cu-Ni 箔片过渡液相扩散压合接合在一起。“2”代风扇叶片是因大型发动机而出现的。

这种叶片包含了超塑性成型波状夹芯，同时它比第一代要轻 15%。叶片是由外置钛合金板以及

中间的 Ti 膜薄板材料制成的。外置的面板在既定模式下选择性地涂上防护层。扩散压合部分是在精确模具之间超塑性形成的，从而形成了内部的槽纹以及外部的空气动力学形状。Trent 500、700 和 800 的发动机拥有“2”代风扇叶片；而 Trent 900 发动机有长约 3 m 的风扇尺寸（图 10），使用了空心达 45%的改进的“3”代风扇叶片。劳斯莱斯公司在宽弦风扇叶片上的设计和制造已由 Turner 和 Andrews 在 2005 年进行综述。

**图 10　Trent 900 涡轮风扇中的由扩散压合/超塑性成型制作的宽弦风扇叶片**

## 10　结论

带有特定的力学性能组合，以及能够将超塑性成型与扩散压合结合的能力，使 $\alpha/\beta$ 钛合金在航空领域始终占有一定的市场。然而，钛薄板合金用于生产其成本太过昂贵，而且在扩散压合以及超塑性成型时需要较为昂贵的设备。目前使用最为广泛的是 Ti-6/4，因为扩散压合、超塑性成型是在约 900 ℃下进行的，因而模具及压板均需承受这样的高温。其使用故障包括表面氧化、氧化物附着以及由于冷却应力导致的低周疲劳。高温同样容易导致成品中易碎的 $\alpha$ 相的生成，这种 $\alpha$ 相必须通过化学铣削的方法去除。超细晶粒（1 μm）的Ti-6/4 的使用能够使超塑性成型/扩散压合在 770℃的温度下进行。尽管这会进一步增加材料的消耗，但是由于模具出现的问题少，$\alpha$ 相的消除以及能耗的减少可以抵消其负面影响。同时，拥有低成型温度且能够满足 Ti-6/4 后续保养性能的钛合金也是可以使用的，但是这种材料丰富的使用经验使得人们很难将其应用在除此之外的其他领域中。

## 致谢

感谢 K. Sotoudeh 博士在插图准备上所做的贡献。

### 参考文献


Bernhart，G.，Nazaret，F.，Martinier，A.，Gao，C.，Garriga-Majo，D.，Cutard，T. and Lours，P.（2003）*Mater. Sci. Forum*，447-448，123-130.

Ghosh，A. K. and Hamilton，C. H.（1979）*Met. Trans A*，10，699-706.

Guo，Z. X. and Ridley，N.（1987）*Mater. Sci. Technol.*，3，945-954.

Hamilton，C. H. and Asconi，L. A.（1975）U. S. Patents 3920175（18th November 1975），and [3927817]（23rd December 1975）.

Hefti，L. D.（2010）*Trans. Tech. Publ.* 433，49-55.

Hocquette，A.，Moreau，J.，Durbin，M.，Lombardi，J. and Howell，J.（2005）*4th Europ. Conf. on Superplastic Forming*，IOM Communications Ltd，London，103-112.

Lee，D. and Backofen，W. A.（1967）*TMS-AIME*，239，1034-1040.

Moulson，N.（1996）M. Sc. thesis，University of Manchester.

Paton，N. E. and Hamilton，C. H.（1985）*Titanium Science and Technology*，2（ed G. Luterjing *et al.*），DGM，Oberursel，649-672.

Pilling，J.（1988）*Mater. Sci. Eng.*，100，137-144.

Pilling，J. and Ridley，N.（1989）*Superplasticity in Crystalline Solids*，Institute of Metals，London.

Ridley，N.（2003）*Superplastic Forming*，*Handbook of Aluminum*，*Vol. I Physical Metallurgy and Processes*，Marcel Dekker，New York，1105-1157.

Semiatin，S. L.，Seetharaman，V. and Weiss，I.（1997）*Hot Working of Titanium Alloys-An Overview*，*Advances in Science and Technology of Titanium Alloy Processing*，TMS，Warrendale.

Turner，M. W. and Andrews，I. J.（2005）*4th Europ. Conf. on Superplastic Forming* IOM Communications Ltd，London，39-46.

Venkatesh，V.，Wilson，A.，Kamal，M.，Thomas，M. and Lambert，D.（2009）*J. Metals*，61，45-50.

Weisert，E. D. and Stacher，G. W.（1982）in *Superplastic Forming of Structural Alloys*，（eds N. E. Paton and C. H. Hamilton），TMSAIME，Warrendale，273-289.

Whittingham, R. (2001) *Mater. Sci. Forum*, 357-359, 29-34.

Williamson, J. R. (1982) in *Superplastic Forming of Structural Alloys*, (eds N. E. Paton and C. H. Hamilton), TMS-AIME, Warrendale, 291-306.

Wisbey, A., Williams, B. C., Ubhi, H. S., Geary, B., Davies, D. P., Ward-Close, C. M. and Bowen, A. W. (1995) in *Superplasticity*; 60 *years after Pearson*, (ed N. Ridley), Instit. Mater, London, pp. 324-337.

Wood, R. D. and Bonet, J. (1996) *J. Mater. Process. Technol.*, 60, 45-53.

本章译者：古兴瑾（南京航空航天大学航空宇航学院）

# 第 197 章

# 机翼组件的近净成型构造

Xinhua Wu
英国伯明翰大学，IRC 材料，伯明翰市，英国



## 1 引言

随着钛、镍等金属消耗量的急速增长，同时也为了减少二氧化碳排放和资源浪费，净成型制造在网状构件中起着越来越重要的作用。传统工艺中钛合金与镍合金的采购和所用的飞行比一般大于 10∶1，表明需要大量的铸块和复杂的加工才能得到最终需要的形状。这不仅会造成贵金属的大量浪费，还会在将 90%的材料变成机械碎片时排放大量的二氧化碳。因此，净成型成为一种令人瞩目的生产方式。本章将重点介绍两种净成型生产方法：激光直接沉积法（DLD）和净成型热等静压法（NSHIPping）。由于这两种生产工艺可以使用客户指定的现有的金属粉末，并且这两种方法所制造出来材料的机械性能也最有可能符合航空业的要求。因此，它们将成为航空制造业的有力竞争者。

### 1.1 激光直接沉积法

激光直接沉积法是工业技术上的通用叫法，是用激光作为热源将粉末融化，使其能被注入（例如吹入）激光的焦点或者层叠在一块垫板上。激光的移动遵循零件的计算机辅助设计（CAD）文件所规定的路径，通过一层层的激光扫描，一个三维零件就建成了。

当吹入粉末时，零件便从一个合适的基层开始构建，并且相比于上层的叠放层来说，这种基层可以更有效地冷却底层的叠放层，我们稍后将对这种结论作详细讨论。这种技术通常被称作激光工程净成型（LENS）、激光附加制造业（LAM）和激光直接制作（DLF）。在这里，我们用到了 DLF 这个缩写。DLF 的历史和发展过程可以在 Griffith 等（2000）、Xue 和 Islam（2002）及 Wu 等（2004a，2004b）中找到。这种技术可以有效地修复零件或者为大型基础或预成型的零件添加所需的部分。精密的修复适用于航空发动机的压缩机和涡轮叶片、密封部位和装配（Mazumder 等，2000）。这种为基础构件添加特性的功能已经在用一种移动手套箱构建大型 Ti-6Al-4V 零件中得到验证（Arcella、Abbott 和 House，1998）。DLF 是一种比粉末层技术快得多的技术，因为它相比于粉末层技术来说，有着 10 倍的层或 $Z$ 方向增量，并且有着更高的融化速度用以降低表面的表面粗糙度。因而，DLF 设备的这种灵巧功能的最新技术将会克服表面粗糙问题，稍后会对此做详细论述。

激光粉末层处理通常被称作选择性激光融化（SLM）、选择性激光烧结（SLS）或者 DLD。DLD 对于不同的人来说意义不同，因此为了避免混淆，在本章中我们将使用 SLM 来表示激光粉末层沉积。它可以被看作快速原型的改进，并且两者之间的区别仅在于材料的用途，即通过 SLM 制造的是真实的工程产品而不是零件原型。

通常快速原型的生产过程是基于聚合物的粉末。而 SLM 使用的是现有的金属粉末，如铁、钴铬、镍、钛粉等，因此具有建造工程组件的潜力。使用 DLF 或者 SLM 制造的零件实例如图 1 所示，并且通过 SLM 制造出的零件的表面粗糙度符合零件使用的标准，无须进行再次加工。

（a）　（b）　（c）

**图1 激光直接沉积法的零件图样**

（a），（b）DLF技术制造的部件图样；（c）SLM制造的零件图样

直接激光沉积的关键问题是对微观结构、机械性能、表面粗糙度、重复性和效率/成本的控制。

### 1.2 净成型热等静压法

热等静压法是在容器内对组件施加高温高压，用以去除其中的空隙，使粉末更加密实。这和闭合铸件气孔所使用的方法相同。净成型热等静压法是用一个容器，通过计算机模型预设好的几何形状塑造零件。容器中充满金属粉末，如钛镍合金，通过排气、密封处理，然后进行热等静压操作。容器的设计需考虑从特定的喷嘴中喷出的浓度为65％的粉末的致密化程度和进行热等静压操作时容器的塑性变形。在通常情况下，会用低碳钢制造这种容器或容器内部工具。如果模型合适，制造出的零件就会符合客户所要求的尺寸规格。所使用金属粉末的尺寸一般在50～200 μm。镍合金粉末一般符合这种尺寸要求，所需的钛粉末也可以使用传统的雾化设备通过气体雾化或者等离子旋转电极工艺（PREP）获得。通过这些方法，很容易得到平均氧含量低于1 500 ppm的钛粉。制造一个组件所需要的粉末质量通常低于组件净重的1.2倍。净成型热等静压法相比于传统的铸块方法在工业生产中用于制造大组件的小零件方面有着显著的优势，因为它将采购与用于飞行的材料比率从10大幅下降到了1.2。



在俄罗斯（Katorgin等，2003）和欧洲（Baccino等，2000），科学家已经对净成型热等静压法做了大量的研究。后来又延伸到了美国（Bampton等，2005），最近又到了英国（Yuan等，2007）。净成型热等静压法目前所面临的问题是制造符合尺寸精度的容器的加工成本（这些容器会被腐蚀或者被加工掉而不能重复利用）和热等静压组件表面性能对整体性能的影响。从组件性能的角度来看，表面性能是一个很重要的方面，因为大多数已完成的组件中会存在类热等静压表面。类热等静压表面一般是由于进行热等静压加工时容器和金属粉末的界面反应所形成的。后面会对这方面做详细论述。

## 2 净成型制造业在航空航天工业中的应用

### 2.1 直接激光沉积的应用

DLD技术是通过熔化金属粉末实现的，激光根据CAD文件所设定的路径移动。通过这个过程的性质，我们会考虑到密度、未熔化的粉末以及环境的影响（通常指惰性气体，例如氩），这一切都会影响成品组件的机械性能。在DLF情况下，微观结构的匀质性是一个重要因素，因为在制造零件时，融化的粉末会越来越远离散热器。因此，冷却速度会沿着零件的高度逐渐变慢，从而导致微观结构越来越粗糙。这些问题（密度、未熔化的金属粉末、微观结构的匀质性）都会受到加工参数的强烈影响，因此优化试验参数是必要的：激光扫描速度、激光扫描间距、激光强度、$Z$方向增量（层高）和粉末进料速率。

由于相邻的激光路径重叠不足，或者由于周围的氩气或者原本粉末中混有气体，多孔结构会在熔融液珠固化时形成。加工参数的优化可以除去大多数的空隙，从而获得密实度为99.9％的零件。然而，未熔化的颗粒对机械性能的影响比空隙更大，并且未熔化的金属粉末可能出现在零件的任何一个部位。优化加工工艺可以减少未熔化金属粉末的数量，但不能保证完全消除。对工程零件来说，提倡使用热等静压加工，因为在适当的热等静压环境下，可以有效地将未熔化的颗粒和基体连接起来。

通过DLD处理过的材料的微观结构主要取决于合金成分和材料的受热过程，在DLF（吹入粉末）时，零件每个位置的受热过程都将导致微观结构的变化。这种微观结构的变化在$Z$方向上最明显，因为零件主要是通过基板冷却。图2所示的是在不同环境下薄壁Ti-6Al-4V样品的温度曲线以及相应的微观结构。详细的受热历史和不同微观结构的图样分析可以在Qian、Mei和Wu（2005）中找到。

可以看到，在图2（a）、（b）、（d）位置的微观结构中包含针状马氏体，这是样品在$\beta$相场中从马氏体相变温度980 ℃（Ahmed和Rack，1998）以420°/s的速度冷却所形成的。相反，图2（c）位置形成了普通的Ti-6Al-4V微观结构，这个位置的冷却速率测量值为30°/s。

DLF加工的材料的微观结构会随着加工条件的不同而显著变化，尤其是在合金中，如Ti-6Al-4V。实际上，相比于微观结构，宏观结构对材料性能的影响更加显著。图3所示为扫描速度对DLF

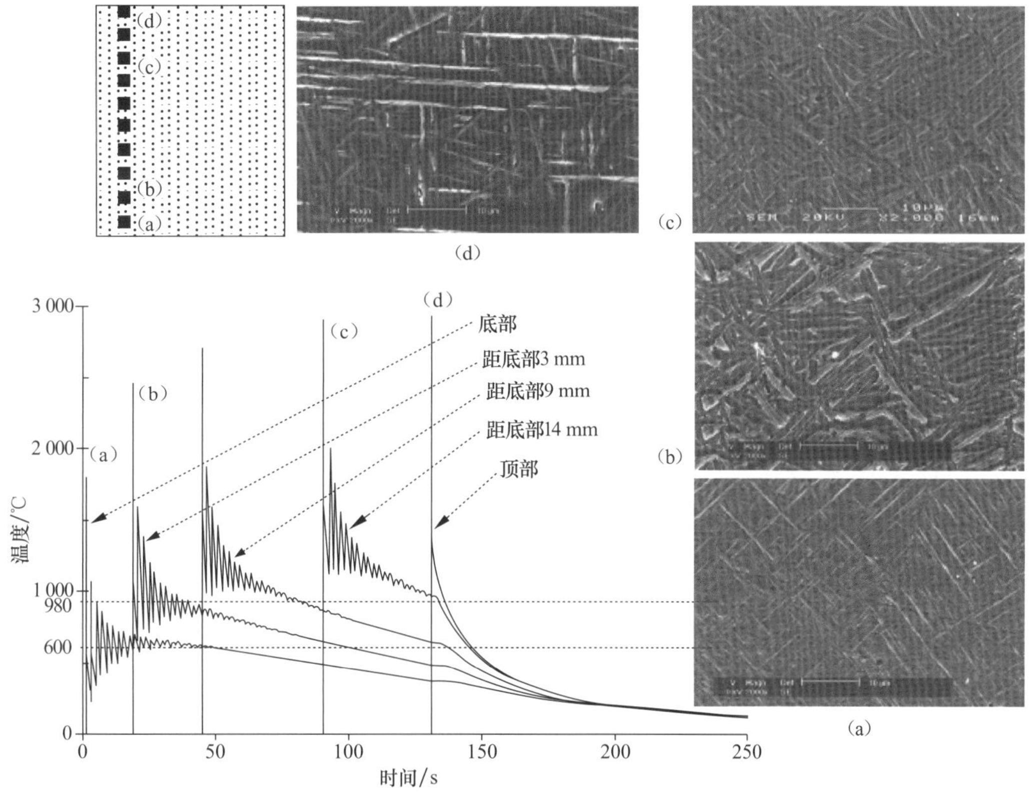


**图2　通过DLF制造的Ti-6Al-4V样品的温度曲线以及相应的微观结构**

其中，横坐标为时间，纵坐标为温度。从左到右的曲线分别表示（a）底部；（b）离底部3 mm远处；（c）离底部14 mm远处（离顶部6 mm远）和（d）最高处（离底部20 mm远处）激光扫描速度为600 mm/min、激光功率为516 W、粉末喷入速率为18 g/min的DLF构件转载自Qian、Mei和Wu（2005）@曼尼出版社



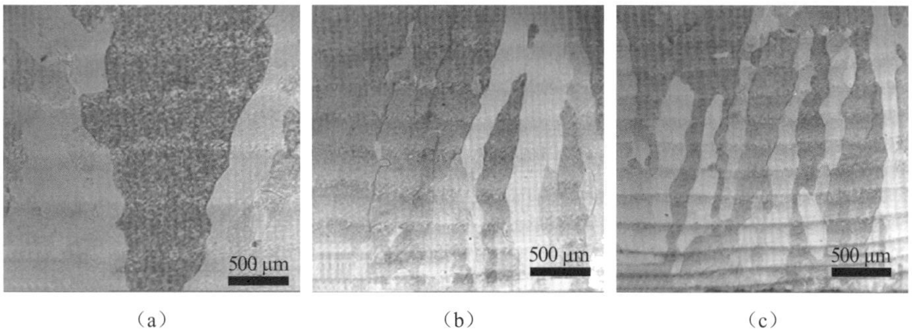


**图3　光学照片所示为在粉末喷入速度为18 g/min、激光强度为432 W时DLF下的柱状晶粒的尺寸随激光扫描速度的增加而减小。激光扫描速度为：(a) 300 mm/min；(b) 600 mm/min；(c) 900 mm/min**

经许可转载自Wu等（2004b）。样品取自离底部相同的位置。

转载自Qian、Mei和Wu（2005）@曼尼出版社处理过的柱状晶粒尺寸的影响。柱状晶粒一般会存在于 DLF 样品中，如 Ti-6Al-4V，因为底部就像一个散热器，而凝聚在冷却底座上的结晶在 DLF 过程中会选择性增长，这些柱状晶粒会被最初的 $\beta$ 晶界分开，从而导致沿横向（垂直于构建的方向）的延展性降低。当使用更高能量的激光来增加沉积速率，并且粉末喷入速率为 10 kg/h 时，这种柱状晶粒会更加明显，并且会产生很长的晶粒（Arcella、Abbott 和 House，1998）。

高的加工速率是 DLD 工艺制造大型样品在经济上可行性的关键所在。然而，除非可以增加冷却速度，否则材料的力学性能会沿 $Z$ 向显著降低，这也会相应地降低该方法的可行性。

激光粉末层处理进程中，针对 SLM 工艺，主要工业成分为钴铬、钢、镍合金，热对其宏观结构的影响比使用 DLF 生产的 Ti-6Al-4V 要小。通过 SLM 生产的零件的尺寸一般小于 200 mm×200 mm，常常具有薄壁特性，从而能降低热的影响。使用 SLM 工艺生产三维钛合金零件的技术正处在发展阶段，这主要是由于很难在 SLM 室中做到预期的 10 ppm 的氧含量控制。然而，镍合金零件已可以得到很好的尺寸控制，从而用于常规制造。图 4 所示为几种 SLM 中从工艺参数对尺寸精度、表面粗糙度、热裂解、机械性能以及其他一些方面的影响的角度进行数据评估的样本。尺寸精度和表面粗糙度已经被证实会被扫描间距和扫描速率直接影响（Wang、Wu 和 Clark，2009）。

在 SLM 中，对顺利生产有重大影响的参数是顶部表面的凹陷深度［图 5（a）］。大的凹陷将使生产终止，因为用于抚平粉末的叶片无法将随后各层的蓬松粉末抚平。我们发现，顶部的凹陷（半月板的高度）会受到激光功率密度的影响［图 5（b）］。因此，为了得到光滑的零件，我们必须限制所输入的激光功率的密度。

对 SLM 来说，优化工艺参数是非常必要的。图 6 所示为在未进行优化的条件下采用 SLM 加工的镍合金的典型拉伸曲线，未熔化的粉末微粒在断裂面上十分普遍，这就导致了其抗拉伸和疲劳性能的减弱。图 6（b）所示为使用相同的工艺，通过对扫描间距、扫描速度和能量密度进行优化后加工的产品的拉伸曲线。由图可见，应力-应变一致性有了显著的提高，并且断裂面上未熔化的微粒较少。之前已经提到，热等静压法可以保证未熔化粉末的固定性，从而不会导致部件机械性能的减弱。



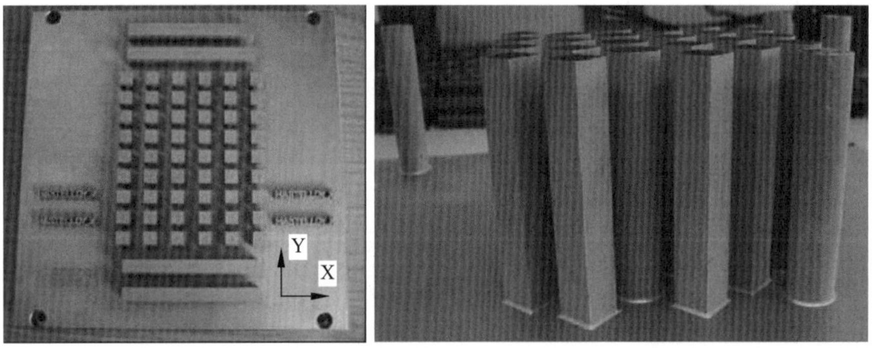


**图 4　SLM 样品，已被用于评估试验变量对样品形貌和性能的影响**

转载自 Wang、Wu 和 Clark（2009）@ 曼尼出版社

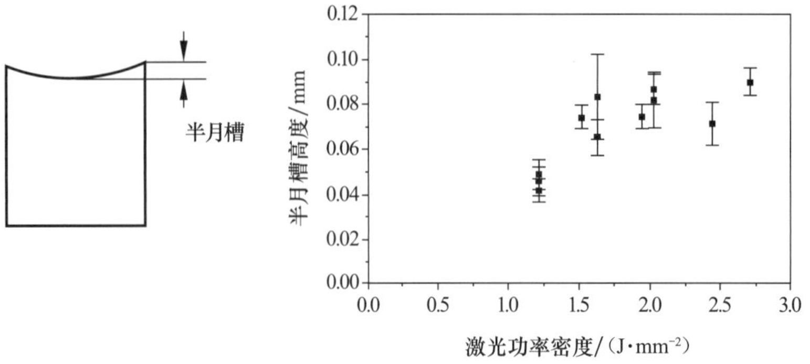


（a）　　　　　　　　　　（b）

**图 5　SLM 试样凹陷分析**

（a）进行 SLM 操作时凹陷的性质；（b）凹陷处半月板的高度与所用激光功率密度的关系

转载自 Wang、Wu 和 Clark（2009）@曼尼出版社

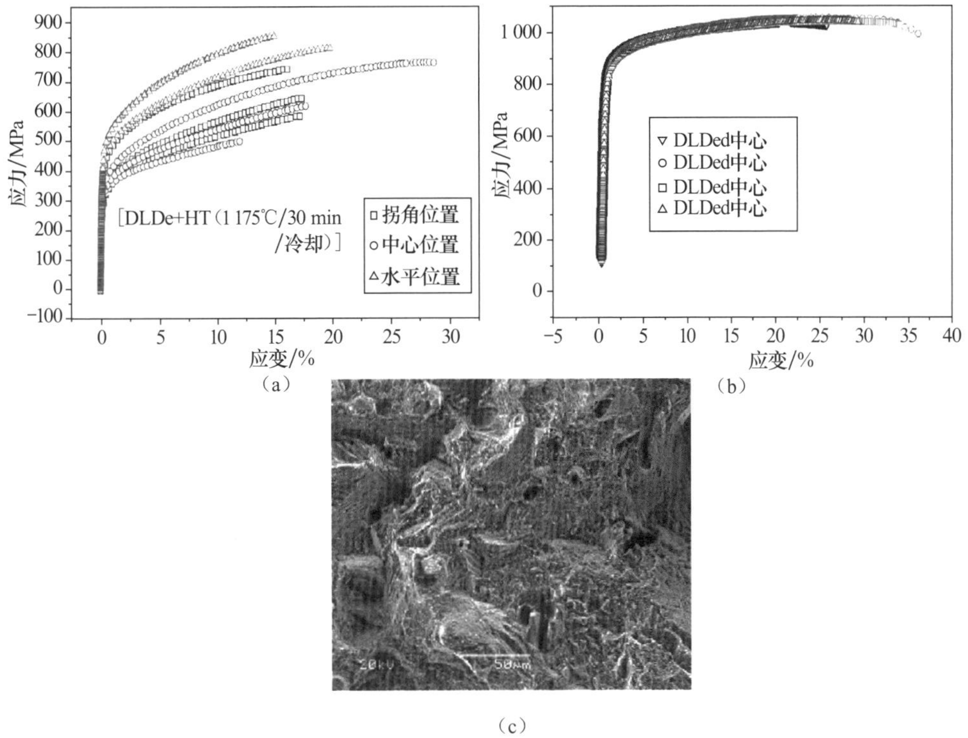


**图 6　SLM 试样拉伸分析**

(a) 从图 5 中 SLM 试样得到的拉伸曲线。试样（中心、边角等）构建方向的位置和指向已被标出；(b) 通过优化加工条件改进后的 SLM 产品拉伸性能的可再现性；(c) 典型的断裂面展示出 (a) 中通过未优化条件生产出的试样表面的一些未熔化粉末

转载自 Wang、Wu 和 Clark（2009）@曼尼出版社

DLD 应用在航空工业上所面临的主要问题集中在机械性能、表面粗糙度、重现性和效率/成本方面，可能被用来解决这些问题的方法总结如下。

(1) 机械性能。对 DLF 吹入粉末工艺来说，使柱状晶粒不再变长非常重要，无论是通过增加制冷/制热还是通过增加热源或者基垫等方法加以实现。这些或者其他方法的实用性目前仍在检验中。显然，我们应该避免过快的沉积速率，还要对一些关键组件进行热等静压后处理。在满足以上条件的情况下，如果沉积速率不是太高，并且生产环境得到优化，就可以得到具有足够优良机械性能的组件。和 SLM 相似，当工艺得到足够优化后，其产品机械性能就会赶得上那些锻造材料。

(2) 表面粗糙度。表面粗糙度会随着制造速率和效率的增加而下降。保持高生产效率必须使用大激光光斑尺寸和增层，DLF 生产过程中激光粉末床上的增层厚度一般为 250～350 μm。而要得到实用的表面粗糙度，要求在激光粉末床上的增层厚度不大于 20 μm，这将导致加工过程十分缓慢。为了得到比较好的表面和高加工速率，比较理想的解决方法是在表面使用较小的激光光斑尺寸，而在内部使用较大的激光光斑尺寸。

(3) 重现性。重现性不仅体现在单个零件，还体现在一组零件之间。很显然，要想使一组零件具有一致性，就必须对加工环境进行优化，对粉末输入进行控制。对大型组件来说，通过 DLF 生产，由于冷却速率会沿着高度下降，组件顶部的微观结构就会变得粗糙（Wu 等，2004b），残余应力水平也会随位置变化（Griffith 等，1999）。为了控制这些因素，采用一个通过闭环控制实现的在线温度曲线控制系统和可控的冷却与加热系统是很有必要的，这种工艺控制技术还需要进一步发展。

(4) 效率/成本。DLD 的效率和成本是紧密相关的。如上所述，当考虑到机械性能和表面粗糙度时，任何效率的增加都会使这两方面发生变化。当使用快速沉积时，就需要用后热等静压处理来闭合孔隙。然而，我们不得不注意一些可能形成柱状结晶的材料，如 Ti-6Al-4V，同时，还需要考虑沉积速率对机械性能的影响以及之前提到过的热量供给。

## 2.2　净成型热等静压在航空航天中的应用

如之前所述，通过净成型热等静压可以直接利用粉末生产出复杂的组件，其粉末成分主要是 Ti-6Al-4V 或其他一些高温镍合金如 RR 1000 和

MarM 247。在论述净成型热等静压在航空航天中的应用时，我们会对使用 Ti-6Al-4V 和其他的一些镍合金所得到的结果一一进行讨论。

2.2.1　Ti-6Al-4V 的净成型热等静压

图 7 展示了 Ti-6Al-4V 的零件试样。这里展示的直径在 1 m 之内、高度在 1 m 左右的发动机外壳是使用商用 Ti-6Al-4V 粉末做成的。零件的最大尺寸仅取决于可用的 HIP 设备的尺寸。本试样展示出了净成型热等静压的几个方面，下面我们将一一进行介绍。

**图 7　通过净成型热等静压法使用商用 PREP Ti-6Al-4V 粉末制造的发动机外壳。其直径大概为 1 m，高为 1 m。很显然，该零件的端部凸起和空洞已经使用本章中所提及的热等静压后处理加工过**



（1）零件的设计。零件的设计在操作过程中会和往常一样受到很多因素的限制，其中一点就是零件成型最终需要通过机器达成。如图 7 所示，该壳体圆周浮雕的形状被机器的制造能力所限制。因此，它们通常是直边，这样可以用净成型热等静压法制造它们的节圆以使零件的重量大大减轻。这是净成型热等静压在航空工业应用中非常简单却又非常明显的优势。

（2）模具的设计。按规格要求模拟缩减的能力非常有限，尤其是生产复杂形状产品时（Baccino 等，2000；Yuan 等，2007）。一种简单的方法使得在这种不可避免的局限性下建模成为可能，即确保尺寸不能被精确模拟区域的热等静压的后处理非常简单，图 7 中的凸缘在热等静压处理之后又被加工。另外，我们可以看到，图 7 中轮毂上的孔洞也是在热等静压处理之后被加工出来的，因为它是庑殿式组件上简单的钻孔。

（3）类热等静压零件的表面粗糙度。当我们移除模具的时候就可以得到很好的零件主体上的表面粗糙度，然而，热等静压法已被用来继续提高表面粗糙度。如果使用传统的热等静压法，随着温度和压强的逐渐上升，零件表面就会逐渐出现一些粉末颗粒，如图 8（a）所示，Ti-6Al-4V 粉末已经延伸到低碳钢模具上。如果一开始就提高热等静压的温度，并且施以压强，其所制造出的样品的表面就会比用传统的热等静压法光滑得多，就像图（b）那样。这是因为在高温下 Ti-6Al-4V 比钢的强度低得多，从而可以在施以压强时使 Ti-6Al-4V 粉末界面微粒变得光滑（UK Patent，2008）。

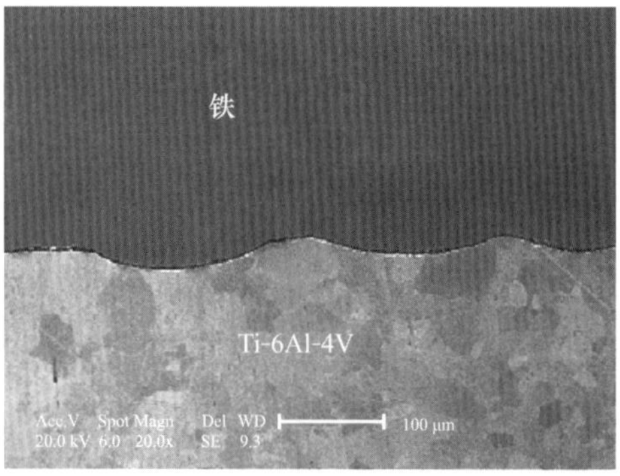


（a）

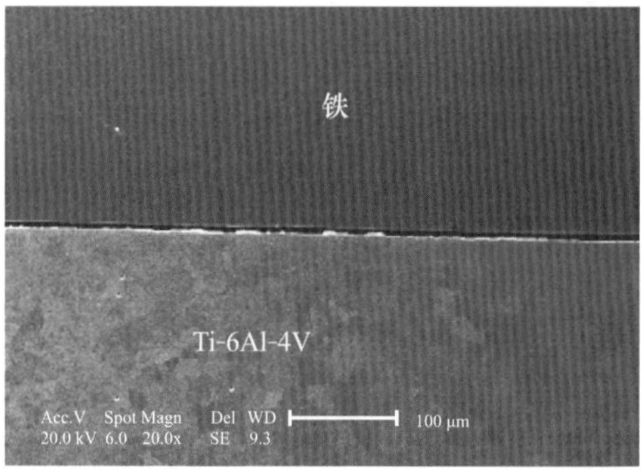


（b）

**图 8　Ti-6Al-4V 热等静压试样的横截面**

（a）温度和压强逐渐上升；（b）在加压前将温度提高，很显然，图（b）的表面较为光滑

来源：UK Patent（2008）

2.2.2　热等静压试样的微观结构和机械性能

使用热等静压加工的 Ti-6Al-4V 的微观结构和机械性能已经被广泛研究（Davidson 等，2006；Zhang 等，2009），有关净成型热等静压的结果在此也做了总结。热等静压试样的颗粒性能和包含类热等静压表面的试样性能都已经做了测试，并且和其他工艺制造的 Ti-6Al-4V 做了比较。

（1）Ti-6Al-4V 粉末净成型热等静压试样的微观结构和机械性能。

Ti-6Al-4V 类热等静压和使用 $\alpha+\beta$ 锻造的

Ti-6Al-4V 的微观结构有很大不同，图 9 所示为 Ti-6Al-4V 粉末在 930 ℃热等静压（小于 $\beta$ 转变的 1 000 ℃）下和锻造试样的微观结构比较。类 HIP 试样的构造为一个 $\alpha$ 和 $\beta$ 的类似等轴晶体围绕在薄板条 $\alpha$ 周围，在 $\beta$ 内还存在一些等轴 $\alpha$ 晶粒（Zhang 等，2009）区域。这个等轴区域对应于初始微粒边界和微粒内的 $\beta$ 晶界。这主要是由于粉末的马氏体结构和马氏体热处理产生的，即热等静压处理时生成稍微变粗的 $\alpha$ 薄板条结构。微粒的边界区域在热等静压处理时严重变形，并且重新结晶，生成等轴微观结构（Zhang 等，2009）。两相区的铸造材料在 $\beta$ 晶粒内包含精细初级 $\alpha$ 晶粒，并且最初的 $\beta$ 晶粒变成粗的 $\alpha$ 边界和板条（Lutjering 和 Williams，2003）。

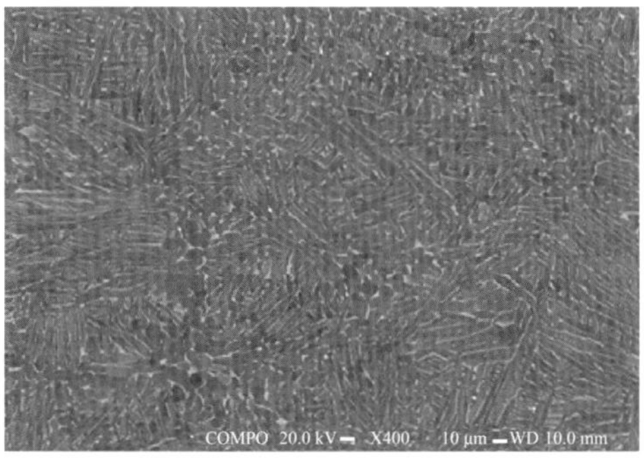


（a）

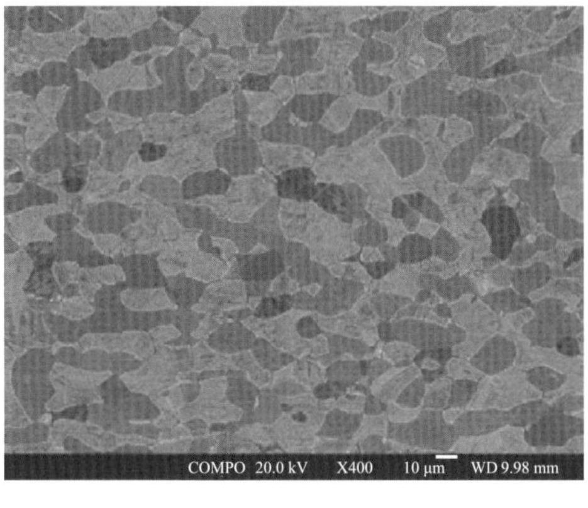


（b）

**图 9　反向散射扫描电子显微镜照片**

（a）类热等静压 Ti-6Al-4V 粉末；（b）锻造的 $\alpha+\beta$ 相区

表 1 列出了热等静压和铸造试样的典型拉伸、疲劳、断裂韧性性能。很显然，两者性能相近。

（2）类热等静压的微观结构和包含类热等静压表面的 Ti-6Al-4V 热等静压试样的机械性能。

当典型的净成型热等静压组件含有较多的类热等静压表面时，类热等静压表面和其他一些因素显然会对试样的性能有很大影响。这种表面是热等静压加工后酸浸铁容器的结果，并且可能会被扩散影响，如在热等静压加工时由于扩散从铁进入结构内的铁和碳。

**表 1　热等静压和铸造 Ti-6Al-4V 的机械性能**

| 处理路径 | 0.2%屈服力/MPa | 极限抗张强度(UTS)/MPa | 伸长率/% | 断裂韧度/(MPa·m$^{1/2}$) |
|---|---|---|---|---|
| 930 ℃时 100 MPa 压强下 4 h 的热等静压处理 | 900 | 970 | 20 | 75 |
| 在 920 ℃～940 ℃下锻造并且进行热处理 | 875 | 965 | 15 | 60 |

如上所述，类似于锯齿状粉末晶粒的粗糙表面可以通过变换热等静压参数变得光滑，同时这也会影响到附近的表面微观结构，从而会对疲劳性能有显著提高。我们已经发现，在表面附近 $\alpha$ 的体积分数会有很小但是很重要的增加，它的深度和热等静压处理时碳（强大的 $\alpha$ 稳定剂）的扩散距离相当。这是从 Ti-6Al-4V 中发现的最显著的变化，被认为是与容器材料相互作用而产生的。

我们已经讨论了关于含有类净成型热等静压表面零件的性能。我们发现，整体试样的拉伸强度（加工后去除了热等静压表面）和其他含有类热等静压表面的试样类似。



通过改进过的热等静压生产的并且含有类热等静压表面的试样的疲劳性能比把热等静压表面除去的试样抗疲劳性能好得多，如图 10 所示。

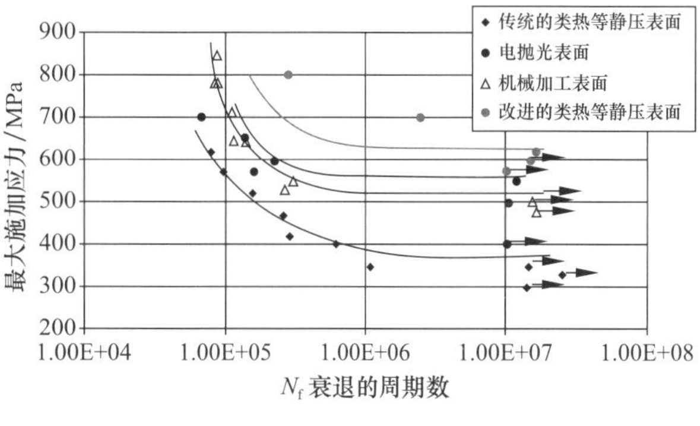


**图 10　含有类热等静压表面和不含有类热等静压表面的热等静压 Ti-6Al-4V 的疲劳性能。疲劳强度的提高被认为是在表面附近含有大量的 $\alpha$ 晶粒**

2.2.3　镍粉末的净成型热等静压

对镍粉末合金的净成型热等静压的研究（例如，Katorgin 等，2003；Vlasova、Vaulin 和 Grits，2008）比对 Ti-6Al-4V 的研究多得多，并且这方面的研究意义更大，因为在生产镍合金时，使用净成型热等静压工艺可以大大降低成本。在对镍合金的研究中遇到的问题和 Ti-6Al-4V 中的相似，但是它们的微观结构却大不相同。超级镍合金含有碳或者其他沉淀，还会在热等静压操作中或操作后形成 $\gamma'$沉淀，这主要取决于选取热等静压处理条件或后热等静压处理条件。遇到的主要难题之一是，当把这些合金加工成净成型时，碳合金已经存在于预先的微粒边界上，因此微粒间的连接会被减弱。这种在微粒边界上出现沉淀的趋势将会受到合金成分的影响（Larson，1976；Williams，1977）。很多研究者付出了巨大的努力来寻找一种热等静压方法，来产生由后热处理控制的微观结构，以及能够和热机械处理材料相当的性能。他们所得到的数据具有很大的价值和借鉴意义，尤其是 Ti-6Al-4V 热等静压试样的性能和热机械处理材料的性能已经具有一定的可比性。由于在热等静压处理和冷却过程中有着复杂的突变过程，因此需要做大量的工作来优化后热等静压热处理，这些工作现在正在进行。

### 2.2.4 对净成型热等静压的一些思考

通过对 2.1 章节的思考我们发现，对于将净成型热等静压零件应用到航空器的利弊的评估，需要考虑几个问题。首先最明显的就是成本问题。如同前面所述，粉末的价格比铸块高得多，因此需要极高的用于飞行和采购比。事实上，在当前的发展状况下，通过热等静压生产净成型零件的主要成本之一就是模具，而且通常要加工两次来保证尺寸精度。如果可以制作精度更高的模具，就没有必要进行两次迭代，模具的花费就会减半。虽然全世界已经付出巨大努力来改进模具，但是目前的成果还只是降低成本和/或者对模具进行再次利用。

传统的模具是将低碳钢加工到一定的精度制成，因此，在零件规格要求允许的条件下，在热等静压加工时允许有一定的尺寸变化。另外，还需要大量的这种精度的模具，因为在加工时模具会被加工掉或者被腐蚀掉。一般地，模具的消耗大概会占总消耗量的 50%。另一种方法是使用低成本的模具，这样生产出来的零件很接近净成型，但是需要进行热等静压后处理。在所有的加工中，最终的目的就是使成本最低，使贵重材料浪费得最少。而且，很有必要对生产净成型或类净成型零件可选方案的成本进行评估。就像之前图 7 中提到的，发动机壳在生产后还需要一些后处理和钻孔，这也是生产零件时成本最高的一个环节。

对 DLD 的一些关键问题的讨论同样也适用于净成型热等静压加工，下面就做一些简单介绍。

（1）机械性能。如同调查中记录的 Ti-6Al-4V 和镍超级合金一样，通过类热等静压或者热等静压加热处理的机械性能和在热机床处理的材料相当。在两种情况下，都应该对镍合金的后热等静压热处理设置最佳的热等静压环境。

（2）表面粗糙度。由 Ti-6Al-4V 粉末所引起的锯齿状结构已经通过改变热等静压条件消除，由于在热等静压环境下碳的扩散，所以抗疲劳性能有了显著的提高。如果碳的扩散起着消极的作用，那么就需要使用超低碳钢或者无碳钢容器。但是，就目前来讲，没必要做这种改变，因为这将使成本增加，并且使用无碳钢的话，移除模具也会有一定的难度。

（3）重现性。尺寸的控制和热等静压粉末的性能如预期的可再现，并且已被认同，其证据就是一组连续的组件具有相似的尺寸和性质——比铸件时隔离开进行凝固的情况下好得多，并且在大零件上更为适用。很明显，热等静压加工粉末在这方面比其他技术更具有优势。

（4）效率/成本。净成型热等静压生产的效率和成本都在很大程度上取决于模具的花费（无论是否需要进行二次迭代）和粉末的花费。这并不是一个会被大量应用的工艺，但是很适用于供应量在 1 000 个以上或者每年都会有需求的零件上。

# 3 结论

净成型生产，或者更准确地说，类净成型生产使用的 DLD 或者 HIPPing 方法显然是两种不同的生产工艺，它们在各方面都得到了快速的发展，尤其是在航空航天等材料成本很高的领域。DLD 的发展需要进行程序控制，如今，可以对多种可变参数进行反馈控制的设备也已经被研发出来，因此可以控制微观结构、表面粗糙度和 DLD 生产时产生的内部应力水平。净成型热等静压的发展，长期来看，需要高性能的模具，即使用三维模具直接得到预期的形状而不需要二次迭代。在短期内，其发展主要为使用低成本模具不直接得到净成型产品，同时保证最终的加工比较简单，从而降低花费。

# 致谢

在此，我要感谢同行们让我引用了他们发表的或未发表的论文，以及多年来给予我的帮助与合作。

## 相关章节

第 6 卷第 301 章


### 参 考 文 献

Ahmed，T. and Rack，H.(1998) Phase transformations during cooling in $\alpha+\beta$ titanium alloys. *Mater. Sci. Eng.*，43，206-211.

Arcella，F. G.，Abbott，D. H. and House，M. A.（1998）Proceedings of Powder Met World Conference Granada，Spain，1998.

Baccino，R.，Moret，F.，Fellerin，F.，Guichard，D. and Raisson，G.(2000) High performance and high complexity net shape parts for gas turbines：the ISOPREC powder metallurgy process. *Mater. Des.*，21，345-350.

Bampton，C.，Goodwin，W.，Daam，T. V.，Greeger，G. and James，S.(2005) Net-shape HIP powder metallurgy components for rocket engines，in *Proceedings of International Conference on Hot Isostatic Pressing* (*HIP'05*)(ed. X. Wu)，French Metallurgy and Materials Society，Paris，pp. 53-62.

Davidson，A.，Zhang，K.，Yuan，W.，Mei，J.，Hurley，P.，Bache M. R.，Loretto，M. H.，Voice，W. E. and Wu，X.(2006) The influence of surface layer on the properties of HIPped Ti-6Al-4V. *Mat. Sci. Tech.*，22，553-560.

Griffith，M. L.，Schlienger，M. E.，Harwell，L. D.，Oliver，M. S.，Baldwin，M. D.，Ensz，M. T.，Essien，M.，Brooks，J.，Robino，C. V.，Smugeresky，J. E.，Hofmeister，W. H.，Wert，M. J. and Nelson，D. V.（1999）Understanding thermal behavior in the LENS process. *Mater. Des.*，20，107-113.

Griffith，M. L.，Ensz，M. T.，Pusker，J. D.，Robino，C. V.，Brooks，J. A.，Philiber，J. A.，Smugeresky，J. E. and Hofmeister，W. H.（2000）Solid freeform and additive fabrication-2000，in *Materials Research Society Symposium Proceedings*（eds S. C. Danforth，D. Dimos and F. B. Prinz)，vol. 625，Materials Research Society，Warrendale，pp. 9-20.

Katorgin，B. I.，Derkach，G. G.，Kashkarov，A. M.，Gromyko，B. M.，Zheleziak，O. N.，Kozykov，B. A. and Zaitzev，M. V.(2003) *Proceedings of International Conference on Hot Isostatic Pressing* (*HIP'02*)(eds N. Anoshkin，G. Garibov，O. Fatkullin，Ye. Kachanov，A. Kazberovich and V. Samarov)，Published by JSC，All-Russia Institute of Light Alloys (VILS)，Moscow，pp. 71-83.

Larson，J. M.(1976) Carbide morphology in P/M In-792. *Metall. Trans. A*，7A，1497-1502.

Lutjering，G. and Williams，J. (2003) *Titanium*，Springer，NewYork.

Mazumder，J.，Dutta，D.，Kikuchi，N. and Gosh，A.(2000) Closed loop direct metal deposition：art to part. *Optics Lasers Eng.*，34，397-414.

Qian，L.，Mei，J. and Wu，X.(2005) The influence of position and laser power on the thermal history in a direct laser fabricated Ti alloy. *Mat. Sci. Tech.*，21，597-605.

UK Patent (2008) UK Patent Application 0807703.

Vlasova，O. N.，Vaulin，D. D. and Grits，N. M.（2008）Production of P/M EP741NP disk featured by a fine-grained structure and improved performance characterisation，in Proceedings of *International Conference on Hot Isostatic Pressing* (*HIP'08*)(ed. S. J. Mashl)，published by The International HIP Committee，California，USA pp. 105-109.

Wang，F.，Wu，X. and Clark，D. (2009) On direct laser deposited Hastelloy X-dimension，surface finish，microstructure and mechanical properties. *Mat. Sci. Tech.* (in print).

Williams，D. L.(1977) Hot isostatic pressed alloy APK1，a nickelbase superalloy. *Powder Metall.*，2，84-89.

Wu，X.，Sharman，R.，Mei，J. and Voice，W.(2004a) Microstructure and properties of a laser fabricated burn-resistant Ti alloy. *Mater. Des.*，25，137-144.

Wu，X.，Liang，J.，Mei，J. and Mitchell，C.（2004b）Microstructures of laser deposited Ti-6Al-4V. *Mater. Des.*，25，103-109.

Xue，L. and Islam，M.(2002) *Proceedings 2002 of International Conference on Metal Powder Deposition for Rapid Manufacturing*（eds D. M. Keicher，J. W. Sears and J. E. Smugeresky)，Metal Powder Industries Federation，Princeton，NJ，pp. 61-68.

Yuan，W. X.，Mei，J.，Samarov，V.，Seliverstov，D. and Wu，X.(2007) Computer modeling and tooling design for net shaped components using hot isostatic pressing. *J. Mater. Process. Technol.*，182，39-49.

Zhang，K.，Mei，J.，Wain，N. and Wu，X.（2009）Effect of HIPping parameters on the microstructure and properties of powder Ti6Al4V HIPped samples. *Metall. Trans.*




本章译者：宋豪鹏，宋坤（南京航空航天大学航空宇航学院）

# 第 198 章

# 热障涂层

Shiladitya Paul
TWI，冶金、腐蚀与堆焊技术集团，剑桥，英国

## 1 引言

随着高新材料和先进涡轮生产工艺的发展，喷气式发动机的性能正在逐步提高。提高涡轮进气口温度能显著提高效率和发动机输出功率。为了加强应用于结构零件的合金材料，科学家们正在研制一种可行的涂层技术，从而能够作为用于飞机推进、发电和船舶推进的发动机零件的隔热层。热障涂层（TBCs）从 20 世纪 60 年代开始就被用来加强发动机性能，并且在 20 世纪 80 年代早期在商业上被应用到燃气涡轮发动机的低风险区域（Miller，1987）。如今，科学家们将焦点转移到了暴露于高温高压下的零件，这些零件若使用有效的热障涂层，发动机性能将大幅提高，提高效果与发展两至三代高温合金相当（图 1）。

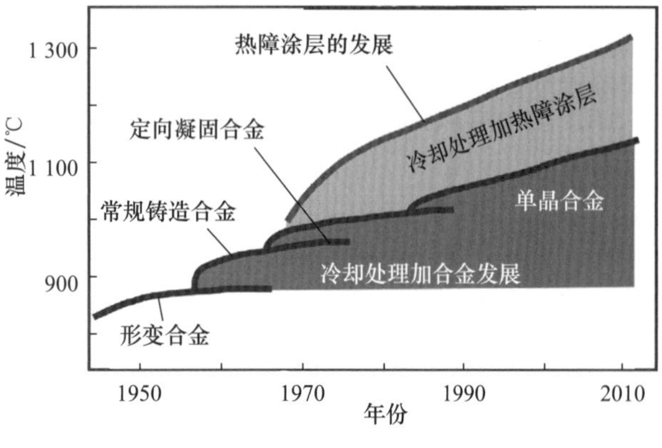


**图 1　随着技术发展涡轮组件工作温度不断提高**

热障涂层的基本功能是对基础合金零件（喷嘴导向叶片、燃烧器、涡轮机叶片等）提供热保护。100～150 μm 厚的热障涂层结合内制冷设备可使高温合金基础组件的表面温度降低 100 ℃～300 ℃。随着温度的降低，基础金属组件的氧化速率和蠕变随之下降，从而使现代燃气涡轮发动机在其金属组件软化温度以下的效率大幅提高。

典型的热障涂层由 100～500 μm 厚的陶瓷材料构成，通过空气等离子喷涂（APS）或者电子束物理气相沉积（EB-PVD）覆盖在之前已经沉淀在合金零件上的抗氧化黏合涂层合金上（一般为 MCrAlY，其中 M＝Ni 或者 Co 或者两者都含有）。由于各个涂层的物理性质、隔热性质和机械性能的不同，这种多成分结构零件的复杂性显而易见。各个涂层的差异可能会限制其在极端温度、热循环和高热机械载荷下的应用。尽管热障涂层面临这些挑战，但依然通过良好的材料组合和工程设计应用到了现代燃气涡轮发动机中。

工业燃气涡轮机（IGTs）用于不同条件下的发电和飞机发动机控制时，所需要的热障涂层也不同。典型的涡轮进口温度（TEP）一般为 1 300 ℃和 1 500 ℃，因此 IGT 和飞机发动机的表面最高温度会分别超过 1 000 ℃和 1 250 ℃。IGT 的预期工作时长为 30 000 h，飞机发动机也会持续运作数千周，这和经常在侵蚀环境中起降的次数相当（Padture、Gell 和 Jordan，2002）。

燃气式涡轮发动机的工作环境会导致热障涂层微观结构变化。这些热机械应力诱导的微观结构变化可能会导致热障涂层过早失效。主要失效原因包括：①热膨胀失配引起的应力；②黏结层氧化为氧

化物（成为热增长氧化物或者 TGO），紧接着是它的增长和退化；③来自外部的伤害（FOD）；④不断变化的微观结构、界面形貌、组合物以及该组件包括热障涂层的属性。上述的复杂性使得热障涂层的寿命预测十分困难，由于缺乏可靠的寿命预测模型，热障涂层在没有显著优势的情况下一般不作为首选（Gleeson，2006）。

人们认为要想改善热障涂层并能够充分发挥它们的显著性能，就必须对 TBC 材料及其失效机理有基本的认识。因此，通过参考相关文件，我们将通过对 TBC 领域的解剖，简要论述其失效机理和未来的前景。

# 2 热障涂层系统

## 2.1 介绍

尽管在陶瓷和金属材料领域已经做了大量的研究工作，但没有一种单一材料能够符合 TBC 的多功能需求，这也导致了多种“涂层系统”的发展。目前，通用的热障涂层系统是将 100～500 μm 厚的由氧化钇稳固的氧化锆（YSZ）顶层通过 APS 沉积或通过 EB-PVD 结合到黏结涂层，作为黏结涂层的氧化涂层先前已经沉积到了热合金基板上（图 2）。

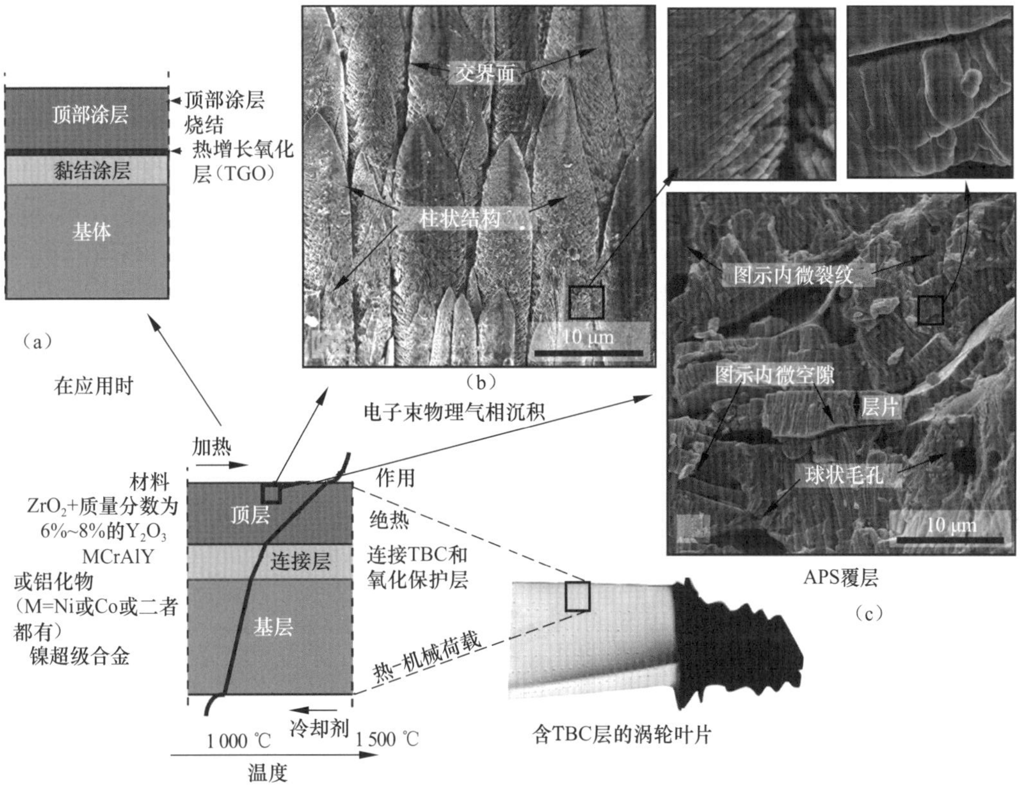


**图 2 TBC 系统在热梯度中的示意图**

（在工作时的变化（a）；通过（b）EB-PVD 和（c）APS 沉积的顶部涂层的微观结构）

之后的几节，我们将详细介绍黏结涂层和顶部涂层。关于高温合金的加工工艺、微观结构和性质的详细介绍可见第 4 卷第 192～194 章。

## 2.2 黏结层

TBC 系统中的金属黏结层主要有两个作用：一是保护零件不被氧化和热腐蚀；二是改进顶层和底层金属构件间的黏附性。

黏结层一般为 MCrAlY（M＝Ni 或者 Co 或者两者都含有）或者铂改进过的铝化物（PtNiAl）的热喷涂或气相沉积层。需要使用黏结层的原因主要是氧化锆顶层在较高的温度下会出现较高的氧离子电导率。使用中间层的好处是可以提供较好的黏结性以及最大限度地减少由异种材料的接合产生的很难估量的热应力（例如，陶瓷顶涂层和金属基底）。热涂层复合材料，如 NiCrAlY，在 TBC 技术出现之前已经得到了较好的发展，并且已作为抗氧化和耐腐蚀材料使用。

MCrAlY 热涂层通常包括两个阶段的混合（$\beta$-NiAl 与 $\gamma$-Ni 固溶物或者 $\gamma'$-$Ni_3Al$），有时也会添

加一小部分钇来提高 TGO 的黏附性。我们一般认为，通过添加像钇或者镱这样的元素会影响氧化铝的增长机制，从而减少 TGO 中的残余应力，提高黏附性，延长 TBC 的寿命（Jones，1996）。

铂优化过的铝化物涂层（例如 PtNiAl）一般通过第一电沉积将铂沉积到高温合金零件中，然后在富含铝的空气中退火。在之后的步骤中，当镍从它与铝和铂反应生成的 PtNiAl 涂层中扩散出去时，铝会扩散到合金的表面。

当暴露在高温氧化环境中（作为航空发动机来使用）时，黏结层通常会形成 $\alpha$-$Al_2O_3$。这种热增长氧化具有很低的氧扩散，从而进一步减缓底部材料的氧化。TGO 的形成和增长一般伴随着 TBC 系统的失效。失效的标准由时间和温度所导致的 TGO 临界厚度来衡量。

## 2.3　顶部涂层

### 2.3.1　总论

顶部涂层的主要作用是对底部组件提供热保护，这在涡轮设计术语中叫低导热率材料。另外，理想的顶部涂层材料还应该具有高耐热降解性（在燃烧的气体环境中保持稳定）、与 TGO 的热力学相容性以及相匹配的热膨胀系数等其他属性（Schulz 等，2003）。陶瓷材料的热膨胀系数不能和基底相匹配时，顶部涂层就会被设计具有高应变耐受性以减少因应变失配产生的应力。应变合规的重要性如图 3 所示，一些重要的 TBC 材料的热膨胀系数和对应热导率的图像被交叉绘制。

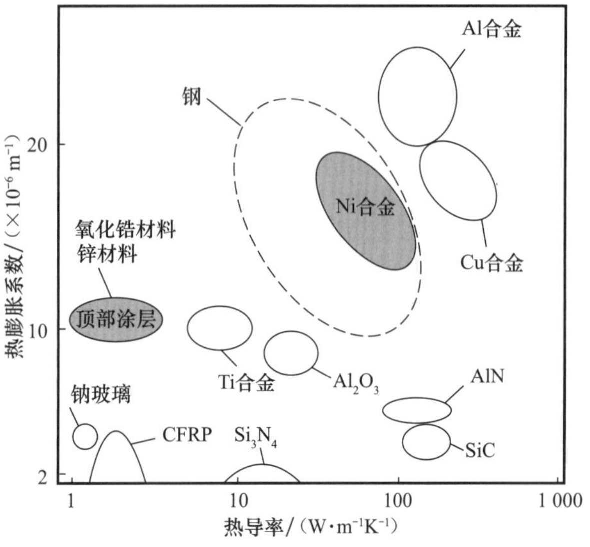


**图 3　TBC 系统主要成分的热膨胀系数和热导率**

### 2.3.2　发展历史

最早应用于航空领域的涂层包括熔块釉和氧化铝。由于种种原因（熔块釉的低熔点和应变耐受性以及氧化铝的相变和相关的开裂等），这些材料已不适合作为先进的热障涂层材料。氧化锆，一种具有低热导率和较高热膨胀系数的材料（可作为 TBC 工程应用的材料），也会发生相变。立方萤石相（C-$ZrO_2$）在高温下很稳定，但是在 2 730 ℃以下会变成四方晶相。四方晶相（t-$ZrO_2$）在 1 100 ℃以内很稳定，但当经历无扩散马氏体相变后会变为单斜相（m-$ZrO_2$），并伴随着 4% 的体积变化。这将严重影响涂层的稳定性，因为由体积变化产生的应力可能导致涂层开裂。为了避免这种灾难性的变化，在此以前一般会添加异阶氧化物。例如，CaO、MgO 和 $Y_2O_3$。等离子喷涂 $ZrO_2$ 开始含有 12%～20% 比重的 $Y_2O_3$，再将 $Y_2O_3$ 的含量修改为 6%～8% 以获得无与伦比的热循环寿命（Miller，1987）。氧化锆通过上述添加 $Y_2O_3$ 的方法来保持稳定性也被称为氧化钇稳定的氧化锆或者缩写为 YSZ。该组合物具有如此卓越的热循环寿命的原因依然有待研究。亚稳四方相（目前已知的），一般也被称为非可变形的四方晶相，即使在 1 400 ℃的环境中也具有长期稳定性（Clarke 和 Levi，2003）。除了产生一种亚稳相，等离子喷涂和后来的由孔洞组成的 EB-PVD 顶部涂层进一步加强了热障涂层的实用性，从而减轻了其在热循环过程中产生的应力。除了应变容忍度外，空隙也有效地降低了热传导和顶部涂层的质量，从而减少了寄生重量。

### 2.3.3　热传导机制

未来发动机高效设计的关键因素就是降低穿过陶瓷顶部涂层的热量。电绝缘材料，如氧化锆，只允许通过声子和光子传输热量（在高温下），它们的散射能有效降低热传导。陶瓷 TBC 的热传输机制在图 4 中已经给出总结。拜德所得出的声子和格波（$\kappa_{ph}$）对热传导的贡献可表示为：

$$\kappa_{ph}=\frac{1}{3}cV\lambda_{ph} \tag{1}$$

式中，$c$ 为单位体积的比热；$V$ 为声子速度；$\lambda_{ph}$ 为声子的平均自由程。

另外，从式（1）我们可以得出，减少声子散射的平均自由程可以降低热传导。YSZ 的异常低

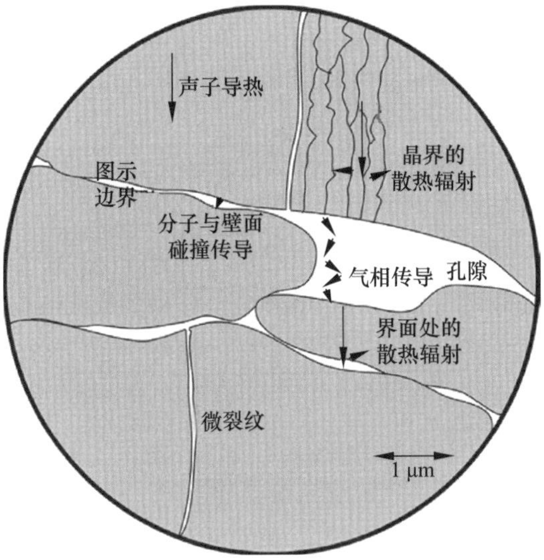


**图 4　在氧化锆面漆的传热机制**

来源：Golosnoy、Cipitria 和 Clyne，2009

的并且几乎与温度无关的热导率一般归因于其接近原子间距的极短的声子平均自由程（Clarke 和 Levi，2003）。未来的发动机设计要求更高的涡轮入口温度，因此了解控制元件辐射的因素十分重要。尽管 YSZ 对于波长为 0.5～5 μm 的热辐射显著，但 1 250 ℃时通过涂层的辐射传热仍然能达到总热通量的 10%左右（Nicholls 等，2002）。这种基于辐射的贡献可表示为：

$$\kappa_{rad}=\frac{16}{3}\sigma n^2 T^3 \lambda_{rad} \tag{2}$$

式中，$\sigma$ 为斯蒂芬-玻尔兹曼常数；$n$ 为折射率；$T$ 为绝对温度；$\lambda_{rad}$ 为光子的平均自由程。

当散射（由于微观结构的存在）增加时，光子的平均自由程会减小。如果辐射渗透深度比微观结构特征尺寸（如晶粒或孔隙）大得多，晶界和孔隙就会变成活跃的散射中心。精细的微观结构因此往往会增加散射和减少传播。减少热辐射传导的另一种有效手段是引入一个反射面层。

### 2.3.4　不同的顶部涂层组合物

减小声子的平均自由程、降低声子速度或者降低材料密度均可以降低 TBC 材料的导热系数。改变材料的声子速度很困难（因为它依赖于晶格刚度），因此通过增加材料散射中心的数量来降低声子的平均自由程就很具有实际可行性。散射中心包括空位、位错、晶界和其他声子。不同半径的离子和原子（例如，二元和三元加法）也可以通过增加结构的复杂性和造成局部晶格变形来散射声子（Winter 和 Clarke，2007）。

由于晶界散射是降低热导率的外在机制，因此许多研究人员都主张使用纳米颗粒材料来降低热导率。然而，证据显示，由于高浓度的点缺陷，晶粒尺寸降到 70 nm 以下时热导率不再受到晶粒尺寸的影响（Clarke 和 Levi，2003）。这表明晶界散射的重要性取决于存在多少其他类型的散射中心。此外，由于在工作条件下可能出现晶粒生长，故一些初始晶粒尺寸为几纳米的 TBC 材料也会失去优势（Paul 等，2007）。

高浓度点缺陷的存在可能导致独立于温度的热导率。我们已经发现，在高浓度点缺陷材料如 YSZ 中特征逆温（1/$T$）消失，如图 5 所示。然而，通过提高缺陷浓度所导致的热导率的降低并非单调，因为在足够高的浓度下，点缺陷会出现局部排序。有趣的是，m-$ZrO_2$ 不包含任何稳定剂，因此没有相关结构的点缺陷，显示出了经典的特征逆温依赖性。值得注意的是，m-$ZrO_2$ 的热导率比 t-$ZrO_2$［2.8 W/(m·K)］和 C-$ZrO_2$［2.2 W/(m·K)］都高。

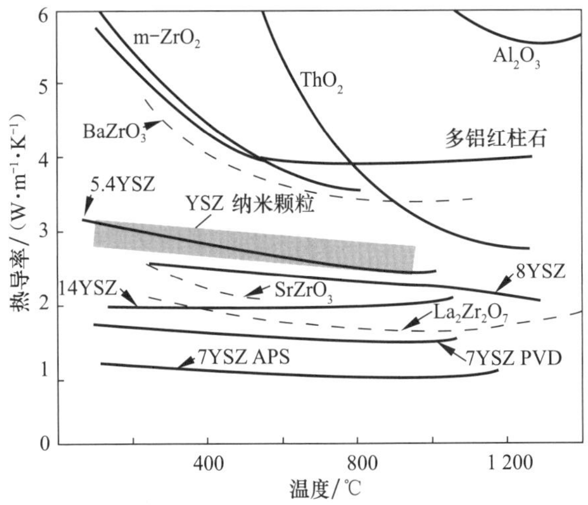


**图 5　一些应用于 TBC 顶部涂层的氧化物陶瓷的热导率**

来源：Clarke 和 Levi，2003；Evans 等，2001；Raghavan 等，1998；Vassen 等，2000

最近，科学家们（Vassen 等，2000；Winter 和 Clarke，2007）已经将氧化锆作为 TBC 的候选材料。他们报道说，Gd［$\kappa$～1.6 W/(m·k)］、La［$\kappa$～1.6 W/(m·k)］和 Sm［$\kappa$～1.5 W/(m·k)］的致密稀土锆酸盐的热导率在 700 ℃时比 8YSZ 要低。所有这些烧绿石结构锆都没有结构性空位，因此这些材料低热导率的原因仍然有很多不确定性。Nicholls 等（2002）在添加了 4%摩尔比 $X_2O_3$（其中 X=Gd，Nd 或 Yb）的 $ZrO_2$ 中也发现了类似的热导率降低。

尽管已经测量了大多数具有不同成分和微观结构的涂层的热导率，但很难区分稳定掺杂剂的影响以及稳定剂导致的密度变化，也没有材料不纯对TBC热导率影响的系统报道。由于没有被广泛接受的理论，科学家们正在试图通过使用不同的稳定剂或者混合多种稳定剂来降低氧化锆的热导率。克拉克和他的同事们（Clarke 和 Levi，2003；Winter 和 Clarke，2007）正在试图提供为 TBC 选择低热导率材料的评判原则。他们提出，典型的 TBC 材料应该具有大原子体积和低弹性模量。虽然有学者认为可以通过控制涂层的成分来降低热传导（Winter 和 Clarke，2007），但是人们同样关心在这种成分下 TGO 是否具有像混有 6%～8% 比重 $X_2O_3$ 的 $ZrO_2$ 那样的热力学稳定性和热循环寿命。在将来，也许会有一些成分显示出适合作为 TBC 材料的潜在性能，但是所有的这些材料都具有非晶限制（这意味着晶格电导率不会比相应的无定型结构的电导率低），即未来只能通过将一些像多孔性这样的特性植入材料中来降低热导率。

## 3 热障涂层中的孔结构



### 3.1 介绍

所有的热障涂层材料，不论是等离子喷涂还是电子束物理气相沉积热障涂层，都被设计成孔结构。孔结构不仅可以通过减少固体中的高热导通路来降低热导率，还可以使顶部涂层更加贴合，从而增强应力耐受性。热障涂层的性能不仅取决于总的孔隙度，还由孔隙的取向和分布情况所决定（Schlichting、Padture 和 Klemens，2001）。热稳定性的情况如图 6 所示。

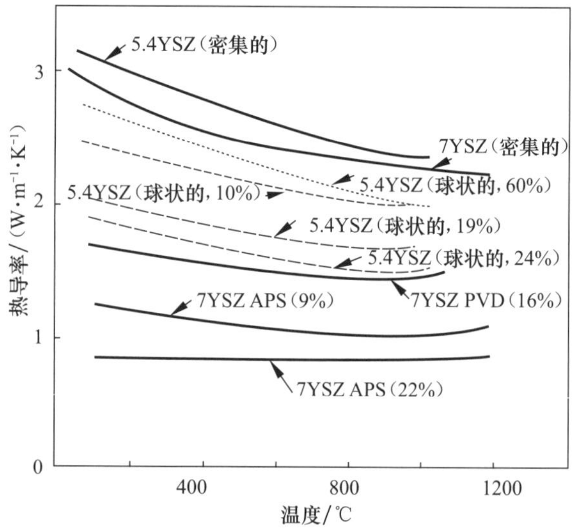


**图 6 由不同工艺制成的一些氧化锆的热导率，显示出了孔隙和孔结构的影响。孔隙的几何形状和孔隙率见括号内**

来源：Clarke 和 Levi，2003；Raghavan 等，1998；Schlichting 等，2001

### 3.2 等离子喷涂热障涂层

等离子喷涂陶瓷是由通过熔融或半熔融原料颗粒快速凝固在基板上或先前的沉积颗粒上形成的扁平的板条（它的直径和厚度取决于粉末特性和喷涂参数）所构成。快速冷却的微粒会生成亚稳相和被层间孔隙、未熔融颗粒周围的孔隙和裂缝分离开的复杂板条状微观结构。在等离子喷涂陶瓷材料中可以观察到两种不同的孔隙系统（图 7），它们是：①跨板条孔隙，气孔大多平行于基底表面；②板条内微裂纹，裂纹状细孔大多垂直于基底表面。也有不属于上述任何一种类型的球状孔隙。等离子喷涂氧化锆的总孔隙率水平取决于喷涂条件，但一般在 10%～20%（Kulkarni 等，2003）。

垂直于热流方向的跨板条孔隙可将 PS 顶部涂层的热导率减少到完全致密 WSZ 的 50%以下。板条内微裂纹、孔隙和弱板条间结合的存在都将导致宏观弹性模量降低（7～35 GPa），这将转化为高应变承受能力。这些特点将导致低弹性模量和低热导率（即使是相对时间很短的热处理）。

### 3.3 电子束物理气相沉积热障涂层

EB-PVD TBC 的微观结构通常为存在间隙的柱状晶体（直径为 2～10 μm），方向垂直于基底表面。这些柱状晶粒超出了等轴晶区，通常很接近分界面。由于晶粒形态上的差异，故在这些涂层上存在密度差异。EB-PVD 操作导致了柱状内和柱状间的孔隙。孔隙在这些涂层的主要形式为柱状间的通道（例如，柱间的孔隙）。在柱状晶粒内，可以看到 100 nm 的孔隙。孔隙率的水平，就像在 PS TBC 中那样会在 12%～18%波动。

柱状晶粒的微观结构，虽然增加了面内的依从性，但对降低热导率效果不大。面内依从性似乎会随着密度改变，并且会在顶部涂层/黏结涂层接缝处达到最大值。这种变化可能是不同研究者所得到的杨氏模量不同的原因。孔隙的存在在一定程度上

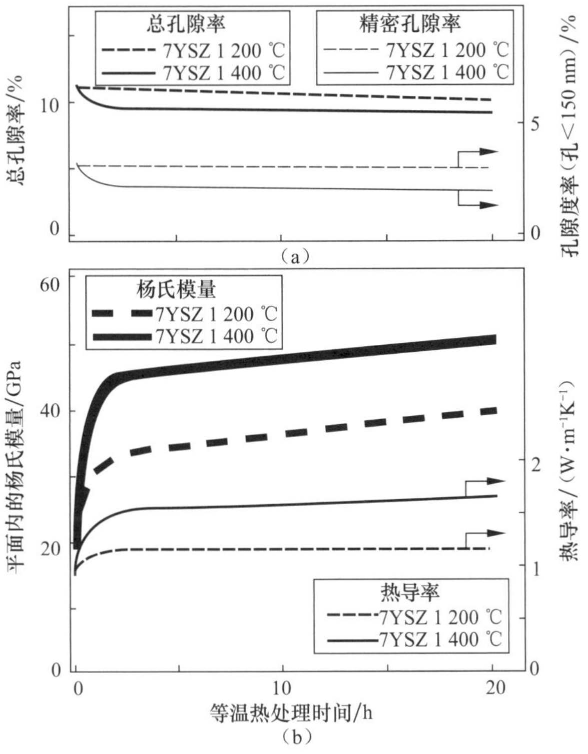


**图 7 等温热处理对各属性的影响**

(a) 孔隙率；(b) APS 顶部涂层的热性能和机械性能

降低了热导率，但不会像 APS 涂层那样有效。EB-PVD 涂层有着光滑的表面，并且通常会比 APS TBCs 涂层的热循环寿命长，因此 EB-PVD 涂层似乎更耐用。但是它比 APS TBCs 价格要高，因此通常会被应用于无法使用 APS 涂层的地方。表 1 阐明了通过这两种技术沉积的涂层性质的区别。

**表 1 YSZ TBCs 的一般特性以及它们在航空发动机中的应用**

| 特定温度/室温性能 | EB-PVD 涂层 | APS 涂层 |
|---|---|---|
| 整体平面内杨氏模量/GPa | 30～90 | 7～35 |
| 相对侵蚀速率 | 1 | 6～8 |
| 全厚度热导率/($W\cdot m^{-1}\cdot K^{-1}$) | 1.5～1.9 | 0.8～1.2 |
| 典型涂层厚度/$\mu m$ | 100～200 | 200～500 |
| 典型表面粗糙度/$\mu m$ | <1 | >8 |
| 生产成本 | 高 | 低 |
| 在飞机发动机中的应用 | 涡轮叶片、叶片等 | 燃烧室、燃料喷雾器、定子叶片等 |

# 4 失效机理

## 4.1 介绍

由于在 TBC 系统内的变化本质上与时间和温度相关，因此热障涂层表现出多种失效机理。失效主要是通过一系列的裂纹萌生、传播和聚结导致的(Evans 等，2001)。图 8 归纳了一些可能导致涂层失效的常见机制。除了扩散控制损耗和外物冲击损伤，TGO 的增长和表面涂层的降解也被认为是 TBC 失效的两个重要方面。这些机制将在下面予以讨论。

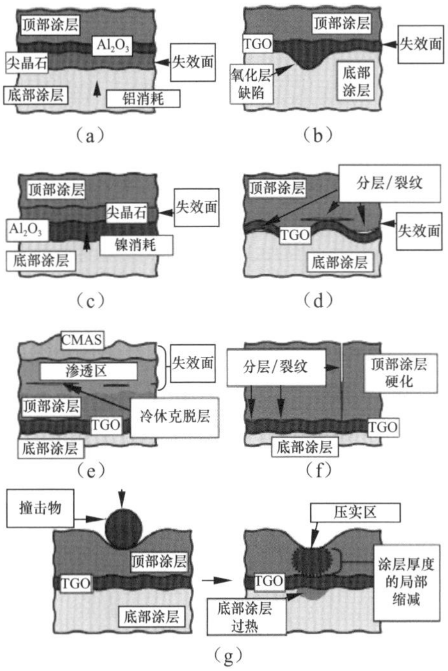


**图 8 TBC 系统的一些主要故障类别记录示意图**

(a) 黏结层的 Al 消耗；(b) 界面缺陷；(c) Ni 通过 TGO 扩散；(d) 黏结层褶皱；(e) CMAS 浸润；(f) 上涂敷烧结；(g) 外物损伤 (FOD)

转载于 Evans 等 (2001) © Elsevier



## 4.2 黏结涂层的氧化

工程上氧化锆表面涂层中的孔隙和其在高温下良好的阳离子传导性主要归功于黏结涂层的氧化。由于各种因素，如黏结涂层的成分、温度、氧分压等，氧化层可以由 $\alpha$-$Al_2O_3$、$Cr_2O_3$ 或者尖晶石相组成 (Jones，1996)。耗尽铝 (由于铝的扩散) 的黏结涂层将优先形成脆且不稳定的尖晶石。尖晶石的形成会损害氧化物的黏附，并且加快该处的氧化过程，这有时就会被认为是失效 [图 8 (a) 和 (c)]。一般地，当氧化物增加时，底部涂层所施加的约束会导致压应力的增加 (Busso 等，2007)。在冷却时应力变化会导致细小的裂纹并导致 TGO 上或其附近脱核。一旦形成，微裂纹就会扩张并且相互连接。当一个足够的区域上出现脱黏时，该区域的涂层就会从基板上剥落，从而导致失效

(Evans 等，2001)。我们经常引用 TGO 的临界厚度（4～10 μm）来试图使 TBC 的氧化失效合理化。然而，这似乎和涂层的应用并没有关系，因为它是在绝热条件下通过对涂层的测试获得的。在循环氧化时，黏结涂层往往会出现表面粗糙。有时被称为“揉皱”或“扇形”[图 8（d）]，涂层的变形使得 TGO 的压应力能够释放其应变能（Tolpygo 和 Clarke，2000）。这种不稳定性将会在 TGO 裂纹萌生区域产生显著的离面应力（Evans 等，2001）。随着裂纹如前述情况增长，TBC 系统将会失效。

尽管和黏结涂层的氧化行为有关，但热障涂层的失效（尤其是在热循环条件下）既不是临界厚度问题，也不是铝的大量扩散损耗的问题。

### 4.3 顶部涂层的退化

使得顶部涂层脱落的主要驱动力是 TBC 系统各层间释放所储存的应变能。顶部涂层所储存的应变能和平面内杨氏模量呈线性关系，但由于之前所述的原因参数很难确定，尤其是对于 EB-PVD 顶部涂层，所以对 APS 顶部涂层来说，烧结导致杨氏模量提高两倍 [图 7（b）]，这也将导致顶部涂层储存应变能增加相同的倍数。当应变能释放时就会导致顶部涂层或其附近/TGO 平面或垂直于该平面 [图 8（f）] 裂纹的增长。此外，积累、熔化与钒酸盐及钠的硫酸盐（来自燃料）和钙铝硅酸盐（来自大气颗粒物的 CMAS）在工作温度下渗透进多孔的顶部涂层都将导致腐蚀性损害。钒酸盐和硫酸盐往往与热腐蚀相关，CMAS 则会增加涂层的刚度，这将增加停机时涂层脱落的概率。这种现象也被称为“冷休克脱层”，如图 8 所示。迄今为止，由于在航空航天工业中使用清洁燃料的原因，热腐蚀在 TBC 发展中很少被提及。

### 4.4 导致失效的其他因素

颗粒侵蚀和 FOD 是与发动机运作有关的失效机制。一般地，两种机制都是由于在飞行过程中发动机吸入颗粒而导致材料脱落的。小颗粒会引起顶部涂层的侵蚀和脱落，大颗粒则可能诱发变形，压缩顶部涂层并使其开裂（Gleeson，2006）。由上述机制所诱发的顶部涂层的变薄将会加速黏结涂层的氧化，从而导致涂层失效 [图 8（g）]。

近期发现的另一种因素是黏结层的表面粗糙度。TBC 系统在热循环时的应力分布会受到黏结涂层表面粗糙度的影响。与粗糙黏结涂层转化为分离氧化物相关的体积膨胀将导致平面拉伸应力的积聚。这些应力预计将会在氧化粗糙间达到最大，并且可能导致细小亚临界裂纹形核。进一步的分层将在冷却过程中通过多孔分离氧化物中裂纹的扩展和类裂纹缺陷的增长而出现。粗糙的黏结涂层将会加剧裂纹的成核和扩展（Taylor、Pragnell 和 Evans，2008)。降低表面粗糙度将会使得 TBC 系统的工作寿命提升一个数量级。

### 4.5 热障涂层的寿命预测

由于热障涂层的高风险性，因此存在对涂层寿命预测的一般趋势。这可以通过正确解读相关微观结构与工作环境信息的数据和模型来完成。目前，由于缺乏在某些情况下的相关知识和对工作时热障涂层的物理、化学和机械性能（以及它们的组合）复杂变化的了解，因此还无法获得一个全面的模型。由于缺乏这样一种模型，故以氧化为基础的模型已被确定为主要机制。这种模型的建立主要依靠绝热测试所获得的氧化动力学数据，这种通过经验因素修正的模型限制了它在寿命预测上的可靠性。

另外，基于断裂力学的模型主要考虑在 TGO 附近复杂的应力分布所导致的裂纹变化和增长。当应力达到某个值时，就被认为失效。这种简单做法的缺点是它是对 TBC 系统中独立于时间与温度的力学和物理性能变化的总结。一种组合模型方法也许适合 TBC 寿命这类复杂情况（Busso 等，2007；Evans 等，2001；Taylor、Pragnell 和 Evans，2008)。这种模型的最终目的是提供工程应用中基于机制的方法。同时，增加对服务环境和失效机制的理解，对问题会有有益的启示，最终将得到更透彻、更可靠，并且在技术上更可行的模型（Padture、Gell 和 Jordan，2002)。

## 5 前景展望

不断提高的材料和工艺将在探索下一代热障涂层中起重要的作用，很难预测未来什么材料将会取代 YSZ。近几十年来，人们一直在探索这种可替代材料，但是困难重重。钴稳定涂层相比于 YSZ 具有较短的寿命，大多数的烧绿石锆酸盐则和 TGO 热力学不兼容（Clarke 和 Levi，2003)。近几年发现的材料，如 $La_2Mo_2O_9$ 和铌钨，由于它们的低热导率（图 9）而被关注。然而，我们对它们的相平衡、热循环寿命、热机械稳定性和与 TGO 的热力学兼容性了解很少（Winter 和 Clarke，2007）。这些问题都需要像 TBC 那样在应用前得到回答。

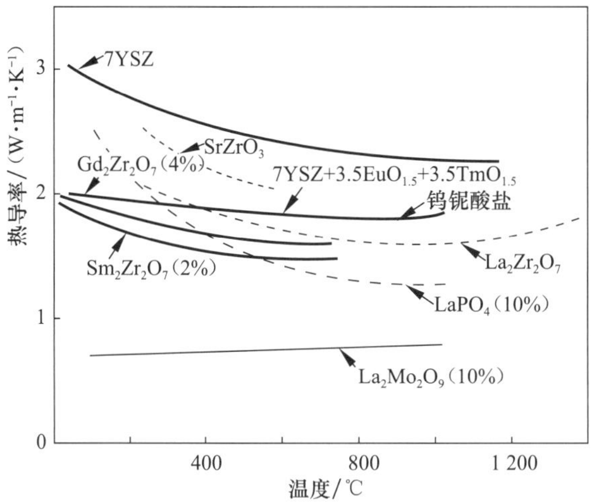


**图 9　一些密集的新型面漆材料的热导率比较**

图中显示密集 7YSZ 的导热系数，括号中的数字表示孔隙率

来源：Clarke 和 Levi，2003；Raghavan 等，1998；Vassen 等，2000；Winter 和 Clarke，2007

传统降低热传输的方法是通过增加孔隙的体积分数来制作复合结构材料的。孔结构热导率的灵敏度已经被几位研究人员通过修改气相沉积工艺参数得出。其中包括在沉积过程中改变压力和与源的距离、应用间歇的等离子体来调节密度（又称为分层的 TBC）、操纵基板以在定向倾斜的柱间孔隙内产生锯齿形图案，从而有效地降低整个涂层的热传导率。根据 Nicholls 等（2002）的报道，它可以使得分层结构比传统的 EB-PVD TBCs 降低 40%。根据 Hass、Slifkia 和 Wadley（2001）的报道，具有锯齿形状的应用于气相沉积的热障涂层，具有接近于传统的 APS TBCs 工艺的热导率。这些很可能是减少热传导的有效策略，但它们的服务性能仍有待探索。

很多理论建议使用纳米孔径的顶部涂层来增加散射并减少其周围的热量传输，其中可能沉积态就是这样。然而，这种热导率降低的外在形式问题是，在工作时这种具有低热导率和高应变承受能力的适当的孔隙会由于烧结而急剧降低，如图 7（a）所示（Paul 等，2007）。因此，使用粗糙的、分层的和具有锯齿状孔隙的顶部涂层被认为比较理想。我们希望 TBC 系统在工作时不会失效，使用多层涂层似乎是一个很好的选择。顶部涂层的多层法包括旨在减少与环境或系统的其他组件相互作用的离散层。黏结涂层和高温合金的相互扩散、氧化、热腐蚀，以及 CMAS 的渗透通过几个例子被认为会导致 TBC 失效。鉴于上述情况，黏结层和高温合金之间的扩散阻挡与用来提高 TBC 寿命的顶部涂层表面的去湿润层显然都很有用。为了减少涡轮工作时热量的传输，原则上可在外表面使用反射层或在外部使用具有高反射率的多层膜。这些想法的实现如图 10 所示，需要显著提高对材料的认识和加工技术，但是在这一点上根本的研究障碍并不明显（Levi，2004）。

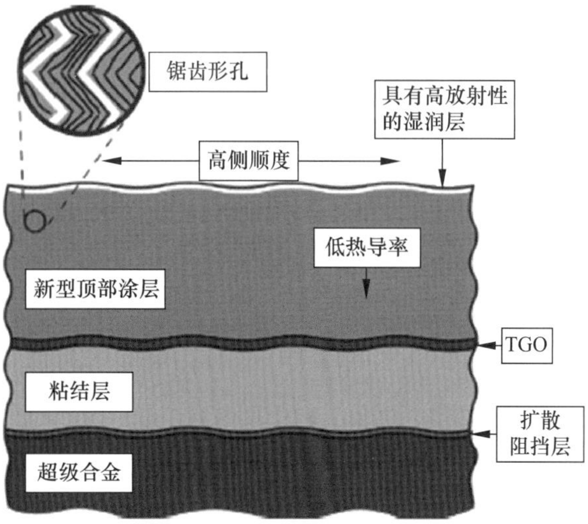


**图 10　下一代 TBC 系统原理图**

很显然，下一代航空发动机的热障涂层材料将继续发展下去，并且会结合成分、结构和加工工艺来实现。在寻找能够替代 YSZ 材料的同时，我们必须将注意力集中在热障涂层的操作参数、工作环境和内在工作属性间的相互作用上。最后，我们仍强烈需要通过工业界和学术界有关专家的共同努力来了解 TBC 的最终失效机制，并且开发新的技术，特别是在不破坏的情况下监测其降解及估测其剩余寿命。

## 致谢

作者衷心地感谢 T. W. Clyne（Cambridge）教授、H. E. Evans（Birmingham）教授和 D. R. Clarke（Harvard）教授的讨论和指导。作者还特别感谢 Dr. I. O. Golosnoy （Southampton）、 Dr. R. V. Kumar（Cambridge）、Ms. L. Dumper（TWI）和 Ms N. Ibarra-Gonz'alez（Cambridge）的支持。

## 备注

(1) 通常在黏结涂层或顶部涂层的后续沉积过程中，会形成一个很薄的氧化层（有时候为几百纳米），然而这并不是 TGO。

(2) $CeO_2$（非异价氧化物）如果添加足够量的话，通过在原位置形成 $CeO_3$（异阶氧化物），可以稳定立方氧化锆相。

(3) 在 FOD 中应用外物会产生误导，物体对涡轮部分顶部涂层的频繁撞击是 TBC 从发动机燃烧器部分脱落的主要原因。

## 符号/记号列表

| | |
|---|---|
| $\kappa_{ph}$ | 声子对热导率的影响值 |
| $\kappa_{rad}$ | 辐射对热传导的影响值 |
| $c$ | 单位体积的比热 |
| $V$ | 声子速度 |
| $\sigma$ | 斯蒂芬-波尔兹曼常数 |
| $n$ | 折射率 |
| $T$ | 绝对温度 |
| $\lambda_{ph}$ | 声子的平均自由程 |
| $\lambda_{rad}$ | 光子的平均自由程 |



## 相关章节

第 4 卷第 186 章
第 4 卷第 192 章
第 4 卷第 193 章
第 4 卷第 194 章

### 参 考 文 献

Busso, E. P., Wright, L., Evans, H. E., McCartney, L. N., Saunders, S. R. J., Osgerby, S. and Nunn, J. (2007) A physics-based life prediction methodology for thermal barrier coating systems. *Acta Mater.*, 55, 1491-1503.

Clarke, D. R. and Levi, C. G. (2003) Materials design for the next generation thermal barrier coatings. *Annu. Rev. Mater. Res.*, 33, 383-417.

Evans, A. G., Mumm, D. R., Hutchinson, J. W., Meier, G. H. and Pettit, F. S. (2001) Mechanisms controlling the durability of thermal barrier coatings. *Prog. Mater. Sci.*, 46, 505-553.

Gleeson, B. (2006) Thermal barrier coatings for aeroengine applications. *J. Propul. Power.*, 22, 375-383.

Golosnoy, I. O., Cipitria, A. and Clyne, T. W. (2009) Heat transfer through plasma-sprayed thermal barrier coatings in gas turbines: a review of recent work. *J. Therm. Spray Technol.*, 18, 809-821.

Hass, D. D., Slifkia, A. J. and Wadley, H. N. G. (2001) Low thermal conductivity vapor deposited zirconia microstructures. *Acta Mater.*, 49, 973-983.

Jones, R. L. (1996) Thermal barrier coatings, in *Metallurgical and Ceramic Protective Coatings* (ed. K. H. Stern), Chapman and Hall, pp. 195-235.

Kulkarni, A., Vaidya, A., Goland, A., Sampath, S. and Herman, H. (2003) Processing effects on porosity-property correlations in plasma sprayed yttria-stabilized zirconia coatings. *Mater. Sci. Eng. A Struct.*, 359, 100-111.

Levi, C. G. (2004) Emerging materials and processes for thermal barrier systems. *Curr. Opin. Solid State Mater. Sci.*, 8, 77-91.

Miller, R. A. (1987) Current status of thermal barrier coatings—an overview. *Surf. Coat. Technol.*, 30, 1-11.

Nicholls, J. R., Lawson, K. J., Johnstone, A. and Rickerby, D. S. (2002) Methods to reduce the thermal conductivity of EB-PVD TBCs. *Surf. Coat. Technol.*, 151-152, 383-391.

Padture, N. P., Gell, M. and Jordan, E. H. (2002) Thermal barrier coatings for gas-turbine engine applications. *Sci.*, 296, 280-284.

Paul, S., Cipitria, A., Golosnoy, I. O., Xie, L., Dorfman, M. R. and Clyne, T. W. (2007) Effects of impurity content on the sintering characteristics of plasma-sprayed zirconia. *J. Therm. Spray Technol.*, 16, 798-803.

Raghavan, S., Wang, H., Dinwiddie, R. B., Porter, W. D. and Mayo, M. J. (1998) The effect of grain size, porosity and yttria content on the thermal conductivity of nanocrystalline zirconia. *Scripta Mater.*, 39, 1119-1125.

Schlichting, K. W., Padture, N. P. and Klemens, P. G. (2001) Thermal conductivity of dense and porous yttria-stabilized zirconia. *J. Mater. Sci.*, 36, 3003-3010.

Schulz, U., Leynes, C., Saruhan, B., Fritscher, K., Peters, M., Saruhan-Brings, B., Lavigne, O., Dorvaux, J. M., Poulain, M., M′ evrel, R. and Caliez, M. (2003) Some recent trends in research and technology of advanced thermal barrier coatings. *Aerosp. Sci. Technol.*, 7, 73-80.

Taylor, M. P., Pragnell, W. M. and Evans, H. E. (2008) The influence of bond coat surface roughness on chemical failure and delamination in TBC systems. *Mater. Corros.*, 59, 508-513.

Tolpygo, V. K. and Clarke, D. R. (2000) Surface rumpling of a (Ni, Pt) Al bond coat induced by cyclic oxidation. *Acta Mater.*, 48, 3283-3293.

Vassen, R., Cao, X., Tietz, F., Basu, D. and Stover, D. (2000) Zirconates as new materials for thermal barrier coatings. *J. Am. Ceram. Soc.*, 83, 2023-2028.

Winter, M. R. and Clarke, D. R. (2007) Oxide materials with low thermal conductivity. *J. Am. Ceram. Soc.*, 90, 533-540.

## 扩展阅读

ACerS (ed.) (2009). *Progress in Thermal Barrier Coatings*, Wiley.

本章译者：宋豪鹏，宋坤（南京航空航天大学航空宇航学院）

# 第 199 章

## 寿命预测方法和组件的分类：方法概论

Jeffery W. Brooks[1]，Paul H. Tranter[2]
1 斯特拉斯克莱德大学，格拉斯哥，英国
2 QinetiQ 公司，航空咨询，范堡罗，汉普郡，英国



### 1 引言

如果应用到飞机上的燃气涡轮发动机的一系列组件出现故障的话，飞机就会发生危险。它们包括典型的旋转组件，如盘垫片、集线器和压缩机与涡轮机的轴。还有静态部分，如燃烧室外壳也需要考虑。这些部分通常由可承受的启-停压力循环次数给出寿命限制。而对于军事应用来说，情况稍有不同，军事应用的要求往往苛刻并且多变，所以每个架次的类型被假定为使用多个参考（等效起止）周期。尽管各种发动机制造商使用的确切方法不同，各个国家的军用民用条令也不同，但是他们都有一个共同的目标：达到高水平的适航性与安全性。

在过去的 10 年间，对保证美国民事法规（Federal Avration Administration，FAA，2009）和欧洲民事法规（European Avration Safety Agency，EASA，2009）（由多个成员国的国家监控机构演变而来）间具有尽可能多的共性已经做了相当大的努力。这实际上导致了规章的不规范，因为他们允许申请者使用不同的方法，提供给认证机构批准。相反，现在的法规包含一个更广阔的范围，通常需要各种计划，比如设计、制造，并提供服务等。这也存在一定的变更，主要是在欧洲，以尽可能地协调军事法规与民用之间的一致，除非是军事应用上必需的规则，比如说导弹尾焰的摄入。这对运载机和直升机来说并不困难，但成为高速喷气式飞机和跨国项目的一项挑战。

虽然许多对于固定翼飞机燃气涡轮发动机的法规也同样适用于旋翼飞机，但对有关如何安装发动机、操作和控制，后者有额外的要求。对于无人机推进系统适航性需求的讨论一直都在进行，尽管没有工作人员或者乘客，但是当发动机在陆地上运转的时候操作人员经常就在附近。无人机接近或越过人口密集区域时也需要对推进系统实施相应的安全标准。

### 2 组件的分类

燃气涡轮发动机内有许多组件，有些组件如果功能不齐全可能会导致其性能降低，但是不会直接危及飞机或者乘客。这些组件通常称为“接通条件”部分，在必要的时候可通过维修计划进行检测和替换。如上所述，一旦失效可能危及飞机以及乘客的部分被称为“关键”或“断裂关键”部分，在美国民事法规中为“发动机有限寿命部分”。这些关键部分有时被再次细分为安全关键部分、任务关键部分或者耐用性关键部分。各种法规要求受到各种可被释放的个体叶片的遏制，但是有些叶片有固定的寿命，因而有时会被归入 B 组并且将断裂临界部分归入 A 组。不同制造商在定义军用和民用时的名称各不相同，但意图是相似的，就是确保发动机灾难性失效的风险是“微乎其微”的。显然，在一个只有一个发动机的飞机上损失一个运行正常的发动机，不论什么原因，通常其风险均远高于有多个发动机的飞机，所以有些危害根据不同的实际情况可以有不同的分类。而安全分析和失效模式及影响分析或其等价分析将考虑可能发生的不同事件

的组合、完整性和关键部位零件的法规，以致力于降低这些零件成为主要危险源的风险。

# 3 寿命预测方法

旋转部分的机械完整性是通过在一个旋转平台上运行整个发动机进行一系列操作测试和单个组件的超速测试来确定的。前者是检查发动机是否处于正常的操作状态，后者是确认转子等是否可以维持其完整性，比如涡轮机和压缩机之间轴的失效。还可以对其他组件进行测试，用以评估新材料、生产过程、自旋和设计功能。但往往是确定基本几何形状，然后针对旋转转机，而不是对发动机进行优化。

纵观历史，重要的旋转部件［主要是由于低循环疲劳（LCF）］的使用寿命，是基于将确定性方法应用于具有代表性的测试数据。LCF寿命测试数据是在通用旋转平台上基于产品现实的压力和温度得到的，然后将其作为进行安全级别维修的依据。

由于设计、制造、验证和积累航空燃气涡轮发动机的服务经验需要很长的时间，因此这种增加寿命的方法往往是保守的，并且是很少改变的。使用新材料和设计并且变换方法所需的费用也相当高。

就像降低发动机重量和高温操作能提高效率一样，性能以外的因素也可以影响其寿命，比如爬行、热疲劳、微震磨损等。无论如何，当前大多数影响寿命的方法均无法量化其不确定性，因此新的方法正在开发中（第4卷第199章第3.7节）。使用新材料、加工方法，设计特点也要求提高寿命的设计方法要比以前更加先进。以下部分描述了各种提高寿命的方法及技术大纲的使用和假设。

## 3.1 安全寿命

传统增加安全寿命（第一次寿命裂缝）的方法基于裂纹萌生寿命估算并主要应用于圆盘。它被定义为发生表面长度为0.75 mm（0.030 in）的半圆形裂缝的时间（也称为工程裂缝）。该方法基于接近服务条件的代表部分的旋转测试和假设所有的组件无缺陷地服务。同时，还假设疲劳的分布数据是对数的正态分布，并且在$-3\sigma\sim+3\sigma$的故障分布因子为6（图1）。适当的因子（图2）用于测试数据，以确保在置信度为95%时进行安全循环寿命预测的750个盘中出现工程裂缝的盘数不超过1。从出现工程裂缝到失效（通常认为是50%的初始寿命）还提供了一个额外的（隐形）安全系数。

这种方法已使用了几十年，并且它的示范性安全记录具有较少的涡轮盘失效。然而，它所基于的一些假设限制主要应用在通过（或接近）先前的经验、采用标准的方法所制造的传统材料上。虽然能够达到所需的安全级别，但这种方法限制了先进材料、加工技术和发动机设计等方面的进步所带来的优势。几十年来，自旋坑测试变得非常昂贵并且耗时，尤其是随着组件寿命的稳步增加。获得高安全级别的必然结果是高成本，特别是约50%的盘在服役不到其安全寿命一半时就退出服务。 303

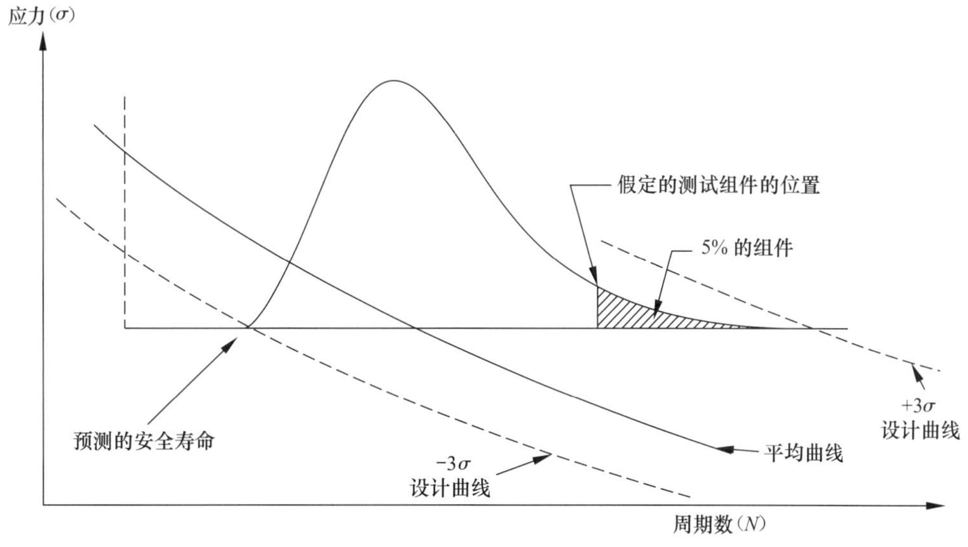


图1 增加寿命过程的原理

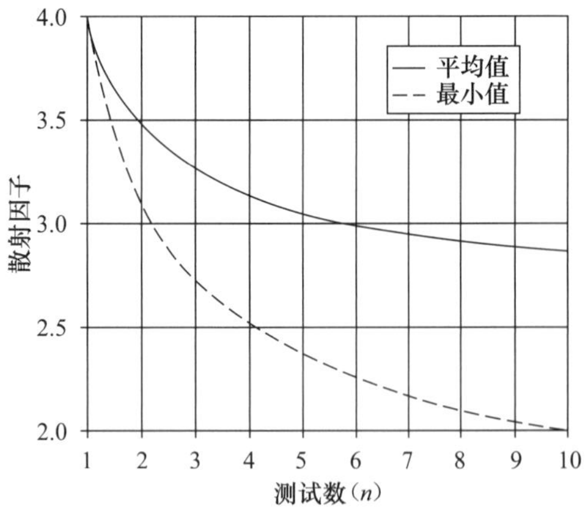


**图 2　样本大小对因子的影响，此因子用于在旋转坑测试中计算“安全寿命”**

这种方法的一个缺点是当使用旋转坑测试数据时通常只能识别一个临界区域或者特征。然而，由于制造或者操作的变化，任何组件都可能有数个区域成为临界特征。因此，使用某种服务和健康监视系统识别某个组件一系列的关键特征并追踪其寿命的方法变得越来越平常。当任何特征到达其寿命极限时组件就要退出服务。

传统的安全寿命条例的成就包括发布预测寿命的比例，通常为 50%，然后在一个旋转平台上检测第一个组件失效的寿命。进一步的旋转测试也会在第一个组件进行，并达到预测的安全循环寿命的 75%。这些测试的目的是验证预测的寿命，释放下一个组件的寿命增量，以及检查任何不可预见的影响寿命的因素，比如腐蚀。其缺点是使用寿命历史必须完全已知，其往往难以结合使用寿命消耗以及在旋转设备中积累的周期。这种旋转测试已经被通过实施服务或者寿命管理计划、定期审查组件及其与寿命相关的所有信息所取代。为了支持这些审查和声明的寿命，许多组件在寿命的 1/3、1/2 和一个寿命周期时都会被检查。由于开裂的概率极小，故这些检查主要是寻找一些难以预料的因素，如腐蚀和磨损。然而，在为了支持寿命延长计划而检测舰艇发动机时却发现了裂纹。



这种方法被用来展示理想的安全水平，在几百万小时的飞行时数中只出现一次圆盘失效，并且这种趋势正在持续改善。然而，随着发动机及其设计变得更加先进，许多局限性变得很明显；随着各种影响寿命的因素陆续被考虑，需要的数据也越来越多，因此确保组件的成本也在增加。一个技术缺陷是，裂纹萌生和扩展之间的关系与最新的高强度材料不同，也与一些新的导致残余压应力区的表面处理材料不同。下面描述一些可供选择的方法，这些方法还都没有得到广泛的应用及作为安全寿命标准。

### 3.2　2/3 功能异常

我们发现，在安全寿命方法中定义“失效”有一些挑战，所以它被长期功能障碍所代替，后者被定义为在该点的裂纹已达到临界尺寸（伴随迅速和不稳定的裂纹扩展）。传统材料在传统情况使用时，工程裂纹的寿命等效于 2/3 功能异常的寿命。它还具有在声明寿命与 50%失效之间保持余量的优势。

在可能的情况下，比如在某一处出现裂纹，因为它的增长将会降低应力场，故裂纹扩展速度将降低甚至停止。通过使用 2/3 异常标准很可能增加可用寿命，但是要非常小心，因为使用时每飞行单位时间裂纹扩展消耗的寿命（在参考周期中）会比裂纹萌生更高。

### 3.3　断裂力学

目前，还没有一种特别的断裂力学寿命预测方法，下面四种方法仅仅用于计算裂纹扩展速率，也可用于在发现无法预期的裂纹时进行必要的评估。现代断裂力学的基础是在第二次世界大战中由英国航空工程师 A. A. Griffith 作为一种描述脆性材料断裂的方法而提出来的（Griffith，1921）。其基本方程提出描述一个包含长为 $2a$ 的贯穿裂纹的单位厚度无限大板的应力强度因子（$K$）。

$$K = \sigma\sqrt{\pi a} \tag{1}$$

式中，$\sigma$ 为均匀（远程）的拉伸应力。自那时起，他的基本工作已经扩展到各种各样的材料和情况，并吸引了大量的研究。断裂力学的负责人引入了有限元程序来分析应力，这使得对复杂几何形状裂纹进行分析成为可能，如 Pickard（1986）。

断裂力学在许多行业都有应用，比如发电和运输业，特别是降低重量和费用以及通过了解每一个细节来提高安全的需求时。然而，由于其复杂性，完整的细节往往不会被包含在设计规范之内，因此断裂力学通常被用来验证规范并作为失效调查的一部分。

虽然疲劳裂纹增长已经为人所熟知，但对裂纹扩展规律最常用的描述由 Paris、Gomez 和 Anderson，1961；Paris 和 Erdogan，1963 得出。Paris 定律将裂纹扩展速率（$da/dV$）（如图 3 中部区域所示）描述为：

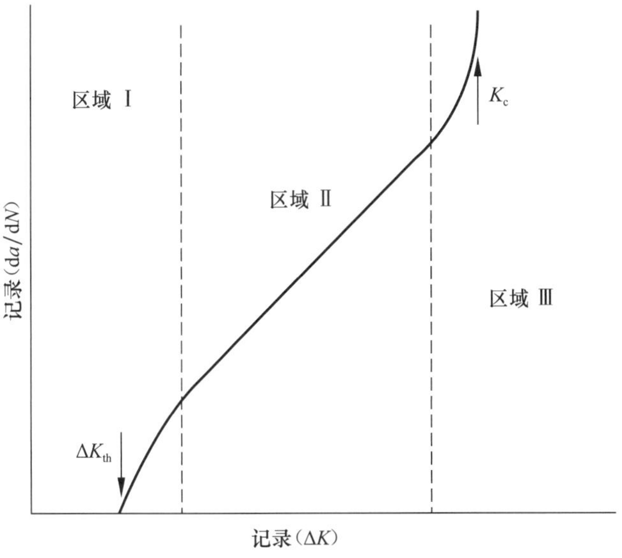


**图 3　不同阶段典型裂纹扩展原理**

$$\frac{da}{dN} = C(\Delta K)^m \quad (2)$$

式中，$C$ 和 $m$ 为材料常数；$\Delta K$ 为压强范围（即 $K_{max} - K_{min}$）。图 3 区域Ⅰ中短小裂纹的增长覆盖了裂纹形核和初始增长，这个课题吸引了相当多的论证和辨析，对于其中发生的事情有很多不同的理论描述。组件的最终断裂如图 3 的区域Ⅲ所示，由于断裂发生在少数周期内，因此裂纹扩展往往不稳定，失效模式也通常为拉伸超载而不是疲劳。式(2)奠定了线性断裂力学的基础（LEFM），其更详细的介绍可以参照 Ewalds 和 Wanhill（1984）[①]的第四部分，如今已经有大量的专著和论文介绍断裂力学。

还有另一个因素，特别是作为军事应用时必须考虑。据估计，裂纹扩展时的转换率（将使用情况转化为参考周期）因子会比裂纹萌生时高 2～3。如果在循环中寿命可以被跟踪，那么这将不会有问题，即意味着当因子达到 3 的时候，飞行时长最多会被减少因子 3（Blüml 和 Broede，1999）。尽管这样，延长寿命依然很重要，并且有着经济上的益处。然而，由于大多数发动机的组件都是模块化的。因此，只有使模块中所有部分的寿命变得相近，才可以获得经济利益，因为模块和发动机的拆卸、检修和更换的成本相当高。

## 3.4　数据库

安全寿命方法的一个主要缺点在于它只综合了一些特殊零件的检测结果。这就意味着其无法包含不同特征以及使用相似材料生产的不同零件产生的数据，甚至标本数据。数据库方法使用 LEFM 来关联用相似材料制作成的样本和零件中裂纹的行为。一种有效的初始裂纹尺寸（EIFS）被定义为理论起始裂纹尺寸，需要假定 LEFM 中存在于故障/功能障碍中的裂纹增长到它的尺寸。如果每一个所得结果的 EIFS 都被计算出来，那么就可以在一定的安全等级下计算其最小尺寸。这通常可以通过威布尔分析得到，并且将得到的 EIFS 值作为输入项输入到断裂力学中，以对实际组件进行寿命预测。

虽然安全寿命方法具有很多的技术和经济优势，但仍然有不少缺点。高温下蠕变和疲劳裂纹扩展组合的特性还没有被完全分析出来，因此在这种情况下发生时，预测行为就要十分小心。另一个缺陷是 EIFS 值的计算依赖于有效应力，因此它不是完全独立。还必须铭记，EIFS 并不是一个真实的物理属性，而是一个伪尺寸，尽管它很接近一个真实的属性。

安全寿命方法并不意味着对组件旋转测试需求的彻底终结，但是却可以大大降低需要测试的数量，还允许在实际使用前事先评估新的设计。当计划使用新材料、新加工技术或增加操作条件时，这种方法得到的结果很可能是监控机构用来判定其是否能够被应用的依据。



## 3.5　损伤容限

损伤容限方法类似于本章 3.4 节所讨论的数据库，但是 EIFS 的尺寸被替换为用非破坏性检查（NDI）方法检测出来的尺寸。显然，这依赖于非常可靠的检测技术。零件将会在服役到其安全极限的一半时被检测，如果没有检测到裂纹的话，则会被继续使用，如图 4 所示。

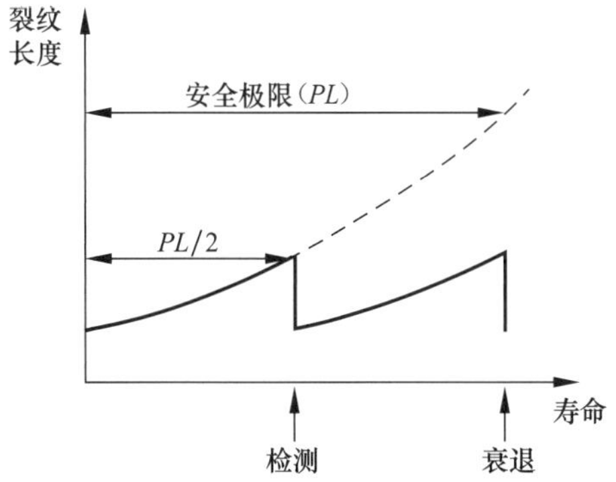


**图 4　损伤容限过程示意**

① 后参考文献无对应条目，原书如此。

美国国防部防卫手册的发动机结构完整性计划（ENSIP，2004）对损伤容限的指导作用是非常明显的。因为它只被认作是指导而不是要求，它包含了过去实验的信息，并且提供了很多发动机不同应用要求的比较信息，如战斗机、轰炸机、运输机、教练机以及直升机。

尽管没有真正采用损伤容限程序，但许多组件使用本章所述的其他方法被设计为容许损伤。其主要目的是允许元件表面在制造、安装或检查过程中出现可能的损伤。

## 3.6　失效原因

这个程序主要是使用断裂力学计算裂纹扩展寿命，并为每一个关键部分（一般是应用中的圆盘）设计定期的 NDI 时间间隔。检查时段一般为在对个案分析的基础上，裂纹由最小尺寸扩展到由 NDI 检测到的最大“安全”尺寸的时间的一半。该过程示意图如图 5 所示，并且当检测到裂纹时该组件就会退役。一种被使用过的替代检测是将圆盘取出并在规定速度的旋坑中进行测试，通过测试，组件不能出现大于特定尺寸的裂纹，否则该零件被认为失效。很显然这并不是一种迅捷并廉价的方法，但当其所能替代的检测更加繁重或昂贵时就会被应用。



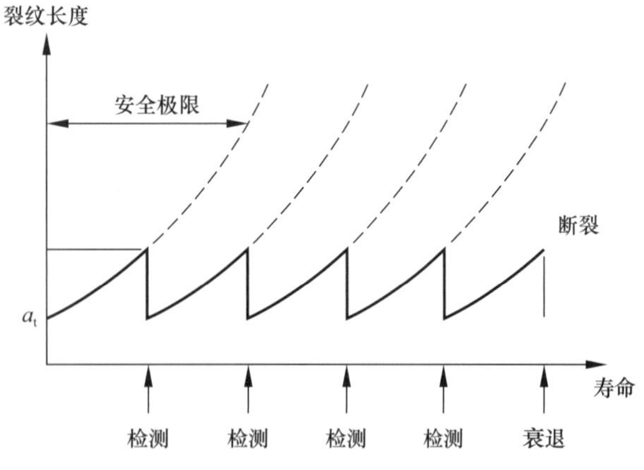


图 5　“失效原因”示意图

大多数 NDI 技术，尤其是应用到内部裂缝或缺陷时，在小尺寸情况下并不是 100%可靠的，还必须考虑测出的概率。与裂纹形核或扩展时的变化结合，一种原因分析方法的失效概率可被提出。这样的概率方法经常使用蒙特卡罗模拟计算，失效概率很小导致分析数量相当大。

## 3.7　新寿命相关

这种由 Rolls-Royce PLC.（Corran 和 Williams，2007）提出的方法是对数据库程序进行改进，它利用了先进的非线性有限元应力分析程序和如今已显著提升了的计算能力。它与数据库方法的其他主要差异是对裂纹形核及扩展阶段都有独立的模型，从而可以使用共同的方法对大量的零件进行评估。它能够应用于蠕变、蠕变疲劳交互作用，并拥有核算样品和测试数据的能力，这使其可以在更极端的条件下对更先进的发动机零件进行更准确的评估。尽管它可应用于新材料、工艺和设计，但仍需继续提炼流程中的特定阶段。总之，这些都可以在目前的方法框架下实现。

该方法已应用于多轴蠕变和疲劳行为，并且通过适当的统计技术，也可以考虑面积/体积效应的影响。这种方法还可以被用来组合各种测试类型下标本和组件的测试数据。更复杂的模型也可用于合并优化盘、叶片和轴花键的接触应力（包括微动）。这种方法可用于盘、叶片和轴，并且为添加附加功能提供了框架。

## 3.8　非 LCF 方法

在燃气涡轮发动机中的某些零件并不是临界断裂区，并且它们的主要失效机理也不是 LCF，如叶片和导向叶片，但是它们仍需要一个声明寿命，主要考虑的三种机制一般是蠕变、高转疲劳（HCF）和热机械疲劳（TMF）。结合给定的材料数据，匀质杆在一定压力和温度下从蠕变到失效所用的时间是非常容易计算出来的，但当荷载和温度随时间变化且组件几何使负荷再分配时情况就会变得非常复杂，要获得所有可能的应力和温度组合时的材料数据不现实，并且该分析还需要利用到非线性有限元。有许多相互竞争的蠕变寿命预测法，从广泛使用的拉森-米勒参数（Larson 和 Miller，1952）到最新的西塔投影（Evans 和 Wilshire，1985），后者已被应用到表现出显著各向异性非线性响应的单晶涡轮叶片。为了能够更好地理解方向和蠕变性能之间的关系，这种各向异性响应已经成为多项学术研究课题。这些导致了从防滑系统方法（Ward 和 Vermeulen，2003）到以完全明确的微观结构为基础的方法（MacLachlan 和 Knowles，2000）的大量不同模型。虽然这些模型已经被用于演示涡轮叶片性能的具体方面，但还没有一种被用于寿命预测。

虽然通过给予单个零件足够的安全边际可以在设计阶段避免 HCF 的影响，但在发动机积累很长的飞行时间后，HCF 中难以预料的方面有时会变得明显。这包括从基本的东西（如发动机和进气口之间的相互作用）到模糊的东西（如外物对发动机表面的伤害），从而改变气流模式并引发下游叶片或轮叶激发共振。美国军方做出了相当大的努力以降低 HCF 的潜在影响并确保在开发阶段能够涵盖足够广泛的工作情况。

TMF（像 FM）、蠕变和 HCF 都得到了相当多的研究人员的关注，不仅仅是航空发动机领域，还包含其他临界安全应用，其中包括高应力和/或温度，如发电工业，特别是核电。此外，通过已知的边界条件，TMF 在设计阶段被避免。但在进一步探索更高的性能和/或效率不断改进工作环境时，较长期的影响有时会在服役期间出现。TMF 的影响取决于机械与热循环同相还是异相以及蠕变和/或塑性在哪个部位出现。然而，随着计算成本的降低，设计出一个真实组件，整个寿命历程的有限元分析程序越来越具有可能性。

## 3.9 未来的挑战

未来主要的挑战将会是发动机制造商和认证机构在符合飞机生产商和操作人员低成本要求的情况下，继续保持近几十年所取得的高适航水平。由于发动机部件操作制度的增加，很可能使新的或以前不重要的影响突然变得重要，因此必须对设计方法和寿命测试进行修改。以下领域可能属于这一类别（见第 4 卷第 198 章）。

（1）新材料，如金属基复合材料、聚合材料、陶瓷复合材料和钛铝化系统（第 4 卷第 180、181、190 章和第 191 章）。

（2）新的表面处理工艺，如深冷轧、激光冲击硬化和热障涂层（而后者可以被看作一种新的材料，它对基底材料的性能和行为都有影响）（见第 4 卷第 198 章）。

（3）新的设计特点、整体叶片盘、双合金/微结构元件、越来越高的工作温度和增加的维护周期。

（4）其他一些必须考虑的、影响关键部件的安全性/风险的因素如下：

① 使用监控——基于飞行小时数并使用快速转化率进行循环计算，对组件的历史使用情况进行监测。最近，大多数的飞机，尤其是军用飞机，都使用监控系统跟踪每架飞机/发动机/零部件。

② 高转疲劳，尤其是和外物损伤相结合，已经成为当今影响发动机设计成本和安全因素的难题。例如，梆子较少的风扇叶片。

③ 日益严格的噪声和排放要求可能会导致发动机在服务时发生无法预料的变化。

④ 技术上的挑战在于使得组件在不断增加的峰值温度下工作，目的是用最小的重量提供更高的效率。这将导致更少的盘上具有更少的叶片，因此每个部分的工作强度都将增大，并且这种新设计，如整体叶片和新材料、陶瓷和复合材料，将会得到广泛关注。然而，有关各方面的保守性，甚至只是涉及传统材料的一个新的变种，都有可能需要 10 年或更长的时间才能被用于发动机生产。一个更极端的例子是陶瓷叶片，首次试用是在 20 世纪 40 年代，并且随着材料、工艺和模拟方法的深入发展，它们的潜在用途已迫在眉睫，但它们仍然不适用于载客飞机的主发动机。

## 参 考 文 献


Blüml，P. and Broede，J.（1999）Critical parts' life extension based on fracture mechanics *in Qualification of Life extension Schemes for Engine Components*，RTO-MP-17，Paper 19.

Corran，R. S. J. and Williams，S. J.（2007）Lifing methods and safety criteria in aero gas turbines. *Engineer. Failure. Anal.* 14，518-528.

Engine Structural Integrity Program（ENSIP）（2004）MIL-HDBK-1783B，*US Department of Defense*.

European Aviation Safety Agency（EASA）（2009）*Certification Specifications for Engines（CS-E）Amendment* 1，EASA，Cologne.

Evans，R. and Wilshire，B.（1985）*Creep of Metals and Alloys*，Institute of Metals，London.

Federal Aviation Administration（FAA）（2009）*Part 33-Airworthiness Standards：Aircraft Engines*，FAA，Washington DC.

Griffith，A. A.（1921）The phenomena of rupture and flow in solids. *Philo. Trans. R. Soc. Lond.*，A221，163-198.

Larson，F. R. and Miller，J.，（1952）A time-temperature relationship for rupture and creep stresses. *Trans. ASME*，74，765-775.

MacLachlan，D. W. and Knowles，D. M.（2000）Creep-behavior modelling of the single-crystal superalloy CMSX-4. Met. *Mat. Trans. A*，31，1401-1411.

Paris，P. C.，Gomez，M. P. and Anderson，W. P.（1961）A rational analytic theory of fatigue. *Trend Eng.*，13，

9-14.

Paris, P. C. and Erdogan, F. (1963) A critical analysis of crack propagation laws. *J. Basic Eng. Trans. ASME, Series D*, 85, 528-534.

Pickard, A. C. (1986) *The Application of 3-Dimensional Finite Element Methods to Fracture Mechanics and Fatigue Life Prediction*, EMAS, Warrington.

Ward, T. J. and Vermeulen, B., (2003) Anisotropic modelling of creep and plasticity for single crystal turbine components. 9th CEAS European Propulsion Forum, Rome, 16-17 October 2003.

本章译者：宋豪鹏，宋坤（南京航空航天大学航空宇航学院）

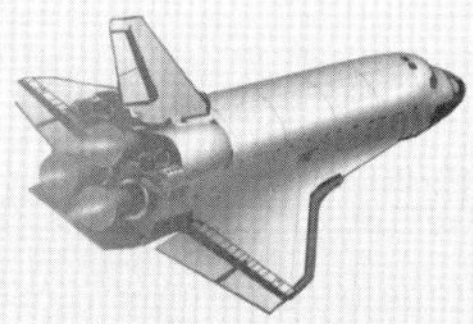

# 第20部分

## 活性材料

# 第 200 章

## 活性材料在航空航天中的应用

Christopher A. Martin，Janet M. Sater，C. Robert Crowe，MichaelW. Obal
国防分析研究所，亚历山大，弗吉尼亚州，美国



### 1 引言

过去的 20 年，活性材料的多学科领域——包括压电陶瓷、形状记忆合金（SMAs）、电活性聚合物、磁致伸缩材料与电和磁流变液以及其结构都取得了快速的发展。控制器和活性材料结合制成的集成传感器和驱动器已经在许多系统中得到应用。本章基于（Sater 等，2000）以前的总结，并且将重点放在活性——智能材料的应用上，列举出了一些现实系统演示的实例。合成活性材料和结构的思想可以追溯到 1968 年（Clauser，1968），并且活性材料早在 1956 年就被研究以满足光学系统振动抑制的需求。1975 年，Clauser 就已经充分完善了作为动力系统的工程材料可以取代机械和电气元件并且可以适应服务条件的概念（Clauser，1975）。在 20 世纪 70 年代，研究就已经超出 Clauser 的工程活性材料作为结构和驱动器的概念，并且延伸到将活性材料作为寄生驱动装置。第一批参与调查采用压电陶瓷器件作为机械系统被动阻尼器的可能性的科学家 R. L. Forward，在 20 世纪 70 年代后期取得了一些创新的概念。1983 年，Forward、Swigert 和 Obal 使用安装在谐振腔反射镜表面的压电陶瓷传感器和执行器完成了第一次成功的振动控制演示。在 20 世纪 90 年代初，就有对航天器振动抑制在空军和战略防御倡议组织应用的大量研究。

1993 年，美国国防高级研究计划局（DARPA）发起了一项以开发新的、经济的活性材料和结构，并且其性能可在系统中应用的多年计划。这个计划最初的重点在于通过活性材料取得空气动力学和流体力学的流量控制并且在各种结构应用中降低噪声和振动。为了扩大该技术的潜在应用，这项计划的一部分努力也聚焦在提高驱动材料的威信和其在制动器中的实用性方面。在后续工作，紧凑型混合动力驱动器方案中，这些活性材料将结合其他的驱动技术、适当的能源和电子控制设备为各种应用提供独特的设备。美国陆军，具体而言，陆军研究办公室；美国国家航空和航天局（NASA）；美国海军和美国空军（USAF）对智能结构的努力集中在能够在大量系统中应用的抑制振动，降低噪声，天线的形状控制、卫生监测、自适应结构、精密结构控制、升力面优化、结构动力学修改、智能结构和非线性控制系统等方面。对其中一些项目的高度重视说明了活性材料在航空领域的潜在应用。

### 2 系统优势

“智能”或活性材料和结构技术将会在应用领域带来什么样的系统优势呢？其可能的优势范围包括所有类型的航空航天飞行器——飞机、航天器、旋翼机——以及地面车辆和生产设备的结构完整性/健康监测、振动和噪声抑制、形态变化和其他的多种概念。结构完整性/健康监测在这里将不做进一步讨论（见第 3 卷第 165 章）。使用这种概念预计将会在航空航天系统中取得较大的优势，其中包括：①基于状态的维护；②减少客舱/车辆噪声；③提高系统/组件结构寿命、减少结构和声学振动；

④改进精确的指向或感应功能；⑤加强飞机和旋翼机的处理与操纵升降机或减少阻力性能。

许多所描述的技术由于多种原因并没有被应用到生产系统，但是有些已经被应用。本章的其余部分将叙述活性材料在航空航天器中的应用，以及为更深入地研究各领域的应用提供参考。

## 2.1　噪声和振动抑制

振动问题存在于所有类型的航空航天器中，声学特性在军事行动中被用于提高飞行器探测能力。高噪声飞行器在飞行或降落时只有有限的社会接受度。振动会影响乘客舒适度、乘务员舒适度和武器的精准度，并且会降低大部分结构和电子元件的疲劳寿命，从而导致系统可靠性的降低和维护活动的增加。利用活性材料和结构技术有望稳定动态不稳定性，显著缓解振动和提高疲劳寿命。

系统演示用活性材料和结构技术可有针对性地对飞行器和航天器中具体的噪声和振动问题：室内噪声抑制，尾部自助阻尼，机翼颤振控制，直升机桨——涡干扰（BVI），直升机叶片跟踪调整，推出隔离，精确的指向，来自烟火释放装置的冲击隔离，电子元件的隔离和其他来自受迫振动的传感器荷载的演示。



科学家们最近正在试图开发众多活性材料的同一种特性——它们在变形时会释放能量，就像它们吸收能量时变形一样。飞机在空气中的振动过程所收集的能量可以被储存，这个过程被称为“能量收集”，并已被用来延长飞机的飞行时间或者为子系统提供能源。为了演示该应用，压电元件被安装在小型无人驾驶飞机机翼上，并且连接电池或电容器（Anton 和 Inman，2008；Magoteaux、Sanders 和 Sodano，2008）。

### 2.1.1　飞行器噪声和振动抑制

有源声音控制（使用辅助声源抵消主要声源）已经具有很长的发展历史（Fuller 和 Von Flotow，1995），特别是在减少内部噪声方面。最初使用机身内部扬声器来降噪，后来活性结构声学控制（ASAC）系统将执行器或振动器压电片结构附连到飞机机身来达到同样的降噪效果。ASAC 研究的一个重要领域在于寻找执行器和传感器的最佳安装位置。澳大利亚国防科学与技术组织发明了一种为传感器和执行器寻找合适位置的方法并且在 CT-4 教练机上得到了验证（Cruz，1998）。

在已知的第一次主飞行结构的活性振动抑制系统飞行测试中，对一个活性后机身蒙皮面板在 B-1B 中进行了发动机噪声和非稳态流动引发的振动测试（Falangas 等，1998）。一个压电陶瓷片系统在分离流中被迫抑制响应，但该项目还表明，压电制动器可以承受住真实飞机的运行环境和负荷，如图 1 所示。

**图 1　地面测试中分别装有动态缩放上定制的电子产品，展示大角度重新定向的先进三维空间结构技术的实验研究（ASTREX）、精确指向和振动抑制的三个活性 ACESA 支柱**

经授权转载自美国空军杂志

ASAC 可以降低涡轮螺旋桨飞机客舱内的噪声已经在 2004 年通过在地面使用安装于德哈维兰 Dash-8 系列 100/200 机身上的压电片模拟螺旋桨噪声实验中得到了验证（Zimcik，2004）。通过实验得出了执行器的位置，压电制动器被设计并且机械结合到机身的一个轴向位置上。这个系统展示了几乎整个机舱的降噪，观察到的峰值衰减超过 28dB。

### 2.1.2　旋翼机振动抑制

在复杂的空气动力环境下，需要对旋转叶片与周围叶片的位置冲突所导致的次优（非理想）性能进行妥协设计。系统中的振动困难在于 BVI（叶片和气流的相互作用）、基于平衡调整片的叶片跟踪调整以及叶片和机身的相互作用。由于传统的液压制动器整合到直升机主旋翼桨叶的困难，基于活性材料的制动器被确定为解决这些集成挑战的潜在方案。

波音公司最近完成了智能材料触动转子技术（SMART）项目（DARPA，US 陆军，NASA 和 USAF）。在一个全尺寸 MD-900 主旋翼的风洞实验中，活性物质材料驱动转子后缘襟翼对 BVI 和机体振动进行了很好的控制，并同时提高了转子的性能和可操作性。一个由麻省理工学院开发的独特的 X 架构执行器的概念（Prechtl 和 Hall，1998）被选中并且在国家全方位飞行动力学复合体（NFAC）40 ft×80 ft 的部分进行了全尺寸 MD-900 的主旋翼测试。实验证明了活性襟翼控制对控制噪声和振动的有效性，并测得其噪声减少达到 6 dB，轮轴载荷减少接近 80%。此外，实验还证实了基于活性材料的制动器可以在全尺寸飞行环境下进行建立、集成和操作（图 2）（Straub 等，2009）。

**图 2 在波音公司旋转塔设备中进行的全方位 MD-900 智能转子测试，活性襟翼安装在叶片后缘（照片中的长黄色矩形）**
经授权转载自波音公司

另一种降低直升机噪声和振动的方法是嵌入各向异性复合压电制动器执行器，如有源光纤复合材料（AFC）导致展向叶片的动力学变化（Bent、Hagood 和 Rodgers，1995）。活性扭转转子计划（美国航空航天局，陆军，麻省理工学院和密歇根大学）正在分析和设计一种带有嵌入式 AFC 执行器的活性叶片（Cesnik 和 Shin，2001）。利用 AFC 执行器所设计和制造的活性扭转转子叶片具有很低的噪声。两个模拟前进飞行的第一风洞测试在 NASA-LANGLEY 的超声速动力学隧道（TDT）中完成。这些测试证明了 1/6 马赫数、完全激活的四叶片转子系统概念的可行性。第一个测试表明了开环振动和噪声的敏感性（Wilbur 等，2002），第二个则展示了闭环振动的控制（Shin、Cesnik 和 Hall，2005）。AFC 转子叶片结果表明：在前进速度范围内中心的振动载荷相对于基本标准可以减少 60%～90%。

### 2.1.3 抖振抑制

抖振是一种困扰高性能飞机的气动弹性现象，尤其是对于具有双垂尾的飞机。双尾翼抖振是飞机在高角度攻击时机翼附近不稳定涡流对机翼边缘撞击而产生的。这些涡流可诱发严重的结构振动，造成过早的疲劳失效和频繁的检修。

两种活性方法被考虑用来解决抖振问题。第一种是使用活性控制舵。第二种是使用活性材料和结构。NASA（联合 USAF 以及戴姆勒奔驰宇航）主办尾翼抖振影响的活性控制（ACROBAT）项目来评估活性材料及控制在减轻垂直尾翼抖振中的用处（Moses，1999）。在 NASA-LangleyTDT 进行了一个 F/A-18 风洞模型测试。ACROBAT 项目说明 F/A-18 垂直尾翼抖振可以通过活性压电制动器或者舵衔接以进行缓解。

一个对 F/A-18 全尺寸的活性抖振抑制系统的地面测试在技术合作计划主持下于澳大利亚完成（Ryall 等，1999；Galea 等，2003）。这些测试在澳大利亚墨尔本的航空及航运研究实验室完成，使用国际后续结构测试项目设备。气囊和振动器模拟飞机上的抖振载荷。压电制动器被键合到右舷垂直尾翼的表面上。这些实验并没有取得很好的抖振减缓效果，但它确实说明了压电制动器是这种问题的一种解决办法。



在欧洲，也进行着智能结构技术在抖振问题上应用的类似工作（如 Thorby，1997；Becker 和 Luber，1998）。

### 2.1.4 颤振抑制

飞行器在特殊飞行条件下的结构动力学与气动特性的相互作用将会导致颤振——一系列发散性和破坏性的振荡。对于战斗机来说，颤振带来的飞行安全的困扰由于翼下武器的存在而变得更为严重（Gade 和 Inman，1997）。抑制颤振的方法一般有提高结构刚度、平衡质量和修改几何形状。但所有的这些方法都会增加重量和成本，并会降低系统性能。

一个 NASA-Langley/MIT 的合作项目——压电气动响应修改调查——重点研究机翼颤振

(McGowan、Heeg 和 Lake，1996)。这些分析和实验的研究（1991—1996）主要依靠一个大型、多自由度的气动弹性试验台。计划目标是展示应变驱动的自适应机翼对气动弹性的控制能力，包括机翼颤振抑制和突发载荷减缓，并开发实验和分析技术。为了达到这个目的，可利用排列成组的压电片的风洞模型作为执行器或传感器，或者两者的组合。最后进行气动伺服弹性分析，且该模型将在NASA-Langley 的 TDT 中进行检验。

### 2.1.5 航天器和运载火箭的振动与噪声抑制

活性材料在一个很大的频宽上提供局部化和分布式的力与力矩最初由指向和跟踪智能、监视和侦察（ISR）成像平台及定向能武器（DEW）系统的要求所驱动。这些具有 microto nanoradia 指向和动态跟踪要求的光学系统，通常会被集成为复杂、质量小、刚度高的结构（具有高模态密度和低结构阻尼)，以满足飞行的约束。为了补偿通过这些结构传递到指向和跟踪负载的振动，设计师们通常会运用模态解耦、被动阻尼、快速转向光学、先进的光束控制传感、反馈概念和算法。这种方法能添加质量和能量负载，但只具有有限的适应性，因为系统会随着老化和所处的高空或太空微重力环境的改变而不断地变化。此外，高模态密度系统固有的建模局限性加上 1 $g$ 动态地面测试的局限性导致了重大设计的不确定性。设计师用性能差的光束转向子系统来补偿这种不确定性，可进一步提高整体质量和能量负载。早在 1956 年，先进的活性材料就被研究作为一种解决这种失重和失压下系统振动抑制的手段。20 世纪 70 年代和 80 年代开创性的工作（Steel、Harrison 和 Harper，1978；Forward，1979；Tiersten，1981；Forward 和 Swigert，1981；Hanagud、Obal 和 Meyyappa，1985；Crawley 和 de Luis，1985）研究了压电和电致伸缩材料在小质量空间与机载平台的结构和光学元件上的应用。这些活性材料质量很小，并且在很宽的频率和温度范围内具有高动力性能。它可以直接连接到组件上，为点式执行器提供分散式的力和力矩或者新的堆叠方法。当堆叠的支柱式装置被纳入独特的几何设计时可以在动态和静态情况下隔离以及重新定位光学元件。这种独有的特征已经使用在小型设备中以直接使光学表面变形（Steinhaus 和 Lipson，1979；Uchino 等，1981；Sato、Ishikawa 和 Ikeda，1982；Halevi，1983）。表 1 列出了国防部资助的自 20 世纪 80 年代后期的活性材料应用于 ISR 和 DEW 平台的可行性评估。



**表 1 活性材料应用于 ISR 和 DEW 平台的可行性评估**

| 应 用 | 项 目 | 硬 件 | 地面试验 | 空间飞行试验 |
|---|---|---|---|---|
| ISR/DEW 平台稳定性 | 含有嵌入式传感器和驱动器的先进复合材料（ACESA）(Ikegami、Wilson 和 Laakso，1990；Bronowicki、Mendenhall 和 Manning，1990；Bronowicki 等，1993) | 三个含有压电陶瓷驱动器的长 487.7 cm、直径 12.7 cm 的石墨/环氧树脂支杆 | 是，现实的动态缩放，三维大角度定向，精确指向，振动抑制（图 1） | 否 |
| 从制冷机分离的光学传感器平台 | 制冷机的实验研究（Glaser、Garba 和 Obal，1995；Mace 和 Obal，1995） | 用于制冷机制冷管的压电陶瓷压电晶片装置 | 是[a] | US/UK STRV-1b，1994 |
| 对结构的轨道自主适应来模拟系统老化或损伤 | 主动控制技术实验（ACTEX-I）(Erwin 和 Denoyer，2000) | 含有两个石墨/环氧支架的动态仪表三脚架，包含嵌入式压电传感器/驱动器补丁、SMA 线，来改变第三支架的刚度 | 是[a] | 是，1996—1999 年 |
| 太阳能电池阵对小的、高机动性的太空弹道导弹截击机的响应 | ACTEX-Ⅱ（Manning、Wyse 和 Schubert，1993） | 包含嵌入式压电陶瓷传感器/驱动器的智能架和石墨/聚氰酸酯复合材料中的模块化控制（模块化控制电源和信号调理电子） | 是[a] | 第一飞马座 XL 发射的第一次尝试 |
| 从卫星干扰分离的红外传感器平台 | 振动隔离和抑制系统（Sullivan、Erwin 和 Denoyer，2000） | 在六足配置中的六混合被动/主动隔离支架 | 是[a] | 美国/英国 STRV-2 微型卫星 |
| 从卫星干扰隔离的光学传感器平台 | 微型振动隔离系统（Jacobs 等，2004；McMickell 等，2007） | 使用混合 D-StrutTM 的微型六足：被封闭的、充满液体的装置放大的压电陶瓷堆制动器结合 D-StrutTM | 是[a] | TacSat 2，2006 |
| 基于烟火释放装置的冲击载荷 | 形状记忆驱动释放装置（Peffer 等，2000a） | SMAs 的两级螺母与低力螺母 | 是[a] | STS-88，1999 |

续表

| 应　用 | 项　目 | 硬　件 | 地面试验 | 空间飞行试验 |
| --- | --- | --- | --- | --- |
| 基于烟火释放装置的冲击载荷 | 猎鹰低冲击释放试验（Peffer 等，2000a） | 低功耗，SMA QWKNUT | 是[a] | OSP-1，2000 |
| 基于太阳能电池阵列布属的冲击载荷 | 轻便灵活的太阳能电池阵铰链试验（Peffer 等，2000a） | 六低冲击，可靠的 SMA 铰链 | 是[a] | STS-93，1999 |
| 基于来自大平台的小飞船释放冲击载荷 | 钳带分离系统（Dowen、Christiansen 和 Arulf，2001） | 快速无冲击分离螺母（SMA）通过 SMA 丝触发器将储存的应变能转变成飞轮的旋转能量 | 一些地面测试 | 目前还没有，该技术被应用到大学卫星计划（AFRL/AFOSR/AIAA）和 EELV 二级有效载荷适配器项目 |
| 注：a 表示为太空飞行做准备的标准测试。 | | | | |

活性物质的另一个应用是运行独立的系统以减缓频宽、高振幅的声波和敏感载荷的振动。通过降低传过整流罩的声振能量以降低所设计卫星的质量，从而为一些可消耗的资源，如燃料提供更高的附加质量极限。为了发展一种不干扰发射装置和有效荷载的方法来解决这一问题，自 2000 年开始就已经研究了几种方案。这些使用来自探空火箭发射的缩放概念的技术包括线性无源系统（黏滞阻尼器和黏弹性材料），有着更高独立性及更低撞击的非线性无源系统和结合有源与无源组件的混合系统（如 VISS 和 MVIS）（Evert 等，2004；Gerhart 等，2004），如图 3 所示。

航天器的一系列振动问题都可以归结于和振动有关的故障，其中的一些还可能导致任务的灾难性失败或者其完善度的降低。烟火释放装置将加剧振动故障：这些爆炸装置会造成较大的冲击力和加速度，使得在某些频率上会超过 500 $g$ 的极限（表 1）。太阳能帆板铰链的展开也可能引起振动问题（表 1）。一些在接近释放系统处具有敏感元件的非常小的航天器的出现更需要这种低振动释放系统（Dowen、Christiansen 和 Arulf，2001；Peffer 等，2000a；Michels，2004）。

(a)

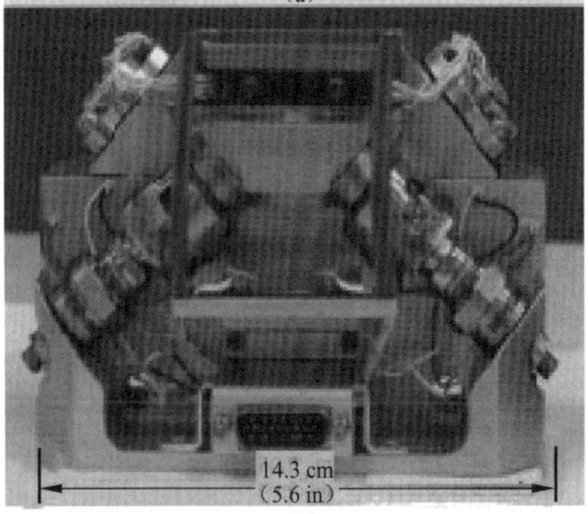

(b)

**图 3　两种结构——(a) VISS；和 (b) MVIS——由一个六足配置中的六个支杆组成。这两个结构都在其表面配备全方位的红外（VISS）和光（MVIS）传感器平台，并在两个隔离的空间中实验试飞**

经授权转载自霍尼韦尔航空航天公司

## 2.2　形状自适应结构

推动形状自适应概念和空气动力流量控制概念发展的主导需求是：对于固定的几何结构，如飞机的机翼和发动机进气口，在超过一定的飞行范围后将难以达到最佳的性能，尽管它们可能在特定飞行条件下表现出优异的性能。令人感兴趣的设计概念包括机翼扭曲、弯度成型/控制表面变形、可变刚度结构、可变面积的发动机喷嘴（Mabe、Calkins 和 Alkislar，2008）和通过合成射流的活性流体控制等。关于合成射流，这些活性流量控制设备被设计用来周期性地引入能量进入空气流。这种能量的引入通常是通过一个含有活性材料控制器的膜将空气排出谐振腔的。其好处是可以减少阻力、增加升力，并减少在涡轮发动机或机翼上的非附着和高干扰流区域（例如，Braunscheidel，2008）。

从 20 世纪 90 年代早期开始，已经建成并测试了几个系统，以证明利用活性材料与结构制造形状自适应结构和飞行控制的可行性（如 Barrett，2004）。

除了这些早期的示范外，三个 DARPA 项目——智能翼、智能飞机和船舶推进系统演示（SAMPSON）及变形飞机结构（MAS），在提供活性材料从而获得飞机的形状自适应结构方面给予了特别关注。其他团体，包括 DLR（德国）（Monner、Hanselka 和 Breitbach，1998）、USAF 和 NASA（如 Wlezien 等，1998）都非常关注飞机的类似结构。

### 2.2.1 飞机机翼

传统控制面的部署改变着整体机翼的弯曲度，但这些相同的刚性表面会产生不连续的边界，并依次导致早期的气流分离，最后减少升力和增加阻力。可使用光滑轮廓（即连续的）控制表面，来延迟气流分离和提高升力与失速角特性。用于机翼扭曲和外倾角控制的智能结构方法在智能翼项目下得到了发展（Martin 等，1998；Kudva，2004；Bartley-Cho 等，2004）。这一计划的总体目标就是设计、开发和示范活性材料与结构在提高军用飞机气动性能上的实用性，特别是升阻比、机动能力和气动弹性效应。

在该项目的第一阶段，将结合三个关键特性：无铰链、光滑轮廓和后缘控制的表面；可变翼展机翼扭曲；光纤应变压力传感器设计和制作一个16％尺寸的 F/A-18 缩放模型。在这个模型中，无铰副翼和襟翼采用了 SMA 键驱动。除了 SMA 控制的翼面外，机翼扭曲也是通过 SMA 驱动的扭曲管完成的。第一阶段工作的一个关键限制是自适应控制的低带宽的表面。因此，一个智能翼的二阶段项目被发起以演示后缘控制面的高带宽驱动和控制面的可变跨中挠度。一个全跨度 30％尺寸的无人作战飞机的风洞模型已经被制作出来。具有压电超音速控制器的先进结构设计控制面被整合到模型中。这些压电制动器被弯曲棒（一个偏心轴）连接到所述柔性控制面中以放大超声波电机中的扭矩，同时限制了多阶段控制的表面。图 4 显示了模型和在风洞中几个控制表面的形状。

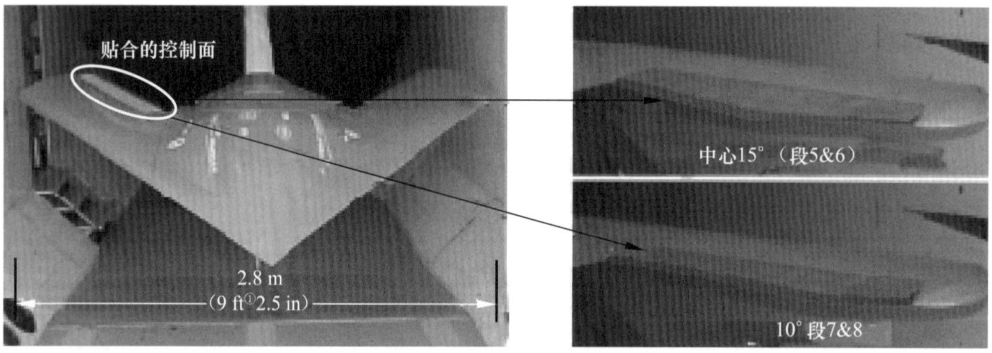


**图 4 这个在 NASA-LangleyTDT 中展示的全跨度、30％尺寸的 UCAV 风洞模型，在智能翼项目中被用来演示一个高带宽、可变跨中挠度的控制面**



### 2.2.2 发动机进气口

喷气式飞机的进气口系统将进入发动机的空气约束在 0.5 马赫或者更少。由于马赫速度、海拔、攻角、侧滑角和发动机气流等一系列广泛的条件，固定几何形状入口不能在所有条件下提供理想的性能。为了克服这种限制，就要用到可变几何形状进气口。例如，在 F-15 中，可变几何形状进气口提高了在一系列条件下的性能，虽然它们的机械复杂性增加了飞机的重量和成本。柔性结构（通过变形改变形状，而不是通过常规的刚体运动改变形状的柔性结构）采用活性材料和结构的技术也许会是一个简单可行的替代方案。

活性材料和结构技术的进步使得展示出这样的物理形状控制成为可能。波音公司领导的 SAMPSON 项目的目的包括设计、制造和演示一个 F-15 鹰式战斗机的全面的自适应进气口，尤其侧重于验证进气口的几何形状和内部流量控制（Hopkins 等，1999）。其潜在的优势包括改善的范围（20％是为战斗机）和可操作性、颤振和抖振的控制以及简洁的设计。重要核心技术正在试图解决准静态形状控制入口成型，前缘唇偏转和驱动与 SMAs 兼容表面的前缘变钝。压电马达可用于其前缘唇的快速钝化。作为风洞试验项目的一部分，一种形状记

① 1 ft=0.304 8 m。

忆合金制动系统使一个罩围绕一个枢转点转动，从而变换捕获区域，类似于目前进气口的运作方式。实现必要行程（大约 15 cm）的所需的力是相当大的，大概在 90 000 N。当形状记忆合金被整合入结构时就会显示出它的优势，它消除了利用单独制动子系统（例如液压）来旋转罩的必要性并成功地完成改进和制造形状记忆合金制动器的任务是在 2000 年，并且在 NASA-Langley 的 16 倍超音速风洞中进行了风洞测试（图 5）。用于整流罩旋转的 SMA 驱动系统的测试很成功：5 300 N 的力致使进气口旋转 9°，即 $M=0.3\sim0.7$（Pitt、Dunne 和 White，2002a，2002b）。

### 2.2.3　变体飞机

变体飞机的目的是对飞机结构进行彻底的改变，如利用翼展或纵横比来提高设计性能（Bye 和 McClure，2007；Bowman 等，2007；Takahashi 等，2004）。相比于传统的系统，活性材料对变体飞机具有一个关键的优势：活性材料制动器只需要电线连接到飞机控制系统；没有难以通过、可能发生大变形区域的液压或气动线路。为了适应军事航空和空间平台所需要的全新任务能力，DARPA 以具有显著改变形状能力的机翼为基础发展了基于该平台的 MAS 项目。

在 MAS 演示章节的风洞测试中唯一评估以活性物质为基础的制动器是一个热聚合物制动器。洛克希德·马丁公司设计、制造、集成并在其 TDT 风洞模型的前缘测试了两种热聚合物制动器（图 6）（Love 等，2004）。这两个热聚合物制动器相对地工作，从而实现了作用在风洞模型前缘控制面的双作用式制动器。

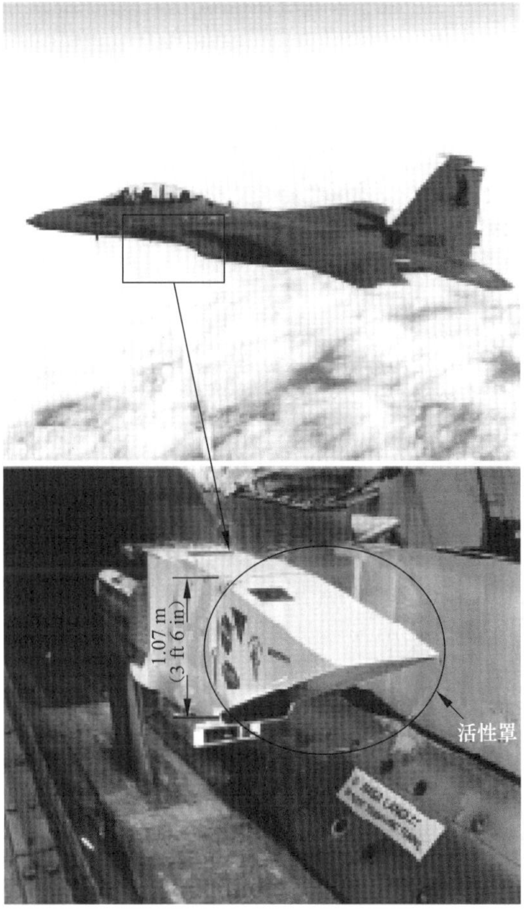


**图 5　在 NASA-Langley 16 倍超音速风洞中进行的全方位活性 SAMPSON 鹰式 F-15 进气口。通过 SMA 制动器（目前已知的最大力/位移的 SMA 制动器）成功实现了对活性整流罩的旋转**

经授权转载自波音公司



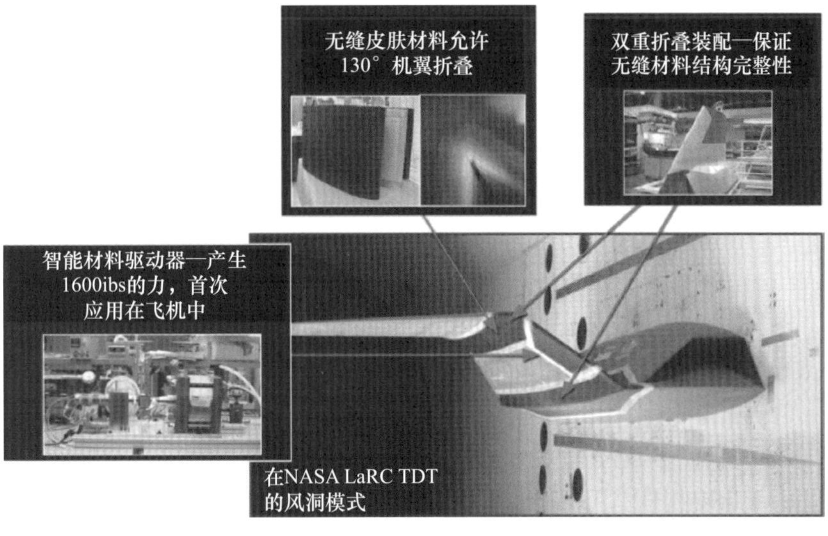


**图 6　洛克希德·马丁公司的变体飞行器结构风洞模型，其可折叠机翼，在 NASA 兰利的 TDT 检验**

经过洛克希德·马丁公司允许转载

变体飞机的关键是足以承受大的形状变化，同时还具有足够的刚度，以抵抗气动力荷载和维持所需的气动外形的飞机外部蒙皮。利用形状记忆聚合物，可变蒙皮的盖面可以在组件的级别提出和测试（Bye 和 McClure，2007；Perkins、Reed 和 Havens，2004）。

## 3 结论

许多课题和演示并没有从一个全面、系统的应用角度来提出。不完全成功归因于没有足够的制动器位移、活性材料的易碎性和不容易被集成到当前的航空应用中的电力需求。不过，这些实例研究了这类独特材料系统性能的界限，并且展示了通过新颖的材料和技术提高航空航天系统性能的潜力。这里所引用的实例和文献是为了说明这种技术应用具有活力和广阔的前景。除了本章中所提供的文献外，还可以从作者那里找到活性材料及其在航空航天飞行器中的应用的选定书目。

## 致谢



感谢以下为本章综述提供支持、信息和鼓励的公司和个人：国防分析研究所的员工和管理人员；Art Cooke 和 Keith Bridger（活性信号技术）；Greg Reich（AFRL-WPAFB）；Kyle Henderson（AFRL-Kirtland）；Ed White，Dale Pitt 和 Friedrich Straub（波音公司）；Ernie Havens（基础研究集团）；Eric Anderson，Conor Johnson 和 Ryan Sneed（CAS 工程）；Conal O'Neill（动能陶瓷）；Derek Bye 和 Nat Shankar（洛克希德·马丁公司）；Jay Kudva（NextGen Aeronautics）；Allen Lockyer（诺斯罗普格鲁曼公司）；Steve Hall（MIT）；Bernie Carpenter；Chris Lynch（UCLA）；Terry Sanderson（Raytheon）；Carlos Cesnik（密歇根大学）和 Kenji Uchino（美国宾夕法尼亚州立大学）。

## 备注

（1）这些优势或多或少地都被从短期到长期进行了排序。

（2）AFCs 包括与其他非活性增强材料一起嵌入到环氧的基体中的压电纤维，以提高制动器耐久性的特性。指叉电极极化法被用来在制动器平面上产生大的方向制动力。将这两种技术融合在压电制动器上，将产生优于一般单片压电陶瓷制动器的应力、耐力和一致性的特性。

（3）DLR，Deutsche Forschungsanstalt Fur Luft-Und Raumfhart 是德国国家航空航天研究中心。

### 参考文献

Anton，S. R. and Inman，D. J.（2008）Vibration energy harvesting for unmanned aerial vehicles. *Active and Passive Smart Structures and Integrated Systems*. SPIE Paper 6928-6986.

Barrett，R.（2004）Adaptive aerostructures：The first decade of flight on uninhabited aerial vehicles. SPIE Paper 5388-19.

Bartley-Cho，J. D.，Wang，D. P.，Martin，C. A.，Kudva，J. N. and West，M. N.（2004）Development of high-rate，adaptive trailing edge control surfaces for the smart wing phase 2 wind tunnel model. *J. Intell. Mater. Syst. Struct.*，15（4），279-292.

Becker，J. and Luber W. G.（1998）Comparison of piezoelectric systems and aerodynamic systems for aircraft vibration alleviation. SPIE Paper 3326-04.

Bent，A.，Hagood，N. W. and Rodgers，J.（1995）Anisotropic actuation with piezoelectric fiber composites. *J. Intell. Mater. Syst. Struct.*，6，338-349.

Bowman，J.，Sanders，B.，Cannon，B.，Kudva，J.，Joshi，S. and Weisshaar，T.（2007）Development of next generation morphing aircraft structures. AIAA Paper 2007-1730.

Braunscheidel，E. P.（2008）Application of synthetic jets to reduce stator flow separation in a low speed axial compressor. NASA/TM-2008-215 145.

Bronowicki，A. J.，Betros，R. S.，Dvorsky，G. R.，Wyse，R. E.，Innis，J. W. and Kuntz，S. P.（1993）Advanced composites with embedded sensors and actuators（ACESA）. *Final Report*，PL-TR-93-3017，*Phillips Laboratory Space&Missiles Directorate*，*Kirtland AFB*，*November*，*Phase* Ⅲ-Ⅴ.

Bronowicki，A. J.，Mendenhall，T. L. and Manning，R. M.（1990）Advanced composites with embedded sensors and actuators（ACESA）. *Final Report* AL-TR-89-086，*Astronautics Laboratory/ Air Force Space Technology Center*.

Bye，D. R. and McClure，P. D.（2007）*Design of a mor-*

*phing vehicle*. Paper AIAA 2007-1728.

Cesnik, C. E. S. and Shin, S. J. (2001) *On the modeling of integrally actuated helicopter blades*. Int. J. Solids Struct., 38 (10-13), 1765-1789.

Clauser, H. R. (1975) *From static to dynamic materials in design*. Mech. Eng., 97 (5), 20-26.

Clauser, H. R. (1968) *Modern materials concepts make structure key to progress*. Mater. Eng., 68 (6), 38-42.

Crawley, E. F. and de Luis J. (1985) *Use of piezo-ceramics as distributed actuators in large space structures*. Paper AIAA-1985-626.

Cruz, J. D. (1998) *Active suppression of aircraft panel vibration with piezoceramic strain actuators*. J. Aircraft, 35 (1), 139-144.

Dowen, D., Christiansen, S. and Arulf, O. (2001) *Development of a reusable, low-shock clamp band separation system for small spacecraft release applications. Proceedings of the 9th European Space Mechanisms and Tribology Symposium, September* 19-21, 2001. Paper ESA SP-480, ESA.

Erwin, R. S. and Denoyer, K. K. (2000) 1000 *days on-orbit: Lessons learned from the ACTEX-I flight experiment*. SPIE Paper 3991-17.

Evert, M. E., Janzen, P. C., Anderson, E. H., Gerhart, C. and Henderson, B. K. (2004) Active vibration isolation system for launch load alleviation. SPIE Paper 5388-07.

Falangas, E. T., Larson, C. R., Rosenthal, J. S., Weiss, M. and Zeferis, D. G. (1998) *Piezoceramic actuator active vibration suppression system B-1B flight demonstration program*. AFRL-VA-WP-TR-1999-3011, *Air Force Research Laboratory, Wright-Patterson Air Force Base, OH*.

Forward, R. L. (1979) Electronic damping of vibration in optical structures. *Appl. Opt.*, 690, 697.

Forward, R. L. and Swigert, C. J. (1981) Electronic damping of orthogonal bending modes in a cylinderical mast. *J. Spacecraft and Rockets*. AIAA 81-4017/4018.

Forward, R. L., Swigert, C. J. and Obal, M. (1983) Electronic damping of a large optical bench. *The Shock and Vibration Bulletin, Part* 4 *Damping and Machinery Dynamics Bulletin*, 53, 51-61.

Fuller, C. R. and Von Flotow, A. H. (1995) Active control of sound and vibration. *IEEE Control Syst.*, 15 (6), 9-19.

Gade, P. V. N. and Inman, D. J. (1997) Two-dimensional active wing/store flutter suppression using$H_\infty$ theory. *J. Guid., Control, and Dynam.*, 20, 949-955.

Galea, S. C., Ryall, T. G., Henderson, D. A., Moses, R. W., White, E. V. and Zimcik, D. G. (2003) Next generation active buffet suppression system. Paper AIAA 2003-2905.

Gerhart, C. M., Henderson, B. K., Griffin, S., Lazzaro, A., Evert, M. E., McCrary, W. and Ardelean, E. V. (2004) The vibro-acoustic launch protection experiment overview and flight results summary. SPIE Paper 5388-05.

Glaser, R. J., Garba, J. A. and Obal, M. W. (1995) STRV-1B cryocooler vibration suppression. Paper AIAA 1995-1122.

Halevi, P. (1983) Bimorph piezoelectric flexible mirror: Graphical solution and comparison with experiment. *J. Opt. Soc. Am.*, 73, 110-113.

Hanagud, S. V., Obal, M. W. and Meyyappa, M. (1985) Electronic damping techniques and active vibration control. Proceedings of AIAA/ASME/ASCE/AHS 25th SCM Conference, April 15-17, 1985.

Hopkins, M. A., Dunne, J. P., Baumann, E. W. and White, E. V. (1999) Adaptive fighter engine inlet. Paper AIAA-1999-1512.

Ikegami, R., Wilson, D. G. and *Laakso*, J. H. (1990) Advanced composites with embedded sensors and actuators (ACESA). *Final Report* AL-TR-90-022, Astronautics Laboratory/Air Force Space Technology Center.

Jacobs, J. H., Ross, J. H., Hadden, S., Gonzalez, M., Rogers, Z. and Henderson, B. K. (2004) Miniature vibration isolation system for space applications-Phase II. SPIE Paper 5388-04.

Kudva, J. N. (2004) Overview of the DARPA smart wing project. *J. Intell. Mater. Syst. Struct.*, 15 (4), 261-268.

Love, M. H., Zink, P. S., Stroud, R. L., Bye, D. R. and Chase, C. (2004) Impact of actuation concepts on morphing aircraft structures. Paper AIAA 2004-1724.

Mabe, J. H., Calkins, F. T. and Alkislar, M. B. (2008) Variable area jet nozzle using shape memory alloy actuators in an antagonistic design. SPIE Paper 6930-29.

Mace, P. and Obal, M. W. (1995) STRV-1: International success story. *Aerosp. Am.*, 33 (10), 28-32.

Magoteaux, K. C., Sanders, B. and Sodano, H. A. (2008) Investigation of an energy harvesting small unmanned air vehicle. *Active and Passive Smart Structures and Integrated Systems*. SPIE Paper 6928-85.

Manning, R. A., Wyse, R. E. and Schubert, S. R. (1993) Development of an active structures flight experiment. Proceedings of AIAA/USRA/AHS/ASEE/ISPA Aerospace Design Conference Paper 1993-1114Irvine, CA, 16-19 February 1993.

Martin, C. A., Kudva, J. N., Austin, F., Jardine, A. P., Scherer, L. B., Lockyer, A. J. and Carpenter, B. F. (1998) *Smart Materials and Structures-Smart Wing Volumes* Ⅰ, Ⅱ, Ⅲ, *and* Ⅳ. *AFRL-MLWP-TR-*1999-4162, ADA398965.

Martin, C. A., Sater, J. M., Crowe, C. R. and Obal, M. (2009) Selected bibliography of smart materials and structures applications for aerospace vehicles. IDADocument D-3903, Institute for Defense Analyses: Alexandria, VA.

McGowan, A. R., Heeg, J. and Lake, R. C. (1996) Results of windtunnel testing from the piezoelectric aeroelastic response tailoring investigation. Paper AIAA-1996-1511.

McMickell, M. B., Kreider, T., Hansen, E., Davis, T. and Gonzalez, M. (2007) Optical payload isolation using the miniature vibration isolation system (MVIS-II). SPIE Paper 6527-2.

Michels, J. L. (2004) Focusing on the future: Deployment and intelligent nanosatellite operations. *Space* 2004. Paper AIAA 2004-5815.



Monner, H. P., Hanselka, H. and Breitbach, E. (1998) Development and design of flexible Fowler flaps for an adaptive wing. SPIE Paper 3326-08.

Moses, R. W. (1999) Contributions to active buffeting alleviation programs by theNASA Langley Research Center. Paper AIAA-1999-1318.

Olsen, H. F., (1956) Electronic control of mechanical noise, vibration and reverberation. *J. Acoust. Soc. Am.*, 28, 966-972.

Peffer, A., Fosness, E. R., Hill, S., Gammill, W. and Sciulli D. (2000a) Development and transition of low-shock spacecraft release devices for small satellites. 14th Annual/USU Conference on Small Satellites. Paper SSC00-XI-5.

Peffer, A., Fosness, E. R., Carpenter, B. F. and Denoyer, K. K. (2000b) On-orbit experiments and applications of shape memory alloy mechanisms. SPIE Paper 3991-24, vol. 3991.

Perkins, D., Reed, J. and Havens, E. (2004) Morphing wing structures for loitering air vehicles. Paper AIAA 2004-888.

Pitt, D. M., Dunne, J. P. and White, E. V. (2002a) SAMPSON smart inlet design overview and wind tunnel test part I-Design overview. SPIE Paper 4698-02.

Pitt, D. M., Dunne, J. P. and White, E. V. (2002b) SAMPSON smart inlet design overview and wind tunnel test part II-Wind tunnel test. SPIE Paper 4698-03.

Prechtl, E. F. and Hall, S. R. (1998) An X-frame actuator servo-flap actuation system for rotor control. SPIE Paper 3329-33.

Ryall, T. G., Moses, R. W., Hopkins, M. A., Henderson, D., Zimcik, D. G. and Nitzsche, F. (1999) Buffet load alleviation. Proceedings of the Second Australasian Congress on Applied Mechanics, Canberra, Australia. Paper R-017.

Sater, J. M., Crowe, C. R., Antcliff, R. and Das, A. (2000) An assessment of smart air and space structures: Demonstrations and technology. IDA Paper P-3552, Institute for Defense Analyses: Alexandria, VA.

Sato, T., Ishikawa, H. and Ikeda, O. (1982) Multilayer deformable mirror using PVDF films. *Appl. Opt.*, 21 (9), 3664-3668.

Shin, S. J., Cesnik, C. E. S. and Hall, S. R. (2005) Closed-loop control test of the NASA/Army/MIT active twist rotor for vibration reduction. *J. Am. Helicopter Soc.*, 50 (2), 178-194.

Steel, M. R., Harrison, F. and Harper, P. G. (1978) The piezoelectric bimorph: An experimental and theoretical study of its quasistatic response. *Journal of Physics D: Applied Physics*, 11, 979-989.

Steinhaus, E. and Lipson, S. G. (1979) Bimorph piezoelectric flexible mirror. *J. Acoust. Soc. Am.*, 69 (3), 478-481.

Straub, F. R., Anand, V. R., Birchette, T. S. and Lau, B. H. (2009) Wind tunnel test of the SMART active flap rotor. American Helicopter Society 65th Annual Forum, May27-29, 2009, Grapevine, Texas.

Sullivan, L. A., Erwin, R. S. and Denoyer, K. K. (2000) Experiences with smart structures for on-orbit vibration isolation. SPIE Paper 3991-18.

Takahashi, T. T., Spall R. J., Turner, D. C., Otto, J. C. and O' Hagan, P. (2004) A multi-disciplinary assessment of morphing aircraft technology applied to tactical cruise missile configurations. Paper AIAA 2004-1725.

Thorby, D. C. (1997) Can piezoelectric methods be used to control aircraft buffet response? CEAS International Forum on Aeroelasticity and Structural Dynamics, Paper A97-3665A 09-31, vol. 2, Associazione Italiana di Aeronautica ed Astronautica, Rome, Italy, 351-358.

Tiersten, H. F. (1981) Electroelastic interactions and the piezoelectric equations. *J. Acoust. Soc. Am.*, 70, 1567-1575.

Uchino, K. Tsuchiya, Y., Nomura, S., Sato, T., Ishikawa, H. and Ikeda, O. (1981) Deformable mirror using the PMN electrostrictor. *Appl. Opt.*, 20 (17), 3077-3080.

Wilbur, M. L., Mirick, P. H., Yeager, W. T. Jr., Langston, C. W., Cesnik, C. E. S. and Shin, S. J. (2002) Vibratory loads reduction testing of the NASA/ARMY/MIT active twist rotor. *J. Am. Helicopter Soc.*, 47 (2), 123-133.

Wlezien, R. W., Horner, G. C., McGowan, A. R., Padula, S. L., Scott, M. A., Silcox, R. J. and Simpson, J. O. (1998) The aircraft morphing program. SPIE Paper 3326-20.

Zimcik, D. G. (2004) Active control of aircraft cabin noise. RTOAVT Symposium, Habitability of combat and transport vehicles: Noise, vibration and motion. RTO-MP-AVT-110, Paper ＃20

本章译者：宋豪鹏，宋坤（南京航空航天大学航空宇航学院）

# 第 201 章

# 铁电材料

Chad M. Landis，Jayant Sirohi
得克萨斯大学奥斯汀分校航空航天工程和工程力学系，奥斯汀，
得克萨斯州，美国

## 1 铁电的基本原理

铁电性是指材料在施加电场时其自发极化可以被转向。前缀“铁”并不是指材料的化学成分，因为大多数铁电体并不含铁。相反，铁电材料显现出适用于循环电场的极化响应，其和铁对循环磁场的响应很相似。因此，铁电是材料行为上电对铁磁性的模拟。



### 1.1 材料行为

图 1 所示为从平行板电容器中测得的铁电材料的基本响应。电位移 $D$ 和电极间的电荷转移有关，即 $D=Q/A$，$A$ 为接触到电极的铁电材料的面积。所施加的电场 $E$ 与电阻上的压降 $V$，以及电极间的距离 $L$ 有关，即 $E=V/L$。最初铁电材料在施加均衡电场时显现出近线性介电响应。$E$ 和 $D$ 之间的比例常数被称为介电常数 $\kappa$，即 $D=\kappa E_0$。介电常数通常是真空介电常数的倍数，$\kappa_0=8.854\times10^{-12}$ C/Vm。铁电材料的介电常数大约为 1 000 倍的 $\kappa_0$，这使得它们可被用于电容器。随着施加于铁电材料的电场强度的增加，电位移响应将变为非线性，并且在接近一个临界水平即矫顽场 $E_C$ 时，电位移突然增加。电位移急剧变化的原因是材料被极化。材料的极性 $P$ 和电位移密切相关，$P=D-\kappa_0 E$。值得注意的是，极化后 $\kappa_0 E$ 明显小于 $D$。最终材料极化饱和，这种现象将会在后面做更多的描述，并且电位移响应再次呈现线性（至少近线性）。移除电场时，材料的电位移将沿着和加载时不同的路径卸载，因此当电场被完全移除时材料仍然保持一定的电位移。这种状态即材料被极化，并且相应的电位移水平被称为自发极化。值得一提的是，有限数量的电荷存储在电容器电极的顶部和底部。此外，应用相反的电场将使材料朝相反的方向极化。材料的这种特性使其可以在非挥发性铁电随机存取存储器（NFRAM）中使用。顶端电极的正电荷可识别为 1，负电荷被理解为 0，这代表一个比特的信息。

### 1.2 微观结构

图 1 显示了所有铁电材料都表现出的基本的电极化对外加电场的响应。此外，这些材料也表现出了丰富多样的耦合物理行为及机械、热和光学现象。材料科学的目标之一是把物理性质与材料的微观结构关联起来。虽然一些聚合物具有铁电性，但本章重点将针对钙钛矿陶瓷晶体结构，包括组合四价金属（如钛或锆）、二价金属（如铅、钡）和氧。图 2 所示为当前铁电陶瓷技术中常见的钙钛矿晶体结构。这种结构的材料包括钛酸钡（$BaTiO_3$）、锆酸铅钛酸（钛酸铅）（$PbZrO_3$）、铌酸锂（$LiNbO_3$）、钛酸镧（$LaTiO_3$）和它们的固溶体。了解钙钛矿的结构、构象和它对外部热、力和电载荷的响应，是理解铁电陶瓷相互关联的属性和行为的关键。

### 1.3 相变

图 2 展示的是钛酸钡单一晶胞结构。然而，上

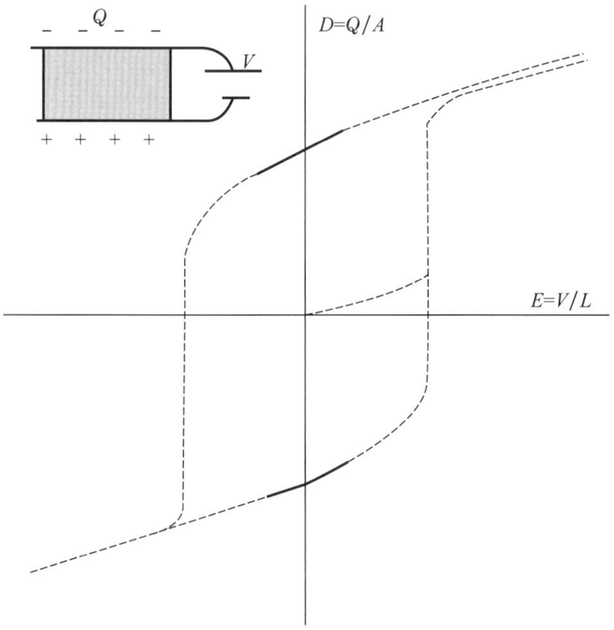


**图1　平行板电容器中测得的铁电材料的基本响应。该材料在一个极板电荷为 $Q$ 的平行板电容器上测试。电极面积为 $A$，间距为 $L$。电场由可变电压 $V$ 施加。固定部分的曲线代表极化状态的线性介电响应**

节列出的其他材料也适合图2。铁电陶瓷具有一个重要的临界温度——居里温度 $T_c$，居里温度以上，该材料是立方对称。也就是说，每个相邻的钡离子之间的距离相同，在120 ℃时，$a$=4.01 A，钛离子位于体中心，氧离子为表面中心。钛酸钡的居里温度为120 ℃。当冷却至居里温度以下时，纯钛酸钡将经历从中心对称的立方结构到极性四方结构的一阶（不连续）相变。材料的杂质，掺杂剂，或作用于材料的力可使结构发生二阶（连续的）相变。这些影响还可能引起居里温度变化。图3说明了一阶相变和二阶相变之间的差异。在居里点，一阶相变中材料的自发极化发生有限跳跃，而在二阶相变中 $P_s$ 却没有出现跳跃。一阶相变也与不规则热行为有关，包括相变潜热，它引发了巨大的电热效应，在这种效应下施加电场将导致相变并使材料中的温度发生大的变化。

相变后，正电荷和负电荷中心分离导致单胞自发极化。从立方到四方的转变过程中，带正电荷的

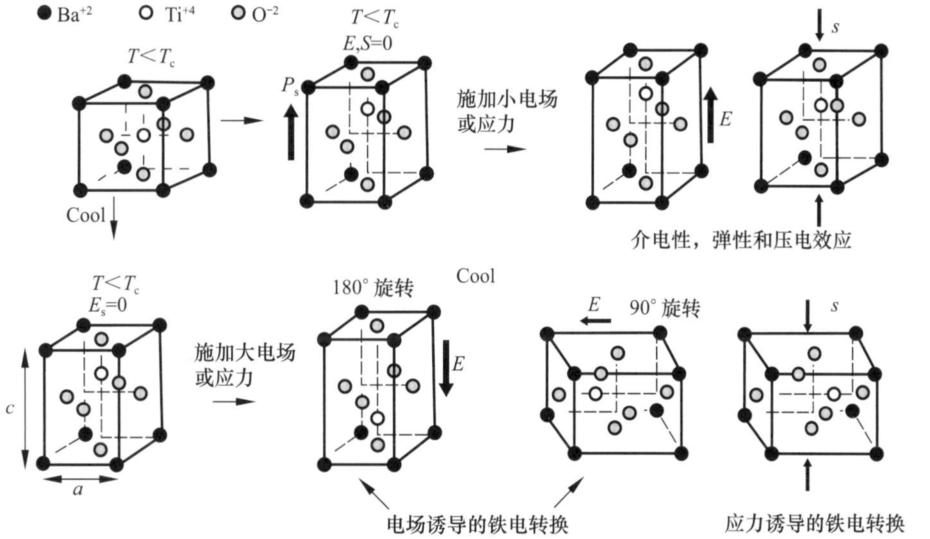


**图2　钛酸钡的钙钛矿晶体结构和在电-热-机械载荷下的响应（为提高清晰度，形状的变化和结构的离子位移被放大）**

钛离子朝着立方体的一个面移动，由6个氧离子形成的八面体移向相反的面。这种正、负电荷中心的位移将导致单胞内偶极矩的变化，即材料的自发极化。120 ℃时钛酸钡的自发极化是 0.20/cm²，即在图1中，无电压降的铁电电容器每平方米的电极上保持着 0.20 C 的电荷。电荷中心的转变也伴随着单元的扭曲，在120℃时，将产生 $c$=4.02 A、$a$=4.00 A 的四方形。当材料冷却至远低于居里温度时，自发极化和晶格畸变都将增加，在室温下为 $P_a$=0.26/cm²、$c$=4.03 A 和 $a$=3.99 A。这种程度的晶格畸变对应一个自发应变 $\varepsilon_s = c/a - 1 = 1\%$。作为对比，钛酸铅的居里温度为490 ℃，在室温下具有 0.81/cm² 的自发极化和 6.3%的自发应变（Jona 和 Shirane，1962）。

需注意的是，图2所示为立方体向四方体转变的6种可能性之一。它可能朝着立方体的任意面自发极化，造成6个不同的四方变体。一般情况下，若没有外加的电场或机械应力引起偏倚，铁电材料的6个变体体积都相等。在这种状态下，材料被分成很多区域，这种区域称为铁电畴，每个铁电畴由

许多同种变体晶胞组成。应当指出的是，在其他材料中，居里温度时的相变可由立方到正交，极化方向可沿立方体一个面的对角线（12 种可能的变体）或菱形，此时 $P_s$ 沿着立方体的体对角线（8 种可能的变体）。

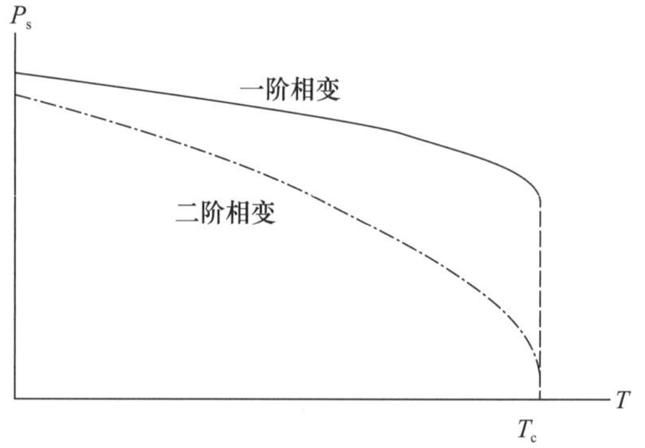


**图 3　自发极化与铁电材料在一阶相变（不连续的）和二阶相变（连续的）下的温度响应**

# 2　材料属性

## 2.1　线性属性



当电活性材料处于其立方的状态，也称为顺电相时，其所有属性都可以在各向同性材料中找到，包括弹性、机械性、热膨胀系数和比热。然而，由于顺电状态中心对称，所以它不具有压电、热电以及其他更有趣的耦合特性。当这种材料在铁电态时这些属性会出现。如图 2 所示，考虑一个铁电态单胞。在垂直方向施加电场导致钛离子和氧八面体之间的分离增加，这超过了由相变引起的初始位移。这种电荷分离意味着单元偶极矩的变化并导致这种材料的极化/电位移增加。首先，电位移变化和所施加的电场成比例，从而导致材料的线性介电响应。

随着偶极矩的增大，钛离子和氧八面体之间的附加分离进一步扭曲单胞的形状并导致宏观应变。此外，在第一阶响应中，材料应变的变化和所施加的电场成比例。这种线性响应被称为逆压电效应。需要注意的是，施加一个与初始的自发极化相反的电场将会导致材料回到立方结构，这会造成电位移（介电效应）和应变（压电效应）的减小。直接压电效应是指当施加应力或压力时材料的电位移会发生变化。图 2 右上角展示了这一效应。首先，施加压力将导致材料发生应变，这是标准的弹性，对小应力水平来说应力和应变成正比。如图 2 所示，压应力使单胞朝着立方状态收缩。压缩过程伴随着偶极矩，即钛离子和氧八面体之间的分离的减少，并且第一阶响应是线性的。注意，热力学因素（Nye，1957）规定，正压电效应中电位移与施加应力的比例常数和逆压电效应中应变与施加电场的比例常数相同。

将偶极矩与单胞的畸变联系，可以对铁电耦合特性有大量洞察。带着这个想法，最后的性能讨论归结为对热电材料和热电行为的讨论。顺电态材料冷却时，立方体三个方向的尺寸变化和各向同性材料类似。当材料冷却至居里温度以下时，其一阶相变将引起晶格参数跳跃，导致两个相等的参数 $a$ 下降，即四方晶胞的 $c$ 轴随着偶极矩从零增大到一个限定值。注意，对于二阶相变来说不会有晶格参数的不连续跳跃，但类似的变化会逐渐发生。在任一情况下，随着温度降低到远低于 $T_c$，晶胞的 $a$ 轴不断减小，$c$ 轴不断增加。在室温附近较小的温度变化引起的应变变化是线性的。此外，热膨胀系数沿 $a$ 轴方向是正的，沿 $c$ 轴方向是负的。这一方向依赖性的材料属性是各向异性材料的独特表现。事实上，所有的材料都表现出各向异性的性质，包括弹性和介电性能。

如前所述，偶极矩和晶胞的畸变相关，所以当温度降低时，偶极矩沿 $c$ 轴方向增加。此外，温度变化较小时这种关系是线性的，这种行为称为热释电。与压电一样，热膨胀和热释电都有其逆效应，这些效应被称为压热和电热效应。例如，对于一个绝热过程，即当热不能从这种物质流入或流出时，在自发极化方向施加电场将导致介电效应电位移增加，而电位移的增加将使得材料远离高熵立方状态即电场将使熵减小。然而，由于可逆绝热过程等熵，故熵必须保持固定，这由材料温度升高而引发的熵增完成。类似地，一个反向的电场会导致温度的降低。

根据四方材料的对称性，所有的行为都可以通过线性本构方程（1）～方程（10）描述。此外，每个方程都只适用于施加电场后相对较小的变化，其中 $x_3$ 方向表示单元的 $c$ 轴方向，$x_1$ 和 $x_2$ 分别表示两个 $a$ 轴方向。表 1 列出了 25 ℃时钛酸钡的线性本构方程组系数。

$$\varepsilon_{11} = s_{11}\sigma_{11} + s_{12}\sigma_{22} + s_{13}\sigma_{33} + d_{31}E_3 + \alpha_{11}\Delta T + \varepsilon_a^s \tag{1}$$

$$\varepsilon_{22} = s_{12}\sigma_{11} + s_{11}\sigma_{22} + s_{13}\sigma_{33} + d_{31}E_3 + \alpha_{11}\Delta T + \varepsilon_a^s \tag{2}$$

$$\varepsilon_{33} = s_{13}\sigma_{11} + s_{13}\sigma_{22} + s_{33}\sigma_{33} + d_{33}E_3 + \alpha_{33}\Delta T + \varepsilon_c^s \quad (3)$$

$$2\varepsilon_{23} = s_{44}\sigma_{23} + d_{15}E_2 \quad (4)$$

$$2\varepsilon_{13} = s_{44}\sigma_{13} + d_{15}E_1 \quad (5)$$

$$2\varepsilon_{12} = s_{66}\sigma_{12} \quad (6)$$

$$D_1 = d_{15}\sigma_{13} + \kappa_{11}E_1 \quad (7)$$

$$D_2 = d_{15}\sigma_{11} + \kappa_{11}E_2 \quad (8)$$

$$D_3 = d_{31}\sigma_{11} + d_{31}\sigma_{22} + d_{33}\sigma_{33} + \kappa_{33}E_3 + p_3\Delta T + P_s \quad (9)$$

$$S = \alpha_{11}\sigma_{11} + \alpha_{11}\sigma_{22} + \alpha_{33}\sigma_{33} + p_3E_3 + \frac{C_p}{T_0}\Delta T + S_s \quad (10)$$

在这些本构方程中：$\varepsilon$ 是应变；$D$ 是电动移；$S$ 是熵密度；$\sigma$ 是施加的应力；$E$ 是所施加的电场；$\Delta T$ 是温度的变化。$s$'s①为弹性系数，类似各向同性弹性中的杨氏模量和泊松比，$d$'s 是压电系数，$\alpha$'s 是热膨胀系数，$\varepsilon^s$ 是自发应变，$\kappa$'s 是介电常数，$p_3$ 是热释电系数，$P_s$ 是自发极化，$C_p$ 是比热，$S_s$ 是自发的熵。再次，需要强调由于材料的对称性，不同方程中的某些系数相等，而另外一些系数或许不存在。有 32 个不同晶系，每个晶系属性都与这里的四方 4 mm 晶系不同。最后，图 4 改编自 Nye（1957），其显示的是一个古典示意图，即铁电材料热、电和应力之间的耦合示意图。

**表 1　25 ℃时钛酸钡的线性本构方程组系数**

| | |
|---|---|
| $s_{11}/(\mathrm{m^2N^{-1}})$ | $8.01\times10^{-12}$ |
| $s_{12}/(\mathrm{m^2N^{-1}})$ | $-1.57\times10^{-12}$ |
| $s_{13}/(\mathrm{m^2N^{-1}})$ | $-4.60\times10^{-12}$ |
| $s_{33}/(\mathrm{m^2N^{-1}})$ | $12.8\times10^{-12}$ |
| $s_{44}/(\mathrm{m^2N^{-1}})$ | $17.8\times10^{-12}$ |
| $s_{66}/(\mathrm{m^2N^{-1}})$ | $7.91\times10^{-12}$ |
| $\varepsilon_c^s$ | $8.2\times10^{-3}$ |
| $\varepsilon_a^s$ | $-2.7\times10^{-3}$ |
| $P_s/\mathrm{cm^2}$ | 0.26 |
| $S_s/(\mathrm{Jm^{-3}K^{-1}})$ | $13\times10^3$ |
| $d_{33}/(\mathrm{CN^{-1}})$ | $106\times10^{-12}$ |
| $d_{31}/(\mathrm{CN^{-1}})$ | $-50\times10^{-12}$ |
| $d_{15}/(\mathrm{CN^{-1}})$ | $580\times10^{-12}$ |
| $\kappa_{11}/(\mathrm{Fm^{-1}})$ | $36.3\times10^{-9}$ |
| $\kappa_{33}/(\mathrm{Fm^{-1}})$ | $1.42\times10^{-9}$ |
| $\alpha_{11}/(\mathrm{K^{-1}})$ | $4.26\times10^{-6}$ |
| $\alpha_{33}/(\mathrm{K^{-1}})$ | $-11.6\times10^{-6}$ |
| $p_3/(\mathrm{Cm^{-2}K^{-1}})$ | $-4.25\times10^{-4}$ |
| $C_p/(\mathrm{Jm^{-3}K^{-1}})$ | $2.77\times10^6$ |
| $T_0/\mathrm{K}$ | 298 |



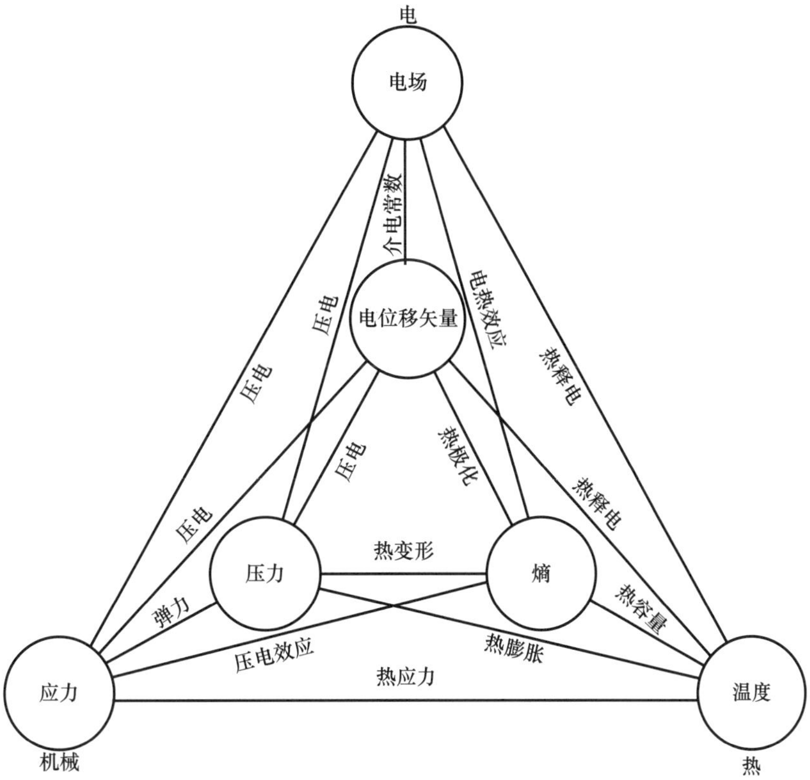


**图 4　铁电材料热、电和应力之间的耦合示意图**

转载自 Nye（1957）@牛津大学出版社

① 原书如此。

### 2.2 转换

虽然所有的铁电材料都有压电和热释电性，但并不是所有的压电/热释电材料都是铁电材料。铁电材料与非铁电材料之间的区别是其自发极化方向可以被转向。图 2 底部集中说明了在温度低于居里温度时晶胞级别四方变体之间的转换。首先，对初始的自发极化施加相反方向强电场将最终导致相反的偶极矩变体，这被称为是 180°转换。请注意，每种晶胞扭曲，即自发应变，可能都有两种对立的自发极化方向。所以，180°转换并不能导致自发应变的变化。假设有适当的电场和/或应力，每个变体有可能转换到其他 5 个变体的任何一个。图 2 的最后一部分显示了电和应力场作用下发生的 90°转换。应力作用下发生的转换被称为铁弹性。有些铁弹材料不是铁电材料，有些铁电材料不是铁弹材料，但是有些材料像钛酸钡和锆钛酸铅就同时具备铁弹性和铁电性。有些数学理论能够描述变体之间的转换。这些理论背后的简化想法是只有在外加应力和电场起到积极作用时转变才可以进行（Landis，2004；Kamlah，2001）。



## 3 宏观行为

### 3.1 畴

图 2 所示为铁电材料行为的一个简单示意图。但要注意的是，虽然设备可以有微米级或更大的尺寸，但晶胞的尺寸大约是 0.4 nm。因此，宏观行为由于多个晶胞的集体响应以及它们之间的相互作用而引起。当考虑材料的固有线性属性时，图 2 所示是比较准确的。然而，相变和变体之间的转换比图 2 所示更复杂，每个晶胞必须按图 2 所示转变，但所有晶胞并不同时转变。相变由材料内部界面、相界和畴壁的运动推动。

在顺电态到铁电态转变时，6 种四方变体的每一种都有同样的可能发生，至少在不存在偏电场或应力时是这样。事实上在从非极性立方相过渡到极性四方相期间，相界上必须存在多个四方相变体以尽量减少内部应力和电场，否则内应力与电场会在立方相和单一铁电变体之间出现。这意味着铁电材料中几乎总是存在畴结构。畴是材料的单连通区域，每个晶胞都是相同的铁电变体。两个畴域被畴壁分离。图 5 所示为一个四方铁电晶体的畴结构的二维示意图。虚线所示的畴壁被称为 90°畴壁，与主单元（在图中为垂直和水平方向）夹角约 45°。实线所示的畴壁被称为 180°畴壁，这和主单元方向平行。畴壁的方向由相邻结构畴变体之间力、电兼容性决定（Shu 和 Bhattacharya，2001）。具体的自发极化必须有头尾分布，这样的极化法向在畴壁处连续，畴壁必须平分晶胞，以保证应变的切向分量在分界面上连续。这些条件可确保晶体内应力、电场和储存能量最小化。

铁电材料固有的线性性能取决于单元的机械活性，而铁电体的非线性特性将由畴结构及其演变控制。例如在图 5 中结构的垂直方向施加电场，90°畴壁（虚线）将移动以减少水平极化畴的体积（结合铁电和铁弹转换），180°畴壁（实线）将移动以减少与下行极化畴的体积（铁电转换）。这一进程最终使晶体的大部分体积位于垂直极化畴，并伴随着整体晶体自发极化和应变的显著变化。同样，在垂直方向施加压应力也会引起畴壁运动。然而，在这种情况下，只有 90°畴壁发生移动，因此向上或向下极化变体的尺寸将减小。这个过程还会使晶体的垂直尺寸收缩。

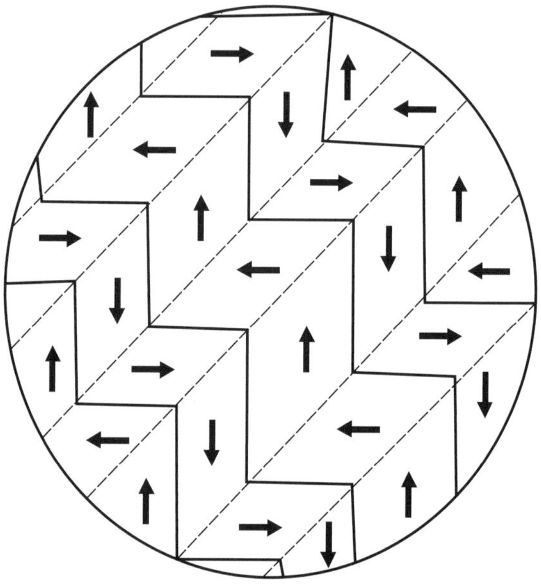

**图 5　四方铁电晶体的畴结构的二维示意图。箭头表示的自发极化方向，以及每个畴内的 $c$ 轴取向。虚线是 90°畴壁，实线是 180°畴壁**

### 3.2 多晶陶瓷

铁电体的转换特性被直接应用于一些装置中，特别是计算机存储。铁电体显著的铁电响应则被应用于传感器和制动器。

直到第二次世界大战之前，压电效应都是纯粹的学术问题。对水下目标定位和探索海底的需要促进了发射和接收水下超声波的压电装置的发展，这是现代声纳设备的前身。Langevin 是这些应用的先驱，他开发了用于超声波发射器和探测器的石英板。在未来的几十年里还开发出了压电谐振器、振荡器和变压器，之后这些设备得到了广泛应用。一般来说，最大的压电响应来自单畴变体单晶体。然而，制造出一个大单晶，并把它们切成任意形状非常困难，这就限制了设备的设计。因而，多晶铁电材料在很广泛的应用范围内比单晶体更符合成本效益原则。

通过烧结粉末可以制造各种形状的多晶样品。烧结时间与温度取决于材料和最终产品的相对密度，对钛酸钡烧结温度大约是 1 000 ℃，时间为 10 h 量级，以获得充分的相对密度。显然，烧结温度远高于居里温度，因而物质烧结过程是在顺电态发生的。然后，当材料冷却时，它会从顺电态过渡到铁电态。为了保持缺乏极性和顺电母相应变，铁电相将冷却为复杂的畴结构。这样的结构如图 6 所示。在较低温度下的晶界比畴壁更难移动，因此可以在保证晶粒结构不变的情况下改变畴壁结构。冷却状态的多晶体净极化为零，铁电体应变也为零（忽略热变形的影响）。在此状态下，整体材料没有压电性。值得注意的是晶粒内的每个畴都有极性和压电性，但是晶粒内所有畴的平均效应都导致了一个非极性、非压电的材料。非极性状态的材料不能被用于制动器和传感器。如图 7 所示，多晶陶瓷可以通过极化过程变为压电材料。图 7（a）所示为非极化多晶压电样品含有大量随机取向的畴，每一个都有偶极矩。其结果是，样品的净剩余极化 $P$ 为零。

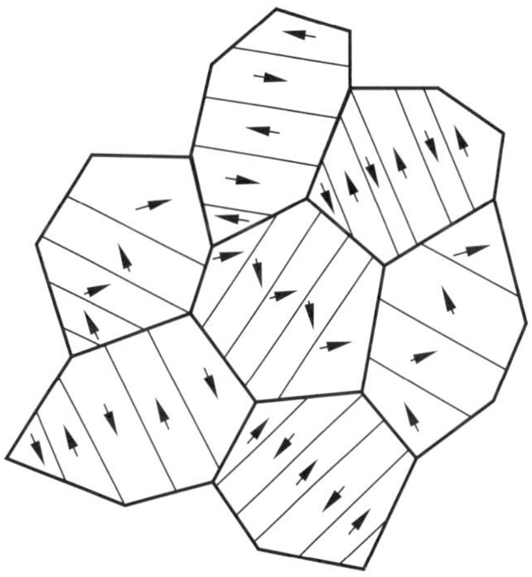

**图 6　多晶铁电材料从居里温度冷却后的原理。粗线代表晶界，细线代表畴壁。如图 5 所示，箭头表示变体的自发极化方向**



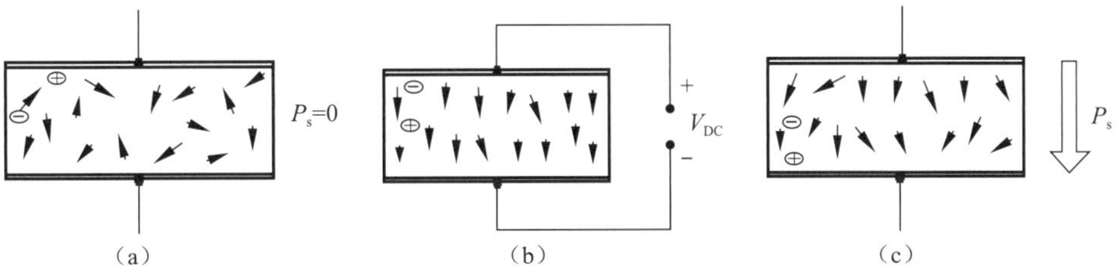


**图 7　极化对畴的影响**

（a）极化之前的随机取向畴，$P_s=0$；（b）畴正在向正极化电场对齐；（c）去除极化电场导致的剩余极化，$P_s=0$

施加高电场（通常超过 2 MV/m）会导致大部分的畴以这样的方式重新调整，其偶极矩的方向几乎平行于所加电场方向，如图 7（b）所示。某些情况下，在低于居里温度下施加强电场的效率更高。在任何情况下，最终的结果是，各极化晶粒内的畴发射演变，因此沿电场方向产生净极化，最终赋予样品强度为 $P$ 的剩余极化，如图 7（c）所示。由于晶胞的 $c$ 轴比 $a$ 轴长，极化过程将导致样本产生永久畸变。事实上每一晶粒的主晶轴都不与施加电场的方向平行，相邻晶粒之间电和机械兼容性限制意味着只有一部分自发极化和压电效应能在多晶陶瓷中显示出来。

图 1 所示为多晶铁电陶瓷巨大的电响应。在某些应用中极化材料可被小电场驱动，如图 1 中实线所示。相应的机电响应如图 8 所示的蝴蝶环，此外，实线表示极化状态的线性压电响应，并且直接对应于图 1 中的实线。对于小的驱动电场来说，电气和机械响应近线性并有轻度滞后（第 4 卷第 202 章）。注意，多晶的零应力场或残余应变状态相对于正或负的剩余极化完全相同，但压电效应，即应变相对于电场响应曲线，具有和剩余极化相同的符号。

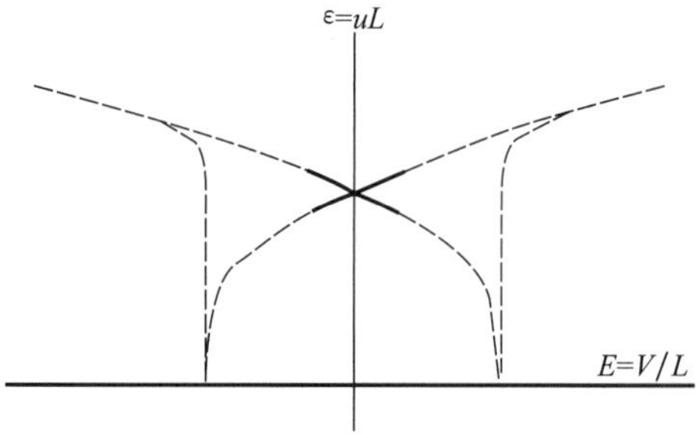


**图 8 对应于图 1 电位移-电场磁滞回线的应变与电场蝴蝶曲线。实线表示线性压电响应的极化状态**

# 4 结论

总之，本章描述了铁电材料的热、电和力学行为。其焦点是对具有显著的技术兴趣的晶体结构钙钛矿陶瓷的研究。讨论每种行为的目的是通过将材料响应与微粒结构结合起来，从而对这些性能产生一些物理直觉。例如，当铁电材料被冷却到低于居里温度时发生相变，晶粒结构从非极性立方状态转换到极性四方状态，电极化方向与较长的 $c$ 轴一致。这将获得直观的认识，降低温度可以显著地增大晶格的极性和应变，即沿 $c$ 轴的热释电系数和热膨胀系数均为负数。铁电材料最具吸引力的应用是用于驱动器和传感器（在第 4 卷第 202 章中做详细讨论）。在这些应用中多晶陶瓷材料有重要作用，因为它们可以被烧结成复杂的形状，然后通过极化制成压电元件。材料的极化过程是一个非线性行为过程，它通过畴转换机制完成。转换对压电器件的制造是必要的，这种物理行为还对大电场驱动下组件的退化负责。这些行为和铁电体在压电设备中的应用将在下一章中做详细讨论。



## 参考文献

Berlincourt，D. and Jaffe，H. （1958） Elastic and piezoelectric coefficients of single -crystal barium titanate. *Phys. Rev.*，111，143-148.

Jona，F. and Shirane，G. （1962） *Ferroelectric Crystals*，Pergamon Press，New York.

Kamlah，M. （2001） Ferroelectric and ferroelastic piezoceramics-modeling and electromechanical hysteresis phenomena. *Continuum Mech. Thermodyn.*，13，219-268.

Landis，C. M. （2004） Non-linear constitutive modeling of ferroelectrics. *Curr. Opin. Solid State Mater. Sci.*，8，59-69.

Li，Z.，Chan，S. K.，Grimsditch，M. H. and Zouboulis，E. S. （1991） The elastic and electromechanical properties of tetragonal BaTiO3 single crystals. *J. Appl. Phys.*，70，7327-7332.

Nye，J. F. （1957） *Physical Properties of Crystals*，Oxford University Press，Oxford，Great Britain.

Shu，Y. C. and Bhattacharya，K. （2001） Domain patterns and macroscopic behaviour of ferroelectric materials. *Philos. Mag. B*，81，2021-2054.

本章译者：宋豪鹏，宋坤（南京航空航天大学航空宇航学院）

# 第 202 章

# 压电陶瓷制动器和传感器

Jayant Sirohi[1]，Inderjit Chopra[2]
1 得克萨斯大学奥斯汀分校航空航天工程和工程力学系，奥斯汀，得克萨斯州，美国
2 马里兰大学帕克分校航空航天工程系，马里兰州，美国



## 1 压电陶瓷的基本原理

压电陶瓷，也被称为铁电陶瓷，是已被广泛使用的压电材料。在未被加工时，这种材料不具备压电性质。它们需要在高电场中进行极化处理（第 4 卷第 201 章）。一旦极化，它们便表现出可以用适当的坐标系进行表述的力电耦合行为。压电陶瓷通常表现出比天然材料更大的压电效应。压电元件很容易被大量地生产和制造成各种特定的形状，这使得它们非常适用于制动器或传感器等自适应结构。典型的压电陶瓷包括钛酸钡（$BaTiO_3$）和铅锆钛酸盐或属于钙钛矿的 PZTs（$PbZr_{1-x}Ti_xO_3$）。最近，正在被开发的弛豫材料，如铌镁酸铅（PMN）表现出比 PZT 陶瓷更卓越的性能。

压电陶瓷通常被区分为“软”和“硬”压电陶瓷。“软”压电材料的压电系数大，并且材料显示出较高的滞后性；“硬”压电材料压电系数较小，材料显示出较低的滞后性。大部分软压电陶瓷被用于制造制动器，因为它们会产生较大的应变；硬压电陶瓷会被应用到滞后性要求较低的元件中。

### 1.1 物理原理

基于 PZT 的压电陶瓷是锆钛酸铅和钛酸铅的固溶体，并且经常会掺杂其他元素来获得特定的性能。该材料是通过混合铅、锆和钛的氧化物，然后将混合物加热到 800 ℃～1 000 ℃制成的。它被制作成混有黏合剂的钙钛矿结构 PZT 粉末，然后制成需要的形状并冷却。温度降到居里温度（材料固有特性）以下时，材料经历了一个由立方单元到四方单元的相变过程。在室温下，典型的 PZT 在三个坐标轴（$a$、$b$ 和 $c$ 轴）下的形状如图 1（a）所示。值得注意的是，这种单元体沿 $a$ 和 $b$ 坐标轴的长度相等，而沿 $c$ 轴略长些。因此，对 $c$ 轴的任何方向调整都将造成材料尺寸的变化。由于钛粒子稍微偏离单元体的中心位置，因此在带正电荷的钛粒子和带负电荷的氧离子之间将发生电荷分离。其导致的结果就是该单元体会永久性地存在一个沿 $c$ 轴的偶极矩，如图 1（b）所示。多晶陶瓷材料含有随机取向的偶极矩，这种材料在可控温度下通过高电场进行极化。因此，这种永久极化将使材料显示出压电性。制造过程的下一个步骤是用电镀或溅射在表面上施加电极。

在极化方向作用于一个大的反向电场，可导致偶极子完全重新取向，破坏材料的净极化。这就是所谓的压电陶瓷的去极化。同样，去极化也可以通过在材料上作用一个大的机械应力或者把材料加热到其居里温度以上时产生。

### 1.2 电-力本构方程

压电效应的本构关系（ANSI/IEEE Std. 176，1987）可以由热力学基本方程导出。它方便地将机械应变和电位移表达为独立变量，导出具有逆向和直接一一对应关系的本构关系。压电本构关系的矩阵形式为：

$$\boldsymbol{\epsilon} = \boldsymbol{s}^E\boldsymbol{\sigma} + \boldsymbol{d}^c\boldsymbol{E} \quad （制动器方程） \qquad (1)$$

$$\boldsymbol{D} = \boldsymbol{d}^d\boldsymbol{\sigma} + \boldsymbol{e}^\sigma\boldsymbol{E} \quad （传感器方程） \qquad (2)$$

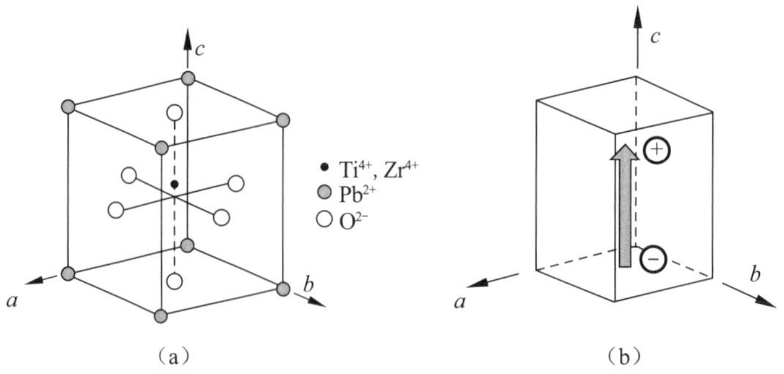


**图 1　PZT 的自发极化**

(a) PZT 单元；(b) 等效偶极矩

其中，$\boldsymbol{\epsilon}$、$\boldsymbol{s}$ 和 $\boldsymbol{\sigma}$ 分别为总应变向量（6×1）、柔度矩阵（6×6）和机械应力矢量（6×1）；$\boldsymbol{d}^c$ 为逆向压电耦合矩阵（6×3）；$\boldsymbol{d}^d$ 是正向压电耦合矩阵（3×6）。我们已经证明，如果 $\boldsymbol{d}^d=\boldsymbol{d}$，那么 $\boldsymbol{d}^c=\boldsymbol{d}^{\mathrm{T}}$，即逆压向电耦合矩阵是正向压电耦合矩阵的转置。$\boldsymbol{E}$ 为电场矢量（3×1），$\boldsymbol{D}$ 为电位移矢量（3×1），$\boldsymbol{e}$ 为介电常数矩阵（3×3）。上标 $E$ 和 $\sigma$ 分别表示在恒定电场和恒定应力下测得的值。基本压电本构关系假定为线性，其中的弹性、压电、介电系数为常数，并且独立于机械应力以及电场。非线性可以通过几种不同的方法纳入分析模型，其中最简单的方法是将依赖系数并入方程中。此外，本构关系是静态的，不表示任何动态的影响。



线性压电本构关系，方程（1）和（2）可用于模拟压电陶瓷材料的行为。压电陶瓷材料在低电场和较低的机械应力水平下表现出较好的性能和线性关系。在高电场和高应力水平下具有相当大的非线性。此外，压电陶瓷材料表现出滞后效应、电老化和磁-力-电的相互作用。在高电场下模拟非线性的一种简单的方法是在线性本构方程［方程（1）和（2）］中使用电场相关的常数。制动应变也可以模拟为一个等效的热应变，这种方法通常用于商业有限元软件。

图 2 所示为一个典型的压电陶瓷片。初始极化方向表示为 $z$ 轴（或 3 轴）。$x$ 轴和 $y$ 轴（1 轴和 2 轴）使用右手法则定义在一个垂直于 $z$ 轴的平面内。为了极化材料，一个高直流电场被施加在电极上。由于单极化沿 $z$ 轴，因此电极面在 $x$-$y$ 平面（垂直于极化方向）。对于剪切驱动，这些极化电极必须用一对垂直于 $x$ 轴或 $y$ 轴的电极取代。极化方向定义为一个和 $z$ 轴反向的箭头，并在压电陶瓷板由电极上的圆点表示，如图 2 所示。正电场的定义是圆点所在的电极的电势高于另一面电极的电势。

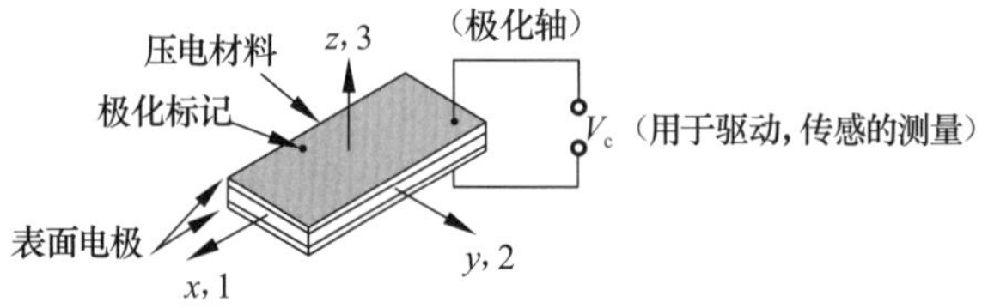


**图 2　对压电陶瓷片的坐标轴和极化方向的定义**

与极化电压极性相同的电压会导致极化方向暂时扩张和平行于电极的平面收缩。去除电压后压电陶瓷片将返回到原来的极化尺寸。由于 1 方向和 2 方向的应变相等，并且不等于 3 方向的应变，因此在施加电压时材料体积将发生微小变化。如果在极化方向施加压力或者在垂直于极化的平面（垂直于电极）施加拉力，将会产生正电压（和原始极化电压的极性相同）。当施加垂直于极化方向（1 轴或 2 轴）的电场时将产生切应变。然而，这需要将电极沉积在垂直于 1 轴或 2 轴的面内。

压电陶瓷材料的性能在材料初始极化后随时间逐渐变化（时间对数律）。在最初极化一段时间以后，材料会变得非常稳定。除非应力水平非常高，否则压电陶瓷材料的性能会独立于应力。建议在远低于居里温度的温度下操作，以避免加速材料老化，增加电损失和降低安全应力。图 2 所示的压电陶瓷片元件可以作为制动器（这种情况下，$V_c$ 为施加值）或者传感器（这种情况下，$V_c$ 为测量值）。这些操作模式在下面将做描述。

## 2　压电陶瓷制动器

当材料被用作制动器时，电场是输入项，机械应变是输出项。材料相应的本构关系如式（1）所示。由于 PZT 特定的晶体结构，系数矩阵的一些元素互等或为零。压电陶瓷在垂直于极化方向的平面是各向同性。横观各向同性也使得 $d_{31}=d_{32}$ 和 $d_{24}=d_{15}$。在目前的制动器配置中，仅 1-2 平面上存在电极，因此只能提供 3 方向上的电场 $E_3$，即在 1-2 平面上不可能存在任何切应变，压电系数矩阵 $\boldsymbol{d}^c$ 的形式为：

$$\boldsymbol{d}^c=\begin{bmatrix}0&0&d_{31}\\0&0&d_{32}\\0&0&d_{33}\\0&d_{24}&0\\d_{15}&0&0\\0&0&0\end{bmatrix}\tag{3}$$

在压电陶瓷中，PZT-5H 的使用最广泛，因为它在相同的应变下所要求的电场最低。表 1 显示的是几种市售的压电陶瓷组合物的性能。PZT-8 所要求的电场高于 PZT-5H，但是所需电压要小，因为其具有较低的介电常数。PZT-5H 的一个弊端在于其耗散因子相对较大，并且随着电场强度的增加而增高。这将在制动器中造成自热问题。在不同应用中压电材料的选用必须综合考虑多种因素。

**表 1　典型的商用压电陶瓷**

| | PZT-4 | PZT-8 | 海军型 Ⅰ | 海军型Ⅱ (PZT-5A) | 海军型 Ⅲ | 海军型 Ⅴ | 海军型Ⅵ (PZT-5H) | PKI 700 | PKI 906 | BM 500 | BM 800 |
|---|---|---|---|---|---|---|---|---|---|---|---|
| 密度/($\times10^3$kg・m$^{-3}$) | 7.5 | 7.6 | 7.6 | 7.7 | 7.6 | 7.6 | 7.6 | 7.6 | 7.8 | 7.65 | 7.6 |
| 居里温度/℃ | 328 | 300 | 350 | 350 | 350 | 220 | 200 | 350 | 150 | 360 | 325 |
| 在 1kHz 的介电常数因子 $K_{33}^{\sigma}$ (—) | 1 300 | 1 000 | 1 250 | 1 800 | 1 000 | 2 700 | 3 400 | 500 | 5 500 | 1 750 | 1 000 |
| 在 1kHz 的耗散因子 tan$\delta$/% | 0.004 | 0.004 | 0.5 | 1.5 | 0.4 | 2 | 2.2 | 1.5 | 2.3 | 1.6 | 0.3 |
| 横向耦合因子 $k_{31}$ (—) | −0.334 | 0.3 | 0.33 | 0.34 | 0.3 | 0.36 | 0.36 | 0.3 | 0.35 | 0.37 | 0.29 |
| 横向载荷系数 $d_{31}$/($\times10^{-12}$m・V$^{-1}$) | −123 | −0.97 | −120 | −175 | −100 | −230 | −270 | −60 | 0.7 | −160 | −80 |
| 纵向载荷系数 $d_{33}$/($\times10^{-12}$m・V$^{-1}$) | 289 | 225 | 275 | 400 | 220 | 490 | 550 | 150 | 660 | 365 | 220 |
| 切向载荷系数 $d_{15}$/($\times10^{-12}$m・V$^{-1}$) | 496 | 330 | 480 | 580 | 320 | 670 | 720 | 362 | 700 | — | — |
| 杨氏模量 $E$/($\times10^{10}$N・m$^{-2}$) | — | — | 7.6 | 7.1 | 7.2 | 6.3 | 6 | 8.6 | 5.5 | — | — |
| 泊松比 | — | — | −0.31 | −0.31 | −0.31 | −0.31 | −0.31 | −0.25 | −0.22 | — | — |
| 弹性柔量 $s_{11}^{E}$/($\times10^{-12}$m$^2$・N$^{-1}$) | 12.3 | 11.5 | 11.5 | 15.4 | 10.4 | 15.9 | 15.9 | 10.8 | 15.4 | 15.5 | 11 |
| 弹性柔量 $s_{33}^{E}$/($\times10^{-12}$m$^2$・N$^{-1}$) | 15.5 | 13.5 | 15 | 18.4 | 13.5 | 18 | 20.2 | 13.9 | 18.2 | 19 | 13.5 |
| 最大交流电场/(kV・m$^{-1}$ [V・mil$^{-1}$]) | — | — | 350[9] | 300[8] | 400[10] | 200[5] | 200[5] | 350[9] | 160[4] | — | — |
| 最大直流电场-正向/(kV・m$^{-1}$ [V・mil$^{-1}$]) | — | — | 700[18] | 600[15] | 800[20] | 400[10] | 400[10] | 700[18] | 320[8] | — | — |
| 最大直流电场-反向/(kV・m$^{-1}$ [V・mil$^{-1}$]) | — | — | 350[9] | 300[8] | 400[10] | 200[5] | 200[5] | 350[9] | 160[4] | — | — |

海军型和 PKI：http://www.piezo-kinetics.com/materials.htm

BM 型：http://www.sensortech.ca/

其他：http://www.piezo.com/，http://www.matsysinc.com/，和 http://www.trsceramics.com/

## 2.1　制动器的封锁力和自由位移

压电陶瓷制动器的性能一般主要由两个参数衡量：封锁力 $F_{\mathrm{bl}}$ 和自由位移 $\delta_{\mathrm{f}}$。封锁力就是完全约束压电陶瓷制动器和防止其在电场中应用时产生变形所需的力。自由位移就是在没有外部荷载时在特定电场下由压电效应所产生的最大位移。封锁力是自由位移与制动器刚度的乘积。将 $\sigma=0$ 代入制动器本构关系中，方程（1）给出了一个自由应变 $\Lambda$ 对应于自由位移 $\delta_f$ 的表达式。

$$\Lambda = \boldsymbol{d}^c E \tag{4}$$

## 2.2　制动器负载线

要评估一个制动器的性能，理解制动器负载线的概念十分重要。在一个给定的制动电压下，任何荷载下制动器的力和位移均将落在负载线上。一个典型的压电陶瓷制动器的力和位移负载线如图 3 所示。在给定制动电压 $V_3$ 时，制动器的负载线为直线 $AB$。一般情况下，制动器的负载线不是直线。而对于具有常系数的压电陶瓷制动器，其负载线为直线。负载线在力和位移轴上的截距分别表示封锁力 $F_{bl}$ 和自由位移 $\delta_f$。图中还绘制出了制动电压为 $V_1$ 和 $V_2$ 下的负载线。随着制动电压的增加，负载线也随之在力和位移坐标轴上截距增大的方向移动，并保持斜率不变。原点 $O$ 表示一个参考点或者制动器未变形的状态。对于固定的制动电压，制动器上的力 $F_0$ 在负载线上所处的点可以被制动器位移 $\delta_0$ 表示出，其表达式为：

$$F_0 = F_{bl}\left(1-\frac{\delta_0}{\delta_f}\right) = F_{bl} - \delta_0 K_{act} \tag{5}$$



式中，$K_{act}(=F_{bl}/\delta_f)$ 为制动器的有效刚度，对于长度为 $l_c$ 和截面积为 $A_c$ 的片材，其表达式为：

$$K_{act} = \frac{A_c}{s_{11}^E l_c} \tag{6}$$

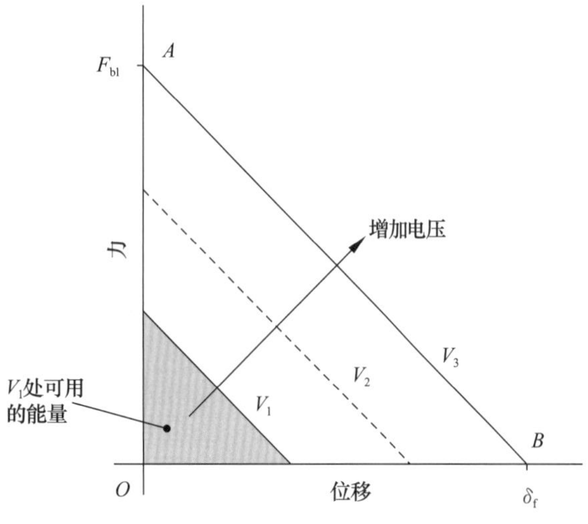


**图 3　压电陶瓷制动器的力和位移负载线**

负载线也提供了一些制动器在工作时的性能信息。给定一个匹配工作条件的阻抗，可以由封锁力和自由位移的乘积得出制动器的最大能量。因此，负载线或制动器力-位移曲线下的面积可以用来表示制动器的“可能能量”，并且可以用一个指数量化。例如，应变-力指数可以定义为制动器的自由应变乘以它的封锁力，并可由制动器的横截面积统一化，转化为包含在制动器每单位体积的有效“应变能”。可以在这个基础上比较不同制动器，并且挑选性能最好的进行应用。

## 2.3　静态激励磁场下的行为

压电陶瓷制动器可以响应静态的或稳定的磁场。然而，在传统电磁制动器中观察不到的几种现象可以在静态激励磁场的压电陶瓷制动器中观察到。对于该材料中显著的磁滞现象，需要遵循一定的程序才能在静态实验中获得有意义的数据。

### 2.3.1　实验样品的制备

在下面的章节中，将描述由 Morgan Matroc 所测量的尺寸为 25.4 mm×12.7 mm×0.254 mm（1″×0.5″×0.01″）的压电陶瓷（PZT-5H）片的特性。大多数公布的数据只适用于小激励磁场。然而，用这些材料作为制动器，将经常遇到大的励磁场，材料的特性会与在小激励磁场中有显著不同。

所有的这些样品都是沿着极化方向进行激发，并且在垂直于极化方向的平面上测量应变。每一个样本都是在 1/4 桥处使用一个 3.2 mm（0.125″）长度的应变计。细致的均匀化过程非常重要，因为实验样品的性能变化达到 15%并不罕见。

进行测试前，需要对样品进行循环以消除以往的激发效应。循环过程包括在制动器的最高直流场中进行激发，然后撤去直流场并测量残余应变。重复几次这种过程，直到残余应变在几次循环中保持稳定。循环后的制动器存在固有偏差，这可以通过修改激励场的极性来抵消。

### 2.3.2　静态自由应变

PZT-5H 制动器的一个典型直流场（沿极化方向）和相应的横向自由应变（在垂直于极化方向的平面内）如图 4 所示。该曲线在低电场内接近线性并且可以通过线性压电系数进行预测。在较高的电场中，非线性效应变得明显，并且对于相同的正、负电场，应变值并不相等，这意味着自由应变曲线不对称。这种不对称性也可以在罗谢尔盐的逆压电响应（Vigness，1935）中观察到，并被归因于晶体中的永久极化。存在于压电陶瓷中的不对称性在低电场中很小，但会随着电场的增加变大。最大的电场受到陶瓷本身介电击穿的限制，最大负电场受到压电材料去极化电场的限制，这种极限大约在−5.5 kV/cm。

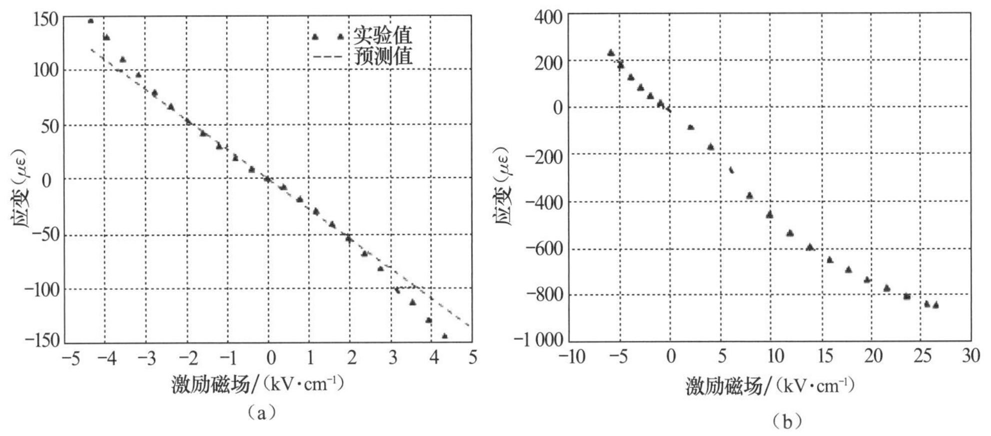


**图 4　PZT-5H 静态自由应变行为**

（a）低激发水平；（b）高激发水平

2.3.3　漂移

实验中观察到的效果往往是直流激励所导致的应变漂移。漂移是指在施加直流电场后自由应变随时间缓慢增加的现象。基本的漂移现象如下：当施加直流电场后，应变跳至一特定值，然后随时间慢慢增加。当电场被关掉后，应变会缓慢减少并稳定在某一残留应变值。漂移可能是由材料的永久极化变化所导致的。一个厂家（Physik Instrumente，1997）给出了压电制动器的漂移公式：

$$\Delta \in = \Delta \in_0 \left(1 + \gamma \ln \frac{t}{0.1}\right) \tag{7}$$

式中，$t$ 表示以秒为单位的时间；$\Delta\in_0$ 表示施加电场 0.1s 后的应变；$\gamma$ 是取决于系统特性的一个因数，一般在百分之几左右。值得注意的是，在施加电场后应变百分比的增长和电场强度无关。实验显示了 PZT 片在直流激励磁场从 0.4 ～5.5 kV/cm 的一组漂移曲线（图 5）。实验数据表明，漂移率大致和激励磁场无关。我们还可以观察到，所加电场的方向对应变漂移的大小和速度几乎没有影响。

## 2.4　动态激励磁场下的行为

将 PZT 制动器应用到自适应结构中的最大优势之一是其巨大的带宽。然而，该材料的滞后性在反应中起着主导作用，并导致热形式的能量耗散。消散的能量使用一个耗散因子进行量化，称作 $\tan\delta$。这个数量也与材料非理想的介电性质有关。Vautier 和 Moheimani（2005）表明，采用电荷相反的电压来驱动制动器可以减少滞后，并在悬臂梁的实验中论证了这一概念。Sirohi 和 Chopra（2000a）对 PZT-5H 制动器在动态激励磁场的反应有着详细的描述。有些学者认为，在一个直流偏磁场下操作压电陶瓷制动器具有正面效果。直流偏磁场可以增加陶瓷片的 $d_{31}$ 值（Kreuger，1967；Li、Cao 和 Cross，1991）。



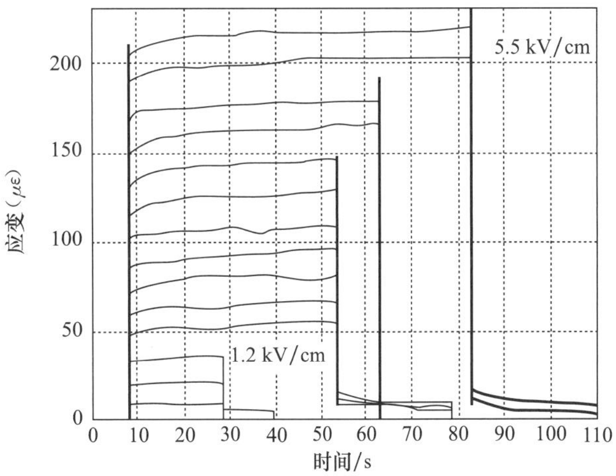


**图 5　不同电场下静态自由应变中的漂移。该曲线表示当电场被接通、保持不变和被关闭时的自由应变**

## 2.5　消极行为和介电击穿

电场的大小有两个限制：消极行为和介电击穿。随着沿极化方向电场的增加，压电陶瓷材料最终将发生介电击穿。这种高电场在任何应用中都应该被避免。一个更关键的约束是压电陶瓷的消极现象。当处于与极化方向相反的高电场中，压电陶瓷将失去其大部分压电特性，这将伴随着大的介电损耗、差的效率和样品尺寸的永久性变化。PZT-5H的直流消极磁场大概在 5.5 kV/cm。对于交流激励，消极磁场取决于频率，并且会低于直流值。这一趋势被表示为：

$$E_{\mathrm{dep}} = 2.292\times10^{-5}f^2 - 1.255\times10^{-2}f + 5.6 \tag{8}$$

式中，$E_{\mathrm{dep}}$为以 kV/cm 为单位的直流消极磁场；$f$ 为以 Hz 为单位的激励频率。在沿着初始极化方向作用一电场可重新定位材料的极化方向，从而撤去消极行为。例如，当 PZT-5H 片被消极后，可以对其施加几分钟 7.1 kV/cm 的直流电场以进行极化。通过这种方法，可以恢复制动器 80%～90%的原有性能，这可以应用到智能系统中的偶然消极情况。

## 2.6　能量消耗

电源提供的能量使得制动器出现制动器电能增加、制动器和结构的应变能增加、电气和机械损失并从结构中输出功。我们可以方便地将制动器和结构的阻抗看作能源中的净电-机械阻抗。一个无约束的压电陶瓷制动器的主要行为表现为电容性负载。压电陶瓷制动器可以被视为一个具有复杂介电常数的平行板电容器。这种非理想的电容器可模拟为一个简化的等效电路串联一个与理想电容并联的分流电阻。这种能量损失表现为分流电阻的热耗散，耗散因数 $\tan\delta$ 是电容器中能量损耗的一个度量值。压电陶瓷片的电阻抗 $Z$ 可以表示为：

$$Z = \frac{t_{\mathrm{c}}}{\mathrm{j}\omega e_{33}^{\delta}(1-\mathrm{j}\tan\delta)A} \tag{9}$$

式中，$\omega$ 为激励频率；$A$ 为电极的面积；$t_{\mathrm{c}}$ 为压电陶瓷片的厚度（等于电极之间的间隙）；$e_{33}^{\delta}$为压电陶瓷材料沿 3 方向上的介电常数。受小励磁电压的限制，压电陶瓷驱动器的阻抗不能使用 LCR 仪精确测量。PZT-5H 片（2″×1″×0.01″）的 $e_{33}^{\delta}$和 $\tan\delta$ 在电场中的变化如图 6 所示。曲线和实验数据相符，$e_{33}^{\delta}$和 $\tan\delta$ 在电场 $E$ 中的变化可以表示为：

$$K_{\mathrm{e}} = 5.3187E^2 - 5.9754E + 7.32 \tag{10}$$

$$\tan\delta = 0.0662E + 0.0376 \tag{11}$$

式中，$K_{\mathrm{e}}$ 为 $e_{33}^{\delta}$ 中的百分增量；$E$ 为以 $\mathrm{kV_{rms}/cm}$ 为单位的电场。制动器的电-力阻抗的推导在很多文献中都可以见到（Sirohi 和 Chopra，2000a；Liang、Sun 和 Rogers，1993）。使用这种方法，固定在表面的 PZT 制动器描绘的电流为：

$$I = \mathrm{j}\omega E b_{\mathrm{c}} l_{\mathrm{c}}\left(\frac{d_{31}^2\bar{Y}_{11}^{E} Z_{\mathrm{A}}\tan(klc)}{(Z+Z_{\mathrm{A}})klc} + \bar{e}_{33}^{\delta} - d_{31}^2\bar{Y}_{11}^{E}\right) \tag{12}$$

式中，$b_{\mathrm{c}}$ 和 $l_{\mathrm{c}}$ 分别为压电陶瓷片的宽和长；$Z$ 为结构的机械阻抗；$Z_{\mathrm{A}}$ 为制动器的机械阻抗，并由式（13）给出：

$$Z_{\mathrm{A}} = -\mathrm{j}\frac{K_{\mathrm{A}}(1+\mathrm{j}\eta)klc}{\omega\tan(klc)} \tag{13}$$

式中，$K_{\mathrm{A}}$ 为 PZT 的静态刚度，由 $b_{\mathrm{c}}t_{\mathrm{c}}/s_{11}^{E}l_{\mathrm{c}}$ 给出；$\eta$ 为制动器的机械损耗因子。因子 $k$ 由式（14）给出：

$$k^2 = \omega^2\rho/\bar{Y}_{11}^{E} \tag{14}$$

式中，$\bar{Y}_{11}^{E}$是由式（15）给定的复数：

$$\bar{Y}_{11}^{E} = \frac{1+\mathrm{j}\eta}{s_{11}^{E}} \tag{15}$$

复介电常数 $\bar{e}_{33}^{\delta}$由式（16）给出：

$$\bar{e}_{33}^{\delta} = e_{33}^{\delta}(1-\mathrm{j}\tan\delta) \tag{16}$$

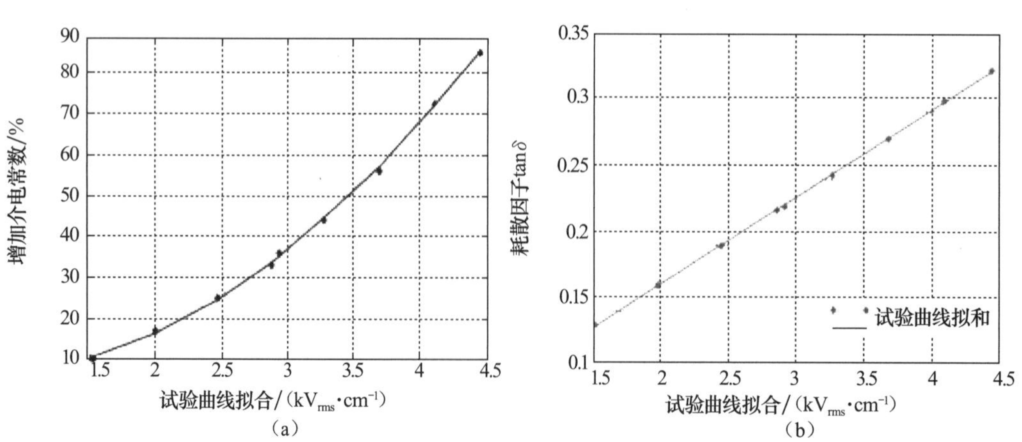


（a）　　　　（b）

**图 6　外加电场下压电陶瓷材料常数的变化**

（a）介电常数；（b）耗散因数

### 2.7　压电耦合系数 $k_{ij}$

压电换能器原理上是一个能量转换装置。正向压电效应导致机械能转换成电能，而逆向压电效应将电能转化为机械能。压电耦合系数 $k_{ij}$ 用于衡量这一能量转换效率，并与材料的电学边界条件有关。例如，沿一个方向开路和短路的依从性关系可以表示为：

$$s_{11}^{D}=s_{11}^{E}[1-k_{31}^{2}]=s_{11}^{E}\left[1-\frac{d_{31}^{2}}{s_{11}^{E}e_{33}^{\sigma}}\right] \tag{17}$$

式中，$s_{11}^{D}$ 为材料在常电位移下沿 1 方向的顺从性；$k_{31}$（$d_{31}/\sqrt{s_{11}^{D}e_{33}^{\sigma}}$）为电-机械耦合系数。常电位移条件相当于开路状态，恒定电场条件相当于短路状态。对于一个典型的压电陶瓷 PZT-5H，$k_{31}^{2}=0.15$。使用一个简单的一维分析，可以证明，耦合系数的平方是材料的机械能、电能之比：

$$\frac{U_{\mathrm{mech}}}{U_{\mathrm{elect}}}=\frac{d_{31}^{2}}{s_{11}^{E}e_{33}^{\sigma}}=k_{31}^{2} \tag{18}$$

## 3　压电陶瓷传感器

在如图 2 所示的压电陶瓷片中，极化穿过其厚度方向。使用这种材料作为传感器，输入量为机械应力，输出的是电位移或产生的电荷。材料相应的本构关系如图 2 所示。通过正向压电效应测量压电系数通常比较困难，并且没有基于逆向效应测量准确。这是因为使用一个纯粹的单轴应力非常困难，并且应力产生的一些电荷在测量前会发生泄漏。另外，当采用逆向效应时，就很容易提供一个均匀的电场并且保证样本的零应力状态。对于 PZT 片来说，其压电系数矩阵 $\boldsymbol{d}^{d}$ 可以表示为：

$$\boldsymbol{d}^{d}=\begin{bmatrix}0&0&0&0&d_{15}&0\\0&0&0&d_{24}&0&0\\d_{31}&d_{32}&d_{33}&0&0&0\end{bmatrix} \tag{19}$$

元素 $d_{ij}$ 和 $\boldsymbol{d}^{c}$ 中的元素有相同值。需要注意的是剪应力在 1-2 平面，$\sigma_6$ 不能够产生任何电力反应。一个压电陶瓷的介电常数矩阵由式（20）给出：

$$\boldsymbol{e}^{\sigma}=\begin{bmatrix}e_{11}^{\sigma}&0&0\\0&e_{22}^{\sigma}&0\\0&0&e_{33}^{\sigma}\end{bmatrix} \tag{20}$$

对于 PZT 片，横观各向同性使得 $e_{11}^{\sigma}=e_{22}^{\sigma}$。通常也会使用相对介电常数 $K_{ij}^{\sigma}$（$=e_{ij}^{\sigma}/e_0$），即介电常数和自由空间的介电常数（$e_0$）之比。通常情况下，没有外部电场施加到传感器，并且应力场引起的电位移将产生正向压电效应。一般情况下，产生的电荷 $q$ 与位移 $D_3$ 的关系为：

$$q=\iint[D_1\quad D_2\quad D_3]\cdot\begin{bmatrix}dA_1\\dA_2\\dA_3\end{bmatrix} \tag{21}$$

式中，$dA_1$、$dA_2$ 和 $dA_3$ 分别为在 2-3 面、1-3 面和 1-2 面的电极元件面积。可以看出，所产生的电荷只取决于垂直于位移的电极面积。在 PZT 片的情况下（图 2），只出现了 $D_3$。电荷 $q$ 与整个传感器电极的电压 $V_c$ 和传感器的电容 $C_p$ 相关，即：

$$V_c=q/C_p \tag{22}$$

因此，通过测量由压电陶瓷材料所产生的电荷，由公式（21）和公式（22）可以计算出材料中的应力。通过这些值，结合材料的特性，便可以计算材料的应变。对于片状压电陶瓷传感器（长度 $l_c$、宽度和厚度分别为 $b_c$ 和 $t_c$），其电容可表示为：

$$C_p=\frac{e_{33}^{\sigma}l_cb_c}{t_c} \tag{23}$$

在单轴应力作用下，应变和电荷增加之间的关系十分简单。然而，对于 1-2 平面一般性的平面应力情况下，由于 $\boldsymbol{d}^{d}$ 矩阵中 $d_{32}$ 元素的存在，这种关系变得复杂。任何压电材料都可以被用作传感器，下面将描述两种具体的类型。其中一种是典型的压电陶瓷 PZT-5H，另一种是压电聚合物薄膜 PVDF。

（1）压电陶瓷传感器：压电陶瓷传感器具有大多数陶瓷的特性，即弹性模量高、抗拉强度低、材料较脆。借助于极化过程，材料会在垂直于极化方向上呈现各向同性。对于 PZT 传感器，$\boldsymbol{d}^{d}$ 和 $\boldsymbol{e}^{\sigma}$ 的值可以通过式（19）和式（20）得出。PZT-5H 的典型参数值在表 1 中已经给出。

（2）PVDF 传感器：PVDF（聚偏二氟）是一种聚合物，由重复长链单体组成（—$CH_2$—$CF_2$—）。带正电荷的氢离子与氟离子与带负电荷的碳离子使得每个单元都具有内在偶极矩。PVDF 膜的制作是从熔融相沿某一特定方向固化，然后再进行极化。拉伸膜的过程，高分子链朝一个特定的方向，因此材料具有压电各向异性，即 $d_{31}\neq d_{32}$。拉伸的方向沿着 1 方向。但是对于小应变，该材料被认为机械各向同性。

压电元件一般被用于传感器和制动器的智能结构系统中（Chopra，2002）。压电元件的一个关键特性是使用压电陶瓷的逆压电效应来驱动结构，并且使用正向压电效应感应结构的变形。通常情况下，压电陶瓷作为制动器，聚合物压电薄膜作为传感材料，也可以使用压电陶瓷传感和制动，如自检测制动器（Inman、Dosch 和 Garcia，1992）。许多研究人员就是利用压电陶瓷片元件作为可控结构系统的传感器（Qui 和 Tani，1995），同时也在健康监测中应用（Samuel 和 Pines，1997）。多项研究已经在离散压电传感器系统（Qui 和 Tani，1995）、结构与压电式传感器的反馈主动控制（Hanagud、Obal 和 Calise，1992）和同位传感器与制动器（Inman，Dosch 和 Garcia，1992；Anderson 和 Hagood，1994）上进行。已经证明，压电陶瓷的应变变换器和微应变具有线性关系（图 7），并且它们的应变灵敏度比相同尺寸的传统电阻应变器高出几个级别。对压电应变速率传感器的研究表明，它同传统的金属箔应变片传感器相比具有优越的抗噪能力。

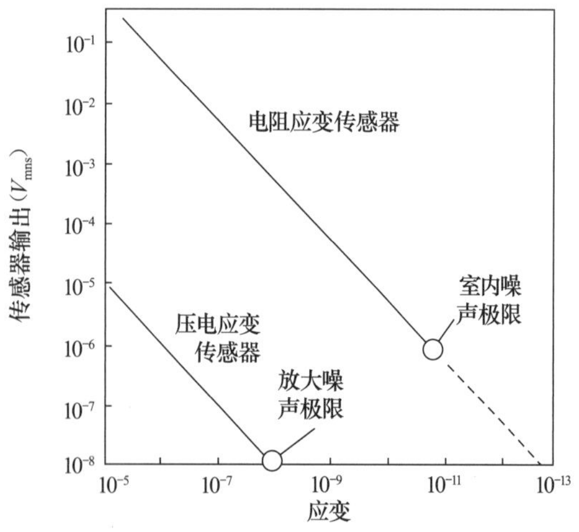


**图 7　压电陶瓷和电阻应变传感器的比较**

改编自 Forward（1980）美国物理学会

## 3.1　基本的传感机制

压电传感器的本构关系［式（2）］可以写为：

$$D = \boldsymbol{d}^{d}\sigma + \boldsymbol{e}^{\sigma}E \tag{24}$$

一个沿其厚度方向极化的压电材料片，如图 2 所示，可以用来感应在 1-2 平面的应变或应变率。该传感器在其电极上生成电压，并且通过电子反馈信号进行测量。在大多数应用中，不在传感器上施加电场。对于压电片，无外电场作用时电极的电位移 $D_3$ 由式（25）给出：

$$D_3 = d_{31}\sigma_1 + d_{32}\sigma_2 + d_{33}\sigma_3 \tag{25}$$

值得注意的是，压电片传感器无法测量剪切应力。因为这种传感器一般固定在结构上，$\sigma_3 = 0$，并且只能测量 1-2 平面的正应力。需要注意的是，式（25）中的应力是压电传感器自身的应力，而并不是其所测量的结构的应力。这些应力是 1-2 面上由结构转移到压电片上的应变乘以适当的材料弹性模量，并与传感电子器件的电边界条件有关。因此，压电传感器实际上是一种应变传感器，可用于测量结构的表面应变。由式（21）所得的电荷 $q$ 为 $\iint D_3 \mathrm{d}x\mathrm{d}y$，这些电荷或等效的电流可通过适当的传感器件来收集。由于电流是电荷变化率，故传感器测量的电流实际上是应变的变化率。压电传感器应变或应变率往往形成其他传感器的基本元件，如加速度计、麦克风负载单元和陀螺仪。

## 3.2　信号调理元件

压电片像一个具有大内阻（在 GΩ 级）的电容器。当被作为传感器使用时，就会产生造成极板上电压的电荷。由于内阻大，这些电荷会在电极上存在一段时间，但是最终都会泄漏。然而，为了准确测量电压，测量装置的输入阻抗应大于压电传感器的阻抗几个数量级。通常情况下，输入阻抗大于 $10^{14}$ Ω 的静电计可以用来测量这些静态电压。标准的万用表没有提供准确测量或者防止静电荷泄漏的高输入阻抗。此外，动态应变测量和使用标准的数据采集系统会给压电传感器带来更大的挑战。大多数示波器和数据采集系统具有 1 MΩ 的输入阻抗。解决这些问题需要在压电传感器和测量系统之间使用适当的信号调理电子器件。

信号调节系统的主要目的是提供低输出阻抗信号，同时向压电传感器提供非常高的输入阻抗。有几种方法可以达到此目的。一是使用信号调理电子器件，信号调理电子器件的种类很多，具有不同的复杂性和准确性，大致可被分为三种：电压的测量、电荷的测量和电流的测量。电压的测量是使用电压跟随器，并在测量后对测量值进行校准。第二种方法是使用电荷放大器进行测量，从而可以起到测量应变的功能。第三种方法，电流通过互阻放大器进行测量，从而测量应变率。电荷放大器在商用压电传感器的信号调理中最常用。这些电路的操作理论已由 Sirohi 和

Chopra（2000b）做了详细描述。

## 3.3 传感器校准

传感器必须在已知的电场中进行校准，从而使应变传感器的测量值与物理应变值相关联。这个校准过程可以确保所测量的电压转换成物理应变时具有较准确的因数。一旦进行了校准，并且各种参数的影响被量化后，该传感器就可以用于测量类似安装条件下任何装置的应变。校准压电传感器的实验装置及过程以及对校正因子的讨论将在下面给出。

### 3.3.1　实验装置

动态弯曲梁装置被用来校准压电传感器。一对PZT片被固定在尺寸为280 mm×11 mm×1.52 mm的悬臂铝梁底部20 mm处，并且为梁提供一个纯弯曲制动。距离传感器末端50 mm处在梁的表面固定一个传统的箔式应变计，在梁的另一边相同的位置固定一个压电陶瓷（PZT片）传感器，以便使这两个传感器处于相同的应变场中。电阻应变计的读数使用传统信号调理单元，应变使用标准的校准公式计算。对压电陶瓷传感器的输出项进行测量并转换为应变。从5～50Hz进行正弦扫描，并且对两个传感器的传感函数进行比对。

### 3.3.2　校正因子

在对1方向的应变进行推导时，假设其他应变分量的影响可以忽略不计，并且在黏结层上没有电荷损失。然而实际上存在应变的横向分量，并且在有限厚度黏结层中也存在电荷损失。因此，必须综合考虑横向应变和黏结层剪切滞后损失对测量的应变值进行修正。这些校正因子将在下面讨论。

(1) 泊松比的影响。梁上的传感器存在纵向和横向的应变。如果假定1方向与梁的长度一致，并且2方向沿着梁的宽度方向，则式（25）可以被写成（假设我们使用一个电荷放大器进行测量，这意味着该传感器是在短路状态）：

$$D_3 = \frac{d_{31} \in_1}{s_{11}^E} + \frac{d_{32} \in_2}{s_{11}^E} \tag{26}$$

对于纵向应力，由于在传感器位置的泊松效应，会有一个侧向应变$\in_2(=-v\in_1)$。因此，该应变可以被写为：

$$\in_1 = \frac{V_0}{K_p S_q^*} \tag{27}$$

式中，$V_0$为压电传感器所测量的电压；$S_q^*$为一个依赖于特定类型调理电路的因子；$K_p$为依赖于泊松比的修正因子。对于PZT传感器，$K_p=(1-v)$；对于PVDF传感器，$K_p=\left(1-v\frac{d_{32}}{d_{31}}\right)$。这是压电传感器与传统的电阻应变片之间的关键区别。压电传感器的横向灵敏度和其纵向灵敏度具有相同的级别。然而，对于传统的应变计，横向灵敏度接近于零，并且通常被忽略。因此，一般情况下，仅使用一个压电传感器不可能分出结构的主应变。至少需要两个传感器，才能构造出压电或机械各向异性材料。这排除了使用压电传感器对应变的纵向和横向测量的必要性。对于校准，横向应变是先验已知的，它可以用于推导一个修正因子。

(2) 剪力滞效应。由于黏结层的有限刚度，剪力滞效应使得在从主结构传递到传感器的应变有所损失。Sirohi和Chopra（2000b）推导了考虑剪力滞后的校正因子的表达式。由于传感器的整体几何面积不能有效地感应梁的表面应变，校准方程［式（27）］需使用传感器的有效区域，从而有：

$$\in_1 = \frac{V_0}{K_p K_b S_q^*} \tag{28}$$

式中，$K_b$为考虑黏结层剪力滞效应时的修正系数。$K_b$的值只依赖于传感器的几何形状。对于PZT和PVDF传感器，$K_b$可以写成：

$$K_b = l_{eff} b_{eff} \tag{29}$$

式中，$l_{eff}$和$b_{eff}$为传感器的有效长度和宽度，这些量是由剪力滞计算得到的，并且在完美黏结的情况下对应于传感器的活跃区域。

### 3.3.3　信噪比

如上述梁弯曲装置实验。对于正弦扫描，对梁进行5～500 Hz的激励，采用传统的350电阻应变片和显微测量2311信号调节系统。对压电陶瓷传感器，电荷放大器使用高输入阻抗的LF355运算放大器，其$R_F=10\ M\Omega$，$C_F=10\ nF$。

压电传感器相对于传统的电阻应变计的一个主要优势是其卓越的信噪比和高频率的噪声抑制。图8所示的是PZT传感器与电阻应变计的信噪比的对比，该响应未经过滤，并且显示的是信号调理器的真实电压值。电阻应变计输出的是大振幅的背景噪声，而压电传感器具有更高的信噪比。箔式应变计是通过感应惠斯通电桥电路的不平衡运作的，这种不平衡在微伏的量级。因此，在低应变水平下，电阻应变计的信噪比很差。压电传感器信号噪声比的优势使得它们在低应变、高噪声水平的情况下更有优势。在频率响应为 60、120、240、360 和 480 时的峰值为交流电源线频率的频峰。由于电阻应变计需要激励，因此其输出值可能受到交流电源线路信号的影响。压电传感器本身是无污染的，然而，信号调理电路会对 PZT 传感器的输出值产生一些影响。值得一提的是，与电阻应变计相关的信号调节电路与压电传感器中所使用的相比是非常复杂和笨重的。

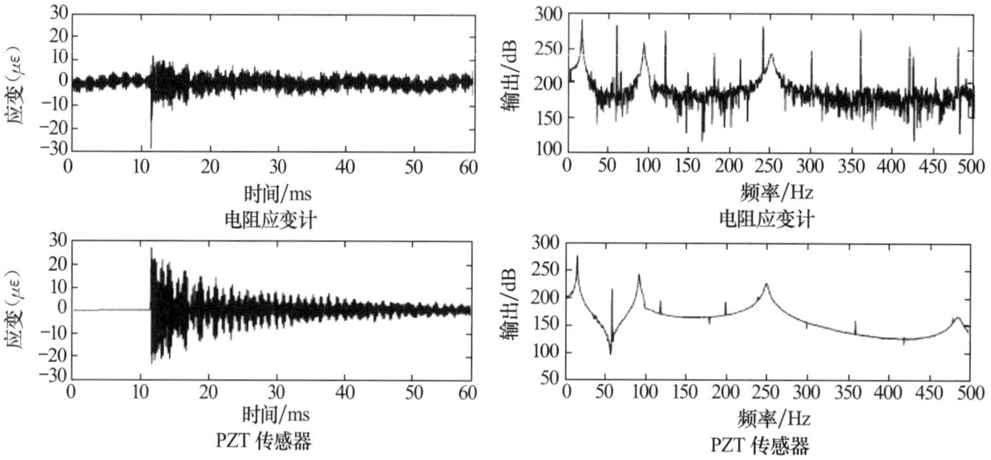


(a)　　(b)

**图 8　PZT 传感器和电阻应变计的信噪比的对比**

(a) 时间域内电阻应变计和压电传感器的脉冲；(b) 在频域中电阻应变计和压电传感器的脉冲



## 4　结论

由于其电-机械耦合效应，压电材料的应用非常广泛。压电陶瓷是一种具有压电效应的陶瓷材料，这种材料可以被广泛地制成各种成分和形状。压电陶瓷材料早期的应用主要集中在空间结构的控制，在航空系统中潜在的应用也被拓展。作为制动器，它们在刚度上比其他材料更合适，并且容易连接或嵌入到结构中。例如，它们可以接合在复合材料结构上，作为“活性层”。嵌入或表面接合在飞机机翼或直升机桨叶上的压电陶瓷制动器可诱导扭/弯翼型变化（形状变化），这反过来又可以导致升力分布的变化，并可能有助于控制静态和动态气动弹性问题。另一种方法是使用专门设计的压电陶瓷制动器辅助控制起重设备，如前/后缘襟翼。压电陶瓷驱动器具有高带宽，这使得它们非常适合应用于振动和噪声控制中。压电陶瓷制动器的主要缺点是振幅小。然而，目前已经开发了大量配置，通过几何扩增来增加制动器的输出行程，也可以通过将高频、低振幅的压电陶瓷振动转化为低频来增大振幅位移。图 9 展示了一些制动器的配置。

在低电场中，压电陶瓷材料表现出线性响应。在较高的电场和机械应力时，材料的响应以及电性能如介电常数和损耗因数变得高度非线性化。在静止励磁中，应变响应随时间漂移增加。在动态励磁中，材料内部的耗散表现出滞后响应。在电方面，该材料可以被视为一个有损电容器。连接到主结构上的压电陶瓷的机电结合阻抗可以用来准确地预测其功耗。

除了作为制动器外，压电材料作为传感器也有很大的吸引力。这是由于它们相比于传统的箔式应变计，具有高灵敏度和高的信号噪声比。压电传感器的电极也可以通过适当的变换来过滤所测得的应变。压电陶瓷材料被广泛应用到动态力传感器、加速度计和陀螺仪中。压电陶瓷传感器需要适当的传感电子元件，必须权衡下限截止频率和灵敏度。新的压电陶瓷复合材料和执行器装置进一步扩大了这种材料的应用领域。

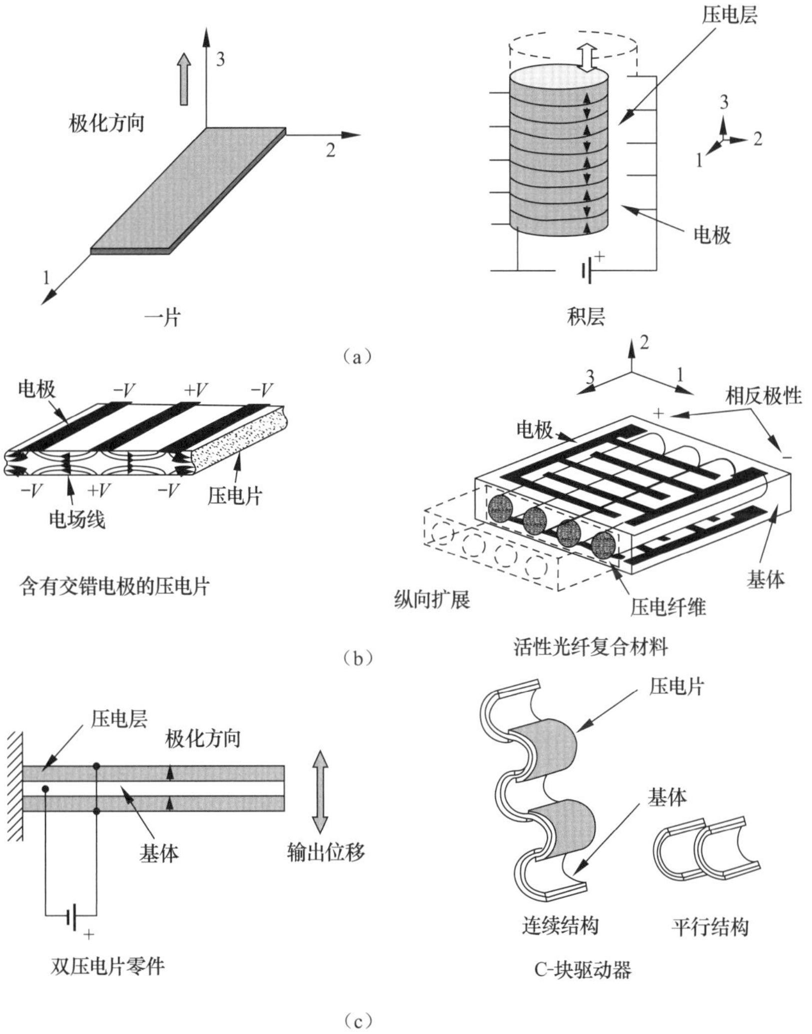


**图9 压电陶瓷制动器的配置**

(a) 1-2平面电极化的基体材料；(b) 特殊的电极结构；(c) 固有的几何放大



## 参考文献


ANSI/IEEE Std. 176. (1987) *IEEE Standard on Piezoelectricity*.

Anderson, E. H. and Hagood, N. W. (1994) Simultaneous piezoelectric sensing/actuation: analysis and application to controlled structures. *J. Sound Vib.*, 174 (5), 617-639.

Chopra, I. (2002) Review of state of art of smart structures and integrated systems. *AIAA J.*, 40 (11), 2145-2187.

Forward, R. L. (1980) Picostrain measurements with piezoelectric transducers. *J. Appl. Phy.*, 51 (11), 5601-5603.

Hanagud, S. Obal, M. W. and Calise, A. J. (1992) Optimal vibration control by the use of piezoelectric sensors and actuators. *J. Guidance, Control Dyn.*, 15 (5), 1199-1206.

Inman, D. J. Dosch, J. J. and Garcia, E. (1992) A self-sensing piezoelectric actuator for collocated control. *J. Intelligent Mater. Smart Struct.*, 3, 166-185.

Kreuger, H. H. A. (1967) Stress sensitivity of piezoelectric ceramics, Part 1: Sensitivity to compressive stress parallel to the polar axis. *J. Acoustical Soc. Am.*, 42 (3), 636-645.

Lee C. K. and O'Sullivan T. (1991) Piezoelectric strain rate gages. J. Acoustical Soc. Am., 90 (2), 945-953.

Lee, C. K., O' Sullivan, T. and Chiang, W. W. (1991) Piezoelectric strain rate sensor and actuator designs for active vibration control. *Proceedings of the 32nd AIAA/ASME/ASCE/AHS/ASC Structures, Structural Dynamics and Materials Conference* (4), 2197-2207.

Li, S., Cao, W. and Cross, L. E. (1991) The extrinsic nature of nonlinear behavior observed in lead zirconate titanate ferroelectric ceramic. *J. Appl. Phys.*, 69 (10),

7219-7224.

Liang, C., Sun, F. and Rogers, C. A. (1993) Coupled electromechanical analysis of piezoelectric ceramic actuator driven systems-determination of the actuator power consumption and system energy transfer. *Proc. SPIE*, 1917, 286-298.

Matsch, L. W. (1964) *Capacitors, Magnetic Circuits and Transformers*, Prentice-Hall Inc., Englewood Cliffs, NJ.

Physik Instrumente (1997) *Products for Micropositioning*, USedition.

Qui, J. and Tani, J. (1995) Vibration control of a cylindrical shell using distributed piezoelectric sensors and acuators. *J. Intelligent Mater. Syst. Struct.*, 6 (4), 474-481.

Samuel, P. and Pines, D. (1997) Health monitoring/damage detection of a rotorcraft planetary geartrain using piezoelectric sensors. *Proc. SPIE*, 3041, 44-53.

Sirohi, J. and Chopra, I. (2000a) Fundamental behavior of piezoceramic sheet actuators. *J. Intelligent Material Syst. Struct.*, 11 (1), 47-61.

Sirohi, J. and Chopra, I. (2000b) Fundamental understanding of piezoelectric strain sensors. *J. Intelligent Mater. Syst. Struct.*, 11 (4), 246-257.

Vautier, B. and Moheimani, S. (2005) Charge driven piezoelectric actuators for structural vibration control: issues and implementation. *Smart Mater. Struct.*, 14 (4), 575-586.

Vigness, I. (1935). Dilatations in Rochelle salt. *Phys. Rev.*, 48, 198-202.

本章译者：宋豪鹏，宋坤（南京航空航天大学航空宇航学院）

# 第 203 章

# 形状记忆合金

John A. Shaw1，Christopher B. Churchill[1]，Dimitris C. Lagoudas[2]，Parikshith Kumar[2]
1 密歇根大学航空航天工程系，安娜堡，密歇根州，美国
2 得克萨斯 A&M 大学航空航天工程系，大学城，得克萨斯州，美国

## 1 引言

自适应（或智能）材料是能够适应外部刺激的一类材料，其机械（应力应变）行为与其他物理领域，如温度、电场、磁场、离子浓度等强耦合。形状记忆材料［包括形状记忆合金（SMAs）、铁磁 SMAs 和形状记忆聚合物］的机械行为和温度呈现强耦合关系。本章重点介绍 SMA 独特的热机械行为，它能满足多种运输、生物医学、通信、能量以及消费品应用。同时，形状记忆合金也得到了航空航天工程的特别关注，被用于新型有源器件和轻型多功能结构。

### 1.1 独特表现

形状记忆合金（SMAs）因其显著的形状记忆效应（SME）被命名，如图 1（a）⓪～⑤的实心箭头所示。它显示的是一个 NiTi 形状记忆合金导线的单轴拉伸实验，NiTi 形状记忆合金导线浸泡在温度可控的溶液中。在等体积空间中绘制了轴向应力（$\sigma$）、应变（$\varepsilon_e$）和温度（$T$）之间的关系。SME 包括以下热机械循环。

⓪→① 在阈值温度（$T^*$）以下的无负载冷却，没有明显的应变，但发生了固固相变，即从高温相奥氏体（由 A 表示）转变为低温相马氏体（具有混合孪生微观结构，由 $M^+/M^-$ 表示）。

①→③ 等温加载，然后卸载，留下一个明显的残余伸长（约 5%），微观上形成导向或非孪生马氏体（$M^+$）。

③→⑤ 无负载加热，应变复原，微观相恢复为 A。

图 1（b）所示为理想相的 SME 路径（温度-应力空间），显示稳定的 A 和 M 机制。SME 循环显示出高达 8%的应变恢复，应变恢复量取决于合金，并且在不超载的情况下可以多次重复。相比之下，传统合金的应变达到 0.2%～0.5%将发生屈服，因此百分之几的应变将导致不可逆的变形。应变恢复的温度阈值为特征转变温度[1]，取决于合金化学成分和材料加工过程。值得注意的是，SMAs 一般冷时柔顺松软，而热时坚固强硬，这一点与常规合金相反。参考形状（“记忆”状态）被设置于高得多的形状设定温度（例如 500 ℃）。

刚刚描述的行为是一种单向记忆效应，因为只有被加热时材料才会发生宏观变形。虽然未被显示，但一些 SMAs（如镍钛合金）可通过热机械加工而具有双向形状记忆效应（TWSME），其内部残余应力有利于形成导向性的 M（$M^+$），因而在冷却时也可发生变形，虽然 TWSME 的应变量通常比单向记忆合金要小得多，但它在某些特殊应用中仍然具有优势。

在许多 SMAs 中，在高于 $T^*$ 的有限温度范围内，等温形式的形状记忆也同样存在［图 1（a），⑥-⑪］，并被称为超弹性（SE）或伪弹性，其组成如下。

⑥→⑦ 对于 A 的线性弹性加载。

⑦→⑧ 应力高原与应变增加（>6%应变），伴随着应力诱发相变 A→$M^+$。

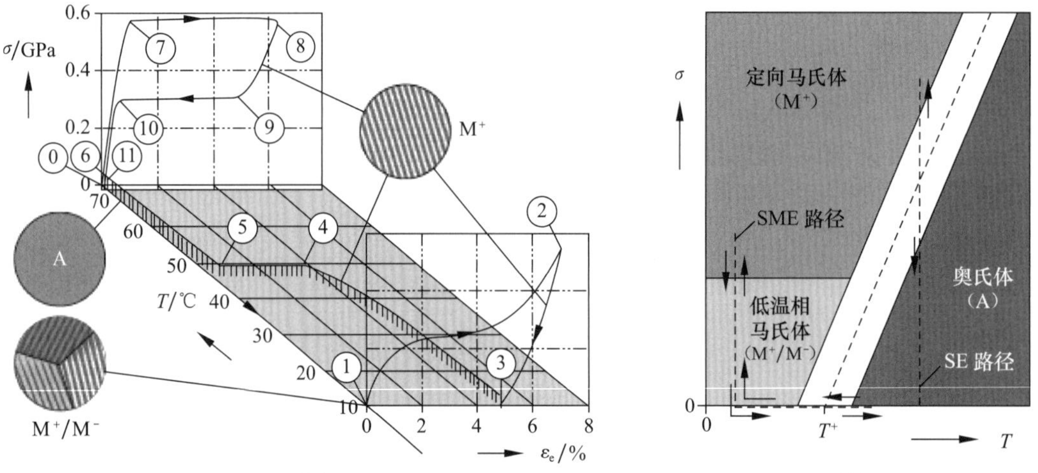


**图 1　形状记忆效应分析**

(a) SMA（镍钛）金属丝的单轴热响应，表现出了形状记忆效应（SME，⓪～⑤）以及超弹性（SE，⑥～⑪）；(b) 理想化的（准）相图

⑧→⑨　初始卸载伴随着 $M^{+}$ 的一些弹性恢复。

⑨→⑩　较低应力高原与应变减少，伴随着反向相变 A←$M^{+}$。

⑩→⑪　A 线弹性恢复至零应变。

这种“赝弹性”行为可以完全恢复，但力学响应即使在缓慢的准静态极限中也存在滞后和能量耗散。虽然这里的超弹性发生在室温（RT）以上，但对于合金和材料加工过程的调整可将转变温度调整至用户需求，制造转变温度低于或高于室温的形状记忆合金均有重大意义。

上述描述有些简单，细节将在第三部分呈现。读者可参考一些书籍，它们详细介绍了形状记忆合金的特性、冶金、基础细观力学机制、建模和设备等（Funakubo，1987；Duerig 等，1990；Otsuka 和 Wayman，1998；Bhattacharya，2003；Abeyaratne 和 Knowles，2006；Lagoudas，2008）。



## 1.2　形状记忆合金的发展史

尽管形状记忆合金对一般人来说比较陌生，但 SMAs 却有着一个悠久的历史。在 20 世纪 30 年代和 40 年代，超弹性和初步的形状记忆功能被首次发现于某些金属间的化合物中，如 AuCd、铜锌（黄铜）和 CuSn（β-铜）。形状记忆效应在 20 世纪 50 年代的 AuCd、CuZn 和 InTl 合金上得到证明。许多其他合金［图 2（a）］之后被陆续发现，并且列表中的元素仍在不断增加。同时，许多 SMAs

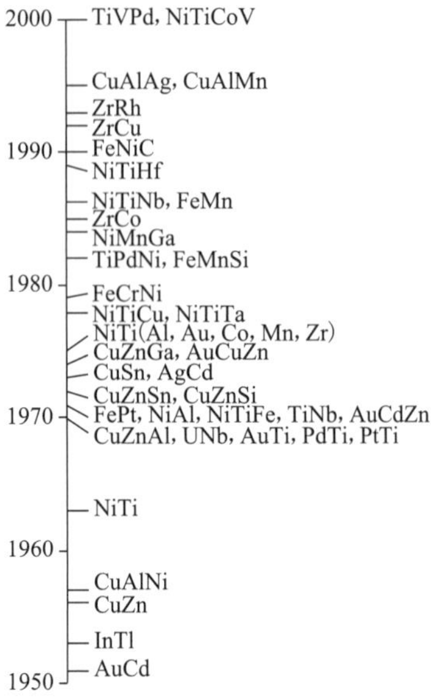


（a）

| 性能 | 单位 | NiTi | CuZnAl | CuAlNi |
|---|---|---|---|---|
| 密度 | kg·m⁻³ | 6 450 | 7 900 | 7 150 |
| 熔点 $T$ | ℃ | 1 250~1 320 | 950~1 020 | 1 000~1 050 |
| 电阻率 | μΩ·m | 0.5~1.1 | 0.07~0.12 | 0.1~0.14 |
| 导热率 | W·m⁻¹·K⁻¹ | 8.5~18 | 120 | 75 |
| 抗腐蚀性 | | 极好 | 差 | 一般 |
| 生物相容性 | | 好 | 差 | 差 |
| 弹性模量 | GPa | 70（45~95） | 80 | 100 |
| 极限强度 | MPa | 800~1 500 | 700~800 | 1 000~1 200 |
| 断裂伸长 | % | 25-50 | 15 | 12 |
| 晶体系统（A） | | 单斜正 | 单斜正 | 正立 |
| 晶体系统（M） | | 立方晶系 | 立方晶系 | 方晶系 |
| 转换温度 $T$' s | ℃ | −20~80 | −20~100 | 50~180 |
| Δ$T$磁滞 | ℃ | 30~80 | 15~25 | 15~20 |
| 覆盖应力 | MPa | 600 | 500 | 600 |
| 单向应变 | % | 8 | 5 | 5 |
| $10^5$ 次循环 | % | 2~2.5 | 0.8 | 0.8 |
| $10^7$ 次循环 | % | 0.5 | 0.5 | 0.5 |
| 双向应变 | % | 2~6 | 1 | 1 |
| 处理工艺 | | 困难 | 简单 | 困难 |
| 铸造 | | 真空环境 | 在空气中 | 在空气中 |
| 加工 | | 困难 | 简单 | 困难 |
| 成本 | | 高 | 低 | 适中 |

（b）

**图 2　(a) 形状记忆合金的发现时间轴；(b) 一些商业形状记忆合金的典型特性**

是由贵金属组成或仅在单晶时才表现其价值，这使得它们不太适合在商业应用中使用。然而，一些合金作为新器件已具备商业可行性［图2(b)］，特别是镍钛基合金（NiTi-NiTiCu 和 NiTiNb 附近）和某些铜合金（CuAlZn 和 CuAlNi）。近等原子 NiTi，即镍钛诺[2] 在 20 世纪 60 年代初被发现（参见 Kauffman 和 Mayo，1997 或 an interesting account）。

到目前为止，镍钛诺是最著名的 SMA，镍钛诺形状记忆合金被证明在多晶形状记忆合金中具有最好的记忆效应和最好的超弹性。镍钛诺合金可以承受较大的压力（500 MPa 级）并可在低循环使用中恢复高达约 8%的应变以及在高循环使用中恢复约 2.5%的应变。这种应变恢复能力可用于在热交换模式或等温吸能模式条件下设计新设备。现在，由于 NiTi 形状记忆合金在腐蚀性、耐疲劳性等方面的优势，以及良好的生物相容性，它们已成为大多数形状记忆应用项目的首选形状记忆材料。

## 2　形状记忆合金的应用

20 世纪 60 年代后期，随着在军用飞机上的首次成功应用，形状记忆合金已广泛用于各种行业。在 20 世纪 70 年代和 80 年代，一系列（现在已成千上万个）基于形状记忆元素的新型热激励设备和热发动机专利陆续发布。一些商业设备包括新奇的玩具、超弹性弓丝、自动消防和防烫伤阀等获得成功。20 世纪 90 年代，由于镍钛合金的生物相容性良好，SMA 装置已在外科手术工具、导线以及血管支架等方面获得商业上的成功。从历史上看，由于 SMA 复杂的本构行为使得设备的设计成为难题，但随着材料成本降低、材料加工改进、认识的成熟以及本构模型的改善，使得它们使用范围不断扩大。你可以在最新的书（Otsuka 和 Wayman 1998；Lagoudas，2008）和杂志的 SMA 应用研究（Hartl 和 Lagoudas，2007，为航空航天应用最近回顾）以及会议中为当前和预期的应用找到相应的参考。

### 2.1　使用模式

前面介绍的每个行为都提供了一种途径来利用 SMAS 代替更复杂的系统。形状记忆效应（SME）可通过热驱动用于自由恢复（可展结构）或约束恢复（预应力管件、阀门或执行器）。超弹性（SE）可用于绝热模式的高弹性结构中（负载限制器或能量吸收装置）。例如，一个液压和机电制动器可由 SMA 组件取代（弹簧或钢丝），即使在很大的负载下变形也可以通过 SME 来恢复。它不需要工作流体，无电磁干扰问题并能安静地运行。通过利用周围的温度梯度或“废”热来驱动热诱发相变，SMAs 组分可作为简单的热引擎从而直接产生机械功 SE 高原的低切向刚度及滞后性，使 SMA 组分可将敏感仪器与振动源隔绝。

形状记忆合金应力和应变的高恢复率使其工作密度比其他智能材料或制动器系统高出一个数量级（表 1）并且 SMA 比其替代设备更轻。力可用来增加位移这一特性也极大地增加了设计灵活性，通过不同的结构形式可用于弯管机、弹簧和扭矩管中。表 2 总结了重要的 SMA 的特点和在设备中的应用（将在第 3 节中进一步介绍）。



**表 1　一些智能材料和制动器的工作密度**

| 驱动器类型 | $W\cdot(J\cdot m^{-3})^{-1}$ | 描　述 |
|---|---|---|
| NiTiSMA | $6.0\times10^{6}\sim2.5\times10^{7}$ | 测定值，从多圈到单圈（5%，500 MPa） |
| 热气压 | $1.2\times10^{6}$ | 测定值，20 N，50 μm |
| 热膨胀 | $4.6\times10^{5}$ | 理想值，Ni，Si，200 ℃ |
| 电磁 | $1.6\times10^{3}\sim4.0\times10^{5}$ | 从测定值到理想值 |
| 静电 | $7.0\times10^{2}\sim1.8\times10^{5}$ | 从测定值到理想值 |
| 压电 | $1.8\times10^{2}\sim1.2\times10^{5}$ | 计算值，ZnO 到 PZT（40 kV·cm$^{-1}$） |
| 肌肉 | $1.8\times10^{4}$ | 测定值，350 kPa，10% 应变 |
| 微泡 | $3.4\times10^{2}$ | 测定值，71 μm 气泡 |

**表 2　镍钛合金的特性及其可能的应用**

| | 性　状 | 对设备的影响 |
|---|---|---|
| 优势 | 单向形状记忆效应 | 空载性状恢复，驱动器对抗偏置力 |
| | 双向形状记忆效应 | 加热和冷却的形状变化，无须制动器偏置力 |

续表

| | 性 状 | 对设备的影响 |
|---|---|---|
| 优势 | 伪弹性 | 高回弹；负荷限制器；能量吸收器；振动抑制；恒力应变恢复 |
| | 磁滞 | 减震器，震动抑制 |
| | 驱动力（>400 MPa） | 大驱动力，小 SMA 截面需求 |
| | 驱动应变（8%） | 大位移，小 SMA 长度需求 |
| | 能量密度（约 10 MJ·m$^{-3}$） | 大工作/体积输出，紧凑的 SMA 元件 |
| | 比能（约 1.2 kJ·kg$^{-1}$） | 大工作/质量输出，轻质量的 SMA 元件 |
| | 三维驱动 | 有用的配置种类：折弯机，弹簧，扭力管 |
| 局限性 | 温度敏感性 | 惊人的材料变化，在限定温度 $T$ 下的超弹性 |
| | 比热和潜热 | 显著的热惯性，加载速率敏感性，有限的驱动频率 |
| | 能源效率 | 低卡诺效率低驱动工作/输出热量（<5%） |
| | 相变诱发的可塑性 | 稳定（早期生命周期），需要预处理，退化应变恢复，潜在的疲劳失效 |

## 2.2 航空航天应用

SMAs 最初应用在军用飞机上将热缩管[3]与高压液压管连接，特别是从 1971 开始的 F-14 战斗机（Tomcat）。这个概念是使用一个低相变温度 SMAs（NiTiFe）形成了一套过盈配合的管接头，然后机械扩展并液氮保存。安装时简单地将低温 NiTi 套在管接头上，然后再加热到室温，它缩紧并压紧管道从而建立了预应力连接［图 3（a）］。这种连接器使用了超过 30 万个，并且没有一例失效的报道，这解决了焊接钛液压管路问题。类似的装置随后在 20 世纪 70 年代在英国皇家海军和美国海军舰艇上使用。1980 年以后，不再需要低温储存的 NiTiNb 合金取代了套管。这些应用为迫使 SMA 恢复的实例，其他用于零力电子插入和管道设备的过盈配合环/套管也已经上市[4]。



在 20 世纪 70—90 年代，许多热 SMA 驱动器商品开始销售，包括自动灭火系统、防烫伤装置和家庭以及汽车变速器阀。大多数这些设备都基于单一的 SME 变形恢复，即将预应力 SMA 元件（通常是一个弹簧）与一个钢弹簧串联。它是这样设计的，低温时钢弹簧压缩 SMA 单元，高温时 SMA 单元变硬压缩弹簧［图 3（b）］。这两个单元之间的工作点移动阀面或杠杆，在没有笨重的电动机或反馈控制系统的情况下提供温度传感和机械驱动。此外，超弹性 NiTi 形状记忆合金被用来制作外科导丝、动脉支架、正畸弓丝、牙科锉刀、骨科植入物、眼镜架以及手机天线。

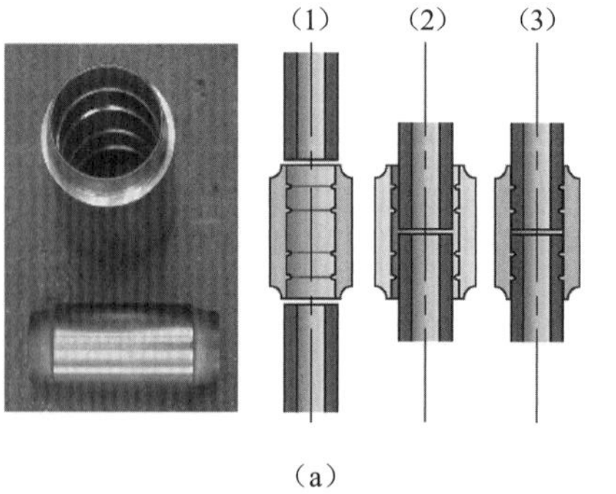


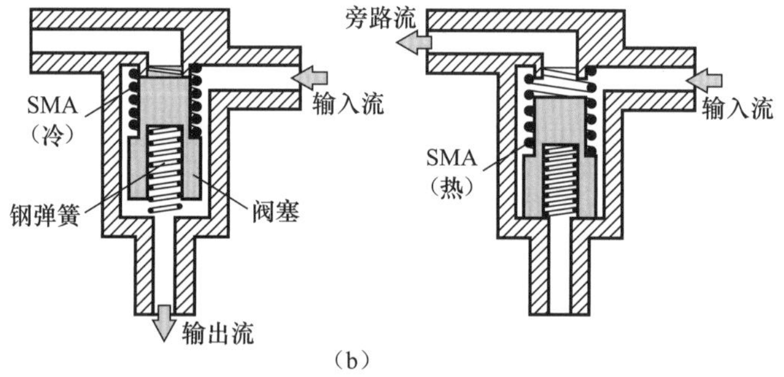


**图 3 形状记忆合金工作示意图**

（a）SMA 管接头的照片（www.intrinsicdevices.com/history.html）和安装示意图：（1）初始过盈配合，（2）机械扩展和冷却储存，（3）RT 加热；（b）SMA 自动阀截面示意图：冷流（阀门打开）和热流（阀门关闭）

一个简单的 SMA 制动器作为 1997 年的尘埃黏附实验装置的一部分被用于美国宇航局火星探路者号、旅居者号。1994 年，克莱门汀号飞船（深太空科学实验）首次推出整个月球的景观地图（297 月球轨道）（图 4），并采用形状记忆合金作为释放器来部署航天器的太阳能电池板。预压缩的 SMA/加热器安装在一个缺口螺栓下，加热时，SMA 环扩大打破螺栓，使太阳能电池板部署。这比以前的爆炸螺栓更安全、动力干扰也更少。类似的装置已被用于此后的几十种航天器中。

## 2.3 潜在的未来航空航天应用

更为宏伟的 SMA 自适应结构已经成为过去 10 年研究的重点。无损 SMA 的释放机制和活动铰链

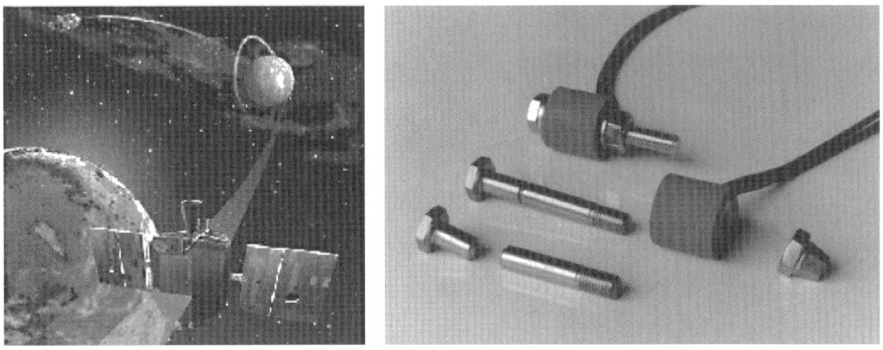

（a）　　　　　　　　（b）

**图 4　（a）深空计划的科学实验（克莱门汀号飞船）；（b）防磨螺钉**

被改进并用于正在开发的航天器和很小的“微型”卫星。可膨胀的空间结构使用 SMA 组分作为可折叠结构成员也正在被考虑。DARPA 的“智能机翼”项目研究使用内部 SMA 扭力管和其他活性材料来翘曲机翼［图 5（a）］。桑普森项目探测了使用 SMA 元件驱动进气道整流罩从而调整喷气发动机进气口和排气口几何形状的可行性。图 5（b）显示的是用原型 F-15 发动机进气口安装在风洞进行实验。另一个例子是波音可变几何 V 型结构（VGC），这是多组分扩展的发动机反推装置套筒的二级结构，使用与预应力组合结构对抗的 SMA 梁将 V 型锯齿偏转进尾气流以减少起飞和降落时发动机的噪声。VGC 在 2006 年由波音公司研究和技术中心成功测试飞行。SMA 设备也被考虑用于直升机，如转子叶片跟踪设定来校正叶片间的不平衡，因为这里狭小的空间和严酷的动态载荷使常规的制动器难以被使用。

（a）　　　　　　　　（b）

**图 5　SMA 飞机研究**

（a）DARPA 智能机翼（上），剖面图显示 SMA 扭力管（下）；（b）SAMPSON 进气道整流罩

## 3　热机械行为

相比通常在线弹性范围内使用的传统合金，形状记忆合金的热机械行为不寻常且复杂。形状记忆合金表现出极端的温度敏感性、非线性且有时不稳定的力学行为、各向异性、强热机械耦合、加载速率依赖以及路径依赖（滞后）行为。本节描述了底层的微观结构和机制，阐述了典型的镍钛合金的热响应。相关冶金和力学文献数量巨大（Otsuka 和

Ren，2005）。在过去的10年，该领域仍然是一个活跃的研究领域，并且对于从晶格尺度到宏观尺度机制的理解已经取得重大进展。

## 3.1　马氏体相变，晶体和微结构

基础的微观力学机制是一个或多个可逆晶相（固-固）变化，称为热弹性马氏体相变，这种相变可以通过改变温度或应力诱发。马氏体相变具有无扩散、位移性、一阶（涉及应变和熵的跳跃）及晶格畸变和无热（几乎与温度速率无关）等特点。无应力的高温（母）相称为奥氏体[6]（A），低温相称为马氏体[7]（thermal-M）。奥氏体具有高对称性原子结构，通常基于立方晶格；马氏体具有低对称性布拉维晶格，为四方，斜方晶系，单斜晶系，菱面体或三斜晶系，其取决于SMA。晶体可以通过小的协同的原子位移从一种结构转换为另一种结构。

现在描述图1（a）中SME和SE循环的微观机制，在无应力状态下，低对称马氏体晶体中存在几个能量相等的变体，它们可以通过基于晶体点群对称性的反射或旋转相互关联。无应力冷却后①，相对于A马氏体组织的自适应微观结构使其只有很少或没有应变。然而，施加的应力将大大促进这些与应力有关的变形及通过孪晶界滑移（退孪）产生的偏离变形，最终导致宏观应变②。因此，我们必须区分无应变M和应变M。对于简单的一维情况，可以想象所有的马氏体变体集中到两个（均匀分布的）单轴"变体"，即造成宏观伸长（$M^+$）和收缩（$M^-$）两种变体的组合。因此，热M可以被认为是这两种单轴变体$M^-/M^+$的自适应组合。卸载后，退孪的很大一部分微结构仍然存在，因此存在一个残余应变③。退孪过程中若没有任何塑性变形，所有的马氏体将在加热到临界温度以上时转变为母A相⑤。之前诱发的应变在低温时可恢复，因为原子相对于晶格间距只移动了很小一段距离（一般仍保持着最近的原子），并且无位错（滑移）或扩散（跨越许多晶格间距的原子运动）运动。小原子位移和高晶格对称性使得材料能够恢复到一个独特的基础形状。

回到图1（a）中SE的响应，试件在71 ℃进行了等温、缓慢的控制伸长的加载-卸载循环（$\delta/L=\pm4\times10^{-4}$/s，其中$\delta$为导丝的伸长率，$L$是其最初的自由长度，$\varepsilon_e$为由应变仪测量的局部应变，在⑥中试件最初为A并沿近线性路径弹性变形至有利于转变为$M^+$的⑦（此时达到临界应力约600 MPa）。⑦和⑧之间随着A转变为$M^+$应变沿着上应力高原持续增加（在⑧处刚刚超过6%）。因此，足够的应力可将$M^+$（有时称为应力诱发马氏体）稳定在高于其自然（无应力）转变温度的温度水平上。在微观上看，这种转换是马氏体在奥氏体中形核并通过其尖锐习性面的运动长大，即A晶体与特殊兼容混合晶格之间的共格（或接近共格）界面发生变化，即所谓的习性面变体（HPV）[8]。卸载（$\dot{\delta}<0$）时，响应最初很剧烈，并且具有非线性，然后达到一个较低的临界应力（$\sigma_p^{M\to A}$）[9]，并且材料沿较低的应力高原恢复为A，由于$M^+$不再稳定，应变也从⑨恢复到⑩。最后阶段沿A的线弹性响应从⑩卸载到⑪，因此加载过程中诱发的应变（>6%）已经恢复，但通过的磁滞回线却消耗了大量的机械能，这种特性使得形状记忆合金可能被用于减振和能量回收。

在镍钛诺中，A具有有序的B2原子晶体结构，M具有b19′晶体结构[9]。典型的商业镍钛诺合金（使用较长时间后，轻微的富含Ni）也有一个中间相R相，R相具有B2′菱面体（三角）结构[如图6（a）]。R与M分别有4和12个对称相关的晶格变体（LCVs），它们可以以不同的比例存在于晶体中并以此在无塑性滑移的情况下创建微观结构来容纳一定范围的应变。其他形状记忆合金的马氏体变体较少（因为更高的对称性），如CuAlNi中的四方马氏体只有三种变体，因此无法涵盖所有可能的三维宏观应变空间，也只能在一定的应力状态下作为单晶表现出形状的记忆和超弹性[10]（Bhattacharya，2003）。

我们注意到，众所周知的钢铁（Fe-C系统）中的马氏体相变与SMAs有共同点，即相变涉及原子的位移运动（而不是替换），但也有明显的差异：

（1）与马氏体钢相比，奥氏体钢更柔软且有韧性，但相比马氏体SMA，奥氏体形状记忆合金通常更硬也更坚固。

（2）钢中A→M相变伴随着大的体积变化（扩张），造成了严重的塑性和大的温度滞后，使其不表现出热弹性。形状记忆合金中的相变只引起很小的体积变化和中等的温度滞后（20 ℃～80 ℃）。因此造成近热弹性转换（可逆的）。

（3）为了得到形状记忆效应，A（高对称性）和M（低对称性）晶体的点对称必须满足理想的群-子群关系[11]，使得马氏体能足够"接近"（小原

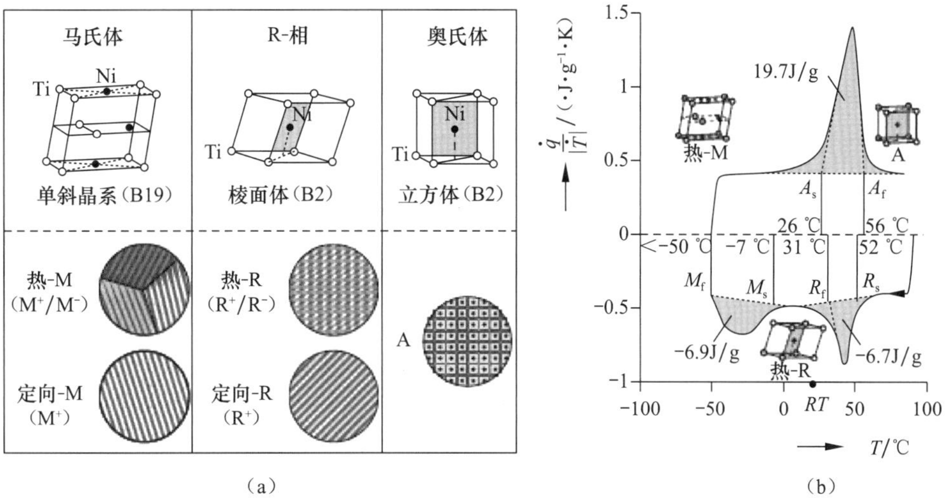


**图 6　（a）镍钛记忆合金的晶体结构和微观结构原理；（b）镍钛诺的差示扫描量热法（DSC）温谱图（SM 丝直径 1.02 mm，50.2 原子数%的 Ni）**

子位移）一个独特的奥氏体结构。

如图 6（b）中的商业镍钛合金丝（SAES Memory）所示，测量相变温度的常用方法是差示扫描量热法（DSC），所使用的合金丝线为 SM（形状记忆）丝线，而不是之后要讨论的室温 SE（超弹）丝线（均能表现出形状记忆与超弹性，但相对于室温有不同的温度体制），样品 SM 丝线在室温（RT）下为 R 相。DSC 温谱图测量热输入速率，扫描在恒定温度比率期间（$\pm\dot{T}$）无应力样品的 $\dot{q}$（热功率/热量）。谷和峰分别由放热和吸热引起的焓变导致（相变潜热），并与近纯相的温度机制显著不同。此过程中起主要作用的是奥氏体和马氏体，但在冷却过程中因中间相 R 相的存在将发生多级相变。$A_s$ 和 $A_f$ 分别为加热过程中相变为奥氏体的起始和完成温度，$M_s$ 和 $M_f$（$R_s$ 和 $R_f$）分别为冷却过程中相变为马氏体（R 相）的起始和完成温度。温谱图显示奥氏体-马氏体峰值之间的温度滞后约为 80 ℃。总的来说，镍原子数超过 50% 时，相变温度对镍原子含量相当敏感，镍原子的轻微增加即会显著降低相变温度（约 100 ℃/过量 Ni 原子%），所用材料此特性已被供应商用来生产相变温度接近于人体温度（38 ℃）或低于 *RT*（*SE* 线）的镍钛合金。

## 3.2　基本热机械行为

图 7 显示与图 1（a）相同的 SM 丝线的一系列等温应力应变响应。在 50 ℃以上时，由于无应力时 $M^+$ 不稳定，因此响应为超弹性。稳定 $M^+$ 所需的应力（上高原）随温度的升高而增大［图 7（b）］。两个相变应力 $\sigma_p^{A\to M^+}$ 和 $\sigma_p^{A\leftarrow M^+}$ 均强烈地依赖于温度，在镍钛诺中以 7 MPa/℃～8 MPa/℃（此处为 7.8 MPa/℃）的速率变化。在 50 ℃～70 ℃时，反应完全超弹性（如果恰好在 A→$M^+$ 的一个平稳期末开始卸载），但在较高的 80 ℃～100 ℃时，将出现较大的残余应变。在这些温度下加载应力变得如此之大（100 ℃时约 800 MPa），以至于相变时同时发生屈服，因此超弹性环不再封闭[12]。最高温度（103 ℃）下，卸载高原变得不太明显并且最终残余应变约为 1%。

由于起始相并不仅仅由温度决定［图 6（a）］，在较低温度下（0 ℃～40 ℃），两组力学响应如图 7（a）所示。样品材料初始为热-R 相，并且其力学响应在低于 2% 应变时具有明显的“双膝”，这是由于 R 相先是转变为定向的 $R^+$，然后再相变为具有定向的 $M^+$。在右图（预先在 $LN_2$ 中淬火）中很少出现类似的“双膝”现象，其中的起始相热-M 相只是简单地在加载过程中变得定向（M→$M^+$）（注意在图 1（a）的状态①之前，样品同样在 $LN_2$ 中淬火）。在两组中，残余应变（近 5%）可以通过无负荷加热至 45 ℃以上消除。

图 7（b）所示为等温响应中高原（相变）应力和应力“膝盖”（开始重定向）随温度变化的定量伪相图。在样品状态下重定向（R→$R^+$）应力随着温度的降低逐渐增加至一常数，但 $R^+$→$M^+$ 应力随着温度的升高变得更大。淬火材料中重定向 M→$M^+$ 应力在图示范围内几乎与温度无关。然而当温度超过 50 ℃时，由于起始相均为 A 相，故两组曲线的差别消失。A→$M^+$ 相变的（加载）应力

高原几乎以线性比例 7.8 MPa/℃随温度上升。在 50 ℃附近 $A \leftarrow M^+$ 相变的（卸载）应力高原也以这个斜率上升，但当温度进一步升高时斜率下降，因此在较高温度下会造成更宽的加载-卸载应力滞后。

图 7（c）所示为图 7（a）中接受状态 SM 丝线沿应力高原的应变（$\Delta\varepsilon_p$）范围以及对重定向应变的估计。$R \to R^+$ 重定向应变为 0.8%～0.9%（10 ℃～40 ℃）。$R^+ \to M^+$ 相变应变随温度的升高急剧上升，40 ℃时达到约 4%。在 50 ℃及以上时，材料具有超弹性且 $A \to M^+$ 相变应变（加载稳定范围）有所上升，但在 90 ℃附近达到峰值 5.8%。对于温度-应力相关性的一个合理的估计可由著名的 Clausius-Clapeyron 关系得出：$d\sigma_P/dT = -\rho\Delta s/\Delta\varepsilon \approx 7.9$ MPa/℃，其中 $\rho = 6\ 500$ g/m$^3$ 为质量密度，$\Delta s \approx \Delta h/T_R$ 是从 DSC 潜热 $\Delta h^{M \to A} = 19.7$ J/g 估计的热焓变化，$T_R = 304.6$ K（31.4 ℃）为参考温度［在图 7（b）中截取］，且 $\Delta\varepsilon = -0.053\ 1$ 是由马氏体 HPV 沿纹理方向 $\langle 111 \rangle_{B2}$ 的应变理论值计算得到的。图 7（c）中 $A \leftarrow M^+$ 逆相变（卸载应力高原）过程中的相变应变最初上升，在 70 ℃时达到峰值约 4.4%应变，然后由于屈服以及加载过程中产生的牢固残余马氏体而急速下降。

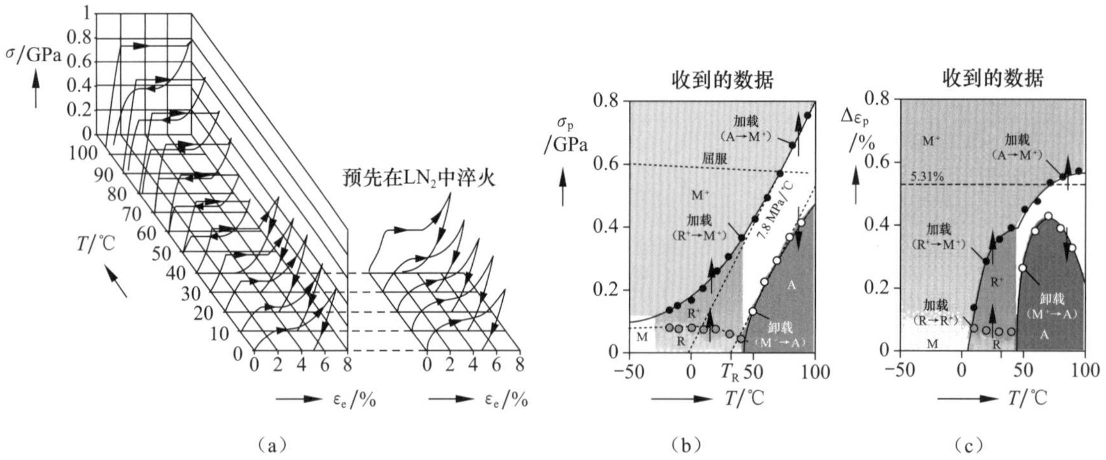


**图 7 (a) SM 丝线的等温力学响应（左，初始状态，右，在液氮中淬火后）；(b) 典型相变应力；(c) 典型相变应变**

数据来自 Shaw 和 Kyriakides，1995



在更高温度下（图中未显示）的 $A \to M^+$ 相变应力显著超过材料的屈服应力（样品合金约 600 MPa，并可能随温度的升高热活化增加而有所减少），并且超弹性逐渐变得不完美。随着温度的升高，塑性的影响逐渐显现，样品逐渐表现为传统的塑性合金。形变诱发相变不再显著的极限温度为 $M_d$，对于样品合金至少需要 150 ℃才能使其 $A \to M^+$ 相变应力接近 1.2 GPa。在任何情况下，完美超弹性的极限温度约为 70 ℃。

## 3.3　环境介质和加载速率敏感性

由于固有的热力耦合特征、形状记忆合金的相变反应对环境介质和加载速率十分敏感（Shaw 和 Kyriakides，1995）。图 8（a）所示为 SM 线的两个实验，两者有相同的加载速率（慢）和环境温度及不同的环境介质（分别为空气和水）。两者表现出了不同的力学响应（左图），通过热电偶测量样品的温度响应（右图）显示了其原因，其中横坐标为伸长率（$\delta/L$）。图中可见，水中样品温度变化为±1 ℃而空气中样品的温度变化为±6 ℃，这是由于放热（加载，$A \to M^+$）和吸热（卸载，$A \leftarrow M^+$）时潜热随环境变化，而空气是热的不良导体。回顾应力-温度敏感性为 7.8 MPa/℃［图 7（b）］，自加热（加载）引起相变应力上升，而自冷却（卸载）引起相变应力降低，最终导致不同的力学响应。因此，SMAs 中的“速率影响”并不是由于通常的黏弹现象（尽管有时这样模拟）。图 8（b）显示在适度快速率（100×）下两个类似的响应，此时环境的影响更大。水中样品的温度变化约为 8 ℃（加载）和−5 ℃（卸载），但在空气中约 28 ℃的情况下，出现了无“高原”的扭曲的力学响应。在最高加载速率下 28 ℃的温度上升是绝热极限的一个重要部分（样品合金约 44 ℃）。因此，必须区别于响应中的两个极端：对流/传到介质中低速加载下的等温响应，与在热绝缘介质中速加载下的绝热响应。因此，在实验室条件下测得的响应很可能与实际中的不同。

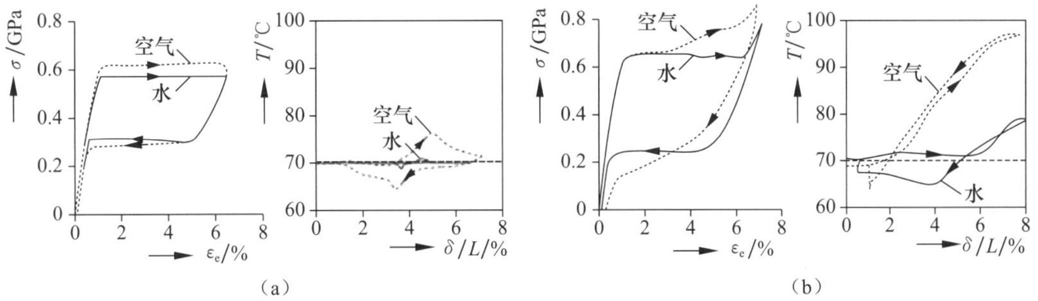


**图 8　SM 丝线在 70 ℃空气（虚线）与水中（实线）在两种加载速率下的实验**

(a) $\delta/L=\pm4\times10^{-4}\ s^{-1}$；(b) $\delta/L=\pm4\times10^{-2}\ s^{-1}$

## 3.4　局部化和转换方面

一个有些深奥却出乎意料的、吸引了许多应用工程师的方面，即应力诱发相变，通过图 9 所示的局部化和宏观相变锋面的增值实现（剪切带或变形颈域，如在某些低碳钢中看到的 Luders 带）。该图显示了在室温、空气中、$\delta/L=1\times10^{-3}s^{-1}$、4s 间隔时 SE 镍钛诺合金（狗骨型）在超弹性加载高原（A→$M^+$）时柄部的同步光学照片［图 9（a）］和红外图像［图 9（b）］。图 9（a）显示了局部应变约为 6％时黑色表面氧化层 A 变为浅灰色的 $M^+$ 引起的反射率改变。它显示了大量相变通过突然局部化（$M^+$ 带）和沿样品（垂直）轴斜带的准静态增值发生。图 9（b）显示非均匀温度场（最初为室温）的演变，如局部锋面温度在锋面增值过程中升高，然后在锋面合并时甚至超出量程（＞37 ℃）。这些局部化效应往往会加剧 SMAs 的加载速率敏感性。相比沿试样长度均匀发生的相变，使得自加热（或卸载期间的自冷却）加剧。在实践中，这将导致 SMAs 远低于常规动态加载速率（$10^2\sim10^7\ s^{-1}$）时也会显示出加载速率敏感性。

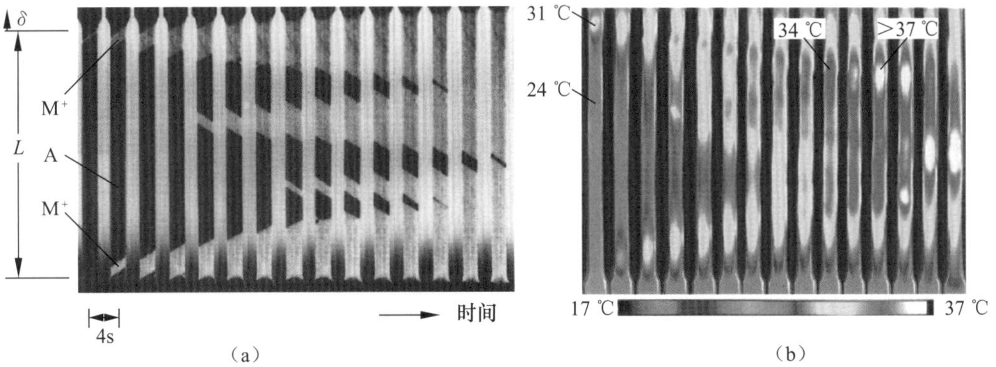


**图 9　在室温气体中，加载速率为 $\delta/L=1\times10^{-3}s^{-1}$ 时的 SE 镍钛诺条 A→$M^+$ 相变（超弹性）实验**

(a) 光学照片序列；(b) 同步红外图像序列

数据来自 Shaw 和 Kyriakides，1997

我们注意到，虽然温度与应变局部化在样品镍钛诺遭受单轴拉伸时出现，但经过热机械循环（安定）之后这些现象可能不再发生。另外，在压缩、纯扭转以及许多多轴向加载中也未观察到局部化现象。在这些例子中热力耦合仍然存在，但由于相变分布式发生，使得加载速率（以及环境介质）敏感性较弱。

## 3.5　周期性的行为和安定

在热驱动循环或超弹性循环下，形状记忆合金的特性一开始会逐渐演化，称为安定。它是工程师们必须面对的问题，有时甚至需要预循环材料以获得可重复的结果。图 10（a）显示的是 0.76 mm 直径（33.3 mm 长）Se 线在室温空气中低速（保持近等温）下的超弹性实验，初始试件遭受 7％应变的加载-卸载循环（$N=1$，供参考），随后进行 48 个循环［循环振幅 $\Delta(\delta/L)=3\%$］，然后卸载至零负荷（$N=50$，最终循环）。图中显示上应力高原随着循环下降，而较低的应力高原只是略有降低，导致有些折叠和扭曲应力-应变回线（为使图像清晰，周期 16～49 已省略）。最后一个循环显示减少的相变应变穿过高原，并且最终有残余应变（塑性变形和残余的$M^+$）。图10（b）显示在更快加载率下，应力-应变循环有着更显著的变化。高原已经消失，滞后回线的面积大大减小，并且最终的残余应变大于之前的实验。更大的安定效果是由于加载速率和自加热/冷却在早期的循环中导致了更高的最大应力（600 MPa相比于400 MPa）。

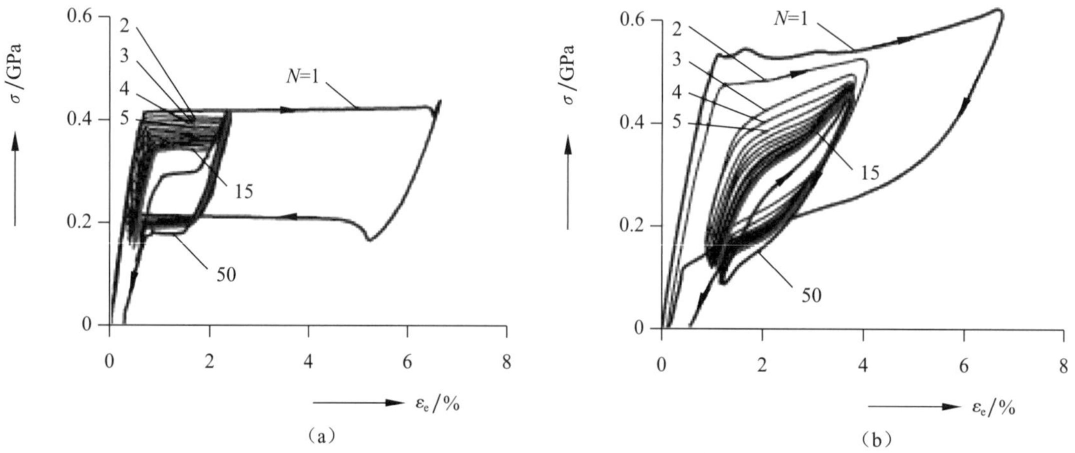


**图10　两个加载速率下的SE镍钛诺丝的伪弹性安定（轴向局部应力引伸计应变）**

（a）$\delta/L=\pm1\times10^{-4}\,s^{-1}$；（b）$\delta/L=\pm1\times10^{-2}\,s^{-1}$

滞后回线的近乎坍塌既可能有利也可能有问题，这取决于预期的应用，但塑性变形和残余应力很可能会降低材料的疲劳寿命。实验中使用相当高的应力水平只是为了阐明循环的影响，在较低的超弹温度下进行这些实验可导致较轻微的安定效果并减少可恢复应变损失。在恒定负载下以驱动为目的进行的温度循环中可观察到类似的安定效果，应变-温度的滞后回线逐渐变窄，呈较平缓的环状过渡。压力在200 MPa以下时一般可获得$10^4$个令人满意的驱动周期。



## 3.6　拉压不对称

另一个出乎工程师意料的SMA行为是超弹性反应中极度的拉压不对称。图11（a）显示的是在室温空气中镍钛诺管（3.175 mm外径，内径2.54 mm）的等温超弹拉压响应比较。单轴压缩响应显示更大的相变应力、较小的相变应变和高原缺失，原因是拉伸与压缩时起作用的是不同的马氏体变体，它们最终引起的单轴应变也不同。一个加重因素是冷拔形式的形状记忆合金，如管和丝线，它们往往有$[111]_{B2}$晶体纹理且其行为有些类似单晶体。图11（b）、（c）所示为两种常见的HPV（共24种）的拉伸、压缩比较，它们以立体三角形中的单轴应变等高线显示。预测的应变分别约为5.31%（拉伸）和−3.30%（压缩），均沿[111]方向。因此，拉压不对称对形状记忆合金的弯曲行为具有重要意义，因为中性轴不再位于几何对称结构的中心轴线上。

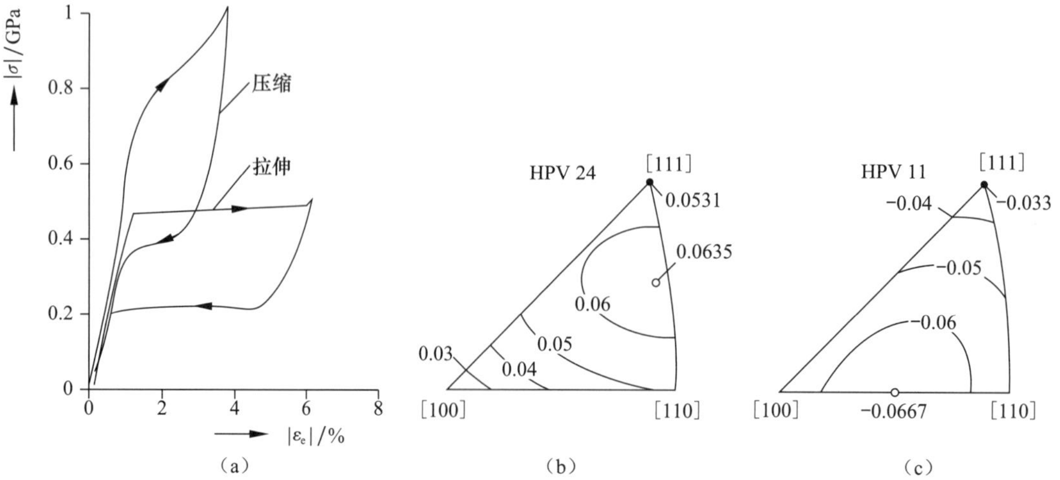


**图11　（a）在室温空气中镍钛诺管的等温超弹拉压响应比较；（b）HPV 24的拉伸应变；（c）HPV 11的压缩应变**

### 3.7　多轴向行为

形状记忆合金的多轴向行为相当复杂，并且尚未被完全理解，加载路径相关使得形状记忆合金表现出一些奇怪的效应。为节省空间，此处不再回顾（Grabe 和 Bruhns，2009，对 NiTi 合金管的最新拉伸-扭转实验）。

## 4　建模

形状记忆合金的冶金和微观结构表征已达到相当成熟的水平，对于马氏体相变的理论认识也有了显著的进展，高保真的 SMA 建模已经开展。一般来说，SMA 模型可以分为：①唯象模型，它捕捉实验观察和宏观尺度上的行为，往往由热力学推动；②细观力学模型，专注于马氏体微观结构或单一晶粒，然后运用均匀化技术来预测块体材料的响应；③原子尺度模型，用于预测晶格水平的不稳定性及解释为什么一些合金具有 SME 和 SE 而其他的合金没有。

众多的 SMA 模型已在过去 30 年被提出，从简单的一维、特殊目的、唯象模型发展到更复杂，考虑马氏体取向和马氏体-奥氏体相变，潜热和速率的影响，局部化和传播现象，拉压不对称和循环安定的一维模型。一些唯象和微观结构方面的三维模型已经被提出，通常是基于经典弹塑性方法，有些使用无穷小运动（小应变假设），有些使用有限运动。但是，在一个包含多轴应力状态和加载路径的较大范围验证这些模型的实验数据仍然相对较少。几乎所有模型必须采用数值方法来求解边值问题。有兴趣的读者可参考 Abeyaratne 和 Knowles，2006；Lagoudas，2008 获得更多细节。

## 5　最新进展

改进工艺，发展新合金、新结构形式方面不断取得进展，在这里，我们简要介绍一些相对较新的进展。

### 5.1　成本与数量

随着工艺的改进，镍钛诺形状记忆合金已实现在大量生产时仍具有很好的质量控制和可重复性能。特别是镍钛诺丝，比大多数其他形式具有更优良的性能和低廉的价格。目前，土木和汽车工程等成本敏感行业已在认真考虑应用 SMA 丝。

### 5.2　低滞后 SMAs

对于用于驱动的 SMAs 来说，低滞后意味着更快的制动和更高的热效率，在 NiTi 合金中添加第三种元素，如 10%原子数的 Cu，可将温度滞后从 80 ℃降低至 20 ℃，但 NiTiCu 的相变应变通常减少至约 4.0%（虽然最近在 NiTi 中加入 25%原子数 Cu 的融化编织带显示了低滞后和高达 7%的稳定超弹性）。这与对超弹性滞后回线的影响类似，在 NiTi 合金中加入 10%原子的 Cu 可将 200 MPa 的滞后降至约 100 MPa。Cu 的添加也大大降低了 $M_s$ 温度对成分的敏感性。在不同的材料成分中，$Ni_{40.5}Ti_{49.5}Cu_{10}$ 通常被优先选择，因为它给出了最小的滞后以及超过 10%原子的 Cu 可引起材料脆化。低滞后是由于特殊的晶格参数导致 A 和一个 M 变体（LCV）近乎完美的原子兼容性，这也使其具有提高疲劳寿命和 SMA 制动器效率的重要潜力。

### 5.3　高温形状记忆合金

高温环境下的应用执行器，如发动机的核心，所需的形状记忆合金相变温度明显高于常规 NiTi 合金（极限 100 ℃）。目前，已知的相变温度在 100 ℃以上的高温形状记忆合金（HTSMAs）均有缺陷，无论是在脆性、价格方面，还是热老化引起的记忆退化方面。铜基合金，如 CuZrX 合金及 CuAlNi，具有很高的相变温度，但作为多晶容易断裂。CuAlNi 已经被使用，然而需要特殊的制造技术来将其制成单晶。Fe-Mn-Si 是研究得最多的铁基 SMA 并具有相对高的相变温度，但其马氏体相变被认为非热弹性，从而只能产生不完整的 SME 和薄弱或不存在的 SE。这些合金对形变热处理非常敏感，但可用于只需一次性驱动的耦合装置。

通过将第三种元素，如 Pd、Pt、Au、Zr 或 Hf 添加到 NiTi 合金也可得到 HTSMAs。最近研究的 NiTiPd 和 NiTiPt 复合材料具有良好的驱动特性和 500 ℃～1 000℃的 $M_s$ 范围，但高成本的钯和铂使它们非常昂贵，因为提高相变温度需要>20%原子数的 Pd 或 Pt。这推动了更便宜的合金系统的发展，如 NiTiHf 和 NiTiZr，但它们相对较脆，且相变温度（$M_s \approx 187$ ℃～217 ℃）大大低于 NiTiPd 和 NiTiPt。然而，NiTiHf 是目前首选的、价格低廉的合金，因为它有良好的应变恢复、最佳的热稳定性和最少的滞后。

### 5.4　铁磁形状记忆合金

某些 SMAs，像 FePd、Ni2MnGa、CoAlNi 等，被发现具有铁磁性，其中的马氏体变体可通过外加磁场重取向。这些效应在单晶材料中表现较好，并且磁场诱发的自由应变通常为 0.2 %～1.3%，超过了压电（PZT）和磁致伸缩材料（如 Terfenol-D）的应变。研究最多的合金系统是 NiMnGa。$Ni_2MnGa$ 在马氏体孪晶取向/重取向时显示出 0.2%的自由应变。一种特殊的非化学计量比合金 $Ni_{48}Mn_{30}Ga_{22}$ 显示出了 5.5%的磁诱发自由应变。磁诱发重取向应变被有效地抑制区域的阻滞应力仅为 6～10 MPa。虽然可能的驱动应力水平相当低，但马氏体重取向时潜热的缺乏极大地消除了热滞后，使驱动频率可达 1 kHz。

### 5.5　新形式的形状记忆合金

形状记忆合金，尤其是镍钛诺，现在被制造成一些新的著名的形式。

NiTi 薄膜（厚度 5～25 μm）通过溅射沉积技术已能够制造 MEMs 结构器件，包括微阀、微泵的 SMA 制动器的循环动作时间通常由冷却时间决定，因而正比于材料的体积/表面积比。薄膜的体积/表面积比要比其他形状低得多，这使得其驱动频率可达 30 Hz 以上，而典型驱动器即便是薄 SMA 丝的典型驱动频率也小于 1 Hz。



NiTi 合金铸件，另一个极端的尺寸，最近已被制成棒状（25～75 mm）。因其良好的超弹性性能而被视为建筑和桥梁隔震元件。

多孔 NiTi（40%～80%的相对密度）已通过粉末冶金技术生产，但其机械行为远远不及铸造器件。因其与周围组织良好的兼容性而被应用于生物医学的植入物和支架结构。

轻质多孔镍钛结构（<5%的相对密度）是将 NiTi 合金制成瓦楞状层，再利用新发现的、基于 Nb 的钎焊形成有韧性且牢固的连接。蜂窝和波形使得这种结构显示出了增强的超弹性和形状记忆，横向压缩下的平均可恢复应变达 50%以上。

镍钛丝绳已经像钢索一样被制造，表现出形状记忆和超弹性。多股 SMA 结构具有许多传统钢丝绳的优点，如承载冗余和损伤容限，并提供了一种方式来利用 SMA 丝优良的性能建造大型拉伸结构。它还提供了一个紧凑的、易于处理的 SMA 线捆扎形式，允许装配时的高弯曲顺应引起的缠绕。小尺寸的形状记忆合金绳已应用于生物医学应用中，如起搏器导线，利用超弹性和高弯曲顺应将疲劳性能提高至数百万弯曲周期。

## 6　结论

本章对形状记忆合金（SMA）进行了概述，阐述了存在于某些金属间合金的形状记忆效应和超弹性两种截然不同的现象，总结了这些现象在过去和未来的航空航天中的应用，包括固态连接器、制动器和能量回收装置。简要回顾了更先进的制造形式来突出形状记忆合金热机械行为的一些不寻常的特点，包括环境介质和加载速率敏感、应变和温度场的局部化现象、循环安定和拉压不对称。本章也介绍了一些形状记忆合金的最新进展，如新的工艺、新的形状记忆合金材料以及更复杂的形状记忆合金形式。许多科学和工程组织表现出了极大的兴趣，将形状记忆合金独特的性质应用于航空航天和其他商业。自形状记忆合金被发现和初步应用以来，对其本构行为的理解已经相当成熟。大量的实验表征和改进的建模研究工作也正在进行，以帮助应用工程师开发其非凡的特性，并将其应用于新型器件和自适应/智能结构。

## 致谢

感谢我的学生（过去和当前）与 UMA 自适应材料和结构实验室（AMSL）的合作者以及得克萨斯州 A&M 形状记忆合金研究团队（SMART）。在准备本章的过程中与 Darren Hartl 进行了讨论。SE 线的循环实验由 Mark Iadicola 在 UM 完成。衷心感谢 the General Motors/UM 智能材料与结构协作研究实验室的支持。

## 备注

1. 正如即将看到的，由于材料显示出了温度滞后，实际上 $T^*$ 包含一个温度范围。

2. NiTi-NOL，此名称由合金成分与其发源地 the US Naval Ordnance Laboratory 组成（目前为 the Naval Surface Weapons Center 的一部分）。

3. Cryofit® then supplied by Raychem，Corp.

4. Cryofit®（trademark now owned by Aer-

ofit, Inc.), UniLok® (Intrinsic Devices, Inc.), and Cryocon®, Tinel® and Tinel-Lock® (Tyco Electronics).

5. Frangibolts®, TiNi Aerospace, Inc. (San Leandro, CA).

6. Named after the English metallurgist Sir William Chandler Roberts-Austen (1843—1902年).

7. Named after the German metallurgist Adolf Martens (1850—1914年).

8. 镍钛诺中的24种习性面变体均经常被观察到，每种都由两种孪生马氏体变体以约(1/3, 2/3)的体积分数组成。

9. 上标′表示斜方B19晶体的一种剪切形式。

10. 含有随即晶粒取向的多晶CuAlNi倾向于塑性变形或断裂。

11. 历史上曾被称为thermelastic martensitic transformations，但最近意识到还需要群-子群关系，因此我们将其称为proper martensitic transformations，以区分那些无群-子群关系和形状记忆效应的重建马氏体相变(例如CsCl，以最小的原子扩散从B2立方转变为B1立方)。

12. 虽然没有显示，随后的无负载加热至更高温度将恢复一些残余应变，表示之前诱导的残余应力造成了锁定区，这些锁定区需要很高的温度才能完成 $M^+ \to A$ 转变。

## 参考文献


Abeyaratne, R. and Knowles, J. (2006) *Evolution of Phase Transitions: a Continuum Theory*, Cambridge University Press Inc., New York, NY, USA.

Bhattacharya, K. (2003) *Microstructure of Martensite: Why it Forms and How it Gives Rise to the Shape-Memory Effect. Oxford Series on Materials Modelling*, 1st edn, Oxford University Press, New York, NY.

Duerig, T.W., Melton, K.N., Stöckel, D. and Wayman, C.M. (eds) (1990) *Engineering Aspects of Shape Memory Alloys*, Butterworth-Heinemann, Boston, MA.

Funakubo, H. (1987) *Shape Memory Alloys*, Gordon and Breach Science Publishers, New York, NY.

Grabe, C. and Bruhns, O. (2009) Path dependence and multiaxial behavior of a polycrystalline NiTi alloy within the pseudoelastic and pseudoplastic temperature regimes. *Int. J. Plast.*, 25, 513-545.

Hartl, D.J. and Lagoudas, D. (2007) Aerospace applications of shape memory alloys. *Proceedings of the Institution of Mechanical Engineers (Special Issue), Part G. J. Aerosp. Eng.*, 221, 535-552.

Kauffman, G.B. and Mayo, I. (1997) The story of Nitinol: The serendipitous discovery of the memory metal and its applications. *The Chem. Educator*, 2 (2), 1-21.

Krulevitch, P., Lee, A.P., Ramsey, P.B., Trevino, J.C., Hamilton, J. and Northrup, M.A. (1996) Thin film shape memory alloy microactuators. *J. Microelectromech. Sys.*, 5 (4), 270-282.

Lagoudas, D.C. (ed.) (2008) *Shape Memory Alloys: Modeling and Engineering Applications*. Springer, New York, NY.

Otsuka, K. and Ren, X. (2005) Physical metallurgy of Ti-Ni-based shape memory alloys. *Prog. Mat. Sci.*, 50, 511-678.

Otsuka, K. and Wayman, C.M. (1998) *Shape Memory Materials*, Cambridge University Press, Cambridge, UK.

Shaw, J.A. and Kyriakides, S. (1995) Thermomechanical aspects of NiTi. *J. Mech. Phys. Solids*, 43 (8), 1243-1281.

Shaw, J.A. and Kyriakides, S. (1997) On the nucleation and propagation of phase transformation fronts in a NiTi alloy. *Acta Mater.*, 45 (2), 683-700.




本章译者：宋豪鹏，宋坤（南京航空航天大学航空宇航学院）

# 第 204 章

# 航空航天工程中的电活性聚合物（EAP）制动器

Yoseph Bar-Cohen
加州理工学院，喷气推进实验室，加利福尼亚州，美国



## 1 引言

对于应用来说，聚合物具有许多引人注目的特性，其中包括机械柔性、轻质量和易于加工。此外，一些聚合物在电、化学、气动、光学或磁刺激下特性的变化使得它们具有可应用于驱动的独特性能。通过电刺激来激发聚合物最易于应用和实现，它们一般被称为电活性聚合物（EAP）。电刺激导致机械变形响应的不断改进使得这些材料成为众多活性聚合物中最具有吸引性的材料之一。此外，一些 EAP 材料可将机械应变转为电信号，从而用于传感器和能量收集装置。EAP 材料在生物激励机制［也被称为仿生领域（Bar-Cohen，2005；Bar-Cohen 和 Hanson，2009）］上的应用使得以前只能在科幻小说中想象的事情具有可能性。从 20 世纪 90 年代早期起，就出现了很多 EAP 类型的材料，并且受到广泛的研究（Bar-Cohen，2004）。

由于这些材料相对较新，因此有必要建立它们的学科和工程基础，其中包括对其驱动机制的理解（Bar-Cohen，2004），这些都需要发展有效的计算化学模型、综合材料科学、电子机械分析工具和材料加工技术。为了最大限度地提高 EAP 的驱动性能和可操作性，已经开发了用于其制造、成型和电极的有效技术。表征 EAP 材料响应的可靠方法正在被开发，记录材料性能的数据库（http://www.actuatorweb.org/）也正在创建。将这些材料应用到日常工业生产还需要找到能够解决关键需求的有效方法。

## 2 历史展望

Roentgen（1880）进行了第一次有记载的 EAP 材料实验——他将电场穿过橡皮筋的固定端并且将一定质量的物体连接到自由端上。Eguchi（1925）对该领域具有里程碑式的贡献。他发现了一种被称为驻极体的压电聚合物，这种聚合物是将巴西棕榈蜡、松香和蜂蜡在直流偏置电场中冷却凝固形成的。驻极体在受到应力时会产生电压，并且在电场中产生变形。它们是绝缘材料，因此可将极化后的电荷稳定在电场中。由于驻极体在电场中产生的应变对于制动器来说太小，因此其应用一直局限于传感器。EAP 材料领域的下一个里程碑是 Kawai（1969）在聚偏氟乙烯（PVDF）中观察到的显著的压电活性，这一突破是基于深田恭子在压电生物聚合物中所做的工作（Fuka da，1955），但所产生的应变仍然只有百分之几。研究者们继续研究具有显著电响应的聚合物系统，许多有效材料在 20 世纪 90 年代被报道（Bar-Cohen，2004）。在这些材料中，介电弹性体已经在相对较快的响应速度（<0.1 s）下达到了超过 100%的应变。

从 1995 年对 EAP 的研究开始，作者就认识到，要想加速 EAP 材料的发展，并且开发出有效的制动器，在该领域的全球性合作至关重要。为了达到这个目的，他发起了各种形式的信息交流。其中，包括从 1999 年 3 月 1 日至 2 日召开的第一次 EAP 驱动器和设备（EAPAD）会议，作为 SPIE 智能结构和材料研讨会的一部分。这个会议是这种

材料在该领域中得到全世界科学家和工程师们广泛关注的重要里程碑。近年来，关于 EAP 交流的各种研讨会，小会议和大会议越来越多。为了信息的存档和世界范围内的信息共享，作者建立了一个万维 EAP 网站（WW-EAP）（http://eap.jpl.nasa.gov）。同时，在 1999 年 6 月，他开始发布半年度 WW-EAP 通信，其中包括来自世界各地的研究人员对该领域进展的简短介绍。本通信以电子方式出版并且从上述 WW-EAP 网站发行。为了综合该领域的信息，作者编制和撰写了 EAP 参考书（Bar-Cohen，2004），本书涵盖了该领域的能力、潜力和挑战，包括对各种 EAP 材料的描述、模型分析、加工技术、表征方法和当前以及预期的应用。EAP 材料主要是由研究者定制的。为了使这些材料被广泛应用，作者建立了一个提供主要 EAP 材料制造程序同时还包括关于材料和样品资源的网站（http://eap.jpl.nasa.gov）。

## 3　电活性聚合物（EAP）组

如今，我们已经知道很多 EAP 材料类型。基于它们的活性机制，这些类型的聚合物被分为两类：电子式（也被称为电场激活）和离子式（Bar-Cohen，2004）。

电子式（也被称为电场激活）EAP：这些材料通过库仑力使其内部极化分子排列导致直接厚度减小或者尺寸变化从而被激活（Cheng 和 Zhang，2008）。一般来说，需要一个高压（>10 V/μm）电场，由于聚合物中的低介电常数，这种高压电场可能接近击穿水平。降低所需电压的两种可行的办法是使用薄分层堆叠到所需厚度和形成填充了高介电常数材料的复合材料。材料被电场激活后，其响应相当快，可以达到毫秒量级。这种材料包括介电弹性体、压电体和铁电体。电子式 EAP 材料的优势包括在直流电压下可以持续产生的位移，这使得其在机器人应用中有很大的吸引力。此外，这些 EAP 材料具有比离子式 EAP 材料更大的机械能密度，它还可以在空气中即没有主要约束的情况下被激活。然而，它们的主要缺点就是需要接近于电击穿水平的高激活电场。

离子式 EAP 作为驱动材料，由含有两个电极的聚合物膜和电解质组成，其活性机制是在电励磁下的离子活性（Park 等，2008）。离子式 EAP 材料的离子包括离子聚合物金属复合材料、导电聚合物、碳纳米管和离子聚合物凝胶。这些聚合物的优势在于其所需的低激活电压（1～2 V）和可产生大的弯曲位移。它们的缺点是需要维持电解质湿润、低转化效率（约 1%）和在直流激活电压下难以保持恒定的位移（除了导电聚合物）。这些 EAP 几十到几分之一秒的慢响应速度是由于相关的离子宏观运动造成的。

这两组 EAP 材料的类型将在下一节进行简单描述。

### 3.1　电子/电场激活式 EAP

（1）绝缘电活性聚合物（DEAP）。具有低弹性刚度和高介电击穿强度的聚合物在静电场中将产生大的制动应变。这种 EAP 正逐步被工程师或 EAP 生产者用来作为制动器。在了解这些材料的操作和生产工艺的情况下，制备这些材料不成问题。

第一次观察到当受到强电场作用时，介电弹性体能承受较大的应力（23%在硅薄膜中）是在 1992—1993 年由裴尔林和他的合作者所报道的（Pelrine 等，2000）。这一结果可使该材料用于 EAP 制动装置。在 1994 年，Zhenyi 和他的合作者也独立测得聚氨酯薄膜在 20 V/μm 的电场中存在 3%的应变（Zhenyi 等，1994）。此后，应变显著性就开始被关注，并且在 1998 年采用硅测得了 30%的应变（Pelrine 等，2000）。发展中的一个重要的里程碑是在 2000 年，通过使用丙烯酸树脂作为介电弹性体和预紧力，Pelrine 和他的伙伴发现了远远大于 100%的应变（Pelrine 等，2000）。如今，有许多研究人员使用介电弹性体作为 EAP 材料，并且已经取得了制造实际制动器的显著性进步（Cheng 和 Zhang，2008）。

由介电弹性 EAP 制作的制动器可以通过平行板电容器来表示，其示意图如图 1 所示（Pelrine 等，2000）。电极一定是高度兼容的，从而可避免影响产生应变，导电碳脂被广泛地用于此方面。施加电场所产生的应变正比于电场强度的平方和介电常数，而反比于弹性模量。实际上，在高电压

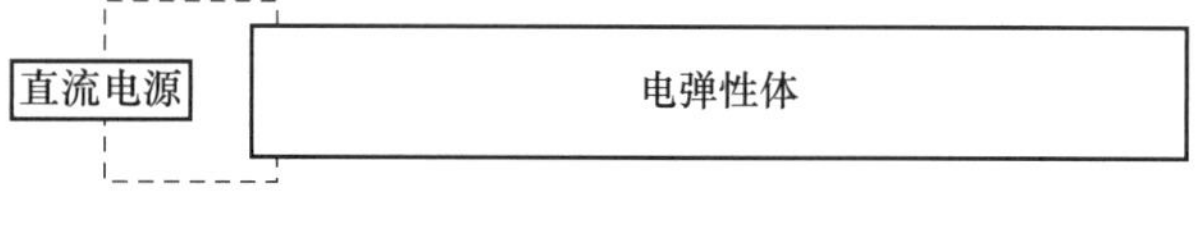


**图 1　在电场中具有两面贴有柔性电极的弹性体变得更薄，横向扩展更大，从而可以设计成各种制动器**

转载自 Pelrine 等（2000）@美国科学促进会

（100 V/$\mu$m 或者更大）下施加所需的电场时需要使用薄膜，其产生的应变可高达 380%（Pelrine 等，2000）。

施加电场可引起厚度收缩和横向扩展。为了制作制动器，SRI 国际科学家们提出在其中一层的两面都加上包含碳基电极的弹性体层，形成一个圆筒形制动器。他们进一步修改了制动器的设计，从而使多功能电弹性筒（MER）得到发展。对于制动器来说，高介电绝缘弹性膜卷在一个压缩弹簧上（Pei 等，2004）。在使用介电弹性体时要关注的是接近于材料击穿强度的高激活电压。为此，需要通过降低其制动能力得到一定的安全系数。另一个需要关注的是所需的预变形由于蠕变随着时间慢慢减少，从而降低了执行器的性能。最近的研究（Ha 等，2006）表明，使用互穿聚合物网络（IPN）具有消除预应变要求的潜力，其中张力在网络中被压缩平衡。IPN 热交联液体添加剂的形成包括双官能团丙烯酸酯（如 HDDA）和三官能团丙烯酸酯（如 TMPTMA）。另外，这种制动器结构设计已可以预期，包括由意大利比萨大学的科学家发表的利用折叠膜的结构（图 2）（Carpi 和 De Rossi，2007）。数千薄层介电弹性体在 EMPA 上的层叠，组成产生收缩的有效制动器，并且不需要预紧力（Kovacs 和 Düring，2009）。另外，PolyPower、Danfoss、Denmark 也发展出了将介电弹性体薄膜设计为波结构，从而可以进行大量生产（图 3）（Kiil 和 Benslimane，2009）。

**图 2　使用折叠膜结构介电弹性体 EAP 的收缩制动器**

经授权转载自 Carpi 和 De Rossi（2007）@SPIE

（2）铁电聚合物。压电现象在非中心对称材料中被发现，当非导电晶体或电介质材料具有自发极化时就被称为铁电晶体。压电晶体在 1880 年被 Pierre 发现，并且 Paul-Jacques Curie 观察到当将它们沿着特定的轴压缩时，将在这些晶体材料的表面产生电压。聚合物也表现出铁电行为，其中最广为人知的是聚偏二氟乙烯及其共聚物（Chang 和 Zhang，2008）。这些聚合物，也被称为 PVDF 或 PVF2，一部分是含有非晶相的结晶。它们具有相对高的杨氏模量（1～10 GPa），从而可以在百分之零点几的应变水平下提供相对较高的机械能密度。1998 年，Zhang 和他的伙伴们使用电子辐射将缺陷引入晶体结构中以增加共聚物 PVDF-TrFE 的介电常数（Cheng 和 Zhang，2008）。这使得材料在 150 V/$\mu$m 电压下产生 5%的应变。辐射的缺点是引入了一些缺陷，其中包括交联反应的形成和断链。这些问题可以由分子设计生产三元共聚物解

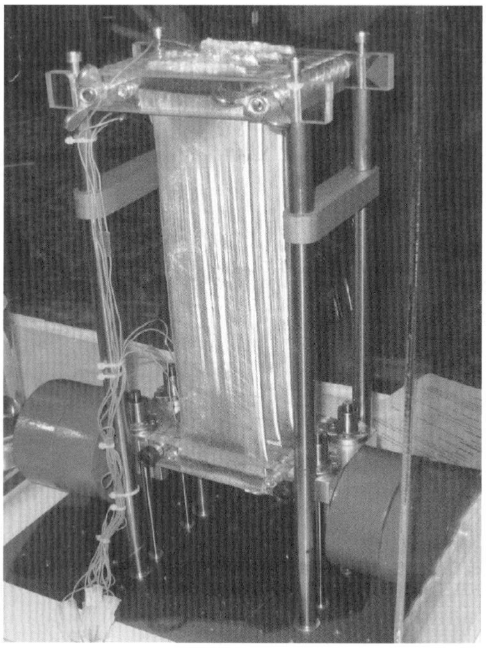

**图 3　由 PolyPower、Danfoss、Denmark 制作的具有波浪形膜的介电弹性体，如图所示，起重 10 kg（红圆柱）**

经授权转载自 Kiil 和 Benslimane（2009）@SPIE

决，这种共聚物可以在聚合物中的分子水平上增强构象变化的程度。由此产生的三元共聚物可产生比高能电子辐照产生的共聚物更高的机电响应（Cheng 和 Zhang，2008）。

（3）电致伸缩接枝弹性体。接枝弹性体 EAP 是一种在大电场中具有电致伸缩效应的聚合物，其应变水平在 4%左右（Su 等，1999）。接枝弹性体 EAP 由 Su 和他的同伴在 NASA-Langley 研究中心开发（Su 等，1999）。这种类型的 EAP 材料可产生一个相对高的电-机械功率密度，并且它们和铁电 EAP 材料相比更容易被生产。它由高分子柔性主链和晶体结构接枝聚合物构成。嫁接晶体的极性相可提供对于所施加电场的一部分响应以及弹性体系统的交联位点。铁电-电致伸缩分子复合系统的几种成分由电致伸缩接枝弹性体和压电聚偏二氟乙烯-三氟乙烯共聚物制成。精心选择的聚合物成分可以优化它的电性能、机械性能和机电性能。所生产的组合可制成压电传感器和电致伸缩制动器。

### 3.2　离子式 EAP

（1）离子聚合物金属复合材料（IPMC）。IPMC 是一种聚合物网中阳离子移动导致弯曲的 EAP（Park 等，2008；Oguro、Kawami 和 Takenaka，1992）。用 1 V 左右相对较低的电压即可激活 IPMC 弯曲，其中，基聚合物提供阳离子移动的通道。表面的电极提供所需的电场，其极性决定弯曲的方向。两种类型的基聚合物被广泛用于制造 IPMC：全氟磺酸，也被称为 Nafion（DuPont，美国）和 perfluorocarboxylate，也称为 Flemion（Asahi Glass，日本）。为了使聚合物膜具有极性，金属离子（铂、金或其他）被分散在整个聚合物表面的亲水性区域并且随后被还原为零价金属原子。通常，IPMC 反应相对缓慢（小于 10 Hz），这主要是由于离子需要完全穿过材料。IPMC 离子含量决定着机电响应速度（Bar-Cohen，2004），含 $Li^+$ 较少时能表现出高流动性和快的响应弯曲。镀金的 IPMC 具有更大的位移，但是却有较高的电导率。

（2）导电聚合物（CP）。导电聚合物作为 EAP 的操作是在氧化还原循环中利用可逆的补偿离子插入和驱逐实现的（Smela，2008），主要是由于与电解质中离子的交换，在电极上的氧化还原反应将导致体积的变化。制动器主要是通过创建两个导电聚合物电极夹层（如聚吡咯），并且在其中注入电解质而形成的。施加在电极间的电压将导致阳极的氧化和阴极的还原，电荷在电极和电解质间通过离子迁移保持平衡。增加的离子引起电极的膨胀，它们的脱离将导致收缩和夹层的弯曲。层的厚度决定响应速度，层越薄，响应越快，最快可达 40 Hz，但只会产生很小的力。导电聚合物制动器需要的电压范围在1～5 V，并且速度会随着电压的增加而增大。导电聚合物制动器提供相对高的、超过 20 J/cm$^3$ 的机械能密度，但如果没有电能回收的话，其效率很低（约 1%）。电解质层上的剪切作用将导致短至几十个周期的过早失效。

（3）碳纳米管（CNT）。第一次将碳纳米管作为 EAP 是在 1999 年（Qu 等，2008）。驱动机制是碳纳米管（CNT）中 C—C 键的长度变化，当施加电场后，碳纳米管将悬浮在电解质中。一种共轭键网连接所有碳原子并且为沿键的电子流提供路径。电解质和碳纳米管形成双电层，并且可以注入大量电荷来影响 CNT 和电解质之间的离子电荷平衡，注入的电荷越多，尺寸的变化就越大。去除电极将使碳纳米管携带正电荷，它将扩散到所有的碳原子核上从而造成相邻的碳原子核之间的排斥力并且增加 C—C 键的长度。在键间注射电子将导致键的长度增加，从而导致碳纳米管的直径和长度变大。这些尺寸的变化将导致碳纳米管网单元的宏观运动，最终的结果是导致 CNT 高达 1%的延伸。这种制动器具有比其他制动器每周期产生更高工作能力的潜力。然而，这种能量的密度和大小目前在宏观尺度的设备中还未被实现。

（4）离子聚合物凝胶（IPG）。IPG，如聚丙烯腈，一般通过化学反应激活，从酸性转变为碱性环境使凝胶分别变得稠密或肿胀。据美国亚利桑那大学的研究人员报道，这种反应是电刺激（Calvert，2008）。被激活时，阴极变得更具酸性，阳极更显碱性，从而凝胶将发生弯曲。然而，由于迁移离子必须通过凝胶，故这种多层凝胶结构的响应比较慢。日本北海道大学对此做了大量的研究和开发工作，并且对使用离子凝胶聚合物的应用注意事项进行了研讨（Osada 和 Kishi，1989）。

## 4　EAP 制动器的掰手腕挑战

EAP 领域仍处于新兴阶段，但最近几年在所述的各种操作机制的理解、生产和检测以及潜在的应用等方面取得了巨大进展。为了促进全球对 EAP 材料的潜在应用的关注，作者在 1999 年提出了掰手腕比赛（http://ndeaa.jpl.nasa.gov/nasa-nde/lommas/eap/EAP-arm wrestling.htm）。该挑战是指在掰手腕比赛上用 EAP 激活的机械臂赢得人类，挑战图标的图形渲染如图 4 所示。强调与人类掰手腕，就是要与我们的肌肉作直观比较，从而作为衡量性能进步的基准。此次实验若能成功，则将使 EAP 材料用以改善我们的生活的许多方面，其中包括有效地植入和修复、活性服装、现实的生物般的机器人以及使用无法匹敌的能力和技巧制造产品。

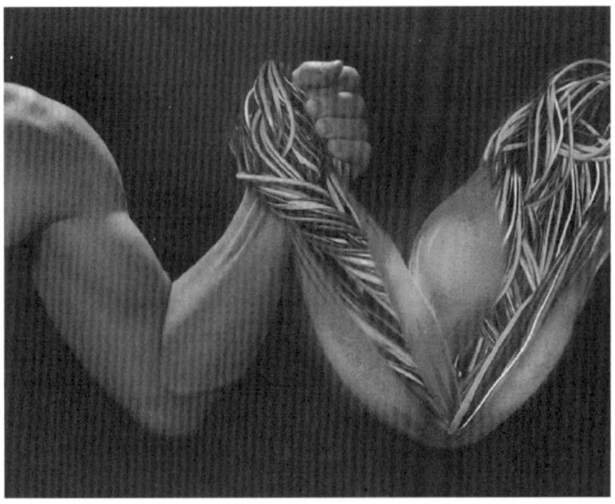

**图 4　为促进 EAP 驱动机器人发展而举行的盛大挑战的图标**



第一个掰手腕比赛是在 2005 年 3 月 7 日美国圣地亚哥的加利福尼亚举行的 EAP 在行动 SPIE 的 EAPAD 会议上作为会议的一部分进行的。三个机械手与一个 17 岁高中女生进行比赛，最终该学生赢了所有的机械手（图 5）。

**图 5　由 Virginia Tech 的学生制造的 EAP 驱动臂和它的人类对手（一个 17 岁的学生）**

第二次人造机器人掰手腕大赛在 2006 年 2 月 27 日举行，这次不只是和人类进行比赛，还包括测量机械臂的性能并且对结果进行比对。测量夹具（由加州大学洛杉矶分校的喷气推进实验室和作者的组成员共同开发）被绑在比赛表上，并且测量了 EAP 驱动臂的速度和拉力。每一个比赛的臂都拉住夹具电缆，另一边绑上测力计。为了模拟摔跤动作，通过电缆举起 0.5 kg 的重量。要确定掰手腕的速度，就要测量从夹具底部将重物举到顶部所用的时间。建立一个性能比较的基准线，在 2005 年，先对人类的掰手腕能力进行测试，然后对参加比赛的三个机器人臂进行测试。测试结果显示，机器臂的性能比人类低了两个数量级。由于当前的机器臂显著较弱，因此在当时短时间内没有打算再进行与人类的掰手腕比赛。但当性能提高到了可能赢得比赛的水平时，则将会举办下一场人类/机器人的职业掰手腕比赛。

## 5　EAP 的应用

如今，科学家们正在努力开发实用的 EAP 驱动器，并且商业产品已经开始出现。目前，适用于多个领域的机械和设备正在被考虑或开发。日本的 Eamax 被誉为首个开放与 EAP 相关的商业产品的企业，在 2002 年年底，他们宣布鱼机器人仿生装置开始发售（Bar-Cohen，2004）。如今，潜在的商业产品的各种原型正在被开发，如手机的变焦距镜头、阀门、能量收集、泵以及其他种类的产品。EAP 制动器提供了许多具有仿生特性装置的重要功能（Bar-Cohen，2004；Bar-Cohen，2005）。因此，可制造类似人造昆虫的设备，根据需要它们可以配置走、游泳、跳、爬以及挖等能力。模仿大自然将无限扩大机器人的储备和能力，从而完成现如今人类不可能完成的任务（Bar-Cohen 和 Breazeal，2003；Bar-Cohen，2005；Bar-Cohen 和 Hanson，2009）。例如，作者和他的同伴将 4 个手指形 IPMC 作为弯曲执行器制作了一个微型手爪（Bar-Cohen，2004），这个手爪用其底部仿指甲的钩子抓住石块的动作和人手很相似（图 6）。最近报道的其他机器人应用包括由 EMPA 制造的带转向鳍的飞艇（图 7）。

图 6 4 个手指形 EAP 抓起石头

太空应用是所有操作环境中最苛刻的（极端温度、高压或真空），需要很高的可靠性和耐久性。现今可用的材料并不适合作为其制动材料，如木卫二和土卫六低至 −200 ℃和金星上高达 460 ℃的操作环境。另一个挑战是对膜状、纤维状以及其他形状的大型 EAP 材料的需求。所需的尺寸可大至几米或几千米，从而制造出较大的游丝结构，如天线、太阳帆及各种大型光学元件。使用 EAP 材料制作的设备的仿生能力将可能使 NASA 和其他航天机构在其他行星进行任务时，在发射人类之前使用类人机器人模拟人类行动。

## 6 结论

多年来，由于在百分之几水平上的有限驱动能力和少数可用的材料，EAP 材料受到相对较少的关注。20 世纪 90 年代初以来，可以产生从百分之几到几百的大应变的新材料被陆续发现，这为该材料带来了极大的关注。EAP 材料可提供类似于生物肌肉操作的特性，包括弹性、损伤容限和产生大的制动应变的能力。尽管 EAP 制动器的能力还很有限，但已经有一系列成功驱动新机械的报道。大多数设想的应用距离实际的日常应用都很远。如果 EAP 材料可以开发到应用于人类的内部器官，那么这种技术将会对人类的生活带来巨大的影响。

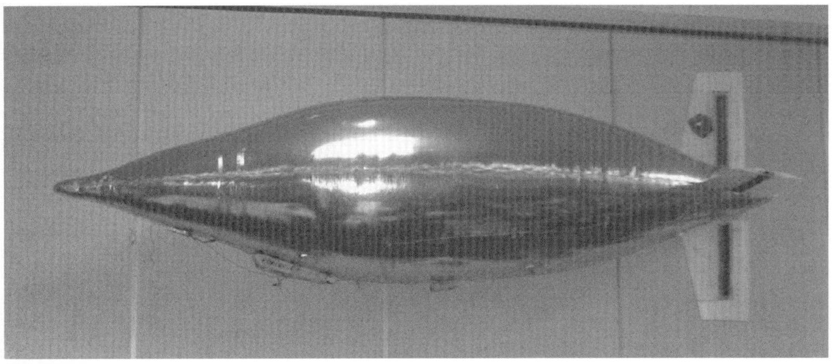

图 7 在加利福尼亚州圣迭戈举行的 SPIE 的 EAPAD 会议上 EAP 在行动分会展示的带转向鳍（由 EMPA 制造）飞艇

将 EAP 材料变成可供选择的制动器还需要健全的科学和工程基础，即基础架构。这包括提高对驱动各种 EAP 材料基本原理的理解。同时，有必要制定一个全面的材料科学，以及有效的机电分析工具和材料加工技术。研究人员也不断地在相关领域取得进展，包括更好地理解不同的 EAP 材料的操作机制。合成、制造、成型、电极和处理技术都正在完善，来最大限度地提高驱动能力和鲁棒性。研究这些材料响应特征的可靠方法已经被开发，并且科学家们正在努力建立记录材料性能的数据库，从而可以为正在考虑使用这些材料的工程师提供支持。

这些材料在制动器方面的应用涉及科学和工程的许多领域，包括材料科学、化学、机电、计算机应用和电子。使用 EAP 来取代现有的制动器也许是一项艰巨的挑战。因此，寻找一个不需要与现有的技术相竞争的 EAP 材料的独特应用非常可取。

## 致谢

本章所报道的一些研究是与国家航空和航天局（NASA）合作并在加州理工大学喷气推进实验室（JPL）进行的。

## 参考文献


Bar-Cohen，Y. and Breazeal，C.（eds.）（2003）*Biologically-Inspired Intelligent Robots*，SPIE Press，Bellingham，Washington，vol. PM122，ISBN：0-8194-4872-9，pp. 1-393.

Bar-Cohen，Y.（ed.）（2004）*Electroactive Polymer (EAP) Actuators as Artificial Muscles-Reality*，*Potential and Challenges*，2nd edn，ISBN：0-8194-5297-1，SPIE Press，Bellingham，Washington，vol. PM136，pp. 1-765.

Bar-Cohen，Y.（ed.）（2005）*Biomimetics-Biologically Inspired Technologies*，CRC Press，Boca Raton，FL，ISBN：0849331633，pp. 1-527.

Bar-Cohen，Y. and Hanson，D.（2009）*The Coming Robot Revolution-Expectations and Fears About Emerging Intelligent*，*Humanlike Machines*，Springer，New York，ISBN：978-0-387-85348-2

Calvert，P.（2008）Gel Sensors and Actuators，Special Issue dedicated to EAP，Materials Research Society（MRS）Bulletin，vol. 33，no. 3，pp. 207-212.

Carpi，F. and De Rossi，D.（2007）Contractile folded dielectric elastomer actuators. *Proceedings of the Electroactive Polymer Actuators and Devices（EAPAD）Conference IX*，vol. 6524（ed. Y. Bar-Cohen），SPIE Electronic Library. doi：10.1117/12.715594

Cheng，Z. and Zhang，Q.（2008）Field-Activated Electroactive Polymers，Special Issue dedicated to EAP，Materials Research Society（MRS）Bulletin，vol. 33，no. 3，pp. 190-195.

Eguchi，M.（1925）On the permanent electret. *Philos. Mag.*，49，178.

Fukada，E.（1955）Piezoelectricity of wood. J. *Phys. Soc. Japan*，10，149-154.

Ha，S. M.，Yuan，W.，Pei，Q.，Pelrine，R. and Stanford，S.（2006）Interpenetrating polymer networks for high-performance electroelastomer artificial muscles. *Adv. Mater.*，18，pp. 887-891.

Kawai，H.（1969）Piezoelectricity of poly（vinylidene fluoride）. *Jpn. J. Appl. Phys.*，8，975-977.

Kiil，H. E. and Benslimane，M.（2009）Scalable Industrial Manufacturing of DEAP. Proceedings of SPIE EAPAD Conference XI，Smart Structures Symposium，vol. 7287，SPIE Electronic Library Paper 7287-26.

Kovacs，G. M. and Düring，L.（2009）Contractive Tension Force Stack Actuator Based on Soft Dielectric EAP. Proceedings of SPIE EAPAD Conference XI，Smart Structures Symposium，vol. 7287，SPIE Electronic Library Paper 7287-8.

Oguro，K.，Kawami，Y. and Takenaka，H.（1992）Bending of an Ion-Conducting Polymer Film-Electrode Composite by an Electric Stimulus at Low Voltage. *Trans. J. Micromachine Soc.*，5，27-30.

Osada，Y. and Kishi，R.（1989）Reversible volume change of microparticles in an electric field. *J. Chem. Soc.*，85，665-662.

Park，I. S.，Jung，K.，Kim，D.，S. M. and Kim，K. J.（2008）Physical Principles of Ionic Polymer-Metal Composites as Electroactive Actuators and Sensors，Special Issue dedicated to EAP，Materials Research Society（MRS）Bulletin，vol. 33，no. 3，pp. 190-195.

Pei，Q.，Pelrine，R.，Rosenthal，M.，Stanford，S.，Prahlad，H. and Kornbluh，R.（2004）Recent Progress on Electroelastomer Artificial Muscles and their Application for Biomimetic Robots. *Proceedings of SPIE EAPAD Conference*，vol. 5385（ed. Y. Bar-Cohen），pp. 41-50.

Pelrine，R.，Kornbluh，R.，Pei，Q. and Joseph，J.（2000）High-speed electrically actuated elastomers with strain greater than 100%. *Sci.*，287（5454），836-839.

Qu，L.，Peng，Q.，Dai，L.，Spinks，G. M.，Wallace，G. G. and Baughman，R. H.（2008）Carbon Nanotube Electroactive Polymers：Opportunities and Challenges，Special Issue dedicated to EAP，Materials Research Society（MRS）Bulletin，vol. 33，no. 3，pp. 215-234.

Roentgen，W. C.（1880）*About the Changes in Shape and volume of Dielectrics Caused by Electricity*，*Section* Ⅲ，in *Annual Physics and Chemistry Series*，vol. 11（ed. G. Wiedemann），John Ambrosius Barth Publisher，Leipzig，Germany pp. 771-786（in German）.

Smela，E.（2008）Conjugated Polymer Actuators，Special Issue dedicated to EAP，Materials Research Society（MRS）Bulletin，vol. 33，no. 3，pp. 197-204.

Su，J.，Harrison，J. S.，St. Clair，T.，Bar-Cohen，Y. and Leary，S.（1999）Electrostrictive graft elastomers and applications，*MRS Symposium Proceedings*，vol. 600，Warrendale，PA，pp. 131-136.

Zhenyi，M.，Scheinbeim，J. I.，Lee，J. W. and Newman，B. A.（1994）High field electrostrictive response of polymers. *J. Polymer Sci.*，*Part B*：*Polymer Phys.*，32（16），2721-2731.


本章译者：宋豪鹏，宋坤（南京航空航天大学航空宇航学院）

# 第21部分

# 空间应用材料

# 第 205 章

# 空间材料：介绍和概述

Alan R. Chambers
南安普敦大学，工程科学学院，南安普敦，英国

## 1 引言

人们或许还没有意识到人类在太空环境中进行探索已经超过了 50 年。自 1957 年苏联发射的人类第一颗人造卫星“伴侣号”顺利升空起，人类在太空探索和相关技术方面已然取得了十分卓越的进步。登月工程和对遥远行星的探索吸引着公众的注意力，激发了人们的想象，但更为关键的是，通过卫星的发射和运行，我们所有人的生活已经被人类的空间活动彻底改变。表 1 列举了一些空间中重要的卫星装备以及它们的任务和类型轨道。

**表 1 卫星装备任务类型**

Fortescue、Stark 和 Swinerd（2007）© John Wiley&Sons，Ltd

| 任　务 | 轨道类型 |
| --- | --- |
| 通信 | 低纬度地区、莫尼亚和苔原高纬度地区（主要是俄罗斯）的地球静止轨道，覆盖全球的极地 LEO 系列卫星 |
| 地球资源 | 覆盖全球的极地 LEO |
| 天气 | 极地 LEO 或地球静止轨道 |
| 导航 | 覆盖全球的倾斜 MEO |
| 天文 | LEO、HEO、GEO 以及拉格朗日点附近的轨道 |
| 空间环境 | 多样化，包括探空火箭和 HEO |
| 军事 | 覆盖全球的极地 LEO，但是多样化 |
| 空间站 | LEO |
| 技术示范 | 多样化 |

注：GEO，地球静止轨道；HEO，高度椭圆的轨道；LEO，低地球轨道；MEO，中高地球轨道。

本节论述了太空飞行器的材料，讨论时兼顾考虑工程设计。太空飞行器的任何组件或结构都仿佛是一个生命体，它与环境的相互作用是其能否成活的关键。在设计过程中通常缺失环境因素评价环节，而这对于结构部件模型的成活分析是十分必要的。例如，在空间中辐射会降低材料和部件性能，这就需要从材料选择和设计两方面寻找解决方案，为实现这一目标，需充分了解航天器轨道上的辐射环境并将其量化和预测。

空间的极端环境催生了一个规模虽小但十分关键的空间材料产业，该产业与航天器运行材料的发展息息相关。本节旨在强调存在的问题和解决方案的发展状况。

## 2 运行注意事项

### 2.1 发射和折返

飞行器存活的第一个要求是结构在发射过程中能“存活”。飞行器发射处在高过载、高振动负荷以及高温的环境下，由于发射环境十分严酷，所以必须采用高水平的系统/组件测试，用以确保有效载荷下结构或组件不会出现失效，这也是设计/材料互相影响的重要性的表现。如果一个结构能在发射阶段“存活”，那它不太可能在运行阶段发生任何机械故障问题。

一旦顺利进入到运行轨道，对航天器结构的要求就变为要达到其任务设计的寿命。针对本节讨论的内容，暂不考虑诸如电子部件以及飞船系统故障等实际可能发生的问题，而是假定飞船不会过早地发生功能故障，其寿命由飞船在空间环境的生存能力所决定。

在某些情况下，如往返穿梭，航天器会返回地球，这就带来了另一类材料和设计问题，尤其是在重返地球大气层的时候，面临在极端高温的条件下存活下来的挑战。航天绝缘材料的发展是一项重大的材料进步，没有它我们就不会有国际空间站。航天器能够在极限条件下运行，允许容错极小甚至不能有任何差错，“挑战者”号的坠毁证实了这一点。航天器回收是一个非常专业的领域，不在本章的论述范围内。

对于航天器设计、运行和进入地球（或其他行星）大气层问题的一般性介绍，读者可以参考 Fortescue、Stark 和 Swinerd（2007）。

### 2.2　运行阶段

发射航天器到太空中有多种目的。许多卫星环绕地球运行是为了通信，并且它们的功能决定了其运行轨道。例如，对移动通信卫星来说，近地轨道有很强的吸引力，因为功率和信号的时滞是重要的考虑因素。另外，高轨道如地球静止轨道（同步轨道），则具有覆盖面积更广的优势。因而，卫星所要实现的任务和功能决定了其轨道的选择以及所对应的环境条件。常见的太空任务和功能以及其对应轨道类型的例子已经在表 1 中给出。



## 3　空间环境

航天器的运行环境取决于它的运行轨道。有些运行轨道是扁平的椭圆，比如发射于 1994 年的 DERA STRV 卫星便是处于这样一个椭圆轨道，它的近地点为 200 km，远地点则达到了 38 000 km（图 1）。这意味着在每个运行周期中，这颗卫星都会经历从大气到真空、从真空紫外辐射到电离辐射的过程，并且穿过不同空间碎片环境。

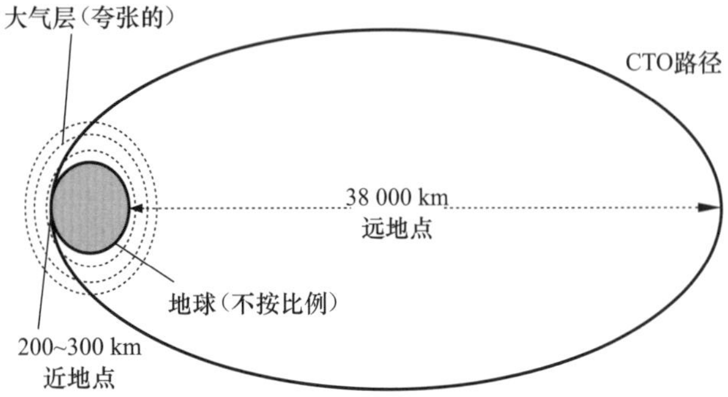


**图 1　STRV1 的高椭圆轨道**

而另一些轨道是圆形的，如地球静止轨道，乍一看可能会认为该轨道的环境是相对恒定的，其实，这个猜想并不正确。因为受到太阳活动的变化，轨道环境也会受到空间温度的影响。越来越多的太阳活动会释放更多的辐射，这些活动与太阳黑子和太阳耀斑的增加息息相关。太阳活动从最活跃到最平静的变化周期是 11 年（见图 2）。从航天器的角度来看，在太阳的活跃时期，由于增强的辐射水平和更多的辐射能量，航天器将受到更大的伤害。

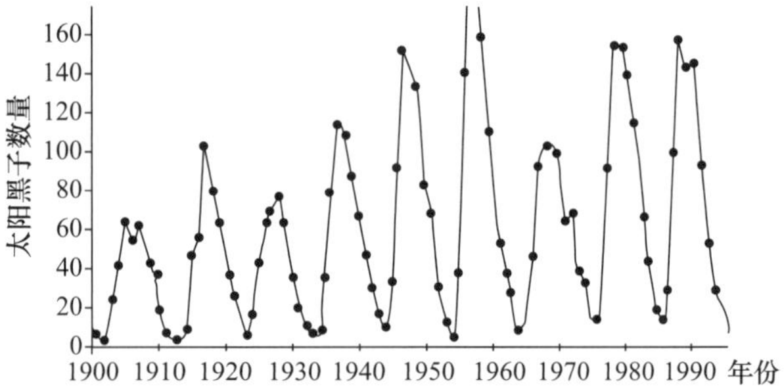


**图 2　在过去 100 年苏黎世的太阳黑子活动**

来源：Fortescue、Stark 和 Swinerd（2007）© John Wiley&Sons，Ltd

为了选择航天器材料和预测其寿命，测试空间环境的构成、对环境建模以及量化候选材料的劣化速率是非常关键的。它们也是许多科学航天研究任务的驱动力，然而由于诸如空间气候、航天器运行/测试等多种条件，在轨的研究非常昂贵，并且实验条件也并不能达到科学理想化。

采用在地面基础设施中模拟空间环境组成部分的研究方法具有很大的吸引力，因为这样可以实现更低的成本和对实验更多的控制。但我们不可能把空间环境在一个地面基础设施中完全复制出来。因此，为了校准地面实验设施，进行空间实验仍是必要的。

### 3.1　空间环境构成和它们对材料的影响

虽然高能辐射也可能会对航天器内部的组件造成影响，但是空间环境中的主要问题还是航天器表面受空间影响所造成的腐蚀。因此，空间环境对结构材料的选择没有重大限制，铝合金、钛合金以及复合材料均可被广泛应用于航天器的内部结构；与应用于地面结构的材料一样，这些材料的最终选择取决于它们的特定性能和成本。由于其市场规模太小，难以吸引材料制造商投入研发，所以空间结构材料的发展一直没有很大突破。

因为空间的真空度可能会导致聚合物树脂挥

发，我们在选择复合材料时必须要注意到这一点，因此热塑性基体复合材料具有潜在的吸引力。

空间环境的构成以及它们对航天器材料潜在的影响描述如下。

3.1.1　真空

在真空中，由于没有氧气对疲劳裂纹生长的加剧作用，金属合金的疲劳性能会改善（美国航空航天局，1963）。因此，可以认为真空对金属的疲劳性能是有益的。

然而，真空环境是否对于任何疲劳性能均有所改善尚存争议。在发射阶段，因为受到严酷的振动载荷，疲劳是主要关心的问题，而一旦进入轨道，承受的机械载荷会变得很低，研究真空对延缓疲劳裂纹扩展的作用没有很大意义。但是，航天器有可能经受相当剧烈的温度变化并发生热疲劳现象，在这种情况下可以证明真空的影响是有益的。

真空的负面影响也非常显著。航天器运行时的压强范围是 $10^{-11}\sim10^{-15}$ Pa，这个压强范围与许多材料的气化压相近，可能会导致这些材料的升华和气化。该过程的速率取决于材料的种类以及温度变化幅度。对于金属材料，这种质量损失以 μm/y 的单位衡量，影响很小，因此其表面衰退而导致的结构退化不太可能影响到航天器结构的完整性设计寿命。

另外，聚合物被越来越广泛地应用于隔热和控温，它们的蒸发/损失率可能明显高于金属。但与金属类似，这通常也不会构成主要的结构问题。需要关注的主要问题在于，无论是金属还是聚合物，它们挥发的气体会随后在相邻部件的表面凝结并改变那个表面的性能，这些性能可能是反射率、发射率或者吸收率，它们都是关键的材料表面性能，其改变会直接影响到航天器的温度控制和稳定性。例如，若设备的表面有特定的功能要求，如光学要求，那么污染就会损害这个设备的功能。因此，材料的挥发性能对其能否在空间中使用起到关键的作用。常见航天器材料的挥发数据可以查阅美国宇航局网站（NASA，2009）。

挥发也会影响润滑油选择。许多在地面上使用的润滑油气化压较高，随时会挥发，在太空中我们不能选用这些润滑油，而需要使用一些低挥发性的润滑油或者固体润滑油（Jones 和 Jansen，2008）。

## 3.2　空间腐蚀和原子氧

在地面上，任何工程结构要达到其使用寿命，在材料的选择/设计上，腐蚀是一个关键因素。在太空中，这个因素的重要性丝毫没有减少。地面结构中的重要腐蚀机制在空间中也有潜在的重要性。但是值得注意的是，带有加压容器的空间环境通常是有益的，应力腐蚀和氧脆化才是我们真正需要关心的问题。如需详细考虑空间中的腐蚀，读者可以参考 Dunn（1997）。

在太空中，人们看到的外表面环境与地面上看到的会有很大不同，其中一个主要区别就是原子氧（AO），它是低地球轨道上的气态产物之一。AO 的数密度和影响效果随着海拔的提升而减少，当到达 1 000 km 海拔时，它的影响水平将变得微不足道（图 3）。AO 还会腐蚀空间结构的表面，如在 500 km 轨道运行的国际空间站。

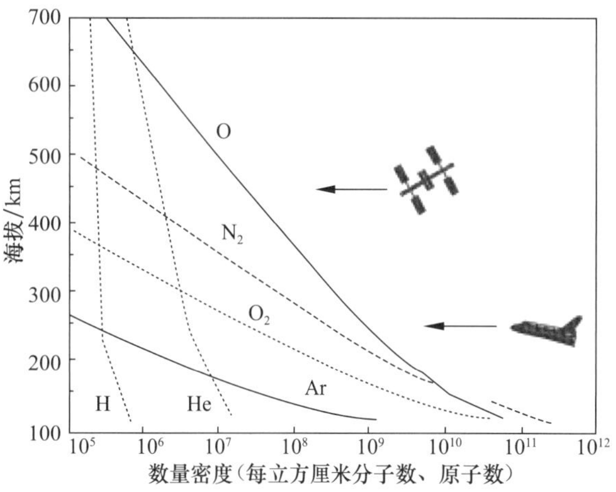


**图 3　LEO 气态大气**

来源：Banks、Routledge 和 Brady（1988）@NASA

AO 是氧气残留分子在真空紫外线环境中离解的产物。在第一次穿梭飞行中，航天器外表面的变色表明这其中发生了重大的材料属性变化以及其可能造成的损伤，AO 的作用也因此被第一次注意到。因而催生了一个重要的研究机构，该机构不仅要计算材料降解率，同时也要了解其降解机制，以便发展更加耐磨的材料或者设计手段以保护现有的材料。

典型航天器材料的原子氧侵蚀率由 Banks、Routledge 和 Brady（1988）列出。在金属中，银的侵蚀率是最重要的，因为它广泛应用于太阳能电池阵列但侵蚀率却最高，因此有必要在 AO 环境中保护银。利用银的侵蚀率开发了一种传感器（Osborne 等，2001），该传感器能够提供轨道 AO 环境的原位测量，用以帮助校准空间 AO 环境和地面模拟设施。

聚合物则导致了一个更大的问题。在热控制中它们是作为热绝缘物存在的，由于AO侵蚀造成的材料损失可能会导致聚合物的撕裂，其冲击也会导致聚合物薄层失效或是表面粗糙化，引起涂层热性能的改变。典型的聚酰亚胺薄膜AO侵蚀破坏如图4所示，其表面一开始有一层碎片状颗粒保护，但这些颗粒本身也会被侵蚀。聚合物的AO侵蚀率会随着其成分和结构的变化而改变（Chambers、Harris和Roberts，1996）。

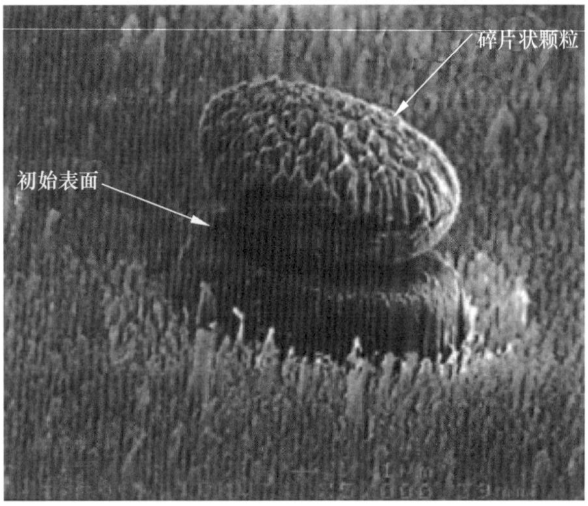


**图4　典型的聚酰亚胺薄膜AO侵蚀破坏**



AO侵蚀的基本原理和化学本质以及轨道对性能退化率的影响等问题已经由de Rooij阐述（见本卷第209章）。这关系到工业部门如何解决这些问题。

显然，选择耐侵蚀材料是一个重要思路。从Banks、Routledge和Brady在1988年的研究中可以看出，一些聚合物有着更好的耐侵蚀性。问题是若纯粹着眼于耐AO来选择材料，将不可避免地降低其他更重要的功能特性。

另一种思路是采用保护涂层。这个想法或许会很成功，但它的成功在很大限度上依赖于涂层在制作和服役过程中的完整性。涂层中剥落或微流星损伤等缺陷会导致更严重的问题，因为高能量氧原子会在损伤部位聚集，从而大大增加侵蚀的可能性（Banks、Snyder和Miller，2006）。因此，具有自我修复能力的表面涂层具有很强的吸引力。

众所周知，有些材料氧化后会形成稳定的化合物，如氧化硅会变成稳定的二氧化硅。通过将硅注入材料表面，可以大大增加生产自愈性涂料的可能性。Kleiman的文章（见第4卷第207章）囊括了各种表面涂层和表面改性工艺。

为评价材料抗AO的性能，要求地面试验设施能够重现空间环境，试验环境中有多种AO源，它们具有不同的O种类和O能级别（Banks、Routledge和Brady，1988）。从实用角度来看，它们都有各自的优点和缺点，但还没有设施可以准确地再现空间环境。空间中O元素生成并不是一个单纯的事件，而可能是各种环境因素（如辐射）共同参与的结果。真空紫外线和原子氧之间的协同效应已经有长久的讨论（Grossman和Gouzman，2003），这可以参考Skurat的作品（见第4卷第206章）。

Tighe阐述了有关空间构成、标准的测试和认证等这类重要问题（见第4卷第211章）。

重要的是，地面设施所得到的数据是否可信，需要通过与空间实验数据比较，对其进行校准。早期航天飞机的飞行已经进行了一些关键的实验，因此我们可以获得很多关于材料在空间中表现的信息，可参见de Groh（见第4卷第210章）。

## 3.3　辐射

在所有长时间的空间任务中，辐射效应也是一个需要考虑的重要因素。在低地球轨道只需考虑紫外线和软X射线，而在地球同步轨道，粒子辐射会带来额外的危险，这些影响取决于其辐射效应的波长和能量。低能量的紫外线辐射损伤主要局限于低海拔，但随着诸如X射线、微粒和$\gamma$射线能量的增加，它们将渗透更深，航天器内部的电子元件也可能会受到影响。

许多聚合物对真空紫外线是很敏感的，真空紫外线的能量可高到足以导致其断链或交联。前者可能会导致材料损耗或表面衰退，而后者则可能导致材料脆化以及机械完整性的损失，尤其是对于很薄的薄膜（图5）。有人认为可能是因为真空紫外线

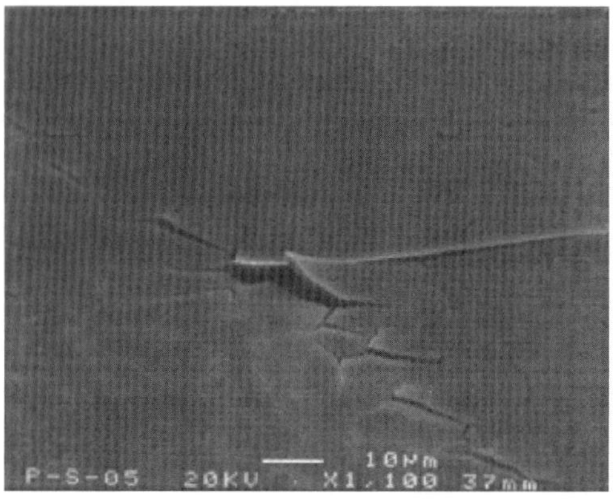


**图5　VUV辐射分解**

和氧原子的协同效果，提高了含氟聚合物的性能退化率（Tagawa 和 Yokata，2008）。

除机械损伤外，VUV 也可能会导致太阳能吸收率的变化，影响 $\alpha/\varepsilon$ 比，而对发射率产生的影响较小。聚酰亚胺在紫外线到可见光波长范围之内，会显著地增加光谱反射率，这表明了聚合物化学性质的变化（Devers 等，2001）。Skurat 深入分析了真空紫外线对聚合物性能的影响（见第 4 卷第 206 章）。

太阳能电池元件对紫外线辐射也很敏感。将玻璃罩的颜色加深，会降低照明效果，提高工作温度并且降低性能。选择太阳能电池时，全寿命中效率的退化也是一个重要考虑因素（图 6）。

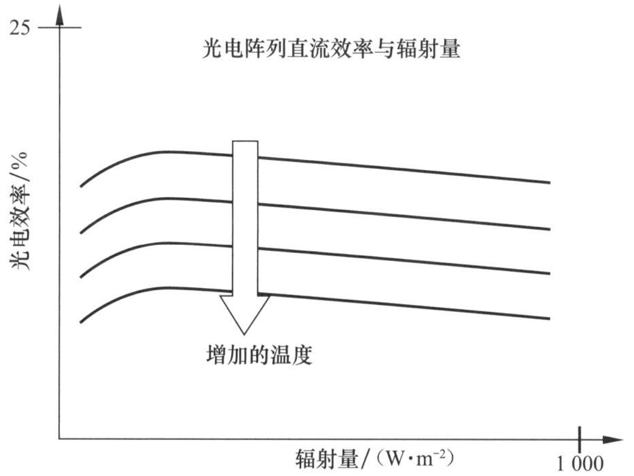


**图 6　光照对硅太阳能电池单胞效率的影响**

软 X 射线也被认为会导致材料的退化，它可能是哈勃太空望远镜温控覆盖层恶化的原因之一。据报道，PTFE 膜暴露在软 X 射线中，强度会降低到原有水平的 10%，而 FEP 膜却很耐软 X 射线，这表明了正确选择材料的重要性（Pepper、Wheeler 和 de Groh，2001）。

在近地环境中，包含几种类型的电离辐射，在范艾伦辐射带，电子和质子被困在地球的磁场中。质子和电子的强度随海拔增高的变化如图 7 所示，这些强度也随着纬度的变化而变化，在计划太空任务时，它们也必须被考虑在内。诸如 NASAAE8 和 AP8 的模型，对于这方面的研究将有所帮助，而这些模型都考虑了太阳变化的周期（Vette，1991；Sawyer 和 Vette，1976）。

微粒辐射对材料的退化与 VUV 辐射类似，它会影响太阳能电池；另外，其渗透能力可能会损坏位于内部的电子组件。

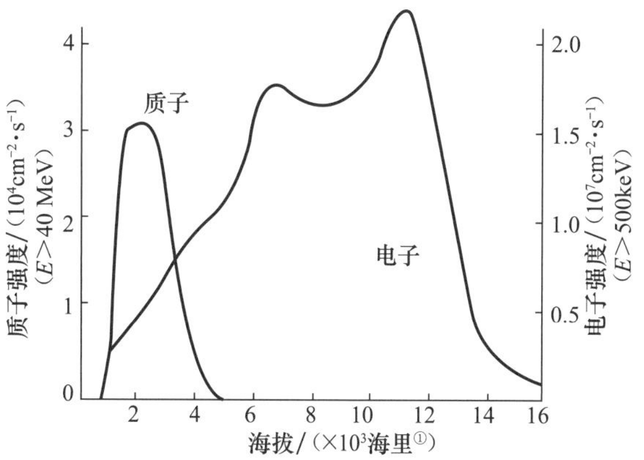


**图 7　质子和电子的强度随海拔增高的变化**

来源：Fortescue、Stark 和 Swinerd（2007）© John Wiley & Sons，Ltd.

上述影响的严重性在很大程度上取决于辐射量。然而，这并不是唯一的问题，损伤也可能由高能粒子如重金属粒子、质子和中子引发，这些粒子也可能存在于太阳耀斑和宇宙射线中。粒子如果入射到敏感区域，可能会以电子-空穴的形式产生电荷，进而改变设备的逻辑状态。这现象被称为单粒子翻转（SEU），并且是可逆的，但是如果发生在控制系统中，就有可能使其发出错误的命令并导致飞船功能的受损。

解决辐射的影响并不容易，对于许多操作，必须有考虑剂量效应的辐射硬化部件的规范。这种辐射硬化部件非常昂贵并且很难获得。现在有一个很强的争论认为，某些组件的规范要求过严，实际可以采用商用现成品（COTS）。问题实际归结为一点：我们是否相信在寿命设计中不会发生辐射失效，或即使发生也不会影响飞船的整体功能。

屏蔽层也是一个可能的解决方案。该方案包括很多不同的方法，比如在吸收基础上的被动保护，包含自然静电场的主动保护（介电保护）、人工保护（电——静电保护）和磁场保护（Townsend，2005）。

## 3.4　冲击破坏

冲击破坏是可操纵空间飞行器的一个主要关注点。自然界的流星与微流星体其固态物体的大小和质量上可相差很多数量级。尺寸由 0.001 mm（火箭排气氧化物）到直径 10 m（火箭上面级）不等的人造空间碎片进一步增加了冲击破坏的可能性。

① 1 海里＝1.852 千米。

最近统计，估计有超过 8 500 个尺寸大于 10 cm 以及 35 000 000 个尺寸在 0.1～1 cm 的物体环绕着地球飞行，小于 0.1 mm 的颗粒更是数不胜数。

在轨道上，物体的相对移动速度可达 20 km/s，在此速度下，即便是 $10^{-9}$ g 微小颗粒，它的冲击能量也相当大，足以破坏航天器的表面以及太阳能电池。目前，还没有任何屏蔽层能够抵挡直径大于 2 cm 的颗粒，较大的物体能够严重破坏甚至直接摧毁卫星和空间飞行器。迄今为止，超过 60 架航天飞机的机窗由于小物体撞击而被替换，法国的塞里斯卫星就被阿丽亚娜火箭的碎片摧毁。

涂层被广泛应用于提供表面性能，如果被打穿，将失去保护并增强损害，产生的多重反射会在涂层下方导致 AO 侵蚀（Banks、Snyder 和 Miller，2006）。因此可以理解为什么具有自我修复能力的涂层是如此诱人。

对于冲击，目前还没有简单的材料方案可以解决，因此在规划任务时，模型中会添加一定概率的冲击。冲击破坏和保护可以参考 Tennyson（见第 4 卷第 208 章）。

# 4　太阳能电池



太阳能电池实质上是半导体，在半导体交界处的两侧使用不同的微量元素，以改变它的电性能并且创建一个电势。随后入射的太阳光会产生一股电流流过交界处。

早期的太阳能电池主要由硅制成，在地面应用中，硅因有效率和成本之间的平衡，仍然被广泛使用。硅制太阳能电池的效率范围可以从 7%的无定形硅至 19%的单晶硅。而在空间应用中，则要求更高的效率，从而砷化镓成了行业标准。图 8 展示了太阳能电池在过去 25 年间的发展以及在实验室条件下可以实现的效率。

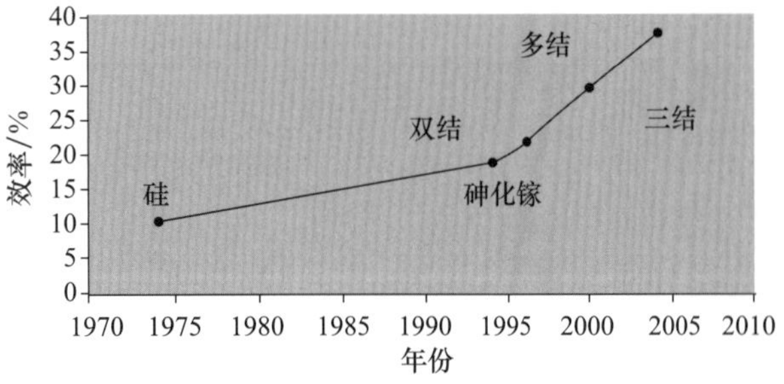


**图 8　自 1985 年以来太阳能电池的发展历程**

砷化镓基板的优点在于可以在基板上存放多达 30 个不同的层来构成多层太阳能电池。各层对应于太阳光谱的不同波段。顶层对应蓝色的一端，允许绿色和红色通过，中间层对应绿色而底层对应红色。这些电池可以以接近 30%的效率工作。

由于制造上的原因，标准的三结电池通常在一个 140 μm 厚的锗基板上生成。这对于发电来说是没有必要的，因此研究的目标就将基板的厚度减少到 20 μm，这样既节省了锗的用量，也降低了重量。一些主要卫星太阳能电池阵列的阵列面积可以达到 100 $m^2$，因而节约效果显著。

当前，空间环境下运行的结构和太阳能电池组已经被认为接近其理论极限，如果要进一步改善，就必须采用新的做法，主要有以下几点：

（1）纳米技术——控制吸收性能有更大的灵活性；

（2）基于氮化物材料——潜在的更多的结点、更高的效率；

（3）倒置变质单元——一个新的架构，可提供更大的可靠性和功率比。

## 4.1　太阳能电池退化

在航天器上，太阳能电池会受到困在地球磁场中的电子和质子形成的粒子通量以及与太阳高峰有关的粒子轰击。

当这些粒子受到物质结构的阻碍时，作为核碰撞的结果，就可能发生晶格缺陷。粒子辐射则更具破坏性，因为它可以造成原发性缺陷（在多种形态下的间隙和空缺）（Markvart，1990）。这些缺陷可能再次组合或形成不纯的混合物。它们可能会降低能带隙处的能量水平、引发电子空穴位点重组或降低缺陷迁移所需的活化能，从而导致在较低的温度下发生缺陷迁移，这对辐射破坏具有深远的影响。

在太阳能电池的选择方面，考虑到退化，在其寿命结束时的表现比它寿命开始时的表现更加重要。基于此，GaAs 显然比 Si 更好，并且通过精良的设计和制造，其电池的效率损失可以最小化。例如，电池在地球静止轨道运行了 15 年，仍然可以保留其原来最高效率的 90%。应当指出，要实现这一目标，需采用大约 100 μm 厚的玻璃罩来保护电池。所有空间太阳能电池都要使用玻璃罩，否则其潜在的 15 年寿命将会减少到只有几天。

微流星体和小碎片微粒的冲击也会造成破坏，如图 9 所示显示了哈勃太空望远镜阵列受到微流星体的损坏。损坏的严重性和对性能的影响可以用飞船所在轨道的碎片数据建模分析。

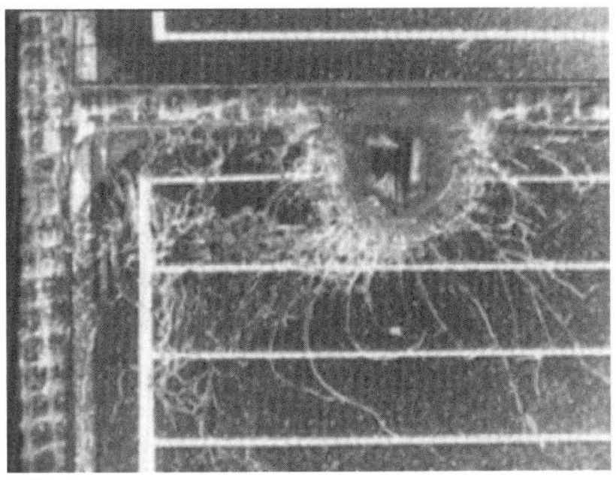

**图 9　哈勃太空望远镜阵列受到微流星体的损坏**

## 5　结论

确定了空间环境的组分，并描述了它们对材料性能的影响。对于本章各个问题更深入的阐述，读者可参考其他文献。

### 参考文献


Banks，B. A.，Routledge，S. K. and Brady，J.（1988）NASA Atomic Oxygen Effects Programme（SEE N89-1252 04-18）.

Banks，B. A.，Snyder，A. and Miller，S. K.（2006）Issues and consequences of atomic oxygen undercutting of protected polymers in LEO. *Proc. ICPMSE*，6，235-243.

Chambers，A. R.，Harris，I. L. and Roberts，G. T.（1996）Reactions of spacecraft materials with fast atomic oxygen. *Mater. Lett.*，26，121-131.

Devers，J.，Messer，R.，Powers，C.，Townsend，J. and Wooldridge，E.（2001）Effects of VUV on thin polyimide films. *High Perform. Polym.*，13（3），391-399.

Dunn，B. D.（1997）*Metallurgical Assessment of Spacecraft Parts，Materials and Processes*，2nd edn，Wiley.

Fortescue，P.，Stark，J. and Swinerd，G.（2007）*Spacecraft Systems Engineering*，3rd edn，Wiley.

Grossman，E. and Gouzman，I.（2003）Space environment effects on polymers in LEO. *Nuclear Instruments and Methods in Physics Research Section B：Beam Interactions with Materials Atoms*，208（8），48-57.

Hudson，C. M. and Seward，S. K.（1976）A literature review and inventory of the effects of the environment on the fatigue behaviour of metals. *Eng. Fract. Mech.*，8（2），315-329.

Jones，W. J. and Jansen，M. R.（2008）Tribology for spacecraft applications. *Proc. Inst. Mech. Eng. Part J. J. Eng. Tribol.*，222（8），997-1004.

Markvart，T.（1990）Radiation damage in solar cells. *J. Mater. Sci. Mater. Electronics*，1（1），1-12.

NASA（2009）*Outgassing Data for Selected Spacecraft Materials*，http://outgassing. nasa. gov.

Osborne，J. J.，Harris，I. L.，Roberts，G. T. and Chambers，A. R.（2001）Satellite and rocket-borne atomic oxygen sensor techniques. *Rev. Sci. Instrum.*，72（11），4025-4041.

Pepper，S. V.，Wheeler，D. R. and de Groh，K. K.（2001）Quantitative study of degradation of PTFE and FEP films by soft X-rays. *High Perform. Polym.*，13（3），421-431.

Sawyer，D. M. and Vette，J. I.（1976）AP8 Trapped Proton Environment for Solar Maximum and Solar Minimum，NSSDC-76-06，NASA-GSFC.

Tagawa，M. and Yokata，K.（2008）Atomic oxygen induced polymer degradation in simulated LEO space environment. How do polymers react in complicated environments? *Acta Astronautica*，62（2-3），203-211.

Townsend，L. W.（2005）Critical analysis of active shielding methods for space radiation. *Aerosp. Conf. IEEE*，724-730.

Vette，J. I.（1991）The AE trapped electron model environment. *NSSDC-91-24 NASA-GSFC*.




本章译者：袁渊，周储伟（南京航空航天大学航空宇航学院）

# 第 206 章

# 太空中的聚合物

Vladimir E. Skurat
俄罗斯科学院能源问题化学物理研究所，莫斯科，俄罗斯联邦



## 1 引言

太空时代伊始，聚合物材料就因为兼顾了力学、热稳定、电气等性能要求以及相对低的比重，被广泛应用于航天器设计中。特别需要指出，航天器通常会使用聚合物薄膜作为多层绝热层（MLI）的一部分，该绝热层用于航天器表面的绝热控制。第一层薄膜材料的热光学性质决定了表面的均衡温度。常用于第一层的薄膜材料有聚酰亚胺、聚氟化乙烯-丙烯（FEP），以及玻璃纤维 Betacloth®。Betacloth®由浸渍了聚四氟乙烯的玻璃纤维织物所构成。因此，Betacloth®表面的热光学性能由覆盖在玻璃纤维表面的连续的薄膜状的聚四氟乙烯确定。除了 MLI 外，许多搪瓷材料也用于航天器外表面覆盖，这些搪瓷由无机颜料的颗粒（通常是氧化铝、二氧化钛或氧化锌、氧化铁等，利用这些来标记搪瓷的颜色）嵌入到聚合物基体-环氧树脂、丙烯酸类树脂或有机硅树脂中构成。

本章不考虑聚合物材料在所有航天工程中的应用，而只研究在空间环境中受到各种因素破坏作用的航天器表面的聚合物材料。这些破坏因素可能会导致材料属性的变化，并在很多情况下诱发严重恶化，比如质量损失。质量损失非常重要，因为在 MLI 中使用的聚合物薄膜的厚度相对很小（通常为 125 μm）。与此同时，聚酰亚胺薄膜（Kapton H）一般在低地轨道（LEO）（海拔约为 400 km）的质量损失约为 100 μm/y，而 FEP 薄膜则为 12 μm/y。

在所有空间环境的破坏因素中，根据它们对聚合物材料性能的影响程度，现列举出以下最重要的几种。高真空环境引发的聚合物中低分子组分的蒸发和升华，这些组分通常是作为抗氧化剂或者增塑剂被添加进聚合物中的。高真空环境将导致材料相应属性向不利的方向发展，材料会释放出低分子化合物进入航天器外部的大气中，随后这些化合物会在航天器表面形成污染沉积。如果复合材料的组分具有不同的热膨胀系数，热循环（通常是从+100 ℃～−100 ℃）就会引发复合材料的剥离。太阳辐射，包括电磁（可见光、紫外线、X 射线）和微粒（电子、质子、重离子）会激发聚合物的各种转变。残留在地球大气中的原子氧会诱发许多聚合物的侵蚀（主要是氧化）。没有一种聚合物能够耐受所有破坏因素，材料的选择取决于航天器运行的条件。这里我们关注的焦点是太阳辐射与原子氧对聚酰亚胺和氟碳聚合物的影响。

航天器运行的条件主要可大致分为三大类：LEO（海拔 300～1 000 km）、地球同步轨道（GEO）（约 36 000 km）以及行星/深空。它们各自的主要特点在于，LEO 环境具有高原子氧通量；GEO 环境中粒子辐射通量增强；在行星或者深空任务的情况下（尤其接近太阳的轨道），增强的辐射强度和温度变得同样非常重要。

研究材料在空间环境中行为的主要目的在于预测在长期使用中它们的有效寿命。其中的主要问题在于，在几种破坏因素的共同作用下，可能会增强或者减弱彼此的影响（协同作用效果）。实验室条件下对于协同作用的模拟并不能确保成功，因此，飞行测试的结果被认为是空间中材料

行为的最可靠的数据。然而，它们的结果却被很多干扰因素所影响，比如，由于航天器外部固有的气流环境而在材料表面形成的污染沉积，或是在样品从太空设定位置转移到地球上的实验室测量设备的过程中，表面组合物和/或形态上可能发生变化。如果不充分考虑到这些因素，便有可能产生错误的结论。

近期，人们普遍认为，快速氧原子与太阳辐射光谱中真空紫外线部分的协同作用对全氟聚合物（PTFE 和 FEP）侵蚀起到决定性影响，不妨以此为例。它是一个基于长时间暴露实验（LDEF）所获得的结果的简化诠释（此前看上去很明确）。这一结论与实验室条件下得到的结果恰恰相反。据调查（例如，Baidarovtsev 等，1986），在侵蚀中占主导作用的必然是太阳辐射真空紫外线，而协同作用没有产生任何重要影响。进一步对工作超过 10 年的 LDEF 样品做更详细的调查，发现 LDEF 的结果明显被硅污染的干扰效应影响了。这一节的主题在于进一步讨论真空紫外线辐射下 FEP 膜的光解效应。这个例子很有启发性，它表明单一的飞行试验结果不足以反映空间环境中材料破坏的机制和过程。在该实验中，确认实验室测试非常必要。

## 2　空间环境条件下聚合物的热光学性质变化

聚合物材料在空间工程中的主要应用之一，是航天器表面无源温度控制的多层绝热层（MLI）。传热机制有三种：热传导、热辐射、对流。航天器在太空真空中，只有热辐射对之有效。太阳辐射会加热航天器表面，而航天器的运行机制和设备使用则会导致热演化和温度的升高。其中，只由热辐射产生的过多热量可通过航天器表面去除。正因为如此，表面必须满足两个主要要求：它必须具备对太阳辐射的低吸收系数 $A_s$ 和相对高的发射率 $\varepsilon$（相对绝对黑体，在平衡条件下的最大发射率）。在各种材料中针对这些参数值的分析表明，单面金属化和涂有白色涂料的聚合物膜具有最高的除热能力。对于这些材料，典型值是 $\varepsilon=0.8\sim0.9$，$A_s=0.2\sim0.3$。这些聚合物薄膜被放置在航天器表面，使金属层（铝、银）面向航天器和聚合物层面向空间。根据这样的结构，没有覆盖金属的自由聚合物表面按照黑体系数在敞开的空间中释放热量，而金属层（在透明聚合物层下）反射太阳辐射，降低表面热。

在 LEO 上，长时间地使用聚酰亚胺与 FEP 薄膜会导致其 $A_s$ 和 $\varepsilon$ 值的变化，这些变化是由聚合物破坏和污染所引发的。另一个问题更加严重，飞行测试发现，聚合物薄膜有显著的质量损失，这可能会导致聚合物薄膜在长时间的使用中完全损耗。

类似的情况也发生在搪瓷上，由于原子氧对有机基质的侵蚀，可能会导致它们的损耗以及阵列中颜料粒子的释放。

分别考虑聚合物（主要是聚酰亚胺和 FEP）与快原子氧（FAO）以及真空紫外线（VUV）的相互作用。其主要特点和这些相互作用的机制会分别在长时间的轰击和照射中随着能量密度的增加而改变。因此，一般采用动力学的方法分析这两种情况。

## 3　聚合物与残留在地球大气层中原子氧的相互作用

聚合物和原子氧反应的主要的、几乎是唯一的最终产物都是简单的氧化物——CO、$CO_2$、$H_2O$、$NO_2$、$SiO_2$——无论是挥发还是不挥发的。挥发性氧化物导致了原子氧对聚合物表面轰击造成的质量损失。形成的不挥发氧化物（比如二氧化硅）会伴随着外层的轰击而积累，并保护下层聚合物，防止其进一步的侵蚀并最终终止其质量损失。

### 3.1　聚酰亚胺的快原子氧侵蚀特性

热氧原子（是活性氧产生的主要成分之一，例如存在于氧气及其混合物中放电的气态等离子云中）是化学中已知的最有活力的氧化剂。在高的平动能（约 4.5 eV）下，它的高氧化能会变得更高，借由它，大气中的 FAO 轰击到航天器的受击表面。这些能量被有效利用来克服动力学和热力学临界值，以及突破聚合物表面捕获氧原子和进行化学氧化反应的阻碍。据统计，在一个快速氧与聚合物表面的碰撞过程中，形成原子（包括碳、氢、氧和氮）氧化挥发的概率为 0.1～0.5（Skurat，2006 年）。

聚合物被 FAO 腐蚀的特点之一就是由 FAO 气流单向运动所导致的高度各向异性，导致形成非常粗糙的腐蚀表面，表面粗糙度由表面各点非均质性所导致的侵蚀率的差异决定，差异可能是表面初始所固有的，抑或是在腐蚀过程中诱发形成的。不同的放大倍率下聚酰亚胺薄膜表面粗糙腐蚀的典型拓扑图如图 1 所示。这些图像是在实验室中模拟 LEO 条件下 FAO 流轰击聚合物之后用扫描电镜观察得到的。观察者可以看到“草地”(或类似毛毯)结构的形成，包含契合 FAO 流的圆柱和圆锥的凸起。它们的数密度约等于 $10^9/cm^2$，其高度为 2～3 μm，直径<0.1 μm。局部放大的凸起图像如图 2 所示。可以看到，蘑菇状的凸起包含直径为 20～40 nm、高为 2 μm 的圆柱形“茎”，以及在“茎”顶端直径为 30～50 nm、厚为 20～30 nm 的“帽”。还可以看到，相边界平行于“茎”轴线且距其表面约 10 nm，这正好与热氧原子渗透聚酰亚胺的估计深度吻合。

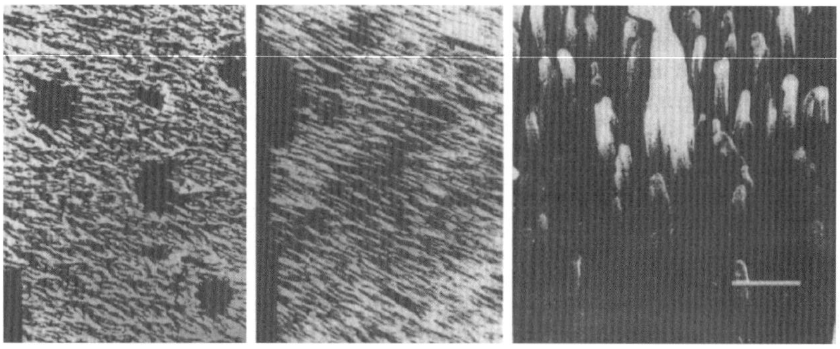

**图 1 Kapton H 表面在 VAT 103 设备上经受 FAO 流侵蚀后的毯状结构**

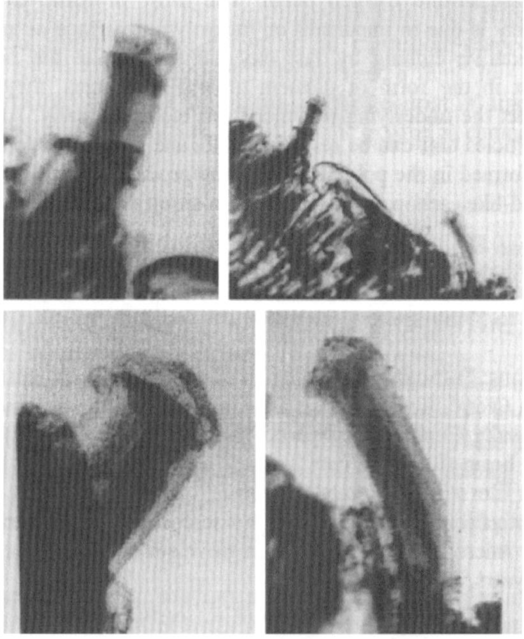

**图 2 Kapton H 经受 FAO 流侵蚀过程中凸起形成的蘑菇状结构**

通过“帽”和“茎”的平面电子图像的光学测定，以及随后它们在黑暗中分布的重建 (Matveev 等，1998)，发现“帽”中的材料密度是“茎”的 1.6～1.7 倍。有人提出，凸出的“帽”包含非晶状的金刚石，增强了其对 FAO 冲击的抵抗力。

为解释毯状表面形态的形成和发展以及 FAO 导致的聚酰亚胺薄膜的各向异性腐蚀期间蘑菇状凸出的形态，人们提出了下述机制。它基于一个假设，即在聚合物腐蚀时，除了挥发性氧化物，还会产生不挥发的碳原子以及/或含碳化合物 (类金刚石)。假定它们能够耐受 FAO 的轰击，在轰击过程中，表面上的碳原子开始积累，它们逐渐扩散，并在遭遇时合并到一起 (聚结)，形成在 FAO 流中稳定的“点”，它们保护下面的聚合物抵御 FAO 的轰击。然后，这些“点”变成了“帽”。当它们附近未受保护的聚合物表面变少，导致碳原子的扩散供给停止时，“点”就停止增长。该机制包括以下三个阶段。

(1) 碳化过程中会形成碳原子、石墨和类金刚石晶核，类似于黑炭或富勒烯制作过程。

(2) 由于 FAO 轰击石墨和轰击类金刚石两者的反应效率差异明显，故选用类金刚石晶核。

(3) 散射并且热化的快氧原子以各向同性方式腐蚀凸起的侧面，“茎”逐渐剥蚀导致类金刚石颗粒成为“帽”。

Kapton H 面经受 FAO 流侵蚀过程中蘑菇状凸起的形成过程如图 3 所示，该机制被毯状结构形成的温度效果所证实。在 FAO 轰击中降低样品温度会停止这个过程，在该机制的框架下，这种停止被解释成表面扩散减缓的结果，并且会导致类金刚石晶核形成的终止。

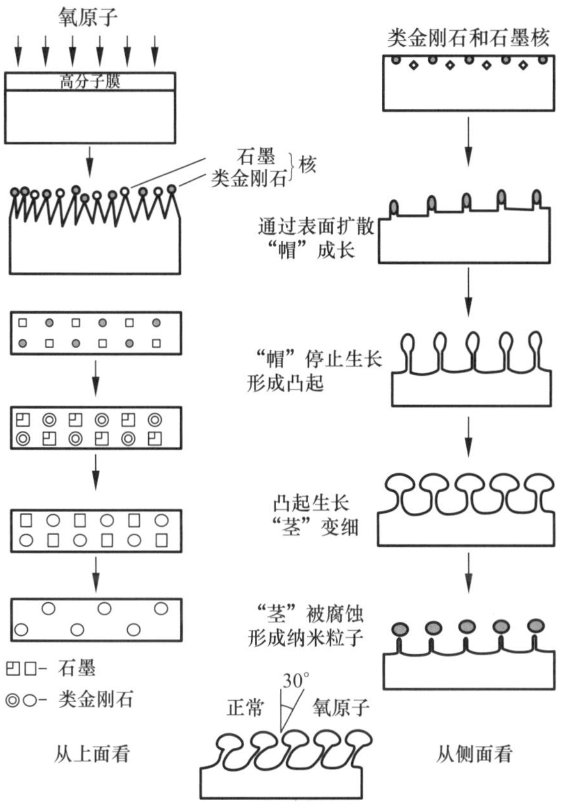


**图 3　Kapton H 面经受 FAO 流侵蚀过程蘑菇状凸起的形成过程**

## 3.2　由 FAO 流诱发的质量损失的动力学研究

在实验室设备 VAT-103（N. E. 茹科夫斯基中央航空流体动力研究所，茹科夫斯基，莫斯科地区，俄罗斯；Nikiforov 和 Skurat，1993 年）中研究了 Kapton H 膜质量损失的动力学曲线（在持续的轰击过程中聚合物样品质量的减少）。轰击后，样品质量的变化会立刻被扭力天平检测到。该动力学曲线具有非线性特征：在刚开始，质量损失的速率小于之后的速率。在轰击过程中质量损失随时间的推移而加快，促使毯状表面结构的形成，它导致了气流与聚合物目标相互作用的相对阻力系数的提高，并且增加了表面所容纳的快速氧原子和分子。质量损失的动力学曲线与相关阻力系数的关联性证实了这个结论。其他关于非线性行为的解释基于生成挥发性简单氧化物这一事实，不仅仅是聚合物表面 FAO 的单次碰撞，而且是包含形成中间产物的几个步骤的连续反应。中间氧化产物在 FAO 轰击后可以通过聚合物表面的 X 射线光电子能谱（XPS）检测。这些氧化产物在最初的轰击后在表面积累，直到达到一个有限的固定浓度，在此之后，挥发性氧化物的释放速率固定并且有恒定的最大值。可以假设这两种机制都能导致该非线性动力学曲线，然后，这个非线性区域（诱导期）有一个相当短的耐受期，其通常只会在实验室条件下被观察到。

出于这些原因，飞行条件下聚合物薄膜质量损失的动力学性质被认为是线性的，并且在实际估算中，会使用介于质量损失和 FAO 影响系数之间的线性比例系数 $R_e$，被称为反应效率，它定义为样品在受到一个快速氧原子撞击后所损失的材料体积（$cm^3$）。目前，通过与 Kapton H 值比较的方法测定 $R_e$ 值，对于这种聚合物，无论是实验室还是飞行条件下，多次测量的结果得出：对于每个氧原子，$R_e=3.0\times10^{-24}\,cm^3$，此值作为一个标准。对于其他聚合物，这些值的大致范围为每个氧原子 $(1.5\sim6.0)\times10^{-24}\,cm^3$。

人们已测出了数以百计种材料的 $R_e$ 值，包括聚合物。然而，从实际和理论的角度来看，通过聚合物的化学式来计算 $R_e$ 值的可能性是非常有趣的工作。在下一章节中，将给出带有质量损失的化学反应概率的经验确定法，并在化学式的基础上通过这些概率估算 $R_e$ 的值。

## 3.3　由 FAO 轰击聚合物过程中带有质量损失的化学反应的概率

373

由 FAO 轰击聚合物过程中的产生带有质量损失的化学反应的概率被记为实验数据 $R_e$（在飞行测试中测量）与理论反应效率 $R_1$（假设在氧化反应中 FAO 按照化学计量式形成简单的挥发性氧化物并完全损失算得）的比值。对于聚合物，化学式为 $C_aH_bO_cN_d$，公式为

$$C_aH_bO_cN_d + AO \longrightarrow xCO + yCO_2 + wH_2O + zNO \tag{1}$$

计算系数 $A$ 的方程为

$$A = \frac{a(2+\beta)}{1+\beta} + \frac{b}{2} + d - c \tag{2}$$

式中，$\beta=x/y$（CO 与 $CO_2$ 的产率之比），唯一的已知 $\beta$ 值的聚合物为聚酰亚胺（$\beta=1$），这个数值由 Roussel 和 Bourdon（2000）在飞行试验中测得。该聚合物的其他参数为：$a=22$，$b=10$，$c=5$，$d=2$，由此可得 $A=35$。

$R_1$ 值的计算公式为

$$R_1 = \frac{M}{AN\rho} \tag{3}$$

式中，$M$ 为重复的聚合物单元的分子质量，g/mol；

$N$ 为阿伏伽德罗常数，$6.02\times10^{23}\,mol^{-1}$；$\rho$ 为特定的密度，$g/cm^3$。$M$ 的计算式为

$$M = 12a + b + 16c + 14d \tag{4}$$

对 Kapton H 而言，$M=382$ g/mol，$A=35$，$\rho=1.42$ $g/cm^3$。因此，对于 Kapton H，$R_1=13.10^{-24}$ $cm^3$/氧原子，$R_e/R_1=(3.0-3.3)$。FAO 与 Kapton H 反应形成挥发性氧化物的概率为 $10^{-24}/13.10^{-24}=0.23\sim0.25$。

遗憾的是，其他聚合物的 $\beta$ 值是未知的，但是 $R_1$ 可以在两种极限情况下被求出：$x=a$，$y=0$，$\beta=\infty$（情况 1）（该情况下只生成 CO，没有 $CO_2$），与 $x=0$ 时，$y=a$，$\beta=0$（情况 2）（该情况下只生成 $CO_2$，没有 CO）。$R_e/R_1$（CO）的值为 0.1（聚苯乙烯）～0.35（聚丙烯），而 $R_e/R_1$（$CO_2$）的值介于 0.16～0.54。这些值是真实 $R_e/R_1$ 值的边界。正因为如此，如果知道聚合物的元素式，就可以计算出 $R_1$（CO）和 $R_1$（$CO_2$）的值，并且分别将它们乘以 0.1～0.35、0.16～0.54，以确定这个聚合物 $R_1$ 值的边界值。要得到 $\beta$ 值，则需要对 $R_1$ 的值进行更加精确的计算。

一种估算 $R$ 值的更简单的方法由 Iskanderova 等（1995 年）在分析 $R_e$ 值的飞行结果的基础上提出，主要的公式是



$$R = \frac{\gamma M}{\rho} \tag{5}$$

式中，

$$\gamma = \frac{N_f}{N_c - N_{co}} \tag{6}$$

式中，$N_f$ 是一个重复的聚合物单元的完全的原子数目；$N_c$ 是该单元的碳原子数；而 $N_{co}$ 则是单元中可以以 CO 或者 $CO_2$ 分子释放出来的碳原子数目。这个公式被广泛应用并成功地估算和预测已知化学式的聚合物的 $R_e$ 值。它实际上是式（3）在 $b=0$，$d=0$，$\beta=\infty$时的简化形式（因为它假定 $y=0$）。这个公式对相同化学组成而拥有不同化学结构的聚合物能预测到相同的 $R_e$ 值。实际上，这些聚合物可能具有不同的 $\beta$ 值，从而给出不同的 $R_e$ 值。

数据分析表明，FAO 与聚合物表面发生反应的概率不高于 0.54。这意味着 FAO 中更大一部分不会随聚合物的氧化而消失，如通过不会产生任何进一步反应的表面散射或与分子氧形成相互重组的形式。

# 4 在太空环境中全氟聚合物 PTFE 与 FEP 的损毁

Teflon（特氟龙）是除了 Kapton H 外被广泛应用于 MLI 中的另一种重要的聚合物。由于它们在 LEO 上运行不会超过 14 个日历天数，故而在 MLI 中，FEP 薄膜以金属化的形式被应用于航天飞机表面是非常成功的。然而，如果要使用较长的时间——在哈勃空间望远镜（STH）或 ELDF 上工作几年——在航天飞机飞行的基础上可以预测到难以预料的剧烈破坏。尽管如此，Teflon（特氟龙）目前还是被用作玻璃纱 Betacloth 的浸渍剂。图 4 显示了 Betacloth 表面被安置在和平号轨道站的外板上并暴露到 LEO 环境下，从 1993 年 9 月 21 日到 1996 年 6 月 13 日，从在此之前以及在此之后的情况可以看到，由于 Teflon 保护层被侵蚀，故玻璃纤维交错了。

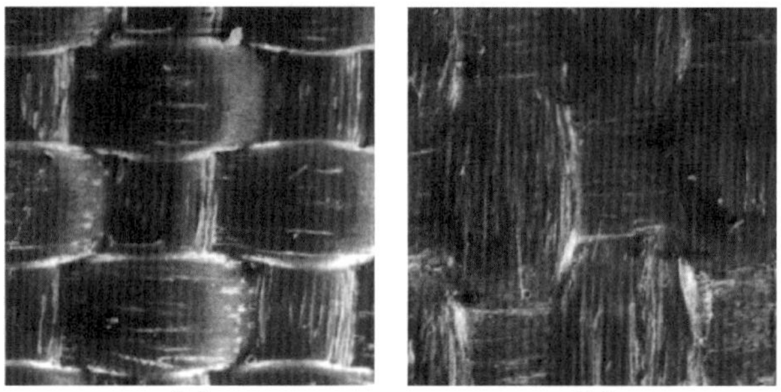
(a) (b)

**图 4 Betacloth 在和平号空间站工作期间的降解**

PTFE 和 FEP 在 LEO 条件下的破坏机制目前是一个被深入调查和讨论的课题。空间环境的破坏性因素会同时作用，因此主要破坏性因素的测定十分困难。以下是经讨论后得出的碳氟聚合物在 LEO 轨道空间环境下破坏的可能原因：

（1）快速原子氧轰击（Koontz 等，1990）；

（2）快速氧离子轰击（Grossman 和 Gouzman，2003）；

（3）太阳真空紫外辐射产生的光解（Barbashev、Dorofeev 和 Skurat，1992；Dever 和 McCracken，2004）；

（4）太阳能真空紫外辐射和快原子氧的协同作用（Koontz 等，1990；Tennison，1991）；

（5）太阳软 X-射线的辐射分解（Milintchouk 等，1997）；

（6）残余地球大气层中过热原子和分子成分的

溅射效果（Gindulyte 等，2002）。

（7）由于真空紫外线辐射聚合物表面形成的自由基以及与原子和分子氧反应形成的挥发性含氧物质 CFO、$CF_2O$ 和 $CF_3O$（Zhang 等，2009）。

原因（1）～(4）特别难以区分，无论是在空间环境中还是在实验室条件下，FAO 的轰击总是伴随着真空紫外线的照射。这是空间环境中太阳辐射的真空紫外线成分。氧原子在实验室设施的来源同步于相当激烈的真空紫外辐射的来源。这是因为原子氧是由分子氧在与氦气或氩气的混合气流中放电，或者通过激光诱导击穿高超声速喷嘴中的分子氧所产生的，放电区域和激光诱导击穿都会放射出高浓度的 VUV 辐射（Weihs 和 Van Eesbeek，1994；Skurat、Samsonov 和 Nikiforov，2004）。

许多论文均致力于研究 PTFE 和 FEP 的 FAO 轰击与 VUV 光解的协同效应。这个课题已经在很多关于空间材料行为的研讨会和学术会议中进行讨论。存在协同效应的最有效、最明确的证据率先由 Cazaubon、Paillous 和 Siffre（1998）提出。在一个使用激光击穿的设施中，FEP 氧化破坏的含氧挥发性产物在 FAO 轰击聚合物薄膜的时候被观察到。从原子氧源中也能观察到 FEP 被 VUV 光解后产生的氟碳碎片。遗憾的是，并没有办法来估算这些过程中产物的比值以及估算它们对形成挥发性产物的相对贡献。

为了比较原因（1）～(4）的影响效果，有必要以定量的形式将它们提交。遗憾的是，可用的数据并不充足。PTFE、FEP 与 FAO 的相互作用在同时考虑 VUV 光解的条件下被研究，在与这两种聚合物相互作用时，FAO 反应效率的数据表现出很大的离散性。

## 4.1　Teflon 在真空紫外辐射中破坏的主要特点

因为很难获得足够薄的聚合物的膜，故真正的 FEP 吸收光谱是未知的（它不溶于普通溶剂并且不可能铸塑薄膜）。图 5 显示了在 200 ℃下氘灯产生的真空紫外辐射环境中 FEP 产品破坏的吸收光谱。该产品在照射表面上蒸发（升华）并在室温下冷凝于 $MgF_2$ 窗口上，这些碎片主要是具有高平均碳原子数（约 100）的长聚合物链。因此，可以考虑用频谱代表 FEP。其并不太粗糙，因为人们经常长时间地照射处理 FEP，以引发聚合物变成碎片的深度转化。



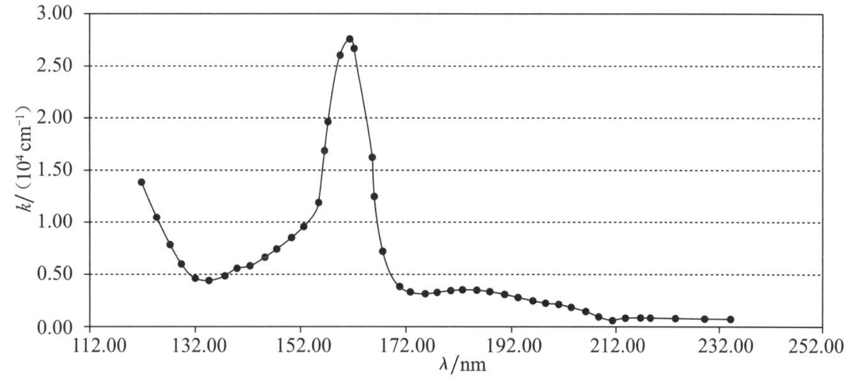


**图 5　特氟龙 FEP 在 200 ℃时光破坏的高分子产物的真空紫外吸收光谱（吸收系数 $k$ 赋予基数 10）**

FEP 吸收光谱主要位于真空紫外辐射的区域，并包含两个高吸收率的部分：波长＜120 nm 处以及 162 nm 的最大频带，也有 180 nm 处一个小一些的最大吸收带。这意味着，波长＜170 nm 的辐射在一个相对薄的表面附近层被吸收，并产生了形成短碎片链所要求的高吸收量。穿透更深的波长较长的光造成了机械性能的损失。这些结论由 PTFE（Barbashev 和 Dorofeev Skurat，1992）和 FEP（Dever 和 McCracken，2004）实验室测试的实验结果所证实。

与许多含有氢的聚合物相反，全氟碳聚合物并不会因为在室温下的电离或者紫外线辐射而不交联，它们属于在室温下受到这些影响时会完全破坏的聚合物类型。

在长时间的真空紫外辐射下，破碎事件的数量变得足够多，从而会引发机械性能损失。破裂处的强度和相对伸长量大大降低，这便是脆化效应。聚合物长链的碎片在统计上伴随着不同链长碎片的形成而产生，短的碎片同理。它们能够蒸发（升华）进入真空，并造成样品的质量损失，在照射过程中，它们的数量增加，则质量损失加速。在达到极限后的某个时刻，在表面附近的聚合物层的吸收量——因为真空紫外线通量的降低的程度，它的厚度可以达到十几倍小于 $e$（大约 $10^{-4}$cm）的量——几乎所有这一层的聚合物大分子都被转化为挥发性的碎片并且质量损失速率急剧增加，超过一个以上的十进制数量级。聚合物表面的衰退由此开始，它会以一个恒定的速率持续，直到聚合物膜完全消失。

这些观点已被实验数据所证实。图 6 显示了在普遍的真空紫外线照射（例如，147 nm 的光共振氙灯）下 FEP 膜质量损失的动力学曲线。可以看到动力学曲线的两个部分：一个质量损失非常小的诱导期（能量密度约为 $10^{18}$光子/$cm^2$）以及一个速率恒定但快得多的质量损失阶段（超过一个十进制数量级，约为 $1.2\times10^{-23}$ g/光子或一组 $C_2F_4$ 每 100 eV 的吸收能）。

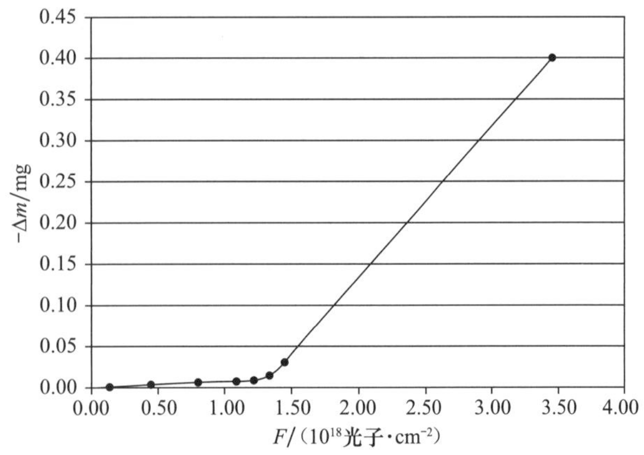


**图 6　特氟龙 FEP 薄膜在 147 nm 的光照下质量损失的动力学研究**

在 FEP 薄膜光解过程中形成的挥发性产物的质谱图显示了大量高于 510 Daltons（Daltons 为质量单位）的大型挥发性碎片的形成。

以往的研究，包括实验和计算，表明氟碳聚合物被 VUV 辐射的光解的主要动力学特性可以在蒸发（升华）模型（EM）的基础上被解释，该模型由 Skurat、Samsonov 和 Nikiforov（2004）提出并开发。

## 4.2　蒸发模型的一般特点

蒸发（升华）模型（EM）包括以下几个重要的课题。

（1）估算真空紫外线辐射在各种真空紫外线辐射源（包括太阳）下各种波长范围区域内的被吸收量。

（2）对在 PTFE 和 FEP 薄膜的 VUV 光解过程中，质量损失动力学曲线的实验数据表现出的两个不同区域的具体分析：在样品温度为 293 K 时，损失很小的一个诱导期（IP），直到极限吸收量约为 $10^7$ Gy（1 Gy＝1 J/kg＝$10^4$ erg①/g＝$10^2$ rad），以及具有高得多的质量损失速率的区域，这两个区域的存在是 EM 发展起来的重要原因。

（3）这两个区域的存在被解释为在聚合物光解破坏过程中低分子量碎片连续蒸发到真空中的结果。需要考虑到的最重要的是这些碎片的有限蒸发率，它们的挥发性极其依赖于样品的温度和碎片的分子质量。极限量的存在与破坏程度有关，当一个碎片有着最可能的分子质量 Mn（数均分子量）时，它的挥发性对应于足以观察到的蒸发速率。

（4）碎片的挥发性是 EM 的关键参数。用于计算其值的一种常用方法就是基于物理化学框架下的经典考虑方法。

氟碳聚合物根据 EM 得到的 VUV 光解的概貌如图 7 所示，它表明聚合物转换连续阶段的初始薄膜厚度为 $10^{-3}$cm。

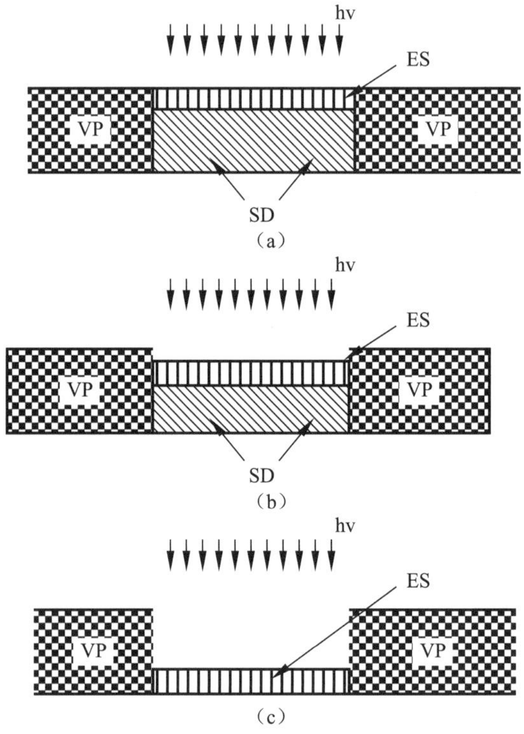


**图 7　碳氟聚合物薄膜 VUV 光解的一般图片**

① 1 erg＝$10^{-7}$ J＝100 nJ。

（d）

**图 7　碳氟聚合物薄膜 VUV 光解的一般图片（续）**

hv—VUV 辐射；VP—原聚合物；SD—轻微损坏的聚合物；ES—脆化表面层

（1）初期照射辐射量 $I=0.1\ \mathrm{J/cm^2}$（照射 8 min），表面吸收量 $r=1.6\times10^6$ Gy。聚合物分子开始光解（表面程度最高，随着深度增加单调递减），脆化表面层（ES）开始形成。它的形成导致了样品薄膜机械强度的部分损失以及断裂伸长率的减少。在 FEP 薄膜的情况下，数均相对分子质量 Mn 在样品表面从约 $10^5$ Daltons 降低到约 12 500 Daltons（碎片 $C_{240}F_{482}$）。在真空紫外光的照射下，也会形成较小分子量的碎片，但它们的数量太少，质量损失往往无法被检测到。被辐射聚合物薄膜剩余的机械强度和断裂伸长率，由残留的破坏较小的聚合物（SD）提供。

（2）持续照射辐射量 $I=0.1\ \mathrm{J/cm^2}$（照射 80 min），表面吸收量 $r=1.6\times10^6$ Gy。表面的数均分子质量 Mn 降低到一个极限定值 1 238 Daltons（$C_{24}F_{50}$），并且开始密集的蒸发质量损失。此时 ES 转移到轻微破坏的聚合物上，ES 的厚度不再变化，薄膜厚度开始以一个很高的恒定速率减少，强度和断裂伸长率进一步下降。

（3）增加辐射量至 $I=10^2\ \mathrm{J/cm^2}$（$r=1.6\times10^6$ Gy，与情况 2 相同），被除去层的厚度达到 $7\times10^{-4}$ cm，残余的聚合物几乎全是 ES，其强度和断裂伸长率接近于 0。

（4）$I=1.5\times10^2\ \mathrm{J/cm^2}$，$r=1.6\times10^6$ Gy（固定），聚合物薄膜完全消失。

EM 在空间环境条件下的应用（Skurat，2006）解释了 FEP 破坏和侵蚀的主要特性（Dever 等，1999）。

### 4.3　FEP 薄膜在实验室和飞行测试下的差异

无论是实验还是理论，大量证据都表明了太阳紫外辐射对 FEP 膜破坏的决定性作用，而飞行测试的结果似乎提供了明确的证据，表明是 FAO 或 FAO 与 VUV 辐射的协同构成了主要的破坏因素。从 1984 年 4 月至 1990 年 1 月，LDEF 中的 FEP 薄膜在不同的条件下被暴露在开放空间，第 4 行和第 10 行的样品受到类似太阳 VUV 辐射能量密度的辐射（分别相当于太阳照射下 10 400 h 和 10 700 h），但是 FAO 的能量密度却相差很大（分别为 $9.32\times10^4$ 以及 $8.17\times10^{21}$ 氧原子每 $\mathrm{cm^2}$）。只在第 10 行的样品中检测到质量损失：它们对应膜的厚度减少了 27 μm（Milintchouk 等，1997）。然而，后来的研究（Fink 等，2006）表明，第 4 行的样品与第 10 行的样品相比，受到了硅污染，这个硅层可能防止 FEP 光解挥发性产物的蒸发（升华）并防止质量损失。

## 5　结论

航天器表面的聚合物材料受到众多破坏性因素的作用并且会恶化它们的工作性能。一般来说，这些因素会同时作用。它们相关的影响取决于太空飞行的条件（首先主要是轨道参数，海拔）以及聚合物的类型。材料行为的预测主要基于飞行试验。实验室试验的有效性被空间环境条件下存在的各种协同效应所局限，这些协同效应很难确定并且很少在实验室中模拟。

协同效应的发现和对它们机制的阐述是现今空间环境中材料表现研究的主要课题之一。



## 相关章节

第 4 卷第 206 章
第 4 卷第 208 章
第 4 卷第 209 章
第 4 卷第 211 章
第 4 卷第 212 章
第 5 卷第 256 章
第 6 卷第 273 章
第 6 卷第 277 章
第 6 卷第 278 章
第 6 卷第 298 章
第 6 卷第 299 章

### 参 考 文 献

Baidarovtsev，Y. P.，Vasilets，V. N.，Dorofeev，Y. I.，Ponomarev，A. N. and Skurat，V. E.（1986）A study of radical accumulation kinetics in photolysis of polytetrafluoroethylene at 147 and 123. 6 nm. *Sov. J. Chem. Phys.*，3，2223-2228.

Barbashev, E. A., Dorofeev, Y. I. and Skurat, V. E. (1992) Action of solar vacuum ultraviolet radiation as a fundamental cause of deterioration of the deformation resistance of polytetrafluoroethylene in near-Earth space. *Sov. Phys. Dokl.*, 37, 431-433.

Cazaubon, B., Paillous, A. and Siffre, J. (1998) Mass spectrometric analysis of reaction products of fast oxygen atoms-material interactions. *J. Spacecraft Rockets*, 35, 797-804.

Dever, J. A., de Groh, K. K., Banks, B. A. and Townsend, J. A. (1999) Effects of radiation and thermal cycling on Teflon® FEP. *High Perform. Polym.*, 11, 123-140.

Dever, J. A. and McCracken, C. A. (2004) Effects of vacuum ultraviolet radiation of various wavelength ranges on Teflon® FEP film. *High Perform. Polym.*, 16, 289-301.

Fink, M., Semerad, E., Mozdzen, G., Wendrinsky, J., Hulla, G., Kolm, R., Gebeshuber, I., Stori, H., Dunn, B., Van Eesbeek, M., Rohr, T. and Moser, M. (2006) Characterisation of Teflon FEP (HST, LDEF) following long term exposure to LEO. Proc 10th ISMSE and the 8th ICPMSE, Collioure, France, 19-23 June 2006 (SP-616, September 2006).

Gindulyte, A., Massa, L., Banks, B. A. and Miller, S. K. R. (2002) Direct C C bond breaking in the reaction of O (3P) with fluoropolymers in lowEarth orbit. *J. Phys. Chem. A.*, 106, 5463-5467.

Grossman, E. and Gouzman, I. (2003) Space environment effects on polymers in low earth orbit. *Nucl. Instrum. Meth. Phys. Res. B.*, 208, 48-57.

Iskanderova, Z., Kleiman, J., Gudimenko, Y. and Tennison, R. C. (1995) Influence of content and structure of hydrocarbon polymers on erosion by atomic oxygen. *J. Spacecraft Rockets*, 32, 878-884.

Koontz, S. L., Leger, L., Albyn, K. and Cross, J. B. (1990) Ultraviolet radiation/atomic oxygen synergism in materials reactivity. *J. Spacecraft Rockets*, 27, 346-347.

Matveev, V. V., Nikiforov, A. P., Skurat, V. E. and Chalych, A. E. (1998) On the mechanism of polyimide surface roughening due to anisotropic etching with a beam of fast oxygen atoms. *Chem. Phys. Rep.*, 17, 791-799.

Milintchouk, A. V., Van Eesbeek, M., Levadou, F. and Harper, T. (1997) Influence of X-ray solar flare radiation on degradation of Teflon in space. *J. Spacecraft Rockets*, 34, 542-548.

Nikiforov, A. P. and Skurat, V. E. (1993) Kinetics of polyimide etching by supersonic beams consisting of atomic and molecular oxygen mixtures. *Chem. Phys. Lett.*, 212, 43-49.

Roussel, J. F. and Bourdon, A. (2000) Oxygen interaction with materials. Ⅲ. Data interpretation via computer simulation. *J. Spacecraft Rockets*, 37, 324-330.

Skurat, V. E. (2006) Computational estimates of effects of sample temperature and radiation intensity on the destruction of polytetrafluoroethylene (PTFE) and Teflon FEP films by vacuum ultraviolet radiation and ionizing radiation. Proceedings of the 10th ISMSE and the 8th ICPMSE, Collioure, France, 19-23 June 2006 (SP-616, September 2006).

Skurat, V. E., Samsonov, P. V. and Nikiforov, A. P. (2004) Vacuum ultraviolet radiation in sources of hyperthermal atomic oxygen. Photodestruction of polytetrafluoroethylene (PTFE) and Teflon FEP for indication of this radiation. *High Perform. Polym.*, 16, 339-355.

Tennison, R. C. (1991) Atomic oxygen effects on polymer-based materials. *Can. J. Phys.*, 69, 1190-1208.

Weihs, B. and Van Eesbeek, M. (1994) Secondary VUV erosion effects on polymers in the ATOX atmic oxygen exposure facility. Proceedings of the 6th Symposium on Materials in the Space Environment, Collioure, France, ESTEC: 277-284.

Zhang, J., Lindholm, N. F., Brunsvold, A. L., Upadhyaya, H. P., Minton, T. K. and Tagawa, M. (2009) Erosion of FEP Teflon and PMMA by VUV radiation and hyperthermal O or Ar atoms. *ACS Appl. Mater. Interf.*, 1, 653-660.

本章译者：袁渊，周储伟（南京航空航天大学航空宇航学院）

# 第 207 章

# 空间材料的表面改性

Jacob I. Kleiman
完整性测试实验室公司，马克姆，安大略，加拿大



## 1 引言

表面工程技术被广泛用于航空航天工业以及许多其他行业，包括汽车、导弹、电子、生物医药、纺织、石油等。表面工程技术可通过材料表面处理来开发、维护或改变其各种功能特性，包括物理、化学、电气、电子、磁、机械、耐磨、耐腐蚀等特性。几乎所有类型的材料，包括金属、陶瓷、聚合物以及复合材料都可采用同质或异质材料的涂层。此外，也可能会形成新材料、分级沉积以及多组分沉积的涂层。另一种改变表面属性的方法不用附加一个涂层，而是对原有材料进行表面改性。

过去几十年中，表面工程（Gissler 和 Jehn，1992）发展成了一个涉及广泛的领域，人们一般认为表面改性工艺是其一部分。一般来说，表面改性技术可以为相应表面提供全新属性，包括以下几点。

（1）在原子水平上表面是超清洁的。

（2）黏合表面：涂料和黏合剂的优异附着力和耐久性。

（3）亲水性（润湿）表面。

（4）疏水性（非润湿）表面。

（5）低摩擦系数表面。

（6）耐磨涂料。

（7）抗腐蚀性。

（8）许多表面特性的定制设计。

以高分子材料、石墨和聚合物为基础的复合材料暴露在空间环境因素［如原子氧（AO），在低地球轨道（LEO）的紫外线辐射和极端的热循环条件，地球同步轨道（GEO）的带电粒子等］中时，它们的主要功能特性会发生明显的加速劣化，包括表面侵蚀、质量损失、热光学性质的变化等（Reddy，1995）（图 1）。人们发展了很多不同的表面工程方法来抵御上述空间环境因素的影响，涂层便是其中之一。此外，也开发了很多其他技术来保护材料，同时能够做到不改变，或以特定的形式改变其功能特性。目前，已经有一些不同的技术方案以解决上述问题［Reddy，1995；Kleiman 等，1995；Packirisamy、Schwam（精简版），1995］。通常由金属或稳定的无机化合物提供保护（主要是通过氧化物或氧化物基础的表面结构），氧化膜则往往采用一些先进的沉积技术沉积而成（Gissler 和 Jehn，1992）。此外，也可以选择特定的材料或合成材料——它们能够在面转换过程中活跃的氧化环境下，在顶层表面层形成氧化物系的化合物［Reddy，1995；Packirisamy、Schwam（精简版），1995；Vilgor，1987］。在特殊情况下，也可以采用由金属箔包装或包裹的机械保护。采用的表面保护措施除了要保证结构的稳定性外，往往也需要保留一些重要的功能特性，如光学、热学、光学、电气性能等（Gilmore，1994）。利用先进的防护涂层沉积、材料表面改性、现代热控制涂料系统、特殊有机硅或带有高抗 LEO/GEO 环境性能的聚合物，是目前保护发展的主要趋势。

发展表面改性工艺不仅要关注保护作用，同时也需要注意弱化引起的一些不利的新性质。例如，

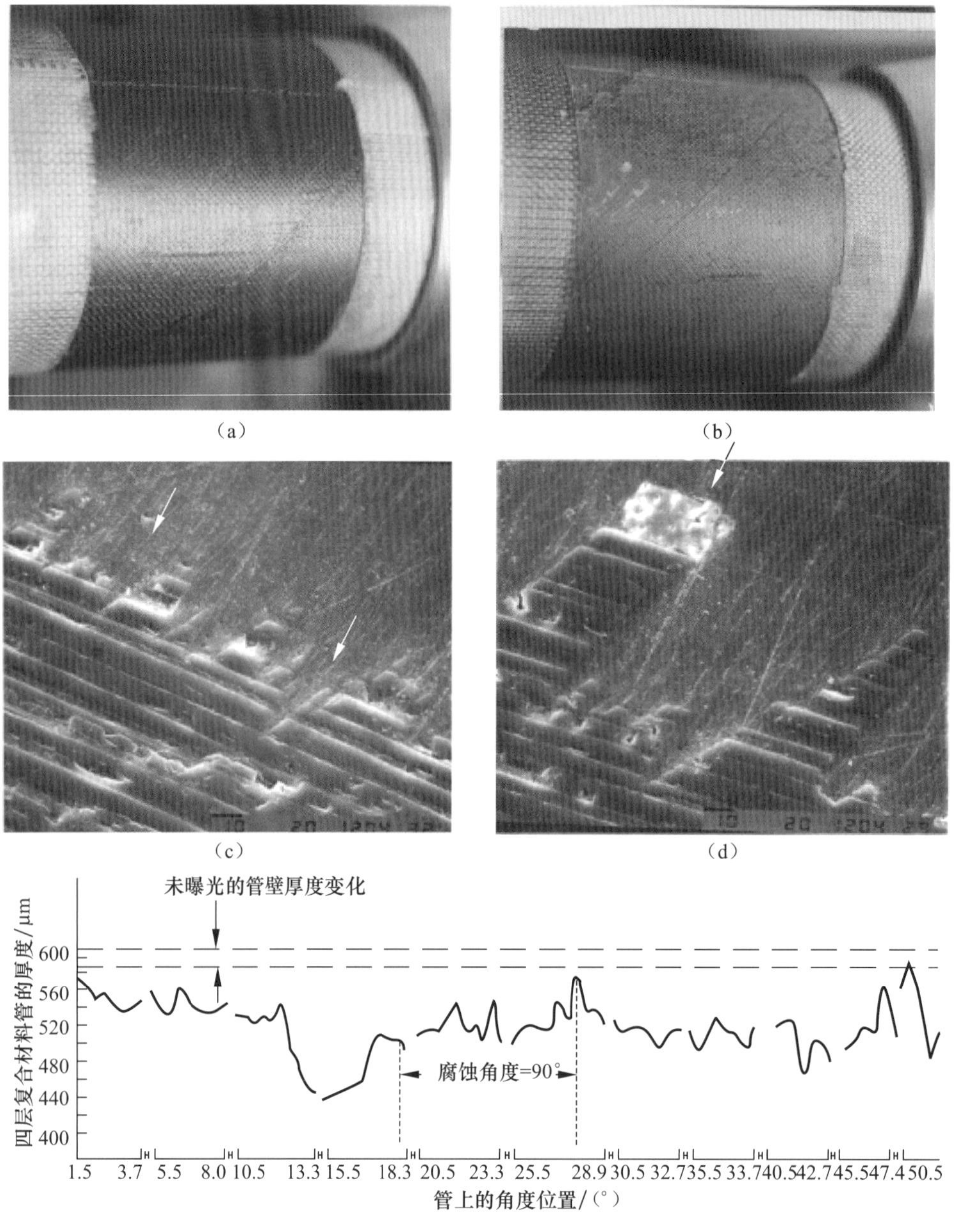




**图 1　LEO 空间环境对 LDEF 卫星上 4 层碳纤维环氧复合管造成的损伤，这是 UTIAS 实验的一部分**

(a) 暴露于空间环境前复合管的整体外观；(b) 在暴露于空间环境约 4.5 年后的复合管的整体外观；(c) 在暴露于空间环境约 4.5 年后，复合管表面部分横截面的扫描电子显微镜图像。图中箭头表示原子氧轰击管表面的方向；(d) 复合管表面被原子氧侵蚀的另一个例子。箭头指向管表面的一个污染颗粒，该颗粒起到防护作用，防止原子氧侵蚀其覆盖的部位；(e) 通过一节管的横截面轮廓，显示了 AO 侵蚀的结果

20 世纪 90 年代研究发展的表面改性工艺（Kleiman 等，1999）解决了金属化 Teflon 过于眩光的问题，这些金属化 Teflon 用于国际空间站和德克斯特外部电子设备。又例如，为了防止高分子材料在 GEO 环境下——带有强电子和质子通量——过度充电，人们开发了一种叫作 CarboSurf™的表面处理手段（Iskanderova 等，2008）。

本项讨论主要论及的表面改性技术，能保护材料的基本特性，而且能让它们按所希望的方式改变，又不会改变整体性能。

## 2　空间材料表面工程方法

表 1 给出了针对 LEO 中聚合物以及复合材料功能特性或削弱保护的主要表面工程方法，它们用于保护现有材料或者提供材料新的属性。上述方法涵

盖了一系列现代技术，用于保护空间材料和结构以及弱化表面保护导致的不利的新性质。虽然严格地说本章主体所论述的许多技术并不是真正的表面改性工艺，但通过它们却可以帮助我们了解改性工艺的整体问题以及需求。

**表 1　聚合物以及复合材料功能特性或削弱保护的主要表面工程方法**

| 技术或方法 | | 涂层或材料 |
|---|---|---|
| 物理气相沉积（PVD） | （1）薄膜涂层，热和电子束蒸发；<br>（2）磁控溅射沉积（MSD）；<br>（3）离子束溅射沉积；<br>（4）离子束共溅射沉积（IBSD） | Al，Si，Ge，Ni，Cr，$SiO_x$（$x<2$），$Al_2O_3$，$SiO_2$，ITO，$SiO_x$（$x<2$）＋含氟聚合物 |
| 等离子体增强化学气相沉积（PECVD） | | $SiO_x$，$SiO_2$<br>SIN，SION |
| 液相沉积（LPD） | | $TiO_2$ |
| 原子层沉积（ALD） | | $Al_2O_3$ 和 ZnO |
| 表面改性工艺 | | |
| 化学改性 Photosil™ | Photosil™ | 现代化硅烷化 |
| 机械纹理 | 纹理化 | 传输浇铸纹理化 |
| 离子束加工 | | |
| Implantox™ 离子注入 | Implantox™ | |
| 离子束轰击纹理化 | SurfTex™<br>Carbosurf™ | |
| 颗粒疏松材料和“厚”的薄膜涂层 | | |
| 特殊化学品合成 | | 有机硅；<br>磷腈； |
| 涂料系统 | 温控涂抹<br>导电性和非导电油漆 | 黑色/白色；<br>有机/无机 |
| 等离子喷涂沉积 | | 矾土氧化铝/氧化钇/氧化锆 |
| 机械保护 | | β-布料，镀铝 β-布料 |
| 管包装或熔敷金属 | | 复合材料上的阳极氧化铝箔 |

## 2.1　薄膜防护涂料

薄膜防护涂料被广泛应用于空间产业中（Gissler 和 Jehn，1992；Kleiman 等，1995；Packirisamy、Schwam、Lite，1995；Kleiman 和 Iskanderova，2000）。在过去 10 年里，人们尝试了多种新方法来发展可在低地球轨道环境中使用的稳定可靠的保护涂层。

液相沉积（LPD）对于聚酰亚胺材料的保护是一种很有前途的简单的水溶液方法，它并不依赖于视线沉积（Guzman 等，2009）。在接近室温条件下，通过一个金属氟化配合物和硼酸的水溶液，利用 LPD 技术将 100 nm 厚的二氧化钛涂层覆盖于聚酰亚胺薄膜上。通过优化沉积条件以及对基板表面实施前处理和沉积后的干燥处理，得到了黏附于表面无裂纹的涂层。高度均匀无裂纹的无定形二氧化钛薄膜便能够在接近室温的条件下制备。AO 环境下薄膜的重量和 QCM 测量表明，无定形二氧化钛在恶劣的 LEO 空间环境为聚酰亚胺提供了很好的保护。暴露在相似的 AO 环境时，涂有二氧化钛的聚酰亚胺的侵蚀面积是未受保护的聚酰亚胺的侵蚀面积的 2%。涂层开裂会使表面形态退化，但对涂层的保护能力并没有显著影响。除了对 AO 保护，二氧化钛涂层还能提高聚酰亚胺膜的机械性能。暴露在 AO 中，这些属性维持不变（Guzman 等，2009）。

用原子层沉积（ALD）技术可以制造能够减少聚合物在空间中失效风险的涂层，从而用来保护一些聚合物材料（Lindholm 等，2009）。ALD 是一种气相技术，它基于两个连续的、自限性的表面反应，通过原子层控制，能够沉积出非常均匀、适形、无针孔的薄膜。通过原子层沉积制造的 FEP 特氟龙、聚酰亚胺以及 PMMA 聚合物上的氧化铝和氧化锌涂层，可以保护基材同时抵抗氧原子的侵蚀和真空紫外光的诱导性降解（Lindholm 等，2009 年）。虽然氧化铝 ALD 涂层能够保护 FEP 特氟龙和聚酰亚胺，但是为了保护 FEP 特氟龙免受氧原子侵蚀，需要更多个原子层沉积周期，这说明了需要一个比聚酰亚胺薄膜 ALD 涂层更迅速的核化过程。虽然真空紫外光的研究显示，如果有任何光线穿透涂层，聚合物基板可能会释放出可危及涂层完整性的挥发性产物（Lindholm 等，2009 年），但是双层氧化铝和氧化锌 ALD 涂层依然能有效地防止暴露在真空紫外线辐射下的 PMMA 发生质量损失。



## 2.2　表面改性工艺

表面改性工艺可大致分为两大类：一类是针对材料、薄膜以及结构的保护；另一类的主要目标则是改变或是弱化处理表面带来的不利的新性质。这两种方法都将在下面进行讨论。

2.2.1 低地球轨道保护的表面改性工艺

在空间环境中，在材料需要保持和受到保护的所有主要特性中，热光学性能，即太阳吸收率 $\alpha$ 和总的发射率 $\varepsilon$ 非常重要。但并不是所有太阳吸收率 $\alpha$ 和热发射率 $\varepsilon$ 的组合都适用于某单一材料（Gilmore，1994），然而两种或多种材料的组合则允许几乎任何 $\alpha/\varepsilon$ 的组合。通常情况下，最低的 $\alpha/\varepsilon$ 表面是最理想的，因为它们的控制作用使太阳对温度的影响减到最小。对于从来不需要面对太阳的表面，材料的选择主要依赖于所需的 $\varepsilon$ 值。热控材料不仅需要具备同时也要能保持其 $\alpha$、$\varepsilon$ 或 $\alpha/\varepsilon$ 的值，即在一个特定的空间环境中，如低地球轨道，要保持所需要的热光学性能。

很久以前人们就已经知道一些重要的空间相关的材料，比如金属化聚合物薄膜和有机黑色、白色涂料，易受 LEO 中 AO 和/或紫外线以及 GEO 中辐射的影响，因此需要保护（Reddy，1995；Kleiman 等，1995；Packirisamy、Schwam、Lite，1995；Gilmore，1994；Levine，1991，1993a，1995；Tennyson 等，1991；Wertheimer、Schreiber，1995；Goudimenko 等，1997；Kleiman 等，1999；Gudimenko 等，2002）。碳纤维增强塑料（CFRP）复合材料，往往用于航天器的结构元件，也易受 LEO 环境因素的影响（Levine，1991，1993，1995；Tennyson 等，1991）。

沉积可以在聚合物或复合材料表面形成氧化物保护涂层，如硅和铝的氧化物。正如上面讨论的，它们提供了更好的抗侵蚀性。然而，我们发现，当暴露在 LEO 空间环境的热循环中，很薄的氧化膜涂层也会发生龟裂和/或剥落，这主要是由涂料与它们所要保护的聚合物之间界面应力和热膨胀系数的差异所导致的。氧化膜涂层破坏后，底层的高分子材料将暴露在 FAO 环境中，从而引起更广泛的表面侵蚀。在低地球轨道对聚合物基材料的有效保护中，特别是针对未来的长期任务或者部署空间站，仍然是一个重大的挑战。

为了保护处于恶劣空间环境因素下的材料，UTIAS/ITL 和其他团队在 20 世纪 90 年代中期就开始了对表面改性的研究，但是辅助性的镀层方法在很多情况下都有不足之处。最初，UTIAS/ITL 发展了两个工艺：一是采取“化学路线”；二是遵循“物理路线”。这两个工艺都被证实是成功的，它们保护空间材料免于被原子氧侵蚀，为它们所应用的材料提供了低于 10～100 倍的侵蚀速率（Goudimenko 等，1997；Kleiman 等，1999；Gudimenko 等，2002；Iskanderova 等，1995；Kleiman、Iskanderova、Tennyson，1998；Iskanderova 等，1997）。

化学改性工艺。在化学方法中，空间材料的顶层表面层通常使用带有特殊元素的聚合物基材料，聚合物基材料和碳纤维复合材料的表面改性丰富了它们的种类，使它们能够在氧化环境中形成稳定的保护性氧化物或基于氧化的保护性表面结构（Goudimenko 等，1997），能够在 LEO 环境或其他严重的氧化环境中防止侵蚀和蚀刻。针对用于 LEO 航天器的聚合物基材料和复合材料严重的 AO 侵蚀问题，人们开发出 Photosil™ 表面改性技术来提供一种替代解决方案（Goudimenko 等，1997）。简言之，Photosil™ 是一种将含硅基团结合到聚合物结构子表面层（例如，深达 1 μm）的表面改性技术，创建的有机硅表面层来源于原来的材料（图 2）。在本质上，Photosil™ 是一个三阶段的表面处理过程：①表面的光激活；②液相甲硅烷基化；③聚合物材料和复合材料有效改性的稳定化。

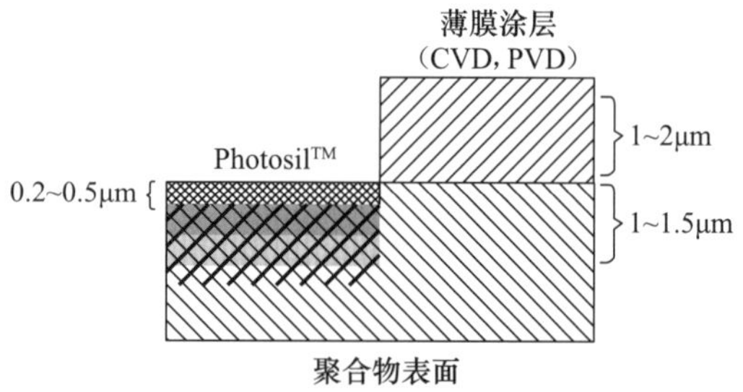


**图 2 经过一个薄膜沉积（右侧）或是表面改性（左侧）后聚合物表面的示意图**

Photosil™ 已经表明，在地基快速 AO 曝光下，平均的侵蚀量约为 $10^{-26}$ 克/原子，也就是说，比大多数聚合物材料低两个数量级，如图 3 和图 4 所示（Goudimenko 等，1997）。此外，该过程不影响空间应用的重要关键因素，如热光学性质、整体材料属性以及高分子材料的挥发。

经过 Photosil™ 一系列处理后的质量变化，以及控制聚合物薄膜材料在 FAO 束中的测试结果见表 2。从这些结果中可以看出，处理过的聚合物薄膜的质量损失显著减少了，对于聚酰亚胺 H 和金属化的聚酰亚胺 E，几乎可以忽略不计。“平均侵

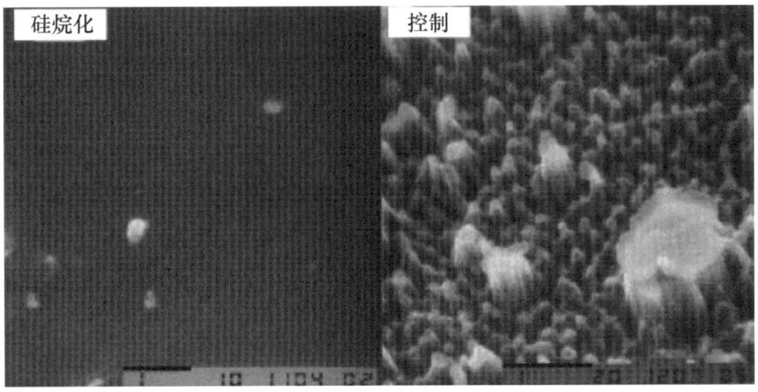


**图 3　暴露于快速原子氧流 6 h 的聚酰亚胺表面的扫描电子显微镜图像。右边的 SEM 图像（放大倍数 15 000 倍）展示了控制聚酰亚胺样品的表面。左边的图像（放大倍数 10 000 倍）展示了卡普顿样品经过 Photosil™ 工艺处理后的表面**

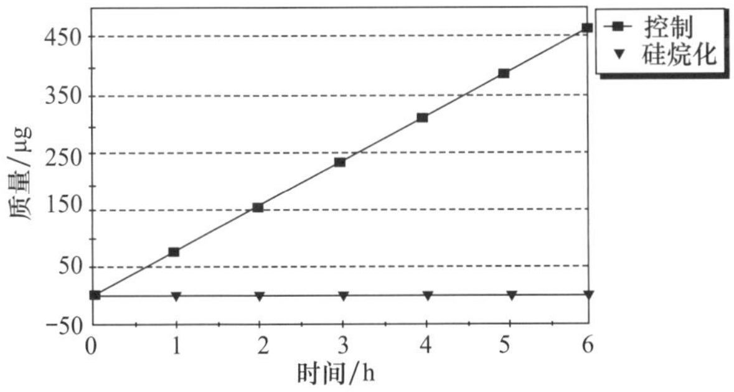


**图 4　暴露于快速原子氧流 6 h 的聚酰亚胺控制样品以及经过 Photosil™ 处理的样品的质量损失**

**表 2　薄膜的 FAO 测试结果**

| 材　料 | 处理工艺 | 暴露于 FAO 后的质量变化 /(μg・cm$^{-2}$) |
|---|---|---|
| 聚酰亚胺 500HN | 控制（未处理）对比样品 | −675 |
| 聚酰亚胺 500HN | Photosil<br>Photosil（C）[a] | −60<br>+50 |
| 聚酰亚胺 500H | 未处理<br>Photosil<br>Photosil（C）[a] | −650<br>−30<br>−70 |
| 聚酰亚胺 50 E | 未处理<br>Photosil | −190<br>−70 |
| 聚酰亚胺 50 $E_{Ag}$ | 未处理<br>Photosil | −340<br>−10 |
| 聚酰亚胺 50 $E_{Au}$ | 未处理<br>Photosil | −340<br>−30 |
| 薄脂薄膜 500-1 | 未处理<br>Photosil | −860<br>−70 |
| PEEK | 未处理<br>Photosil | +50<br>−450 |
| Kapton 100 H | 未处理<br>Photosil | −450<br>−10 |

注：(C)[a] 表示电晕放电预处理。

蚀速率”并未计及，因为对于表面改性材料，如果存在由于在 FAO 暴露期间表面转换过程的质量损失和由于 FAO 束侵蚀的质量损失，则区分它们非常困难。转换过程是非线性的，它由 FAO 曝光下改性的聚合物基有机材料质量损失的动力学曲线的测量所确定（Goudimenko 等，1997；Kleiman 等，1999）。实际上，被处理样品的最终稳定化发生于 FAO 束中，我们不可能区分出侵蚀导致的质量损失以及一些转换过程中的质量损失（质量变化）。耐久性提高的最终结论还有赖于高倍率的 SEM 研究（图 3）。质量损失的测量结果（图 4）已被基于 SEM 研究的表面形态变化所证实。质量变化较小的薄膜样品在微观层面上没有显示出显著的表面形态的改变。



一些薄聚合物膜主要热光学特性的测量结果见表 3。从这些结果中可以很明显地看出，表面处理没有显著改变材料的热光学特性，并且能够在 FAO 曝光中提供光学稳定性。

**表 3　经过 Photosil™ 处理以及 Photosil™/FAO 测试后的聚合物薄膜的热光学性能**

| 材　料 | 处理工艺 | 热光学性能 | | |
|---|---|---|---|---|
| | | α | ε | α/ε |
| 聚酰亚胺 $E_{Ag}$ | 未处理 | 0.19 | 0.41 | 0.46 |
| | Photosil（C）[a] | 0.21 | 0.43 | 0.49 |
| | Photosil（C）/FAO | 0.21 | 0.43 | 0.49 |
| 聚酰亚胺 $E_{Au}$ | Pristine | 0.49 | 0.42 | 1.15 |
| | Photosil（C） | 0.50 | 0.44 | 1.13 |
| | Photosil（C）/FAO | 0.48 | 0.43 | 1.12 |
| 聚酰亚胺 100 H[b] | Pristine | 0.35 | 0.64 | 0.54 |
| | Photosil | 0.35 | 0.65 | 0.54 |
| | Photosil/FAO | 0.35 | 0.65 | 0.54 |

注：(C)[a] 表示电晕放电预处理；[b] 表示技术支持。

Photosil™工艺也适用于一系列热控制涂料，它们被美国、欧洲和俄罗斯不同的空间组织广泛采用。表 4 提供了一个针对热控涂层的简短描述以及它们在 Photosil™处理后 FAO 测试的结果。从表 4 中可以看出，大多数情况下，所有处理过的涂料的 AO 稳定性大大提高。然而在某些情况下，尚未实现充分保护。未来的工作需要对 EKOM 材料的 Photosil™工艺进行完全优化，达到完全的抗 FAO 腐蚀性，并确保被处理过的涂层仍然保留其主要的电子物理学功能特性。

**表 4　FAO 测试后热控涂料的质量损失**

| 材　料 | 分　类 | 化学成分 | | 可视外观 | 处理工艺 | 质量损失/$g^{-1}$ | 体积电阻率 $\rho_v/(\Omega\cdot m)$ |
|---|---|---|---|---|---|---|---|
| | | 黏合剂 | 颜料 | | | | |
| A276；Z306 | 其他 | 聚氨酯 | 二氧化钛＋碳 | 灰色 | 控制（未处理）<br>Photosil™ | $1.00\times10^{-24}$ | — |
| Z306 | 吸收 | 聚氨酯 | 碳 | 黑色（平） | 控制（未处理）<br>Photosil™ | $\leqslant0.07\times10^{24}$<br>$0.62\times10^{-24}$ | — |
| A276 | 反射 | 聚氨酯 | 二氧化钛 | 白色（光） | 控制（未处理）<br>Photosil™ | $\leqslant0.06\times10^{-24}$<br>$0.51\times10^{-24}$ | — |
| Z302 | 吸收 | 聚氨酯 | 碳 | 黑色（光） | 控制（未处理）<br>Photosil™ | $\leqslant0.003\times10^{-24}$<br>$0.52\times10^{-24}$ | — |
| EKOM-1* | 反射 | 丙烯酸共聚物 | 掺镓氧化锌 | 白色 | 控制（未处理）<br>Photosil™ | $\leqslant0.05\times10^{-24}$<br>$2.47\times10^{-25}$ | $(1\sim5)\times10^5$ |
| EKOM-1P | 反射 | 丙烯酸共聚物 | 掺镓氧化锌＋铝膏 | 银灰 | 控制（未处理）<br>Photosil™ | $6.49\times10^{-26}$<br>$1.31\times10^{-25}$ | $\leqslant10^2$ |
| EKOM-2 | 吸收 | 丙烯酸共聚物 | 羰基镍＋碳黑＋铁、锰、镍和铜氧化物的混合物 | 黑色 | 控制（未处理）<br>Photosil™ | $3.64\times10^{-26}$<br>$3.96\times10^{-25}$<br>$6.82\times10^{-26}$ | $\leqslant7\times10^3$ |



目前，Photosil™技术被用来保护美国宇航局 Canadarm 2 系统着色的外部组件（Gudimenko 等，2002）。同时，Photosil™也被用来处理有特殊功能的灵巧机械手（SPDM）——一种安装于国际空间站的从 Canadarm 臂演变而来的复杂机械手——外部着色组件（Gudimenko 等，2002）。图 5 展示出了一些用 Photosil™工艺处理的空间部件。

(a)

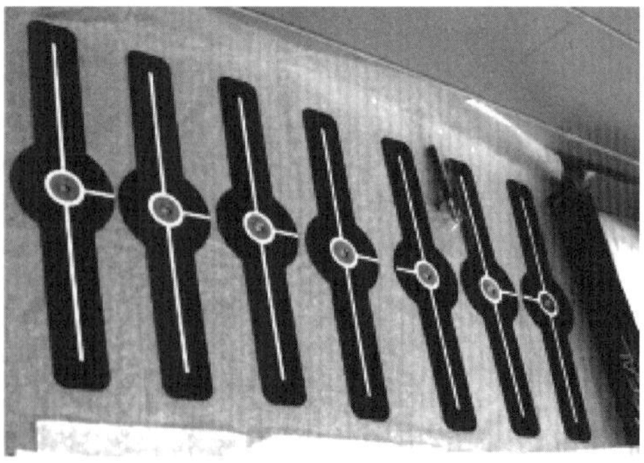

(b)

**图 5　经过 Photosil™工艺处理的空间部件**

(a) 抓钩夹具。它连接到卫星或者负载，用以使远程操纵系统（RMS）机器人手臂的终端掌控和操纵它。抓钩夹具涂上聚氨酯为基础的灰色（Aeroglaze® A276；Z306）以及黑色（Aeroglaze® Z306）涂料。(b) 光学目标板/棒。该组件作为一个视觉对准辅助设备，在抓钩进行捕获时协助定位 RMS 机器人手臂终端。视觉提示目标和杆涂黑色（Aeroglaze® Z306）和白色（Aeroglaze® A276）涂料用以标记

（c）

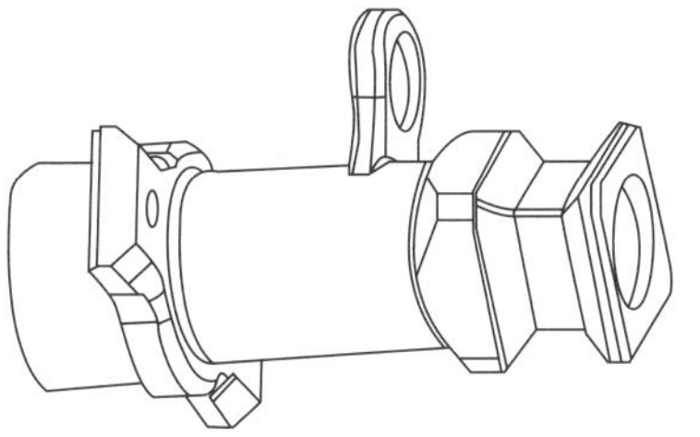
（d）

**图 5　经过 Photosil$^{TM}$工艺处理的空间部件（续）**

（c）花边胶带。用合成树脂浸渍的芳香族聚酰胺（NOMEX）平面编织带，纤维编织带适用于电气线束装配的使用。（d）套筒接工具。该工具是有特殊用途灵巧机械臂的一个外部组件，涂有灰色涂料（Aeroglaze® A276；Z306）

物理改性工艺：高能量离子束源被用来改变空间材料的性质以及在其表面提供新的保护性能。

针对先进聚合物、石墨、碳基复合材料，发展了 Implantox$^{TM}$表面改性方法并在 1997 年申请了专利。它主要基于高剂量硅、铝、硅＋铝、硅＋硼、硅＋铝＋硼、钐、钆离子注入和特殊氧化后处理（Kleiman 等，1999；Iskanderova 等，1995；Kleiman、Iskanderova、Tennyson，1998；Iskanderova 等，1997；Iskanderova 等，1998）。该技术能够显著地增加聚合物基材料的抗侵蚀和抗氧化性，同时大幅度改善其机械、电气和光学性能。

在 Implantox$^{TM}$工艺中，聚合物中注入高剂量的单一或两种金属或半金属的离子，当聚合物加上一个特殊的后处理过程后，渐变出一个以氧化物为基础的表面层。该表面层具有可变的碳化度，能够化学结合到原来的聚合物，具有很高的耐侵蚀和耐氧化性。计算机模拟和实验研究表明，要在大多数被处理的材料上生成 50～100 nm 厚、改性的、氧化物系保护层，所需要的注入能量为 20～50 keV，所需的离子剂量范围为 $10^{16}$～$10^{17}$个离子/$cm^2$（Iskanderova 等，1995）。氧化物类型以及表面碳化的程度，即被改性的表面层上氧化物系结构的表面含量以及碳化处理（石墨化）相的数量可以是多种多样的，并且参数可控范围很宽。改性层的各种对表面敏感的性质，比如机械、光学、电气性能等，可以通过改变离子注入的条件以及后续的氧化后处理过程来设计和控制。这已经被 Implantox$^{TM}$表面处理的一系列研究所证实。

（1）保护低地球轨道空间环境中的聚合物和复合材料。

（2）增强在高氧化性环境，如原子氧、臭氧、氧等离子体中的耐氧化性。

（3）提高聚合物材料和涂层的耐久性。

（4）允许疏水性和亲水性的设计。

（5）允许光学和热光表面属性，包括折射、反射、颜色、透明度的设计。

需要注意的重点是，Implantox$^{TM}$以及 Photosil$^{TM}$都不是涂层工艺。在 Implantox$^{TM}$工艺中，被处理材料的表面层改性了。这种新的保护理念避免了附着力、热失配和尺寸变化的问题。几乎所有碳氢聚合物、碳和碳纤维复合材料都可以通过 Implantox$^{TM}$改性，这是一个非热的过程，从而能够处理较低熔融温度的材料。由于这种表面处理技术基于真空离子注入，所以是绝对清洁以及环保的，在这个过程中，不会使用或释放任何有害物质。

Implantox$^{TM}$处理过程中，在改性材料表面层上发生的原子水平上的进程顺序可以按示意图（图 6）理解。在第一阶段，注入高剂量的、经特别挑选的低或中等能量金属离子或半金属元素。如果需要，它可以在注入经过特别挑选的硬化元素之后进行。在植入过程中，表面区域充满了被注入的物质（Ⅰ），并且同时会释放挥发物（AB、BC、$A_2$ 等），在原始材料上留下一个碳化或石墨化的表面层。

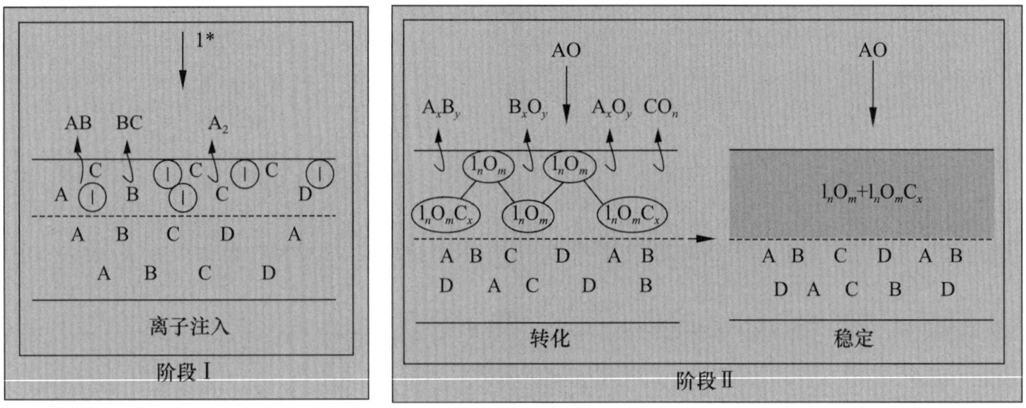


图 6　Implantox$^{TM}$工艺的原理演示

工艺的第二阶段是在包含适当原子氧（AO）的氧化环境中进行的。例如，暴露于 FAO 通量中。在此阶段中，会同时发生几个过程，包括剩余有机物的氧化、释放所形成的挥发物（$B_xO_y$，$A_xO_y$，$CO_n$）以及伴有氧化系沉淀的被植入元素的氧化。注入层随后转化为氧化物系化合物层并稳定在这种形式下，从而提供其下层的原始聚合物长期的保护。转化过程以及表面稳定阶段暴露在 FAO 下，其质量损失的动力学曲线可以明确地显示出其耐腐蚀性的增加和保护性表面层的形成（图 7）。



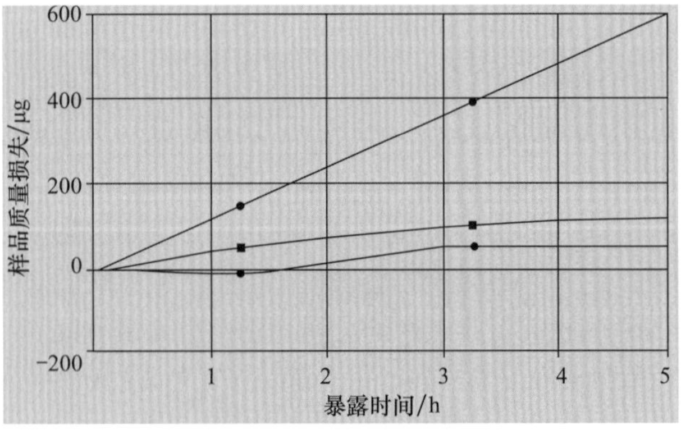


图 7　植入硅和铝（菱形）、植入硅铝硼（正方形）以及未经处理（圆圈）的聚酰亚胺曝光于快速氧原子和真空紫外线照射下的质量损失动力学图形；可注意到，两个注入样品的质量损失在实验开始后不久就停止了，这表明整体表面稳定和保护得以实现

所有聚合物样品，在被注入后马上就会显现出碳化的表面层，并且该表面层在曝光到 FAO 之前不透明。碳化效果由其褐色的表面颜色所体现，并被 XPS 证实，显示出了表面碳的富集以及碳化学状态的重构。众所周知，表面碳化效果是聚合物离子注入过程的一种附属物。然而，被注入样品在经过 FAO 处理后，可以观察到原始颜色和光传输性能能够部分或者全部恢复，恢复程度则基于注入条件和 FAO 的剂量。观测到的光传输变化［在聚酯薄膜和聚酰亚胺内部的小的半透明圈如图 8（a）和图 8（b）（以箭头标出）］进一步表明，由于原子氧的存在，至少注入层的顶层表面会转化为一个无色的氧化物基表面层。结果表明，基于时间和条件，整个被植入表面区域或最上面的部分可以转换为一个氧化物基的渐变结构。最后，在被处理的区域下面仍会留有碳化层，这就允许人们开发一个新的、三层的梯度结构。这些不同效果被称为完全或部分表面转化。

原始石墨的控制样品当暴露在 FAO 中时被猛烈侵蚀，经历一个颜色转化后，变成亚光黑［小圆圈在图 8（c）］。与之相反，植入石墨（高剂量的 Si 或 Si+B）样品则经受住了 FAO 的曝光，且没有任何可见的侵蚀转化迹象［图 8（d），箭头所示圆圈］。

通过检测 FAO 曝光后植入材料的表面成分，可以解释这些稳定化和保护效果。在与 FAO 相互作用中，一定量的碳会从材料的表面除去。表面的化学计量比（表 5）表明在转换过程中产生了保护性的氧化物基层，高分辨率的 XPS 充分证实该结论，显示出表面植入金属氧化物的形成，见表 5。

原始和植入材料表面形态的差异能够清楚地体现 Implantox$^{TM}$的高品质保护。FAO 照射原始聚合物，伴随着一个人们熟知的毯状表面形貌的发展，石墨和复合材料被严重侵蚀。与之相反，所有这些材料在经过 Implantox$^{TM}$处理后，展现出光滑、无特殊形貌、玻璃状、有光泽的表面，它们被充分

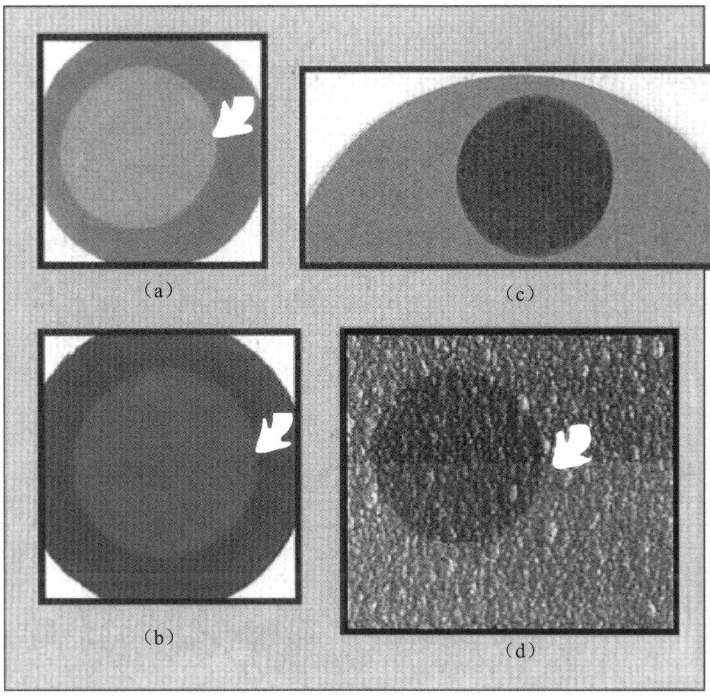

图 8　暴露于 FAO 后的颜色、光传输和表面形貌

(a) 离子注入杜邦聚酯薄膜后整体达到稳定；(b) 杜邦聚酰亚胺；
(c) 未经处理石墨的侵蚀（如黑色圆圈内部）；(d) 被植入石墨的充分保护（如圆圈标记）

保护，并在 FAO 曝光中保持稳定。

表 5　FAO 测试后植入聚合物表面组成的 XPS 数据

| | 通过 XPS 检测元素的浓度/% | | | | |
|---|---|---|---|---|---|
| 注入离子 | C | O | Si | Al | 其他 |
| 聚酰亚胺 | | | | | |
| Si | 17.0 | 54.0 | 29.0 | — | — |
| Si-B | 24.0 | 46.0 | 30.0 | — | — |
| Si-Al | 30.5 | 45.6 | 5.4 | 17.5 | 0.9 |
| Si-Al-B | 30.7 | 44.6 | 6.4 | 17.1 | 1.4 |
| 聚醚醚酮 | | | | | |
| Si | 41.2 | 39.7 | 19.1 | — | — |
| Si-Al | 37.4 | 41.0 | 5.6 | 13.1 | 2.8 |
| 聚酯薄膜 | | | | | |
| Si-Al | 43.3 | 37.8 | 5.1 | 12.2 | 1.6 |
| Si-Al-B | 36.3 | 42.4 | 5.3 | 14.1 | 1.9 |
| 石墨 | | | | | |
| Si | 40.0 | 41.9 | 16.6 | — | 1.5 |
| Si-B | 38 | 44.1 | 15.6 | — | 2.0 |

离子注入方法超越传统的无机涂料的主要优势在于：脆性、热膨胀系数的不匹配，表面形貌的变化与属性关联这一系列问题会由于表面改性区域的渐变而减轻。

表面改性工艺 Implantox$^{TM}$评估了 TORLM 和 TORNC 这两种材料，它们来自 TOR 家族，该工艺对表面成分的影响证实了实现完全腐蚀保护的可行性（Iskanderova 等，2003）。同时人们也进行了一系列实验，在这些实验中，磷（P）、硅（Si）以及磷＋硅（P＋Si）混合物离子被注入这两种 TOR 材料中。结果表明，在所有的情况下，AO 曝光下的表面转化表现出了 Implantox$^{TM}$处理后完全保护的主要机制（图 9）。薄膜空间聚合物在经过 Implantox$^{TM}$处理后，表面电阻率发生了明显下降，这是一个额外的正面结果，见表 6。

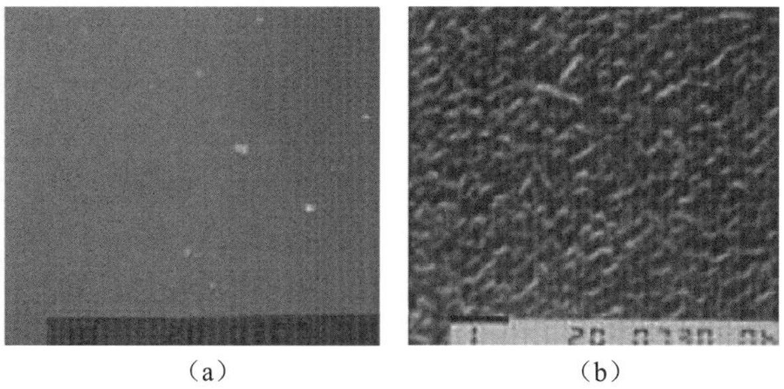

图 9　聚合物样品的扫描电子显微镜（SEM）图像

(a) 原始的 TORNC，×2 000；(b) 暴露于 FAO 的 TORNC～2×10$^{20}$/cm$^2$，×10 000

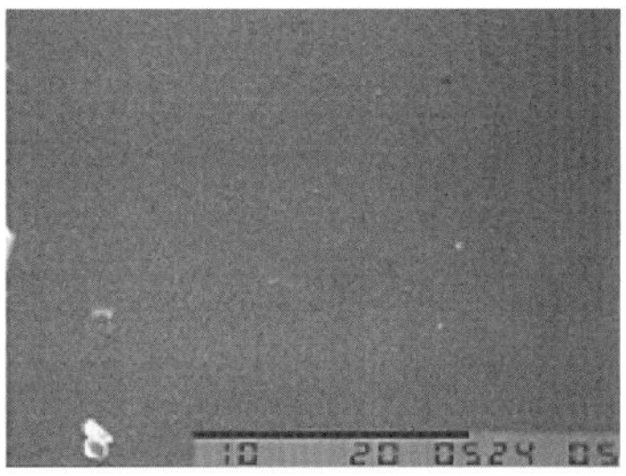

**图9　聚合物样品的扫描电子显微镜（SEM）图像（续）**

（c）TORLM（$Si^{+}$+$P^{+}$）植入并且暴露于FAO，×5 000。在所有情况下，黑色的小条代表μm的刻度标记

**表6　原始的和植入聚合物的表面电阻率**

| | 表面电阻率/Ω | |
|---|---|---|
| 聚合物/注入 | 前侧 | 背侧 |
| TORLM，原始 | $1.5\times10^{14}$ | $1.5\times10^{14}$ |
| TORLM/$P^{+}$ | $1.22\times10^{6}$ | $1.4\times10^{12}$ |
| TORLM/$Si^{+}$ | $1.01\times10^{7}$ | $2.0\times10^{12}$ |
| TORLM/$Si^{+}$－$P^{+}$ | $3.24\times10^{6}$ | $5.0\times10^{12}$ |
| TORNC，原始 | $2.0\times10^{14}$ | $2.0\times10^{14}$ |
| TORNC/$P^{+}$ | $7.0\times10^{7}$ | — |
| PET（聚酯薄膜），原始 | $8.7\times10^{14}$ | $8.7\times10^{14}$ |
| PET（聚酯薄膜）/$P^{+}$ | $1.22\times10^{6}$ | $3.2\times10^{13}$ |
| PET（聚酯薄膜）/$Si^{+}$ | $1.01\times10^{7}$ | $9.7\times10^{12}$ |
| PET（聚酯薄膜）/Si-$P^{+}$ | $3.24\times10^{6}$ | $3.24\times10^{6}$ |

另一种技术，则是利用等离子体浸没离子注入与沉积（PIII&D），在铝合金Al2024和硅（Oliveira等，2009）以及一些空间聚合物材料（Ueda等，2009）的表面改性中，人们观察到了成功的结果。铝合金表面改性可以降低其摩擦系数以及改善这种合金的疲劳抗性，针对使用气化固体靶（VAST）源的硅太阳能电池，使用经这种方式处理过的硅片能保护其免受辐射的损伤，固体元素在高压辉光中放电蒸发，产生进一步电离，并在低压循环中发生注入/沉积，伴随形成一个额外电极（Oliveira等，2009）。

三种基于相同PIII技术的等离子处理系统（Oliveira等，2009；Ueda等，2009）已经被用于提高不同航空航天和空间重要材料的表面性能。铝、镁的金属等离子PIII被用于聚合物如聚酰亚胺薄膜、聚酯薄膜和聚乙烯的表面保护。刚性聚合物UHMWPE也能通过氮气PIII的处理产生一个保护性的DLC-层。从图10中可以看出，当聚酰亚胺和聚酯薄膜被不同的元素，如镁和铝处理后，在控制等离子体实验中可以受到很好的保护，使其免受原子氧的侵蚀。

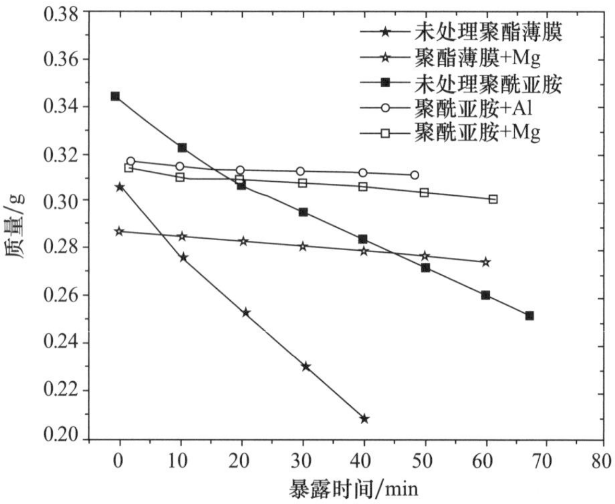


**图10　未经处理（实心符号）的聚酰亚胺和聚酯薄膜样品以及Mg注入样品（空心符号）暴露于等离子氧中的质量损失曲线。铝注入的聚酰亚胺样品也列在图上用于比较**

信息来源于Oliveira等（2009），©美国物理研究所

### 2.2.2　弱化不利的新性质的表面改性工艺

聚合物的表面改性不仅可用来保护材料免受各种空间因素的侵害，同时也可以弱化不利的新性质。在这个领域中，人们证明使用离子束的研究非常成功。

离子束纹理化是一个众所周知的现象（Banks，1994）。大多数离子溅射含氟聚合物表面会发展成锥或类球体特征。已有大量工作研究和描述了纹理化聚合物离子束的应用（Banks，1994；Kowalski，1988；Banks等，1978），包括改善黏接性能、生物医学应用及改变电性能和浸润性等。结果表明，根据离子束功率、密度和目标温度，PTFE的刻蚀速率在3～1 700 μm/h变化（Banks等，1978）。下面将列出一些离子束处理在发展新的空间应用工艺时的成功例子。

Surftex™工艺是一种针对特氟龙FEP的表面纹理工艺，该种材料用于国际空间站（ISS）中加拿大移动服务站（MSS）外部电子设备的热保护（Kleiman等，1999）。SSRMS通常配备四个电视摄像机，为加拿大机械臂的操作员提供了广阔或特写的视角。同时，为了能够追踪有效负载并且感应各种力和力矩以确保有效负载的平滑移动，人们采用了一个更为先进的视觉系统。空间站的机械臂也具有防撞能力。两套相机安装在吊杆上，各安装于肘关节每一侧，剩下的两套相机安置在自锁末端效应器上（每个 LEE 一组）。

由于金属化特氟龙的高镜面反射特性［图 11（a），左图］对 MSS 上摄像机的性能产生了不好的影响，所以我们需要这些表面高度弥散化，而不改变它们的热光学性能。基于离子束纹理化的开发工艺大幅降低了银-铬镍铁合金/特氟龙热控薄膜［图 11（a），右图］的镜面特性，可通过受控的方式改变它们表面的外观形态［图 11（b）］，将如镜子般闪亮的表面变成乳白色或白色的表面，且热光学性能没有受到显著影响（表 7）。

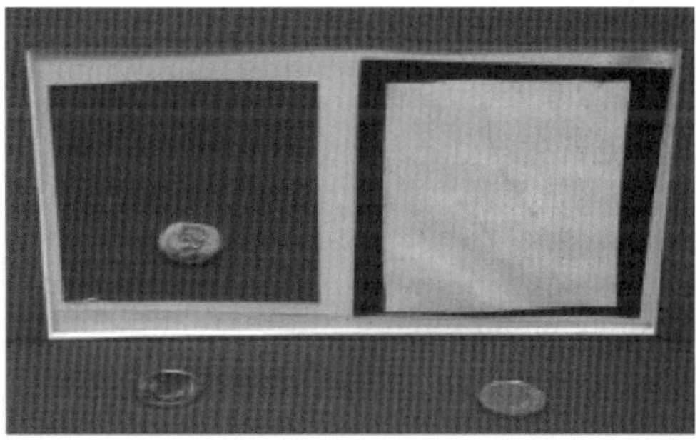

（a）

（b）

**图 11　(a) 特氟龙样品在 Surftex™ 处理前（左）以及之后（右）的光学图像。硬币被放置在样品的前面，以证明处理工艺的效果。聚四氟乙烯的表面从具有镜面般光泽的表面改变成完全乳白色基底的弥散状表面；(b) 一个经过 Surftex™ 工艺处理过的特氟龙表面的扫描电子显微图像（二次电子），放大倍率为 10 000 倍**

**表 7　特氟龙 FEP 薄膜在纹理处理前后的热光学性能**

| 参数 | 纹理化 | 未纹理化 |
| --- | --- | --- |
| $\alpha$ | 0.12 | 0.10 |
| $\varepsilon$ | 0.81 | 0.80 |
| $\alpha/\varepsilon$ | 0.15 | 0.13 |

大面积的特氟龙 FEP 薄膜在氖离子源持续离子束工艺中被成功纹理化，高度纹理化形成乳白色毯状外观的表面，大大增加了特氟龙 FEP 薄膜的漫反射率，并且基本上不改变它们的热光学性能，从而解决了特氟龙薄膜过度刺眼的问题。机械磨损处理不会改变其表面的高反射特性，因此允许对它们进行处理和加工。

Carbosurf™工艺。一种用来获得聚合物表面充电耗散特性的表面改性技术（暂时命名为 Carbosurf™），它以薄聚合物膜表面层的可控碳化为基础（Iskanderova 等，2008）。在碳氢化合物和部分氟化聚酰亚胺上，经过特殊离子束处理后的表面碳化，可以获得充电耗散电阻率为 2～150MΩ 的温度稳定聚合物。针对多种空间聚合物薄膜的特定应用，获得的表面电阻率可以设计为所需的值。Carbosurf™处理方法使用的是稀有气体的离子束，不会影响下层聚合物材料的机械以及其他任何性能，并可以通过使用工业高强度的离子束等比扩大。

相对于目前可用技术，表面碳化的主要优势就在于达到表面电阻率要求时较低的温度依赖性（图 12）和优异的 RF 性能（表 8）（Iskanderova 等，2008）。经过 Carbosurf™处理的材料还具有完整的射频磁导率等重要性能，并且被处理的表面还具备调谐热光学特性的可能。开发的表面碳化技术与半导电覆盖层沉积的主要区别在于：Carbosurf™处理手段是被“分级”加入材料中的，从而可以消除尖锐接口，这一特性可以用来弥补涂层技术的一个薄弱点。

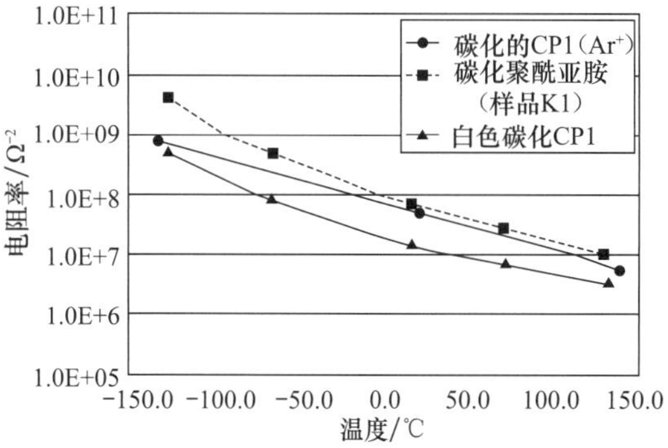


**图 12　离子束处理过的聚酰亚胺 HN 和 CP1 聚合物薄（1 mil）膜电阻率随温度的变化**

**表 8　空间聚合物薄膜在不同模式的中等能量离子束处理后的波导测量**

| 样品编号 | 描　述 | 最坏情况（26.50～41 GHz） | | |
| --- | --- | --- | --- | --- |
| | | 接入损耗/dB | 返回损耗/dB | 接入相位/(°) |
| 1 | 纯 CP1 | −0.012 | −34.1 | 1.49 |

续表

| 样品编号 | 描 述 | 最坏情况（26.5～41 GHz） | | |
|---|---|---|---|---|
| | | 接入损耗/dB | 返回损耗/dB | 接入相位/(°) |
| 30 | 100 nm 锗于聚酰亚胺 100CB（标准太阳板） | −0.098 | −24.3 | 3.82 |
| 31 | $Ar^+$ CP1 | −0.012 | −34.1 | 1.51 |
| 32 | $Kr^+$ CP1 | −0.018 | −34.4 | 1.33 |
| 33 | $Kr^+$ 聚酰亚胺 | −0.024 | −31.5 | 1.68 |
| 34 | $Xe^+$ CP1 | −0.008 | −33.7 | 1.33 |

## 2.3 颗粒疏松材料和涂料

虽然颗粒疏松材料本身并不代表一种表面改性技术，但它们可以制成较厚的薄膜形式，本节内容中包含这一类材料的一个简述。

新型颗粒疏松空间相关高分子材料具有更好的空间稳定性，它们也可能经常被用来作为“厚”（AO+UV）保护涂层（Vilgor，1987；Shepp 等，1999；Oldham 等，1989）或更薄的薄膜（聚硅氧烷、硅树脂基的油漆、磷腈等），随着它们的发展（合成），人们所需要考虑的主要技术问题如下。

（1）初始的化学成分或组分以及它们比率的适当选择（如适用）。

（2）合适的化学合成步骤和程序，以及最佳的后处理（如适用）。

（3）针对退火或烘烤（有机硅）的精心研制过程（技术规范）。

（4）与各种基材的相容性，适当的应用技术，比如喷涂、浸涂或涂刷（涂料，有机硅涂层），以及适当的固化及使用说明。

（5）满足最低量总质量损失（TML）的要求以及收集挥发性凝结材料（CVCM）ASTM E-595 测试。

### 2.3.1 颗粒状疏松材料

人们已经使用一般的“技术方法”——特殊的化学合成——开发出一类材料。我们的主要目标是合成高性能的聚合物，在它们的结构中可能含有化学元素（硅、磷等），这些元素可能在氧化环境下起到主要作用，即形成非挥发性氧化物基或玻璃状稳定保护表面结构（Vilgor，1987；Shepp 等，1999；Oldham 等，1989）。这意味着，AO 抗性的改进基于相同的现象或者机制——表面转换，即由于与氧原子的相互作用，形成一个“自我保护”的耐 AO 的“皮肤”层（Packirisamy 和 Schwam、Lite，1995；Vilgor，1987；Shepp 等，1999；Oldham 等，1989）。

另一种广泛应用则是针对太阳能电池阵列、航天器热覆盖层和空间充气结构。在这些结构中，防止聚酰亚胺薄膜（PI）侵蚀的有效方法便是通过 POSS-二胺和聚酰亚胺单体的共聚反应，将多面体低聚硅倍半氧烷（POSS）化学结合入聚酰亚胺基体中（Tomczak 等，2009）。

人们对开发聚合物基的纳米复合材料也做了一些尝试，如在聚合物材料中填补氧化物或黏土纳米粒子（Hseih、Lloyd、Rutledge，1998）。当聚合物发生 AO 侵蚀时，纳米粒子会覆盖越来越多材料的“可视”表面，故而最终纳米复合材料的腐蚀抗性会提高。

### 2.3.2 涂料

热控涂料（TCP）是航天器应用中非常重要的材料。为了能在 LEO 条件下使用，它们应该具备一些重要性能并且能保持其稳定性，以及受到充分的保护（Reddy，1995；Gilmore，1994；Harada、Mell、Wilkes，1990；Deshpande 和 Harada，1998；Guerard 和 Guillaumon，1999；Tribble 等，1996；Gudimenko 等，2003）。Photosil™ 工艺被用于一系列 TCP 的制品以提高它们的侵蚀抗性（Gudimenko 等，2002；Gudimenko 等，2003）。

所有涂料涂层配方中都含有三种成分：颜料、黏合剂和足够的稀释剂，用以实现喷涂的一致性。颜料与黏合剂的选择和比率应该进行优化，如对于太阳能反射器，它应当最大化，以实现最高的反射率以及最大限度地提高 UV 真空稳定性。黏合剂成分在红外线中的反射率较低，也更容易受到光学损伤。颜料含量的最大值取决于所需的物理性能，即如果需要更硬的无机表面，则所需颜料浓度更高。对于有机硅涂料，其成分取决于弹性行为的程度和所需的镜面反射度。

一般情况下，无保护的聚氨酯系涂料在 FAO 曝光后会出现相当严重的表面侵蚀，在氧等离子体灰化试验后，侵蚀会更加明显，而 Photosil™ 处理过的这种涂料则没有显示出明显的侵蚀现象。侵蚀通过质量损失的测量值来评估（表 4），同时辅以目测和 SEM 分析。AO 侵蚀了未经处理涂料的聚氨酯树脂部分，表面仅残留暴露的颜料。所有未经处理的聚氨酯类涂料会发展成一个多孔的粉末状表面，灰色（A276：Z306）和白色（A276）涂料变成了白色粉末状的外观，黑色涂料（Z306 和 Z302）变成了一种深灰色的粉末状表面。更多细节可参考（Goudimenko 等，1997；Gudimenko 等，2002；Gudimenko 等，2003）和其他文献。此外，对于这些涂料在地面模拟以及飞行过程中暴露在 AO 下的降解效果也已经有了广泛的论述（Reddy，1995；Banks，1990；Silverman，1995）。

热控制涂料的主要性能要求之一是其主要面向的光学稳定性。原始的、经过 Photosil™处理过的以及 Photosil™/FAO 测试后的聚氨酯涂料的热光学特性见表 9。从结果中可以看出，在该表面处理后涂料可以保持其原有的热光学性能，甚至在 FAO 曝光后也能够保留。太阳能吸收率和热发射率值在实验的不确定性范围内（$\alpha=\pm0.02$ 和 $\varepsilon=\pm0.01$）基本保持不变。

**表 9　原始的、经过 Photosil™处理及 Photosil™/FAO 测试后的聚氨酯型涂料的热光学性能**

| 材　料 | 处理工艺 | 热光学性能 | | |
|---|---|---|---|---|
| | | $\alpha$ | $\varepsilon$ | $\alpha/\varepsilon$ |
| Z302 | 未处理 | 0.962 | 0.830 | 1.16 |
| | Photosil | 0.973 | 0.850 | 1.14 |
| | Photosil/FAO | 0.942 | 0.835 | 1.13 |
| A276 | 未处理 | 0.170 | 0.880 | 0.19 |
| | Photosil | 0.172 | 0.876 | 0.20 |
| | Photosil/FAO | 0.173 | 0.878 | 0.20 |
| Z306 | 未处理 | 0.971 | 0.912 | 1.06 |
| | Photosil | 0.983 | 0.911 | 1.08 |
| | Photosil/FAO | 0.959 | 0.899 | 1.07 |
| A276：Z306 | 未处理 | 0.879 | 0.882 | 1.00 |
| | Photosil | 0.885 | 0.892 | 0.99 |
| | Photosil/FAO | 0.887 | 0.894 | 0.99 |

# 3　结论与未来趋势

各种先进的现代涂层沉积技术、表面改性技术、化学合成技术工艺已被用于 LEO/GEO 空间环境中材料和结构保护以及弱化不利的新性质。在大多数情况下，聚合物和其他碳基材料保护的主要方法或是保护的主要机制基本都是相同的，可能只是实施手段的多样性。保护通过金属或无机化合物薄膜的沉积实现，针对特别挑选/合成的材料，在它们表面转化过程的氧化环境中，令一些特殊选择的元素氧化物形成稳定的氧化物基保护性表面“皮肤”层。薄膜涂料的保护大多通过最先进的现代真空沉积技术实现——PVD/MSD，PACVD，IBSD，LPD，ALD，等等，这有助于改进沉积涂料的黏附性和均匀性。部分氧化物涂层可通过等离子喷涂沉积技术沉积在导热基板上，如高纯度的氧化铝。其他功能特性的保护以及质量稳定性，即空间耐久性，对涂层沉积和衬底准备的技术都非常敏感（清洗）。

第二种手段则通过对含有特定元素的有机材料的选择或合成来实现。当暴露在活跃的氧化环境中时，这些材料可以形成稳定的氧化物基表面化合物。它们的代表有：有机硅氧烷，硅树脂基的涂料，特别合成的 $Si^-$、$P^-$ 或 $Si^+$、$F^-$ 和 $P^+$、$F^-$ 的聚合物。这些颗粒疏松材料或“厚”涂层的保护程度不仅取决于组成和结构，还在于转换机制，即转换路径和条件。在我们看来，飞行之前，这些材料在各种活跃氧化环境下转换的表面处理以及优化条件应该尽量针对提高它们的稳定性，类似那些用于微电子学中的有机硅氧烷或针对表面改性材料的稳定。另一种完全不同的方法则是在可能的情况下，使用无机的、本质稳定的材料或涂层，如无机聚合物、硅酸盐基，特别是无机涂料（Z93P）、薄阳极铝箔等。

表面改性技术目前仍是对保护材料和弱化材料不利的新性质的重要手段。对用于 LEO/GEO 航天器中的聚合物基材料、复合材料以及涂料，针对不同空间因素造成的不良影响，表面改性工艺已经提供了一种很好的解决方案。这些发展中的工艺通过创建一个自我修复保护层，能够大幅减少氧原子的侵蚀，同时它也能保护其主要的功能特性，比如热光学性能。这样的处理手段也可以削弱对表面的不利的新性质，如降低眩光、提高表面导电性、延长空间应用中传统空间材料的使用时限。

材料科学领域正在飞速发展，纳米技术是 21 世纪的时髦词语。本章中的所有主题都已经被新的纳米材料深深影响，并且它们与新的技术工艺和解决方案息息相关。不难想象，大多数技术方法，包括沉积工艺、表面改性工艺、颗粒疏松材料技术等都将进行戏剧性的变化和发展。

虽然新的解决方案从“蓝图”和实验室里到实际的生产以及空间行业的应用，肯定会经历一个“等待期”，但我们应该能想到，在我们面前的会是一个振奋人心的时代，那时在各种专业会议、出版物中，这些方法将会被讨论、质疑，有些会被广为接受，有些可能会被摒弃。

## 致谢

感谢 Z. Iskanderova 博士在论文准备阶段提供的关键性意见、有益的讨论以及帮助。还要感谢 Banks 先生、美国航空航天局、刘易斯研究中心提供的针对环境耐受型先进空间材料开发制造的技术方面的重要信息。尤其感谢 Tennyson 教授，他提出了表面改性方法的重要性，这非常有助于对这一领域 UTIAS 第一步工作以及 ITL 继续工作的理解。最后，对参与工作并引导 ITL 中表面改性技术的发展和应用的所有我的同事，表示深深的感谢。

### 参考文献

Banks，B. A. (1990) Atomic oxygen. LDEF Materials Data Analysis Workshop，NASA CP 10046，pp. 191-217.

Banks，B. (1994) Topography: texturing effects，in *Handbook of Ion beam Processing Technology* (ed. J. J. Cuomo，S. M. Rossnagel and H. R. Kaufman)，Noyes Publications，Ch. 17，p. 338.

Banks，B. A.，Sovey，J. S.，Miller，T. B. and Crandall，K. S. (1978) Ion beam sputter etching and deposition of fluoropolymers. NASA TM-78888，presented at 8th International Conference on Electron and Ion Beam Science and Technology，May 21-26 1978. Seattle，Washington.

Gilmore，D. G. (ed.) (1994) *Satellite Thermal Control Handbook*，The Aerospace Corp. Press.

Gissler，W. and Jehn，H. A. (eds) (1992) *Advanced Techniques for Surface Engineering*，Kluwer Academic Publishers.

Goudimenko，Y.，Kleiman，J. I.，Cool，G. R.，Iskanderova，Z. and Tennyson，R. C. (1997) Modification of subsurface region of polymers and carbon-based materials. US Patent 5，948，484，filed June 5，1997 and published Sept. 7，1999.

Gudimenko，Y.，Ng，R.，Kleiman，J.，Iskanderova，Z.，Hughes，P. C.，Tennyson，R. C. and Milligan，D. (2002) PhotosilTM surface modification treatment of polymer-based space materials and external space components. *Proceedings of the 6th International Conference on Protection of Materials and Structures from Space Environment-ICPMSE-6*，May 1-3，Toronto，(eds J. Kleiman and Z. Iskanderova)，Kluwer Academic Publishers，pp. 419-434.

Gudimenko，Y.，Ng，R.，Kleiman，J. I.，Iskanderova，Z. A.，Tennyson，R. C.，Hughes，P. C.，Milligan，D.，Grigorevski，A.，Shuiski，M.，Kiseleva，L.，Edwards，D. and Finckenor，M. (2003) Enhancement of surface durability of space materials and structures in leo environment. *Proceedings of the 9th International Symposium on Materials in a Space Environment*，*16-20 June*，*2003*，*Noordwijk*，*The Netherlands*. ESA publication (SP-450)，pp. 95-106.

Guerard，F. and Guillaumon，J. C. (1999) Space and High Technology Coatings，CNES/MAP，"Thermal Control Materials and Coatings Currently Being Developed in France for Use in Low Earth Orbit". *Report CNES/MAP*.

Guzman，I.，Gershevitz，O.，Grossman，E.，Eliaz，N. and Sukenik，Ch. N. (2009) Novel approach to space-survivable polyimides: liquid phase deposition of titania coating on Kapton. *Proceedings of the 9th International Conference on the Protection of Materials in a Space Environment*，*ICPMSE-9*，*Toronto*，*Canada*，*May 20-23*，*2008*. AIP Conference Proceedings 1087 (ed. J. I. Kleiman)，pp. 391-406.

Harada，Y.，Mell，R. J. and Wilkes，D. R. (1990) The Effects of the Space Environment on Thermal Control Coatings，SPEEV. 1330，*Optical Surfaces Resistant to Severe Environments*，pp. 90-101.

Deshpande，M. S. and Harada，Y. (1998) *Development of Tailorable Electrically Conductive Thermal Control Materials Systems*，NASA CR-1998-208474.

Hseih，D. T.，Lloyd，T. B. and Rutledge，S. K. (1998) Nanocomposite approach to enhance the atomic oxygen resistance，in *43 SAMPE International Symposium and Exhibition*，vol. 43，Book 2，pp. 1170-1177.

Iskanderova，Z.，Kleiman，J. I.，Goudimenko，Y.，Cool，G. R. and Tennyson，R. C. (1995) Surface Modification of Polymer and Carbon-Based Materials by Ion Implantation and Oxidative Conversion，US Patent 5，683，757，filed Aug. 25，1995 and published. Nov. 4，1997.

Iskanderova，Z.，Kleiman，J.，Gudimenko，Y.，Morison，W. D. and Tennyson，R. C. (1997) Improvement of oxidation and erosion resistance of polymers and composites in space environment by ion implantation. *Nuc. Instrum. Meth. Phys. Res.*，B127/128，702-709.

Iskanderova，Z.，Kleiman，J.，Morison，W. D. and Tennyson，R. C. (1998) Erosion resistance and durability improvement of polymers and composites in space environment by ion implantation. *Mat. Chem. Phys.*，54，91-97.

Iskanderova，Z.，Kleiman，J. I.，Issoupov，V. and

Bussieres, F. (2008) CarboSurfTM surface modification technology for charge dissipative and radio-transparent GEO durable space polymers. *Proceedings of the ICPMSE-9 Conference, Toronto 20-23 May, 2008*. AIP Conference Proceedings 1087, pp. 588-599.

Iskanderova, Z., Kleiman, J., Mojazza, B. and Sutton, M. (2003) Erosion protection and surface conductivity enhancement of tor polymers by implantoxTM technology. Proceedings of the 9th Symposium on Materials in a Space Environment, 16-20 June, 2003, Noordwijk, The Netherlands, pp. 473-478.

Kleiman, J. and Iskanderova, Z. (2000) Technological aspects of protection of polymers and carbon-based materials in space. Proceedings of 8th International Symposium on "Materials and Structures in Space Environment" and 5th International Conference on "Protection of Materials and Structures from the LEO Space Environment", Arcachon, France, 5-9 June, 2000.

Kleiman, J. I., Iskanderova, Z. A., Perez, F. J. and Tennyson, R. C. (1995) Protective coatings for LEO environments in spacecraft applications. *Surf. Coat. Technol.*, 76/77, 827-834.

Kleiman, J., Iskanderova, Z. and Tennyson, R. C. (1998) Ion implantation protects surfaces. *Adv. Mat. Processes*, 26-30.

Kleiman, J. I., Popov, O., Tong, A. and Molenda, D. (1999) Development of high diffuse reflectance surfaces on teflon. *Proceedings of the ICPMSE-3 Conference, April, 25-26, 1996*. Kluwer Academic Publishers, pp. 167-177.

Kleiman, J. I., Iskanderova, Z. A., Gudimenko, Y. I., Morison, W. D. and Tennyson, R. C. (1999) Polymers and composites in the low earth orbit space environment: interaction and protection. *Can. Aeronau. Space J.*, 45: (2), 148-160.

Kowalski, Z. W. (1988) Ion-bombardment modification of surface morphology of solids-a new direction in materials science. *J. Mat. Sci. Letters*, 7, 845

Levine, A. S. (ed.) (1991) LDEF-69 Months in Space: First Post-Retrieval Symposium, NASA CP 3134, Part 2.

Levine, A. S. (ed.) (1993a) Second Post-Retrieval Symposium, NASA CP 3194, Part 3.

Levine, A. S. (ed.) (1993b) Proceedings of the EOIM-3 BMDO Experiment Workshop, June 22-23, 1993, Arcadia, California.

Levine, A. S. (ed.) (1995) Third Post-Retrieval Symposium, NASA CP 3275, Part 3.

Lindholm, N. F., Zhang, J., Minton, T. K., O'Patchen, J., George, S. M. and Groner, M. D. (2009) Protection of polymers from the space environment by atomic layer deposition. *Proceedings of the 9th International Conference on the Protection of Materials in a Space Environment, ICPMSE-9, Toronto, Canada, May 20-23, 2008*. AIP Conference Proceedings 1087 (ed. J. I. Kleiman), pp. 407-418.

Oldham, S., Elias, W. E., Bigus, S. J. and Lan, T. S. Y. (1989) Aromatic Silane Polymer Coating, US Patent 4, 874, 643, Oct. 1989.

Oldham, S. (1993) *Proceedings of EOIM-3BMDO Experiment Workshop*, Arcadia, California.

Oliveira, R. M., Gonc, alves, J. A. N., Ueda, M., Silva, G. and Baba, K. (2009) Plasma immersion ion implantation with solid targets for space and aerospace applications. *Proceedings of the 9th International Conference on the Protection of Materials in a Space Environment, ICPMSE-9, Toronto, Canada, May* 20-23, 2008. AIP Conference Proceedings 1087 (ed. J. I. Kleiman), pp. 357-367,

Packirisamy, S., Schwam, D. and Lite, M. H. (1995) Review: atomic oxygen resistant coatings for low earth orbit space structures. *J. Mater. Sci.*, 30, 308-320.

Reddy, M. R. (1995) Review: effect of lowearth orbit atomic oxygen on spacecraft materials. *J. Mater. Sci.*, 30, 281-307.

Shepp, A., Haghighat, R., Lennhoff, J., Schuler, P., Connell, J., Clark, T. S., Vaughn, J. and Swiener, J. (1999) TOR and COR AO-VUV resistant polymers for space, in *Protection of Materials and Structures in LEO Space Environment* (eds J. Kleiman and R. C. Tennyson,), Kluwer Academic Publishers, pp. 235-254.

Silverman, E. M. (1995) *Space Environmental Effects on Spacecraft: LEO Materials Selection Guide*, NASA CR 4661, Part 1-2.

Tennyson, R. C., Mabson, G. E., Morison, W. D. and Kleiman, J. (1991) Space environmental effects on polymer matrix composites-the UTIAS/LDEF experiment. Proceedings of the Materials in a Space Environment Symposium, September 1991, Toulouse, pp. 93-110.

Tomczak, S. J., Wright, M. E., Guenthner, A. J., Pettys, B. J., Brunsvold, A. L., Knight, C., Minton, T. K., Vij, V., McGrath, L. M. and Mabry, J. M. (2009) Space survivability of main-chain and side-chain POSS-kapton polyimides. *Proceedings of the 9th International Conference on the Protection of Materials in a Space Environment, ICPMSE-9, Toronto, Canada, May 20-23, 2008*. AIP Conference Proceedings 1087 (ed. J. I. Kleiman), pp. 505-518.

Tribble, C., Lukins, R., Watts, E., Borisov, V. A., Demidov, S. A., Denisenko, V. A., Gorodetskiy, A. A., Grishin, V. K., Naumov, S. F., Sergeev, V. K. and Sokolova, S. P. (1996) United States and Russian Thermal Control Coatings Results in LEO. *J. Spacecraft Rockets*, 33 (1), 160-167.

Ueda, M., Takahashi, W. K., Marcondes, A. R., Tan, I. H. and Silva, G. (2009) Surface protection and improved performance of satellite components as well as mitigation of space environmental pollution by plasma ion implantation. *Proceedings of the 9th International Conference on the Protection of Materials in a Space Environment, ICPMSE-9, Toronto, Canada, May 20-23, 2008*. AIP Conference Proceedings 1087 (ed. J. I. Kleiman), pp. 691-703.

Vilgor, I. (1987) Synthesis and characterization of atomic oxygen resistant poly (Siloxane-Imide) coatings, in *Adhesives, Sealants, and Coatings for Harsh Environments* (ed. L. -H. Lee), Plenum Press, pp. 249-264.

Wertheimer, M. R. and Schreiber, H. P. (1995) Barrier coatings on spacecraft materials, US Patent 5, 424, 131, June 13, 1995.

本章译者：袁渊，周储伟（南京航空航天大学航空宇航学院）

# 第 208 章

# 微流星体和轨道碎片对空间材料和结构的冲击损伤

Roderick C. Tennyson
多伦多大学航空航天研究所，多伦多，安大略，加拿大

## 1 引言

航天器结构完整性以及运行状态的一个主要威胁来自微流星体与轨道碎片的冲击，特别是当航天器位于 320～800 km 的低地球轨道范围内飞行时（见第 4 卷第 206 章）。

微流星体和小流星（见第 6 卷第 280 章）的直径通常小于几毫米，无法从陆基观察设备中检测到。它们来源于行星或小行星的碰撞以及彗星喷射物。微流星体以围绕太阳的行星轨道旋转，由于其逆向运动，根据它们的不同来源，可以实现平均 20 km/s、最高可达 70 km/s 的速度。全年性的周期性流星雨（约 11 年）使其冲击概率大大增加。虽然微流星体趋近地球时没有特定的方向，但当航天器偏离运行方向时，结构迎风部分将遭遇更多的微流星体，该方向称为 RAM 方向。

如图 1 所示，与轨道碎片相比，微流星体在低地球轨道（LEO）的粒子环境中所占的比例相对较小。该曲线图说明，在约 350 km 高空的碎片通量与国际空间站（ISS）的碎片通量密切相关。



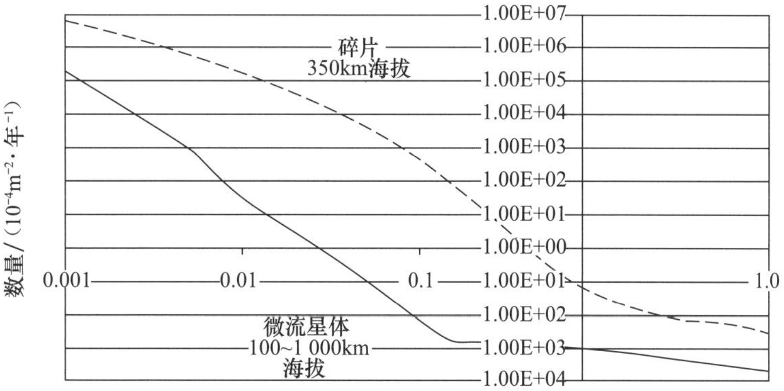


**图 1 微流星体和碎片通量与尺寸的关系**

在地球同步轨道（约 35 780 km 的高空），有许多通信和气象卫星，相较于轨道碎片，它们受到微流星体冲击的可能性更大一些，而上升到行星际空间自然流星体环境构成了主要的冲击危害。

轨道碎片（见第 6 卷第 279 章）包括废弃卫星与用过的火箭上的所有部件和物质、三氧化二铝颗粒燃料、掉漆和碎片，产生于轨道上物体之间的碰撞。它们沿地球轨道飞行，寿命各不相同，未进入地球轨道的燃料颗粒和火箭初级分离体只有几分钟的寿命，而到达地球同步轨道的物体可以有数百万年的寿命。低地球轨道的碎片平均速度约为 7.5 km/s。到目前为止，最大的危险来自碎片环境的

不断增加，尤其是当发生卫星碰撞或破裂时，无论是意外还是人为，已产生了数以千计的颗粒，大小从几毫米到几厘米，甚至更大。例如，在 2007 年 1 月，中国在太空中进行了一次反卫星试验，造成了一个包含 2 200 个以上 5 cm 大小碎片的碎片云。可以看出，这一事件是目前为止最恶劣的卫星破坏事件（NASA，2007）。此外，这些颗粒逐渐包围了许多卫星的轨道路径，从而显著提高了碰撞概率。目前，在空间中有超过 13 万个碎片，如图 2 所示（NASA，2009），其中 2007 年的碎片高峰十分明显。

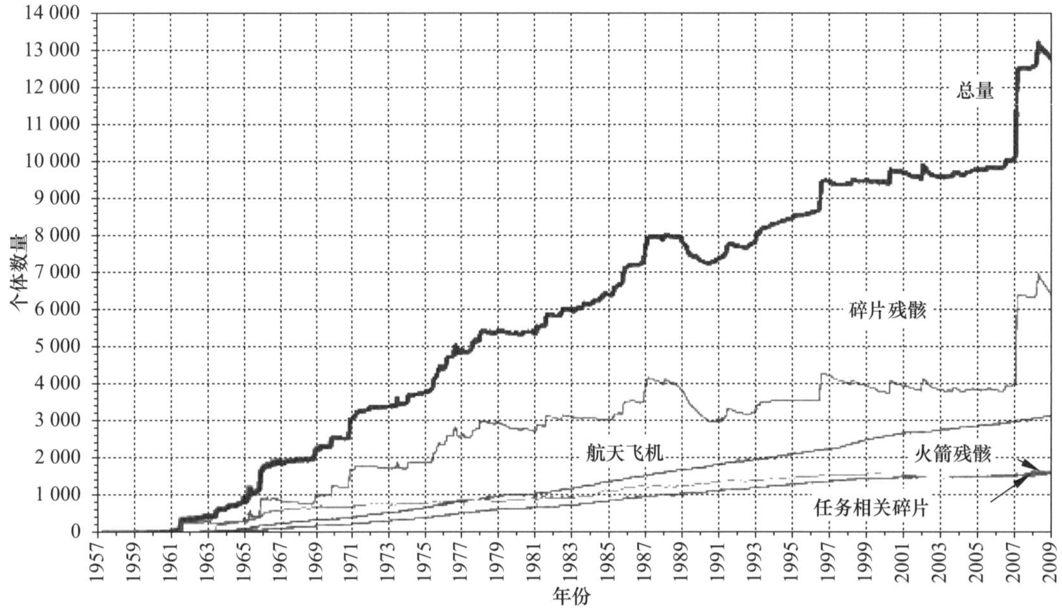


**图 2　几类空间中研究对象数量的年增长率**

图片来自美国航空航天局



图 3 描述了碎片的空间密度分布，作为高度和颗粒大小的一个函数，很明显，微粒密度主导了低地球轨道环境。该部分数据来源于美国宇航局的 ORDEM 预测（Liou 等，2002）。

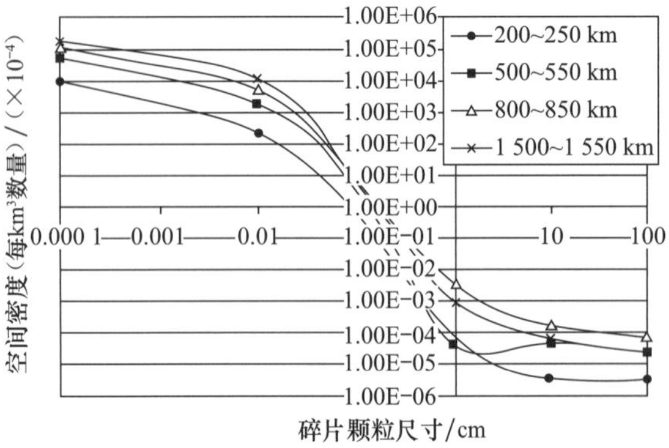


**图 3　碎片空间密度分布的高度和尺寸的关系**

## 2　冲击的风险评估

为了量化微流星体/轨道碎片（MOD）对航天器造成的风险，通过轨道参数和任务特性来识别航天器运行的特定的空间环境，有一些规范可用于估计碎片通量，以及预估卫星寿命期内通量的增长。例如，计算机模型 ORDEM 和 MASTER-2005（Oswald 等，2005）提供了高度范围为 200～2 000 km 的轨道中碎片通量和空间密度分布函数。

### 2.1　冲击概率

由于必须考虑多个轨道和卫星的结构参数，故精确计算冲击概率相当复杂。然而，我们可以采用以下模型来估算冲击概率（Shortliffe 和 Tennyson，1996）。

考虑到航天器暴露于 MOD，其通量 $F$ 很大程度上取决于航天器的轨道高度 $H$ 及倾角 $i$，$F$ 也是 MOD 粒子大小 $d_p$ 的函数。$F$ 可以表达为：

$$F = f(H, i, d_p) \tag{1}$$

MOD 通量定义了一个大于或等于给定直径粒子（包括微流星体和轨道碎片）的平均数量，这些粒子穿过空间中一个称为“随机翻滚”的、单位平方米大小的范围。为了消除偏移方向（姿态）的影响，用“随机翻滚”来描述空间中通量所穿过的一个面。若粒子或能量密度的总数为 $N$，航天器预计经受通量为 $F$ 的粒子冲击，航天器的暴露面积为 $A$，任务持续时间为 $T$，则它们之间的关系为：

$$N = FAT \tag{2}$$

利用泊松统计（在一个固定的时间内发生的若干事件的概率，自上次事件后其具有已知的且与时间无关的平均速率），未受到冲击的概率（$P_{NI}$）由式（3）给出：

$$P_{NI} = e^{-N} \tag{3}$$

冲击概率（被一个给定或更大尺寸的颗粒至少冲击一次的概率，$P_I$）可以简单地表示为 $P_{NI}$ 的补：

$$P_I = 1 - e^{-N} \tag{4}$$

这些工程指标可作为初步的 MOD 风险评估。当 $N<0.1$ 时，方程（4）可简化为：

$$P_I \approx N \tag{5}$$

另外，当 $N$ 非常大，如 $N>5$ 时，方程（4）简化为：

$$P_I \approx 1 \tag{6}$$

方程（4）作为一个粒子尺寸、海拔高度和 $AT$ 值（$AT$＝卫星面积×任务期限）的函数，绘制于图 4 中。值得注意的是，对于小粒子的范围，几乎是 100％的冲击概率。

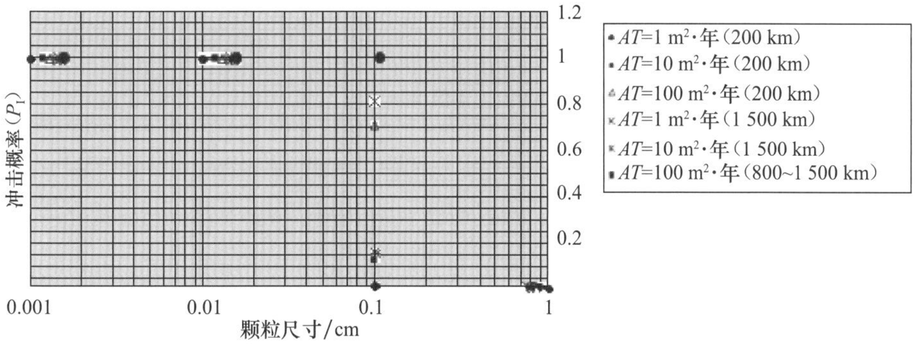


**图 4　颗粒大小、高度和 *AT*［源自公式（4）］函数的冲击概率**

可以在航天飞机以及哈勃太空望远镜（HST）观察到冲击和损坏的实例。在 1981—1998 年，因为冲击损伤，大约有 70 面航天飞机的机窗被替换。在哈勃望远镜上，在 1997 年，观察到大约有 790 次冲击，覆盖了它 97％的区域。同时，在它的后部护罩和设备部分，有超过 500 次冲击。这些冲击的直径大部分小于 0.8 cm。后来的调查表明，冲击密度大约从 5 次/m² 增加到了 20 次/m²（Byrne 等，1999）。

## 2.2　卫星的故障概率

卫星的故障概率可估计为 3 个概率的函数。首先是 MOD 粒子冲击的概率（$P_I$）；其次是航天器关键子系统的识别以及关键部分受到冲击的概率（$P_{C/I}$）；最后计算关键组件被损坏的概率（$P_{D/C}$），这些概率将取决于该组件的材料强度和是否存在防护装置。结合这些概率，Stamatelatos 等（2002）定义了“任务失败”概率的估计为：

$$卫星故障的概率 = P_I \cdot P_{C/I} \cdot P_{D/C} \tag{7}$$

卫星上特定区域受到冲击的概率估计由式（4）（Stamatelatos 等，2002）得到：

$$P_{C/I} \approx \sum_i (A_i/A) \tag{8}$$

式中，$A_i$ 为第 $i$ 个重要组成部分的面积；$A$ 为航天器总面积。更精确的分析将考虑卫星复杂的几何形状和屏蔽系统。“损伤”概率（$P_{D/C}$）的计算是结构材料在超高速条件下功能特性的一个函数，比如它的强度和撞击极限。对于金属结构，动力学软件可用于估算穿透材料所需要的冲击能量，同时，几个经验公式也是可用的。

目前，两个冲击设计概率的兴趣点聚焦于国际空间站（ISS）和舱外移动单元（EMU）。ISS 的 MOD 设计要求 10 年时间内，MOD 的冲击不会造成严重故障的概率达到 99.5％，而对于宇航员所穿的抗电磁服，设计时使用 ORDEM 软件来评估无穿透的概率。现在抗热微流星体服装设计具有约 0.93 的“无渗透”的概率。

# 3　结构和材料的冲击伤害

## 3.1　对金属的冲击破坏

超高速撞击条件下，粒子以 7 km/s 的速度击中空间中的结构，在材料中产生冲击波，视结构的厚度和强度情况就有可能穿透结构。对于金属材料，比如铝，在高冲击能量下可能发生局部熔化和气化。材料的撞击极限是设计参数之一，这是一个颗粒尺寸、速度、结构厚度和材料特性的函数。图5显示了金属板经受高速冲击时对应各冲击速度区域的损伤机制。当冲击微粒直径在图中曲线之下时就会穿透结构材料。

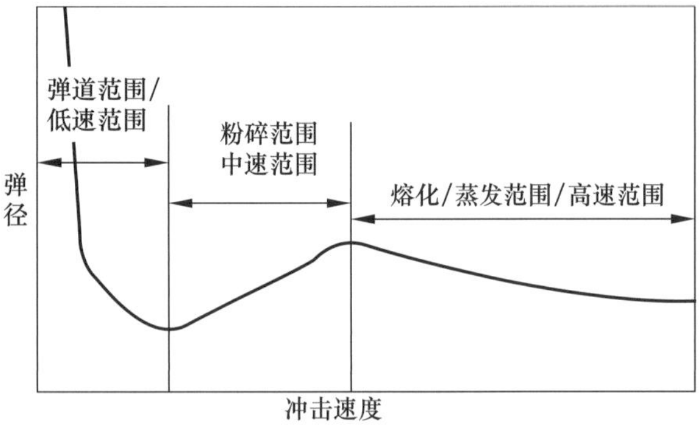


**图5 损伤机制与粒子速度和大小的关系**

Hayashida 和 Robinson（2000），NASA

在某些粒子能量和目标厚度的条件下，冲击没有发生穿透，但产生了一个冲击坑，如图6的剖面照片所示。在图中我们可以看到，一颗1.2 cm铝球在一块18 cm厚的铝板上造成了一个直径为9 cm的冲击坑（European Space Agency，2009）。在一些低速的情况下，粒子会穿透结构，并沿着相同的路径以少量的能量损失继续前进。然而，当粒子能量增加时，将产生扩散型冲击损伤，因为粒子穿透材料时，被冲击目标会飞溅出一团羽状碎片。虽然这团羽状颗粒以较低的能量飞行，但它依然会对相邻的结构造成重大损害。例如，图7显示了一个带有冲击孔的铝靶板，在离开目标板外一段距离的验证板上，羽状碎片产生了一个巨大的损伤分布区。这个损伤分布区的直径取决于验证板与撞击位置的分离距离，这个距离往往远远大于孔的直径。

为计算单一金属板的撞击极限，近些年来已经发展了一些经验公式，对于它们的总结可参考Hayashida和Robinson的工作（1991）。其中一个广泛用于检测的模型来源于Fish和Summers（1965）：

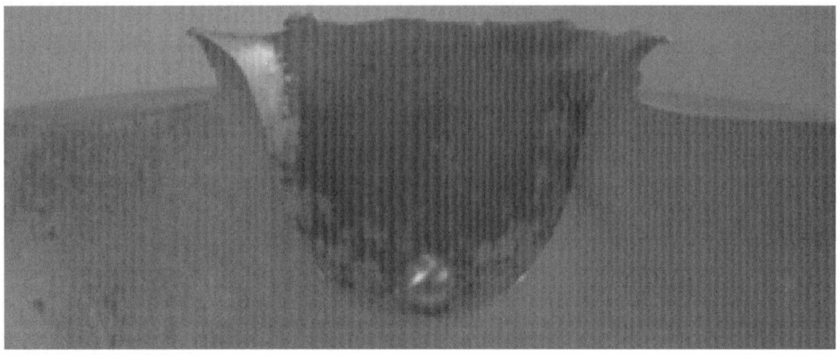

**图6 铝板遭到铝球撞击导致的冲击坑的切角照片**

European Space Agency © 2009

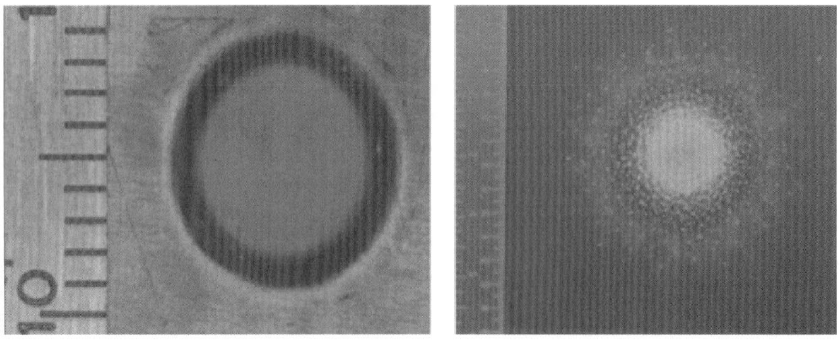

**图7 照片显示出铝板上典型的冲击孔和碎片损坏区域**

$$t = Km^{0.352}V^{0.875}\rho^{1/6} \tag{9}$$

式中，$t$为目标厚度，cm；$K$为目标材料的一个常数；$m$为弹丸质量，g；$\rho$为弹丸密度，g/cm$^3$；$V$为冲击速度，km/s。对于铝合金，$K$=0.57。

另一个撞击极限方程用于确定非常薄的金属板（如热毯中使用的金属箔）的最大目标厚度（Rais-Rohani，2005），方程如下：

$$t_{max}/d_p = 0.129\left(\frac{V_p\rho_p}{\sigma_t\rho_t^{1/2}}\right)^{0.763}\left(\frac{\sigma_t}{\sigma_{Al}}\right)^{0.229} d_p^{0.056} \tag{10}$$

式中，$t_{max}$为发生穿透时目标板的最大厚度；$d_p$ 为弹丸直径；$V_p$ 为弹丸速度；$\rho_p$ 和$\rho_t$ 分别为弹丸和目标材料的质量密度；$\sigma_t$ 和$\sigma_{Al}$分别为目标材料和铝的屈服强度（Gardner、McDonnell 和 Collier，1997）。

众所周知，我们必须对航天器结构和屏蔽设计进行测试，因为我们不能确信这些方程预测的准确性。它们的主要价值在于我们依此可以进行初步设计和重量估计。

## 3.2 复合材料层合板的冲击破坏

当复合材料层合板受到超高速冲击时，非常小的颗粒就会导致表面点蚀和开裂。随着颗粒大小和速度的增加，进而会发生层合板的穿透，并伴随着前表面和后表面的散裂损坏，如图 8 所示。

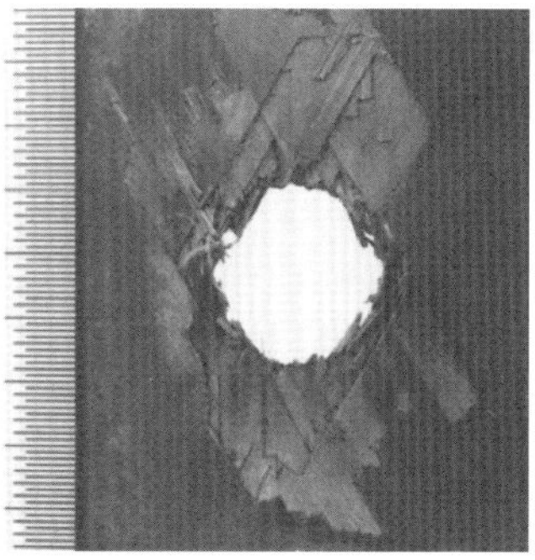

**图 8 碳纤维增强塑料（CFRP）板受到超高速撞击后的照片**

我们用高速摄影来记录一个铝球以 6.6 km/s 的速度（约 9 mm）冲击 CFRP 圆柱体时的实际穿透以及羽状碎片的形成过程，该种结构是用于制造国际空间站机械臂的典型结构。图 9 显示了羽状碎片的早期阶段，它从冲击点处开始扩大。羽状碎片对复合材料圆柱体后壁的显著破坏可参见图 10（Shortliffe 和 Tennyson，1996）。

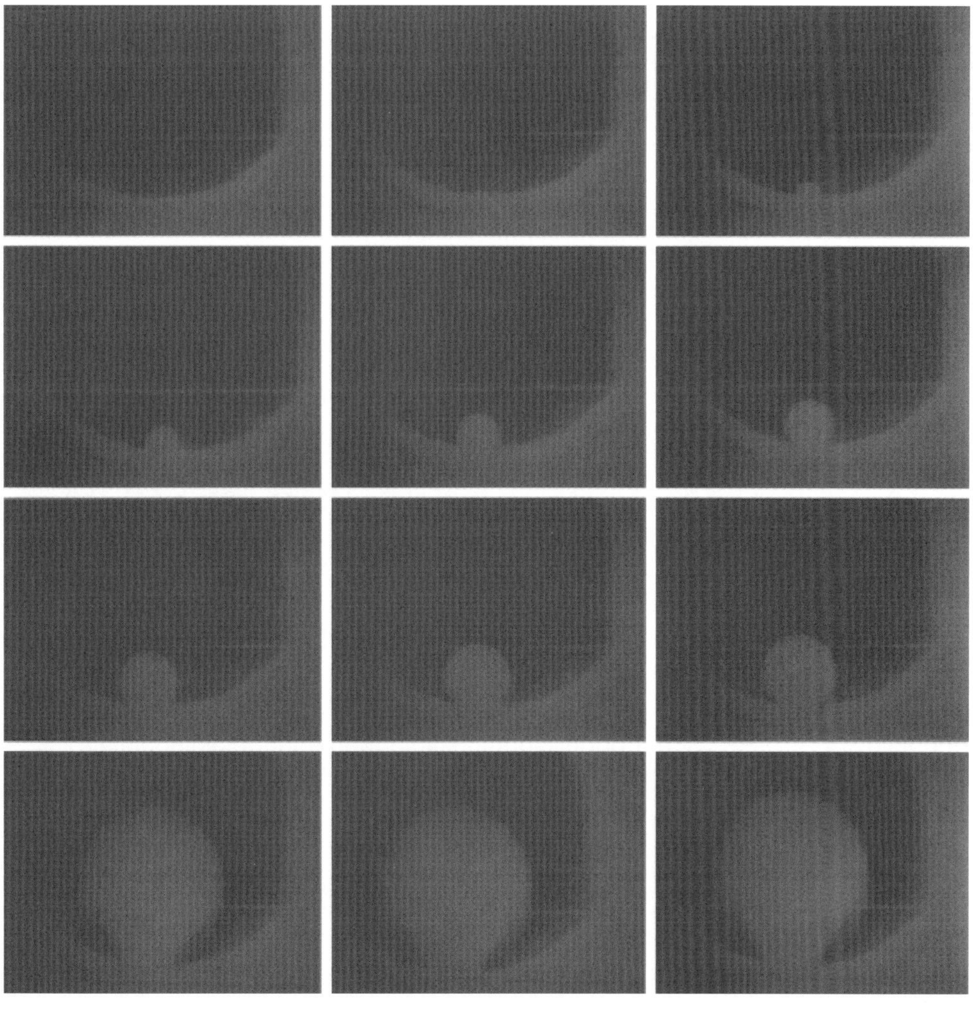

**图 9 羽状碎片形成的高速摄影照片（100 万 pps）**

Shortliffe 和 Tennyson（1996），加拿大航空和空间学会

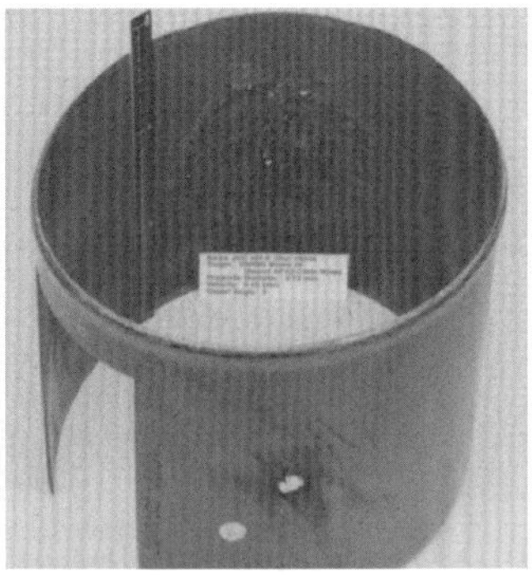

图 10　羽状碎片由于超高速撞击对 CFRP 缸后壁的损伤效果

碳纤维复合材料层压板在不同冲击角和配置下超高速测试的大量实验数据可参见 Lamontagne（2003）的报告。结果发现，撞击部位所产生的碎片云是冲击角的一个函数。Christiansen（1990b）提出，冲击孔的损害与一个能量参数有关。

要计算一个复合材料目标的初始穿透的条件，必须先进行撞击极限分析。Schafer、Schneider 和 Lambert（2004）提出了针对 CFRP 材料的方程，即：

$$d_{\mathrm{p}}=\frac{(t+4.5\rho_{\mathrm{MLI}}/\rho_{\mathrm{c}})}{0.52kV_n^{2/3}\rho_{\mathrm{p}}^{0.5}} \tag{11}$$



式中，$d_{\mathrm{p}}$ 为颗粒直径，mm；$t$ 为板厚，mm；$\rho_{\mathrm{MLI}}$、$\rho_{\mathrm{c}}$ 以及 $\rho_{\mathrm{p}}$ 分别为 MLI 毯（如果使用）表面皮肤、复合材料和颗粒的质量密度，gm/cm$^3$[①]；$V_n$ 为法向的冲击速度，km/s；$k$=1.8 或 3.0，分别对应于“无孔”或“没有分离剥落”的情况。针对碳纤维复合材料/蜂窝结构体，Taylor 等（1999）也根据大量的测试数据提出了其他模型。Banuelos（2003）也分析复合材料层压板以及它们应用于不同材料配置下的撞击极限。

## 4　冲击屏蔽结构

如图 7 所示，如果目标板被穿透，MOD 颗粒对金属板的初始冲击会形成羽状碎片。第二板或屏蔽结构则可以吸收这些冲击碎片颗粒，从而防止重要航天器结构的损坏。这种双壁布置被称为惠普尔之盾。Hayashida 和 Robinson（2000）所做的碰撞屏蔽设计的调查指出，在低速冲击下，板块间距并非一个需要考虑的因素。而在更高的冲击速度下，碰撞屏蔽板块间距对于减少碎片的冲击能量则是一个重要参数，并且该结构比单一的屏蔽层更有效。试验同时表明，间接的冲击比正常的冲击对屏蔽板造成的破坏要小，即使它们的撞击速度≤9 km/s。

Christiansen（1990a）提出了一个针对屏蔽板撞击极限的经验方程，并由 Banuelos（2003）通过对金属结构的应用分析而验证。基于大量的实验数据，该方程可写为：

$$d_{\mathrm{p}}=0.354\left(\frac{h\rho}{\rho_{\mathrm{p}}V_{\mathrm{p}}\cos\theta}\right)^{\frac{1}{3}}D^{\frac{2}{3}}\left(\frac{\sigma}{276}\right)^{\frac{1}{6}} \tag{12}$$

式中，$d_{\mathrm{p}}$ 为颗粒直径，cm；$h$ 为背板的厚度，cm；$D$ 为目标前板和背板之间的间距，cm；$\rho_{\mathrm{p}}$ 和 $\rho$ 分别为粒子和背板的质量密度，gm/cm$^3$注；$V_{\mathrm{p}}$ 为粒子速度，km/s；$\sigma$ 为材料的静态屈服强度，忽略应变率效应（MPA）；而 $\theta$ 为冲击角度，是冲击方向与法向的夹角。对于屏蔽结构，撞击极限定义为屏蔽后壁阻止弹丸以及/或者羽状碎片撞击航天器的条件。

屏蔽设计的常用方法是使用两个或多个规定间隔距离（$D$）的金属板。其他设计也包括能量吸收蜂窝层，或板之间的高冲击韧性织物（如 Nextel）。图 11 给出了带有测试织物外壳（用于热控制）的复合材料圆柱体在超高速冲击下的高速摄影照片，其内壁有 Nextel 织物“袜子”，旨在减轻此前羽状碎片对类似圆柱体的损坏，如图 11 所示。该粒子从第 1 帧的右手侧运动，初步形成的羽状碎片在第 2 帧中可见。可以看到形成了两个羽状碎片，一个从撞击点反射，粒子的主要羽状结构只是击中了“袜子”（帧 3）。织物屏蔽衰减了羽状（参见帧 4～6 中平坦化的效果）碎片的效果，后壁的“袜子”成功地防止了任何碎片颗粒冲击 CFRP 圆柱背面，如图 12 所示。

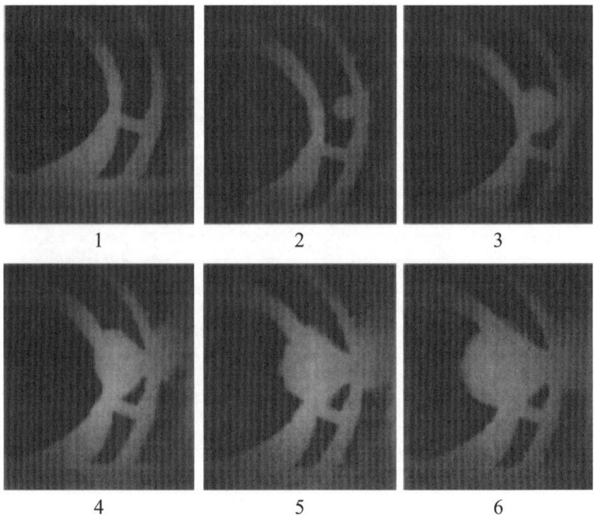


图 11　羽状碎片衰减的高速照片（100 万 pps）

① 原书如此。

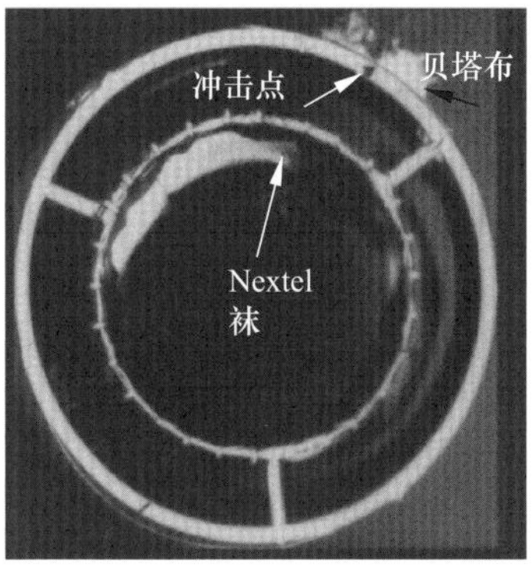


**图 12 具有穿孔和 Nextel 袜的 CFRP 缸照片**
**(没有损坏筒壁后部)**

对于超高速撞击，带有良好 Nextel 屏蔽织物的 CFRP 平板的测试数据由 Lamontagne 等（2001）得出，也证实了它对羽状碎片损害的衰减效应。

## 5 月球环境

在不久的将来，许多国家将共同肩负起人类对月球的探索任务并建立长期的合作。月球不仅能满足我们对地球最近的天体邻居天生的好奇心，还能够进行低重力（地球的 1/6）研究，并进行自然资源的探索。许多科学研究如天文学和宇宙射线的研究，将受益于月球的位置。

在月球的大气情况下，月球表面的撞击主要来源于比较大的颗粒，它们被称为流星体（≥100 μm）。由于较大的尺寸和速度（范围可达 10～72 km/s），它们构成了重大威胁。月球设备和栖息地（更不用说宇航员）若要在月球上长期存在，必须设计一些流星体屏蔽结构。在栖息地中，必须对屏蔽结构进行加压来提供人类所需要的氧气，这点至关重要，一旦泄漏就会导致灾难性的后果。在自然风化层表土上构建这种结构似乎非常合理。Jablonski 和 Ogden（2008）提出，一个厚度约为 50 cm 的土坯可以经受 7 cm 或者更小的流星体的冲击。如果还需要减轻累计辐射曝光的危险，厚度则要达到 5.4 m，这就能确保在 52 cm 流星体冲击下栖息地的完整性。参看图 13 的流星体通量曲线图（Jablonski 和 Ogden，2008），很明显，这样冲击的概率可以低至 $10^{-4}$～$10^{-5}$/($km^2$・年)。不用说，这种屏蔽结构也可以减小月球表面极端温度的影响。

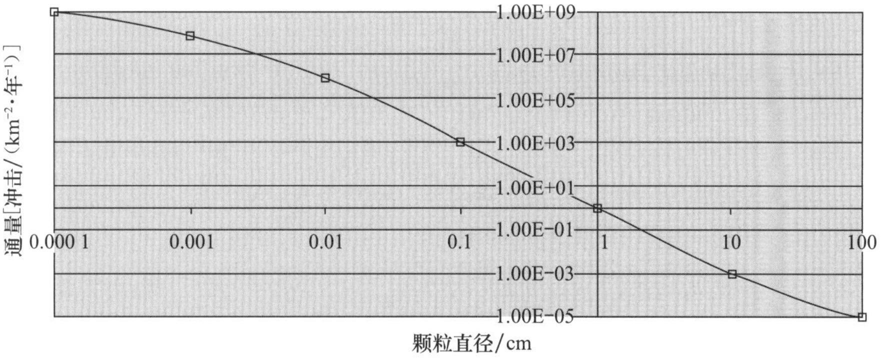


**图 13 月球表面流星体通量上为颗粒大小的函数**

Lindsey（2003），美国宇航学会

## 6 结论

本章涉及了空间环境中的一个方面，确保结构在流星体冲击下的完整性对于空间结构以及栖息地的设计至关重要（见第 4 卷第 206 章）。对于低地球轨道上的结构，因为在过去几年中蓄意破坏或意外碰撞产生的空间设施轨道碎片的指数级增长，这个问题变得更加严峻。在设计过程中面临的主要问题在于它必须根据概率模型，而不是大家熟知的量化设计因素（见第 4 卷第 212 章）。例如，结构和屏蔽的保护重量必须平衡于冲击及其造成损伤的概率。在长期的月球探测中，面临的主要问题是要设计出在受到较大的流星体撞击下仍然安全的月球栖息地。毫无疑问，为确保空间结构与栖息地的结构完整性和运行可靠性，冲击损伤评估模型和缓解策略在设计过程中必不可少。

## 符号列表

| | |
|---|---|
| $A$ | 航天器总面积 |
| $A_i$ | 第 $i$ 个重要组成部分的面积 |

| | |
|---|---|
| CFRP | 碳纤维增强塑料 |
| $D$ | 屏蔽板之间的分离距离 |
| $d_p$ | MOD 粒子大小 |
| $F$ | 通量 |
| $H$ | 轨道高度 |
| $i$ | 倾角 |
| $K$ | 材料常数 |
| $m$ | 弹丸质量 |
| MLI | 多层绝热 |
| $N$ | 通量 |
| pps | 每秒图片量 |
| $P_{NI}$ | 无冲击概率 |
| $P_I$ | 冲击概率 |
| $P_{C/I}$ | 关键组件受冲击的概率 |
| $P_{D/C}$ | 关键组件被损坏的概率 |
| $T$ | 任务时间 |
| $t$ | 板厚 |
| $V$ | 冲击速度 |
| $\rho$ | 弹丸密度 |
| $\sigma$ | 材料的屈服强度 |
| $\theta$ | 冲击角度 |

## 参 考 文 献




Banuelos, J. S. C. (2003) Ballistic limit equation for hypervelocity impact on composite-orthotropic materials. PhD thesis. Rice University, Houston, Texas.

Byrne, G. J., Bretz, D. R., Holly, M. H., Gaunce, M. T. and Sapp, C. A. (1999) Survey of the Hubble space telescope micrometeoroid and orbital debris impacts from Service Mission 2 Imagery. *NASA Orbital Quarterly News*, 12 April 1999.

Christiansen, E. L. (1990a) Advanced meteoroid and debris shield concept. *Tech. Rep.* 90-1336. AIAA/NASA/DOD Orbital Debris Conference, Baltimore, MD.

Christiansen, E. L. (1990b) Investigation of hypervelocity impact damage to space station truss tubes. *Int. J. Impact Eng.*, 10, 125-133.

European Space Agency (2009) *Hypersonic Impacts* http://www. esa. int/esaMI/Space Debris/SEMZ-FL05VQF 1. html (accessed, July 2009).

Fish, R. H. and Summers, J. L. The effect of material properties on threshold penetration. Proceedings *Seventh Hypervelocity Impact Symposium*, vol. VI, February 1965.

Gardner, D. J., McDonnell, A. M. and Collier, I. (1997) Hole growth characterization for hypervelocity impacts in thin targets. Inter. *J. Impact Engineering*, 19, 589-602.

Hayashida, K. B. and Robinson, J. H. (2000) Double-plate penetration equations. *NASA TM*-209907.

Hayashida, K. B. and Robinson, J. H. (1991) Single wall penetration equations. Structures and Dynamics Laboratory, Science and Engineering Directorate, *NASA TM-103565*, George C. Marshall Space Flight Center.

Jablonski, A. M. and Ogden, K. A. (2008) Technical requirements for lunar structures. *J. Aerosp. Eng.*, *Am. Soc. Civil Eng.*, 21, 72-90.

Jones, R., Graziosi, D., Ferl, J., Splawn, K., Zetune, D., Cadogan, D. and Christiansen, E. L. (2006) Micrometeoroid and orbital debris enhancements of shuttle extravehicular mobility unit thermal micrometeoroid garment. Society of Automotive Engineers International Conference on Environmental Systems, July 2006, Norfolk, VA. Paper No. 2006-01-2285.

Lamontagne, C. G., Manuelpillai, G. N., Kerr, J. H., Taylor, E. A., Tennyson, R. C. and Burchell, M. J. (2001) Projectile density, impact angle and energy effects on hypervelocity impact damage to carbon fiber/Peek composites. *Int. J. Impact Engineering*, 26, 381-398.

Lamontagne, C. G. (2003) Hypervelocity impact damage to polymer matrix composite structures in space, PhD thesis, Department of Aerospace Science and Engineering, University ofToronto, 2003.

Lindsey, N. J. Lunar station protection: Lunar regolith shielding. *Proc. Int. Lunar Conf. 2003/Int.. Lunar Working Group* 5; *ILC*2003/*ILEWG* 5; AAS, San Diego. pp. 143-148.

Liou, J. C., Matney, M. J., Anz-Meador, P. D., Kessler, D., Jansen, M. and Theall, J. R. (2002) The newNASAorbital debris engineering model ORDEM2000, NASA/TP-2002-210780.

NASA (2007) Orbital Debris, Quarterly News, vol. 11, ＃3, 2007, http://orbitaldebris. jsc. nasa. gov/newsletter/newsletter. html.

NASA (2009) Orbital Debris, Quarterly News, vol. 13, ＃1, 2009. http://orbitaldebris. jsc. nasa. gov/newsletter/newsletter. html.

Oswald, M., Wegener, P., Stabroth, S., Wiedemann, C., Rosebrock, J., Martin, C., Klinkrad, H. and Vörsmann, P. The master-2005 model. Proceeding 4th European Conference on Space Debris (ESA SP-587) (ed. D. Danesy). 18-20 April 2005, ESA/ESOC, Darmstadt, Germany. p. 235.

Rais-Rohani, M. (2005) On structural design of a mobile

lunar habitat with multi-layered environmental shielding. NASA/CR-2005-213845, Marshall Space Flight Center Alabama 35812, April 2005.

Schafer, F. K., Schneider, E. and Lambert, M. (2004) Review of ballistic limit equations for CFRP structurewalls of satellites. *J. Proceeding 5th Inter. Symp. Environ. Test. Space Program.*, Noordwijk, The Netherlands, ESA SP-558, June 2004. pp. 431-444.

Shortliffe, G. D. and Tennyson, R. C. (1996) Hypervelocity impact tests on composite boom structures for space robot applications. Proc. Canadian Aeronautics and Space Conf. on Astronautics, Ottawa, Canada, November, 1996.

Stamatelatos, M., Apostolakis, G., Dezfuli, H., Everline, C., Guarro, S., Moieni, P., Mosleh, A., Paulos, T. and Youngblood, R. (2002) Probabilistic Risk Assessment Procedures Guide for NASA Managers and Practitioners. Office of Safety and Mission Assurance, NASA Headquarters, Washington, DC 20546, August, 2002.

Taylor, E. A., Herbert, M. K., Vaughan, B. A. M. and McDonnell, J. A. M. (1999) Hypervelocity impact on carbon fibre reinforced plastic/aluminum honeycomb: comparison with Whipple bumper shields. *Int. J. Impact Eng.*, 23, 883-893.

本章译者：袁渊，周储伟（南京航空航天大学航空宇航学院）

# 第 209 章

# 太空腐蚀

Antonius de Rooij
欧洲航天局，欧洲空间技术研究中心，产品保证和安全部，材料和组件技术部，
诺德惠克，荷兰



## 1 引言

在太空环境中，有多种情况可导致腐蚀。无论是载人飞船还是无人卫星均可能处于各种腐蚀环境。例如电池和/或冷却循环中电解质的存在可引起电腐蚀、普通腐蚀和应力腐蚀。这些腐蚀类型和地球上的情况完全一致。航天器的使用期限内，大多数腐蚀风险存在于地面上的制造、组装、测试和/或存储等各个环节。但有一种腐蚀类型通常在地面上没有，即原子氧（ATOX）腐蚀。ATOX 被认为是对航天器材料最严重的危害之一，它发生在海拔 200～700 km。

使航天器材料性能退化的环境包括原子氧环境、紫外线（UV）辐射、电离辐射、超高真空（UHV）、带电粒子、热循环、电磁辐射、微流星体、人造物碎片、微流星体和轨道碎片。在这些环境的共同或单独作用下，航天器材料可能会受到腐蚀、侵蚀、结构变形并且表面粗糙化的影响，这使它的光学、热学、电学、机械性能都有所降低。

## 2 什么是原子氧

ATOX 是由高层大气中光离解的分子态氧在波长小于或等于 243 nm 的太阳射线辐射下产生的（Banks 等，2003）。它是低地球轨道（LEO）大气中的主要成分，如图 1 所示（Peplinski 和 Arnold，1984）。在国际空间站（ISS）的高度（约 400 km）处，原子氧密度为 $10^7$～$10^8$ 个原子/$cm^3$，热能约为 0.1 eV。轨道原子氧密度可由 MSIS-86/CIRA 中性热层赫定模型（Neutral Thermophere Model of Hedin）计算得到（Hedin，1987）。

参照图 1，可将主要的大气成分密度视为高度的函数。空间飞行器在这些高度上的轨道速度为 7.78～8 km/s，在卫星-气体碰撞的相互作用下，该轨道速度对应于氢原子、氮原子、氧原子的碰撞能量分别为 0.34 eV、4.40 eV 和 5.03 eV。

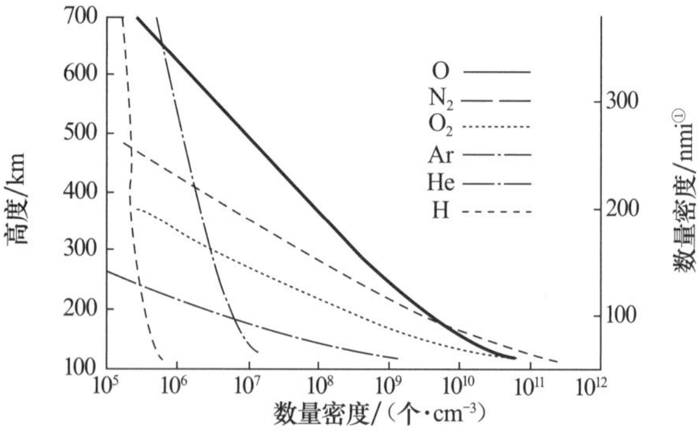


**图 1 低空轨道的大气成分**

如果将重点放在氧原子身上，并认为太阳活动的最大和最小原子氧密度为高度的函数（如图 2 所示），则原子氧流取决于高度、太阳活动、轨道倾角和一年中具体的时间。当氧原子流与以 8 km/s 的速度做轨道运动空间飞行器的外表面碰撞时，将造成 $10^{14}$～$10^{15}$/($cm^2$ · s) 的氧原子冲击流。

① 原书如此。

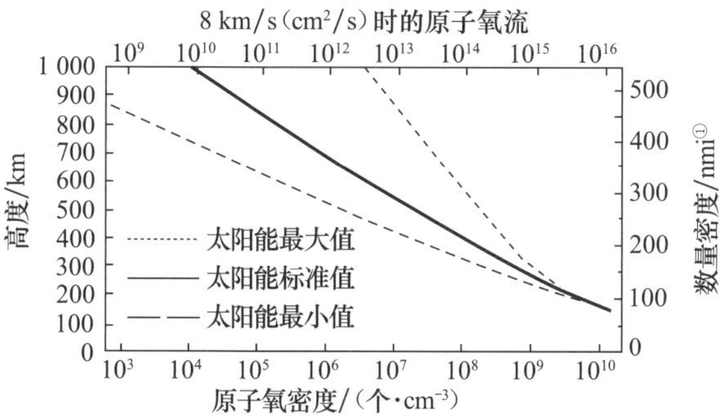


**图 2　低空轨道的大气原子氧密度**

# 3　原子氧效应

当原子氧以轨道速度撞击飞行器表面时会伴随一系列物理化学过程，这些过程包括利用表面原子或吸附分子产生化学反应、弹性散射、以部分或全部热适应进行散射、重组或撞击激发。

原子氧（ATOX）与表面物质的化学反应均可使聚合物、碳和锇形成挥发性氧化物；或形成与表面粘连不良、容易剥落的氧化物，如与银。挥发和剥落的氧化物会加速表面的腐蚀。在一些情况下，该氧化物仍然致密地附着在表面，这种情况会在表面形成氧化保护，所以基础材料不会被侵蚀。对于大多数金属如铝、铜、钢都是这样，同样也适用于硅。大多数聚合物的氧化产物是气体和腐蚀性物质。

可能影响空间材料腐蚀的因素有碰撞的角度、材料的温度、氧化剥落、ATOX 流量、ATOX 通量、协同作用的太阳辐射和 ATOX 碰撞能量，即遵循 Banks 和 Rutledge 顺序（Banks 和 Rutledge，1988）。

## 3.1　ATOX 通量

根据空间运输系统（STS）第 3、4、5 和 8 次飞行的数据显示，暴露在空间中聚酰亚胺腐蚀量和 ATOX 通量没有明显的关系。由于表面的氧化层具有保护性，故银的腐蚀随着 ATOX 通量的增加而延缓。根据从 STS-8、STS-41 和长时间曝光设施（LDEF）获取的信息，未发现腐蚀量和 ATOX 通量有关系。

## 3.2　ATOX 碰撞能量

无论是基于地面的实验室模拟还是空间中的模拟，都已测出了腐蚀物产量和碰撞能量间的关系。在模拟中，聚酰亚胺薄膜的腐蚀物产量与能量 $E$ 的关系可以表示为：腐蚀量$=E^{0.68}$（Ferguson，1984）。

原子氧能量可能对与聚酰亚胺 H 有关的腐蚀物的产量有显著的影响。相对于低地球轨道环境，在射频等离子灰化热能下，具有较高的氯或氟原子含量的材料有异常高的腐蚀物产量。然而，在超高温的能量约 70 eV 下，似乎不存在明确的或简单的化学成分与腐蚀物产量的关系。

银的腐蚀量已经在地面 ATOX 模拟器中使用不同的能量以及在太空飞行中进行过测试，并没有看到效果。这些测试中使用的能量通常都太小，因而对金属键不起作用。

## 3.3　材料温度

实验室试验的温度范围太窄，无法测量聚酰亚胺薄膜、聚酯薄膜和聚氟乙烯薄膜的腐蚀量与温度的任何形式的关系。

金属的腐蚀与氧化物层中氧离子或金属离子的扩散现象有关，这个过程随温度变化。以银为例，材料的温度对于 AgO 与 $Ag_2O$ 之间的相变也起作用，温度约为 100 ℃。这在氧等离子体的地面测试中观察到了数次。

氧化物的转变温度，如熔点和升华温度，同样发挥着重要的作用。锇的原子氧效应显著是因为 $OsO_4$（假设它形成了）的熔点仅为 40 ℃。在低于熔点时它开始升华（温度在 LEO 环境下为＋100 ℃/－100 ℃）。

## 3.4　热应力

由于 LEO 轨道卫星在沿轨道运动时周期性地处于阴影中，因此其外表面会出现热应力。在 LEO 上运动时热应力每 90 min 出现一次，温度变化范围为＋100 ℃～－100 ℃。此温度变化会导致材料出现热应力，并且热膨胀系数的差异会导致金属表面氧化层剥落，使暴露在原子氧环境中的材料逐渐深入内层。

## 3.5　协同效应的太阳辐射

协同效应，如温度和紫外线照射，对于一些材料来说可能很重要，而对于其他材料则不然。一般情况下金属曝光于 UV 中不受影响。

## 3.6　碰撞角度

空间中 ATOX 碰撞角对聚酰亚胺和聚酯薄膜

---

①　原书如此。

的影响研究显示，材料腐蚀率取决于撞击方向与表面法向的夹角 $\theta$（$\cos\theta$）。

### 3.7　间接碰撞

在 STS-5 可以观察到反射的原子氧对银的间接撞击，在那里后侧样品的氧化量是前侧样品氧化量的 25%～50%。在聚酰亚胺上进行的试验（Banks、de Groh 和 Miller，2006）也显示出了同样的结果。

### 3.8　原子氧对金属的作用

在很多次 STS 飞行中及在 LDEF、Eureca（欧空欧洲第二代空间平台）和地面上都进行过金属的试验。大部分的试验对象为银，当时银被用作哈勃太空望远镜太阳能电池的联网装置材料。在地面进行的一系列试验也都使用银，而扩展试验使用的是其他金属。

银在原子氧中的氧化过程呈线性-二次化，这是 de Rooij（1989）提出并由 Chambers、Harris 和 Roberts（1996）试验验证的。银的氧化过程如方程所述，氧化层中机械或热荷载引入的内部应力引起氧化层开裂，最终剥落，使内层裸露的银再次暴露到原子氧中。这个过程不断重复，直到银完全被氧化。氧化银非常脆弱且多孔，氧化物和金属的体积比>2，介于氧化物与金属之间。典型的氧化层剥落深度在 0.5 μm 左右。这种周期性的氧化物层剥落导致银整体按线性方式退化。在相对较短的航天飞机飞行任务中，银在 3～4.5 μm 的深度层中发生退化，具体的深度取决于表面与速度矢量的垂直度。



人们已建立一个氧化层模型来预测银在 ISS 轨道周期中的原子氧氧化，如图 3 所示。高温环境下氧化发展的机理是氧化层中的扩散。扩散受温度调控，在室温下能观察到大量氧化，这说明在低温下金属中也有一个不同的氧化过程，或者至少是一个平行的氧化过程也在进行，低温下金属的氧化过程为微孔气体流通。

微孔气体运输可以通过数种机制来实现，包括自由分子流（Knudsen 流）、分子流、黏性流动和表面扩散。在非常低的压力下，原子氧的平均自由程比孔的尺寸大，与孔的内壁碰撞的频率比其他的原子氧之间的碰撞频率高。这一机制被称为自由分子流机制。在低地球轨道处，氧原子的密度大约是 $10^8$ 原子/cm$^3$，则平均自由程为 $10^7$ μm，这远远大于预期的孔隙尺寸。

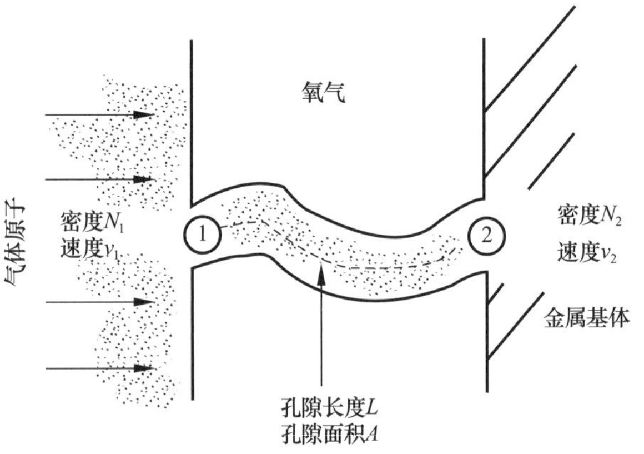


**图 3　带孔氧化层模型**

通过孔隙的原子数量由孔隙的传导性决定，包括以下两个方面。

（1）原子进入孔隙率。

（2）进入孔隙原子的输运概率。

在孔隙入口处密度为 $N_1$ 的气体在孔的另一面流动速度为 $F_k$：

$$F_k = \omega \bar{v}(N_1 - N_2) \tag{1}$$

式中，$\omega$ 为纲量为 1 的概率因子；$\bar{v}$ 为孔隙中原子的平均速率。

由于与孔壁碰撞，进入孔隙中的原子发生散射而损失速度，它们的速率降至 $\bar{v}$。

则 $N_1$ 的表达式为：

$$N_1 = \frac{Nv}{\bar{v}} \tag{2}$$

式中，$N$ 为原子氧密度；$v$ 为飞行器的速率；$Nv=\phi$，为作用在飞行器上原子氧的流量。

$$\bar{v} = \sqrt{\frac{8RT}{\pi M}} \tag{3}$$

式中，$R$ 为气体常数；$T$ 为温度；$M$ 为摩尔质量。

概率因子 $\omega$ 取决于孔隙的几何形状，可由 Clausing 因子公式计算得到：

$$\omega = \left(1 + \frac{3}{16}\frac{L_r H}{A}\right)^{-1} \tag{4}$$

式中，$L_r$ 为微孔的实际长度；$H$ 为微孔的周长；$A$ 为微孔的横截面面积。

孔通过氧化层有一条特定的通道，它与垂直距离 $y$，即氧化层厚度有关，可通过曲率 $\tau$ 表示：

$$\tau = \frac{L_r}{y} \tag{5}$$

只有百分比为 $\varepsilon$ 的表面孔隙会出现 Knudsen 流动。

总之，我们将式（2）、式（4）、式（5）代入式（1），可得原子氧流经多孔层的流量：

$$F_k = \varepsilon\left(1+\frac{3}{16}\frac{Hy\tau}{A}\right)^{-1}(\phi - N_2\bar{v}) \tag{6}$$

通过直接通道和网络通道的扩散，其速度是由多孔层两侧的原子浓度差决定的。外侧的密度由式（2）给出，在靠金属侧，密度为 $N_2$。通过氧化层的原子流量（不包含通过孔隙的）可以写作：

$$F_d = \frac{D(1-\varepsilon)}{y}\left(\frac{\phi}{\bar{v}} - N_2\right) \tag{7}$$

式中，$D$ 为扩散系数$=D_0\exp\left(\frac{-Q}{RT}\right)$。

到达金属表面的原子氧最终将与金属基体反应，形成氧化物。这种类型的反应通常是线性的，并且氧化物流量为：

$$F_0 = KN_2 \tag{8}$$

式中，$K$ 为金属的氧化速率，且 $K=K_0\exp\left(\frac{-Q}{RT}\right)$。

稳态时，通过孔隙的氧化物流量和扩散的氧化物流量之和必须等于氧化产生的氧化物总量。

$$F_k + F_d = F_0 \tag{9}$$

单位氧化物流量与氧化增长率之间的关系为：

$$\left(\frac{\mathrm{d}y}{\mathrm{d}t}\right)_{\mathrm{OX}} = C\Omega_r F_0 \tag{10}$$

式中，$C$ 为从氧原子（$cm^3$）到金属氧化物（$cm^3$）的转化因子，银的转化因子为 $1.705\ 20\times10^{-23}$；$\Omega_r$ 为在孔隙作用下氧化物/金属的实际体积比：

$$\Omega_r = \frac{\Omega_{th}}{(1-\varepsilon)} \tag{11}$$

式中，$\Omega_{th}$ 为氧化物与金属的理论体积比，银为1.6。

将式（6）～式（8）代入式（9）可推出 $N_2$ 的表达式，由气流流量和扩散流量的表达式以及式（10）可得到氧化物增量的控制方程，方程由氧化物层中的气体流和扩散的传输机制主导。

$$\left(\frac{\mathrm{d}y}{\mathrm{d}t}\right)_{\mathrm{OX}} = \frac{CK\dfrac{\Omega_{th}}{(1-\varepsilon)}\dfrac{\phi}{\bar{v}}}{1+\dfrac{Ky}{\dfrac{\varepsilon\bar{v}y}{1+\dfrac{3Hy\tau}{16A}}+D(1-\varepsilon)}} \tag{12}$$

运用常规算法，经过代数运算后可得：

$$\frac{\Omega_{th}CK\phi t}{\bar{v}(1-\varepsilon)} = y^2\frac{KP_c}{2W} + y\left(1+\frac{K}{W}-\frac{KP_cD_\varepsilon}{W^2}\right) - V\left(\frac{K}{W}-\frac{KP_cD_\varepsilon}{W^2}\right) \tag{13}$$

式中，$P_c=\frac{3H\tau}{16A}$；$D_\varepsilon = D(1-\varepsilon)$；$W=\varepsilon\bar{v}+P_cD_\varepsilon$；

$$V = \frac{D_\varepsilon}{W}\log\left(1+\frac{Wy}{D_\varepsilon}\right)。 \tag{14}$$

当不考虑气体流量时，上述的一般方程就化简为众所周知的线性二次方程：

$$\frac{y^2}{D}+\frac{2y}{K} = \frac{2\Omega_{th}C\phi t}{\bar{v}} \tag{15}$$

当没有扩散流量，只有气体流量时，式（13）可以简化为：

$$y^2P_c + \frac{2\bar{v}\varepsilon}{K}y = \frac{2\Omega_{th}C\varepsilon\phi t}{1-\varepsilon} \tag{16}$$

注意到气体流量方程（16）也是线性-二次的，即当 $y$ 非常小的时候，式（16）中的温度影响很小且仅存在于线性部分。当氧化层变厚时，由于原子与孔壁的碰撞作用，通过孔的气体流量呈二次型。扩散方程（15）中温度因素同时存在于线性和二次型中。它表明，在低温下通过孔隙的气体流量占主导地位，而在高温下扩散的气体流量是主体。

对于一个典型的 ISS 轨道周期，银每年的损失量为 11.5 μm，不考虑脱落时氧化层厚度可达到 23 μm；考虑氧化银完全脱落时，损失量最多可达到每年 300 μm。

太阳能电池联网装置的材质通常为银箔，厚度为 20 μm，太阳能电池之间的位移会在箔上形成循环应力释放。这个离面循环是机械力造成的。原子氧效应在离面应力释放循环中最突出。在这个区域中，制造应力和因温度骤变产生的应力很大，以往的经验表明，在这些区域中的氧化层容易剥落，而新的表面就暴露于原子氧环境中（图 4）。在平坦的表面上，这样的作用则不太明显，而主要是氧化层与金属母体体积上的差别造成了氧化层开裂。受影响最大的是与原子氧直接碰撞的表面，然而非直接碰撞的表面也受到了影响，银样本的后侧也出现了氧化层，尽管被氧化的程度比较小，通常是前面的裸露的银的 25%～50%。

镀金是保护银不被原子氧氧化的一种方式。金在理论上不会受到原子氧的影响，并且当它很薄时，也不会妨碍应力释放循环。与所有的防护涂层一样，它们应该保持完好，但制造或使用期间造成的变形会破坏涂层的完整性，使之变得不可靠。

镀金方案最终被否决，因为离面应力释放循环中，镀金层不可能保持完好。曾多次发现镀金层有裂纹（特别是在离面循环）或包含小的针孔型缺陷

（图 5）。

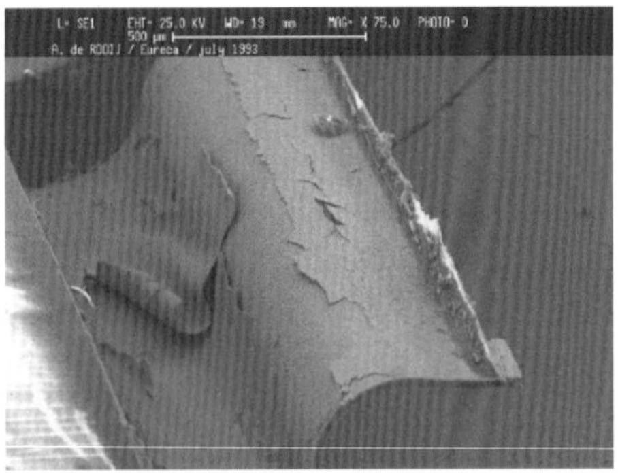


**图 4 从欧洲可回收装载系统回收的银联网装置，它显示了氧化层剥落，下面裸露的银再次被氧化的过程**

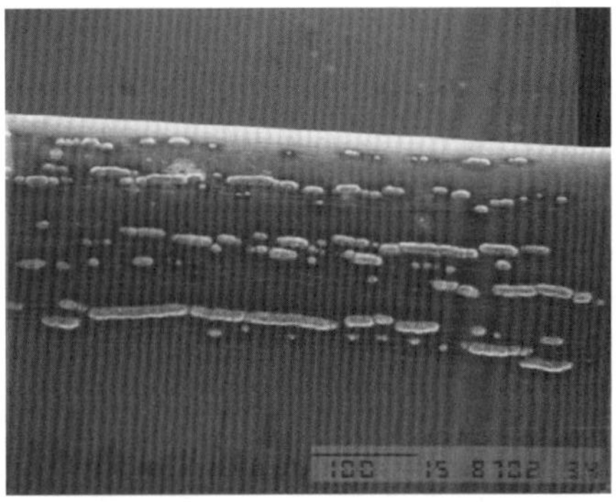

**图 5 镀金银暴露在原子氧中后被弯曲，水平的物体为镀金缺陷处的氧化银**



这些缺陷会使镀金层下面的银被氧化。镀金层下面会出现大孔并且表面的银被氧化（图 6）。

**图 6 含损伤镀金层的一个微观切片。它表明在镀金层表面下，银也受到了侵蚀**

在低地球轨道环境中，不应使用外部表面易被原子氧侵蚀的材料，对于原子氧能接触到的表面，应采用低腐蚀或低腐蚀物产生的材料来保护诸如银这样的材料。其他用于试验的金属有铜、金、铝、不锈钢、钽、铝的合金和钼。对这些材料分别进行带涂层和不带涂层的暴露试验，如对有机硅。LDEF 任务期间对铜进行裸露试验，它的表面严重发黑（暗红色），光学特性改变显著，原因在于氧化亚铜黏附在表面。其他组的试验包括锇、铂、镍、铁、合金和碳。

### 3.9 原子氧与非金属作用

玻璃和陶瓷本身由氧化物组成，不会被进一步氧化，未见退化记录。

### 3.10 原子氧与有机物作用

通过轨道和地面测量的数据可查证，大部分烃聚合物和活性金属与轨道原子氧反应剧烈。含有机硅、氟化物、氧化物和重金属的材料可认为短期暴露在原子氧中时呈相对惰性。然而，从 LDEF 回收的样本显示：在经历了原子氧长期暴露后，很多材料性能退化严重。

Miller、Banks 和 Waters（2006 年）所做的试验表明，一些具有协同效应的腐蚀环境对于不同的聚合物产生的效果是不一样的，每个聚合物对环境中不同的变量敏感。预测某种材料在空间环境中的耐原子氧腐蚀性是一项非常复杂的任务，因为每种材料对环境中不同的变量敏感。

### 3.11 原子氧与润滑油作用

原子氧会严重影响二硫化钼润滑剂的磨损寿命。二硫化钼薄膜在 50℃～70℃时沉积，通过测量发现，暴露在原子氧中的二硫化钼表面初始摩擦系数很高（达到 0.25），在空气和超高真空中运作数周期后又跌到了较低的值（Cross，1990）。钼氧化物一旦形成，即可形成保护层以防止原子氧的进一步侵蚀。由于部件运作导致氧化层的开裂和脱层，所以会减少膜的磨损寿命。

### 3.12 在有缺陷的保护层之间捕获原子氧

虽然被原子氧侵蚀的内部或内表面可能并没有直接暴露在 LEO 原子氧流中，但对于脆弱的内表面，散射撞击也会使其严重退化。

原子氧不仅会侵蚀直接暴露在原子氧流中的表面，也会侵蚀不直接暴露的表面，这种表面通过某种方式接触到原子氧而被氧化。例如，欧洲可回收装载系统上进行的热毯遮挡超高宇宙射线（UHCRE）试验，此热毯包括四层，最外层为特氟隆，中间层为银和铬镍铁合金，内层为黑漆（图 7）。

从微陨石造成的孔洞中渗漏进来的 ATOX 氧化了里层的银（图 8）。ATOX 冲击喷射出的氟/碳原子在银层上生成了圆形图案，这是由冲击导致的激波和 FEP 蒸发造成的。

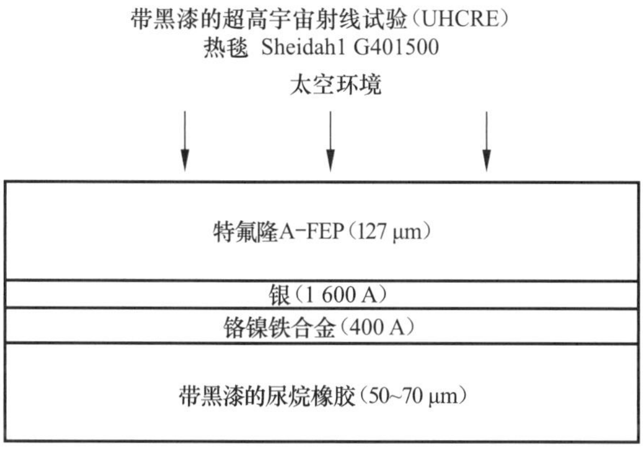


**图 7　超高宇宙射线实验（UHCRE）的热毯设计**

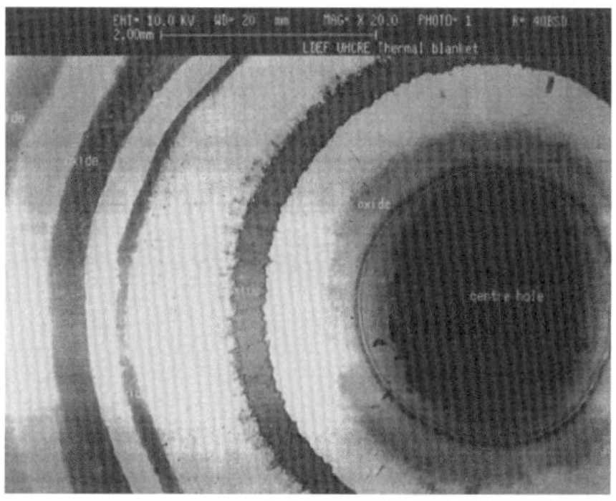

**图 8　扫描电镜（SEM）背向散射图像。UHCRE 热毯中 FEP 顶层下银层上的氧化圆环，中心孔是由一个微陨石撞击造成，黑环为氧化银，在环之间存在着浓度逐步增加的氟**

由于这种冲击，银层局部从 FEP 上脱落。通过 FEP 中的孔，银被原子氧氧化，在圆形区域 FEP 的蒸发和冲击波形成了一层薄氟/碳层，此处银有可能不被侵蚀。通常情况下，这些薄膜层没能起到很好的保护作用，但入侵的原子氧只在孔的中心能量最高，远离中心的地方，银层受到反射回来的原子氧的侵蚀，其能量相对而言低很多，无法破坏氟/碳保护层。

采用镀铝的聚酰亚胺热毯保护国际空间站（ISS）光伏阵列盒垫，但在 0.025 4 mm 厚的聚酰亚胺热毯的两层镀铝表面之间捕获了原子氧，因此认为对原子氧防护实际上是缺失的。有缺陷的镀铝表面暴露在空间中，使原子氧能够侵蚀孔隙。

可以通过蒙特卡罗计算建模预测原子氧流的氧化衰减效应。二维蒙特卡罗模型已被用于这样的预测（Banks、Stueber 和 Norris，1998）。

## 4　测试

原子氧腐蚀测量技术应当遵从 ASTM 规程 E2089-00 中的协议，这个协议是关于空间应用材料的原子氧作用地面试验评估的标准操作（Banks 等，2006）。

### 4.1　飞行测试

用作航天飞机的有效载荷舱的材料表面，在 STS-1～STS-3 航天任务期间暴露在空间中，此后对其进行了检测（Leger，1982）。

碳、银、锇制成的薄膜，在航天飞机 STS-4 任务期间暴露在空间中，用来检测它们与氧原子的预期反应（Peterson、Linton 和 Miller，1983）。

在航天飞机飞行任务 STS-8 和 STS-17 期间，裸银样品和部分涂银样品暴露于低地球轨道的条件下（de Rooij，1985）。人们对金属（尤其是银）表面原子氧的侵蚀-腐蚀影响做了研究，并研究了银的保护方案。

飞行任务 STS-46 在轨道进行了大量的试验，试验依据氧与材料（EOIM-Ⅲ）第三相的相互作用评价进行分组。 

Solar Max（1984）① 带回的材料也得到一些结果，但这并不是计划中的试验。

LDEF 是一个大的圆柱形空间试验机架，它将各种材料样品暴露在太空约 5.7 年，于 1990 年从太空中回收。

Eurec 的回收给研究暴露在低空地球轨道中的表面与原子氧的反应提供了条件，在 1992—1993 年，同样材料的表面大面积暴露在太空中。

哈勃太空望远镜的第一个太阳能电池板在使用了 3 年后被回收，对上面的所有材料都进行了检查，包括银、镍、不锈钢、铜和聚酰亚胺。

聚酰亚胺 H 样品在飞行任务 STS-105 期间被运送到 ISS 外部的国际空间站，这些材料在飞行任务 STS-114 时被回收。

迄今为止，国际材料空间站试验（MISSE）中已经有 5 个被动试验载体（MISSE1-5）被发射进太空，它们连接在国际空间站（ISS）的外部，暴露在太空中，然后返回地球进行分析。

① 后参考文献无此条目，原书如此。

低地球轨道的材料暴露照射和降解试验（MEDET）将主动监控材料的动态降解，获取有关国际空间站环境的信息，包括污染、原子氧、紫外线、X射线辐射、微流星体和碎片。

## 4.2 原子氧的地面测试

根据分子氧解离所涉及的物理过程，可将现有的AO束源分类：激光诱导分解、微波离解、离子中和、电子模拟解吸附及光解离（Kleiman等，2006）。

AO源正用于世界各地的许多研究中心：NASAMSFC、NASAJPL、蒙大拿州立大学（美国）、ESTEC（荷兰）、ONERA/DESP（法国）、ITL/UTIAS（加拿大）、神户大学（日本）。

### 4.2.1 RF原子氧等离子体（等离子体刻蚀）

地面研究中AO采用13.56 MHz的等离子灰化器与氧气或空气作用生产。这种类型的灰化使用低压、射频诱导的气体放电产生ATOX。等离子体中含有多种可能的侵入杂质，如原子、原子离子、分子离子、多种激发态物质、臭氧等。氧化反应可能与UV光子、目标加热、充电效应等影响结合起来。



### 4.2.2 端霍尔离子源

端霍尔离子源是一个永久磁离子源，它产生的光束 $O_2^+$ 几乎完全可以忽略不计其中的 $O^+$ 或 $O^{++}$ 离子。能量分布中有两个不同的能量峰（一个约为40 eV，一个约为85 eV），平均能量约为70 eV。一种水冷却的热辐射屏障可用于屏蔽位于下游的样品，并防止样品被端部阴极霍尔源的热辐射所加热。

### 4.2.3 等离子中和

等离子中和是利用微波能激发氧气来产生氧等离子体。等离子体在电磁场的影响下成为一个离子束，氧等离子束被一个电场加速，电场由负偏压金属板产生。加速后的氧等离子体束与平板相撞，被板上的负电荷中和后反弹形成中性的、有冲击动能的ATOX束。

### 4.2.4 脉冲激光分解

ATOX源的概念基于脉冲激光诱导击穿（LPIB）原则，物理科学公司（PSI，Andover，MA）在美国对此进行研究和试验。首先，氧分子由一个高速分子束转换阀以气体的形式喷出，然后被强制通过一个喷嘴的喉部，部分填充喷嘴后，一束从脉冲 $CO_2$ 激光器（波长10.6 μm）发出高能量的光束被同步聚焦于所注入的气体，这个过程中气体将被分解成为温度非常高（>20 000 K）的等离子体。由气体动力学理论可知，爆炸造成的冲击波通过喷嘴传播，将等离子体热能转换为定向速度，膨胀的冷却使等离子中和形成氧原子。但要保持足够高的膨胀率以及足够低的密度，以防止这些原子再结合成分子。具有热力学低温（低随机速度，即数千开尔文）的和高定向能量的ATOX束最终穿过了喷嘴通向样品。

在一调节系统中，使用液氮作为冷源，使用与样品支架配合的热电阻作为热源，使热循环在−150 ℃～150 ℃以10 ℃/min的梯度进行。样品支架还能进一步旋转到与射线方向呈70°的弓角。

# 5 结论

在试验室中原子氧对表面的影响可能与在低地球轨道上原子氧对暴露表面的影响不同。在轨道上，暴露的样品经历着+100 ℃～−100 ℃的热循环，这可能对某些氧化物产生有害影响。原子氧侵蚀和热循环的同时作用可类比于静态应力和腐蚀（应力腐蚀）、疲劳和腐蚀（腐蚀疲劳），共同作用的影响会超出单独作用效果叠加的影响。纯金属本身几乎不受热循环影响，相比20 keV $O^{2+}$ 轰击下的溅射率，原子氧对金属，如金、钯、铝的作用效果在可控范围之内。银（和锇）的腐蚀产率值需在同一个数量级，然而，在低地球轨道下观察到银和锇发生了很大的变化，这是原子氧侵蚀和热偏移联合作用的结果。因此，地面测试材料在低地球轨道的性能时，应始终把氧原子侵蚀与热循环结合起来。为了预测材料在低地球轨道的性能，必须精确地模拟低地球轨道环境条件，或至少了解材料在模拟环境下的性能与太空中性能的关系。

## 参考文献

Banks, B. A., Waters, D. L., Thorson, S. D., de Groh, K. K., Snyder, A., and Miller, S. (2006) Comparison of atomic oxygen erosionyields of materials at various energies and impact angles. Proceedings of the 10th ISMSE& the 8th ICPMSE, Collioure, France (ESA SP-616, September

2006).

Banks, B. A., de Groh, K. K. and Miller, S. K. (2006) MISSEscattered atomic oxygen characterization experiment. MISSEPost-Retreival Conference, Orlando, Florida.

Banks, B. A., Miller, S. K. R., de Groh, K. K. and Demko, R. (2003) Atomic Oxygen Effects on Spacecraft Materials. NASA/TM-2003-212484.

Banks, B. A. and Rutledge, S. K. (1988) Low earth orbital atomic oxygen simulation for materials durability evaluation. Proceedings of the Fourth European Symposium on Spacecraft Materialsin the Space Environment, pp. 371-392.

Banks, B., Stueber, T. and Norris, M. (1998) Monte Carlo computational modeling of the energy dependence of atomic oxygen under cutting of protected polymers. Fourth International Space Conference, ICPMSE-4, Toronto, Canada.

Chambers, A. R., Harris, I. L. and Roberts, G. T. (1996) Reactions of spacecraft materials with fast atomic oxygen. *Mat. Lett.*, 26, 121-131.

Cross, J. B., Martin, J. A., Pope, L. E., and Koontz, S. L. (1990) Atomic oxygen-MoS2 chemical interactions. *Surf. Coat. Technol.*, 42 (1), 41-48.

de Rooij, A. (1985) The degradation of metal surfaces by atomic oxygen. Proceedings of the Third European Symposium on Spacecraft Materials in Space Environment, Noordwijk, The Netherlands.

de Rooij, A. (1989) The oxidation of silver by atomic oxygen. *ESAJ.*, 13, 363.

Ferguson, D. C. (1984) The energy dependence and surface morphology of Kapton degradation under atomic oxygen bombardment. Proceedings of 13th Space Simulation Conference: The Payload-Testing for Success, Orlando, FL.

Hedin, A. E. (1987) MSIS-86 thermospheric model. *J. Geophys. Res.*, A5 (92), 4649.

Kleiman, J., Horodetsky, S., Sergeyev, V. and Issoupov, V. (2006) CO2-laser assisted atomic oxygen beam sources: research, developmentand optimization of operational parameters. Proceedings of the 10th ISMSE & the 8th ICPMSE, Collioure, France.

Leger, L. J. (1982) Oxygen Atom Reaction with Shuttle Materialsat Orbital Altitudes. *NASA TM 58246*.

Miller, S. K. R., Banks, B. A. and Waters, D. L. (2006) Investigation into the differences in atomic oxygen erosion yields of materialsin ground based facilities compared to those in leo. Proceedingof the 10th ISMSE & the 8th ICPMSE, Collioure, France.

Peplinski, D. R. and Arnold, G. S. (1984) Introduction to: simulation of upper atmosphere oxygen satellite exposure to atomic oxygen in low earth orbit. 13th Space Simulation Conference, Orlando, Florida.

Peterson, P. N., Linton, R. C. and Miller, E. R. (1983) Results of apparent atomic oxygen reactions on Ag, C, and Osexposedduring the shuttle STS-4 orbits. *Geophys. Res. Lett.*, 10, 569-571.



本章译者：陈雅薇，周储伟（南京航空航天大学航空宇航学院）

# 第 210 章

# 材料的太空飞行试验

Kim K. de Groh
NASA 格林研究中心，克利夫兰，俄亥俄州，美国



## 1 太空飞行试验介绍

航天飞行器外表面材料受很多环境条件威胁，其均可能造成性能退化。这些威胁包括太阳紫外线辐射（UV）、高能粒子（电离）辐射、极端温度、热循环、来自微流星体和轨道的碎片（MMOD）、环境引发的污染和低地球轨道（LEO）的原子氧等。空间环境对航天飞行器中各组件的威胁程度差别很大，取决于材料种类、厚度、应力、特定的任务环境（包括任务轨道参数、太阳周期和太阳活动、飞行器表面与太阳的视角、飞行器表面相对于近地轨道的速度向量）及任务持续时间（Dever 等，2005）。材料太空飞行试验自从 20 世纪 70 年代起在太空实验室（Skylab）开始实施，它帮助人们了解空间环境对航天飞行器材料、元件和设备的影响。

Skylab 是美国首个实验性空间站，它发射于 1973 年 5 月 14 日，包含了第一批材料暴露在空间环境中的实验，如美国国家航空航天局（NASA）的热控涂层实验（M415）和怀特帕特森空军基地的热控涂层材料实验（D024）（Belew 和 Stuhlinger，2004），空军的试验件包括四块板：两块带有热控涂层，另外两块带有聚合物样品，每种板中的一块在 Skylab 二号 SL-2 飞行期间（1973 年 6 月 22 日返回）被回收，其他的板材在 SL-3 任务中被回收（1973 年 9 月 25 日返回），它们提供了第一批经历了空间不同暴露时间的材料试验件（Belew 和 Stuhlinger，2004）。此外，ATM 污染测量实验（T027）在空间环境中进行了一些光学材料的短时间暴露辐射，测量因污染造成的光学性能变化（Belew 和 Stuhlinger，2004）。

1977 年 9 月，苏联在其礼炮 6 号空间站上的可移动盒（FM-110）里进行了材料暴露的飞行试验（Tribble 等，1995），其在 1978 年 7 月（312 天后）被回收。1982 年，苏联人在礼炮 7 号上增加了额外的可移动盒，此后于 20 世纪 80 年代末在和平号空间站上也增加了移动盒。在 20 世纪 90 年代，他们在和平号上放飞了可移动盒容器（RCC）（Tribble 等，1995），2000 年年初，他们在国际空间站外部添加了一个可替代的盒容器设备（SKK 或者叫 CKK）。

自 1982 年第一个材料太空暴露实验在 STS-5 上进行以来，在 20 世纪 80 年代和 90 年代，利用航天飞机又进行了短期的太空照射实验（约等于 40 h 的照射）。由于该舱沿着速度方向飞行，这些实验一般都在航天飞机的有效载重舱内进行，或者把试验件固连到航天飞机远程操纵系统（RMS）上（Leger，1982）。

从 20 世纪 80 年代中期至 90 年代中期，进行了一些长期自由飞行试验［长期暴露设备（LDEF）、欧洲可回收运载器（EURECA）、空间飞行单元上的照射设施（SFU/EFFU）］，在 20 世纪 90 年代中期，一些欧洲空间机构（ESA）和 NASA 在和平号外部进行了一些实验。

从 2001 年起，在国际空间站（ISS）外进行更长周期的材料空间照射实验，表 1 汇总了用于空间环境耐久性评估的大部分主要太空飞行试验情况。材料的太空飞行试验除了提供实际的空间环境劣化

数据外，也提供了重要的飞行传承数据，这些数据对于开发预测模型和地面设备数据校准有重要意义。

**表 1　材料空间环境耐久性评价的太空飞行试验**

| 任务类型 | 飞行试验名称 | 缩　写 | 责任单位 | 发射飞行器 | 配置时间 | 回收飞行器 | 回收时间 | 空间照射时长 |
|---|---|---|---|---|---|---|---|---|
| 太空实验室 | 热控涂层实验（D024）热控涂层（M415）和 ATM 污染测量（T027） | Skylab，M415，D024，T027 | NASA | 土星 5 号火箭 | 1973. 5. 14 | 土星 1B | 1973. 6. 22 和 1973. 9. 25 | 不同周期 |
| 短期飞船实验 | STS-5（评估材料 Ⅰ 与氧的相互作用） | STS-5 | NASA | STS-5 哥伦比亚号 | 1982. 11. 11 | STS-5 挑战者号 | 1982. 11. 16 | 44 h |
| | STS-8（评估材料 Ⅱ 与原子氧的相互作用） | STS-8 | NASA | STS-8 挑战者号 | 1983. 8. 30 | STS-8 挑战者号 | 1983. 9. 5 | 41. 75 h |
| | STS-41G 和先进复合材料空间照射实验 | STS-41G ACOMEX | NASA 与加拿大航空局 | STS-41G 挑战者号 | 1984. 10. 5 | STS-41G 挑战者号 | 1984. 10. 13 | 38 h |
| | 国际卫星通信组织太阳阵列 | ISAC | NASA | STS-41 发现号 | 1990. 10. 6 | STS-41 发现号 | 1990. 10. 10 | 46. 5 h |
| | 评估材料 Ⅲ 与氧的相互作用 | EOIM-Ⅲ | NASA | STS-46 亚特兰蒂斯号 | 1992. 7. 31 | STS-46 亚特兰蒂斯号 | 1992. 8. 8 | 42 h |
| | 有限周期空间环境照射实验 1，2，3 | LDCE-1，2，3 | NASA | STS-46 亚特兰蒂斯号 | 1992. 7. 31 | STS-46 亚特兰蒂斯号 | 1992. 8. 8 | 41 h |
| | 低地球轨道材料照射实验 | MELEO | 加拿大航空局 | STS-52 哥伦比亚号 | 1992. 10. 22 | STS-52 哥伦比亚号 | 1992. 11. 1 | 30 h |
| | 有限周期空间环境照射实验 4，5 | LDCE-4，5 | NASA | STS-51 发现号 | 1993. 9. 12 | STS-51 发现号 | 1993. 9. 22 | 38 h |
| | 有限周期空间环境照射实验 6，7，8 | LDCE-6，7，8 | NASA | STS-62 哥伦比亚号 | 1994. 3. 4 | STS-62 哥伦比亚号 | 1994. 3. 18 | 不同周期 |
| | 证明评估材料空间环境影响操纵装置飞行 | MFD/ESEM | NASA 和 NASDA | STS-85 发现号 | 1997. 8. 7 | STS-85 发现号 | 1997. 8. 19 | 54 h |
| Free-Flyers | 长周期照射设备 | LDEF | NASA | STS-41C 挑战者号 | 1984. 4. 7 | STS-32 发现号 | 1990. 1. 12 | 69 个月 |
| | 欧洲可回收载具 | EURECA | ESA | STS-46 亚特兰蒂斯号 | 1992. 7. 31 | STS-57 奋进号 | 1993. 6. 24 | 11 个月 |
| | 空间飞行单元的照射设备单元 | SFU/EFFU | JAXA/NASDA | H-Ⅱ 火箭 | 1995. 3. 18 | STS-72 奋进号 | 1996. 1. 13 | 302 天 |
| 长期和平号实验 | 可去除盒式容器实验-1 | RCC-1 | 俄罗斯 | 进步号 | 1990. 1. 11 | 联盟号 | 1991. 4. 26 | 470 天 |
| | 可去除盒式容器实验-2 | RCC-2 | 俄罗斯 | 进步号 | 1990. 1. 25 | 联盟号 | 1992. 2. 21 | 756 天 |
| | 欧洲科学照射设备 | ESEF | ESA | 联盟号 TM-22 | 1995. 9. 3 | 联盟号 TM-22 | 1996. 2. 29 | 179 天 |
| | 米尔环境影响载荷 | MEEP | NASA | STS-76 亚特兰蒂斯号 | 1996. 3. 25 | STS-86 亚特兰蒂斯号 | 1997. 10. 1 | 18 月 |
| | 光特性监视实验 | OPM | NASA | STS-81 亚特兰蒂斯号 | 1997. 4. 29 | STS-89 奋进号 | 1998. 1. 9 | 256 天 |
| 长期国际空间站实验 | 材料国际空间站实验 1，2 | MISSE 1，2 | NASA | STS-105 发现号 | 2001. 8. 16 | STS-114 发现号 | 2005. 7. 30 | 3. 95 年 |
| | 模块/微粒子捕捉器和空间环境照射设备 1 | SM/MPAC 和 SEED 1 | JAXA | 进步号 M-45（5P） | 2001. 10. 15 | 联盟号 TM-34（4S） | 2002. 8. 26 | 315 天 |

续表

| 任务类型 | 飞行试验名称 | 缩　写 | 责任单位 | 发射飞行器 | 配置时间 | 回收飞行器 | 回收时间 | 空间照射时长 |
|---|---|---|---|---|---|---|---|---|
| 长期国际空间站实验 | 模块/微粒子捕捉器和空间环境照射设备 2 | SM/MPAC 和 SEED 2 | JAXA | 进步号 M-45（5P） | 2001.10.15 | 联盟号 TMA-3（7S） | 2004.2.26 | 865 天 |
| | 模块/微粒子捕捉器和空间环境照射设备 3 | SM/MPAC 和 SEED 3 | JAXA | 进步号 M-45（5P） | 2001.10.15 | 联盟号 TMA-6（10S） | 2005.8.18 | 1 403 天 |
| | 材料国际空间站实验 5 | MISSE 5 | NASA | STS-114 发现号 | 2005.8.3 | STS-115 亚特兰蒂斯号 | 2006.9.15 | 1.12 年 |
| | 材料国际空间站实验 3，4 | MISSE 3，4 | NASA | STS-121 发现号 | 2006.8.3 | STS-118 奋进号 | 2007.8.18 | 1.04 年 |
| | 欧洲技术照射设备/材料照射和劣化实验（MEDET） | EuTEF/MEDET | ESA | STS-122 亚特兰蒂斯号 | 2008.2.15 | STS-128 发现号 | 2009.9.1 | 1.55 年 |
| | 材料国际空间站实验 6 | MISSE 6 | NASA | STS-123 奋进号 | 2008.3.22 | STS-128 发现号 | 2009.9.1 | 1.45 年 |
| | 日本模块/微粒子捕捉器和空间环境照射设备 | JEM/MPAC 和 SEED | JAXA | STS-127 奋进号 | 2009.7.24 | 在轨 | 在轨 | 在轨 |
| | 材料国际空间站实验 7 | MISSE 7 | NASA | STS-129 亚特兰蒂斯号 | 2009.11.23 | 在轨 | 在轨 | 在轨 |

注：1. 短期耐久性航天飞机试验的日期是指航天飞机发射和着陆日期。
2. 航天飞机试验的暴露时间一般指冲击持续时间。



因为实际太空飞行的机会很少、昂贵、运载空间有限而且耗时，因此经常要依赖地面实验室进行空间飞行器材料的环境耐久性预测。然而，地面设备和真实的空间暴露实验不尽相同，这可能会导致材料的反应速率有差异。真实的材料太空飞行试验数据可以用于确定地面设施实验和空间暴露实验之间的关联性，因此可以依据地面实验对材料在空间的性能做出更精确的预测。一个典型的例子是用聚酰亚胺（Kapton H）作为标定原子氧影响程度的核查试样，Kapton H 在 LEO 中具有精确表征的腐蚀量（$3.0\times10^{-24}\ cm^3/atom$）（Banks 等，1985；Visentine 等，1985；Koontz 等，1995a；Silverman，1995），因此 Kapton H 常用作等离子灰化器和其他原子氧设备中计算原子氧等效影响度的核查试样（ASTME，2006）。等效影响度是指产生地面设备观察到的腐蚀量在 LEO 所需要的单位面积上的冲击原子数。Kapton H 通常用于太空飞行试验中，使得 LEO 原子氧的影响度得到实验测定。

除材料太空飞行试验之外，SMM（Solar Max Mission）飞船的硬件从哈勃空间望远镜（HST）5 次检修任务中取得的材料，也提供了空间环境中材料耐久性的重要信息。例如，HST 上外层的多层绝缘（MLI）材料金属化特氟龙（聚四氟乙烯，FEP）在轨道上变得极脆，导致了贯穿厚度方向的严重开裂（Townsend 等，1999）。人们已对 HST 检修中回收的特氟龙 FEP 绝缘层材料进行分析和测试，以确定导致这个常用热控材料劣化的原因（Townsend 等，1998；de Groh 等，2000，2001）。这个结果说明了空间辐射造成了 FEP 的脆裂，而热循环进一步加剧了劣化，最大在轨温度起到了重要作用（Townsend 等，1999）。材料太空飞行试验的数据已经被用于微流星或轨道碎片（MMOD）模型的验证和/或修正，也已用于发展原子氧的腐蚀预测模型。

这一章回顾了很多主要材料的太空飞行试验，以及从实验中得到的认识和实验结果是怎样影响材料的使用和选择的。

## 2　材料的太空飞行试验

### 2.1　航天飞机飞行试验

航天飞机提供了一个独特机会，使材料从轨道回收以免受再入大气时的加热影响，因此有利于评估空间环境影响（Leger，1982）。航天飞机 1 号（STS-1）回到地球后，工程师们测试了有效载荷舱内的材料表面，发现电视摄像机外部 Kapton 保温毯在飞行过程中由有光泽的琥珀色变成了乳白-浅黄色（Leger，1982，1983），这最初认为是污染造成的，但高分辨率电子显微镜观察发现了一个像地毯的粗糙织构，其织构方向与飞行器速度方向相关。还观察到扶手上黄色涂料（A-971）的快速老化，这个黄色涂料可以轻轻擦拭掉（Leger，1982）。这些观察结果，与STS-2和STS-3号任务之后的观察结合在一起，引出了劣化现象是由有机材料的氧化作用引起的结论，具体来说氧化作用是材料通过与大气层原子氧的高速撞击产生了挥发性产物（二氧化碳、一氧化碳、水等），这最终导致了腐蚀和质量损失（Leger，1982，1983）。在STS-4中，一组多达15个的圆板样品被送上太空，它们被放置在诱发型环境污染监测器（IECM）顶部表面上，用来通过飞行试验评定反应速率（Leger，1983）。从早期的航天飞机（STS 1-4）上获得的初步数据告诉航天飞机设计者，反应速率已经高到足以令一些飞船产生问题，虽然这些数据还没有充分到支持硬件的更变（Leger，1983）。因此，又提出了一个在STS-5上获取材料原子氧反应数据的专门实验，原子氧反应由每个氧原子造成的体积损失来量化（$cm^3/atom$），称为腐蚀量（$Ey$）或反应效率。虽然它不是一个率值，但有时也被称作反应率或衰退率。这个实验称为“原子氧与材料相互作用效应-I”（Visentine等，1985；Silverman，1995），也就是“原子氧与材料相互作用评估-实验I”，被简写为EOIM-I。

自STS-5上进行专门材料的空间暴露实验后，很多其他材料的航天飞机飞行试验也得以进行。原子氧效应实验（被称为EOIM-Ⅱ）在STS-8任务中进行（Visentine等，1985；Silverman，1995）。这一系列实验中的最后一个，即EOIM-Ⅲ在STS-46任务中进行。其他材料的航天飞机暴露实验在表1中列出。

总的来说，原子氧的相互作用通过失去挥发性的氧化物的形式，最终导致大多数有机材料的腐蚀和形态变化。有些金属如铝，准金属如硅，可以形成抵抗进一步氧化反应的抗氧化层。其他金属如银，会形成氧化层并脱落，使表面失去保护而进一步氧化。早期航天飞机的其他实验还有Kevlar织物拉伸强度的损失、红外光学材料的部分氧化、高温涂层的反射率损失等。

### 2.1.1　STS-8原子氧效应实验

STS-8号任务的原子氧效应实验（EOIM Ⅱ）的目的是控制某些太空暴露实验变量，来获得比以往更加精确的原子氧侵蚀量。特定的目标包括：①得到一个更大数据量的反应数据库；②确定反应的温度依赖性；③确定质量从一个表面转移到另一个表面的过程是否是由反应造成；④评估反应的太阳辐射影响；⑤确定充电的样品是否对反应有影响（Visentine等，1985）。这项实验有15个组织参与，有多达360个被动试验和主动试验样品装在航天飞机的有效载重舱内（Visentine等，1985）。这项任务有一个特定的太空暴露方案，在225 km高度（121海里）使原子氧直射41.75 h（航天飞机的有效载重舱正对速度方向），这是早期任务中原子氧影响度最大的情况（$3.5\times10^{20}$ $atoms/cm^2$，Visentine等，1985）。EOIM-Ⅱ号实验使人们对材料的LEO环境影响具有了更深的认识，研究者对多达50种材料建立了量化反应效率模型，包括Kapton在$3\times10^{-24}$ $cm^3/atom$条件下的侵蚀量（Visentine等，1985），这项实验说明，太阳辐射对Kapton和Mylar的反应并没有什么显著影响。而且具初步的估计，温度、太阳辐射、充电样本都没有影响到腐蚀量（Visentine等，1985）。测得的有机固体腐蚀与氧流量和总通量均呈线性关系，且在腐蚀开始之前，没有观测到诱导时间（Gregory和Peters，1987）。不幸的是，基于原子氧通量的侵蚀量是由长期大气密度模型决定的，短期的实验数据可能会引入误差（Koontz等，1995b）。

### 2.1.2　氧与材料相互作用影响评估-Ⅲ（EOIM-Ⅲ）

为了解决飞行数据中的潜在不确定性和测试新材料，实施了EOIM-Ⅲ实验（Koontz等，1995b）。这个实验是一个以NASA为中心的国际合作项目，其中包括美国空军菲利普实验室、航太公司、阿拉巴马大学、日本国家空间局、欧洲空间局，还有加拿大空间局（Koontz等，1993）。实验的首要目标是为原子氧反应数据提供基准（Koontz等，1995b）。其次的目标包括：①表征气态反应的质量光谱；②表征EOIM-Ⅲ产生的诱发环境和有效载荷舱周围大气；③表征氧原子和聚合物的化学动力学反应（Koontz等，1995b）。

除了物质分光仪以外，EOIM-Ⅲ实验包括15块被动实验托板和若干其他实验。为了对自由号空间站太阳能电池阵列材料进行耐久性测试，自由号做了阵列材料被动照射实验，这给太阳能电池阵列的原子氧耐久性研究提供了极其重要的太空飞行试验数据（Forkapa 等，1996）。

EOIM-Ⅲ在飞船有效载荷舱（图 1）内进行，经历了航天飞机的 STS-46 任务，时间跨度是从 1992 年 7 月 31 日到 8 月 7 日。STS-46 在三个不同高度飞行，最低为 230 km，做了 42 h 的 EOIM-Ⅲ高密度原子氧暴露实验（Koontz 等，1995b），42 h 的暴露照射实验提供了 95%的总任务通量，约 $2.3\times10^{20}$ atoms/cm（Koontz 等，1995b）。

**图 1 EOIM-Ⅲ航天飞机有效载荷舱飞行试验**
由 NASA 提供

EOIM-Ⅲ号的侵蚀数据由于涉及了热过程、太阳紫外线照射、氧原子通量还有污染效应的因素，故比之前的数据更加精确（Koontz 等，1995b）。质量分光仪实验产生了多于 48 000 个质量光谱，详细地描述了自然环境和诱发环境（Koontz 等，1995b）。各种参与气态反应的聚合物样品产物得到了鉴定，发现周围环境中有正一价氧离子，而且侵蚀反应所需的氧原子动能也得到了确定（Koontz 等，1995b）。EOIM-Ⅲ号实验对 ISS、HST 和其他有关选择空间飞行器的材料和涂层以保证长期耐久性的项目提供了直接有效的数据。

## 2.2 自由飞行器

### 2.2.1 长期暴露设备（LDEF）

NASA 的 LDEF 是一个自由飞行的卫星，在一个固定 LEO 飞行方向上的重力梯度是稳定的（质量在一端加载）（Pippin，1995a）。LDEF 是一个尺寸为 4.3 m×9.1 m 的 12 边圆柱结构（Whitaker 和 Gregory，1994），重达 9 707 kg（21 400 lb）（Pippin，1995a；O′Neal 和 Lightner，1991），包含一个大约 9.14 m 长的铝制开放网格构架，边上有 72 个相同大小的矩形开口（12 个边上每边 6 个开口），在末端还有 14 个开口（朝着地球方向末端有 6 个，朝着太空方向末端有 8 个），这些开口用于安装实验板。它于 1984 年 4 月 7 日挑战者号航天飞机的 STS-41C 任务中被部署在高度 482 km 处，而且有一个 28.5°的倾角（Pippin，1995b）。图 2 展示了被航天飞机部署不久的 LDEF 的一张照片。这项任务计划时长为 10～12 个月，预计的回收时间是 1985 年 2 月，但航天飞机出现的问题和挑战者号的事故导致了很长的时间延误（O′Neal 和 Lightner，1991）。LDEF 在 1990 年哥伦比亚号航天飞机的 STS-32 号任务中被回收，此时它已经历 340 km 的高度的 LEO 环境 69 个月了（Pippin，1995b）。

**图 2 LDEF 于 1984 年 4 月 7 日部署不久后拍摄**
由 NASA 提供

LDEF 带着 10 000 多件材料样本。有些样本被放置在 LDEF 外表面，暴露在太空环境下，另外的则被放置在内部，或者被保护起来。此外，有些实验是可控时间暴露的。过半数 LDEF 暴露表面是铬阳极氧化处理的铝材，这是 LDEF 的框架和结构用材，17 块试验板上覆盖有银特氟龙热控毯对其进行温度控制。其余区域包括了很多种未来可能用于飞行器设计的光学、热学、力学、电磁学或者其他系统的材料（SETAS Materials，2010）。

因为 LDEF 的重力梯度方向在一个固定飞行方向上，LDEF 的一边（第九排）直接接收原子氧辐射，另外一边（第三排）处于后方向，只接收很少的原子氧。碰撞区和后部区的表面都接收高能太阳照射。第九排受到的原子氧通量是 $8.99\times10^{21}$ atoms/cm²，太阳照射是 11 156 ESH。第三排受到的氧原子通量是 $1.32\times10^{17}$ atoms/cm²，太阳辐射是 11 110 ESH（Pippin，1995b；Bourassa 和 Gillis，1992）。Banks 和 Gebauer 在 1991 年发现了8.2°偏航角时原子氧辐射对每块实验板都有影响。

回收过程中，在抓定之后，有一个运用航天飞机的RMS操纵LDEF的4.5 h的摄影资料（O'Neal、Levine和Kiser，1996），图3就表明了大量原子氧腐蚀发生在LDEF主要边缘板上。

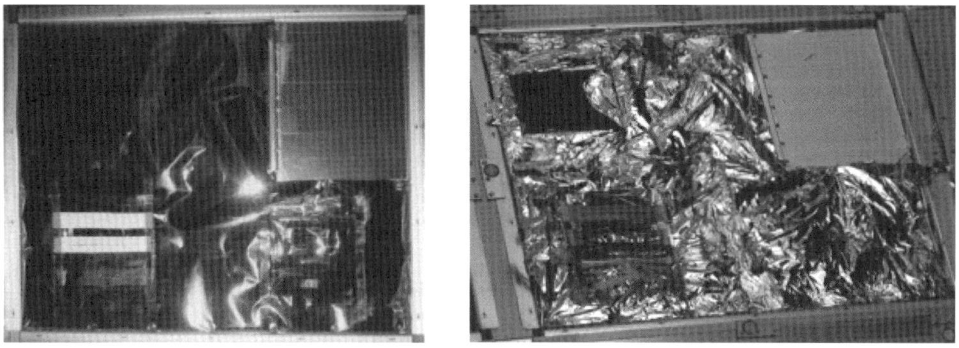

（a）　　（b）

**图3　LDEF中前缘托板F9的外部原子氧腐蚀**

（a）飞行前的照片；（b）STS-32任务期间，在轨道上拍摄的照片，显示托板F9完全失去Kapton热毯

转载自O'Neal、Levine和Kiser（1996），NASA

以下是一些LDEF材料耐久性重要发现的例子，可影响飞船材料的选用。

（1）无机热控涂料——阳极氧化铝和镀银特氟龙FEP可以维持它们的太阳能吸收能力和热量发散能力，因此能够保证热控性能。

（2）有机材料由于原子暴露氧辐射出现了严重的退化和机械性能劣化。

（3）LDEF上FEP的腐蚀率比短期航天飞机实验的要强。

（4）二氧化硅、含氟聚合物的二氧化硅以及氧化铝薄膜能有效阻止Kapton H的原子氧腐蚀。

（5）在LEO暴露辐射样本上直接记录到了原子氧在涂层缺陷处造成了根部掏切现象（基底的腐蚀区大于缺陷尺寸）。

（6）UV辐射可以诱导聚合物交联。

（7）材料劣化会产生微粒状物质的污染。

（8）硅树脂会收缩和裂开，变成临近表面黑色污染物的原料（这取决于硅树脂的型号和飞行前处理方法）。

（9）分子污染物通过堆积物的直线对传方式输运。

（10）前缘（硅树脂基的部分）和后缘（碳氢化合物基的部分）上，占据主导的污染物不同。

（11）微流星和碎片冲击在LDEF上是分布的，但在前缘表面上更加显著。

（12）微流星和碎片冲击镀银FEP特氟龙，导致了特氟龙上的银分层，形成“冰冻的冲击波图案”。分层使得下层银随之变暗，尤其是被原子氧照射的那部分，因此整个表面增加的太阳能吸收能力至少比撞击坑处多一个数量级。

LDEF材料和涂层研究得到了以下几个对航天器设计有用的基本结论（SETAS Summary，2001）。

（1）LEO空间环境对很多飞行器材料和涂层是不利的。

（2）LEO环境中需要考虑各个因素的协同效应，包括自然环境和飞行器诱导环境。

（3）污染在航天器的设计中需要特别加以考虑。

（4）过去对LDEF环境材料影响问题的认识有明显错误。

（5）对LDEF的认识迫使人们修正了相关环境的测试和资格审定程序。

### 2.2.2　欧洲可回收运载器（EURECA）

EURECA是一架自由飞行试验机，从1992—1993年在太空中飞了11个月。EURECA是ESA第一个也是最大的可回收飞行器（Dover、Aceti和Drolshagen，1993）。EURECA于1992年7月31日在航天飞机的STS-46任务中被放在太空高度为424 km、倾斜角为28°的位置，运用它自己的推进系统，EURECA转移到508 km高度处的工作轨道。从1992年8月7日到1993年5月24日一直位于那里（Reitz，1993）。它于1993年6月24日在476 km的高度处被回收，在航天飞机STS-57号任务中被带回地球。图4表现了EURECA在STS-46号任务中安置的状态。

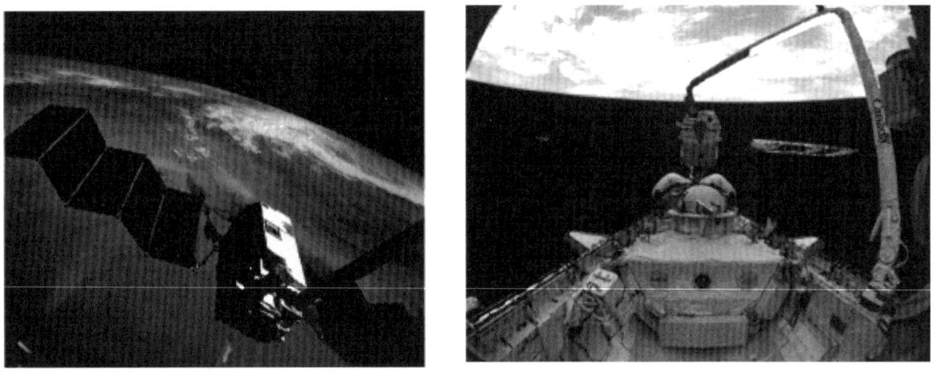

（a）　（b）

**图4　EURECA在1992年亚特兰蒂斯号航天飞机的STS-46任务期间部署**

（a）展开的EURECA太阳能电池板；（b）被抓持到航天飞机的有效载荷舱上方，准备部署

由NASA提供

EURECA的有效载重舱包含15个专用仪器，它们分别用于微重力研究、材料和生命科学、天文观测和技术研究（Dover、Aceti和Drolshagen，1993）。其中一个实验是原子氧样品板（AOST），它有两个矩形板，放置在面向太阳的＋$Z$方向。AOST研究了UV辐射、原子氧、热循环对热控制材料（薄膜、涂层和电镀层）的影响，还包括了两个污染探测器（Dover、Aceti和Drolshagen，1993）。EURECA还有一个丙烯酸反射器表面的功能评估测试，其有含氟二氧化硅保护涂层防止原子氧腐蚀，用于对接和回收（Banks、Rutledge和Cales，1993）。

EURECA的飞行后观测指出，除气装置放在热毯上，暴露表面的颜色发生了显著的变化，涂层区的分层和很多微流星撞击清晰可见。被保护的丙烯酸后向反射器回收后的分析指出，保护涂层能耐原子氧腐蚀，因此使得后向反射器能够正常工作（Banks、Rutledge和Cales，1993）。



### 2.2.3　空间飞行单元（SFU）上的暴露设备飞行单元（EFFU）

日本航空航天开发所（JAXA）的暴露设备飞行单元（EFFU）是日本第一个长期空间暴露辐射实验。它与空间飞行单元（SFU）的外部相连，如图5所示。其于1995年3月随H-2火箭发射（Suzuki、Shimamura和Imagaw，2009），经过在太空中482 km轨道的10个月辐射，SFU于1996年1月随STS-72任务返回。EFFU的主要目的是确认日本实验单元-暴露设备（JEM-EF）计划为ISS设计的材料是否合适。EFFU给了日本研究者对材料长期暴露辐射影响第一次深入的认识。EFFU的材料经历了与地面实验相似的分层现象，证明了固体润滑剂薄膜比预期更耐久，其原因可能是由于UV强化了有机黏合剂（Suzuki、Shimamura和Imagaw，

**图5　SFU和EFFU实验的图片**

转载自Suzuki、Shimamura和Imagaw（2009），JAXA

2009)，或者说润滑剂得到了非挥发性薄膜表面氧化物的保护。一层污染物证实为 $SiO_x$，这在一些样本表面得到了确认（Suzuki、Shimamura 和 Imagaw，2009)。

## 2.3　俄罗斯和平号空间站

### 2.3.1　和平号空间站上环境影响载荷舱（MEEP）的被动光学样本集Ⅰ和Ⅱ（POSA Ⅰ和Ⅱ）

和平号的环境影响载荷舱用于第一阶段国际空间站的风险消减实验，它的目的是评估污染等级基线和为空间站巨大结构选择材料（Pippin 等，2000；Zwiener 等，1999)。通过捕捉和碰撞研究，MEEP 还完成了人造碎片碰撞和自然微流星碰撞的发生及影响的检验。MEEP 包含 4 个像公文包一样的实验容器，叫作被动实验容器（PECs)，如图 6 所示。MEEP 实验包括磨光板微流星和碎片实验（PPMD)、轨道碎片收集器（ODC）实验、被动光学样本集Ⅰ和Ⅱ（POSA Ⅰ和Ⅱ）实验，它测试了 LEO 飞行器材料的耐久性（Mir MEEP，2004)。

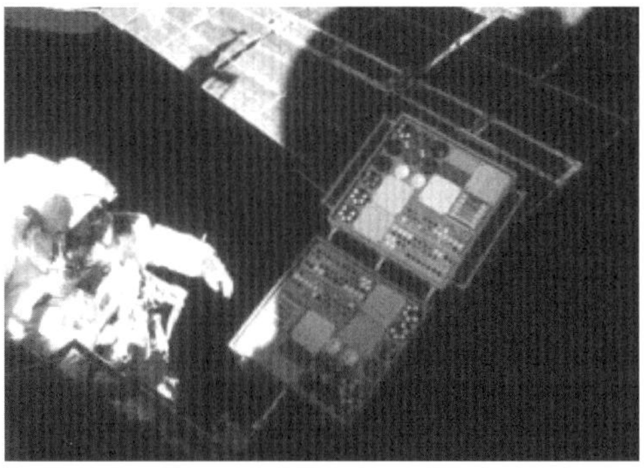

**图 6　宇航员回收 MEEP POSA I 的实验**

（见 http://spaceflight.nasa.gov/history/shuttle-mir/multimedia/sts-86-photos/86p-005.htm，2009 年 5 月 22 日访问）

由 NASA 提供

MEEP 盒子在 1996 年 3 月 25 日的 STS-76 号任务中被发射，在执行 1996 年 3 月 27 日的一次飞船舱外任务（EVA）时被安置在和平号空间站外部（Pippin 等，2000；Oliveaux 和 Uri，1999a)。MEEP 被放置在和平号飞船连接舱栏杆处，它在太空倾斜角为 51.6°、高度为 390 km 的轨道中做了 18 个月的暴露辐射实验后，于 1997 年 10 月 1 日回收，通过 STS-86 任务带回地球（Oliveaux 和 Uri，1999a；Zwiener 等，1999)。图 7 显示了和平号飞船连接舱上 POSA Ⅰ和 POSA Ⅱ的在轨照片。

**图 7　STS-84 任务期间在轨道上拍摄的 POSA Ⅰ和 POSA Ⅱ照片，照片展示了 MIR/航天飞机对接模块的连接位置。在 OPM 实验（第 2.3.2 节中描述）中也可以看到这张照片**

由 NASA 提供

POSA Ⅰ和 POSA Ⅱ包含多种 ISS 计划采用的材料，包括聚合物、涂料样本、玻璃涂层、多层隔热毯（MLI)、镜子和光学设备，还有多种金属样本（Mir _ MEEP30；Zwiener 等，1999)，铬和硼/硫酸电镀的化学转化涂层也进行了飞行试验（Zwiener 等，1999)。由于考虑到含硅树脂样本可能交叉污染到其他样本，POSA Ⅰ没有携带硅树脂，硅树脂涂层或含硅树脂基黏结剂的涂料样本在 POSA Ⅱ中进行太空实验（Pippin 等，2000)。POSA 还携带了被动实验观测原子氧流量和 UV 辐射剂量的仪器（Zwiener 等，1999)。

每边包含 200 多个样本的 POSA Ⅰ，一侧朝向和平号，另外一侧朝向外太空（Zwiener 等，1999)。每边携带 250 多个样本的 POSA Ⅱ，一侧朝向与冲击方向夹 45°且远离和平号的方向，另外一边朝向和平号（Jaworske 等，1999)。虽然 POSA Ⅰ和 POSA Ⅱ方向固定，但由于和平号飞行姿态在暴露期内是变化的，故两次实验中两侧均接收到了氧原子辐射（Jaworske 等，1999)。

基于质量和常见的树脂薄膜（例如 Kapton）厚度损失，计算得到 POSA Ⅰ朝向和平号一边的原子氧流量是 $7\times10^{19}$ atom/$cm^2$（Zwiener，1998；Pippin 等，2000)，朝向太空的一侧的原子氧流量因为有污染而没有确定（Zwiener，1998；Pippin 等，2000)。POSA Ⅰ的可见污染具有一致性，就像日积月累的光沉积一样。朝向太空一侧的污染不如朝向和平号方向的明显。

虽然 POSA Ⅰ和 POSA Ⅱ都受到原子氧的腐蚀，但没有想象中那样严重（Jaworske 等，1999)。硅基涂料在飞行周期的非阴影区（大约 1 年两次）因过度加热而释气（Jaworske 等，1999)。

超过 500 nm 的污染沉积对 Z93P 和 YB-71 无机白色涂层、铬酸和硼/硫酸电镀材料及 POSA Ⅰ上的氟化镁窗口的光学性质有显著影响（Zwiener 等，1999）。朝向和平号方向那侧的 30 nm 污染沉积对上述相同材料的影响微弱，但也能测到。POSA 实验说明了采用低释气性的材料和使污染敏感表面远离潜在污染源的重要性。可以通过材料选择、热真空烘干、清洁舱室部件、小心安置污染敏感材料（如光学材料）的视线位置，对污染实施控制（Zwiener，1998；Zwiener 等，1999）。

### 2.3.2　光学性质监测（OPM）实验

光学性质监测（OPM）实验由 NASA 空间技术实验项目（IN-STEP）里的 AZ 技术研发。它于 1997 年 1 月 12 日的 STS-81 号任务中被发射，登上了 SpaceHab（Wilkes 和 Zwiener，2001），OPM 于 1997 年 1 月 16 日转移进入和平号空间站，是舱内活动，它存放了两个半月，随后于 1997 年 4 月 29 日的一次舱外任务（EVA）中被安置在和平号对接模块并加电（Wilkes 和 Zwiener，2001）。图 7 所示表现了和平号对接模块上的 OPM，还有 POSA Ⅰ和 POSA Ⅱ。在 1997 年 6 月 25 日，OPM 由于和平号光谱模块碰撞而停电，于 1997 年 9 月 12 日恢复工作状态，并持续工作到 1998 年 1 月 2 日。OPM 在 1998 年 1 月 8 日在 EVA 回收，并转移到航天飞机，在 1998 年 1 月 31 日 STS-89 号任务中回到地球（Wilkes 和 Zwiener，2001）。

OPM 是一个独特的可重复利用的飞行试验室，它用于原位研究材料表面光学性质，对材料光学性质的在轨测量非常重要，因为很多材料的环境损伤在材料回到实验室环境下时一定程度上都是可逆的（Wilkes 和 Zwiener，2001）。

OPM 反射仪测量到了一些飞行样本显著的辐射效应，在很多样本中测到了一些飞行后恢复（漂白）的环境效应，证实了光学空间测量的必要性（Oliveaux 和 Uri，1999b）。OPM 提供了如下用途的在轨数据：①关键的 ISS 外部材料，如污染的 Z93 白色涂料、ISS 型铬酸、硫酸电镀铝；②修正 ISS 生命期预测模型；③改进 ISS 材料的着陆过程；④获得外表面实际的退化率；⑤使操作和维护计划建立在实际数据基础上；⑥确认了早期的释气率；⑦在空测试新材料和改进的材料（Oliveaux 和 Uri，1999b）。

## 2.4　国际空间站（ISS）

### 2.4.1　材料国际空间站实验（MISSE）1-7

MISSE 项目是由美国 NASA、国防部门、企业和大学共同参与的一个项目，MISSE 提出通过一系列材料的空间实验来研究长期 LEO 环境下飞行器材料和设备的环境耐久性。主要研究者们的实验装载在 PECs（本来为 MEEP 设计的）上，并暴露在 ISS 空间站外的空间环境中。EVA 的可展开板可置于正面/背面方向或顶面/底面方向。MISSE 板以后将回收并返回地球，实现飞行后的实验评估。

至今为止已有 7 块 MISSE PECs 被送入太空并且成功回收（MISSE 1～5，6A 和 6B）。最近的 6A 和 6B 是在 2009 年 9 月 1 日 STS-128 任务中回收的，它们已经历了一年半的太空暴露辐射。MISSE 7A 和 7B 在 2009 年 11 月 16 日的 STS-129 任务中被送入太空，MISSE 7A 和 7B 还携带着 EXPRESS 后勤运载器 2（ELC2），它们在 2009 年 11 月 23 日被固定于 S3 栏杆处。表 2 提供了 MISSE PECs 的任务信息，包括在国际空间站的位置。



**表 2　MISSE 1-7 的暴露辐射总结**

| MISSE PECs | 发射任务 | 放置国际空间站的时间 | 放置国际空间站的位置 | 托盘定位方向 | 回收任务 | 从国际空间站回收的时间 | 照射时长/年 |
|---|---|---|---|---|---|---|---|
| 1，2 | STS-105 | 2001.8.16 | PEC1：高压气缸（HPGT）<br>PEC2：气闸 | 撞击和航迹方向 | STS-114 | 2005.7.30 | 3.95 |
| 3，4 | STS-121 | 2006.8.3 | PEC3：HPGT<br>PEC4：气闸 | 撞击和航迹方向 | STS-118 | 2007.8.18 | 1.04 |
| 5 | STS-114 | 2005.8.3 | 耳轴铰接栏杆 | 天顶和天底方向 | STS-115 | 2006.9.15 | 1.12 |
| 6A，6B | STS-123 | 2008.3.22 | 哥伦布实验室 | 撞击和航迹方向 | STS-128 | 2009.9.1 | 1.45 |
| 7A，7B | STS-129 | 2009.11.23 | S3 桁架 ELC 2 | 7A：天顶和天底<br>7B：撞击和航迹方向 | STS-134（已计划） | 2011.2（已计划） | 1.25（已计划） |

MISSE是一个不断演进的项目，它提供了一个能够容纳1 000多个样本和很多设备的环境耐久性研究平台。最初的概念是把旅行箱一样的容器连接在ISS外部来被动地进行材料空间暴露辐射，现已发展成日益复杂的、具有原位表征和遥测数据传输的主动实验。

MISSE 1～4主要是包括1 780多个样本的被动实验。MISSE 1～4任务中的材料型号包括聚合物、陶瓷、复合材料、涂层（保护性的、热和光学功能的）、贝塔布、黏结剂、泡沫和介电材料；特殊用途材料有辐射防护屏、膨胀材料、记号材料、标签材料、光学材料，还有蛛丝薄膜。元件包括开关、传感器（用于辐射、温度、UV、AO、污染）、太阳能电池、半导体、镜子、光学过滤器、光二极管、光调幅器、系绳等；还有用来进行长期微重力效应研究的生物样本（种子、孢子、细菌）。

图8所示展现了经过17个月空间照射的EVA，即于2003年1月拍摄的MISSE 1。MISSE 1～4实验的数据对许多类似于HST、商业轨道交通系统（COTS）、ISS这样的空间项目有直接影响（de Groh等，2009）。

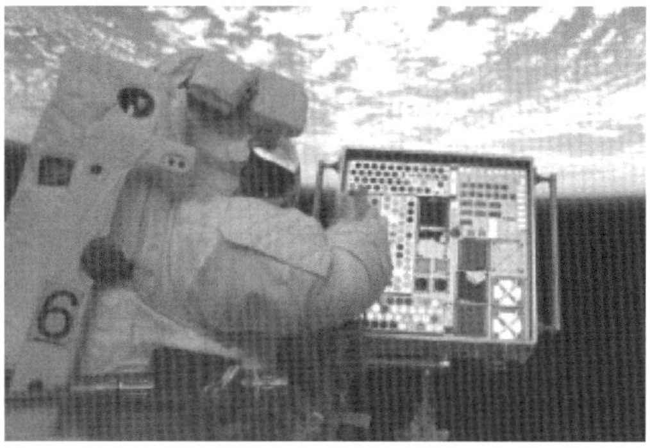

**图8 经历了17个月空间暴露辐射后，2003年1月拍摄的MISSE 1**

由NASA提供

MISSE 2是聚合物腐蚀污染实验（PEACE）。聚合物实验提供了一个通过MISSE实验获得型号、范围、数据的例子。MISSE 2 PEACE聚合物实验的目标是确定各种材料在接受长期LEO空间照射实验后的原子氧腐蚀量（de Groh等，2008）。41个样本共同接受飞行试验，图9展示了飞行前和飞行后的MISSE 2 PEACE聚合物实验板照片，飞行时它朝向MISSE 2的正面。



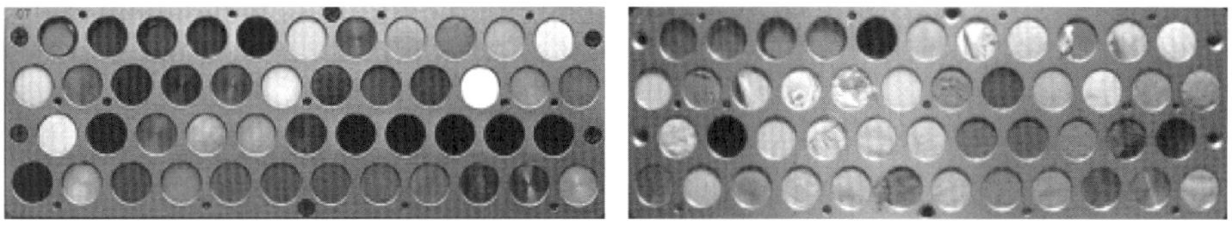

(a) (b)

**图9 MISSE 2 PEACE聚合物实验托板**

(a) 飞行前；(b) 飞行后

转载自de Groh等（2008），Sage出版公司

PEACE聚合物的侵蚀量得到了精确测量和记录（de Groh等，2008），该数据用于飞行器材料设计，NASA的Glenn实验室据此开发了一个氧原子腐蚀量的预测工具，用以预测新的和未经太空飞行试验的高分子材料的腐蚀量（Banks等，2009）。此外，数据还用来确定地面-太空实验之间的关系，使基于地面实验室试验得到更精确的耐久性分析。

MISSE 5号有两个主动和一个被动的研究。前沿技术太阳能电池实验（FTSCE）是一个主动实验，它用来测试36个当前和更先进一代的太阳能电池用于未来飞行器的表现；第二个主动实验是第二代原型通信卫星系统（PCSat-2）测试，它提供了一个通信系统，并测试业余卫星服务中现有的遥测指令和控制等方案；MISSE 5被动热毯材料实验由很多单独实验构成，以测定200多种材料在空间环境中的退化。

MISSE 6A和6B包含被动和主动的1 200多个样本的实验。它由ISS供电（120 V），主动实验的数据存储在电池供电的数据记录仪中，以便飞行后的下载和分析。飞行试验材料包括薄聚合物膜、热涂层、陶瓷、抗UV材料、保护涂层、光学样本、纳米复合材料、铟锡氧化物涂层、防辐射材料、光反射材料、形状记忆材料以及为被动实验研究的材料。一些主动设备和检测仪包括氧原子流量监测仪、低能离子探测仪、QCM（石英晶体微量天平）、可变发射表面、热量计、偏压材料和增强充电的污染样本测试设备。图10

展示了国际空间站哥伦布实验室的 MISSE 6A 和 6B，图片拍摄于刚刚安置之后的 2008 年 3 月。

**图 10 国际空间站（拍摄于 2008 年 3 月）哥伦布实验室 MISSE 6A 和 6B 的特写照片**
由 NASA 提供

MISSE 7A 和 7B 也是既包括主动也包括被动实验，大约有 570 个被动实验样本和 290 个主动实验样本。它是 ELC 上第一批科学实验荷载，用 ISS 为有效荷载舱供电（Jenkins 等，2009）。因此，MISSE 7 是 MISSE 系列中第一个同时运用 ISS 电能和通信来支持其主动实验的，主动实验能在空间环境中使用复杂的电子设备和系统，这是被动实验所不具备的。

除了材料空间暴露辐射实验以外，MISSE 7A 和 7B 还包括太阳能电池实验、先进摄影系统和微处理器边缘切割技术的粒子辐射效应研究。MISSE 7 还引入了原位温度、原子氧流量和电离辐射监测（Jenkins 等，2009）。MISSE 被动实验包括光学反射材料实验Ⅱ（ORMatE-Ⅱ），它是将光学反射材料放置于 LEO 环境中辐射。被动实验有 Sandia Passive ISS 研究实验（SPIRE），它是将不同的材料放置于 LEO 环境下暴露辐射。

MISSE 7 还包括为 NASA 项目提供特定信息的实验，如以下的空间环境耐久性数据：低冲击对接系统的密封、猎户座热防护系统材料、超柔性太阳能阵列材料、猎户座和 ISS 的热控涂料，还有用于登月的宇航服纤维裂变和表面功率散热器涂料。同时也包含了一些基础科学实验，以推进以下与耐久性有关的认识：氧原子腐蚀；底切和散射特性；通用的航天器聚合物薄膜的辐射耐久性（力学和光学性能）；还有为改进地面实验室原子氧耐久性预测的地面-太空相关数据比对。

图 11 所示为 MISSE 7A 和 7B 安置在国际空间站的 ELC-2 的 S3 栏杆不久之后的形态，这个安置标志着 MISSE 项目从简单的被动材料实验进化为复杂主动实验平台，它可以实现快速进入空间、实时数据遥测以及样本取回。

(a)

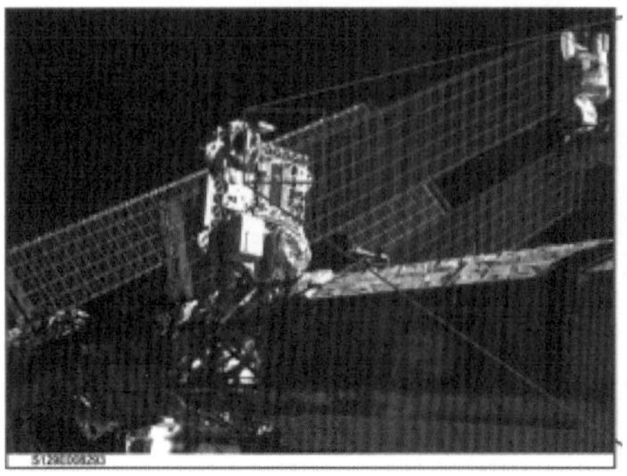

(b)

(c)

**图 11 国际空间站（2009 年 11 月拍摄）的 MISSE 7A 及 7B**

（a）标注有 MISSE 7A 及 7B 位置的 ISS 照片；（b）ISS S3 桁架 ELC-2；（c）MISSE 7A 及 7B 的特写照片

由 NASA 提供

### 2.4.2　微粒捕捉和空间环境暴露辐射装置（MPAC & SEED）

日本航空航天开发的微粒捕捉器（MPAC）和空间环境暴露辐射仪器（SEED）计划，叫作MPAC & SEED（Kimoto等，2009）。一个是随国际空间站服务舱（SM）飞行，称为SM/MPAC & SEED实验；另一个是在国际空间站日本实验舱内（JEM）进行，叫作JEM/MPAC & SEED实验（Kimoto等，2009）。SM/MPAC & SEED实验和JEM/MPAC & SEED实验是类似的。JEM位于国际空间站前端而SM位于空间站后端，因此JEM/MPAC & SEED将会遭受与SM/MPAC & SEED不同的空间环境。前端受到的国际空间站组件和推进器燃料的污染将比后端小很多。通过对比这两组任务的结果，可对材料污染劣化效应受到空间站位置影响这个问题进行补充性分析。

服务舱/微粒捕捉器和空间环境暴露照射设备（SM/MPAC & SEED）。SM/MPAC & SEED实验包括三个完全相同的实验容器，一起安装在同一位置，然后每个单元（1#，2#，3#）分别在经过了不同时间空间暴露辐射后独立被带回地球（Kimoto等，2009）。每个单元内（570 mm×900 mm×158 mm）包括完全相同的MPAC和SEED实验样本。它是国际空间站上第一个不同暴露辐射时间实验，因此使材料退化构造在LEO中暴露辐射时长函数的研究得以开展。

MPAC是宇宙微尘和空间碎片分析的被动实验。MPAC被设计用来测量宇宙微尘和空间碎片撞击数，并且捕捉以后化学分析用的微粒残渣（Neish等，2005；Kitazawa等，2009）。SEED是一个空间材料暴露辐射实验，它包含28个样本，有结构材料、膨胀材料、固体润滑材料、热控制材料和封装黏接材料。SEED实验还可监测原子氧通量、紫外线和太空辐射、实验温度（Kimoto等，2009）。

SM/MPAC&SEED单元在2001年8月21日的M-45任务中被发射进入国际空间站，SM/MPAC&SEED展开并在舱内组装（Kimoto等，2009a）。三个结构全部在2001年10月15日的EVA任务中被安装在SM外的栏杆上［图12（b）］。1#单元在经历了315天的太空暴露辐射后于2002年8月26日随联盟号TM-34返回地球；2#单元在经历865天的暴露辐射实验后于2004年2月26日随联盟号TMA-3返回地球；在除去SM/MPAC & SEED的2#单元后，3#样本被放置在了原来2#的位置上，它在经历1 403 d的太空暴露辐射后于2005年8月18日随联盟号TMA-6返回地球（Kimoto等，2009a）。



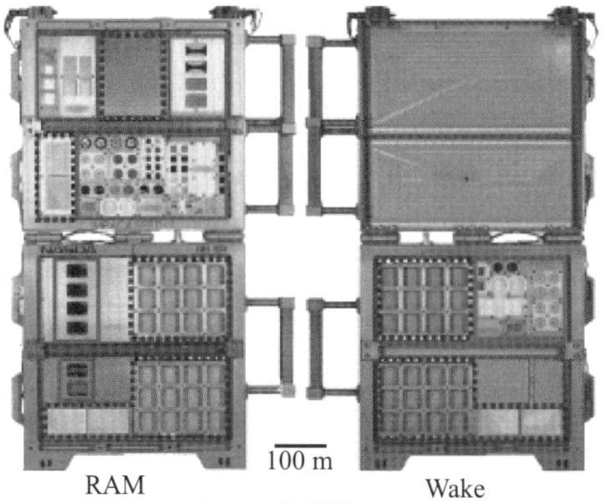

（a）

（b）

**图12　SM/ MPAC&SEED实验**

（a）前侧和后侧的单元，SEED实验样品（实线）和MPAC样品（虚线）；（b）照片（2001年10月）显示了轨道上配置的SM/MPAC&SEED飞行试验，它们安装在ISS SM栏杆上

转载自Kimoto等（2009），JAXA

对原子氧通量核查样本的分析说明，在SM/MPAC&SEED暴露辐射中发生了实质上的污染（Kimoto等，2009b）。污染物分布很广，以致原子氧通量监测样本表面被其覆盖而免遭腐蚀（Kimoto等，2009b）。SM/MPAC&SEED单元前端表面材料表现出高度的释气导致的污染，后端表面由于材料

释气和推进器卷流撞击也出现了污染（Steagall 等，2009）。这些污染水平影响到了实验结果。

日本实验舱/微粒捕捉器和空间环境暴露辐射设备（JEM/MPAC&SEED）。JEM/MPAC&SEED 实验暴露于空间环境，空间环境数据捕获装置被安装在运载舱（SEDA-AP）内，它连接于国际空间站的 Kibo 暴露辐射设备（EF）（Kimoto 等，2009c）。SEDA-AP 和 JEM/MPAC&SEED 在 2009 年 7 月 15 日 STS-127 任务中被发射到国际空间站，在同年 7 月 24 日被放置在 Kibo-EF 外部。JEM/MPAC&SEED 在 259 天后的 2010 年 4 月 9 日随 STS-131 返回地球。SEDA-AP 包括 8 种空间环境和试验传感器，以监测空间环境和材料效应（Koga 等，2002）。SEDA-AP 测量了空间环境［中子、等离子体、重离子、高能轻粒子、原子氧和轨道碎片（MMOD）］，以及环境因素对空间材料和电子仪器的影响。国际空间站中 SEDA-AP 的位置和 MPAC&SEED 在 SEDA-AP 的位置如图 13 所示。

（a）

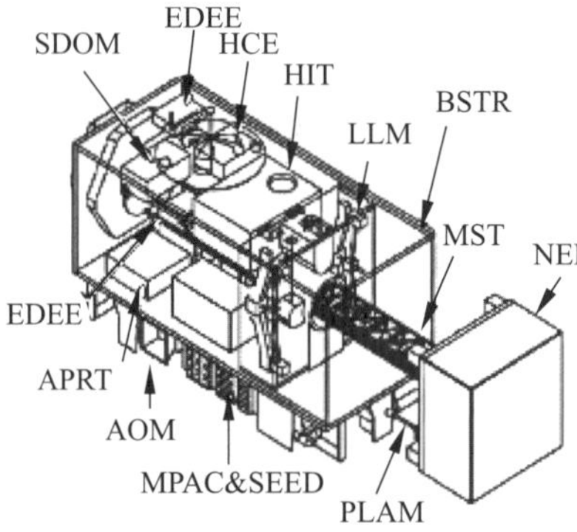


（b）

**图 13 SEDA-AP 和 JEM/ MPAC&SEED 的位置**

（a）ISS Kibo EF 上 SEDA-AP 的位置；（b）SEDA-AP 上 JEM/ MPAC&SEED 的位置

转载自 Kimoto 等（2009），美国物理研究所



### 2.4.3 材料暴露照射和退化实验（MEDET）

MEDET 是欧洲航天局（ESA）的欧洲辐射技术设备（EuTEF）实验之一，由欧洲航天局与多方合作，包括国家空间研究中心（CNES）、国家航天研究办事处（ONERA）和南安普顿大学（Edwards 等，2010）。MEDET 是一个主动的飞行试验，用来研究复杂 LEO 环境对材料性能的影响，研究由于污染导致的材料劣化，并且测量局部的微粒流量（Dinguirard 等，2001）。

EuTEF 于 2008 年 2 月 7 日由 STS-122 任务送入国际空间站，并在 2008 年 2 月 15 日被布置在国际空间站哥伦布实验室外部。在 STS-122 任务中拍摄了一张哥伦布实验室的照片，还有一张 MEDET 用标签标明 MEDET 各自实验位置的近距离照片，如图 14 所示。EuTEF 在经历了约 1.55 年的太空暴露辐射后，于 2009 年 9 月 1 日通过 STS-128 任务返回地球。

（a）

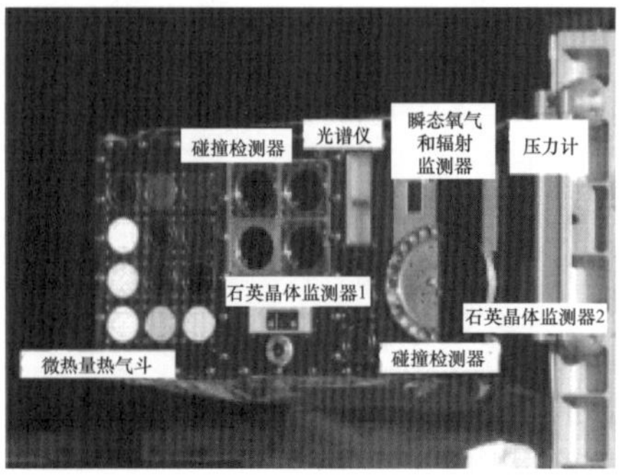


（b）

**图 14 部署后的 EuTEF**

（a）显示它在 ISS 哥伦布实验室的位置；（b）带标签的 MEDET 的特写照片，标明了不同的实验

由 NASA 提供

MEDET 材料样本包括一组热控涂料和箔、光学玻璃、薄太阳帆材料和金属阳极氧化膜材料（Tighe 等，2009）。MEDET 的单项实验内容如下（Edwards 等，2010）：

（1）轨道检测系统（SODAD），一个金属氧化物半导体型（MOS-type）的碰撞检测器，它用来表征 MMOD 微粒的属性。

（2）石英晶体监测器（QCM），用来测量分子污染和原子氧流量。

（3）微热量热计，是 14 个主动热量计的集合，用来测量热控涂层的热-光性能变化。

（4）南安普顿瞬态氧气和辐射监测器（STORM），它是一些主动监测器的集合，用来测量原子氧、紫外线辐射和 X 射线通量。

（5）压力计，一个冷式阴极型计量器，用来测量国际空间站外局部压力。

（6）光谱仪，一个测量透明材料光学属性变化的紫外-可见-近红外光透射光谱仪系统。

自 2008 年 2 月到 2009 年 9 月，MEDET 在轨道中正常工作了约 19 个月。在轨测量成果超过了任务的预期，进一步的研究正在进行，以分析材料的在轨特性，并根据不同类型数据确定协同作用情况（Tighe 等，2009）。在轨数据还要用材料的地面测量结果补充完善。

## 3　结论

材料的太空飞行试验，如 EOIM-Ⅲ、LDEF、EURECA、MISSE、SM/MPAC&SEED，与返回的飞船硬件，如 HST 服务舱回收的组件，提供了 LEO 环境中不同材料和设备性能的丰富数据，特别是很多空间研究机构研究和记录了诸如原子氧效应、辐射、热循环和污染导致的材料退化。太空飞行数据被用于预测模型的开发，如 NASA 的原子氧腐蚀量预测工具；空间数据用来确定地面测试设备和空间暴露辐射之间的关系，因此使得基于低成本地面设施实验对材料在空间性能的预测更加精确。此外，进行专用实验和详尽的表面检查，如 LDEF 试验板记录了 MMOD 的撞击位置，还使人们对 MMOD 环境有了更好的了解，还更新了 MMOD 模型。最近 NASA、ESA 还有 JAXA 发展了主动飞行试验，以提供原位的太空环境数据和空间环境对材料及设备的影响情况。材料的空间飞行试验数据已经影响到了航天器材料的设计和选择，并提高了航天器组件的生存能力，故对世界空间项目有直接且重大的影响。

## 参 考 文 献


ASTME 2089-00（2006）*Standard Practices for Ground Laboratory Atomic Oxygen Interaction Evaluation of Materials for Space Applications*，West Conshohocken，PA，USA.

Banks，B. A.，Mirtich，M. J.，Rutledge，S. K. and Swec，D. M.（1985）Sputtered coatings for protection of spacecraft polymers. *Presented at the 11th ICMC Conference*，*San Diego*，*California*，*April 9-13*，*1984*；*published in Thin Solid Films*，127，1985.

Banks，B. A. and Gebauer，L.（1991）Proceedings of the LDEF Materials Workshop. NASA Langley Research Center，19-22 November 1991.

Banks，B. A.，Rutledge，S. K. and Cales，M.（1993）Performance characterization of EURECA retroreflectors with fluoropolymer filled SiOx protective coatings. Proceedings of a Symposium Held in Williamsburg，VA，8-12 November 1993（NASA CP 3194，Parts 1-3，1993）.

Banks，B. A.，Backus，J. A.，Manno，M. V.，Waters，D. L.，Cameron，K. C. and de Groh，K. K.（2009）Atomic oxygen erosion yield prediction for spacecraft polymers in lowearth orbit. Proceedings of the ISMSE-11，15-18 September，Aix en Provence，France；also NASA TM-2009-215812.

Belew，L. F. and Stuhlinger，E.（2004）NASA Marshall Space Flight Center，EP-107：［185］Chapter V：Research Programs on Skylab［part 2］，Skylab：A Guidebook by http://history.nasa.gov/EP-107/ch5b.htm（accessed August 6，2004）.

Bourassa，R. J. and Gillis，J. R.（1992）Solar exposure of LDEF experiment trays，NASA CR-189554.

de Groh，K. K.，Gaier，J. R.，Hall，R. L.，Espe，M. P.，Cato，D. R.，Sutter，J. K. and Scheiman，D. A.（2000）Insights into the damage mechanism of Teflon FEP from the Hubble Space Telescope. *High Performance Polymers*，12，83-104.

de Groh，K. K.，Dever，J. A.，Sutter，J. K.，Gaier，J. R.，Gummow，J. D.，Scheiman，D. A. and He，C.（2001）Thermal contributions to the degradation of teflon FEP on the Hubble Space Telescope. *High Perform. Polym.*，13，S401-S420.

de Groh，K. K.，Banks，B. A.，McCarthy，C. E.，Rucker，R. N.，Roberts，L. M. and Berger，L. A.（2008）MISSE 2 PEACE Polymers atomic oxygen erosion experiment on the international space station. *High Per-*

*form. Polym.*, 20, 388-409.

de Groh, K. K., Banks, B. A., Dever, J. A., Jaworske, D. J., Miller, S. K., Sechkar, E. A. and Panko, S. R. (2009) NASA Glenn Research Center's Materials International Space Station Experiments (MISSE 1-7). Proceedings of the International Symposium on "SM/MPAC&SEED Experiment," Tsukuba, Japan, 10-11 March 2008 (JAXA-SP-08-015E, March 2009), pp. 91-119; and (NASA TM-2008-215482, December 2008).

Dever, J. A., Banks, B. A., de Groh, K. K. and Miller, S. K. (2005) Degradation of spacecraft materials, in *Handbook of Environmental Degradation of Materials* (ed. Myer Kutz), William Andrew Publishing, ch. 23, pp. 465-501.

Dinguirard, M., Mandeville, J. C., van Eesbeek, M., Tighe, A. P., Durin, C., Chambers, A., Gabriel, S., Goulty, D. and Roberts, G. (2001) Materials Exposure and Degradation Experiment (MEDET). ISS Utilization Conference, October 2001, AIAA-2001-5070.

Dover, A., Aceti, R. and Drolshagen, G. (1993) EURECA 11 months in orbit initial post flight investigation results. Third Post-Retrieval Symposium, November 8-12, 1993, NASA CP 3275, Part 1, pp. 23-35.

Edwards, D. L., Tighe, A. P., van Eesbeek, M., Kimoto, Y. and de Groh, K. K. (2010) Overview of the natural space environment and ESA, JAXA, and NASA materials flight experiments. *MRS Bull.*, 35, 25-34.

Forkapa, M. J., Banks, B. A., Rutledge, S. K., Stidham, C. R., Ma, D. and Sechkar, E. (1996) Atomic oxygen durability testing of an International Space Station solar array validation coupon. Presented at the Third International Space Conference, Toronto, Canada, April 25-26, 1996.

Gregory, J. C. and Peters, P. N. (1987) The reaction of 5 eV oxygen atoms with polymeric and carbon surfaces in Earth orbit. *ACS, Division of Polymer Chemistry (Polymer Preprint)*, 28, 459-460.

Jaworske, D., de Groh, K., Skowronski, T., McCollum, T., Pippin, G. and Bungay, C. (1999) Evaluation of space power materials flown on the passive optical sample assembly. NASATM1999-209061, April, 1999.

JAXA (2008) *Space Flyer Unit (SFU)*. Japanese Aerospace Exploration Agency, http://www.isas.jaxa.jp/e/enterp/missions/sfu.shtml.

Jenkins, P. P., Walters, R. J., Krasowski, M. J., Chapman, J. J., Ballard, P. G., Vasquez, J. A., Mahony, D. R., LaCava, S. N., Braun, W. R., Prokop, N. F., Flatico, J. M., Greer, L. C., Gibson, K. B., Kinard, W. H. and Pippin, H. G. (2009) MISSE-7: Building a permanent environmental testbed for the International Space Station. *Proceedings of the ICPMSE-9, Toronto, Canada, 19-23 May 2008* (ed. J. I. Kleiman), AIP Conference Proceedings 1087, pp. 273-276.

Kimoto, Y., Ishizawa, J., Miyazaki, E. and Suzuki, M. (2009a) SM/MPAC&SEED experiment overview. Proceedings the International Symposium on SM/MPAC & SEED Experiment, Japan, 2008 (JAXA-SP-08-015E, 2009), pp. 5-10.

Kimoto, Y., Yano, K., Ishizawa, J., Miyazaki, E. and Yamagata, I. (2009b) Passive space space-environment-effect measurement on the International Space Station. *J. Spacecraft and Rockets*, 46 (1), 22-27.

Kimoto, Y., Ichikawa, S., Miyazaki, E., Matsumoto, K., Ishizawa, J., Shimamura, H., Yamanaka, R. and Suzuki, M. (2009c) Space environment effects on materials at different positions and operations periods on ISS. *Proceedings of the ICPMSE-9, Canada*, 2008, AIP Conference Proceedings 1087, pp. 207-211.

Kitazawa, Y., Fujiwara, A., Kadonon, T., Noguchi, T., Yamanaka, R., Kimoto, Y. and Suzuki, M. (2009) Overview of the MPAC experiment-Development of dust collectors, hypervelocity impact experiments and post flight analysis. Proceedings of the International Symposium on SM/MPAC&SEED Experiment, Japan, 2008, (JAXA-SP-08-015E, 2009), pp. 49-58.

Koga, K., Goka, T., Matsumoto, H., Koshishi, H., Kimoto, Y., Kanamori, T., Kamakura, C., Ito, M. and Endo, M. (2002) in *Solar-Terrestrial Magnetic Activity and Space Environment, COSPAR Colloquia Series*, vol. 14 (eds H. Wang and R. Xu), Pergamon Press, pp. 365-366.

Koontz, S. L., Leger, L. J., Visentine, J. T., Hunton, D. E., Cross, J. B. and Hakes, C. L. (1993) An overviewof the Evaluation of Oxygen Interactions with Materials Ⅲ experiment. *LDEF-69 Months in Space, Third Post-Retrieval Symposium, NASA CP 3275, Part 3*, pp. 869-902.

Koontz, S. L., Leger, L. J., Visentine, J. T., Hunton, D. E., Cross, J. B. and Hakes, C. L. (1995a) EOIM-Ⅲ mass spectrometry and polymer chemistry: STS 46, July-August 1992. *J. Spacecraft and Rockets*, 32 (3), 483-495.

Koontz, S. L., Leger, L. J., Rickman, S. L., Hakes, C. L., Bui, D. T., Hunton, D. E. and Cross, J. B. (1995b) Oxygen interactions with materials Ⅲ-Mission and induced environments. *Journal of Spacecraft and Rockets*, 32 (3), 475-482.

Leger, L. J. (1982) Oxygen atom reaction with shuttle materials at orbital altitudes. NASA TM-58246.

Leger, L. J. (1983) Oxygen atom reaction with shuttle materials at orbital altitudes-Data and experiment status. AIAA-83-0073.

Mir MEEP (2004) *Spacecraft Mir Space Station, MEEP*, http://spaceflight. nasa. gov/history/shuttle-mir/spacecraft/s-mirmeep-main. htm, NASA History, Dismukes, Kim and Petty, John, 2004 (date accessed 22 May 2009).

Neish, M. J., Kibe, S., Yano, H., Deshpande, S. P. and Morishige, K. (2005) Proceedings of the Fourth European Conference on Space Debris, Darmstadt, Germany, 18-20 April 2005 (ESA SP-587, August 2005).

Oliveaux, J. and Uri, J. (1999a) *Science, ISS Risk Mitigation, Orbital Debris Collector (ODC)*, http://spaceflight. nasa. gov/history/shuttle-mir/science/iss/sc-iss-odc. htm, NASA, Shuttle-Mir History.

Oliveaux, J. and Uri, J. (1999b) *Science, ISS Risk Mitigation, OPM*, http://spaceflight. nasa. gov/history/shuttle-mir/science/iss/sc-issopm. htm.

O'Neal, R. L. and Lightner, E. B. (1991) Proceedings of the LDEF-69 Months in Space, First Post-Retrieval Symposium, Kissimmee, FL, 2-8 June 1991 (NASA CP 3134, Parts 1, 1991), pp. 3-48.

O' Neal, R. L., Levine, A. S. and Kiser, C. C. (1996) Photographic Survey of the LDEF Mission. NASA SP-531.

Pippin, H. G. (1995a) Analysis of Materials Flown on the Long Duration Exposure Facility: Summary of Results of the Materials Special Investigation Group. NASA CR-4664.

Pippin, H. G. (1995b) Analysis of Silverized Teflon Thermal Control Material Flown on the Long Duration Exposure Facility. NASA CR-4663.

Pippin, H. G., Woll, S. L. B., Loebs, V. A. and Bohnhoff-Hlavacek, G. (2000) Contamination effects on the Passive Optical Sample Assembly experiments. *Journal of Spacecraft and Rockets*, 37 (5), 567-572.

Reitz, G. (1993) Dosimetric results on EURECA. *Third Post- Retrieval Symposium, November 8-12, 1993*, NASA CP 3275, Part 1, pp. 37-42.

SETAS Materials (2010) *Long Duration Exposure Facility (LDEF) Archive System, Technical Discipline Area: Materials, Overview*, http://setas-www. larc. nasa. gov/LDEF/TECH DISC/mat. html.

SETAS Summary (2001) *Long Duration Exposure Facility (LDEF) Archive System, Technical Discipline Area: Materials, Summary of LDEF Contributions*, http://setas-www. larc. nasa. gov/LDEF/MATERIALS/mat contrib. html.

Silverman, E. M. (1995) *Space Environmental Effects on Spacecraft: LEO Materials Selection Guide*. NASA CR 4661, Part 1, August 1995.

Stambler, A. H., Inoshita, K. E., Roberts, L. M., Barbagallo, C. E., de Groh, K. K. and Banks, B. A. (2009) Ground-laboratory to in-space atomic oxygen correlation for the PEACE polymers. *Proceedings of the ICPMSE-9, Toronto, Canada, 19-23 May 2008* (ed. J. I. Kleiman), AIP Conference Proceedings 1087, pp. 51-66,

Steagall, C., Smith, K., Huang, A., Soares, C. and Mikatarian, R. (2009) Induced contamination predictions for JAXA's Micro-Particles Capturer and Space Environment Exposure Devices. Proceedings of the International Symposium on SM/MPAC $&SEED Experiment, Japan, 2008 (JAXA-SP-08-015E, 2009), pp. 19-25.

Suzuki, M., Shimamura, H. and Imagaw, K. (2009) Japan's materials Space Exposure Experiments before SM/MPAC $ SEED. Proceedings of International Symposium on "SM/MPAC&SEED Experiment", Japan, 2008 (JAXA-SP-08-015E, 2009), pp. 1-4

Tighe, A. P., Iwanovsky, B., Van Eesbeek, M., Duzellier, S., Dinguirard, M., Falguere, D., Pons, C., Inguimbert, V., Rejsek, V., Durin, C., Mandeville, J. C., Gabriel, S., Goulty, D. and Roberts, G. (2009) Overview of results from the Materials Exposure and Degradation Experiment (MEDET) after 18 months in orbit on the ISS. Proceedings of the ISMSE-11, September 15-18, 2009, Aix-en-Provence, France.

Townsend, J., Powers, C., Viens, M., Ayres-Treusdell, M. and Munoz, B. (1998) Degradation of Teflon FEP following charged particle radiation and rapid thermal cycling. Proceedings of the Space Simulation Conference, NASA CR-1998-208598, pp. 201-209.

Townsend, J. A., Hansen, P. A., Dever, J. A., de Groh, K. K., Banks, B. A., Wang, L. and He, C. (1999) Hubble Space Telescope metallized Teflon FEP thermal control materials: on-orbit degradation and post-retrieval analysis. *High Perform. Polym*, 11, 81-99.

Tribble, A. C., Lukins, R., Watts, E., Naumov, S. F. and Sergeev, V. K. (1995) LowEarth Orbit Thermal Control Coatings Exposure Flight Tests: A Comparison of U. S. and Russian Results, NASACR-4647, March

1995.

Visentine, J. T., Leger, L. J., Kuminecz, J. F. and Spiker, I. K. (1985) STS-8 Atomic oxygen effects experiment. AIAA-85-0415.

Walters, R. J., Garner, J. C., Lam, S. N., Vasquez, J. A., Braun, W. R., Ruth, R. E., Warner, J. H., Messenger, S. R., Lorentzen, J. R., Bruninga, R., Jenkins, P. P., Flatico, J. M., Wilt, D. M., Piszczor, M. F., Greer, L. C. and Krasowski, M. J. (2005) Materials on the International Space Station-Forward Technology Solar Cell Experiment. *Mater. Sci. Eng.*, *B*, 116, 257-263.

Whitaker, A. F. and Gregory, J. (eds) (1994) LDEF materials results for spacecraft applications. NASA CP-3257.

Wilkes, D. R. and Zwiener, J. M. (2001) Science Data Report for the Optical Properties Monitor (OPM) Experiment. NASA CR-2001-210881, March 2001.

Zwiener, J. M. (1998) Mir-ISSA Risk Mitigation Flight Experiment, RME One-year Final Report, October 1998.

Zwiener, J. M., Kamenetzky, R. R., Vaugh, J. A. and Finckenor, M. M. (1999) The Passive Optical Sample Assembly (POSA)-I Experiment: first flight results and conclusions. AIAA Paper# 99-0104.

本章译者：陈雅薇，周储伟（南京航空航天大学航空宇航学院）

# 第 211 章

# 太空环境模拟与材料试验

Adrian P. Tighe
欧洲航天局，太空材料评估和射线影响科，诺德惠克，荷兰

## 1 引言

如第 4 卷第 206 章第 4 节中所描述，空间环境是一个非常复杂的系统，这使暴露在空间的材料受到了各种影响。出于这个原因，不可能构造一个可以“模拟空间”的材料试验设备，取而代之的是分别用试验设备模拟一个或多个空间环境中导致材料性能退化的因素。航天器材料工程师必须考虑适合的材料，明确材料的主要性能和退化的因素，然后选择可以进行主要性能评估的试验设备。表 1 中总结了航天器材料测试试验设备的不同应用和任务等级。

**表 1 航天器材料测试试验设备的不同应用和任务等级**

| 实验设备 | 临界实验材料属性例子 | 可能劣化形式 | 任务分类 |
|---|---|---|---|
| 真空除气 | 总/恢复质量损失 | 周边表面污染 | 所有真空应用 |
| 原子氧模拟 | 热＝光学属性，表面属性（物理、化学） | 腐蚀，变暗，漂白导致的质量损失 | LEO[a] |
| 热测试（循环/温度老化） | 涂层和黏接层的力学稳定性，完整性 | 脆化，断裂，脱层 | 深太空（抵抗低温），太阳系内部（抵抗高温） |
| 电磁辐射（UV[d]，X-rays）和带电粒子（电子、质子） | 力学稳定性，热-光学属性，表面属性（物理、化学） | 脆化，腐蚀，变暗，漂白导致的质量损失 | 行星际，太阳系内 LEO、MEO[b]、GEO[c] |
| 微陨石和轨道残骸 | 结构完整性（在较大冲击下），表面形状（在较小冲击下） | 穿孔，脆性材料断裂，周边表面废物污染 | LEO 轨道残骸，GEO，行星际（微陨石），彗星/小行星拦截任务 |
| 在加压环境中实验 | 废气，可燃性 | 人员威胁（中毒、火灾威胁） | 载人飞船（空间站） |
| 行星环境 | 生物适配性，硬度，表面属性，行星大气环境协调性 | 行星环境污染，表面腐蚀 | 行星着陆器 |

注：a—低地轨道；b—中地轨道；c—地球同步轨道；d—紫外辐射。



必须清楚地理解太空环境中致使材料退化的因素和实验室模拟环境之间的相关性，以便正确地配置设施、定义试验参数，并最终解释试验的结果。重要的是能够正确地定义航天器上每种特定材料所对应的暴露环境，而非简单地使用一个通用的环境。例如，特定环境可能包括材料在航天器上的指示方向和邻近子系统的屏蔽影响。

多种环境因素可能协同作用于材料，这与单独作用的效果是不同的，这就是所谓的“协同效应”。一般来说，模拟这类退化很困难，特别是当引起材料退化的各种因素的加速因子不同时（例如，紫外线辐射对比带电粒子的辐射）。虽然有专门用于协

同试验的设施，但仅适用于非常特殊的情况，更多的情况下还需要进行一系列的试验。

对于许多应用，特别是持续时间长的空间飞行任务（数年或更长时间），是不可能进行寿命试验的，也就是将材料置于实际环境中直至材料使用到任务结束。因此，试验设备必须进行合理的设计，以实现某种形式的加速试验，并且必须从较短时间内取得的试验结果中得出外推规律，以便得到实际的寿命。

最终，要权衡所需的成本、试验所需要的时间和技术上的可行性，同时始终牢记用作某些用途的材料的主要性能。

## 2　仪器的设计和运行要求

### 2.1　真空系统

大部分航天器材料将暴露于太空的真空环境中（一些例外情况包括材料在压力容器内、密封的容器中和载人航天舱内）。因此，真空系统是大多数环境试验设备不可缺少的一部分。这些设施的设计者和使用者必须具备完善的真空技术知识。这里不打算深究真空技术，而是要强调太空模拟设备的基本要求和设计要求。欲了解真空系统设计的更多信息，读者可以参考关于该主题的文献（例如，Roth，1976）。图1所示为一个用于材料试验的太空模拟真空环境的典型设备，它包括泵系统、真空室、一系列真空探测器和一个样品架。

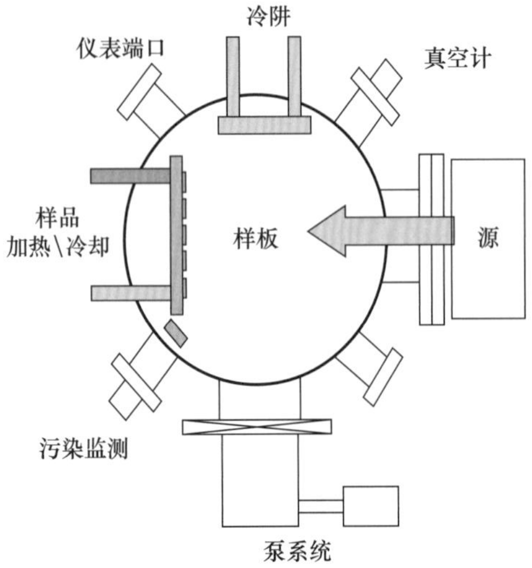


图1　用于材料试验的太空模拟真空环境的典型设备

空间环境真空设备通常运行的压力范围为 $10^{-5}$～$10^{-10}$ mbar，大致涵盖从低地球轨道到深空（较低的压力可在例如飞船的尾流中产生。但通常没必要模拟如此高的真空）的压力范围，可用于不同类型的真空泵，包括涡轮分子泵、低温泵、离子泵、扩散泵。前级泵（或前泵）也是必需的，如旋转或隔膜泵。对于有超洁净的要求，倾向于选择“无油”泵系统，以尽量减少有机污染物。

显然，真空室的设计将取决于试验的具体要求。一些通用的设计特点如下。

（1）适用于超高真空中的材料（金属、玻璃、陶瓷），常用的有奥氏体不锈钢，如304型。

（2）内部低温罩用来捕获冷凝污染物，通常情况下用液氮冷却（－190 ℃）。

（3）气动阀将密室和抽油系统隔离。

（4）烘烤能力，通常在75℃～400℃。烘烤温度必须与密室内的材料兼容，特别是密封材料。

（5）视口（如UV用的熔融石英、视察用的玻璃，X射线防护用的含铅玻璃，用于产生高能量的质子/电子的设施）。

（6）各种馈通条件（例如，光、电、气）。

（7）样品机械臂。

可使用一系列仪器监测真空度、腔室内部的真空引起的污染：

（1）压力表（例如，高真空用的冷阴极和中真空用的Pirani真空计）。

（2）残余气体分析仪（RGA）。

（3）污染监测设备（如石英晶体微量天平、QCM或分子检测板）。

有时进行环境试验时没有用到真空设备，这就极大地简化了试验方法。例如，一个热力学试验，设备可以使用一种惰性气体吹扫来驱动。大部分情况下，这样做是为节省成本和时间。但是，应该始终确保非真空法技术上的合理性，因为不仅要考虑到被试验的材料，也要考虑到它对飞船的周边部分可能的影响。

### 2.2　试验环境

以下是对存放试验设备房间的环境要求。

（1）湿度：(55±10)%。

（2）温度：(22±3)℃。

一般不需要控制空气中尘粒数目（例如，100 000，10 000）的专门的洁净室，除非试验提出需要。

### 2.3 样品处理和存储

接受太空环境试验的材料通常对外部污染和其他因素（例如空气的湿度、暴露于氧环境）非常敏感。因此，一般应在测试之前和测试之后存储于一个受控环境中，要求包括以下几点。

（1）温度。

（2）湿度（例如，使用干燥的氮气吹扫或使用干燥器）。

（3）光强度（例如，在 UV 保护环境中存储光敏感材料）。

参考样本在试验中应始终保管在可控存储器内。

通常情况下，用于合格测试的样品应当在发射卫星后保存 10 年。

### 2.4 洁净度和污染控制

设施的洁净度和污染控制是材料试验的一个重要方面，以确保被测试材料的性能不会受到外部因素的影响。可采用许多技术以确保真空设施的洁净(Tribble，2000)，包括以下几点。

（1）溶剂清洗。

（2）高温烘烤（例如，用加热器的电缆包围密闭室，或采用红外灯）。

（3）测试后用干燥的氮气吹密闭室。

（4）在密室内戴合适的手套操作设备。

（5）使用冷罩收集设施在试验过程中产生的气体。

为了验证清洁度，可用以下技术。

（1）目视检查。

（2）红外线分析见证板和抹布。

（3）使用 QCM 测量质量沉积。

此外，清洗程序对于保持设施的洁净很重要，包括以下几点。

（1）工作人员应当接受清洁技能的培训。

（2）设施应定期进行清洁审核。

（3）使用前应对真空设施进行洁净度的前期检验。

### 2.5 测量原则

材料会遭受不同类型的退化，必须选择相应的测量技术。如果变化是稳定且永久性的（即独立于时间和测量条件），则可以非原位测量。这意味着可以在设备以外进行测量，通常在室温的空气中进行。一般情况下这些类型的测量更容易执行，并更全面（因为可使用不需要与测试设备接口的标准设备）。

反之，若变化是不稳定的（即随时间和测量条件变化），则必须进行原位测量。这就意味着，测量材料必须在设施（通常是在真空条件下）内进行。这些测量在技术上更难，因为测量设备必须与设施接口，并且还必须考虑测试环境的影响。然而，其结果可能更能代表材料在空间的实际性能。

同样，必须权衡时间/成本，要考虑所测材料的重要性，以及当材料在设备外测量时外部环境可能造成的影响。

## 3 真空释气

用释气的试验设施模拟真空环境并且测量诱发的污染对材料的影响，是有机材料在真空中应用必须进行的基础试验（另请参阅第 4 卷第 207 章）。有两种类型的气体释放试验：第一种是标准化的筛分试验；第二种是用以获得材料更详细的动态释气性能信息试验。



### 3.1 基本筛分试验方法

基本筛分试验是一种热真空试验，当材料升温至 125 ℃进行 24 h 测试时，它可提供可靠的长期释气数据。其与其他温度条件下的比较是有意义的，因为两者的释气现象在动力学角度是相似的。

基本筛分试验有以下两个目的。

（1）测量材料的质量损失（总质量损失——TML；回收的质量损失——RML）。

（2）测量凝结在附近表面上的挥发性物质质量（收集可凝结材料的挥发量——CVCM）。

对于这项测试，可接受的典型要求是：TML＜1%；CVCM＜0.1%。

然而，只要水没有污染的风险，RML＜1%是可以接受的。如果该物质靠近敏感的表面，例如光学元件，则制定更严格的要求。

如果需要进一步了解释气特点和材料产生污染的潜在可能，那么必须进行更复杂的动力学试验。

#### 3.1.1 仪器设计

基本筛分试验的装置包括一个位于内部的高真空系统，它配置适当的馈通和检修门，至少需要

$10^{-7}$ mbar 的真空水平。插入部件夹持材料样品，样品放置在集电板上的小杯中。使用各样品前面的隔板，可以减少不同样品之间的交叉污染。此外，还需要热控系统来维持样品和收集板的特定温度。（参见图 2）。

标准的测试参数包括以下几点。

（1）时间：24 h。

（2）T 样品：125 ℃。

（3）T 集电板：125 ℃。

（4）真空度：$<10^{-7}$mbar。

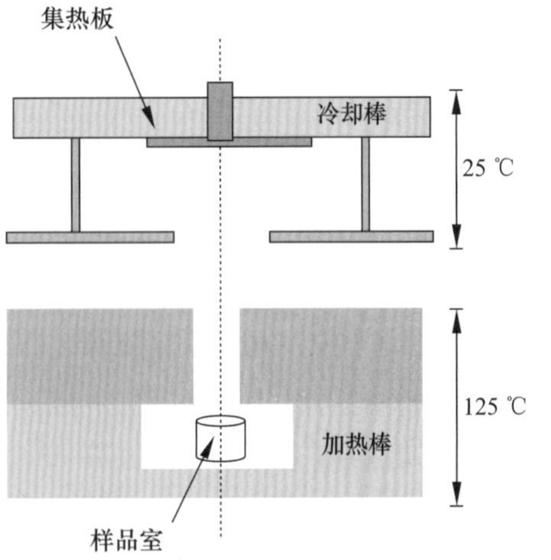


**图 2 为热真空释气筛选试验配置的设施**



材料的质量在暴露于真空之前和之后都要进行测量，使用一个高分辨率微量天平（精确度±10 μg 或更高），用红外光谱（IR）进行集电板分析。

#### 3.1.2 测试标准

ECSS-Q70-02a：筛选太空材料的热真空释气试验。

ASTM E595-07：总质量损失和收集可凝结挥发性材料试验，是真空环境下测量释气的标准试验。

#### 3.1.3 数据分析方法

物质的质量损失是通过比较测试前、后材料样品的质量得到的，而 CVCM 是通过比较测试前、后集电板的质量确定的。集电板的 IR 分析也可以评估污染物的性质。

有效性试验即评估某个材料是否适用于某种特定的应用，它取决于将材料暴露在何种环境中，以及与可能被污染到的关键表面之间的距离。这是一个时间-温度的加速试验，为了预测在更长的时间内（即远超过测试持续时间的 24 h）材料的气体释放行为，采用的测试温度应高于材料在轨运行时的温度。出于这个原因，对于短期操作温度高于 125 ℃的材料测试是无效的，对于长期操作温度高于 50 ℃的材料测试也是无效的。潜在污染的测量只严格地对于 25 ℃条件下且具有类似的黏着系数的收集器才有效。

### 3.2 动态试验方法

这类测试用于表征航天器材料释气产物释放的动力学过程。测定暴露于真空环境中材料的总质量挥发流量和不同温度条件下挥发物质在表面的沉积，得出释气加速因子、活化能、停留时间-温度关系等定量信息。

### 3.3 仪器设计

通常使用两种不同类型的测试设施，并且两者都依赖于高灵敏度的质量测量。

（1）真空石英晶体天平方法（VBQC）：样品置于真空微量天平，原位测出质量损失，同时沉积的释气流量由 QCMs（Van Eesbeek 和 Zwaal，1985）表征。

（2）ASTM 1559 方法：样品置于一个渗透单元中，质量损失由 QCMs 上沉积的释气流量得到，QCMs 定义了适当的视角系数。

这两种类型设备的共同特征是高真空室与内部低温护罩。图 3 所示为一个通用的 VBQC 设施。

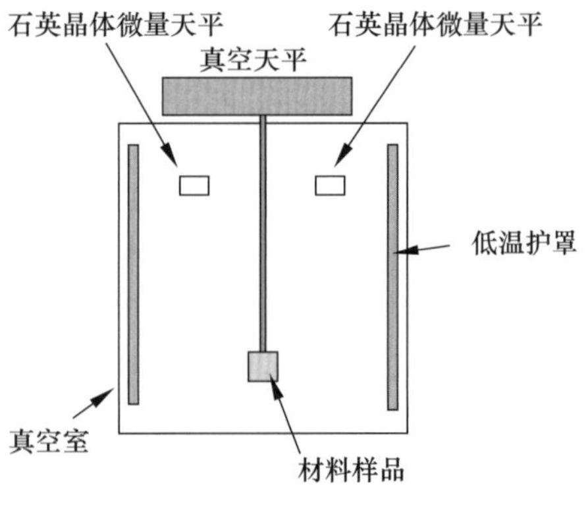


**图 3 基于真空石英晶体天平的通用的 VBQC，用于动态释气试验**

### 3.4 测试标准

ASTM E1559-09，太空材料释气污染表征测试标准。

### 3.5　数据分析方法

这种类型的释气试验可以获取大量数据，并且有许多不同的分析技术可用来解释其结果。总的目标是预测在飞船使用寿命期间关键表面上潜在的污染物质。用不同样品和 QCM 温度进行一系列试验，并使用外推法来预测长期污染的可能性。该试验还提供具体涉及的释气种类。

关键参数包括以下两个。

（1）QCM 和材料之间的视角系数。

（2）材料样品的定义（例如，配置、加工和热历史、组合物、测试之前的环境调节）。

如需更多信息，读者们可参考 Van Eesbeek、Zwaal（1985）和 1559 ASTM 测试标准。

## 4　原子氧模拟

用这种类型的设施来模拟低地球轨道上原子氧（AO）对航天器材料的影响。这适用于航天器的外部材料，并在太空项目的早期阶段进行测试。有多种不同的原子氧模拟技术，但没有一种可以称为“理想空间模拟器”。因此，材料测试工程师必须仔细选择测试方法，为应用提供最佳的信息，同时考虑到其局限性。

### 4.1　仪器设计

一个原子氧模拟设备通常由一个原子氧源、主真空室、样品室和一系列诊断器组成，用以监测原子氧（AO）束和材料的降解特性。以下这些需求可能是测试工程师在选择设备时需要考虑的。

（1）原子氧的流量和通量。

（2）原子的能量分布。

（3）源发出的其他物质（例如，离子、分子）。

（4）源所产生的紫外线（UV）/真空紫外（VUV）辐射。

（5）脉冲或是连续操作。

（6）样品温度。

（7）加速因子。

（8）可提供的诊断。

（9）背腔压力。

源的种类通常是关键因素，下节将提供一些可供选择的方案。

原子氧源。

原子氧源大致可定义为热源和超高温源，在这些类别中，已经发展了许多技术。各种技术的区别在于提供了不同原子氧的特性，如流量、通量、离子化比和速度。

热源可以为加速试验提供高原子流量，但能量限于几电子伏特（<1 km/s），这不能反映在低地球轨道发生的高速碰撞。然而，这种类型的源通常构造起来更简单、更便宜，并可以用来进行确定材料相对性能的筛分试验。这些源通常是基于实验室的等离子体发生器（例如微波）。

超高温源产生的定向原子束与样品碰撞的速度更能反映低地球轨道上（7～8 km/s）原子与航天器的碰撞速度。首先需要一种方法离解氧分子，然后加快原子束。一般来说，这涉及生产氧离子，然后中和，虽然其他的非离子技术（例如，电子诱导脱附）也可使用。

超高温原子束源与热源相比，其构造和操作原理要复杂得多。许多技术已历经了多年的发展，常用的一些类型见表 2。图 4 所示是一个典型的基于激光引爆高温氧原子束源的设施。至于更多信息，读者可以参考相关的文献（例如，Banks 和 Rutledge，1988；Kleiman 等，2003）。

**表 2　常见的过热原子氧束源**

| 源的类型 | 加速机制 | 粒子束特性 | |
|---|---|---|---|
| | | 能量/eV | 流量密度/($cm^{-2} \cdot s^{-1}$) |
| RF 或微波等离子体 | 静电/超声速膨胀 | 1～20 | $5\times10^{15}$～$10^{17}$ |
| 激光击穿 | 超声速管口爆炸和冲击波 | 5～15 | $5\times10^{14}$～$10^{17}$ |
| 离子源 | 静电 | 30～50 | $10^{14}$ |
| RF 弧放电 | 超声速膨胀 | 1～5 | $10^{15}$～$10^{16}$ |
| 火花放电等离子体 | 激波/超声速膨胀 | 1～5 | $5\times10^{15}$～$10^{18}$ |
| 游离扩散 | 电激励吸附 | 4～6 | $5\times10^{13}$ |

### 4.2　测试标准

ASTM E2089-00：太空应用材料的原子氧作用评估地面实验操作标准。

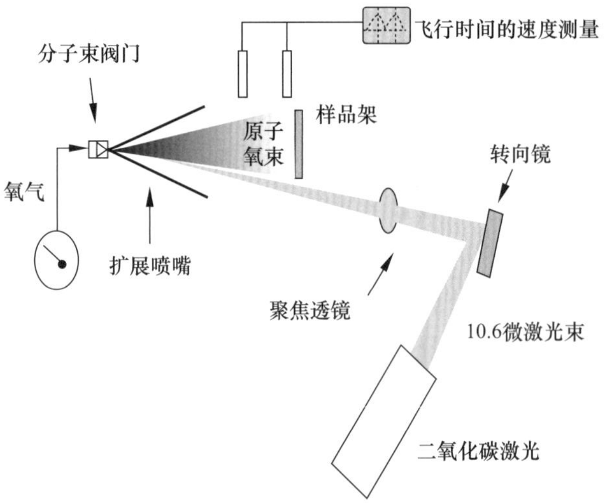


图4　激光引爆超高温氧原子束源的设施

### 4.3　数据分析方法

氧原子试验中一个关键参数是材料的体积侵蚀速率。通过所测量的样品厚度或质量损失，使用公式（1）和式（2）计算得到。通常，有效的通量数据是通过检测样品与来自飞行试验的已知空间侵蚀量（参见第4卷第211章）计算得出的。HN聚酰亚胺是最常用的样品：

$$E_s = \frac{\Delta x_s}{F_k} \tag{1}$$

式中，$E_s$＝侵蚀率［$cm^3$/(原子·s)］；$\Delta x_s$＝样品的厚度损失（cm）；$F_k$＝有效的通量（原子/$cm^2$）。

$$E_s = \frac{\Delta M_s}{A_s \rho_s F_k} \tag{2}$$

式中，$E_s$ 为侵蚀率［$cm^3$/(原子·s)］；$\Delta M_s$ 为质量损失（g）；$A_s$ 为暴露在原子氧中的表面积（$cm^2$）；$\rho_s$ 为材料的密度($g/cm^2$)。

如果该材料的侵蚀速率对于流量是线性的，则这种计算方法可通过短期的试验数据来预测任务执行期间材料的总厚度损失。然而，使用这种方法时需谨慎，因为一些材料的上述关系不是线性的。例如在相对较短时间的暴露下，可能会形成一个外保护层，则式（1）和式（2）所预测的侵蚀将偏高。因此，在研究原子氧试验的结果时，应始终考虑材料的特性，必要时，在暴露后应对材料做进一步的分析（例如，化学表面分析、表面形状成像、力学分析）。与设备有关的因素也需要加以考虑，例如源所产生的紫外线的量或离子束的百分比。



## 5　热力学测试

为了模拟太空热环境对材料的影响，可以考虑两种类型的测试。

（1）热循环：材料暴露在温度为－150 ℃（材料暴露于深空）和350 ℃（材料在阳光下直射，内太阳系任务）的范围内。

（2）热老化/耐久性：材料长时间暴露在高温或低温下。

适用的材料有：胶黏剂、封装化合物、印刷电路板、结构复合材料、热控涂料、钎焊或焊接接头。

### 5.1　仪器设计

要正确地再现太空环境，热力学测试应在真空室中进行，工作压力为 $1\times10^{-5}$ mbar或更低。然而，工业上也习惯于在惰性环境下（如氩气、氮气）进行一些类型的热力学试验。通常采用后一种方法以节省成本且简单易行，但必须注意使测试能反映真实情形。

在这两种情况下，热力学试验设备均需具备以下常规的性能。

（1）精确的温度控制和仪器监测（±1 ℃或精确）。

（2）温度梯度能力（典型的加热/冷却速率为5 ℃/min～10 ℃/min）。

（3）样品架使材料在试验中有良好的热接触。

（4）冷罩和加热板。

### 5.2　测试标准

ECSS-Q-ST-70-04A：太空材料、过程、机械零件和装配体的热力学评估试验。

### 5.3　数据分析方法

要分析的材料性质取决于具体的应用。分析方法可能包括机械测试、目测检查、热光学特性测量和表面粗糙度的测量。

对于热循环试验，材料验证所需的循环次数和停留时间需经客户同意。

对于热老化试验，要基于有限时间的测试来预测长期性能，且可使用热分析技术（例如，热重分析TGA、动态力学分析DMA和差示扫描量热法DSC）。与该课题相关的文献有很多（例如，Heltzel、Semprimoschnig 和 van Eesbeek，2008；

Brown，1998）。

# 6 电磁辐射和带电粒子

这种类型的测试涵盖电离（真空紫外、X射线、电子、质子）和非电离辐射（太阳光子）见第6卷第277章。此测试适用于航天器的外部材料，如热毯、涂料、太阳能电池的黏合剂和光学元件。关键的材料性能为热光学性能和机械性能。所有的检测设备的设计、测试标准和数据分析方法是类似的，主要区别是所使用的源。

## 6.1 仪器设计

一个典型的模拟设备包含大部分先前描述的共性。对于在100 nm以上的紫外光源，光被引导到密室，并通过UV级窗口（200 nm以上熔融二氧化硅和在100～200 nm范围的$MgF_2$）。对于远紫外线和粒子源，该设备直接连接到密室的凸缘。

### 6.1.1 紫外光源

有几种类型的UV光源可选，这取决于所需的测试类型。某些最常见的光源在表3中列出。过滤后的氙气灯可输出近似200 nm以上的太阳光谱，这些灯市面均有售。

表3 常见的紫外射线源 nm

| 紫外射线源 | 波长 |
|---|---|
| 氙弧管 | >200 |
| 水银弧，碳弧 | >200 |
| 氢或氘 | <200 |
| 毛细型无窗放电 | 90～200（氢）<br>50～160（氦） |

氢和氘灯也可以买到，它们用来模拟低于200 nm的紫外线辐射的环境。

其他类型的灯一般只在执行高度专业化测试的专用设备上才用到。这些灯的光谱可在UV中提供高加速因子（例如，5～20个太阳能常数），虽然不一定完全代表太阳光谱的输出。然而，对于许多类型的材料，最显著的退化发生在UV300 nm以下，这种类型的测试用来评估材料在这个范围内的响应。

紫外源的一个重要参数是所发射的紫外范围以外射线的强度，特别是红外射线。这可能会导致样品被加热，尤其是在加速试验中。因此，准确地控制频谱源的参数并仔细地测量和控制曝光过程中样品的温度是非常重要的。可用过滤来除去高功率灯发出的多余的红外射线，如利用分色滤光器或水过滤器。对于精确的UV检测，定期重新校准检测器也是必不可少的。紫外灯的输出量将在灯泡的使用寿命期内显著下降。因此，在试验之前和之后通常需要测试紫外灯。

### 6.1.2 带电粒子源

太空环境测试材料中最常见的带电粒子源是粒子加速器。同类型的加速器均可商业采购，主要是基于van de Graff加速器或电子枪（1～100 keV），同时也使用定制的加速器。电子枪如图5所示，表4中给出了典型工作特性。

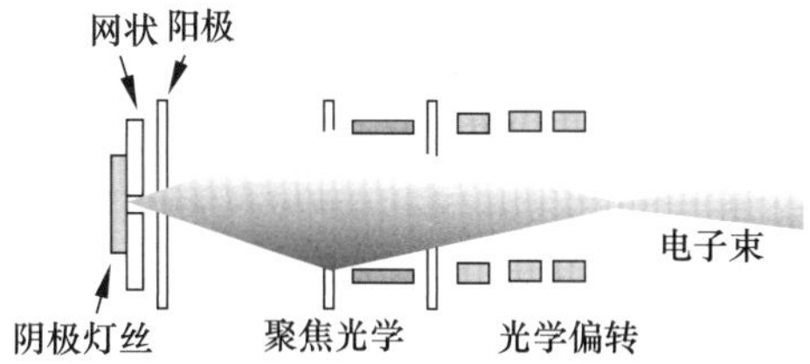


图5 粒子辐射试验使用的电子枪

表4 电子枪的典型工作特性

| | |
|---|---|
| 电子束能量 | 100～100 keV |
| 电子束电流 | 1 nA～1 mA |
| 炽点尺寸 | 在100 mm的工作距离下15～75 mm |
| 电子束偏斜 | 外部电磁四柱 |
| 阴极类型 | 耐热金属，钡氧化物，铱涂层 |
| 电子束稳定性 | 加热后>2% |

也可使用放射性β-粒子源，获得广谱的放射性同位素。源可以单独或组合使用，以产生与太空中相似的电子光谱，但不太可能得到离散能量与电子损坏数据之间的函数关系。

### 6.1.3 热控

这类试验中材料的热控和精确的温度测量是至关重要的，因为辐射源可以产生显著的热量。

有以下两个热控方法。

（1）将材料与其周围隔离，因此它具有热平衡。温度将取决于源的辐照度、密室壁温、材料的热-光性能。

（2）将材料放置在有良好热接触的热控样品板上。在这种情况下，热接触是至关重要的，尤其是测试薄箔时。真空是非常好的热绝缘体，材料和样品板之间的小间隙可造成显著的温度梯度。

如果材料被放置在有良好热接触的样品板上，那么在平板上使用温度测量就足够了，如使用热耦合。此外，还可以使用如红外成像或测温技术直接测量样品表面。

### 6.2　测试标准

ECSS-Q-ST-70-06C：太空材料粒子和紫外线辐射测试。

ISO15856：2003 非金属材料的辐射照射空间系统-空间环境-模拟指引。

ASTM E512-94（2004）：热控材料组合的考虑电磁和微粒辐射太空环境模拟的标准方法。

### 6.3　数据分析方法

对于电离辐射，必须考虑将吸收剂量作为辐射深度的函数，其目的是使用材料在航天器上所遇到的相同类型的电离辐射模拟剂量吸收的概况，(Briskman 等，2001；Briskman，2005)。人们普遍认为，如果粒子的辐射剂量小（例如，$<1\%$），电离真空紫外辐射不需要予以考虑。对于非电离辐射，一般认为材料的退化主要是由在 200～400 nm 范围（近紫外）波长的 UV 光子造成的。



这种类型的测试所用的方法是基于所谓的互易性，即辐射的效果仅是吸收剂量的函数，和剂量率无关。对于加速 UV 试验，普遍接受的互易性的有效性可至三个太阳常数的波长区域（即近、远紫外）内。对于微粒辐射，互易性已被证实在很广的范围内是有效的，常用的加速因子是 100。然而，如果想从短期的试验结果进行寿命预测，则应仔细评估试验设置。还有许多其他的因素可能会影响测试数据的完整性，如磁通测量的精度、光流量在整个样品表面作用时间和空间上的非均匀性、太阳光谱和源谱之间的相关性、样品上的测量位置等。

## 7　微流星体和轨道碎片

用这些设备来模拟航天器外部材料与微流星体和轨道碎片之间高速碰撞的影响（见第 6 卷第 279、280 章和第 4 卷第 209 章）。

### 7.1　设备设计

一个典型的模拟设备包括弹射加速装置、真空系统、样本容器、一排用于测量弹射特性和研究冲击的仪器（Siguier 和 Mandeville，2007）。

一般有几种不同类型的设施，选用哪种取决于用户的各项需求。

（1）每次试验中冲击样本的弹射物数量。

（2）弹射物的形状、大小、质量和速度。

（3）弹射体的热力学状态。

（4）冲击角度。

（5）腔的压力。

此外，从经济的角度来看，用户也将对一定时间内冲击试验的数量和设施的操作成本感兴趣。

弹射加速方法。

加速弹射体最常用的技术有以下几点。

（1）双级轻气炮，包含粉室、泵管、高压耦合器、弹射体和发射管。

（2）等离子枪，膨胀的等离子体产生的气动力作用在弹射体上，沿着发射管加速弹射体。

（3）静电除尘加速器，采用核物理研究中 van de Graff 直线加速器。

这三种技术涵盖了很广的颗粒大小和速度范围，见表 5 中的总结。其他技术如电子枪、爆炸性多级发射器和基于激光的技术也可使用。更多信息可参考 Zukas（1995）。

### 7.2　测试标准

ISO/AWI11227：用空间系统-测试程序来评估飞船超高速撞击的材料碎屑喷射。计划出版时间：2010 年 5 月 22 日。

**表 5　常见的粒子加速方法**

| 类型 | 粒子特性 | | | | |
|---|---|---|---|---|---|
| | 直径/μm | 质量/kg | 速度/$(km \cdot s^{-1})$ | 形状 | 组成 |
| 两级光气枪 | 40～1 000 | $10^{-3}$～$10^{6}$ | 3～7 | 球体 | 铝，三氧化二铝，玻璃 |
| 等离子束枪 | 50～400 | $10^{-6}$～$10^{-10}$ | 5～20 | 球体 | 三氧化二铝，碳化硅 |
| 静电尘加速器 | 0.02～4 | $10^{-10}$～$10^{-13}$ | 1～215 | 球体 | 铁，碳化硼，铝 |

### 7.3　数据分析方法

数据分析方法取决于测试使用的大小/速度标准。对于高能量的应用，通常要求通过一次撞击事件来预测材料的屏蔽能力，因为撞击粒子可能具有穿透材料的能力。在这种情况下，测试数据用于验证计算机模型，计算机模型可预测冲击过程中材料在极端温度与压力条件下的强度和穿透能力极限。还发展了以材料类型、厚度、大小和撞击粒子速度为函数撞击经验公式来预测材料的穿透极限（Herrmann 和 Wilbeck，1987）。

对于较低能量的碰撞研究，目的是确定在长时间多重撞击下材料表面特性的退化。损伤机制将取决于材料的类型，这可以在测定完成后进行分析。

（1）单个的撞击坑形貌。

（2）周围表面的喷出物形状。

（3）材料表面化学性质的改变。

# 8　加压环境下的试验

加压环境下的试验主要是确保材料满足载人航天飞行的安全要求（关于载人航天工程的风险管理，更详细的研究见第 8 卷第 442 章）。在这种情况下，环境为加压环境，并且不需要高真空设备（虽然预真空的密闭试验室可能是必需的）。

## 8.1　气体释放

加压环境下试验的目的是追踪在加压环境下非金属材料由于释气而产生的污染物。在乘员舱的封闭环境中，即使量很少，但可能是潜在的毒气。该试验可以在单个材料中进行，而更通常的是在组装的飞行部件上进行。

试验室必须是密封的，可以预先抽真空然后再填充气体。样品或物品的体积应不小于 1/3 的总腔室容积，以避免释放出的气体过度稀薄。必须能加热样品和对大气进行采样。气体分析使用气体色谱/质谱（GC/MS），这是一种在许多领域中广泛使用的技术。如需了解更多信息，读者可以参考相关的文献，如 McMaster 和 Marvin，1998。

标准：ECSS-Q-ST-70-29C，测定从材料和组装部件中释放出来的气体，材料和部件用于载人空间飞行器乘员舱。

ISO 14624-3：2005 太空系统-材料的安全性和兼容性-第 3 部分，测定材料和组装部件中释放的气体。

## 8.2　可燃性

可以进行一系列关于易燃和火焰蔓延性的试验，来确定非金属材料的燃烧特性。基本筛查试验（火焰传播上限，氧气浓度限值）对材料在恶劣情况下的性能进行评估。然而，对于某些应用，这些测试环境可能过于苛刻而不切实际（例如，用易燃材料绑定两个不可燃的基板）。这时可使用更具有代表性的结构中的材料进行另一系列的测试。燃烧试验使用到了各种设计的设备，对它们的一些主要要求如下。

（1）各种电和气的馈通腔室。

（2）观察窗。

（3）精确的气体流量控制。

（4）点火源（火花点火）。

标准：ECSS-Q-70-21A，可燃性试验筛选太空材料，ISO 14624 系列。

# 9　其他环境

## 9.1　月球和行星环境

月球和行星环境与上述的一般空间环境在许多方面有所不同（见第 6 卷第 282 章），需要专用的测试设备。例如，在火星表面执行任务可能需要考虑尘埃的侵蚀、材料与火星大气的相容性、灭菌/生物负载问题的影响。对于这种类型的测试，需要在人工气候室中进行，人工气候室有精确的温度、湿度、气体成分控制。这种类型的试验设备可能在未来变得越来越普遍，因为月球和其他行星表面的载人飞行任务将受到更多的关注。

## 9.2　飞船发射和返回

在发射和返回大气层期间，飞船在短时间内会穿过极为不同的各种环境——从大气层到高真空层（见第 6 卷第 281 章）。对于材料试验，并非要构建能模拟材料所暴露的整个环境的设备，而是进行具体的测试以评估可能的退化机制。具体的测试包括以下几项。

（1）应力腐蚀试验（见第 4 卷第 210 章）。

（2）机械测试。

（3）高温测试（见第 4 卷第 186 章）。

（4）相容性测试。

## 9.3　协同环境

如第一部分所述，环境因素可联合对材料产生影响，这与单独作用不同。所谓的协同试验设备是通过将不同的源合并到同一真空密室中构建而成的。有多种组合方式，其中的一些典型组合有以下几种。

（1）UV 和粒子辐射。

（2）原子氧和紫外线辐射。

（3）热循环和紫外线辐射。

显然，该设备的复杂性将增加，因为增加了额外的源。工程师必须仔细评估这些扩展带来的好处和由此可能增加的时间及成本。在很多情况下，要更深入了解被测材料的性能，采用单个测试设备进行一系列方向明确的单独试验，其效果可能比试图建造最终协同的测试设备更好。

### 9.4 地面环境

地面环境对一些材料的退化特性起到关键性的作用，特别是对于飞行任务前有很长储存期的情况。要考虑的因素有环境湿度、大气成分、不同材料间可能的不相容性。对于重要的材料，特殊表面涂层、加速湿度测试是总评估的一部分。

## 10 结论和更多资讯

本章阐述了模拟空间环境对材料影响的地面实验设施的设计和类型。本章提供了真空除气、原子氧模拟、热测试、电磁辐射和带电粒子测试、微流星体和轨道碎片测试与在加压环境下测试的全面信息。在其他环境中，如月球、行星、飞船发射和再入大气层的测试也略有提及。同时提供了设备的实用设计以及数据分析方法和测试标准。



可以看出，陆基试验设施提供了非常有用的工具，以协助飞船工程师针对许多不同类型的太空任务进行设计和选材。然而，需要强调的是，考虑到关键材料的性质和有关应用的环境退化因素的影响，测试条件必须经过慎重选择。

虽然讨论的一些技术是标准化的，并已形成规范多年，但其仍将是一个迅速发展的领域。在该领域将需要新的测试技术以跟上技术的进步（如纳米材料、智能材料），使材料性能能适应持续时间日益增加的太空任务。

此课题的更多资料，可参见会议系列“太空环境材料国际研讨会”，它每三年由欧洲航天局（ESA）、法国航天局（CNES）和法国航空航天中心（ONERA）组织一次，并且对具体的测试设备和空间环境材料测试领域的最新进展提供了深入的信息。

### 参考文献


Banks, B. A. and Rutledge, S. K. (1988) Low earth orbit atomic oxygen simulation for materials durability evaluation. Proceedings of the 4th European Symposium on Spacecraft Materials in Space Environment, September 6-9, CERT, Toulouse, CEPAD, France, pp. 371-392.

Briskman, B., Belyakov, A., Klinshpont, E., Stepanov, V., Shavarin, Y., Borson, E., Novikov, L. and Makletsov, A. (2001) Space environment simulation for radiation tests of materials: third version of an International Standard. *High Perform. Polym.*, 13 (3), S483-S492.

Briskman, B. A. (2005) Simulation of absorbed dose distribution in space materials, in *Materials for Space Applications. Materials Research Society Symposium Proceedings*, vol. 851, (eds M. Chipara, D. L. Edwards, R. S. Benson and S. Phillips), Materials Research Society, pp. 79-91.

Brown, M. E. (ed.) (1998) *Handbook of Thermal Analysis and Calorimetry*, vol. 1, Elsevier Science.

Heltzel, S., Semprimoschnig, C. and van Eesbeek, M. (2008) Investigation of the degradation of thermal control materials by thermalanalysis. *High Perform. Polym.*, 20 (4/5), 492-511.

Herrmann, W. and Wilbeck, J. S. (1987) Review of hypervelocitypenetration theories. *Int. J. Impact Eng.*, 5, 307-322.

Kleiman, J. I., Iskanderova, Z., Gudimenko, Y. and Horodetsky, S. (2003) Atomic oxygen beam sources: a critical review. Proceedings of the 9th International Symposium on Materials in a Space Environment (ISMSE-9), Noordwijk, The Netherlands, pp. 313-324.

McMaster, C. and Marvin, C. (1998) *GC/MS: A Practical User's Guide*, Wiley, New York.

Roth, A. (1976) *Vacuum Technology*, North-Holland Publishing Company.

Siguier, J. M. and Mandeville, J. C. (2007) Test procedures to evaluate spacecraft materials ejecta upon hypervelocity impact. *Proc. Inst. Mech. Engineers, Part G: J. Aerosp. Eng.*, 221 (6), 969-974.

Tribble, A. (2000) *Fundamentals of Contamination Control*, The Society of Photo-Optical Instrumentation Engineers, SPIE Press, Washington.

Van Eesbeek, M. and Zwaal, A. (1985) Outgassing and contamination model based on residence time. Proceedings of the3rd European Symposium on Spacecraft Materials in Space Environment, Noordwijk, October 1-4, ESA (SP-232), ESTEC Noordwijk, The Netherlands, pp. 25-34.

Zukas, J. A. (1995) *High Velocity Impact Dynamics*, John Wiley &Sons, Inc.


本章译者：陈雅薇，周储伟（南京航空航天大学航空宇航学院）

# 附录 1

## 《航空航天科技出版工程》英文版编写委员会

### 主　　编

Richard Blockley
*Aerospace Consultant, Cranfield University, Cranfield, UK*
and
*Former Head of Technical Programmes, BAE Systems, Farnborough, UK*

Wei Shyy
*Department of Aerospace Engineering, University of Michigan, Ann Arbor, MI, USA*

### 顾问委员会

John D. Anderson, Jr.
*Aeronautics Division, National Air and Space Museum, Smithsonian Institution, Washington DC, USA*

Kenneth J. Badcock
*School of Engineering, University of Liverpool, Liverpool, UK*

William F. Ballhaus, Jr.
*Retired President and CEO, The Aerospace Corporation, Los Angeles, CA, USA*

Allan Bonnet
*Département Aérodynamique, Energétique et Propulsion, ISAE - SUPAERO, Toulouse, France*

Brian Cantwell
*Department of Aeronautics and Astronautics, Stanford University, Stanford, CA, USA*

Graham Coleman
*Previously Chief Technologist, Air Systems, DSTL, Salisbury, UK*

Jonathan Cooper
*School of Engineering, University of Liverpool, Liverpool, UK*

Richard Crowther
*UK Space Agency, Swindon, UK*

Earl H. Dowell
*Department of Mechanical Engineering and Materials Science, Duke University, Durham, NC, USA*

Shanyi Du
*Harbin Institute of Technology, Heilongjiang, China*

John Farrow
*International Space University, Strasbourg, France*

John Fielding
*Department of Aerospace Engineering, Cranfield University, Cranfield, UK*

Lennard A. Fisk
*Department of Atmospheric, Oceanic and Space Sciences, University of Michigan, Ann Arbor, MI, USA*

In Seuck Jeung
*School of Mechanical and Aerospace Engineering, Seoul National University, Seoul, Korea*

Jeffrey Jupp
*Department of Mechanical Engineering, Bath University, Bath, UK*

Keiji Kawachi
*Department of Aeronautics and Astronautics, University of Tokyo, Tokyo, Japan*

Chung K. Law
*Department of Mechanical & Aerospace Engineering, Princeton University, Princeton, NJ, USA*

Wei Li
*Department of Computer Science and Engineering, Beijing University of Aeronautics and Astronautics, Beijing, China*

Robert G. Loewy
*School of Aerospace Engineering, Georgia Institute of Technology, Atlanta, GA, USA*

N. Harris McClamroch
*Department of Aerospace Engineering, University of Michigan, Ann Arbor, MI, USA*

J. J. Miau
*Department of Aeronautics and Astronautics, National Cheng Kung University, Tainan City, Taiwan*

Earll M. Murman
*Department of Aeronautics and Astronautics, Massachusetts Institute of Technology, Cambridge, MA, USA*

M. R. Nayak
*Aerospace Electronics & Systems Division, National Aerospace Laboratories, Bangalore, India*

Elaine S. Oran
*Laboratory for Computational Physics and Fluid Dynamics, US Naval Research Laboratory, Washington DC, USA*

Mikhail Osipov
*Bauman Moscow State Technical University, Moscow, Russia*

Max F. Platzer
*Department of Mechanical and Aerospace Engineering, Naval Postgraduate School, Monterey, CA, USA*

Bryan Richards
*Department of Aerospace Engineering, University of Glasgow, Glasgow, UK*

Munir Sindir
*Pratt & Whitney Rocketdyne, Canoga Park, CA, USA*

John Stollery
*Department of Aerospace Sciences, School of Engineering, Cranfield University, Cranfield, UK*

Dwight C. Streit
*Northrop Grumman Aerospace Systems, Redondo Beach, CA, USA*

John J. Tracy
*The Boeing Company, Chicago, IL, USA*

Ulrich Walter
*Institute of Astronautics, Technical University, Munich, Germany*

S. Pete Worden
*NASA Ames Research Center, Mountain View, CA, USA*

Fenggan Zhuang
*China Aerospace Science and Technology Corporation, Beijing, China*

## 主要作者



John D. Anderson, Jr. PART 2
*Aeronautics Division, National Air and Space Museum, Smithsonian Institution, Washington DC, USA*

Ella M. Atkins PARTS 38 and 43
*Department of Aerospace Engineering, University of Michigan, Ann Arbor, MI, USA*

René de Borst PART 15
*Department of Mechanical Engineering, Eindhoven University of Technology, Eindhoven, The Netherlands*

Carlos E. S. Cesnik PARTS 17 and 20
*Department of Aerospace Engineering, University of Michigan, Ann Arbor, MI, USA*

Alan R. Chambers PART 21
*School of Engineering Sciences, University of Southampton, Southampton, UK*

Mikhail Cherniakov PART 24
*School of Electronic, Electrical and Computer Engineering, The University of Birmingham, Birmingham, UK*

Ricky Curran PART 31
*Department of Air Transport and Operations, Faculty of Aerospace Engineering, Technical University of Delft, Delft, The Netherlands*

Peter Curtis PART 41
*BAE Systems, Farnborough, UK*

Olivier Dessens PART 29
*Centre for Atmospheric Science, University of Cambridge, Cambridge, UK*

Dimitris Drikakis PARTS 4 and 7
*Department of Aerospace Sciences, Cranfield University, Cranfield, UK*

David Faddy PART 37
*Decision Analysis Services Ltd, Basingstoke, UK*

Peretz P. Friedmann PARTS 13 and 14
*Department of Aerospace Engineering, University of Michigan, Ann Arbor, MI, USA*

Datta V. Gaitonde PART 5
*Air Force Research Laboratory, Wright-Patterson Air Force Base, OH, USA*

Alec D. Gallimore PART 12
*Department of Aerospace Engineering, University of Michigan, Ann Arbor, MI, USA*

Ismet Gursul PARTS 3 and 8
*Department of Mechanical Engineering, University of Bath, Bath, UK*

Raphael T. Haftka PART 42
*Department of Mechanical and Aerospace Engineering, University of Florida, Gainsville, FL, USA*

# 附录 2

## 《航空航天科技出版工程 4　材料技术》英文版参编人员



Junghyun Ahn
*Structural Analysis Group, General Atomics Aeronautical Systems, Inc., San Diego, CA, USA*

Fritz Appel
*Institute for Materials Research, GKSS Research Centre, Geesthacht, Germany*

Yoseph Bar-Cohen
*Jet Propulsion Laboratory, California Institute of Technology, CA, USA*

Otto Bergsma
*Department of Aerospace Materials & Manufacturing, Faculty of Aerospace Engineering, Delft University of Technology, Delft, The Netherlands*

Harald E. N. Bersee
*Department of Aerospace Materials & Manufacturing, Faculty of Aerospace Engineering, Delft University of Technology, Delft, The Netherlands*

Adriaan Beukers
*Department of Aerospace Materials & Manufacturing, Faculty of Aerospace Engineering, Delft University of Technology, Delft, The Netherlands*

Alexander E. Bogdanovich
*3TEX, Inc, Cary, NC, USA*

Rodney R. Boyer
*Materials and Process Technology, The Boeing Company, Seattle, WA, USA*

Jeffery W. Brooks
*AFRC, University of Strathclyde, Glasgow, UK*

Alan R. Chambers
*School of Engineering Sciences, University of Southampton, Southampton, UK*

Wen S. Chan
*Department of Mechanical and Aerospace Engineering, The University of Texas at Arlington, Arlington, TX, USA*

James Chang
*ISO Pressure Vessel Standard Project, USA*

Ioannis Chasiotis
*Aerospace Engineering, University of Illinois at Urbana-Champaign, Urbana, IL, USA*

Inderjit Chopra
*Department of Aerospace Engineering, University of Maryland, College Park, MD, USA*

Christopher B. Churchill
*Department of Aerospace Engineering, The University of Michigan, Ann Arbor, MI, USA*

Brian Cox
*Teledyne Scientific Co., Camino Dos Rios, Thousand Oaks, CA, USA*

C. Robert Crowe
*Institute for Defense Analyses, Alexandria, VA, USA*

Richard J. Dashwood
*Warwick Manufacturing Group, The University of Warwick, Coventry, UK*

Nicole Duffala
*Structural Analysis Group, General Atomics Aeronautical Systems, Inc., San Diego, CA, USA*

Stephen P. Engelstad
*Technology Development and Integration, Advanced Development Programs, Lockheed Martin Aeronautics Company, Marietta, GA, USA*

Roger Grimes
*Warwick Manufacturing Group, The University of Warwick, Coventry, UK*

Kim K. de Groh
*NASA Glenn Research Center, Cleveland, OH, USA*

Frances I. Hurwitz
*Structures and Materials Division, NASA Glenn Research*

*Center, Cleveland, OH, USA*

Martin Jackson
*Department of Engineering Materials, The University of Sheffield, Sheffield, UK*

Jacob I. Kleiman
*Integrity Testing Laboratory, Inc., Markham, Ontario, Canada*

Robert W. Koon
*Technology Development and Integration, Advanced Development Programs, Lockheed Martin Aeronautics Company, Marietta, GA, USA*

Nicholas A. Kotov
*Department of Chemical Engineering, Materials Science and Engineering and the Department of Biomedical Engineering, University of Michigan, Ann Arbon, MI, USA*

Sotiris Koussios
*Faculty of Aerospace Engineering, Delft University of Technology, Delft, The Netherlands*

Parikshith Kumar
*Department of Aerospace Engineering, Texas A&M University, College Station, TX, USA*

Dimitris C. Lagoudas
*Department of Aerospace Engineering, Texas A&M University, College Station, TX, USA*

Chad M. Landis
*Department of Aerospace Engineering and Engineering Mechanics, The University of Texas at Austin, Austin, TX, USA*

Stepan V. Lomov
*Department MTM, Katholieke Universiteit, Leuven, Belgium*

Arif A. Mamedov
*ARGOAR, LLC, Reston, VA, USA*

David Marshall
*Teledyne Scientific Co., Camino Dos Rios, Thousand Oaks, CA, USA*

Christopher A. Martin
*Institute for Defense Analyses, Alexandria, VA, USA*

Jyoti Mazumder
*Department of Mechanical Engineering, University of Michigan, Ann Arbor, MI, USA*

Robert J. Mitchell
*Rolls-Royce plc, Derby, UK*

Norman Newhouse
*Lincoln Composites, Inc, Lincoln, NE, USA*

Michael W. Obal
*Institute for Defense Analyses, Alexandria, VA, USA*

Shiladitya Paul
*Metallurgy, Corrosion and Surfacing Technology Group, TWI, Cambridge, UK*

Paul Podsiadlo
*Department of Chemical Engineering, University of Michigan, Ann Arbor, MI, USA*

Tresa M. Pollock
*Department of Materials Science and Engineering, University of Michigan, Ann Arbor, MI, USA*

Michael Preuss
*School of Materials, University of Manchester, Manchester, UK*

Norman Ridley
*Manchester Materials Science Centre, University of Manchester, Manchester, UK*

Antonius de Rooij
*Product Assurance and Safety Department, Materials and Components Technology Division, European Space Technology and Research Centre, European Space Agency, Noordwijk, The Netherlands*

Janet M. Sater
*Institute for Defense Analyses, Alexandria, VA, USA*

Judy A. Schneider
*Mechanical Engineering Department, Mississippi State University, MS, USA*

John A. Shaw
*Department of Aerospace Engineering, The University of Michigan, Ann Arbor, MI, USA*

Bong Sup Shim
*Department of Chemical Engineering, University of Michigan, Ann Arbor, MI, USA*

Jayant Sirohi
*Department of Aerospace Engineering and Engineering Mechanics, The University of Texas at Austin, Austin, TX, USA*

Vladimir E. Skurat
*Institute for Energy Problems of Chemical Physics, Russian Academy of Sciences, Moscow, Russian Federation*

Roderick C. Tennyson
*University of Toronto Institute for Aerospace Studies, Toronto, Ontario, Canada*

Philip Threadgill
*Formerly with TWI Ltd, Granta Park, Great Abington, Cambridge, UK*

Adrian P. Tighe
*Materials Space Evaluation & Radiation Effects Section, European Space Agency, Noordwijk, The Netherlands*

Sammy Tin
*Department of Mechanical, Materials and Aerospace Engineering, Illinois Institute of Technology, Chicago, IL, USA*

Michel van Tooren
*Department of Aircraft Design, Integration & Operations, Faculty of Aerospace Engineering, Delft University of Technology, Delft, The Netherlands*

Paul H. Tranter
*Aerospace Consulting, QinetiQ, Farnborough, Hants, UK*

Panos Tsakiropoulos
*Department of Engineering Materials, The University of Sheffield, Sheffield, UK*

Ignaas Verpoest
*Department MTM, Katholieke Universiteit, Leuven, Belgium*

Anthony J. Vizzini
*College of Engineering and Applied Sciences, Western Michigan University, Kalamazoo, MI, USA*

James C. Williams
*Department of Materials Science and Engineering, The Ohio State University, Columbus, OH, USA*

Philip J. Withers
*Aerospace Research Institute and School of Materials, Manchester University, Manchester, UK*

Xinhua Wu
*IRC in Materials, The University of Birmingham, Birmingham, UK*

# 索　引



## 0～9



## A～Z

**α～γ**

**A**



**B**

**C**

**E**



**F**

**G**

**H**



**J**

**M**

**Q**



**R**

**S**

T

**W**



**X**

**Y**